广西**树木**志

SYLVA GUANGXIGENSIS

（第二卷）

广西壮族自治区林业科学研究院　编著

中国林业出版社

图书在版编目(CIP)数据

广西树木志. 第2卷/广西壮族自治区林业科学研究院编著. —北京：中国林业出版社，2013.12
ISBN 978-7-5038-7255-6

Ⅰ.①广…　Ⅱ.①广…　Ⅲ.①树木 – 植物志 – 广西　Ⅳ.①S717.267

中国版本图书馆CIP数据核字(2013)第257481号

中国林业出版社·自然保护图书出版中心
策划编辑：李敏
责任编辑：李敏　肖静

出版　中国林业出版社(100009　北京西城区德胜门内大街刘海胡同7号)
　　　　http：//lycb. forestry. gov. cn　电话：(010)83280498
　　　　E-mail：lmbj@163. com
印刷　北京中科印刷有限公司
版次　2014年2月第1版
印次　2014年2月第1次
开本　889mm×1194mm　1/16
印数　1～2000册
印张　41. 75
字数　1202千字
定价　360. 00元

《广西树木志》(第二卷)编辑委员会

领导小组

袁铁象　项东云　陈崇征

主　编

梁盛业

副主编

梁瑞龙　黄开勇　黄应钦　李士谔　李　娟　林建勇

第二卷编著者

杨 柳 科	梁盛业	梁瑞龙
杨 梅 科	梁盛业	梁瑞龙
桦 木 科	梁盛业	梁瑞龙
壳 斗 科	梁盛业	梁瑞龙
马尾树科	梁盛业	梁瑞龙
胡 桃 科	梁盛业	梁瑞龙
木麻黄科	王宏志	梁瑞龙
榆 　 科	王宏志	梁瑞龙
桑 　 科	王宏志	梁瑞龙
荨 麻 科	王宏志	梁瑞龙
杜 仲 科	王宏志	林建勇
红 木 科	王宏志	林建勇
大风子科	梁盛业	林建勇
瑞 香 科	梁盛业	林建勇
紫茉莉科	梁盛业	林建勇
山龙眼科	梁盛业	林建勇
海桐花科	梁盛业	林建勇
山 柑 科	梁盛业	林建勇
柽 柳 科	李士谔	李　娟
堇 菜 科	李士谔	李　娟
远 志 科	李士谔	李　娟
番木瓜科	李士谔	梁　萍
椴 树 科	李信贤	陈海林
杜 英 科	李信贤	陈海林
梧 桐 科	李信贤	陈海林
木 棉 科	李信贤	梁　萍
锦 葵 科	温远光	黄大勇
粘 木 科	温远光	黄大勇
金虎尾科	温远光	黄大勇

亚 麻 科　　温远光　黄大勇
古 柯 科　　郑惠贤　李 娟
大 戟 科　　郑惠贤　黄开勇
小盘木科　　钟 坚　黄开勇
山 茶 科　　钟 坚　黄开勇
水东哥科　　钟业聪　黄开勇
猕猴桃科　　钟业聪　黄开勇
五列木科　　钟业聪　黄开勇
金莲木科　　钟业聪　黄开勇
龙脑香科　　庄 嘉　黄开勇
钩枝藤科　　庄 嘉　刘 建
山 柳 科　　庄 嘉　刘 建
杜鹃花科　　黄应钦　李立杰
乌饭树科　　黄应钦　李立杰
金丝桃科　　黄应钦　蓝 肖
藤 黄 科　　黄应钦　蓝 肖
桃金娘科　　黄应钦　戴 俊
红 树 科　　黄应钦　戴 俊
海 桑 科　　黎向东　蓝 肖
石 榴 科　　黄开响　郝海坤
使君子科　　黄开响　郝海坤
野牡丹科　　和太平　郝海坤
冬 青 科　　和太平　戴 俊
茶茱萸科　　黄开响　韦 维
卫 矛 科　　黎向东　戴 俊
翅子藤科　　和太平　韦 维

第二卷整编人员

梁瑞龙　黄开勇　黄应钦　黄大勇　李 娟　林建勇　郝海坤
戴 俊　刘 建　蓝 肖　李立杰　陈海林　韦 维　梁 萍

绘(描)图

黄应钦

《广西树木志》各卷中科的分布

第一卷

桫椤科
苏铁科
银杏科
南洋杉科
松科
杉科
柏科
罗汉松科
三尖杉科
红豆杉科
买麻藤科
木兰科
八角科
五味子科
番荔枝科
樟科
莲叶桐科
肉豆蔻科
五桠果科
牛栓藤科
马桑科
蔷薇科
毒鼠子科
蜡梅科
苏木科
含羞草科
蝶形花科
山梅花科
绣球科
虎耳草科
鼠刺科
安息香科

山矾科
山茱萸科
鞘柄木科
八角枫科
蓝果树科
五加科
忍冬科
金缕梅科
悬铃木科
旌节花科
黄杨科
交让木科

第二卷

杨柳科
杨梅科
桦木科
壳斗科
马尾树科
胡桃科
木麻黄科
榆科
桑科
荨麻科
杜仲科
红木科
大风子科
瑞香科
紫茉莉科
山龙眼科
海桐花科
山柑科

柽柳科
堇菜科
远志科
番木瓜科
橄树科
杜英科
梧桐科
木棉科
锦葵科
粘木科
金虎尾科
亚麻科
古柯科
大戟科
小盘木科
山茶科
水东哥科
猕猴桃科
五列木科
金莲木科
龙脑香科
钩枝藤科
山柳科
杜鹃花科
乌饭树科
金丝桃科
藤黄科
桃金娘科
红树科
海桑科
石榴科
使君子科

第三卷

铁青树科
山柚子科
桑寄生科
檀香科
胡颓子科
鼠李科
葡萄科
紫金牛科
柿科
山榄科
肉实树科
芸香科
苦木科
橄榄科
阳桃科
楝科
无患子科
伯乐树科
清风藤科
漆树科
槭树科
七叶树科
省沽油科
醉鱼草科
马钱科

野牡丹科
冬青科
茶茱萸科
卫矛科
翅子藤科

木犀科
夹竹桃科
杠柳科
萝摩科
茜草科
紫葳科
厚壳树科
马鞭草科
毛茛科
大血藤科
木通科
防己科
南天竹科
小檗科
马兜铃科
胡椒科
蓼科
千屈菜科
白花丹科
草海桐科
菊科
茄科
玄参科
爵床科
苦槛蓝科
唇形科
芭蕉科
菝葜科
龙舌兰科
棕榈科
露兜树科
竹亚科

前　言

　　2003 年 6 月，中共中央、国务院在《关于加快林业发展的决定》(中发[2003]9 号)中指出：加强生态建设，维护生态安全，是 21 世纪人类面临的共同主题，也是我国经济社会可持续发展的重要基础。全面建设小康社会，加快推进社会主义现代化，必须走生产发展、生活富裕、生态良好的文明发展道路，实现经济发展与人口、资源、环境的协调，实现人与自然的和谐相处。森林是陆地生态系统的主体，林业是一项重要的公益事业和基础产业，承担着生态建设和林产品供给的重要任务，做好林业工作意义十分重大。

　　构成森林主体的林木种质资源是开展林业工作的根本，它不但是生物多样性和生态系统多样性的基础，也是林业生产力发展和林业可持续发展的战略性资源，是国家乃至全人类的宝贵财富。随着国民经济发展和人民生活水平的不断提高，对各种木材产品、果品、花卉、药材和工业原材料的要求越来越趋于优质、高效和多样化。根据国家发展和改革委员会、中华人民共和国财政部、国家林业局联合发布的《全国林木种苗发展规划(2011~2020 年)》，到 2015 年，完成 25 个省(自治区、直辖市)主要造林树种种质资源调查；到 2020 年，完成全国林木种质资源调查工作，大力开展优良种质资源的保护和利用；全面摸清林木种质资源的种类、数量、分布和濒危状况；依次制订各类林业珍稀濒危物种和有重要生态价值、经济价值、科研价值的物种保护利用名录，为国家有计划地开展林木种质资源的收集、保存、利用工作打好基础。因此，调查、评价现有林木种质资源，保存和储备多样化的可供选择开发利用的林木种质资源，显得尤为重要。

　　广西地处我国南部，位于东经 104°26′~112°04′和北纬 20°54′~26°24′之间，南临北部湾，与海南省隔海相望，东连广东，东北接湖南，西北靠贵州，西邻云南，西南与越南毗邻，是我国西南内陆连接沿海地区的枢纽，在我国全方位开放以及在大西南联合开放开发中占有战略地位和具有主导作用。广西陆地区域面积 23.67 万 km²，占全国国土总面积的 2.5%，居全国第 9 位，其中林业用地面积 1506.70 万 hm²，占全区国土面积的 63.5%，居全国第 5 位，森林面积逾 1430.00 万 hm²，森林覆盖率达到 60.5%，居全国第 4 位。广西地跨北热带、南亚热带和中亚热带 3 个生物气候带，北回归线横贯中部，气候条件优越，物种资源丰富，目前境内已发现和命名的野生维管束植物共计 297 科 1820 属 8563 种(含亚种、变种及变型),包括蕨类植物 56 科 155 属 833 种,裸子植物 8 科 19 属 62 种,被子植物 233 科 1646 属 7668 种,其中国家重点保护野生植物 88 种(国家一级重点保护野生植物 25 种,国家二级重点保护野生植物 63 种),广西重点保护野生植物 84 种。植物种类数量仅次于云南省和四川省,居全国第 3 位。丰富的生物物种资源构成了丰富的遗传多样性,显示了广西作为全国生物多样性最丰富地区之一的重要地位。

《广西树木志》是广西壮族自治区林业科学研究院主持承担的广西壮族自治区林业科学与研究项目"广西树木物种资源的研究"(项目编号:林科字[1996]第 44 号)的重要内容和核心成果。自广西壮族自治区林业厅于 1996 年立项实施以来,课题组在广西广大林业科技工作者多年努力工作所取得的科研成果的基础上,认真组织了广西壮族自治区林业科学研究院、广西大学林学院、广西壮族自治区林业勘测设计院、广西生态工程职业技术学院、南宁树木园、广西壮族自治区国有高峰林场等单位的学者、专家参与鉴定标本、编写书稿和提供相关资料。植物分类学研究的不断深入致使种系变动较多,故书稿历经数次核校后才最终定稿。

在本专著中,裸子植物按郑万钧系统(中国植物志·第七卷)排列,被子植物按哈钦松系统(1926、1934)排列。第二卷共编入木本植物 55 科 245 属 1291 种(含 82 变种及变型),配图 582 幅。对分布于广西区内的木本植物的形态特征、地理分布、环境条件的适应性能、生长特性和利用价值等进行了扼要阐述,力求文字简练、图文并茂。树种的中文名只选用最通用名称,并尊重《中国植物志》各卷以及《中国树木志》各卷的用名,尽量与其保持一致,地方名称除极通用的外,并未一一列举。因限于人力和经费,所配图幅采用了部分仿绘图,凡仿绘图均标明"仿图"字样,仿图出处均存于底图上。仿绘图主要源于《中国植物志》《中国树木志》《中国高等植物图鉴》和《广西珍稀濒危树种》等资料,在此谨向原著(图)作者及单位深切致谢。

本专著的正式出版发行,可为农林业科研、生产和教学活动提供基本资料和参考依据。同时,对于全面了解和掌握广西林木种质资源现状,帮助制订种质资源与利用规划,实现林木种质资源的科学、有效保护与合理开发,促进林业可持续发展具有深远的意义。

本专著从立项、调查、组织编写、核校直至出版始终得到了广西壮族自治区林业厅和广西壮族自治区林业科学研究院历任领导的亲切关怀和大力支持,并承蒙世界银行资助的"广西综合林业发展和保护"项目提供编校和出版经费,在此一并深表谢忱。

由于水平有限,遗漏、欠妥和错误之处在所难免,敬请学者、专家和广大读者批评指正。

编著者

2013 年 6 月 8 日

《广西树木志（第二卷）》目录

45　杨柳科 Salicaceae

落叶乔木或灌木。树皮通常具苦味。有顶芽或无顶芽，芽由 1 至多枚鳞片所包被。单叶互生，稀对生，不分裂或浅裂，全缘、锯齿缘或齿牙缘；托叶鳞片状或叶状。花单性，雌雄异株，柔荑花序；花着生于苞片与花序轴间；雄蕊 2 枚至多数；雌蕊由 2~4(~5)个心皮合成，子房 1 室，侧膜胎座，胚珠多数，花柱不明显至很长，柱头 2~4 裂。蒴果 2~4(~5)瓣裂。种子微小，基部围有多数白色丝状长毛，种皮薄，胚伸直，无胚乳或有少量胚乳。

3 属约 620 种。中国 3 属约 340 种；广西 2 属约 19 种（包括栽培种、变种）。

分属检索表

1. 小枝通常较粗；髓心五角状，有顶芽；芽鳞多数；叶柄通常较长。雌雄花序均下垂，苞片先端分裂，花盘杯状 ··· **1. 杨属 Populus**
1. 小枝通常较细；髓心近圆形，无顶芽；芽鳞 1 枚；叶柄通常较短；雌雄花序均直立或斜展，苞片全缘，无杯状花盘 ··· **2. 柳属 Salix**

1. 杨属 Populus L.

落叶乔木。树干通常端直。有顶芽，芽鳞多数，稀少数。枝有长短之分，髓心五角状。叶多为卵圆形、卵圆状披针形或三角状卵形，全缘或具齿，基部常有腺体；叶柄较长。柔荑花序下垂，苞片先端尖裂或条裂，稀全缘，膜质，早落，具杯状花盘；雄蕊 4 枚至多数，着生于花盘内，花药暗红色，花丝较短，分离；花柱短，柱头 2~4 裂。蒴果 2~4(~5)裂；种子小，多数，子叶椭圆形。

全球约 100 种。中国 70 余种（包括引入种）；广西产 1 种，引种栽培 3 种 1 变种。

分种检索表

1. 叶缘具缺裂、缺刻、波状钝齿或粗锯齿，长枝叶具绒毛或毡毛。
    2. 叶片 3~5 掌状缺裂或波状缺刻；芽、幼枝、幼叶上下面、老叶下面、叶柄均被白色绒毛；叶柄微扁，无腺体 ··· **1. 银白杨 P. alba**
    2. 叶片不为 3~5 掌状分裂；长枝叶下面密被灰白色绒毛，后脱落；叶柄上部侧扁，有毛，先端有腺体 ········· ··· **2. 毛白杨 P. tomentosa**
1. 叶缘有较整齐的钝锯齿，齿端内曲，长枝叶无毛。
    3. 叶缘无半透明边，苞片边缘有长毛；叶柄顶端有腺体；叶卵圆或卵形，长 5~15cm，基部截形或心形 ········· ··· **3. 响叶杨 P. adenopoda**
    3. 叶缘有半透明狭边，苞片边缘无长毛。
        4. 小枝无棱；叶扁三角状卵形或菱形，长约 7.5cm，先端短渐尖，基部宽楔形或楔形；叶柄长 2.0~4.5cm，顶端无腺体 ································· **4a. 钻天杨 P. nigra** var. **italica**
        4. 小枝有棱；叶三角形或三角状卵形，先端渐长尖，基部截形或宽楔形，长枝和萌枝的叶长 10~20cm；叶柄长 6~10cm，顶端无或有 1~2 枚腺体 ················· **5. 加杨 P. × canadensis**

1. 银白杨　白背杨　图 377

Populus alba L.

乔木，高 35m。树皮白色至灰白色，平滑，下部常粗糙。芽及幼枝密被白色绒毛。萌芽和长枝的叶宽卵形或三角状卵形，掌状 3~5 浅裂或波状缺刻，长 4~10cm，宽 3~8cm，裂片先端钝尖，基部阔楔形或圆形，中裂片远大于侧裂片，边缘呈不规则凹缺，侧裂片不裂或凹缺状浅裂，初时两面被白绒毛，后上面脱落；短枝叶较小，卵形或椭圆状卵形，边缘有不规则且不对称的钝齿牙；上面光滑，下面被白色绒毛；叶柄微扁，短于或等于叶片，被白绒毛。雄花序长3~6cm；花序轴有毛，苞片膜质，长约3mm；花盘具短梗，宽椭圆形，歪斜；雄蕊8~10枚；雌花序长5~10cm，花序轴有毛，花柱短，柱头2枚。蒴果窄圆锥形，长约5mm，2裂，无毛。花期4~5月；果期5月。

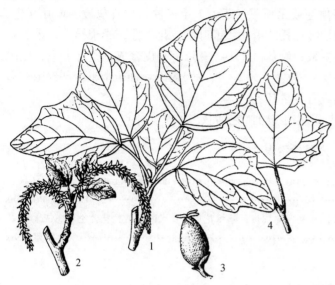

图377 银白杨 *Populus alba* L. 1. 花枝；2. 雌花序；3. 雌花；4. 萌枝叶。（仿《中国植物志》）

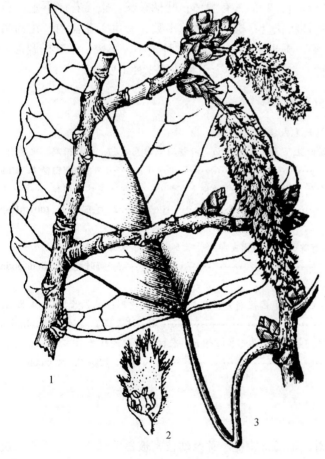

图378 毛白杨 *Populus tomentosa* Carrière 1. 雌花序；2. 苞片；3. 叶。（仿《中国高等植物图鉴》）

桂林、南宁有栽培。原产于新疆，中国东北、华北、西北及西藏有栽培；亚洲其他地区、欧洲及北非也有栽培。喜大陆性气候，耐寒，深根性，抗风力强，喜沙地、砂壤土及流水沟渠边。不耐湿热，在华南栽培常受病虫害。播种或插条繁殖。插条繁殖，选用1~2年生苗或大树基部1年生萌条，将枝条进行冬季沙藏，保持0~5℃低温，或早春将剪好的插穗放入冰水中浸5~10h，再用湿沙分层覆盖，经5~10d后扦插。在水肥条件较好地段，也可扦插造林。木材纹理直，结构细，质轻软，可供造纸等用；树皮可供提制栲胶；叶磨碎可驱臭虫。树形高大，枝叶美观，幼叶红艳，可作绿化树种。

2. 毛白杨 大叶杨 图378
Populus tomentosa Carrière

大乔木，高40m，胸径1m。树皮暗灰色。长枝叶三角状卵形，长7~15cm，宽8~13cm，先端渐尖，基部心形或截形，具不规则波状缺刻，缺刻先端尖或有粗锯齿，叶背密生灰白色绒毛，后渐脱落；叶柄上部侧扁，长2.5~7.0cm，顶端通常有2(3~4)腺点；短枝叶三角状卵形或三角状卵圆形，具波缺刻，幼时有毛，后渐脱落；叶柄长6.0~8.5cm，通常无腺体。雄花序长10~14cm，苞片尖裂。果序长约14cm；蒴果2瓣裂。花期3月；果期4月。

主要分布于黄河流域，北至辽宁南部，南达江苏、浙江，西至甘肃东部，西南至云南均有。桂林有引种栽培。喜光及温凉气候，年平均气温11~15℃，年平均降水量500~800mm的地区较适宜。播种、插条或埋条繁殖。木材纹理直，结构细，易干燥，易加工，油漆及胶黏性能良好，可作箱板、造纸等用材；树皮可供提制栲胶。

3. 响叶杨 图379

Populus adenopoda Maxim.

乔木，高30m。树皮灰白色，光滑，老时深灰色，纵裂。芽圆锥形，有黏质，无毛。叶卵圆形或卵形，长5~15cm，宽4~7cm，先端长渐尖，基部截形或心形，边缘有圆钝锯齿，齿尖内曲，齿端有腺点；幼时两面被弯曲柔毛，背面更密，后脱落；叶柄较短，被绒毛或柔毛，长2~8cm，顶端有2枚显著腺体。雄花序长6~10cm，苞片条裂，有长缘毛，花盘齿裂。果序长12~20cm；花序轴有毛；蒴果卵状长椭圆形，长4~6mm，稀2~3mm，先端尖，无毛，有短梗，2裂。种子倒卵状椭圆形，长约2.5mm，暗褐色。花期3~4月；果期4~5月。

产于龙胜、资源、灵川、贺州、武宣、融水、南丹、天峨、乐业、田林、西林。生于海拔500~1600m的阴坡灌木丛中、杂木林中或沿河两旁。分布于中国西南、华中、华东、西北，广西为其分布的南界。喜光，在土层深厚的微酸性或中性土壤上生长良好，较耐干旱，速生，天然更新能力强，根际萌蘖力强。播种或分蘖繁殖，插条不易成活。树干挺拔，枝繁叶茂，别有情趣，为广西西北部地区优良四旁绿化树种。木材纹理直，结构细，供制牙签、造纸等用。

图379 响叶杨 Populus adenopoda Maxim.
1. 雌花序；2. 苞片；3. 叶；4. 果序。（仿《中国高等植物图鉴》）

4. 钻天杨 黑杨、美国白杨、箭杆杨 图380

Populus nigra var. **italica** Koehne

乔木，高30m。树皮暗灰褐色。长枝叶扁三角状卵形或菱形，通常宽大于长，长约7.5cm，先端短渐尖，基部宽楔形或楔形，边缘钝圆锯齿，内曲；短枝叶菱状三角形，长5~10cm，宽4~9cm，先端渐尖，基部楔形或近圆形；叶柄上部微扁，长2.0~4.5cm，顶端无腺点。雄花序长4~8cm，花序轴光滑，雄蕊15~30枚；雌花序长10~15cm。蒴果2瓣裂。花期4月；果期5月。

原产于意大利，广植于欧洲、亚洲、美洲。中国华北、西北、东北及长江流域有广泛栽培；桂林有栽培。喜光、抗寒、耐干旱气候，稍耐盐碱及水湿，但在低洼常积水处生长不良。生长迅速，寿命较短，抗病虫害能力较差。扦插繁殖。木材松软，供作火柴、造纸等用。

5. 加杨 加拿大杨、加拿大白杨、美国大叶白杨

Populus ×canadensis Moench

大乔木，高30m，胸径1m。萌枝及苗茎棱角明

图380 钻天杨 Populus nigra var. **italica** Koehne
1. 叶枝；2. 苞片；3. 雄蕊；4. 花药；5. 雌花序。（仿《中国高等植物图鉴》）

显，小枝圆柱形，稍有棱角，无毛。叶三角形或三角状卵形，长 7～10cm，长枝和萌枝叶较大，长 10～20cm，一般长大于宽，先端长尖，基部截形或宽楔形，边缘具钝圆锯齿，内曲，边缘半透明；叶柄侧扁而长，长 6～10cm，带红色，无腺体或有 1～2 枚腺体。雄花序长 7～15cm，花序轴光滑，每花有雄蕊 15～25 枚；苞片不整齐，花丝深裂，花盘淡绿色，全缘，花丝细长，超出花盘；雌花序有花 45～50 朵，柱头 4 裂。果序长约 27cm，蒴果卵圆形，先端锐尖，2～3 瓣裂。花期 4 月；果期 5～6 月。

本种人工杂种很多，选育了多个无性系，生长迅速。广植于欧洲、亚洲及美洲。中国各地有引种；桂林、融水、融安、南宁、柳州有栽培，但病虫危害严重。喜光，对土壤水肥要求较高，适生于河滩淤地、谷地、河流两岸及水肥条件较好的荒山和四旁。扦插易活。木材纹理直，易干燥，易加工，供作造纸、芽签、箱板等用材。

2. 柳属 Salix L.

乔木或灌木。无顶芽，芽鳞单一。小枝圆柱形，髓心近圆形。侧芽通常紧贴枝上。叶互生，稀对生，通常狭而长，多为披针形，有锯齿或全缘；叶柄短；托叶早落或在萌枝上宿存，多有锯齿。柔荑花序直立或斜展，苞片全缘，无杯状花盘，有腺体；雄蕊 2 枚至多数，花丝长离生或部分或全部合生；雌蕊由 2 个心皮组成。蒴果 2 瓣裂。种子小，多暗褐色。本属多为灌木，稀乔木，无顶芽，合轴分枝，雄蕊较少，较杨属进化。

全球 520 余种，主产于北半球温带地区。中国约 250 种；广西 14 种（包括引种栽培）。

分种检索表

1. 叶狭披针形或线状披针形 ………………………………………………………… **1. 垂柳 S. babylonica**
1. 叶不为线形。
  2. 叶小，长 1.0～1.5cm，宽约 4mm；花枝从当年生小枝发出，秋冬开花结实 ………… **2. 秋华柳 S. variegata**
  2. 叶长 2.5cm，宽 1cm 以上。
    3. 叶全缘或波状或具不整齐的圆钝齿。
      4. 小枝被毛。
        5. 叶全缘或仅萌生枝上的叶有细锯齿。
          6. 芽有毛；叶柄长 5～7mm；叶两面除中脉上有短柔毛外，无毛，幼叶下面被长柔毛，后无毛；花苞片褐色，疏被长柔毛；子房无毛或略被短柔毛 …………………………………… **3. 巴柳 S. etosia**
          6. 芽无毛；叶柄长约 1cm；叶上面初有丝毛，后无毛，下面有平伏的绢质短柔毛或无毛；花苞片黑色，被绢毛；子房密被短柔毛，有长柄 …………………………………… **4. 皂柳 S. wallichiana**
        5. 叶非全缘。
          7. 叶先端长渐尖或尾尖，叶缘有粗腺锯齿，叶脉在两面凸起，呈网状 ………… **5. 粤柳 S. mesnyi**
          7. 叶先端急尖或渐尖，叶缘非粗腺锯齿，叶脉不为上述性状。
            8. 乔木；枝条紫红色；叶缘有圆锯齿或圆齿，叶柄长约 1cm，有短柔毛 …… **6. 紫柳 S. wilsonii**
            8. 灌木；枝条非紫红色；叶缘具细齿，稀全缘，叶柄长 4～6mm，密被绒毛 …………………………………………………………………………………… **7. 草地柳 S. praticola**
      4. 小枝无毛。
        9. 托叶缺；花枝短而纤细，无叶或有小叶；花序轴无毛 ………… **8. 中越柳 S. balansaei**
        9. 托叶显著，宿存；花枝长而粗壮，有甚大的叶；花序轴被毛 ………… **9. 桂柳 S. boseensis**
    3. 叶缘具整齐的细锯齿或腺锯齿。
      10. 叶柄长约 1.5cm，无毛；叶大，长 6～16cm，边缘具细锯齿 ………… **10. 四子柳 S. tetrasperma**
      10. 叶柄长 1.2cm 以下，被毛，至少幼时有毛；叶较小，长不超过 11cm。
        11. 小枝紫色；叶柄短，长 2～3mm，密被柔毛；叶小，长 2.5～4.0cm，宽 1.5～2.0cm …………………………………………………………………………………… **11. 长梗柳 S. dunnii**
        11. 小枝红褐色或褐色；叶柄较长，长 5mm 以上，叶长 4cm 以上。

1. 垂柳 图 381

Salix babylonica L.

乔木，高 18m。小枝细长，下垂，淡褐黄色、淡褐色或带紫色，无毛。叶狭披针形或线状披针形，长 8 ~ 16cm，宽 0.5 ~ 1.5cm，先端长渐尖，基部楔形，两面无毛或微有毛，具细锯齿；叶柄长 0.5 ~ 1.2cm，有短柔毛；托叶仅生在萌蘖枝上。雄花序长 1.5 ~ 3.0cm，轴有毛，雄蕊 2 枚，花丝分离，腺体 2 枚；雌花序长 2 ~ 3cm，基部有 3 ~ 4 枚小叶，轴有毛，子房无毛或下部稍有毛，无柄或近无柄，具 1 枚腺体，花柱短，柱头 2 ~ 4 深裂。蒴果长 3 ~ 4mm。花期 3 ~ 4 月；果期 4 ~ 5 月。

原产于长江与黄河流域。广西各地有栽培。喜光，耐水湿，也能生于旱地。多用扦插繁殖。树形优美，枝条下垂，随风起舞，婀娜多姿，优良堤岸绿化树种。近年，南宁等地还引入了金丝垂柳（S. babylonica × S. alba - vitellina）无性系苗，抗旱性稍差，但栽植于池塘边等水湿条件优越处，生长良好，观赏价值较垂柳高。木材红褐色，轻柔有韧性，可供制箱板、造纸、胶合板等用；枝条可供编筐；树皮含鞣质，可供提制栲胶。

2. 秋华柳

Salix variegata Franch.

灌木，高 1m。幼枝粉紫色，有绒毛，后无毛。叶通常为长圆状倒披针形或倒卵状长圆形，形状多变化，长 1.5cm，宽约 4mm，先端急尖或钝，上面散生柔毛，下面有伏生绢毛，全缘或有锯齿；叶柄短。花于叶后开放，稀同时开放；花序长 1.5 ~ 2.5cm，花序梗短，生 1 ~ 2 小叶；雄蕊 2 枚，花丝合生，腺体 1 枚，圆柱形；子房卵形，无柄，密被柔毛，花柱无或近无，柱头 2 裂；仅 1 枚腹腺。蒴果狭卵形，长约 4mm。秋冬季开花结实。

产于隆林。生于河滩沙石处或水边。分布于云南、贵州、四川、湖北、河南、陕西、甘肃、西藏等地。耐水湿，可长时间不间断地淹没在水中，是优良的护堤护岸树种。枝条供编织篓筐用。

3. 巴柳

Salix etosia C. K. Schneid.

灌木或小乔木。当年生和 1 年生枝较粗壮，密被污色柔毛或绒毛，后无毛，褐色。

图 381　垂柳 Salix babylonica L. 1. 果序枝；2. 叶；3. 果。(仿《中国植物志》)

芽卵形，污褐色，有毛。叶椭圆形或长圆状椭圆形，长 4.0 ~ 6.5cm，宽 1.8 ~ 2.5cm，两端急尖或基部楔圆形，上面绿色，下面浅绿色或稍发白色，两面除中脉上有短柔毛外，无毛，幼叶下面被长柔毛，后脱落，侧脉 10 ~ 15 对，全缘；叶柄长 5 ~ 7mm，有柔毛或绒毛。花先于叶开放或近同时开放，花序圆柱形，花序梗长 0.5 ~ 1.0cm，梗上有约 1cm 长的 2 ~ 4 枚小叶；雄花序长 3.0 ~ 3.5cm，粗 8 ~ 10mm；雄蕊 2 枚，花丝离生或部分合生，长达 5mm，无毛；苞片卵形或长圆状卵形，褐色，长约 2mm，具 1 枚腹腺；雌花序长 4 ~ 6cm，粗 6 ~ 8mm；子房卵状长圆形，长 2.0 ~ 3.5mm，无毛或腹部稍有短柔毛，有柄，花柱明显，具腺体 1 枚，腹生，长圆形，比子房柄稍短。蒴果长 6 ~ 7mm。花期 3 ~ 4 月；果期 5 月。

产于资源、龙胜。生于林缘、溪畔。分布于湖南、湖北、云南、贵州。

4. 皂柳

Salix wallichiana Anderss.

灌木或乔木。小枝红褐色、黑褐色或绿褐色，初有毛而后无毛。芽卵形，有棱，先端尖，常外弯，红褐色或栗色，无毛。叶披针形，长圆状披针形，长 4 ~ 8cm，宽 1.0 ~ 2.5cm，先端急尖至渐尖，基部楔形至圆形，上面初有丝毛，后无毛，平滑，下面有平伏的绢质短柔毛或无毛，浅绿色至有白粉，网脉不明显，幼叶红色；全缘，萌枝叶常有细锯齿；叶柄长约 1cm；托叶小，比叶柄短，边缘有牙齿。花序先于叶开放或近同时开放，无花序梗或有短梗；雄花序长 1.5 ~ 2.5cm；雄蕊 2 枚，花丝纤细，离生，长 5 ~ 6mm，无毛或基部有疏柔毛；苞片黑色，两面有白色长毛或外面毛少；腺体 1 枚；雌花序圆柱形，长 2.5 ~ 4.0cm，果序可伸长至 12cm；子房狭圆锥形，长 3 ~ 4mm，密被短柔毛，子房柄短或受粉后逐渐伸长，花柱短至明显，柱头直立，2 ~ 4 裂；苞片有长毛。蒴果长可达 9mm，有毛或近无毛。花期 4 ~ 5 月；果期 5 月。

产于资源。生于海拔 900m 以上的山坡林缘。分布于湖南、湖北、云南、四川；印度、不丹、阿富汗、尼泊尔也有分布。喜光，较耐干旱。播种或扦插繁殖。枝条可供编筐、篓；根入药，有祛风、解热、除湿的功效，可治风湿关节炎、头风痛。

5. 粤柳

Salix mesnyi Hance

小乔木，高 4m。树皮淡黄灰色，片状剥裂。当年生枝密生锈色短柔毛，后变秃净，褐色。叶革质，卵状椭圆形，长 7 ~ 9cm，宽 3 ~ 6cm，先端长渐尖或尾尖，基部圆形或近心形，上面亮绿色，下面稍淡，近无毛，幼叶两面有锈色短柔毛，沿中脉更密，叶脉在两面凸起，呈网状，叶缘有粗腺锯齿；叶柄长 1.0 ~ 1.5cm，幼叶柄上密生锈色毛，后无毛。雄花序：具短柄，基部无叶，长约 5cm，基部苞片内面及边缘有短柔毛，外面近无毛；雄蕊 5 ~ 6 枚；雌花序：具较长的柄，长约 7cm，基部有叶 2 ~ 3 枚，花序总轴被灰色茸毛，苞片同雄花的，长为子房柄的 1 ~ 2 倍；雌花仅有腹腺。蒴果无毛，具柄，柄长为果的 1/4。花期 3 月；果期 4 月。

产于桂林、临桂、全州、恭城、金秀、柳州。多生于低山丘陵的溪流旁及沼泽地。分布于广东、福建、湖南、江西、浙江及江苏南部、安徽南部。

6. 紫柳

Salix wilsonii Seemen

乔木，高 13m。枝条紫红色，幼枝有毛，后无毛。叶椭圆形，长 4 ~ 8cm，宽 1.5 ~ 3.0cm，先端急尖至渐尖，基部楔形至圆形，幼叶常红色，上面绿色，下面苍白色，边缘有圆锯齿或圆齿；叶柄长约 1cm，有短柔毛，通常上端无腺点；托叶不发达，卵形，早落；萌枝上的托叶发达，肾形，长 1cm 以上，有腺齿。花与叶同时开放；雄花序：长 2.5 ~ 6.0cm，花较稀疏，雄蕊 3 ~ 5 枚；雌花序：长 2 ~ 4cm，疏花，花序轴有白色柔毛，子房狭卵形或卵形，无毛，有长柄，柱头短，2 裂；腹腺宽，抱柄，背腺小。蒴果卵状长圆形。花期 3 ~ 4 月；果期 5 月。

产于广西北部。生于水边堤岸。分布于湖北、湖南、贵州、江西、安徽、江苏、浙江等地。

7. 草地柳

Salix praticola Hand. – Mazz. ex Enand.

灌木。帚状分枝，小枝密被细绒毛，后脱落。芽卵形，栗色，无毛或基部有毛。叶椭圆状披针形或倒卵状长圆形，长 3.5 ~ 5.5cm，萌枝叶长 8 ~ 9cm，先端急尖或短渐尖，基部窄圆形，上面中脉基部有短柔毛，下面幼叶初时被毛，后脱落近无毛，具细齿，稀全缘；叶柄长 4 ~ 6mm，密被绒毛。雄花序：圆柱形，长 3.0 ~ 3.5cm；雌花序：长可达 6cm，序梗长 0.5 ~ 1.5cm，具 2 ~ 4 枚小叶；雄蕊 2 枚，花丝下部有长柔毛，苞片边缘和内面有长柔毛；腺体 2 枚；子房卵形，无柄，无毛，花柱明显，2 裂，苞片边缘有疏柔毛；雌花仅有 1 腹腺。蒴果近圆锥形，长约 4mm。花期 7 ~ 8 月；果期 8 ~ 9 月。

产于兴安、龙胜、资源、融水、隆林。生于海拔 1000 ~ 1500m 草坡或山坡。分布于四川、贵州、云南、湖北、湖南等地。

8. 中越柳

Salix balansaei Seemen

灌木。1 年生小枝淡褐色，初有毛，后无毛。花枝短而纤细，无叶或有小叶。芽卵状长圆形，紫褐色，无毛。叶披针形，长 15 ~ 20cm，宽 3.0 ~ 4.5cm，先端短渐尖，基部宽楔形或圆形，幼叶两面有绢质柔毛，后逐渐脱落，成熟叶除中脉外无毛或近无毛，淡绿色或稍发白色，全缘或有不明显的腺锯齿；无托叶；叶柄长 1.0 ~ 1.5cm，有短柔毛。花与叶同时开放；花序细长，长 7 ~ 10cm（果序长可达 20cm），无毛，花序梗长约 1.5cm，具有 2 ~ 4 枚叶；雄蕊 4 ~ 8 枚，花丝离生，中部以下有柔毛，较苞片长约近 1 倍；苞片长约 1mm，外面有柔毛，内面无毛；腺体 1 枚，腹生；子房具长柄，雌花有腺体 1 枚。蒴果长达 5mm，卵球形，无毛，先端锐尖。花期 5 月中旬；果期 6 月。

产于桂林。分布于湖南南部；越南也有分布。

9. 桂柳

Salix boseensis N. Chao

灌木。2 年生小枝淡褐色，无毛。花枝红褐色，无毛，粗壮，长 4 ~ 5cm，直径约 3mm，有数枚正常叶。叶长圆状椭圆形或倒卵状长圆形，边缘常具圆齿状锯齿，托叶近长圆形或近卵形，边缘有不规则的细齿或细锯齿。花序轴被短的灰色弯曲柔毛；苞片不规则卵形或长圆状卵形，腺体 1 枚，腹生；雄蕊无毛。蒴果圆锥形，长约 5mm。

广西特有种，产于百色。

10. 四子柳 四籽柳 图 382

Salix tetrasperma Roxb.

乔木，高 10m。叶卵状披针形或条状披针形，长 6 ~ 16cm，宽 2.5 ~ 4.5cm，先端长渐尖或渐尖，上面绿色，无毛，下面苍白色，有白粉，无毛，边缘具细锯齿；叶柄长约 1.5cm，无毛，托

图 382 四子柳 **Salix tetrasperma** Roxb. 1. 雄花序枝；2. 雄花；3. 雌花序（幼果）；4. 幼果。(仿《中国植物志》)

图383 1. 长梗柳 Salix dunnii C. K. Schneid. 雌花序枝。2~6. 南川柳 Salix rosthornii Seemen 2. 雄花序；3. 雄花；4. 果序枝；5. 雌花；6. 萌枝叶，示托叶。（仿《中国植物志》）

图384 腺柳 Salix chaenomeloides Kimura 1. 果序枝；2. 雄花序；3. 雌花。（仿《中国高等植物图鉴》）

叶扁卵形，有腺锯齿。花后于叶开放，花序长约10cm，梗长1.5~2.0cm，具2~3枚小叶，轴密生短柔毛，苞片椭圆形，先端渐尖或钝圆，两面密生灰白色柔毛，腺体2枚，常结合成多裂的假花盘；子房具长柄，卵形，花柱短，先端2裂。果长可达1cm，无毛。花期9~10月或1~4月；果期11~12月或5月。

产于靖西、德保、隆林、贵港。生于海拔1800m以下河边。分布于广东、湖南、云南、西藏；南亚及东南亚各国也有分布。萌芽力强，多采用插条育苗繁殖。木材纹理斜，材质轻软，韧性大，纤维长，可供造纸、纤维板、医疗夹板、牙签等用。根群强大，枝条多而柔韧，是理想的护堤树种。

11. 长梗柳 闽柳 图383：1

Salix dunnii C. K. Schneid.

灌木或小乔木。小枝紫色，密被柔毛，后无毛。叶椭圆形或椭圆状披针形，长2.5~4.0cm，宽1.5~2.0cm，先端钝圆或尖，常有一小尖头，基部阔楔形至圆形，上面疏被柔毛，下面被白色平伏柔毛，叶缘疏生腺齿，稀近全缘；叶柄较短，长2~3mm，密被柔毛。雄花序长约5cm，具3~5枚小叶，序轴密被灰白色柔毛；雄蕊3~6枚，花丝基部被柔毛；苞片卵形或倒卵形，基部被柔毛，具睫毛；腺体2枚；雌花序长约4cm，梗上具3~5枚小叶，轴被短柔毛，子房具长柄，无毛，花柱极短，柱头2裂；雌花仅具腹腺。花期4月；果期5月。

产于桂林、融水、环江。生于溪流旁。分布于浙江、江西、湖南、福建、广东等地。

12. 腺柳 河柳 图384

Salix chaenomeloides Kimura

小乔木。小枝红褐色或褐色，有光泽。叶椭卵状披针形或椭圆状披针形，长4~8cm，先端突渐尖、钝尖或钝圆，基部楔形，两面无毛，上面绿色，下面带苍白色，边缘具腺齿；叶柄长0.5~1.2cm，先端具腺点，幼时有毛，后无毛；托叶半圆形或长圆形，具腺齿，早落。雄花序：有柔毛；苞片卵形，长约1mm，雄蕊4~5枚，花丝长约为苞片的2倍，基部被毛，具腹、背腺；雌花序：长4.0~5.5cm，序轴被绒毛；子房有长柄，无毛，背腹两面各有1枚腺体。果倒卵形或卵状椭圆形，长3~

7mm。花期 4 月；果期 5 月。

产于陆川。分布于广东、湖南、四川、江苏、河南、河北、山东、辽宁；朝鲜、日本也有分布。扦插繁殖，易生根、萌芽力强。木材供作板料、家具等用；树皮可供提制栲胶及作纤维原料；枝条可供编织；蜜源树种。耐水湿，可用于固堤护岸和潮湿低洼地绿化。

13. 云南柳　滇大叶柳　图 385

Salix cavalerlel H. Lév.

乔木，高 18m，胸径 50cm。树皮灰褐色，纵裂。小枝细，红褐色，初时被柔毛，后无毛。叶宽披针形或椭圆状披针形，长 4~11cm，宽 2~4cm，先端渐尖至长渐尖，基部圆形或楔形，有细腺锯齿，上面绿色，下面淡绿色，幼叶常发红，老叶两面无毛；叶柄长 6~10mm，密被柔毛，先端有腺点；托叶三角状卵形，有细腺点。花与叶同时开放，花序梗着生 2~4 枚叶，雄花序：长 3.0~4.5cm，轴被柔毛；雄蕊 6~8（12）枚；苞片卵圆形至三角

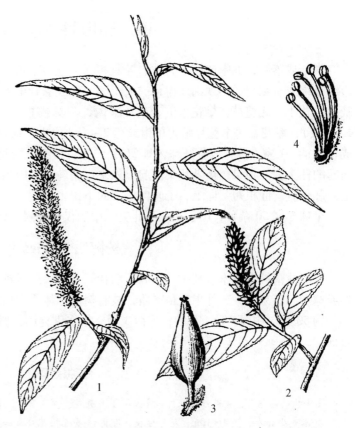

图 385　云南柳 Salix cavaleriei H. Lév. 1. 雄花序枝；2. 雌花序；3. 雌花；4. 雄花。（仿《中国植物志》）

形，有柔毛，腺体 2 枚；雌花序：长 2.0~3.5cm，子房有长柄；苞片同雄花，卵圆状三角形，边缘疏生柔毛。蒴果卵形，长约 6mm，具长柄。花期 3~4 月；果期 4~5 月上旬。

产于广西西部、西南部。多生于水沟潮湿处。分布于四川、贵州、云南。木材可供制器具；耐水湿，可栽植作护堤树。

14. 南川柳　网脉柳　图 383：2~6

Salix rosthornii Seemen

乔木或呈灌木状。幼枝被毛，后无毛。叶披针形或椭圆状披针形，长 4~7cm，宽 1.5~2.5cm，先端渐尖，基部楔形，上面亮绿色，下面浅绿色，两面无毛，幼叶中脉有柔毛，边缘有腺齿；叶柄长 7~12mm，有疏毛，先端有腺体 2 枚；托叶扁卵形，有腺锯齿，早落。雄花序细，疏花，长 3.5~6.0cm，中轴有长柔毛，苞片卵形，基部被柔毛；雄蕊 3~6 枚，基部有毛；雌花序长 3~4cm，腹腺大，抱柄；中轴有毛，苞片三角形；子房狭卵形，有长柄，花柱短，2 裂。果卵形，长 5~6mm，无毛；果梗长约 3mm，无毛。花期 3 月上旬至 4 月下旬；果期 5 月。

产于桂林、临桂、龙胜、全州、资源、恭城、金秀、德保、隆林。生于溪旁。分布于陕西、四川、湖北、湖南、江西、安徽、浙江。生长迅速，耐水湿，是护堤及四旁绿化优良树种。木材易加工，易干燥，握钉力中等，胶黏性和油漆性能良好，可作小型建筑、一般家具、农具等用材；枝条可供编织水果筐及其他包装箱。

46　杨梅科 Myricaceae

常绿或落叶，乔木或灌木。枝、叶具橙黄色脱落性腺鳞，芳香。单叶互生，无托叶，羽状脉，边缘全缘或有锯齿或不规则牙齿，或成浅裂，稀成羽状中裂。花通常单性，同株或异株，柔荑花序腋生，花小，无花被；雄花单生于苞片腋内，不具或具2~4枚小苞片，具2枚至多数雄蕊（通常4~8枚）；雌花在每个苞片腋内单生或稀2~4朵集生，通常具2~4枚小苞片，雌蕊由2个心皮合成，无柄，1室，具1枚直胚珠，具2（稀1或3）枚细长的丝状或薄片状的柱头，其内面为具乳头状凸起的柱头面。核果，被乳头状凸起，外果皮稍肉质，内果皮坚硬；种子1枚，无胚乳或胚乳极贫乏，胚伸直，胚根短，向上，子叶肉质，向下，出土。

全球3属50余种，产于东亚与北美。中国仅产1属，多产于长江流域以南；广西1属3种。

杨梅属 Myrica L.

常绿或落叶，乔木或灌木。单叶，羽状脉，全缘或具锯齿，叶柄短。雄花序圆柱形；雌花序卵形或球形。核果较大，外果皮稍肉质，被有树脂腺体或肉质乳状凸起。

约50种。中国4种1变种；广西3种。果实供食用；树皮含单宁，可供提制栲胶和医药上的收敛剂。

分种检索表

1. 小枝及叶柄被毡毛；核果椭圆状；当年9~11月开花，翌年2~5月果实成熟；雄花无小苞片。
　2. 乔木或小乔木，高4~10m；花序分枝，即由许多穗状花序复合成圆锥状花序；果序常有数枚果实；叶较大，长5~18cm ·· **1. 毛杨梅 M. esculenta**
　2. 灌木，高1~3m；花序不分枝或下部有不明显分枝；果序常仅1枚果实；叶较小，长2~7cm ·· **2. 青杨梅 M. adenophora**
1. 小枝及叶柄无毛；核果球形；当年4月开花，6~7月果成熟；雄花具2~4枚小苞片 ·········· **3. 杨梅 M. rubra**

1. 毛杨梅　大树杨梅、火杨梅（昭平）、米西（龙州）　图386：1~2
Myrica esculenta Buch. – Ham. ex D. Don

常绿乔木或小乔木，高4~10m。树皮灰褐色。小枝和芽密被毡毛，皮孔密而明显。叶近革质，楔状卵形至披针状倒卵形，长5~18cm，宽2~4cm，先端钝圆至急尖，边缘全缘或中部以上具少数锯齿或波状齿，腹面绿色，背面疏被金黄色小腺体；侧脉8~12对，中脉于两面凸起，略被短柔毛。雌雄异株；花序轴被毛；雄花序：长6~8cm，由许多小穗状花序复合为圆锥状花序，雄花黄色带红，雄蕊3~7枚；雌花序：长2~4cm，每个苞片内具花1~4朵；子房被短柔毛；柱头2裂，鲜红色。果序常有数个果实，果卵圆形至椭圆形，熟时红色，长12cm，表面有多数乳头状凸起，外果皮肉质多汁，内果皮木质。

产于昭平、金秀、东兰、巴马、凤山、天峨、百色、德保、靖西、那坡、隆林、田林、田东、田阳、平果、邕宁、横县、上思、扶绥、宁明。生于海拔500~1200m的稀疏杂木林内或干燥山坡上。分布于四川、贵州、广东和云南；印度、尼泊尔、越南、印度尼西亚也有分布。喜光，耐寒，耐干旱贫瘠，适生于酸性土壤。播种繁殖，种子后熟期长，不宜随采随播，沙藏越冬后可解除休眠。树皮含单宁15%~25%，为栲胶的主要原料。果实酸甜，可生食或盐渍、供制蜜饯。木材坚硬，可作家具、农具用材。枝叶繁茂，四季常青，可作绿化树种或防护林树种，也可作紫胶虫寄主树种。

2. 青杨梅 青梅 图 386：3

Myrica adenophora Hance

常绿灌木，高 3m。树皮灰色。小枝细瘦，密被毡毛及金黄色腺体。叶较小，长 2～7cm，宽 0.5～3.0cm，幼时两面密被黄色腺体，上面的腺体脱落后在叶面留下凹印，背面的腺体不易脱落；叶柄密被毡毛。雌雄异株；雄花序：长 1.0～1.5cm，花无小苞片，具雄蕊 3～6 枚；雌花序：长 1.0～1.5cm，具 2 枚小苞片，通常每花序上常仅有 1 朵孕性雌花成果实。核果椭圆状，较小，长 0.5～1.0cm，熟时红色或白色。10～11 月开花；翌年 2～5 月果实成熟。

产于桂林、临桂、金秀、罗城、融水、南宁、武鸣、隆安、横县、合浦、灵山、防城。生于海拔 300～600m 的山谷或疏林中。分布于海南、台湾。果有祛痰、解酒、止吐等功效。

3. 杨梅 图 386：4～8

Myrica rubra（Lour.）Siebold et Zucc.

常绿乔木，高 15m。树皮灰色，老时纵向浅裂。小枝较粗壮，无毛，皮孔通常少而不显著。叶革质，常密集于小枝上端，楔状倒卵形至楔状倒披针形，长 6～16cm，宽 1～4cm，无毛，上面深绿，下面有金黄色腺体；叶柄长 2～10mm，无毛。花雌雄异株；雄花序：单独或数朵丛生于叶腋，圆柱状，长 1～3cm，直径 3～5mm，通常不分枝而呈穗状，有密接覆瓦状苞片，每苞片腋内生 1 朵雄花；雄花具 2～4 枚卵形小苞片及 4～6 枚雄蕊；雌花序：常单生于叶腋，较雄花序短而细瘦，长 5～15mm，有密接而成覆瓦状排列的苞片，每苞片腋内生 1 朵雌花；雌花通常具 4 枚卵形小苞片；子房卵形，有极短花柱及 2 枚细长花柱枝。核果球状，外表面具乳状凸起，熟时深红色或紫红色和白色，直径 11.5cm，核常为阔椭圆形或圆卵形，略成压扁状，内果皮极硬，木质。花期 4 月；果期 6～7 月。

产于广西各地，以河池、柳州、梧州和桂林地区较多。生于海拔 400～1200m 山坡或山谷林中。分布于长江以南各地；日本、朝鲜和菲律宾也有分布。喜温暖湿润气候，耐阴，不耐强烈日照；喜排水良好的酸性砂壤土，以山地半阴坡或半阳坡最适宜。播种或嫁接繁殖，嫁接繁殖为主。近年，鹿寨、灵川、玉林从浙江等地引种东魁杨梅（M. rubra 'Dongkui'），取得了较好的效果。杨梅为中国亚热带特产水果和著名水果，可生食或供酿酒、制酱、蜜饯、糖果、果汁等，有助消化、生津止渴等药效；核仁可炒食或供榨油；根皮具止痛、消肿、凉血、散瘀生新等功效，可治吐血、血崩、骨折；树皮含鞣质14%～20%，为优质栲胶原料，供鞣革及作染料用。木

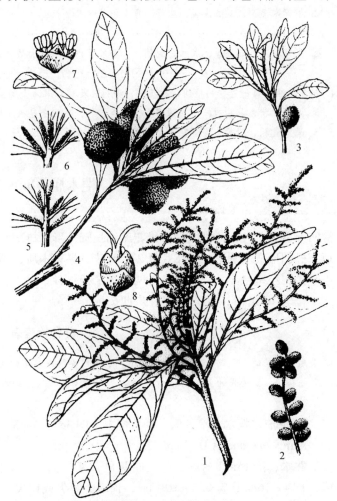

图 386　**1～2. 毛杨梅 Myrica esculenta** Buch. – Ham. ex D. Don 1. 雄花枝；2. 果序。**3. 青杨梅 Myrica adenophora** Hance。**4～8. 杨梅 Myrica rubra**（Lour.）Siebold et Zucc. 4. 果枝；5. 部分雌花枝；6. 部分雄花枝；7. 雌花；8. 雄花。（仿《中国植物志》）

材坚韧，结构细，切面光滑，细木工用材。枝叶浓密，树形优美，果色鲜艳，落叶层厚，遮阴和涵养水源效益好，可作水源林和防火林带，也可供四旁绿化。

47　桦木科 Betulaceae

　　落叶乔木或灌木。小枝具显著皮孔。单叶互生，羽状脉，侧脉直达叶缘，叶缘多为复锯齿，托叶早落。花单性，雌雄同株，柔荑花序，常先于叶开放；雄花每苞片内有花 3～6 朵，萼常 4 裂，雄蕊 2 枚或 4 枚，花丝极短；雌花每苞片内有花 2～3 朵，无花被，雌蕊由 2 枚心皮构成，子房 2 室，扁平，每室 1 枚胚珠，花柱 2 枚。果序圆柱形或卵球形，每果苞具 2～3 枚坚果，果小而扁，有翅；胚直立，子叶扁平或肉质，无胚乳。

　　6 属约 170 种，主要分布于北温带地区。中国 6 属约 89 种；广西 4 属 15 种。

分属检索表

1. 雄花 2～6 朵生于每一苞鳞的腋间，有 4 枚膜质花被；雌花无花被；果为具翅小坚果，连同果苞排列为球果状或穗状。
　　2. 果苞木质，顶端 5 浅裂，宿存，每个果苞内具 2 枚小坚果；雄蕊 4 枚，药室不分离；冬芽有柄 ………………………………………………………………………………………………… 1. 桤木属 Alnus
　　2. 果苞革质，具 3 裂，成熟时脱落，每个果苞内具 3 枚小坚果；雄蕊通常 2 枚，药室分离；冬芽无柄 ………… …………………………………………………………………………………………… 2. 桦木属 Betula
1. 雄花单生于每一苞鳞的腋间，无花被；雌花具花被；果为小坚果或坚果，连同果苞排列为总状或头状。
　　3. 果苞叶状，革质或纸质，基部近 3 裂或 2 裂，不完全包被小坚果 ………………… 3. 鹅耳枥属 Carpinus
　　3. 果苞囊状，膜质，完全包裹小坚果 …………………………………………………… 4. 铁木属 Ostrya

1.　桤木属 Alnus Mill.

　　乔木或灌木。树皮鳞状开裂。芽有柄。小枝有棱脊。叶边缘具锯齿或浅裂，少全缘，上面叶脉常凹下。花单性，雌雄同株；雄花序细长圆柱形，雄蕊常 4 枚，药室不分离，顶端无毛；雌花序较短，椭圆形或卵圆形，每苞片具 2 朵雌花。果苞木质，顶端 5 波状浅裂，宿存，每个果苞内具 2 枚小坚果；小坚果小，扁平，坚果两侧具窄翅；种子单生，具膜质种皮。

　　全球 40 余种。中国 10 种；广西 2 种。

分种检索表

1. 果翅宽为果的 1/2 或等宽；侧脉 8～16 对；叶缘全缘或具疏细齿 ………………… 1. 尼泊尔桤木 A. nepalalensis
1. 果翅极狭，宽为果的 1/4；侧脉 6～13 对；叶缘有不规则疏细齿 ………………… 2. 江南桤木 A. trabeculosa

1. 尼泊尔桤木　旱冬瓜、蒙自桤木　图 387：1～3
Alnus nepalensis D. Don

　　乔木，高 15m。树皮灰色或暗灰色，芽具柄，具 2 枚芽鳞。叶厚纸质，椭圆形或倒卵状矩圆形，长 4～16cm，宽 2.5～10.0cm，顶端突短尖或锐尖，基部楔形或宽楔形，边缘近全缘或具疏细齿，上面中脉凹下，无毛，下面粉绿色，脉腋间具簇生的髯毛，密被树脂点；侧脉 8～16 对；叶柄粗壮，长 1.0～2.5cm，近无毛。雄花序多数，排成圆锥状。果序多数，呈圆锥状排列，矩圆形，长约 2cm，直径 7～8mm；果苞木质，宿存，长约 4mm，顶端具 5 浅裂；小坚果倒卵状长圆形，长约 2mm，膜质翅宽为果的 1/2，较少与之等宽。花期 9～10 月；翌年 11 月下旬至 12 月中旬果熟。

　　产于东兰、天峨、南丹、金城江区、宜州、那坡、靖西、德保、百色、田林、隆林、凌云、乐业，为广西西部海拔 500 ~ 1000m 的常见种。分布于西藏、云南、贵州、四川；印度、不丹、尼泊尔也有分布。喜光，幼树稍耐阴，中性土或酸性土都能生长；喜疏松、湿润、肥沃土壤，也耐干旱瘠薄，分布区阳坡及湿润山谷常见；根系发达，有根瘤或菌根；萌蘖力强，砍伐后常在根蔸产生大量萌条。在光照充足的撂荒地、草被稀疏的林中空地及沟谷大然更新良好。在一般立地条件下，7 年生人工林平均树高 13m，平均胸径 11cm；那坡县人工造林 3 年生树平均树高 7m，平均胸径 7cm。天然生前 10 年株高生长旺盛，10 年后减慢；径粗生长旺盛期延至 15 年，15 年后渐慢。种子繁殖，果序成熟后开裂，小坚果随风飞散，应及时采种。种子千粒重 0.264g，发芽率约 40%，随采随播或普通干藏至翌年春播种。1 年生苗高可达 1m。木材材质轻

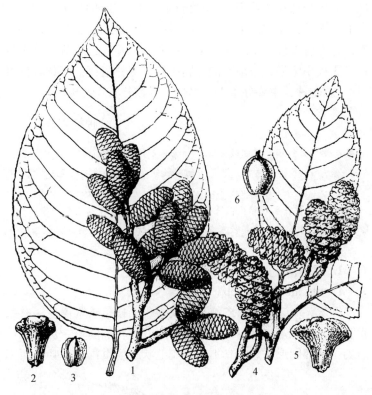

图 387 1 ~ 3. 尼泊尔桤木 **Alnus nepalensis** D. Don 1. 叶与果序；2. 果苞；3. 小坚果。**4 ~ 6.** 江南桤木 **Alnus trabeculosa** Hand. – Mazz. 4. 叶与果序；5. 果苞；6. 小坚果。(仿《中国植物志》)

软、纹理直、结构细至中等，心材与边材区别不明显，有光泽，不易开裂，干燥快，易加工，切面光滑，胶黏性良好，可供作纸浆、农具等用材；树皮含鞣质，可供生产栲胶。树冠浓密，树叶含水量高，为优良水源林和防火林树种；萌蘖力强，也可用于作薪炭林树种，可在广西西部海拔 500m 以上的地区规模发展。

2. 江南桤木 水拖柴、罗白木、水冬瓜 图 387：4 ~ 6

Alnus trabeculosa Hand. – Mazz.

乔木，高 10m。树皮灰色或灰褐色，平滑。芽具短柄，具 2 枚光滑的芽鳞，无毛。叶倒卵形或椭圆形至椭圆状矩圆形，长 4 ~ 16cm，宽 2.5 ~ 7.0cm，顶端渐尖至尾尖，基部宽楔形至圆形，边缘具不规则疏细齿，上面无毛，下面具腺点，脉腋间具簇生的髯毛；叶面上中脉、侧脉凹下，侧脉 6 ~ 13 对；叶柄长 2 ~ 3cm，微被短柔毛或无毛。果序矩圆形，长 1.0 ~ 2.5cm，直径 1.0 ~ 1.5cm，2 ~ 4 个排成总状，序梗长 1 ~ 2cm；果苞长 5 ~ 7mm，顶端圆；小坚果宽卵形，长 3 ~ 4mm，宽 2.0 ~ 2.5mm，果翅极狭，宽为果的 1/4。花期 2 ~ 3 月；秋季果熟。

产于永福、资源、隆林、田林、乐业。生于海拔 1000m 以下的山谷或河谷的林中、岸边或村落附近。分布于安徽、江苏、浙江、江西、福建、广东、湖南、湖北、河南南部；日本也有分布。生长快、喜水湿，为典型亚热带树种，年树高生长量在 1.5m 以上。木材质轻软，纹理直，供制纸浆、水桶等用，也为优良菌材；茎叶入药，有清热解毒的功效，外用可治湿疹、荨麻疹。可在广西北部、西北部山区发展。

2. 桦木属 Betula L.

乔木或灌木。树皮多光滑成薄纸质层剥落或块状剥落，皮孔横扁。芽无柄，具数枚覆瓦状排列的芽鳞。单叶，互生，叶下面通常有油腺点，边缘具重锯齿，很少单锯齿；托叶分离，早落。花单

性，雌雄同株；雄花序 2 ~ 4 枚簇生于上一年的枝条顶端或侧生；雄蕊通常 2 枚，药瓣分离，顶端有毛或无毛；雌花序单一或 2 ~ 5 枚生于短枝的顶端，雌花每 3 朵生于苞腋，无花被，子房扁平，2室，每室有 1 枚倒生胚珠。果苞革质，鳞片状，脱落，由 3 枚苞片愈合而成，具 3 枚裂片，每个果苞具 3 枚小坚果，坚果两侧具膜质翅，花柱宿存，成熟时自果序柄脱落；果序柄纤细宿存。

约 60 种，主要分布于北温带，少数分布于北极区内。中国约有 32 种；广西 3 种。

分种检索表

1. 果苞侧裂片较小，果翅较果宽；叶缘具不规则刺毛状重锯齿。
 2. 果序 2 ~ 5 排成总状，果苞背面密被短柔毛，边缘具纤毛；叶长卵形或卵状椭圆形，顶端渐尖至尾状渐尖 ………………………………………………………………………………… 1. 西南桦 B. alnoides
 2. 果序 2 个并生或单生，果苞背面疏被短柔毛；叶基圆形或微心形，稀楔形 ………… 2. 光皮桦 B. luminifera
1. 果苞侧裂片较大，果翅较窄或与果等宽；叶缘具不规则锐尖锯齿 ……………………… 3. 华南桦 B. insignis

1. 西南桦　西桦　图 388：1 ~ 3

Betula alnoides Buch. – Ham. ex D. Don

乔木，高 20m。树皮红褐色或褐色。枝条暗紫褐色，有条棱，无毛，幼枝密被白色长柔毛和树脂腺体，后脱落。叶厚纸质，长卵形或卵状椭圆形，长 6 ~ 16cm，宽 2.5 ~ 5.5cm，顶端渐尖至尾状渐尖，基部圆形，边缘具不规则刺毛状疏生重锯齿，叶上面无毛，下面沿叶脉疏被长柔毛，密生腺点；侧脉 10 ~ 13 对；叶柄长 1.5 ~ 3.0cm，密被长柔毛及腺点。果序圆柱形，2 ~ 5 枚集生，下垂，长 3 ~ 9cm，直径约 5mm，序柄长 5 ~ 10mm，密被黄色长柔毛；果苞甚小，长约 3mm，上部 3 枚裂片，上部中裂片长，矩圆形，两侧裂片短，斜伸，钝圆，背面密被短柔毛，边缘具纤毛；小坚果倒卵形，长 1.5 ~ 2.0mm，背面疏被短柔毛，膜质翅大部分露于果苞之外，宽为果的 2 倍。

产于广西西南部。生于海拔 300 ~ 1200m 山坡林中。分布于云南、海南及贵州南部、西藏南部；越南、尼泊尔、老挝、泰国、缅甸、印度也有分布。西南桦天然分布于热带半干旱地区，不耐冰冻和强辐射霜，分布地最低气温在 –2℃ 以上。强喜光树种，只有光照充足才能正常生长，在天然林中往往处于林冠上层，在郁闭的林冠下很难更新和生长发育，其更新林木多在新开公路两侧或游耕后的弃耕地上，如光照条件好，可形成小片纯林。能适应不同类型的土壤，在砖红壤、赤红壤、红壤上均有天然分布；耐贫瘠，在土层深厚疏松、排水良好、土壤肥力较高的立地生长较快。早期速生树种，10 年生前为直径、树高

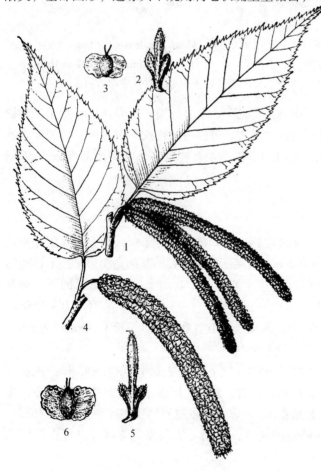

图 388　1 ~ 3. 西南桦 Betula alnoides Buch. – Ham. ex D. Don 1. 叶与果序；2. 果苞；3. 小坚果。4 ~ 6. 光皮桦 Betula luminifera H. J. P. Winkl. 4. 叶与果序；5. 果苞；6. 小坚果。（仿《中国植物志》）

生长速生期，胸径和树高年均生长量分别为 1.5 ~ 2.5cm 和 1.0 ~ 1.5m；10 ~ 20 年生为中速生长期，胸径和树高年均生长量分别为 1.0 ~ 1.5cm、0.8 ~ 1.2m；20 年生后进入材质变化稳定期，直径和树高年均生长量分别为 0.8 ~ 1.0cm、0.2 ~ 0.5m。

播种繁殖，选择优良林分的优良单株采种，果熟期 1 ~ 3 月，当果穗由青绿色转为金黄色或黄褐色时，应及时采集，否则果实飞落。种子千粒重 0.07 ~ 0.15g，易失水，在常温条件下放置 3 个月即丧失发芽力，在 10℃ 以下的低温贮藏，种子活力保持 3 年。两步法育苗，先播于沙床，发芽后再移植于育苗容器。半年苗高达 25cm 左右时可出圃造林。西南桦材性优良，为散孔材，木材黄褐色，心材与边材区别不明显，木材无特殊气味，具光泽，纹理直，结构细，重量和硬度适中，气干密度 0.617 ~ 0.666g/cm³，干缩比小至中等，创切面光滑，油漆和胶黏性良好，花纹色泽美观，而且不翘不裂，不易变形，多被作为建筑、家具和军工等用材；树皮入药，可治胃痛、风湿骨痛、消化不良和腹泻。

2. 光皮桦 光叶桦 图 388：4 ~ 6

Betula luminifera H. J. P. Winkl.

乔木，高 25m，胸径 80cm。树皮红褐色或暗黄灰色，紧密、平滑。幼枝黄褐色，密被淡黄色短柔毛，后脱落，疏生树脂腺体。叶卵形或长卵形，长 4.5 ~ 12.0cm，宽 2.5 ~ 6.0cm，先端长渐尖或尾尖，基部圆形，有时近心形或宽楔形，边缘具不规则的刺毛状重锯齿，叶上面仅幼时密被短柔毛，下面沿脉被毛或微被毛，脉腋间有时具髯毛；侧脉 12 ~ 14 对；叶柄长 1 ~ 2cm。雄花序 2 ~ 5 枚簇生于小枝顶端或单生于小枝上部叶腋。果序 2 个并生或单生，长 3 ~ 14cm，序梗密生树脂腺体，梗长 1 ~ 2cm，下垂，密被短柔毛及树脂腺体；果苞长 2 ~ 4mm，背面疏被短柔毛，边缘具短纤毛；小坚果倒卵形，长约 2mm，果翅较果宽 1 倍。

为桦木科在广西的主要分布种，主要分布于广西北部、西北部及西部高原，龙胜、隆林、田林、凌云、乐业等地及大苗山、大瑶山等地常见成片光皮桦次生林。分布于秦岭、淮河流域以南的贵州、四川、云南、陕西、甘肃、湖南、湖北、江西、浙江、广东、安徽等地。垂直分布海拔为 500 ~ 2000m，在 300 ~ 1400m 之间较为集中，呈聚集分布。在广西西北低海拔地，光皮桦常与西南桦混生，不易区分。区别于西南桦的主要特点是：光皮桦果穗通常单生，种子成熟期 4 ~ 5 月，树皮光滑，叶光亮，分布地海拔较高。光皮桦也为优良用材树种，耐寒性、幼年速生性等方面优于西南桦。适应性强，较耐干旱瘠薄，属浅根性树种，主根不很明显，侧根粗壮发达。萌芽力强，可采用萌芽更新或利用天然母树促进天然下种更新。造林容易、成活率高、生长快，既适合在夏秋干热日灼的丘陵荒山造林，又能适应高寒山区冬季严寒冰冻。喜光，喜生于向阳山坡、半阳坡，喜土层深厚酸性壤土，多生于向阳干燥山坡、林缘及林中空地，在火烧迹地或采伐迹地上常形成以其为优势种的次生林。在隆林县金钟山采伐迹地营造杉木林，常由于抚育不及时，光皮桦大量侵入，形成光皮桦次生林，严重压制杉木生长。

播种繁殖，种子千粒重 0.67g，随采随播。常温下贮藏 5d 以内的种子场圃发芽率平均为 16.5%，贮藏 13d 降至 12.2%，贮藏 40d 时，无种子存活。但在冰箱内冷藏 130d 时，种子发芽率约 10%。极具推广前途的优良速生珍贵树种，木材纹理美观、材质细致坚韧、刨面光滑、不翘不裂、节疤少，是室内装潢的优良用材。广西多地将光皮桦当作西南桦栽植，同时广西北部不适当地引种西南桦造成造林失败。光皮桦在广西分布面积远大于西南桦，且适应性及幼林生长远较西南桦好，值得大力发展。光皮桦可营造纯林，也可与杉木等混交造林。

3. 华南桦 香桦、南桦、假亮槁（融水） 图 389

Betula insignis Franch.

乔木，高 10 ~ 25m。树皮灰黑色，纵裂，有芳香味。枝条暗褐色或暗灰色，无毛；小枝褐色，初时密被黄色短柔毛，瞬变无毛。叶厚纸质，较大，椭圆形，长 8 ~ 13cm，宽 3 ~ 6cm，顶端渐尖至尾状渐尖，基部圆形，边缘具不规则的细而密的尖锯齿，上面深绿色，幼时疏被毛，后渐无毛，下

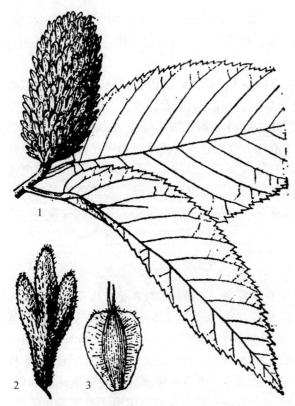

图 389　华南桦 **Betula insignis** Franch. 1. 叶与果序；2. 果苞；3. 小坚果。（仿《中国植物志》）

面密被腺点，沿脉密被白色长柔毛；侧脉 12～15 对；叶柄长 8～20mm，初时疏被长柔毛，后渐无毛。果序单生，矩圆形，长 2.5～4.0cm，直径 1.5～2.0cm；序梗几不明显；果苞长 7～12mm，背面密被短柔毛，基部楔形，上部具 3 枚披针形裂片，侧裂片直立，长及中裂片的1/2 或与之近等长。小坚果狭矩圆形，长约 4mm，宽约 1.5mm，膜质翅极狭。

产于桂林、临桂、灵川、龙胜、资源、全州、灌阳、兴安、融水、金秀、凌云、武鸣。生于海拔 800m 以上的山坡杂木林中。分布于广东、湖南、贵州、云南、四川、湖北。耐寒，育苗造林技术可参考光皮桦。木材淡红褐色，纹理直，结构粗，供建筑、家具、造纸等用；树皮入药，可治淋症、水肿、疮毒。

3. 鹅耳枥属 **Carpinus** L.

乔木。树皮平滑，鳞状开裂。顶芽尖锐，具多数覆瓦状排列芽鳞。叶有重锯齿，稀单锯齿。雄花柔荑花序，生于短侧枝顶端，花单生于苞腋内，每苞片有 3～13 枚雄蕊，花丝叉状，药室分离，顶端有毛；雌花序生于具叶的长枝顶，每苞片具 2 朵雌花，苞片呈叶状，稍 3 裂，不对称，花柱短，柱头 2 枚，长短不同。小坚果卵形，为扁压状，着生于叶状果苞基部。

约 50 种。中国约 30 种；广西 9 种。多数种喜钙，常生于石灰岩山地上。木材材质坚韧致密，可供家具、建筑、车辆及细木工等用。

分种检索表

1. 果苞两侧近对称，中脉位于正中，在序轴上为密集覆瓦状排列，外侧基部无裂片，内侧的基部具内折的耳凸；小坚果大部分为果苞基部内折的耳凸所遮盖 ·················· **1. 川黔千金榆 C. fangiana**
1. 果苞两侧不对称；中脉偏于内缘一侧，在序轴上排列疏松，外侧的基部有或无裂片，内侧的基部具裂片或耳凸仅边缘微内折，小坚果不为果苞基部的裂片或耳凸所遮盖或仅部分被遮盖。
　　2. 果苞的外侧与内侧的基部均具裂片。
　　　　3. 叶卵状披针形或卵状长椭圆形，长 6～11cm，宽 3～5cm，先端延长而尖，基部圆楔形、圆形兼有微心形；叶柄长 1.5～3.0cm；果苞中裂片半卵状披针形至矩圆形，外缘具锯齿 ·········· **2. 雷公鹅耳枥 C. viminea**
　　　　3. 叶椭圆状长椭圆形或椭圆状披针形，长 6～12cm，宽 2.5～3.0cm，先端长而尖，作弯刀形，基部圆楔形；叶柄长 4～7mm；果苞中裂片矩圆形或作镰状弯曲，外缘具不明显的波状细齿 ·················
　　　　·· **3. 短尾鹅耳枥 C. londoniana**
　　2. 果苞的外侧基部无裂片；内侧的基部边缘微内折。
　　　　4. 果序轴被柔毛。
　　　　　　5. 叶柄密被长毛，叶脉腋间无簇毛。
　　　　　　　　6. 叶披针形或卵状椭圆形，长 3.5～5.0cm；叶缘单锯齿具刺毛状小尖头；叶背密被灰白色或棕色长柔毛；果序长 2～3cm ·········· **4. 岩生鹅耳枥 C. rupestris**
　　　　　　　　6. 叶狭卵形，长 0.9～2.8cm，叶缘基部以上具不规则重锯齿；叶背仅沿中脉有毛；果序长 2.0～3.3cm ··· **5. 田阳鹅耳枥 C. microphylla**
　　　　　　5. 叶柄无毛或微被毛，叶脉间有簇毛。

7. 叶椭圆形、卵状椭圆形；叶柄长 1.0~1.5cm；果序长 10~14cm，果苞较大，半宽卵形，内缘基部明显内折 ···························· **6. 宽苞鹅耳枥 C. tsaiana**

7. 叶卵形、椭圆状卵形；叶柄长 0.4~1.0cm；果序长 5~7cm，果苞半卵形，内缘基部微内折 ············ **7. 云贵鹅耳枥 C. pubescens**

4. 果序无毛。

8. 叶窄卵状椭圆形、椭圆状披针形，长 2~5cm，侧脉 11~13 对，带紫色 ···························· **8. 紫脉鹅耳枥 C. purpurinervis**

8. 叶卵状披针形，长 2.5~4.2cm，侧脉 13~18 对 ············ **9. 罗城鹅耳枥 C. luochengensis**

1. 川黔千金榆 川黔鹅耳枥 图 390
Carpinus fangiana Hu

乔木，高 20m。树皮棕色而光滑。小枝紫褐色，光滑，无毛，具椭圆形小皮孔。叶长椭圆形至长椭圆状披针形，长 6~27cm，宽 2.5~8.0cm，先端渐尖，基部心形，边缘具不整齐而紧密的刺毛状重锯齿，两面沿脉有长柔毛；侧脉 24~34 对；叶柄长约 1.5cm，无毛。果序长可达 45~50cm，直径约 3cm；序梗长 3~5cm，序轴密被短柔毛及稀疏的长柔毛；果苞纸质，为密集覆瓦状排列，长 18~25mm，宽约 10mm，外侧顶端具疏锯齿，基部无裂片，内侧基部具内折的小耳凸，中裂片网脉显著，两面沿脉疏被短柔毛，背面的基部密被刺刚毛；小坚果长椭圆形，平滑无毛，具不明显的细肋，红褐色，长约 3.5mm。花期 4 月；果期 8 月。

产于资源、全州、兴安、龙胜。生于海拔 700m 以上的溪边杂木林内。分布于四川、贵州、云南、重庆。喜湿润气候及深厚肥沃黄棕壤，较耐荫蔽，生于林内的树干较为端直，如生于林缘则侧枝发达，树冠庞大，树干多不端正。播种繁殖或萌芽更新。木材浅灰褐色，有光泽，纹理直，结构细而均匀，较耐腐，坚硬而重，气干密度 0.638g/m³，切削较难，胶黏性能及油漆性能良好，供家具、车辆、雕刻、乐器、胶合板等用；也是培养香菌的良材。

图 390 川黔千金榆 Carpinus fangiana Hu 叶与果序。(仿《中国高等植物图鉴》)

2. 雷公鹅耳枥 雷公栎、细枝鹅耳枥 图 391
Carpinus viminea Wall. ex Lindl.

乔木，高 20m，胸径 70cm。树皮幼时白色有光泽，老渐变成深灰色。小枝棕褐色，密生白色皮孔，无毛。叶卵状披针形或卵状长椭圆形，长 6~11cm，宽 3~5cm，先端延长而尖，基部圆楔形、圆形兼有微心形，边缘有重锯齿；侧脉 12~15 对；叶柄细长，长 1.5~3.0cm，平滑而略有细毛或无毛。果序长 5~15cm，直径 2.5~3.0cm，下垂；序梗疏被短柔毛；果苞长 1.5~2.5cm，内外侧基部具

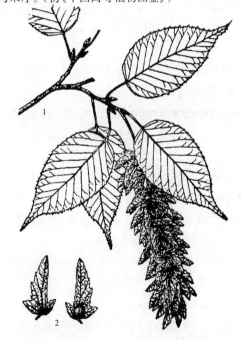

图 391 雷公鹅耳枥 Carpinus viminea Wall. ex Lindl. 1. 叶与果序；2. 果苞。(仿《中国高等植物图鉴》)

裂片，中裂片半卵状披针形至矩圆形，长 1~2cm，外缘具锯齿，内侧边缘全缘或具疏细齿，内侧基部的裂片，卵形，长约 3mm；小坚果宽卵圆形，长 3~4mm，无毛，具少数细肋。花期 3~4 月；果期 9 月。

产于龙胜、临桂、隆林、融水。分布于江苏、安徽、浙江、江西、湖南、湖北、四川、西藏、云南、贵州、福建、广东；印度、尼泊尔也有分布。萌芽力强，天然更新良好。播种繁殖，结实量大，种子千粒重 8g。木材结构细，生长轮不明显，心材与边材区别不明显，木材密度大，气干密度 0.796g/cm³，耐腐，抗弯力强，供作室内装饰、家具、木地板、单板等用材。

3. 短尾鹅耳枥 岷江鹅耳枥

Carpinus londoniana H. J. P. Winkl.

乔木，高 10~13m。枝条下垂，无毛，密生灰白色皮孔。叶厚纸质，椭圆状长椭圆形或椭圆状披针形，长 6~12cm，宽 2.5~3.0cm，先端长而尖，基部圆楔形，边缘有尖而不整齐的锯齿或重锯齿，叶背仅在脉腋间有髯毛；侧脉 11~13 对；叶柄长 4~7mm，密被短柔毛。果序长 5~10cm，直径 3.0~3.5cm；序梗长 2.5~7.0cm，序梗、序轴均密被短柔毛；果苞无毛，内外侧基部均具明显裂片，裂为 3 片，两侧 2 片先端形尖，中间 1 片延长呈矩圆形或微作镰状弯曲，长 1.5~2.0cm，宽 6~7mm，内侧边缘全缘，外侧边缘具不明显的波状细齿；小坚果无毛，宽卵圆形，长 3~4mm，被褐色树脂腺体。花期 2~3 月；果期 8~9 月。

产于临桂、永福、金秀、融水、罗城、平南。生于海拔 1800m 以下的山腰密林或山谷阴处。分布于浙江、安徽、江西、湖南、贵州、四川、云南、广东；越南、老挝、泰国、缅甸也有分布。材性一般，可作家具、农具用。

4. 岩生鹅耳枥 岩鹅耳枥

Carpinus rupestris A. Camus

小乔木，高 4m，胸径 10cm。小枝被稠密灰白色或黄棕色长柔毛；老枝灰黑色，无毛。叶革质，披针形或卵状椭圆形，长 3.5~5.0cm，宽 1.5~2.0cm，先端渐尖，基部圆形或宽楔形，叶缘单锯齿具刺毛状小尖头，叶背密被灰白色或棕色长柔毛；侧脉 14~17 对；叶柄长 1~3mm，密被柔毛。果序长 2~3cm，直径约 1cm；序梗、序轴密被柔毛；果苞半卵圆形，长约 1cm，宽 3~5mm，中裂片外侧基部无裂片，内侧基部微内折，外缘具粗缺齿或细尖齿，内缘全缘，两面被短柔毛，背面沿脉密生长柔毛，网脉显著。小坚果卵圆形，长约 3mm，密被灰白色柔毛，顶端被丝毛，具数条肋。果期 8 月。

产于靖西、环江。分布于云南、贵州。喜钙植物，生于海拔 1000~1700m 的石山岩缝中。

5. 田阳鹅耳枥 小叶鹅耳枥

Carpinus microphylla Z. C. Chen ex Y. S. Wang et J. P. Huang

灌木。当年生枝密生黄褐色长柔毛。叶狭卵形，长 0.9~2.8cm，宽 0.7~1.2cm，两面沿中脉被长柔毛，叶先端短尖，基部近圆形，稍不对称，叶缘基部具不规则重锯齿；侧脉 7~11 对；叶柄长 1.0~1.2mm，密被长柔毛。果序长 2.0~3.3cm，密被黄褐色长柔毛，果梗长 0.5~1.5cm，果苞半宽卵形，长 0.7~1.3cm，宽 4~6mm，顶端急尖，两面沿脉具长柔毛，外则边缘具锯齿，内侧边缘全缘或仅顶端具 1~3 枚细齿，基部内折；小坚果卵圆形，长约 2mm，具棱，下部疏被长柔毛，上部密生长柔毛，无树脂腺体。

广西特有种。产于田阳。生于海拔 700m 的灌丛林中。

6. 宽苞鹅耳枥 图 392

Carpinus tsaiana Hu

乔木，高 25m，胸径 70cm。树皮灰色。幼枝近紫红色，光滑，无毛。叶椭圆形、卵状椭圆形，长 6~11cm，先端急尖或短渐尖，基部浅心形至宽圆形，微斜，背面沿中脉被毛，腋间具簇生毛，叶缘具细密浅重锯齿或具小尖头；侧脉 14~16 对；叶柄长 1.0~1.5cm，无毛或微被丝毛。果序长

10 ~ 14cm，序轴疏被长丝毛；果苞半宽卵形，长 2.5 ~ 3.0cm，宽 1.0 ~ 1.5cm，先端钝圆，外缘具疏锯齿，内缘近全缘或疏生钝齿，基部明显内折，下面沿脉被丝毛；小坚果宽卵圆状三角形，长宽约 6mm，顶端具丝毛，纵肋 7 ~ 8 条，被树脂体。果期 9 月。

产于那坡。生于海拔 1000 ~ 1500m 的石山山坡林中。分布于贵州、云南。

7. 云贵鹅耳枥　图 393

Carpinus pubescens Burkill

乔木，高 20m。树皮棕灰色。幼枝暗褐色。被毛，后近无毛，具皮孔。叶卵形或椭圆状卵形，长 5 ~ 10cm，宽 2 ~ 4cm，先端渐尖，基部圆或近心形，略偏斜，边缘有规则重锯齿或具小尖头，叶上面光滑，下面沿脉被长毛，腋间有簇生毛；侧脉 12 ~ 16 对；叶柄长 0.4 ~ 1.0cm。果序长 5 ~ 7cm，密被柔毛；果苞半卵形，先端钝或近急尖，外缘有锯齿，内缘全缘，基部微内折，果苞下面沿脉及苞柄被粗毛；小坚果卵形，长约 5mm，被细毛及树脂腺体，先端具宿存花被和长柔毛。

产于凌云、乐业、隆林、南丹、环江、那坡、融水。生于海拔 900 ~ 1500m 的石灰岩山地密林中。分布于贵州、四川、云南、湖北、湖南；越南北部也有分布。喜钙，喜光，具一定耐阴性，处林分上层，耐土壤瘠薄和干旱，能在裸岩陡坡、岩石露头的生境中生长。可作石山造林树种，木材可作家具、农具、细木工等用材。

8. 紫脉鹅耳枥

Carpinus purpurinervis Hu

小乔木，高 5m。小枝细，略带紫色。托叶条形，褐色，纸质。叶窄卵状椭圆形、椭圆状披针形，长 2 ~ 5cm，宽 1.0 ~ 1.7cm，先端渐尖，基部近圆形或近心形，下面仅沿脉疏被长柔毛，叶缘有不规则单锯齿，齿尖钝，上面无毛，下面仅沿叶脉被疏长柔毛；侧脉 11 ~ 13 对，带紫色；叶柄长 5 ~ 7mm，疏被长柔毛。果序长约 4cm，序梗、序轴均无毛；果苞半卵形，两面无毛，外则基部无裂片，内侧基部微内折，中裂片内缘近全缘，外缘有不规则波状细齿；小坚果宽卵形，微扁，长约 4mm，疏被树脂点，近顶端有丝毛，具 10 条肋。

产于环江、罗城、都安。生于海拔约 1000m 石山灌丛中。分布于贵州。

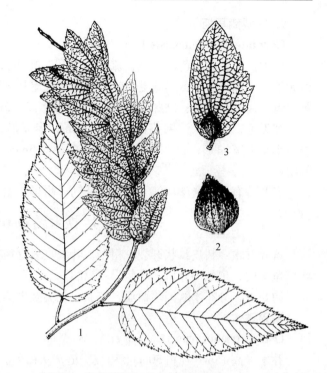

图 392　宽苞鹅耳枥 Carpinus tsaiana Hu 1. 叶与果序；2. 小坚果；3. 果苞。(仿《中国植物志》)

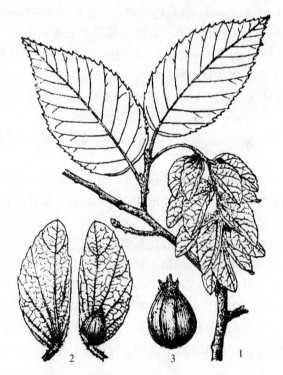

图 393　云贵鹅耳枥 Carpinus pubescens Burkill 1. 叶和果序；2. 果苞；3. 小坚果。(仿《中国高等植物图鉴》)

9. 罗城鹅耳枥

Carpinus luochengensis J. Y. Liang

灌木。小枝紫褐色，无毛，疏生小皮孔。叶卵状披针形，长 2.5 ~ 4.2cm，宽 1.0 ~ 1.5cm，上面无毛，下面沿中侧脉具疏毛，叶先端渐尖或尾状渐尖，基部圆楔形，有时不对称，叶缘有锯齿或重锯齿，齿端有腺体；侧脉 13 ~ 18 条；叶柄长 3 ~ 5mm，无毛或被微小柔毛。果序长 2 ~ 4cm，序轴纤细无毛，果稀少，果苞长 1.0 ~ 1.3cm，半卵形，先端钝尖，外侧边缘具不规则锯齿，内侧全缘。小坚果宽卵形，长 2.5 ~ 3.0mm，直径 3.5mm，先端被柔毛，其余无毛，具 7 ~ 9 条较明显的肋。

广西特有种，产于环江、罗城。喜钙、耐旱，生于石山山顶。

4. 铁木属 Ostrya Scop.

落叶乔木。树皮鳞状开裂，粗糙。叶缘具复锯齿。药室分离，顶有孔。果序总状，果苞藏于囊状果苞之内，顶端不开口，小坚果具纵肋。

约 8 种，分布于欧洲、西亚、东亚、北美及中美。中国 5 种；广西仅 1 种。

毛果铁木

Ostrya trichocarpa D. Fang et Y. S. Wang

乔木，高 15m，径粗 30cm。树皮粗糙，灰褐色。老枝暗紫褐色，疏生细小皮孔；幼枝密被黄褐色长柔毛。叶卵形，长 5.0 ~ 10.5cm，宽 2.5 ~ 5.0cm，上面疏生长柔毛或近无毛，背面灰绿色，密被短柔毛，叶顶端渐尖，基部微心形，稍偏斜，叶缘具不整齐重锯齿，齿端刺针；侧脉 14 ~ 20 对；叶柄长 3 ~ 5mm，具褐色长柔毛；托叶长 5 ~ 9mm，无毛或背面疏被短柔毛。果穗长 4.5 ~ 8.0cm，轴密生黄褐色长柔毛，苞鳞狭卵形，长 4 ~ 7mm，顶端渐尖，边缘具毛；果苞囊状，密生，膨胀，白绿色，长 1.5 ~ 2.4cm，具网脉，顶端急尖，基部钝，被柔毛；具细肋约 10 条，宿存花被，密被短柔毛，顶端具多数长尖齿，宿存花柱 2 枚。

广西特有种。产于那坡、靖西。生于海拔 300 ~ 1300m 的石山或山地密林中。

48 壳斗科 Fagaceae

常绿或落叶乔木，稀灌木。幼枝有棱脊，芽鳞覆瓦状排列。单叶互生，全缘、有锯齿或齿裂，羽状脉；托叶早落。花单性，雌雄同株，稀异株；单被花，4 ~ 7 裂，雄花多为柔荑花序，稀头状花序，雄蕊与花被裂片同数或为其倍数，花丝细长；雌花 1 ~ 3(~ 5) 枚生于总苞内，总苞单生、簇生或集成穗状，稀生于雄花基部；子房下位，2 ~ 6 室，每室有 1 ~ 2 枚胚珠，花柱与子房室同数，柱头头状、沟槽状或细圆点状；总苞在果实成熟时木质化形成壳斗，壳斗被鳞形或线形小苞片、瘤状凸起或针刺，每壳斗有 1 ~ 3(~ 5) 枚坚果，每坚果有 1 枚种子。种子无胚乳，子叶肉质，平、波状或皱褶，富含淀粉，可供酿酒。可供作工业淀粉及作饲料之用。

7 ~ 12 属 900 ~ 1000 种，分布于亚洲、欧洲及美洲。中国 7 属 294 种，主产于长江流域以南各地；广西 6 属 127 种 4 变种，分布于各地。

分属检索表

1. 雄花序为下垂头状花序；雌花每 2 朵生于 1 总苞内；壳斗单生，常 4 裂；坚果卵状三角形；落叶；发芽时子叶出土 ··· **1. 水青冈属 Fagus**
1. 雄花序为直立或下垂柔荑花序；壳斗单生或集生成穗状；发芽时子叶不出土。
  2. 雄花序为直立穗状；壳斗具 1 ~ 3(5) 枚坚果。
    3. 落叶性；无顶芽；子房 6 室；叶在枝上排列成 2 列，叶缘有锯齿 ················ **2. 栗属 Castanea**
    3. 常绿性；有顶芽；子房 3 室。

4. 壳斗被长刺、短刺或鳞形小苞片，全苞，稀为杯状或碗状，内有坚果 1 ~ 3 枚；叶常 2 裂互生 ··········
··· **3. 锥属（栲属）Castanopsis**

4. 壳斗带杯状或碗状，包坚果一部分，稀全包；壳斗被鳞片状小苞片，稀针刺状；内有 1 枚坚果；叶不为
2 列互生 ·· **4. 柯属（石栎属）Lithocarpus**

2. 雄花序为下垂柔荑花序；壳斗杯状或碗状，稀全包，内有 1 枚坚果。

5. 壳斗小苞片组成同心环带；叶常绿性 ·································· **5. 青冈属 Cyclobalanopsis**

5. 壳斗小苞片覆瓦状排列，紧密或张开；常绿或落叶性 ···························· **6. 栎属 Quercus**

1. 水青冈属 Fagus L.

落叶乔木。树皮平滑或粗糙。冬芽为二列对生的芽鳞包被，芽鳞脱落后留有多数芽鳞痕。单叶互生，叶缘有锯齿或波状；托叶膜质，线形，早落。花先于叶开放，单性花，雌雄同株，雄花为下垂头状花序，近总花梗顶部有 2 ~ 5 枚苞片，膜质线形或披针形；花被钟状，4 ~ 7 裂；雄蕊 6 ~ 12 枚，有退化雌蕊；雌花成对生于总苞内，稀 1 朵或 3 朵，花被 5 ~ 6 裂；子房 3 室，每室有 2 枚顶生胚珠；花柱 3 枚，基部合生。壳斗常 4 裂，小苞片为短针刺形、窄匙形、线形、钻形或瘤状凸起；坚果卵状三角形，有 3 条棱脊。子叶折扇状，出土。

10 种，分布于北半球的温带及亚热带高山地区。中国 4 种；广西 2 种。

分种检索表

1. 壳斗外壁有条状凸起的小苞片，长 2.5 ~ 7.0mm，下弯或呈 "S" 形弯曲，稀直立；壳斗长 1.8 ~ 3.0cm；叶长 6 ~ 15cm，宽 3.0 ~ 6.5cm，幼叶下面被平伏微绒毛，老叶渐变无毛 ····················· **1. 水青冈 F. longipetiolata**

1. 壳斗外壁有鳞片状凸起的小苞片，长不及 2mm，紧贴，小苞片有短尖头，如鸡爪状；壳斗长 0.8 ~ 1.2cm；叶长 4.5 ~ 10.0cm，宽 2.0 ~ 4.5cm，幼叶下面被绢质长柔毛，老叶无毛 ····················· **2. 亮叶水青冈 F. lucida**

1. 水青冈 长柄山毛榉 图 394

Fagus longipetiolata Seemen

乔木，高 25m。树干直，分枝高。芽卵形，长 5 ~ 20mm。嫩枝紫褐色，无毛。叶薄革质，卵形或卵状披针形，长 6 ~ 15cm，宽 3.0 ~ 6.5cm，先端短渐尖或急尖，基部宽楔形或近圆形，略偏斜，叶缘波浪状，具疏锯齿，幼叶下面被平贴绒毛，老叶几无毛；侧脉 9 ~ 14 对，直达齿端；叶柄长 1 ~ 3cm。壳斗较大，4 瓣裂，长 1.8 ~ 3.0cm，密被褐色绒毛，小苞片钻形，长 2.5 ~ 7.0mm，下弯或呈 "S" 形弯曲，稀直立；总梗略粗，长 1.5 ~ 7.0cm，无毛；坚果 2 枚，与壳斗近等长或略伸长，有 3 条棱，棱上有狭薄翅，被黄褐色微柔毛。花期 4 ~ 5 月；果期 8 ~ 10 月。

产于临桂、龙胜、兴安、贺州、金秀、融水、罗城、环江、田林、凌云、德保，以广西北部、西部较多。生于海拔 800m 以上的杂木林中。分布于广东、湖南、湖北、云南、贵州、四川、陕西、安徽、江西、浙江、福建。萌蘖力强，结实量大，天然更新良好，喜阴湿环境，耐寒力强，在兴安猫儿

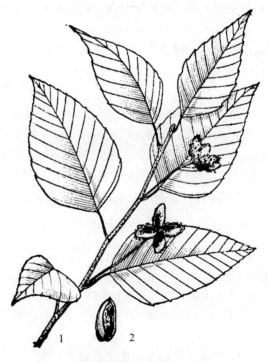

图 394 水青冈 Fagus longipetiolata Seemen
1. 果枝；2. 坚果。（仿《中国植物志》）

图 395 亮叶水青冈 Fagus lucida Rehder et E. H. Wilson 果枝。(仿《中国植物志》)

山海拔 800~2000m 处常见以其为优势树种的常绿落叶阔叶林,悬岩陡壁上都能生长。木材为散孔材,心材与边材区别不明显。材质坚重,淡红褐色至红褐色,纹理直,结构粗,重量中等至重,气干密度 0.793g/cm³,干燥后易翘裂,耐腐性中,供作家具、木地板、车、船及胶合板等用材;种子含油量 40%~45%,可食用或供作油漆。

2. 亮叶水青冈 光叶水青冈、亮叶山毛榉 图 395

Fagus lucida Rehder et E. H. Wilson

乔木,高 25m,胸径 1m。嫩枝紫褐色,被绢质绒毛。芽椭圆形,顶端锐尖,无毛。叶薄革质,卵形或卵状披针形,长 4.5~10.0cm,宽 2.0~4.5cm,先端渐尖或急尖,基部宽楔形或近圆形,边缘具锯齿;嫩叶被绢质柔毛,老叶无毛;侧脉 10~11 对,直达齿端;叶柄长 6~20mm,嫩时被绢质柔毛。壳斗较小,长 8~12mm,3~4裂,壳斗外壁有鳞片状凸起的小苞片,长不及 2mm,紧贴,小苞片有短尖头,如鸡爪状;总梗长 2~10mm,无毛。每壳斗 1~2 枚坚果,幼时包坚果一半,成熟时坚果顶端伸出壳外,坚果有 3 条棱,棱上无薄翅,被黄褐色微柔毛,长 9~13mm。春末夏初,花叶同放;秋季果熟。

产于灵川、兴安、灌阳、资源、龙胜、融水、罗城、田林。生于海拔 800m 以上的杂木林中。分布于贵州、四川、广东、湖南、湖北、江西等地。结实量大、萌蘖力强,适应性强,为中性偏喜光的树种,天然更新能力强,在旷地和林缘更新良好,在疏林和林窗下更新不良,在密林下更新更少。木材为散孔材,材质坚重,心材大,淡红褐色,边材色较淡,纹理直,结构粗,干燥后不开裂,稍变形,抗虫、耐腐性中等,供家具、农具等用材。

2. 栗属 Castanea Mill.

落叶乔木或灌木。树皮沟裂。小枝髓心呈星状。无顶芽,腋芽顶端钝,芽鳞 3~4 枚。叶缘有锯齿,侧脉直达齿端。雄花为直立的柔荑花序,生于叶腋,花被 6 裂;雄蕊 10~20 枚,有退化雌蕊;雌花 1~3(~7)朵,聚生于总苞内,总苞单生或生于雄花序下部;花被 6 裂,子房 6 室,每室 2 枚胚珠,花柱 6 枚。壳斗密被针刺,有 1~3(~5)枚坚果,圆形或扁圆形,褐色;子叶不出土。

约 12 种,分布于北半球的温带及亚热带。中国 4 种,其中引进 1 种;广西 3 种。

分种检索表

1. 幼枝无毛;每壳斗仅有 1 枚坚果;叶下面无毛,先端尾状渐尖;叶柄细长 ⋯⋯⋯⋯⋯⋯⋯⋯ **1. 锥栗 C. henryi**
1. 幼枝有毛;每壳斗有 2~3 枚坚果或更多;叶下面被短柔毛或腺鳞。
　2. 叶下面被灰白色,叶柄长 0.5~2.0cm;坚果直径 2.0~2.5cm ⋯⋯⋯⋯⋯⋯⋯⋯ **2. 板栗 C. mollissima**
　2. 叶下面被褐色腺鳞,叶柄长 0.6~1.0cm;坚果直径 1.5~2.0cm ⋯⋯⋯⋯⋯⋯⋯⋯ **3. 茅栗 C. seguinii**

1. 锥栗 珍珠栗、尖栗、箭栗 图 396

Castanea henryi(Skan)Rehder et E. H. Wilson

乔木,高 30m,胸径 1m。树干直。幼小枝紫褐色,无毛。腋芽卵形。叶宽披针形或卵状披针形，长 12 ~ 19cm，宽 3 ~ 6cm，先端尾状渐尖，基部圆形或宽楔形，常偏斜，边缘有芒状锯齿，两面无毛；侧脉 13 ~ 16 对；叶柄长 1.0 ~ 1.5cm。雄花为直立柔荑花序，生于枝条下部叶腋；雌花序常单生于枝条上部叶腋。壳斗近球形，连刺直径 2.5 ~ 3.5cm；坚果单生，卵形，长 1.5 ~ 2.0cm，宽 1.0 ~ 1.5cm，顶端有尖头，被黄棕色绒毛。花期 5 ~ 7 月；果期 9 ~ 10 月。

产于龙胜、融水、灵川、贺州、大明山。生丁海拔 600m 以上的杂木林中。分布于云南、贵州、四川、广东、湖南、湖北、福建、江西、安徽、浙江。喜温暖湿润环境，适生于年均气温 11 ~ 20℃、年降水量 1000 ~ 1500mm 的气候条件，在深厚肥沃、排水良好的酸性土壤上生长最好。种子可食用，果实甜香可口，风味明显优于板栗，中国名特优经济林干果。树皮、壳斗可供提制栲胶；根、皮入药可洗疮毒，花可治痢疾；木材为环孔材，材质坚硬，心材淡褐黄色，边材灰白色，纹理直，结构适中，干燥后易开裂，稍变形，抗虫、耐腐性中，可作车辆、建筑、家具、农具等用材。

图 396　锥栗 Castanea henryi（Skan）Rehder et E. H. Wilson 1. 花枝；2. 果序；3. 坚果。(仿《中国高等植物图鉴》)

2. 板栗　栗　图 397

Castanea mollissima Blume

乔木，高 5m，胸径 1m。树皮深灰色，深纵裂。幼枝被灰褐色绒毛；老枝几无毛。叶长椭圆形或长椭圆状披针形，长 9 ~ 18cm，先端渐尖，基部圆形或宽楔形，边缘有芒状锯齿，下面被灰白色短柔毛；侧脉 10 ~ 18 对；叶柄长 0.5 ~ 2.0cm，被短柔毛或近于无毛。雄花序长 9 ~ 20cm，被绒毛；雌花总苞常生于雄花下部，每总苞有花 2 ~ 3（~ 5）朵。壳斗球形，连刺直径 4.0 ~ 6.5cm，密被星状柔毛；坚果 2 ~ 3 枚，直径 2.0 ~ 2.5cm，暗褐色，顶端被绒毛。花期 4 ~ 6 月；果期 9 ~ 10 月。

广西各地有普遍栽培，以隆安、阳朔、东兰最多。分布于辽宁、河北及黄河流域和长江以南各地；东南亚及欧美各地也有栽培。中国板栗品种资源十分丰富，据统计全国板栗品种约 400 个，根据品种的区域特性划分为东北品种群、华北品种群、西北品种群、西南品种群、长江中下游品种

图 397　板栗 Castanea mollissima Blume 1. 花枝；2. 雄花；3. 果序。(仿《中国高等植物图鉴》)

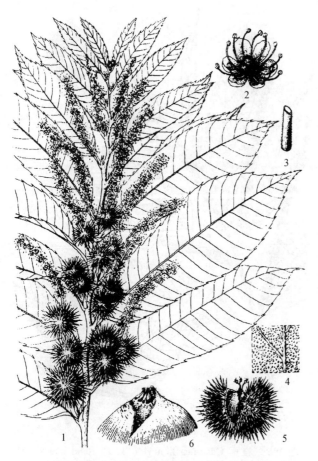

群、东南品种群等6个地方品种群，广西原生板栗属东南品种群。通过选育和引进，广西目前主要栽培的优良品种主要有大果乌皮栗、阳朔64－28油栗、玉林74－11栗、中果红板栗、九家种5种。板栗对土壤要求不严格，但对碱性土特别敏感，在pH值5.5～6.5的范围内生长良好，在pH值大于7.2的土壤上则生长不良。能适应多雨潮湿气候，但不耐涝。喜光，光照不足会影响枝梢生长、结实和品质，开花期光照不足，易引起生理落果。播种或嫁接繁殖。种子营养丰富，供食用，为木本粮食树种，含多种不饱和脂肪酸和维生素、矿物质，有"肾之果"之称，能补脾健胃、补肾强筋。木材为环孔材，边材窄，浅灰褐色，心材大，淡褐色，纹理直，结构粗，材质稍重，抗腐耐湿，干后易裂，易受虫蛀，可供作矿柱、建筑、家具等用材。树皮、壳斗、嫩叶可供提制栲胶；树皮入药，可外用洗治疮毒。

3. 茅栗 毛板栗、毛栗 图398

Castanea seguinii Dode

灌木或小乔木，高2～5m。幼枝被短柔毛。腋芽卵形。叶长椭圆形或倒卵状椭圆形，长6～14cm，宽3～5cm，先端渐尖，基部圆形或近心形，边缘有芒状锯齿，叶下面被脱落性褐色腺鳞；侧脉12～17对；叶柄长

图398 茅栗 Castanea seguinii Dode 1. 花果枝；2. 雄花；3. 1年生枝（示被毛）；4. 叶背（示鳞片）；5. 壳斗与坚果；6. 坚果部分（切开顶部示不育胚珠）。（仿《中国植物志》）

0.6～1.0cm。雄花序腋生，直立；雌花序常生于雄花基部。壳斗近球形，连刺直径3～5cm；坚果扁球形，常为3枚，多达5～7枚，直径1.5～2.0cm，褐色，无毛或顶端被疏毛。花期5～6月；果熟期9～10月。

产于临桂、龙胜、灵川、兴安、资源、全州、大明山。生于海拔500～700m的杂木林中。分布于云南、贵州、四川、湖南、湖北、江西、安徽、浙江、江苏、河南、陕西、山西、河北。喜光，耐干旱瘠薄。果较小，但味较甜。树体矮，可作为板栗嫁接砧木，可提早结实及适当密植。种子含淀粉可食用；树皮、壳斗可供提制栲胶；叶可养柞蚕；木材为环孔材，材质坚重，纹理直，结构粗，耐腐性中，干后易裂，易受虫蛀，作一般家具、农具用材及薪炭材。

3. 锥属（栲属）Castanopsis（D. Don）Spach

常绿乔木，有时为灌木。枝有顶芽，芽鳞多数，交互对生。叶有锯齿或全缘，有时基部不对称；托叶早落。花序直立；雄花常3～7朵聚生；花被5～6裂；雄蕊10～12枚，花药近球形，退化雌蕊小，被毛；雌花单生或2～5枚生于总苞内；花被5～6裂；子房3室，每室有2枚胚珠，花柱3枚。壳斗球形、卵形、椭圆形或杯形，开裂或不开裂，全部或大部分包坚果；壳斗外壁有披针状刺或鳞片状或瘤状凸起；坚果1～3枚，仅基部或至中部与壳斗内壁连生，稀连生至上部，果脐圆；子叶平凸，稀有褶皱，子叶不出土。

约120种，主产于亚洲热带和亚热带。中国58种，多产于长江流域以南；广西30种，是构成广西常绿阔叶林的主要树种。

分种检索表

1. 壳斗开裂。
  2. 壳斗外壁有鳞片状或肋状凸起。
    3. 壳斗全包或几全包着坚果。
      4. 幼枝被褐色柔毛；叶背被灰黄色鳞秕，叶缘有波状锯齿或钝齿 …………………… **1. 黧蒴锥 C. fissa**
      4. 幼枝无毛，具散生皮孔；叶背被淡银灰色鳞秕 …………………… **2. 苦槠 C. sclerophylla**
    3. 壳斗杯状包着坚果 1/3 或 1/4。
      5. 嫩枝无毛，有淡黄色皮孔；果序长 2～3cm，每壳斗有 1～3 枚果 …………… **3. 龙州栲 C. longzhouica**
      5. 嫩枝被短毛及鳞秕，皮孔不明显；果序长 5～10cm，每壳斗有 1 枚果 ………… **4. 淋漓锥 C. uraiana**
  2. 壳斗外壁被锐刺。
    6. 壳斗有 1 枚果。
      7. 壳斗连刺直径 4cm 以上。
        8. 叶全缘或先端有锯齿。
          9. 枝叶无毛。
            10. 小枝紫褐色，有灰白色皮孔；叶两面同色，无毛；壳斗全包坚果，连刺直径 6～8cm ………
                 …………………………………………………………………………… **5. 吊皮锥 C. kawakamii**
            10. 小枝黑褐色或褐灰色，有灰黄色皮孔；嫩叶背面有黄棕色鳞秕，老叶灰白色；壳斗连刺直径
                4.0～4.5cm ………………………………………………………… **6. 黑叶栲 C. nigrescens**
          9. 嫩枝稍被毛或密被短绒毛。
            11. 嫩枝被灰褐色或灰黄色短毛；叶缘反卷，下面密被红棕色或灰黄棕色鳞秕或杂有稀疏短毛…
                 ……………………………………………………………………… **7. 华南栲 C. concinna**
            11. 嫩枝密被黄褐色绒毛；叶基部近心形或圆形，叶背密被黄褐色绒毛；托叶宽卵形，常较迟脱
                落 ……………………………………………………………………………… **8. 毛锥 C. fordii**
        8. 叶缘具锯齿。
          12. 嫩枝无毛；叶厚革质，椭圆形至长椭圆形，嫩叶背被红褐色鳞秕，老时变灰白色或灰褐色；壳
            斗连刺直径 6～8cm ……………………………………………………… **9. 钩锥 C. tibetana**
          12. 嫩枝被柔毛，叶厚纸质或近革质。
            13. 叶下面幼时沿中脉被柔毛，老时近无毛或无毛，灰白色，侧脉 11～15 对；果刺多次分枝，壳
            斗连刺直径 4～5cm ……………………………………………… **10. 海南栲 C. hainanensis**
            13. 叶下面密被黄棕色短绒毛，侧脉 15～25 对；叶柄长 1～2cm，被黄棕色绒毛 …………………
                 ……………………………………………………………………………… **11. 印度锥 C. indica**
      7. 壳斗连刺直径 4cm 以下，不规则瓣裂，稀不裂。
        14. 小枝无毛。
          15. 老叶两面近同色，无毛。
            16. 叶中部以上有锯齿；壳斗 3～5 瓣裂，刺基部或中部以下合生成束，壳斗内壁被棕色长绒毛；
            坚果圆锥形，无毛 ………………………………………………… **12. 桂林栲 C. chinensis**
          16. 叶全缘。
            17. 叶披针形；壳斗球形或宽椭圆形，刺常数条于基部合生，稀离生，无毛或近无毛，壳斗
            壁及刺的基部干后黑色或暗褐色；坚果圆锥形 ………………… **13. 公孙锥 C. tonkinensis**
            17. 叶卵形或阔椭圆形，叶背有淡黄色、叶片状稀薄蜡鳞层；壳斗阔卵形，刺多条在下部连
            生成 4～5 个鸡冠状刺环 ……………………………… **14. 大明山锥 C. daimingshanensis**
        15. 叶下面有鳞秕。
          18. 叶全缘或近先端有锯齿。
            19. 坚果无毛。
              20. 壳斗连刺直径 2～3cm。
                21. 叶革质，下面淡薄银灰色或有白粉；壳斗宽卵形，稀近球形，刺基部或中部合
                生成束，有时连成 4～6 个刺环 …………………………………… **15. 甜槠 C. eyrei**

    21. 叶纸质，嫩叶叶背有棕黄色紧实的蜡鳞层，成长叶常呈灰白色；壳斗近球形
          …………………………………………………………… **16. 南宁锥 C. amabilis**
   20. 壳斗连刺直径0.9~1.5cm，球形，壳斗有疣状凸起，或有短刺，刺顶端呈黄棕色，
      无毛；叶柄基部增粗呈枕状 ………………………………… **17. 米槠 C. carlesii**
  19. 坚果密被棕色长伏毛；叶背面有红棕色或黄棕色鳞秕；中脉在叶面下凹；壳斗圆球形，
    暗黑褐色，被灰黄色微柔毛及蜡鳞 ………………… **18. 钻刺锥 C. subuliformis**
 18. 叶缘有锯齿。
    22. 叶卵形至长椭圆形；幼枝被红棕色鳞秕；嫩叶下面被红棕色鳞秕，老叶变淡灰棕色或灰
      色 …………………………………………………………… **19. 秀丽锥 C. jucunda**
    22. 叶倒卵形或倒卵状椭圆形；幼枝有灰白色皮孔，有时被灰白色鳞秕；幼叶下面被黄棕色
      鳞秕，老叶下面灰白色或银灰色 ………………………… **20. 高山锥 C. delavayi**
 14. 嫩枝有毛。
   23. 坚果无毛或近无毛。
     24. 叶卵形、卵状拔针形或卵状椭圆形；壳斗整齐4瓣裂，刺基部或中部有分枝，将壳壁完全遮
       蔽 ………………………………………………………………… **21. 红锥 C. hystrix**
     24. 叶长椭圆形或卵状长椭圆形；壳斗不规则瓣裂，刺基部合生或离生，外壁明显可见；壳斗
       壁及刺被灰色短毛或淡褐锈色鳞秕及短毛 ……………… **22. 栲 C. fargesii**
   23. 坚果被短毛；嫩枝、嫩叶、叶柄、叶背、壳斗及刺均被黄棕色或棕红色细片状蜡鳞及微柔毛；
    壳斗近轴面无刺 ………………………………………………… **23. 榄壳锥 C. boisii**
6. 每壳有1~3枚坚果。
  25. 1年生枝，叶柄及叶下面均被毛。
    26. 叶宽3.0~5.5cm，长不及18cm，侧脉10~14对 …………………… **24. 瓦山锥 C. ceratacantha**
    26. 叶宽5~9cm，长15~30cm，侧脉16~25对 …………… **25. 贵州锥 C. kweichowensis**
  25. 1年生枝，叶柄及叶下面均无毛。
    27. 坚果无毛；树皮不开裂，灰褐色；老叶下面被黄棕色鳞秕；中脉在叶面下凹；刺长中部以上合生成
      束，并被褐色绒毛；坚果圆锥或三角状圆锥形 ………………… **26. 罗浮锥 C. faberi**
    27. 坚果有毛。
     28. 嫩叶两面近同色，老叶下面淡银灰色或灰棕色；刺基部合生并连成鸡冠状刺环，壳壁及刺被灰
      黄色或黄棕色毛 ……………………………………………… **27. 厚皮锥 C. chunii**
     28. 新生叶下面有红棕色或淡棕色鳞秕。
      29. 叶卵状长椭圆形或倒卵状椭圆形；壳斗被灰色或灰黄色毛，刺基部合生成刺环；壳斗壁及
       刺被灰色短毛，刺端无毛，棕黄色 ……………… **28. 扁刺锥 C. platyacantha**
      29. 叶阔卵形；壳壁及刺被微柔毛，刺密，但近果序轴一面几无刺，常横向连生呈不连续的鸡
       冠状刺环 ……………………………………………… **29. 厚叶锥 C. crassifolia**
1. 壳斗不开裂；有2~3枚果，连刺直径4~6cm；叶全缘或顶端疏生小齿 ………… **30. 鹿角锥 C. lamontii**

1. 黧蒴锥　大叶栎、黎蒴栲、裂斗锥、裂壳锥、硬壳锥　图399
Castanopsis fissa (Champ. ex Benth.) Rehder et E. H. Wilson

乔木，高20m，胸径60cm。幼枝棱脊明显，被褐色柔毛。叶薄革质，长椭圆形或倒卵状长椭圆形，长15~25cm，宽4~8cm，先端钝尖，基部楔形，叶缘有波状锯齿或钝齿，无毛，下面被灰黄色鳞秕；侧脉16~20对；叶柄长1.5~2.5cm。果序长8~17cm，壳斗被暗红褐色粉末状蜡鳞，有1枚果，全包着坚果，球形或椭圆形，壳斗成熟时2~3(~4)瓣裂，鳞片三角形，基部连生成4~6个同心环；坚果宽卵形或圆锥形，长1.3~1.8cm，直径1.0~1.6cm，仅顶端被细绒毛；果脐直径4~7mm。花期4~6月；果期9~11月。

产于龙胜、灵川、融水、罗城、苍梧、贺州、金秀、宁明、合浦、钦州、那坡、平果、平南、大明山，生于海拔1600m以下的山坡、沟谷杂木林中。分布于广东、江西、福建、湖南、贵州、云南、海南；越南北部也有分布。喜湿热气候，适宜深厚湿润的赤红壤、红壤、山地黄壤，在干燥瘠

薄的山脊也能生长，石灰岩地未见分布。在广西南亚热带砂页岩或花岗岩海拔 1000m 以下的地区，常见以黧蒴锥为建群种的南亚热带季雨林和常绿阔叶林，向北可延伸到中亚热带南缘，浔江流域两侧山地丘陵常见大面积黧蒴锥林分布。黧蒴锥是常绿槠栲类中喜光性较强的树种，以它为优势的常绿阔叶林属于次生林。此类群落颇不稳定，在自然发展中，将被其他较耐阴、喜湿润的常绿阔叶树如华润楠、黄果厚壳桂取代其建群种地位。黧蒴锥更新能力极强，依靠实生繁殖和母树基部四周产生大量的"根出条"，在采伐迹地、林间空地，能迅速形成以黧蒴锥为优势种的次生林。

　　生长较快，幼苗期稍耐阴，2~3 年生以后需要较强的光照，10 年前为高生长速生期，年高生长可达 1.2~1.8m，胸径生长 1.0~1.5cm。30 年以后，高、粗生长显著减慢。萌芽力强，萌条生长快，适当抚育，3 年可成林成材，萌芽更新可连续多代。播种育苗，种子易遭鼠、鸟及虫的危害，需及时采收。采回的种子需作浸水或药物处理，杀灭蛀果害虫，随采随播或拌湿润细沙贮藏。容器育苗或培育裸根苗，1 年生苗造林，裸根苗春季造林也有较高成活率。种实炒熟可食用；木材白色、灰白色，商品材称"白锥"、"橡木"，质轻，细致，易变色和腐朽，可作造纸、中密度板等纤维原料，木材经处理也可作建筑、门窗、板材、家具、农具等用材；树皮和壳斗可供提制栲胶；良好薪炭材和菌材。

2. 苦槠　苦槠栲　图 400：1~2

Castanopsis sclerophylla（Lindl. et Paxton）Schottky

　　乔木，高 15m，胸径 50cm。树皮浅纵裂。幼枝无毛，棕褐色，散生皮孔。叶厚革质，长椭圆形或卵状椭圆形，长 8~18cm，宽 4~8cm，有时两侧不对称，中部或上部有锐锯齿，两面无毛，下面有淡银灰色鳞秕；侧脉 8~14 对；叶柄长 1.5~2.5cm。果序长 8~15cm，每壳斗有 1 枚果，壳斗球形或半球形，全包或包 3/5~4/5 坚果，长 9~13mm，直径 1.2~1.5cm，成熟时不规则瓣状爆裂，鳞片三角形，基部排成 4~6 个同心环；坚果近球

图 399 黧蒴锥 Castanopsis fissa（Champ. ex Benth.）Rehder et E. H. Wilson 1. 果枝；2. 坚果。(仿《中国高等植物图鉴》)

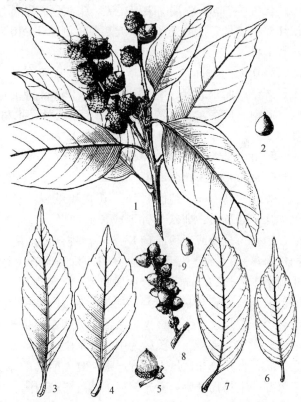

图 400 **1~2. 苦槠 Castanopsis sclerophylla**（Lindl. et Paxton）Schottky 1. 果核；2. 坚果。**3~5. 龙州锥 Castanopsis longzhouica** C. C. Huang et Y. T. Chang 3~4. 叶；5. 壳斗及坚果。**6~9. 淋漓锥 Castanopsis uraiana**（Hayata）Kaneh. et Hatus. 6~7. 叶；8. 果序；9. 坚果。(仿《中国植物志》)

形，直径 1.0~1.4cm，有深褐色细绒毛；果脐宽 7~9mm。花期 4~5 月；果期 9~11 月。

产于永福、灵川、临桂、桂林、大明山。生于海拔 1000m 以下的山地杂木林中。分布于长江中下游以南各地。苦槠是中国锥属分布最北的树种，是中亚热带常绿阔叶林主要建群种，适应性强，耐干燥瘠薄土壤。萌芽力强，经采伐后能多代萌芽，经抚育后又能长成大树。木材心材灰褐色，边材灰色，纹理斜，结构粗，干燥后易翘裂，耐腐，供作机械、体育用品、砧板、家具及农具用材，也可用作培育香菇；种仁含丰富淀粉和果胶，可用来做苦槠豆腐和苦槠糕；入药有益气、明目、壮筋骨、助阳气、补虚劳、健腰膝等效用。

3. 龙州锥　龙州栲　图 400：3~5

Castanopsis longzhouica C. C. Huang et Y. T. Chang

小乔木，高 8m，胸径 15cm。树皮灰棕色。嫩枝无毛，有淡黄色皮孔。叶卵形、椭圆形或披针形，长 7~13cm，宽 2.5~4.5cm，先端长渐尖或稍短尖，基部狭楔形，沿叶柄下延，叶缘有细锯齿，齿端向内弯；中脉在两面均凸起，侧脉 9~12 对，叶背面有灰色蜡鳞层；叶柄长 1~2cm，无毛。果序长 2~3cm，每壳斗有 1~3 枚果；壳斗杯状，包着坚果底部或不到 1/4，内面被贴伏毛，外面被微柔毛，灰黄色，鳞片覆瓦状排列；坚果卵状圆锥形，长宽均 1.0~1.5cm，顶端短尖，略被微柔毛，栗褐色；果脐凸起，直径 5~6mm。花期 4~5 月；果期 9~10 月。

广西特有种，产于龙州、隆安，生于海拔 600m 以下的石灰岩疏林中。

4. 淋漓锥　鳞苞栲、鳞苞锥、鸟来柯　图 400：6~9

Castanopsis uraiana (Hayata) Kaneh. et Hatus.

乔木，高 20m，胸径 80cm。嫩枝被短毛及鳞秕；小枝皮孔不明显。叶卵状椭圆形或椭圆状披针形，长 7~13cm，先端渐尖或尾尖，尖头弯，基部两侧不对称，有锯齿，稀全缘；嫩叶下面被棕色或红棕色鳞秕，老叶变淡棕灰或灰色；侧脉 7~10 对；叶柄长 0.7~1.5cm。果序长 5~10cm，每壳斗有 1 枚果，壳斗杯状，包坚果 1/4~1/3，鳞片三角形，覆瓦状排列，被灰黄色微毛；坚果宽圆锥形，高 0.7~1.2cm，直径 0.5~1.0cm，果脐直径 3~5mm。花期 3~5 月；果期翌年 9~10 月。

产于广西东北部，生于海拔 500~1200m 的坡地或沿溪两岸杂木林中。分布于台湾、福建、江西、湖南、广东。木材淡灰褐色，半环孔材，木材耐腐、耐虫蛀，可作建筑、家具等用材；果可食用。

5. 吊皮锥　青钩栲、格氏栲　图 401：1~4

Castanopsis kawakamii Hayata

乔木，高 40m，胸径 1.5m。树皮浅纵裂，老树皮成条片状剥落。小枝紫褐色，无毛，有灰白色皮孔。叶革质，卵状披针形或长椭圆形，长 6~12cm，宽 2.0~4.5cm，先端长渐尖，基部近圆形，稍斜，全缘或近顶部有 1~3 对浅钝锯齿，两面同色无毛；侧脉 8~15 对，网状叶脉明显；叶柄长 1.0~2.5cm，无毛。壳斗球形，每壳斗有 1 枚果，全包坚果，连刺直径 6~8cm，4 瓣裂，壳斗刺密生，长 2~3cm，常合生成刺束；坚果扁圆锥形，高 1.2~1.5cm，直径 1.7~2.0cm，密被黄棕色绒毛；果脐与基部等大。花期 3~4 月；果期翌年 8~10 月。

产于贺州、昭平、金秀、大新、大明山，生于海拔 1000m 以下的山地杂木林中。分布于江西、福建、广东、台湾。格氏栲为中国东部中亚热带湿润低山、丘陵常绿阔叶林主要建群种，喜温暖湿润气候，自然分布区虽为冬无严寒，夏无酷暑的凉爽湿润区，但能耐暑热，引种至海拔 100m 的南宁市郊，生长仍旺盛。喜光，但中幼龄树较耐阴，成龄树常为上层林冠。适生土壤为酸性红壤及黄壤，石灰岩山未发现分布。较耐贫瘠地，一般肥力的荒山可以生长成材；在肥力中等以上，土层深厚的立地，生长迅速，并可生长成大材。萌芽力强，可萌蘖更新，也可植苗造林。果可食；树皮和壳斗可供提制栲胶；材质优良，木材坚重，木材气干密度 0.74g/cm³，心材红褐色，不易腐朽，可供作家具、造船、车辆、地板等用材。

6. 黑叶锥 黑叶栲、岩槠 图402

Castanopsis nigrescens Chun et C. C. Huang

乔木，高20m，胸径50cm。小枝黑褐色或褐灰色，有灰黄色皮孔，无毛。叶革质，卵形或卵状椭圆形，长8~15cm，宽3~6cm，先端渐尖，基部近圆形或短尖，有时一侧偏斜，全缘；侧脉10~14对，网脉明显；嫩叶背面有黄棕色鳞秕，老叶灰白色；叶柄长1~2cm。雄花序穗状或圆锥花序，长8~15cm，雌、雄花序轴均被灰色微柔毛。果序长5~12cm；壳斗球状，连刺直径4.0~4.5cm，刺密集，外壁及刺被灰色或黄灰色短柔毛，内壁被棕色长绒毛，每壳斗有1枚果，坚果宽卵形，直径约2.5cm，被短毛，果脐占坚果面积的1/3。花期5~6月；翌年9~10月果成熟。

产于苍梧、武鸣。生于海拔约300m杂木林中。分布于江西、湖南、福建、广东。材色浅白微黄，纹理直，结构略粗，可供作门窗、家具、农具等用材。

7. 华南栲 华南锥 图401：5~7

Castanopsis concinna (Champ. ex Benth.) A. DC.

乔木，高15m，胸径50cm。嫩枝被灰褐色或灰黄色短绒毛；老枝无毛。叶长椭圆形或椭圆形，长5~10cm，宽1.5~3.5cm，先端短尖或渐尖，基部宽楔形或近圆形，全缘，叶缘反卷，下面密被红棕色或灰黄棕色鳞秕或杂有稀疏短毛；中脉在叶面明显下陷，侧脉12~16对，网脉不明显；叶柄长8~15mm，被毛。雄花序穗状，轴密被黄褐色绒毛；雌花序长约5cm，花序轴被灰黄色绒毛。果序有少数壳斗，每壳斗有1枚果，球形，连刺直径4~6cm，4瓣裂，壁厚2.5~4.0mm，刺长1~2cm，多条合生成刺束，有多次分枝；坚果扁圆锥形，高约1cm，直径约1.4cm，被绒毛；果脐与基部等大。花期4~5月；果期翌年8~10月。

产于灵川、宜州、天峨、凌云、乐业、岑溪、钦州、十万大山。生于海拔500m以下的杂木林中。分布于广东、香港。喜光，幼龄期可在荫蔽下生长，成龄树多与常绿阔叶树混生且为上层林，较耐干旱、贫瘠地，在土层深厚的肥沃湿润地，生长迅速，且可长成大材。木材花纹美观，边材淡红色，心材红褐色，坚实，纹理直，干缩量小，抗虫力强，较耐腐，切面光滑，油漆效果好，为

图 401　1~4. 吊皮锥 Castanopsis kawakamii Hayata 1~2. 叶；3. 壳斗；4. 坚果。5~7. 华南栲 **Castanopsis concinna** (Champ. ex Benth.) A. DC. 5. 叶；6. 壳斗；7. 坚果。8~10. 毛锥 **Castanopsis fordii** Hance 8. 叶背面；9. 叶基部；10. 壳斗。11~13. 钩锥 **Castanopsis tibetana** Hance 11. 枝叶；12. 果序；13. 坚果。(仿《中国植物志》)

图 402　黑叶锥 **Castanopsis nigrescens** Chun et C. C. Huang 1. 果枝；2. 壳斗及坚果；3~4. 坚果。(仿《中国植物志》)

优良家具用材；种子含淀粉，无涩味，可食用。

8. 毛锥 南岭栲、南岭锥 图401：8~10

Castanopsis fordii Hance

乔木，高30m，胸径1m。树皮深裂。嫩枝密被黄褐色绒毛。叶革质，长椭圆形，长9~18cm，宽3~5cm，先端钝尖，基部近心形或圆形，全缘，下面密被黄褐色绒毛；侧脉8~12对；叶柄长1~6mm，密被黄褐色绒毛；托叶宽卵形，常较迟脱落。果序长6~12cm，壳斗球形，4瓣裂，连刺直径4.5~7.0cm，壁厚3~4mm，刺长1~2cm，基部合生成束；每壳斗有1枚果，扁圆锥形，直径约2cm，密被棕色绒毛，果脐占坚果面积的1/3。花期3~4月；果期翌年9~10月。

产于龙胜、贺州、钟山、富川、金秀、融水、宜州、容县、浦北。生于海拔1200m以下的杂木林中。分布于浙江、江西、福建、湖南、贵州、广东。中国中亚热带东部湿润低山、丘陵常绿阔叶林主要建群种，在山谷或溪流两岸常形成小面积纯林，或与红锥、木荷、锥栗等混生。较喜光，幼年耐阴。较速生。木材深红色或红褐色，纹理直，结构粗，材质坚实而有弹性，干燥后微裂，抗虫力强，极耐腐，为建筑、乐器、家具等用材；种仁可食用。

9. 钩锥 钩栲 图401：11~13

Castanopsis tibetana Hance

乔木，高30m，胸径1.5m。树皮浅纵裂。嫩枝暗紫红色，无毛，有皮孔。叶厚革质，椭圆形至长椭圆形，长15~30cm，宽5~10cm，先端渐尖或突尖，基部圆形，两侧不对称或近对称；中部以上有锐锯齿，两面无毛，下面幼时被红褐色鳞秕，老时变灰白色或灰褐色；侧脉15~18对，网脉明显；叶柄长1.5~3.0cm。果序长达20cm，壳斗球形，4瓣裂，连刺直径6~8cm，壁厚3~4mm，刺长1.5~2.5cm，基部合生成束；坚果1枚，扁圆锥形，高1.4~1.8cm，直径2.0~2.8cm，顶部密被褐色绒毛，果脐占坚果面积的1/4。花期4~5月；果期翌年8~10月。

产于龙胜、灵川、资源、兴安、临桂、恭城、全州、永福、融水、罗城、贺州、金秀、隆林、凌云、田林、宁明。生于海拔1500m以下的杂木林中。分布于浙江、安徽、江西、福建、湖北、湖南、广东、贵州、云南。中国中亚热带东部湿润低山、丘陵常绿阔叶林主要建群种，在沟边、溪边、山腹潮湿地带常见，有时成小片纯林。种仁生熟均可食或用来酿酒；树皮、壳斗可供提取栲胶；木材红褐色，纹理直，结构细，材质坚实，气干密度0.633g/cm³，材色美观，抗腐朽，为建筑、器械、家具、地板等优良用材。

10. 海南锥 海南栲 图403：1~3

Castanopsis hainanensis Merr.

乔木，高25m，胸径90cm。嫩枝密被灰棕色或灰黄色柔毛，老枝皮孔明显。叶厚纸质或近革质，倒卵形或倒卵状椭圆形，长8~17cm，宽3~7cm，先端短尖或近圆形，基部楔形或宽楔形，有内弯锐锯齿，上面幼时沿中脉被柔毛，老时无毛，下面幼时沿中脉被柔毛，老时近无毛或无毛，灰白色；侧脉11~15对，直达齿端，支脉极纤细或不明显；叶柄长1.0~1.5cm，幼时被毛。果序长约17cm，壳斗内有1枚果，球形，连刺直径4~5cm，4瓣裂，

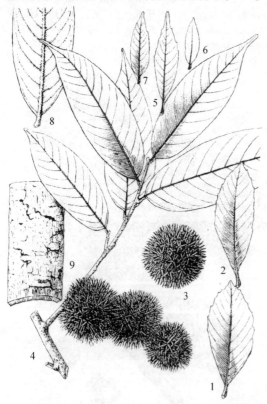

图403 1~3. 海南锥 Castanopsis hainanensis Merr. 1~2. 叶；3. 壳斗。4~9. 红锥 Castanopsis hystrix Hook. f. et Thomson ex A. DC. 4. 果枝；5~7. 叶；8. 叶背面；9. 树皮。(仿《中国植物志》)

壳斗壁厚约 2mm，刺长 1.0～1.5cm，多次分枝，基部合生成刺束，被柔毛；坚果 1 枚，圆锥形，高 1.2～1.5cm，直径 1.0～1.3cm，被黄棕色绒毛。花期 3～4 月；果期翌年 8～10 月。

产于龙州、那坡。生于海拔 700m 以下的山地杂木林中。分布于海南。热带季雨林建群种，喜湿热环境。对土壤适应性强，在酸性砖红壤与钙质石灰土上均能生长。果可食用；木材散孔材，材色黄棕色，纹理交错，坚实，细致带韧性，耐水浸，干燥后易开裂、变形，可供作地板、家具、农具等用材。

11. 印度锥 印度栲 图 404

Castanopsis indica (Roxb. ex Lindl.) A. DC.

乔木，高 25m，胸径 80cm。树皮纵裂。嫩枝密被棕色或黄棕色绒毛；老枝无毛。叶厚纸质，卵形或倒卵状椭圆形，长 9～26cm，宽 5～13cm，先端短尖，基部近圆形，有粗锯齿，齿端有芒，下面密被黄棕色短绒毛；侧脉 15～25 对，直达齿端；叶柄长 1～2cm，被黄棕色绒毛。果序长 10～25cm，壳斗密生，每壳斗有 1(～2)枚果，球形，连刺直径 3.5～4.0cm 或稍大，4 瓣裂，刺长 1.0～1.5cm，浑圆而劲直，基部合生成束；坚果圆锥形或扁球形，直径 1.0～1.4cm，有毛，果脐占坚果面积的 1/4。花期 3～5 月；果期翌年 9～11 月。

产于金秀、那坡、武鸣、容县、龙州、宁明、扶绥、防城。生于海拔 700m 以下的低山丘陵。分布于台湾、福建、广东、云南、海南、西藏；越南、老挝、缅甸、泰国、印度也有分布。果肉可生食；木材黄棕色，纹理直，结构细密，材质坚实，干燥后不易开裂，为建筑、车辆、家具等优良用材；树皮和壳斗可供提制栲胶。

12. 桂林栲 桂林锥、华栲、锥 图 405：1～4

Castanopsis chinensis (Spreng.) Hance

乔木，高 20m，胸径 60cm。树皮纵裂，片状剥落。小枝无毛。叶厚纸质或近革质，披针形或卵状披针形，长 7～18cm，宽 2～5cm，先端渐尖，基部楔形或宽楔形，中部以上有锯齿，两面无毛，近同色；中脉在叶面隆起，侧

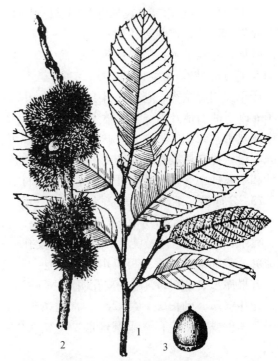

图 404 印度锥 Castanopsis indica (Roxb. ex Lindl.) A. DC. 1. 枝叶；2. 果序；3. 坚果。(仿《中国高等植物图鉴》)

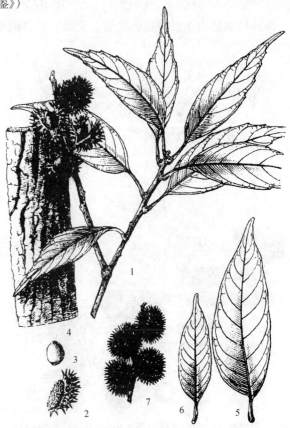

图 405 1～4. 桂林栲 Castanopsis chinensis (Spreng.) Hance 1. 果枝；2. 壳斗瓣；3. 坚果；4. 树皮。**5～7.** 公孙锥 Castanopsis tonkinensis Seemen 5～6. 叶；7. 果序。(仿《中国植物志》)

脉 10 ~ 12 对，直达齿端，网状叶脉明显；叶柄长 1.0 ~ 2.5cm，无毛。果序长 8 ~ 15cm，每壳斗内有 1 枚果，球形，连刺直径 2 ~ 4cm，3 ~ 5 瓣裂，刺长 0.7 ~ 1.4cm，基部或中部以下合生成束，壳斗内壁被棕色长绒毛；坚果圆锥形，高 1.2 ~ 1.6cm，直径 1.0 ~ 1.3cm，无毛，果脐与基部等大。花期 5 ~ 7 月；果期翌年 9 ~ 11 月。

产于灵川、金秀、苍梧、藤县、那坡、博白、合浦、南宁、邕宁、扶绥、大明山。生于海拔 1000m 以下的山地及山谷杂木林中。分布于广东、云南、贵州及湖南南部。喜温暖湿润气候，为华南南亚热带常绿阔叶林主要建群种。种仁榨油可食用，还可用来酿酒和制酱油、豆腐及糕点；树皮及壳斗可供提制栲胶；木材密度中等，淡黄白色，纹理斜，结构适中，干燥后不开裂，稍变形，抗虫性和耐腐性中等，经处理可供作家具等用材。

13. 公孙锥 细刺栲、东京栲 图 405：5 ~ 7

Castanopsis tonkinensis Seemen

乔木，高 20m。小枝无毛，有不明显皮孔。叶披针形，长 6 ~ 13cm，宽 1.5 ~ 4.0cm，先端渐尖或钝尖，基部常不对称，两面几同色无毛，全缘；中脉凹下，侧脉极细；叶柄长 1.0 ~ 1.5cm，无毛。有果序长 5 ~ 15cm，序轴皮孔明显，每壳斗有 1 枚果，球形或宽椭圆形，连刺直径 2 ~ 3cm，瓣裂，壳斗壁薄，刺长 0.5 ~ 1.2cm，常数条于基部合生，稀离生，无毛或近无毛，壳斗壁及刺的基部干后黑色或暗褐色；坚果圆锥形，直径 0.9 ~ 1.2cm，被平伏毛。花期 5 ~ 6 月；果期翌年 9 ~ 10 月。

产于贺州、金秀、德保、容县、桂平、大新、龙州。生于海拔 1200m 以下的山地杂木林中。分布于广东、海南、云南；越南北部也有分布。喜温暖湿润环境，为广西南亚热带和北热带常见种，广西中部海拔 500m 以下的砂页岩地区和南部海拔 700 ~ 1000m 的常绿阔叶林的主要建群种。喜酸性土壤，自然分布于砂页岩、页岩、花岗岩发育的赤红壤和红壤。中性偏喜光树种，幼年耐阴，大树处林冠第 1 层。生长较快，20 年时树高、胸径年生长量分别在 1m、1cm 左右。木材材色浅，供家具等用。

图 406 1 ~ 4. 大明山锥 Castanopsis daimingshanensis S. L. Mo 1. 果枝；2. 壳斗；3. 坚果；4. 坚果（示果胳）。5 ~ 8. 扁刺锥 Castanopsis platyacantha Rehder et E. H. Wilson 5. 果枝；6. 叶；7. 壳斗外壁刺束；8. 坚果。（仿《中国植物志》）

14. 大明山锥 大明山栲、卷叶米锥 图 406：1 ~ 4

Castanopsis daimingshanensis S. L. Mo

乔木，高 9m，胸径 16cm。树皮暗褐色，网状纵裂。小枝无毛。叶革质，卵形或阔椭圆形，长 6 ~ 11cm，宽 3.0 ~ 5.5cm，先端钝圆或短急尖，基部阔楔形，略沿叶柄下延，两面无毛，近于同色，叶缘略向背卷，叶背有淡黄色、叶片状稀薄蜡鳞层，全缘；侧脉 8 ~ 10 对；叶柄长 5 ~ 8mm，无毛。果序长 5cm，有少数果；壳斗宽卵形，连刺直径 2.0 ~ 2.5cm，刺多条在下部连生成 4 ~ 5 个鸡冠状刺环，被棕色微柔毛；每壳斗有 1 枚果，坚果宽圆锥形，宽约 1.5cm，被棕色短毛。

产于大明山。生于海拔 1100m 以上的杂木林中，常见于山顶矮林草甸地带。

15. 甜槠 甜锥、甜槠栲、水锥栲 图 407：1 ~ 5

Castanopsis eyrei（Champ. ex Benth.）Tutch.

乔木，高 20m，胸径 50cm。树皮深纵裂。小枝无毛，有微凸起皮孔。叶革质，卵状长椭圆形或披针形，长 5 ~ 13cm，宽 1.5 ~ 5.5cm，先端渐尖或尾尖，常弯向一侧，基部不对称，一边近圆形，一边楔形，全缘或近顶端有浅锯齿，无毛，下面带淡薄银灰色或白粉；侧脉 8 ~ 14 对，极纤细；叶柄长 0.7 ~ 1.5cm，无毛。壳斗有 1 枚果，宽卵形，稀近球形，连刺直径 2 ~ 3cm，刺长 5 ~ 10mm，基部或中部合生成束，有时连成 4 ~ 6 个刺环，壳斗壁及刺被灰色短毛；坚果宽圆锥形，直径 1.0 ~ 1.4cm，无毛，果脐小于果底部。花期 4 ~ 5 月；果期翌年 9 ~ 11 月。

产于阳朔、灵川、临桂、龙胜、兴安、资源、贺州、环江、天峨、苍梧、融水、金秀、隆林、大明山、十万大山。生于海拔 1200m 以下的山地杂木林中。分布于长江以南各地。喜湿润环境，为中国东部中亚热带常绿阔叶林常见种，在广西北部、东北部常见以甜槠为优势种的林分。种仁可食或供制粉丝、酿酒；树皮及壳斗可供提制栲胶；木材密度中等，浅黄灰色，边材与心材不分明，纹理直，结构粗，干燥后易翘裂，抗虫性中等，略耐腐，可供作建筑、车辆、造船、门窗、家具等用材。

图 407　1 ~ 5. 甜槠 Castanopsis eyrei（Champ. ex Benth.）Tutch. 1. 果枝；2 ~ 4. 叶；5. 壳斗及坚果。6 ~ 9. 榄壳锥 Castanopsis boisii Hickel et A. Camus 6. 枝、叶；7 ~ 8. 叶；9. 壳斗。（仿《中国植物志》）

16. 南宁锥　南宁栲

Castanopsis amabilis W. C. Cheng et C. S. Chao

常绿乔木，高 20m。老枝和果序有棕色皮孔。枝、叶、花序轴均无毛。叶纸质，卵状披针形或披针形，长 6 ~ 15cm，宽 2 ~ 3cm，先端尾状渐尖，全缘或近顶部有锯齿，嫩叶叶背有棕黄色紧实的鳞秕，成长叶常呈灰白色；侧脉 12 ~ 15 对，极纤细；叶柄长 0.5 ~ 1.5cm。壳斗近球形，连刺直径 2.2 ~ 3.0cm，刺基部联合成刺束，长 6 ~ 8mm，被灰色绒毛；坚果 1 枚，阔卵形或近圆球，无毛。

产于南宁、宁明、上思。生于海拔 500 ~ 800m 的常绿阔叶林中。分布于贵州荔波。

17. 米槠　米锥、小红栲、细枝栲、白锥

Castanopsis carlesii（Hemsl.）Hayata

乔木，高 20m，胸径 80cm。树皮灰色，不裂至浅纵裂。小枝无毛，有皮孔。叶卵形、卵状披针形或披针形，长 5 ~ 13cm，宽 2 ~ 5cm，先端长渐尖或尾尖，基部楔形或近圆形，全缘或中部以上有少数锯齿，下面幼时被红棕色或黄棕色鳞秕，老时呈淡灰白色，无毛；侧脉 9 ~ 12 对；叶柄长 1cm，基部增粗呈枕状。果序长 5 ~ 10cm，每壳斗有 1 枚果，球形，连刺直径 9 ~ 15mm，壳斗有疣状凸起，或有短刺，散生或 3 条基部合生或基部连成环状，刺顶端呈黄棕色，无毛，其余与壳斗壁相同，均被棕黄色短毛及蜡鳞；坚果近球形或长圆锥形，直径 0.8 ~ 1.2cm，无毛。花期 4 ~ 6 月；果期翌年 9 ~ 11 月。

产于龙胜、金秀、融安、罗城、环江、贺州、大明山、十万大山、浦北、合浦、陆川、容县。生于海拔 1500m 以下的山地杂木林中。分布于长江以南各地。喜温暖湿润环境，为中国东部中亚热带常绿阔叶林常见种和主要建群种。在广西北部、东北部及南部的大明山、大容山、云开大山、六万大山、岑王老山常见以米槠为优势种的米槠林。中性偏喜光，幼年耐阴，也适应全光照下生长。耐干旱瘠薄，在浦北县龙门乡等低丘地自然恢复的次生阔叶林中，常见以米槠为优势种的林分，有

时甚至是米槠纯林。喜酸性土壤,自然生长于砂页岩、花岗岩发育成的赤红壤、红壤、黄壤上,石灰岩发育的钙质土上未见分布。生长快,自然生长30年胸径可达37.8cm,树高22.5m。播种繁殖。叶片、树形、坚果等与红锥的极相似,结实量大,采种时极易混淆,常将米槠作红锥采种、育苗造林,但适应性强、生长速度快。木材密度中等,淡红黄色,纹理直,结构粗,不均匀,较软,干后易开裂,不耐腐,但加工性能好,经处理可供作家具等用材,商品名称"白锥"或"橡木";种仁可食或供酿酒;树皮可供提取栲胶。

18. 钻刺锥 钻刺栲

Castanopsis subuliformis Chun et C. C. Huang

乔木,高25m,胸径50cm。嫩枝暗褐色,无毛,有皮孔。叶硬纸质,长圆形或披针形,长7~14cm,宽3~5cm,先端短尖或长尖,基部近圆形或短尖,近先端有浅裂锯齿或全缘,叶背面有红棕色或黄棕色鳞秕;中脉在叶面下凹,侧脉11~14对,网脉不明显;叶柄长约1.5cm。果序长约11cm;壳斗圆球形,连刺直径1~2cm,暗黑褐色,被灰黄色微柔毛及蜡鳞;每壳斗有1枚果,坚果略扁的圆锥形,直径1.2~15.0cm,密被棕色长伏毛。果期12月。

产于南宁市郊。生于海拔700~900m的杂木林中。分布于广东。

19. 秀丽锥 东南栲、台湾栲 图408

Castanopsis jucunda Hance

乔木,高26m,胸径80cm。树皮深纵裂。幼枝无毛,被红棕色鳞秕。叶纸质或近革质,卵形至长椭圆形,长10~18cm,宽4~6cm,先端渐尖或短尖,基部圆形或宽楔形,中部以上有疏锯齿或波状钝锯齿,锯齿内弯,无毛,嫩叶下面被红棕色鳞秕,老叶变淡灰棕色或灰色;侧脉8~12对,直达齿端,网脉纤细;叶柄长1.0~1.5cm。雄花序圆锥状,轴有红棕色鳞秕;雌花单生,花序轴被微柔毛。果序长达15cm,无毛,也无鳞秕,每壳斗有1枚果,球形,连刺直径2.5~3.0cm,刺长6~10mm,基部常合生成束,密生,壳斗壁及刺被灰色毛及淡棕色鳞秕;坚果圆锥形,直径1.0~1.2cm,无毛,果脐小于果底部。花期4~5月;果期翌年9~10月。

产于贺州、金秀、罗城、环江、大新。生于海拔1000m以下的山地杂木林中。分布于长江以南各地及云南。木材淡棕黄色、纹理直,致密,干后易开裂,供作家具、农具等用材;种仁含淀粉,可供酿酒。

图408 秀丽锥 Castanopsis jucunda Hance 1. 雄花序;2. 果枝;3. 雌花;4. 坚果。(仿《中国高等植物图鉴》)

20. 高山锥 高山栲 图409

Castanopsis delavayi Franch.

乔木,高20m,胸径60cm。树皮纵裂。树枝无毛。幼枝有灰白色皮孔,有时被粉白色鳞秕;老枝有皮孔。叶倒卵形或倒卵状椭圆形,长5~13cm,宽3.5~8.0cm,先端钝尖或短尖,基部楔形,中部以上有疏锯齿或波状齿,幼叶下面被黄棕色鳞秕,老叶下面灰白色或银灰色;中脉在叶面隆起,侧脉6~10对;叶柄长0.7~1.5cm。果序长8~15cm,每壳斗有1枚果,壳斗宽卵形或近球形,连刺直径1.5~2.0cm,2~3瓣裂,刺长3~6mm,基部合生成束,壳斗壁可见;坚果宽卵形,直径1.0~1.5cm,仅顶部疏被平伏柔毛。花期 4 ~ 5 月；果期翌年 9 ~ 11 月。

产于隆林、西林、田林、大新。生于海拔 1000 ~ 1500m 的山地杂木林中。分布于云南及贵州西南部、四川南部；越南、泰国、缅甸也有分布。在广西自然生长地为广西西部山原，气候冬暖夏凉，土壤为山地红壤，在该区域为常见种，局部地段可见以其为优势种的常绿阔叶林。木材黄褐色或褐色，纹理直或略斜，结构适中至粗，略均匀，材质坚韧，强度大，供作建筑、车辆、农具、家具等用材；壳斗及树皮可供提取栲胶；种仁含淀粉，可食用或供酿酒。

21. 红锥　刺栲　图 403：4 ~ 9

Castanopsis hystrix Hook. f. et Thomson ex A. DC.

乔木，高 30m，胸径 1.5m。树皮薄片状剥落。当年生枝紫褐色，纤细；嫩枝被柔毛；老枝无毛，皮孔不明显。叶卵形、卵状披针形或卵状椭圆形，长 5 ~ 12cm，宽 2 ~ 4cm，全缘或顶端有浅锯齿，下面被红棕色或黄棕色鳞秕及短柔毛，老时变黄灰色或灰白色；侧脉 10 ~ 14

图 409　高山锥 Castanopsis delavayi Franch. 果枝。
（仿《中国高等植物图鉴》）

对，极纤细，网脉不明显；叶柄长 5 ~ 10mm，被柔毛。果序长约 15cm；壳斗有 1 枚果，球形，连刺直径 2.5 ~ 4.0cm，整齐 4 瓣裂，刺长 8 ~ 12mm，基部或中部有分枝，将壳壁完全遮蔽；坚果宽圆锥形，高 1.0 ~ 1.5cm，直径 0.8 ~ 1.5cm，几无毛。花期 4 ~ 6 月；果期翌年 8 ~ 10 月。

产于贺州、金秀、融水、东兰、罗城、德保、大明山、邕宁、横县、宁明、龙州、凭祥、大新、天等、博白、浦北、容县。分布于广东、海南、云南、贵州、湖南、江西及福建南部、西藏的墨脱；越南、老挝、缅甸、印度也有分布。垂直分布各地不同，在东部主要分布于海拔 500m 以下的低山和丘陵；在广西浦北海拔 100m 左右的低丘有较多分布；在海南一般分布在海拔 300 ~ 1100m 的热带沟谷雨林和常绿阔叶林中；在湖南江华分布在海拔 350 ~ 600m 的地方；在云南南部则分布在海拔 700 ~ 1000m 的地带。热带性树种，喜温暖湿润气候，是中国北热带、南亚热带季风常绿阔叶林的主要植被类型之一。不耐低温，当极端最低气温低于 −7℃ 时，会严重影响生长甚至冻死。适生于由花岗岩、砂页岩等发育而成的酸性赤红壤、红壤或黄壤，在土层深厚、疏松、肥沃、湿润、排水良好的立地条件，生长良好；在土层浅薄、贫瘠的石砾土或山脊，生长不良，表现为树形矮小；在低洼积水地则不能生长。萌芽再生能力极强，能从伐根萌生成林，也可由树干基部的根萌条长成大中径级林木。幼年耐阴性强，林中各级幼苗、幼树颇多。播种繁殖，植苗或萌芽更新。速生树种，天然林 5 年前生长较慢，5 年后树高、直径生长明显加快。广西浦北，自然生长条件下萌芽条一般 3 年生树高达 6 ~ 7m，10 年生树高 13m、胸径 20cm，15 年生树胸径可达 25cm 以上。天然林 40 年生左右成大径材，人工林生长更快，15 ~ 20 年即可成大径材。红锥与杉木、马尾松混交造林，能互相促进生长，形成较稳定的复层结构的针阔混交林。

播种育苗。种子虽无明显生理休眠，也不宜随采随播，需经处理后再播种。种子千粒重为 650 ~ 850g，场圃发芽率为 60% ~ 85%。可大田育苗，培育 2 年生裸根苗截干造林；也可采用容器育苗，培育 1 年生苗造林。广西红锥实生苗木质量标准是 I 级苗木地径大于 0.4cm，苗高大于

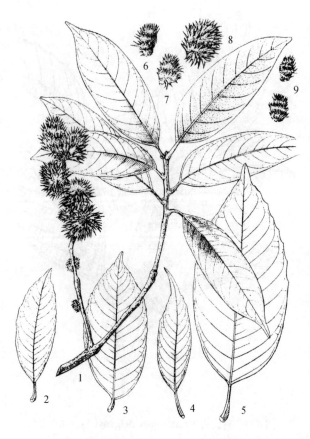

图410 栲 *Castanopsis fargesii* Franch. 1. 果枝；2～5. 叶；6～9. 壳斗及坚果。(仿《中国植物志》)

39cm；Ⅱ级苗地径0.3cm，苗高大于35cm。材质优良，木材坚硬耐腐，心材大，褐红色，边材淡红色，色泽和纹理美观，少变形，干燥后开裂小，抗虫力强，耐腐，切面光滑，色泽红润美观，胶黏和油漆性能良好，是家具、造船、车辆、工艺雕刻、建筑装修等优质用材；树皮和壳斗含鞣质10%～15%，可作栲胶原料；果实含淀粉，可食用。

22. 栲 丝栗栲、栲树、川鄂栲 图410
Castanopsis fargesii Franch.

乔木，高30m，胸径60cm。树皮浅纵裂。幼枝被红棕色鳞秕和黄色绒毛；老枝无毛，鳞秕早落。叶长椭圆形或卵状长椭圆形，长5.5～15.0cm，宽1.5～5.5cm，先端渐尖，基部楔形或近圆形，全缘或中部以上有疏锯齿，无毛，下面密被红棕色或棕黄色鳞秕；侧脉10～15对，网脉不明显；叶柄长0.5～2.0cm，具鳞秕。果序长达18cm，每壳斗有1枚果，球形，连刺直径1.5～3.0cm，不规则瓣裂，壳斗壁薄，刺长0.8～1.5cm，基部合生或离生，外壁明显可见，壳斗壁及刺被灰色短毛或淡褐锈色鳞秕及短毛；坚果圆锥形，高1.0～1.5cm，直径0.8～1.2cm，无毛。花期4～5月；果期翌年8～10月。

产于灵川、贺州、金秀、融水、环江、那坡、凌云、乐业、靖西、德保、十万大山、合浦、陆川、宁明、大明山。生于海拔1200m以下的山地杂木林中。分布于长江流域以南各地。喜温暖湿润环境，为中国东部中亚热带常绿阔叶林常见种和主要建群种。在广西北部海拔700m以下的丘陵、低山和广西中部、南部海拔700m以上的山地，常见以其为优势种的栲树林。喜酸性土壤，自然分布于砂页岩、页岩、花岗岩发育的红壤或黄壤上。中性偏喜光树种，幼年耐阴，大树处林冠第1层。生长尚快，自然生长30年生的林分树高14～16m，人工造林能加快生长。木材密度中等，心材淡黄棕色，边材淡黄色，纹理直，结构粗而不匀，材质柔软，强度适中，干后常开裂，稍变形，抗虫性中等，不耐腐，可供作建筑、家具及农具等用材；种仁可食或供制粉丝、豆腐、酿酒；壳斗及树皮可供提取栲胶。

23. 榄壳锥 南锥 图407：6～9
Castanopsis boisii Hickel et A. Camus

乔木，高25m，胸径60cm。小枝干后暗黑褐色，小枝、果序轴均有黄灰色稍凸起的皮孔。嫩枝、嫩叶、叶柄、叶背、壳斗及刺均被黄棕色或棕红色细片状蜡鳞及微柔毛，毛较早脱落，有时蜡鳞在早期也大多脱落。叶厚纸质，卵状椭圆形或狭长椭圆形，长9～18cm，宽4～6cm，顶部渐尖，基部近圆或短楔尖，全缘，稀在近顶部浅波浪状；中脉在叶面凹陷，侧脉13～17对，网状支脉尚明显；叶柄长1.5～2.0cm。雄花序圆锥花序，花序轴密被微柔毛。果序长达27cm；壳斗椭圆形或阔倒卵形，连刺直径2.5～3.0cm，壳斗近轴面无刺，刺长8～10mm，在基部合生成刺束，刺束均匀散生，壳斗外壁可见；每壳斗有1枚坚果，坚果阔卵形，长12～14mm，宽9～12mm，被短伏毛。花期6～8月；果翌年10～11月成熟。

产于广西西南部。生于海拔 1000 ~ 1500m 的山地密林中。分布于海南、广东及云南东南部；越南东北部也有分布。

24. 瓦山锥 瓦山栲、长刺锥栗 图 411：1 ~ 5

Castanopsis ceratacantha Rehder et E. H. Wilson

乔木，高 25m，胸径 1m。嫩枝被灰褐色绒毛；老枝无毛。叶倒卵状长椭圆形至长椭圆形，长 12 ~ 15cm，宽 3.0 ~ 5.5cm，先端渐尖，基部楔形或圆形，偏斜，全缘或中部以上有锯齿，幼时下面被短绒毛和褐色鳞秕，老时脱落；侧脉 10 ~ 14 对；叶柄长 0.5 ~ 1.0cm，被绒毛。雄花穗状花序状；雌花 3 朵生于总苞内。果序长 10 ~ 17cm；每壳斗有 1 ~ 2 枚果，近球形或宽椭圆形，瓣裂，连刺直径 2.0 ~ 3.5cm，刺长 4 ~ 10mm，基部或中部以上合生成束，壁及刺均被黄棕色短毛；坚果圆锥形或一侧扁平，直径 0.9 ~ 1.4cm，密被绒毛。花期 4 ~ 6 月；果期翌年 10 ~ 11 月。

产于龙胜、贺州、苍梧、那坡、德保、隆林、田林、凌云、乐业、大明山、容县、十万大山。生于海拔 1200 ~ 1700m 的山地杂木林中。分布于贵州、四川、云南、湖北、西藏；老挝、泰国、越南也有分布。生长于中山山谷，要求常年湿润和多雨的亚热带山区气候。耐荫蔽，林冠下天然更新较好，幼苗、幼树生长要求有良好的荫蔽环境。

25. 贵州锥 贵州栲、贵州毛栲 图 412

Castanopsis kweichowensis Hu

乔木，高 15m，胸径 30cm。嫩枝密被黄棕色长绒毛；老枝无毛。叶长椭圆形，长 15 ~ 30cm，宽 5 ~ 9cm，先端尾尖，基部不对称，一边圆形，一边楔形，顶端有粗锯齿，上面无毛，下面密被黄褐色长绒毛及鳞秕；侧脉 15 ~ 25 对，网脉明显；叶柄长 0.5 ~ 1.5cm，被长柔毛。果序轴长 12 ~ 20cm；壳斗刺较密，连刺直径约 2.5cm，无柄；每壳斗有 2 ~ 3 枚果，坚果宽圆锥形，直径 1.5 ~ 2.0cm，外被红褐色绒毛。花期 6 ~ 7 月；果期翌年 9 ~ 11 月。

产于融水、罗城、南丹。生于海拔 600 ~ 1300m 的山地或石山杂木林中山地较湿润处。分布于贵州南部。分布区气候温凉，在南丹凤凰山、东风岭海拔 800 ~ 1300m 的地方常见以贵州锥为优

图 411 1 ~ 5. 瓦山锥 Castanopsis ceratacantha Rehder et E. H. Wilson 1 ~ 2. 叶；3. 果序；4 ~ 5. 坚果。**6 ~ 13.** 罗浮锥 Castanopsis faberi Hance 6. 枝、叶；7 ~ 10. 叶；11. 果序；12. 壳斗；13. 壳斗外壁鹿角状刺。(仿《中国植物志》)

图 412 贵州锥 Castanopsis kweichowensis Hu 1. 叶；2. 叶背面；3. 壳斗。(仿《中国植物志》)

势种的常绿阔叶林。木材密度小至中等，淡灰黄色，纹理直，结构粗，干燥后易裂，边材易遭虫蛀，略耐腐，可作一般家具用材；种仁可食；树皮及壳斗含单宁。

26. 罗浮锥 罗浮栲、白锥 图411：6～13

Castanopsis faberi Hance

乔木，高20m，胸径45cm。树皮不开裂，呈灰褐色。嫩枝无毛或有时被柔毛。叶卵状椭圆形或窄长椭圆形，长9～15cm，宽3.0～5.5cm，先端渐尖或尾尖，基部楔形或近圆形，一侧偏斜，全缘或顶部有钝锯齿，幼叶下面中脉被柔毛，老叶无毛，只被黄棕色鳞秕；中脉在叶面下凹，侧脉10～14对；叶柄长1～2cm。果序长8～17cm，无毛；每壳斗有1～3枚果，近球形或宽卵形，连刺直径2～3cm，瓣裂，刺长5～10mm，中部以上合生成束，并被褐色绒毛；坚果圆锥或三角状圆锥形，直径0.8～1.2cm，无毛。花期4～5月；果期翌年9～11月。

产于龙胜、兴安、永福、临桂、灵川、贺州、金秀、融水、罗城、环江、那坡、靖西、德保、田阳、容县、苍梧、武鸣。生于海拔1500m以下的山地杂木林中。分布于长江流域以南各地，尤以华南地区常见；越南、老挝也有分布。适应性强，在深厚或贫瘠的赤红壤、红壤、山地黄壤中均可生长，石灰岩钙质土上未见分布。中性偏喜光树种，幼龄稍耐阴。深根性，萌蘖力强，可采用萌芽更新。生长较快，干形端直，自然生长23年，树高18.9m，胸径28.4cm，在兴安县天然次生林中常见胸径30cm左右大树，处林冠上层。播种繁殖。种子千粒重1300g，随采随播或沙埋贮藏春播。种仁可生食；木材淡红黄色，密度中等，纹理直，结构粗，材质轻软，干后开裂，抗虫，不耐腐，处理后为胶合板、建筑、家具等用材；也是优良蕈材。

27. 厚皮锥 厚皮栲 图413

Castanopsis chunii W. C. Cheng

乔木，高15m，胸径40cm。树皮深纵裂。嫩枝有纵沟棱，无毛；小枝散生棕黄色皮孔。叶厚革质，宽卵形至卵状长椭圆形，长8～15cm，宽3.5～9.5cm，先端渐尖，基部近圆形，一侧略偏斜，全缘或近顶部有锯齿，无毛，嫩叶两面近同色，老叶下面淡银灰色或灰棕色，有蜡鳞层；侧脉12～14对，网脉明显；叶柄长1～15mm，无毛。果序粗，有皮孔，无毛，每壳斗有1～3枚果，近球形或宽椭圆形，连刺直径3.0～4.5cm，瓣裂，壁厚2～3mm，刺长4～8mm，基部合生并连成鸡冠状刺环，壳壁及刺被灰黄色或黄棕色毛；坚果圆锥形，高14～18cm，直径1.8～2.0cm，被黄褐色绒毛。花期5～6月；果期翌年9～11月。

产于龙胜、灵川、资源、全州、贺州、金秀、融水、隆林。生于海拔1000m以上的杂木林中。分布于贵州、湖南、四川、广东。生长地气候夏暖冬寒，湿润多雨，为典型湿润性亚热带山地气候，土壤常年湿润，自然肥力较高。耐阴，大树喜光，居林冠上层。木材材质坚硬，结构致密，可作建筑、家具、乐器等用材。

图413 厚皮锥 Castanopsis chunii W. C. Cheng 1. 枝叶；2. 果序；3～4. 坚果。（仿《中国高等植物图鉴》）

28. 扁刺锥　峨眉栲、扁刺栲、丝栗栲　图
406：5~8

Castanopsis platyacantha Rehder et E. H. Wilson

乔木，高 20m，胸径 80cm。小枝无毛。叶革
质，卵状长椭圆形或倒卵状椭圆形，长 6.5~
18.0cm，宽 3~6cm，先端渐尖或短尖，基部宽楔
形或近圆形，不对称，全缘或中部以上有锯齿，
下面被红棕色或淡棕色鳞秕；侧脉 9~12 对；叶柄
长 0.5~1.5cm，无毛。果序长约 15cm；壳斗球形
或宽椭圆形，被灰色或灰黄色毛，连刺直径 2.5~
4.5cm，瓣裂，刺长 4~8mm，基部合生成刺环；
壳斗壁及刺被灰色短毛，刺端无毛，棕黄色，每
壳斗有 1~3 枚果；坚果圆锥形，直径 1.2~
1.8cm，被毛，种脐占坚果面积的 1/3。花期 5~6
月；果期翌年 9~11 月。

产于灵川、龙胜、那坡、乐业、上林。生于
海拔 800~1800m 的山地林中杂木中。分布于四
川、云南、贵州。产区气候温凉，土壤为砂页岩、
花岗岩等发育的山地红壤或黄壤，在广西乐业偶
见有扁刺锥为优势种的常绿阔叶林。木材密度中
等，心材淡褐黄色，边材淡黄色，纹理直，结构
粗，干燥后易裂，抗虫性中等，略耐腐，可作家
具、建筑等用材。

29. 厚叶锥　厚叶栲　图 414

Castanopsis crassifolia Hickel et A. Camus

乔木，高 15m，胸径 30cm。小枝上芽鳞明显，
枝、叶无毛，小枝干后暗褐黑色，有灰白色的薄蜡
层，皮孔细小。叶硬革质，全缘，阔卵形，长 6~
8cm，宽 4~5cm，顶部短尖且向一侧弯斜，基部圆
或宽楔形，新生叶背面有红棕色蜡鳞层，成长叶背
面稍带银灰色，叶缘略背卷；中脉在叶面平坦，或
下半段微凸起，幼叶则微凹陷；侧脉每边 8~12 条，
支脉纤细；叶柄长 2~5mm，稀较长。果序轴长 5cm
以内；壳斗连刺直径约 35mm，刺长 6~8mm，壳壁
及刺被微柔毛，刺密，但近果序轴一面几无刺，常
横向连生呈不连续的鸡冠状刺环，每壳斗有坚果 3
枚，坚果宽卵形，高约 12mm，被短伏毛。花期 4~
5 月；果期翌年 8~10 月。

产于靖西、邕宁、上思、东兴、防城、龙州。
生于海拔 800~1300m 的山地疏林中。越南东北部、
泰国北部有分布。

30. 鹿角锥　鹿角栲　图 415

Castanopsis lamontii Hance

乔木，高 25m，胸径 1m。树皮浅纵裂。小枝粗

图 414　厚叶锥 **Castanopsis crassifolia** Hickel
et A. Camus 1. 果枝；2. 雌花簇；3. 壳斗簇。(仿
《中国植物志》)

图 415　鹿角锥 **Castanopsis lamontii** Hance
1. 叶；2. 果序；3. 壳斗纵切面；4~5. 坚果。(仿
《中国植物志》)

壮无毛。叶宽椭圆形至长椭圆形，长 12 ~ 30cm，宽 4 ~ 10cm，先端渐尖或急尖，基部近圆形或楔形，一侧偏斜，全缘或顶部有浅锯齿，无毛；侧脉12 ~ 14 对；叶柄长 1.5 ~ 3.0cm，无毛。果序长15cm，果序轴无毛；每壳斗有 2 ~ 3 枚果，近球形，连刺直径 4 ~ 6cm，不开裂，壁厚 3 ~ 7mm，刺长 1.5cm，中部以下合生成束，或基部连成刺环，呈鹿角状分枝，故有"鹿角栲"之称；坚果三角状圆锥形或圆锥形，直径 1.5 ~ 2.5cm，密被棕色长绒毛，果脐占坚果面积的 2/5 ~ 1/2。花期 4 ~ 5月；果期翌年 9 ~ 11月。

产于龙胜、阳朔、恭城、资源、兴安、永福、贺州、钟山、富川、昭平、金秀、融水、环江、那坡、靖西、苍梧、横县、大明山、龙州、容县。生于海拔 800m 以上的山地杂木林中。分布于福建、江西、云南、贵州、湖南、广东、四川、香港；越南也有分布。喜冷凉湿润气候，在广西北部猫儿山、花坪林区、里骆林区和九万大山海拔 1300 ~ 1800m 范围的山地山坡中下部环境比较湿润、土壤比较深厚的地方，有较大规模的以鹿角栲为群落建群种或标志种的常绿落叶阔叶混交林，为当地顶级群落建群种。种仁可生食；木材灰黄色，密度中等，纹理直，结构粗，干燥后易裂，边材易遭虫蛀，略耐腐，为建筑、家具等优良用材。

4. 柯属(石栎属) **Lithocarpus** Blume

常绿乔木。枝有顶芽。叶互生，全缘或有锯齿。柔荑花序，单性同株，有时雌雄同序，雌花在总轴下部；雄花 3 朵或多朵簇生；雌花单生或多为 3 ~ 5 朵，稀 7 朵；子房通常 3 室，花柱 3 枚，柱头顶生。壳斗有 1 枚坚果，稀有 2 枚，全包或包着坚果的一部分。果翌年成熟。

约有 300 种。中国 123 种，分布于长江以南，以华南和西南最多；广西 42 种 3 变种。本属为中国热带及亚热带阔叶树常绿林的主要树种。

分种检索表

1. 果脐凸起，或果脐上缘凹下；壳斗全包坚果或包坚果 1/2。
  2. 叶全缘或近顶部稍波状。
    3. 果脐占坚果面积的 1/2 以上。
      4. 叶革质。
        5. 壳斗近球形，稀扁球形，顶部平坦；坚果近球形，或扁球形至圆锥形，顶部圆形，被稀疏黄色绒毛
          ·· **1.** 包果柯 L. **cleistocarpus**
        5. 壳斗宽陀螺形，顶部近于平坦；坚果宽陀螺形，被粉末状伏毛 ····· **2.** 大苗山柯 L. **damiaoshanicus**
      4. 叶纸质，长椭圆形或椭圆状披针形；壳斗陀螺状，顶端平坦，壳斗外壁有松散蜡层；壳斗几全包坚果或包坚果 5/6 ·· **3.** 薄叶柯 L. **tenuilimbus**
    3. 果脐占坚果面积的 1/2 以下。
      6. 嫩枝被毛。
        7. 壳斗陀螺形；叶披针形或披针状长椭圆形，叶缘略反卷，全缘或上部略波状，嫩时两面密被黄褐色鳞秕，老时上面光滑，背面被淡褐色鳞秕 ························· **4.** 广南柯 L. **irwinii**
        7. 壳斗近球形。
          8. 芽鳞无毛或最外 2、3 枚被细伏毛；叶卵形或椭圆形，上面有时沿中脉基部被绒毛，背面密被黄褐色或红褐色的粉末状鳞秕 ·················· **5.** 金毛柯 L. **chrysocomus**
          8. 芽鳞被棕黄色丝光质长毛；叶宽椭圆形或长圆形，下面被淡黄色短绒毛及蜡质鳞秕 ···············
          ·· **6.** 愉柯 L. **amoenus**
      6. 嫩枝无毛。
        9. 叶长椭圆形，叶面暗棕色至红褐色，老叶下面被灰白色蜡质鳞秕；壳斗近球形或扁圆锥形；坚果初密被灰黄色平伏细毛，后无毛 ····················· **7.** 大叶苦柯 L. **paihengii**
        9. 叶长圆形或披针形，叶缘微反卷，叶背有蜡质鳞秕；叶柄密被蜡质鳞秕；壳斗半球形；坚果被淡黄色短毛 ··· **8.** 炉灰柯 L. **cinereus**
  2. 叶缘有锯齿，稀全缘。

10. 老叶下面无毛或叶脉被毛。

  11. 壳斗碗状或半圆形，直径 2.5～5.5cm，包坚果 1/2～4/5；坚果顶部圆形，或平或略凹；叶背面有半透明鳞腺 ·· **9. 烟斗柯 L. corneus**

  11. 壳斗成熟时碟形，包着坚果底部；坚果扁球形，被黄色平伏细毛；叶纸质，倒卵状长椭圆形或长椭圆形 ·· **10. 厚鳞柯 L. pachylepis**

10. 老叶下面被毛。

  12. 叶革质或厚纸质，卵形、椭圆形或倒卵状椭圆形，背面被灰黄色绒毛；壳斗碗状或半圆形，除顶部外全包坚果；坚果半圆形，顶部圆或稍平 ····························· **11. 紫玉盘柯 L. uvrariifolius**

  12. 叶厚纸质，长椭圆形，稀倒卵状长椭圆形，下面被星状毛；壳斗碗状或陀螺状，包坚果 2/3～3/4；坚果半圆形或略扁圆锥形，顶部圆，稀稍平 ················· **12. 密脉柯 L. fordianus**

1. 果脐凹下；壳斗全包坚果或包坚果后部分。

13. 壳斗全包坚果。

  14. 枝叶无毛。

    15. 坚果被毛，扁球形；壳斗鳞片钻尖状，疏生；叶长椭圆形或卵状椭圆形，下面被蜡质鳞秕 ············· ··· **13. 球壳柯 L. sphaerocarpus**

    15. 坚果无毛。

      16. 壳斗鳞片三角形；叶薄革质，卵状椭圆形或披针形，背面具鳞秕；坚果圆锥形或扁球形 ············· ··· **14. 尖叶柯 L. attenuatus**

      16. 壳斗鳞片宽卵形或近斜四方形；枝、叶无毛；叶厚纸质，长椭圆状披针形或披针形 ················ ··· **15. 厚斗柯 L. elizabethiae**

  14. 嫩枝被毛。

    17. 坚果被苍灰色微柔毛；小枝幼时有明显棱脊；叶厚革质，长椭圆形或宽椭圆形，下面呈灰黄色或苍灰色，有黄色鳞秕 ······························ **16. 瘤果柯 L. handelianus**

    17. 坚果无毛。

      18. 中脉的下半段在叶面微凸起，侧脉 11～14 对，叶背被向同一方向倒伏的柔毛兼被紧实的蜡鳞；壳斗直径 3.0～3.5cm；坚果直径 2.0～2.5cm ················· **17. 榄叶柯 L. oleifolius**

      18. 中脉在上面凸起，侧脉 7～9 对，叶背有灰白色细圆点状鳞腺；壳斗直径 1.0～1.8cm，被微毛；坚果直径 0.8～1.6cm ··························· **18. 龙眼柯 L. longanoides**

13. 壳斗包坚果基部至大部分。

  19. 老叶背面无毛或仅中脉、脉腋被毛。

    20. 嫩枝无毛。

      21. 叶长不到宽的 2 倍，革质，宽倒卵形，先端圆钝，基部宽楔形，全缘，上面绿色，下面被灰黄色鳞秕；嫩枝无毛，具槽 ························· **19. 桂南柯 L. phansipanensis**

      21. 叶长为宽的 2 倍以上。

        22. 壳斗鳞片线形，下弯；叶倒披针形或长椭圆形，顶部有浅锐锯齿，稀全缘；壳斗碟状，包着坚果底部；坚果橄榄状长圆锥形 ····················· **20. 槟榔柯 L. areca**

        22. 壳斗鳞片不为线形。

          23. 叶两面不同色。

            24. 叶纸质。

              25. 坚果无毛；叶椭圆形、卵形或长椭圆形，全缘，有时呈波浪状；壳斗鳞片三角形，紧贴或连成多个圆环 ··············· **21. 柄果柯 L. longipedicellatus**

              25. 坚果有毛。

                26. 叶倒披针形或长椭圆形；壳斗浅碗状或碟状，包着坚果基部，鳞片有时有鳞痕并连成不明显圆环，被灰色短细毛 ····· **22. 毛果柯 L. pseudovestitus**

                26. 叶卵形、椭圆形或卵状椭圆形；壳斗浅碗状，基部有短柄，包坚果不到 1/2，鳞片三角形 ············ **23. 茸果柯 L. bacgiangensis**

            24. 叶革质。

              27. 坚果卵形或倒卵形；小枝无毛，具槽；叶披针形或椭圆状披针形，中脉在两面均凸起，叶背无蜡鳞；鳞片细小或合生成 3~5 个圆环 ……………………………

………………………………………………………………… **24. 鼠刺叶柯 L. iteaphyllus**

　27. 坚果椭圆形、宽圆锥形、圆锥形或扁球形。

　　28. 叶披针形、宽椭圆形、长椭圆形、倒卵状椭圆形或倒披针形，近顶部有浅

　　　　锯齿，稀全缘 …………………………………………… **25. 港柯 L. harlandii**

　　28. 叶窄长椭圆形，两侧略不对称，全缘 ………………… **26. 绵柯 L. henryi**

23. 叶两面同色。

　29. 叶纸质至近革质，椭圆形、倒卵状椭圆形或卵状椭圆形，稀窄长椭圆形；坚果宽圆

　　　锥形、扁球形或近球形，无毛，有白粉 ……………… **27. 木姜叶柯 L. litseifolius**

　29. 叶革质。

　　30. 叶卵形、椭圆形、长圆形、披针形或倒卵形；叶柄长 1~3cm；鳞片紧贴，常连

　　　　生成环状；坚果圆锥形、扁球形、椭圆形或近球形 ……… **28. 硬壳柯 L. hancei**

　　30. 叶倒卵形、倒卵状椭圆形；叶柄长 2.5~6.0cm，基部粗壮；坚果圆锥形、宽圆

　　　　锥形或扁球形 ……………………………………… **29. 大叶柯 L. megalophyllus**

20. 嫩枝被毛。

　31. 壳斗包坚果 1/2 以上。

　　32. 叶纸质。

　　　33. 叶倒卵状椭圆形或倒披针形，稀长椭圆形，全缘或近先端浅波状，上面中脉被

　　　　　毛；芽鳞、嫩枝、叶柄及花序轴均被暗黄色或淡褐色绒毛 …………………………

　　　　　……………………………………………………… **30. 滑皮柯 L. skanianus**

　　　33. 叶长椭圆形、倒披针状椭圆形或披针状椭圆形。

　　　　34. 嫩枝被灰黄色柔毛及棕黄色蜡鳞；老叶无毛，下面带苍灰色；壳斗浅碗状

　　　　　　至半圆形，包坚果 1/2~3/4；坚果宽圆锥形或圆锥形 …………………………

　　　　　　……………………………………………… **31. 南川柯 L. rosthornii**

　　　　34. 嫩枝被灰黄色绒毛；叶背有鳞秕；壳斗近球形、宽圆锥形或略扁球形，几

　　　　　　全包坚果或包大部分，鳞片伏贴或顶部略弯钩；坚果扁球形或近球形 ……

　　　　　　………………………………………………… **32. 泥锥柯 L. fenestratus**

　　32. 叶硬革质，长圆形或披针形，稀卵形；鳞片覆瓦状排列，无毛，有蜡质鳞秕；坚果

　　　　宽圆锥形 ………………………………………… **33. 黑柯 L. melanochromus**

　31. 壳斗包坚果不到 1/2。

　　35. 叶基部楔形或狭楔形。

　　　36. 叶卵形、卵状椭圆形或长椭圆形，全缘，稀顶部有 2~3 枚浅锯齿，无毛；壳斗

　　　　　鳞片平伏不呈鸡爪状，果脐全凹陷，很少中央隆起 ………………………………

　　　　　…………………………………………………… **34. 假鱼篮柯 L. gymnocarpus**

　　　36. 叶椭圆形、倒卵状椭圆形或倒卵形。

　　　　37. 嫩枝被灰棕色长柔毛；全缘或近顶部有波状锯齿；坚果扁球形，深褐色，

　　　　　　无毛，顶部圆 ……………………………………… **35. 犁耙柯 L. silvicolarum**

　　　　37. 嫩枝密被灰色或黄色短绒毛；全缘或近顶端有 2~4 枚浅锯齿；坚果长椭圆

　　　　　　形，顶端尖，被白粉 …………………………………… **36. 柯 L. glaber**

　　35. 叶基部近于圆或浅耳垂状，有时一侧略短或偏斜，叶下面被棕色至褐红色粉末状鳞

　　　　秕，后脱落；坚果圆锥形，常有灰白色粉霜 ………… **37. 美叶柯 L. calophyllus**

19. 老叶背面被毛。

　38. 叶披针形。

　　39. 中脉在上面凸起，侧脉 9~14 对，叶柄长 1.0~1.5cm；壳斗鳞片短针状，被灰色嫩柔毛；坚果

　　　扁球形无毛，有灰白色粉霜，栗褐色 ………………………… **38. 钦州柯 L. qinzhouicus**

　　39. 中脉有时凹陷，侧脉 6~9 对；叶柄长不过 1cm；坚果宽圆锥形或扁圆形，无毛，暗栗褐色……

　　　………………………………………………………………… **39. 粉叶柯 L. macilentus**

　38. 叶卵形、卵状椭圆形、长椭圆形、倒卵形、宽椭圆形、椭圆形或倒卵状椭圆形。

40. 壳斗鳞片短线形，下弯；叶基部圆形或宽楔形，常一侧稍歪斜，叶缘背卷，全缘；坚果近球形或宽圆锥形，幼时被白粉，顶端短突尖 …………………………………………… **40. 庵耳柯 L. haipinii**

40. 壳斗鳞片宽卵状三角形。

    41. 坚果扁球形，被黄色平伏短毛；芽鳞被棕色微柔毛；叶纸质，下面被星状毛和鳞秕，星状毛早落，叶缘有锯齿；鳞片顶端常下弯而呈鸡爪状 ………………… **41. 鱼篮柯 L. cyrtocarpus**

    41. 坚果长圆锥形或宽圆锥形，无毛；芽鳞无毛，嫩枝被黄灰色短毛；叶革质，下面被棕色至褐红色鳞秕及星状毛 ……………………………………………… **42. 星毛柯 L. petelotii**

1. 包果柯　包果石栎、包槲柯、峨眉石栎　图 416

Lithocarpus cleistocarpus (Seemen) Rehder et E. H. Wilson

乔木，高 20m。树皮较厚，暗褐黑色，浅纵裂。芽鳞无毛。小枝无毛，被灰黄色鳞秕。叶革质，长椭圆形或卵状椭圆形，长 9～20cm，宽 3～6cm，先端渐尖，基部宽楔形，全缘，正面灰白色或灰绿色，叶背有鳞秕；侧脉 9～13 对；叶柄 1.5～2.0cm，无毛。果序长 10～12cm，坚果密集；壳斗近球形，稀扁球形，顶部平坦，直径 1.5～3.0cm，全包坚果或包坚果一半以上，鳞片三角形，覆瓦状排列，或为环状排列连成多个同心环，有淡黄灰色鳞秕；坚果近球形，或扁球形至圆锥形，直径1.4～2.3cm，顶部圆形，被稀疏黄色绒毛；果脐凸起，占坚果面积的 1/2～3/4。花期 7～9 月；果期翌年 8～10 月。

图 416　包果柯 Lithocarpus cleistocarpus（Seemen）Rehder et E. H. Wilson 1. 果枝及叶片；2. 果序。（仿《中国植物志》）

产于资源、融水、凌云、乐业、武鸣。生于海拔 900m 以上的山地杂木林中。分布于安徽、浙江、江西、福建、湖南、云南、广东、陕西、四川、湖北、贵州。生于冷凉湿润高山，气温低，湿度大，土壤为黄棕壤或黄壤。种子含淀粉，可供酿酒；树皮和壳斗可供提取栲胶；木材坚硬，灰红色，纹理直，结构粗，干燥后易翘裂，不耐腐，可作一般农具、家具等用材。

2. 大苗山柯　大苗山石栎

Lithocarpus damiaoshanicus C. C. Huang et Y. T. Chang

乔木，高 15m，胸径 20cm。芽鳞、嫩枝均无毛。嫩枝有槽棱；2 年生枝有淡黄色至棕黄色皮孔。叶革质，披针形或长椭圆形，沿叶柄下延，连叶柄长 7～15cm，宽 2～4cm，先端狭渐尖，基部短尖，两侧不对称，全缘，叶背无毛，有鳞秕；侧脉 6～9 对，网脉很纤细，不明显；叶柄长 1.5～2.0cm，无毛。雄花为穗状花序，腋生，花序轴有褐锈色蜡鳞。壳斗每 3 枚聚生成簇；壳斗宽陀螺形，直径 2～3cm，顶部近于平坦，近全包或包坚果绝大部分；坚果宽陀螺形，被粉末状伏毛；果脐凸起，占坚果面积的 1/2～3/4。

产于融水至广西东北部。生于海拔 1400～1800m 的山脊密林中。分布于湖南南部。

图 417　薄叶柯 Lithocarpus tenuilimbus H. T. Chang 果枝。（仿《中国植物志》）

图 418　1 ~ 3. 金毛柯 Lithocarpus chrysocomus Chun et Tsiang 1. 果枝；2 ~ 3. 坚果。4 ~ 6. 大叶柯 Lithocarpus megalophyllus Rehder et E. H. Wilson 4. 果枝；5 ~ 6. 坚果。（仿《中国植物志》）

3. 薄叶柯　薄叶石栎　图 417

Lithocarpus tenuilimbus H. T. Chang

乔木，高 25m。芽鳞无毛。嫩枝顶部及嫩叶叶柄被稀疏早脱落的长柔毛；2 年生枝散生明显凸起的皮孔。叶硬质，长椭圆形或椭圆状披针形，长 12 ~ 20cm，宽 4 ~ 7cm，全缘，基部歪斜，成长叶干后叶背略带苍灰色，有紧实的细片状蜡鳞层；叶柄长 1 ~ 2cm。果序轴粗 8 ~ 10mm，有皮孔；壳斗陀螺状，高达 3cm，直径约 2.5cm，鳞片大，粗糙不平，顶端平坦，壳斗外壁有松散蜡鳞层；壳斗几全包坚果或包坚果 5/6，但尚未透熟的壳斗通常全包果；果近圆球形，顶部略平坦且被细伏毛，高 15 ~ 22mm；果脐凸起，占果面积的 3/4 ~ 5/6。花期 5 ~ 6 月；果期翌年 9 ~ 10 月。

产于广西西部至西南部。生于海拔 700 ~ 1200m 的山地杂木林中。分布于云南、广东；越南也有分布。

4. 广南柯　港柯、杏叶石栎、杏叶柯

Lithocarpus irwinii（Hance）Rehder

乔木，高 30m，胸径 2m。树皮灰白色，片状剥落，内皮粉红色。嫩枝密被黄棕色柔毛；老枝无毛。叶革质，披针形或披针状长椭圆形，长 8 ~ 15cm，宽 2 ~ 4cm，先端长渐尖，基部楔形，叶缘略反卷，全缘或上部略波状，嫩时两面密被黄褐色鳞秕，老时上面光滑，背面被淡褐色鳞秕；侧脉 11 ~ 13 对；叶柄长 1 ~ 2cm，无毛。果序长 4 ~ 6cm；壳斗陀螺形，顶部近于平坦，直径 2.0 ~ 3.5cm，全包着坚果，鳞片宽三角形，覆瓦状排列；坚果球形或扁球形，直径 1.6 ~ 2.2cm，顶部圆形，被黄灰色平伏细毛；果脐凸起，占坚果面积的 1/4。花期 7 ~ 8 月；果期翌年 7 ~ 9 月。

产于广西东南部至西南部。生于海拔 800m 以下的山地杂木林中。分布于福建、海南、香港、台湾及广东南部。喜温暖湿润环境，海南、台湾山地常绿阔叶林中常见种。木材材质优良，心材与边材区别明显，心材红褐色，材质坚重，气干密度 0.88g/cm³，供作车辆、造船材、建筑、家具等用材。

5. 金毛柯　金毛石栎、黄桐　图 418：1 ~ 3

Lithocarpus chrysocomus Chun et Tsiang

乔木，高 20m，胸径 45cm。树皮暗褐色，

不裂, 内皮红褐色。芽鳞无毛或最外 2、3 枚被细伏毛。嫩枝被黄褐色短毛及粉末状鳞秕。叶硬革质, 卵形或椭圆形, 长 8 ~ 15cm, 宽 3 ~ 5cm, 先端渐尖, 基部楔形或宽楔形, 有时两侧不对称, 全缘, 上面有时沿中脉基部被绒毛, 背面密被黄褐色或红褐色的粉末状鳞秕; 侧脉 9 ~ 12 对; 叶柄长 1 ~ 2cm。壳斗近球形或陀螺状球形, 直径 1 ~ 2cm, 除顶端外全包坚果, 无柄, 鳞片三角形, 幼嫩时密被黄锈色至棕红色鳞秕; 坚果圆锥形, 直径约 1.5cm, 顶部圆而略狭尖, 密被黄灰色平伏细毛; 果脐凸起, 约占坚果面积的 1/3。花期 6 ~ 8 月; 果期翌年 8 ~ 11 月。

产于龙胜、灵川、贺州、金秀、融水、大明山。生于海拔 600 ~ 1400m 的山地杂木林中。分布于湖南、广东、贵州。喜湿润冷凉环境, 耐阴性强, 生长较慢。对土壤适应性较广泛, 在山坡、溪谷地带生长较好, 在悬岩缝隙中也能生长。不耐高温和干燥, 在低丘地栽培生长不良。根系发达, 萌蘖力强, 在有母树的地方天然更新良好。木材心材与边材区别明显, 心材淡红至棕红色, 木材质地坚重, 密度 0.759g/cm^3, 韧性强, 纹理直, 结构粗, 干时稍开裂, 优良用材, 可作水工、桥梁、建筑等用材。

6. 愉柯　悦柯、悦石栎　图 419: 1 ~ 5

Lithocarpus amoenus Chun et C. C. Huang

乔木, 高 15m, 胸径 30cm。芽鳞被棕黄色丝光质长毛。嫩枝被淡黄色绒毛, 有明显纵棱。叶革质, 宽椭圆形或长圆形, 长 12 ~ 18cm, 宽 4 ~ 8cm, 先端突短尖或渐尖, 基部宽楔形, 全缘, 下面被淡黄色短绒毛及蜡质鳞秕; 中脉在上面凸起, 侧脉 12 ~ 16 对; 叶柄长 2 ~ 3cm, 被短绒毛。穗状果序长 15cm, 每 3 枚果成一簇; 壳斗近圆球形, 直径 2.0 ~ 2.5cm, 通常全包坚果, 有宽鳞片, 稍反卷, 被灰色微柔毛; 坚果近圆球形, 直径 1.6 ~ 2.0cm, 被毛; 果脐凸起, 约占坚果面积的 1/4。

产于十万大山、大明山。生于海拔 1000m 以下的杂木林中。分布于福建、广东、贵州、湖南。自然生长于沟谷地的常绿阔叶林中, 常呈小块状分布, 居林冠上层。木材黄褐色, 心材与边材无明显区别, 纹理直, 结构粗, 材质坚重, 干后稍开裂, 不变形, 供作建筑、车辆、家具、农具用材; 种仁富含淀粉, 可食用; 壳斗可供提制栲胶; 燃烧火力持久, 良好薪炭材。

7. 大叶苦柯　大叶苦石栎、大叶板、苦锥树

Lithocarpus paihengii Chun et Tsiang

乔木, 高 25m, 胸径 50cm。枝、叶无毛。叶厚革质, 长椭圆形, 长 15 ~ 25cm, 先端长渐尖, 基部楔形, 全缘, 叶面暗棕色至红褐色, 嫩叶下面被秕糠状蜡质或粉末状鳞秕; 老叶下面被灰白色蜡质鳞秕; 中脉凹陷, 侧脉 8 ~ 14 对, 网脉不明显; 叶柄较粗, 长 1.5 ~ 3.0cm, 有时与中脉基部均被白粉。壳斗近球形或扁圆锥形, 包坚果大部分, 直径 2.0 ~ 2.8cm, 鳞片三角

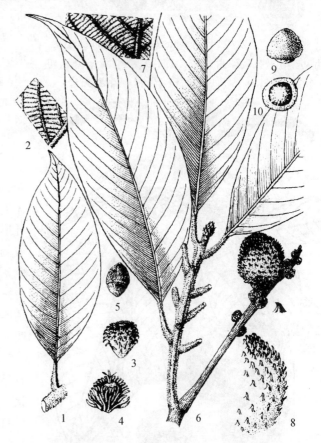

图 419 **1 ~ 5.** 愉柯 Lithocarpus amoenus Chun et C. C. Huang 1. 枝、叶; 2. 叶背面(部分放大); 3. 壳斗; 4. 壳斗(幼时); 5. 坚果。**6 ~ 10.** 瘤果柯 Lithocarpus handelianus A. Camus 6. 果枝; 7. 叶背面(部分放大); 8. 壳斗; 9. 坚果; 10. 坚果(示果脐)。(仿《中国植物志》)

图 420 炉灰柯 Lithocarpus cinereus Chun et C. C. Huang 1. 果枝；2. 叶；3. 果序；4. 壳斗及坚果纵切面；5. 坚果；6. 坚果(示果脐)。(仿《中国植物志》)

图 421 烟斗柯 Lithocarpus corneus (Lour.) Rehder 1. 花枝；2. 果枝；3. 坚果。(仿《中国高等植物图鉴》)

形，壳斗外壁有灰色鳞秕；坚果初密被灰黄色平伏细毛，后无毛；果脐凸起，约占坚果面积的 1/3。花期 5~6 月；果期 10~11 月。

产于融水、上林。生于海拔 700~1600m 的山地杂木林中。分布于广东、福建、江西、湖南。

8. 炉灰柯 炉灰石栎 图 420

Lithocarpus cinereus Chun et C. C. Huang

乔木。树皮暗灰色，薄片状剥落。芽鳞无毛。嫩枝灰褐色，无毛，具槽。叶革质，长圆形或披针形，长 8~11cm，宽 2.0~3.5cm，先端渐尖，基部楔形，沿叶柄下延，全缘或近顶部稍波状，叶缘微反卷，无毛，叶背有蜡质鳞秕；侧脉 10~12 对，在上面凹陷，网脉很纤细，在叶背不可见；叶柄长 1.0~1.5cm，密被蜡质鳞秕。穗状果序单生，长 8~10cm，果序轴有皮孔及鳞秕，每 3 枚果成一簇；壳斗半球形，直径 2.0~2.5cm，包坚果 2/3；坚果宽圆锥形，高 1.6~2.0cm，宽与高几相等，被淡黄色短毛；果脐凸起，约占坚果面积的 1/3，边缘稍凹陷，直径约 1.7cm。

产于十万大山。生于海拔约 1000m 的山地杂木林中。分布于云南。

9. 烟斗柯 烟斗石栎 图 421

Lithocarpus corneus (Lour.) Rehder

乔木，高 10m，胸径 25cm。树皮灰色至褐灰色，浅纵裂，成小片状剥落。小枝淡黄色，无毛或被短柔毛，具散生皮孔。叶纸质或革质，叶形变化甚大，椭圆形、卵形或倒卵状椭圆形或倒卵形，长 4~20cm，先端长渐尖，基部两侧不对称，叶缘有裂齿或浅波浪状，无毛，或中脉被平伏短毛或脉腋被簇生毛，叶背面有半透明鳞腺，嫩叶下面脉上被星状短毛，支脉不明显；侧脉 8~20 对，常达锯齿顶端；叶柄长 0.5~4.0cm，被毛或无毛。壳斗碗状或半圆形，直径 2.5~5.5cm，包坚果 1/2~4/5，鳞片宽卵状三角形、菱形；坚果顶部圆形，或平或略凹；果脐凸起，占坚果面积的 1/2 以上。花期 4~7月；果期 9~11 月。

产于阳朔、临桂、永福、龙胜、平乐、贺州、昭平、梧州、金秀、柳城、融水、东兰、环江、罗城、百色、那坡、凌云、乐业、西林、玉林、贵港、龙州、宁明、扶绥、大新、南宁、大明山、上思。生于海拔 500 ~ 1000m 的坡地，在阳坡或较干燥地方常见，为次生林常见种。分布于台湾、海南、广东、云南、福建、湖南、贵州；越南、老挝也有分布。年轮不明显，木材淡黄白色，质稍坚实，属白椆类，不耐腐，一般用材，多作农具材。

9a. 窄叶烟斗柯

Lithocarpus corneus var. **angustifolius** C. C. Huang et Y. T. Chang

与原变种的区别在于：叶片狭长圆形到倒披针形，长 10 ~ 25cm，宽 2.5 ~ 4.0cm，叶缘有锯齿状锐齿，背面具有分枝的短毛，中脉疏生柔毛，侧脉 20 ~ 26 对，叶柄长 1.5 ~ 2.0cm；壳斗宽 2 ~ 3cm，小苞片分明，中部以下具网纹；坚果先端有毛，果壁较壳壁厚 1 ~ 2 倍。

产于平乐、东兰、凌云、西林、那坡、百色。分布于云南。

9b. 多果烟斗柯

Lithocarpus corneus var. **fructuosus** C. C. Huang et Y. T. Chang

与原变种的区别在于：嫩枝银灰色，侧脉在叶面明显凹陷，叶片基部近圆形，侧脉 12 ~ 16 对，叶片背面在脉腋处具 1 束毛，叶柄长 0.5 ~ 1.5cm；壳斗宽 1.5 ~ 2.5cm，坚果直径约 1.5 ~ 2.0cm，先端尖，果壁较壳壁厚。

产于永福、临桂、金秀。

9c. 环鳞烟斗柯

Lithocarpus corneus var. **zonatus** C. C. Huang et Y. T. Chang

与原变种的区别在于：叶片倒披针或长椭圆形，大小差异很大，长 6 ~ 20cm，宽 2 ~ 7cm，叶柄长 2.0 ~ 4.5cm；壳斗高 3.0 ~ 4.5cm，宽约 4cm，鳞片菱形，覆瓦状排列成多个圆环；坚果具贴伏小毛，后脱落，果壁较壳壁厚 2 ~ 4 倍。

产于昭平、梧州、南宁、上思、扶绥、宁明、龙州。分布于广东；越南也有分布。

10. 厚鳞柯 厚鳞石栎、捻碰果、米哥（靖西） 图 422：1 ~ 7

Lithocarpus pachylepis A. Camus

乔木，高 20m，胸径 40cm。芽鳞被棕色长毛。嫩枝、叶柄、叶背脉上及花序轴均被星状短毛。叶纸质，较薄，倒卵状长椭圆形或长椭圆形，长 20 ~ 35cm，宽 7 ~ 11cm，先端短渐尖或钝圆，基部宽楔形，叶缘有锯齿状裂齿；侧脉 20 ~ 30 对，直达齿端，中脉凹下，被短毛，下面脉腋有丛毛；叶柄长 1.5 ~ 2.5cm。壳斗幼时陀螺状，包着坚果大部分，成熟时碟形，高约 2cm，宽约 6cm，包着坚果底部，鳞片宽卵状三角形；坚果扁球形，被黄色平伏细毛；果脐约占坚果面积的 1/2，稍凸起。花期 4 ~ 6 月；果期 10 ~ 12 月。

产于靖西、那坡。生于海拔 800 ~ 1800m。分布于云南；越南也有分布。

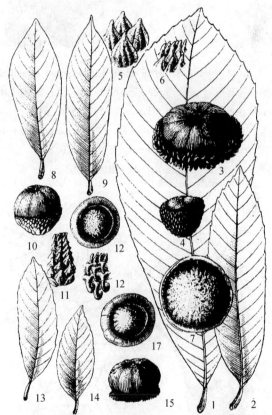

图 422 **1 ~ 7.** 厚鳞柯 Lithocarpus pachylepis A. Camus 1 ~ 2. 叶；3 ~ 4. 壳斗；5 ~ 6. 壳斗外壁脊肋状小苞片；7. 坚果（示果脐）。**8 ~ 12.** 假鱼篮柯 Lithocarpus gymnocarpus A. Camus 8 ~ 9. 叶；10. 壳斗及坚果；11. 壳斗外壁的小苞片；12. 坚果（示果脐）。**13 ~ 17.** 鱼篮柯 Lithocarpus cyrtocarpus （Drake） A. Camus 13 ~ 14. 叶；15. 壳斗及坚果；16. 鸡爪状向下弯钩的小苞片；17. 坚果（示果脐）。（仿《中国植物志》）

图 423 1～2. 紫玉盘柯 Lithocarpus uvariifolius (Hance) Rehder 1. 叶；2. 壳斗簇。**3～9. 毛果柯 Lithocarpus pseudovestitus** A. Camus 3～5. 叶；6. 果序；7～8. 坚果；9. 坚果(示果脐)。**10～13. 茸果柯 Lithocarpus bacgiangensis** (Hickel et A. Camus) A. Camus 10～11. 叶；12. 果序；13. 坚果(示果脐)。(仿《中国植物志》)

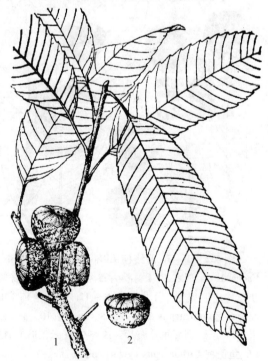

图 424 密脉柯 Lithocarpus fordianus (Hemsl.) Chun 1. 果枝；2. 坚果。(仿《中国高等植物图鉴》)

11. 紫玉盘柯 紫玉盘石栎、杯果树
图 423：1～2

Lithocarpus uvariifolius (Hance) Rehder

乔木，高 15m，胸径 30cm。嫩枝及叶柄被黄色或棕红色长绒毛。芽鳞痕明显。托叶迟落，被长柔毛；叶革质或厚纸质，卵形、椭圆形或倒卵状椭圆形，长 7～15cm，先端凸出，基部近圆形或宽楔形，叶缘近顶部有浅钝锯齿，稀全缘，背面被灰黄色绒毛；侧脉密集，25～28 对；叶柄长 1.0～3.5cm。壳斗碗状或半圆形，直径 2～5cm，除顶部外全包坚果，鳞片宽卵状三角形或菱形，壳壁有鳞秕；坚果半圆形，直径 3.5cm，顶部圆或稍平，被黄色细绒毛；果脐凸起，占坚果面积的 1/2 以上。花期 5～7 月；果期 10～12 月。

产于贺州、昭平、金秀、靖西、十万大山、岑王老山。生于海拔 800m 以下。分布于广东、福建。为次生林主要树种之一。喜深厚、肥沃、湿润而排水良好的中性至微酸性土的山沟山麓地带。嫩叶具甜香味，民间用以代茶叶，作清凉解热剂；木材密度大，淡红褐色，纹理略斜，结构粗，干燥后易翘裂，不耐腐，一般用材，多作农具材。

12. 密脉柯 密脉石栎、黔粤石栎
图 424

Lithocarpus fordianus (Hemsl.) Chun

乔木，高 20m，胸径 30cm。嫩枝被灰黄色绒毛。叶厚纸质，长椭圆形，稀倒卵状长椭圆形，长 10～25cm，宽 2～5cm，先端突尖或短尾尖，基部楔形或近圆形，中部或基部以上有锯齿，下面被星状毛；侧脉密集，15～28 对；叶柄长 1～3cm，被柔毛。雌雄同序，花序轴被毛。壳斗碗状或陀螺状，直径 2.5～3.5cm，包坚果 2/3～3/4，鳞片宽卵状三角形或菱形；坚果半圆形或略扁圆锥形，顶部圆，稀稍平，被灰黄色绒毛；果脐凸起，占坚果面积的 1/2 以上。花期 5 月；果期翌年 7～9 月。

产于永福、贺州、融水、隆林、那坡、横县、大明山。生于海拔 700～1500m 的杂木林中。分布于广东、云南、贵州。木材密度大，微红淡褐色，纹理直，结构粗，干燥

稍有翘裂，抗虫性弱，不耐腐，可作建筑、农具、家具等一般用材。

13. 球壳柯 球果石栎、各黎（德保）图 425

Lithocarpus sphaerocarpus (Hick. et A. Camus) A. Camus

乔木，高 20m，胸径 40cm。小枝、叶均无毛；小枝及叶柄干后暗褐黑色。叶厚革质，长椭圆形或卵状椭圆形，长 12~20cm，先端渐尖或突短尖，基部宽楔形或楔形，全缘；中脉在叶面明显凸起，侧脉 14~18 对，网脉明显，下面被蜡质鳞秕；叶柄长 1.5~2.0cm。壳斗球形，直径 1.5~2.0cm，全包坚果，壳斗壁甚薄，鳞片钻尖状，疏生；坚果扁球形，高 1.1~1.6cm，直径 1.4~2.0cm，被灰黄色平伏细毛；果脐略凹下，深不及 1mm。花期 12 月至翌年 1 月；果期 9~10 月。

产于凤山、那坡、德保、靖西、龙州。生于海拔 500~800m 的山地杂木林中。分布于云南；越南也有分布。多见于阳坡疏林中。

14. 尖叶柯 尖叶石栎、狭叶柯 图 426

Lithocarpus attenuatus (Skan) Rehder

乔木，高 15m，胸径 30cm。芽鳞、嫩枝无毛。叶薄革质，卵状椭圆形或披针形，长 9~13cm，先端长渐尖，基部楔形，沿叶柄下延，背面具鳞秕，全缘，有时波状；侧脉 9~13 对，极纤细；叶柄长 2~3cm。壳斗圆球形，全包坚果，直径 2~3cm，壳斗壁甚薄，鳞片三角形，紧贴，疏生，下部常连成环状，顶部的呈小尖头或小疣头体；坚果圆锥形或扁球形，直径 2.0~2.5cm，顶端短凸尖，无毛，稀微被白粉；果脐凹下，深 1.0~1.5mm。花期 7~9 月；果期翌年 7~9 月。

产于十万大山。生于海拔 700~1000m 山谷杂木林中。分布于广东、香港。

15. 厚斗柯 贵州石栎 图 427：1~5

Lithocarpus elizabethiae (Tutcher) Rehder

乔木，高 19m。树皮暗褐黑色，不裂，内皮暗红褐色。枝、叶无毛。叶厚纸质，长椭圆状披针形或披针形，长 9~17cm，宽 2~4cm，先端渐尖，基部楔形，全缘；侧脉 12~20 对；叶柄长 1~2cm。果序长 10~13cm；壳斗近球形或扁球形，全包坚果，直径 1.5~2.8cm，鳞片宽卵形或近斜四边形，伏贴或顶端略弯钩；坚果扁球形或

图 425 球壳柯 Lithocarpus sphaerocarpus (Hick. et A. Camus) A. Camus 1. 果枝；2. 雄花序；3. 雌花序；4. 雌花（示花柱）；5. 壳斗簇；6. 壳斗纵切面；7. 坚果；8. 坚果（示果脐）；9. 坚果纵切面。（仿《中国植物志》）

图 426 尖叶柯 Lithocarpus attenuatus（Skan）Rehder 1. 果枝；2. 壳斗；3~4. 坚果。（仿《中国植物志》）

近球形，直径 1.8～2.0cm，无毛；果脐凹陷，口径 1.3～1.6cm。花期 7～9 月；果期翌年 7～9 月。

产于龙胜、灵川、贺州、昭平、金秀、融水、罗城、东兰、隆林、凌云、那坡、德保、龙州、防城、上思、大明山、容县。生于海拔 500～1200m 的山谷或山坡密林或疏林中。分布于广东、贵州、云南、福建、江西、湖南。耐寒喜湿，中亚热带山地阔叶林常见种。木材淡茶褐色或略带暗紫色，纹理稍斜，结构较均匀，硬度中等至硬，干缩量大，抗腐性一般，切面光滑，可供作车辆、建筑、农具、家具骨架等用材；种子含淀粉，可供酿酒。

16. 瘤果柯 瘤果石栎、大脚板 图 419：6～10

Lithocarpus handelianus A. Camus

乔木，高 25m，胸径 80cm。芽鳞被灰黄色短毛。小枝幼时有明显棱脊，被黄锈色绒毛，老时被灰黄色鳞秕。叶厚革质，长椭圆形或宽椭圆形，长 18～25cm，宽 6～11cm，全缘，先端长渐尖，基部狭楔形；嫩叶两面被短柔毛，老叶上面中脉被毛，下面呈灰黄色或苍灰色，有黄色鳞秕；侧脉 13～16 对；叶柄长 2～4cm。果序长 8～14cm，果多，密集于上部；壳斗

图 427　1～5. 厚斗柯 Lithocarpus elizabethiae（Tutcher）Rehder 1. 叶；2. 果序；3. 壳斗；4. 坚果；5. 坚果（示果脐）。
6～9. 榄叶柯 Lithocarpus oleifolius A. Camus 6. 果枝；7. 叶背面（示被毛）；8. 坚果（示果脐）；9. 树皮（内侧）。（仿《中国植物志》）

近球形，全包坚果，直径 2～3cm，壁厚 1.0～1.5mm，被灰黄色微柔毛，鳞片三角形；坚果圆锥形或扁球形，高 1.5～2.2cm，直径 1.8cm，被苍灰色微柔毛，果脐浅凹陷，但中央部分凸起。花期 8～10 月；果期 10～12 月。

产于龙州、金秀。生于海拔 400～1000m 的杂木林中。分布于海南。喜温暖湿润环境，自然分布于热带、南亚热带地区，在溪边谷地、山坡土层深厚地常长成大树，居林冠上层。树干通直，板根显著，生长慢。在海南海拔 900m 的山地缓坡的密林中 69 年生树高 20.5m，胸径 29.5cm。心材与边材略明显，心材大，深红褐色，边材暗红棕色，木材纹理交错，结构密致，材质坚重，干后稍爆裂、变形，很耐腐，适作船板、舵骨、桥板、梁柱用材，也用于建筑上的楼板、桁、柱及器械等。

17. 榄叶柯 榄叶石栎、油叶柯、竹叶石栎 图 427：6～9

Lithocarpus oleifolius A. Camus

乔木，高 8～15m。芽鳞几无毛。1 年生枝、叶柄、叶背及花序轴被易脱落的褐锈色或棕黄色长柔毛。叶硬纸质，狭长椭圆形或披针形，长 8～16cm，宽 2～4cm，顶部长渐尖，基部楔形，全缘；叶背被向同一方向倒伏的柔毛兼被紧实的蜡鳞；中脉的下半段在叶面微凸起，侧脉 11～14 对，支脉不显，叶柄长 1.0～1.5cm。壳斗圆球形或扁圆形，直径 3.0～3.5cm，全包坚果或兼有包坚果 3/4，壳壁上薄下厚，小苞片三角形，覆瓦状排列，伏贴，位于壳斗顶部的密接而细长，鳞秕细片状，略松散，无毛；坚果扁圆形或近圆球形，直径 2.0～2.5cm，栗褐色，无毛，无白粉；果脐凹，深约 1mm，口径 14～20mm。花期 8～9 月；果期翌年 10～11 月。

产于永福、全州、金秀、融安、融水、容县。生于海拔 500 ~ 1400m 的山地杂木林中。分布于广东、江西、湖南、福建、贵州。树干可作菌材；种仁含淀粉，可食用。

18. 龙眼柯　龙眼石栎

Lithocarpus longanoides C. C. Huang et Y. T. Chang

乔木，高18m，胸径30cm。嫩枝及嫩叶叶背密被微柔毛，后无毛；老枝有皮孔。叶纸质，卵状椭圆形或披针形，长 4 ~ 13cm，宽 1.5 ~ 3.5cm，先端短尾尖或渐尖，基部楔形，沿叶柄下延，全缘；叶背有灰白色细圆点状鳞腺，中脉在上面凸起，侧脉 7 ~ 9 对，网脉很纤细，在叶背不可见；叶柄长 1.0 ~ 1.5cm。壳斗圆球形或略扁球形，全包坚果，直径 1.0 ~ 1.8cm，被微柔毛，鳞片覆瓦状排列；坚果栗褐色，直径 0.8 ~ 1.6cm，无毛；果脐凹陷，直径 0.6 ~ 1.2cm。

产于象州、金秀、罗城、天峨、那坡、凌云、十万大山。生于海拔 500 ~ 1200m 的山坡或山谷阔叶林中。分布丁广东、云南。

19. 桂南柯　上思石栎、上思柯

Lithocarpus phansipanensis A. Cancus

小乔木，高 3m。嫩枝无毛，具槽。叶革质，宽倒卵形，长 4.0 ~ 6.5cm，宽 2.5 ~ 4.0cm，先端圆钝，基部宽楔形，全缘，上面绿色，下面被灰黄色鳞秕；中脉凸起，侧脉 9 ~ 11 对，网脉不明显。花期2月；果未见。

产于上思。生于海拔约 1000m 的山顶灌木丛中。越南北部也有分布。

20. 槟榔柯　槟榔石栎、米果（龙州、那坡）　图 428

Lithocarpus areca (Hickel et A. Camus) A. Camus

乔木，高 15m，胸径 25cm。嫩枝灰白色，无毛，有皮孔。叶纸质，倒披针形或长椭圆形，长 13 ~ 25cm，宽 3.5 ~ 5.5cm，先端渐尖，基部狭楔形，顶部有浅锐锯齿，稀全缘，无毛，或下面腋脉被毛，上面中脉被平伏毛；叶柄长 0.5 ~ 1.5cm。壳斗碟状，包着坚果底部，鳞片短线形，下弯；坚果橄榄状长圆锥形，高 4 ~ 5cm，直径 2.2 ~ 3.6cm，顶端尖，略呈三棱形，无毛，基部平；果脐凹下，深 2 ~ 3mm。花期 10 月；果期翌年 10 ~ 11 月。

产于昭平、金秀、那坡、龙州、扶绥。生于海拔 800 ~ 1500m

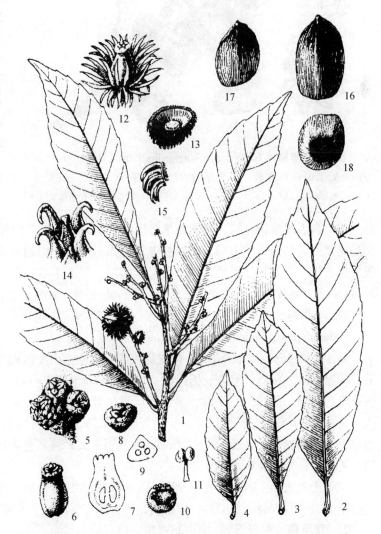

图 428　槟榔柯 Lithocarpus areca（Hickel et A. Camus）A. Camus
1. 花果枝；2 ~ 4. 叶；5. 雄花簇；6. 雌花；7. 子房纵切面；8. 花柱；9. 子房横切面；10. 雄花；11. 雄蕊；12. 幼壳斗；13. 壳斗；14 ~ 15. 壳斗外壁的苞片（放大）；16 ~ 17. 坚果；18. 坚果（示果脐）。（仿《中国植物志》）

图 429　柄果柯 Lithocarpus longipedicellatus（Hickel et A. Camus）A. Camus 1. 果枝；2. 果序（幼时）；3. 果序（部分）；4. 壳斗（示三角形苞片，放大）；5. 坚果；6. 坚果（示果脐）。（仿《中国植物志》）

的山地杂木林中。分布于云南；越南也有分布。

21. 柄果柯　长柄柯、山桐、姜桐　图 429

Lithocarpus longipedicellatus（Hickel et A. Camus）A. Camus

乔木，高 20m，胸径 50cm。芽鳞、枝、叶均无毛。叶厚纸质，椭圆形、卵形或长椭圆形，长 8～15cm，宽 3～6cm，先端渐尖或突尖，基部楔形或宽楔形，全缘，有时呈波浪状，叶背具鳞秕；侧脉 9～14 对，网脉不明显；叶柄长 1.0～1.5cm。壳斗碟状或浅碗状，包着坚果下部，很少至中部，鳞片三角形，紧贴，或连成多个圆环；坚果扁球形，高 1.0～1.5cm，直径 1.2～2.0cm，顶端短凸尖，无毛，稍被白粉；果脐凹下，深度 1.0～1.5mm。花期 10 月至翌年 1 月；果期翌年 9～10 月。

产于龙州、那坡、十万大山。生于海拔 400～1200m 的杂木林中。分布于海南、广东、云南；越南也有分布。喜温暖湿润环境，热带山地常绿阔叶林和山谷热带雨林树种。幼年耐荫蔽，成年大树则需充足光照。天然更新能力弱，在密林中虽可大量结实，但通常果实发育不良且易受蛀果害虫蛀食，很快失去发芽力。播种繁殖，坚果千粒重 650g，种子不耐贮存，随采随播。木材密度大，气干密度 0.84g/cm³，微黄白色，纹理略斜，结构粗，不变形，耐腐，适作车船、水工、梁柱、建筑等用材。

22. 毛果柯　毛果石栎、毛果桐　图 423：3～9

Lithocarpus pseudovestitus A. Camus

乔木，高 25m，胸径 50cm。树皮灰色或暗褐色，内皮红褐色；2 年生枝有皮孔，小枝、叶均无毛。叶厚纸质，倒披针形或长椭圆形，长 8～18cm，宽 2～4cm，先端短尖或钝尖，基部楔形，沿叶柄下延，全缘，侧脉 9～15 对，网脉不明显，叶背有鳞秕；叶柄长 0.4～1.0cm。壳斗浅碗状或碟状，高 0.2～0.6cm，直径 1～2cm，包着坚果基部，鳞片有时有鳞痕并连成不明显圆环，被灰色短细毛；坚果圆锥形，直径 1.4～2.0cm，顶端短突尖，被灰色短细毛；果脐凹下，深度 2～3mm。花期 8～10 月；果期翌年 8～10 月。

产于十万大山、南宁。生于 900m 以下杂木林中。分布于海南、云南、广东；越南也有分布。木材坚硬，干时少裂，易变形，但耐腐，可作水工、梁柱、车船等用材。

23. 茸果柯　茸果石栎　图 423：10～13

Lithocarpus bacgiangensis（Hickel et A. Camus）A. Camus

乔木，高 15m。1 年生枝有皮孔，枝、叶无毛。叶纸质，卵形、椭圆形或卵状椭圆形，长 10～15cm，宽 3～5cm，先端渐尖，基部楔形或宽楔形，全缘，叶背有鳞秕；中脉在叶面明显凸起，侧脉 10～15 对；叶柄长不及 1cm。壳斗浅碗状，基部有短柄，高 0.5～1.0cm，直径 1～2cm，包坚果不到 1/2；鳞片三角形；坚果扁球形或圆锥形，高 1～2cm，直径 1.5～2.5cm，顶部圆或略平，有短突尖，密被灰黄色平伏毛；果脐内陷，深 1.0～1.5mm。花期 12 月至翌年 3 月；果期翌年 10～12 月或第 3 年 3 月。

产于融水、那坡、田林、龙州。生于海拔 1000m 以下的山地杂木林中。分布于海南、云南；越南也有分布。木材淡红棕色，坚硬，可作造船等用材。

24. 鼠刺叶柯　鼠刺叶石栎

Lithocarpus iteaphyllus（Hance）Rehder

乔木，高 18m。小枝无毛，具槽。叶薄革质，披针形或椭圆状披针形，长 7.5～20.0cm，宽 2～3cm，先端长渐尖，基部狭楔形，沿叶柄下延，全缘，无毛，叶背无蜡鳞；中脉在两面均凸起，侧脉 11～18 对，不甚明显；叶柄长 5～15mm。壳斗杯状，直径 7～10mm，包坚果 1/8～1/5；鳞片细小，或合生成 3～5 个圆环，被淡灰棕色微柔毛；坚果淡栗褐色，卵形或倒卵形，直径 6～12mm，无毛；果脐凹陷，直径 5～6mm。花期 4～5 月；果期 9～10 月。

产于永福、昭平、融水、那坡。生于海拔约 500m 以下的山坡的阳光充足处或较低沿河溪两岸。分布于广东、福建、台湾、香港、浙江、江西、湖南。木材纹理直，结构粗，材质重。

25. 港柯　东南石栎、绵柯、美绵稠　图 430

Lithocarpus harlandii（Hance ex Walp.）Rehder

乔木，高 18m，胸径 50cm。树皮较厚，灰褐色或灰白色，不裂，内皮红褐色。嫩枝、叶及芽鳞均无毛。叶革质，披针形、宽椭圆形、长椭圆形、倒卵状椭圆形或倒披针形，长 8～17cm，宽 2.5～4.5cm，先端尾状略弯或渐尖，基部楔形或宽楔形或圆形，近顶部有浅锯齿，稀全缘，叶背面有鳞秕；侧脉 8～12 对，网脉不明显；叶柄长 1～3cm。果序长 15cm；壳斗碗状或碟状，高 0.6～1.0cm，直径 1.5～2.4cm，包坚果 1/10～1/6；鳞片宽卵状三角形至长三角形，平伏，稀连成环状；坚果椭圆形、宽圆锥形或扁球形，直径 1.6～2.6cm，顶部圆形，短突尖，无毛，微被白粉；果脐凹下，深度 1.5～4.0mm。花期 5～6 月或 8～10 月。

产于龙胜、全州、临桂、灌阳、阳朔、兴安、资源、贺州、融水、罗城、环江、田林、凌云、隆林、大新。生于海拔 700m 以下的杂木林中。分布于浙江、湖南、江西、贵州、云南、四川、台湾、福建、广东、香港、海南、安徽、江苏。喜温暖湿润，中亚热带常绿阔叶林主要建群种。中性偏喜光，幼龄耐阴，林下天然更新良好。木材坚硬，不甚耐腐，作一般用材。

26. 绵柯　椆木、椆壳栎、绵石栎、灰柯
图 431

Lithocarpus henryi（Seemen）Rehder et E. H. Wilson

乔木，高 20m。芽鳞无毛。1 年生枝有棱，被蜡质鳞秕，无毛。叶革质或硬纸质，窄长椭圆形，长 12～22cm，宽 3～5cm，先端短尖，略钝，基部宽楔形，两侧略不对称，全缘，下面灰绿色，有鳞秕，无毛；侧脉 11～15 对；叶柄长 1.5～3.5cm。壳斗浅碗形，高 0.6～1.4cm，直径 1.5～2.4cm，包坚果不到 1/2，鳞片宽卵状三角形；坚果宽圆锥形或圆锥形，直径 1.5～2.4cm，顶端突尖，无毛，有时被白粉；果脐凹下，口径 1.0～1.5cm。花期 8～10 月；果期翌年 8～10 月。

图 430　港柯 Lithocarpus harlandii（Hance ex Walp.）Rehder　果枝。（仿《中国植物志》）

图 431 绵柯 Lithocarpus henryi (Seemen) Rehder et E. H. Wilson 果枝。(仿《中国高等植物图鉴》)

产于资源、融水、大明山。生于海拔 1400 ~ 1800m 的山地杂木林中。分布于陕西、湖北、湖南、贵州、四川。喜冷凉湿润气候，耐寒力强，为中山常绿落叶阔叶混交林树种，在溪边谷地、山坡土层浓厚地带常长成大树，稍耐阴。种仁可供酿酒；树皮及壳斗可供提制栲胶；木材可作造船及家具用材。

27. 木姜叶柯 多穗柯、多穗石栎、甜茶、姜叶柯 图 432

Lithocarpus litseifolius（Hance）Chun

乔木，高 20m，胸径 50cm。树皮暗褐色，不裂，内皮红褐色。小枝无毛。叶纸质至近革质，椭圆形、倒卵状椭圆形或卵状椭圆形，稀窄长椭圆形，长 8 ~ 18cm，宽 5 ~ 8cm，先端渐尖或尾尖，基部楔形或宽楔形，全缘，两面同色或叶背带苍灰色，下面无毛，有鳞秕；侧脉 6 ~ 10 对；叶柄长 1.5 ~ 2.5cm。壳斗碟状，高 0.3 ~ 0.5cm，直径 0.8 ~ 1.5cm，包着坚果基部；坚果宽圆锥形、扁球形或近球形，高 1.0 ~ 1.5cm，直径 1.5 ~ 1.8cm，无毛，有白粉；果脐凹下，口径约 1.1cm。花期 5 ~ 9 月；果期翌年 5 ~ 9 月。

产于贺州、金秀、融水、环江、天峨、靖西、那坡、百色、田林、乐业、上林、龙州、大明山、马山、宁明、天等、十万大山。生于海拔 500 ~ 1400m 的杂木林中。分布于秦岭南坡以南各地；印度、泰国、缅甸、老挝、越南也有分布。分布区地跨热带、南亚热带、中亚热带，对气候适应性很强。垂直分布，在云南可分布至海拔 2000m 的山地，而在其他地区，大多分布在海拔 1000m 以下的低山丘陵地，在华南南部的低丘炎热地带，也能正常生长。喜阴湿环境，喜短日照，多生长在地形较闭塞的冲沟或山谷地，幼树全光照下生长较差，为山地常绿阔叶林常见种。一般在肥力中等的山地黄壤、红壤上均能正常生长；在肥力较差的荒山，早期生长虽较慢，后期仍能正常生长。在石灰岩山地未见。播种繁殖，但结实量较少。嫩叶有甜味，嚼烂时为黏胶质，长江以南多地山区居民用其叶作茶叶代品，通称甜茶，有清热利湿的功效；心材与边材区别明显，心材淡红褐色，年轮菊花心状，材质颇坚重，不耐腐，可作建筑、家具等用材。

28. 硬壳柯 硬斗石栎 图 433

Lithocarpus hancei（Benth.）Rehder

乔木，高 20m，胸径 70cm。树皮暗褐色，不规

图 432 木姜叶柯 Lithocarpus litseifolius（Hance）Chun 1. 果枝；2. 坚果。(仿《中国高等植物图鉴》)

则浅纵裂，小片剥落，内皮红褐色。除花序轴被灰黄色短毛外，其余均无毛。叶革质，卵形、椭圆形、长圆形、披针形或倒卵形，长 7～12cm，宽 3～4cm，先端短尾尖或渐尖，基部宽楔形或楔形，沿叶柄下延，全缘；网脉明显，两面同色；叶柄长 1～3cm。壳斗浅碟形，无柄，木质，灰色，包坚果不到 1/3，鳞片三角形，紧贴，常连生成环状；坚果圆锥形、扁球形、椭圆形或近球形，直径 0.6～2.6cm，顶端圆至尖，很少平坦，无毛；果脐凹下，深度 1.0～2.5mm。花期 4～6 月；果期 10～12 月。

产于龙胜、灵川、兴安、临桂、永福、贺州、金秀、融水、环江、南丹、隆林、靖西、武鸣、上林、扶绥、十万大山、容县。生于海拔 900～1500m 的杂木林中。分布于秦岭南坡以南各地，为亚热带和热带山地常绿阔叶林树种。耐荫蔽，幼苗幼树要求有良好的荫蔽环境，不宜在裸露迹地造林。心材与边材区别分明，心材淡棕色，年轮呈菊花状，材质颇坚实、致密，干后易爆裂，在兴安县，群众称之为黎木，用作农具柄；在湖南用以制扁担等材；在广东北部各地，除作农具材外尚用以种植香菇。

图 433　硬壳柯 Lithocarpus hancei
（Benth.）Rehder 果枝。（仿《中国植物志》）

29. 大叶柯　大叶石栎、大叶槠　图 418：4～6

Lithocarpus megalophyllus Rehder et E. H. Wilson

乔木，高 25m。小枝无毛。叶革质，倒卵形、倒卵状椭圆形，长 14～30cm，宽 7.5～12.0cm，先端突尖，基部楔形或宽楔形，全缘，无毛，两面同色；侧脉 11～14 对，在叶面微凹，支脉明显；叶柄长 2.5～6.0cm，基部粗壮。壳斗碟状，包坚果 1/6～1/3，鳞片三角形；坚果无毛，圆锥形、宽圆锥形或扁球形，直径 2.0～3.2cm；果脐凹下，深度约 4mm，口径 1.2～1.8cm。花期 5～6 月；果期翌年 5～6 月。

产于融水、靖西、龙州。生于海拔 900～1500m 的山地杂木林中。分布于四川、云南、贵州、湖北、江西；越南也有分布。喜温凉湿润气候，生于亚热带中山区。木材坚韧，较耐腐，材质优良，可作车船、家具等用材；种仁含淀粉、蛋白质、脂肪等。

30. 滑皮柯　滑皮石栎

Lithocarpus skanianus（Dunn）Rehder

乔木，高 20m，胸径 30cm。树皮暗褐色。芽鳞、嫩枝、叶柄及花序轴均被暗黄色或淡褐色绒毛。叶厚纸质，倒卵状椭圆形、倒披针形，稀长椭圆形，长 8～20cm，先端短突尖或短渐尖，基部狭楔尖，全缘或近先端浅波状，上面中脉被毛；侧脉 13～16 对；叶柄长 1.0～1.5cm。壳斗近球形或扁球形，直径 1.5～2.5cm，有时全包坚果，壳斗顶部短颈状，鳞片短线形，略弯钩；坚果扁球形或宽圆锥形，高 1.2～1.8cm，直径 1.5～2.4cm，无毛；果脐凹下，深及 1.0～1.5mm。花期 9～10 月；果期翌年 9～10 月。

产于阳朔、那坡、上思。生于海拔 500～1100m 的杂木林中。分布于广东、海南、云南、江西、福建、湖南。木材灰棕色，颇坚实。

31. 南川柯　皱叶石栎、显脉柯　图 434

Lithocarpus rosthornii（Schottky）Barnett

乔木，高 7m。树皮暗褐色。嫩枝被灰黄色柔毛及棕黄色蜡鳞；老枝无毛。叶纸质，倒披针状

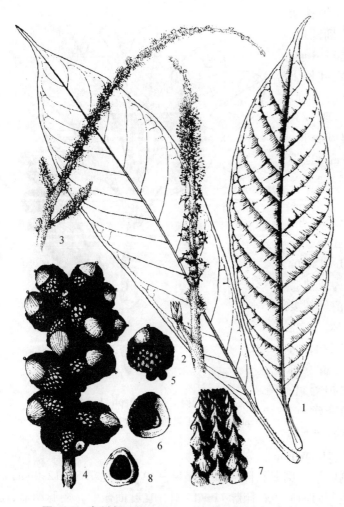

椭圆形或长椭圆形，长 12~30cm，宽5~10cm，先端突长尖，基部楔形，全缘，嫩叶下面中脉被长柔毛，后脱落，下面带苍灰色；侧脉 14~20 对，在上面明显下陷；叶柄长 1~2cm。壳斗浅碗状至半圆形，包坚果 1/2~3/4，鳞片三角形，直径 2.0~2.5cm；坚果宽圆锥形或圆锥形，高 1.5~2.2cm，无毛；果脐凹下，深约 1mm。花期 9~10 月；果期翌年 9~10 月。

产于金秀、罗城、隆林、田林、平南、横县、大明山。生于海拔 300~1400m 的杂木林中。分布于四川、贵州、广东、湖南。喜温暖湿润环境，常绿阔叶林主要建群种。木材稍坚实，淡灰褐色，纹理略斜，结构粗，干燥后易翘裂，不耐腐，可作一般用材。

32. 泥锥柯 华南石栎、华南石柯、泥柯、牛舌肚

Lithocarpus fenestratus（Roxb.）Rehder

乔木，高 25m，胸径 50cm。芽鳞无毛。嫩枝被灰黄色绒毛；老枝无毛。叶纸质，长椭圆形或披针状椭圆形；长 12~22cm，宽 3.5~7.5cm，先端渐尖，基部楔形，全缘，在下面中脉被长毛或后脱落无毛，叶背有鳞秕；侧脉及支脉均明显，侧脉 11~16 对；叶柄长 0.8~

图 434 南川柯 Lithocarpus rosthornii（Schottky）Barnett
1. 叶；2. 雌花序（上部有雄花序）；3. 雄花序；4. 果序；5. 壳斗及坚果；6. 壳斗；7. 壳斗外壁覆瓦状排列的小苞片；8. 坚果（示果脐）。（仿《中国植物志》）

1.5cm，有毛。果序长 12~20cm；壳斗近球形、宽圆锥形或略扁球形，直径 1.5~2.5cm，几全包坚果或包大部分，壳斗壁薄，鳞片三角形，伏贴或顶部略弯钩，无毛；坚果扁球形或近球形，直径 1.5~1.8cm，无毛；果脐微凹或近平，中央稍隆起。花期 8~10 月；果期翌年 8~10 月。

产于龙胜、灵川、金秀、九万大山、隆林、田林、那坡、宁明、大明山。生于海拔 800~1600m 的山谷密林中。分布于海南、香港、广东、云南、西藏；越南、泰国、印度也有分布。喜温凉湿润环境，南亚热带山地常绿阔叶林主要建群种，在大明山海拔约 1000m 的山地有以华南石栎为优势种的泥锥柯林。种子含淀粉，可供酿酒；壳斗含鞣质；木材淡灰褐色，纹理直，结构粗，密度中等，干燥后易翘裂，不耐腐，可作一般用材。

33. 黑柯 黑石栎

Lithocarpus melanochromus Chun et Tsiang ex C. C. Huang et Y. T. Chang

乔木，高 15m，胸径 40cm。嫩枝被褐色柔毛；老枝无毛。叶硬革质，长圆形或披针形，稀卵形，长 4~7cm，宽 1.5~2.5cm，先端渐尖或短尾尖，基部狭楔形，沿叶柄下延，全缘，稀上部呈波状锯齿，下面被鳞秕；中脉在上面凸起，侧脉 9~15 对；叶柄长 0.5~1.5cm，嫩时被毛。壳斗杯状，直径 1.2~1.8cm，包坚果 1/2，鳞片覆瓦状排列，无毛，有蜡质鳞秕；坚果宽圆锥形，直径 1.1~1.6cm，无毛；果脐微凹陷，直径 0.8~1.0cm。

产于防城、上思、大明山。生于海拔 600 ~ 1200m 的山地常绿阔叶林中。分布于广东。

34. 假鱼篮柯 假鱼篮石栎、假鱼蓝柯 图 422：8 ~ 12

Lithocarpus gymnocarpus A. Camus

外部形态与鱼蓝石栎相似，但其不同点在于：叶常全缘，稀顶部有 2 ~ 3 枚浅锯齿，无毛；壳斗鳞片平伏，不呈鸡爪状，果脐全凹陷，很少中央隆起。花果期与鱼蓝柯相同。

产于十万大山。生于海拔 800 ~ 1400m 的山地杂木林中。分布于广东、云南；越南也有分布。

35. 犁耙柯 犁耙石栎、坡曾、杯果 图 435

Lithocarpus silvicolarum (Hance) Chun

乔木，高 20m，胸径 30cm。树皮灰色或灰褐色，不裂，内皮红褐色。嫩枝被灰棕色长柔毛，老枝无毛。叶薄革质，椭圆形或倒卵状椭圆形，长 10 ~ 20cm，宽 4 ~ 6cm，先端渐尖，基部楔形，沿叶柄下延，全缘或近顶部有波状锯齿，嫩叶下面沿中脉两侧被短毛，老叶下面灰绿色，有蜡鳞层；侧脉 10 ~ 12 对；叶柄长 1 ~ 2cm。壳斗盆状或碟状，包坚果不到 1/2，鳞片宽三角形；坚果扁球形，深褐色，直径 1.7 ~ 2.5cm，无毛，顶部圆；果脐凹下，深及 1.0 ~ 2.5mm 或更深。花期 3 ~ 5 月；果期翌年 7 ~ 9 月。

产于临桂、贺州、融水、靖西、那坡、龙州。生于海拔 700m 以下的杂木林中。分布于海南、广东、云南；越南也有分布。喜湿热环境，在海南山地热带常绿季雨林中极普遍，见于低海拔的平缓地带阳光充足之处，有时呈群状分布。结实量大，但种实易遭虫蛀食，失去发芽力，天然下种繁殖不易。喜光、喜湿，生长较快，在海南自然生长的犁耙柯 32 年生树高 14.5m，胸径 23.4cm。播种繁殖，种子千粒重 4280g。随采随播。木材淡紫褐色，纵切面灰棕色带红色，年轮不明显，纹理通直，结构细，材质稍软，干燥后易翘裂、变形，耐腐，材色一致，切面花纹亮丽，可作梁、柱、桁、桷、门、窗、上等家具等用材。

36. 柯 石栎、椆木 图 436

Lithocarpus glaber (Thunb.) Nakai

乔木，高 15m，胸径 30cm。树皮暗褐黑色，内皮红褐色。嫩枝密被灰色或黄色短绒毛。叶革质或厚纸质，长椭圆形或倒卵状椭圆形，长 6 ~

图 435 犁耙柯 Lithocarpus silvicolarum (Hance) Chun 1. 果枝；2. 坚果。(仿《中国高等植物图鉴》)

图 436 柯 Lithocarpus glaber（Thunb.）Nakai 果枝。(仿《中国高等植物图鉴》)

14cm，宽 2.5～4.0cm，先端长渐尖或短尾尖，基部狭楔形，全缘或近顶端有 2～4 枚浅锯齿，嫩叶下面中脉被短毛及蜡质鳞秕；侧脉 6～8 对，稀多于 10 对，支脉不明显；叶柄长 1～2cm。壳斗碟状或碗状，高 0.5～1.0cm，包坚果 1/5～2/5，鳞片三角形，紧贴，有时略连成环状；坚果长椭圆形，顶端尖，被白粉，高 1.0～2.5cm，直径 0.8～1.5cm；果脐凹下，深及 2mm，口径 3～8mm。花期 9～10 月；果期翌年 9～10 月。

产于全州、永福、阳朔、恭城、灵川、贺州、富川、昭平、金秀、柳州、环江、梧州、苍梧、隆林、贵港、北流、龙州、宁明、南宁、大明山，以广西东北部较为常见。生于海拔 400～1000m 的杂木林中。分布于秦岭南坡以南各地，但北回归线以南极少见；日本南部也有分布。喜温暖湿润环境，为中亚热带常绿阔叶林主要建群种和优势种。喜光，阳坡较常见，因常被砍伐，成灌木状。萌蘖力强，结实量大，天然更新能力强，在湖南、江西、福建海拔 500m 以下的低山丘陵红壤上，常见以柯为优势种的次生阔叶林。播种繁殖，可培育 1 年生苗木造林，也可直播造林。种子含淀粉，可供酿酒、做豆腐；壳斗可供提取栲胶；木材较硬，气干密度 0.535g/cm³，心材与边材近于同色，干后淡茶褐色，结构略粗，纹理直，不甚耐腐，易裂，供作家具、车船、胶合板等用材；优质薪炭材。

37. 美叶柯　美叶石栎、米哥浪（龙州）、红轩橼、黄椆　图 437：1～4

Lithocarpus calophyllus Chun ex C. C. Huang et Y. T. Chang

乔木。树皮很厚，浅裂，内皮红褐色。嫩枝疏被早落的柔毛。叶革质，宽椭圆形、卵形或长椭圆形，先端渐尖或短突尖，尾状，基部近于圆或浅耳垂状，有时一侧略短或偏斜，叶下面被棕色至褐红色粉末状鳞秕，后脱落；侧脉在叶面常微凹；叶柄有时长达 4.5cm。壳斗浅杯状，包坚果 1/6～1/5；坚果圆锥形，直径 1.8～2.6cm，顶部平坦，中央微凹陷或甚短尖，常有淡薄的灰白色粉霜；果脐凹陷，口径 1.0～1.4cm。花期 6～7 月；果期翌年 8～9 月。

产于兴安、龙胜、资源、灵川、贺州、金秀、融水、那坡、龙州、武鸣。生于海拔 500～1200m 的山地杂木林中。分布于江西、湖南、福建、广东。喜土层深厚、肥沃、排水良好的酸性土壤，不耐瘠薄和干旱，在山槽、沟谷、山坡中下部或平地生长良好。天然更新良好，林冠下各级立木颇多。其萌芽力强，寿命长，可成大径材。播种繁殖，但结实量较少。苗期生长缓慢，需培育 2 年苗造林。幼龄期需荫蔽环境，疏林下造林，不宜荒山荒地造林。种子含淀粉，可供酿酒；壳斗可供提取栲胶；木材淡灰褐色，边材淡褐色，纹理直，结构粗，坚硬，气干密度 0.66g/cm³，耐腐性强，干燥后易翘裂，可供作车船、家具、农具等用材。

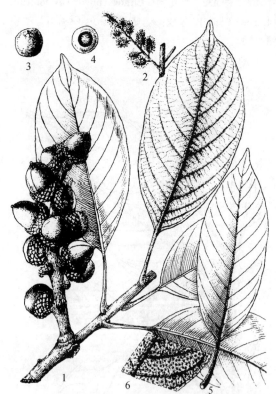

图 437　**1～4. 美叶柯** Lithocarpus calophyllus Chun ex C. C. Huang et Y. T. Chang 1. 果枝；2. 雄花序（部分）；3. 坚果；4. 坚果（示果脐）。**5～6. 星毛柯** Lithocarpus petelotii A. Camus 5. 叶；6. 叶背面（示毛及粉末状鳞秕，放大）。（仿《中国植物志》）

38. 钦州柯　钦州石栎　图 438：1～2

Lithocarpus qinzhouicus C. C. Huang et Y. T. Chang

乔木。嫩枝、嫩叶叶背及叶柄均密被绒毛。叶革质，披针形，长 8～12cm，宽 2～3cm，先端渐尖，基部楔形，沿叶柄下延，全缘，或上部呈波浪状，叶背面有紧密蜡鳞层，毛早落；中脉在上面凸起，侧脉 9～14 对，在上面微凹陷；叶柄长

1.0～1.5cm。壳斗碟状，包坚果底部，鳞片短针状，被灰色嫩柔毛；坚果扁球形，直径 1.5～2.0cm，无毛，有灰白色粉霜，栗褐色；果脐凹下。果期 9～10 月。

产于钦州，生于海拔 200m 左右的针阔叶林中或与马尾松混生。分布于贵州。

39. 粉叶柯　瘦柯　图 439

Lithocarpus macilentus W. Y. Chun et C. C. Huang

乔木，高 7～12m。当年生枝、叶柄、叶背及花序轴均被棕或黄灰色短绒毛；2 年生枝及成长叶背面的毛伏贴且交织成蜘蛛网状；3 年生枝暗褐黑色，皮孔不明显。叶薄革质，披针形，长 6～11cm，宽 2～3cm，两端渐尖，基部下延，全缘，新生嫩叶两面均被甚纤细、易抹落的卷丛毛，叶背兼被鳞秕；中脉及侧脉细沟状凹陷，侧脉每边 6～9 条，支脉不明显；叶柄长不过 1cm。成熟壳斗浅碗状，高 6～8mm，宽 15～20mm，包坚果下部，壳壁稍薄，基部略增厚；坚果宽圆锥形或扁圆形，无毛，暗栗褐色，高 13 15mm，宽 15 17mm；果脐稍凹陷，口径 7～8mm。花期 7～8 月；果翌年 10～11 月成熟。

产于广西东南部。生于海拔 400m 以下的溪谷两岸阔叶林中。分布于广东、香港。木材淡棕色，材质坚实。

40. 庵耳柯　庵耳石栎、菴耳柯、泡叶柯、卷叶石栎　图 438：3

Lithocarpus haipinii Chun

乔木，高 30m，胸径 80cm。树皮暗灰色或灰褐色，不裂，内皮红褐色。嫩枝、叶背及叶柄均被灰黄色长绒毛；老枝暗黑色。叶厚革质，宽椭圆形、卵形或倒卵形，长 8～15cm，宽 4～9cm，先端圆形或短突尖，基部圆形或宽楔形，常一侧稍歪斜，叶缘背卷，全缘；上面侧脉及支脉均凹下；叶柄长 2.0～3.5cm。壳斗碟形，高 0.3～0.6cm，宽 1.5～2.5cm，鳞片短线状，下弯；坚果近球形或宽圆锥形，高 1.8～2.6cm，直径 2～3cm，幼时被白粉，顶端短突尖；果脐凹下，深及 2～3mm。花

图 438　**1～2. 钦州柯 Lithocarpus qinzhouicus** C. C. Huang et Y. T. Chang 1. 果枝；2. 壳斗。**3. 庵耳柯 Lithocarpus haipinii** Chun 果枝。(仿《中国植物志》)

图 439　粉叶柯 **Lithocarpus macilentus** W. Y. Chun et C. C. Huang 1. 果枝；2. 壳斗；3. 坚果(示果脐)；4. 坚果；5. 花柱。(仿《中国植物志》)

期 7 ~ 8 月；果期翌年 7 ~ 8 月。

产于灵川、贺州、金秀、那坡、十万大山。生于海拔 1000m 以下的山谷或山顶杂木林中。分布于广东、香港、福建、湖南、贵州。较常见于稍干燥的缓坡地。木材微黄淡红色，密度大，纹理直，结构粗，干燥后易翘裂。

41. 鱼篮柯　鱼蓝石栎、铜针树、老鼠兀　图 422：13 ~ 17

Lithocarpus cyrtocarpus（Drake）A. Canus

乔木，高 18m，胸径 40cm。树皮灰白色，不规则浅纵裂。芽鳞被棕色微柔毛。嫩枝被柔毛。叶纸质，卵形、卵状椭圆形或长椭圆形，长 5 ~ 12cm，宽 2 ~ 4cm，萌发枝的叶长达 16cm，顶部短尖或渐尖，基部狭楔形，上面无毛，中脉凹下，下面中脉被柔毛，其余被星状毛和鳞秕，星状毛早落，叶缘有锯齿；侧脉 8 ~ 14 对；叶柄长 1 ~ 2cm。壳斗浅碟状，厚木质，高 1 ~ 2cm，直径 3.5 ~ 4.5cm，包坚果底部，鳞片宽卵状三角形，顶端常下弯呈鸡爪状；坚果扁球形，高 1.2 ~ 2.0cm，直径 4.0 ~ 5.5cm，顶部微凹下，被黄色平伏短毛，果脐凹陷，边缘较深，中央明显隆起。花期 4 月或 9 ~ 10 月；果期 10 ~ 12 月。

产于龙州。生于海拔 400 ~ 900m 的山谷杂木林中。分布于广东；越南也有分布。木材淡黄白色，略坚实，边材与心材不易区别，可作一般农具用材。

42. 星毛柯　星毛石栎　图 437：5 ~ 6

Lithocarpus petelotii A. Camus

乔木，高 28m，胸径 50cm。芽鳞无毛。嫩枝被黄灰色短毛。叶革质，椭圆形或卵状椭圆形，长 9 ~ 15cm，宽 3 ~ 6cm，先端渐尖，基部近圆形或宽楔形，全缘，下面被棕色至褐红色鳞秕及星状毛，沿中脉疏被毛；侧脉 6 ~ 13 对，网脉明显；叶柄长 2.5 ~ 4.0cm。壳斗浅碗状或浅盆状，高 0.5 ~ 1.5cm，直径 2.5 ~ 3.5cm，包着坚果基部，鳞片宽卵状三角形；坚果长圆锥形或宽圆锥形，高 3.0 ~ 7.5cm，直径 2.5 ~ 3.8cm，顶部圆形，有小尖头，无毛；果脐凹下，深及 2 ~ 4mm，口径 1.0 ~ 1.4cm。花期 8 ~ 9 月；果期翌年 9 ~ 10 月。

产于广西东北部至西北部。生于海拔 1000 ~ 1800m 的山地杂木林中。分布于云南、贵州、湖南；越南也有分布。喜温凉湿润环境，生于中山山地阔叶林中。

5. 青冈属 Cyclobalanopsis Oerst.

常绿乔木。树皮常光滑，稀深裂，呈灰色或褐色。有顶芽，腋芽近枝顶集生，芽鳞多数，覆瓦状排列。叶全缘或有锯齿。花单性，雌雄同株，花被 5 ~ 6 深裂；雄化为下垂柔荑花序，簇生于新枝基部；雌花单生或排成穗状，顶生，直立，雌花单生于总苞内；子房 3 室；花柱 3 ~ 6 枚；壳斗杯状、碟状或钟形，包坚果一部分至大部分，稀全包，鳞片聚合成数个同心环带，环带全缘或有齿裂；每壳斗有 1 枚坚果；果顶部有柱座，不育胚珠在种子顶部外侧。

约 150 种。中国 69 种，产于秦岭及淮河流域以南；广西 36 种，分布于各地，为组成常绿阔叶林的主要成分。

分种检索表

1. 坚果扁球形或近扁球形。
　2. 坚果直径 2cm 或 2cm 以上。
　　3. 壳斗包坚果大部或有时全包坚果。
　　　4. 幼枝被黄褐色绒毛，老时无毛；叶卵状长椭圆形，下面被白粉或灰黄色星状绒毛，有时脱落；壳斗扁球形或半球形 ……………………………………………………………… **1. 薄片青冈 C. lamellosa**
　　　4. 小枝紫褐色，有白色皮孔；叶长圆状椭圆形，下面幼时被黄褐色星状绒毛，老时无毛；壳斗盘形 …… ……………………………………………………………………… **2. 靖西青冈 C. chingsiensis**
　　3. 壳斗包坚果 1/2 或不及 1/2。

5. 叶基部楔形。

  6. 坚果直径 3.5~5.0cm；叶长 15~27cm，倒卵状披针形 ················· **3. 大果青冈 C. rex**

  6. 坚果直径不及 3cm；叶长不及 16cm。

    7. 小枝、壳斗、坚果均被黄棕色绒毛；叶倒披针形 ················· **4. 雷公青冈 C. hui**

    7. 小枝、壳斗、坚果均无毛；叶长椭圆状披针形 ················· **5. 槟榔青冈 C. bella**

5. 叶基部圆、近圆或宽楔形。

  8. 老叶下面无毛或被易脱落绒毛。

    9. 叶缘有钝锯齿，叶长椭圆状披针形、长椭圆形至长椭圆状卵形；壳斗盘形，被灰色柔毛，有 6~8 条同心环，环带边缘有细齿 ················· **6. 毛叶青冈 C. kerrii**

    9. 叶缘有内弯尖锯齿。

      10. 幼枝被暗黄绿色绒毛；壳斗碟形，内壁被棕色绒毛 ········· **7. 碟斗青冈 C. disciformis**

      10. 嫩枝无毛；壳斗盘形，内壁被平伏绢毛 ········· **8. 托盘青冈 C. patelliformis**

  8. 老叶下面被黄色绒毛，基部以上有钝锯齿；壳斗包坚果 1/3，直径 2.0~2.7cm，被黄色绒毛 ········· **9. 毛枝青冈 C. helferiana**

2. 坚果直径不及 2cm；叶缘锯齿不明显；壳斗包坚果 1/4，被灰褐色绒毛 ········· **10. 福建青冈 C. chungii**

1. 坚果非扁球形，椭圆形、长椭圆形、卵形、宽卵形或圆筒形等。

  11. 叶全缘或顶端有稀疏浅锯齿或波状。

    12. 果脐平。

      13. 叶片长约为宽的 3 倍。

        14. 叶纸质，卵状椭圆形或长椭圆形，稀倒卵状椭圆形；坚果顶端被毛 ··· **11. 上思青冈 C. delicatula**

        14. 叶薄革质，椭圆形、倒卵状椭圆形或椭圆状披针形；坚果无毛 ······ **12. 黑果青冈 C. chevalieri**

      13. 叶片长不及宽的 3 倍。

        15. 叶柄长 1~15mm。

          16. 老叶下面毛常脱落；叶椭圆形或倒卵状椭圆形，先端渐尖或短尾尖 ················· **13. 黄背青冈 C. ponilanei**

          16. 老叶下面毛不脱落；叶倒卵形或长椭圆形，先端圆钝或短钝尖 ················· **14. 岭南青冈 C. championii**

        15. 叶柄不明显，叶倒卵状长椭圆形或倒披针形；坚果顶端被毛 ········· **15. 木姜叶青冈 C. litseoides**

    12. 果脐凸起。

      17. 壳斗包坚果基部至 1/2。

        18. 叶披针形，宽不及 2cm ················· **16. 竹叶青冈 C. nelecta**

        18. 叶不为披针形，宽 2cm 以上。

          19. 叶柄长 3~4cm，叶长椭圆形或倒卵状长椭圆形；环带边缘有齿裂 ················· **17. 大叶青冈 C. jenseniana**

          19. 叶柄长不及 3cm。

            20. 小枝幼时被黄色鳞秕；叶片卵状披针形至长椭圆状披针形，边缘略向外反曲，叶背略带粉白色 ················· **18. 窄叶青冈 C. augustinii**

            20. 小枝初时被毛，后无毛，有灰白色蜡层；叶长椭圆形至披针状长椭圆形，两面近同色 ················· **19. 云山青冈 C. sessilifolia**

      17. 壳斗包坚果 1/2 以上；幼枝被黄棕色长绒毛，老枝变无毛，密生皮孔。叶长椭圆形或卵状长椭圆形，老叶无毛，下面粉白色 ················· **20. 饭甑青冈 C. fleuryi**

  11. 叶缘有锯齿。

    21. 老叶下面被毛。

      22. 坚果无毛。

        23. 坚果长椭圆形；叶长椭圆形、椭圆状披针形或卵状披针形，下面被灰色星状绒毛 ················· **21. 宁冈青冈 C. ningangensis**

        23. 坚果宽卵形或近球形。

          24. 小枝被黄褐色绒毛；叶长椭圆形或卵状长椭圆形，下面被黄色星状绒毛，叶柄长被灰黄色绒毛；环带有浅锯齿 ·· **22. 黄毛青冈 C. delavayi**

24. 小枝无毛。

 25. 果脐隆起；有 5~9 条同心环带；叶椭圆状披针形或长椭圆形，叶缘中部以上有疏浅锯齿
   ·· **23. 褐叶青冈 C. stewardiana**

 25. 果脐平；有 7 条同心环带；叶长椭圆形或卵状披针形，叶缘上部具芒状内弯锯齿 ······
   ··· **24. 滇南青冈 C. austroglauca**

22. 坚果被毛。

 26. 壳斗包坚果 1/3~1/2。

  27. 叶下面被平伏单毛。

   28. 叶长卵形或卵状披针形；有 6~9 条同心环带，常有裂齿；果脐微凸 ·····················
     ···································· **25. 细叶青冈 C. gracilis**

   28. 叶长椭圆形、倒卵状椭圆形或椭圆状披针形；有 6~7 条同心环带，近全缘；果脐平···
     ······························· **26. 多脉青冈 C. multinervis**

  27. 叶下面被星状毛，叶片革质，卵状或倒卵状椭圆形；坚果宽卵形，被金黄色绒毛，顶端圆，
   宿存花柱 3 裂 ······························· **27. 贵州青冈 C. argyrotricha**

 26. 壳斗包坚果 1/2 以上；小枝有沟槽；叶长椭圆形或长椭圆状披针形；有 8~9 条同心环带，边缘
  呈齿牙状；果脐微凸 ···························· **28. 广西青冈 C. kouangsiensis**

21. 老叶下面无毛。

 29. 成熟坚果被毛。

  30. 叶中部以上有锯齿，下面绿色；壳斗有 8~12 条同心环带，上部 3 环极密，中部 4~5 环最宽，
   有深裂齿，下部的向上渐狭；柱座基部有环纹 ············· **29. 亮叶青冈 C. phanera**

  30. 叶片 1/3 以上有浅齿，下面灰白色；壳斗有 6~8 条同心环带，除下部 2~3 环几全缘外，其余均
   有裂齿 ····································· **30. 华南青冈 C. edithiae**

 29. 成熟坚果无毛。

  31. 叶缘中部以上有锯齿。

   32. 壳斗有 5~6 条同心环带。

    33. 叶长 6~13cm，宽 2.0~5.5cm，先端渐尖，基部近圆形或宽楔形，中部以上有疏锯齿；
     坚果卵形或椭圆形，高与直径近相等 ··············· **31. 青冈 C. glauca**

    33. 叶长 4~7cm，宽 1.5~3.0cm，先端短突尖，基部窄楔形，近顶端有浅锯齿；坚果长椭
     圆形，直径约 1.3cm，高 2.0~2.2cm ······· **32. 大明山青冈 C. daimingshanensis**

   32. 壳斗有 6~9 条同心环带。

    34. 壳斗钟形或半球形，包坚果 1/2~2/3，被黄色绒毛；坚果长椭圆形或倒卵形，果脐微凸
      ································ **33. 毛果青冈 C. pachyloma**

    34. 壳斗杯形，包坚果 1/3~1/2，外壁被灰白色柔毛，内壁无毛；坚果卵形或椭圆形，柱座
     有 5~6 条环纹，果脐平 ··············· **34. 小叶青冈 C. myrsinifolia**

  31. 叶缘 1/3 以上有锯齿。

   35. 中脉在叶面凸起；壳斗盘形或浅碗形，包坚果基部，外壁被暗褐色短绒毛，内壁被红棕色平
    伏长毛；环带全缘或有裂齿；果脐平或微凹 ············· **35. 栎子青冈 C. blakei**

   35. 中脉在叶面凹陷，在叶背显著凸起；壳斗碗形，包着坚果 1/3~1/2，外壁被灰黄色绒毛；环
    带近全缘；果脐微凸起 ··············· **36. 滇青冈 C. glaucoides**

1. 薄片青冈　薄片稠　图 440：1~3

Cyclobalanopsis lamellosa（Sm.）Oerst.

大乔木，高 40m，胸径 3m。幼枝被黄褐色绒毛，老时无毛。叶革质，卵状长椭圆形，长 16~
25cm，宽 6.5~8.0cm，先端渐尖或尾尖，基部楔形或近圆形，有锯齿或 1/3 以下全缘；中脉及侧
脉在上面凹下，侧脉 18~25 对，下面被白粉或灰黄色星状绒毛，有时脱落，支脉明显；叶柄长 2~
4cm，上面有沟槽。壳斗扁球形或半球形，长 2~3cm，直径 3~5cm，包坚果 2/3~4/5，有时全包

坚果，被灰黄色绒毛，有7~10条同心环带，近全缘，成熟时有裂齿；坚果扁球形，高2~3cm，直径3~4cm，被绒毛，后无毛；果脐大，平坦或略隆起。果期12月。

产于那坡、天峨。生于海拔1300m以上的山地杂木林中。分布于云南、西藏；不丹、尼泊尔、缅甸、印度、泰国也有分布。喜温凉湿润气候，生于高海拔山地。树体高大，材质良好，可供作建筑、车辆及农具等用材。

2. 靖西青冈　靖西柞

Cyclobalanopsis chingsiensis（Y. T. Chang）Y. T. Chang et Y. Q. Chen

乔木，高15m。小枝紫褐色，有白色皮孔。叶薄革质，长圆状椭圆形，长8~10cm，宽3~5cm，先端短渐尖，基部近圆形，略偏斜，中部以上有细锯齿，中脉在上面中部以下微凹下，下面幼时被黄褐色星状绒毛，老时无毛；侧脉11~13对，近平行，上部的直达齿端；叶柄长1.5~2.0cm。壳斗盘形，几全包坚果，直径3.0~3.5cm，内壁被绢毛，外壁被黄褐色绒毛，有8条同心环带，基部较疏，有粗裂齿，顶部紧贴，近全缘；坚果扁球形，直径约2.5cm，高约7mm，被微柔毛，顶端凹下，柱座凸起；果脐微凸。

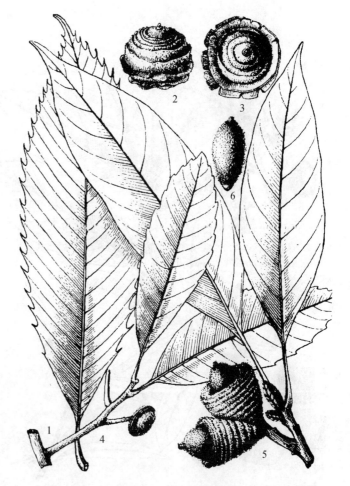

图440 **1~3.** 薄片青冈 Cyclobalanopsis lamellosa（Sm.）Oerst. 1. 叶；2~3. 壳斗及坚果。**4.** 毛叶青冈 Cyclobalanopsis **kerrii**（Graib）Hu 果枝。**5~6.** 饭甑青冈 Cyclobalanopsis fleu**ryi**（Hickel et A. Camus）Chun ex Q. F. Zheng 5. 果枝；6. 坚果。（仿《中国植物志》）

产于靖西。生于低海拔的石灰岩石山。分布于贵州。

3. 大果青冈　大果槠

Cyclobalanopsis rex（Hemsl.）Sckottky

乔木，高30m。幼枝被黄色绒毛，后变无毛。叶常聚生于枝顶，倒卵状披针形，长15~27cm，宽4~9cm，先端急尖或短渐尖，基部楔形，近顶部有浅锯齿，上面中脉及侧脉凹下或平坦，幼叶两面被褐色绒毛，老时无毛；侧脉18~22对，下面支脉明显；叶柄长2~3cm，被褐色绒毛。壳斗盘形，包着坚果1/3~1/2，直径4.5~6.0cm，壁厚达4mm，内外壁均被黄褐色长绒毛，有7~8条同心环带，全缘或波状，下部几环与壳斗壁分离；坚果扁球形，直径3.5~5.0cm，幼时被灰黄色绒毛，老时仅顶端与下部有毛，顶端圆或凹下；果脐内凹。

产于那坡。生于海拔1000m以上的山谷杂密林中。分布于云南；缅甸、老挝、越南也有分布。喜温凉湿润气候，生于高海拔山地。木材坚硬重实，耐腐蚀，可供作桩木、车船、家具等用材；种子富含淀粉，供作饲料和酿酒。

4. 雷公青冈　雷公槠、胡氏柞　图441：1~3

Cyclobalanopsis hui（Chun）Chun ex Y. C. Hsu et H. W. Jen

乔木，高20m。幼枝密被黄色绒毛，后渐脱落，有皮孔。叶薄革质，倒披针形或椭圆状披针形，长7~13cm，宽1.5~4.0cm，先端渐尖或急尖，基部楔形，略偏斜，全缘或顶端不明显浅齿，

图 441 1~3. 雷公青冈 Cyclobalanopsis hui（Chun）Chun ex Y. C. Hsu et H. W. Jen 1. 果枝；2~3. 坚果。4~6. 木姜叶青冈 Cyclobalanopsis litseoides（Dunn）Schottky 4. 果枝；5. 花柱（放大）；6. 坚果。7~8. 竹叶青冈 Cyclobalanopsis neglecta Schottky 7. 果枝；8. 坚果。9. 贵州青冈 Cyclobalanopsis argyrotricha（A. Camus）Chun et Y. T. Chang ex Y. C. Hsu et H. W. Jen 果枝。（仿《中国植物志》）

叶缘反卷，上面中脉及侧脉平，侧脉 6~10 对，下面幼时被黄色绒毛，老时无毛；叶柄长 1.0~1.5cm，幼时被毛。壳斗浅碗形或盘形，直径 1.5~3.0cm，内外壁被黄褐色绒毛，有 4~6 条环带，边缘有小齿；坚果扁球形，直径 1.2~2.5cm，幼时被黄褐色绒毛，后渐脱落；果脐内凹。花期 4~5 月；果期 10~12 月。

产于融水、柳城、贺州、苍梧、十万大山、大新。生于海拔 1200m 以下的杂木林中。分布于海南、广东、福建、湖南。种子含淀粉，可供酿酒；壳斗及树皮可供提制栲胶。

5. 槟榔青冈 槟榔锥 图 442：1~4

Cyclobalanopsis bella（Chun et Tsiang）Chun ex Y. C. Hsu et H. W. Jen

乔木，高 30m。树皮灰褐色。小枝嫩时被柔毛，老时无毛。叶薄革质，长椭圆状披针形，长 10~15cm，宽 2.0~3.5cm，先端渐尖，基部楔形，略偏斜，中部以上有锯齿，无毛；叶脉在下面隆起，侧脉 12~14 对；叶柄长 1~2cm，无毛。壳斗盘形，包着坚果基部，初被黄

色微柔毛，后无毛，内壁被黄色平伏长柔毛，有 6~7 条环带和不整齐小缺齿；坚果扁球形，直径 2.5~3.0cm，幼时被柔毛，老时无毛；果脐凹下。花期 2~4 月；果期 10~12 月。

产于荔浦、永福、灵川、恭城、贺州、昭平、金秀、融水、河池、靖西、平南、博白、扶绥。生于海拔 700m 以下的丘陵及山地杂木林中。分布于广东、香港、海南。喜温暖湿润环境，南亚热带、热带阔叶林常见种。生长较快，广东增城人工造林中，4 年生树高 2.7m，与樟树、香椿、枫香相当。心材红褐色，材质重，韧度高，耐腐，最适作造船、车辆、运动器材等用材；枝梗及伐根可用于培养香菇；种子含淀粉，可供酿酒、作饲料。

6. 毛叶青冈 平脉锥 图 440：4

Cyclobalanopsis kerrii（Graib）Hu

乔木，高 20m。小枝嫩时被黄褐色绒毛；老枝无毛。叶长椭圆状披针形、长椭圆形至长椭圆状卵形，长 9~18cm，宽 3~6cm，先端钝渐尖或短钝尖，基部近圆形或宽楔形，具钝锯齿，上面中脉平或微隆起，侧脉 10~14 对，支脉明显，幼叶两面被黄褐色绒毛，老叶下面被易脱落绒毛或无毛；叶柄长 1~2cm，被绒毛。壳斗盘形，包坚果基部或达 1/2，直径 1.8~2.2cm，被灰色柔毛，有 6~8 条环带和细齿；坚果扁球形，直径 1.5~2.0cm，被灰色柔毛，顶端凹下或平；果脐隆起。花期

3～5月；果期翌年10～11月。

产于南丹、凤山、巴马、百色、田阳、隆林、凌云、乐业、十万大山。生于海拔1200m以下的杂木林中。分布于广东、海南、云南、贵州；越南、泰国也有分布。喜光，耐干热瘠薄，在广西西部南盘江、右江和红水河干热河谷海拔1100m以下的山谷有以毛叶青冈为优势种的半干旱常绿阔叶林。

7. 碟斗青冈 碟斗椆 图 443：1～5

Cyclobalanopsis disciformis (Chun et Tsiang) Y. C. Hsu et H. W. Jen

乔木，高20m。树皮灰褐色。幼枝被暗黄绿色绒毛；老枝无毛。叶薄革质，长椭圆形或倒卵状长椭圆形，长13～24cm，宽3.5～6.0cm，先端长渐尖或尾尖，基部宽楔形或近圆形，常偏斜，中部以上有短刺状内弯锯齿；上面中脉凹下，侧脉11～13对，下面支脉明显，嫩叶被毛，老叶无毛；叶柄长2cm。壳斗碟形，直径2cm，密被灰黄色平伏绒毛，内壁被棕色毡状绒毛，有8～10条环带，除顶部2～3条环带全缘外，其余均有裂

图 442　1～4. 槟榔青冈 Cyclobalanopsis bella (Chun et Tsiang) Chun ex Y. C. Hsu et H. W. Jen 1. 果枝；2. 壳斗；3. 坚果；4. 叶。5～10. 栎子青冈 Cyclobalanopsis blakei (Skan) Schottky 5～6. 果枝；7. 壳斗及浆果；8～9. 坚果；10. 坚果底部。(仿《中国植物志》)

齿；坚果扁球形，直径2～3cm，顶端平，基部被锈色柔毛；果脐凹下，无毛。花期3月；果期翌年8～12月。

产于平乐、临桂、金秀、融水、十万大山。生于海拔1200m以下的杂木林中。分布于广东、海南、贵州、湖南。喜温暖湿润环境，生长于中亚热带低地及热带、南亚热带山地。耐阴，对土壤要求不严，根系发达，在岩石缝隙中生长良好。成龄树结实量大，但种子富含淀粉，易受虫蛀及变质，林内更新不良。木材红黄色，纹理直，结构粗，材质重，干燥后易翘裂，抗虫力强，耐腐，是家具、建筑等优良用材。

8. 托盘青冈 托盘椆 图 443：6～9

Cyclobalanopsis patelliformis (Chun) Y. C. Hsu et H. W. Jen

乔木，高35m，胸径1.2m。树皮灰褐色，薄片状剥落。嫩枝无毛；老枝暗灰褐色或灰黑色，有皮孔，有时不明显。叶革质，椭圆形、长椭圆形或卵状披针形，长5～12cm，宽2.5～6.0cm，先端长渐尖，基部楔形，有时两侧不对称，嫩叶下面被星状毛，后无毛，有短尖锯齿，齿端稍内弯，上面中脉平，侧脉9～11对，直达齿端；叶柄长2.0～4.5cm。果单生于果序轴上；壳斗盘形，直径2～3cm，包坚果约1/3，外壁被灰黄色微柔毛，内壁被平伏绢质柔毛，有8～9条环带，除上部2～3条环全缘外，其余均有齿；坚果扁球形，直径2.5～2.8cm，被灰黄色微柔毛；果脐凹下或平。花

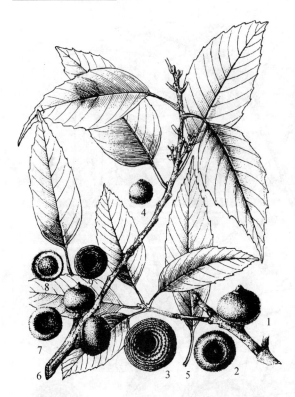

图 443 1～5. 碟斗青冈 Cyclobalanopsis disciformis（Chun et Tsiang）Y. C. Hsu et H. W. Jen 1. 果枝；2. 坚果底部；3. 壳斗；4. 壳斗及坚果；5. 叶。**6～9. 托盘青冈 Cyclobalanopsis patelliformis**（Chun）Y. C. Hsu et H. W. Jen 6. 果枝；7～8. 坚果底部；9. 壳斗。（仿《中国植物志》）

图 444 毛枝青冈 Cyclobalanopsis hefleriana（A. DC.）Oerst. 1. 果枝；2. 坚果。（仿《中国高等植物图鉴》）

期 5～6 月；果期翌年 10～11 月。

产于乐业、上思。生于海拔 400～1000m 的山地杂木林中。分布于广东、海南、江西。喜温暖湿润环境，喜生于地形起伏大、空气湿润、风小的森林环境，在土层深厚肥沃的立地生长旺盛，能成巨材；在干旱瘠薄地生长不良。大树喜光，幼树耐荫蔽，全光照下生长不良，在海南山地森林中为上层林冠树种。干通直，木材淡红褐色，纹理直，结构粗，材质硬重，干燥后易翘裂，抗虫力强，耐腐，为家具、造船、器械、车辆等优良用材。

9. 毛枝青冈 毛枝椆、陀螺青冈 图 444
Cyclobalanopsis hefleriana（A. DC.）Oerst.

乔木，高 20m。幼枝被黄色绒毛；老枝无毛。叶椭圆形或卵状长椭圆形，长 12～20cm，宽 5～12cm，先端圆钝或钝渐尖，基部宽楔形或圆形，基部以上有钝锯齿，幼时被黄色绒毛，老时上面仅中脉基部被毛，下面被灰黄色绒毛；侧脉 11～14 对；叶柄长 1～2cm，被黄色绒毛。壳斗盘形，包坚果 1/3～1/2，直径 2.0～2.7cm，有 8～10 同心环带，有裂齿，被黄色绒毛；坚果扁球形，直径 2.0～2.5cm，被微柔毛，顶端略下陷。

产于南丹、天峨、巴马、那坡、百色、田阳、隆林、凌云、乐业。生于海拔 900～1700m 的山地杂木林中。分布于云南、贵州、广东；越南、老挝、泰国、印度也有分布。耐干热气候，为云贵高原干热河谷地区常见种，也喜温凉环境，在隆林金钟山海拔 1000～1650m 的地方有以毛枝青冈为优势种的阔叶林。

10. 福建青冈 南岭青冈 图 445：1～3
Cyclobalanopsis chungii（F. P. Metcalf）Y. C. Hsu et H. W. Jen

乔木，高 15m。嫩枝被褐色绒毛；老枝无毛；叶薄革质，长椭圆形，长 6～10cm，宽 1.5～4.0cm，先端短尾尖，基部宽楔形或近圆形，顶端有不明显浅锯齿，稀全缘；中脉及侧脉在叶面平坦，在叶背明显凸起，侧脉 10～13 对，下面被褐色或灰褐色星状绒毛；叶柄长 0.5～2.0cm，被灰褐色绒毛。壳斗盘形，高 5～8cm，直径 1.5～2.5cm，包坚果基部，被灰褐色绒毛，有 6～7 条环带，除下部 2 条环有裂齿外，其余均全缘；坚果扁球形，直径约 1.7cm，顶端平圆，被细绒毛；果脐平或微凹，直径约 1cm。

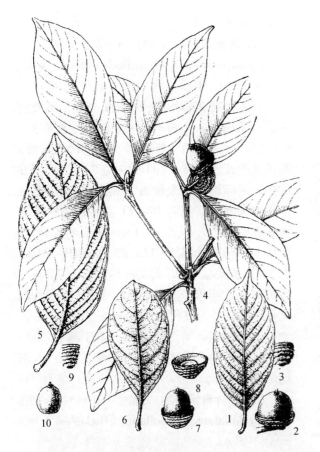

图 445　1~3. 福建青冈 Cyclobalanopsis chungii (F. P. Metcalf) Y. C. Hsu et H. W. Jen 1. 叶；2. 壳斗及坚果；3. 壳斗。4~5. 黄背青冈 Cyclobalanopsis poilanei (Hickel et A. Camus) Hjelmq. 4. 果枝；5. 叶背。6~10. 岭南青冈 Cyclobalanopsis championii (Benth.) Oerst. 6. 叶；7. 壳斗及坚果；8~9. 壳斗；10. 坚果。(仿《中国植物志》)

图 446　1~2. 上思青冈 Cyclobalanopsis delicatula (Chun et Tsiang) Y. C. Hsu et H. W. Jen 1. 果枝；2. 坚果。3~4. 云山青冈 Cyclobalanopsis sessilifolia (Blume) Schottky 3. 果枝；4. 坚果。5~7. 华南青冈 Cyclobalanopsis edithiae (Skan) Schottky 5. 花枝；6. 壳斗；7. 坚果。(仿《中国植物志》)

产于金秀、苍梧、隆林、十万大山。生于海拔800m以下的山谷及阴坡杂木林中。分布于福建、江西、湖南、广东。喜温暖湿润环境，群聚性强，在分布区内仅局限生长在沟谷、山谷、河谷的岩崖陡坡地和山麓石质坡地。生长比较缓慢，天然林50年生树高11.5m，胸径15.3cm。播种繁殖，结实年龄早，树高3~4m即有结实，但着果不多。坚果苦味，鸟鼠嫌食，成熟果实常在树上发芽，落果容易发芽更新，林内幼苗幼树较多。萌蘖力强，裸根部位常有不定芽发成丛株。在石质沟谷常能发育成成熟种群，在肥沃立地则竞争力低。木材红褐色，质坚重，气干密度0.991g/cm^3，耐腐，可作车船、家具、建筑等用材。

11. 上思青冈　柱粤椆　图446：1~2

Cyclobalanopsis delicatula (Chun et Tsiang) Y. C. Hsu et H. W. Jen

乔木，高13m。小枝纤细，1年生枝直径约2mm，无毛。叶纸质，卵状椭圆形或长椭圆形，稀倒卵状椭圆形，长6~9cm，宽2.0~3.5cm，先端长尾尖或短尾尖，基部窄楔形，全缘或顶部有浅钝锯齿；侧脉7~8对，在叶面不明显，在叶背微凸；老叶两面无毛。壳斗杯形，包坚果约1/3，直径约1.6cm，壁薄，被灰褐色毛，有7~8条环带，除上部2~3条环全缘外，其余均有裂齿；坚果椭圆形，高2.0~2.5cm，直径约1.5cm，顶端被短绒毛，果脐平，直径约0.5cm。花期4~5月；果期10~11月。

产于永福、罗城、融水、大明山、十万大山、钦州。生于海拔300~700m的杂木林中。分布于

图447 1~2. 黑果青冈 Cyclobalanopsis chevalieri (Hickel et A. Camus) Y. C. Hsu et H. W. Jen 1. 果枝；2. 壳斗及坚果。3~4. 滇南青冈 Cyclobalanopsis austroglauca Y. T. Chang 3. 果枝；4. 坚果。（仿《中国植物志》）

广东、湖南。

12. 黑果青冈 图447：1~2

Cyclobalanopsis chevalieri (Hickel et A. Camus) Y. C. Hsu et H. W. Jen

乔木，高20m，胸径50cm。树皮灰褐色，平滑或微纵裂。小枝有沟槽，2年生枝有灰白色蜡层。叶薄革质，椭圆形、倒卵状椭圆形或椭圆状披针形，长6~11cm，宽2~4cm，先端尾尖，基部楔形，全缘或顶端有浅波状锯齿，上面中脉凹下，侧脉10~11对，纤细，无毛，嫩叶有微毛；叶柄长5~15cm。壳斗杯形，包坚果1/3~1/2，高5~12mm，直径10~20mm，有5~7条同心环带，与壳斗壁愈合，无毛；坚果黄褐色，卵形或长椭圆形，直径6~15mm，无毛；果脐平，直径约0.5cm。

产于德保、靖西、苍梧。生于海拔600~1500m的山地杂木林中。分布于广东、云南；越南也有分布。

13. 黄背青冈 两广青冈 图445：4~5

Cyclobalanopsis poilanei (Hickel et A. Camus) Hjelmq.

乔木，高16m，胸径60cm。树皮灰褐色，平滑。嫩枝被黄棕色绒毛。叶椭圆形或倒卵状椭圆形，长4~8cm，宽3~6cm，先端渐尖或短尾尖，基部近圆形或宽楔形，顶端有浅锯齿或全缘，侧脉10~15对，在上面凹下，幼叶两面均被黄棕色绒毛，老叶上面毛脱落，下面有毛或无毛；叶柄长1~15mm。壳斗浅碟形，包着坚果1/4~1/3，高约0.8cm，直径1.5~1.8cm，被黄棕色或灰色绒毛，有7~8条环带，全缘或上部数环有粗钝锯齿，下部1~2条环有细裂锯齿；坚果椭圆形或卵状椭圆形，直径1.3~1.5cm；果脐平，直径0.5~0.7cm。

产于贺州、十万大山、大明山。生于海拔800~1500m的杂木林中。分布于越南、泰国。喜湿润环境，抗风，在十万大山、大明山高海拔或孤峰挺拔的山顶常见以其为优势种的矮林。

14. 岭南青冈 岭南椆 图445：6~10

Cyclobalanopsis championii (Benth.) Oerst.

乔木，高25m，胸径1m。树皮暗灰色，薄片状开裂。小枝、叶柄、叶片幼时均被灰褐色星状绒毛。叶厚革质，近枝顶聚生，倒卵形或长椭圆形，长4~10cm，宽1.5~4.5cm，先端短钝尖，基部窄楔形，全缘，稀近顶端有波状浅锯齿，叶缘反卷，上面中脉及侧脉凹下，侧脉6~10对，无毛，叶背密生星状绒毛，毛初为黄色，后变为灰白色；叶柄长8~15mm，密被褐色绒毛。壳斗碗形，包着坚果1/3~1/4，直径1.6~2.2cm，内壁被苍黄色绒毛，外壁被褐色或灰褐色短绒毛，有4~7条环带，全缘；坚果宽卵形或长椭圆形，栗色，直径1.0~1.8cm，幼时有毛，老时无毛；果脐平，直径0.4~0.5cm。花期12月至翌年3月；果期11~12月。

产于宁明、大明山、岑王老山。生于海拔1000~1700m的山地杂木林中。分布于台湾、广东、海南、福建、云南、江西、西藏。喜湿润环境，在海南五指山海拔1360m的地方见有以其为建群种的中山雨林。木材淡红褐色，密度大，纹理直，结构粗，干燥后易开裂，耐磨，耐腐，供作建筑、地板、家具、农具、车船等用材；优良菇材。

15. 木姜叶青冈 图 441：4~6

Cyclobalanopsis litseoides（Dunn）Schottky

乔木，高 10m。幼枝被绒毛，后变无毛。叶倒卵状长椭圆形或倒披针形，长 2.5~6.0cm，宽 0.8~2.0cm，先端圆钝，基部窄楔形，全缘，侧脉 6~9 对，下面浅绿色，无毛；叶柄不明显。壳斗碗形，包坚果 1/3，高 5~6mm，直径约 1cm，有 5~7 条同心环带，裂齿或全缘，被灰褐色绒毛；坚果椭圆形，长约 1.6cm，直径约 1cm，顶端被微毛，柱座明显；果脐平。

产于大明山。生于海拔 700~1000m 的山地杂木林中。分布于广东、香港。

16. 竹叶青冈 竹叶椆、竹叶栎、扫把锥 图 441：7~8

Cyclobalanopsis neglecta Schottky

乔木，高 20m，胸径 60cm。树皮灰黑色，平滑。幼枝被灰褐色短绒毛，后无毛。叶薄革质，聚生于枝顶，窄披针形，长 3~11cm，宽 0.5~1.8cm，先端钝渐尖，基部窄楔形，全缘或顶部有不明显钝锯齿，上面中脉微凸起或平，侧脉 7~14 对，不甚明显，下面带粉白色，无毛或基部被长柔毛；叶柄长 2~5mm，无毛。壳斗盘形或杯形，包坚果基部，高 0.5~1.0cm，直径 1.3~1.5cm，内壁被棕色绒毛，外壁被灰棕色短绒毛，有 4~6 条环带，全缘或有三角形裂齿；坚果倒卵形或椭圆形，高 1.5~2.0cm，直径 1.0~1.6cm，初被黄色微柔毛，后无毛；果脐微凸，直径 5~8mm。花期 1~2 月；果期翌年 7~11 月。

产于融水、环江、宁明、龙州、防城、钦州、大明山。生于海拔约 500m 的杂木林中。分布于广东、海南；越南也有分布。中性偏喜光树种，幼年怕强光，海南热带山地雨林中常见种，在干燥环境下植株矮小。木材心材与边材区别明显，边材红褐至浅红褐色，心材暗红褐或紫红褐色，纹理直，结构粗，材质重（气干密度 1.042g/cm^3），天然耐腐性强，适作建筑、车辆、造船、家具等用材；种子含淀粉，可供酿酒；树皮及壳斗可供提制栲胶；常用作菌材。

17. 大叶青冈 大叶椆 图 448

Cyclobalanopsis jenseniana（Hand. - Mazz.）W. C. Cheng et T. Hong ex Q. F. Zheng

乔木，高 30m，胸径 80cm。树皮灰褐色。小枝无毛，有沟槽，被淡褐色长圆形皮孔。叶薄革质，长椭圆形或倒卵状长椭圆形，长 12~20cm，宽 6~8cm，先端渐尖，基部宽楔形或近圆形，全缘，无毛；上面中脉凹下，在叶背凸起，侧脉 12~17 对；叶柄长 3~4cm，无毛。壳斗杯形，包坚果 1/3~1/2，长 0.8~1.0cm，直径 1.3~1.7cm，无毛，有 6~9 条同心环带，环带边缘有裂齿；坚果长卵形或倒卵形，高 1.5~2.3cm，直径 1.3~1.5cm，无毛；果脐凸起，直径 0.3~0.8cm。花期 4~6 月；果期翌年 10~11 月。

产于龙胜、灵川、平乐、贺州、金秀、融水、罗城、隆林、那坡、上林、马山、平南。生于海拔 1300m 以下的山谷、溪边杂木林中。分布于长江以南各地。喜湿润，生长快。木材灰褐色，结构较粗，密度大，硬度高，耐腐蚀、耐磨损，纹理美观，适作木地板、家具等用材。

图 448 大叶青冈 Cyclobalanopsis jenseniana（Hand. - Mazz.）W. C. Cheng et T. Hong ex Q. F. Zheng 1. 果枝；2. 坚果。（仿《中国高等植物图鉴》）

18. 窄叶青冈　扫把青冈、扫把椆

Cyclobalanopsis augustinii（Skan）Schottky

乔木，高 10m。小枝无毛，幼时被黄色鳞秕。叶卵状披针形或长椭圆状披针形，长 6～12cm，宽 2～5cm，先端长渐尖，基部窄楔形，偏斜，全缘或顶端有锯齿，叶缘略反卷，下面略带粉白色，无毛；中脉在上面凸起，侧脉 10～15 对，不甚明显；叶柄长 5～20mm，无毛。壳斗杯形，包坚果约 1/2，直径 1.0～1.3cm，内壁有灰褐色丝毛，外壁无毛或微有柔毛，有 5～7 条同心环带，上部环带紧贴或愈合，有钝齿，下部的稍开展，全缘；坚果卵形或长卵形，直径 8～12mm，无毛，褐色；果脐微凸。花期 4～5 月；果期翌年 10 月。

产于十万大山。生于海拔 1200m 以上的山地杂木林中。分布于贵州、云南；越南也有分布。热带半常绿季雨林和亚热带半湿润常绿阔叶林主要树种。喜光，生于阳坡、半阴坡。萌蘖能力强，可萌芽更新。材质优良，是建筑、家具、农具的尚好用材。

19. 云山青冈　云山椆、红椆、短柄青冈　图 446：3～4

Cyclobalanopsis sessilifolia（Blume）Schottky

乔木，高 25m。幼枝被毛，后脱落无毛，有灰白色蜡层和淡褐色圆形皮孔。叶长椭圆形或披针状长椭圆形，长 7～15cm，宽 1.7～4.0cm，先端急尖或短渐尖，基部楔形，全缘或顶部有 2～4 枚锯齿，侧脉 10～13 对，不明显，两面近同色，无毛；叶柄长 5～10mm。壳斗杯形，包坚果 1/3，高 0.5～1.0cm，直径 1.0～1.5cm，被灰褐色绒毛，有 5～7 条同心环带，除下面 2～3 条环有裂齿，其余近全缘；坚果倒卵形或长椭圆状倒卵形，直径 0.8～1.5cm，无毛，柱座基部有几条环纹；果脐微凸，直径 0.6cm。花期 4～5 月；果期 10～11 月。

产于龙胜、兴安、灵川、临桂、金秀、融水、环江、东兰、田林、凌云、隆林、大明山。生于海拔 1300m 以上的山谷、山坡杂木林中。分布于江苏、江西、浙江、福建、台湾、湖北、湖南、广东、四川、贵州；日本也有分布。喜凉湿环境，在广西以北部海拔 1300m 以上、西部岑王老山海拔 1500m 以上的中山山地常见。中性偏阴树种，幼树能耐阴，成龄树多见于阴坡或半阴坡密林中。喜湿润及土壤肥沃的生境，以在山谷、山洼、沟边地生长最好，适应酸性或微酸性土。深根性，根部有较强萌生力。寿命长，抗性强，在适宜条件下能长成大材。种子含淀粉，可供制粉丝、糕点、酿酒；树皮、壳斗可供提取栲胶；边材黄褐色，心材随树龄增大由褐色变红褐色，年轮可见，纹理直，结构粗，材质硬重，气干密度 0.93g/cm³，强度大，耐磨损，耐腐朽，刨面光滑，为建筑、车辆、家具、文体器械的上等用材。

20. 饭甑青冈　饭甑椆　图 440：5～6

Cyclobalanopsis fleuryi（Hickel et A. Camus）Chun ex Q. F. Zheng

乔木，高 25m。树皮灰白色。幼枝被黄棕色长绒毛；老枝变无毛，密生皮孔。叶长椭圆形或卵状长椭圆形，长 14～27cm，宽 5～9cm，先端急尖或短渐尖，基部楔形，全缘或顶端有波状浅齿，幼时被黄棕色绒毛，老时无毛，下面粉白色；上面中脉微凸起，侧脉 10～12 对；叶柄长 2～6cm，幼时被黄棕色绒毛，老时无毛。壳斗钟形或近圆筒形，包坚果 2/3，直径 2.5～4.0cm，内外壁被黄棕色绒毛，有 10～13 条同心环带，近全缘；坚果柱状长椭圆形，高 3.0～4.5cm，直径 2.0～2.5cm，被黄棕色绒毛；果脐凸起，直径约 1.2cm。花期 3～4 月；果期 10～12 月。

产于龙胜、阳朔、临桂、资源、贺州、蒙山、梧州、苍梧、金秀、融水、靖西、那坡、田林、十万大山、龙州、南宁、大明山。生于海拔 500～1500m 的山地杂木林中。分布于广东、海南、云南、江西、福建、贵州、西藏、湖南；老挝、越南也有分布。喜温暖湿润，喜光，天然更新良好，为先锋树种。种子含淀粉，可食用及作饲料，也可用于酿酒；树皮、壳斗可供提制栲胶；心材与边材明显，心材红黄色，边材淡红色，木材纹理直，结构粗而均匀，材质坚重，气干密度 0.988g/cm³，极耐腐，抗虫力强，可供作造船、建筑、车辆、农具、家具等用材。

21. 宁冈青冈 图449

Cyclobalanopsis ningangensis W. C. Cheng et Y. C. Hsu

乔木，高15m。小枝灰色，被薄毛。叶长椭圆形、椭圆状披针形或卵状披针形，长8~13cm，宽2~4cm，先端渐尖或尾尖，基部圆形或宽楔形，上面中脉凹下，侧脉微凸起，下面被灰色星状绒毛；侧脉13~15对，直达齿尖，齿端有腺点；叶柄长1.5~3.0cm，基部被绒毛。壳斗杯形，长约0.5cm，直径约1cm，外壁被灰色薄毛，内壁被灰色丝状毛，有6~7条同心环带。坚果长椭圆形，高1.5~2.0cm，直径0.8~1.2cm，黄褐色，无毛，柱座明显；果脐圆形，直径0.5cm。

产于兴安、资源。生于海拔500~1000m的山谷杂木林中。分布于江西、湖南、重庆、广东。适生范围广，在砂质岩或泥质页岩上生长良好，在悬岩裸石地也能缓慢生长成大材。主根明显，侧根发达，萌蘖性特强，结实少，林下天然更新不佳。木材黄褐色，心材与边材区别不明显，结构细致，材质坚硬，不开裂，耐久用，是造船、建筑、家具等优良用材。

图449 宁冈青冈 Cyclobalanopsis ningangensis W. C. Cheng et Y. C. Hsu 1. 果枝；2. 壳斗（放大）；3. 坚果顶部（放大）；4. 壳斗；5. 坚果；6. 壳斗及坚果。（仿《中国植物志》）

22. 黄毛青冈 黄桐、黄背叶青冈 图450：1

Cyclobalanopsis delavayi (Franch.) Schottky

乔木，高20m，胸径1m。小枝被黄褐色绒毛。叶革质，长椭圆形或卵状长椭圆形，长8~12cm，宽2.5~5.0cm，先端渐尖或短渐尖，基部宽楔形或近圆形，中部以上有锯齿，上面中脉凹下，侧脉10~14对，无毛，下面被黄色星状绒毛；叶柄长1.0~2.5cm，被灰黄色绒毛。壳斗浅碗形，包坚果1/2，直径1.4~1.9cm，内壁被黄色绒毛，有6~7条环带，有浅锯齿，被黄色绒毛；坚果近球形或宽卵形，直径1.2~1.6cm，初被绒毛，后无毛。花期4~5月；果期翌年9~10月。

产于龙胜、隆林。生于海拔1000m以上的山地杂木林中。分布于四川、贵州、云南。喜光、耐旱，叶质硬，背面披黄色

图450 1. 黄毛青冈 **Cyclobalanopsis delavayi** (Franch.) Schottky 果枝. 2. 青冈 Cyclobalanopsis glauca (Thunb.) Oerst. 果枝. 3. 小叶青冈 **Cyclobalanopsis myrsinifolia** (Blume) Oerst. 果枝. 4. 滇青冈 Cyclobalanopsis glaucoides Schottky 果枝。（仿《中国植物志》）

绒毛，树皮厚，分枝多，适应云贵高原干湿季明显的季风气候，在云南中部的高山地段有时形成纯林。适应性广，在土壤深厚肥沃、湿润的立地条件上生长良好，在土壤较瘠薄、干燥的环境中也能生长。木材红褐色，坚重，耐腐，供作地板、农具、家具、水车轴等用材。

23. 褐叶青冈　黔梢　图451：1～3

Cyclobalanopsis stewardiana (A. Camus) Y. C. Hsu et H. W. Jen

乔木，高12m。小枝无毛。叶长椭圆状披针形或长椭圆形，长6～12cm，宽2.0～3.5cm，先端尾尖或渐尖，基部窄楔形，中部以上有浅锯齿，幼叶两面被平伏丝质毛，老叶上面无毛，下面灰绿色，被毛；侧脉8～10对，在上面不明显，在下面稍隆起；叶柄长1.5～3.0cm，无毛。壳斗杯形，包坚果1/2，长约0.7cm，直径1.0～1.5cm，内壁被灰褐色绒毛，外壁被灰白色柔毛，老时变无毛；有5～9条同心环带，环带与壳斗壁分离，边缘有粗齿；坚果宽卵形，高、直径相等，0.8～1.3cm，无毛；果脐隆起。花期7月；果期翌年10月。

产于龙胜、兴安、阳朔、临桂、资源、灵川、融水、金秀。生于海拔1000m以上的山地杂木林中。分布于安徽、江西、浙江、湖北、湖南、广东、四川、贵州、重庆、云南。喜温凉环境，生于中山中上部的阳坡或山脊，在阴坡极少有分布，为中国中亚热带中山山地常绿阔叶林常见种。播种繁殖和"根出条"方式繁殖，天然更新能力强。心材与边材区别略明显，边材浅红褐色带黄白，心材暗红褐色，纹理直，结构粗，材质硬重，强度大，耐磨损，耐腐朽，刨面光滑，为建筑、车辆、家具、文体器械的上等用材。

24. 滇南青冈　南青冈　图447：3～4

Cyclobalanopsis austroglauca Y. T. Chang

乔木，高10m。小枝无毛，有淡褐色皮孔。叶长椭圆形或卵状披针形，长10～14cm，先端长渐尖，基部窄楔形或略偏斜，上部有内弯锯齿；侧脉10～12对，下面灰白色，被毛；叶柄长1.5～2.5cm，无毛。壳斗碗形，包坚果1/2，高约8mm，直径1～2cm，被苍黄色长绒毛，有7条同心环带，除上部1～2条环带全缘外，其余均有裂齿；坚果宽卵形，无毛，柱座被苍黄色绒毛，有4～5条环纹；果脐平，直径约1cm。

产于环江、靖西、乐业、凌云。生于海拔850～1500m的土山或石灰岩石山。分布于云南。

25. 细叶青冈　小叶青冈栎

Cyclobalanopsis gracilis (Rehder et E. H. Wilson) W. C. Cheng et T. Hong

乔木，高10m。树皮灰褐色。幼枝被绒毛；老枝无毛。叶长卵形或卵状披针形，长4.5～9.0cm，宽1.5～3.0cm，先端渐尖或尾尖，基部窄楔形或圆形，叶缘1/3以上有细锐锯齿；侧脉7～13对，纤细，不明显，下面灰白色，被平伏单毛；叶柄长1.0～1.5cm。壳斗碗形，包坚果1/3～1/2，高约0.7cm，直径1.0～1.3cm，被灰黄色绒毛；有6～9条同心环带，常有裂齿；坚果椭圆形，高1.5～2.0cm，直径约1cm，顶端被灰黄色柔毛；果脐微凸。花期4～6月；果期10～11月。

图451　1～3. 褐叶青冈 Cyclobalanopsis stewardiana (A. Camus) Y. C. Hsu et H. W. Jen 1. 果枝；2. 叶；3. 壳斗及坚果。4～7. 亮叶青冈 Cyclobalanopsis phanera (Chun) Y. C. Hsu et H. W. Jen 4. 果枝；5. 果；6～7. 叶。8. 大明山青冈 Cyclobalanopsis daimingshanensis S. K. Lee 果枝。(仿《中国植物志》)

产于龙胜、灵川、兴安、十万大山。生于海拔 500m 以上的山地杂木林中。分布于甘肃、安徽、江苏、江西、浙江、福建、湖北、湖南、广东、贵州、四川。喜温凉湿润环境，在长江以南至南岭山地海拔 1000～1800m 的中山地山坡和山间浅谷地带，常见以其为优势种的常绿阔叶林。中性树种，幼年耐阴，天然更新良好。木材淡红褐色，纹理直，结构粗而匀，材质坚硬，干燥后易开裂，耐磨、耐腐，供作建筑、地板、家具、农具、车船等用材。

26. 多脉青冈 多脉青冈栎

Cyclobalanopsis multinervis W. C. Cheng et T. Hong

乔木，高 12m。叶革质，长椭圆形、倒卵状椭圆形或椭圆状披针形，长 7.5～15.5cm，宽 2.5～5.5cm，先端凸出或渐尖，基部窄楔形或近圆形，1/3 以上有锯齿；侧脉 10～15 对，下面被平伏单毛及易脱落的灰白色蜡粉，脱落后呈灰绿色；叶柄长 1.0～2.7cm。壳斗杯形，包坚果 1/2 以下，高约 8mm，直径 1.0～1.5cm，有 6～7 条同心环带，近全缘；坚果卵形，高约 1.8cm，直径约 1cm，无毛，果脐平，直径约 4mm。

产于龙胜、资源、兴安、临桂、贺州、十万大山。生于海拔 1300m 以上的山地杂木林中。分布于安徽、四川、湖北、江西、湖南、浙江。喜冷凉湿润环境，耐旱、耐瘠薄，天然更新能力强，为广西各地中山常绿落叶混交林主要建群种。心材与边材区别不明显，木材灰褐色带红色，结构细致，易开裂，材质坚硬，耐腐，为建筑、家具、地板、车辆等用材。

27. 贵州青冈 白毛青冈、银叶青冈 图 441：9

Cyclobalanopsis argyrotricha (A. Camus) Chun et Y. T. Chang ex Y. C. Hsu et H. W. Jen

乔木。小枝幼时有苍黄色绒毛，后渐脱落。叶片革质，卵状或倒卵状椭圆形，长 6.5～12.0cm，宽 2.0～4.5cm，顶端渐尖，基部圆形，两侧不对称，叶缘有疏浅锯齿，齿端短刺状；中脉、侧脉在叶面平坦，侧脉每边 9～14 条，叶面亮绿色，叶背灰黄色，被星伏短绒毛；叶柄长 1～2cm，幼时有绒毛，后渐脱落。果序长不到 1cm，着生 1 枚坚果；壳斗杯形，包着坚果约 1/2，直径 1.0～1.7cm，高 5～7mm，被金黄色绒毛；小苞片合生成 6～7 条同心环带。坚果宽卵形，高、直径 8～15mm，被金黄色绒毛，顶端圆，宿存花柱 3 裂。

产于广西西部。生于海拔 1600m 左右的山地森林中。分布于贵州。

28. 广西青冈 图 452：1～2

Cyclobalanopsis kouangsiensis (A. Camus) Y. C. Hsu et H. W. Jen

乔木，高 15m。小枝有沟槽，被黄色短绒毛。叶革质，长椭圆形或长椭圆状披针形，长 12～20cm，宽 4～6cm，先端渐尖，基部窄楔形，有偏斜，上部有锯齿；上面中脉及侧脉在叶面近平坦，在叶背明显凸起，侧脉 10～14 对，下面被黄色绒毛；叶柄长 1.5～3.0cm，被黄色绒毛。壳斗钟形，包坚果 1/2 以上，被毛，直径 2～3cm，有 8～9 条同心环带，边缘呈齿牙状；坚果柱状长椭圆形，高约 5cm，直径约 2.5cm，被绒毛；果脐微凸，直径 1.5cm。

产于金秀、象州、三江、田林、乐业、那坡、上思。生于山地密林中。分布于广东、云

图 452 1～2. 广西青冈 Cyclobalanopsis kouang-siensis (A. Camus) Y. C. Hsu et H. W. Jen 1. 叶；2. 壳斗及坚果。3～6. 毛果青冈 Cyclobalanopsis pachyloma (Seemen) Schottky 3. 果枝；4. 壳斗；5～6. 坚果。（仿《中国植物志》）

南。心材淡红褐色，边材淡红黄色，纹理直，结构粗，材质重(气干密度 0.99g/cm³)，干燥后易开裂，耐腐性好，抗虫性中等，加工容易，刨面光滑，油漆性好，适作建筑、木地板、工具柄、室内装饰等用材。

29. 亮叶青冈　亮叶椆　图 451：4~7

Cyclobalanopsis phanera (Chun) Y. C. Hsu et H. W. Jen

常绿乔木，高 25m，胸径 70cm。树皮灰棕色，有细裂纹。幼枝被绒毛；老枝变无毛。叶革质，长椭圆形或倒卵状长椭圆形，长 5~15cm，宽 1.5~5.0cm，先端短钝尖，基部窄楔形，偏斜，中部以上有锯齿；中脉在上面平坦，侧脉 7~10 对，下面绿色，无毛；叶柄长 1~2cm。壳斗碗形，包坚果 1/4，高 1.0~1.5cm，直径 2.0~2.5cm，外壁被灰黄色短绒毛，内壁被棕色绒毛，有 8~12 条同心环带，上部 3 条环极密，中部 4~5 条环最宽，有深裂齿，下部的向上渐狭；坚果圆柱形或椭圆形，高 3~4cm，直径 2.0~2.2cm，被柔毛；柱座基部有环纹；果脐微凸，直径 0.8~1.0cm。

产于上思。生于海拔 500~1000m 的山地杂木林中。分布于海南。

30. 华南青冈　华南椆　图 446：5~7

Cyclobalanopsis edithiae (Skan) Schottky

常绿乔木，高 20m。树皮灰褐色。小枝有明显棱脊，无毛，2 年生枝有皮孔。叶革质，长椭圆形或倒卵状椭圆形，长 5~16cm，宽 2~6cm，先端短钝尖，基部窄楔形，叶缘 1/3 以上有浅齿；上面中脉平坦，侧脉 9~12 对，不甚明显，下面灰白色，无毛；叶柄长 2~3cm。壳斗碗形，包坚果 1/4~1/3，高 1.0~1.5cm，直径 1.8~2.5cm，外壁被暗黄色短绒毛，内壁被褐色平伏长毛，有 6~8 条同心环带，除下部 2~3 条环几全缘外，其余均有裂齿；坚果椭圆形或柱状椭圆形，高 3.0~3.5cm，直径 2~3cm，顶部柱座凸起，被微柔毛；果脐微凸，直径约 0.6cm。果期 10~12 月。

产于融水、田林、十万大山、大明山。生于海拔 400~1800m 的山地杂木林中。分布于广东、香港、海南、福建；越南也有分布。木材红褐黄色，木材纹理直，结构粗而均匀，材质坚重，耐腐性强，抗虫力强，可供作造船、建筑、车辆、农具、家具等用材。

31. 青冈　青冈栎、铁椆　图 450：2

Cyclobalanopsis glauca (Thunb.) Qerst.

常绿乔木，高 20m，胸径 1m。小枝无毛。叶倒卵状椭圆形或长椭圆形，长 6~13cm，宽 2.0~5.5cm，先端渐尖，基部近圆形或宽楔形，中部以上有疏锯齿，上面无毛，下面被白色毛，老时变无毛，并带有粉白色鳞秕；侧脉 9~13 对；叶柄长 1~3cm。壳斗碗形，包坚果 1/3~1/2，高 1.0~1.5cm，直径 9~12mm，被薄毛，有 5~6 条同心环带，全缘或有细缺刻；坚果卵形或椭圆形，高与直径近相等，直径 9~14mm，无毛；果脐平或微凸。果期 10 月。

产于阳朔、全州、灵川、资源、贺州、钟山、富川、昭平、融水、罗城、环江、乐业、隆林、大明山、龙州、大新、天等。生于海拔 1000m 以下的坡地杂木林中。分布于长江流域及其以南各地，北至河南、陕西及甘肃南部，为青冈属中分布最广的一种，为中国亚热带东部湿润区常绿阔叶林主要优势种；朝鲜、日本、印度、阿富汗、不丹、尼泊尔、越南也有分布。中性偏喜光树种，幼树稍耐阴，幼苗在阳光过强或过度荫蔽的林冠下生长不良，在疏林、林中空地和林缘生长正常，随着树龄的增加，需要充足的阳光。对土壤要求不苛刻，石灰岩钙质土壤及酸性土上都能生长良好，根系发达，能在石灰岩山地石缝、岩隙间生长，岩溶石山山顶也能自然生长。天然下种更新良好，伐根萌蘖力强，萌条生长快。生长速度一般，实生林生长，28 年生树高 14.9m，胸径 25.1cm；萌芽林 14 年生树高 12.5m，胸径 18cm。播种繁殖。苗木深根性，侧须根少，宜采用容器苗造林，疏林下也可直播造林。种子含淀粉，可供酿酒；树皮、壳斗可供提制栲胶；木材灰黄色或黄褐色，结构细致，干燥后易开裂，材质坚硬(气干密度 0.89g/cm³)，耐腐，为建筑、家具、地板、车辆等用材。

32. 大明山青冈　图 451：8

Cyclobalanopsis daimingshanensis S. K. Lee

乔木，高 14m。小枝无毛。叶倒卵状椭圆形或椭圆形，长 4~7cm，宽 1.5~3.0cm，先端短突尖，基部窄楔形，近顶端有浅锯齿；侧脉 7~9 对，在上面不明显，在叶背微凸起，下面灰白色，无毛；叶柄长 5~8mm。壳斗碗形，包坚果 1/3，高约 5mm，直径 1.3cm，被灰白色短绒毛，有 5~6 条同心环带，除顶端 2 条环裂齿外，其余均全缘；坚果长椭圆形，直径约 1.3cm，高 2.0~2.2cm，无毛，柱座明显；果脐平，直径 0.4cm。果期 10 月。

广西特有种。产于大明山，生于海拔 1000m 左右的林中。

33. 毛果青冈　赤材青冈、秀丽青冈　图 452：3~6

Cyclobalanopsis pachyloma（Seemen）Schottky

乔木，高 17m。幼枝被黄色星状绒毛。叶革质，倒卵状长椭圆形或披针形，长 7~14cm，宽 2~5cm，先端渐尖或尾尖，基部楔形，中部以上有钝锯齿；侧脉 8~11 对，幼叶被黄色卷曲毛，老时无毛；叶柄长 1.5~2.0cm。壳斗钟形或半球形，包坚果 1/2~2/3，被黄色绒毛，高 2~3cm，直径 1.5~2.5cm，有 7~8 条同心环带，全缘；坚果长椭圆形或倒卵形，直径 1.5~1.6cm，幼被黄褐色绒毛，老时逐渐脱落；果脐微凸，直径约 0.6cm。花期 3 月；果期 9~10 月。

产于兴安、龙胜、荔浦、融水、金秀、蒙山、苍梧、那坡、田林、龙州、横县、博白、上思。生于海拔 900m 以下的山地杂木林中。分布于台湾、福建、广东、贵州、云南、湖南、江西、浙江。喜温暖环境，适生于中亚热带南部至北热带的低山丘陵。喜生于肥沃湿润土壤，在山谷、溪边生长良好，常有大树；也耐干旱瘠薄，在肥力偏低甚至干燥、含石砾较多的坡地也能绿树成荫。幼龄树喜阴，在半遮阴条件下，生长迅速，干形通直，成龄树则喜充足阳光。种子繁殖，也可萌芽更新。木材淡褐红色，纹理直，结构略粗，材质坚重，强度大，耐腐性强，抗虫力强，适于作运动器材、造船、车辆等高强度特种用材；常用作菇材。

34. 小叶青冈　青椆、青栲　图 450：3

Cyclobalanopsis myrsinifolia（Blume）Oerst.

乔木，高 20m，胸径 1m。小枝灰褐色，无毛，有淡褐色长圆形皮孔。叶革质，卵状披针形或椭圆状披针形，长 6~11cm，宽 1.8~4.0cm，先端渐尖或短尾尖，基部窄楔形或近圆形，中部以上有锯齿，无毛，下面粉白色；侧脉 9~14 对；叶柄长 1.0~2.5cm。壳斗杯形，壁薄，包坚果 1/3~1/2，高 0.5~1.0cm，直径 1~2cm，外壁被灰白色柔毛，内壁无毛，有 6~9 条同心环带，全缘；坚果卵形或椭圆形，高 1.5~2.5cm，直径 1.0~1.5cm，无毛，顶端圆，柱座有 5~6 条环纹；果脐平，直径约 0.6cm。花期 6 月；果期 10 月。

产于永福、临桂、龙胜、灵川、全州、平乐、兴安、阳朔、恭城、三江、融水、金秀、环江、贺州、苍梧、靖西、大明山。生于海拔 1000m 以下的山地杂木林中。分布很广，陕西、河南南部及长江以南有普遍分布；越南、老挝、日本也有分布。耐冰雪寒冷，也耐暑热高温，是常绿阔叶树中分布广泛、适应性最强的壳斗科树种之一，是中国中亚热带地区典型常绿阔叶林的重要组成树种。喜阴凉湿润环境，对土壤适应性强，在山谷、山槽土壤湿润肥沃地或悬岩上生有大树。生长速度中等，人工栽培 30 年生树高 15~18m。天然更新和萌芽性很强；结实量大，无大小年。种子含淀粉，可供制豆腐和酿酒；树皮、壳斗可供提制栲胶；边材灰黄色，心材灰褐带红，纹理直，结构细，干燥后易开裂，木材坚重、耐磨、耐腐朽，有弹性，材质优良，俗称"红椆"，供作建筑、车辆、纺织器材、工具柄、细木工等用材。

35. 栎子青冈　栎子椆、薄叶青冈　图 442：5~10

Cyclobalanopsis blakei（Skan）Schottky

乔木，高 35m。树皮灰黑色。小枝无毛；2 年生枝有皮孔。叶薄革质，长椭圆状披针形或长倒卵状披针形，长 7~19cm，宽 1.5~2.0cm，先端渐尖，基部窄楔形，叶缘 1/3 以上有锯齿；中脉在叶面凸起，侧脉 8~14 对，幼时两面被红色长绒毛，早脱落；叶柄纤细，长 1.5~3.0cm，无毛。果单生或成对着生；壳斗盘形或浅碗形，包坚果基部，高 0.5~1.0cm，直径 2~3cm，外壁被暗褐色短绒毛，内壁被红棕色平伏长毛，有 6~7 条同心环带，全缘或有裂齿；坚果椭圆形或卵形，直径

1.5～2.2cm，柱座凸起，基部被黄色柔毛，后脱落；果脐平或微凹，直径0.7～1.2cm。花期3月；果期10～12月。

产于永福、灵川、融水、罗城、金秀、蒙山、靖西、那坡、上思。生于海拔500m以下的杂木林中。分布于广东、香港、海南、贵州、湖南、云南；越南、老挝也有分布。喜温暖湿润环境，适生于中亚热带南部至热带的低山、丘陵，为海南热带雨林主要建群种和优势种。心材褐红色，边材浅褐色，纹理直，结构粗，干燥后易翘裂，抗虫力强，耐腐性强；树皮含单宁高达22.75%，可供提制栲胶。

36. 滇青冈　图450：4
Cyclobalanopsis glaucoides Schottky

乔木，高20m。小枝灰绿色，幼时有绒毛，后渐无毛。冬芽被绒毛。叶片革质，长椭圆形或倒卵状披针形，长5～12cm，宽2～5cm，顶端渐尖或尾尖，基部楔形或近圆形，叶缘1/3以上有锯齿；中脉在叶面凹陷，在叶背显著凸起，侧脉8～12对，叶背支脉明显，叶面绿色，叶背灰绿色，幼时被弯曲黄褐色绒毛，后渐脱落；叶柄长0.5～2.0cm。壳斗碗形，包着坚果1/3～1/2，直径0.8～1.2cm，高6～8mm，外壁被灰黄色绒毛，小苞片合生成6～8条同心环带，环带近全缘；坚果椭圆形至卵形，直径0.7～1.0cm，高1.0～1.4cm，初时被柔毛，后渐脱落；果脐微凸起，直径5～6mm。花期5月；果期10月。

产于隆林。生于海拔约1200m的山地。分布于四川、贵州、云南、重庆、西藏。耐干旱，生长地为半干旱气候；对土壤适应性强，石灰岩钙质土、酸性土上都见有分布。萌蘖能力强，天然更新能力好，在云南、四川常见以其为主要建群种或优势种的群落。

6. 栎属 Quercus L.

常绿、半常绿或落叶乔木，稀灌木。树皮深裂或片状剥落。有顶芽，芽鳞多数，覆瓦状排列。叶有锯齿，稀深裂或全缘。花雌雄同株，雄花为下垂柔黄花序，簇生，花被杯状，4～7裂，雄蕊6(4～12)枚，花丝细长，退化雄蕊小或缺；雌花为穗状花序，直立，雌花单生于总苞内，花被5～6深裂，有时具细小退化雄蕊，子房3(2～5)室，每室2枚胚珠，花柱与子房室同数，柱头侧生带状，下延或顶生头状。壳斗杯状、碟状、半球形或近钟形，紧贴或展开或反曲；每壳斗有1枚坚果，稀全包，顶部有柱座，不育胚珠在种子基部外侧。

约300种。中国约35种，南北各地均有；广西14种1变种。

分种检索表

1. 落叶乔木。
  2. 叶缘有芒状锯齿；叶长椭圆状披针形；壳斗小苞片反卷。
    3. 老叶下面无毛；树皮木栓层不发达，壳斗小苞片被灰白色绒毛；花被5裂，雄蕊4枚 …………………………………………………………………………………… **1. 麻栎 Q. acutissima**
    3. 老叶下面密被灰白色星状绒毛；树皮木栓层发达；壳斗小苞片被短毛；花被2～4裂；雄蕊10枚…………………………………………………………………………………… **2. 栓皮栎 Q. variabilis**
  2. 叶有粗钝锯齿、圆钝锯齿、波状锯齿或细锯齿。
    4. 壳斗小苞片窄披针形，张开或反卷。
      5. 壳斗小苞片长约1cm，红棕色，被褐色丝毛，内面无毛；叶缘有波状缺刻或粗锯齿，侧脉4～10对 …………………………………………………………………………… **3. 槲树 Q. dentata**
      5. 壳斗小苞片长约5mm，灰黄色，两面被灰色丝毛；叶缘有粗锯齿；侧脉8～13对 ………………………………………………………………………………… **4. 云南波罗栎 Q. yunnanensis**
    4. 壳斗小苞片卵状披针形或长三角形。
      6. 果脐微凸。
        7. 小枝被灰色绒毛；叶柄被棕黄色绒毛；坚果长椭圆形或卵状椭圆形 ……………… **5. 白栎 Q. fabri**

　　　　　7. 小枝无毛；叶柄无毛；坚果椭圆状卵形或卵形 ·· **6. 槲栎 Q. aliena**

　　　　6. 果脐平；叶薄革质，长椭圆状倒披针形或长椭圆状倒卵形，边缘有腺状锯齿，齿端稍内弯，下面被灰白
　　　　　　色平伏毛或无毛 ··· **7. 枹栎 Q. serrata**

1. 常绿或半常绿乔木或灌木。

　　8. 幼叶两面被星状毛；老叶下面被毛；侧脉6~12 对；壳斗杯形，包坚果约 1/2 ········· **8. 尖叶栎 Q. oxyphylla**

　　8. 幼叶两面被毛或无绒毛；老叶下面无毛或仅中脉、脉腋被毛。

　　　9. 壳斗包坚果不到 1/2。

　　　　10. 壳斗小苞片卵状披针形，被灰褐色柔毛；坚果长卵形；叶边缘在中部以上有锐锯齿或全缘 ············
　　　　　　··· **9. 巴东栎 Q. engleriana**

　　　　10. 壳斗小苞片卵形。

　　　　　11. 叶长卵形或卵状披针形，边缘有刚毛状锯齿；叶柄长 1~2cm；小苞片被灰白色绒毛；坚果长椭圆
　　　　　　　形 ··· **10. 富宁栎 Q. setulosa**

　　　　　11. 叶卵形、椭圆状披针形或倒卵形，边缘有腺状锯齿，两面中脉均凸起；叶柄长约 5mm；小苞片被
　　　　　　　黄色绒毛；坚果卵状长椭圆形 ·································· **11. 炭栎 Q. utilis**

　　　9. 壳斗包坚果 1/2 以上。

　　　　12. 叶革质。

　　　　　13. 叶倒卵形或卵状椭圆形，叶缘在中部以上有锯齿；小苞片三角形，除顶端外，均被灰白色柔毛；坚
　　　　　　　果长椭圆形 ··· **12. 乌冈栎 Q. phillyreoides**

　　　　　13. 叶片倒卵状匙形、倒卵状长椭圆形，叶缘上部有锯齿或全缘；小苞片线状披针形，赭褐色，被灰白
　　　　　　　色柔毛，先端向外反曲；坚果卵形至近球形 ·············· **13. 匙叶栎 Q. dolicholepis**

　　　　12. 叶纸质，长椭圆形、卵状长椭圆形，基部圆形或楔形，常偏斜，叶缘中部以上有锯齿；壳斗杯形或壶
　　　　　　形，小苞片三角形，被星状毛；坚果近球形 ·················· **14. 铁橡栎 Q. cocciferoides**

1. 麻栎　图 453：1

Quercus acutissima Carruth.

落叶乔木，高 30m，胸径 1m。树皮褐
色，深纵裂，木栓皮不发达。幼枝被黄色
柔毛，后无毛，老时具淡黄色皮孔。叶纸
质，长椭圆状披针形，长 8 ~ 20cm，宽
2.5~6.0cm，先端渐尖，基部宽楔形或近
圆形，边缘有芒状锯齿；侧脉 13 ~ 18 对，
幼叶两面脉上被柔毛，老叶无毛；叶柄长
1~5cm，幼时被柔毛，老时无毛。雄花序
长 6 ~ 12cm，被柔毛，花被 5 裂，雄蕊 4
枚，稀较多；雌花序有 1 ~ 3 朵花。壳斗单
生，杯状，包坚果约 1/2，连小苞片直径
2.5 ~ 4.0cm，高约 1.5cm；小苞片钻形，
反曲，被灰白色绒毛；坚果椭圆形或卵形，
高、直径 1.5 ~ 2.0cm，顶端圆形；果脐凸
起。花期 3 ~ 4 月；果期 9 ~ 10 月。

　　产于广西各地，以天峨、凌云、乐业、
田林、隆林为多。生于海拔 1800m 以下的
山地或丘陵杂木林中。在中国分布很广，
以温带和亚热带为分布中心；朝鲜、日本、
越南、印度也有分布。喜光树种，深根性，

图 453 **1. 麻栎 Quercus acutissima** Carruth. 果枝。**2. 栓
皮栎 Quercus variabilis** Blume 果枝。(仿《中国植物志》)

抗风力强；耐寒力强，耐干旱瘠薄，不耐水湿，在湿润、肥沃、深厚、排水良好的中性至微酸性砂壤土上生长最好，在排水不良和积水地带生长差。种子结实量大，萌芽性强，天然更新能力强，在广西西北部半干旱地区的山地阳坡常见成小片纯林或混交林。抗火、抗烟能力较强，对二氧化硫的抗性和吸收能力较强，对氯气、氟化氢也有较强的抗性。生长快，广西宜州人工直播造林中 40 年树平均树高 30.7m，平均胸径 27.8cm。播种繁殖，直播或植苗造林。种子含淀粉 56.4%，可供作饲料和工业用淀粉；树皮、壳斗可供提取栲胶；叶含蛋白质 13.58%，可供饲养柞蚕；种子药用，可止泻、消肿；叶、树皮可治细菌性及阿米巴痢疾；树干可培养香菇、木耳；木材为环孔材，边材淡红褐色，心材红褐色，气干密度 0.884g/cm³，材质坚硬，纹理直，结构粗，耐腐，易翘裂，供作枕木、坑木、地板、车辆、船舶、机械、建筑等用材。

2. 栓皮栎 图453：2

Quercus variabilis Blume

落叶乔木，高 30m，胸径 1m。树皮黑褐色，深纵裂，松软，有发达的栓皮层。小枝灰棕色，无毛。叶卵状披针形，长 8～20cm，宽 3～6cm，先端渐尖，基部宽楔形或近圆形，边缘有芒状锯齿，老叶下面密被灰白色星状绒毛；侧脉 13～18 对；叶柄长 1～5cm，无毛。雄花序长约 14cm，花序轴被黄褐色绒毛，花被 2～4 裂，雄蕊 10 枚；雌花序生于新枝叶腋。壳斗杯状，包坚果约 2/3，连小苞片直径 2.5～4.0cm；小苞片钻形，反曲，有短毛；坚果近球形或宽卵形，高、直径 1.5～2.0cm，顶端平圆；果脐凸起。花期 3～4 月；果期翌年 9～10 月。

产于广西西南部、西部、西北部至东北部一带，主产于西部。多生于海拔 1800m 以下的阳坡杂木林中。在中国分布很广，以温带和亚热带为分布中心；朝鲜、日本也有分布。对气候条件适应性广，能耐 -18℃低温，在年降水量 500m 的地区也能生长。性喜光，但幼苗能耐荫庇，2～3 年后需光量增加。耐旱，抗火，抗风，适应性广，在酸性土、中性土、钙质土上均可生长，但以在向阳山麓缓坡和山凹的深厚、肥沃、排水良好的壤土和砂壤土上生长最好。主根发达，萌芽性强，经多次砍伐的根株仍能萌芽成林，适于矮林经营。幼龄生长较慢，5 年后生长加速，20 年时一般高 10m，但萌芽林早期生长快，1 年萌条生长在 1m 以上。结实量少，大小年明显。栓皮栎主要用于剥取栓皮，为软木工业的良好原料，不导电，隔热，隔音，不透气，不易与化学药品起作用，质轻软，有弹性，供作绝缘器、冷藏库、软木砖、隔音板、瓶塞、救生器具等用材。栓皮的剥取时期多在每年的 6～8 月。木材为环孔材，边材淡黄色，心材淡红色，气干密度 0.87g/cm³，纹理直，结构粗，干燥后开裂、变形严重，极耐腐，抗虫性较强，供作车轮、船舶、枕木、地板、家具、体育器械等用材；小径材、梢头都可用于培养香菇、木耳。

3. 槲树 柞栎、波罗栎、橡树 图454

Quercus dentata Thunb.

落叶乔木，枯叶经冬宿存不落，高 25m。小枝密被灰黄色星状绒毛。叶倒卵形或长倒卵形，长 10～30cm，宽 7～12cm，先端钝，基部卵形或窄楔形，边缘有 6～10 对波状缺刻或粗锯齿，幼叶上面被柔毛，下面被星状绒毛，老叶下面被毛；侧脉 4～10 对；托叶线状披针形；叶柄长 2～5mm，被棕色绒毛。雄花序轴被浅黄色绒毛。壳斗杯形，包坚果 1/2～2/3，小苞片

图 454　槲树 Quercus dentata Thunb. 果枝。（仿《中国植物志》）

窄披针形，长约1cm，张开或反卷，红棕色，外被褐色丝毛，内无毛；坚果卵形或宽卵形，直径1.2～1.5cm，无毛。花期4～5月；果期9～10月。

产于广西西北部。生于海拔1500m左右的阳坡杂木林中。分布于中国东北东部、华北、西北、华中及西南各地，其中以东北东部及华北山区较为习见；朝鲜、日本也有分布。性喜光，耐寒；适应性强，耐干旱瘠薄，在酸性土、钙质土、轻度石灰土上均能生长。深根性，萌芽能力强。种子含淀粉，可供酿酒；壳斗、树皮可供提取栲胶；叶可用于饲养柞蚕，故有"柞栎"之称。木材为环孔材，气干密度0.650g/cm³，边材淡黄色至褐色，心材深褐色，材质坚硬，耐磨损，易翘裂，稍变形，抗虫性和耐腐性中等，供作坑木、地板等用材。

4. 云南波罗栎 锐齿波罗栎 图455：1～2

Quercus yunnanensis Franchet

落叶乔木，高20m。小枝具沟槽，被黄棕色星状绒毛。叶倒卵形或宽倒卵形，长12～25cm，宽6～10cm，先端渐尖，基部窄楔形，边缘有8～13对粗锯齿，幼叶两面被黄色星状绒毛，老叶上面被疏毛，下面被灰黄色星状绒毛；侧脉8～13对；叶柄长5mm，被黄棕色绒毛。雄花序长3～4cm，轴及花被均被黄色绒毛。壳斗钟形，包坚果1/2～2/3，高1.5～1.8cm，直径约2.5cm；小苞片窄披针形，长约5mm，灰黄色，直立或张开，两面被灰色丝毛，边缘毛反卷；坚果卵形，高1.5～2.0cm，直径1.2～1.5cm。花期3～4月；果期9～10月。

产于广西西北部。生于海拔1000m以上的山地杂木林中。分布于云南、贵州、四川、广东、湖北。木材坚重，纹理直，结构粗。

5. 白栎 图455：3～4

Quercus fabri Hance

落叶乔木，高20m。树皮深纵裂。小枝被灰色或灰褐色绒毛。叶椭圆状倒卵形或倒卵形，长7～15cm，宽3～8cm，先端钝，基部窄楔形，边缘波状锯齿，幼时两面被灰黄色星状毛；侧脉8～12对；叶柄长3～7mm，被棕黄色绒毛。雄花序长6～9cm；雌花序长1～4cm，有2～4朵花。壳斗杯形，包坚果1/3，高0.4～0.8cm，直径约1cm；小苞片卵状披针形；坚果长椭圆形或卵状椭圆形，高18～20mm，直径7～12mm；果脐稍隆起。花期4月；果期10月。

产于桂林、全州、兴安、恭城、灌阳、临桂、灵川、融水、富川、金秀、百色、凌云、乐业、隆林、那坡、田阳、天峨、巴马、凤山。生于海拔1500m以下的山地杂木林中。分布于陕西、河南及长江以南各地；日本、朝鲜也有分布。喜光，不耐阴，耐干旱，也耐湿热，适应性强，在低山丘陵、干旱坡地均能生长。萌芽力强，多见作为薪炭林而被樵伐，形成灌木状。生长快，在阳光充足、湿润肥沃的土壤中能长成高大乔木。种子含淀粉47.0%，可供酿酒；壳斗、树皮可供提制栲胶；木材为环孔材，边材浅褐色，心材深褐色，木材坚硬，气干密度0.767g/cm³，纹理斜，结构粗，干燥后易开裂，变形严重，

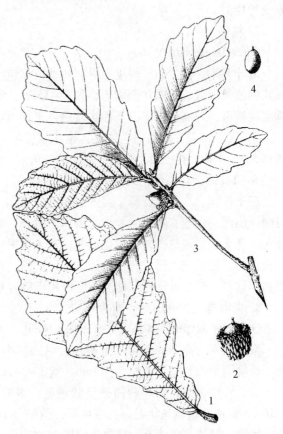

图455 **1～2. 云南波罗栎 Quercus yunnanensis** Franchet 1. 叶；2. 壳斗及坚果。**3～4. 白栎 Quercus fabri** Hance 3. 果枝；4. 坚果。（仿《中国植物志》）

耐腐性中等，可作车辆、农具用材；枝干可用于培养香菇；果实虫瘿入药，主治疳积、疝气及火眼。

6. 槲栎

Quercus aliena Blume

落叶乔木，高 25m。树皮深纵裂。小枝无毛，有淡褐色圆形皮孔。叶纸质，长椭圆状倒卵形或倒卵形，长 10～20cm，宽 4～12cm，先端钝或短渐尖，基部窄楔形或近圆形，边缘有波状钝锯齿，下面被灰白色细绒毛；侧脉 10～15 对；叶柄长 1～3cm，无毛。雄花序长 4～8cm，雄蕊常 4 枚；雌花序生于新枝叶腋，有花 1～3 朵。壳斗杯形，包坚果 1/2，高 1.0～1.5cm，直径 1.2～2.0cm；小苞片卵状披针形，被灰白色柔毛；坚果 1～3 枚集生，椭圆状卵形或卵形，高 1.7～2.5cm，直径 1.3～1.8cm；果脐微凸。花期 4～5 月；果期 9～10 月。

产于临桂、隆林、田林、乐业、那坡。生于海拔 700～1600m 的杂木林中。中国大部有分布，是最为常见的落叶阔叶树种，常与麻栎、白栎等组成次生林；朝鲜、日本也有分布。深根性树种，喜光，耐干旱瘠薄。木材坚硬，纹理直，结构粗，干燥后易开裂，变形严重，抗虫性和耐腐性中等，供作建筑、家具及薪炭等用材；种子富含淀粉，可供食用及酿酒；壳斗、树皮富含单宁；幼叶可用于饲养柞蚕。

6a. 锐齿槲栎

Quercus aliena var. **acutiserrata** Maxim.

与原变种的不同处在于：叶缘具粗大锯齿，齿端尖锐，内弯，叶背密被灰色细绒毛，叶片形状变异较大。花期 3～4 月；果期 10～11 月。

产于资源、百色、隆林。中国大部有分布；朝鲜、日本也有分布。生物生态学习性及用途均与原变种相似。

7. 枹栎

Quercus serrata Murray

落叶乔木，高 25m。树皮深纵裂。幼枝棕色，被星状毛，后无毛，皮孔显著。叶薄革质，长椭圆状倒披针形或长椭圆状倒卵形，长 7～15cm，宽 3～8cm，先端渐尖，基部窄楔形或近圆形，边缘有腺状锯齿，齿端稍内弯，下面被灰白色平伏毛或无毛；侧脉 7～12 对，网脉显著；叶柄长 1.0～2.5cm，无毛。花序轴被白色绒毛，雄花序长 8～12cm，雄蕊 8 枚。壳斗浅杯形，包坚果 1/4～1/3，高 0.5～0.8cm，直径约 1cm；小苞片长三角形，边缘被柔毛；坚果卵形或椭圆形，高 1.7～2.0cm，直径 8～12mm，棕褐色；果脐平。花期 3～4 月；果期 9～10 月。

产于桂林、全州、资源、兴安、龙胜、灌阳、临桂、百色。生于沟谷杂木林中。分布于辽宁、河南、山西、山东、陕西、甘肃、四川、贵州、湖北、云南、广东、台湾、福建；日本、朝鲜也有分布。喜光，喜温热气候，但也耐寒，对土壤适应性强，能耐干燥瘠薄土壤，在深厚肥沃土壤上则生长良好，能长成大树。萌芽性强。木材坚硬，供作建筑、车辆、器具用材；种子富含淀粉，供酿酒和作饮料；树皮可供提取栲胶；叶可用于饲养柞蚕。

8. 尖叶栎 尖叶山栎 图 456：1

Quercus oxyphylla (E. H. Wilson) Hand. – Mazz.

常绿乔木，高 20m。树皮黑褐色，纵裂。小枝黄褐色，密被星状绒毛。叶近革质，卵状披针形、长椭圆形或长圆形，长 5～12cm，宽 3～5cm，先端渐尖或稍圆，基部圆形或浅心形，全缘或先端有尖头状细锯齿；幼叶两面被星状绒毛，老叶下面被星状柔毛；侧脉 6～12 对；叶柄长 0.5～1.5cm，密被苍黄色星状毛。壳斗杯形，包坚果 1/2，高 1.2～1.6cm，直径 1.5～2.5cm；小苞片线状披针形，被苍黄色绒毛；坚果长椭圆形或卵形，高 2.0～2.5cm，直径 1.0～1.4cm，顶端被苍黄色短绒毛；果脐微凸，直径 4mm。花期 5～6 月；果期翌年 9～10 月。

产于兴安、灵川、临桂、全州、龙胜、钟山、富川。生于杂木林中。分布于秦岭以南各地。喜光，耐旱，对土壤适应性强，在石灰岩山地生长良好。

9. 巴东栎 小青冈 图 457：1~2

Quercus engleriana Seemen

常绿或半常绿乔木，高 25m。树皮灰褐色，条状剥裂。幼枝被灰黄色绒毛，后无毛。叶革质，卵形、长椭圆状披针形或卵状披针形，长 6~17cm，宽 3~7cm，先端渐尖，基部近圆形或宽楔形，边缘在中部以上有锐锯齿或全缘；幼叶两面被棕黄色绒毛，老叶无毛；侧脉 10~13 对；叶柄长 1~2cm，幼时被毛，老时无毛。壳斗半球形，包坚果 1/3~1/2，高 0.4~0.8cm，直径 0.7~1.4cm；小苞片卵状披针形，被灰褐色柔毛；坚果长卵形，高 1~2cm，直径 0.6~1.0cm，无毛；果脐凸起，直径 4mm。花期 5~6 月；果期 10~11 月。

产于阳朔、龙胜、灵川、环江、罗城、融水。生于海拔约 1500m 的杂木林中。分布于陕西、西藏、河南、浙江、湖北、湖南、江西、四川、云南、贵州、广东；印度也有分布。耐阴也喜光，耐干旱，在山脊、山顶和悬崖壁上也能生长。萌蘖性强，结实稀少。幼龄期生长较慢，天然更新力弱。树皮和壳斗可供提制栲胶；木材坚重，木材红褐色，纹理直，结构略粗，气干密度 0.722g/cm³，干燥后易裂，耐腐，可供作建筑、农具、细木工等用材。

10. 富宁栎 芒齿山栎 图 458：1~3

Quercus setulosa Hick. et A. Camus

常绿乔木，高 20m。树皮深灰色，呈片状剥裂。小枝无毛。叶长卵形或卵状披针形，长 4.5~11.0cm，宽 2.5~5.0cm，先端渐尖，基部宽楔形，边缘有刚毛状锯齿，两面无毛或中脉及脉腋被苍黄色星状毛；侧脉 9~12 对，在上面不明显；叶柄长 1~2cm，无毛。壳斗杯形，包坚果 1/4~1/3，高约 0.5cm，宽约 1cm；小苞片卵形，被灰白色绒毛；坚果长椭圆形，高 1.5~2.0cm，直径约 9mm，光滑或顶端被灰白色绒毛；果脐微凸，直径约 3mm。花期 4~5 月；果期 9~10 月。

产于阳朔、龙胜、融水、河池、都安、南丹、凌云、乐业、那坡、田阳、靖西、龙州、大新。生于海拔 1200m 以下的石灰岩山坡或山顶。分布于贵州、云南、广东；越南、泰国也有分布。旱生性极强，多生长于阳光充足、土壤瘠薄而干燥

图 456　**1. 尖叶栎 Quercus oxyphylla**（E. H. Wilson）Hand. – Mazz. 果枝。**2. 匙叶栎 Quercus dolicholepis** A. Camus 果枝。（仿《中国植物志》）

图 457　1~2. 巴东栎 **Quercus engleriana** Seemen 1. 果枝；2. 叶。**3~5. 炭栎 Quercus utilis** Hu et W. C. Cheng 3. 果枝；4. 壳斗及坚果；5. 坚果。（仿《中国植物志》）

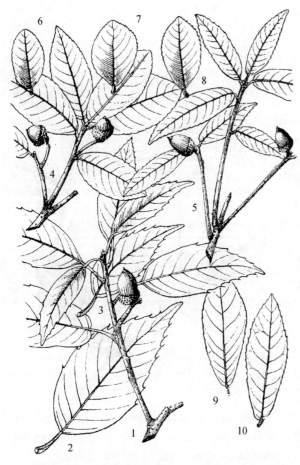

图458　1~3. 富宁栎 Quercus setulosa Hick. et A. Camus 1. 果枝；2~3. 叶。4~10. 乌冈栎 Quercus phillyreoides A. Gray 4~5. 果枝；6~10. 叶。(仿《中国植物志》)

的山顶，在石山下部多生长不良。

11. 炭栎　图457：3~5

Quercus utilis Hu et W. C. Cheng

常绿乔木，高10m。树皮灰白色。小枝有槽，幼时被星状毛，老时灰色，无毛。叶革质，卵形、椭圆状披针形或倒卵形，长2.5~6.0cm，宽1.5~3.0cm，先端钝圆或渐尖，基部楔形或宽楔形，边缘有腺状锯齿，幼时两面被星状绒毛，老时几无毛；两面中脉均凸起，侧脉9~11对，直达齿端；叶柄长约5mm。壳斗半球形，包坚果1/3，直径约0.8cm；小苞片卵形，被黄色绒毛；坚果卵状长椭圆形，高约10mm，直径约7mm，顶端渐尖，被丝状毛；果脐凸起，直径约2mm。花期4~5月；果期9~10月。

产于广西西部。生于海拔1000~1500m的石灰岩山地或土山山坡杂木林中。分布于云南东、贵州。喜光，耐旱，耐钙质，在云南西畴海拔1300~1550m的石灰岩山地顶部见以其为优势种的半湿润常绿阔叶林。木材重，材质坚硬，供制杵及作薪炭用材。

12. 乌冈栎　乌冈山栎、铁橡树　图458：4~10

Quercus phillyreoides A. Gray

常绿乔木或灌木状，高10m。小枝灰褐色，幼时被灰黄色星状绒毛，老时无毛，皮孔明显。叶革质，倒卵形或卵状椭圆形，长2~8cm，宽1.5~3.0cm，先端钝或急尖，基部圆形或近心形，边缘在中部以上有锯齿，两面无毛；侧脉8~13对；叶柄长3~5mm，被柔毛。壳斗浅杯形，包坚果1/2~2/3，高0.4~0.8cm，直径约1cm；小苞片三角形，除顶端外，均被灰白色柔毛；坚果长椭圆形，高约1.7cm，直径约8mm；果脐平或微凸。花期3~4月；果期9~10月。

产于桂林、阳朔、永福、兴安、龙胜、临桂、灵川、钟山、环江、贺州、金秀、象州、乐业、平南、横县、武鸣。生于海拔1200m以下的山坡、山顶和沟谷杂木林中。分布于中国长江中下游及以南各地；日本也有分布。适应性强，喜光，耐寒，在潮湿肥沃土壤或干燥瘠薄土壤上均能生长，在石山顶部、石壁通常成片生长或成为优势种。中国亚热带东部湿润区陡峭壁或山脊部位、桂林至阳朔的漓江谷地峰林石山区山顶等生态条件极端恶劣地常见以其为优势种的硬叶常绿阔叶林。生长偏慢，树干略有弯曲。萌芽力强，天然更新能力强。种子含淀粉50%，可供酿酒；树皮、壳斗可供提制栲胶；木材坚硬，气干密度2.5g/cm^3，耐腐，可作车轴、农具、细木工等用材。

13. 匙叶栎　图456：2

Quercus dolicholepis A. Camus

常绿乔木，高16m。小枝幼时被灰黄色星状柔毛，后渐脱落。叶革质，倒卵状匙形、倒卵状长椭圆形，长2~8cm，宽1.5~4.0cm，顶端圆形或钝尖，基部宽楔形、圆形或心形，叶缘上部有锯齿或全缘，幼叶两面有黄色单毛或束毛，老时叶背有毛或脱落；侧脉7~8对；叶柄长4~5mm，有绒毛。壳斗杯形，包着坚果2/3~3/4，连小苞片直径约2cm，高约1cm；小苞片线状披针形，长约

5mm，赭褐色，被灰白色柔毛，先端向外反曲。坚果近球形，直径 1.3 ~ 1.5cm，高 1.2 ~ 1.7cm，顶端有绒毛；果脐微凸起。花期 3 ~ 5 月；果期翌年 10 月。

产于南丹、隆林。生于海拔 500 ~ 1600m 的林中。分布于山西、陕西、甘肃、河南、湖北、四川、贵州、云南。木材坚硬、耐久，可供制车辆、家具；种子含淀粉；树皮、壳斗含单宁，可供提取栲胶。

14. 铁橡栎 铁山栎 图 459

Quercus cocciferoides Hand. – Mazz.

常绿或半常绿乔木，高 15m。小枝幼时被绒毛，后渐脱落。叶纸质，长椭圆形、卵状长椭圆形，长 3 ~ 8cm，宽 1.5 ~ 3.0cm，顶端渐尖或短渐尖，基部圆形或楔形，常偏斜，叶缘中部以上有锯齿，幼时被毛，后渐脱落；侧脉 6 ~ 8 对，叶片两面支脉均明显；叶柄长 5 ~ 8mm，被绒毛。壳斗杯形或壶形，包坚果约 3/4，直径 1.0 ~ 1.5cm，高 1.0 ~ 1.2cm；小苞

图 459 铁橡栎 Quercus cocciferoides Hand. – Mazz. 果枝。（仿《中国植物志》）

片三角形，长约 1mm，不紧贴壳斗壁，被星状毛。坚果近球形，直径约 1cm，高 1.0 ~ 1.2cm，顶端短尖，有短毛；果脐微凸起，直径 2 ~ 3mm。花期 4 ~ 6 月；果期 9 ~ 11 月。

产于隆林。生于石灰岩石山疏林中。分布于四川、云南。适应性极强，耐寒，耐干热，适应石灰岩钙质土。

49 马尾树科 Rhoipteleaceae

落叶乔木。具芳香味，裸芽具柄。一回奇数羽状复叶，互生，小叶无柄，互生，边缘有锯齿；托叶早落。花序杂性；穗状花序，由简单的细长分枝集成圆锥状，下垂；萼片 4 枚，宿存；无花瓣；雄蕊 6 枚，分离，花丝细长，在蕾中直立；雄蕊由 2 个心皮组成，子房上位，2 室，每室 1 枚胚珠，花柱 2 枚。坚果扁平，周围具膜质薄翅，先端凹缺；种子 1 枚，卵形，无胚乳，胚直生。

单型科，仅 1 属 1 种，产于中国及越南。

马尾树属 Rhoiptelea Diels et Handel – Mazzetti

形态特征与科同。

马尾树 图 460

Rhoiptelea chiliantha Diels et Hand. – Mazz.

乔木，高 20m，胸径 40cm。羽状复叶，有腺点；小叶 10 ~ 17 枚，生于小枝最上端的具 6 ~ 8 枚叶，披针形或长圆状披针形，长 7 ~ 15cm，先端渐尖，基部楔形，不对称，具细锯齿，下面有腺鳞，沿叶脉被毛；小叶无柄；托叶叶状或扁状，3 ~ 6mm。坚果近圆形或圆卵形，长 2 ~ 3mm。花期 3 ~ 4 月；果期 7 ~ 8 月。

第三纪孑遗单种植物，国家 II 级重点保护野生植物。产于龙胜、灵川、临桂、兴安、金秀、融水、融安、罗城、环江、百色、那坡、田林、凌云、乐业。生于海拔 600 ~ 1600m 的山坡、山谷、溪边等阳光充足处。分布于云南、贵州；越南有分布。因其复合型圆锥花序俯垂于枝端颇似马尾，

图 460 马尾树 Rhoiptelea chiliantha Diels et Hand. – Mazz.

1. 果枝；2. 花与花序轴（放大）；3. 小枝一段［示腋生芽和叶柄着生状态和托叶痕（放大）］；4. 小枝一段［示腋生的花序柄着生的状态及托叶（放大）］；5. 已长成的雌蕊（放大）；6. 果。（仿《中国植物志》）

故称之为马尾树。喜光树种，喜湿润生境。播种繁殖。木材浅褐色，轻软，纹理直，结构细，易干燥，不变形，易切削，切面光滑，供作家具、农具、室内装修、旋制胶合板、包装箱等用材，也是培养香菇的优良材料；果实、树皮富含单宁，可供提取栲胶。

50　胡桃科 Juglandaceae

落叶或半常绿乔木或小乔木，少灌木。叶互生或稀对生，奇数或稀偶数羽状复叶，少数为单叶，无托叶；小叶对生或互生，具或不具小叶柄。花单性，雌雄同株；雄花为下垂柔荑花序；花被不规则，与苞片合生；雄蕊3枚至多数；雌花单生或数朵合生；花被4裂，与苞片和子房合生；子房下位，1室，有胚珠1枚。果实为核果或坚果，有一肉质的外果皮包藏，或4瓣裂，或有时有翅。

9属约60种。中国7属20种，主要分布于长江以南；广西7属12种1变种，另有引种1种。

分属检索表

1. 小枝的髓心疏松成片状分隔。
 2. 核果无翅；具有肉质不开裂的外果皮 ························· **1. 胡桃属 Juglans**
 2. 坚果有翅。
  3. 果左右两侧具翅 ······················· **2. 枫杨属 Pterocarya**
  3. 果周围有圆翅 ······················· **3. 青钱柳属 Cyclocarya**
1. 小枝的髓心坚实不成片状分隔。
 4. 落叶乔木。
  5. 坚果不托以3裂的大苞片。
   6. 坚果较小而扁平，两侧具翅，果序为球果状 ············· **4. 化香树属 Platycarya**
   6. 坚果较大而卵圆形至宽椭圆形，无翅，有4条棱；外果皮木质，开裂 ············· **5. 山核桃属 Carya**
  5. 坚果具长喙核状；外果皮木质，常成大小不等的4~9瓣裂开 ············· **6. 喙核桃属 Annamocarya**
 4. 常绿乔木；小坚果托以大型3裂的苞片；果序成总状；小叶全缘 ············· **7. 黄杞属 Engelhardtia**

1. 胡桃属 Juglans L.

落叶乔木。芽具芽鳞。小枝髓部成薄片状分隔。叶互生，奇数羽状复叶，有腺体及芳香气味；无托叶；小叶对生，具锯齿或稀全缘。雌雄同株；雄花为柔荑花序，下垂，花被1~4裂，具雄蕊4~40枚；雌花数朵排成顶生总状花序，直立；花被4枚；子房下位，1室，1枚胚珠，花柱2枚，有羽状柱头。果为假核果，外果皮肉质，在树上不开裂；内果皮硬骨质，有不规则的槽纹，基部2~4室，种子1枚，2~4裂。

约20种。中国3种；广西产2种。

分种检索表

1. 小枝、叶轴、叶片及外果皮均无毛；小叶全缘；雌花序具1~3花；核状坚果具2纵棱 ············ **1. 胡桃 J. regia**
1. 小枝、叶轴、叶片及外果皮均被星状毛；小叶具锯齿；雌花序具5~10花；核状坚果具6~8条纵棱 ·············
··· **2. 胡桃楸 J. mandshurica**

1. 胡桃 核桃 图461：1~5
Juglans regia L.

落叶乔木，高30m，胸径1m。树皮灰色，老时成浅纵裂。小枝粗壮，髓心成薄片状分隔；1年生小枝暗红褐色，无毛。奇数羽状复叶，长25~30cm；小叶5~7枚，有时达13枚，椭圆状卵形至长椭圆形，长6~15cm，宽3~6cm，全缘或在幼树上的叶具稀疏细锯齿，下面淡绿色；侧脉11~15对。雄花为穗状花序而下垂，通常长5~12cm，雄蕊6~30枚；雌花为单生或2~3朵簇生于枝顶而直立。果序短，下垂，有果实1~3枚；果近球形，直径4~6cm，幼时被毛，熟后无毛，皮孔褐色；果核直径2.5~3.7cm，表面有凹凸或皱褶刻纹，有2条纵棱，先端有短尖头。花期4~5月；果期10~11月。

原产于欧洲东南部及亚洲西南，今世界多地有栽培，为世界四大坚果（核桃、杏仁、板栗、腰果）之一，中国华北、西北、西南及华中有规模栽培，长江以南各地也有少量栽培。在广西常见栽培于田林、隆林、凌云、乐业、天峨、桂林、金秀、那坡、靖西也有栽培。喜温凉气候、湿润肥沃土壤，在广西适于栽培于北部、西北部海拔400~1800m的山区溪谷两旁土层深厚的地方。适宜生长在年均气温8~15℃、极端最低气温－30℃以上、极端最高气温38℃以下、无霜期150d以上、全年日照不少于2000h的地区。核桃较耐空气干燥，但对土壤长期干旱和缺水很敏感。适于土壤pH值6.3~8.2，含盐量0.25%以下。核桃栽培历史悠久，种质资源丰富。据初步统计，中国有200个品种或类型，其中有100多个优良类型。广西主产核桃属于中国南方核桃类群，有米核桃、薄壳核桃、露仁核桃、串核桃、夹米核桃、山核桃等许多类型。播种、嫁接或分根繁殖，提倡采用优良品种嫁接繁殖。种子繁殖，结实晚（约10年），变异大，单位面积产量低。嫁接繁殖，能提早结果（栽植后3年结实），且能保持母本的优良特性。核桃种仁富含磷脂和锌、锰、铬等人体不可缺少的微量元素，对脑神经有良好

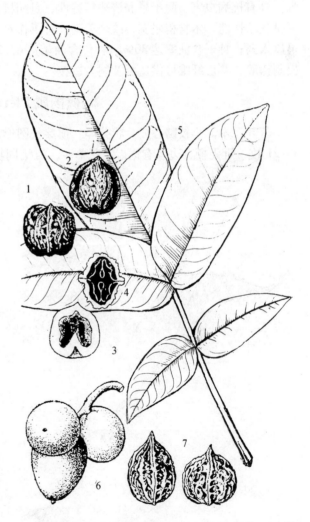

图461 1~5. 胡桃 Juglans regia L. 1. 果核；2. 果核侧面观；3. 果核纵切面；4. 果核横切面；5. 叶。6~7. 胡桃楸 Juglans mandshurica Maxim. 6. 果序；7. 果核。（仿《中国植物志》）

保健作用，具有通经、润血脉、补气养血、润燥润肠等保健和药效功能及较高的益智作用。木材坚实，优质深色硬木木材。核桃管理粗放，结实量大，可在广西西部及北部山区选择溪边、山谷、路旁、房前屋后等水肥较好地段规模种植。

2. 胡桃楸　野核桃、华核桃　图461：6~7

Juglans mandshurica Maxim.

落叶乔木，高25m。树皮灰褐色，呈浅纵裂。幼枝灰绿色，密被腺毛、星状毛及柔毛；芽被黄褐色或灰褐色绒毛。奇数羽状复叶，长40~50cm；小叶9~17枚，对生或近对生，无柄，卵形至卵状长椭圆形，长8~15cm，宽3.0~7.5cm，先端渐尖，基部圆形或近心形，不对称，边缘有细密锯齿，两面均有星状毛；侧脉11~17对。雄花为柔荑花序，长20~25cm，下垂；雌花序穗状，直立，长约20cm，有花5~10朵，密被红色腺毛。果序长，下垂，有5~10枚果；果卵形，长3.0~4.5cm，密被腺毛，果核球状卵形或长椭圆形，有6~8条纵棱，棱间有不规则的皱褶刻纹。花期3~4月；果期9~10月。

产于阳朔、龙胜、融水、环江、凌云、田林、乐业、隆林。生于海拔800m以上的溪边、谷地。分布于云南、四川、贵州、湖北、湖南、江西、安徽、浙江、山东、江苏、甘肃、山西、陕西。喜温凉湿润砂质壤土，喜光，能在全光地天然更新，多见于林缘、荒坡灌丛或迹地上。自然抗性较强，具有抗病虫害、耐干旱和瘠薄等特性，是胡桃的优良砧木来源，也可作为胡桃育种材料，提高胡桃栽培性能。木材稍坚实，纹理美观，可供作军工及家具等用材；叶、花、枝、根以及核桃壳都可以入药；种子含油率达30%，种仁含油量达65.25%，可食用及作工业用材；树皮和外果皮可供提制栲胶；茎皮纤维可供造纸及制人造板。

2. 枫杨属 Pterocarya Kunth

落叶乔木。小枝髓心成片状分隔。顶芽长圆形。叶互生，奇数或偶数羽状复叶，无托叶；小叶5~21枚，近无柄，边缘有锯齿。花单性，雌雄同株，花芽、叶芽同时展开；雌雄花序分开，均为柔荑花序；雄花序腋生，有多数雄花而下垂；雄花有1枚伸长苞片及2枚小苞片，1~4枚花萼，雄蕊6~18枚；雌花萼4枚，包裹子房，基部有2枚小苞片及1枚线形苞片；子房1室，花柱短，2裂，胚珠1枚。果为一坚果，2片革质翅由苞片发育而成，排列于下垂的长轴上；种子1枚，子叶4裂。

6种。中国有5种，南北均产；广西产1种。

枫杨　图462

Pterocarya stenoptera C. DC.

落叶乔木，高30m，胸径1m。树皮灰黑色，深纵裂。小枝有皮孔，呈灰黄色，髓心成片状分隔。裸芽被锈褐色毛。叶多为偶数或少有奇数羽状复叶，长8~16cm；叶轴有翅；小叶10~16枚，无柄，长椭圆形至长椭圆状披针形，先端圆尖或钝，基部偏斜，边缘有锯齿，长8~11cm，宽2.0~3.5cm；侧脉内有簇生星状毛。花单性，雌雄同株；雄花为柔荑花序，单生于叶腋内，长6~10cm，下垂；雌花为柔

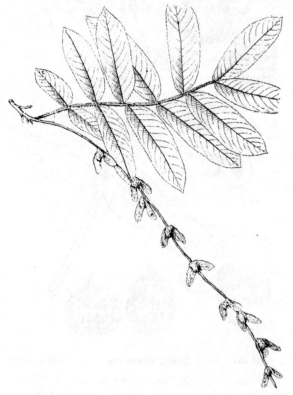

图462　枫杨 Pterocarya stenoptera C. DC. 果枝。（仿《中国植物志》）

荑花序而顶生，长达20cm，侧垂。穗状果序长20~45cm，轴初具短柔毛后近无毛；坚果长椭圆形，长6~7mm，果翅2枚，长圆形至条状长圆形，斜上开展。花期4~5月；果期7~9月。

产于广西各地，以广西北部、西北部较多。广布于中国华北、华中、华南及西南各地，是长江与淮河流域最常见树种，常见于土壤肥沃的水边、河岸等地，多生于河岸带和消落区，能够耐受较长时间的水淹胁迫。萌芽力强，生长迅速，衰退早，10~15年可以成材。木材色浅、质轻、少翘裂、易加工，可供作造船、家具、农具、胶合板、纤维板、火柴杆、造纸等用材；树皮及根入药，有祛风除湿、解毒杀虫的功效；叶含水杨酸，可治脚癣，又可作农药；树冠广展，可做行道树；根系发达，可用于水边护岸固堤。

3. 青钱柳属 Cyclocarya Iljinsk.

落叶乔木。小枝髓心成片状分隔。芽长圆形，裸露。叶互生，奇数羽状复叶；无托叶；叶轴无翅。花雌雄同株；雌雄花序均为柔荑花序；雄花序2~4枝集生于叶痕腋内的花序总梗上；花被整齐，有鳞片；雄蕊20~30枚，成2~4束；雌花序单生于枝顶，有花20朵；花被4裂，下托以2枚小苞片；子房1室，花柱短，柱头2裂。坚果周围有圆盘状翅，呈黄褐色。

本属仅有1种，分布于长江以南各地；广西也产。

青钱柳 图463

Cyclocarya paliurus（Batalin）Iljinsk.

落叶乔木，高30m，胸径80cm。幼树树皮灰色，老树灰褐色，深纵裂。幼枝密被褐色毛，后脱落无毛。奇数羽状复叶，长15~25cm；小叶7~9枚，长椭圆状卵形或长椭圆状披针形，长5~15cm，宽2~6cm，基部为不对称的圆楔形；边缘有细锯齿。雄花序2~3个簇生在长3~5mm的总梗上，长7~18cm，花梗短；雄蕊20~30枚；雌花序单生于枝顶，长21~26cm，有花7~10朵，花梗极短；花序轴密被短柔毛，老时无毛。果序总状，长13~30cm；坚果有翅，呈圆盘形，直径2.5~6.0cm，顶端有4枚宿存花被片及花柱。花期4~6月；果期7~11月。

产于永福、贺州、金秀、融水、东兰、天峨、乐业、贵港。分布于广东、湖南、湖北、福建、台湾、贵州、四川、云南、江西、安徽、浙江、江苏、陕西。木材细致，可作家具、农具及工业用材；叶含有多种药理活性成分和矿物质元素，具有降血脂、降血压、降血糖等功能，可做药用或开发为饮料；树形优美、果形奇特，用于作园林及风景树种。

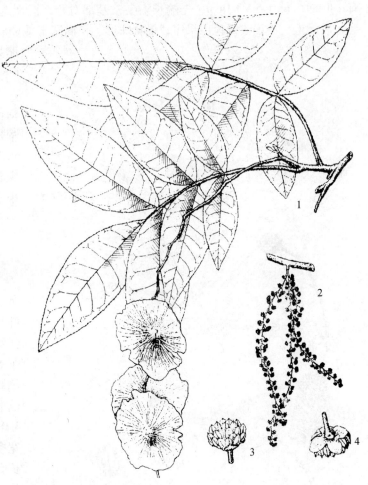

图463 青钱柳 Cyclocarya paliurus（Batalin）Iljinsk. 1. 果枝；2. 雄花序束；3. 雄花正面观；4. 雄花背面观。（仿《中国植物志》）

4. 化香树属 Platycarya Sieb. et Zucc.

落叶乔木。小枝髓心坚实。叶为奇数羽状复叶或少数为单叶；小叶有锯齿。花序直立，顶生；雄花序为柔荑花序，腋生，有 4 ~ 12 枚花序集生；雄蕊 8 ~ 10 枚，生于披针形的苞片腋内；雌花序为球果状，单生于枝顶或 2 ~ 3 枚花序集生；雌花的小苞片与子房合生成为坚果的翅；子房下位，1 室，胚珠 1 枚；花柱 5 枚，柱头 2 裂。小坚果有翅。

2 种，分布于中国、朝鲜、日本。广西 2 种均产。

分种检索表

1. 叶为奇数羽状复叶，小叶 7 ~ 23 枚 ·· 1. 化香树 P. strobilacea
1. 叶为三出复叶 ·· 2. 龙州化香树 P. longzhouensis

1. 化香树　圆果化香　图 464

Platycarya strobilacea Sieb. et Zucc.

落叶小乔木或灌木，高 15m。树皮灰褐色，浅纵裂。嫩枝初被褐色柔毛；老枝无毛，具皮孔。叶为奇数羽状复叶，长 10 ~ 30cm，叶柄 1. 2 ~ 9.2cm，无毛；叶总轴短于叶轴，叶总柄及叶轴初被褐色短柔毛，后逐渐无毛；小叶 7 ~ 23 枚，纸质；侧生小叶无柄，对生或近于互生，卵状披针形或长椭圆状披针形，长 4 ~ 12cm，宽 1. 5 ~ 4.0cm，先端渐尖，基部偏斜，边缘具重锯齿；顶生小叶具有小叶柄，长 0. 5 ~ 3.0cm，先端长渐尖，基部对称，圆形或阔楔形，小叶上面绿色，初时脉上有毛，后无毛，下面浅绿色。果序球果状球形、长椭圆形或卵状椭圆形，长 2 ~ 5cm，宽 2 ~ 3cm；小坚果扁平，圆形，有 2 枚狭翅。花期 5 ~ 6 月；果期 9 ~ 10 月。

产于广西各地。分布于甘肃、陕西、河南、山东、安徽、江苏、浙江、江西、福建、广东、湖南、湖北、四川、贵州、台湾；日本、朝鲜也有分布。木材可作家具、工业原料；树叶、果序可药用；根、木可供提取芳香油。

图 464　化香树 Platycarya strobilacea Sieb. et Zucc.
1 ~ 2. 果枝；3 ~ 4. 小叶下部；5 ~ 6. 果。（仿《中国植物志》）

2. 龙州化香树

Platycarya longzhouensis S. Ye Liang et G. J. Liang

小乔木，高 4m。树皮灰黑色或灰褐色。老枝无毛，具白色皮孔。三出复叶，叶片厚（硬）革质，两面均无毛，在上面深绿色，干后橄榄绿色，下面浅绿色，干后黄褐色；边缘在中部以上有粗锯齿；侧脉与中脉在下面隆起；顶生小叶较大，倒卵状长椭圆形，长 8. 5 ~ 11.5cm，宽 4. 0 ~ 5.5cm，先端钝尖、基部近圆形或宽楔形；侧生小叶略小，卵状椭圆形，长 5. 5 ~ 6.0cm，宽 2 ~ 5cm。果序球果状，近球形，直径约 2cm，宿存苞片木质，长 5. 5 ~ 10.0mm，宽 1. 5 ~ 3.0mm；小坚果扁，两面具有狭翅，宽倒卵形，长宽均约 3.5mm。

广西特有种。产于龙州县。生于海拔 370~610m 的常绿阔叶林中。

5. 山核桃属 Carya Nutt.

落叶乔木。小枝髓心坚实。叶为奇数羽状复叶，小叶具锯齿。雌雄同株；雄花序为柔荑花序而下垂，花多数，每花基部承托着一个 3 裂的苞片；萼片 3~6 裂；雄蕊 3~10 枚，花丝短，花药被毛或无毛；雌花有 2~10 朵顶生，排成穗状花序，直立，无花瓣，花柱 2 枚，子房单生，1 室，有 1 枚胚珠，为一个 4 裂的总苞所包围着。果为坚果，外果皮木质，常 4 瓣裂开；果核表面平滑或有皱纹，顶端 2 室，基部 4 室；种子无胚乳。

约 17 种，主产于美洲和亚洲。中国有 4 种及引种栽培 1 种；广西 3 种及引种栽培 1 种。

分种检索表

1. 裸芽；小叶 5~7 枚。
  2. 羽状复叶的叶柄无毛；雄花序总梗较短，长 0.5~1.5cm；果核卵圆形或倒卵形，顶端急尖。
    3. 顶生小叶倒卵状披针形，叶轴密被灰黄色柔毛，叶下面中脉密被毛；外果皮中部以上具 4 条纵棱；果核倒卵形，长 2.0~3.7cm，直径 1.7~2.8cm ·········· **1. 湖南山核桃 C. hunanensis**
    3. 顶生小叶椭圆状披针形；叶轴初被柔毛，后逐渐无毛；叶下面中脉无毛；外果皮具 4 条纵棱；果核卵圆形，长 2.0~2.5cm，直径 1.5~2.0cm ·········· **2. 山核桃 C. cathayensis**
  2. 羽状复叶的叶柄密被柔毛；雄花序总梗较长，长 3~5cm；果核扁球形 ·········· **3. 越南山核桃 C. tonkinensis**
1. 鳞芽镊合状排列；小叶 11~17 枚；果核长圆形 ·········· **4. 美国山核桃 C. illinoensis**

1. 湖南山核桃 图465：1

Carya hunanensis C. C. Cheng et R. H. Chang

落叶乔木，高 14m，胸径 70cm。树皮白色或灰褐色，浅纵裂。冬芽、嫩枝及叶下面均被黄锈色腺鳞。老枝灰黑色，具皮孔。叶为奇数羽状复叶，长 20~30cm，叶柄近无毛，叶轴密被柔毛；小叶 5~9 枚，顶生小叶倒卵状披针形，长 11~18cm，宽 3~7cm，侧生小叶长椭圆形或长椭圆状披针形，长 4.5~17.5cm，宽 2.5~3.0cm，先端渐尖，基部楔形，边缘有细锯齿，上面被疏毛，仅中脉密被毛，下面被橙黄色腺鳞，中脉上密被柔毛；顶生小叶柄长 5mm，密被毛；侧生小叶柄极短。果倒卵形，外果皮密被锈褐色腺鳞，厚 1~4mm，中部以上有 4 条纵棱，基部平滑；果核倒卵形，两侧略扁，两端尖，顶部具喙，长 1.0~2.5cm，基部偏斜，长 2.0~3.7cm，直径 1.7~2.8cm，壳厚 2~4mm。花期 3~4 月；果期 9~11 月。

产于三江、融水、天峨。生于海拔 500~800m 的山谷、溪边。分布于贵州、湖南。核果味似核桃，炒熟可供食用。

2. 山核桃 图465：2~6

Carya cathayensis Sarg.

乔木，高 20m，胸径 60cm。树皮平滑，灰白色，光滑。幼枝紫灰色，常疏被短柔毛，皮孔圆形；老枝无毛，密被锈褐色腺体。复叶长 16~30cm，叶轴初被毛，后脱落无毛，叶柄幼时被毛及腺体，小叶 5~7 枚；小叶边缘有细锯齿，幼时上面仅中脉、侧脉及叶缘有柔毛，下面脉上无毛但满布橙黄色腺体；顶生小叶椭圆状披针形，侧生小叶对生，披针形或倒卵状披针形，顶端渐尖，基部楔形或略成圆形，长 10~18cm，宽 2~5cm，有短柄或几无柄。雄性柔荑花序 3 条成 1 束，长 10~15cm，总花梗长 1~2cm；雌性穗状花序直立，具花 1~3 朵，长 5~6mm。果实倒卵形，幼时具 4 条狭翅状的纵棱，密被橙黄色腺体；外果皮干燥后革质，沿纵棱裂开成 4 瓣；果核卵圆形，长 2.0~2.5cm，直径 1.5~2.0cm。花期 4~5 月；果期 9 月。

产于融安、融水、隆林。生于山麓疏林中或腐殖质丰富的山谷。分布于浙江、安徽。果仁味美

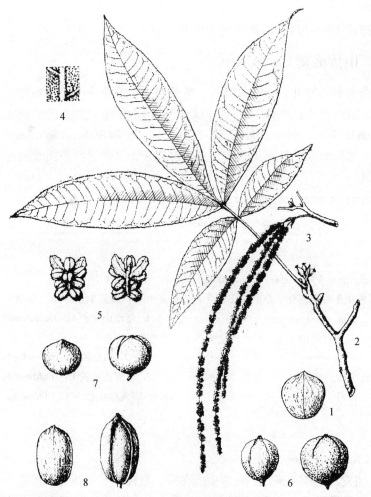

可食；果壳可制活性炭；木材坚韧，为优质用材。

3. 越南山核桃　图 465：7

Carya tonkinensis Lecomte

落叶乔木，高 15m。顶芽裸露，呈棕色。嫩枝被柔毛及橙黄色腺鳞；老枝近无毛。叶为奇数羽状复叶，长 15～25cm，叶柄与叶轴嫩时被柔毛和橙黄色腺鳞，后逐渐近无毛；小叶 5～7 枚，顶生小叶较大，披针形，先端长渐尖，基部近圆形至楔形，具极短柄；侧生小叶无柄或具短柄，椭圆状披针形或倒卵状披针形，长 7～17cm，宽 2.5～5.5cm，先端长渐尖，基部偏斜，近圆形或楔形，上面仅中脉被柔毛，下面被橙黄色腺鳞，中脉及侧脉被褐色柔毛；侧脉 20～25 对。雄花为柔荑花序，长 12～15cm，2～3 条成一束，总梗长 3～5cm；雌花为穗状花序，直立，具 2～3 朵雌花。果近球形，长 2.2～2.4cm，直径 2.6～3.0cm；外果皮 4 瓣裂，被短柔毛及橙黄色腺鳞；果核扁球形，直径 2.3～2.7cm，顶端具小尖头。花期 4～5 月；果期 9 月。

产于隆林、东兰。生于海拔 1300m 以上的山区杂木林中。分布于云南；越南、印度也有分布。木材、油料两用树种，木材坚韧，可作工业用材、家具等用材；种仁含有食用油，可食用。

图 465　**1. 湖南山核桃 Carya hunanensis** C. C. Cheng et R. H. Chang 果。**2～6. 山核桃 Carya cathayensis** Sarg. 2. 枝（示雌花序和叶）；3. 雄花序束；4. 叶背面一部分；5. 雄花；6. 果。**7. 越南山核桃 Carya tonkinensis** Lecomte 果和果核。**8. 美国山核桃 Carya illinoensis**（Wangenh.）K. Koch 果和果核。（仿《中国植物志》）

4. 美国山核桃　图 465：8

Carya illinoensis（Wangenh.）K. Koch

大乔木，高 50m，胸径 2m。树皮粗糙，深纵裂。鳞芽镊合状排列，芽黄褐色，被柔毛。小枝被柔毛，后无毛，灰褐色，具稀疏皮孔。奇数羽状复叶长 25～35cm，叶柄及叶轴初被柔毛，后几无毛，具 9～17 枚小叶；小叶具短柄，卵状披针形至长椭圆状披针形，长 7～18cm，宽 2.5～4.0cm，基部歪斜，一侧阔楔形，一侧近圆形，顶端渐尖，边缘具单锯齿或重锯齿，初被腺体及柔毛，后毛脱落而常在脉上有疏毛。果实矩圆状或长椭圆形，长 3～5cm，直径约 2.2cm，有 4 条纵棱，外果皮 4 瓣裂，革质，内果皮平滑，果核长圆形，灰褐色，有暗褐色斑点，顶端有黑色条纹；基部不完全 2 室。花期 5 月；果期 9～11 月。

原产于北美洲；广西各地有引种栽培；河北、河南、江苏、浙江、福建、江西、湖南、四川也有栽培。果仁（即种子）含油脂，可食。

6. 喙核桃属 Annamocarya A. Chev.

落叶乔木。小枝髓心坚实。芽裸露。奇数羽状复叶，小叶全缘。雌雄同株；雄花柔荑花序下垂，有 5~9 条簇生于总梗上，每花有 1 枚苞片和 2 枚小苞片，雄蕊 5~15 枚；雌花穗状花序，直立，顶生，3~5 朵花集生，无花梗，苞片及小苞片同形，愈合成一整齐的总苞，子房贴生于总苞内壁，1 室、1 枚胚珠，直立，花柱膨大，近球形，柱头 2 裂，较长，圆柱形。果较大，球形，外果皮厚，木质，开裂为 4~7 瓣；果核表面光滑，顶端有长喙，基部有线形疤痕。

仅有 1 种，产于广西、云南、贵州；越南也有分布。

喙核桃　图 466

Annamocarya sinensis（Dode）Leroy

落叶乔木，高 30m，胸径 80cm。嫩枝紫褐色或灰褐色，有短柔毛；老枝无毛，具黄褐色皮孔。奇数羽状复叶，长 30~45cm，小叶 7~9 枚，近革质，全缘，两面均无毛；侧生小叶对生，叶柄长 3~5mm，长椭圆形或长椭圆状披针形，长 12~15cm，宽 4~5cm，先端渐尖，基部楔形或钝；顶生小叶倒卵状披针形，长 12~15cm，宽 4~6cm；叶柄长 10~15cm；侧脉 17~20 对。雄花为柔荑花序，下垂，长 13~15cm，5~9 枝成一束集生于花序总梗上；雌花为穗状花序，顶生，直立，3~5 朵雌花集生，无花梗。果球形或卵状椭圆形，长 6~8cm，顶端具尖头；外果皮厚，木质，厚 5~9mm，4~9 瓣开裂，裂片顶端具鸟喙状渐尖头；果核球形或卵球形，直径 4~5cm，顶端有长喙，微有皱纹。花期 4~5 月；果期 8~11 月。

易危种。产于永福、龙胜、都安、南丹、罗城、都安、巴马、东兰、乐业、隆林、那坡。分布于云南、贵州；越南也有分布。

图 466　喙核桃 Annamocarya sinensis（Dode）Leroy 1. 叶；2. 一段枝条和雄花序束；3. 雄花序束；4. 雄花；5. 雌花；6~7. 果；8. 果核侧面观；9. 果核背面观；10. 果核基部外观。（仿《中国植物志》）

7. 黄杞属 Engelhardtia Lesch. ex Blume

常绿或半常绿乔木或灌木。小枝髓心坚实。叶常为偶数羽状复叶，小叶互生，全缘或有锯齿。雌雄同株或很少雌雄异株；雄花为穗状花序，苞片与小苞片合生，常 3 浅裂，或不明显 3 裂，小苞片 2 枚；雄蕊 3~15 枚，花丝极短，花药无毛或有毛；雌花为下垂穗状花序，苞片 3 浅裂，萼片 1~4 裂，与子房合生；花柱短，柱头 2~4 深裂。坚果球形，与扩大的苞片合生；果翅膜质，显著 3 裂，基部与坚果下部愈合，中裂片比两侧裂片大；种子 1 枚。

约 7 种。中国有 4 种，产于长江以南；广西有 2 种 1 变种。

分种检索表

1. 全株无毛；花序顶生，稀同时侧生；果实和苞片基部均无毛，具果柄 ························· **1. 黄杞 E. roxburghiana**
1. 全株有毛；花序侧生；果实和苞片基部有毛，无果柄 ························· **2. 云南黄杞 E. spicata**

图 467 黄杞 Engelhardtia roxburghiana Wallich 果枝。(仿《中国植物志》)

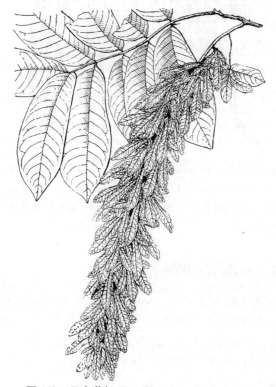

图 468 云南黄杞 Engelhardtia spicata Leschenault ex Blume 果枝。(仿《中国植物志》)

1. 黄杞 图467

Engelhardtia roxburghiana Wallich

常绿乔木，高 30m，胸径 1m。树皮褐色，深纵裂。冬芽、嫩枝、花序、果苞及叶下面无毛，被橙黄色腺鳞。偶数羽状复叶，长 12~25cm；小叶 1~5 对，对生或近对生，长椭圆状披针形或椭圆形，小叶在上部的较大，下部的较小，长 5~14cm，宽 2~5cm，先端渐尖或短渐尖，基部不对称，歪斜状楔形，全缘，两面均无毛；侧脉 7~15 对；柄长 5~15mm。雌雄同株或异株，花序顶生，稀同时侧生；雄花序集生，下垂；雌花序单生，有总花梗。果序长 15~25cm；坚果球形或扁球形，直径约 4mm，具果柄，密被橙黄色腺鳞，有 3 枚裂叶状的膜质翅。花期 2~8 月；果期 1~12 月。

产于广西各地。分布于广东、海南、台湾、云南、四川、贵州、福建、湖南、湖北、江西、浙江；柬埔寨、印度尼西亚、老挝、越南、泰国、缅甸、巴基斯坦也有分布。在广西南部阔叶林中，常与橄榄、乌榄、红锥等混生或成小片纯林。喜光，不耐庇荫。在密林中常形成干形通直、枝下高 15m 的上层林木；在林缘、疏林内天然更新良好。对土壤要求不严，耐瘠薄、干旱。萌蘖性强。在采伐或火烧迹地为先锋树种。木材暗紫红色，纹理斜，结构细致，略硬重，耐腐，可作家具、建筑用材；树皮含鞣质，能供提取栲胶；叶可入药，有清热止痛的功效。

2. 云南黄杞 烟包树 图468

Engelhardtia spicata Leschenault ex Blume

半常绿乔木，高 20m，胸径 30cm。嫩枝被锈褐色腺鳞及毛；老枝无毛；暗褐色或赤褐色，具灰白色皮孔而显著。叶为羽状复叶，常偶数，稀奇数，长 17~35cm，叶柄及叶轴嫩时密被锈褐色毛，后逐渐无毛；小叶 2~7 对，对生或近互生，长椭圆形或椭圆状卵形，长 7~15cm，宽 2.0~6.5cm，先端钝尖，基部不对称，偏斜，一边宽楔形，一边圆形或近心形，通常全缘，上面无毛，具腺鳞，下面中脉和小叶柄被黄褐色短柔毛，后无毛；小叶柄 5~10mm；侧脉 10~13 对。

雄花为柔荑花序，集生成圆锥状花序束，生于新枝基部或叶腋；雌花为柔荑花序，单生于叶痕腋内
或生于雄花序顶端。果序长 20 ~ 45cm，
下垂，果序轴具棱；坚果近球形，直径
3 ~ 5mm，密被黄褐色糙硬毛；无果柄。
花期 11 月至翌年 4 月；果期 1 ~ 8 月。

产于百色、那坡、德保、靖西、凌
云、田阳。分布于海南、云南、贵州、
西藏；印度、泰国、越南、菲律宾、印
度尼西亚也有分布。较喜光，林冠下天
然更新不良。生长速度中等。木材淡黄
褐色，结构细，轻软，不耐腐，可作一
般家具用材。

2a. 毛叶黄杞　图 469

Engelhardtia spicata var. **colebroo-
keana**（Lindley）Koorders et Valeton

与原种的区别在于：本变种的叶阔
椭圆状卵形或阔椭圆状倒卵形或长椭圆
形，先端钝圆或微凹，上面中脉和侧脉
被柔毛，下面密被锈黄色短柔毛及金黄
色腺鳞；小叶柄长 3 ~ 5mm；穗状果序长
13 ~ 18cm。花期 1 ~ 4 月；果期 3 ~ 8 月。

产于东兰、河池、百色、隆林、田
林、那坡、平果、扶绥、邕宁。分布于
云南、贵州、广东、海南；越南、缅甸、
印度、尼泊尔、菲律宾、泰国也有分布。
喜光，耐干热。树皮含鞣质，可供提取
栲胶；根或茎皮可入药，有收敛固涩、
止泻、止血的功效。

图 469　毛叶黄杞 Engelhardtia spicata var. **colebrookeana**
（Lindley）Koorders et Valeton 1. 果枝；2 ~ 3. 果。(仿《中国植物
志》)

51　木麻黄科 Casuarinaceae

常绿乔木、小乔木或灌木。枝褐色，小枝轮生或假轮生，绿色，线形，酷似麻黄或木贼，多
节，节间具细棱。叶退化为鳞片状，4 ~ 16 枚轮生，基部连鞘状。雌雄同株或异株；花红色，无花
梗；雄花集成柔荑状的穗状花序，圆柱形，通常顶生或侧生，花序轴的每节上有数枚苞片，基部彼
此连合为杯状或鞘状，雄蕊 1 枚；雌花集成球形或椭圆形的头状花序，无花被，但有小苞片 2 枚，
子房上位，1 室，花柱短，有 2 枚通常红色的线形柱头。果序球果状，小坚果顶具膜质薄翅，密集
纵行排列于果序上，成熟时小苞片变为木质；种子 1 枚。

4 属 97 种，主产于大洋洲，世界热带地区有广泛引种栽培。中国 1 属 3 种，都为引种。

木麻黄属 Casuarina L.

乔木或灌木。叶 5 ~ 17 枚轮生。果序小苞片从不明显变厚，背部不凸起；翅果黄褐色或浅灰
色，无毛。

17 种。中国常见引种的有 3 种；广西也有引进。

分种检索表

1. 球果状果序稍大，长椭圆形，长 1.5 ~ 2.0cm，直径约 1.2cm；小枝较粗，直径 0.7 ~ 1.7mm。
  2. 小枝柔细，直径 0.8 ~ 0.9mm；鳞片状叶每轮 6 ~ 8 枚 ·················· **1. 木麻黄 C. equisetifolia**
  2. 小枝略粗，直径 1 ~ 1.7mm；鳞片状叶每轮 12 ~ 16 枚 ·················· **2. 粗枝木麻黄 C. glauca**
1. 球果状果序小，圆球形，直径 0.7 ~ 1.0cm；小枝纤细，长 12 ~ 22cm，直径 0.5 ~ 0.7mm；鳞片状叶每轮 8 ~ 10 枚
  ··· **3. 细枝木麻黄 C. cunninghamiana**

1. 木麻黄　短枝木麻黄、驳骨树　图 470
Casuarina equisetifolia L.

常绿乔木，高 30m，直径 70cm。主干通直，树冠圆锥状；大树根部无萌蘖，幼树皮带红色，老树皮粗糙，深褐色，不规则条裂，内皮红色。小枝绿色，长 10 ~ 27cm，直径 0.8 ~ 0.9mm；嫩枝稍带红褐色，多直立，少有下垂，具 6 ~ 8 条细棱，节间长 4 ~ 9mm，每轮鳞片状叶 6 ~ 8 枚，呈小短齿状，长 1 ~ 3mm，紧贴小枝。雌雄同株，雄花序长 1 ~ 4cm；雌花序红色。果序侧生，有短柄，矩椭圆形，两端钝或截平，长 1.5 ~ 2.0cm，直径 1.0 ~ 1.5cm，外被短柔毛，小苞片木质，广卵圆形，顶端略钝；小坚果灰褐色，有光泽，上部有灰白色膜质翅，连翅长 4 ~ 6mm，具红棕色棱，翅偏于一侧。花期 4 ~ 5 月；果期 7 ~ 10 月。

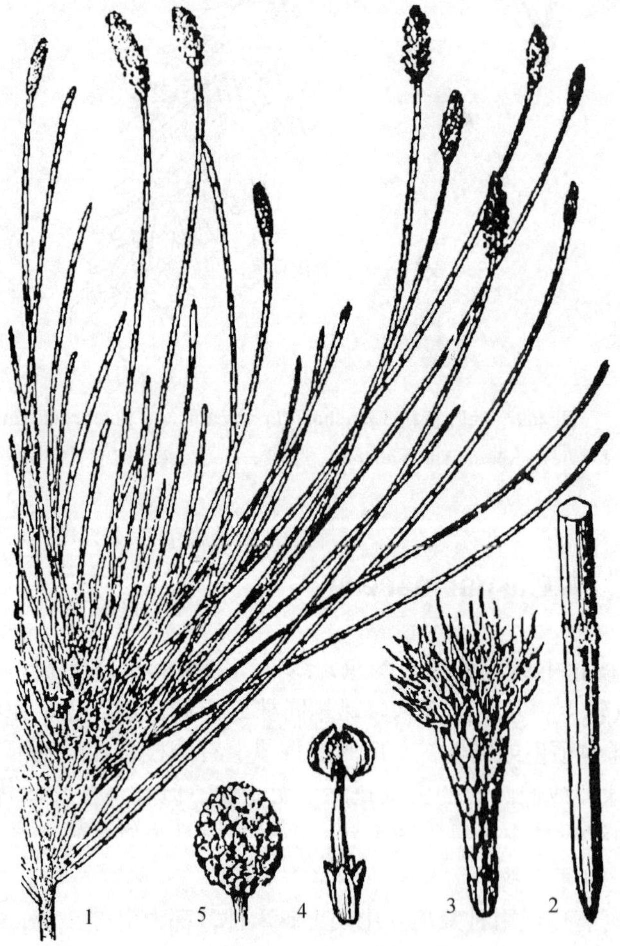

原产于澳大利亚和太平洋岛屿，现热带美洲和亚洲东南部有广泛栽培。北海、合浦、钦州、防城、玉林、博白、陆川、南宁有栽培，以沿海地区栽培较多；广东、福建、海南、台湾及浙江南部沿海也有栽培。喜湿热气候，不耐霜冻，原产地最低气温 2 ~ 5℃，最高月均温 35 ~ 37℃。对立地条件要求不高，耐干旱、抗风沙、耐盐碱，根系深广，萌芽力强，为热带海岩岸防风固沙优良先锋树种。速生，适生地年高生长 2 ~ 3m，15 年生树，高达 20m，胸径 50cm，30 ~ 50 年生衰退。播种繁殖，果实出籽率 3% ~ 4%，千粒重 1.6 ~ 2.0g。种子发芽率 10% ~ 30%。幼苗萌芽力强，可用半年生裸根苗或用 1 年生苗截干造林，近年多用容器育苗造林。沙地绿化、沿海防护林带以及近海地区的路树、农田防护林网的重要造林先锋树种。木材红褐色，纹理斜，结构较粗，干缩甚大，易开裂，难加工，耐腐力较差，握钉力强，作薪材或临时性建筑用，经防腐处理后，可用作枕木、电杆等用材；树皮含单宁 11% ~ 18%，可供提制栲胶。

图 470　木麻黄 Casuarina equisetifolia L. 1. 雄花枝；2. 小枝一段；3. 雌花序；4. 雄蕊；5. 果序。（仿《中国高等植物图鉴》）

2. 粗枝木麻黄 图 471：1～3

Casuarina glauca Sieber ex Spreng.

常绿乔木，高 20m，胸径 35cm。大树根部多萌蘖；树皮灰褐色或灰黑色，较厚，表面粗糙，块状剥落或浅纵裂，内皮浅黄色。枝近直立而疏散，树冠较窄，小枝颇长，长 35～100cm，直径 1.0～1.7mm，上端下垂，蓝绿色或被白粉，无毛，嫩时沟槽被短柔毛；节间长 10～18mm，鳞片状叶棕色，通常 12～16 枚，狭披针形，顶端外弯。雌雄异株。果序稍大，广椭圆形，两端截平，长 1.2～2.0cm，直径 1.0～1.5cm，苞片披针形，外被柔毛；小苞片椭圆形，稍尖；小坚果灰褐色，长椭圆形，具膜质翅，连翅长 4～5mm。花期 3～4 月；果熟期 6～9 月。

原产于澳大利亚。北海、合浦、钦州、南宁有栽培；广东、海南、福建、台湾有引种栽培。抗风力较弱，对立地条件要求较高，在沿海沙滩地，生长不及木麻黄，但在内陆低丘黏重土壤上，生长水平超过木麻黄。播种繁殖，种子千粒重 0.5g，发芽率为 10%～20%。对青枯病抗性较强，可用作抗病育种材料或近海内陆行道树种，也用于作旱地造林树种。心材褐色，边材白色，为枕木、家具用材，也可供作雕刻用材。

3. 细枝木麻黄 图 471：4～13

Casuarina cunninghamiana Miq.

常绿乔木，高 25m，胸径 40cm。树冠呈尖塔形，大树根部常有萌蘖；树皮灰色，稍平滑，小片剥落或浅纵裂。小枝纤细，长 12～35cm，直径 0.5～0.7mm，有密节和条纹，稍下垂，节间短，长仅 4～5mm。鳞片状叶每轮 8～10 枚，狭披针形，嫩时基部被柔毛，浅绿色，成长后转绿色，无毛。雌雄异株，雄花序长 1.2～2.0cm。果序小，近圆形，直径约 7mm，小坚果浅褐色，连翅长 3.0～4.5mm。花期 4 月；果熟期 6～9 月。

原产于澳大利亚东部，世界热带、亚热带地区常见栽培。北海、合浦、钦州、南宁有栽培；广东、广西、海南、福建、台湾也有引种栽培。树形美观，常栽植为行道树或观赏树。抗旱性强，可做干旱地造林树种，也可作为堤坝等防止土壤侵蚀的树种。材质硬，可作枕木、造船及建筑用材。

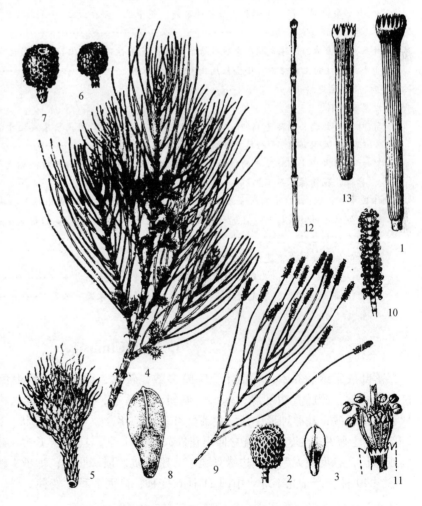

图 471　1～3. 粗枝木麻黄 Casuarina glauca Sieber ex Spreng. 1. 小枝一节；2. 成熟开裂的果序；3. 果。4～13. 细枝木麻黄 Casuarina cunninghamiana Miq. 4. 雌花枝；5. 雌花序；6～7. 果序；8. 果；9. 雄花枝；10. 雄花序；11. 雄花序一段；12. 小枝一段；13. 小枝一节。（仿《中国植物志》）

52　榆科 Ulmaceae

落叶或常绿乔木或灌木。芽常具覆瓦状芽鳞，顶芽通常早死。单叶互生，稀对生，常排成2列，有锯齿或全缘，基部常偏斜，羽状脉或近基三出脉；托叶早落。花小，腋生，两性、单性或杂性，单生或排成聚伞花序，或因总花序轴短而呈簇生状；花萼3~8裂，覆瓦状或内向镊合状排列；无花瓣，雄蕊与萼片同数而对生，稀较多，花丝离生，花药2室，纵裂；子房上位，心皮2枚，1~2室，每室具胚珠1枚，花柱2枚。翅果、坚果或核果，种子1枚。

16属约230种，广布于全世界热带至温带地区。中国产8属46种10变种，分布遍及全国；广西已知有8属23种2变种。

分属检索表

1. 果为周围有翅的翅果，或为周围具翅或上半部具鸡头状窄翅的小坚果。
    2. 叶具羽状脉，侧脉直，脉端伸入锯齿；花两性或杂性。
        3. 果周围有翅；花两性，在去年生枝(稀当年生枝)的叶腋排成簇状聚伞花序，或花序轴短缩成簇生状，或散生于当年生枝的基部或近基部；小枝无刺；叶基部常稍偏斜 ……………………………………… 1. 榆属 Ulmus
        3. 小坚果偏斜，在上半部鸡头状的窄翅；花杂性，单生或2~4朵簇生于当年生枝的叶腋；小枝具坚硬的棘刺；叶的基部不偏斜 ………………………………………………………… 2. 刺榆属 Hemiptelea
    2. 叶基生三出脉，侧脉先端在未达叶缘前弧曲；花单性同株，雄花数朵簇生于当年生枝的下部叶腋，雌花单生于当年生枝的上部叶腋；小坚果周围有翅，具长梗 ……………………… 3. 青檀属 Pteroceltis
1. 果为核果，无翅。
    4. 叶具羽状脉。
        5. 叶缘有锯齿，侧脉先端伸入锯齿；托叶离生；花杂性，雄花数朵簇生于幼枝下部叶腋，雌花或两性花单生(稀2~4朵簇生)于幼枝上部叶腋；果上部偏斜 ……………………………………… 4. 榉属 Zelkova
        5. 叶全缘或中上部具疏浅的锯齿，侧脉先端在未达叶缘前弧曲而彼此相连；托叶常基部合生；花单性，雌雄异株，稀同株；果不偏斜 …………………………………………… 5. 白颜树属 Gironniera
    4. 叶基生三出脉(即疏生羽状脉之基的1对侧脉比较强壮)，稀五出脉或羽状脉。
        6. 叶侧脉先端伸入锯齿或在近叶缘处网结；花单性，雄花成密集的聚伞花序、腋生，雌花单生于叶腋；果端宿存柱头2枚，条形，弯曲 ……………………………………………… 6. 糙叶树属 Aphananthe
        6. 叶的侧脉先端在未达叶缘前弧曲，不伸入锯齿。
            7. 花单性或杂性；果具宿存花被片和柱头；叶缘具细锯齿 ……………………… 7. 山黄麻属 Trema
            7. 花两性或单性；果无宿存花被片和柱头；叶缘全缘或有锯齿 ……………………… 8. 朴属 Celtis

1. 榆属 Ulmus L.

落叶或常绿。乔木，稀灌木。芽鳞多数，较大，栗褐色或紫褐色。叶缘常具重锯齿，稀单锯齿；羽状脉，侧脉直达叶缘，基部常偏斜。花两性，簇生或成短总状花序，春季先于叶开放，稀秋、冬季开放；花萼钟形，淡绿色或微红色，4~8裂，裂片覆瓦状，宿存；雄蕊与萼片同数或为其2倍，生于萼片基部，花丝直立伸出花外；子房1室，具胚珠1枚。翅果扁平，圆形、卵形、椭圆形或窄长，有毛或无毛，或边缘具睫毛，翅膜质，顶端凹缺；种子1枚，位于翅的中部或上部。

约40种，产于北半球。中国21种6变种；广西3种1变种。

分种检索表

1. 花春季开放；叶缘具重锯齿或单锯齿；簇状聚伞花序、短聚伞花序或总状聚伞花序生于去年生枝或当年生枝上的叶腋，或散生(稀少数簇生)于新枝的基部或近基部；翅果有毛。
    2. 叶卵形或卵状椭圆形，稀宽披针形或长圆状倒卵形，长3~11cm，宽1.7~4.5cm，先端渐尖或短尖，边缘常

　　具单锯齿, 稀兼具或全为重锯齿 ······················· **1. 昆明榆 U. changii** var. **kunmingensis**

　　2. 叶长圆状椭圆形、长椭圆形、长圆状卵形、倒卵状长圆形或倒卵状椭圆形, 长 8~15cm, 宽 3.5~6.5cm, 先
　　　端长尖或骤凸, 边缘具重锯齿 ······················· **2. 多脉榆 U. castaneifolia**

1. 花秋季或冬季开放; 叶缘具单锯齿; 簇状聚伞花序或簇生状生于当年生枝的叶腋; 翅果无毛。

　　3. 常绿性; 花冬季(稀秋季)开放, 花被片宿存; 叶基部两侧或一侧常全缘或有浅齿; 翅果长达 2.3cm, 近圆形、
　　　宽长圆形或倒卵状圆形, 果核部分常较两侧的翅窄 ······ **3. 越南榆 U. lanceifolia**

　　3. 落叶性; 花秋季开放, 花被片脱落或残留; 叶基部两侧有较明显的锯齿; 翅果长约 1cm, 椭圆形, 果核部分
　　　较两侧的翅宽 ······················· **4. 榔榆 U. parvifolia**

1. 昆明榆　图 472: 1~6

Ulmus changii var. **kunmingensis** (W. C. Cheng) W. C. Cheng et L. K. Fu

　　落叶乔木, 高 20m, 胸径 90cm。树皮暗灰色、灰褐色或灰黑色, 平滑或后期自树干下部向上细纵裂。幼枝密被毛; 1 年生枝无毛或稍有毛, 淡红褐色或栗褐色。叶卵形或卵状椭圆形, 稀宽披针形或长圆状倒卵形, 长 3~11cm, 宽 1.7~4.5cm, 先端渐尖或短尖, 基部偏斜, 圆楔形、圆形或心脏形, 边缘常具单锯齿, 稀兼具或全为重锯齿, 通常仅上面有毛, 叶下面脉腋处有簇生毛; 侧脉 12~20 对; 叶柄长 3~8mm。花春季开放, 散生于新枝基部或近基部的苞片(稀叶)的腋部。翅果长圆形或椭圆状长圆形, 长 1.5~3.5cm, 宽 1.3~2.2cm, 全被短毛, 果核部分位于翅果的中部或稍向下, 被短毛, 果梗密生短毛。花果期 3~4 月。

　　产于平果、巴马。生于海拔 650m 以上的石灰岩山地疏林、路旁。分布于四川、云南、贵州。木材坚实耐用, 不翘裂, 易加工, 可作家具、器具、地板、车辆及建筑等用材。

2. 多脉榆　牛筋树、栗叶榆　图 473

Ulmus castaneifolia Hemsl.

　　落叶乔木, 高 20m, 胸径 50cm。树皮厚, 木栓层发达, 纵裂成条状或成长圆状块片脱落。小枝较粗, 当年生枝密被长柔毛; 2 年生枝稍被毛, 散生黄色或褐黄色皮孔。叶质地通常较厚, 长圆状椭圆形、长椭圆形、长圆状卵形、倒卵状长圆形或倒卵状椭圆形, 长 8~

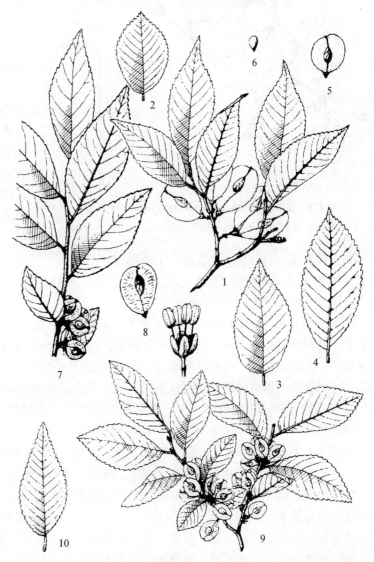

图 472　**1~6. 昆明榆 Ulmus changii** var. **kunmingensis** (W. C. Cheng) W. C. Cheng et L. K. Fu 1. 果枝; 2~3. 叶面; 4. 叶背; 5. 果; 6. 种子。**7~8. 越南榆 Ulmus lanceifolia** Roxb. ex Wall. 7. 果枝; 8. 果。**9~11. 榔榆 Ulmus parvifolia** Jacq. 9. 果枝; 10. 叶片; 11. 花(放大)。(仿《中国植物志》)

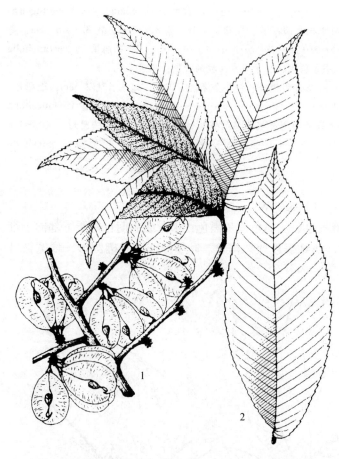

15cm，宽 3.5 ~ 6.5cm，先端长尖或骤凸，基部常明显地偏斜，一边耳状或半心脏形，一边圆形或楔形，较长的一边覆盖叶柄，长为叶柄的 1/2 或几相等长，边缘具重锯齿，叶面幼时密生硬毛，后渐脱落，平滑或微粗糙，叶背密被长柔毛，脉腋有簇生毛；侧脉 16 ~ 35 对；叶柄长 3 ~ 10mm，密被柔毛。花春季开放，在 1 年生枝上排成簇状聚伞花序。翅果长圆状倒卵形或倒三角状倒卵形，长 1.5 ~ 3.3cm，宽 1.0 ~ 1.6cm，无毛，果核部分位于翅果上部。花果期 3 ~ 4 月。

产于桂林、灵川、兴安、龙胜、乐业、隆林、南丹、金秀。生于海拔 400 ~ 1400m 的山坡、山谷中。分布于湖北、四川、云南、贵州、湖南、广东、江西、安徽、福建、浙江。喜光，常散生在向阳山坡、山谷稀疏阔叶林内或林缘，幼树常有偏冠现象。根系发达，有粗壮主根和侧根，抗风力强。生长较快，浙江省松阳县人工造林 3 年生树平均树高 2.87m。木材坚实，纹理直，结构略粗，有光泽及花纹，耐腐，可供作家具、器具、地板、车辆、造船及室内装修用材，

图 473　多脉榆 Ulmus castaneifolia Hemsl. 1. 果枝；2. 叶面。(仿《中国植物志》)

可在广西北部、西北部山地发展人工造林。

3. 越南榆　常绿榆、榔木、红皮树(天等)　图 472：7 ~ 8

Ulmus lanceifolia Roxb. ex Wall.

常绿小乔木。树皮灰褐色，带微红，不规则鳞片状脱落，内皮粉红或暗红色。小枝幼时密被短柔毛。叶卵状披针形、椭圆状披针形或卵形，长 3 ~ 9cm，宽 1.5 ~ 3.0cm，先端渐尖，基部微偏斜或偏斜，圆形或楔形，边缘具单锯齿，基部两侧或一侧常全缘或有浅齿，叶面有光泽，侧脉不凹陷，叶两面除上面中脉凹陷处稍具毛外，其余无毛，细脉明显；叶柄长 2 ~ 6mm，仅上面有毛。花 3 ~ 7 数簇生或排成簇状聚伞花序。翅果近圆形、宽长圆形或倒卵状圆形，长 1.2 ~ 2.3cm，无毛，顶端缺口常封闭，内缘柱头面被毛，果核部分位于翅果中上部，上端接近缺口，基部有短柄，花被片不脱落，果梗长 4 ~ 9mm。花冬季(稀秋季)开放，花后数周果即成熟，常宿存至翌年 3 ~ 4 月。

产于柳城、都安、德保、靖西、那坡、宁明、龙州、大新、天等。多生于石灰岩石山上，也见生于土山上，耐干旱，在岩石裸露的石缝中也能正常生长。分布于海南、云南；越南也有分布。边材淡褐色或黄色，心材灰褐色或黄褐色，木材重(气干密度 0.760g/cm³) 而硬，强度中等至至强，材质坚韧，纹理直，耐水湿，贵重木材，可供作家具、车辆、造船、器具、船橹等用材；树皮纤维纯细，杂质少，可作蜡纸及人造棉原料，或供织麻袋、编绳索，也可供药用。本种耐干旱，可选作广西石山造林树种。

4. 榔榆　小叶榆、榔木　图 472：9 ~ 11

Ulmus parvifolia Jacq.

落叶乔木，高 25m，胸径 1m。树皮灰色或灰褐色，裂成不规则鳞状薄片剥落，露出红褐色内

皮，近平滑。当年生枝密被短柔毛，深褐色。叶质地厚，披针状卵形或窄椭圆形，两侧长宽不等，叶长1.7~8.0cm，宽0.8~3.0cm，先端尖或钝，基部偏斜，楔形或一边圆，边缘从基部至先端有钝而整齐的单锯齿，叶面深绿色，有光泽，无毛，侧脉不凹陷，叶背色较浅，幼时被短柔毛，后变无毛或沿脉有疏毛；侧脉10~15对，细脉在两面均明显；叶柄长2~6mm，仅上面有毛。花3~6朵在叶腋簇生或排成簇状聚伞花序。翅果椭圆形，长10~13mm，宽6~8mm，除顶端缺口柱头面被毛外，余处无毛，果核部分位于翅果的中上部，上端接近缺口，花被片脱落或残存，果梗长1~3mm，有疏生短毛。花期8~9月；果期10~11月。

产于南宁、柳州、桂林、百色、河池。分布于华北、华中、华东、华南及台湾；日本、朝鲜、越南、印度也有分布。喜光，稍耐阴，耐干旱瘠薄，忌水涝，常见生长于石灰岩山上，但在酸性土上也可正常生长。榆属中木材最优良的一种，边材淡褐色或黄色，心材灰褐色或黄褐色，材质坚韧，纹理直，耐水湿，可供作高档家具、车辆、造船、器具、油榨、船橹等用材，可作石山造林树种推广；树皮纤维纯细，杂质少，可作蜡纸及人造棉原料。小枝婉垂，叶小具光泽，秋日常出现红叶，耐修剪，优良园林及盆景观赏植物。

2. 刺榆属 Hemiptelea Planch.

落叶乔木。小枝坚硬，有棘刺。叶互生，有钝锯齿，具羽状脉；托叶早落。花杂性，具梗，与叶同时开放，单生或2~4朵簇生于当年生枝的叶腋；花被4~5裂，呈杯状，雄蕊与花被片同数，雌蕊具短花柱，柱头2枚，条形，子房侧向压扁，1室，具1枚倒生胚珠。小坚果偏斜，两侧扁，在上半部具鸡头状的翅，基部具宿存的花被。

1种，分布于中国及朝鲜；广西有分布。

刺榆 骚夹菜（阳朔） 图474

Hemiptelea davidii（Hance）Planch.

小乔木或呈灌木状，高10m。树皮深灰色或褐灰色，不规则条状深裂。小枝灰褐色或紫褐色，被灰白色短柔毛，具粗而硬的棘刺；刺长2~10cm。叶椭圆形或椭圆状矩圆形，长4~7cm，宽1.5~3.0cm，先端急尖或钝圆，基部浅心形或圆形，边缘有整齐的粗锯齿，叶面绿色，幼时被毛，后脱落残留有稍隆起的圆点，叶背淡绿，光滑无毛，或在脉上有稀疏的柔毛；侧脉8~12对，排列整齐，斜直出至齿尖；叶柄短，长3~5mm，被短柔毛；托叶长3~4mm，边缘具睫毛。小坚果黄绿色，斜卵圆形，两侧扁，长5~7mm，在背侧具窄翅，形似鸡头，翅端渐狭呈喙状，果梗纤细，长2~4mm。花期4~5月；果期9~10月。

产于南宁、阳朔。生于灌木丛中。中国大部地区有分布；朝鲜也有分布。木材淡褐色，坚硬而细致，可供制农具及器具用；茎皮纤维可代麻作人造棉、

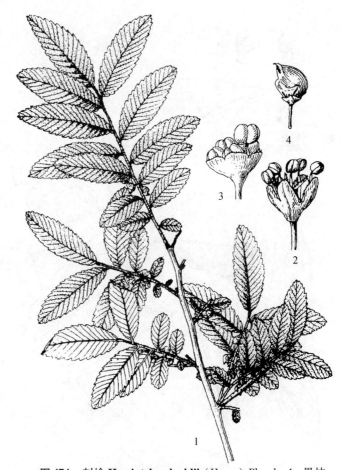

图474 刺榆 Hemiptelea davidii（Hance）Planch. 1. 果枝；2. 两性花（放大）；3. 雄花（放大）；4. 果（放大）。（仿《中国植物志》）

绳索、麻袋原料；嫩叶可食用。树枝有长棘刺，喜光、耐寒、耐干旱、瘠薄、根蘖力强、生长快速，常成灌木状，故也可作绿篱树种。

3. 青檀属 Pteroceltis Maxim.

落叶乔木。叶互生，有锯齿，基生三出脉，侧脉先端在未达叶缘前弧曲，不伸入锯齿；托叶早落。花单性同株，雄花数朵簇生于当年生枝的下部叶腋，花被5深裂，裂片覆瓦状排列，雄蕊5枚，花丝直立，花药顶端有毛，退化子房缺；雌花单生于当年生枝的上部叶腋，花被4深裂，裂片披针形，子房侧向压扁，花柱短，柱头2裂，条形。坚果具长梗，近球状，围绕以宽翅，内果皮骨质；种子具很少胚乳，胚弯曲，子叶宽。

1种，产于中国东北、华北、西北和中南；广西有分布。

青檀 翼朴 图475

Pteroceltis tatarinowii Maxim.

乔木，高20m，胸径70cm。树皮灰色或深灰色，不规则的长片状剥落。小枝黄绿色，干时变栗褐色，疏被短柔毛，后渐脱落，皮孔明显。叶纸质，宽卵形至长卵形，长3~10cm，宽2~5cm，先端渐尖至尾状渐尖，基生不对称，楔形、圆形或截形，边缘有不整齐的锯齿，基生三出脉，侧出的一对近直伸达叶的上部，侧脉4~6对，叶面绿色，幼时被短硬毛，后脱落常残留有圆点，光滑或稍粗糙，叶背淡绿色，在脉上有短柔毛，其余近光滑无毛；叶柄长5~15mm。翅果状坚果近圆形或近四方形，直径10~17mm，黄绿色或黄褐色，翅宽，稍带木质，有放射线条纹，下端截形或浅心形，顶端有凹缺，果实外面无毛或稍被曲柔毛，常有不规则的皱纹，有时具耳状附属物，具宿存的花柱和花被。花期3~5月；果期8~20月。

产于广西大部，但以北部和中部较为常见。常生于石灰岩石山上，也见于酸性土山地及河滩溪旁。中国特有种，华北、华中、华东、华南至西南都有分布。侧根多而粗壮，穿插力强，能在石缝、石壁等困难地插根生长，但以坡积土、石穴积土深厚处以及河滩、山谷等立地生长较快；耐干旱，也耐水湿，但渍水地不宜。结实多，天然更新能力强，在森林遭受破坏后，它首先侵入发展成林，甚至在悬崖陡壁土壤很少的地方，其他植物很难适应，它却能在石隙中扎根生长。萌芽能力强，尽管频繁砍伐，它都能继续萌蘖生长。广西北部、东北部、中部石灰岩山地等常见以青檀为主的森林。喜光，幼苗稍荫蔽。青檀林结构简单，一般多为纯林，有些地方乔木层伴少量黄

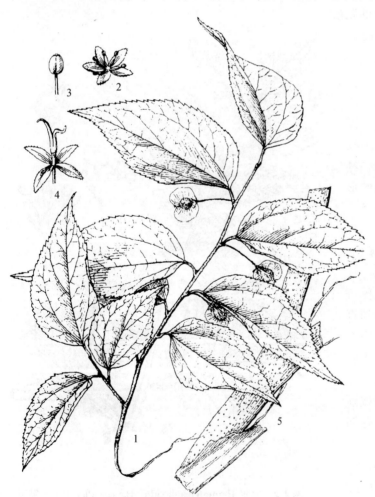

图475 青檀 Pteroceltis tatarinowii Maxim. 1. 果枝；2. 雄花（放大）；3. 雄蕊（放大）；4. 雌花（放大）；5. 枝皮。（仿《中国植物志》）

连木、小栾树、菜豆树、朴树、圆叶乌桕等。播种繁殖，果实成熟后易飞散，及时采收。树皮纤维为制宣纸的主要原料；木材坚硬细致，可供作农具、车轴、家具和建筑用材。适应能力强，萌蘖能力强，可作广西中部、北部石山造林树种。

4. 榉属 **Zelkova** Spach

落叶乔木。叶互生，具短柄，有圆齿状锯齿；羽状脉，脉端直达齿尖；托叶成对离生，膜质，狭窄，早落。花杂性，几乎与叶同时开放，雄花数朵簇生于幼枝的下部叶腋，雌花或两性花通常单生(稀2～4朵簇生)于幼枝的上部叶腋。果为核果，偏斜，宿存的柱头呈喙状，在背面具龙骨状凸起，内果皮稍坚硬；种子上下稍压扁，顶端凹陷，胚乳缺，胚弯曲，子叶宽，近等长，先端微缺或2浅裂。

约5种。中国3种，产于辽东半岛至西南以东的广大地区；广西2种。

分种检索表

1. 核果较小，直径2.5～3.5mm，腹侧面极度凹陷，稍被毛，几乎无果梗；叶缘具圆锯齿，腹面具刚毛，背面密被淡灰色短柔毛，侧脉8～15对 ·················· **1. 大叶榉树 Z. schneideriana**
1. 核果较大，直径5～7mm，腹侧面几不凹陷，近光滑无毛，果梗长2～3mm；叶缘具钝尖锯齿，腹面无刚毛，背面常在主脉上被长柔毛，脉腋内有须状毛，侧脉6～10对 ·················· **2. 大果榉 Z. sinica**

1. 大叶榉树 榉树、青辣(乐业)、椰木 图476：1～3

Zelkova schneideriana Hand. – Mazz.

乔木，高35m，胸径80cm。树皮灰褐色至深灰色，呈不规则的片状剥落。当年生枝灰绿色或褐灰色，密生伸展的灰色柔毛。冬芽常2个并生，球形或卵状球形。叶厚纸质，大小形状变异很大，卵形至椭圆状披针形，长3～10cm，宽1.5～4.0cm，先端渐尖、尾状渐尖或锐尖，基部稍偏斜，圆形或宽楔形，叶面绿，被糙毛，叶背浅绿，密被柔毛，边缘具圆齿状锯齿；侧脉8～15对；叶柄粗短，长3～7mm，被柔毛。雄花1～3朵簇生于叶腋，雌花或两性花常单生于小枝上部叶腋。核果几无梗，直径2.5～3.5mm，斜卵状圆锥形，上面偏斜，凹陷，表面被柔毛。花期4月；果期9～11月。

国家Ⅱ级重点保护野生植物。产于灵川、靖西、乐业、隆林。分布于陕西、甘肃、江苏、安徽、浙江、江西、福建、河南、湖北、湖南、广东、四川、贵州、云南和西藏。喜光，常生于山坡疏林中，在酸性土、中性土及钙质土上均能生长。耐干旱瘠薄，侧根多而粗壮，穿插力强，能在石缝、石壁等困难地插根生长，但以在坡积土、石穴积土深厚处以及河滩、山谷等立地生长较

图476 1～3. 大叶榉树 Zelkova schneideriana Hand. – Mazz. 1. 果枝；2. 雄花(放大)；3. 果(放大)。**4～5. 大果榉 Zelkova sinica** C. K. Schneid. 4. 果枝；5. 果(放大)。(仿《中国植物志》)

快。结实较多，但天然更新能力较弱，林下及周边较少见各级幼苗、幼树。在广西西北部常见以大叶榉树为主的林分，大叶榉树处林冠上层，但更多为孤立大树，生长于村屯边、路旁。据对隆林县大叶榉树径粗生长调查，径粗生长较快，但各年度间差异较大，连年生长量0.1～1.3cm，平均0.43cm。速生期持续时间长，30～60年间直径粗连年平均生长量0.52cm，野生1年生幼苗高度约15cm，若人工育苗，1年生苗木Ⅰ级苗61cm，人工培育能极大地发挥树木生长潜能。木材致密坚硬，纹理美观，不易伸缩与反挠，耐腐力强，心材常带红色，故有"血榉"之称，具有和降香黄檀类似的特征，为供造船、桥梁、车辆、家具、器械等用的上等木材，可作为广西北部、西北部深色名贵硬木树种，规模种植。耐烟尘，抗风力强，可作行道树、庭院绿化树及防风林树种。

2. 大果榉 小叶榉、椆木 图476：4～5

Zelkova sinica C. K. Schneid.

乔木，高20m，胸径60cm。树皮灰白色，呈块状剥落。1年生枝褐色或灰褐色，被灰白色柔毛，以后渐脱落；2年生枝灰色或褐灰色，光滑；冬芽椭圆形或球形。叶纸质或厚纸质，卵形或椭圆形，长3～5cm，宽1.5～2.5cm，先端渐尖、尾状渐尖，基部圆或宽楔形，叶面绿，幼时疏生粗毛，后脱落变光滑，叶背浅绿，除在主脉上疏生柔毛和脉腋有簇毛外，其余光滑无毛，边缘具浅圆齿状或圆齿状锯齿；侧脉6～10对；叶柄纤细，长4～10mm，被灰色柔毛；托叶膜质，褐色，披针状条形，长5～7mm。雄花1～3朵腋生，直径2～3mm；雌花单生于叶腋。核果不规则倒卵状球形，直径5～7mm，顶端微偏斜，几乎不凹陷，表面光滑无毛，除背腹脊隆起外几乎无凸起的网脉，果梗长2～3mm，被毛。花期4月；果期8～9月。

产于防城。生于山谷、溪旁及较湿润的山坡疏林中。中国特有种，分布于甘肃、陕西、四川、湖北、河南、山西、河北及长江中下游各地。木材纹理直，结构粗，材质重，用途同大叶榉树。

5. 白颜树属 Gironniera Gaudich.

常绿乔木或灌木。叶互生，全缘或具稀疏的浅锯齿，羽状脉，弧曲，在达近边缘处结成脉环；托叶大，成对腋生，常在基部合生，鞘包着冬芽，早落，脱落后在节上有一圈痕。花单性，雌雄异株稀同株，腋生聚伞花序，或雌花单生于叶腋；雄花花被5深裂，覆瓦状排列，雄蕊5枚，花丝短，直立；雌花被片5枚，子房无柄，花柱短，柱头2枚。核果卵状或近球状，压扁或几乎不压扁，内果皮骨质。种子有胚乳或缺，胚旋卷，子叶狭窄。

约6种。中国1种；广西也有分布。

白颜树 大叶白颜树 图477：1～4

Gironniera subaequalis Planch.

乔木，树高20m，胸径50cm。树皮灰或深灰色，较平滑。小枝黄绿色，疏生黄褐色长粗毛。叶革质，椭圆形或椭

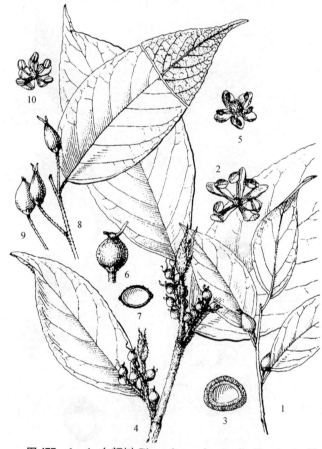

图477 1～4. 白颜树 Gironniera subaequalis Planch. 1. 果枝；2. 雄花（放大）；3. 果（放大）；4. 果横切面（放大）。5～10. 滇糙叶树 Aphananthe cuspidata（Bl.）Planch. 5. 雌花；6. 果；7. 果横切面；8. 果枝；9. 果；10. 雄花。（仿《中国植物志》）

圆状矩圆形，长 10~25cm，宽 5~10cm，先端短尾状渐尖，基部圆形至宽楔形，边缘近全缘，仅在顶部疏生浅钝锯齿，叶面亮绿色，平滑无毛，叶背浅绿，稍粗糙，在中脉和侧脉上疏生长糙伏毛；侧脉 8~12 对；叶柄长 6~12mm；托叶长 1.0~2.5cm，外面被长糙伏毛。雌雄异株，聚伞花序成对腋生，雄花多分枝，雌花分枝较少，成总状。核果具短梗，阔卵状或阔椭圆状，直径 4~5mm，侧向压扁，被贴生细糙毛，内果皮骨质，两侧具 2 条钝棱，熟时橘红色，具宿存花柱及花被。花期 2~4 月；果期 7~11 月。

产于邕宁、武鸣、上林、上思、灵山、钦北、陆川、博白、北流、那坡、龙州。生于向阳山坡疏林或阳光充足的沟谷，多生于酸性土壤，石灰岩钙质土上也能生长。分布于广东、海南、云南；越南、缅甸、马来西亚、印度、斯里兰卡也有分布。木材纹理直、结构粗、质轻软、不裂、不变形，供制一般家具；木材传音性能好，宜作木鼓等乐器。

6. 糙叶树属 Aphananthe Planch.

落叶或半常绿乔木或灌木。叶互生，纸质或革质，有锯齿或全缘，具羽状脉或基出三出脉，侧脉先端伸入锯齿或在近叶缘处网结；托叶侧生，分离，早落。花与叶同时生出，单性，雌雄同株，雄花排成密集的聚伞花序，腋生，雌花单生于叶腋；雄花花被 4~5 深裂，裂片稍成覆瓦状排列，雄蕊与花被裂片同数，花丝直立或在顶部内折，花药矩圆形；雌花花被 4~5 深裂，裂片较窄，覆瓦状排列，花柱短，柱头 2 枚，条形。核果卵状或近球状，外果皮稍肉质，内果皮骨质。种子具薄的胚乳或无，胚内卷，子叶窄。

约 5 种。中国产 2 种，分布于西南至台湾；广西 2 种均有分布。

分种检索表

1. 叶纸质，卵形或卵状椭圆形，边缘有锐锯齿，两面有伏毛，粗糙，基生三出脉，羽状侧脉直达齿尖；果连喙长 8~13mm，被细伏毛 ·· 1. 糙叶树 A. aspera
1. 叶革质，狭卵形至长圆状或卵状披针形，边缘全缘或疏生不明显锯齿，两面光滑无毛，羽状脉在近叶缘处网结；果连喙长 13~20mm，无毛 ·· 2. 滇糙叶树 A. cuspidata

1. 糙叶树　图 478

Aphananthe aspera (Thunb.) Planch.

落叶乔木，高 25m，胸径 50cm。树皮褐色或灰褐色，有灰色斑纹，纵裂，粗糙。当年生枝黄绿色，疏生细伏毛；1 年生枝红褐色，毛脱落。叶纸质，卵形或卵状椭圆形，长 5~10cm，宽 3~5cm，先端渐尖或长渐尖，基部宽楔形或浅心形，边缘锯齿有尾状尖头，叶面被刚伏毛，粗糙，叶背疏生细伏毛，基生三出脉，其侧生的一对直伸达叶的中部边缘；侧脉 6~10 对，近平行地斜直伸达齿尖；叶柄长 5~15mm，被细伏毛；托叶膜质，条形，长 5~8mm。雄花聚伞花序生于新枝的下部叶腋；雌花单生于新枝的上部叶腋。核果近球形、椭圆形或卵状球形，长 8~13mm，直径 6~9mm，由绿变黑，被细伏毛，具宿存花被和柱头，果梗长 5~10mm，疏被细伏毛。花期 3~5 月；果期 8~10 月。

产于广西各地。生于海拔 400~1000m 的山谷、溪边林中。分布于山西、山东、江苏、安徽、浙江、江西、福建、台湾、湖南、湖北、广东、四川、贵州、云南；朝鲜、日本、越南也有分布。喜光，略耐阴。枝皮纤维供制人造棉、绳索用；木材气干密度 0.762g/cm^3，木材强度、硬度均中等，耐腐性、抗虫性均差，切面光滑，油漆后光亮性好，胶黏容易，可供制家具、农具；根和树皮供药用，可治腰部损伤、酸痛。大树树干多倾斜盘曲，多瘤而且古奇，冠形开展，枝叶茂密，树叶粗糙，吸尘力强，寿命长，为优良观赏树树种和盆栽植物。

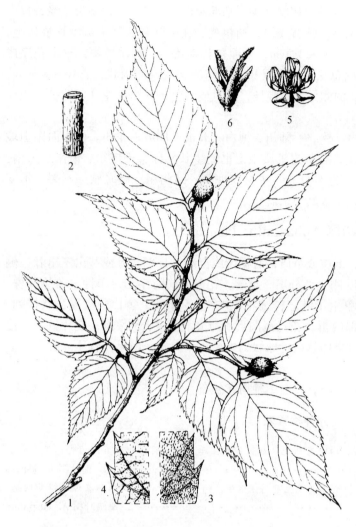

图 478 糙叶树 *Aphananthe aspera* (Thunb.) Planch.
1. 果枝；2. 小枝一段（放大）；3. 叶面的一部分（放大）；4. 叶背一部分（放大）；5. 雄花（放大）；6. 雌花（放大）。（仿《中国植物志》）

2. 滇糙叶树 光叶白颜树 图 477：5～10

Aphananthe cuspidata（Bl.）Planch.

乔木，高 15～20m，胸径 50～80cm。树皮褐灰色，常平滑。小枝纤细，疏生伏毛或无毛。叶革质，狭卵形至卵状或长圆状披针形，长 10～15cm，宽 3～5cm，先端尾状渐尖，基部圆或宽楔形，边缘全缘或有疏锯齿，上面绿色，有光泽，下面颜色较淡，两面光滑无毛；羽状脉，侧脉 6～10 对，在近边缘网结，细脉结成网状，在两面明显；叶柄纤细，长 7～12mm；托叶披针形，长 6～10mm，背面有细伏毛。雌雄异株或同株，雄花聚伞花序，或对生于叶腋，长 3～7cm，多分枝；雌花单生。核果卵状，长 13～20mm，直径 7～12mm，几乎不压扁，熟时红棕色，表面无毛，果梗与果实近等长或稍长过果。花期 3～4 月、9～11 月；果期 7～9 月、11～12 月。

产于田阳、那坡、巴马。生于海拔 900m 以下的混交林中。分布于广东、香港、海南、云南；印度、缅甸、斯里兰卡、越南、马来西亚、印度尼西亚、菲律宾也有分布。木材供制一般家具，易传音，宜作木鼓等乐器；枝皮纤维可供制人造棉；叶药用，可治寒湿。

7. 山黄麻属 Trema Lour.

小乔木或大灌木。叶互生，卵形至狭披针形，边缘有细锯齿，基生三出脉，稀五出脉或羽状脉，侧脉未达叶缘处弧曲；托叶离生，早落。花单性或杂性，有短梗，多数密集成聚伞花序而成对生于叶腋；雄花的花被片 5(4) 枚，裂片内曲，镊合状排列或稍覆瓦状排列，雄蕊与花被片同数，花丝直立，退化子房常存在；雌花花被片 5(4) 枚，子房无柄，花柱短，柱头 2 枚，胚珠单生，下垂。核果小，直立，卵圆形或近球形，具宿存的花被片和柱头，稀花被脱落，外果皮稍肉质，内果皮骨质；种子具肉质胚乳，胚弯曲或内卷，子叶狭窄。

约 15 种，产热带和亚热带。中国有 6 种 1 变种，产于华东至西南；广西都有分布。

分种检索表

1. 叶为羽状脉；花被在果时脱落 ·· **1. 羽脉山黄麻 T. levigata**
1. 叶为稍明显的基出三脉；花被在果时宿存。
  2. 叶纸质或革质，稀薄纸质，下面被绒毛、毡毛或短绒毛。
    3. 叶长 3～5cm，宽 0.8～1.4cm，叶面极粗糙，叶背脉上及雄花被片外面有锈色腺毛；叶柄长 2～5mm ······
    ··· **2. 狭叶山黄麻 T. angustifolia**

3. 叶长7~22cm，宽2~9cm，叶面近平滑至粗糙，叶背脉上及雄花被片外面无锈色腺毛；叶柄长5~20mm。

    4. 叶披针形至狭披针形，先端尾状渐尖至长尾状，基部对称或稍偏斜，叶背被贴生银灰色或黄灰色有光泽的绒毛，脉上疏生短伏毛 ·············· **3. 银毛叶山黄麻 T. nitida**

    4. 叶卵形、卵状矩圆形，稀宽披针形，先端锐尖至渐尖，基部稍不对称，心形，稀近圆形，叶背被灰褐色、灰色，稀银灰绒毛(短绒毛)或毡毛，脉上密生短绒毛。

       5. 叶两面近同色，叶面粗糙，叶背只被稀疏或密直立或斜展的灰褐色绒毛(短绒毛)；果圆状卵形，压扁 ·············· **4. 山黄麻 T. tomentosa**

       5. 叶两面异色，叶面绿色或淡绿色，叶背灰白色或绿灰色，密被绒毛(毡毛)；果卵状球形或近球形···
·············· **5. 异色山黄麻 T. orientalis**

2. 叶薄纸质或近膜质，下面光滑或被柔毛；雄花稍具梗 ·············· **6. 光叶山黄麻 T. cannabina**

1. 羽脉山黄麻　羽状山黄麻、光叶山黄麻　图479：1

Trema levigata Hand. – Mazz.

小乔木或灌木，高4~7m。小枝被灰白色柔毛；老枝灰褐色，皮孔明显，近圆形。叶纸质，卵状披针形或狭披针形，长5~11cm，宽1.5~2.5cm，先端渐尖，基部对称或微偏斜，钝圆或浅心形，边缘有细锯齿，叶面深绿，被稀疏柔毛，后毛渐脱落，近光滑，稍粗糙，叶背浅绿，除脉上疏生柔毛外，其他处光滑无毛，微被白粉；羽状脉，侧脉5~7对；叶柄长5~8mm，被灰白色柔毛。聚伞花序与叶柄近等长。小核果近球形，微压扁，直径1.5~2.0mm，熟时由橘红色渐变成黑色，花被脱落。花期4~5月；果期9~12月。

产于隆林。生于向阳山坡杂木林或灌丛中。分布于云南、四川、重庆、贵州、湖北。速生、喜光、耐干旱瘠薄、发枝力强；深根性树种，主根发达，根系扩展范围广，穿透力很强，在裸岩山坡也能生长，常见在滑坡或垮塌地带新土上天然更新，长成大树。播种或扦插繁殖。韧皮纤维可作绳索、人造棉、造纸用材。

2. 狭叶山黄麻　小叶山黄麻
图480

Trema angustifolia（Planch.）Blume

灌木或小乔木。小枝纤细，紫红色，密被细粗毛。叶纸质至近革质，卵状披针形，长3~5cm，宽0.8~1.4cm，先端渐尖或尾状渐尖，基部圆，边缘有细锯齿，叶面深绿，极粗糙，叶背浅绿色，密被灰色短毡毛，在脉上有细粗毛和锈色腺毛；基生三出脉，侧生的2条长达叶片中部，侧脉2~4对；叶柄长2~5mm，密被细

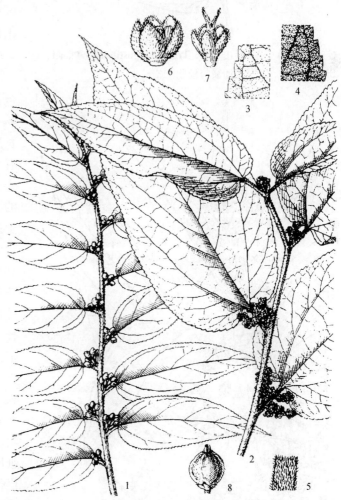

图479　1. 羽脉山黄麻 Trema levigata Hand. – Mazz. 花枝。**2~8. 异色山黄麻 Trema orientalis**（L.）Blume 2. 花枝；3. 叶片上面的一部分(放大)；4. 叶片下面的一部分(放大)；5. 小枝一段(放大)；6. 雄花(放大)；7. 雌花(放大)；8. 果(放大)。(仿《中国植物志》)

图 480 狭叶山黄麻 Trema angustifolia（Planch.）Blume 果枝。（仿《中国高等植物图鉴》）

图 481 山黄麻 Trema tomentosa（Roxb.）H. Hara
1. 花枝；2. 雄花。（仿《中国高等植物图鉴》）

粗毛。花单性，雌雄异株或同株，由数朵花组成小聚伞花序；雄花小，直径约1mm，几乎无梗，花被片5裂，内弯，在开放前其边缘凹陷包裹着雄蕊成瓣状，外面密被细粗毛。核果宽卵状或近圆球形，微压扁，直径 2.0～2.5mm，熟时橘红色，有宿存花被。花期4～6月；果期8～11月。

产于金秀、天峨、东兰、凤山、隆林、岑溪、平南、防城、上思、宁明。生于海拔900m以下的向阳山坡灌丛或疏林中。分布于广东、海南、云南、贵州；印度、越南、印度尼西亚也有分布。生长迅速，2～3年即可成林。韧皮纤维可作造纸或绳索原料；叶子表面粗糙，可当作砂纸用；根和叶有凉血、止痛、止血的作用。

3. 银毛叶山黄麻 大叶山黄麻、重皮山黄麻

Trema nitida C. J. Chen

小乔木，高5～10m。小枝被贴生灰白色柔毛。叶薄纸质，披针形至狭披针形，长7～15cm，宽1.5～4.5cm，先端尾状渐尖至长尾状，基部对称或稍偏斜，近圆形，边缘有细锯齿，叶面深绿，疏生粗毛，后脱落变光滑，叶背贴生一层银灰色或黄灰色有光泽的绢状绒毛，在主、侧脉上疏生短伏毛；基生三出脉，侧生的一对近直伸出达叶的中部边缘，侧脉3～4对；叶柄长5～10mm，被贴生柔毛；托叶条形，长8～10mm，早落。花单性，雌雄异株或同株，聚伞花序长不过叶柄。核果近球状或阔卵圆形，微压扁，直径2～3mm，表面无毛，成熟时紫黑色，具宿存花被。花期4～7月；果期8～11月。

产于临桂、龙胜、金秀、融水、凤山、那坡、凌云、隆林、宁明、武鸣。多生于石灰岩山坡疏林中。分布于云南、贵州、四川、湖南。韧皮纤维可作人造棉、绳索和造纸原料；树皮含鞣质，可供提制栲胶；木材供作建筑、器具及薪炭用材；叶表皮粗糙，可作砂纸用。

4. 山黄麻 图481

Trema tomentosa（Roxb.）H. Hara

小乔木或灌木，高10m。树皮灰褐色，平滑或细龟裂。小枝密被灰褐色或灰色短绒

毛。叶纸质或薄革质，宽卵形或卵状矩圆形，长 7～15cm，宽 3～7cm，先端渐尖至尾状渐尖，基部心形，明显偏斜，边缘有细锯齿，两面近于同色，叶面极粗糙，有直立的基部膨大的硬毛，叶背有绒毛；基生三出脉，侧生的一对达叶片中上部，侧脉 4～5 对；叶柄长 7～18mm，毛被同幼枝；托叶条状披针形，长 6～9mm。雄花序长 2.0～4.5cm，雄花直径 1.5～2.0mm，几乎无梗；雌花序长 1～2cm，雌花具短梗。核果圆状卵形，压扁，直径 2～3mm，表面无毛，成熟时具不规则的蜂窝状皱纹，褐黑色或紫黑色，具宿存的花被。花期 3～6 月；果期 9～11 月。

产于广西各地。生于湿润河谷和山坡混交林中或空旷的山坡。分布于福建、台湾、广东、海南、四川、贵州、云南、西藏；尼泊尔、印度、缅甸、越南、日本也有分布。速生、寿命短。喜光，耐旱，耐瘠薄，适应性强，发枝力强，深根性树种，主根发达，根系扩展范围广，穿透力很强，在裸岩山坡也能生长，常见在滑坡或塌方地带新土上天然更新，常成为次生林先锋植物。韧皮纤维可作人造棉、麻绳和造纸原料；树皮含鞣质，可供提制栲胶；木材供作建筑、器具及薪炭用材；叶表皮粗糙，可作砂纸用。

5. 异色山黄麻 图 479：2～8

Trema orientalis (L.) Blume

乔木或灌木，高 20m，胸径 80cm。树皮浅灰至深灰色，平滑或老干上有不规则浅裂缝。小枝灰褐色，有毛。叶革质，坚硬但脆，卵状矩圆形或卵形，长 10～18cm，宽 5～9cm，先端常渐尖或锐尖，基部心形，稍偏斜，边缘有细锯齿，两面异色，稍粗糙，叶面绿色或淡绿色，叶背灰白色或淡绿灰色，密被绒毛；基生三出脉，其侧生的一对达叶片的中上部，侧脉 4～6 对，在近边缘不明显网结；叶柄长 8～20mm，毛被同嫩枝；托叶条状披针形，长 5～9mm。雄花序长 1.8～2.5cm，雄花直径 1.5～2.0mm，几乎无梗；雌花序长 1.0～2.5cm，雌花具梗。核果卵状球形或近球形，稍压扁，直径 2.5～3.5mm，长 3～5mm，成熟时稍皱，黑色，具宿存的花被。花期 3～5 月；果期 6～11 月。

产于广西各地。生于山谷较湿润林中，常为星散分布。分布于广东、海南、贵州、云南、湖南、台湾；印度、缅甸、越南、菲律宾、日本也有分布。木材淡红褐色，纹理直，结构细，供作建筑、器具及薪炭等用材；茎皮纤维供作人造绵、绳索及造纸原料。

6. 光叶山黄麻 细叶麻木、扣皮麻 图 482

Trema cannabina Lour.

灌木或小乔木。小枝纤细，黄绿色，被贴生的短柔毛，后渐脱落。叶薄纸质或近膜质，卵形或卵状矩圆形，长 4～9cm，宽 1.5～4.0cm，先端尾状渐尖或渐尖，基部圆或浅心形，边缘具圆齿状锯齿，叶面绿色，近光滑，疏生糙毛，毛常早脱落，叶背浅绿，光滑或只在脉上疏生柔毛；基部有明显的三出脉，侧生的 2 条长达叶的中上部，侧脉 2(～3) 对；叶柄纤细，长 4～8mm，被贴生短柔毛。花单性，雌雄同株，雌花序生于上部叶

图 482 光叶山黄麻 Trema cannabina Lour. 1. 花枝；2. 雄花。（仿《中国植物志》）

腋，雄花序生于下部叶腋，或雌雄同序，聚伞花序一般长不过叶柄；雄花具梗，直径约 1mm。核果近球形或阔卵圆形，微压扁，直径 2~3mm，熟时橘红色，有宿存花被。花期 3~6 月；果期 9~10 月。

产于广西各地。生于海拔 600m 以下的河边、旷野或山坡疏林、灌丛较向阳湿润的土地。分布于浙江、江西、福建、台湾、湖南、贵州、广东、海南、四川；印度、缅甸、越南、日本也有分布。喜光，耐瘠薄土壤，在荒坡、迹地、林缘常成群聚生。韧皮纤维供制麻绳、纺织和造纸用；种子油供制皂和作润滑油用。

6a. 山油麻

Trema cannabina var. **dielsiana** (Hand. – Mazz.) C. J. Chen

小枝紫红色，后渐变棕色，密被斜伸的粗毛。叶薄纸质，叶面被糙毛，粗糙，叶背密被柔毛，在脉上有粗毛；叶柄被伸展的粗毛。雄聚伞花序长过叶柄；雄花被片卵形，外面被细糙毛和稍明显的紫色斑点。与原种的不同主要在于：小枝和叶柄密被伸展的粗毛。

产于贺州。生于海拔 600~1100m 的向阳山坡灌丛中，有时在采伐迹地或火烧迹地上成片生长。分布于安徽、浙江、江西、福建、湖北、湖南、广东、四川、贵州。韧皮纤维供制麻绳、纺织和造纸用；种子油供制皂和作润滑油用。

8. 朴属 Celtis L.

常绿或落叶乔木。芽具鳞片或无。叶互生，有锯齿或全缘，具三出脉或 3~5 对羽状脉，在后者情况下，由于基生 1 对侧脉比较强壮也似为三出脉，侧脉在未达叶缘处弧曲，有柄；托叶膜质或厚纸质，早落或顶生者晚落而包着冬芽。花小，两性或单性，有柄，集成小聚伞花序或圆锥花序，或因总梗短缩而化成簇状，或因退化而花序仅具一两性花或雌花；花序生于当年生小枝上，雄花序多生于小枝下部无叶处或下部的叶腋，在杂性花序中，两性花或雌花多生于花序顶端；雄蕊与花被片同数，着生于通常具柔毛的花托上；雌蕊具短花柱，柱头 2 枚，线形，先端全缘或 2 裂，子房 1 室，具 1 枚倒生胚珠。果为核果。

约 60 种。中国 11 种，产于辽东半岛以南广大地区；广西 7 种。

分种检索表

1. 常绿；成熟果的顶端有宿存的花柱基，果 3~6 枚生于一总梗上，成为一小形的聚伞圆锥果序 ………………………… **1. 假玉桂 C. timorensis**
1. 落叶(仅四蕊朴有时当花序抽出时，尚有去年老叶残留于枝上)。成熟果的顶端无宿存的花柱基，果 1~2(稀 3)枚生于一总梗或果梗上。
   2. 冬芽的内层芽鳞密被较长的柔毛。
      3. 果幼时被疏或密的柔毛，成熟后脱净；果序单生于叶腋，总梗常短缩，因此很像果梗双生于叶腋，总梗连同果梗共长 1~2cm ………………………… **2. 紫弹树 C. biondii**
      3. 果幼时无毛；果单生于叶腋，果梗长(1.0~)1.5~3.5cm。
         4. 当年生小枝和叶背密生短柔毛 ………………………… **3. 珊瑚朴 C. julianae**
         4. 当年生小枝和叶背无毛，或仅叶背脉腋有簇毛 ………………………… **4. 西川朴 C. vandervoetiana**
   2. 冬芽的内层芽鳞无毛或仅被微毛。
      5. 果梗较短，长 0.3~1.7cm。
         6. 叶基部明显偏斜，先端渐尖至短尾状渐尖；果较大，直径 7~8mm ………………………… **5. 四蕊朴 C. tetrandra**
         6. 叶基部不偏斜或稍偏斜，先端尖至渐尖；果较小，直径 4~5mm ………………………… **6. 朴树 C. sinensis**
      5. 果梗长 2.5~4.5cm；叶革质，卵形至卵状椭圆形，边缘具整齐锯齿可几达基部，无毛或仅叶背脉腋间有少量柔毛；果成熟时为蓝黑色 ………………………… **7. 小果朴 C. cerasifera**

1. 假玉桂 香胶叶、香胶木 图 483

Celtis timorensis Span.

常绿乔木，高 20m。树皮灰白、灰色或
灰褐色，木材有恶臭。当年生小枝幼时有金
褐色短毛，老时近无毛，褐色，有散生短条
形皮孔。叶革质，卵状椭圆形或卵状长圆
形，长 5 ~ 13cm，宽 2.5 ~ 6.5cm，幼时被散
生、金褐色短毛，老时无毛，先端渐尖至尾
尖；基部宽楔形至近圆开，稍不对称；基部
一对侧脉延伸达 3/4 以上，但不达先端，其
他对侧脉不明显，因而似具 3 条主脉，由中
脉伸出的第一级侧脉多平行状，近全缘至中
部以上具浅钝齿；叶柄长 3 ~ 12mm。小聚伞
圆锥花序具 10 朵花左右，幼时被金褐色毛，
在小枝下部的花序全生雄花，在小枝上部的
花序为杂性，结果时通常有 3 ~ 6 枚果在一
果序上，果易脱落。果宽卵状，先端残留花
柱基部而成一短喙状，长 8 ~ 9mm，成熟时
黄色、橙红色至红色。

产于河池、天峨、东兰、罗城、巴马、
凤山、都安、田阳、那坡、凌云、西林、隆
林、横县、隆安、合浦、钦州、博白、扶
绥、龙州、大新。多生于路旁、山坡、灌丛
至林中。分布于西藏、云南、四川、贵州、
广东、海南、福建；印度、斯里兰卡、缅
甸、越南、马来西亚、印度尼西亚也有分
布。木材可作家具、器具等用材；茎皮纤维
可供制人造棉；种子油可供工业用。

2. 紫弹树 拨落子、黄果朴 图 484:
1 ~ 2

Celtis biondii Pamp.

落叶小乔木至乔木，高 18m。树皮暗灰
色。当年生小枝幼时黄褐色，密被短柔毛，
后渐脱落，有散生皮孔。叶薄革质，宽卵
形、卵形至卵状椭圆形，长 2.5 ~ 7.0cm，
宽 2.0 ~ 3.5cm，基部钝至近圆形，稍偏斜，
先端渐尖至尾状渐尖，在中部以上疏具浅
齿，边稍反卷，上面脉纹多下陷；叶柄长
3 ~ 6mm，幼时有毛，老后几无毛。果序单
生于叶腋，通常具 2 枚果（少有 1 枚或 3 枚
果），由于总梗极短，很像果梗双生于叶腋，
总梗连同果梗长 1 ~ 2cm，被糙毛；果幼时
被柔毛，后渐无毛，黄色至橘红色，近球

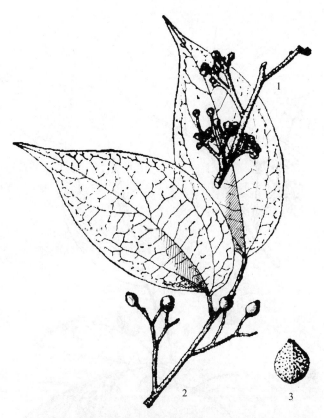

图 483 假玉桂 **Celtis timorensis** Span. 1. 花枝；2. 果
枝；3. 果核。（仿《中国高等植物图鉴》）

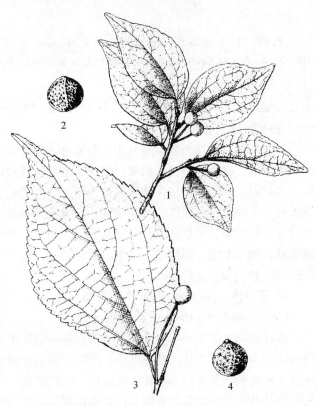

图 484 **1 ~ 2.** 紫弹树 **Celtis biondii** Pamp. 1. 果枝；
2. 果核（放大）。**3 ~ 4.** 小果朴 **Celtis cerasifera** C. K.
Schneid. 3. 果枝；4. 果核（放大）。（仿《中国植物志》）

图 485 1 ~ 2. 珊瑚朴 Celtis julianae C. K. Schneid. 1. 果枝；2. 果核。**3 ~ 4. 西川朴 Celtis vandervoetiana** C. K. Schneid. 3. 果枝；4. 果核。（仿《中国植物志》）

形，直径约 5mm。花期 4 ~ 5 月；果期 9 ~ 10 月。

产于桂林、灵川、兴安、永福、灌阳、龙胜、平乐、恭城、贺州、柳州、融水、天峨、东兰、罗城、靖西、那坡、凌云、乐业、隆林、邕宁、龙州、大新。生于山地灌丛或杂木林中，在石灰岩钙质土上也有生长。分布于甘肃、陕西、河南和长江流域以南各地；日本、朝鲜也有分布。木材可供制器具或作薪材；枝皮纤维可供制人造棉或作造纸原料；种子油可供制肥皂。

3. 珊瑚朴　图 485：1 ~ 2

Celtis julianae C. K. Schneid.

落叶乔木，高 30m。树皮淡灰色至深灰色。当年生小枝、叶柄、果柄老后深褐色，密生褐黄色绒毛。冬芽褐棕色，内鳞片有红棕色柔毛。叶厚纸质，宽卵形至尖卵状椭圆形，长 6 ~ 12cm，宽 3.5 ~ 8.0cm，基部近圆形或稍不对称，一侧圆形，一侧宽楔形，先端具突然收缩的短渐尖至尾尖，叶面粗糙，叶背密生短柔毛，近全缘至上部具浅钝齿；叶柄长 7 ~ 15mm，较

粗壮。果单生于叶腋，果梗粗壮，长 1 ~ 3cm，果椭圆形至近球形，长 10 ~ 12mm，金黄色至橙黄色。花期 3 ~ 4 月；果期 9 ~ 10 月。

产于阳朔。生于石灰岩疏林中。分布于四川、贵州、湖南、广东、福建、江西、浙江、安徽、河南、湖北、陕西。喜光、耐寒、耐干旱瘠薄，适应性强，对土壤要求不严，在微酸性、中性、钙质土上均可生长。生长快，圃地栽培 3 年，苗高可达 3m，胸径 2.5cm 以上。冠大荫浓，树姿雄伟。春天枝上生满红褐色花序，状如珊瑚，入秋又有红果，颇为壮观，优良园林绿化树种。年轮明显，纹理直，材质重，可供作家具、农具、建筑用材；树皮含纤维，可作人造棉及造纸等原料；果核可供榨油，用于制皂、润滑油；速生，枝叶繁茂，涵养水源效果好，可为广西北部、西北部石山造林先锋树种和城市绿化树种。

4. 西川朴　四川朴、大果朴　图 485：3 ~ 4

Celtis vandervoetiana C. K. Schneid.

落叶乔木，高 20m。树皮灰色至褐灰色。当年生小枝、叶柄和果梗老后褐棕色，无毛，有散生狭椭圆形至椭圆形皮孔。叶厚纸质，卵状椭圆形至卵状长圆形，长 8 ~ 13cm，宽 3.5 ~ 7.5cm，先端渐尖至短尾尖，基部稍不对称，近圆形，一边稍高，一边稍低，自下部 2/3 以上具锯齿或钝齿，无毛或仅叶背中脉和侧脉间有簇毛；叶柄较粗壮，长 10 ~ 20mm。果单生于叶腋，果梗粗壮，长 17 ~ 35mm，球形或球状椭圆形，成熟时黄色，长 15 ~ 17mm。花期 4 月；果期 9 ~ 10 月。

产于灵山、龙胜、容县、靖西。生于海拔 600 ~ 1400m 的山谷、河边、山坡林中。分布于云南、

广东、福建、浙江、江西、湖南、贵州、四川。木材心材与边材区别略明显，心材微黄或姜黄色，边材色浅白或灰白，结构略细，坚硬致密，不耐磨，易受虫蛀，可作一般家具用材；茎皮纤维可代麻或作造纸原料；种子油可供制肥皂或润滑剂。

5. 四蕊朴 硬壳榄、滇朴、广西朴 图 486：1~2

Celtis tetrandra Roxb.

乔木，高 30m。树皮灰白色。当年生小枝幼时密被黄褐色短柔毛，老后毛常脱落；去年生小枝褐色至深褐色，有时还可残留柔毛。冬芽棕色，鳞片无毛。叶厚纸质至近革质，卵状椭圆形或带菱形，长 5~13cm，宽 3.0~5.5cm，基部多偏斜，一侧近圆形，一侧楔形，先端渐尖至短尾状渐尖，边缘变异较大，近全缘至具钝齿，叶柄密生黄褐色短柔毛。果梗常 2~3 枚生于叶腋，其中 1 枚果梗常有 2 枚果（少有多枚至具 4 枚果），其他的具 1 枚果，无毛或被短柔毛，长 7~

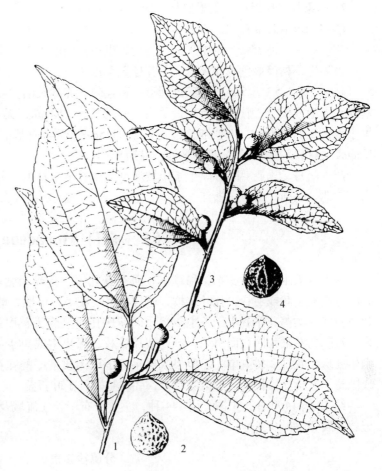

图 486　1~2. 四蕊朴 Celtis tetrandra Roxb. 1. 果枝；2. 果核。3~4. 朴树 Celtis sinensis Pers. 3. 果枝；4. 果核。(仿《中国植物志》)

17mm；果成熟时黄色至橙黄色，近球形，直径 7~8mm。花期 3~4 月；果期 9~10 月。

产于天峨、隆林、田阳、靖西、那坡、凌云、田林、龙州。生于沟谷、河谷。分布于西藏、云南、四川；印度、尼泊尔、缅甸、越南也有分布。喜光，稍耐阴，耐水湿，耐瘠薄，在酸性、中性、石灰性土壤上均可生长。深根性，抗风力强，寿命长。生长较快，材质较细，经久耐用，优良用材树种，可作建筑、木地板、家具等用材，可在广西西部地区规模发展。

6. 朴树 图 486：3~4

Celtis sinensis Pers.

落叶乔木。树皮平滑，灰色。1 年枝被密毛。冬芽鳞片无毛。叶革质，宽卵形至狭卵形，长 3~10cm，先端尖至渐尖，中部以上边缘有浅锯齿，三出脉，下面无毛或有毛；叶柄长 3~10mm。花杂性(两性花和单性花同株)，1~3 朵生于当年枝的叶腋；花被片 4 枚，被毛；雄蕊 4 枚；柱头 2 枚。核果近球形，直径 4~5mm，红褐色；果柄与叶柄近等长；果核有穴和凸肋。花期 3~4 月；果期 9~10 月。

产于桂林、灵川、龙胜、钟山、来宾、柳州、融安、都安、博白、横县、扶绥、龙州、北海。多生于路旁、村边、山坡、林缘。分布于河南、山东及长江中下游及以南各地和台湾；越南、老挝也有分布。喜光照，微耐阴，能适应微酸性土、微碱性土、中性土和石灰岩土；根系为深根性，抗风力强；抗旱力强，砂地、石灰岩山地常见种，也耐水湿和瘠薄，耐寒。木材纹理直、结构粗、材质重，可作一般家具等用材；皮部纤维为麻绳、造纸、人造棉的原料；果可供榨油作润滑剂；根皮入药，可治腰痛、漆疮。叶小形，枝细，干奇，盆景常用树种。

7. 小果朴 樱果朴、大果黑朴 图 484：3~4
Celtis cerasifera C. K. Schneid.

落叶乔木，高 35m。树皮灰褐色。当年生小枝幼时无毛，绿色，老后淡棕色至褐色，有散生皮孔；去年生小枝淡褐色至深褐色。冬芽棕色至深棕色，鳞片无毛。叶革质，卵形至卵状椭圆形，长 5~15cm，宽 2.5~7.5cm，基部近圆形，稍偏斜，先端长渐尖至具短尾尖，边缘具整齐锯齿可几达基部，无毛或仅叶背脉腋间有少量柔毛；叶柄长 5~10mm，无毛。果通常单生于叶腋，稀 2~3 枚生于一极短的总梗上，果梗细长，长 2.5~4.5cm，无毛或基部有少量柔毛，果近球形，直径 10~13mm，成熟时为蓝黑色。花期 4 月；果期 9~10 月。

产于南丹、乐业、隆林。生于山坡灌丛或沟谷杂木林中。分布于西藏、云南、四川、贵州、湖南、湖北、陕西、山西、浙江。

53 桑科 Moraceae

乔木或灌木，有时藤本，稀草本。通常有乳汁，有或无刺。单叶互生或对生，全缘或具锯齿，有时分裂成掌状或羽状；托叶 2 枚，通常早落。花小，单性，雌雄同株或异株，无花瓣，常集成头状、穗状、柔荑花序或生于一中空肉质的花序托而呈隐头花序；单被花，雄花花被片 2~4 枚或更多，雄蕊与花被片同数而对生；雌蕊被片 4 枚，稀更多或更少，宿存；子房 1~2 室，每室有 1 枚倒生胚珠，花柱 2 裂或单一。瘦果或核果，围以肉质增厚的花被片，或藏于花被片内形成聚花果，或隐藏于壶形花序托壁，形成隐花果；胚珠悬垂，子叶折叠。

约 43 属 1400 种。中国 9 属 144 种，主要分布于长江流域及其以南各地；广西 9 属 73 种；本志记载 8 属 78 种 10 变种。

分属检索表

1. 乔木或灌木；雄蕊在花蕾中直立；雄花或雌花均为球形头状花序或生于花序托中；花序托张开或密闭。
　2. 花序生于密闭花序托(隐头花序)的内壁上；雄蕊 1~3 枚，稀较多 ················· **1. 榕属 Ficus**
　2. 花序张开或成为棍棒状。
　　3. 雄花着生于盘状花序托上；雌花单生，雄蕊 3~4 枚 ················· **2. 见血封喉属 Antiaris**
　　3. 花集合成头状。
　　　4. 花集合成球形头状花序；雄蕊 4 枚 ················· **3. 柘属 Maclura**
　　　4. 花合生成矩圆形或圆柱形头状花序；雄蕊 1 枚 ················· **4. 波罗蜜属 Artocarpus**
1. 乔木、灌木或草本；雄蕊在花蕾中内折。
　5. 雄花序及雌花序皆为穗状或柔荑状；叶脉掌状 ················· **5. 桑属 Morus**
　5. 雄花序为穗状或头状；雌花为头状花序，单生或 2 至数朵聚生于总柄上。
　　6. 雄花为穗状花序；雌花为头状花序。
　　　7. 攀援灌木；叶脉羽状；花柱 2 裂；果为花被裂片所包被 ················· **6. 牛筋藤属 Malaisia**
　　　7. 乔木、灌木或藤状灌木；叶脉掌状；花柱单一；果自花被裂片中伸出 ················· **7. 构属 Broussonetia**
　　6. 雄花为头状花序；果皮不开裂 ················· **8. 鹊肾树属 Streblus**

1. 榕属 Ficus L.

乔木或灌木，有时呈匍匐状或攀援状。有乳状汁液。叶互生，稀对生，全缘，有锯齿或分裂；托叶合生或成对包围幼芽，早落，脱落后枝条留有环状托痕。花雌雄同株或异株，生于肉质的隐头花序(或花序托)内；同株的花序托内有雄花、瘿花和雌花混生，或雄花生于花序托口部附近；异株雄花和瘿花同生于一花序托内，雌花生于另一花序托中，通常雌花较多。花序托腋生或生于老茎或无叶小枝上，口部为覆瓦状排列的总苞片遮蔽，基生苞片 3 枚或合生为盘状；雄花花被片 2~6 裂；

雄蕊 1~2 枚,少有 3~4 枚;雌花花被片 2~6 枚或不完全,子房直或偏斜,花柱侧生。瘦果小,骨质。

约 1000 种。中国约 99 种,主要分布于西南部和南部;广西 57 种 1 亚种 7 变种。

分种检索表

1. 直立乔木或灌木。
  2. 雌雄同株,花间具苞片,花较小,雄蕊 1~3 枚。
    3. 乔木,稀为灌木,无绞杀植物,无板根、气生根;雄蕊 2 枚或 1~3 枚;榕果壁散生石细胞或无。
      4. 高大乔木;茎生花,榕果簇生于老茎发出的瘤状短枝上;雄蕊 2 枚,稀为 1 枚或 3 枚 ………………
      ………………………………………………………………………………… **1. 聚果榕 F. racemosa**
      4. 小乔木;稀茎生花;雄蕊 1~3 枚。
        5. 小枝干后不具槽纹;叶薄革质,干后黄绿色;榕果具总花梗;雄蕊 2 枚 …… **2. 白肉榕 F. vasculosa**
        5. 小枝干后具槽纹;叶革质,干后为茶褐色;总花梗极短;雄蕊 1 枚………… **3. 九丁榕 F. nervosa**
    3. 植株大型,多附生,具板根或气生根,或有绞杀植物;雄蕊 1 枚;榕果壁具 2 层或 1 层石细胞。
      6. 子房全部红褐色,或上部为红褐色;雄花聚生于榕果孔口,或散生;叶背面具钟乳体。
        7. 榕果内壁具丰富的刚毛,基生苞片宿存 …………………………………… **4. 黄葛树 F. virens**
        7. 榕果内壁无刚毛或具极少刚毛,基生苞片脱落或宿存。
          8. 榕果基生苞片早落;榕果具总梗。
            9. 榕果直径 7~15mm,总梗长 3~8mm;小枝直径 3~10mm;叶宽椭圆形,侧脉 6~8 对,基生侧脉发达,叶柄长 2~4cm ………………………… **5. 笔管榕 F. subpisocarpa**
            9. 榕果直径 4~5mm,总梗长约 0.5mm;小枝直径 1~2cm;叶椭圆形,侧脉 10~15 对,基生侧脉不发达,叶柄长 1~2cm ………………………………… **6. 雅榕 F. concinna**
          8. 榕果基生苞片宿存;榕果无总梗或具极短的总梗。
            10. 雄花生于榕果内壁近口部,榕果无总花梗,基生苞片 3 枚。
              11. 叶三角状卵形,先端骤尖延长为尾状,叶柄与叶片等长;榕果扁球形,直径 8~15mm,基生苞片卵圆形 ………………………………… **7. 菩提树 F. religiosa**
              11. 叶卵形至心形,先端短渐尖,叶柄短于叶片;榕果球形,直径 6~7mm,基生苞片圆形至肾形 ………………………………………… **8. 龙州榕 F. cardiophylla**
            10. 雄花散生于榕果内壁,榕果有总花梗或无,基生苞片合生或分离。
              12. 叶广卵状椭圆形,长 10~20cm,侧脉 6~9 对;托叶披针形,长 10~13cm,深红色;榕果圆锥状椭圆形,直径 1.5~2.5cm,无总花梗,基生苞片合生为杯状;花柱 1 枚 ………
              ………………………………………………………… **9. 大青树 F. hookeriana**
              12. 叶倒卵状椭圆形或椭圆形,长 8~15cm,侧脉 7~15 对;托叶短,长不过 5cm,绿白色;榕果球形,直径 1.0~1.5cm,具总梗,基生苞片 3 枚;花柱浅 2 裂 ………………
              ………………………………………………………… **10. 直脉榕 F. orthoneura**
      6. 子房白色,或近基部具一红斑;雄花散生于榕果内壁,稀生于近口部;叶两面具钟乳体,有时仅叶背面有或无。
        13. 叶厚革质,两面侧脉均不明显,叶背面具钟乳体 ………………………… **11. 印度榕 F. elastica**
        13. 叶非革质,两面侧脉明显,叶背面有或无钟乳体。
          14. 侧脉细密,小枝下垂 ………………………………………………… **12. 垂叶榕 F. benjamina**
          14. 侧脉疏离,小枝不下垂。
            15. 榕果基生苞片早落 …………………………………………… **13. 大叶水榕 F. glaberrima**
            15. 榕果基生苞片宿存。
              16. 叶阔椭圆形至阔卵状椭圆形;榕果卵圆形 ………………… **14. 高山榕 F. altissima**
              16. 叶椭圆状卵形至狭椭圆形;榕果球形至扁球形。
                17. 榕果陀螺状球形,表面具疣状体,直径 4~5mm;叶椭圆形至倒卵状椭圆形………
              ………………………………………………………… **15. 豆果榕 F. pisocarpa**

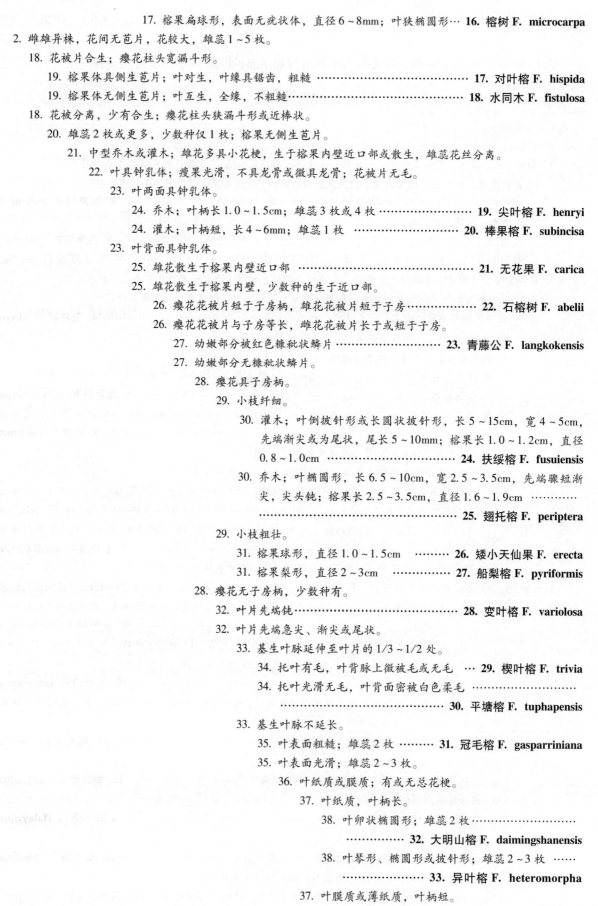

17. 榕果扁球形，表面无疣状体，直径 6~8mm；叶狭椭圆形… **16. 榕树 F. microcarpa**

2. 雌雄异株，花间无苞片，花较大，雄蕊 1~5 枚。

18. 花被片合生；瘿花柱头宽漏斗形。

19. 榕果体具侧生苞片；叶对生，叶缘具锯齿，粗糙 ………………… **17. 对叶榕 F. hispida**

19. 榕果体无侧生苞片；叶互生，全缘，不粗糙 ………………… **18. 水同木 F. fistulosa**

18. 花被分离，少有合生；瘿花柱头狭漏斗形或近棒状。

20. 雄蕊 2 枚或更多，少数种仅 1 枚；榕果无侧生苞片。

21. 中型乔木或灌木；雄花多具小花梗，生于榕果内壁近口部或散生，雄蕊花丝分离。

22. 叶具钟乳体；瘦果光滑，不具龙骨或微具龙骨；花被片无毛。

23. 叶两面具钟乳体。

24. 乔木；叶柄长 1.0~1.5cm；雄蕊 3 枚或 4 枚 ………… **19. 尖叶榕 F. henryi**

24. 灌木；叶柄短，长 4~6mm；雄蕊 1 枚 ………… **20. 棒果榕 F. subincisa**

23. 叶背面具钟乳体。

25. 雄花散生于榕果内壁近口部 ………………… **21. 无花果 F. carica**

25. 雄花散生于榕果内壁，少数种的生于近口部。

26. 瘿花花被片短于子房柄，雄花被片短于子房 ………… **22. 石榕树 F. abelii**

26. 瘿花花被片与子房等长，雌花花被片长于或短于子房。

27. 幼嫩部分被红色糠秕状鳞片 ………………… **23. 青藤公 F. langkokensis**

27. 幼嫩部分无糠秕状鳞片。

28. 瘿花具子房柄。

29. 小枝纤细。

30. 灌木；叶倒披针形或长圆状披针形，长 5~15cm，宽 4~5cm，先端渐尖或为尾状，尾长 5~10mm；榕果长 1.0~1.2cm，直径 0.8~1.0cm ………………… **24. 扶绥榕 F. fusuiensis**

30. 乔木；叶椭圆形，长 6.5~10cm，宽 2.5~3.5cm，先端骤短渐尖，尖头钝；榕果长 2.5~3.5cm，直径 1.6~1.9cm ……………… **25. 翅托榕 F. periptera**

29. 小枝粗壮。

31. 榕果球形，直径 1.0~1.5cm ……… **26. 矮小天仙果 F. erecta**

31. 榕果梨形，直径 2~3cm ………… **27. 船梨榕 F. pyriformis**

28. 瘿花无子房柄，少数种有。

32. 叶片先端钝 ………………… **28. 变叶榕 F. variolosa**

32. 叶片先端急尖、渐尖或尾状。

33. 基生叶脉延伸至叶片的 1/3~1/2 处。

34. 托叶有毛，叶背脉上微被毛或无毛 … **29. 楔叶榕 F. trivia**

34. 托叶光滑无毛，叶背面密被白色柔毛 ………………… **30. 平塘榕 F. tuphapensis**

33. 基生叶脉不延长。

35. 叶表面粗糙；雄蕊 2 枚 ……… **31. 冠毛榕 F. gasparriniana**

35. 叶表面光滑；雄蕊 2~3 枚。

36. 叶纸质或膜质；有或无总花梗。

37. 叶纸质，叶柄长。

38. 叶卵状椭圆形；雄蕊 2 枚 ………………… **32. 大明山榕 F. daimingshanensis**

38. 叶琴形、椭圆形或披针形；雄蕊 2~3 枚 ………………… **33. 异叶榕 F. heteromorpha**

37. 叶膜质或薄纸质，叶柄短。

39. 叶全缘或中部以上具疏锯齿；榕果直径 6~

9mm，具总花梗 ······ **34. 台湾榕 F. formosana**

  39. 叶边缘具钩状刺毛，叶背面中脉疏生钩状刺毛；
     榕果直径 4～5mm，无总花梗 ·····················
     ················· **35. 乳源榕 F. ruyuanensis**

36. 叶近革质；有总花梗。
  40. 叶椭圆状披针形至倒披针形。
    41. 榕果圆锥形或圆柱形，表面具槽纹，基部收缩
     成瘦柄 ············· **36. 壶托榕 F. ischnopoda**
    41. 榕果倒卵形，光滑或被微柔毛，基部不收缩成
     瘦柄 ············· **37. 竹叶榕 F. stenophylla**
  40. 叶倒琴形或倒卵形 ········ **38. 琴叶榕 F. pandurata**

22. 叶无钟乳体；瘦果表面有瘤体或刺毛，基部一侧具龙骨；花被片被刚毛。
  42. 叶纸质，有各种形状，或掌状分裂，叶被毛二型，沿主脉和侧脉被刚毛，其余部分被开
    展的柔毛；榕果被粗毛 ············· **39. 粗叶榕 F. hirta**
  42. 叶近革质，广卵形至斜卵形，不裂或分裂，叶背面密被绒毡状白色或黄褐色长毛；榕果
    密被锈褐色绵毛 ··················· **40. 黄毛榕 F. esquiroliana**

21. 乔木，通常有主干；雄花无小花梗，生于榕果内壁近口部，雄蕊花丝合生。
  43. 叶缘常具锯齿；榕果大，表面有红晕，顶生苞片莲座状；花被片红色，子房白色。
    44. 叶广卵状心形，长 15～55cm，宽 13～27cm，边缘具细锯齿；榕果大，梨形或扁球形，直
     径 4～6cm，表面具 8～10 条纵棱，被毛 ············· **41. 大果榕 F. auriculata**
    44. 叶宽卵形至倒卵状椭圆形，长 15～25cm，宽 8～13cm，边缘具稀疏的波状齿或全缘；榕
     果梨形，直径 2～3.5cm，表面具 4～6 条纵棱，被微柔毛 ····· **42. 苹果榕 F. oligodon**
  43. 叶全缘或波状；榕果小，无红晕，顶生苞片不为莲座状；花被片绿色或微红色，子房褐色···
    ················· **43. 杂色榕 F. variegata**

20. 雄蕊 1 枚，稀 2 枚；榕果有或无侧生苞片。
  45. 灌木 ······················· **44. 假斜叶榕 F. subulata**
45. 直立乔木。
  46. 雄花散生或生于榕果内壁近口部，雄蕊 2 枚；叶螺旋状排列，叶缘具不规则锯齿·············
    ················· **45. 岩木瓜 F. tsiangii**
  46. 雄花生于榕果内壁近口部，雄蕊 1 枚，稀 2 枚；叶不对称，全缘或叶缘具锯齿。
    47. 瘦果宽卵形，顶端一侧微缺；花被片红色 ········· **46. 鸡嗉子榕 F. semicordata**
    47. 瘦果长圆形至椭圆形；花被片白色。
     48. 叶片粗糙，排成两列；花被片被毛 ········· **47. 歪叶榕 F. cyrtophylla**
     48. 叶片光滑或微被毛，螺旋状排列；花被片无毛 ·····················
     ········· **48a. 斜叶榕 F. tinctoria** subsp. **gibbosa**

1. 攀援或匍匐植物，节上生根。
49. 匍匐植物；叶缘常具波状疏浅圆锯齿，叶背面有钟乳体 ············· **49. 地果 F. tikoua**
49. 攀援藤本；叶通常全缘或微波状，叶背面无钟乳体。
  50. 雄花和瘦花散生于榕果内壁，多无梗 ············· **50. 藤榕 F. hederacea**
  50. 雄花和瘦花集生于榕果孔口，雄花大多具梗。
    51. 花丝联合，花间无刚毛；榕果成熟时为紫红色，基生苞片脱落············· **51. 羊乳榕 F. sagittata**
    51. 花丝分离或微联合，花间有或无刚毛；榕果成熟时为紫色，基生苞片宿存。
     52. 叶螺旋状排列，背面网脉不隆起；叶柄长，长 3.5～7.0cm ············· **52. 光叶榕 F. laevis**
     52. 叶两列排列，背面网脉隆起；叶柄短，短于 2cm。
      53. 叶背面褐色，网脉稍隆起，不为蜂窝状，被绵毛，或有时被柔毛 ········· **53. 褐叶榕 F. pubigera**
      53. 叶背面黄褐色，网脉蜂窝状，有毛或无毛。
       54. 叶二型；榕果大，直径 3～6cm ············· **54. 薜荔 F. pumila**
       54. 叶不为二型；榕果小，直径一般不超过 2.5cm。

55. 叶背面白色或灰色，被茸毛或柔毛 ·················· **55. 匍茎榕 F. sarmentosa**
55. 叶背面黄褐色，被锈色或褐色柔毛，或无毛。
  56. 成长叶无毛；基生侧脉短；花被片红色，花间无刚毛 ····· **56. 广西榕 F. guangxiensis**
  56. 叶背面密被锈色或褐色柔毛，基生侧脉延伸至叶片的1/2处；花被片上部红色，下部黄
    色，花间有或无刚毛。
    57. 叶椭圆形或长圆形，背面密被褐色厚柔毛；瘦果椭圆形，直径 8～10mm；花间有刚
    毛 ···························· **57. 贵州榕 F. guizhouensis**
    57. 叶卵形至倒卵状椭圆形，成长叶背面密被锈色短柔毛；瘦果长圆形，直径6～8cm，
    花间无刚毛 ······················ **58. 那坡榕 F. napoensis**

1. 聚果榕 马郎树 图487：1～5

Ficus racemosa L.

乔木，高30m，胸径50cm。树皮平滑，灰褐色。幼枝、嫩叶、隐头花序密被柔毛。叶薄革质，椭圆状倒卵形至椭圆形或长椭圆形，长 10～15cm，宽 3.5～4.5cm，先端钝或渐尖，基部楔形或微钝，全缘，上面无毛，下面稍粗糙；侧脉4～8对；叶柄2～3cm；托叶卵状披针形，膜质，下面被微柔毛，长1.5～2.0cm。隐头花序聚生于老茎的瘤状短枝上，球形，直径2.0～2.5cm，顶端平，熟时橙红色，基生苞片3枚，三角状卵形；雄蕊2枚，稀为1枚或3枚；瘿花和雌花有柄，花被线形。花期5～7月。

产于隆林、东兰、宁明、龙州。生于江河溪流两岸或低海拔河谷、田边。分布于云南、贵州；越南、印度、澳大利亚也有分布。播种或插条繁殖。播种，于9～10月采集紫红色的大粒浆果，揉搓淘洗，过滤阴干，布袋悬挂室内贮藏，贮藏期最好不超过6个月。种子轻，种子千粒重330～400万粒/kg。选择肥沃疏松地作圃地，播后保湿，15d后幼苗出土。插条繁殖，以树皮绿色的1～2年生、粗1.0～1.5cm的枝条为佳，20～30cm一段，插入土壤约2/3，苗高50cm时出圃。优良紫胶虫寄主树种；隐头花序，成熟时味甜可生食，可治痢疾、痔疮；嫩茎叶可供炒食或做汤；枝干果实累累，优良园林绿化树种。

2. 白肉榕 突脉榕、凸脉榕、黄果榕 图488

Ficus vasculosa Wall. ex Miq.

乔木，高20m，有时灌木状。整个植物体无毛。叶薄革质，叶形变化较大，长椭圆形至卵形，有时菱形，长 4～14cm，宽 3～6cm，全缘，有时两侧各有一圆裂或波状齿，先端急尖或短渐尖，基部宽楔形或圆形，无毛，表面深绿色，有光泽，背面浅绿色，干后黄绿色；羽状脉在近边缘处网结成边脉，脉在两面隆起；叶柄长 1.0～2.5cm；托叶卵形。榕果球形，直径 7～10mm，黄色，孔口小，不凸出，单生或成对腋生，基部缢缩为短柄，总梗长 7～8mm；基生苞片3枚，小而合生。

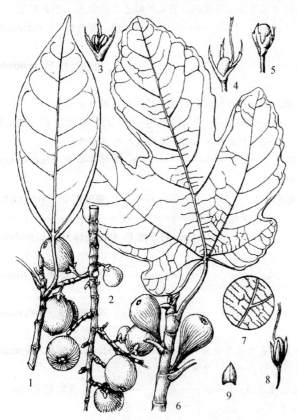

图487　1～5. 聚果榕 Ficus racemosa L. 1. 叶枝；
2. 果枝；3. 雄花；4. 雌花；5. 瘿花。**6～9. 无花果 Ficus carica** L. 6. 果枝；7. 叶背面（放大，示毛被）；8. 雌花；
9. 苞片。（仿《中国植物志》）

产于金秀、梧州、苍梧、岑溪、灵山、平南、上林、横县、扶绥。分布于云南、台湾、广东、海南；泰国、越南、马来西亚也有分布。全株光滑，气根及支柱根十分发达，可用于作庭院、行道树种，也是盆景栽培的重要树种；木材纹理交错，结构细，均匀，轻软，可作一般农具用材。

3. 九丁榕 九丁树、显脉榕、凸脉榕

图 489

Ficus nervosa B. Heyne ex Roth

乔木，高 7m。小枝干后具槽纹。叶革质，矩圆形、倒披针形或椭圆形，长 8～13cm，宽 3～6cm，先端钝或稍尖，基部圆形或楔形，全缘，稍反卷，表面深绿色，干后茶褐色，有光泽，背面颜色深；三出脉，侧脉 7～8 对，背面侧脉凸起，背面中脉疏生短柔毛；叶柄长 1～2cm；托叶披针形或卵状披针形，有短柔毛，脱落。花序托成对生于叶腋，扁球形，基部突缢成柄，无总梗，疏被短柔毛，后变无毛，直径 5～8mm，在柄基部有 2 枚三角状卵形的苞片，雄花、瘿花和雌花同生于一花序托中，雄花具梗，雄蕊 1 枚。果熟后紫褐色。花果期 4～9 月。

产于宜州、靖西、上林、马山、武鸣、大新、合浦、钦州、防城。分布于海南、广东、福建、台湾、云南、贵州；越南、缅甸、马来西亚也有分布。木材淡黄白色，纹理斜，干燥后少翘裂，易受虫蛀，易腐，可作简单农具用材；成熟果实味甜多汁，可生食。

4. 黄葛树 黄葛榕、绿黄葛树、大叶榕

图 490

Ficus virens Art.

落叶大乔木。具板根和支柱根。叶薄革质，长椭圆状或椭圆状卵形，长达 20cm，宽 4～6cm，先端渐尖，基部钝圆，或微心形，全缘，两面无毛；侧脉 7～10 对；叶柄长 3～5cm；托叶披针形或卵状披针形，长 4～10cm，早落。隐头花序单生或成对生于无叶腋，球形，直径 8～10mm，熟时黄色或紫红色，无总梗，基部苞片 3 枚，宿存；雄花、瘿花、雌花生于同一花序托内壁，内壁具丰富的刚毛；雄花无柄，少数，着生于花序托内壁近口部，花被片 4～5 枚，线形；雄蕊 1 枚，花丝短；瘿花具花被片

图 488 白肉榕 Ficus vasculosa Wall. ex Miq. 1. 果枝；2. 雄花；3. 雌花。(仿《中国植物志》)

图 489 九丁树 Ficus nervosa B. Heyne ex Roth 果枝。(仿《中国高等植物图鉴》)

3~4枚，花柱侧生；雌花无梗，花被片4枚。瘦果微有皱纹。花期4月；果期5~6月。

产于广西各地。生于山地向阳处或溪边。分布于中国西南及华南各地；印度、越南、澳大利亚也有分布。播种、扦插或压条繁殖。木材淡褐黄色，密度中等，心材淡红褐色，边材淡褐色，纹理直，结构粗，干燥不开裂，易受虫蛀，可供制作一般家具、农具；根、叶有祛风活血、接骨的功效，可治风湿痹痛，半身不遂等。树冠秀丽，优良行道和庭院绿化树种。

图490 黄葛树 Ficus virens Art. 果枝。(仿《中国经济植物志》)

5. 笔管榕 图491

Ficus subpisocarpa Gagnep.

落叶乔木，高10m。分枝具很少气生根；小枝细，直径3~10mm，淡红色，无毛。叶互生，坚纸质，无毛，宽椭圆形，长5~12cm，宽2~6cm，先端钝或短渐尖，基部钝或圆形，全缘；基生三出脉，侧脉6~8对；叶柄长2~4cm；托叶早落，披针形，长约2cm，膜质，疏生短柔毛。榕果单生或成对或簇生于叶腋或生无叶枝上，扁球形，直径7~15mm，成熟时紫黑色；总梗长3~8mm。花期4~6月。

产于防城、东兴、上思。生于沿海岸地带。分布于广东、福建、台湾、云南；印度、老挝、马来西亚、缅甸、泰国、越南也有分布。耐干旱，适应性广，但不耐寒。播种或扦插繁殖。果实成熟时紫黑色，采集成熟果实，揉搓去肉渣，清洗晾干。种子千粒重0.24g，发芽率约60%。撒播，无需覆土，搭棚防雨，保湿，约10d发芽，苗高4~5cm时移苗，苗高40~50cm时出圃。木材纹理细致，美观，可供作雕刻用材。树姿优美，适合作行道树和绿阴树。

6. 雅榕 图492

Ficus concinna (Miq.) Miq.

乔木，高16m。小枝具棱，径粗1~2cm，深褐色，光滑。叶革质，椭圆形，长6~10cm，先端短渐尖或骤尖，基部近圆形；侧脉10~15对，稍平行，网脉在两面凸起，全缘，无毛，表面有时有光泽；叶柄长1~2cm；托叶小。花序托球形，直径4~5mm，熟时粉红色，单生或成对或簇生于无叶小枝上，或生于叶腋；梗极短，不超过0.5mm。花果期3~6月。

产于龙州。生于海拔约500m的山坡密林中。分布于云南、广东、贵州；印度、马来西亚、菲律宾、印度尼西亚也有分布。

图491 笔管榕 Ficus subpisocarpa Gagnep. 果枝。(仿《中国高等植物图鉴》)

7. 菩提树 思维树、印度菩提树、毕钵罗树

图 493

Ficus religiosa L.

大乔木，高 25m，胸径 30~50cm。树皮黄白色或灰色，平滑或微具纵棱。树枝有气生根，下垂如须，冠幅广展；幼枝被微柔毛。叶革质，三角状卵形，长 9~17cm，宽 7~12cm，上面深绿色，光亮，下面绿色，无毛，先端骤尖，具 2~5cm 的尾尖，基部宽楔形至浅心形，全缘或波状；侧脉 5~7 对；叶柄纤细，具关节，与叶片等长；托叶小，卵形，先端急尖。隐头花序成对腋生，无梗，扁球形，直径 8~15mm，基生苞片宽卵形。花果期 4~5 月。

原产于印度、巴基斯坦、缅甸、泰国。广西南部各地有栽培，广东、海南、云南也有引种。喜高温，不耐霜冻；对土壤要求不严，抗污染能力强。播种或扦插繁殖。播种繁殖，采收成熟果实，除去肉渣皮屑，取出种子，稍加晾干即可播种。播种后约 10d 即可发芽出土，幼苗长至 2~4cm 时移袋培育，幼苗长至 30~50cm 时即可出圃。树脂可供制硬性橡胶；树皮的液汁及花、种子供药用，树皮有收敛、治牙痛的功效。菩提树分枝扩展、树形高大，枝繁叶茂，优良观赏树种。

8. 龙州榕

Ficus cardiophylla Merr.

乔木。树皮光滑。小枝圆柱形，有皮孔。叶近革质，卵形至心形，长 5~9cm，宽 3~6cm，全缘，先端短渐尖，基部圆形至浅心形；基生侧脉延长，侧脉 5~7 对；叶柄短于叶片，长约 2cm，纤细，顶端有关节；托叶披针形，长约 1cm。榕果单生或成对腋生，球形，光滑，无总梗，直径 6~7mm，顶部不下陷，基生苞片 3 枚，圆形至肾形，长约 2mm，边缘有睫毛。雄花、雌花、瘿花同生于一榕果内；雄花生于内壁近口部，极少数，有柄或无柄，花被片 3~4 枚，披针形，边缘有锯齿，雄蕊 1 枚；花药椭圆形，花丝短；瘿花和雌花多数，花被片与雄花的同，子房倒卵圆形，花杜顶生，瘿花花柱极短。花期 5~7 月。

极危种。产于龙州。生于低海拔的石灰岩山坡。越南北部也有分布。

9. 大青树 圆叶榕

Ficus hookeriana Corner

大乔木，主干通直，高 25m，胸径 40~50cm。树皮深灰色，具纵槽。幼枝绿色微红，粗壮，直径约 1cm，光滑。叶大，薄革质，广卵状椭圆形，长 10~20cm，宽 8~12cm，先端钝或具短尖，基

图 492 雅榕 Ficus concinna（Miq.）Miq.
1. 果枝；2. 叶片。（仿《中国高等植物图鉴》）

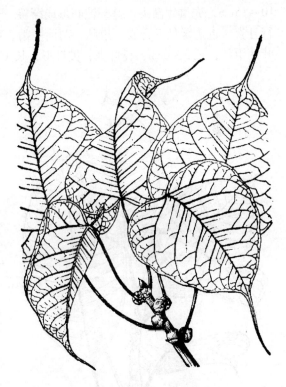

图 493 菩提树 Ficus religiosa L. 果枝。（仿《中国高等植物图鉴》）

部宽楔形至圆形，表面深绿色，背面白绿色，全缘；基生三出脉，侧脉 6~9 对，在近边缘处弯拱向上而相网结，干后网脉两面均明显；叶柄圆柱形，粗壮，长 3~5cm；托叶膜质，深红色，披针形，长 10~13cm，脱落。榕果成对腋生，无总梗，圆锥状椭圆形，长 20~27mm，宽 15~25mm，顶部脐状凸起，基生苞片合生成杯状；雄花散生于榕果内壁，花被片 4 枚，披针形，雄蕊 1 枚，花药椭圆形，与花丝等长；雌花花被片 4~5 枚，花柱侧生，柱头膨大，单一；瘿花与雌花相似，但花柱短而粗。花期 4~10 月。

产于隆林。生于海拔 500~1500m 的石灰岩山地。分布于云南、贵州；尼泊尔、不丹及印度东北部也有分布。树冠宽阔，树姿优美，可作庭院或行道树种。木材质轻，易腐。

10. 直脉榕 东南榕、钝叶榕

Ficus orthoneura H. Lév. et Vaniot

乔木，高 10m。小枝干后略具皱纹。叶常集生于枝顶，革质或厚纸质，椭圆形或倒卵状圆形，长 8~15cm，宽 6~9cm，先端钝圆或具短尖头，基部圆形或浅心形，上面深绿色，全缘；侧脉 7~15 对，略呈平行脉展出至边缘网结；叶柄长 2~3cm，微扁；托叶短，长约 5cm，绿白色。隐头花序常单生于叶腋，球形，直径 1.0~1.5cm，并有花序托梗，梗长 2~5cm；顶生苞片微呈脐状，3 枚，基部收缩为短柄，或不收缩；雌花花序浅 2 裂。花果期 4~9 月。

产于柳州、隆林、龙州。生于石灰岩山地。分布于云南、贵州；越南、泰国、缅甸也有分布。小树根颈处增粗明显，形成各种形状的块根，具较高观赏性，可供制作盆景。

11. 印度榕 印度橡胶榕、橡胶榕、橡皮榕 图 494

Ficus elastica Roxb. ex Hornem.

常绿大乔木，高 30m。树冠开展，树皮平滑。叶厚革质，长椭圆形或矩圆形，长 10~30cm，宽 10~15cm，先端短渐尖，基部钝圆形或渐狭，全缘；主脉粗壮，在下面明显凸起，侧脉多而细，平行且直，近边缘处汇合成一边脉，两面平滑，两面侧脉均不明显，叶背面具钟乳体，上面深绿色；叶柄粗壮，长 3~6cm；托叶大，披针形，长 10~20cm 或更长，淡红色。花序托无梗，成对着生于叶腋，矩圆形，成熟时黄色，长约 1.2cm，初时被风帽状基部苞片包围，不久苞片脱落后在基部留下一截平的圆形盘状体。花期冬季。

分布于云南；印度、不丹、尼泊尔、缅甸、马来西亚、印度尼西亚也有分布。柳州、梧州、南宁、博白、北海、龙州、凭祥有零星引种栽培。性喜高温湿润、阳光充足环境，也能耐阴但不耐寒。插枝或压条繁殖。插枝在 3~4 月从树梢上切取 1 年生枝条，每段长 20cm，待伤口流胶凝固后，插入疏松苗床，深度约 8cm，地面上保留 2~3 片叶子。插后 3 个月，待生根后移植栽培。压条在夏季进行，选择 1 年生粗壮枝条，在枝条上环剥宽 0.5~1.0cm 的树皮，用糊状泥涂在环剥处，厚度约 2cm，外面用塑料薄膜裹住，待其发根后连泥团一起剪下移栽。优良观赏树种，露天种植或盆栽均可。

图 494 印度榕 Ficus elastica Roxb. ex Hornem. 叶枝。(仿《中国高等植物图鉴》)

12. 垂叶榕 吊丝榕、垂枝榕 图 495

Ficus benjamina L.

常绿大乔木，高 30m。小枝下垂。叶薄革质，有光泽，椭圆形或卵状椭圆形，长 4~7cm，宽 2~6cm，先端渐尖，基部圆形或宽楔形，全缘；侧脉多

数，网脉明显，在近叶缘处网结；叶柄长
1.0～2.5cm。花序无梗，单生或成对腋生，
雄花、瘿花、雌花同生于一果内；雄花具柄，
花被片4枚，雄蕊1枚；雌花无柄，花被
片匙形。榕果球形或卵球形，熟时黄色，直
径0.5～1.2cm。花期5～7月；果期8～
10月。

产于南宁、平南、北海。生于海拔500～
800m的山地杂木林中。分布于广东、海南、
云南、贵州；越南、印度也有分布。喜光树
种，喜高温多湿气候，耐寒性较强，可耐短暂
0℃低温；耐湿、耐瘠薄、抗风、耐潮、抗大
气污染强，耐修剪。扦插或压条繁殖。木材散
孔材，管孔中等至大，密度小，黄灰色，纹理
直，结构粗，干燥后不翘裂，不耐腐，可制作
一般家具用材。树形浓荫美观，为优良行道
树种。

13. 大叶水榕　图496
Ficus glaberrima Blume

乔木，高15m，胸径15～30cm。树皮灰
色。叶薄革质，长椭圆形，长10～22cm，宽
5～10cm，全缘，先端渐尖，基部宽楔形至圆
形，上面无毛，下面沿脉被微柔毛；侧脉8～
12对，在两面明显；叶柄长1～3cm；托叶线
状披针形，长约1.5cm。隐头花序成对腋生，
球形，直径7～10mm，基生苞片早落；雄花、
雌花、瘿花生于同一花序托内壁。果熟橙色。
花果期5～9月。

产于河池、巴马、天峨、都安、德保、靖
西、那坡、凌云、田林、隆林、大新、龙州、
扶绥、防城。分布于广东、贵州、海南、云
南、西藏；印度、泰国、越南等也有分布。喜
光，稍耐阴，喜温暖、湿润气候，不耐寒，忌
积水。在广西西南部、西部的石灰岩季雨林
内，常与东京桐、厚壳桂、假肥牛树等形成森
林群落。扦插或播种繁殖。扦插时间为2～3
月，种子繁殖应在6～8月，种子即采即播，
出苗率约70%。紫胶虫寄主树种。木材密度
小，黄褐色，纹理斜，结构粗，干燥后少翘
裂，易受虫蛀，易腐，宜用于制作简易农具、
家具。叶大荫浓，榕果色艳美观，良好庭荫树
种、行道树种；树冠可塑性好，良好盆景
植物。

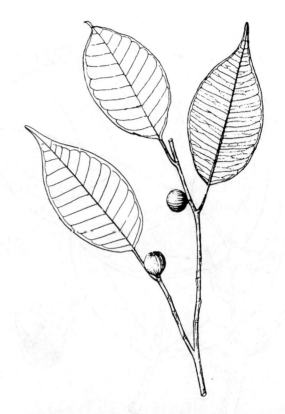

图495　垂叶榕 **Ficus benjamina** L. 果枝。（仿《中国
植物志》）

图496　大叶水榕 **Ficus glaberrima** Blume 果枝。（仿
《中国高等植物图鉴》）

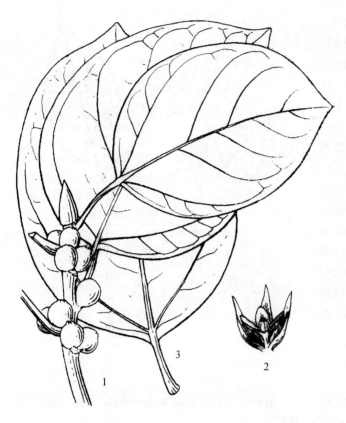

图 497 高山榕 Ficus altissima Blume 1. 果枝；2. 雄花；3. 叶。(仿《中国高等植物图鉴》)

14. 高山榕　大叶榕　图 497
Ficus altissima Blume

大乔木，高 30m，胸径 40～90cm。幼枝粗，直径 5mm 以上，有棱，被微柔毛。叶厚革质，宽卵形或宽卵状椭圆形，长 8～21cm，宽 5～12cm，先端钝，急尖，基部宽楔形，全缘，两面平滑无毛；侧脉 5～8 对，基生脉 1 对延长；叶柄长 2～5cm；托叶厚革质，长 3～6cm，外面被灰色绢毛。隐头花序成对腋生，椭圆状卵形，直径 1.7～2.8cm，幼时包藏于早落的帽状苞片内，顶生苞片脐状凸起，熟时黄色。花期 3～4 月。

产于那坡、百色、防城、扶绥、宁明、龙州、大新。生于山坡林中、林缘或村边、河岸，常见独木成林景观。分布于广东、海南、云南、四川；不丹、缅甸、越南、泰国、菲律宾也有分布。喜光树种，喜高温多湿气候，耐干旱瘠薄，抗风，抗大气污染强。生长迅速，移栽容易成活。扦插繁殖，春季或夏季扦插。优良城市绿化树种。气生根有清热解毒、活血止痛的功效。

15. 豆果榕　豌豆榕
Ficus pisocarpa Blume

乔木，高 5～15m。树皮灰色，光滑。叶厚革质，椭圆形或倒卵状椭圆形，长 5～8cm，宽 2.5～4.0cm，全缘，先端具短尖，基部圆至宽楔形；基生侧脉短，侧脉 5～8 对，在背面凸起；叶柄粗壮，无毛，长 1.0～1.5cm；托叶卵状披针形，膜质，外面被柔毛，长约 8mm。榕果成对腋生或生于已落叶枝叶腋，无总梗，陀螺状球形，表面具疣状体，直径 4～5mm，顶生苞片唇形，基生苞片 3 枚，卵形，宿存；雄花、瘿花、雌花同生于一榕果内壁。瘦果长卵圆形，光滑。花期 5～7 月。

产于临桂、德保。生于石灰岩山顶疏林中。分布于云南、贵州；泰国、马来西亚、印度尼西亚也有分布。

16. 榕树　小叶榕、黄金榕、黄叶榕
Ficus microcarpa L. f.

常绿大乔木，高 25m，胸径 50cm 以上。树皮灰色。冠幅广阔伸展。干枝常具气生根。叶薄革质，狭椭圆形，长 4～8cm，宽 2～4cm，先端钝尖，基部楔形或圆钝，全缘或微波状，两面无毛；基生三出脉，侧脉 5～6 对，侧脉沿边缘整齐网结形成边脉；叶柄长 0.7～1.5cm，无毛；托叶小，披针形，长约 8mm。隐头花序成对腋生，扁球形，直径 6～8mm，无梗，顶生苞片唇形，基生苞片 3 枚，宽卵形，熟时暗紫色；雄花、雌花、瘿花生于同一花序托内壁。花期 5～7 月；果期 8～9 月。

产于广西南部、西部；各地有栽培。分布于台湾、浙江、福建、广东、海南、贵州、云南；印度、缅甸、泰国、越南、菲律宾、澳大利亚也有分布。喜湿及暖热气候，为典型热带树种，幼苗、幼树惧霜雪，大树能耐短期 -2℃ 低温；根群强大，耐干旱，在石灰岩山地的石壁、石缝中也能生长良好。扦插或播种繁殖，扦插繁殖可选健壮枝于 3～4 月或 8～10 月进行。播种繁殖，于 10 月至

翌年4月采收成熟果实，即采即播，苗高4～
5cm时移袋，苗高40～50cm时再移植培育大
苗。木材为散孔材，管孔中，淡褐红黄色，纹
理斜，结构粗，干燥后少翘裂，易受虫蛀，易
腐，可供制作一般家具；气根、树皮和叶芽入
药，有清热解毒、祛风活络、活血散瘀的功效。
榕树四季常绿，遮阴效果好，观赏价值高，为
良好庭院及行道绿化树种。

17. 对叶榕 牛奶果、牛奶子 图498

Ficus hispida L. f.

落叶小乔木或灌木，高5m。幼枝被糙毛，
中空。叶对生，厚纸质，卵状长椭圆形或倒卵
状长圆形，长8～25cm，宽4～12cm，全缘或
有不规则钝齿，先端急尖或短尖，基部圆或楔
形，两面被短硬毛，粗糙；侧脉6～9对；叶柄
长1～4cm，被短硬毛；托叶卵状披针形，通常
4枚交互对生。隐头花序通常生于无叶枝，或
老茎发出下垂的无叶枝上，陀螺形，直径1.5～
2.5cm，表面散生苞片和糙毛，散生侧生苞片。

产于广西各地。生于海拔1600m以下的山
谷潮湿地。分布于广东、海南、云南、贵州；
印度、不丹、泰国、越南、马来西亚至澳大利
亚也有分布。茎皮纤维供编织用；木材密度中
等，心材淡黄灰色，边材黄白或浅黄褐色，纹
理交错，结构粗，不耐腐，抗虫性差，可供制

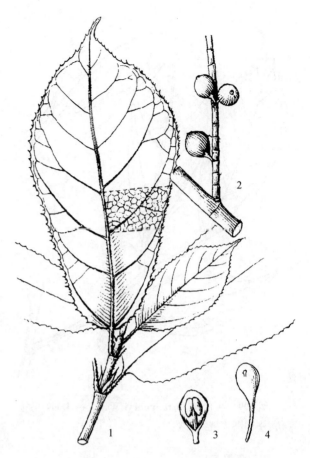

图498 对叶榕 Ficus hispida L. f. 1. 叶枝；2. 果
枝；3. 雄花(示雄蕊)；4. 雌花(示不具花被的子房)。
(仿《中国植物志》)

作一般家具、农具；全株入药，有清热祛湿、消积化痰的功效，可治感冒、结膜炎、赤眼、支气管
炎等。

18. 水同木 空管榕

Ficus fistulosa Reinw. ex Blume

乔木，高8m。小枝被粗硬毛。叶互生，纸质，倒卵形至长圆形，长7～23cm，宽3～9cm，先
端钝或急尖，基部宽楔形或钝圆，全缘或微波状，上面无毛，下面被微柔毛和凸起钟乳体；基生三
出脉，侧脉6～9对；叶柄长1.0～4.5cm；托叶卵状披针形，长约1.7cm。花序托具长梗，梗长
1.5～3.0cm，簇生在老枝的瘤状短枝上，球形稍扁，直径1.0～1.5cm，顶部脐状凸起明显；基部
收缩成短柄。

产于金秀、田林、乐业、都安、巴马、岑溪、苍梧、武鸣、上林、扶绥、龙州、宁明、上思、
防城。生于溪边、沟边等潮湿地带。分布于广东、海南、云南；印度、孟加拉国、缅甸、泰国、马
来西亚、菲律宾也有分布。常见于较潮湿的环境，因此在沟谷中数量颇多，具有热带气息的老茎生
花现象，隐花果生长在树干下部而呈下垂状，有时延伸至根部，熟时橙红色，结实累累，看起来就
像母猪乳房一般，故称为"猪母乳"。嫩叶略带红色，长成后变成深绿色，具一定观赏价值。树皮含
丰富乳汁，可以供制胶；散孔材，管孔小至中等，密度中等，木材淡褐色，纹理直，结构粗，干燥
后不开裂，易受虫蛀，可供制作一般家具、农具；隐头果味酸，可食用；根可治小便不利、腹泻、
跌打肿痛。

图499 尖叶榕 Ficus henryi Warb. ex Diels 果枝。
（仿《中国高等植物图鉴》）

19. 尖叶榕　山枇杷　图499

Ficus henryi Warb. ex Diels

乔木，高12m。幼枝黄褐色，无毛。叶互生，倒卵状长圆形或长圆状披针形，长7～16cm，宽2.5～5.0cm，先端渐尖或尾尖，基部楔形，两面具点状钟乳体，粗糙，全缘或中部以上具疏锯齿；侧脉5～7对，网脉在下面明显；叶柄长1.0～1.5cm。花序托有梗，单生于叶腋，球形或椭圆状卵形，直径1～2cm，顶部脐状凸起明显，基部有苞片3枚，三角状卵形；雄花和瘿花生于同一花序托中，雌花生于另一花序托内；雄花花被片4～5枚，雄蕊3枚或4枚，花丝长。花期5～6月；果期7～9月。

产于南丹、乐业、凌云、那坡。生于海拔600～1300m的沟边潮湿处或疏林中。分布于湖北、湖南、云南、四川、贵州；越南北部也有分布。成熟花序味甜，可生食；树根可治感冒、头痛、内痔、风湿病；木材纹理斜，结构适中，略均匀，重量和硬度中等，干缩小，容易干燥，不开裂，胶黏容易，但不耐腐，易遭虫害，干燥有翘曲现象，宜作一般家具、包装材。

20. 棒果榕

Ficus subincisa Buch. – Ham. ex Sm.

灌木，高1～3m。树皮灰黑色，光滑。小枝纤细，有薄翅，红褐色。叶纸质，倒卵状长圆形，长4～12cm，宽2～5cm，先端骤尖为尾状，基部楔形，中部以上具波状疏钝锯齿，两面有钟乳体；侧脉5～7对，斜上至边缘联结至顶部；叶柄短，长4～6mm；托叶线状披针形，长约5mm，早落。榕果单生于叶腋，椭圆形至近球形，直径1.2～2.5cm，光滑或有瘤体和皮孔，顶生苞片脐状，微凸起，基生苞片3枚，三角形；总梗可达10mm，成熟榕果橙红色；雄花和瘿花同生于一榕果内壁，雄花生近口部，具柄，花被片4枚，雄蕊1枚；瘿花子房光滑，花柱侧生，柱头短漏斗形；雌花生于另一植株榕果内，花柱侧生，长，柱头2裂。瘦果透镜状，光滑。花期5～7月；果期9～10月。

产于龙州、大新、那坡。生于海拔400～1100m的山谷、沟边或疏林中。分布于云南；尼泊尔、不丹、印度、缅甸、泰国、老挝、越南也有分布。成熟榕果味甜，可食。

21. 无花果　图487：6～9

Ficus carica L.

落叶乔木或灌木，高10m。树皮灰色，皮孔圆形，深灰色。小枝粗壮，节间短。叶厚纸质，广卵形，长宽几乎相等，10～20cm，通常3～5裂，裂片卵形，边缘具不规则锯齿，上面粗糙，下面密被灰色短柔毛和凸起的钟乳体，基部心形或浅心形；基生三至五出脉，侧脉5～7对；叶柄粗壮，长2～5cm；托叶卵状披针形，绿色略带微红，长约1.5cm。雌雄异株，花序单生于叶腋，雄花和瘿花同生于一榕果内壁，雄花生于内壁口部。榕果梨形，顶部压平，中部以下收缢成1～3cm的柄，熟时黄色或紫红色，直径2.5～4.0cm，有短梗。

原产于地中海沿岸，中国南北各地均有作水果栽植，在新疆南部尤多，常见栽培的皆为雌株，雄株罕见。广西各地有零星栽培。品种甚多，花序变化很大。喜光照长、温暖湿润的环境，不耐寒，盆栽冬季低于－5℃就会冻害，地栽也不能忍受－10℃的低温，需要在根部培土防寒。对土壤要求不严，但以疏松肥沃、排水良好的砂质壤土为好。根系发达，但分布较浅，生长迅速。播种、压条或扦插繁殖，以扦插繁殖为主，以春夏季扦插为宜。成熟花序营养丰富，味甜可口，生食或作蜜饯；果实、根入药，能治痔疮、脱肛、止咳、止痢、下乳。

22. 石榴树　水榕　图 500

Ficus abelii Miq.

灌木，高 2m。小枝和叶柄密生短柔毛。叶互生，厚纸质，窄矩圆形或狭倒披针形，长 4～8cm，宽 1～2cm，先端短渐尖，基部楔形，全缘；基生三出脉，侧脉 7～10 对，上面无毛，下面被短硬毛，网脉在下面清楚；叶柄长 4～8mm。花序托有梗，倒卵状球形或梨形，长 0.7～1.8cm，直径 0.5～1.0cm，有短毛，顶部脐状明显凸起，基部收缩成短柄；基部有苞片 3 枚；雄花和瘿花生于同一花序托中，雌花生在另一花序托内；雄花花被片 3 枚，雄蕊 2～3 枚，花丝长；瘿花花被片与雌花的相同，花柱短，侧生；雌花花被片 4 枚，花柱长，近顶生。

产于隆林、平南、扶绥。生于溪旁、沟边。分布于广东、福建、江西、云南、四川、贵州、湖南；越南、印度也有分布。叶有消肿止痛、去腐生新的功效，可治乳痛、刀伤。

23. 青藤公　地瓜榕（蒙山）、山榕、尖尾榕　图 501

Ficus langkokensis Drake

乔木，高 15m，胸径 15～30cm。树皮灰黄色至红褐色，平滑。小枝幼时被红棕色糠秕状小鳞片，后脱落，有时被微柔毛。叶纸质，长椭圆形或椭圆状披针形，长 6～15cm，宽 3～4cm，先端尾状渐尖，基部楔形或宽楔形，全缘；基生三出脉，延伸达叶片中部以上，侧脉 2～4 对；叶柄长 1.0～4.5cm，疏生红色短柔毛；托叶披针形，长约 1cm。隐头花序成对或单生于叶腋，球形，直径 7～8mm，幼时被柔毛，后脱落；顶生苞片微呈脐状凸起，基生苞片 3 枚，卵形，梗长 1.0～1.5cm；雌雄异株。

产于蒙山。生于海拔约 750m 的地方。分布于福建、广东、云南、海南；越南也有分布。

24. 扶绥榕

Ficus fusuiensis S. S. Chang

灌木，高 2m。小枝纤细，幼枝及叶柄微被毛。叶倒披针形或长圆状披针形，长 5～15cm，宽 4～5cm，先端渐尖或为尾状，尾长 5～

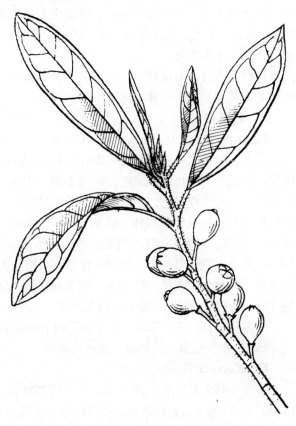

图 500　石榴树 Ficus abelii Miq. 果枝。（仿《中国高等植物图鉴》）

图 501　青藤公 Ficus langkokensis Drake 果枝。（仿《中国经济植物志》）

10mm，基部楔形或微钝，全缘，两面无毛或疏被柔毛，背面和边缘被钩状刺毛；侧脉 6～10 对，基生叶脉很短；叶柄长 3～7mm，散生短柔毛；托叶膜质，披针形。榕果单生或成对腋生，圆锥状椭圆形，长 1.0～1.2cm，直径 0.8～1.0cm，下部收缩为短柄，口部苞片直立，红色，基生苞片 3 枚，卵状三角形，总梗长约 5mm；雄花生于榕果近口部或散生，具柄，花被片 4 枚，倒披形，雄蕊 2 枚；瘿花极多数，生于雄花之下，具梗，花被片 4 枚，卵状披针形，子房近球形，具短柄，花柱侧生，短。果期 6 月。

广西特有种，濒危种。产于扶绥。生于海拔 300～500m 的水边、山谷阴处或林中。植株矮小，叶片宽大美观，可作园林绿化树种。

25. 翅托榕

Ficus periptera D. Fang et D. H. Qin

乔木，高 5～6m。除叶柄外其余无毛。小枝粗 1～2mm。叶互生，常着生于近枝梢；叶厚纸质，椭圆形，长 6.5～10.0cm，宽 2.5～3.5cm，先端骤短渐尖，尖头钝，基部楔形，全缘，两侧有时稍不对称，上面橄榄绿色，下面浅棕绿色；侧脉 6～10 对，连同中脉在下面稍隆起，基生侧脉短，背面脉腋各有 1 枚近锈色腺体；叶柄长 5～11mm，具狭槽，腹面散生小硬毛；托叶薄纸质，长 9～11mm，早落。榕果单生于小枝的叶腋，成熟时淡黄色，阔倒卵球形至梨形，长 2.5～3.5cm，直径 1.6～1.9cm，周围具 6～13 枚中间较宽而两端变狭的纵向龙骨状凸起或翅，下部狭缩成长 7～10mm 的柄状；口部苞片脐状，长 2mm，宽 3mm；基生苞片 3 枚，长 3mm，宽 2.5mm，宿存；花序梗长 7～13mm，稍呈三棱形，常向先端稍增粗。

广西特有种。产于那坡。生于海拔约 1000m 的石灰岩山地。

26. 矮小天仙果　天仙果、狭叶天仙果

Ficus erecta Thunb.

落叶小乔木或灌木，高 1～8m。小枝和叶柄密生微硬毛。叶倒卵状椭圆形或矩圆形，长 7～18cm，宽 3～9cm，先端渐尖，基部圆形，全缘或边缘上半部疏具浅锯齿，上面较粗糙，疏生短柔毛，下面近无毛；基生三出脉，侧脉 5～7 对；叶柄长 1.2～4.0cm。花序托单生或成对腋生，有梗，球形，直径 1.0～1.5cm；基部有苞片 3 枚；雄花有梗，花被片 3 枚，雄蕊 2 或 3 枚；雌花似瘿花，生于另一花序托中，花柱侧生。

图 502　船梨榕 Ficus pyriformis Hook. et Arn. 果枝（仿《中国高等植物图鉴》）

产于临桂、龙胜、全州、恭城、平乐、贺州、天峨、南丹、罗城、金城江、都安、凌云、乐业、忻城、苍梧、容县、贵港、桂平、上林、上思、龙州、大新。生于海拔 500m 以下的山坡林下、溪边。分布于广东、湖南、江西、福建、台湾、浙江；越南、日本也有分布。茎皮纤维可供制人造棉和造纸；根入药，有祛风除湿、解毒消肿、通乳的功效；果甜如蜂蜜，可食。

27. 船梨榕　梨果榕　图 502

Ficus pyriformis Hook. et Arn.

灌木。幼嫩部分被柔毛。叶互生，纸质，长椭圆状披针形或倒卵状披针形，长 7～12cm，宽 2～3cm，先端渐尖或骤尖，基部急尖或阔楔形，全缘，下面无毛，具乳头状小凸点，罕在脉上被微毛；基生三出脉，侧脉 5～10 对，网脉在背面稍明显；叶柄长 6～10mm，被毛；托叶钻形，长达 5～7mm，初时被毛。花序单生于叶腋，梨形，长 2～3cm，直径 2.0～2.5cm，基部下延收狭成圆

锥状；总柄长 0.4~1.2cm。花期 11 月至翌年春季。

产于金秀、柳州、苍梧、藤县。生于溪旁，为潮湿沟谷中常见灌木。分布于广东、福建；越南也有分布。茎药用，有清热利尿、止痛的功效，用于治疗发热、水肿、胃痛；茎皮纤维供制人造棉。

28. 变叶榕 图 503

Ficus variolosa Lindl. ex Benth.

小乔木或灌木，高 10m。树皮灰褐色，平滑。小枝节间短。叶薄革质，狭椭圆形至椭圆状披针形，长 5~12cm，宽 1~4cm，先端钝，基部楔形，全缘，两面无毛；侧脉 7~15 对，与中脉略呈直角伸展；叶柄长 6~10mm；托叶三角形，长约 8mm，无毛。隐头花序成对或单生于叶腋，球形，直径 0.9~1.2cm，表面具小瘤体；顶生苞片脐状，梗长 0.8~1.2cm。

产于融水、德保、凌云、田阳、乐业、防城、上思、大新。分布于浙江、江西、福建、贵州、云南、广东、海南；越南、老挝也有分布。根具祛风除湿、活血止痛的功效，可治疗风湿性关节痛、胃脘疼痛等症。叶片形状多变，果实较大，植株和果实具有观赏价值，可作绿篱栽培。

图 503 变叶榕 Ficus variolosa Lindl. ex Benth. 果枝。（仿《中国经济植物志》）

29. 楔叶榕 三叉榕

Ficus trivia Corner

灌木或小乔木，高 3~8m。树皮灰色。小枝红褐色，粗壮，直径 3~5cm，无毛或微被柔毛。叶纸质，多集生于枝顶，卵状椭圆形，长 6~16cm，宽 4~10cm，上面无毛，下面叶脉疏生短毛，有细小钟乳体，先端急尖至短尖，基部楔形，全缘；基生脉延伸至叶片的 1/3~1/2 处，侧脉 4~5 对；叶柄长 2.5~4.0cm；托叶卵状披针形，长 7~15mm，被贴伏或开展柔毛。隐头花序成对腋生，成熟时红色至紫红色，近球形或椭圆状球形，直径 8~12mm，无毛，略具疣点，顶部脐状凸起。花期 9 月至翌年 4 月；果期 5~8 月。

产于平乐、南丹、都安、凌云、龙州。生于沟边湿润地、山坡疏林中。分布于广东、贵州、云南等地；越南也有分布。

30. 平塘榕 保亭榕

Ficus tuphapensis Drake

直立灌木，高 3m。最末的小枝被紧贴短粗毛。叶纸质，长椭圆形，长 6~10cm，宽 1.8~3.0cm，先端锐渐尖，基部急尖或钝，全缘，被疏散紧贴的短粗毛，下面稍苍白色，密被白色柔毛；三出脉，基部以上有侧脉 3~4 对；叶柄长 1cm 以上，密被短粗毛；托叶线状披针形或披针形，长 6~8mm，光滑无毛。隐头花序多数，通常生于最末无叶小枝的叶腋，球形，直径 6~8mm，被丝状短粗毛，成熟时黄色。雄花少，接近顶孔，有花梗；瘿花无梗或有短花梗；雌花有短花梗。瘦果卵球状椭圆形，光滑。花期 3~4 月；果期 5 月。

产于天峨、凌云、乐业。分布于海南、贵州、云南；越南也有分布。

31. 冠毛榕

Ficus gasparriniana Miquel

灌木。小枝细，节间短，初时生易脱落刺毛。叶片纸质到革质，卵状披针形至椭圆状披针形，长 6~15cm，宽 2~5cm，背面无毛，上面具瘤点；粗糙，基部侧脉短，侧脉 3~8 对；叶柄长约

1cm，被短柔毛；托叶披针形，长 1cm。榕果腋生在正常的叶状枝上，成熟时成对或单生，紫红色，具白斑，球状，直径 0.7~1.4cm，幼时具短柔毛，顶生苞片脐状凸起，红色，总苞片宽卵形；花序梗短于 1cm。雄花具花梗，萼裂片 3 枚，有毛，雄蕊 2 枚；雌花萼裂片 4 枚，先端具毛，花柱宿存。瘦果卵球形，平滑。花期 5~7 月。

产于靖西、凌云、乐业。生于海拔 1800m 以下的潮湿沟谷处。分布于湖北、湖南、江西、四川、贵州、云南、广东、福建；印度、越南也有分布。根药用，用于治疗风湿痹痛、消化不良。

31a. 菱叶冠毛榕　裂叶榕

Ficus gasparriniana var. **laceratifolia**（H. Lév. et Vaniot）Corner

与原变种的主要区别在于：叶片倒卵形，厚纸质，叶背面灰色至灰绿色，无毛或微被毛，叶上半部具不规则齿裂。

产于都安、隆林、凌云、乐业、武鸣、上林、龙州。生于山地林中阴湿处或水边。分布于云南、贵州、四川、福建、湖北；不丹、马来西亚也有分布。

31b. 长叶冠毛榕

Ficus gasparriniana var. **esquirolii**（H. Lév. et Vaniot）Corner

与原变种的区别在于：叶披针形，背面微被柔毛，侧脉 8~18 对；榕果球形至椭圆状球形，直径 10mm 或更大。

产于那坡。生于沟边或山坡灌丛中。分布于广东、江西、湖南、四川、云南、贵州。

32. 大明山榕　牛乳子榕

Ficus daimingshanensis S. S. Chang

小乔木或灌木，高 2m。嫩枝疏生短柔毛。叶卵状椭圆形，长 9~22cm，宽 4~8cm，先端渐尖或尾尖，尾长 1.5~2.5cm，基部宽楔形或圆形，全缘，两面近无毛；侧脉 4~9 对，基生三出脉，短，脉腋具红色腺体 2 枚；叶柄长 1.5~5.0cm；托叶披针形，长约 1cm，红色，无毛。榕果成对或单生于叶腋，近球形或椭圆形，直径 1.0~1.5cm，成熟时红色，口部苞片脐状，基生苞片 3 枚，卵状三角形；总梗长约 1cm，近无毛；雄花生于榕果内壁近口部，具柄，花被片 4 枚，卵状披针形，雄蕊 2 枚；瘿花具短柄，花被片 4 枚，子房球形，花柱短，侧生，柱头漏斗形。

濒危种。产于武鸣、马山、上林、防城、上思。分布于湖南。植株形小，叶片较宽大，可种植于庭院以供观赏。

33. 异叶榕　异叶天仙果、奶浆果

图 504

Ficus heteromorpha Hemsl.

落叶灌木或小乔木，高 2~15m。树皮灰褐色。小枝红褐色，节短。叶变异甚大，倒卵状椭圆形、琴形或披针形，

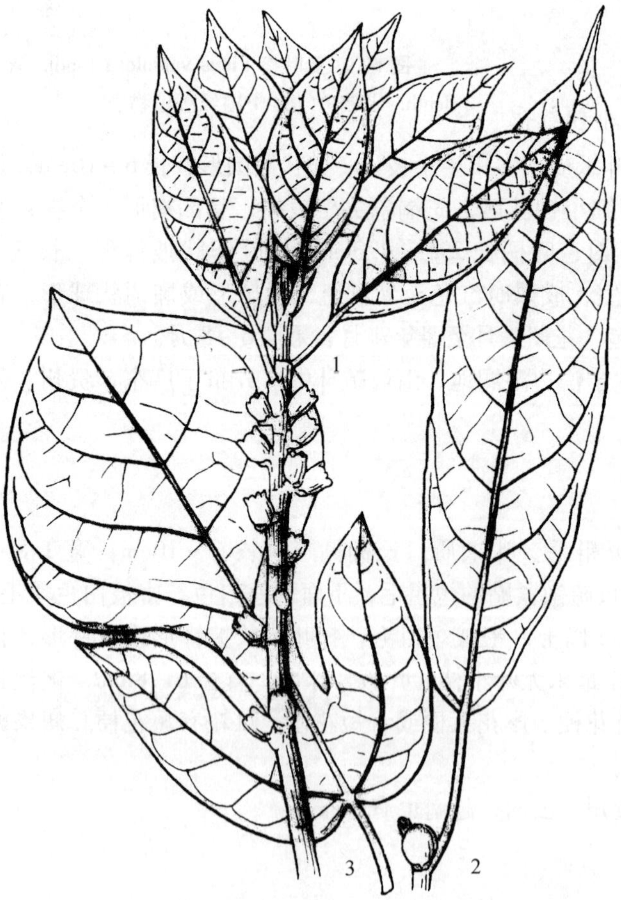

图 504　异叶榕 Ficus heteromorpha Hemsl. 1~2. 果枝；3. 叶。（仿《中国经济植物志》）

长 10 ~ 18cm，宽 2 ~ 7cm，先端渐尖或尾尖，基部圆形至浅心形，表面粗糙，下面有细小钟乳体，全缘或微波状；侧脉 6 ~ 15 对，基生侧脉短，红色；叶柄长 1.5 ~ 6.0cm，红色；托叶披针形，长约 1cm。隐头花序成对生于短枝叶腋，稀单生，无柄，球形或圆锥形，光滑，直径 0.6 ~ 1.0cm，顶生苞片脐状，熟时紫黑色。花极小，雄花花被片 4 ~ 5 枚，雄蕊 2 ~ 3 枚；雌花花被片 4 ~ 5 枚。瘦果光滑。花期 4 ~ 5 月；果期 7 ~ 10 月。

产于龙胜、资源、恭城、全州、贺州、金秀、来宾、融水、三江、东兰、罗城、南丹、德保、隆林、乐业、那坡、田林、凌云、武鸣、贵港、上思、龙州。生于山谷或坡地林中。分布于长江流域中下游及华南地区。茎皮纤维供作造纸和人造棉原料；榕果熟时可食。

34. 台湾榕　图 505

Ficus formosana Maxim.

灌木，高 3m。幼枝被短硬毛，后变无毛。叶互生，膜质或纸质，倒卵状矩圆形或倒披针形，长 4 ~ 11cm，宽 1 ~ 3cm，先端渐尖或尾尖，基部楔形，全缘或在中部以上具 1 ~ 2 对钝齿，上面无毛，下面具小凸点或生短柔毛；叶柄长 2 ~ 7mm。

图 505　台湾榕 **Ficus formosana** Maxim. 果枝。（仿《中国经济植物志》）

花序托有梗，单生于叶腋，梨形或球形，长 7 ~ 10mm，直径 6 ~ 9mm，绿色或紫红色；基部有苞片 3 枚；雄花和瘿花同生于一个花序托内壁；雌花生在另一花序托内壁；雄蕊花被片 3 ~ 4 枚，雄蕊 2 枚，瘿花花被片 3 ~ 4 枚或更多，花柱短；雌花与瘿花相似，但花柱较长。

产于广西各地。生于溪边沟旁的灌木林中。分布于长江流域以南及台湾；越南也有分布。茎皮纤维可代麻织麻袋。播种、扦插或压条繁殖。树叶形状优美，可栽培观赏。全株入药，可柔肝和脾、清热利湿，主治急、慢性肝炎及腰脊扭伤、急性肾炎、泌尿系统感染。

35. 乳源榕

Ficus ruyuanensis S. S. Chang

灌木或乔木，高 1 ~ 2m。小枝纤细，节短，新枝和叶柄密生直立开展的糙毛。叶螺旋状排列，纸质，倒卵状长圆形或倒披针形，长 5 ~ 11cm，宽 2.5 ~ 15.0cm，先端尖或短渐尖，基部宽楔形，边缘全缘，表面绿色，疏生平贴毛，背面淡绿色和边缘均疏生钩状刺毛；侧脉 4 ~ 7 对，基生侧脉延长至叶片的 1/4 处；叶柄长 5 ~ 40mm；托叶披针形，长约 5mm。榕果成对腋生，成熟红色至紫色，近球形，直径 4 ~ 5mm，总梗长 1 ~ 3mm 或无总梗，基生苞片 3 枚，三角形，长 1 ~ 2mm，顶生苞片盘状；雄花具柄，生于榕果内壁近口部或散生，花被 4 枚，雄蕊 2 枚；瘿花无柄或有柄，子房具柄，花柱短，侧生，柱头漏斗形。瘦果光滑近肾形。

产于融水、罗城、环江。生于山谷疏林中。分布于广东、贵州。植株矮小，叶螺旋状排列，具有一定观赏价值，可作庭院绿化树种或供制作盆景。

36. 壶托榕　瘦柄榕、牛奶子(宾阳)、水牛奶(昭平)　图 506

Ficus ischnopoda Miq.

灌木，高 3m。茎皮灰色，略具棱翅。幼枝节短，带红色。叶集生于枝顶，纸质，椭圆状披针形或倒披针形，长 4 ~ 13cm，宽 1 ~ 3cm，全缘，先端渐尖，基部楔形，上面深绿色，下面浅绿色，

图 506 壶托榕 Ficus ischnopoda Miq. 1. 果枝；2. 榕果。(仿《中国植物志》)

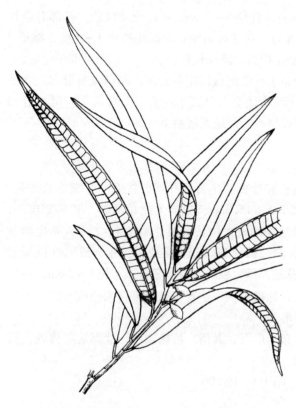

图 507 竹叶榕 Ficus stenophylla Hemsl. 果枝。(仿《中国高等植物图鉴》)

两面无毛；基生脉短，侧脉 7 ~ 15 对，弯拱向上；叶柄长 5 ~ 8mm；托叶线状披针形，长约 8mm。隐头花序单生于叶腋或无叶枝上，稀成对腋生，圆锥形或圆柱形，长 1 ~ 2cm，直径 5 ~ 8mm，表面具槽纹，基部收缩成短柄，干瘦，长 1 ~ 4cm。花果期 5 ~ 8 月。

产于昭平、金秀、三江、天峨、隆林、那坡、岑溪、藤县、苍梧、宾阳、上思。生于河滩、溪边的灌丛中。分布于云南、贵州；印度、孟加拉国、泰国、越南、马来西亚等地也有分布。植株矮小，叶片细小，具有一定观赏价值；全株药用，用于治疗跌打损伤。

37. 竹叶榕 竹叶牛奶子 图 507

Ficus stenophylla Hemsl.

灌木，高 1 ~ 2m。叶互生，厚纸质，条形或条状披针形，长 6 ~ 12cm，宽 1.0 ~ 2.2cm，先端长渐尖，基部宽楔形，全缘，粗糙，下面沿中脉疏被短硬毛；侧脉 15 对，弧形上举或水平伸展，在近叶缘处网结，网脉明显。花序托单生于叶腋，有短梗，倒卵形，直径 5 ~ 7mm，成熟时变黑色，光滑或被微柔毛，基部苞片小，宿存；雄花和瘿花同生于一花序托中，雌花生于另一花序托内；雄花生于花序托内近口部，有梗或无梗，花被片 3 ~ 4 枚，雄蕊 2 ~ 3 枚；雌花花被片 4 枚，花柱侧生。

产于永福、龙胜、兴安、恭城、金秀、柳州、融安、河池、南丹、天峨、都安、苍梧、南宁、扶绥、龙州、上思、防城。生于山谷小河、溪边、路边。分布于广东、海南、云南、贵州、四川、湖北、湖南、江西、浙江、福建；越南、泰国也有分布。全株药用，有补气润肺、祛痰止咳、行气活血的功效，用于治疗跌打损伤、风湿痹痛、妇女缺乳、咳嗽胸痛、肾炎，乳汁可用于治毒蛇咬伤；花序托可生食，也可供酿酒或制果酱；茎皮纤维代麻用或用于造纸。

38. 琴叶榕 琴叶橡皮榕 图 508

Ficus pandurata Hance

落叶小灌木，高 1 ~ 2m。小枝及叶柄幼时生短柔毛，后变无毛。叶互生，纸质，中部收窄而呈提琴形或倒卵形，长 4 ~ 11cm，宽 1.5 ~ 4.5cm，先端急尖，基部圆形或宽楔形；基出生三出脉，侧脉 3 ~ 5 对，上面近无毛，下面脉上有短毛；叶柄长 2 ~ 8mm。花序托单生或成对腋生，有短梗，卵圆形或梨形，熟时紫红色，直径 10mm，顶端有脐状凸起，基部有苞片 3 枚；雄花和瘿花同生于一花序托内；雌花生于另一花序托内，花被片 4 枚，花柱侧生。

产于桂林、临桂、贺州、昭平、金秀、东兰、梧州、柳州、岑溪、贵港、博白、陆川、玉林、浦北、钦州、合浦、北海、南宁、上林、横县、龙州。生于山地灌丛或疏林中。分布于江西、浙江、福建、广东、云南；印度、马来西亚、越南也有分布。喜微酸性土壤，不耐瘠薄和碱性土壤。耐湿也较耐旱，对于干燥空气耐受力强。对光照适应性较强，在明亮的散射光下就能生长良好。扦插繁殖。扦插宜在春夏季进行，选 1 ~ 2 年生枝干，剪切 3 ~ 4 节作一段插穗，每段插穗留一片叶，并将叶片剪去 2/3 ~ 3/4，插于沙床，保温保湿，约 30d 时生根。琴叶榕叶片宽大、奇特，且株形生长规则，给人以大方庄重的美感，富有热带情调，具较高观赏价值，优良观叶植物。根入药，有舒筋活血的功效。

39. 粗叶榕 掌叶榕、五指牛奶、五指毛桃 图 509

Ficus hirta Vahl

小乔木或灌木，高 8m。嫩枝中空。枝、叶和花序托密生金黄色开展的长硬毛。叶纸质，卵形、倒卵状矩圆形或矩圆状披针形，长 8 ~ 25cm，宽 4 ~ 12cm，先端渐尖，基部心形，不裂或 3 ~ 5 裂，边缘有锯齿，沿主脉和侧脉被刚毛，其余部分被开展的柔毛，两面均粗糙；基生脉 3 ~ 7 条；托叶披针形，有粗毛；叶柄长 1.2 ~ 7.0cm。花序托成对腋生，无梗，球形，直径 1 ~ 2cm，基部有卵形苞片。

产于灌阳、灵川、钟山、昭平、柳州、来宾、蒙山、那坡、南宁、马山、北流、平南、桂平。生于空旷地、山谷、水旁或林中。分布于广东、贵州、云南；越南、印度也有分布。根入药，有祛风湿、行血气的功效。

40. 黄毛榕 图 510

Ficus esquiroliana H. Lév.

小乔木或灌木，高 10m。树皮灰褐色，具纵棱。幼枝粗壮，中空，密被黄褐色硬长毛。叶近革质，广卵形至斜卵形，长 17 ~ 27cm，宽 10 ~ 20cm，先端急尖，基部

图 508　琴叶榕 Ficus pandurata Hance 果枝。（仿《中国高等植物图鉴》）

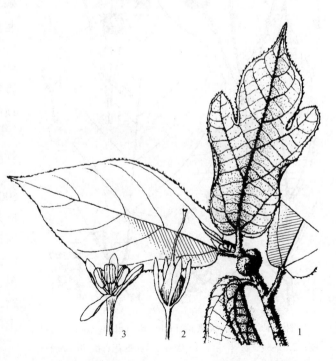

图 509　粗叶榕 Ficus hirta Vahl 1. 果枝；2. 雌花；3. 雄花。（仿《中国植物志》）

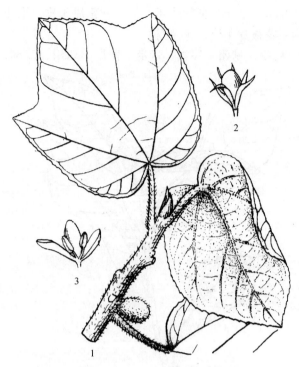

图510 黄毛榕 Ficus esquiroliana H. Lév 1. 幼果枝；2. 雌花；3. 雄花。(仿《中国高等植物图鉴》)

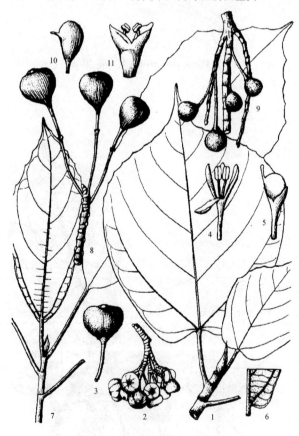

图511 1~6. 大果榕 Ficus auriculata Lour. 1. 叶枝；2. 果枝；3. 榕果；4. 雄花；5. 雌花；6. 叶背面的一部分。7~11. 苹果榕 Ficus oligodon Miq. 7. 叶枝；8~9. 果枝；10. 雌花；11. 雄花。(仿《中国植物志》)

浅心形，全缘或3~5裂，边缘具细锯齿，基生脉5~7条，上面疏生贴伏长毛，背面密被贴伏的白色或黄褐色长毛；叶柄长5~11cm，细长，密生长硬毛；托叶披针形，长1.5~3.0cm。隐头花序成对腋生，无梗，球形，直径2.0~2.5cm，表面密生黄褐色绵毛；顶生苞片脐状凸起；雄花花被片4枚，雄蕊2枚；雌花花被片4枚。花期5~6月；果期7~8月。

产于贺州、融安、宜州、都安、那坡、平果、凌云、博白、陆川、北流、横县、南宁、邕宁、武鸣、平南、龙州、宁明、上思。分布于广东、海南、台湾、西藏、四川、云南、贵州；越南、老挝、缅甸、印度尼西亚、泰国也有分布。根皮可作药材，治气血虚弱、筋骨疼痛。

41. 大果榕 苹果榕、大耳榕、圆叶榕
图511：1~6

Ficus auriculata Lour.

落叶乔木，高10m。树冠扩展，树皮灰褐色，粗糙。幼枝中空，被柔毛。叶厚纸质，广卵状心形，长15~55cm，宽13~27cm，先端钝，具短尖头，基部心形，具整齐细锯齿，上面仅中脉及侧脉被柔毛，下面密被开展短柔毛；基生五至七出脉，长度达叶的1/3以上，侧脉3~4对，在上面凹陷或平坦，在下面凸起；叶柄长5~8cm；托叶三角状卵形，长1.5~2.0cm，紫红色，下面被柔毛。花序梗粗壮，花序大型，簇生于老茎，梨形或扁球形，直径4~6cm，具明显的纵棱8~10条，被毛，顶部截形，脐状凸起。

产于龙胜、金秀、凤山、都安、隆林、田林、那坡、德保、靖西、平果、横县、隆安、邕宁、扶绥、龙州、宁明、大新。生于海拔600m以下的沟谷林缘或溪沟边。分布于海南、广东、贵州、云南、四川；印度、越南、巴基斯坦也有分布。成熟花序味甜，可生食；茎皮纤维代麻用；木材为散孔材，密度小，黄灰色，纹理直，结构粗，干燥后不翘裂，不耐腐，适宜用来制作一般家具、农具。紫胶虫寄主树种。

42. 苹果榕 图511：7~11

Ficus oligodon Miq.

小乔木，高5~10m。树皮灰色，平滑。

幼枝略被柔毛。叶互生，纸质，宽卵形至倒卵状椭圆形，长 10～25cm，宽 6～13cm，顶端渐尖至急尖，基部浅心形至宽楔形；边缘在叶片的 1/3 以上具不规则粗锯齿或全缘，表面无毛，背面密生小瘤体；叶柄长 4～6cm；托叶卵状披针形，无毛或被微柔毛，长 1.0～1.5cm，早落。榕果簇生于老茎发出的短枝上，梨形或近球形，直径 2.0～3.5cm，表面有 4～6 条纵棱和小瘤体，被微柔毛，成熟深红色，顶生苞片莲座状，基生苞片 3 枚；总梗长 2.5～3.5cm；雄花具短柄，生于榕果内壁口部，雄蕊 2 枚；瘿花有柄，花被合生；雌花生于另一植株榕果内壁。花期 9 月至翌年 4 月；果期 5～6 月。

产于百色、藤县、龙州。生于低海拔山坡、沟谷。分布于海南、贵州、云南、西藏；尼泊尔、不丹、印度、泰国、马来西亚也有分布。榕果可食用。

43. 杂色榕　青果榕

Ficus variegata Blume

常绿乔木，高 5～7m。小枝无毛。叶近革质，卵形或狭卵形，长 8～20cm，宽 7～13cm，先端渐尖或急尖，基部圆或微心形，全缘或波状；五出脉，侧脉 5～7 对，无毛；叶柄粗壮，长 2～7cm。花序托簇生于树干或老枝上，具梗，球形，直径约 2cm，熟时黄色，无毛，基生苞片 3 枚；雄花和瘿花同生于一花序托内，花被片绿色或微红色，雄蕊 2 枚；雌花生于另一花序托内，花柱长，侧生，子房褐色，柱头棒状。

产于广西各地，以龙州、田林、靖西较多。喜生于土壤肥沃的山谷及溪边疏林中。分布于海南、广东、福建、云南；印度、越南、马来西亚、日本、澳大利亚也有分布。木材为散孔材，淡红黄色，纹理斜，结构粗，干燥稍翘裂，抗虫性差，可供制作一般家具、农具；成熟花序可食；叶可作饲料。

44. 假斜叶榕　石榕　图 512

Ficus subulata Blume

攀援灌木。幼枝具毛。叶纸质，椭圆形、披针状椭圆形或倒卵状长椭圆形，基部稍不对称，宽楔形或近圆形，先具短尾尖，全缘；侧脉 6～9 对，在下面明显凸起，两面无毛，长 10～18cm，宽 4～6cm；叶柄短，长 5～8mm；托叶钻形，外弯，较叶柄长 1～2 倍。雌雄异株，花序托腋生，具短梗，有时无柄，单生或成对着生于叶腋，花序托球形或卵球形，顶口部稍凸出，具侧生苞片，橙黄色，直径 5～8mm。花果期 5～9 月。

产于扶绥、田林。生于山地灌丛中。分布于云南、广东、贵州、西藏；印度、越南也有分布。

45. 岩木瓜　糙叶榕、贵州榕、杂色榕　图 513

Ficus tsiangii Merr. ex Corner

乔木或灌木，高 6m。树皮灰褐色，粗糙。小枝密被灰白色至黄褐色短硬毛。叶螺旋状排列，互生，卵形、倒卵形或宽卵形，长 8～23cm，宽 5～13cm，边缘具不规则锯齿，先端急尖或尾状渐尖，基部圆或浅心形，有 2 枚腺体，上面很粗糙，被硬毛，下面有钟乳体，密被灰白色或褐色糙毛；基生三出脉，延长至中部以上，侧脉 4～5

图 512　假斜叶榕 **Ficus subulata** Blume 果枝。
（仿《中国植物志》）

图513 岩木瓜 Ficus tsiangii Merr. ex Corner
1. 小枝；2. 隐头花序；3. 雌花；4. 雄花；5. 瘿花。
（仿《中国高等植物图鉴》）

图514 鸡嗉子榕 Ficus semicordata Buch. – Ham.
ex Sm. 1. 叶枝；2. 果序。（仿《中国经济植物志》）

对；叶柄细，长3~12cm；托叶2枚，披针形，长5~6mm，被贴伏柔毛。花序托簇生于老茎基部或无叶状短枝上，卵形至球状椭圆形，长2.0~3.5cm，直径1.5~2.0cm，被粗糙短硬毛，有数个侧生苞片形成的瘤状凸起；熟时红色，有侧生苞片，顶生苞片直立，梗长2~4cm；雄花散生或生于内壁口部，雄蕊2枚。花果期5~8月。

产于贺州、融水、金秀、凌云。生于海拔600~1000m的山谷、河边潮湿地。分布于四川、云南、湖北、湖南、贵州。

46. 鸡嗉子榕 山枇杷、耳叶榕、偏叶榕、鸡嗉子 图514

Ficus semicordata Buch. – Ham. ex Sm.

小乔木，高8~10m。树皮灰色，平滑，冠幅广展伞状。幼枝密被褐色硬毛。叶长椭圆形至长圆状披针形，长20~25cm，宽9~11cm，纸质，先端渐尖，基部极偏斜呈偏心形，一侧耳状，具细锯齿或全缘，上面粗糙，脉上被硬毛，下面密生短硬毛和黄褐色小瘤点；侧脉10~14对，耳状部分有3~4条脉；叶柄粗壮，长5~10cm，密被硬毛；托叶披针形，长2~3cm。隐头花序成对生于老茎无叶小枝叶腋，球形，直径1.5~2.0cm，被短硬毛，常有侧生苞片，顶生苞片脐状，梗长5~10mm，被硬毛；雄花生于榕果内壁近口处，花被片3枚，红色。瘦果宽卵形，顶端一侧微缺。

产于龙胜、天峨、百色、乐业、田林、德保、田阳、靖西、那坡、凌云、邕宁、武鸣、龙州、宁明、凭祥、扶绥、陆川、上思。生于海拔700m以下向阳的路边、林缘、沟谷边。分布于云南、贵州、西藏；越南、印度也有分布。茎皮纤维代麻用或为造纸原料。

47. 歪叶榕 不对称榕、桑叶榕 图515

Ficus cyrtophylla（Wall. ex Miq.）Miq.

小乔木或灌木，高8m。树皮灰色，平滑。小枝、花序均密被短硬毛。叶排列为2列，纸质，两侧极不对称，倒披针形、长圆形或长圆状倒卵形，长8~18cm，宽5~8cm，先端渐尖或尾状，基部歪斜；基生三出脉，侧脉4~5对，上面粗糙，具乳头状钟乳体，叶背有柔毛或近无毛；叶柄长1.0~1.4cm；托叶披针形。隐头花序成对或簇生叶腋，椭圆状球形，直径

8～10mm，基部收缩成柄，总花梗长 3～5mm，被毛；雌花、雄花花被片白色，被毛。

产于永福、平乐、阳朔、金秀、都安、靖西、隆林、田林、扶绥、龙州、宁明。生于海拔 1300m 以下的山坡疏林下。分布于贵州、云南、四川、西藏；越南、缅甸、印度也有分布。

48a. 斜叶榕 变异斜叶榕、水榕 图 516

Ficus tinctoria subsp. **gibbosa** (Blume) Corner

乔木，高 20m。叶螺旋状排列，近革质，斜菱状椭圆形或倒卵状椭圆形，长 4～17cm，宽 3～6cm，先端急尖或短渐尖，基部偏斜，楔形，光滑或微被毛，全缘或中部以上偶有疏生粗锯齿；叶柄长 6～15cm。隐头花序单生，成对或伞状腋生，球形，直径 8～10mm，熟时红色；雌花、雄花花被片白色，被毛。

产于广西各地，生于沟谷潮湿地。分布于云南、贵州、广东、福建、台湾；越南、缅甸、印度、斯里兰卡、马来西亚等地也有分布。散孔材，密度小，黄褐色，纹理斜，结构粗，干燥后不翘裂，不耐腐，适宜用来制作一般家具、农具；叶可药用，有祛痰止咳、活血通络的功效，可治咳嗽、风湿痹痛、跌打损伤。

49. 地果 地瓜榕、地石榴 图 517

Ficus tikoua Bureau

落叶匍匐木质藤本。茎棕褐色，节略膨大，触地生细长不定根。叶纸质，倒卵状椭圆形，长 2～6cm，宽 1～4cm，先端急尖，基部圆形或浅心形，边缘有细或波状锯齿；三出脉，侧脉 3～4 对，上面被短刺毛，下面有钟乳体，沿脉被短毛；叶柄长 1～2cm。花序托具短梗，簇生于无叶的短枝上，埋于土内，球形或卵球形，直径 0.4～1.5cm，熟时淡红色。花期 4～6 月；果期 7～8 月。

产于广西各地。生于疏林或岩石缝中。分布于湖南、湖北、贵州、云南、四川；越南也有分布。喜光，也耐阴，也较耐干旱，对土壤适应性较强，在荒山、草坡、河边、岩石缝均可生长。播种或扦插繁殖。种子细小，播种后盖薄土，发芽后可移栽。扦插繁殖，将枝条切成 15～20cm 一段，栽后保湿。可作书房小盆景材料。茎匍匐于地上，曲折蜿蜒，叶硬纸质，叶形美观，为良好地被植物，可护坡固堤、保持水土。果味甜，可生食；根入药，可治咽喉肿痛、遗精。

图 515 歪叶榕 Ficus cyrtophylla (Wall. ex Miq.) Miq. 叶枝。(仿《中国高等植物图鉴》)

图 516 斜叶榕 Ficus tinctoria subsp. **gibbosa** (Blume) Corner 果枝。(仿《中国经济植物志》)

图517 地果 Ficus tikoua Bureau 果枝。(仿《中国植物志》)

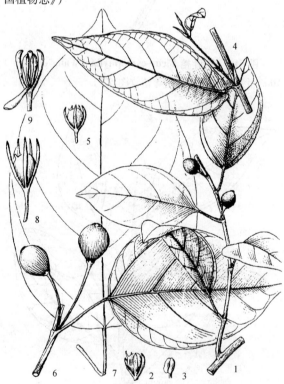

图518 **1～3.** 藤榕 Ficus hederacea Roxb. 1. 果枝；2. 瘿花；3. 雄蕊。**4～5.** 羊乳榕 Ficus sagittata Vahl 4. 枝；5. 瘿花。**6～9.** 光叶榕 Ficus laevis Blume 6. 果枝；7. 叶；8. 瘿花；9. 雄花。(仿《中国植物志》)

50. 藤榕 细叶石榕 图 518：1～3
Ficus hederacea Roxb.

攀援灌木。常从茎和枝上生气根。茎高可达 3～7m，径粗约 2cm。叶互生，幼时有毛，老时无毛，革质，全缘，宽卵形或卵状椭圆形，长 4～11cm，宽 4～5cm，先端急尖，基部圆或稍收狭；三出脉，侧脉 3～5 对，网脉在上面下陷，在下面凸起；叶柄长 1～2cm，常有毛。花序成对或单生于叶腋，球形，直径 0.8～1.4cm，幼时被短粗毛，熟时红色；花序托梗长 0.8～1.5cm；基生苞片 3 枚，宿存；雌雄异株；雄花和瘿花散生于榕果内壁，雄花无柄，瘿花具柄。

产于昭平、百色、靖西、那坡。攀援于岩石或树上。分布于海南、云南、贵州；印度、缅甸、泰国、老挝、越南也有分布。

51. 羊乳榕 图 518：4～5
Ficus sagittata Vahl

大型附生藤状灌木。幼枝具毛，很快变无毛。叶革质，卵形至卵状椭圆形，先端急尖或短渐尖，基部圆形或稍心形，全缘，边缘稍反卷；三出脉，稀五出脉，侧脉 5～7 对，在上面凹下，在下面凸起，网脉明显，两面无毛，幼时沿中脉有毛；叶长 12～17cm，宽 6～10cm；叶柄粗壮，长 1.0～2.5cm，幼时具稀疏毛和易剥落鳞片，老时变光滑；托叶卵状披针形，外被长柔毛。花序托具短梗，单生或成对腋生，有时簇生于瘤状短枝上或已落叶的茎上，扁球形，基部下延成短梗，无毛，顶端孔口稍凸起，熟时紫红色，直径 0.8～1.2cm；花间无刚毛；雄花生于榕果内壁近口部，花被片 3 枚，雄蕊 2 枚，花丝联合。

产于武鸣、扶绥、龙州。攀援于树干或岩石上，生于海拔约 200m 的林中阴处或林缘。分布于海南、广东、云南；印度、越南也有分布。喜半阴，不耐水淹，能适应全日照或半日照栽培地。生长较缓慢。扦插繁殖，选择健壮枝条，切成 15～20cm 一段，剪去插条下部叶片，保留顶部叶片或剪去 1/2，扦插深度 3～4cm。遮阴保湿，30～40d 时可生根。分枝密集，枝叶纤细翠绿，适合荫蔽地庭院绿化，也可盆栽。全株药用，可治风湿痛。

52. 光叶榕 图 518：6～9

Ficus laevis Blume

攀援灌木或附生。通常全株光滑无毛。叶螺旋状排列，膜质，圆形至卵状椭圆形，长 10～20cm，宽 8～15cm，先端钝或短尖，基部圆形至浅心形，全缘，表面除中脉以外无毛，叶背无毛或疏被褐色柔毛；基生三出脉，延长至叶片的 2/3 处，侧脉 3～4 对，网脉在上面不明显，在下面较明显但不隆起；叶柄长 3.5～7.0cm；托叶 0.8～1.2cm。榕果单生或成对腋生，球形，成熟时紫色，顶生苞片凸起，基生苞片 3 枚，花序柄长 2～3cm。花果期 10～12 月。

产于宁明、龙州。分布于海南、四川、云南、贵州；印度、越南、印度尼西亚也有分布。全株入药，可治风湿骨痛、四肢麻木、产子后缺乳。叶螺旋状排列，纸质，形优美，可盆栽观赏。

53. 褐叶榕 图 519

Ficus publgera（Wall. ex Miq.）Brandis

藤状灌木。幼枝被深褐色粗毛；老枝无毛。叶成 2 列，薄革质，全缘，长椭圆形，长 7～11cm，宽 2.5～4.0cm，先端短渐尖，基部楔形，叶背面褐色，上面无毛或沿中脉及小脉被柔毛，下面幼时被疏柔毛，后脱落；基生侧脉不延长或延长至 1/3 处，侧脉 5～7 对，网脉稍隆起；叶柄长 1cm 以上，微被柔毛；托叶披针形，长约 4mm。隐头花序无梗，生于无叶小枝叶腋，球形，直径 1～2cm，表面疏生瘤状凸起，被柔毛，顶部微凸起，基生苞片肾形，被柔毛。花果期 8～10 月。

产于灵山、罗城、都安、德保、武鸣、横县、扶绥、宁明、龙州、防城、钦州、上思。分布于云南、广东；尼泊尔、印度、泰国、越南也有分布。叶药用，外敷可消肿止痛、止血。

53a. 大果褐叶榕

Ficus pubigera var. **maliformis**（King）Corner

与原种的区别在于：榕果球形，直径 1.5～2.5cm，表面无毛，具瘤状凸体，瘿花花被片不反折。叶长圆状椭圆形，长 8～12cm，宽 3～5cm，背面褐色，无毛。

产于融水、金秀。生于海拔 400～800m 的林下。分布于云南、贵州、西藏；印度、缅甸也有分布。

54. 薜荔 凉粉果 图 520

Ficus pumila L.

攀援或匍匐灌木。具二型叶，不结果枝上生不定根，叶卵状心形，长约 2.5cm，薄革质，基部稍不对称，尖端渐尖，叶柄很短；结果枝上无不定根，革质，卵状椭圆形，长 5～10cm，宽 2.0～3.5cm，先端急尖或钝，基部圆形至浅心形，全缘，上面无毛，背面被黄色柔毛；基生叶脉延长，侧脉 3～4 对，网脉蜂窝状明显；托叶 2 枚，披针形，被黄色丝状毛。隐头花序单生于叶腋，幼时被黄色短柔毛，梨形或近球形，直径 3～6cm，顶部截平，略具短钝头或脐状凸起，基部收缩成短柄，成熟时黄绿色或微红。花期 5～6 月；果期 9～10 月。

产于广西各地。分布于中国西南、华南、华东；日本、越南也有分布。喜光，稍耐阴，有一定的耐旱、耐湿和耐寒能力，对土壤没有

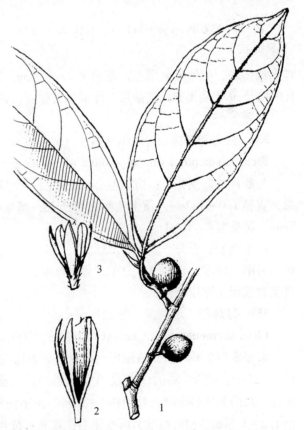

图 519 褐叶榕 Ficus pubigera（Wall. ex Miq.）Brandis 1. 果枝；2. 瘿花；3. 雄花。（仿《中国植物志》）

图 520　薜荔 Ficus pumila L. 1. 果枝；2. 不育枝。（仿《中国植物志》）

特殊要求，但较喜含腐殖质较多的酸性土壤。播种、扦插或压条繁殖，全年可扦插，以春夏扦插成活率高，将枝条切成 10 ~ 15cm 一段，扦插前将基部叶摘除，栽后淋水。苗根长至 2cm 时可移植，移栽后遮阴保湿，7 ~ 10d 后可正常管理。果实大，观赏性佳，叶厚发亮，全年常绿，生长迅速，攀援能力强，适于假山、石壁、石桥、树干、楼房的绿化，耐阴性强，可作林下耐阴湿地被植物。瘦果可供制作凉粉；藤、叶入药，主治风湿痹痛、跌打损伤；花序用于治阳痿、乳汁不通。

55. 匍茎榕

Ficus sarmentosa Buch. – Ham. ex Sm.

攀援或匍匐状灌木。小枝无毛，干后灰白色，具纵棱。叶二列状，近革质，卵形至长椭圆状卵形，长 8 ~ 12cm，宽 3 ~ 4cm，先端急尖至渐尖，基部圆形或宽楔形，全缘，表面无毛，背面白色或灰色，被茸毛或柔毛；侧脉 7 ~ 9 对，在叶面平，在叶背凸起，网脉蜂窝状明显；叶柄长约 1cm；托叶披针形，薄革质，长 8 ~ 10mm。隐头花序成对或单生于叶腋，球形或微扁，成熟时紫黑色，直径 1.0 ~ 1.5cm，顶部微下陷，基生苞片 3 枚，卵圆形；花序梗长 1.0 ~ 1.5cm。瘦果卵状椭圆形，外被一层黏液。花期 5 ~ 7 月。

广西不产。

55a. 白背爬藤榕　日本匍茎榕

Flcus sarmentosa var. **nipponica** (Franch. et Sav.) Corner

与原种的区别在于：当年生小枝浅褐色；叶椭圆状披针形，背面淡黄色或灰黄色；隐头花序球形，直径 1.0 ~ 1.2cm，顶生苞片脐状凸起，基生苞片三角状卵形，长 2 ~ 3mm，隐头花序梗长约 5mm。花果期 4 ~ 10 月。

产于兴安、金秀、凌云、田林。生于山地疏林中。分布于江西、浙江、福建、广东、四川、贵州、云南、西藏；日本也有分布。常绿藤本，攀援状生长，可作垂直绿化植物，也可盆栽观赏。果可生食或用于制作凉粉。

55b. 珍珠榕　珍珠莲　图 521

Ficus sarmentosa var. **henryi** (King ex D. Oliv.) Corner

常绿攀援状藤本。幼枝被褐色柔毛，后脱落无毛。叶互生，近革质，矩圆形或披针状矩圆形，长 6 ~ 21cm，宽 2 ~ 6cm，先端渐尖，基部圆形，全缘，上面无毛，下面有柔毛；侧脉 7 ~ 11 对，网脉在下面凸起成蜂窝状；叶柄长 1 ~ 2cm。花序托单生或成对腋生，几无梗或有短梗，近球形，直径 1.2 ~ 1.5cm，初时被毛，后变无毛；基部有苞片 3 枚；雄花和瘿花同生于一花序托中，雌花生于另一花序托内；雄花花被片 4 枚，雄蕊 2 枚。花果期 5 ~ 9 月。

产于临桂、恭城、金秀、乐业、凌云、横县、宁明。生于山谷密林、灌丛中或岩石上。分布于华东、华南和西南。播种、扦插或压条繁殖。瘦果可食或用于制作凉粉；根药用；树液用于治疗口腔炎、缺乳、风湿、水肿。茎攀援状生长，可作垂直绿化用。

55c. 尾尖爬藤榕 薄叶爬藤榕、光叶匍茎榕

Ficus sarmentosa var. **lacrymans** (H. Lév.) Corner

攀援灌木。小枝具柔毛。叶厚纸质，披针形或卵状披针形，先端尾状渐尖，基部楔形；下面网脉明显，蜂窝状；叶柄长 4～8mm，具紧贴柔毛。花序托单生或成对腋生，球形，直径 4～6mm，表面具紧贴毛；花序梗 2～4mm；基生苞片 3 枚，雄花、瘿花同生于一花序托内，雌花生于另一花序托内；雄花花被片 3～4 枚，雄蕊 2 枚。花期 4～5 月；果期 6～7 月。

产于广西各地。攀援于岩石上。分布于云南、广东、福建、贵州、四川、湖北、湖南、江西；越南也有分布。攀援状生长，可作垂直绿化用。

55d. 爬藤榕 抓石榕(天等)、山牛奶(钟山)

Ficus sarmentosa var. **impressa** (Champ. ex Benth) Corner

图 521 珍珠榕 Ficus sarmentosa var. **henryi** (King ex D. Oliv.) Corner 果枝。(仿《中国高等植物图鉴》)

本变种与尾尖爬藤榕很相似，但本变种叶背苍白色，先端不为尾状渐尖；花序托较小，多在 5mm 以下。

产于广西各地。生长在山坡树上或石灰岩陡坡或草地岩缝中。分布于中国秦岭以南；越南、印度也有分布。播种、扦插或压条繁殖。常绿藤本，攀爬状生长，可作垂直绿化植物，可用于岩石园的景观布置，形成绿帘垂挂状，甚为美观；也可盆栽观赏。根、茎用于治疗风湿骨痛、跌打损伤、小儿惊风；茎皮可用作造纸原料；果可生食或用于制作凉粉。

55e. 长柄爬藤榕 长柄匍茎榕

Ficus sarmentosa var. **luducca** (Roxb.) Corner

藤状匍匐灌木，幼枝近无毛，小枝有明显皮孔。叶长椭圆状披针形，长 4～10cm，宽 4～5cm，先端渐尖为尾状，基部楔形，背面黄褐色；基生叶脉短，侧脉 10～12 对，网脉蜂窝状；叶柄长 2.5～3.5cm，粗壮。榕果腋生，球形，直径 8～12mm，表面疏生瘤状体，总梗短。

产于田林、凌云、乐业。分布于广东、贵州、云南、西藏、湖北。常绿藤本，攀援状生长，可作垂直绿化植物，也可盆栽观赏。

56. 广西榕

Ficus guangxiensis S. S. Chang

灌木状藤本。幼枝密被褐色长柔毛。叶革质，无毛，排为 2 列，集生于枝上部，叶倒卵形，长 3.0～3.5cm，宽 1.5～3.0cm，先端钝尖，基部楔形，全缘，表面深绿色，背面绿白色；表面叶脉下陷，侧脉及网脉明显隆起，侧脉 5～7 对；叶柄长 4～6mm，密被褐色短柔毛；托叶披针形，长约 4mm，膜质，幼时密被褐色短柔毛，后渐无毛。榕果成对或单生于叶腋，卵状椭圆形，长 6～7mm，宽 4～5mm，密被褐色长柔毛，口部苞片脐状，基生苞片 3 枚，卵状三角形，宽约 2mm，总梗长 3mm，幼时密被褐色长柔毛；雄花长 2.5mm，花被片 4 枚，倒卵状披针形，长约 1.5mm，红色；雄蕊 2 枚，花药具短尖，长约 1.5mm。

广西特有种。产于靖西。生于海拔 400～500m 的石灰岩山地。

57. 贵州榕

Ficus guizhouensis S. S. Chang

藤状灌木。幼枝、叶柄密被短柔毛。叶排为 2 列，近革质，长圆形或椭圆形，长 5 ~ 14cm，宽 2 ~ 5cm，先端急尖或渐尖，基部楔形或微钝，表面叶脉下凹，背面凸起，全缘，表面绿色，粗糙，散生贴伏糙毛，背面浅绿色，密被褐色柔毛和疏生贴伏糙毛；侧脉 4 ~ 5 对，基脉延长至叶片的 1/2 处；叶柄长 1.0 ~ 1.5cm，密被褐色糙毛；托叶披针形，膜质，长约 5mm。榕果单生或成对腋生，椭圆形，直径 8 ~ 10mm，幼时密被褐色柔毛，基生苞片三角状卵形，顶生苞片 3 枚，总梗长 1.0 ~ 1.5mm，密被褐色糙毛；雄花具柄，生于榕果近口部或散生，花被片 4 枚，刚毛丰富，雄蕊 2 枚，花药长约 1mm，花丝短，分离；瘿花长约 4mm，花被片 4 枚；雌花无柄，花被片 40 枚。瘦果光滑，椭圆形，长 3mm，花间有刚毛。花期 4 ~ 5 月；果期 6 ~ 7 月。

易危种。产于临桂、灵川、兴安、融水、容县。生于海拔 500 ~ 650m 的土山或石灰岩山地。分布于贵州、云南。根药用，可治疗肝炎。植株藤状，可作垂直绿化树种。

58. 那坡榕

Ficus napoensis S. S. Chang

藤状灌木。幼枝、叶柄密被锈色短柔毛。叶排为 2 列，近革质，卵形或倒卵状椭圆形，长 2.5 ~ 7.5cm，宽 1.5 ~ 3.5cm，先端渐尖或短尾状，尾长 4 ~ 6mm，基部楔形或圆形，全缘，表面绿色，无毛或散生贴伏刚毛，背面密被锈色短柔毛；中脉及侧脉在表面下陷，在背面隆起，侧脉 3 ~ 7 对，基生侧脉延伸至叶片的 1/2 处；叶柄长 5 ~ 10mm；托叶披针形，长 4 ~ 7mm，密被白色柔毛。榕果成对或单生于叶腋，球形，直径 6 ~ 8mm，无毛，花间无刚毛；总梗长 5 ~ 7mm，密被锈色柔毛；基生苞片 3 枚，长约 2mm，口部苞片下陷为脐状；雌花具小花柄，长约 1mm，花被片 4 枚，长约 1.5mm，花柱近顶生。瘦果长圆形。花期 4 ~ 5 月；果期 6 ~ 7 月。

广西特有种，产于那坡。生于海拔约 1000m 的石灰岩山峰上。

2. 见血封喉属 Antiaris Lesch.

常绿乔木。叶互生，排成 2 列，全缘或有锯齿；羽状脉；托叶 2 枚，细小，侧生或在叶柄内连合，早落。雌雄同株；雄花序腋生，雄花密集，并为覆瓦状的苞片所围绕，花被片 4 枚，匙形，雄蕊 3 ~ 8 枚；雌花单生，藏于梨形的总苞内，无花被，子房与总苞合生，1 室，胚珠自室顶悬垂，花柱 2 裂，被毛。核果肉质，苞片宿存；种子无胚乳，种皮坚硬。

仅 1 种。分布于亚洲、非洲和大洋洲热带地区。中国也产，分布于广东、海南、云南；广西 1 种。

见血封喉　箭毒木　图 522

Antiaris toxicaria Lesch.

常绿乔木，高 30m。板根发达，最长可达 8m。小枝粗糙有节疣，初时黄色，有柔毛，后变灰色，无毛。叶长圆形或矩状椭圆形，长 6 ~ 15cm，宽 3.5 ~ 8.0cm，先端渐尖或有小突尖，基部圆形或楔形，不对称，全缘或有粗锯齿，两面粗糙；侧脉 10 ~ 13 对；叶柄长 8 ~ 10mm；托叶披针形，早落。花单性，雌雄同株；雄花序单一或 2 ~ 3 朵，球形，直径约 1cm，生于肉质、盘状、有短柄的花序上，花序为覆瓦状的总苞所围绕，花被片和雄蕊各 4 枚；雌花单一，长约 6mm，生于带鳞片的卵状花托上，子房下位，1 室，具有 1 枚倒生胚珠，花柱 2 枚，丝形，长 2 ~ 3mm。果肉质，长约 1.8cm，卵形，熟时鲜红色至紫红色。花期 2 ~ 3 月；果期 6 ~ 7 月。

易危种。产于百色、武鸣、南宁、隆安、崇左、凭祥、龙州、宁明、陆川、博白、北流、北海、合浦、防城、浦北。生于海拔 400m 以下的低地。分布于广东、海南、云南；印度、越南、马来西亚也有分布。热带树种，生长要求年均气温 21℃ 以上，最冷月均气温在 11℃ 以上，极端最低气温在 -1℃ 以上，年降水量 1200mm 以上。在砖红壤、赤红壤和石灰性土壤上均可生长。为季节性雨林上层巨树，常挺拔于主林冠之上。在广西西南部的石灰岩石山，常与蚬木、窄叶翅子树、大叶山楝等组成森林群落。根系发达，抗风力强，在风灾频繁的滨海台地的孤立木也不易受风倒。种子发芽率极高，更新能力强，容易繁殖，但种子寿命短，应随采随播。树干流出的白色乳汁含有 α-见血封喉甙和 β-见血封喉甙，触及人畜会引起中毒死亡。古时少数民族地区群众常取其树液与马蜂尾部毒汁混合，浸湿棉花，束于箭头以猎取大型野兽，故称"箭毒木"。树皮、枝条、叶子、种子可以用来提取强心剂、催吐剂等药物；木材光泽弱，无特殊气味和滋味，纹理斜且匀，木材轻，干缩大，强度低至中等，干燥容易，易扭曲，不耐腐，供制作一般家具、胶合板、包装箱、造纸、室内装修材料。

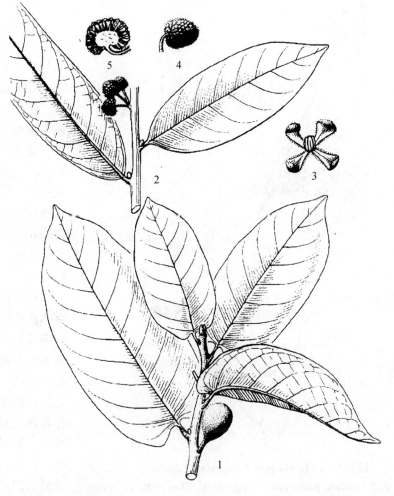

图 522　见血封喉 Antiaris toxicaria Lesch. 1. 果枝；2. 雄花枝；3. 雄花；4. 雄花序；5. 雄花序纵切面。(仿《中国植物志》)

3. 柘属 Maclura Nuttall

乔木、直立或藤状灌木。有枝刺。叶互生，全缘，羽状脉；托叶 2 枚，侧生而小。花单性异株，排成腋生小圆头状花序；雄花萼片 3 ~ 5 枚，与苞片贴生；雄蕊 4 枚，直立，稍与萼片贴生；雌花萼片围绕子房。瘦果包藏于肉质的苞片和花萼内，形成一肉质的头状体。

约 12 种，分布于日本至大洋洲；中国 5 种，主产于西南至东南；广西产 3 种。

分种检索表

1. 直立小乔木或灌木状；叶全缘或 3 裂；枝条上的刺不弯曲 ………………………………… **1. 柘 M. tricuspidata**
1. 攀援藤状灌木；叶全缘。
　2. 枝无毛；叶无毛，椭圆状披针形，基部狭楔形，长 3 ~ 8cm，宽 2.0 ~ 2.5cm，侧脉 7 ~ 10 对 …………………
　…………………………………………………………………………………… **2. 葨芝 M. cochinchinensis**
　2. 幼枝密被短柔毛；叶背密被长柔毛，长圆状椭圆形或卵状椭圆形，基部宽楔形或近圆形，长 4 ~ 12cm，宽 2.5 ~ 5.5cm，侧脉 4 ~ 9 对，叶柄密被黄褐色柔毛 …………………………………… **3. 毛柘藤 M. pubescens**

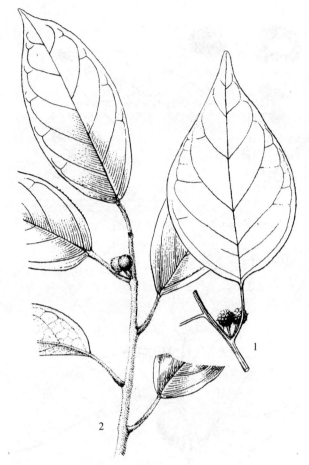

图 523 1. **柘** Maclura tricuspidata Carrière 果枝。2. **毛柘藤** Maclura pubescens（Trécul）Z. K. Zhou et M. G. Gilbert 果枝。（仿《中国植物志》）

图 524 葨芝 Maclura cochinchinensis（Lour.）Corner 果枝。（仿《广西石山植物图谱》）

1. 柘 柘树 图 523：1

Maclura tricuspidata Carrière

落叶灌木或小乔木，高 1～7m。树皮灰褐色。小枝无毛，略具棱，有棘刺，刺长 5～20mm。叶卵形或菱状卵形，偶为 3 裂，长 5～14cm，宽 3～6cm，先端渐尖，基部楔形，全缘，表面深绿色，背面绿白色，无毛或被柔毛；侧脉 4～6 对；叶柄长 1～2cm，被微柔毛。雌雄花序均为球形头状花序，单生或成对腋生，具短总花梗；雄花序直径约 0.5cm；雌花序直径 1.0～1.5cm。聚花果近球形，直径约 2.5cm，肉质，成熟时橘红色。花期 5～6 月；果期 6～7 月。

产于广西各地。生于阳光充足的荒坡、灌木丛中及路边。分布于中国华北、华东、中南及华南大部分地区；朝鲜、日本也有分布。喜光，耐干旱，适应性强。播种或扦插繁殖。边材白色，心材黄色至黑褐色，坚韧、耐腐朽、强度大，农村中多用来制作各种农具，心材颜色鲜艳，可用来制作雕刻，又可供提制黄色染料。枝叶茂密，适应能力强，可作绿篱和城镇绿化树种。果可食，并可用来酿酒；根皮药用，有清热凉血、通络的功效。

2. 葨芝 穿破石、构棘 图 524

Maclura cochinchinensis（Lour.）Corner

直立或攀援灌木。枝无毛，具刺，刺长约 1cm。叶革质，椭圆状披针形，长 3～8cm，宽 2.0～2.5cm，全缘，先端钝或短渐尖，基部楔形，两面无毛；侧脉 7～10 对；叶柄长约 1cm。球形头状花序，每花具 2～4 枚苞片；雄花序直径 6～10mm；雌花序微被毛，花被片顶部厚。聚合果肉质，直径 2～5cm，表面微被毛，成熟时橙红色。花期 4～5 月；果期 6～7 月。

产于广西各地。生于山坡、路旁或村旁。分布于中国西南和东南部；亚洲热带、非洲东部及澳大利亚也有分布。喜光，喜湿润环境，也耐干旱、瘠薄。木材可供提制黄色染料，也可用来制手杖、烟管；果供食用或酿酒；茎皮及根入药，有清热活血、舒筋活络的功效。

3. 毛柘藤 图 523：2

Maclura pubescens (Trécul) Z. K. Zhou et M. G. Gilbert

木质藤状灌木。小枝圆柱形，具刺；幼枝密被黄褐色短柔毛；老枝灰绿色，皮孔椭圆形。叶长圆状椭圆或卵状椭圆形，长 4～12cm，宽 2.5～5.5cm，先端渐尖或短渐尖，基部宽楔形或近圆形，全缘，表面近无毛，背面密被黄褐色长柔毛；中脉在表面明显隆起，侧脉 5～6 对；叶柄长 1.5cm，密被黄褐色柔毛；托叶早落。雄花序成对腋生，球形，直径约 1cm，密被黄褐色柔毛。聚花果近球形，直径 1.5～2.0cm，成熟时橙红色，肉质。花果期 5～11 月。

产于柳州、都安、南宁、武鸣、邕宁、桂平、龙州。生于山坡林缘。分布于广东、贵州、云南；印度尼西亚、马来西亚、缅甸也有分布。

4. 波罗蜜属 Artocarpus J. R. Forster et G. Forster

乔木。有乳汁。单叶互生，螺旋状排列或二列状，革质，全缘或羽状分裂，极少为羽状复叶；羽状脉，稀三出脉；托叶成对，大而抱茎，或小而不抱茎或生于叶柄内，脱落后有遗痕。花小，单性同株，生于肉质的总轴上；雄花为假柔荑花序；雄花被 2～4 裂，雄蕊 1 枚，位于中央；花丝在蕾期直立，花药 2 室；雌花为假头状花序；花被管状，埋藏在总轴内，顶端收缩而齿裂；子房 1 室，花柱顶生至侧生，2 裂或不裂，胚珠倒生，悬垂于室顶或侧生。果为聚花果，由多数、扩大、肉质的花被和心皮组成，外果皮膜质或薄革质；种子无胚乳，胚直。

约 50 种。中国约 14 种，产于长江流域以南；广西 4 种 1 亚种。

分种检索表

1. 叶螺旋状排列，托叶抱茎，托叶痕环状；小枝、叶背无毛；雄花序外面苞片稀少或无；聚花果生于老茎或短枝上，长 20～60cm，宽 15～40cm，表面具多数六角形瘤状凸起 ·················· **1. 波罗蜜 A. heterophyllus**
1. 叶 2 行排列，托叶侧生，托叶痕非环状，叶被毛或无毛；聚花果生于叶腋，远小于上种。
  2. 叶有毛或糠秕状鳞片。
    3. 叶小，长 4～8cm，宽 2.5～3.0cm，叶先端尾状渐尖，叶下面被粉末状绒毛 ·············
    ·················· **2. 二色波罗蜜 A. styracifolius**
    3. 叶大，长 8～20cm，宽 4～10cm，先端并非为尾状渐尖。
      4. 叶下面被灰色粉末状柔毛，叶柄长 1.5～2.0cm；聚花果柄长 3～5cm ······· **3. 白桂木 A. hypargyreus**
      4. 叶下面散生糠秕状鳞片，叶柄长 0.4～1.0cm；聚花果柄长 1.5～2.0cm ······ **4. 越南桂木 A. tonkinensis**
  2. 叶两面光滑，无毛，聚花果柄极短 ·················· **5a. 桂木 A. nitidus subsp. lingnanensis**

1. 波罗蜜 木波罗、木菠萝

Artocarpus heterophyllus Lam.

常绿乔木，高 8～15m。具板根。小枝有环状托叶痕，无毛。叶螺旋状排列，厚革质，椭圆状长圆形至倒卵形，长 7～15cm，宽 3～7cm，先端钝而短尖，基部宽楔形，全缘，或生于幼枝上的有时 3 裂，两面无毛，上面有光泽，下面略粗糙；叶柄长 1.0～2.5cm；托叶大而抱茎，卵形，长 1.5～8.0cm。花单性，雌雄同株；雄花序顶生或腋生，圆柱形或棍棒状，长 5～8cm，直径约 2.5cm，外面苞片稀少或无；萼片 2 枚；雌花序圆柱状或长圆形，生于树干或主枝上。成熟的聚花果长 25～60cm，宽 15～40cm，大者重达 20kg，外果皮有六角形的瘤状凸起；种子长圆形，直径 1.8～2.0cm。花期 2～3 月；果期 7～9 月。

原产于印度。广西南部地区有栽培；中国热带地区有广泛栽培。喜光，喜高温潮湿、无霜气候，适生于年均气温 20℃ 以上、绝对低温不低于 0℃、≥10℃ 年积温 7500℃ 以上、年降水量 1200mm 以上的地区。播种繁殖，8～9 月采收成熟新鲜果实，取出种子，即采即播，约经 10d 即能发芽，半年苗可出圃栽植。种植时不拘土质，但以表土深厚的砂质土壤最佳。木材为散孔材，密度中等，心材褐黄色，边材灰色，纹理直，干燥后稍开裂，心材耐腐，木材坚硬，可供制作家具。果实 5~20kg，为热带名果，花被肉质，淡黄色，为食用部分，蜜甜而有特殊风味；种子富含淀粉，煮熟后可食；树液和叶药用，有消肿解毒的功效。生长迅速，树冠圆阔，树形优美，枝叶浓密，可栽培作庭院绿化及行道树种。

2. 二色波罗蜜　小叶胭脂、红山梅（防城）、胭脂木

Artocarpus styracifolius Pierre

乔木，高 15~20m。树皮暗灰色，粗糙。小枝幼时密被白色短柔毛。叶排为 2 列，薄革质，椭圆形或倒卵状披针形，长 4~8cm，宽 2.5~3.0cm，先端尾状渐尖，基部楔形，全缘或幼树的叶偶有分裂，上面疏生短毛，下面被灰色粉末状绒毛，在脉上尤密；侧脉 4~8 对，网脉明显；叶柄长 0.8~1.4cm，被毛；托叶钻形，脱落。花序具梗，雄花序椭圆形，长 0.6~1.2cm，密被灰白色短柔毛；苞片盾形或圆形；雄花花被片有柔毛，2~3 裂，花丝纤细，花药球形。聚花果球形，直径约 4cm，黄色，被毛，外面密被圆柱形弯曲的凸体，果梗长 1.8~2.5cm。花期 3~4 月；果期 8~9 月。

产于金秀、梧州、苍梧、凌云、乐业、玉林、平南。分布于海南、广东、云南；越南、老挝也有分布。木材散孔材，密度中等，边材灰色，心材褐黄色，色美且耐久，纹理直，结构粗，干燥后稍开裂，边材稍易受虫蛀，心材易腐，可作一般家具用材；果酸甜，可食或供制果酱。

3. 白桂木

Artocarpus hypargyreus Hance ex Benth.

大乔木，高 10~25m，胸径 40cm。树皮深裂，紫红色，条片状剥落。幼枝被贴伏柔毛。叶排为 2 列，薄革质，倒卵状椭圆形，长 8~15cm，宽 4~7cm，先端渐尖，基部楔形，全缘，幼枝叶常羽状浅裂，叶面无毛或仅中脉被柔毛，叶背浅绿色，被灰白色粉末状柔毛；侧脉 6~7 对，弯拱向上展出，与网脉在下面明显；叶柄长 1.5~2.0cm，被柔毛；托叶线形，早落。花序单生于叶腋，雄花序椭圆状倒卵形或棒状，长 1.2~2.0cm，直径 1~1.5cm；花序梗长 2.0~4.5cm，被柔毛；雄花花被片匙形，密被微柔毛。聚花果近球形，直径 3~4cm，外面被褐色柔毛及微具乳头状凸起；果梗长 3~5cm，被短柔毛。花期 3~4 月；果期 8~9 月。

产于荔浦、灵川、贺州、乐业、靖西、那坡、苍梧、贵港、容县、龙州、凭祥。生于阔叶林中。分布于福建、江西、湖南、广东、海南、云南。喜光，耐瘠薄，生长速度中等。播种繁殖，种子千粒重 200~250g，种子易丧失发芽力，即采即播。容器育苗，每袋点种 1~2 粒，20~30d 后可出苗，出苗率达 85%，翌年春季苗木可出圃。木材边材淡黄色，心材淡红色，坚硬、细致，纹理直，易干燥，少翘裂，可供作建筑、家具用材；果味酸甜，可食用；根入药，有舒筋活络的功效。树形优美，枝叶茂盛，适应性强，可作园林绿化树种。

4. 胭脂　越南桂木、小冬桃

Artocarpus tonkinensis A. Chev. ex Gagnep.

乔木，高 14~16m。树皮灰褐色，平滑至微裂。小枝常被平伏柔毛或卷曲毛。叶革质，椭圆形或倒卵形，长 8~20cm，宽 4~10cm，先端具短尖，基部楔形至圆形，全缘或上部有浅锯齿，上面无毛，下面散生灰黄色糠秕状鳞片；主脉在下面明显，侧脉 6~9 对；叶柄长 4~10mm，被柔毛。花序腋生，雄花序倒卵状球形或椭圆形，长 1.0~1.5cm，直径 8~15mm，花序梗短于花序；雄花花被片 2~3 裂，花药椭圆形；雌花序球形，花柱伸出于盾状苞片外，花被片完全融合。聚花果近球形，微 2 裂，直径 5~6cm，果柄长 1.5~2.0cm。小核果椭圆形，长 1.2~1.5cm，直径 9~12mm，成熟时黄色。果期 6~7 月。

产于融水、南丹、靖西、隆安、平南、天等、龙州、凭祥、宁明、大新。生于低海拔山坡。分布于贵州、云南、广东、海南；越南也有分布。喜温热气候，耐短期霜冻，中性偏喜光树种，幼树较耐阴，大树喜光，喜酸性土。播种繁殖。采摘成熟果实堆沤数天后去果肉，清洗稍凉干即可播

种。种子千粒重 250～280g，发芽率约 75%。条播，1 年生苗高 75cm 时可出圃栽种。木材坚硬，花纹美观，纹理直，极耐腐，可供作建筑、家具用材。果成熟时味甜，可食。枝叶浓密，树形优美，遮阳效果好，可作为城镇街道绿化树种。

5. 桂木 大叶胭脂 图 525

Artocarpus nitidus subsp. **lingnanensis** (Merr.) F. M. Jarrett

常绿乔木，高 15m。枝光滑无毛。叶革质，椭圆形或倒卵状椭圆形，长 7～15cm，宽 3～7cm，先端钝或短渐尖，基部楔形或圆形，全缘，两面光滑、无毛；叶柄长 8～12cm；托叶佛焰苞状，早落。花单性，雌雄同株；雄花序单生于叶腋，具短柄，倒卵形或椭圆形，长 6～8mm，外面被短柔毛，幼时包藏于托叶鞘内；雄花花被片 2～3 枚；雌花序近球形，单生于叶腋。聚花果近球形，直径 2～3cm，果柄极短，熟时肉质，平滑，黄色或粉红色。花期 3～4 月；果期 7～9 月。

产于梧州、容县、博白。生于湿润杂木林

图 525　桂木 Artocarpus nitidus subsp. **lingnanensis** (Merr.) F. M. Jarrett 叶枝。(仿《中国高等植物图鉴》)

中。分布于广东、海南、云南；越南、柬埔寨、泰国也有分布。喜高温多湿气候，不耐寒，喜光，幼树稍耐阴，对土壤适应性强。播种繁殖，种子千粒重 250～300g，新鲜种子发芽率约 75%。种子易丧失发芽力，随采随播。播后 10～15d 出叶，苗高 5～10cm 时移苗，苗高 40cm 时可出圃。木材坚硬，纹理致密而细，心材褐黄色，边材灰色，纹理直，干燥后稍开裂，心材耐腐，供作建筑或家具等用材。果味酸甜，可食；根入药，有清热开胃、收敛止血的功效。

5. 桑属 Morus L.

落叶乔木或灌木。无顶芽，无刺，鳞芽具 3～6 枚芽鳞，呈覆瓦状排列。叶互生，边缘具锯齿，全缘至分裂；基生三至五出脉，侧脉羽状；托叶侧生，早落。花雌雄同株或异株，或同株异序，雌雄花序均为穗状或柔荑花序，雄花花被片 4 枚，覆瓦状排列，雄蕊 4 枚，与花被片对生；雌花花被片 4 枚，覆瓦状排列，结果时增厚为肉质；子房 1 室，花柱有或无，柱头 2 裂，内面被毛或为乳头状。聚花果(俗称桑葚)为无数包藏于肉质被内的小核果组成，外果皮稍肉质，内果皮壳质；种子近球形，乳丰富，胚内弯，子叶椭圆形，胚根向上。

约 16 种。中国 11 种(包括引进种)，各地均有分布；广西产 5 种。

分种检索表

1. 雌花无花柱。

 2. 聚花果短，一般不超过 2.5cm，叶先端钝尖 ··· **1. 桑 M. alba**

 2. 聚花果狭长，一般在 3cm 以上，可达 16cm，叶先端渐尖至尾尖。

  3. 叶膜质，宽卵圆形至卵形，基部圆形至浅心形，侧脉 4～6 对，边缘锯齿细密 ·········· **2. 黄桑 M. macroura**

  3. 叶纸质，长圆形到宽椭圆形，基部圆形或宽楔形，侧脉 3～4 对，边缘上部具粗浅牙齿或近全缘 ············· ·· **3. 长穗桑 M. wittiorum**

1. 雌花有花柱。

1. 桑　白桑、果桑　图526

Morus alba L.

乔木或灌木，高15m。树皮厚，黄褐色，有纵裂。叶卵形至宽卵形，长5～15cm，宽5～12cm，先端钝尖，基部圆形至浅心形，稍偏斜，边缘锯齿粗钝，分裂或不分裂；三出脉，仅下面脉腋有丛毛；叶柄长1.5～2.5cm。雄花序下垂，长2.0～3.5cm，绿白色，密被柔毛，花丝在开花时伸出花被片外；雌花序长1～2cm，被毛；雌花无梗。聚花果卵状椭圆形，长1～2cm，直径约1cm，熟时暗紫红色。花期3～4月；果期6～7月。

广西各地有栽培。广泛分布于中国东北、华北至华中和云贵高原；朝鲜、韩国、日本及俄罗斯远东至中亚也有分布，欧洲、美洲均有逸生，今已多见栽培，南部可达越南。适应性强，耐旱、耐寒、耐瘠薄、不耐涝。喜光，在强光照下，叶片小而厚，结果多而枝条健壮；在弱光下，叶片大而薄，叶色黄而软，枝条软弱。实生根系，分布广而深；对气温适应范围广，可耐 -40℃低温，春季地温达到5℃以上根系开始生长，气温日均12℃时，冬芽萌动，28～30℃是桑树生长的适宜气温，高于35℃的气温对桑树生长有抑制任用。较抗旱，最适宜的年降水量在1000mm以上。对土壤要求不严，在酸性土、石灰土上均可生长，以土层深厚、肥沃、湿润和排水良好的砂壤土和壤土最好，含盐量不高于0.21%。播种、扦插、分根或嫁接繁殖。桑籽属短命小粒种子，新鲜种子发芽率高于95%，自然条件下放置3～4个月，发芽率降至10%～20%，应随采随播。扦插繁殖，于12月冬季修剪时选择近根1m左右的成熟枝条，把桑枝剪成15cm左右，垂直插入土中，或水平摆放于育苗沟内，盖农用薄膜至发芽。桑树种植当年不夏伐，冬季离地面40～50cm剪伐，按行距70～80cm，株距12～15cm，留足壮株。叶为养蚕饲料。中国是世界上种桑养蚕最早的国家，桑树的栽培已有7000多年的历史；广西的蚕茧产量约占中国蚕茧产量的1/4，蚕茧产量居中国首位。茎皮纤维可为编织、造纸原料；根、皮、叶、果、枝条入药，根皮化痰止咳，枝降压，叶清热利水，桑葚滋补肝肾、养血祛风；也可生食或供酿酒。

图526　桑 Morus alba L. 果枝。（仿《中国高等植物图鉴》）

2. 黄桑　奶桑、光叶桑　图527

Morus macroura Miq.

小乔木，高12m，直径20cm。小枝幼时被柔毛。叶膜质，宽卵圆形至卵形，长7～15cm，宽5～9cm，先端渐尖至尾尖，尾长1.5～2.5cm，基部圆形至浅心形，两面无毛，幼时脉上疏被柔毛，边缘锯齿细密；基生三出脉，侧脉4～6对；叶柄长2～4cm。雄花序穗状，单生或成对腋生，长4～8cm，花序梗长1.0～1.5cm；雄花具短梗。聚花果狭圆柱形，长7～15cm，直径5～9mm；小核果卵状球形，微扁。花期3～4月；果期4～5月。

产于龙州。生于海拔约300m的石灰岩石

山。分布于云南、西藏；印度、尼泊尔、越南、马来西亚也有分布。树皮纤维可供造纸；木材和叶可供提取桑色素。

3. 长穗桑

Morus wittiorum Hand. – Mazz.

落叶乔木或灌木，高 4~12m。雌雄异株。树皮浅灰色白色，平滑。小枝淡褐色，显著具皮孔。冬芽卵球形。叶纸质，长圆形到宽椭圆形，长 8~12cm，宽 5~9cm，先端尖尾状，基部圆形或宽楔形，边缘上部具粗浅牙齿或近全缘；基生三出脉，侧生 2 条脉延长至中部以上，侧脉 3~4 对；托叶长约 4mm，狭卵形；叶柄 1.5~3.5cm。雄花柔荑花序腋生，总花梗短；雌花柔荑花序长 9~15cm。聚花果狭圆筒状，长 10~16cm；核果卵圆形。花期 4~5 月；果期 5~6 月。

产于全州、龙胜、融水、罗城、金秀、平南、扶绥。生于海拔 900~1400m 的山坡、溪旁。分布于广东、贵州、湖南、湖北。

4. 蒙桑 崖桑、岩桑 图 528

Morus mongolica (Bureau) C. K. Schneid.

灌木或小乔木，高 3~8m。叶卵形至椭圆状卵形，长 8~18cm，宽 4~8cm，先端长渐尖或尾状渐尖，基部心形，通常不分裂，罕有 3 至 5 裂，边缘有粗锯齿三角形，先端有刺尖，两面均无毛，上面有光泽；叶柄长 4~6cm。花雌雄异株；雄花序早落，有不育雌蕊；雌花花柱明显。聚花果连柄长 2.0~2.5cm，圆柱形，红色或近紫黑色。

广西各地常见种。主产于北部、东北部及西北部。多生于向阳山坡、平原、低地山地林中或林缘。分布于中国大部分地区；蒙古、朝鲜也有分布。喜光、耐寒、耐旱、抗风，适应性强，可作石山绿化树种。播种、扦插或压条繁殖，实生苗作桑树砧木，以增强抗逆性。叶养蚕，并可入药，有祛风清热、凉血明目的功效；茎皮可作造纸或纺织原料。

5. 鸡桑 小叶桑 图 529

Morus australis Poie.

灌木或小乔木，高 3~8m。枝开展，无毛。树皮灰褐色，纵裂。叶卵状椭圆形，有时 3~5 裂，长 6~15cm，宽 4~10cm，先端钝尖或渐尖，基部截形或近心形，具窄三角形粗锯齿，叶面粗糙，叶被短柔毛；叶柄长 1.5~4.0cm。花雌雄异株；雄花序长 1.5~3.0cm；雌花序较短，花柱与柱头等大。聚花果长 1.0~1.5cm，幼时红色，后变暗紫色。花期 4~5 月；果期 6~7 月。

产于广西各地，常见于村寨附近或林缘。分布在中

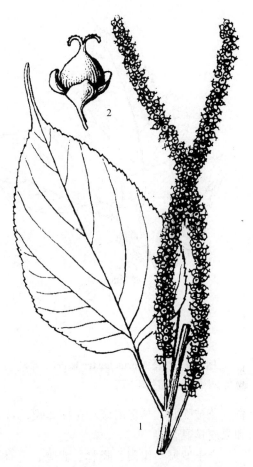

图 527 黄桑 Morus macroura Miq. 1. 果枝；2. 雄花。(仿《中国植物志》)

图 528 蒙桑 Morus mongolica (Bureau) C. K. Schneid. 果枝。(仿《广西石山植物图谱》)

图529 鸡桑 Morus australis Poie. 果枝。
（仿《中国经济植物志》）

国大部地区；朝鲜、日本、印度、越南、印度尼西亚也有分布。树皮纤维可供制蜡纸、绝缘纸和人造棉；果可生食或供酿酒；根、叶有清热解表、凉血利尿的功效，可治感冒咳嗽、黄疸、鼻血等。

6. 牛筋藤属 Malaisia Blanco

仅1种。分布于东南亚和大洋洲及中国广东、台湾、广西。特征详见种的描述。

牛筋藤

Malaisia scandens（Lour.）Planch.

攀援藤本状灌木，高(长)4～8m。叶互生，革质，长椭圆形或矩圆形，长6～12cm，宽2.5～4.0cm，先端或急尖，基部圆形或微心形，偏斜，全缘或有锯齿，两面近无毛；叶柄长0.5～1.0cm。花单性异株，雄花排列成腋生的穗状花序，花被3～4裂，雄蕊与花被裂片同数并与其对生，退化子房小；雌花排列成腋生的头状花序，花为小苞片所围绕，仅有1～2朵能育，花被壶状，子房内藏；花柱2裂，被毛，胚珠单生，侧垂。果肉质，长6～7mm，红色，种皮和果皮稍黏合。

产于罗城、田阳、隆林、武鸣、上林、马山、邕宁、南宁、宁明、龙州、崇左、扶绥、陆川、北流。生于山坡旷野，攀援于岩石或树上。分布于广东、海南、云南、台湾；越南、马来西亚、澳大利亚也有分布。茎皮纤维可供造纸；根有祛风除湿的功效，可治风湿痹痛、腹泻。

7. 构属 Broussonetia L'Hér. ex Vent.

落叶乔木或蔓生性灌木。有乳汁。芽小。叶互生，分裂或不分裂，边缘具锯齿；基生三出脉，侧脉羽状；托叶侧生，分离，披针形或卵状披针形，早落。花雌雄同株或异株；雄花为穗状花序，花被片4枚，稀为3枚，镊合状排列，雄蕊与花被片同数对生；雌花密集成圆球状头状花序，苞片棍棒状，宿存，花被管状，顶端3～4齿裂，宿存，子房内藏，具柄，花柱侧生，胚珠自室顶悬垂。聚花果球形，肉质，由多数小核果组成；外果皮骨质或木质。

4种。中国4种都有分布，主要分布于西南部和东南部；广西2种1变种。

分种检索表

1. 乔木，枝粗而直；叶广卵形至长圆状卵形，背面被细毛，不裂或3～5裂，叶较大，长7～20cm，叶柄长2.5～8.0cm ·· **1. 构树 B. papyrifera**
1. 灌木或藤状灌木，枝蔓生或攀援；叶卵状椭圆形至斜卵形，不裂或3裂，叶较小，长3～12cm，叶柄长0.5～2.0cm
  2. 直立灌木；叶斜卵形，2～3裂，边缘锯齿粗，基部斜楔形，长6～12cm，宽2～5cm ·· **2. 小构树 B. kazinoki**
  2. 蔓生藤状灌木，小枝显著伸长；叶卵状椭圆形，不裂或偶有开裂，边缘锯齿细，基部浅心形，长3.5～8.0cm，宽2～3cm ·· **3a. 藤构 B. kaempferi** var. **australis**

1. 构树 530

Broussonetia papyrifera（L.）L′ Hér. ex Vent.

乔木，高 16m。树皮暗灰色而光滑。枝粗而直，小枝被毛。叶互生和对生同时存在，宽卵形至长圆状卵形，长 7～20cm，宽 4～8cm，先端渐尖，基部略偏斜，不裂或 2～3 裂，有时裂了又裂，尤其是苗期和萌生枝，边缘具粗锯齿，叶两面粗糙，背面被粗毛；基生三出脉，侧脉明显；叶柄长 2.5～8.0cm；托叶膜质，大而脱落。雌雄异株；雄花为柔荑花序，腋生，下垂；雌花序为稠密的头状花序，雌蕊为苞片所围，子房筒状。聚花果球形，直径约 3cm，子房柄肉质，橘红色。小瘦果扁球形。

产于广西各地。分布于中国南北各地；印度、泰国、越南、日本等地也有分布。喜光，强喜光，能耐干冷又能耐湿热气候，也耐干旱瘠薄土壤，也耐涝，适应各种土壤，尤喜石灰性土壤。生长快，萌芽力强，少病虫害，抗烟尘，砍后萌条多，多生长在丘陵、山坡、平地、村落附近或房前屋后。分根、插条、压条或播种繁殖，天然更新能力强，路旁、沟边、村屯周边等常见

图 530 构树 Broussonetia papyrifera（L.）L′Hér. ex Vent. 1. 雌花枝；2. 雄花枝；3. 果枝。（仿《树木学》）

野生植株，甚至以构树为主的群落。采集成熟果实，捣烂、漂洗、去渣，稍晾干，随采随播，也可干藏备用。构树种子细小，48 万～50 万粒/kg。1 年生苗高 50cm 时可出圃。叶为优质猪饲料，广西石山区群众有经营构树习惯；树皮含纤维达 30%，纤维长，洁白，细柔，有吸湿性，是良好的造纸原料(砂纸、复写纸、蜡纸、宣纸)及人造棉原料；果入药，有滋肾、清肝明目的功效；树皮用于治疗水肿、黄疸、气管炎。木材淡黄色，结构适中，质轻软，可作薪材。

2. 小构树 楮

Broussonetia kazinoki Siebold

落叶灌木。枝蔓生或攀援。叶斜卵形，长 6～12cm，宽 2～5cm，先端渐尖，基部斜楔形，2～3 裂，边缘有粗锯齿，上面有糙状毛，下面有细毛，三出脉；叶柄长 1～2cm。雌雄同株；雄花柔荑花序圆筒形，长约 1cm；雌花序头状，直径 5～6mm，苞片高脚碟状。聚花果球形，直径 5～6mm，肉质，熟时红色。

产于兴安、桂林、龙胜、凌云、融水、平南、金秀、苍梧、龙州。生于山坡灌丛、次生杂木林中及原野田埂上。分布于浙江、湖北、湖南、安徽、江西、福建、广东、云南、四川、贵州、台湾；日本也有分布。强喜光树种，适应性强，抗逆性强。根系浅，侧根分布很广，生长快，萌芽力和分蘖力强，耐修剪。茎皮纤维供制纸和人造棉；根、叶入药，可治跌打损伤；茎叶用于治感冒发烧、风湿痹痛；叶作猪饲料。

3a. 藤构 图 531

Broussonetia kaempferi var. **australis** Suzuki

蔓生藤状灌木。树皮微黑的棕色。小枝显著开展，幼时被浅灰色短柔毛，后脱落。花总是生长在多叶茎上。叶螺旋状排列，叶卵状椭圆形，不裂或偶有 2 裂或 3 裂，长 3.5～8.0cm，宽 2～3cm，粗糙、无毛，基部浅心形，边缘细锯齿；叶柄长 0.8～1.0cm，被短柔毛。雌雄异株，雄花穗状花

序，长 1.5~2.5cm，雌花序球状；雄花花萼 3 或 4 浅裂，被短柔毛，花药黄色，椭圆形；雌花花柱线形，外露。聚花果直径约 1cm，具粗壮、星状、倒刺簇毛。花期 4~6 月；果期 5~7 月。

产于桂林、临桂、兴安、龙胜、金秀、融水、凌云、南宁、武鸣、马山、贵港、平南、苍梧、崇左、龙州、凭祥。喜光，生于山坡、沟边、岩石旁。分布于安徽、浙江、重庆、福建、广东、贵州、湖北、湖南、江西、台湾、云南、浙江。树皮为人造棉、纸浆的优良原料。

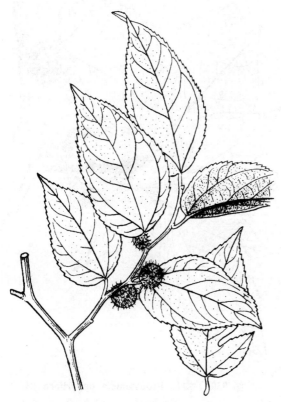

图 531　藤构 Broussonetia kaempferi var. **australis** Suzuki 果枝。(仿《中国经济植物志》)

8. 鹊肾树属 Streblus Lour.

乔木，具乳汁。叶粗糙，互生，羽状脉，有小齿，托叶小，锥形。花腋生，小，雌雄同株或异株，雄花排成具柄的小头状花序，有时在雄花序的中央有 1 朵雌花，具小苞片，萼片 4~5 枚，覆瓦状排列；雄蕊 4~5 枚；雌花具梗，单生或 2~4 朵聚生，苞片 3~4 枚，萼片 4~5 枚，覆瓦状排列；子房直立，花柱顶生而长，具 2 枚长分枝，胚珠下垂。果肉质，近球形，为花后增大的萼片所包围；种子 1 枚，球形，种皮膜质。

22 种；中国产 7 种，分布于西南部和南部；广西产 5 种。

分种检索表

1. 雄花序聚伞状，常近球形。
  2. 叶革质，粗糙，椭圆状倒卵形，全缘或具锯齿；花 4 数；核果不裂 ·············· **1. 鹊肾树 S. asper**
  2. 叶膜质，平滑，倒卵状长圆形或长圆状披针形，中部以上具 3~4 对锯齿；花 4~5 基数；核果开裂 ·············
    ·· **2. 米扬噎 S. tonkinensis**
1. 雄花序穗状或蝎尾状聚伞形。
  3. 无刺乔木；花雌雄同株，雄花序分枝，聚伞花序，花 5 基数；雌花单生 ·············· **3. 假鹊肾树 S. indicus**
  3. 枝有刺或无刺；花雌雄异株；雄花序不分枝，穗状，花 4 数；雌花序短穗状，数朵或 1 朵。
    4. 枝有刺；叶革质，椭圆状卵形，先端渐尖，边缘具刺齿；雄花序长 1~5cm ·············· **4. 刺桑 S. ilicifolius**
    4. 枝无刺；叶纸质，椭圆形至倒卵状椭圆形，先端尖尾状，边缘无刺齿；雄花序长 4~14cm ·················
    ·· **5. 双果桑 S. macrophyllus**

1. 鹊肾树　图 532

Streblus asper Lour.

乔木，高 20m。树皮深灰色，粗糙。幼枝被短毛，皮孔明显。叶革质，粗糙，椭圆状倒卵形，长 2.5~6.0cm，宽 2.0~2.5cm，先端钝或具短尖，全缘或具不规则钝锯齿，基部钝或两侧近耳状，两面均粗糙；侧脉 4~7 对；叶柄极短。雌雄异株或同株；雄花序为头状聚伞花序，单生或成对腋生，雌花单生于雄花序中央，花序梗长 0.8~1.2cm，被细柔毛，苞片长圆形；雄花近无梗，萼片 4 枚，外面疏被短柔毛；雌花具 0.5~1.3cm 的梗，萼片 4 枚。核果近球形，直径约 6mm，熟时黄色，为宿存花被片所包围。花期 2~4 月；果期 4~5 月。

产于靖西、南宁、武鸣、龙州。生于山坡、路边、村旁。分布于云南、广东、海南；印度、尼泊尔、斯里兰卡、缅甸、马来西亚、泰国、越南也有分布。树皮入药，有清热解毒的功效，可治痢疾、腹泻；根能解蚊毒、治创伤；叶营养成分丰富，干物质蛋白质含量 12.09%，脂肪 3.32%，是良好的牲畜饲料。植株可作树桩盆景材料。

2. 米扬噎 米浓液、条隆胶树

Streblus tonkinensis（Dubard et Eberh.）Corner

常绿乔木，高 20m。树皮灰白色。分枝多，小枝细瘦。叶膜质，光滑，倒卵状长圆形或长圆状披针形，长 8～15cm，宽 2.5～5.0cm，基部楔形，先端尾状渐尖，常在中部以上有 3～4 对粗锯齿，上面无毛，下面被疏毛；叶柄短，长仅 5～7mm。花雌雄同株，雄花序为头状腋生，约有花 7 朵；花被片和雄蕊均为 4～5 枚；雌花单生，长约 1cm，有 2～4 枚不等苞片；萼片 4 枚，几乎相等，排成 2 轮，外轮长圆形，内轮边缘连合成鞘状包围于子房，密生短毛，花后增大；柱 2 枚，线状，弯曲，基部连合，柱头延长。果微带肉质，近球形，开裂，直径 0.7～1.0cm，为 4 枚增大的花萼所包，种子球形。

产于百色、靖西、那坡、隆安、龙州、大新、宁明、凭祥、天等、扶绥。生于海拔 900m 以下的石灰岩山坡或石灰岩山间小盆地的阴坡潮湿地处，与蚬木、肥牛树、石山樟、金丝李形成森林群落。分布于云南；越南也有分布。树皮可供提制橡胶，耐酸碱及耐水能力强。叶可作牲畜饲料。

3. 假鹊肾树 图 533

Streblus indicus（Bureau）Corner

乔木，高 15m。树皮灰褐色。枝近无毛。叶革质，长圆形、倒卵状长圆形或长圆状披针形，长 6～15cm，宽 2～4cm，先端急尖，基部楔形，全缘，上面有光泽；侧脉多数，排列整齐；叶柄长 1.0～2.5cm；托叶卵状披针形，早落。花雌雄同株；雄花排成短的聚伞花序，苞片 3 枚，花被片 5 枚，近圆形，雄蕊 5 枚，内弯，退化雌蕊小，线形；雌花单生于叶腋或雄花序上，具 4 枚小苞片，花被片 4～5 枚，近圆形，被柔毛；花柱顶生，二分枝，具短毛。果近球形，包藏于增大的花被内。

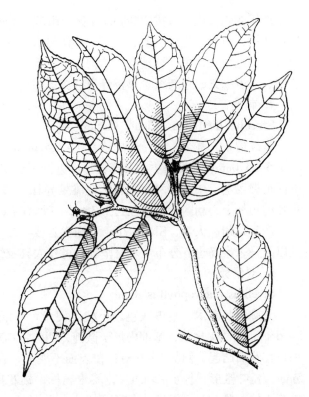

图 532 鹊肾树 Streblus asper Lour. 果枝。(仿《中国经济植物志》)

图 533 假鹊肾树 Streblus indicus（Bureau）Corner
1. 花枝；2. 叶片；3. 雄花（放大）；4. 雌花（放大）；5. 雄花背面（放大）；6. 果实。(仿《中国高等植物图鉴》)

产于龙州。生于海拔 200m 的石灰岩山坡。分布于广东、海南、云南；泰国、印度也有分布。树皮药用，可治消化道出血、胃痛、外伤出血；木材散孔材，生长轮界不明显，心材与边材区别不明显，金色或灰褐色，纹理直，结构适中，重量中等以上，干缩率大，易干燥，不耐腐，宜作室内装饰、一般家具、包装纸、单板等用材。

4. 刺桑

Streblus ilicifolius (Vidal) Corner

常绿灌木，高 2~4m。枝具长 1.0~1.5cm 的利刺。叶互生，革质，椭圆状卵形，长 3~12cm，宽 1.5~5.0cm，先端渐尖，基部楔形或近圆形，对称或略不等大，边缘有刺状锯齿，两面无毛或下面被微柔毛，中脉在两面凸起。花雌雄异株，雄花序穗状，腋生，长 1~4cm。果着生于具宿存苞片的短枝上，扁圆形，直径约 1.3cm，基部有 4 枚宿存苞片。花期 4 月；果期 6 月。

产于龙州、大新、田阳。生于石山沟谷或石崖。分布于海南、云南；印度、菲律宾、印度尼西亚以及马来半岛也有分布。木材坚硬，可作农具及细木工用材；叶可用于饲蚕。

5. 双果桑　马见喜

Streblus macrophyllus Blume

无刺藤状灌木。茎皮灰色。小枝具棱角。叶纸质，椭圆形至倒卵状椭圆形，长 8~16cm，宽 3~6cm，先端尖尾状，基部楔形至微钝，两侧稍不对称，全缘或微波状，边缘无刺齿；中脉在表面平，在背面凸起，侧脉 5~6 对，在表面不明显，在背面清晰，两面密生点状钟乳体；叶柄长 3~5mm；托叶锥形，长 4~5mm。花雌雄异株，雄花序穗状，长 4~14cm；雄花无梗，花被片 4 枚，雄蕊 4 枚；雌花序短穗状，有花 4~8 朵，稍具梗，苞片卵状披针形或肾形，花被片 4 枚，近圆形，覆瓦状排列，边缘向内弯，具缘毛，子房斜卵圆形。核果近球形，直径约 1.5cm，成熟时开裂。花期 4 月。

产于那坡、龙州。生于海拔 300m 的路边、杂木林中或石山。分布于云南；越南、马来西亚、印度尼西亚、菲律宾也有分布。叶为木本饲料植物，牛、马等牲畜喜食。

54　荨麻科 Urticaceae

草本或灌木，稀乔木。有刺毛或无，具明显的点状、条形或纺锤形钟乳体。茎皮纤维坚韧。单叶对生或互生，有托叶或无。花小，单性或两性，雌雄同株或异株，团状聚伞花序、穗状花序或圆锥花序，稀单生或生于肉质花托上；雄花花被片 4~5 枚，花被有时有附属物，无花瓣，雄蕊 4~5 枚，与花被片同数对生；雌花花被片 2~5 枚；子房与花被片离生或合生，上位，1 室，胚珠单生，花柱单生或无，柱头线形、钻形、头状、盘状或画笔状。瘦果或核果，常包被于扩大、干燥或膜质的花被内。

约 47 属 1300 多种。中国 25 属 341 种；广西 17 属 114 种，本志记载 6 属 18 种 3 变种。

分属检索表

1. 植株有刺毛；雌花花被片 4 或 4 裂，仅基部合生 ·························· 1. 火麻树属 Dendrocnide
1. 植株无刺毛；雌花花被片仅顶端 2~5 裂，或无雌花被片，雌花合生。
　2. 雌花花被极小或退化不存在 ······························· 2. 水丝麻属 Maoutia
　2. 雌花花被管状或坛状。
　　3. 雌花花被片在果时干燥或膜质；柱头线形。
　　　4. 柱头在果时宿存；团聚伞花序常排成穗状或圆锥状 ·············· 3. 苎麻属 Boehmeria
　　　4. 柱头花后即脱落或渐脱落；雄花花被背面凸圆 ·············· 4. 雾水葛属 Pouzolzia
　　3. 雌花被片在果时肉质，柱头多样，但不为线形。
　　　5. 柱头盘状，周围有纤毛 ································· 5. 紫麻属 Oreocnide

5. 柱头头状，顶端有画笔状毛⋯⋯⋯⋯⋯⋯⋯⋯⋯⋯⋯⋯⋯⋯⋯⋯⋯⋯⋯⋯ **6. 水麻属 Debregeasia**

1. 火麻树属 Dendrocnide Miquel

木本。常具有毒刺毛，钟乳体点状。叶互生，全缘或有锯齿，托叶在叶柄内合生，革质，不久脱落。花单性，雌雄异株，聚伞圆锥状花序，单生于叶腋；雄花花被片 4～5 枚，雄蕊 5 枚，退化雌蕊棒状或近球形；雌花花被片 4 枚，不等大，基部合生，子房偏斜；柱头线形或钻形。瘦果偏斜，光滑，扁平，常肉质。

约 36 种，分布于热带地区。中国 6 种，主产于西南和中南地区；广西 2 种。

分种检索表

1. 雌花无梗或近无梗，数花呈 1 列着生于稍膨大的团伞花序托上（果时不明显）；基生脉 3～5 条 ⋯⋯⋯⋯⋯⋯⋯⋯⋯⋯⋯⋯⋯⋯⋯⋯⋯⋯⋯⋯⋯ **1. 火麻树 D. urentissima**
1. 雌花稍具梗，1 至数花簇生于序轴上；羽状脉 ⋯⋯⋯⋯⋯⋯⋯⋯ **2. 全缘叶火麻树 D. sinuata**

1. 火麻树 图 534：1～5

Dendrocnide urentissima

（Gagnep.）Chew

常绿乔木，高 5～8m。小枝粗壮，具明显叶痕及刺毛，刺伤皮肤后剧痛。叶纸质，聚生于枝顶，宽卵状心形，长 15～25cm，宽 13～22cm，先端渐尖，基部深心形，上面绿色，被稀疏细刺毛及点状钟乳体，下面淡绿色，有稀疏短柔毛，全缘或有不明显细齿；基生脉 3～5 条，侧脉 6～8 对；叶柄长 7～15cm，托叶早落。雌雄同株或异株，团伞花序圆锥状，有刺毛；雄花无柄，花被片、雄蕊各 5 枚，具退化雌蕊；数朵雌花着生于肉质的团伞花序托上（果时因花梗增长，花序托不明显），柱头线形。瘦果近球形，直径约 3mm，扁平，柱头宿存，贴生。花期 6～7 月；果期 10～12 月。

产于凤山、环江、凌云、乐业、靖西、那坡、德保、隆林、龙州。生于石灰岩山地。分布于云南；越南也有分布。有毒植物，其刺毛触及人的皮肤疼痛如火烧一样，多达数星期之久才好转。据记载，如果儿童被刺毛刺伤后，可使儿童致死。

图 534　1～5. 火麻树 Dendrocnide urentissima（Gagnep.）Chew
1. 雌花枝；2. 叶；3. 雄花；4. 雌团伞花序；5. 团伞果序及瘦果。
6～9. 全缘叶火麻树 Dendrocnide sinuata（Blume）Chew 6. 果枝；7～
8. 雄花；9. 果枝的一部分。（仿《中国植物志》）

2. 全缘叶火麻树 图 534：6 ~ 9

Dendrocnide sinuata（Blume）Chew

灌木或小乔木，高 8m。小枝中空，上部稍肉质，疏生刺毛。叶纸质，椭圆形或椭圆状披针形、倒卵状披针形，长 10 ~ 35cm，宽 5 ~ 16cm，先端突尖或长渐尖，基部宽楔形或近圆形，全缘或上部具波状浅圆齿，上面绿色，近光滑无毛或脉上被稀疏小刺毛，密被细点状钟乳体，下面淡绿色，被稀疏细柔毛；羽状脉，侧脉 8 ~ 15 对，近边缘处互相联结；叶柄长 4 ~ 18cm。雌雄异株，腋生团伞状圆锥花序，具刺毛；雄花序长 5 ~ 10cm，无花梗，花被片 4 枚，白色，雄蕊 4 枚，具退化雌蕊；雌花序长 10 ~ 20cm，1 朵至数朵花簇生于序轴上，梗极短，花柱线形。瘦果卵形，扁平，直径 4 ~ 5mm，平滑。花期、果期 10 ~ 12 月。

产于德保、隆林、龙州、宁明。生于山谷、沟边潮湿处。分布于广东、海南、云南、西藏；印度、斯里兰卡、越南也有分布。茎纤维发达，可作绳索、纺织粗布及造纸原料。

2. 水丝麻属 Maoutia Wedd.

灌木。叶互生，具钝齿，背面白色且被茸毛；托叶合生。花雌雄同株或异株，微小，排成团伞状花序式的小圆锥花序；雄花花被片 5 枚，雄蕊 5 枚；雌花无花被片或极小，子房直立，花柱极短或无，柱头画笔状。瘦果卵状，具 3 条棱，果皮脆壳质或有肉质。

约 15 种，分布于亚洲热带及波利尼西亚。中国 2 种；广西 1 种。

水丝麻 图 535

Maoutia puya（Hook.）Wedd.

灌木，高 2m。多分枝，幼枝、叶柄密被开展的细长柔毛。叶纸质，椭圆形或卵形，长 4 ~ 15cm，宽 2 ~ 9cm，先端长渐尖，基部宽楔形，边缘具粗钝齿，上面绿色，被稀疏的腺毛，具点状钟乳体，细网脉间呈泡状凸起，粗糙，下面密被白色极细绒毛；基生三出脉，侧脉 2 ~ 3 对；叶柄长 2 ~ 7cm；托叶披针形，长 1.0 ~ 1.8cm，早落。花小，腋生头状花序再排成二歧团伞状小圆锥花序，花序梗长 2 ~ 4cm，纤细；雄花直径约 1mm，淡绿色或白色；雌花无花被，子房直立，无花柱，柱头画笔状。瘦果小，长约 1mm，具 3 条棱。花期 5 ~ 7 月；果期 8 ~ 12 月。

产于百色、德保、那坡、田阳、隆林、龙州。分布于云南、四川、贵州、西藏；印度、越南也有分布。茎皮含纤维；纤维坚韧、有光泽，用于制造棉、造纸、麻袋等用，优良纤维树种。

图 535　水丝麻 Maoutia puya（Hook.）Wedd. 1. 花枝；2. 雄花；3. 瘦果及宿存花序。(仿《中国植物志》)

3. 苎麻属 Boehmeria Jacq.

多年生草本、灌木或小乔木。叶互生或对生，纸质或近革质，边缘有锯齿或2~3浅裂，钟乳体点状，基生三出脉；托叶常离生，稀合生，早落。花小，单性，雌雄异株，有时同株排成团伞花序或再排成穗状花序式的圆锥花序；雄花常具短梗或无梗，花被片3~5裂，雄蕊3~5枚，与花被对生；雌花常无梗，雌花被管状，2~4齿裂，子房线形，1室，花柱柔弱、宿存，胚珠直立。瘦果为花萼所紧包，最后分离。

约65种。中国25种；广西12种4变种，本志记载3种1变种。

分种检索表

1. 雄、雌花团伞花序均组成穗状或圆锥花序，稀单生于叶腋。
　　2. 叶互生，背面常被雪白色毡毛；团伞花序排成圆锥花序，密集 ························· **1. 苎麻 B. nivea**
　　2. 叶对生。
　　　　3. 叶披针形或条状披针形，上面脉下陷，形成小泡状隆起 ············· **2. 长叶苎麻 B. penduliflora**
　　　　3. 叶卵形，狭卵形或近圆形 ··································· **3. 束序苎麻 B. siamensis**
1. 雄花团伞花序单生于叶腋，雌团伞花序在枝端腋生，并组成穗状或圆锥花序；雄花被片外面有柔毛；瘦果无柄
　　·· **4a. 黔桂苎麻 B. zollingeriana var. blinii**

1. 苎麻　图536

Boehmeria nivea（L.）Gaudich.

亚灌木，高2m。茎基部分枝，有灰白色长毛。叶互生，纸质，阔卵形或近圆形，长6~16cm，宽3~12cm，先端渐尖或尾状，基部近圆形或心形，边缘具三角形锯齿，齿端尖锐，上面深绿色，粗糙，无毛或散生粗硬毛，下面密生交织的白色柔毛；叶柄长2~9cm，密被粗长毛；托叶2枚，分离，早落。花单性，雌雄同株，雄花序通常位于雌花序之下，穗状花序圆锥状，密集；雄花小，花被片4枚，卵形，外面密生柔毛，雄蕊4枚，有退化雌蕊；雌花簇球形，雌花被管状，有2~4齿，外有柔毛，柱头线形。瘦果椭圆形，为宿存花被包围。花期5~9月；果期10~11月。

广西各地均产。生于山坡、路旁、水边，多为栽培，少数野生。分布于中国黄河以南各地；越南、老挝也有分布。世界多地有栽培。茎皮纤维细长，柔韧，洁白有光泽，抗热耐用，为中国重要的纺织用麻原料，用于织布和制降落伞、电线包布、渔网、人造棉、人造丝等，并能与羊毛、棉混纺；根、叶入药，有清热解毒、止血、利尿、水肿、安胎、

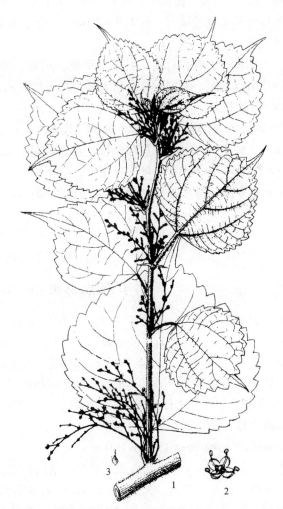

图536　苎麻 Boehmeria nivea（L.）Gaudich. 1. 具雌花序和雄花序的枝条；2. 雄花；3. 具宿存花被的瘦果。（仿《中国植物志》）

接骨等功效。

2. 长叶苎麻

Boehmeria penduliflora Wedd. ex D. G. Long

灌木或小乔木，高3m。枝粗壮，四棱形，全株生短糙伏毛。叶对生，近革质，披针形或条状披针形，长12~24cm，宽2.0~4.5cm，先端长渐尖，基部圆形，常稍不对称，边缘密生细小锯齿，齿端尖锐；有3条明显的基生脉，上面绿色，脉下陷而形成小泡状隆起，下面灰绿色，脉凸出成网状；叶柄长1~3cm；托叶披针形。花单生，由团伞花序组成长穗状花序，腋生或生于已落叶的腋部；雄花序比叶短，雄花花被片3~5枚；雌花序与叶等长或稍短，下垂，雌花簇球形，密集；雌花花被管状，2~4齿裂。瘦果狭倒卵形，长约2mm，有柄。花期8月；果期10~11月。

产于凤山、凌云、靖西、德保、平果、那坡、隆林、百色、田林、隆安、武鸣、上林、南宁、天等、宁明。生于海拔1000m以下的山坡、路旁。分布于云南、四川、贵州、西藏；越南、印度也有分布。茎皮纤维洁白柔嫩，可代苎麻用。

3. 束序苎麻 八棱麻

Boehmeria siamensis Craib

灌木，高3m。小枝被短粗伏毛。叶对生，纸质，卵形、狭卵形或近圆形，长5~15cm，宽2~8cm，先端短尖或急尖，基部浅心形或圆形，稍斜，边缘有锯齿，齿尖钝三角形；基生三出脉，侧脉3~4对，两面被短糙伏毛；叶柄长约1cm。花单性，穗状花序，单生于叶腋，花序密集，互相邻接；苞片卵圆形或椭圆形，长1.8~2.0mm，合生至中部。瘦果卵球形，长1.8~2.0mm，光滑。花期3月。

产于东兰、天峨、百色、平果、那坡、乐业、隆林、西林、扶绥、龙州、大新。分布于云南、贵州；越南、老挝、泰国也有分布。根为利尿解热药；叶可治外伤出血。

4a. 黔桂苎麻

Boehmeria zollingeriana var. **blinii** (H. Lév.) C. J. Chen

灌木，高1.5~2.0m。茎有分枝，有细纵棱，无毛。叶对生或近对生，狭卵形或披针形，长4~11cm，宽2~6cm，先端渐尖或尾尖，基部圆形，稀浅心形，边缘上部有小齿，上面无毛，下面沿脉疏被短伏毛；基生脉3~4条；叶柄长2~5cm，无毛。花单性，雄蕊同株，雄团伞花序单生于下部叶腋，雄花花被片5~6枚，外面被柔毛；雌团伞花序多数，在枝端腋生，组成穗状花序或圆锥花序，雌花花被片狭卵形，顶端有2小齿。瘦果近卵形，无柄。

产于隆林、乐业。生于山坡、路旁。分布于贵州、台湾。

4. 雾水葛属 Pouzolzia Gaudich.

草本或灌木。叶互生或下部对生，很少全部对生，全缘或有锯齿，三出脉，两侧基脉不达叶尖，上部的叶渐小；托叶离生或基部合生。花单性，雌雄同株，很少为雌雄异株，集成腋生团伞花序；雄花花被片4~5枚，雄蕊4~5枚；雌花花被管状，2~4裂，子房直，花柱细弱，于子房顶端有节，柱头脱落。瘦果卵形，为花被所包围或稍凸出。

约37种，主产于热带亚洲。中国8种，主产于西南、华南；广西2种2变种，本志记载1种。

红雾水葛 图537

Pouzolzia sanguinea (Blume) Merr.

灌木，高1~2m。小枝灰色或灰褐色，幼时被柔毛或糙伏毛，后变无毛。叶互生，长卵形至长圆状披针形，长6~12cm，宽2.0~2.5cm；先端渐尖，有伸长的尖头，尖头全缘，基部钝或近圆形，边缘有锯齿，齿尖向上，上面疏被糙硬毛，下面密被糙毛；基生三出脉，两侧基脉伸达叶片上部的2/3，每边尚具侧脉2对，网脉不甚明显；叶柄细，长1~3cm，被毛；托叶小，顶端渐尖，脱落。腋生团状聚伞花序，雌雄花混生，通常花较多，雄花几无梗，花被片4裂，狭倒卵形，背面被粗毛；雌花无梗，花被管状，2～4齿裂，花柱丝状，脱落。瘦果卵形至椭圆形，顶端渐尖，具小尖头，有光泽和肋纹。花期3～9月；果期5～10月。

产于来宾、河池、天峨、东兰、环江、宜州、百色、平果、德保、那坡、西林、隆林、武鸣、扶绥、天等、龙州、凭祥、大新、防城、东兴。分布于海南、贵州、四川、云南、贵州、西藏；印度、印度尼西亚、越南也有分布。茎皮纤维可供制绳索、麻袋。

5. 紫麻属 Oreocnide Miq.

灌木或小乔木。叶互生，羽状脉或基生三出脉；托叶早落。花单性异株，团伞花序腋生；雄花花被3～4裂，雄蕊3～4枚；雌花花被管状，与子房合生，4～5齿裂，子房1室，有直立的胚珠1枚，无花柱，柱头盘状，周围有纤毛。瘦果小，与稍肉质的花被黏合。

约18种，分布于亚洲热带及亚热带。中国10种，产于长江流域以南；广西7种2变种。

图537　红雾水葛 Pouzolzia sanguinea（Blume）Merr. 1. 植株的一部分；2. 雄花；3. 雌花；4. 瘦果。（仿《中国植物志》）

分种检索表

1. 叶为羽状脉；雄花花被片与雄蕊各4枚。
  2. 叶纸质或坚纸质，中部以上有浅齿；小枝、叶柄及叶下面脉上疏生粗毛 ················· **1. 红紫麻 O. rubescens**
  2. 叶薄革质或纸质，全缘；小枝、叶柄及叶下面被柔毛或茸毛 ················· **2. 全缘叶紫麻 O. integrifolia**
1. 叶为基生三出脉；雄花花被片与雄蕊各3枚（宽叶紫麻为4枚）。
  3. 叶全缘或仅上部有极不明显的数枚圆齿，两面光滑无毛 ················· **3. 广西紫麻 O. kwangsiensis**
  3. 叶缘有锯齿或牙齿或仅下部全缘，叶面粗糙，有毛，至少叶下面或脉上被毛。
    4. 侧脉5～7对 ················· **4. 细齿紫麻 O. serrulata**
    4. 侧脉2～3（～4）对。
      5. 叶下面常被灰白色毡毛，以后渐脱落（紫麻 O. frutescens 有时只生柔毛或稍具短伏毛）；雄花花被片与雄蕊各3枚。
        6. 叶卵形或卵状披针形，上面近于平滑或粗糙，边缘具粗齿；花序几乎无梗，呈簇生状，或具极短的梗；果表面常有注点 ················· **5. 紫麻 O. frutescens**
        6. 叶倒卵形或倒卵状披针形，上面老时极粗糙，边缘上部具粗齿；花序至少雌花序具梗；果表面平滑 ················· **6. 倒卵叶紫麻 O. obovata**
      5. 叶下面浅绿或黄绿色，被柔毛和在脉上生粗毛；雄花花被片与雄蕊各4枚 ················· **7. 宽叶紫麻 O. tonkinensis**

1. 红紫麻　图538：1～2

Oreocnide rubescens（Blume）Miq.

小乔木，高12m。嫩枝、叶柄、叶背脉上被细柔毛。叶纸质或坚纸质，长圆形或倒卵状长圆形，长5～20cm，宽3～7cm，先端渐尖或短尾状渐尖，基部宽楔形，上面近无毛，密被点状凸起钟乳体；侧脉6～10对，向上斜升，近边缘处相互联结，边缘上部具浅齿；托叶披针形，膜质，长约

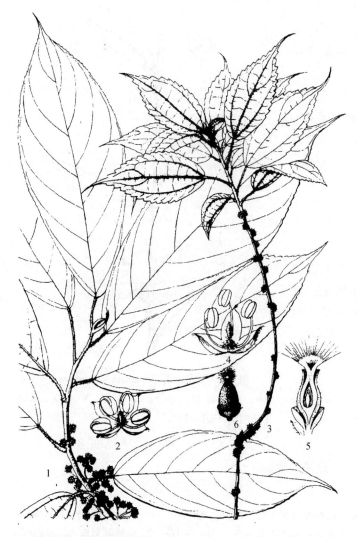

图538　1~2. 红紫麻 Oreocnide rubescens（Blume）Miq.
1. 花枝；2. 雄花。**3~6. 紫麻 Oreocnide frutescens**（Thunb.）
Miq. 3. 花枝；4. 雄花；5. 雌花纵切面；6. 瘦果。（仿《中国植物
志》

1cm，早落。雌雄异株，团伞状二歧花序；雄花花被片4枚，雄蕊4枚；雌花长约1mm。瘦果小，卵形，基部具1枚浅杯状肉质鞘。花期4~5月；果期6~12月。

产于田林、那坡、靖西、百色、龙州。生于海拔700m以下的石灰岩山麓。分布于海南、云南；越南、印度尼西亚、菲律宾也有分布。茎皮纤维可供制绳索。

2. 全缘叶紫麻
Oreocnide integrifolia（Gaudich.）Miq.

小乔木，高6m。小枝、叶柄、叶背密被短细柔毛或茸毛。叶薄革质或纸质，椭圆形或长圆形，长9~21cm，宽3~7cm，先端突尾状渐尖或渐尖，基部宽楔形，上面近无毛，两面密被凸起钟乳体，侧脉8~12对，向上斜伸，全缘；叶柄长2~4cm，托叶早落。雌雄异株，团状二歧聚伞花序；雄花花梗长约1cm。瘦果小，卵形，直径约2mm，基部具1枚浅杯状肉质鞘。花期4~6月；果期7~12月。

产于百色、那坡、崇左、龙州、大新、扶绥。分布于西藏、广东、云南；印度、缅甸也有分布。

3. 广西紫麻
Oreocnide kwangsiensis Hand. - Mazz.

常绿灌木，高1~3m。分枝多。小枝圆柱形，细，先端被柔毛。嫩叶下面被白色柔毛，老叶厚纸质，椭圆形至长圆形，长8~14cm，宽2~4cm，先端渐尖，基部渐狭或楔形，边缘全缘或上部有极不明显疏锯齿，两面光滑无毛，基生三出脉；叶柄长0.5~1.5cm。花单性异株，细小，多数组成稠密的具柄的腋生花束。果小，卵形，被灰色柔毛，基部具宿存萼。花期10~11月；果期翌年8月。

产于忻城、天峨、河池、东兰、环江、宜州、凤山、德保、靖西、平果、那坡、凌云、大新、龙州、宁明、崇左、扶绥。生于石灰岩山地疏林中，是广西西北部及西南部一带石山区常见植物，在局部地方构成灌木层优势种。分布于贵州。韧皮纤维供制绳索及作人造棉原料；小枝及叶质地柔软，作牛、马饲料；根、叶有续筋接骨、消肿解毒的功效，可治跌打骨折、疮毒。

4. 细齿紫麻
Oreocnide serrulata C. J. Chen
灌木，高3~5m。小枝被锈色茸毛。叶纸质，披针形、狭卵形或长圆状披针形，长6~23cm，宽2.5~8.0cm，先端渐尖或尾状渐尖，基部圆形，边缘有极细的锯齿，上面深绿色，除在脉上幼时疏生柔毛外，几无毛，各级脉均明显凹陷使脉网呈泡状，下面淡绿色，脉紫红色，被锈色茸毛；

基生三出脉，侧脉 5~7 对；叶柄长 1~7cm，被锈色茸毛；托叶披针形，长约 10mm。花序成对生于叶腋，三至五回二歧分枝，长 1~2cm，花序梗生短茸毛，团伞花簇直径 3~4mm；雄花具短梗，紫红色，直径 1.2mm，花被片 3 枚，雄蕊 3 枚；雌花无梗，长约 1mm。瘦果卵球形，长约 1.5mm，肉质花托白色透明。花期 2~4 月；果期 7~10 月。

产于百色、德保、靖西、那坡。生于海拔 1000~1600m 的石灰岩山坡林下或灌丛中。分布于云南；越南也有分布。

5. 紫麻 图 538：3~6

Oreocnide frutescens（Thunb.）Miq.

灌木或小乔木，高 4m。小枝近无毛，嫩枝、叶柄、叶背脉上密被开展的伸长柔毛。叶纸质，卵形或卵状披针形，长 4~12cm，宽 2~5cm，先端渐尖或突尾状渐尖，基部圆形或宽楔形，上面绿色，被刺毛及点状钟乳体，近平滑或粗糙，下面密被灰白色毡毛，老叶的毛较少，边缘具粗齿；基生三出脉，侧脉 2~4 对；叶柄纤细，长 1~4cm；托叶膜质，棕色，披针形，长约 8mm，早落。花小，雌雄异株，无柄，簇生于落叶腋部；雄花白色，花被片 3 枚，雄蕊 3 枚，伸出花冠外；雌花长 1mm。瘦果卵形，长约 1mm，表面有多数细洼点。花期 3~4 月；果期 5~8 月。

产于桂林、龙胜、临桂、兴安、恭城、融水、金秀、象州、南丹、天峨、环江、昭平、蒙山、苍梧、百色、凌云、乐业、田林、西林、宾阳、凭祥、龙州、扶绥、宁明。分布于陕西、安徽、江苏、浙江、湖北、江西、台湾、福建、广东、云南、西藏、四川、贵州；印度、越南也有分布。茎皮纤维可制绳索、人造棉及麻袋。

5a. 细梗紫麻

Oreocnide frutescens subsp. **frutescens** C. J. Chen

与原种的主要区别在于：花序具梗，长 5~13mm；叶狭倒卵形至长圆状倒卵披针形，边缘自中部以上有数枚锯齿，上面无毛，下面疏生短伏毛，侧生的一对基生脉沿近边缘直出。

产于广西东南部。生于 500~1000m 的山谷林中。分布于广东。

6. 倒卵叶紫麻

Oreocnide obovata（C. H. Wright）Merr.

灌木，高 3m。小枝近无毛。嫩枝、叶柄均密被短柔毛。叶纸质，倒卵状披针形或倒卵形，长 5~15cm，宽 2~9cm，先端突尾状渐尖，基部圆形或宽楔形，上面绿色，被稀疏刺毛，老叶极粗糙，下面密被灰白色毡毛；基生三出脉，侧脉 2~4 对，向上斜升，近边缘处互相联结，边缘上部具粗齿；叶柄长 1~7cm，纤细；托叶膜质，棕色，披针形，长约 8mm，早落。瘦果卵形，长约 1mm，微扁，基部具 1 枚浅杯状的肉质鞘。花期 4~5 月；果期 11~12 月。

产于临桂、贺州、融安、融水、苍梧、靖西、那坡、平南、陆川、横县、龙州。分布于广东、云南、湖南；越南也有分布。

6a. 凹尖紫麻

Oreocnide obovata var. **paradoxa**（Gagnep.）C. J. Chen

与原变种的主要区别在于：小枝、叶柄和叶下面脉上疏生粗毛和较密的短柔毛；叶先端有较深的凹缺或倒心形，其中央有突尖，基部钝圆，稀宽楔形，最下一对侧脉自叶上部伸出；花序长 0.5~1.2cm。

产于广西西南部。生于海拔 500~1000m 的山谷阴坡或阳坡林下。越南北部也有分布。

7. 宽叶紫麻

Oreocnide tonkinensis（Gagnep.）Merr. et Chun

灌木，高 1~4m。树皮灰褐色。小枝紫褐色，初时被粗毛和短柔毛，后渐脱落。叶纸质，宽椭圆形、卵形或倒卵形，长 7~19cm，宽 4~9cm，先端骤凸或短尾状渐尖，基部微缺或钝形，边缘除在下部或中部全缘外其余有浅牙齿，上面深绿色，粗糙，下面浅绿或黄绿色，被柔毛和在脉上生粗毛；基生三出脉，其侧出的一对稍弧曲，达上部近边缘处与最下一对侧脉环结，侧脉 2~3 对，在近边缘处彼此环结；叶柄长 1~7cm；托叶条形，长 1~2cm。花序二至三回二歧分枝，长 1.0~1.5cm，花序梗纤细，团伞花簇 3~4mm；雄花无梗，直径约 1mm，花被片 4 枚，雄蕊 4 枚；雌花长近 1mm。瘦果卵形，长约 1.2mm，其表面有浅绿和黑色相间的花纹，肉质花托成壳斗状，生于果的下部。花期 10~12 月；果期翌年 4~7 月。

产于横县、梧州、平南。生于海拔 700m 以下的山谷林中。分布于云南；越南也有分布。

6. 水麻属 Debregeasia Gaudich.

灌木或小乔木。多分枝。植株无刺毛。叶互生，基生三出脉；托叶 2 裂。花单性同株或异株，先排成球形的团伞花序，再排成腋生聚伞花序，雄花花被片 4 裂，雄蕊 4 枚，退化雌蕊无毛或被绵毛；雌花有一卵状或壶形的花被，果时增大，肉质多浆，口部收缩，子房直立，花柱短或无，柱头头状，其上着生呈画笔状的毛。果实由许多瘦果结成一圆头状体。

约 6 种。中国 6 种均有，产于西南及东南部；广西产 4 种。

分种检索表

1. 小枝、叶柄密被细柔毛；叶披针形或椭圆状披针形。
  2. 叶长 4~16cm，宽 1~3cm；叶柄长 0.3~1.0cm；侧脉 3~5 对；花序柄长约 0.5cm ⋯⋯ 1. 水麻 D. orientalis
  2. 叶长 8~21cm，宽 3~6cm；叶柄长 1~4cm；侧脉 5~9 对；花序梗长 1cm 以上⋯⋯ 2. 长叶水麻 D. longifolia
1. 小枝、叶柄被开展的肉质皮刺及贴生短柔毛或伸展的粗毛；叶宽卵形或椭圆形。
  3. 小枝、叶柄具开展的肉质皮刺及贴生短柔毛；叶宽卵形 ⋯⋯⋯⋯⋯⋯⋯⋯ 3. 鳞片水麻 D. squamata
  3. 幼枝密被伸展的淡褐色粗毛；叶椭圆形 ⋯⋯⋯⋯⋯⋯⋯⋯⋯⋯⋯ 4. 椭圆叶水麻 D. elliptica

1. 水麻

Debregeasia orientalis C. J. Chen

灌木，高 2.5m。多分枝，小枝细，嫩枝、叶柄密被细柔毛。叶纸质，披针形或狭披针形，长 4~16cm，宽 1~3cm，先端渐尖，基部宽楔形或圆钝；基生三出脉，侧脉 3~5 对，上面绿色，粗糙，下面灰白色，密被极短绒毛，细网脉明显，边缘具细齿；叶柄长 3~10mm。雌雄异株，团状二歧聚伞花序，花序梗长约 0.5cm。瘦果小，宿存坛状花被橙黄色，肉质。花期 3~4 月；果期 5~11 月。

产于三江、融水、柳江、乐业、东兰、天峨、南丹、都安、罗城、隆林、凌云、隆安、靖西、百色、田林、田阳、德保、那坡。生于海拔 1300m 以上的河谷、灌丛中。分布于台湾、云南、四川、贵州、甘肃、湖北、湖南、西藏；日本也有分布。果可食；叶作饲料；茎皮纤维供制人造棉及纺织用。全株入药，有止泻、消肿解毒的功效，可治小儿惊风、风湿关节炎。

2. 长叶水麻

Debregeasia longifolia（Burm. f.）Wedd.

灌木，高 3m。多分枝，嫩枝、叶柄密被向上伸展的长柔毛。叶纸质，椭圆状披针形或披针形，长 8~21cm，宽 3~6cm，先端长渐尖，基部圆形，边缘具锯齿，上面绿色，密被白色腺毛及点状钟乳体，粗糙，下面密被灰白色毡毛；基生三出脉，侧脉 5~9 对，细网脉明显；叶柄长 1~4cm；托叶披针形，2 裂，棕色，长约 1cm，早落。雌雄异株，团状二歧聚伞花序，花序梗长 1cm 以上，雄花花被片比小苞片长。果序球形，直径约 5mm，瘦果小，宿存花被橙红色。花期 5~8 月；果期 9~12 月。

产于百色、靖西、那坡、德保、南宁、龙州、宁明、天等地。分布于云南、四川、湖北；越南及印度也有分布。茎皮纤维制人造棉、麻袋。果可食。根入药，祛风湿。

3. 鳞片水麻　山野麻

Debregeasia squamata King ex Hook. f.

灌木，高 3m。小枝、叶柄具开展的肉质皮刺及贴生短柔毛。叶宽卵形，长 6~16cm，宽 4~

12cm，先端凸出或短渐尖，基部圆形至微心形，边缘具粗锯齿，上面绿色，具稀疏短腺毛，钟乳体点状，下面密被灰褐色毡毛，基生三出脉，侧脉 3~4 对，向上斜升，近边缘处相互联结；叶柄长 2~7cm；托叶宽披针形，2 裂，长达 8mm，早落。雌雄同株同序，团状二歧聚伞花序，花序梗长 1.0~1.5cm；雄花花被片 3 枚，雄蕊 3 枚；雌蕊被片包被子房，但与瘦果果皮离生。瘦果橙红色。花期 8~10 月；果期 10 月至翌年 1 月。

产于桂林、昭平、融水、象州、金秀、上思、平南、宁明。生于海拔 600~1500m 的阔叶林中或林缘阴湿处。分布于广东、云南；越南、印度也有分布。茎皮纤维供制麻袋及作人造棉原料。

4. 椭圆叶水麻
Debregeasia elliptica C. J. Chen

落叶灌木或小乔木，高 2~4m，胸径 12cm。幼枝灰绿色，后变褐色，密被伸展的淡褐色粗毛，后渐脱落。叶薄纸质，椭圆形，长 7~17cm，宽 4.5~8.0cm，先端渐尖或短尾状，基部宽楔形或圆形，边缘具细牙齿，上面暗绿色，疏生短伏毛或近于无毛，有泡状隆起，下面雪白色；脉网内被一层厚的毡毛，脉上疏生短粗毛，基生三出脉；叶柄长 4~7cm，毛被同幼枝；托叶卵形，长 7~8mm。雌雄异株，成对生于叶腋；雌花序二至四回二歧分枝，长 1.5~3.0cm，密被短粗毛；团伞花簇生于每分枝的顶端，球形，直径约 3mm。瘦果浆果状，绿黄色，几无柄，长约 1mm。花期 8~9 月；果期 10~12 月。

产于龙州。生于海拔 900m 以下石灰岩山区杂木林内。分布于云南；越南也有分布。

55 杜仲科 Eucommiaceae

落叶乔木。小枝无毛，髓部呈片状。无顶芽，鳞芽单生。单叶互生，具羽状脉，叶缘有锯齿，无托叶。花单性，雌雄异株；无花被；生于小枝下部；有短柄，具苞片；与叶同时或先于叶开放；雄花簇生，雄蕊 4~10 枚，花丝极短；雌花单生，心皮 2 个，合生，其一不发育组成子房 1 室，子房有短柄，扁平，顶端 2 裂，柱头位于裂口内侧；胚珠 2 枚，并立，倒生，下垂。坚果扁平，具翅，长椭圆形，果皮薄革质，果柄极短；种子 1 枚，垂生于顶端；胚乳丰富。

仅 1 属 1 种，中国特产，分布于华中、华西、西南及西北各地，现有广泛栽培。

杜仲属 Eucommia Oliv.

形态特征和分布与科相同。

杜仲 银丝皮、玉丝皮、丝楝树皮
图 539

Eucommia ulmoides Oliv.

落叶乔木，高 20m，胸径 50cm。树皮灰褐色，粗糙。树皮、叶和果实均含橡胶，折断有乳白色胶丝。嫩枝有黄褐色柔毛；老枝无毛，有明显皮孔。鳞芽，红褐色，芽鳞边缘有短毛。叶薄革质，椭圆形、卵形或矩圆形，长 6~15cm，宽 3.5~6.5cm，先端渐尖，基部近圆形，叶缘有锯齿，上面深绿色，初时有褐色柔毛，后脱落秃净，下面淡绿色，仅在主脉上

图 539 杜仲 Eucommia ulmoides Oliv. 1. 果枝；2. 花枝；3. 雄花；4. 雄蕊；5. 雌花；6. 子房纵切面。（仿《中国植物志》）

有毛，老叶略有皱纹；侧脉 6 ~ 9 对，与网脉在上面下陷，在下面稍凸起；叶柄长 1 ~ 2cm，上面有槽沟，散生长毛。花着生于当年枝条基部，雄花无花被，无毛；雌花子房无毛，柄极短。坚果长 3.0 ~ 3.5cm，宽 1.0 ~ 1.3cm，基部楔形，周围具薄翅。花期 3 ~ 4 月；果期 10 ~ 11 月。

易危种，孑遗植物，中国特有种。零星分布于河南、陕西、甘肃、四川、贵州、湖北、湖南，现代杜仲分布区是秦岭、黄河以南，五岭以北，黄海以西，云南高原以东。乐业、南丹、资源、桂林、龙胜有规模栽培。喜温凉，耐严寒(-40℃)，惧暑热，广西仅在北部、西北部山地适宜栽植，南移效果不佳。喜湿润、喜光，不耐庇荫。对土壤适应性较强，在 pH 值 5 ~ 8 的土壤上均能生长，在岩石裸露的石灰岩山地、岩缝间残存的石灰土上也能长成大树，但以土层深厚、疏松、肥沃、排水良好的砂壤土为好。萌蘖力强，1 株伐根可萌生 10 ~ 20 条萌条，最多达 40 条。生长较快，4 年生幼树高 5.5m，胸径 8.5cm。播种繁殖。随采随播，种子不必催芽，带果皮直接播种。1 年生苗高 80cm 时可出圃。杜仲为中国特有贵重中药材和工业提胶原料树种。据《神农本草经》记载，杜仲皮"治腰膝痛、补中、益精气、坚筋骨、强志、久服轻身耐老"，为中药上品。杜仲树叶、树皮及果皮中富含白色丝状物质——杜仲胶，是电器的良好绝缘材料。

56 红木科 Bixaceae

灌木或小乔木。单叶互生，掌状脉，托叶早落。聚伞状圆锥花序顶生，花两性，辐射对称；萼片 5 枚，覆瓦状排列，基部具 2 枚腺体；花瓣 5 枚，覆瓦状排列；雄蕊多数，花丝分离或于基部稍合生，花药长圆形，2 室，顶裂；子房上位，1 室或因侧膜胎座凸入中部而形成假 2 ~ 4 室，胚珠多数，花柱 2 裂。蒴果密生软刺，2 ~ 4 瓣裂；种子多枚，种皮肉质，红色。

1 属 5 种。原产于热带美洲。

红木属 Bixa L.

特征与科同。5 种，产于热带美洲。中国引种有 1 种；广西也有栽培。

红木 图 540

Bixa orellana L.

常绿灌木或小乔木，高 3 ~ 7m。幼枝密被红棕色短腺毛，有明显早落的托叶痕。叶卵形，长 8 ~ 20cm，宽 5 ~ 13cm，先端长渐尖，基部阔心形或截形，背面密被树脂状小腺点；基生五出脉；叶柄长 25 ~ 8cm。花直径 4 ~ 5cm，粉红色；萼片圆卵形，长约 1cm，外面密被褐黄色鳞片；花瓣长圆形倒卵形，长约 2cm。蒴果卵形或近球形，长 2.5 ~ 4.0cm，密被长而柔软的刺，2 瓣裂。秋冬开花。

原产于热带美洲。南宁、凭祥、钦州、柳州、梧州有栽培；台湾、云南及华南其他地区也有栽培。性喜暖热气候和肥沃土壤，不耐霜冻，幼苗受冻枯梢。播种繁殖。花期长，种子成熟期不一，应分批采种。肉质外种皮不透水，且易发霉，天然更新能力差，采种后需搓去种皮，用水洗净，随采随播。果瓣含黄色素，即安那多黄，可作糖

图 540 红木 Bixa orellana L. 1. 花枝；2. 未开放的花；3. 花药；4. 果实纵切面。(仿《中国高等植物图鉴》)

果、点心染色和丝绵等纺织物的染色剂；树皮纤维极韧，可作绳索；种子供药用，为收敛退热剂。

57　大风子科 Flacourtiaceae

　　乔木或灌木，有时具枝刺或皮刺。单叶互生，托叶早落或缺，常有腺齿。花两性或单性，雌雄异株或杂性同株，辐射对称；萼片通常2~7枚，或更多；有或无花瓣，有花瓣时则花瓣与萼片相似而同数；雄蕊多数或少数；子房上位，或半下位，1室，有1至多个侧膜胎座，或呈不完整的2~8室；花柱或柱头常与胎座同数。浆果或蒴果，稀核果状，有的有棱条，角状或多刺。

　　约87属900余种，大都分布于热带或亚热带地区。中国12属39种；广西10属27种2变种。

分属检索表

1. 花两性，下位或周位。
　　2. 植株通常有刺；花下位，有花瓣和萼片之分或难于区分 ································· **1. 刺柊属 Scolopia**
　　2. 无刺；花周位，有花瓣或无花瓣。
　　　　3. 花排成腋生和顶生的总状花序或圆锥花序，有花瓣，并有花瓣与萼片之分；雄蕊与花瓣同数，并对生，如较多则成束生 ··· **2. 天料木属 Homalium**
　　　　3. 花1朵或数朵丛生于叶腋，或为团伞花序，无花瓣；雄蕊8枚或较多 ··············· **3. 脚骨脆属 Casearia**
1. 花单性，稀杂性或两性，下位。
　　4. 花有花萼和花瓣之分，花瓣基部内侧具肥厚而通常被毛的鳞片1枚；果皮坚硬或壳状 ·········
　　　　·· **4. 大风子属 Hydnocarpus**
　　4. 花无花瓣。
　　　　5. 果实为蒴果。
　　　　　　6. 雄花为圆锥花序；雌花通常单生；心皮5个，少有4~6个；蒴果大型，种子周围有翅 ···········
　　　　　　　　··· **5. 栀子皮属 Itoa**
　　　　　　6. 总状花序或圆锥花序；心皮3~4个；蒴果略弯尖而呈羊角状，被绒毛；种子一端有翅 ···········
　　　　　　　　·· **6. 山羊角树属 Carrierea**
　　　　5. 果实为浆果。
　　　　　　7. 托叶小，早落；叶具5~7条掌状叶脉，边缘有圆锯齿；叶具长柄，中部有瘤状腺体 ·············
　　　　　　　　·· **7. 山桐子属 Idesia**
　　　　　　7. 托叶缺。
　　　　　　　　8. 枝干无刺；圆锥花序或总状花序；萼片通常3枚，少有4~5枚，具缘毛，早落，稀宿存 ········
　　　　　　　　　　·· **8. 山桂花属 Bennettiodendron**
　　　　　　　　8. 枝干常具刺。
　　　　　　　　　　9. 总状花序或团伞花序；子房不完全的2~8室 ················· **9. 刺篱木属 Flacourtia**
　　　　　　　　　　9. 花腋生或排成总状花序或圆锥花序；子房1室 ················· **10. 柞木属 Xylosma**

1. 刺柊属 Scolopia Schreb.

　　灌木至乔木。通常有刺。单叶互生，无毛，羽状脉或基生三出脉，有时在叶柄顶端或叶片基部两侧有腺体2枚；托叶小，早落。总状花序，花两性；萼片4~6枚，花瓣与萼片同数并相似；雄蕊多数，花丝长于花瓣，花药"丁"字着生，顶端有一由药隔延伸而成的附属体；花盘8~10裂或无花盘，子房1室，花柱线形，柱头不分裂或2~4浅裂。浆果，基部常有宿存的萼片、花瓣和雄蕊。

　　约40种，产于东半球热带地区。中国4种，产地南至台湾；广西3种。

分种检索表

1. 叶基部有腺体，椭圆形至长圆状椭圆形，基部近圆形，全缘或有锯齿；浆果成熟时紫黑色 ·············
　　··· **1. 刺柊 S. chinensis**

1. 叶基部无腺体。

  2. 叶卵形、椭圆形或椭圆状拔针形，长6~8cm，宽3~5cm，先端渐尖，基部楔形，边缘有浅波状锯齿；浆果卵圆形 ··· **2. 广东刺柊 S. saeva**

  2. 叶椭圆形，长2.0~2.5cm，宽1.0~1.5cm，两端近圆形，或基部阔楔形，全缘或有不明显锯齿；浆果球形 ··· **3. 黄杨叶刺柊 S. buxifolia**

图541 刺柊 Scolopia chinensis（Lour.）Clos 1. 花枝；2. 果枝；3. 叶片。（仿《中国植物志》）

1. 刺柊　土乌药　图541

Scolopia chinensis（Lour.）Clos

常绿灌木至小乔木。常有刺。叶革质，椭圆形至长圆状椭圆形，长4~9cm，宽2~5cm，先端圆形或钝，基部近圆形，全缘或有锯齿，基部两侧各有1枚腺体，两面无毛；基生三出脉，侧脉与网脉在两面均明显；叶柄长3~5mm。总状花序顶生或腋生，萼片与花瓣均4~5枚，花盘10裂。浆果直径4~5mm，成熟时紫黑色，顶端有长而尖的宿存花柱。花期秋末冬初，果期晚冬。

主产于广西西南部。常见于钦州、南宁、玉林和百色，向西可分布到隆林、田林。生于丘陵疏林地。分布于福建、广东、海南；中南半岛也有分布。木材纹理交错，致密，坚硬，供制家具、器具等用，也为园林观赏树种。

2. 广东刺柊　白皮　刺血　红刺

Scolopia saeva（Hance）Hance

灌木至小乔木。树干有硬刺。叶革质，卵形、椭圆形或椭圆状拔针形，长6~8cm，宽3~5cm，先端渐尖，基部楔形，两侧无腺体，边缘有浅波状锯齿，近三出脉。总状花序腋生或顶生，萼片与花瓣5枚，花盘8裂。浆果卵圆形，红色，果实直径约8mm。

产于广西西南部。分布于福建、广东、海南、云南；越南也有分布。幼树耐阴，大树喜光，天然更新良好。木材暗红色，纹理交错，结构细致，坚重(气干密度1.03g/cm³)，耐腐，切面光滑美观，供作造船、机械零件、体育器材、工艺品等用材。

3. 黄杨叶刺柊

Scolopia buxifolia Gagnep.

多刺灌木。叶革质，椭圆形，长2.0~2.5cm，宽1.0~1.5cm，两端近圆形，或基部阔楔形，两侧无腺体，全缘或有不明显锯齿，两面光亮无毛。总状花序腋生，萼片与花瓣4枚，稀5枚，花盘8裂。浆果球形，直径3~6mm。

产于合浦、金秀。生于海滨沙地或低海拔地区。分布于海南；越南也有分布。

2. 天料木属 Homalium Jacq.

乔木或灌木。单叶互生，稀对生，叶缘有锯齿，齿尖常有腺体，腺体在下面下陷，羽状脉；托叶小，早落或缺。花两性，排成腋生或顶生的总状花序或圆锥花序，有花瓣；花梗近中部有关节；

花萼管陀螺形，有槽纹，与子房基部合生，花萼裂片 5 ~ 8 (4 ~ 12) 枚，宿存；花瓣与花萼裂片同数，花后增大并宿存。蒴果，顶端 5(2 ~ 8) 瓣裂。种子少数，有棱，种皮硬脆，具假种皮。

约 200 种，主要分布于热带低海拔地区，为热带雨林和季雨林重要树种。中国有 12 种；广西 6 种。

分种检索表

1. 花排成圆锥花序；叶椭圆形或长圆形，长 15cm 以上，叶缘具钝齿状小锯齿，齿端有束毛，叶背面被短柔毛，干后黑色；叶柄密被褐色柔毛 ·········· **1. 广西天料木 H. kwangsiense**
1. 花排成总状花序；叶形种种，通常较小，长 6 ~ 12cm。
  2. 幼枝和两面沿中脉密被灰褐色短绒毛，叶阔椭圆形或倒卵状椭圆形，边缘有齿状锯齿；柄被短柔毛 ·········· **2. 天料木 H. cochinchinense**
  2. 幼枝和叶无毛，至少叶片无毛。
    3. 叶披针形，稀披针状长圆形，宽 2 ~ 3cm，脉腋内有束毛；花序 4 ~ 6cm，花 10 基数，很少 8 ~ 9 基数 ·········· **3. 窄叶天料木 H. sabiifolium**
    3. 叶长圆形至椭圆形状长圆形或倒卵状长圆形，宽 2.5 ~ 5.0cm，脉腋通常无束毛；花序长 4 ~ 15cm。
      4. 叶纸质或革质，侧脉 6 ~ 10 对。
        5. 叶缘具小钝齿，齿端下面具腺体，腺体圆形而下陷；叶柄短，长仅 1.5 ~ 3.0mm；侧脉每边 5 ~ 7 条；花 5 基数，很少 6 基数，污白色；萼管长约 4mm ·········· **4. 阔瓣天料木 H. kainantense**
        5. 叶缘浅波状或全缘，稀具小钝齿；侧脉每边 8 ~ 10 条；叶柄长 6 ~ 10mm；花 5 ~ 6 基数，很少 4 基数，粉红色；萼管长 1mm ·········· **5. 红花天料木 H. ceylanicum**
      4. 叶薄纸质，侧脉 4 ~ 6 对，边缘具疏细圆齿；叶柄短，长约 1mm；花白色 ·········· **6. 短穗天料木 H. breviracemosum**

1. 广西天料木

Homalium kwangsiense F. C. How et W. C. Ko

常绿乔木。树皮灰白至灰褐色，不裂至小片状剥落。小枝圆柱形，被污浊状黄色柔毛。叶较大，椭圆形或长圆形，长 17 ~ 19cm，宽 5.5 ~ 7.0cm，先端长渐尖或短尾尖，基部阔楔形，具钝齿状小锯齿，齿尖上有束毛，叶面被乳凸状短毛，沿脉有卷曲柔毛，背面疏被毛，干后黑色；侧脉 8 ~ 11 对；叶柄长 2 ~ 3mm，密被褐色毛。圆锥花序腋生，密被柔毛，总花梗有毛，有花 8 朵，花较小，8 (~9) 数。蒴果革质，锥状。花期 8 ~ 9 月；果期 9 ~ 11 月。

广西特有种，濒危种。产于龙州、大新。生于密林中。木材供制家具用。

2. 天料木　图542

Homalium cochinchinense Druce

灌木或小乔木。幼枝密被黄色短柔毛，后脱落无毛。叶纸质，阔椭圆形或倒卵状椭圆形，长 6 ~ 13cm，宽 3 ~ 7cm，先端急短尖或短渐尖，基部阔楔形或稍钝，边缘有钝锯

图542　天料木 Homalium cochinchinense Druce 1. 花枝；2. 花。（仿《中国高等植物图鉴》）

齿，两面沿中脉密被灰褐色短柔毛；中脉在上面凹陷，在下面凸起；叶柄长 2~5 mm，被短柔毛。总状花序穗状，长可达 18cm，被柔毛；花白色，在结果时直径通常不超过 8mm，花瓣较萼片稍大。蒴果倒卵形，近无毛。花期 4~6 月；果期 7~10 月。

产于临桂、阳朔、兴安、全州、金秀。分布于广东、海南、湖南、江西、福建、台湾；越南也有分布。喜光，生于低山阔叶林中。萌蘖能力强。播种育苗。材质坚重，纹理细致，供作家具、雕刻、细木工等用材。

3. 窄叶天料木　柳叶天料木

Homalium sabiifolium F. C. How et W. C. Ko

常绿灌木，高 2~3m。幼枝被毛，后脱落无毛，有纵条纹和圆形、凸起、苍白色斑点。树皮灰褐色。叶革质，披针形，稀披针状长圆形，长 6~10cm，宽 2~3cm，先端长渐尖，边缘有波状小钝齿，两面无毛，有时背面脉腋有束毛；中脉在上面平坦，在下面凸起，侧脉 6~8 对。总状花序长 4~6cm，连花梗被黄色绒毛，花 10 基数，极少 8~9 基数。花期 10 月。

广西特有种，濒危种。产于龙州。生于海拔约 500m 的山林中。

4. 阔瓣天料木　短萼天料木

Homalium kainantense Masam.

常绿灌木至小乔木。幼枝被毛。叶薄革质，长圆形至阔椭圆形状长圆形，长 6~10cm，宽 3~5cm，先端短锐尖，基部稍圆，叶缘具小钝齿，齿端下面具腺体，腺体圆而下陷，上面无毛，赤褐色，下面稍苍白色；中脉在上面凸起，侧脉 5~7 对；叶柄短，长仅 1.5~3.0mm，疏被毛。总状花序，有柔毛；花 5 基数，极少 6 基数；萼管长约 4mm；花瓣污白色，远大于萼片。花期 8~10 月。

产于防城。生于低山丘陵灌木丛中或疏林中。分布于广东、海南。

5. 红花天料木　母生、斯里兰卡天料木　图543

Homalium ceylanicum（Gardner）Benth.

常绿大乔木，高 40m，胸径 1m。树皮灰白至灰褐色，不裂至小片剥落。叶革质，椭圆状长圆形，稀倒卵状长圆形，长 6~10cm，宽 2.5~5.0cm，先端短渐尖，基部宽楔形，叶缘浅波状或全缘，稀具小钝齿，两面无毛；中脉在上面平坦，在下面凸起，侧脉 8~10 对，网脉明显；叶柄长 0.8~1.0cm，无毛。总状花序腋生，总花梗有毛；花粉红色，花梗长约 2mm；花萼、花瓣均为 5~6 基数，很少 4 基数，萼管长约 1mm；子房被短柔毛；花柱 5~6 枚。蒴果倒圆锥形。花期 6~7 月；果期翌年春、夏季。

原产于海南。越南、斯里兰卡，合浦、南宁、凭祥等地有栽培；云南、湖南、江西、福建、广东也有引种栽培。幼树稍耐阴，大树喜光。树体高大，天然整枝良好，天然林中为上层林木。喜润湿肥沃土壤，不耐干旱瘠薄。萌蘖性强，能持续萌蘖 4 代以上，故名"母生"。播种繁殖，1 月和 7 月果熟，以 7 月结果数量多，种子品质好，当果由青绿色转为暗褐色时，即可采种。1 年生苗高达 1m 时即可出圃造林。木材材质坚硬而重，红褐色，致密坚硬，气干密度 0.84g/cm³，为海南著名用材树种，干后不裂、不变形，耐海水浸渍，抗虫蛀，适于多种用途，尤适用于制龙骨、

图543　红花天料木 Homalium ceylanicum
（Gardner）Benth. 花枝。（仿《中国高等植物图鉴》）

船底板，也可供桥梁、建筑、高级家具、车辆、运动器材、雕刻及细木工等用。

6. 短穗天料木

Homalium breviracemosum F. C. How et W. C. Ko

灌木，高 1.5～2.5m。除花序外全株无毛。树皮薄。小枝纤细，圆柱形，黑褐色，有密而不规则的纵纹。叶薄纸质，椭圆状长圆形或倒卵状长圆形，长 5～11cm，宽 3.5～4.5cm，先端短渐尖或急尖，边缘具疏细圆齿，齿尖带腺体；中脉和侧脉在上面微凸起，在下面凸起，侧脉 4～6 对，在边缘网结；叶柄短，长约 1mm，紫黑色。花白色，多数，单个或稀 2 朵簇生而排成总状，腋生，长 4～11cm，被柔毛。花期 8 月至翌年 5 月。

产于东兴、东兰。生于低海拔的疏林或林缘。分布于广东。

3. 脚骨脆属 **Casearia** Jacq.

小乔木或灌木。单叶，互生，全缘或有锯齿，平行脉，有透明腺点或腺条；托叶小，早落。花两性，稀单性，1 朵或数朵丛生于叶腋，或为团伞花序，无花瓣。花梗在基部以上有关节，萼 5 深裂；雄蕊 10(～12) 枚；萼片 4～5 枚，萼管极短。蒴果 2～4 瓣裂，果干时常有疣状小凸点；种子具流苏状假种皮。

约 180 种。中国 7 种，分布于台湾和华南、西南；广西 4 种。

分种检索表

1. 托叶小，长约 1mm。
　2. 成长叶背面密被灰褐色至淡黄褐色长柔毛；叶纸质；干时黑色 ························ **1. 毛叶脚骨脆 C. velutina**
　2. 成长叶无毛或仅于背面脉上被小柔毛；叶纸质或薄革质。
　　3. 花多数，常 10～15 朵，花梗被柔毛；果小，无棱，直径 7～8mm；叶基钝或圆形，常偏斜，边缘微波状或具小齿 ·············· **2. 球花脚骨脆 C. glomerata**
　　3. 花少数，一般 10 朵以下，花梗无毛或具粉末状微毛；果大，通常有棱，直径 1～2cm；叶基阔楔形或钝，略偏斜，边缘浅波状，具不明显钝齿 ·············· **3. 薄叶脚骨脆 C. membranacea**
1. 托叶大，长 2～4mm ·· **4. 云南脚骨脆 C. flexuosa**

1. 毛叶脚骨脆　毛叶嘉赐树

Casearia velutina Blume

小乔木。树皮灰黄色至灰棕色，不裂。小枝密被锈褐色毛。叶纸质，较大，长 10～22cm，宽 4～8cm，先端渐尖，基部钝圆、楔形至微心形，常偏斜，边缘全缘或具微锯齿，成长叶背面密被灰褐色至淡黄褐色长柔毛；侧脉 6～8 对，干后黑色；叶柄密被毛；托叶小，长约 1mm。花萼裂片 5 枚，雄蕊 8 枚，花柱长约 1mm。果长椭圆形长 1.0～1.2cm，黄色。种子淡黄色。花期 3～5 月；果期 8～11 月。

产于那坡、横县、浦北、博白、防城、扶绥、龙州。生于低海拔的山谷、路旁或疏林中。分布于广东、海南、云南、贵州、福建；马来西亚、越南也有分布。

2. 球花脚骨脆　脚骨脆、嘉赐树、毛脉嘉赐树　图 544

Casearia glomerata Roxb.

乔木或灌木。树皮灰褐色，不裂。幼枝有棱，小枝和幼叶初时疏被小柔毛，很快变无毛。叶革质，长椭圆形至卵状椭圆形，长 5～10cm，宽 2.0～4.5cm，先端短渐尖，基部钝圆，稍偏斜，边缘浅波状或有钝锯齿，下面有黄色、透明腺点；中脉在上面凹陷或近平坦，在下面凸起；托叶小，鳞片状，长约 1mm，早落。花多数，通常 10～15 朵形成团伞花序，着生于叶腋；花梗被柔毛。果小，卵形，直径 0.7～0.8cm，无棱，干后有瘤状小凸起，通常不裂。花期 5～12 月；果期 10 月至翌年春季。

图 544　球花脚骨脆 **Casearia glomerata** Roxb. 果枝。(仿《中国植物志》)

产于柳州、梧州、百色、德保、南宁、邕宁、扶绥、大新、合浦、防城、上思。生于低海拔的疏林中。分布于广东、海南、福建、台湾、云南、西藏；印度、越南也有分布。木材供作箱板、建筑用材；根、叶入药，可治跌打损伤。

3. 膜叶脚骨脆　红花木、膜叶嘉赐树

Casearia membranacea Hance

乔木，高 15m。树皮灰色不裂。小枝细，有棱。叶薄革质或近纸质，长圆形或倒卵形，长 5~13cm，宽 2.5~7.5cm，先端短渐尖或骤尖，基部宽楔形至圆形，略偏斜，边缘浅波状或具不明显锯齿，下面有橙黄色透明腺点；中脉在上面平坦或稍凹，在下面凸起；叶柄长 3~5mm；托叶小，长约 1mm。花少数，仅 1 朵至数朵花簇生于叶腋，花梗无毛或被粉末状微毛。果较大，卵状或卵状长椭圆形，长 1.5~3.0cm，直径 1~2cm，无毛，通常有棱。花期 7~8 月；果期翌年 1 月。

产于防城、金秀。生于低海拔的山地。分布于广东、云南、台湾、海南；越南也有分布。散孔材，淡黄色，纹理直，结构细致，材质稍硬而重(气干密度 0.83g/cm^3)，干燥后易裂，不甚耐腐，适于作建筑、板料、器具、农具和室内装饰用材。

4. 云南脚骨脆　曲枝脚骨脆、云南嘉赐树

Casearia flexuosa Craib

灌木或小乔木，高 1~4m。小枝有毛或无毛。叶膜质，狭椭圆形、长圆状椭圆形或倒卵形，长 3.5~15.0cm，宽 1~5cm，先端尾状渐尖，稍弯，基部宽楔形或近圆形，边缘有疏小的锯齿，齿尖有束毛，上面浓绿色，沿叶脉有粗毛，有透明小点，下面淡绿色，有乳凸状疣点，沿脉有柔毛；托叶大，长 2~4mm。团伞花序腋生。果实椭圆形或近球形，长 1.0~1.2cm，直径 0.7~1.0cm，橙红色，有肋纹，无毛；果梗极短。花期 4 月；果期 4~5 月。

产于南宁、钦州、百色。生于海拔 700m 以下的疏林。分布于云南；越南、泰国也有分布。

4. 大风子属 Hydnocarpus Gaertn.

乔木。花单性，异株，组成圆锥花序或聚伞花序，或花梗极短而呈簇生状，少有退化为单朵花；雄花萼片 4~5 枚，花瓣 4~5 枚，分离或基部稍联合，基部内侧具肥厚而通常被毛的鳞片 1 枚；雄蕊 5 枚至多数，有或无退化子房；雌花有退化雄蕊 1 枚，子房 1 室，侧膜胎座 3~6 枚，花柱短或近于无，柱头 3~6 裂。果实浆果状，果皮坚硬或壳状；种子多数，种皮有条纹。

约 40 种，分布于印度和东南亚各地。中国 4 种，产于海南、云南；广西 2 种。

分种检索表

1. 叶长 20~30cm，宽 4~10cm，全缘；小枝、叶背被淡黄色至黄褐色绒毛 …………… **1. 大叶龙角 H. annamensis**

1. 叶长 9~15cm，宽 3~5cm，叶缘具疏离的波状浅锯齿；小枝、叶均无毛 ············ **2. 海南大风子 H. hainanensis**

1. 大叶龙角　广西大风子

Hydnocarpus annamensis（Gagnep.）Lescot et Sleumer

常绿乔木。枝条近平展，小枝圆柱形，密被黄褐色绒毛。叶椭圆形、长圆形至倒卵状椭圆形，长 10~30cm，宽 4~10cm，先端短尾状，基部宽楔形至近圆形，全缘，上面有光泽，无毛，背面被疏毛或仅沿叶脉被黄褐色绒毛；中脉在两面凸起；叶柄长 2.0~3.5cm，两端稍膨大，被棕色绒毛。花单生或 2~3 朵组成聚伞状，腋生；花序、花梗、花萼和果实均密被黄褐色绒毛。果实近球形或卵形，长 6~9cm，直径 6~8cm，宿存柱头 4~5 枚，种子多数。

产于龙州。生于海拔 600m 以下的阔叶林中。分布于云南；越南也有分布。

2. 海南大风了　图 545

Hydnocarpus hainanensis（Merr.）Sleumer

常绿乔木。小枝、叶两面均无毛。叶长圆形、椭圆形，长 9~15cm，宽 3~5cm，近全缘或具疏离的波状浅锯齿，先端渐尖，有钝头，基部楔形，上面有光泽；叶柄长 1.0~1.5cm，无毛。花 15~20 朵，呈总状花序。果实近球形，直径 4~6cm，外面密被黄褐色至黑褐色绒毛。花期春末至夏季；果期夏季至秋季。

产于那坡、靖西、武鸣、龙州、宁明。生于石灰岩山地阔叶林中。分布于海南、云南、贵州；越南也有分布。耐阴，常生于密林中。在龙州石灰岩蚬木天然林中，常为中下层林木。木材淡黄色，材质坚硬，干燥后易裂，耐腐，可供制高级家具、桥梁、建筑、造船和车辆；种子含生物碱，有毒，可杀虫，可供提取大风子油用以治疗疥癣、梅毒等症。

图 545　海南大风子 Hydnocarpus hainanensis（Merr.）Sleumer 果枝。（仿《中国植物志》）

5. 栀子皮属 Itoa Hemsl.

乔木。叶大型，羽状脉。花单性，雌雄异株，无花瓣，雄花排成大型顶生圆锥花序，花梗短；雌花通常单生，顶生或腋生，花梗中间有关节；雄蕊极多数，雌花具心皮 5 个，少有 4~6 个，无花柱，柱头不规则分裂。蒴果大型，种子多数，周围有翅。

2 种。中国 1 种 1 变种，产于四川、云南、贵州；广西均产。

1. 栀子皮　伊桐、野厚朴、假厚朴、牛眼果、米念怀（壮名）　图 546

Itoa orientalis Hemsl.

落叶乔木。树皮灰褐色，具灰白色皮孔。当年生枝条疏被毛；老枝无毛。叶薄革质，椭圆形至卵状椭圆形，长 15~30（~40）cm，宽 8~15（~18）cm，先端锐尖或渐尖，基部钝或近圆形，叶缘有锯齿，背面密被灰黄褐色柔毛；中脉在上面稍凹，在下面凸起；叶柄长 4~6cm，两端稍膨大，嫩时常呈淡紫红色，有柔毛。蒴果椭圆形或狭卵形，长 8~9cm，直径 4~6cm，外果皮革质，4~6 瓣裂，密被橙黄色毡状毛，后无毛；内果皮木质，自顶端向下 4~6 瓣开裂至中部，各裂瓣再沿胎

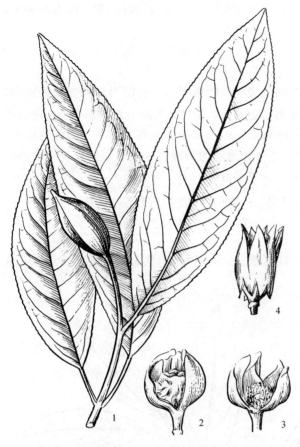

图 546　栀子皮 Itoa orientalis Hemsl. 1. 果枝；2. 雌花；3. 雄花；4. 果。(仿《中国植物志》)

图 547　山羊角树 Carrierea calycina Franch. 1. 果枝；2. 叶片；3. 雌花；4. 雄花；5. 果；6. 种子。(仿《中国植物志》)

座自基部向上 2 裂至中部；种子多数，周围有膜质翅。花期 5~6 月；果期 9~10 月。

产于融水、金秀、环江、巴马、百色、德保、靖西、那坡、田林、隆林、龙州。生于低海拔的石灰岩山地。分布于云南、四川、贵州、海南；越南也有分布。较喜光，喜温暖湿润气候。生长较快。材质优良，纹理细致，耐磨损，可供作雕刻、工艺品等用材。

1a. 光叶栀子皮

Itoa orientalis var. **glabrescens** C. Y. Wu ex G. S. Fan

与原种的区别是：叶下面和叶柄近无毛至无毛，叶片通常比原种小。花期 3~6 月；果期 7~12 月。

产于靖西。分布于云南、贵州。生于山地林中。

6. 山羊角树属 Carrierea Franch.

落叶乔木。单叶，互生，有钝锯齿。花单性，雌雄异株，无花瓣，花序总状或为少花的圆锥花序；萼片 5 枚，雄蕊多数；子房 1 室，心皮 3~4 个，胚珠多数；花柱 3~4 枚，先端 3 裂。蒴果大，略弯尖而呈羊角状，被绒毛；种子一端有翅。

2 种，产于中国及越南。广西 2 种均产。

分种检索表

1. 叶下面无毛或仅沿脉被毛，中脉在上面凹陷；花序顶生，稀腋生 …… **1. 山羊角树 C. calycina**
1. 叶下面疏被绒毛，中脉在上面凸起；花序腋生，稀顶生 ……………… **2. 贵州嘉丽树 C. dunniana**

1. 山羊角树　嘉丽树、嘉利树

图 547

Carrierea calycina Franch.

乔木。小枝褐色，光滑无毛，有皮孔。叶长圆形、椭圆形或卵状椭圆形，长 8~16cm，宽 5~8cm，先端尖锐，基部圆形，边缘有疏离的钝圆锯齿，齿端有腺体，两面无毛，或仅沿叶脉有疏绒毛；基生三出脉，中脉在上面凹入；叶柄长 5~10cm，中部以上有 2 枚腺体，嫩时带紫红色。圆锥花序顶生，稀腋生，密被绒毛。蒴果纺锤形，略弯呈羊角状，外果皮木质，自顶端向下瓣裂至中部，各裂瓣又分裂为2枚；种子多数。花期5~6月；果期7~10月。

产于田林浪平附近的石灰岩山地的阔叶林中。分布于云南、贵州、四川、湖南、湖北。

2. 贵州嘉丽树　贵州山羊角树

Carrierea dunniana H. Lév.

乔木。小枝粗壮，灰褐色，有长圆形皮孔和叶痕，无毛。叶薄革质或纸质，长卵形至长圆形，长7~12cm，宽3.0~5.5cm，先端尾状，基部圆形或宽楔形，边缘有疏锯齿，齿尖有腺体，上面深绿色，无色，下面淡绿色，有疏绒毛；中脉在上面凸起，在下面平坦，基生三出脉；叶柄长2~15cm，无毛。圆锥花序通常腋生，稀顶生，长达15cm；花白色，单性，长约1cm；苞片2片，锥状；萼片5片，卵状椭圆形；无花瓣；雄蕊30~40枚；子房近圆球形，2室，花柱3枚，侧膜胎座3个，与花柱互生，柱头呈3裂。蒴果木质，纺锤形，长约2.5cm，3瓣裂，外果皮最后剥落；种子多数，扁平有翅。花期5~6月；果期8~10月。

产于广西南部。分布于云南、贵州、广东；越南也有分布。材质细密。

7. 山桐子属 Idesia Maxim.

落叶乔木。叶常集生于枝端，具5~7条掌状叶脉，边缘有圆锯齿；叶具长柄，中部有瘤状腺体；托叶小，早落。花单性异株；圆锥花序顶生，无花瓣；萼片5(~6)枚，也有少至3枚的；雄蕊多数；子房1室，胚珠多数，花柱5枚，很少为6枚或至少3枚。果为浆果。

1种，产于东亚。广西1种1变种。

1. 山桐子　图548：1~5

Idesia polycarpa Maxim.

乔木。叶阔卵圆形至卵状心形，长10~20cm，宽7~14cm，先端短渐尖，基部心形或微心形，边缘具圆锯齿，上面无毛，背面带灰白色，近无毛或沿叶脉上有疏毛，脉腋间有簇毛；叶柄长6~20cm，中部以下有1~3枚淡紫红色瘤状腺体。浆果近球形，直径7~8mm，成熟时紫红色至紫黑色，种子多数。

产于贺州、金秀、融水、武鸣、马山、上林、扶绥。分布于中国秦岭、大别山以南；日本也有分布。喜光，多生于疏林地或林缘，常与千年桐、猴欢喜、猴耳环等混生。生长速度中等，20年生树高约13m。播种繁殖，春播，1年生苗高60cm时可出圃造林。种子含油率29%，可作工业原料，也可作桐油的代用品；木材黄褐色或黄白色，轻软，不耐腐，可供一般家具和人造板之用。

1a. 毛叶山桐子　图548：6

Idesia polycarpa var. **vestita** Diels

与原种的区别在于：叶背、叶柄和枝条及花序等均密被灰黄色绒毛，且叶

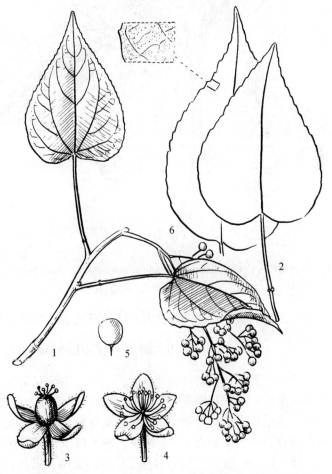

图548　1~5. 山桐子 **Idesia polycarpa** Maxim. 1. 幼果枝；2. 叶片；3. 雌花；4. 雄花；5. 果。6. 毛叶山桐子 **Idesia polycarpa** var. **vestita** Diels 叶片。(仿《中国植物志》)

稍小；叶下面无白粉；果实血红色。

产于全州。分布于福建、江西、贵州、云南、四川、湖北、湖南；日本也有分布。

8. 山桂花属 Bennettiodendron Merr.

灌木或乔木。树干和枝条无刺。叶常集生于近枝顶处，无托叶。圆锥花序或总状花序，花细小、单性，雌雄异株；萼片通常3枚，少有4~5枚，具缘毛，早落，稀宿存；无花瓣；雄花雄蕊多数，其间有很多肉质腺体，花丝有毛，退化子房小；雌花有退化雄蕊，子房基部插入有毛的花盘内，不完全3室；花柱2~4枚，分离，柱头近2裂。浆果，通常有1枚种子。

2~3种，分布于亚洲。中国1种，产于广东、云南、贵州和湖南；广西1种。

图549 山桂花 Bennettiodendron leprosipes（Clos）Merr.
1. 果枝；2. 雄蕊；3. 雌蕊；4. 果实。（仿《中国植物志》）

山桂花 本勒木 图549

Bennettiodendron leprosipes（Clos）Merr.

常绿小乔木。树皮灰褐色，不裂，有臭味。叶近革质，倒卵状长圆形或长圆状椭圆形，长4~18cm，宽3.5~7.0cm，先端短渐尖，基部渐狭，边缘有粗齿和不整齐腺齿，两面无毛，上面深绿色，有光泽，下面淡绿色；中脉在上面凹陷，在下面凸起；叶柄长2~4cm，无毛。圆锥花序顶生，长5~10cm，多分枝，幼时被黄棕色毛，以后脱落；花浅灰色或黄绿色，有芳香；花梗长3~5mm；苞片小，早落；萼片卵形；雄花有多数雄蕊；雌花萼片和退化雄蕊较雄花的短一半，子房长圆形，每个胎座上有2至多枚胚珠。浆果成熟时红色至黄红色，球形，发亮，直径5~8mm；种子1~2枚，扁圆形或球形。花期2~6月；果期4~11月。

产于阳朔、临桂、恭城、金秀、河池、南丹、凤山、东兰、田林、容县、横县、宁明、龙州。分布于广东、海南、云南、贵州、湖南、江西；印度尼西亚、印度也有分布。

9. 刺篱木属 Flacourtia Comm. ex L'Hér.

乔木至灌木。枝常有刺。单叶，互生，边缘有锯齿，稀全缘，无托叶。花小，单性异株，少有两性或杂性；总状花序或团伞花序；萼片4~7枚，无花瓣，花盘全缘或具分离的腺体；雄花雄蕊多数，无退化子房；雌花子房基部为花盘所围绕，不完全的2~8室，花柱与胎座同数，分离或基部稍连合，柱头微缺或2裂。浆果，种子扁压，种皮软骨质。

15~17种。中国5种，分布于广东、云南、贵州；广西4种。

分种检索表

1. 花柱分离或仅基部联合。

2. 聚伞花序；叶长 10～15cm，宽 4～7cm，长圆状卵形或长圆状椭圆形，中脉在上面凹陷，在下面凸起，网脉交结成近平行排列的细长方格状 ·················· **1. 大叶刺篱木 F. rukam**

2. 总状花序；叶较小，长 1.5～5.0cm，宽 1～3cm。

 3. 叶近革质，倒卵形至长圆状倒卵形，叶缘中部以上有锯齿；浆果直径 0.8～1.0cm，有 5～6 条纵棱，干时在中部现出一环沟，将果实分成上下两部分 ·················· **2. 刺篱木 F. indica**

 3. 叶纸质，椭圆形、倒卵状椭圆形、长圆状椭圆形至披针状椭圆形，叶缘基部 1/3 以上有锯齿；浆果直径达 2～3cm，无纵棱 ·················· **3. 大果刺篱木 F. ramontchi**

1. 花柱连合，叶膜质，卵形至卵状椭圆形，稀卵状披针形；聚伞花序；果实近球形，浅棕色或紫色，有棱 ·········· ·················· **4. 云南刺篱木 F. jangomas**

1. 大叶刺篱木　图 550：1～3

Flacourtia rukam Zoll. et Moritzi

落叶乔木。小枝圆柱形，幼时被柔毛。叶近革质，长圆状卵形或长圆状椭圆形，长 10～15cm，宽 4～7cm，基部圆形或近平截状，边缘有钝锯齿；中脉在上面凹陷，在下面凸起，网脉交结成近平行排列的细长方格状；叶柄长 6～8mm，无毛或有锈色毛。聚伞花序腋生；花柱分离。浆果较大，直径约 1.5cm，顶端具宿存花柱 4～6 枚，很少多至 8 枚，干后有 4～6 条浅沟或棱角。花期 4～5 月；果期 6～10 月。

产于蒙山、金秀、天峨、百色、隆林、德保、田林、乐业、武鸣。分布于广东、海南、台湾、云南；印度、马来西亚、越南也有分布。材质坚重，供制工具柄、家具等用；果味甜，可食。

2. 刺篱木　图 550：4～6

Flacourtia indica (Burm. f.) Merr.

落叶灌木。幼枝有长刺；老枝常无刺。叶近革质，倒卵形至长圆状倒卵形，长 1.5～4.0cm，宽 1～3cm，有时更大，先端近圆形，有时凹缺，基部楔形，叶缘中部以上有锯齿，下面无毛或有疏毛；中脉在上面平坦，在下面凸起；叶柄长 2～4mm，有毛。总状花序顶生或腋生；花柱分离或基部合生。浆果球形或椭圆形，直径 0.8～1.0cm，有 5～6 条纵棱，干时在中部现出一环沟，将果实分成上下两部分，顶端具 5～6 枚宿存花柱。花期春季；果期夏、秋季。

产于钦州、合浦。常生于沿海。分布于福建、广东、海南；亚洲热带和美洲、非洲也有分布。材质坚硬，供制农具、家具等用；果可食。可栽植作绿篱。

3. 大果刺篱木　挪捻果、挪挪果　图 550：7～9

Flacourtia ramontchi L'Hér.

落叶小乔木。小枝有毛或近无毛，有刺，但花枝和果枝上常

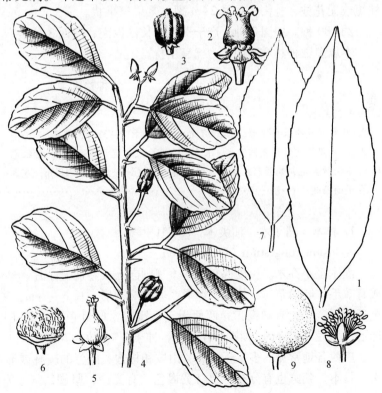

图 550　**1～3.** 大叶刺篱木 Flacourtia rukam Zoll. et Moritzi 1. 叶片；2. 雌花；3. 果。**4～6.** 刺篱木 Flacourtia indica (Burm. f.) Merr. 4. 果枝；5. 雌花；6. 雄蕊。**7～9.** 大果刺篱木 Flacourtia ramontchi L'Hér. 7. 叶片；8. 雄花；9. 果。（仿《中国植物志》）

无刺。叶纸质，椭圆形、倒卵状椭圆形、长圆状椭圆形至披针状椭圆形，长 2～5cm，宽 2～3cm，先端圆钝或尖锐，基部楔形，1/3 以上有锯齿；网脉绞结成不规则的网眼状；叶柄长 4～8mm，有短柔毛。总状花序顶生或腋生；花柱分离或基部稍连合。浆果大，直径达 2～3cm，红色，顶端具宿存花柱 6～8 枚，无纵棱。花期 4～5 月；果期 6～10 月。

产于广西西南部至西部。生于山坡、村旁、河岸疏林中，偶有作果树栽培。分布于贵州、云南；亚洲热带和非洲也有分布。边材深黄褐色至浅红褐色，心材浅栗褐或红褐色，有光泽，纹理斜，质硬(气干密度 0.814g/cm³)，耐腐，不翘曲，为车辆、工具柄、地板、雕刻、工艺品等优良用材；果实可食。

4. 云南刺篱木

Flacourtia jangomas（Lour.）Raeusch.

落叶小乔木或大灌木。枝通常无刺，幼枝有单一或分叉的刺，无毛或微被短柔毛。叶膜质，卵形至卵状椭圆形，稀卵状披针形，长 5～12cm，宽 2.0～2.5cm，先端钝或渐尖，基部楔形至圆形，全缘或有粗锯齿，上面有光泽，下面暗绿色；中脉在两面稍凸起，通常在脉上有短柔毛；叶柄长 4～8mm，有短柔毛。聚伞花序，腋生；花柱连合。果实肉质，近球形，浅棕色或紫色，直径 1.5～2.5cm，有棱，顶端有 1 枚宿存短花柱；种子 4～6 枚，稀 10 枚。花期 4～5 月；果期 5～10 月。

产于广西西南部。分布于云南、海南。

10. 柞木属 Xylosma G. Forst.

灌木至乔木。枝干常有刺。单叶互生，边缘有锯齿，稀全缘；托叶缺。花小，单性异株，很少两性或杂性，组成腋生的花束或短的总状花序、圆锥花序；无花瓣；雄花花盘通常 4～5 裂，罕全缘，雄蕊多数，花丝丝状，花药基着，顶端无附属体，无退化子房；雌花花盘环状，子房 1 室，花柱短或无花柱，柱头头状或 2～4 裂。浆果核果状。

约 100 种。中国 3 种，产于秦岭和长江以南；广西 3 种全产。

本属多数种材质坚硬，为优良用材。

分种检索表

1. 叶两面无毛。
  2. 叶卵形或卵状椭圆形，长 3～7cm；果实直径 2～3mm，黑色 ……………………………… **1. 柞木 X. congestum**
  2. 叶长圆状披针形或椭圆形，长 5～12cm；果实直径 4～6mm，紫红色 ……………… **2. 长叶柞木 X. longifolia**
1. 叶下面被柔毛，椭圆形或椭圆状长圆形，稀披针形，长 5～10cm，宽 3～7cm，边缘有钝锯齿，中脉在上面凹下，
  在下面凸起 ……………………………………………………………………………… **3. 南岭柞木 X. controversum**

1. 柞木　凿子木、油尖木　图 551

Xylosma congestum（Lour.）Merr.

灌木至小乔木。树皮棕灰色，不规则向上反卷而呈小片。幼时有枝刺，果时无刺；枝条近无毛或有疏毛。叶薄革质，较小，卵形或卵状椭圆形，长 3～7cm，宽 2～4cm，先端渐尖，基部阔楔形至近圆形，边缘有细锯齿，两面无毛，嫩时常暗红色。总状花序长 1～2cm，有柔毛。浆果黑色，球形，直径 2～3mm，顶端宿存花柱，种子 2～3 枚。花期 7～11 月；果期 8～12 月。

广西各地常见。多生于山麓、山坡和村边、路旁的疏林或灌丛中。分布于秦岭、长江以南；越南、日本、朝鲜也有分布。木材黄褐色，有光泽，坚硬，气干密度 0.96g/cm³，耐冲击，过去常用来作油榨楔子和凿柄，故有"柞木"（榨木）和"凿子木"之称，也可作车轴、木梳、秤秆、工艺品、细木工等用材。

图 551　柞木 Xylosma congestum（Lour.）Merr.
1. 果枝；2. 雄花；3. 果。(仿《中国植物志》)

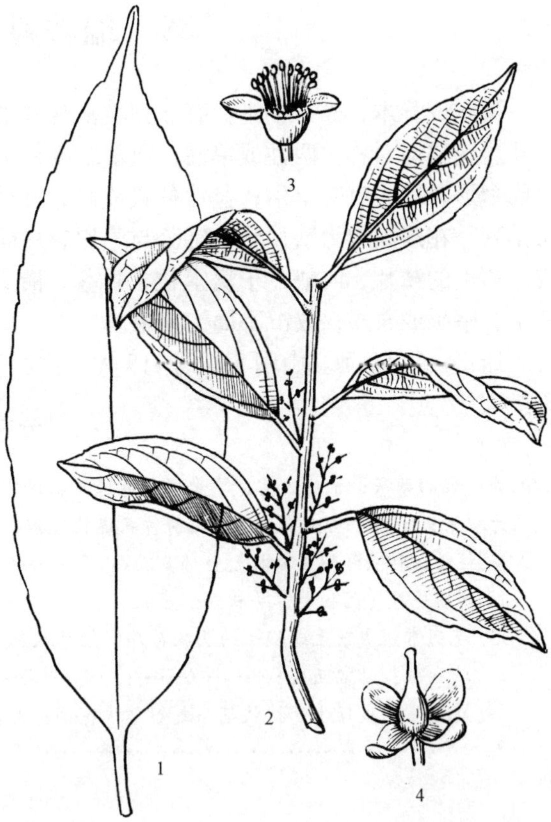

图 552　1. 长叶柞木 Xylosma longifolia Clos 叶。
2～4. 南岭柞木 Xylosma controversum Clos 2. 花枝；
3. 雄花；4. 雌花。(仿《中国植物志》)

2. 长叶柞木　耙齿木、狗牙木　图 552：1

Xylosma longifolia Clos

灌木或乔木。小枝纤细，有刺，无毛。叶革质，长圆状披针形或椭圆形，罕有长圆状倒披针形，长 5～12cm，宽 1.5～4.0cm，先端渐尖，基部阔楔形，边缘有锯齿，两面无毛；叶柄较长，达 5～8cm，且常带淡紫红色。总状花序，无毛或近无毛。浆果近球形，直径 4～6mm，紫红色，无毛。花期 4～5 月；果期 6～10 月。

产于梧州、那坡、邕宁、合浦、灵山、龙州。分布于广东、贵州、云南；越南、印度也有分布。材质坚硬，供作农具、工具柄、车辆、建筑等用材。

3. 南岭柞木　大叶柞木　图 552：2～4

Xylosma controversum Clos

有刺小乔木。小枝圆柱形，被褐色长柔毛。叶较大，椭圆形或椭圆状长圆形，稀披针形，长 5～10cm，宽 3～7cm，边缘有钝锯齿，上面无毛或沿主脉疏被柔毛，下面被柔毛；中脉在上面凹下，在下面凸起。总状或圆锥花序，腋生，被棕色柔毛。浆果圆形，直径 3～5mm，花柱宿存。花期 4～5 月；果期 8～9 月。

广西各地常见，在石灰岩钙质土、酸性土上均可生长。分布于广东、海南、湖南、江西、云南、贵州、四川；中南半岛和印度也有分布。

58 瑞香科 Thymelaeaceae

灌木或乔木，极少草本。有强韧、富含纤维的内皮。单叶互生或对生，全缘，基部具关节，无托叶。花辐射对称，两性或单性，通常组成顶生或腋生的总状花序、穗状花序、头状花序、圆锥花序或伞形花序，有时单生；苞片各式或缺；花萼下位，管状或钟状，裂片 4 ~ 5 枚，花瓣状，覆瓦状排列；花瓣缺或为鳞片状；雄蕊与萼片裂片同数或为其 2 倍，极少 2 枚或 1 枚；花盘环状、杯状，或为离生的鳞片，或缺；子房上位，1 室，稀 2 室，每室有倒生的胚珠 1 枚；柱头头状或近盘状，核果、坚果或浆果，仅沉香属为蒴果。

约 48 属 650 种。中国 9 属约 115 种，主产于长江以南；广西 4 属 13 种 2 变种。

分属检索表

1. 果为开裂的蒴果；子房 2 室；萼管喉部有鳞片状退化花瓣；乔木或小乔木 ·················· **1. 沉香属 Aquilaria**
1. 果为核果；子房 1 室；萼管喉部无鳞片状退化花瓣；通常为灌木或亚灌木，很少为小乔木。
  2. 花柱长，柱头线形圆柱状，全部具乳凸。 ····························· **2. 结香属 Edgeworthia**
  2. 花柱短或缺，柱头大，头状或浅盘状。
    3. 花通常组成顶生或腋生的头状花序、短总状花序或簇生；常具苞片；花盘缺或呈环状或杯状，全缘或有波状缺刻；叶常互生 ······························· **3. 瑞香属 Daphne**
    3. 花通常组成顶生的穗状花序或短总状花序；无苞片；有花盘，稍分裂，裂片鳞片状；叶常对生 ··········· ··· **4. 荛花属 Wikstroemia**

1. 沉香属 Aquilaria Lam.

图 553 白木香 Aquilaria sinensis（Lour.）Spreng.
1. 花枝；2. 果；3. 种子。（仿《中国高等植物图鉴》）

常绿乔木或小乔木。韧皮纤维发达。单叶互生，叶脉纤细，平行或近平行，全缘，无托叶。花两性，常成顶生或腋生的伞形花序；花萼钟形，裂片 5 枚，宿存；花瓣退化成鳞片状，10 枚；雄蕊 10 枚，与花瓣互生；花丝短或无，花药长圆形；子房近无柄，被长毛，2 室，柱头大，无花柱。蒴果，倒卵形，果两侧压扁，室背开裂；种子卵圆锥形，有尾状附属物。

约 15 种。中国 2 种，分布于广东、云南和台湾；广西 1 种。

白木香 沉香、土沉香 图 553

Aquilaria sinensis（Lour.）Spreng.

常绿乔木，高 15m。树皮暗灰色，近于平滑，极易剥落；韧皮纤维坚韧。幼枝、花序被疏柔毛。叶薄革质，有光泽，卵形、倒卵形至椭圆形，长 5 ~ 11cm，宽 3 ~ 6cm，顶端短渐尖，基部宽楔形，除背面中脉上被稀疏柔毛外，两面无毛；叶柄长约 5mm，被毛。花黄绿色，有芳香，花萼裂片近卵形，两面被短柔毛；子房卵形，柱头头状。蒴果木质，卵球形，密被灰黄色短柔毛，顶端具短尖头，基部收缩变狭并有宿存的花萼，2裂；种子棕黑色，1~2枚。春夏花开；秋季果熟。

易危种，国家Ⅱ级重点保护野生植物。产于南宁、桂平、陆川、博白、北流、崇左、大新、浦北、灵山、合浦、防城、东兴。多生于土层深厚肥沃的山谷、坡脚。分布于广东、海南、福建、云南；泰国、越南也有分布。稍耐阴，天然更新能力强。播种繁殖。木材黄白色，质轻软，不耐腐，可作轻型包装箱、玩具等用材。木材有香气，老干或树根受伤后，分泌树脂，日久沉积而成褐黄色或淡黄色的固体，名"土沉香"，入药，有极好的镇痛效果，为胃病特效药，目前多以其褐黑色心材入药，也能用于提取香料，作调料剂。白木香因可生产名贵药材土沉香，近年来自然资源受到严重破坏，也刺激了人工造林，然而白木香结香机理复杂，目前尚没有规模生产的经验，且白木香木材材质松软，利用价值不高，规模化人工栽培应慎重。

2. 结香属 Edgeworthia Meissn.

落叶灌木。枝疏生而粗壮。叶互生，常簇生于枝端，厚膜质。花两性，顶生或腋生，无柄或有柄，组成头状花序，着生于当年的枝上，先于叶或与叶同时开放，外具总苞或缺，无花瓣；萼管顶端4裂，密被绢状长柔毛；雄蕊8枚，在萼管内排成2轮；花盘环状，浅裂；子房无柄，1室，被长柔毛，具1枚倒垂的胚珠。核果，果皮革质，包藏于宿存的花被基部。

5种，主产于亚洲。中国4种；广西1种。

结香 梦花、三叉树(融水)、雪花皮
(资源) 图554

Edgeworthia tomentosa(Thunb.) Nakai

落叶灌木，高2m。全株被绢状长柔毛或长硬毛，幼嫩时更密。枝条红棕色，三叉状分枝，有皮孔，叶痕大。叶纸质，椭圆状长圆形、椭圆状披针形或倒披针形，长8~20cm，宽2.0~6.5cm，顶端急尖或钝，基部楔形，两面均被银灰色绢毛，叶脉上尤密。头状花序顶生或近顶生；总花梗粗、短，密被长绢毛；总苞状苞片披针形，长可达3cm；花黄色，芳香；花萼圆筒状，顶端裂片花瓣状，卵形，平展；雄蕊着生于萼筒的上部，花丝极短，花药长椭圆形；子房椭圆形，仅上部被柔毛。核果卵形。花期冬末春初；果期春夏。

产于资源、桂林、灵川、融水。分布于陕西、江苏、江西、河南、湖北、河南、湖北、湖南、广东、四川、云南。茎皮纤维可供制高级文化用纸和人造棉；枝条用于编织篮筐；根可治跌打损伤；叶和花可作兽药，治牛跌打损伤、瘤胃发炎等症。

图554 结香 Edgeworthia tomentosa (Thunb.) Nakai
1. 花枝；2. 花；3. 子房。(仿《中国高等植物图鉴》)

3. 瑞香属 Daphne L.

灌木和亚灌木，稀小乔木。小枝有毛或无毛。叶通常互生，稀对生，具短柄。花两性，组成顶

生或腋生短总状花序，或头状花序或簇生，常具苞片；花萼管状，顶端4裂；无花瓣；雄蕊8或10枚，排成2轮，着生于萼管的中上部；花盘缺或存在而呈环状或杯状，全缘或有波状缺刻；子房1室；花柱极短或缺，柱头大，头状。肉质或革质浆果。

约95种。中国约52种，大部分产自西南和西北；广西5种。

分种检索表

1. 叶较小，长在5cm以内，两面被绢毛；花腋生；枝条被毛 ·················· **1. 长柱瑞香 D. championii**
1. 叶较大，长5cm以上，两面无毛；花顶生。
  2. 小枝灰褐色或灰黑色，当年生枝被黄褐色粗绒毛 ·················· **2. 白瑞香 D. papyracea**
  2. 小枝紫红色或紫褐色，无毛或仅在幼嫩时有毛。
    3. 叶革质，椭圆形或披针形，宽1.8~3.0cm ·················· **3. 毛瑞香 D. kiusiana var. atrocaulis**
    3. 叶纸质或膜质，阔椭圆形、长圆形或倒卵状椭圆形、卵形，宽2.5~5.0cm。
      4. 叶阔椭圆形或卵形，长3.5~8.5cm，中脉和侧脉在上面凹下 ·················· **4. 长管瑞香 D. longituba**
      4. 叶长圆形或倒卵状椭圆形，长7~13cm，中脉和侧脉在上面凸起 ·················· **5. 瑞香 D. odora**

1. 长柱瑞香　小叶瑞香　图555

Daphne championii Benth.

常绿小灌木。枝条稍被丝质绢毛，老时脱落。叶纸质或近膜质，互生，广椭圆形或长圆形，长1.5~4.5cm，宽0.8~1.8cm，顶端钝形或钝尖，基部楔形，两面密被丝质绢毛，表面较疏；中脉在上面平坦，在下面凸起；叶柄极短，密被白色丝状长粗毛。花白色，常3~7朵组成头状花序，生于叶腋；花萼筒管状，密被丝状柔毛，长0.5~0.8cm，顶端裂片卵形；花盘杯状，全缘；子房无柄或柄极短。花期2~4月。

产于融安、融水、三江、贵港、贺州。生于海拔700m以下的密林中。分布于广东、湖南、江苏、江西、贵州。

2. 白瑞香　野山麻、一身饱暖　图556

Daphne papyracea Wall. ex W. W. Sm. et Cave

常绿灌木，高1.0~1.5m。枝灰褐色至灰黑色，嫩枝被黄褐色粗绒毛，后渐脱落。叶纸质或膜质，长圆形至长圆状披针形或倒披针形，长6~16cm，宽1.5~4.0cm，先端钝或长渐尖至尾状渐尖，基部楔形，全缘，两面无毛；中脉在上面下陷，在下面凸起，侧脉不明显。花无香味，白色，数朵簇生于枝顶，头状花序，具短总梗，密被短柔毛，苞片早落，被绢状毛；子房长圆形。浆果卵状球形或倒梨形，熟时红色。花期11月

图555　长柱瑞香 Daphne championii Benth. 1. 花枝；2. 花蕾；3. 花纵切面；4. 子房。（仿《中国植物志》）

至翌年1月；果期翌年4~5月。

产于桂林、全州、资源、龙胜、灵川、临桂、富川、贺州、融水、金秀、宜州、金秀、凌云、乐业。生于密林下或灌木丛中。分布于广东、云南、贵州、四川、湖南；印度、尼泊尔也有分布。根药用，有祛风除湿、活血止痛的功效，可治风湿关节痛和跌打损伤。

3. 毛瑞香 黄瑞香 图557

Daphne kiusiana var. **atrocaulis** (Rehder) Maek.

常绿灌木，高0.5~1.0m。枝条深紫色或紫褐色，无毛。叶革质，互生，椭圆形或披针形，长5~12cm，宽1.8~3.0cm，顶端钝或急尖，基部楔形，下延至叶柄，两面无毛，表面深绿色，有光泽；中脉在上面下陷，侧脉明显；叶柄两侧翅状。花白色，偶有粉红色，芳香，常5~13朵组成顶生头状花序，无总梗，基部数枚苞片早落；花被外侧被灰黄色绢状毛，花被裂片卵形，长约5mm；花盘环状，边缘波状，外被灰黄色绢状毛；子房长椭圆状，无毛。果卵状椭圆形，红色。花期11月至翌年2月；果期翌年4~5月。

产于龙胜、桂林、临桂、阳朔、三江。分布于广东、四川、湖南、湖北、江西、安徽、浙江、台湾。根、皮、叶药用，有祛风除湿、活血止痛的功效；鲜花含芳香油，名贵香料。

4. 长管瑞香

Daphne longituba C. Y. Chang

常绿灌木。幼枝圆柱形，紫红色，被淡黄绿色短绒毛，老枝灰色或淡棕色，无毛。叶密生于小枝顶端，互生，纸质，阔椭圆形或卵形，长3.5~8.5cm，宽2.5~4.5cm，先端钝形或急尖，基部宽楔形，全缘，两面无毛；侧脉8~10对，中脉和侧脉在上面凹下，在下面隆起；叶柄长6~10mm，基部稍膨大，上面具沟，

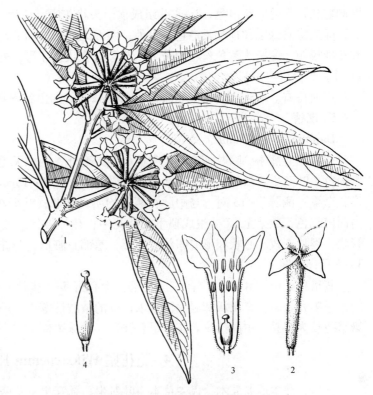

图556 白瑞香 Daphne papyracea Wall. ex W. W. Sm. et Cave
1. 花枝；2. 花；3. 花纵切面；4. 子房。（仿《中国植物志》）

图557 毛瑞香 Daphne kiusiana var. atrocaulis (Rehder)
Maek. 1. 花枝；2. 花。（仿《中国高等植物图鉴》）

两侧翅状，无毛。花白色，3~8 朵组成顶生头状花序；苞片早落，卵状椭圆形或椭圆形，外面的较大，除边缘具缘毛和顶端具白色柔毛外，两面无毛，内面的较小，外面通常具白色丝状毛；花序梗和花梗极短，密被淡黄色丝状短绒毛；花萼筒管状漏斗形，外面被短的灰黄色丝状绒毛。花期 10~11 月。

广西特有。产于兴安。生于海拔 1000~1200m 的山谷密林下。

5. 瑞香

Daphne odora Thunb.

常绿直立灌木。除叶柄有时散生极少微柔毛外，全株无毛。枝粗壮，小枝近圆柱形，紫红色或紫褐色。叶互生，纸质，长圆形或倒卵状椭圆形，长 7~13cm，宽 2.5~5.0cm，先端钝尖，基部楔形，全缘；侧脉 7~13 对，与中脉在两面均明显隆起；叶柄粗壮，长 4~10mm。花外面淡紫红色，内面肉红色，数朵至 12 朵组成顶生头状花序；苞片披针形或卵状披针形，脉纹显著隆起；花萼筒管状，裂片 4 枚，心状卵形或卵状披针形，基部心脏形，与花萼筒等长或超过之。果实红色。花期 3~5 月；果期 7~8 月。

栽培种，中国和日本均有广泛栽培，少有野生。桂林、阳朔、龙胜、凌云、隆林有栽培。喜阴，忌阳光暴晒，喜肥沃和湿润而排水良好的微酸性壤土。萌发力强，耐修剪，且病虫害很少，栽培繁殖较为容易。中国传统名花，早春开花，香味浓郁。

4. 荛花属 Wikstroemia Endl.

乔木、灌木或亚灌木，极少草本。叶对生，稀互生。花两性或单性，排成顶生或腋生短总状花序、穗状花序或圆锥花序；总花梗明显，通常无苞片；花萼圆筒状或漏斗状，顶端 4 裂，稀 5 裂，广展；无花瓣；雄蕊 8 枚，稀 10 枚，排成 2 轮，生于花萼管中上部，花丝极短或缺，花药长圆形，基着药；下位花盘膜质，稍分裂，裂片鳞片状 4 枚或 2 枚；子房具柄或无柄，被柔毛，1 室，花柱短，柱头大，头球状。核果基部有残存花萼。

约 70 种。中国 49 种，西南、华南至河北有广泛分布，但多数产于长江以南；广西 7 种。

分种检索表

1. 嫩枝被灰色柔毛；叶背面叶脉微被灰色细柔毛；花萼白色，顶端淡紫色 ················· **1. 北江荛花 W. monnula**
1. 枝条无毛或几无毛；叶两面无毛；花黄色、黄绿色或白色。
  2. 花白色，5 裂 ·· **2. 白花荛花 W. trichotoma**
  2. 花黄色、黄绿色或浅绿色，4 裂。
    3. 圆锥花序顶生，多分枝，长 5~7cm；叶脉网状，密而明显，在两面均凸出，并在边缘网结，叶柄长 6~9mm ······································ **3. 长锥序荛花 W. longipaniculata**
    3. 总状花序，或有时总状花序簇生或为顶生的小圆锥花序，但花序较短。
      4. 叶较小，长 0.5~4.0cm，宽 0.3~1.7cm ···················· **4. 小黄构 W. micrantha**
      4. 叶较大，长 2~8cm，宽 0.7~4.0cm。
        5. 花序梗纤细，俯垂，长 1~2cm；叶卵状披针形，长 3.0~8.5cm，宽 0.8~2.5cm，背面灰白色 ··· **5. 细轴荛花 W. nutans**
        5. 花序梗较粗壮，长不超过 5mm。
          6. 叶长圆状椭圆形，长 2.5~6.0cm，宽 1.3~2.5cm，侧脉较稀疏，不明显，5~7 对，与中脉所成的角度较大 ······················ **6. 粗轴荛花 W. pachyrachis**
          6. 叶长圆形至披针形，长不超过 4cm，宽不超过 2cm，侧脉细密，极倾斜 ······ **7. 了哥王 W. indica**

1. 北江荛花 山麻皮、山棉 图 558

Wikstroemia monnula Hance

落叶灌木。嫩枝被灰色柔毛；老枝暗紫色，无毛。叶纸质，对生，偶有互生，卵状椭圆形、长圆形或椭圆状披针形，长 1~3cm，宽 0.5~1.5cm，顶端锐尖，基部楔形或近圆形，表面深绿色，背面暗绿色，有时呈紫红色，微被灰色细柔毛。总状花序顶生，总花梗被灰色柔毛；花萼白色，外面被白色长柔毛，顶端 4 裂，顶端淡紫色，花盘深裂为 1~2 枚鳞片。核果，白色，味甜。花期 4~5 月；果期夏秋季。

产于桂林、龙胜、全州、兴安、灌阳、资源、临桂、贺州、金秀、象州、融水、融安、罗城、环江、马山、平南。生于山坡灌丛或疏林中。分布于浙江、湖南、贵州、广东。茎皮纤维细长柔韧，为机械工业电器纸等特种用纸及人造丝的优质原料。

2. 白花荛花

Wikstroemia trichotoma（Thunb.）Makino

常绿灌木，高 0.5~2.5m。茎粗壮，多分枝。树皮褐色，具皱。小枝纤弱，光亮，直立，开展，当年生枝微黄，稍老则变为紫红色，全株无毛。叶薄纸质，对生，卵形至卵状披针形，长 1.2~3.5cm，宽 1.0~2.2cm，先端尖，基部宽楔形、圆形或截形，全缘；叶脉纤细，6~8 对。穗状花序具花约 10 朵，组成复

图 558 北江荛花 Wikstroemia monnula Hance 1. 花枝；2. 花。(仿《中国高等植物图鉴》)

合而疏松、直立的圆锥花序；花序梗长约 2.5cm 或无，小花梗近无；花萼筒肉质，白色，裂片 5 枚，宽椭圆形，上端钝，边缘波状；雄蕊 10 枚，白色，2 轮。果卵形，具极短柄。花期夏季。

产于广西北部。生于海拔 600m 以下的树荫下、疏林或路旁。分布于江西、湖南、安徽、广东；日本也有分布。

2a. 黄药白花荛花

Wikstroemia trichotoma var. **flavianthera** S. Y. Liou

区别于原种的特点是：花药黄色，花萼较原种大，花序有花 8~26 朵。

产于那坡、南宁。

3. 长锥序荛花

Wikstroemia longipaniculata S. C. Huang

灌木，高 2m。除花序外，全株无毛。小枝黑色，粗壮。叶互生，坚纸质，椭圆形，长 3~8cm，宽 1.0~2.8cm，先端短渐尖，稀钝或凹缺，基部楔形；脉网状，密而明显，在两面均凸出并在边缘网结；叶柄长 6~9mm。圆锥花序顶生，多分枝，长 5~7cm，被白色柔毛，苞片披针形，腋内有白色绒球状芽，花小，浅绿色。花期秋季。

广西特有种。产于靖西、龙州。生于海拔约 500m 的石灰岩山顶。

图 559 1. **细轴荛花** Wikstroemia nutans Champ. ex Benth. 花枝。
2. **粗轴荛花** Wikstroemia pachyrachis S. L. Tsai 果枝。3. **了哥王**
Wikstroemia indica（L.）C. A. Mey. 果枝。（仿《中国植物志》）

4. 小黄构　圆锥荛花

Wikstroemia micrantha Hemsl.

灌木，高 0.5 ~ 3.0m。除花萼有时被极稀疏的柔毛外，余部无毛。小枝纤弱，圆柱形，幼时绿色，后渐变为褐色。叶坚纸质，对生或近对生，稀互生，椭圆状长圆形或窄长圆形，长 0.5 ~ 4.0cm，宽0.3 ~ 1.7cm，先端钝或具细尖头，基部圆形，边缘向下面反卷，叶上面绿色，下面灰绿色；侧脉 6 ~ 11 对；叶柄长 1 ~ 2mm。花序顶生，总状花序单生或簇生为小圆锥花序，长 0.5 ~ 4.0cm，无毛或被短柔毛；花黄色，疏被柔毛。果卵圆形，黑紫色。花果期秋冬季。

产于贵港、德保、靖西、武鸣、龙州。生于石灰岩山地。分布于甘肃、广东、贵州、湖北、湖南、四川、云南。

5. 细轴荛花　石棉麻、山皮棉　图 559：1

Wikstroemia nutans Champ. ex Benth.

灌木，高 1 ~ 2m。树皮粗糙。小枝红褐色，无毛。叶膜质至纸质，对生，卵状披针形，长 3.0 ~ 8.5cm，宽 0.8 ~ 2.5cm，顶端长渐尖，基部近圆形，表面深绿，背面被白粉，两面无毛；叶柄无毛。花长 1 ~ 2cm；萼筒无毛，顶 4 裂；花黄绿色，排成顶生总状花序；总花梗纤细，弯曲，有节，无毛，长 1 ~ 2cm；花盘深裂成 4 枚鳞片。果椭圆形，熟时深红色。花期 1 ~ 4 月；果期夏秋季。

产于金秀、苍梧、南宁、宾阳、德保、平南、玉林、博白、上思、东兴、宁明、大新。生于疏林、灌丛或林缘，在石灰岩山区土壤肥沃的山坡、山谷地带生长茂盛。分布于广东、海南、湖南、江西、福建、台湾；越南也有分布。

6. 粗轴荛花　厚轴荛花　图 559：2

Wikstroemia pachyrachis S. L. Tsai

灌木。枝条粗壮，近无毛，节间短，节膨大。叶坚纸质，对生，长圆状椭圆形，2.5 ~ 6.0cm，宽 1.3 ~ 2.5cm，先端急尖或钝，基部楔形，上面有光泽，下面粉绿色，有细小鳞片，全缘，略反卷；侧脉 5 ~ 7 对，不明显。花黄绿色，总状花序顶生或腋生，直立；总花梗粗壮且稍被毛，长不及 1cm；花落后在花序上留有明显而凸起的痕迹；花萼被毛，花盘深裂成 2 枚鳞片。果卵圆形，成熟时红色。花期 9 ~ 10 月；果期冬季。

产于宁明。生于山地密林中。分布于广东、海南。茎皮纤维可作造纸及人造棉原料。

7. 了哥王 南岭荛花 图 559：3

Wikstroemia indica（L.）C. A. Mey.

灌木，高 0.5 ~ 2.0m。枝红褐色，光滑无毛。叶对生，纸质至近革质，无毛，长圆形或披针形，长 2 ~ 4cm，宽 0.7 ~ 1.5cm，顶端钝或急尖，基部阔楔形或狭楔形，两面绿色或背面稍浅；侧脉多而细，与中脉约成30°交角；叶柄短。花黄绿色，组成顶生短总状花序，直立，总花梗长不及1cm，无毛。果椭圆形，初绿色，后变黄色，继而变为红色或紫红色。花果期夏秋季。

产于广西各地。常见于路边、田边和旷野灌丛中。中国长江以南各地均有分布；印度、越南也有分布。较耐旱。根蘖性强。有小毒，根、茎、叶药用，有清热解毒、消肿散结的功效；民间用叶捣烂可敷治肿伤，叶水煮液也可作农药杀虫；种子油可供制皂。

59 紫茉莉科 Nyctaginaceae

草本、灌木或乔木，有时为有刺的藤状灌木。单叶，互生或对生，无托叶。花辐射对称，两性，稀杂性或单性，单生、簇生或排列成聚伞或伞形花序，常围以有颜色的苞片所组成的总苞；花萼合生成管，萼管圆柱形、漏斗形，有时钟形，顶端 3 ~ 10 裂，芽时裂片镊合状或折扇状排列，宿存而将果包围；花瓣缺；雄蕊 1 枚至多数，分离或在基部连合；子房上位，1 室，1 枚胚珠，花柱纤细。瘦果不开裂，常为宿存花萼基部所包围，有棱或有翅，常有腺体。

全球约30属300多种，主产于热带美洲。中国有6属（其中2属为引种栽培）13种，分布于西南部至东部；广西3属5种，其中2属3种为引种栽培，本志记载1属2种。

叶子花属 Bougainvillea Comm. ex Juss.

藤状灌木，枝有锐刺。叶互生，具柄。花顶生或生于侧枝顶部，两性，通常3朵簇生，包藏于大而呈红色、紫色或橙色的苞片内；花序柄与苞片的中脉合生；花被管顶端5 ~ 9裂，雄蕊5 ~ 10枚，内藏，基部连合。瘦果具5条棱。

约18种，产于南美洲。中国引种2种；广西均有栽培。优良观花植物。

分种检索表

1. 枝叶无毛或近无毛；叶先端渐尖或急尖……
……………… **1. 光叶子花 B. glabra**
1. 枝叶密被柔毛；叶先端圆钝……………
……………… **2. 叶子花 B. spectabilis**

1. 光叶子花 九重葛、宝巾、三角梅 图 560

Bougainvillea glabra Choisy

藤状灌木。茎粗壮。分枝下垂，无毛或疏生柔毛。每一叶腋内有一粗壮而稍弯曲的锐刺。叶纸质、卵形、卵状披针形或阔卵形，长 5 ~ 13cm，宽 3 ~ 6cm，顶端急尖或渐尖，基部圆形或阔楔形，上面无毛或叶脉初时被短柔毛，下面初

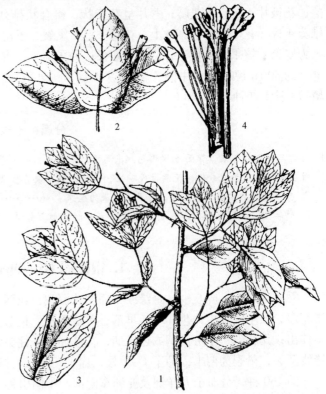

图 560 光叶子花 Bougainvillea glabra Choisy 1. 花枝的一段；2. 花；3. 花着生在苞片上；4. 花纵切面。（仿《中国植物志》）

时被疏短柔毛，后渐变无毛；叶柄长 1.0~1.5cm。花艳丽，顶生，为 3 枚椭圆形或椭圆状披针形叶状苞片所包围，红色或紫色，苞片长 2.5~4.0cm；花被管有棱，被短柔毛，紫红色或绿色，顶端浅黄色。花期冬春季或更长。

原产于巴西。广西各地有栽培；中国各地栽培供观赏。喜光，耐干旱瘠薄。喜温暖气候，不耐寒，长江以北地区需盆栽在温室越冬。扦插或嫁接繁殖。栽培历史悠久，园艺品种繁多，原种、杂交种、栽培种多达百余种，可根据花色、叶色来分类。广西壮族自治区林业科学研究院和梧州市林业局、梧州市园林动植物研究所等共同收集的品种达 44 种。光叶子花可攀援、可匍匐，是棚架、动物造型等绿化小品的优良材质；耐修剪、养护简单，且生长迅速、枝条浓密并带刺，可以形成有效阻挡分隔且别具一格的绿篱或绿墙；桩景盘根错节、苍劲艳丽，观赏价值颇高，可下地种植为亭亭玉立的庭院树，也可盆栽为姿态优雅的盆景。

2. 叶子花　美丽叶子花、毛宝巾、三角梅

Bougainvillea spectabilis Willd.

藤状灌木。枝、叶密生柔毛。刺腋生，下弯。叶椭圆形或卵形，基部圆形。花序腋生或顶生；苞片椭圆状卵形，基部圆形至心形，暗红色或淡紫红色；花被管狭筒形，长 1.6~2.4cm，绿色，密被柔毛，顶端 5~6 裂，裂片开展，黄色；雄蕊通常 8 枚；子房具柄。果实长 1.0~1.5cm，密生毛。花期冬春季间。

原产于巴西。广西各地有栽培。花艳丽，庭院观赏植物。

60　山龙眼科 Proteaceae

乔木或灌木，极少草本。单叶，互生，很少轮生，全缘或有锯齿，或呈各样式的分裂，无托叶。花辐射对称或两侧对称，两性，稀单性异株；花序呈总状、头状、穗状或伞形花序；苞片早落；花被片 4 枚，无花瓣；萼片呈花瓣状，镊合状排列，基部扩大，花蕾时为管状，开放时开裂；雄蕊 4 枚，花丝贴生于萼片上，花药 2 室，纵裂；子房上位，1 室；胚珠 1 枚至多枚；花柱不分裂。果为坚果、核果、蒴果、蓇葖果或翅果；种子扁平，有时具翅。

约 80 属 1700 种。中国 3 属（其中 1 属从国外引种栽培）约 25 种；广西 3 属（其中 1 属为引种栽培）13 种 1 变种。

分属检索表

1. 叶为二回羽状深裂，背面被丝状毛；花两性，子房具柄；果为蓇葖果 ·················· 1. 银桦属 Grevillea
1. 叶全缘或有锯齿或分裂；花两性或单性，子房无柄；果为坚果或核果
　2. 叶不分裂，全缘或有锯齿；花两性；果为坚果 ·················· 2. 山龙眼属 Helicia
　2. 叶二型，全缘或羽状分裂或 2~3 裂；花单性；雄蕊异株；果为核果 ··········· 3. 假山龙眼属 Heliciopsis

1. 银桦属 Grevillea R. Br.

乔木或灌木。叶互生，全缘或二回羽状深裂。花两性，花梗双生或单生；总状花序，常集成圆锥花序，顶生或腋生；苞片小，早落；萼管细长，稍弯曲，裂片线性或线状匙形；花药卵形，药隔不伸出；无花丝；子房具柄或近无柄；花柱伸长，柱头常偏于一侧。果为蓇葖果，通常歪斜，沿腹缝线开裂，稀裂为两半；种子 1~2 枚，扁平，边缘具翅。

约 160 种，分布于大洋洲及亚洲东南部。中国引种 1 种；广西也有引种。

银桦　图 561

Grevillea robusta A. Cunn. ex R. Br.

常绿乔木，高 25m，胸径 40cm。树皮暗灰色或暗褐色，浅纵裂。嫩枝、芽、叶柄密被锈褐色或

灰褐色绒毛。叶二回羽状深裂，长 15～30cm，下面密被银灰色绢毛和褐色绒毛。总状花序腋生，或排成顶生圆锥花序；花橙黄色，偏生于花序轴一侧；花梗长 1.0～1.6cm，无毛。蓇葖果卵状椭圆形，偏斜，长 1.4～1.8cm，果皮革质，黑色，花柱宿存；种子倒卵形，具薄翅。花期 4～5 月；果期 6～8 月。

原产于大洋洲。南宁、柳州、梧州、桂林、钦州、百色、河池等地均有零星引种栽培；福建、广东、海南、云南、贵州、四川、江西、浙江也有引种。喜光，苗期耐阴。喜温暖气候，不耐重霜和 -4℃以下低温。根系发达，较耐旱，在土层深厚、疏松、肥沃、排水良好的酸性砂壤土上生长最好。对烟尘及有毒气体抗性较强，最宜在工矿区栽植及作行道树种。播种繁殖。果实成熟后开裂，种子飞散，及时采种。种子不耐贮藏，随采随播。边材黄褐色，心材红褐色，色泽美观，气干密度 $0.646g/cm^3$，心材略耐腐，为优良家具材及室内装饰材料。

图 561 银桦 **Grevillea robusta** A. Cunn. ex R. Br. 果枝。(仿《中国植物志》)

2. 山龙眼属 Helicia Lour.

乔木或灌木。叶互生，很少对生或近轮生，全缘或有锯齿，叶柄长或几无。总状花序腋生或近顶生；花两性，辐射对称；花梗通常双生，分离或下半部贴生；苞片小，宿存或脱落；雄蕊 4 枚，花丝短或几无；花盘环状或杯状；子房无柄，胚珠 2 枚。坚果近球形或卵形，通常不开裂，很少为不规则开裂，果皮革质或树皮质；种子 1～2 枚，无翅；子叶肉质。

约 97 种。中国 20 种；广西 9 种 1 变种。

分种检索表

1. 叶全部为全缘，稀有锯齿。
  2. 叶柄长 2～5cm；侧脉 6～8 对 ·· **1. 长柄山龙眼 H. longipetiolata**
  2. 叶柄长 1～2cm；侧脉 7～10 对 ·· **2. 东兴山龙眼 H. dongxingensis**
1. 叶缘有锯齿或同一株树上兼有全缘叶。
  3. 叶在同一株树上有锯齿和全缘的并存，叶基下延(幼树和萌芽条的叶为披针形，叶缘凸出尖细锯齿)············
    ·· **3. 小果山龙眼 H. cochinchinensis**
  3. 叶全部或几乎全部有锯齿。
    4. 小枝叶、背面被毛或至少叶脉上疏被短毛。
      5. 嫩枝及叶背面沿叶脉上被黄褐色毛。
        6. 叶较大，宽倒披针形至倒卵状长圆形，长 35～48cm；叶柄长 1.5～4.0mm ································

　　　　　　　　　　　　　　　　　　　　　　　　　　　　　　　　　　　　　4. 焰序山龙眼 **H. pyrrhobotrya**

　　6. 叶较小，倒卵状长椭圆形至倒卵状宽披针形，长 10~25cm；叶柄长 3~10mm ······························

　　　　　　　　　　　　　　　　　　　　　　　　　　　　　　　　　　　　　5. 山龙眼 **H. formosana**

　　5. 嫩枝及叶背面密被锈褐色毛；叶倒卵形，先端近圆形或突尖 ············ 6. 倒卵形山龙眼 **H. obovatifolia**

　4. 小枝及叶背面无毛或仅初时被稀疏短毛。

　　7. 叶近轮生，倒披针形；叶柄长 1~4mm 至近无柄 ·················· 7. 海南山龙眼 **H. hainanensis**

　　7. 叶互生，叶形与上不同；叶柄长 5~30mm 以上。

　　　8. 叶柄长 5~18mm；叶干后腹面呈黄绿色带黑褐色；背面淡棕褐色；侧脉 5~8 对，网脉不显 ·········

　　　　　　　　　　　　　　　　　　　　　　　　　　　　　　　　　　8. 广东山龙眼 **H. kwangtungensis**

　　　8. 叶柄长 10~30mm；叶干后两面呈黄绿色或榄绿色；侧脉 6~12 对，网脉显著 ····························

　　　　　　　　　　　　　　　　　　　　　　　　　　　　　　　　　　9. 网脉山龙眼 **H. reticulata**

1. 长柄山龙眼

Helicia longipetiolata Merr. et Chun

乔木，高 12m。树皮灰褐色或灰色。全株无毛。叶革质，长圆状椭圆形、长圆状披针形或长圆状卵形，长 8~15cm，宽 3~6cm，先端急尖或渐尖，基部楔形，稍下延至叶柄，全缘；中脉在两面凸起，侧脉 6~8 对；叶柄长 2~5cm。总状花序，长 15~20cm；花梗常双生，长 3~4mm；花被白色，长 1.5~2.5cm；花盘 4 裂；子房无毛。果近球形，黑色，直径 2.0~2.8cm，果皮干后革质。花期 7~8 月；果期 11 月至翌年 1 月。

产于防城、上思、凭祥、龙州。生于海拔 700m 以下的沟谷林中。分布于广东、海南；泰国、越南也有分布。喜温暖气候，耐阴性强，在十万大山林区常与狭叶坡垒、乌榄混生，为中下层优势乔木树种。

图 562 小果山龙眼 Helicia cochinchinensis Lour. 果枝。(仿《中国高等植物图鉴》)

2. 东兴山龙眼

Helicia dongxingensis H. S. Kiu

小乔木，高 8m。树皮褐色。叶革质，披针形或长圆状披针形，长 10~20cm，宽 2~4cm，先端渐尖，基部楔形，稍下延，全缘，稀疏生细锯齿，两面无毛；侧脉 7~10 对；叶柄长 1~2cm。总状花序生于已落叶的枝条上，长 12~15cm，被褐色短柔毛；花梗常双生，长 4~7mm；花被管长 3.0~3.5cm，白色；子房无毛。果卵球形，直径约 2cm，顶端具喙或无喙，基部渐狭成柄状，淡褐色，果皮干后树皮质。花期 5~10 月；果期 10 月至翌年 3 月。

广西特有种。产于防城。生于海拔 450m 以下的山谷林中。

3. 小果山龙眼　越南山龙眼、红叶树

图 562

Helicia cochinchinensis Lour.

乔木，高 20m。树皮灰褐色或暗褐色。全株无毛。叶薄革质或纸质，长圆形或长椭圆形至倒卵状椭圆形，长 7~15cm，宽 2~6cm，无毛，先端渐尖，基部楔形，稍下延，全缘或上部疏生浅锯齿；侧脉 6~7 对，在两面均明显；叶柄长

0.7～1.5cm。总状花序，腋生，长 10～14cm，无毛；花梗长 3～4mm，双生；花被管白色或淡黄色，长 10～12mm；腺体 4 枚；子房无毛。果长圆形，长 1.0～1.8cm，直径 0.8～1.0cm，果皮干后薄革质，蓝黑色或黑色。花期 6～10 月；果期 11 月至翌年 3 月。

产于广西各地，为常见树种。生于海拔 800m 以下的杂木林中。分布于云南、四川、广东、海南；越南、泰国、日本也有分布。喜湿润环境，在干旱灌木林中呈灌木状。木材淡黄色，气干密度 0.63g/cm³，干后坚韧，适作家具及小农具用材。

4. 焰序山龙眼　图 563

Helicia pyrrhobotrya Kurz

乔木，高 10m。树皮青灰色。嫩枝、花序均密被锈色绒毛；小枝无毛。叶互生，常密集于枝顶，坚纸质，宽倒披针形至倒卵状长圆形，长 35～48cm，宽 9～16cm，先端短渐尖，基部楔形，稍下延，仅下面中脉被毛，边缘有疏锯齿；侧脉 11～19 对；叶柄长 1.5～4.0cm，被疏毛。总状花序腋生，长 20～30cm，有锈褐色短毛，花序轴粗 2.5～3.0mm；花梗双生，长 4～5mm；花淡黄色；花被管长 20～28mm；

图 563　焰序山龙眼 Helicia pyrrhobotrya Kurz 1. 叶枝；2. 果。（仿《中国植物志》）

花盘杯状，浅裂；子房无毛。果近球形，直径 2.5～4.0cm，果皮干后革质，稍粗糙，褐色。花期 4～8 月；果期 9 月至翌年 3 月。

产于那坡。生于海拔 700m 以上的沟谷杂木林中。分布于云南；缅甸、越南也有分布。

5. 山龙眼

Helicia formosana Hemsl.

乔木，高 10m。树皮红褐色。嫩枝、花序均密被锈褐色短绒毛。叶薄革质或纸质，倒卵状长椭圆形至倒卵状宽披针形，长 12～25cm，宽 2.5～8.0cm，先端渐尖，基部楔形，上面无毛，下面沿中脉和侧脉被毛，边缘有疏锯齿；中脉在两面隆起，侧脉 8～10 对；叶柄长 0.3～1.0cm。总状花序长 14～24cm，花白色或淡黄色，花梗长 2～5mm；花被管长 15～20mm，被疏毛；花盘 4 裂，裂片钝；子房无毛。果球形，黄褐色，直径 2～3cm，果皮干后树皮质。花期 4～6 月；果期 11 月至翌年 2 月。

产于那坡、凭祥、防城、上思。生于海拔 1000m 以下的山地或沟谷杂木林中。分布于广东、海南、台湾；越南、泰国、老挝也有分布。木材淡红褐色，气干密度 0.79g/cm³，适作家具及装饰用材。

6. 倒卵叶山龙眼

Helicia obovatifolia Merr. et Chun

乔木，高 20m，胸径 40cm。树皮灰褐色。嫩枝、幼叶、花序和花均被锈色短绒毛。叶革质，倒卵形，长 7～28cm，宽 4～15cm，先端近圆形或突尖，基部楔形，全缘或上部有锯齿，成长叶无毛；中脉在两面凸起，侧脉 6～9 对；叶柄长 1.5～3.5cm，被绒毛。总状花序腋生，长 5～10cm；花黄褐色，花梗双生，长约 1mm；花被管长 1.0～1.2cm；腺体 4 枚，卵球形；子房被绒毛。果倒卵形或长圆形，紫黑色，长 4～5cm，直径 2.5～3.5cm，顶端具短尖，果皮干后革质。花期 7～8 月；果期 10～11 月。

图 564　海南山龙眼 Helicia hainanensis Hayata 1. 花枝；2. 果枝；3. 花。(仿《中国植物志》)

图 565　广东山龙眼 Helicia kwangtungensis W. T. Wang 1. 花枝；2 ~ 3. 花；4. 果。(仿《中国高等植物图鉴》)

产于防城、上思。生于海拔 1000m 以下的山地及沟谷杂木林中。分布于广东、海南；越南也有分布。极耐荫蔽。木材灰褐或微带红色，纹理斜，气干密度 0.671g/cm³，可供作建筑、室内装饰、家具、农具等用材。

6a. 枇杷叶山龙眼　长倒卵叶山龙眼

Helicia obovatifolia var. **mixta**（H. L. Li）Sleumer

区别于原种的特点是：叶长倒卵状椭圆形或倒卵状宽披针形，长 9 ~ 28cm，宽 5 ~ 15cm，先端急尖或短尖，基部楔形或宽楔形，边缘具稀疏粗锯齿或上半部有细锯齿，有时全缘，下面被锈色绒毛；侧脉 9 ~ 14 对。总状花序长 10 ~ 15cm；花梗长 2 ~ 3mm；花被管长 1.2 ~ 1.4cm；花盘 4 浅裂。果椭圆形或橄榄型，黑色，长 3 ~ 5cm，直径 2.0 ~ 2.5cm，果皮革质；有 1 枚种子。花期 6 ~ 7 月；果期 10 ~ 12 月。

产于金秀、博白、防城、上思。生于海拔 400m 以下的山坡或沟谷杂木林中。分布于广东、海南；越南也有分布。木材易加工，宜供建筑等用。

7. 海南山龙眼　图 564

Helicia hainanensis Hayata

乔木，高 10m。树皮灰色或浅褐色。全株无毛。叶纸质或坚纸质，互生或 3 ~ 4 枚在枝顶部近轮生，倒披针形，长 11 ~ 23cm，宽 3.5 ~ 6.5cm，先端渐尖，基部楔形或钝圆；叶缘有锯齿或在上半部有疏锯齿；中脉在两面均凸起，侧脉 7 ~ 10 对，在下面凸起，网脉在两面均明显；叶柄极短，长 1 ~ 4mm 或近于无柄。总状花序腋生，长 12 ~ 23cm；花梗常双生，长 3 ~ 5mm；花被管白色，长 1.5 ~ 2.2cm；花盘环状，4 裂；子房无毛。果椭圆形，淡褐色，长 3.5 ~ 5.0cm，直径 2.5 ~ 4.0cm，顶端具喙，果皮干后树皮质。花期 4 ~ 8 月；果期 11 月至翌年 3 月。

产于靖西、邕宁、凭祥、防城、上思。生于海拔 800m 以下的山坡或沟谷杂木林中。分布于云南、广东、海南；越南、泰国也有分布。

8. 广东山龙眼 图 565

Helicia kwangtungensis W. T. Wang

乔木，高 10m。树皮褐色或灰褐色。嫩枝和嫩叶被锈色短毛；老枝无毛。叶坚纸质，长圆形、倒卵形或椭圆形，长 13～26cm，宽 5～12cm，先端急尖、短渐尖或钝尖，基部楔形；叶缘在上部有疏生浅锯齿或细齿，有时全缘；侧脉 5～8 对，在下面凸起，网脉不明显；叶柄长 0.5～1.8cm。总状花序，1～2 个腋生，长 14～20cm，花序轴和花梗密被褐色柔毛；花梗常双生，长约 2mm；花被管长 1.2～1.4cm，淡黄色；腺体 4 枚，卵球形；子房无毛。果近球形，紫黑色，直径 1.5～2.5cm，顶端具短尖，果皮干后革质。花期 6～7 月；果期 10～12 月。

产于玉林、容县、博白。生于海拔 800m 以下的山坡或沟谷杂木林中。分布于广东、湖南、江西、福建。木材可供制农具；种子含淀粉 59.7%，煮熟后再经浸 1～2d 可食用。

9. 网脉山龙眼 图 566

Helicia reticulata W. T. Wang

乔木，高 10m。树皮灰色。枝、叶无毛。叶革质，椭圆形、卵状椭圆形或倒卵形至倒宽披针形，长 6～25cm，宽 3～10cm，先端短渐尖或钝，基部楔形，边

图 566　网脉山龙眼 Helicia reticulata W. T. Wang 果枝。（仿《中国高等植物图鉴》）

缘有疏生锯齿或细齿；中脉和 6～12 对侧脉在两面均凸起，网脉在两面均凸起或明显；叶柄长 1～3cm。总状花序腋生，长 7～15cm，无毛，有时被毛，后脱落；花梗常双生，长 3～5mm；花被管长 13～16mm，白色或淡黄色；花盘 4 裂；子房无毛。果椭圆形或近卵形，长 1.5～1.8cm，直径 1.5cm，黑色，果皮干后革质。花期 5～7 月；果期 10～12 月。

产于广西各地。生于海拔 1500m 以下的山地林中。分布于云南、贵州、湖南、江西、福建、广东。喜湿润环境，在次生疏林、稍干燥环境呈灌木状。木材坚韧，适宜作农具等用材。种子含淀粉，煮熟后再经浸 1～2d 可食用。

3. 假山龙眼属 Heliciopsis Sleum.

乔木。叶互生，全缘或多裂至羽状分裂，叶柄长或近于无柄。总状花序，腋生；花单性，雌雄异株，辐射对称；花梗常双生；有苞片和小苞片；花被管花蕾时直立，细长，雌花花被管基部膨大，开花时花被片分离，外卷；雄花基部细小，雄蕊基无柄；花药椭圆状，花隔稍凸出；雌花有不育雄蕊；花粉粒外壁网状；腺体 4 枚，离生；子房无柄，花柱细长，柱头棒状，胚珠顶生，悬垂；雄花有不育雌蕊。核果长圆形，外果皮革质，中果皮肉质，内果皮木质；种子 1～2 枚，球形或半球形，种皮膜质。

约 10 种。中国 3 种；广西全产。

分种检索表

1. 全缘叶叶柄长 4~5cm；雄花序长 7~12cm，雄花梗长 1~2mm 或无梗；雌花序长 2~5cm；雌花梗长约 3mm；果长 7~9cm，直径 5~6cm ·················· **1. 调羹树 H. lobata**
1. 全缘叶叶柄长 1.0~2.5cm；雄花序长 10~30cm，雄花梗长 5~8mm；雌花序长 15~22cm；雌花梗长 8~10mm；果长 3.0~4.5cm，直径 2.5~3.0cm。
  2. 全缘叶先端短钝尖或圆钝，有时微凹，叶柄长 1.0~1.5cm；雄花序长 17~30cm ······ **2. 假山龙眼 H. henryi**
  2. 全缘叶先端渐尖至短渐尖或钝尖，稀微凹，叶柄长 1.0~2.5cm；雄花序长 10~24cm ··························· **3. 窄腮树 H. terminalis**

图 567　调羹树 Heliciopsis lobata（Merr.）Sleumer 叶枝。（仿《中国植物志》）

1. 调羹树　图 567

Heliciopsis lobata（Merr.）Sleumer

乔木，高 20m，胸径 60cm。树皮暗灰褐色。嫩枝、叶被锈色绒毛。叶革质，二型，全缘叶为长圆形，长 10~25cm，宽 5~7cm，先端短渐尖，基部楔形；中脉与侧脉在下面隆起，脉上被毛；叶柄长 4~5cm；羽状深裂叶为近椭圆形，长 20~60cm，宽 20~40cm，裂片 2~8 对，长圆形，有时为 3 裂叶；叶柄长 4~8cm。雄花序：长 7~12cm，被毛；雄花花梗长 1~2mm 或无梗，花被管长 8~12cm，淡黄色，被毛，花药长 2mm；腺体 4 枚；雌花序：长 2~5cm，花梗长约 3mm；花被管长 10mm，被毛；腺体 4 枚；子房卵形，花在顶端增粗，柱头面偏于一侧。果椭圆形或卵状椭圆形，长 7~9cm，直径 5~6cm，稍扁，外果皮革质，中果皮肉质，内果皮木质。花期 5~7 月；果期 11~12 月。

产于那坡、龙州、凭祥、防城、上思。生于海拔 750m 以下的杂木林中。分布于海南。细温耐阴，喜湿润、静风山谷和溪边荫蔽环境。种子易发芽，天然更新良好，生长颇快。边材灰黄褐色，心材红褐色，纹理通直，有光泽，密度中等（气干密度 0.55g/cm³），不甚耐腐，宜作一般家具、箱盒、文具等用材；果富含淀粉，浸渍和煮熟后可食。

2. 假山龙眼

Heliciopsis henryi（Diels）W. T. Wang

乔木，高 15m。小枝和叶均无毛。叶薄革质，全缘叶宽倒披针形或长圆形，长 15~24cm，宽 4~8cm，先端短钝尖或圆钝，有时微凹，基部楔形；叶脉在两面明显；叶柄长 1.0~1.5cm。雄花序：长 17~30cm，被毛；花梗长 6~8mm，花被管长 8~12mm，淡黄色；花药长 2.5~3.0mm；腺体 4 枚；雌花序：长 15~20cm；花梗长 8~10mm；花被管长约 10mm；腺体 4 枚；子房卵状，花柱顶端稍扁平，柱头面稍偏于一侧。果椭圆形，长 3.5~4.5cm，直径 2.5~3.0cm，顶端钝，基部圆钝，外果皮革质，中果皮肉质，内果皮木质。花期 4~5 月；果期 10 月至翌年 5 月。

产于百色、那坡、凭祥、防城、上思。生于低海拔的沟谷杂木林中。分布于云南。

3. 疳腮树　顶序山龙眼

Heliciopsis terminalis（Kurz）Sleumer

乔木，5~10m。幼枝叶被锈色绒毛，毛不久脱落，成长叶无毛。叶二型，薄革质，全缘叶倒披针形或长圆形，长15~35cm，宽4~10cm，顶端渐尖至短渐尖或钝尖，稀微凹，基部楔形或渐狭；侧脉和网脉在两面均明显；叶柄长1.0~2.5cm；分裂叶轮廓近椭圆形，长25~55cm，宽15~50cm，通常3~5裂，有时具3~7对羽状深裂片；叶柄长4~5cm。花序腋生，稀顶生于短侧枝，雄花序：长10~24cm，被疏毛；花被管长11~14mm，白色或淡黄色；雌花序：长15~22cm，被疏毛。果椭圆状，长3.0~4.5cm，直径2.5~3.0cm，顶端钝尖，基部钝，外果皮革质，中果皮肉质，干后无残留纤维。花期3~6月；果期8~11月。

产于防城、上思。生于海拔700m以下的山谷或山坡湿润阔叶林中。分布于云南、广东、海南；印度、缅甸、泰国、柬埔寨、越南也有分布。幼年耐阴，喜湿润、静风山谷和溪边荫蔽环境。果富含淀粉，浸渍和煮熟后可食。

61　海桐花科 Pittosporaceae

常绿灌木至乔木。单叶互生，稀对生或近轮生，全缘，稀有锯齿；无托叶。花两性，稀杂性，辐射对称；腋生或顶生，单生或组成伞形花序、伞房花序或圆锥花序，稀簇生；花萼5枚；花瓣5枚，常有爪，分离或连合，白色、黄色、蓝色或红色；雄蕊5枚，花丝线形，花药基部或背部着生，2室，纵裂或孔裂；子房上位，1室或2~5室，胚珠多数，柱头头状或2~5裂。果为浆果或蒴果；种子多数，胚乳发达，胚小。

约9属250种。中国1属46种；广西1属19种3变种。

海桐花属 Pittosporum Banks ex Sol.

常绿灌木或乔木。叶互生，常集生于枝顶，全缘或有波状钝锯齿。花单生或成伞形、伞房、圆锥花序；萼片5片；花瓣5片，分离或基部连生；雄蕊5枚；子房上位，1室或2~5室；胚珠多数，柱头头状或2~5裂，常宿存。蒴果椭圆形或圆球形，2~5瓣裂；种子常有红色黏质假种皮，种皮黑色。

约150种。中国46种；广西约19种3变种。

分种检索表

1. 心皮及胎座3个；蒴果3瓣裂；花序为简单的伞形花序。
　2. 蒴果长不及1.5cm。
　　3. 蒴果长度超过1cm；叶长圆形或倒卵形。宽于2.5cm。
　　　4. 果柄长在2.5cm以下，较粗壮而不下垂。
　　　　5. 叶厚革质，倒卵形或倒卵状披针形，先端圆形 ……………………………… **1. 海桐 P. tobira**
　　　　5. 叶薄革质，窄长圆形或窄倒针形，先端急锐尖 ……………………………… **2. 少花海桐 P. pauciflorum**
　　　4. 果柄长2~4cm，纤细而弯曲下垂 ……………………………………………… **3. 海金子 P. illicioides**
　　3. 蒴果长度小于1cm；叶长圆形或长圆状卵形，宽1.5~2.5cm ……………… **4. 小果海桐 P. parvicapsulare**
　2. 蒴果长在1.5cm以上。
　　6. 心皮缝线明显凸出；叶大，长8~17cm，叶脉网眼明显，宽2~4mm ……… **5. 缝线海桐 P. perryanum**
　　6. 心皮缝线不凸起；叶脉网眼细小，宽不及2mm。
　　　7. 子房无毛；叶狭椭圆形或倒披针形，长5~10cm，宽2cm以上 …………… **6. 光叶海桐 P. glabratum**
　　　7. 子房密被柔毛。
　　　　8. 蒴果干后近三角形；花瓣长约1.2cm ……………………………………… **7. 棱果海桐 P. trigonocarpum**
　　　　8. 蒴果梨形或椭圆形；花瓣长约1.7cm ……………………………………… **8. 柄果海桐 P. podocarpum**

1. 心皮及胎座2个；蒴果2瓣裂；花序伞形、复合形或圆锥花序。
  9. 复伞形花序或圆锥花序。
    10. 复伞形花序3~7花枝聚生，无总花序梗。
      11. 叶矩圆形或椭圆形，长10~20cm，宽4~8cm，叶柄长2~3cm；花序长于5cm ……………………………………………………………………… **9. 牛耳枫叶海桐 P. daphniphylloides**
      11. 叶倒卵状矩圆形、倒披针形或矩圆状倒披针形，长8~15cm，宽2~6cm，叶柄长0.7~1.5cm；花序长3~4cm。
        12. 叶长圆状倒卵形；每果有4枚种子 ……………… **10. 广西海桐 P. kwangsiense**
        12. 叶倒卵状披针形或窄长圆形；每果有种子8枚以上 …… **11. 短萼海桐 P. brevicalyx**
    10. 多数复伞房花序排在总花序梗上而组成圆锥花序；嫩枝被锈色柔毛；叶倒卵形，先端钝或圆，有时急短尖 …… **12a. 台琼海桐 P. pentandrum var. formosanum**
  9. 单伞形花序或伞房花序。
    13. 果扁球形或近圆形；果瓣木质，厚1~3mm。
      14. 叶较大，长7~11cm，宽2.0~3.5cm；果直径1.3~1.6cm；种子16~20枚 ……………………………………………………………………… **13. 卵果海桐 P. lenticellatum**
      14. 叶较小，长4~6cm，宽1~2cm；果直径1.0~1.2cm，种子10~12枚… **14. 扁匣海桐 P. planilobum**
    13. 果近于球形；果裂片薄，厚不及1mm。
      15. 果倒卵形，直径2~3cm；子房柄明显，长3~4mm；果梗纤细 …… **15. 薄片海桐 P. tenuivalvatum**
      15. 果卵圆形或近圆球形，直径不及1.5cm，子房柄不明显。
        16. 果扁长圆形，长1.4~1.7cm；花序梗长1.0~1.5cm，花梗长2~5mm；花序聚生成丛 ………………………………………………………………………… **16. 聚花海桐 P. balansae**
        16. 蒴果近圆球形，直径小于1cm；花序梗及花梗长于1cm。
          17. 叶倒披针形，先端圆形 ……………………………… **17 秀丽海桐 P. pulchrum**
          17. 叶长圆形或倒披针形，先端尖。
            18. 伞房花序或总状花序顶生；每果仅有种子4枚。 ………… **18. 四子海桐 P. tonkinense**
            18. 伞形花序生于枝顶叶腋；每果有种子多于10枚。
              19. 嫩枝被短柔毛；叶宽1.0~1.7cm。 ………………… **19. 小叶海桐 P. parvilimbum**
              19. 嫩枝秃净无毛；叶宽1.5~2.5cm ……………… **20. 薄萼海桐 P. leptosepalum**

1. 海桐 图568：1~4

Pittosporum tobira (Thunb.) W. T. Aiton

小乔木或灌木，高6m。嫩枝被褐色柔毛。叶革质，倒卵形或倒卵状披针形，长4~9cm，宽1.5~4.0cm，先端圆形，常微凹或浅心形，基部窄楔形，叶缘反卷，幼时两面被毛，后无毛；侧脉6~8对；叶柄长约2cm。伞形花序或伞房花序顶生或近顶生，密被黄褐色柔毛；花梗长1~2cm；花白色，芳香，后变黄色；子房长卵形，密被柔毛，胎座3枚。蒴果圆球形，有棱或呈三棱形，直径1.0~1.2cm，3瓣裂开，果片木质，厚约1.5mm，种子多数，多角形，红色。花期5~6月；果期9~10月。

广西各地有栽培，为庭院观赏树木。长江以南各地有栽培。朝鲜、日本也有分布。喜温暖湿润气候及酸性或中性土壤。生长较快，耐阴，耐修剪，可修成球形或其他形状的树冠，可作绿篱、庭院观赏树种及行道树下木。

2. 少花海桐

Pittosporum pauciflorum Hook. et Arn.

灌木。嫩枝无毛。叶薄革质，窄长圆形或窄倒披针形，长5~8cm，宽1.5~2.5cm，先端急锐尖，基部楔形，背面及叶柄初被微毛，后变无毛；侧脉6~8对，网脉较明显；叶柄长8~15mm。花3~5朵近枝顶腋生，呈假伞形状；花梗长约1cm；子房长卵形，被灰毛，有胎座3个，胚珠18枚。蒴果椭圆形或卵形，长1.0~1.2cm，被疏毛，3瓣裂开；种子红色，14~18枚，长约4mm。

产于桂林、阳朔、临桂、灵川、全州、兴安、永福、龙胜、资源、平乐、荔浦、恭城、贺州、昭平、钟山、富川、融安、融水、三江、金秀、罗城、藤县、蒙山、平南、容县、凌云、马山。生于山区杂木林中。分布于福建、广东、湖南、江西。

3. 海金子　莽草海桐　图 568: 5

Pittosporum illicioides Makino

灌木，高 5m。嫩枝无毛。叶薄单质，3~8 枚呈假轮生状，倒卵状长圆形或倒披针形，长 5~10cm，宽 2.0~4.5cm，先端渐尖，基部窄楔形，边缘平或微波状；侧脉 6~8 对，下面网脉明显，无毛；叶柄长 7~15mm。伞形花序顶生，有花 2~10朵；花梗长 1.5~2.5cm，无毛，常下弯；子房长卵形，被糠秕或被微毛，子房柄短，胎座 3 个，每个胎座有 5~8 枚胚珠。蒴果近圆形，长 9~12mm，3 瓣裂开；种子 8~15 枚，长 3mm；果梗纤细，长 2~4cm，常向下弯。

图 568　1~4. 海桐 Pittosporum tobira（Thunb.）W. T. Aiton 1. 果枝；2. 花；3. 雄蕊；4. 雌蕊。5. 光叶海桐 Pittosporum glabratum Lindl 果枝。6. 海金子 Pittosporum illicioides Makino 果枝。7. 短萼海桐 Pittosporum brevicalyx（Oliv.）Gagnep 果枝。(仿《中国植物志》)

产于桂林、临桂、兴安、永福、龙胜、贺州、融水、金秀、天峨、苍梧。生于海拔 1000m 以下的杂木林中。分布于江苏、安徽、江西、浙江、台湾、湖南、湖北；日本也有分布。

4. 小果海桐

Pittosporum parvicapsulare Hung T. Chang et S. Z. Yan

灌木，高 2m。嫩枝无毛。叶革质，簇生于枝顶，长圆形或长圆状卵形，长 3.5~6.0cm，宽 1.5~2.5cm，先端渐尖，基部楔形；侧脉 7~8 对；叶柄长 5~7mm，纤细。蒴果柄长约 1cm，纤细，无毛；蒴果椭圆形，长 6~8mm，宽 4~5mm，被褐色柔毛，3 瓣裂开；种子 9~12 枚，长 2.0~2.5mm，种柄极短。

产于全州。生于山区杂木林中。分布于湖南、贵州、浙江、江西。

5. 缝线海桐　黄珠子(金秀)

Pittosporum perryanum Gowda

灌木，高 2m。嫩枝无毛。叶薄革质，长圆形或倒卵状长圆形，长 8~17cm，宽 4~6cm，先端锐尖，基部楔形，边缘平；侧脉 7 对，下面叶脉明显，末次小脉围成网眼近四方形，宽 2~4mm，无毛；叶柄长 8~15cm。伞形花序顶生，无毛，有花 6~9 朵；心皮 3~4 个，每个胎座有 4~6 枚胚珠。蒴果椭圆形，长 2~4cm，有 3 条纵脊，无毛，3~4 瓣裂；种子 15~18 枚，通常只有 8~9 枚，扁圆形，长约 6mm，红色。

产于金秀、罗城。生于山谷林中。分布于广东、海南、贵州、云南。

图 569 狭叶海桐 Pittosporum glabratum var. neriifolium Rehder et E. H. Wilson 1. 花枝；2. 果。（仿《中国高等植物图鉴》）

图 570 棱果海桐 Pittosporum trigonocarpum H. Lév. 果枝。（仿《中国高等植物图鉴》）

6. 光叶海桐 图 568：6

Pittosporum glabratum Lindl.

灌木，高 3m。嫩枝无毛。叶薄革质，狭椭圆形或倒披针形，长 5~10cm，宽 2.0~3.5cm，先端急尖，基部楔形，边缘平或微波状；侧脉 5~8 对，无毛；叶柄长 6~14mm。伞形花序，1~4 朵簇生于枝顶叶腋，多花；花梗长 4~12mm；子房长卵形，胎座 3 个，每个有 6 枚胚珠。蒴果椭圆形，长 2.0~2.5cm，3 瓣裂开，每片有 6 枚种子；种子大，近圆形，长约 6mm，红色。

产于灵川、融水、罗城、苍梧、隆林、容县。生于海拔 1300m 以下的溪边杂木林中。分布于福建、广东、海南、贵州、湖南；越南也有分布。根药用，可镇痛消炎。常栽培供观赏。

6a. 狭叶海桐 图 569

Pittosporum glabratum var. **neriifolium** Rehder et E. H. Wilson

与原种的区别在于：树形较小，高 1.5m；叶带状或窄披针形，长 6~18cm，宽 1~2cm；蒴果长 2.0~2.5cm，种子柄不明显。

产于临桂、永福、龙胜、全州、融水、罗城、凤山、乐业、隆林。分布于福建、广东、湖南、江西、贵州、湖北。

7. 棱果海桐 图 570

Pittosporum trigonocarpum H. Lév.

小乔木，高 6m。嫩枝无毛。叶革质，倒卵状长圆形或倒卵形，长 7~14cm，宽 2.5~4.0cm，先端急短尖，基部窄楔形，边缘平；侧脉 6 对，两面脉均不明显；叶柄长约 1cm。伞形花序 3~5 束顶生，花瓣长约 1.2cm，分离或部分联合；子房被柔毛，胎座 3 个，胚珠有 9~12 枚。蒴果常单生，椭圆形，干后三角形或圆形，长 1.7~2.7cm，被毛，3 瓣裂开；果梗长 1~4cm，被柔毛；每果瓣有 3~5 枚种子；种子红色，直径 5~6mm。

产于临桂。生于海拔 400~1400m 的山地杂木林中。分布于贵州、四川、湖南。

8. 柄果海桐　图 571

Pittosporum podocarpum Gagnep.

灌木，高 2m。嫩枝无毛。叶薄革质，倒卵形或倒披针形，长 7~13cm，宽 2~4cm，先端急短尖，基部楔形，全缘而平展，两面无毛；侧脉 6~8 对，网脉不明显；叶柄长 8~15mm。花 1~4 朵集生于枝顶叶腋内；花梗长 2~3cm，无毛；花瓣长约 1.7cm；子房长卵形，密被褐色柔毛；胎座 3 个，有时 2 个，有 8~10 枚胚珠。蒴果梨形或椭圆形，长 2~3cm；子房柄长约 5mm，3（~2）瓣裂开，每果瓣有 3~4 枚种子；种子长 6~7mm，扁圆形，红色。

产于临桂、全州、融水、隆林、田林、凌云。分布于福建、四川、贵州、云南、湖北、湖南、甘肃；缅甸、越南、印度也有分布。根、果及种子药用，可清热收剑、补虚弱、止咳喘。

图 571　柄果海桐 Pittosporum podocarpum Gagnep. 果枝。（仿《中国植物志》）

8a. 线叶柄果海桐

Pittosporum podocarpum var. **angustatum** Gowda

与原种的区别在于：幼枝光滑无毛，叶线形，叶长 8~15cm，宽 1~2cm；子房 3 个胎座，被柔毛。花期 3~5 月；果期 6~10 月。

产于全州。分布于四川、湖北、云南、贵州、甘肃、陕西；缅甸、印度也有分布。

9. 牛耳枫叶海桐

Pittosporum daphniphylloides Hayata

常绿灌木，高 2~3m。嫩枝粗大，无毛。叶薄革质，矩圆形或椭圆形，长 10~20cm，宽 4~8cm，先端渐尖，基部楔形，下延，常不等侧，边缘平，无毛；侧脉 9~12 对，在上面明显能见，在下面凸起；叶柄长 2~3cm，近于圆形，上部有沟。伞房花序多枝，长于 5cm，生于枝顶叶腋内，被灰毛；子房被毛，侧膜胎座 2 个。蒴果球形，稍压扁，直径约 6mm，子房柄极短，宿存花柱长约 1.5mm，2 枚裂开；种子 10~15 枚，种柄极短。

产于金秀。分布于贵州、湖北、湖南、四川、台湾。

10. 广西海桐

Pittosporum kwangsiense Hung T. Chang et S. Z. Yan

小乔木。小枝灰白色，无毛。叶革质，长圆状倒卵形，长 10~15cm，宽 4~6cm，先端尖，基部楔形，边缘平，两面无毛；侧脉 5~7 对，网脉不明显；叶柄长 7~12mm。伞房花序 3~7 束集生于枝顶，呈复伞形花序。果序柄长 1.5~4.0cm，果梗长 5~12mm；蒴果长圆形，稍压扁，长约 7mm，直径约 9mm，2 瓣裂开；有 4 枚种子，扁圆形，长约 6mm，红色。

产于永福、南丹、靖西、隆林、那坡、龙州。分布于云南。

11. 短萼海桐　568：7

Pittosporum brevicalyx（Oliv.）Gagnep.

小乔木，高 10m。嫩枝微被毛，后脱落。叶薄革质，倒卵状披针形或窄长圆形，长 5~12cm，宽 2~4cm，先端渐尖或急尖，基部楔形，边缘平，幼叶下面微被毛，后脱落；侧脉 9~11 对，在上面明显；叶柄长 1.0~1.5cm。伞房花序 3~5 束集于枝顶叶腋内，长 3~5cm，被微毛；花序梗长 1.0~1.5cm，花梗长约 1cm；子房卵形，被毛；花柱被微毛，胎座 2 个，胚珠 7~8 枚。蒴果近圆球形，压扁，直径7～8mm，2瓣裂开；种子7～10枚，长约3mm。

产于凌云、乐业。分布于江西、湖北、湖南、广东、贵州、四川、云南、西藏。

12a. 台琼海桐 台湾海桐

Pittosporum pentandrum var. **formosanum**（Hayata）Z. Y. Zhang et Turland

小乔木，高12m。嫩枝被锈色柔毛。嫩叶两面被柔毛，后脱落。叶革质，倒卵形，长4～10cm，宽3～5cm，先端钝或圆，有时急短尖，基部下延，狭楔形，全缘或有波状皱褶；侧脉7～10对，网脉在下面明显；叶柄长5～12mm。圆锥花序顶生，由多数伞房花序组成，长4～8cm，密被锈褐色柔毛；花梗长3～6mm；子房卵形，基部被锈褐色柔毛；胎座2个，胚珠12～16枚。蒴果扁球形，长6～8mm，直径7～9mm，无毛，2瓣裂；种子10～16枚，不规则多角形，长约3mm。花期5～10月；果期12月至翌年2月。

产于龙州、宁明、合浦。广西南部各地栽培。分布于台湾、海南，广东有栽培；越南也有分布。喜光，旷地树冠浓密，树荫下树冠稀疏；耐修剪，可修剪成各种形状。播种繁殖。广西热带、南亚热带优良园林绿化树种。

13. 卵果海桐 图572

Pittosporum lenticellatum Chun ex H. Peng et Y. F. Deng

灌木，高3m。嫩枝被毛。叶厚革质，倒卵状披针形，长7～11cm，宽2.0～3.5cm，最宽达5cm，先端渐尖，有时钝或圆形，基部楔形，下延，边缘平，幼叶两面被柔毛，后脱落；侧脉8～10对，网脉在两面明显；叶柄长1.0～1.5cm。伞形花序生于枝顶叶腋内，花梗长1.0～1.5cm，被毛；胎座2个，胚珠11～12枚或更多。蒴果扁球形或近球形，直径1.3～1.6cm，2瓣裂；种子16～24枚，长约3mm。

产于永福、临桂。生于石灰岩山地杂木林中。分布于贵州。

14. 扁爿海桐 图573

Pittosporum planilobum Hung T. Chang et S. Z. Yan

小乔木。嫩枝被柔毛，后脱落。叶革质，倒卵状披针形或倒披针形，长4～6cm，宽1～2cm，先端尖锐，基部狭楔形，边缘平，下面幼时被毛，后脱落；

图 572 卵果海桐 Pittosporum lenticellatum Chun ex H. Peng et Y. F. Deng 果枝。（仿《中国植物志》）

图 573 扁爿海桐 Pittosporum planilobum Hung T. Chang et S. Z. Yan 果枝。（仿《中国植物志》）

侧脉 6 对，网脉在下面明显；叶柄长 5 ~ 10mm。伞形花序顶生，有花 8 ~ 17 朵；花梗长 1.0 ~ 1.5cm，被柔毛；子房长卵形，被毛，子房柄极短；胎座 2 个，胚珠 12 枚。蒴果扁球形，直径 10 ~ 12mm，2 瓣裂；种子 10 ~ 12 枚，长约 3.5mm。

广西特有种。产于桂林、临桂。生于石灰岩山地。

15. 薄片海桐

Pittosporum tenuivalvatum Hung T. Chang et S. Z. Yan

小乔木。嫩枝无毛。叶薄膜质，长圆形或倒卵状披针形，长 7 ~ 12cm，宽 2.5 ~ 4.5cm，先端渐尖或短尖，基部楔形，边缘稍皱褶，两面无毛；侧脉 7 ~ 9 对；叶柄长 1.0 ~ 1.5cm。伞形花序顶生，有 2 ~ 8 朵花，花序梗极短，花梗纤细，长约 1cm，无毛；子房被柔毛，子房柄短，长 3 ~ 4mm；胎座 2 个，有 4 ~ 22 枚胚珠。蒴果倒卵形，长 2 ~ 3cm，2 瓣裂；种子 8 ~ 12 枚，近圆形，长 6 ~ 7mm。

广西特有种，产于东兰、凌云。

16. 聚花海桐

Pittosporum balansae Aug. DC.

灌木。嫩枝被褐色柔毛，后脱落。叶薄革质，长圆形，长 6 ~ 11cm，宽 2 ~ 4cm，先端尖锐，尖头钝，基部楔形，边缘平或稍反卷，下面初时被柔毛，后无毛；侧脉 6 ~ 7 对，下面网脉不明显；叶柄长 5 ~ 15mm，初时被柔毛，后脱落。伞形花序单生或 2 ~ 3 枝簇生于枝顶叶腋内，每个花序有 3 ~ 9 朵花，花序梗长 1.0 ~ 1.5cm，被褐色柔毛；花梗长 2 ~ 5mm，被柔毛；子房被毛，心皮 2 枚，胎座 2 个，每胎座有 4 枚胚珠。蒴果扁长圆形，长 1.4 ~ 1.7cm，2 瓣裂；种子 8 枚，长 4 ~ 5mm。

产于宁明、合浦、东兴。分布于广东、海南；越南也有分布。

16a. 窄叶聚花海桐

Pittosporum balansae var. **angustifolium** Gagnep.

与原种的区别在于：嫩枝被褐色柔毛；叶狭长圆形或狭披针形，长 7 ~ 11cm，宽 1 ~ 2cm；边缘稍皱褶；伞形花序顶生，有短柄。花及蒴果的特征均与原种相同。

产于上思、东兴。分布于广东、海南；越南也有分布。

17. 秀丽海桐　图 574

Pittosporum pulchrum Gagnep.

灌木，高 3m。叶厚革质，倒披针形或倒卵形，长 3 ~ 5cm，宽 1.2 ~ 2.0cm，先端圆形，有时微凹入，基部窄楔形，下延，边缘反卷，两面无毛；侧脉 6 ~ 8 对；叶柄长 5 ~ 8mm。伞房花序顶生，长 3 ~ 5cm，被毛；花梗长 1.5cm；子房被毛；胎座 2 个，有胚珠 14 ~ 16 枚。蒴果圆球形，直径 7 ~ 8mm，被毛，2 瓣裂；种子 15 枚，多角形，长 2.0 ~ 2.5mm。

产于大新、田阳、龙州。生于海拔 500m 以下的石灰岩山地杂木林中。越南也有分布。

18. 四子海桐

Pittosporum tonkinense Gagnep.

灌木，高 5m。嫩枝被褐色柔毛。叶硬革质，狭长圆形，长 6 ~ 9cm，宽 2.0 ~ 3.5cm，先端尖锐，基部楔形，两面无毛；侧脉 5 对，网脉不明显；叶柄长 5 ~ 10cm。伞房花序或总状花序顶生，长约 2cm，被褐色柔毛，花序梗极短；花梗长 5 ~ 8mm，被毛；子房被毛，子房

图 574　秀丽海桐 **Pittosporum pulchrum** Gagnep. 果枝。(仿《中国植物志》)

柄短，胎座位于基部，有 4 枚胚珠。蒴果圆球形，直径 6 ~ 8mm，无毛，2 瓣裂；种子 4 枚，扁圆形，长约 5mm。花期 12 月。

产于靖西、那坡。分布于贵州、云南；越南也有分布。

19. 小叶海桐

Pittosporum parvilimbum Hung T. Chang et S. Z. Yan

灌木。嫩枝被灰褐色柔毛。叶薄革质，倒披针形，长 3 ~ 5cm，宽 1.0 ~ 1.7cm，先端略尖，尖头钝，基部楔形，边缘平，叶背初时被柔毛，后脱落；侧脉 6 对，在两面均不明显；叶柄长 3 ~ 5mm，初时被毛，后脱落。伞房花序 1 ~ 5 枝集于枝顶叶腋内，近于顶生，长 1.5 ~ 2.0cm，被柔毛，每花序有花 3 ~ 5 朵，花序柄和花梗均被毛；子房被褐色柔毛，胎座 2 个，有 16 枚胚珠。

广西特有种。产于全州、柳州。

20. 薄萼海桐

Pittosporum leptosepalum Gowda

小乔木，高 4m。嫩枝无毛。叶薄革质，狭长圆形或披针形，长 5 ~ 8cm，宽 1.5 ~ 2.5cm，先端渐尖，基部楔形，边缘稍有皱褶，两面无毛；侧脉 5 ~ 7 对；叶柄长 6 ~ 10mm，无毛。伞形花序，数朵花生于枝顶枝叶腋内；花梗无毛；子房被毛，子房柄短，胎座 2 个，有 11 ~ 12 枚胚珠。蒴果圆球形，直径 6 ~ 8mm，2 瓣裂；有 10 枚种子，长约 3mm。

产于全州、临桂。分布于广东北部。

62 山柑科 Capparaceae

草本、灌木、乔木或攀援木质藤本。叶互生，稀对生，单叶或掌状复叶，托叶 2 枚，常成刺状，或无托叶。花通常两性，稀单性或杂性，单生或组成顶生或腋生总状花序、伞房花序或圆锥花序，或 2 ~ 10 朵排成一纵列；萼片通常 4 ~ 8 枚，稀为 2 枚；花瓣 4 ~ 8 枚，与萼片互生，分离，有瓣柄或无瓣柄，稀无花瓣；花托伸长或短，稀具附属物；雄蕊 4 枚至多数，花丝分离，花药背着，2 室，纵裂；子房通常有柄，稀无柄，1 ~ 3 室，有 2 个侧膜胎座，稀具中轴胎座；胚珠常多数。果为蒴果或为具坚韧外果皮的浆果；种子常多数，稀 1 枚，通常肾形或多角形；种皮平滑或有各种雕纹，胚乳很少或缺。

约 28 属 650 种，多分布于热带、亚热带，少数分布于温带地区。中国 4 属约 46 种，分布于西南至台湾；广西 4 属 22 种，本志记载 3 属 19 种。

本属有些种是常用中药，有的种是良好的蜜源和观赏植物，少数种的种子可以用来榨油，少数种的浆果可食，有些种嫩叶供做蔬菜或腌食。

分属检索表

1. 有花瓣；子房具侧膜胎座；果为浆果状，有 2 枚至多数种子。
  2. 叶为具 3 枚小叶的掌状复叶；无刺又无毛；花瓣在芽中时的排列为开放式，有爪 ………… **1. 鱼木属 Crateva**
  2. 叶为单叶；常有托叶刺与被毛；花瓣在芽中时的排列为闭合式，通常无爪 ………… **2. 槌果藤属 Capparis**
1. 无花瓣；子房具中轴胎座；果为核果状，有种子 1 枚，少有 2 枚 ……………… **3. 斑果藤属 Stixis**

1. 鱼木属 Crateva L.

乔木或灌木。国产种全株无毛。小枝有髓或中空，圆形，有皮孔。掌状复叶，小叶 3 枚，小叶有柄或无柄，侧生小叶偏斜；叶柄长；托叶小而早落。伞房或总状花序，花两性，有苞片；萼片 4 枚，卵圆形，下部与隆起而分裂的花盘黏合；花瓣 4 枚，有柄；雄蕊多数，近基部与雌雄蕊柄合生；子房 1 室，花柱短或缺，胚珠多数。浆果肉质，有柄；种子多枚，肾形，压扁，光滑或有瘤状小刺。

约8种，产于热带、亚热带地区。中国5种，分布于西南部至南部和台湾；广西4种。

分种检索表

1. 果实灰色，表皮粗糙或有干平疮痂状斑点；花期时树上有叶；花在干后不为橘褐色。
  2. 果球形，表面粗糙，有灰黄色小斑点；种子光滑；小叶长约为宽的2.0～2.5倍，侧脉8～11对 ⋯⋯⋯⋯⋯⋯⋯⋯⋯⋯⋯⋯⋯⋯⋯⋯⋯⋯⋯⋯⋯⋯⋯ **1. 树头菜 C. unilocularis**
  2. 果椭圆形，表面在未成熟时粗糙而有剥落性的微片，后来近光滑；种子背部有鸡冠状凸起；小叶长约为宽的 2.5～4.5倍，侧脉10～15对 ⋯⋯⋯⋯⋯⋯⋯⋯⋯⋯⋯⋯⋯⋯ **2. 沙梨木 C. magna**
1. 果实红紫褐色，表皮光滑，无斑点；花期时树上无叶或叶在当时很幼嫩；花在干后呈橘褐色(特别是花的基部)。
  3. 小叶顶端圆形或钝形，花枝上的小叶最长不过8.5cm，干后呈淡红褐色 ⋯⋯⋯⋯⋯ **3. 钝叶鱼木 C. trifoliata**
  3. 小叶顶端渐尖，花枝上的小叶长10～12cm，干后淡红色 ⋯⋯⋯⋯⋯⋯⋯⋯ **4. 台湾鱼木 C. formosensis**

1. 树头菜　鱼木、单色鱼木　图575

Crateva unilocularis Buch. – Ham.

乔木，高15m。枝灰褐色，中空，有散生灰色皮孔。小叶薄革质，卵圆形、椭圆形或卵状披针形，长7～12cm，宽3～5cm，先端急尖或渐尖，基部楔形，侧生小叶偏斜，基部不等；侧脉8～11对；叶柄长4.5～8.0cm，小叶柄长约7mm。总状或伞房花序顶生，有花10～40朵；花初时白色或淡黄色，干后淡紫红色；花瓣柄长约1cm，瓣片卵圆形或长圆形，长1.5～3.5cm；雄蕊13～30枚；雌蕊柄长4～7cm；子房近球形或卵形。果近球形，直径2.5～4.0cm，幼时光滑，后有淡黄色或乳白色小凸；种子压扁，无瘤状小刺。花期3～7月；果期7～8月。

产于桂平、隆安、武鸣、龙州。分布于福建、云南、广东、海南；尼泊尔、印度、缅甸、老挝、越南、柬埔寨也有分布。村边路旁常有栽培，嫩叶盐渍可供食用，故有"树头菜"之称；木材供乐器、模型及细木工用，但易蛀蚀；叶药用，为健胃剂；果含生物碱，有毒，可为胶黏剂，果皮可作染料。

2. 沙梨木　刺籽鱼木

Crateva magna (Lour.) DC.

乔木。小叶草质至薄革质，卵状披针形至长圆状披针形，长7～18cm，宽3～8cm，顶端渐尖至长渐尖，表面褐绿色，有光泽，背面被白粉，中脉淡红色；侧脉10～15对；叶柄长4～12cm，顶端有时有苍白色腺体状附属物。顶生伞房花序，花序轴长4～6(～12cm)，花期时继续生长，长达12～18cm；花梗长3～4(～6)cm；萼片披针形；花瓣叶状，倒卵形至近心脏形，瓣柄长5～12mm，瓣片长1.5～3.0cm；雄蕊15～25枚；子房圆柱状，无花柱。果长圆形或卵圆形，苍

图575　树头菜 **Crateva unilocularis** Buch. – Ham. 1. 花枝；2. 花；3. 果。(仿《中国植物志》)

黄色或淡黄色，长 4~5cm，直径 3cm，果皮厚 3~6mm；种子压扁，背上有瘤状小刺。花期 3~5月；果期 6~10 月。

产于昭平、南丹、那坡、北海、龙州。常生于平地或开旷地方。分布于云南、广东、海南；印度经中南半岛至印度尼西亚均有。

3. 钝叶鱼木　赤果鱼木

Crateva trifoliata（Roxb.）B. S. Sun

乔木，高 8m。枝灰褐色，有纵皱肋纹，叶脱落后有明显叶痕。小叶近革质，倒卵形或椭圆形，中间 1 枚多为椭圆形，长 4~12cm，宽 2.5~5.5cm，先端钝或圆，侧生小叶基部不均等；侧脉 5~7对；叶柄长 4~10cm，小叶柄长 3~10mm。伞房花序侧生和顶生，花先于叶开放或花叶同放；花初期白色，后转淡黄色；瓣柄长 7mm，瓣片长 1~2cm；雄蕊 15~26 枚；子房近球形。果球形，直径约 4cm，平滑，稍光亮，成熟或干后红色，无苍白色斑点；种子小，压扁，无瘤状刺，长 5~7mm，宽约 4mm。花期 3~5 月；果期 6~9 月。

产于临桂、南丹。生于石灰岩疏林中。分布于广东、海南、云南、台湾；越南、老挝、柬埔寨、泰国、缅甸、印度也有分布。

4. 台湾鱼木

Crateva formosensis（Jacobs）B. S. Sun

乔木，高 20m，小枝有稍栓质化的纵皱肋纹。小叶质地薄而坚实，不易破碎，两面稍异色，侧生小叶基部不对称，小叶长 7.0~11.5cm，宽 2.5~5.0cm，顶端渐尖至长渐尖，有急尖的尖头；侧脉 4~6（~7）对，干后淡红色；叶柄长 5~10cm，腺体明显。花序顶生，花枝长 10~15cm，花序长约 3cm，有花 10~15 朵；花梗长 2.5~4.0cm。果球形至椭圆形，直径 3~4cm，红色至红棕色，光滑。花期 6~7 月；果期 8~11 月。

产于阳朔、临桂、合浦、龙州。生于海拔 400m 以下的沟谷或平地、低山水旁或石山密林中。分布于台湾、广东；日本南部也有分布。木材黄白色，轻软，可供作家具、乐器、模型等用材。

2. 槌果藤属 Capparis L.

常绿攀援灌木或小乔木。幼枝常被分枝或不分枝的毛。单叶，全缘，干后常具特有颜色；托叶常变成刺，刺直或下弯，有时无刺。花腋生、单生或丛生，或排列成伞形、总状或圆锥花序，或沿枝上排成一纵向的短行列；萼片 4（极少 2）枚，2 轮排列；花瓣 4 枚，覆瓦状排列；雄蕊多数，离生，着生于雌蕊柄的基部；子房通常 1 室，侧膜胎座 2~6 个，通常 4 个，胚珠多枚。浆果球形至卵形或长圆形，肉质，不开裂；种子 1 至多枚，藏于果肉内。

250~400 种，主要分布于热带、亚热带。中国 37 种，产于西南部至台湾；广西 14 种。

分种检索表

1. 花（1~）2~10 朵排成一短纵列，腋上生。
    2. 果小型，直径不过 2cm；花梗与雌蕊柄果时均不木质化增粗，直径约 1.5mm 或更细。
        3. 叶基部不为心形，叶柄长在 3mm 以上。
            4. 萼片长（5~）6~8（9）mm，雄蕊（18~）20~35 枚，雌蕊柄长 2~3cm。
                5. 新生枝被短绒毛，后变无毛；叶片长为宽的 2.0~2.5 倍；侧脉 5~8（~10）对。
                    6. 叶卵形，基部圆形或急尖，不下延；小枝有刺，刺常外弯；被毛呈淡褐色或灰色 ……………… ………………………………………………………………………………………… **1. 野香橼花 C. bodinieri**
                    6. 叶椭圆形，基部楔形或广楔形，向下渐狭延成叶柄；小枝常无刺；被毛呈锈色 ……………… ………………………………………………………………………………… **2. 雷公橘 C. membranifolia**
                5. 新生枝常无毛；叶片长为宽的 2.5~4.5（~9.0）倍；侧脉 8~10 对；果实成熟后鲜红色 ………… ……………………………………………………………………………………… **3. 独行千里 C. acutifolia**
            4. 萼片长 5mm 或更短，雄蕊 12~20 枚，雌蕊柄长 1.4~2.5cm；小枝常有刺，如有刺，刺小，直或上举

 ·· **4. 尾叶槌果藤 C. urophylla**

   3. 叶基部心形, 无柄或近无柄 ·········· **5. 无柄槌果藤 C. subsessilis**

  2. 果大型, 直径 3~6cm; 花梗与雌蕊柄果时均木质化增粗, 直径 3.6mm 或更粗。

    7. 小枝基部无钻形苞片状小鳞片; 花期时雌蕊柄基部有白色绒毛; 叶顶端有革质短尖头 ·········

      ·· **6. 牛眼睛 C. zeylanica**

    7. 小枝基部有钻形苞片状小鳞片; 花期时雌蕊柄无毛; 叶无革质短尖头; 小枝常无刺, 如有刺, 长约 1mm···

      ·· **7. 小刺槌果藤 C. micracantha**

1. 花排成伞房状、亚伞形或总状花序, 常再组成圆锥花序。

  8. 小枝及花序基部均有钻形苞片状小鳞片; 花期时子房及雌蕊柄被毛 ············ **8. 毛蕊山柑 C. pubiflora**

  8. 小枝及花序基部均无钻形苞片状小鳞片。

    9. 伞房、亚伞形或短总状花序不具总花梗, 单一, 顶生, 或在花枝上部有单花腋生, 与数花在枝顶集生; 枝

      弯曲, 具短矩刺, 刺下弯 ·· **9. 青皮刺 C. sepiaria**

    9. 伞房、亚伞形或短总状花序有总花梗, 腋生及常在枝顶端再组成圆锥花序。

      10. 叶背面被极密灰黄色永不脱落的柔毛 ············ **10. 毛叶槌果藤 C. pubifolia**

      10. 叶背无毛, 或幼时被毛长成时变无毛。

        11. 花大型, 萼片长 8~12mm; 外轮萼片革质; 雄蕊 45~50 枚 ········· **11. 马槟榔 C. masaikai**

        11. 花中等或小型, 萼片长 2~10mm; 外轮萼片草质或薄革质; 雄蕊 50 枚或更少, 少有雄蕊多至

          70 枚。

          12. 萼片长 6~10mm; 雌蕊柄长 2~5mm, 果时直径在 2mm 以上; 果较大, 直径常为 3~5cm。

            13. 花总梗、下部花梗基部有尖刺, 花刺上刺强壮, 长达 5mm, 外弯成钩状

            ·· **12. 野槟榔 C. chingiana**

            13. 花序中无刺, 花总梗、下部花梗基部有尖刺 ············ **13. 屈头鸡 C. versicolor**

          12. 萼片长 4~5mm; 雌蕊柄长 6~8mm, 果时不木质化增粗, 直径约 1mm; 果较小, 直径 1.0~

          1.5cm ·· **14. 广州槌果藤 C. cantoniensis**

1. 野香橼花 黔桂槌果藤

Capparis bodinieri H. Lév.

灌木或小乔木, 高 5~10m, 胸径 5~20(~30)cm。幼枝密被淡褐色或灰色极细星状毛, 后变无毛。刺长 5mm, 强壮, 外弯。叶卵形或披针形, 嫩叶被淡褐色或灰色毛, 长成时革质无毛, 长 4~13(~18)cm, 宽 2.0~4.5(~6.5)cm, 先端渐尖, 基部圆形或急尖, 不下延; 中脉宽阔, 在下面凸起, 侧脉 7~8 对; 叶柄粗壮, 长 5~7mm。花常 2~6 朵排成一列, 腋上生; 萼片 4 枚, 近轴者舟形, 背面近基部向外作龙角状凸起, 边缘特别是顶部被绒毛; 花瓣白色, 被绒毛, 雄蕊 20~37枚; 雌蕊柄长 1.5~2.5cm, 无毛; 子房卵球形, 1 室, 2 胎座, 胚珠数枚。果球形, 直径 7~12mm, 熟时黑色; 种子 1 枚至数枚。花期 3~4 月; 果期 8~10 月。

产于隆林、西林。生于灌丛或次生林中, 在石灰岩山坡道旁或平地尤为常见。分布于云南、贵州、四川; 不丹、印度、缅甸也有分布。全株入药, 有止血、消炎、收敛的功效, 主治痔疮、慢性风湿疼痛和跌打损伤, 也供避孕之用。

2. 雷公橘 纤枝槌果藤、膜叶槌果藤

Capparis membranifolia Kurz

直立或攀援灌木。幼枝及幼叶柄、叶脉处均密被黄褐色易脱落的绒毛; 老枝无毛, 刺小或无刺。幼叶膜质, 密被锈色绒毛, 老叶草质或近革质, 无毛, 长圆状椭圆形至卵形, 长 5.5~12.0cm, 宽 2.5~6.0cm, 最宽在中部, 先端急狭而渐尖, 基部阔楔形; 侧脉 5~7 对; 叶柄长 5~10mm。花白色, 2~5 朵生于叶腋之上并排成一纵列; 花梗长 1~2cm, 无毛或被黄褐色绒毛; 萼片近相等, 内外均被毛, 后无毛; 雄蕊 17~25 枚。果球形, 直径 8~12mm, 成熟时紫色或黑色, 表面粗糙; 种子光滑。花期 11 月至翌年 4 月; 果期 5~8 月。

产于广西西南部、西部至西北部。生于石灰岩山地灌丛、疏林或山坡路旁。分布于云南、贵

州、广东、海南；不丹、印度、缅甸、泰国、老挝、越南也有分布。叶、果外用，可治毒蛇伤；根有止痛的功效，用于治疗风湿骨痛。有毒。

3. 独行千里

Capparis acutifolia Sweet

藤本或灌木。全株无毛，或小枝、叶柄及花梗有时被污黄色短绒毛，早或迟变无毛。小枝圆柱形，无刺或有时具长 3mm 直或上弯的刺。叶硬草质或亚革质，长圆状披针形，基部急尖或楔形，顶端锥尖或渐尖，长 4.0 ~ 15.0 (~ 19.5) cm，宽 1.0 ~ 4.0 (~ 6.3) cm；侧脉 8 ~ 10 对，网脉在两面明显；叶柄长 5 ~ 7mm。花 (1 ~) 2 ~ 4 朵排成一短纵列，腋上生；萼片内轮略小；花瓣长圆形；雄蕊 (19 ~) 20 ~ 30 枚；雌蕊柄长 1.5 ~ 2.5cm；花梗与雌蕊柄果时均不显著增粗。果成熟后红色，近球形或椭圆形，长 1.0 ~ 2.5cm，直径 1.0 ~ 1.5cm，顶端短喙，表面干后有细小疣状凸起。种子 1 枚至数枚，种皮平滑，黑褐色。花期 4 ~ 5 月；果期全年都有。

产于梧州、玉林、百色、扶绥。生于低海拔的旷野、山坡、路旁、灌丛或森林中。分布于江西、福建、湖南、广东、台湾；越南、泰国、印度也有分布。根供药用，性味苦寒，有消炎解毒、镇痛、止咳的功效。

4. 尾叶槌果藤　小绿刺　图 576

Capparis urophylla F. Chun

小乔木或灌木，高 2 ~ 7m。树皮黑色，有长圆形淡黄色皮孔。幼枝几无毛；小枝圆柱形，纤细，有纵向细条纹，无刺或有上举微内弯小刺。茎上刺粗壮，长约 5mm，基部膨大，直或微向外弯。叶卵形或椭圆形，幼时膜质，老时草质，先端渐狭延成长尾，连尾长 3 ~ 7cm，尾长 1.5 ~ 2.5cm，镰弯或稍直，基部圆形或急尖；侧脉 4 ~ 6 对；叶柄纤细，长 3 ~ 5mm。花单生于叶腋或 2 ~ 3 朵成一列腋上生；花梗长 6 ~ 12 (~ 15) mm；萼片外面无毛，边缘及内面有绒毛；花瓣白色；雄蕊 12 ~ 20 枚；雌蕊柄长 1.4 ~ 2.5cm，丝状，无毛；子房无毛，1 室，胎座 2 个。果球形，直径 6 ~ 10mm，熟时橘红色，表面近平滑；花梗与雌蕊柄果时不增粗；种子 1 ~ 2 枚。花期 3 ~ 6 月；果期 8 ~ 12 月。

产于桂林、兴安、临桂、阳朔、永福、荔浦、平乐、恭城、融水、三江、融安、鹿寨、金秀、罗城、南宁、邕宁、横县、马山、扶绥、龙州、宁明。生于道旁、山谷疏林或石山灌丛。分布于云南、湖南；老挝、越南也有分布。叶能消肿，可治毒蛇咬伤。

图 576　尾叶槌果藤 Capparis urophylla F. Chun 1. 叶枝；2. 果；3. 种子；4. 老枝的刺。（仿《中国植物志》）

5. 无柄槌果藤　无柄山柑

图 577

Capparis subsessilis B. S. Sun

灌木，高 3m。小枝圆形，无毛，无刺或有细小而上举的小刺。叶椭圆形或微倒卵状椭圆形，纸质，长 9.0 ~ 12.5cm，宽 3.5 ~ 5.0cm，最宽在叶片中部或有时在略上，顶端渐尖至长渐尖，尖头最长达 1.8cm，常有自中脉延伸的小凸尖头，基部心形，两面无毛；中脉与侧脉在表面凹入，在背面凸起，侧脉 9 ~ 11 对；无柄或近无柄。花梗果时长 2 ~ 3cm，纤细，无毛。果单生，腋生，近球形，略偏斜，直径 8 ~ 9mm，干后表面有细粒状小疣点，果皮干后坚硬；种子 1 ~ 2 枚，肾形，种皮平滑，淡红色。花期不详；果期 8 ~ 10 月。

产于百色、平果、龙州。生于海拔 500m 以下的山谷密林。叶可治毒蛇咬伤。

图 577　无柄槌果藤 Capparis subsessilis B. S. Sun 1. 果枝；2. 果；3. 叶表面；4. 叶背面。(仿《中国植物志》)

6. 牛眼睛

Capparis zeylanica L.

攀援或蔓性灌木。新生枝密被红褐色至浅灰色星状绒毛，后变无毛；刺强壮，尖利，外弯，长达 5mm。叶亚革质，椭圆状披针形，长 3 ~ 8cm，宽 1.5 ~ 4.0cm，顶端急尖或圆形，常有外弯的凸尖头，基部急尖或圆形，幼时两面密被淡灰色易脱落星状毛，成长叶两面无毛；侧脉 3 ~ 7 对，网状脉在两面明显；叶柄长 5 ~ 12mm。花 2 ~ 3 朵排成一短纵列，腋生，先叶开放；花梗长 5 ~ 18mm，密被红褐色星状短绒毛，果时木质化增粗；萼片略不相等；花瓣白色，长圆形，无毛，上面 1 对基部中央有淡红色斑点；雄蕊 30 ~ 45 枚；雌蕊柄花时基部被灰色绒毛，果时无毛；子房椭圆形。果球形或椭圆形，直径 2.5 ~ 4.0cm，果皮干后坚硬，表面有细疣状凸起，成熟时红色或紫红色；种子多数，种皮赤褐色。花期 2 ~ 4 月；果期 7 月。

产于合浦。生于海拔 700m 以下的林缘或灌丛。分布于广东、海南；印度、越南、印度尼西亚、菲律宾也有分布。

7. 小刺槌果藤

Capparis micracantha DC.

灌木或小乔木，有时为攀援灌木。小枝基部有钻形苞片状小鳞片，无刺或有短刺。叶革质，椭圆形或长圆状披针形，大小常差异较大，长 10 ~ 30cm，宽 6 ~ 10cm，先端急尖或短渐尖，基部楔形或近圆形，两面无毛；侧脉 7 ~ 10 对，网脉细密；叶柄长 1 ~ 2cm。花大，白色，单生或 2 ~ 7 朵排列于叶腋上方而成一纵列；花梗长 1 ~ 2cm；萼片无毛或被极疏的柔毛；花瓣无毛；雄蕊 20 枚以上。

果球形或长圆形，直径 3～4cm，表面有 4 条纵沟槽，橘红色。花期 3～5 月；果期 7～8 月。

产于合浦。分布于广东、海南、云南；印度、越南、马亚西亚也有分布。

8. 毛蕊山柑

Capparis pubiflora DC.

灌木或小乔木，高 2～6m。嫩枝密被有短柄的丝质分枝毛，后脱落无毛，基部周围有钻形苞片状小鳞片。刺小或有时无刺。叶革质或亚革质，长圆状披针形，长 6.0～15.5cm，宽 2.5～6.0cm，顶端渐尖，基部急尖或钝形；中脉在表面近平坦，在背面凸起，侧脉 7～10 对，网状脉明显；叶柄 6～12mm，无毛。花数朵排成腋生短总状花序或簇生于叶腋，花序轴基部与顶部均有钻形苞片状小鳞片；花梗长 1～2cm，花时被绒毛，后变无毛，基部有托叶状的小苞片；萼片近相等，内凹，外面被短柔毛；花瓣白色，长圆状倒卵形，外面顶部及边缘有绒毛；雄蕊 20～30 枚；雌蕊柄长 1.5～2.3cm，花时密被白色绒毛，果时无毛；子房椭圆形，花时密被白色绒毛，果时无毛；花梗及雌蕊柄在果时均不显著增粗。果近球形，直径 8～10mm，顶端有脐状凸起，干后果皮坚硬，平滑，黑色；种子 1 至数枚。花期 3～5 月；果期 7～12 月。

产于广西东部及西南部。分布于台湾、海南；越南、泰国、马来西亚也有分布。

9. 青皮刺　曲枝槌果藤、青皮木　图578

Capparis sepiaria L.

灌木。枝弯曲，小枝被柔毛，老枝无毛，刺短，下弯。叶长圆状卵形至长圆状披针形，长 2.5～5.0cm，宽 1.2～2.5cm，先端钝而微缺，基部近圆形或微心形，上面无毛，下面至少中脉被毛；侧脉 4～6 对；叶柄长 4～6mm，密被绒毛。花白色，直径 8～12mm，6～12 朵排成顶生或腋生、无总花梗的伞形花序或短总状花序；花梗长 1～2cm，无毛；萼片卵圆形，无毛；花瓣长圆形或倒卵圆形，被毛；雄蕊 25～45 枚；子房卵圆形，无毛；雌蕊柄长 8～12mm，无毛。果近球形，直径 6～10mm，表面平滑，种子 1～4 枚。花期 4～7 月；果期 8～12 月。

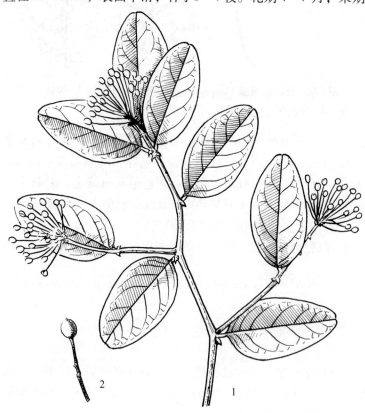

图 578　青皮刺 Capparis sepiaria L. 1. 花枝；2. 果。(仿《中国高等植物图鉴》)

产于龙州。分布于广东、海南；印度、越南、马来西亚、印度尼西亚、菲律宾等地也有分布。

10. 毛叶槌果藤

Capparis pubifolia B. S. Sun

木质藤本植物。小枝较细，密被灰黄色后转灰褐色的毡状绒毛，果枝上仅见很小乳头状凸起或无刺，茎刺钩状。叶卵形或椭圆形，长 5～9cm，宽 2.5～4.0cm，上面无毛，微有光泽，下面密被宿存灰黄色毡状绒毛；中脉在上面下凹，侧脉 10～12 对，纤细，在两面凸起，脉间近平行；叶柄长 9～11mm。伞房状或短总状花序腋生或顶生，或在枝端再组成圆锥花序，被毛与小枝的相同。果近球形，表面光滑，顶端无喙，干后褐红色，长 3.0～3.5cm，直径 2.0～2.6cm；果肉红色；雌蕊柄果时木质化增粗；种子多数。果期 10 月。

产于宁明、上思、那坡、凌云。生于海拔 800~1300m 的山坡灌丛中。分布于云南。根可用于治淋巴肉瘤。

11. 马槟榔 水槟榔、山槟榔

Capparis masaikai H. Lév.

灌木或攀援植物，高 7.5m。幼枝略扁平，带红色，密被锈色短绒毛，有纵棱槽纹。刺粗壮，基部膨大，尖而外弯，花枝常无刺。叶椭圆或长圆形，长 7~20cm，宽 3.5~9.0cm，先端圆或钝，基部圆或宽楔形，表面近无毛，下面密被脱落性锈色短绒毛；中脉在背面凸起，淡紫色，侧脉 6~10 对，与中脉同色；叶柄粗壮，长 1.2~2.1cm。亚伞形花序腋生或在枝端再组成 10~20cm 长的圆锥花序，花序中常有叶状苞片，各部均被锈色短绒毛；花白色或粉红色；萼片外被毛，内面无毛，萼片长 8~12mm，外轮内凹成半球形，革质；花瓣两面均被绒毛；雄蕊 45~50 枚；雌蕊柄长 2~3cm，无毛；子房卵球形，无毛。果球形或近椭圆形，长 4~6cm，熟后或干后紫红褐色，表面有 4~8 条纵行鸡冠状肋棱，顶端有喙，紫红色；花梗及雌蕊柄果时木质化增粗；种子数至 10 余枚，种皮紫红褐色。花期 5~6 月；果期 11~12 月。

产于平乐、柳州、柳江、天峨、南丹、凤山、都安、百色、凌云、乐业、隆林、靖西、德保、那坡、田林、容县、龙州等地。分布于云南、贵州。种子去皮入药，为"上清丸"的重要成分，其性味先腥涩后回甜，放入口中咀嚼后，越饮水越甜，为清热解毒、生津润肺及清喉火的常用药。

12. 野槟榔 凤山槌果藤 图 579

Capparis chingiana B. S. Sun

灌木或攀援灌木，高 5m。小枝圆柱形，幼时被锈色短绒毛，后变无毛。刺粗壮，外弯，长约 5mm。叶薄革质，倒卵状长圆形或倒卵状椭圆形，长 3.5~8.5cm，宽 1.8~4.0cm，先端急尖至钝形或圆形，基部楔形至圆形，仅下面中脉疏生脱落性毛；中脉在上面平或微凹，侧脉 4~5 对，纤细，网脉在两面均不明显；叶柄长 5~10mm。伞房花序或短总状花序腋生，在枝端再组成圆锥花序，花总梗、下部花梗基部有尖刺。萼片外轮内舟状，外侧被毛，内侧无毛；花瓣几无毛；雄蕊 35~39 枚，雌蕊柄长 15~20mm，无毛，果时木质化增粗；子房卵球形，胎座 4 室，胚珠多数。果球形，表面平滑，成熟后紫黑色，直径 1.5~4.0cm；种子 8~9 枚或更多，长约 10mm，种皮平滑，赤褐色。花期 3~5 月；果期 11~12 月。

产于柳城、凤山、东兰、靖西、德保。生于海拔 1000m 以下的石山灌丛或林中。分布于云南。种子有毒，人吃后能致死。

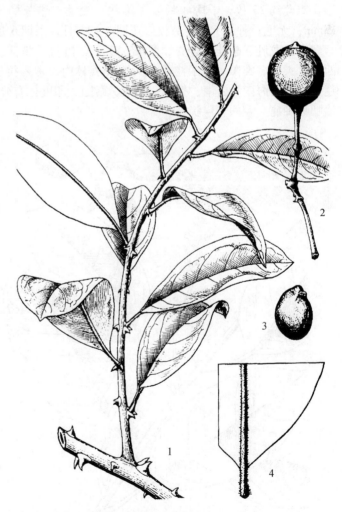

图 579 野槟榔 Capparis chingiana B. S. Sun 1. 叶枝；
2. 果；3. 种子；4. 叶背部分(放大)。(仿《中国植物志》)

13. 屈头鸡 山木通（龙胜）、保亭槌果藤

Capparis versicolor Griff.

攀援灌木。幼枝被微柔毛，刺坚硬，下弯，有时只有乳凸或无刺。叶纸质，椭圆形或长圆状椭圆形，长 3 ~ 8cm，宽 1.5 ~ 3.5cm，先端钝或急尖而钝头，基部急尖；侧脉 5 ~ 8 对；叶柄长 5 ~ 10mm，幼时被柔毛。伞形花序腋生或顶生，有花 2 ~ 5 朵；总花梗极短，花梗长 2 ~ 3cm，无毛；萼片 4 枚；花瓣白色或淡红色；雄蕊 50 ~ 70 枚；子房无毛；雌蕊柄长 3 ~ 5cm。果球形，直径 3 ~ 5cm，表面粗糙，熟时黑色；种子多枚，近肾形，长 1.5 ~ 2.5cm，宽 1.0 ~ 1.5cm。花期 4 ~ 7 月；果期 8 月至翌年 2 月。

产于龙胜、昭平、邕宁、武鸣、宾阳、北流、陆川、桂平、钦州、灵山、防城、上思。喜攀援于树上，有时也生于疏林向阳处。分布于广东、海南；缅甸、越南、马来西亚等地也有分布。根、叶、种子药用，有清热解毒、止痛、止渴的功效，可用于治喉炎、喉痛。

14. 广州槌果藤

Capparis cantoniensis Lour.

攀援灌木。幼枝被淡黄色微柔毛；老枝无毛，刺小，下弯；花枝上刺细小或无刺。叶纸质或近革质，长圆状卵形或长圆状披针形，长 5 ~ 8(~ 10)cm，宽 2 ~ 4cm，先端渐尖，无毛；中脉上面下凹，在下面凸起，侧脉 7 ~ 10 对，常不明显；叶柄长约 6mm，有柔毛。圆锥花序顶生，由数个亚伞形花序组成，每个亚伞形花序有花数朵；花白色，直径约 1cm；萼片长 4 ~ 5mm，花瓣长圆形或卵形；雄蕊约 25 枚，子房卵状或圆锥状，无毛；雌蕊柄长 6 ~ 8mm。果球形或长圆形，直径 10 ~ 15mm，无毛；种子 1 枚至数枚。花期 3 ~ 11 月；果期 6 月至翌年 3 月。

产于龙胜、临桂、金秀、罗城、昭平、梧州、藤县、玉林、陆川、北流、桂平、平南、隆林、西林、天峨、宾阳。生于沟边、平地或疏林内，常攀援于树上，在湿润蔽荫地带习见。分布于福建、广东、海南、云南、贵州；越南、泰国、印度也有分布。根用于治咳嗽、跌打损伤；种子用于治咽喉肿痛、癫痫、胃脘痛。

3. 斑果藤属 Stixis Lour.

木质藤本，稀为灌木。无刺。单叶互生，全缘，沿中脉常满布小凸点。花小，黄色，总状或圆锥花序；苞片小，脱落；萼片 6 枚，二轮，两面均密被暗黄色短绒毛；无花瓣；雄蕊多数，着生于一短的雌蕊柄上；子房近球形，3 室，具雌蕊柄，中轴胎座，每胎座有胚珠 4 ~ 10 枚；花柱单一或 3(~4)线裂，很少深裂达基部而呈 3(~4)全裂。果核果状，有短柄，种子 1 枚且大，直立埋于果肉中，子叶肉质不等大，纵折成大的包围小的。

亚洲特有属，约 7 种，分布于热带亚洲。中国 1 种；广西也产。

斑果藤 罗志藤、六萼藤 图 580

Stixis suaveolens (Roxb.) Pierre 木质藤本。小枝圆柱形，初时

图 580　斑果藤 Stixis suaveolens（Roxb.) Pierre 1. 花枝；2. 果枝。(仿《中国高等植物图鉴》)

被毛，后无毛。叶多为长圆形或长圆状披针形，长为宽的 2 ~ 4 倍，最宽在叶片中部，有时略上或略下，长 15 ~ 28cm，宽 4 ~ 10cm，先端近圆形或骤然渐尖，基部急尖至近圆形，两面无毛；叶柄粗壮，长 1.5 ~ 2.0cm，有水泡状凸起，近顶端膨大而略呈膝关节状。总状花序腋生，长 15 ~ 25cm，初时直立，后则下垂，序轴被短柔毛或短绒毛；花梗极短；萼片下部合生，花期直立开展，从不反折；花丝淡黄色，不等长；子房卵形，无毛。雌蕊柄长 7 ~ 10mm。浆果椭圆状，长 3.0 ~ 3.6cm，直径 2.2 ~ 2.7cm，黄色，有淡黄色鳞秕。花期 2 ~ 5 月；果期 5 ~ 8 月。

产于那坡。生于灌丛或疏林中，多攀援于树上。分布于广东、海南、云南、西藏；印度、马来西亚、越南也有分布。花甚芳香，可供栽培观赏；嫩叶可代茶；果可食。

63　柽柳科 Tamaricaceae

灌木或小乔木。叶小，多呈鳞片状，互生，无托叶，通常无叶柄，多具泌盐腺体。花两性，辐射对称，常集成总状或圆锥花序；萼片 4 ~ 5 枚，分离或稍分生，宿存；花瓣 4 ~ 5 枚，覆瓦状排列，脱落或宿存；雄蕊 4 ~ 10 枚或多数；花盆常肥厚，密腺状；子房 1 室，上位，胚珠 2 枚至多数，花柱 3 ~ 5 枚。蒴果圆锥形；种子有束毛或翅。

3 属约 110 种，广布于温带至亚热带地区；中国有 3 属 32 种，产于西南、西北、华中、华北；广西引入栽培 1 属 1 种。

柽柳属 Tamarix L.

灌木或乔木。多分枝，幼枝无毛，枝条有两种：一种是木质化的生长枝，经冬不落，一种是绿色营养小枝，冬天脱落。叶小，鳞片状，无柄，抱茎或呈鞘状，无毛，稀被毛。花集成总状花序或圆锥花序。花两性，4 ~ 5(~6)数，通常具花梗；苞片 1 枚。花萼草质或肉质，深 4 ~ 5 裂，宿存，裂片全缘或微具细牙齿；花瓣与花萼裂片同数，花后脱落或宿存；花盘有多种形状，多为 4 ~ 5 裂，裂片全缘或顶端凹缺以至深；雄蕊 4 ~ 5 枚，单轮，与花萼裂片对生，或为多数（中国不产）；雌蕊 1 枚，由 3 ~ 4 个心皮构成，多呈圆锥形，1 室，胚珠多数。蒴果圆锥形，室背 3 瓣裂；种子多数，细小。

约有 90 种，分布于欧洲西部、地中海地区至印度；中国约有 18 种，各地均有分布或栽培；广西仅引种 1 种。

柽柳　垂丝柳　图 581

Tamarix chinensis Lour.

灌木或小乔木，高 4 ~ 5m。枝细长，红褐色、暗紫色或淡棕色，嫩枝纤细，下垂。叶极细小，鳞片状，钻形或卵状披针形，长 1 ~ 3mm，先端急尖或略钝，基部鞘状，无柄，抱茎，下面有隆起的脊。每年开花 2 ~ 3 次。春季开花：总状花序着生于去年生短枝上，纤细、下垂。夏秋季开花：总状花序生于绿色幼枝

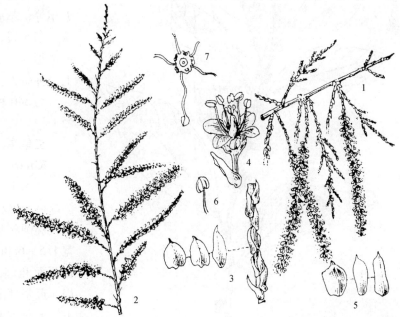

图 581　柽柳 Tamarix chinensis Lour. 1. 春花枝的一部分；2. 夏花枝的一部分；3. 嫩上的叶；4. 花；5. 苞片；6. 花药；7. 花盘。(仿《中国植物志》)

上，并组成顶生的大圆锥花序；花 5 基数，密生，粉红色；萼片绿色，条状钻形，萼片卵形；花瓣短圆形，宿存；雄蕊生在花盆裂片之间，花盆 10 或 5 裂，柱头 3 枚，棍棒状。蒴果圆锥形，长3.5mm；种子多数，细小，顶端具灰黄色长柔毛。果期 8 月。

原产于辽宁、河南、山东、江苏、安徽等地。桂林、全州、柳州、南宁、合浦等地有栽培。喜生于河流冲积平原、海滨、滩头、潮湿盐碱地和沙荒地，对盐碱地改良及防风固沙作用显著。喜光，不耐荫蔽。对大气干旱、高温及低温均有较强的适应性。深根性，根系发达。萌蘖性强。生长较快，寿命较长。播种或扦插繁殖，以扦插为主。萌枝供编织篮筐；枝叶入药，具有解表发汗、去除麻疹等功效；基部枝叶纤细悬垂，婀娜可爱，1 年开花 3 次，鲜绿枝与粉红花相映成趣，可栽于庭院、公园等处作观赏用。

64　堇菜科 Violaceae

多年生草本、灌木，稀 1 年生草本或乔木。单叶，通常互生或基生，少数对生，全缘、有锯齿或分裂，有叶柄和托叶，托叶小或叶状。花两性或单性，稀杂性，辐射或两侧对称，单生或组成穗状、总状或圆锥花序；有 2 枚小苞片或缺；萼片 5 枚，宿存；花瓣 5 枚，下面 1 枚通常较大，基部囊状或有距；雄蕊 5 枚；子房上位，1 室，胚珠 1 枚至数枚，通常有 3 个侧膜胎座。蒴果或浆果；种子小，种皮坚硬有光泽，有肉质胚乳。

约有 22 属 900 多种，广布于温带、亚热带和热带；中国 3 属 101 种；广西 2 属 17 种(或变种)，本志记载 1 属 1 种。

三角车属 Rinorea Aubl.

灌木或小乔木。叶互生，稀对生；托叶常早落，在枝条上留下环状托叶痕。花小，两性，辐射对称，单生或组成密生聚伞花序、总状花序或圆锥花序；花 5 基数，萼片近相等，革质；花瓣近相等，无距；花盘环状，稍 5 裂；子房卵形，柱头不分裂。蒴果近球形，3 裂，稀 2 瓣裂；种子少数，无毛，种脐大。

约 340 种，广布于热带。中国 2 种；广西 1 种。

三角车　雷诺木　图 582

Rinorea bengalensis（Wall.）Kuntze

灌木至小乔木，高 1～5m。幼枝无毛，淡绿色；老枝暗褐色，粗糙。叶互生，近革质，椭圆状披针形或椭圆形，长 5～12cm，宽 1.5～6.0m，先端渐尖，基部楔形，叶脉在两面凸起，网脉密而明显，叶缘具细锯齿，近基部渐稀疏至全缘。花白色，组成腋生、无总花梗的密生聚伞花序；花梗长约1cm，纤细，与萼片均被黄色绒毛；花瓣卵状长圆形，长约 5mm。蒴果近球形，3 瓣裂，长 1cm 以下；种子卵形，苍白色，有褐

图 582　三角车 Rinorea bengalensis（Wall.）Kuntze 花枝。(仿《中国植物志》)

色斑点。花期春夏季，果期秋季。

产于龙州、大新。生于海拔 700m 以下的石灰岩山地密林内或灌丛中。分布于海南；越南、缅甸、印度、斯里兰卡、马来西亚、澳大利亚也有分布。

65 远志科 Polygalaceae

草本或灌木，稀小乔木。单叶互生，稀对生或轮生，全缘；通常无托叶，若有则为棘刺状或鳞片状。花两性，两侧对称，排成顶生、腋生或腋生穗状、总状或圆锥花序，稀单生；常有苞片和小苞片；萼片 5 枚，常不等大，内面 2 枚常呈花瓣状；花瓣 5 或 3 枚，不等大，最内面 1 枚呈龙骨状，顶部常有鸡冠状的附属体；雄蕊常为 8 枚，花丝常合生成一开放的鞘，通常贴生于花瓣基部，花药 1～2 室，顶孔开裂；子房上位，1～3 室，每室有胚珠 1 枚，稀多枚，花柱单生，常弯曲，柱头常 2 裂，稀头状。蒴果、坚果或核果；种子常被毛，常有种阜。

约 13～17 属 1000 种，广布于世界各地，尤以亚热带和热带地区为多。中国 5 属 53 种，南北均产；广西 4 属 23 种 2 变种，本志记载 3 属 10 种。

分属检索表

1. 直立或攀援灌木；雄蕊 8 枚，稀 6～7 枚，合生，子房 1～2 室，中轴胎座，每室有胚珠 1 枚。
　　2. 直立灌木；蒴果 ……………………………………………………………………… 1. 远志属 Polygala
　　2. 攀援灌木；翅果 ……………………………………………………………………… 2. 蝉翼藤属 Securidaca
1. 乔木；雄蕊 8 枚，通常分离，子房 1 室，侧膜胎座 2 个；胚珠多数；核果 ………… 3. 黄叶树属 Xanthophyllum

1. 远志属 Polygala L.

1 年生或多年生草本、灌木或小乔木。单叶互生，稀轮生，花排成顶生、腋生或腋上生的穗状花序或总状花序；萼片 5 枚，常不等大，内面 2 枚大而花瓣状；花瓣 3 枚，下部与雄蕊鞘合生，中间 1 枚龙骨状，有鸡冠状的附属体，侧生 2 枚较小；雄蕊 8 枚，花丝在中部以下连合成向一侧开放的鞘；子房 2 室，每室有下垂胚珠 1 枚，柱头 2～4 浅裂。蒴果室背裂，有种子 2 枚；种子卵形或近球形，常有毛，常有种阜或假种皮。

约 500 种，广布于全世界。中国约 40 种，各地均有分布；广西 20 种 2 变种，本志记载 7 种。

分种检索表

1. 总状花序顶生、假顶生或与叶对生，偶有圆锥花序，鸡冠状附属狭长条状；蒴果果爿常具环状肋纹；种子球形，种阜盔形。
　　2. 攀援灌木；花排列成顶生圆锥花序 ……………………………………………… 1. 红花远志 P. tricholopha
　　2. 直立灌木；花排列成顶生、假顶生或与叶对生的总状花序。
　　　　3. 总状花序与叶对生；内萼片长圆状倒卵形，且与花瓣成直角着生，鸡冠状附属物无柄；蒴果具狭翅 ……
　　　　………………………………………………………………………… 2. 黄花远志 P. arillata
　　　　3. 总状花序顶生；内萼片斜倒卵形，与花瓣不成直角着生，鸡冠状附属物具柄；蒴果无翅；叶披针形至椭圆状披针形，长 8～17cm，宽 4.0～6.5cm ………………………………… 3. 黄花倒水莲 P. fallax
1. 总状花序腋生或顶生，鸡冠状附属片状；蒴果果爿无环状肋纹；种子卵球形，或被长硬毛状柔毛，无种阜，或被短柔毛，具种阜。
　　4. 鸡冠状附属盾状或囊状；种子密被长硬毛状柔毛，无种阜。
　　　　5. 总状花序单一，假顶生；果爿具淡黄色凸起的树脂点；叶较均匀地排列于小枝上 ………………
　　　　………………………………………………………………………… 4. 斑果远志 P. resinosa
　　　　5. 总状花序数个聚生于小枝顶端；果爿无树脂点；叶通常密生于小枝顶部。

6. 数个总状花序集成伞房状或圆锥状花序；花小，长 5～8mm；鸡冠状附属盾状；蒴果长圆状倒卵形，长 8mm，宽约 4mm ······················· **5. 尾叶远志 P. caudata**

6. 花序 2～5 个簇生于枝顶部数个叶腋内，不为伞房状或圆锥状花序；花大，长 12～20mm；鸡冠状附属为 二兜状；蒴果倒卵形或楔形，长 10～14mm，宽 6mm ······················· **6. 长毛远志 P. wattersii**

4. 鸡冠状附属片状浅裂；种子被短柔毛，具翅状种阜；花大，长 20～30mm ······················· **7. 密花远志 P. karensium**

1. 红花远志　图 583

Polygala tricholopha Chodat

攀援灌木，长达 1～6m。小枝淡黄褐色，无毛。叶纸质至近革质，长圆形至长圆状披针形，长 6～8cm，宽 2～3cm，先端渐尖，基部渐狭至近圆形，上面亮绿色，下面灰白色，两面无毛；中脉 在上面凹陷，在下面凸起；叶柄长 2～5mm。圆锥花序顶生，分枝广展或下垂，被短柔毛；花在盛 开时长达 1.7cm；萼片 5 枚，外面 3 枚较小，里面 2 枚较大，花瓣状，紫红色；花瓣黄色，基部合 生，侧面 2 片较短，龙骨瓣兜状，背脊上的附属体呈鸡冠状，有短柄；子房近圆形。蒴果阔椭圆 形，长约 1cm，宽 1.2～1.6cm，具阔翅，顶端微缺，具喙状小尖头；种子圆形，有距状延伸的假种 皮。花期 7～8 月；果期 8～9 月。

产于融水、龙州。生于山谷或山坡林中，常攀援于树上。分布于海南、云南；尼泊尔、印度、 越南也有分布。本种是中国远志属中唯一的攀援灌木，花序大而顶生，内萼紫红色，花瓣黄色，展 开似蝴蝶，且花期长，可作园林栽培树种。

2. 黄花远志　荷包山桂花　图 584

Polygala arillata Buch. – Ham. ex D. Don

灌木或小乔木，高 1～5m。小枝圆柱形，有纵棱，密被短柔毛。叶纸质，椭圆形或长圆状披针 形，长 6.5～14.0cm，宽 2～3cm，先端渐尖，基部楔形或近圆形，全缘；中脉在上面微凹，在下面

图 583　红花远志 **Polygala tricholopha** Chodat
1. 花枝；2. 花；3. 果。（仿《中国高等植物图鉴》）

图 584　黄花远志 **Polygala arillata** Buch. – Ham. ex
D. Don 1. 花枝；2. 果。（仿《中国高等植物图鉴》）

隆起；叶柄长约1cm，被柔毛。总状花序与叶对生，下垂，密被短柔毛；花黄色或先端带红色，长15~20mm；外轮萼片中间1枚深兜状；花瓣3枚，侧生花瓣2/3以下与龙骨瓣合生，龙骨瓣背面顶端有细裂成8条的鸡冠状附属物；子房圆形，压扁状。蒴果阔肾形至略心形，浆果状，长7~9mm，宽13mm，边缘具狭翅及缘毛，果瓣具同心圆状肋；种子圆球形，棕红色，被白色微毛，具一白色种阜。花期5~10月；果期6~11月。

产于融水、金秀、凌云、乐业、西林、隆林、马山。生于山谷、山坡林下。分布于陕西、安徽、江西、福建、湖北、四川、贵州、云南、西藏；印度、缅甸、越南、尼泊尔也有分布。根皮供药用，有祛风除湿、清热解毒的功效。

3. 黄花倒水莲　假黄花远志
Polygala fallax Hemsl.

直立灌木，高1~3m。枝灰绿色，密被长而平展的短柔毛。叶膜质，披针形至椭圆状披针形，长8~17cm，宽4.0~6.5cm，先端渐尖，基部楔形至钝圆，全缘，两面均被短柔毛；中脉在上面凹陷，在背面隆起；叶柄长9~14mm，上面具槽。总状花序顶生，长10~15cm，直立，花后延长达30cm，下垂，被短柔毛；萼片5枚，早落，外面3枚小，上面1枚盔状，其余2枚卵形至椭圆形，里面2枚大，花瓣状；花瓣黄色，3枚，侧生花瓣长圆形，2/3以上与龙骨瓣合生，龙骨瓣盔状，鸡冠状附属物具柄，流苏状；子房圆形。蒴果阔倒心形至圆形，绿黄色，直径10~14mm，具半同心圆状凸起的棱，无翅及缘毛，顶端具喙状短尖头，具短柄；种子圆形，棕黑色，密被白色短柔毛，种阜盔状，顶端凸起。花期5~8月；果期8~10月。

产于广西各地。生于山谷、溪旁或潮湿肥沃的地方。分布于广东、福建、江西、湖南、四川、云南。根药用，可治月经不调、风湿性关节炎、肾虚腰痛等症。

4. 斑果远志　图585：1~3
Polygala resinosa S. K. Chen

灌木，高不及1m。茎、枝圆柱形，具细纵棱及淡黄色、稍亮的半月形木栓质叶痕。单叶互生，厚纸质，披针形，长6~12cm，宽1.5~3.0cm，先端长渐尖，基部楔形，全缘，稍反卷，背面灰白色；中脉在上面略

图585　1~3. 斑果远志 Polygala resinosa S. K. Chen 1. 果枝；2. 果；3. 种子。4~12. 密花远志 Polygala karensium Kurz 4. 花枝；5. 花；6. 花冠展开(示雄蕊)；7. 内萼片；8. 上外萼片；9. 侧生外萼片；10. 雌蕊；11. 果；12. 种子。(仿《中国植物志》)

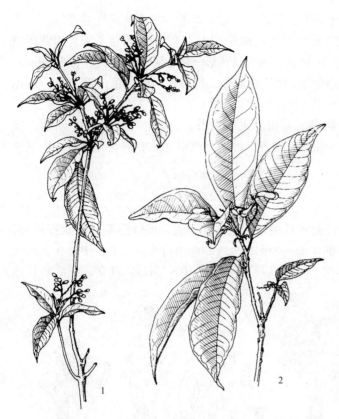

图 586　1. 尾叶远志 **Polygala caudata** Rehder et E. H. Wilson 花枝。2. 长毛远志 **Polygala wattersii** Hance 花枝。(仿《中国植物志》)

凹陷，在背面隆起；叶柄长 1.0～1.5cm，上面具槽。总状花序假顶生，单一，果时长达 13cm。蒴果淡黄色，倒卵状楔形，长约 7mm，直径约 4mm，果瓣具多数黄色半透明凸起的树脂点，顶端微凹，具短尖头，边缘具狭翅，基部具环状花盘；种子卵球形，密被淡黄色至白色长柔毛，种脐端具 1 枚棕色、弯曲附属体，无种阜。果期 9～11 月。

广西特有种。产于龙州。生于山坡疏林中。

5. 尾叶远志　图 586：1

Polygala caudata Rehder et E. H. Wilson

灌木，高 1～3m。幼枝上部被黄色短柔毛，后变无毛，具纵棱槽。叶螺旋状紧密地排列于小枝顶部，叶片近革质，长圆形或倒披针形，长 3～12cm，宽 1～3cm，先端尾状渐尖，基部渐狭至楔形，全缘，两面无毛；主脉在上面凹陷，在背面隆起；叶柄长 5～10mm，上面具槽。总状花序顶生或生于顶部数个叶腋内，数个密集成伞房状花序或圆锥状花序，长 2.5～5.0cm；花梗长 1.0～1.5mm；花长约 5（～8）mm。

蒴果长圆状倒卵形，长约 8mm，直径约 4mm，先端微凹，基部渐狭，具杯状环，边缘具狭翅。种子广椭圆形，棕黑色，密被红褐色长毛，近种脐端具一棕黑色的凸起。花期 11 月至翌年 5 月；果期 5～12 月。

产于灵川、凌云。生于海拔 1000m 以上的石灰山林下。分布于湖北、广东、四川、贵州和云南。根入药，人称"乌棒子"，对慢性气管炎有疗效。

6. 长毛远志　西南远志　图 586：2

Polygala wattersii Hance

灌木或小乔木，高 1～4m。分枝多，幼枝被腺毛状短细毛，具纵棱槽。叶螺旋状密集地排列于枝顶，叶片革质，椭圆状披针形或倒披针形，长 5～10cm，宽 1.5～3.0cm，先端渐尖至尾状渐尖，基部渐狭楔形，全缘，波状，两面无毛；中脉在上面凹陷，在下面隆起；叶柄长 6～10mm。总状花序 2～5 朵簇生于小枝顶端的数个叶腋里；花大，黄色或先端带红色，稀白色或紫红色。蒴果倒卵形或楔形，顶端圆而稍凹入，长约 1.3cm；种子圆形，具黄棕色的长柔毛，无种阜。花期 4～6 月；果期 5～7 月。

产于灵川、阳朔、荔浦、河池、凤山、南丹、天峨、靖西、那坡、凌云、龙州。生于石山灌丛。分布于四川、云南、贵州、湖北、湖南、广东；越南也有分布。根叶入药，具活经解毒的功效，可治跌打损伤；花黄色略带红色，美丽，可作园林观赏树种。

7. 密花远志　图 585：4～12

Polygala karensium Kurz

小灌木，高 1m。幼枝被短柔毛，后脱落无毛。叶膜质至纸质，线状披针形至长圆形，长 8～20cm，宽 1.5～4.0cm，先端渐尖，基部楔形，上面绿色，疏被白色短硬毛，下面浅绿色或苍白色，无毛；中脉在上面凹陷，在下面凸起；叶柄长 2.0 ~ 2.5cm，无毛或被短伏毛。总状花序密生于枝条顶部，顶生或腋生；花密集，长 1.7cm，粉红色或淡紫色。蒴果四方状圆形，直径 9mm，具阔翅，基部具花盘及花被脱落后残留的环状疤痕；种子黑色，具瘤状凸起及白色柔毛，种阜翅状，半透明。花期 12 月至翌年 4 月；果期翌年 3 ~ 6 月。

产于融水、那坡。生于山坡密林下的湿润肥沃处。分布于云南、西藏；越南、泰国也有分布。

2. 蝉翼藤属 Securidaca L.

攀援灌木。叶互生，有或无托叶。总状花序或圆锥花序顶生或腋生。花小，有苞片；萼片 5 枚，脱落，外面 3 枚较小，内面 2 枚较大，呈花瓣状；花瓣 3 枚，龙骨瓣盔状，有鸡冠状附属体，与侧边 2 瓣分离或近分离；雄蕊 8 枚，花丝在中部合生成管并和花瓣贴生，花药 2 室，内向，斜孔开裂；通常具 1 枚肾状的花盘，子房 1 室，有 1 枚倒垂的胚珠，花柱镰刀形，柱头短。果通常为翅果，具 1 枚种子，翅阔，革质；种子外种皮膜质，无胚乳及种阜。

约 80 种，主要分布于热带地区。中国 2 种，分布于广东、广西、云南；广西 2 种。

分种检索表

1. 蝉翼藤 蝉翼木、丢了棒 图 587：
1 ~ 6

Securidaca inappendiculata Hassk.

攀援灌木，长达 6m。小枝被紧贴细状伏毛。叶纸质或近革质，椭圆形或倒卵状长圆形，长 7 ~ 12cm，宽 3 ~ 6cm，先端急尖，基部钝或近圆形，全缘，上面无毛或被紧贴的短伏毛，背面被紧贴平伏毛；中脉在上面凹陷，在下面凸起；叶柄长 5 ~ 8mm，被毛。圆锥花序长 13 ~ 15cm，被淡黄褐色短伏毛；花小，花瓣 3 枚，淡紫红色，龙骨瓣鸡冠状附属物兜状；子房近圆形，花柱偏于一侧。核果球形，直径 7 ~ 15mm，果皮具脉纹，无短翅状附属物，翅革质，近长圆形，长 6 ~ 8cm，宽 1.5 ~ 2.0cm，先端钝。花期 5 ~ 8 月；果期 10 ~ 12 月。

产于苍梧、那坡、凌云、乐业、玉林、北流、博白、南宁、武鸣、马山、上林、防城、上思、龙州。生于山谷密林中。分布于广东、海南、云南；越南、缅甸、印度、马来西亚也有分布。根皮入药，可治风湿性关节炎；茎皮纤维韧，可作麻类代用品、人造棉及造纸原料。

2. 瑶山蝉翼藤 图 587：7 ~ 9

Securidaca yaoshanensis K. S. Hao

攀援状灌木，高 2 ~ 3m。小枝黄褐色至深

图 587 1 ~ 6. 蝉翼藤 Securidaca inappendiculata Hassk. 1. 花枝；2. 叶背的一部分（放大，示毛被）；3. 花；4. 雄蕊；5. 雌蕊；6. 果。7 ~ 9. 瑶山蝉翼藤 Securidaca yaoshanensis K. S. Hao 7. 果枝；8. 花；9. 雌蕊。（仿《中国植物志》）

棕色，被淡黄色极短细伏毛。叶片厚纸质或革质，卵状长圆形，长 5.0 ~ 10.5cm，宽 3.5 ~ 5.0cm，先端渐尖，基部圆形，全缘，微反卷，叶面深绿色，光滑无毛，背面淡绿色，无毛或略被极短细伏毛；中脉在上面具槽，在背面隆起；叶柄长 4 ~ 7mm，疏被细伏毛，基部两侧各具 1 枚无柄蕈状腺体。圆锥花序顶生或腋生，长 5 ~ 11cm，被黄色细伏毛。果绿紫色，具翅及短翅状物，翅革质，长圆形或近菱形，长 5 ~ 6cm，宽 1.6 ~ 2.0cm，果皮厚，坚硬不裂，具网脉，有种子 1 枚。花期 6 月；果期 10 月。

产于金秀、防城、上思。生于海拔 1000 ~ 1500m 的沟谷疏林中。分布于云南、广东。花枣红色，熟时似黄蝉，具观赏价值。

3. 黄叶树属 Xanthophyllum Roxb.

乔木或灌木。单叶互生，全缘，干时常呈黄绿色，托叶缺。总状花序或圆锥花序顶生或腋生；花两性，两侧对称，具短梗，有小苞片；萼片 5 枚，覆瓦状排列，不等大，里面 2 枚稍长。花瓣 5 或 4 枚，稍不等大，中间 1 枚盔状，不具鸡冠状附属物；雄蕊 8 枚，花丝分离或 2 ~ 4 枚生于子房之下，其余贴生于花瓣基部，花药内向，基部常有毛；花盘环状；子房上位，心皮 2 个合生，具柄，1 室，有 2 枚至多数倒生胚珠，花柱弯曲。核果肉质，球形，果皮纤维状或干燥，不裂，有种子 1 枚；种子具膜质种皮，无胚乳，无种阜。

约 93 种，分布于印度、印度尼西亚及澳大利亚。中国 4 种，产于西南和华南；广西 1 种。

黄叶树

Xanthophyllum hainanense Hu

乔木，高 5 ~ 20m。小枝纤弱，蜿蜒状，无毛。叶革质，卵状椭圆形或披针形，长 4 ~ 15cm，宽 1.5 ~ 6.0cm，先端长渐尖，基部楔形，全缘，两面无毛；中脉及侧脉在两面明显凸起；叶柄长 6 ~ 10mm。总状花序顶生或腋生，花少，长 4 ~ 8cm，花序轴和花梗密被短柔毛；花小，芳香，具披针形的小苞片；萼片 5 枚；花瓣 5 枚，淡黄色；胚珠 4 枚。果球形，直径 1.5 ~ 2.0cm，初时被柔毛，后脱落无毛，基部有一盘状环；种子 1 枚，扁球形，直径 8mm。花期 3 ~ 5 月；果期 7 ~ 8 月。

产于金秀、武鸣、马山、上林、防城、上思、钦州、宁明。生于海拔 1000m 以下的山谷、山坡密林中。分布于广东、海南。木材黄褐色或黄色，坚硬密致，气干密度 0.84g/cm³，干燥时易开裂及变形，不耐腐，不抗虫，供作建筑、一般家具用材。

66 番木瓜科 Caricaceae

小乔木或灌木。具白色乳汁，通常不分枝。叶有长柄，聚生于茎顶；叶片常掌状分裂，少有全缘，无托叶。花单性或两性，同株或异株；雄花通常组成下垂的总状花序或圆锥花序；雌花单生于叶腋或数朵组成伞房花序；花萼极小；雄花：花冠管细长，雄蕊 10 枚；雌花：花瓣 5 枚，有极短的管；子房上位，1 室或由假隔膜分成 5 室，侧膜胎座，胚珠多数；花柱 5 枚，柱头多分枝；两性花：花冠管极短或长；雄蕊 5 ~ 10 枚。果为肉质浆果。

4 属 34 种，产于热带美洲。中国引入 1 属 1 种；广西也有引种。

番木瓜属 Carica L.

小乔木或灌木。树干不分枝或有时分枝。叶聚生于茎顶端，具长柄，近盾形，各式锐裂至浅裂或掌状深裂，稀全缘。花单性或两性；雄花：雄蕊 10 枚；雌花：花瓣 5 枚，线状长圆形，凋落，分离，无不育雄蕊；子房无柄，1 室，柱头 5 枚；胚珠多数或有时仅少数，生于 5 枚侧膜胎座上。浆果大，肉质，种子多数，卵球形或略压扁，具假种皮，外种皮平滑多皱或具刺，胚包藏于肉质胚乳中，扁平，子叶长椭圆形。

1 种，有广泛人工栽培。中国引入栽培。

番木瓜　木瓜　图 588

Carica papaya L.

软木质常绿小乔木，高达 8m。茎不分枝或可在损伤处发生新枝。有螺旋状排列的粗大叶痕。叶大，生于茎顶，近圆形，常 5～9 深裂，直径可达 60cm，裂片再羽状分裂；叶柄中空，长常超过 60cm。花单性或两性，同株或异株；雄花排成长下垂圆锥花序；花冠乳黄色，下半部合生成筒状；雌花单生或数朵排成伞房花序，花瓣 5 枚，分离，乳黄色或黄白色，柱头流苏状。浆果大，矩圆形，长可达 30cm，熟时橙黄色；种子黑色，外被肉质外种皮。一年四季开花结果。

原产于美洲热带地区，现广布于世界各地热带及南亚热带地区。广东、海南、福建、云南、台湾等地有广泛栽培，约有 300 余年引种历史；广西南部、东南部、西南部也有广泛栽培。喜光，喜温暖湿润多雨气候，生长适温为 26～32℃，15℃是番木瓜生长的最低气温，10℃时生长停滞，连续 3d 以上日均气温 10℃ 以下的阴雨天气，番木瓜会出现寒害，短时 5℃ 幼嫩组织已出现寒害，0℃ 时健壮叶片受冻枯死。热带著名果树，栽培品种很多。播种繁殖。浆果熟时可食，也可制成各种果脯，用来提取木瓜素；叶有强心、消肿的作用。

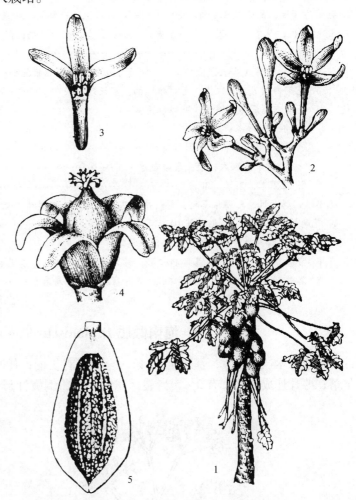

图 588　番木瓜 Carica papaya L. 1. 植株；2. 花枝；3. 花纵切面；4. 幼果；5. 果纵切面。（仿《中国高等植物图鉴》）

67　椴树科 Tiliaceae

木本，稀草本或木质藤本。单叶，互生，稀对生；有托叶或无。花两性或雌雄异株，聚伞花序或圆锥花序；苞片 5(3～4) 片，分离或稍连生，早落或宿存；萼片 5 枚，有时 4 枚，镊合状排列；花瓣与萼片同数或缺，分离；内侧有腺体；雄蕊多数，离生或基部连生成束，有时具花瓣状退化雄蕊；子房上位，2～10 室，每室 1 枚至多枚胚珠，生于中轴胎座；花柱单生。果为核果、坚果、蒴果或浆果，有时具翅；种子有胚乳，胚直，子叶扁平。

约 52 属 500 种，主产于热带及亚热带地区。中国 11 属约 70 种；广西 9 属 26 种 1 变种，本志记载 9 属 23 种 1 变种。

分属检索表

1. 萼片连合成钟状，2～5 裂，无雌雄蕊柄，雄蕊退化，子房 5 室；蒴果倒卵形，具 5 条棱 …………………………………………………………………………… **1. 海南椴属 Diplodiscus**

1. 萼片离生，雌雄蕊柄有或无；坚果、核果或蒴果。
  2. 花多为两性，常有雌雄蕊柄，花瓣内侧基部常有腺体；坚果、核果或朔果。
    3. 叶对生；花常 3～4 基数，稀 5 基数，子房 3 室，无子房柄；蒴果室间开裂，顶端有水平排列的翅 3 条 ……
    ……………………………………………………………………………………… **2. 斜翼属 Plagiopteron**
    3. 叶互生；花常 5 基数，子房 5 室，常有子房柄，或有雌雄蕊柄；坚果、核果，或为室背、室间开裂的蒴果。
      4. 花瓣内侧基部无腺体，无雌雄蕊柄；坚果或核果 ……………………………… **3. 椴树属 Tilia**
      4. 花瓣内侧基部有腺体，有雌雄蕊柄。
        5. 乔木或灌木；核果。
          6. 核果无沟；顶生圆锥花序 ……………………………… **4. 破布叶属 Microcos**
          6. 核果有纵沟；腋生聚伞花序 ……………………………… **5. 扁担杆属 Grewia**
        5. 亚灌木；蒴果，有刺 ……………………………………… **6. 刺蒴麻属 Triumfetta**
  2. 花单性，稀两性，无雌雄蕊柄，花瓣内侧基部无腺体，在萼片内侧无或有腺体；蒴果有翅，室间开裂。
    7. 花两性，无花瓣，退化雄蕊 10 枚 ……………………………………… **7. 滇桐属 Craigia**
    7. 花单性，稀两性，有花瓣，无退化雄蕊。
      8. 常绿乔木；叶革质，基部非心形；萼片通常无腺体，子房无柄 ………… **8. 蚬木属 Excentrodendron**
      8. 落叶乔木；叶纸质，基部心形；萼片有腺体，子房有柄……………… **9. 柄翅果属 Burretiodendron**

1. 海南椴属 Diplodiscus Turczaninow

乔木或灌木。叶互生，基脉 5～7 条，全缘，有长柄；托叶早落。花两性，顶生圆锥花序；苞片早落；萼片连成钟状，有 2～5 齿裂；花瓣 5 片，倒披针形；雄蕊多数，分离或稍连生成 5 束，花丝长，花药细小，药室不连合；退化雄蕊 5 枚，与花瓣对生，披针形；子房上位，5 室，每室有 5 枚胚珠，花柱细长，柱头尖锐。蒴果倒卵形，有 4～5 条钝棱，室 5 瓣裂，每室有 1～3 枚种子，密被长绒毛。

约 10 种。中国 1 种；广西也产。

海南椴 图 589

Diplodiscus trichosperma（Merr.）Y. Tang, M. G. Gilbert et Dorr

乔木，高达 15m。树皮灰白色。嫩枝密被灰褐色短绒毛。叶薄革质，卵圆形，长 6～12cm，宽 4～9cm，先端渐尖或锐尖，基部心形，全缘或波状小齿，上面无毛或近无毛，下面被灰黄色短柔毛；叶柄长 2.5～5.5cm，被毛。圆锥花序顶生，长 26cm，花多数，花序梗被灰黄色星状短柔毛；花梗长 5～7mm，被毛；苞片早落；花瓣黄色或浅白色，倒披针形，长 6～7mm，无毛。蒴果倒卵圆形，长

图 589 海南椴 Diplodiscus trichosperma（Merr.）Y. Tang, M. G. Gilbert et Dorr 1. 花枝；2. 果。（仿《中国植物志》）

2.0 ~ 2.5cm，有 4 ~ 5 条棱，熟时室背开裂，果瓣有浅槽，内面无毛，外面被淡黄色星状短柔毛；种子椭圆形，被黄褐色长柔毛。花期 8 ~ 9 月；果期 12 月。

产于大新、宁明、龙州。生于低海拔的石灰岩山地杂木林中。分布于海南。适应性较强，在酸性红壤、赤红壤和石灰土上都能生长。耐旱耐瘠薄，在岩石裸露的石灰岩山上能正常开花结果。树皮为优质纤维原料，拉力强、耐水、耐磨，纯纤维素含量达 44.85%，自然束拉力和栽培黄麻接近，作为一种经济植物和荒山绿化树种，有开发利用价值。

2. 斜翼属 Plagiopteron Griff.

木质藤本。单叶，对生，全缘；托叶不显著。花两性；聚伞花序排成圆锥花序；萼片 3 ~ 5 枚，细小，齿状；花瓣 3 ~ 5 枚，呈萼片状，反卷，镊合状排列；雄蕊多数，插生于短小花托上，基部略连合，花药 2 室，基部叉开；子房 3 室，每室有 2 枚胚珠，花柱单一。蒴果三角状陀螺形，顶端有水平排列的翅 3 条。

1 种，分布于亚洲东南部。中国有分布；广西也产。

斜翼

Plagiopteron suaveolens Griff.

蔓生灌木。嫩枝被褐色绒毛。叶纸质，卵形或卵状长圆形，长 8 ~ 15cm，宽 4 ~ 9cm，先端急锐尖，基部圆形或微心形，全缘，上面脉上被绒毛；下面被褐色星状绒毛；侧脉 5 ~ 6 对；叶柄长 1 ~ 2cm，被毛。圆锥花序生于枝顶叶腋，比叶片短，花序轴被绒毛；花梗长 6mm，小苞片针形，长 2 ~ 3mm；萼片 3 片，披针形，长 2mm，被毛；花瓣 3 片，长 4mm，卵形，两面被毛；雌蕊长 5mm，花药球形，纵裂；子房被褐色长柔毛。

产于龙州。生于海拔约 200m 的石灰岩灌丛。马来西亚、泰国也有分布。

3. 椴树属 Tilia L.

落叶乔木。单叶，互生，有长柄，基部偏斜，全缘或有锯齿；托叶早落。花两性，白色或黄色；聚伞花序，花序梗下半部常与长舌状苞片贴生；萼片 5 片，镊合状排列；花瓣 5 片，覆瓦状排列，基部有小鳞片；雄蕊多数，离生或合生成 5 束；退化雄蕊呈花瓣状，与花瓣对生；子房 5 室，每室有 2 枚胚珠，花柱单一，柱头 5 裂。坚果或核果，通常不开裂；有 1 ~ 2 枚种子。

约 40 种，主要分布于北温带和亚热带。中国 19 种；广西 2 种。

分种检索表

1. 萼厚革质；果干后 5 瓣裂 ·· 1. 白毛椴 T. endochrysea
1. 萼片薄革质；果干后不开裂，无棱，被星状绒毛 ························· 2. 椴树 T. tuan

1. 白毛椴　湘椴　图 590：1

Tilia endochrysea Hand. – Mazz.

乔木，高达 12m。嫩枝无毛。叶卵圆形或宽卵形，长 9 ~ 16cm，宽 6 ~ 13cm，先端渐尖或锐尖，基部斜心形或斜截形，边缘有疏齿，稀近先端 3 浅裂，上面无毛，下面被灰色或灰白色星状绒毛，有时变秃净；侧脉 5 ~ 6 对；叶柄长 3 ~ 7cm。聚伞花序长 9 ~ 16cm，有 12 ~ 18 朵花，花序梗近无毛；花梗长 4 ~ 12mm；苞片窄长圆形，长 7 ~ 10cm，宽 2 ~ 3cm；萼片厚革质，长卵形，长 6 ~ 8mm，外面被灰褐色柔毛；花瓣长 1.0 ~ 1.2cm；退化雄蕊花瓣状，比花瓣略短；雄蕊与萼片等长；子房被毛。果球形，5 瓣裂，果皮厚。花期 7 ~ 8 月。

产于全州、灌阳、融水。生于海拔 600 ~ 1200m 的山地阔叶林中。分布于广东、湖南、江西、福建、浙江。木材可作一般家具用材；树皮富含纤维，可代麻，供制人造棉及纺织用。

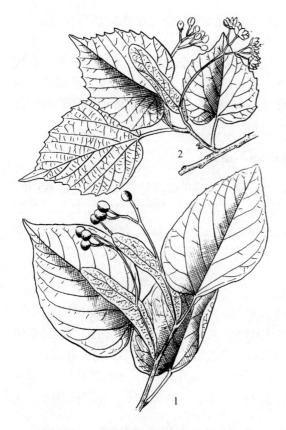

图590 1. 白毛椴 Tilia endochrysea Hand. – Mazz. 果枝。2. 椴树 Tilia tuan Szyszyl. 花枝。(仿《中国植物志》)

图591 破布叶 Microcos paniculata L. 1. 果枝；2. 花枝。(仿《中国高等植物图鉴》)

2. 椴树 图590：2

Tilia tuan Szyszyl.

乔木，高达20m。树皮灰色，纵裂。嫩枝无毛。叶卵圆形，长7～18cm，宽5.5～10.0cm，先端短尖或渐尖，基部单侧心形或斜截形，叶缘上部疏生小齿，上面无毛，下面初被星状绒毛，后脱落，仅脉腋有簇生毛；侧脉6～7对；叶柄长3～5cm，近无毛。聚伞花序长8～13cm，无毛；花梗长7～9mm；苞片窄倒披针形，长10～16cm，宽1.5～2.5cm，无柄，先端钝，基部圆形或楔形，上面无毛，下面被星状绒毛，下部5～7cm与花序梗合生；萼片薄革质，长圆状披针形，长5mm；花瓣长7～8mm。果球形，直径8～10mm，无棱，被星状绒毛。花期7月；果期10月。

产于龙胜。生于海拔1200m以上的山地杂木林中。分布于湖北、四川、云南、贵州、湖南、江西。木材白色，稍松软，易加工，可作一般家具、室内装饰等用材；茎皮纤维可供制麻袋、绳索及人造棉。

4. 破布叶属 Microcos L.

灌木或小乔木。叶互生，基生三出脉，全缘或先端浅裂，具短叶柄。花两性，排成聚伞花序再组成顶生圆锥花序；萼片5片，离生；花瓣5片，稀无花瓣，内面近基部有腺体；雄蕊多数，离生，着生于雌雄蕊柄上部；子房上位，3室，每室有4～6枚胚珠。核果球形或梨形，表面无裂沟，不具分核。

约60种，分布于非洲至印度、中南半岛等地。中国3种，产于南部及西南部；广西1种。

破布叶 图591

Microcos paniculata L.

小乔木，高10m。树皮粗糙。嫩枝被毛。叶薄革质，卵状长圆形，长8～18cm，宽4～8cm，先端渐尖，基部圆形，两面初时被状毛，后变无毛，三出脉的两侧从基部发出，向上行超过叶片中部，边缘有细锯齿；叶柄长1.0～1.5cm，被毛；托叶线状披针形，长5～7mm。顶生圆锥花序长4～10cm，被星状柔毛；苞片披针形；萼片长圆形，长5～8mm，外面被毛；花瓣长圆形，长3～4mm，下半部被毛；腺体长2mm；雄蕊多数，比萼片短；子房球形，无毛，柱头锥形。核果近球形或倒卵形，长1cm；果柄短。花期6～9月；果期10～12月。

广西南亚热带及热带地区低山、丘陵常见种。分布于广东、海南、云南；越南、印度也有分布。

茎皮纤维细长，柔软，拉力强，可供制作人造棉或代麻。叶供药用，味酸，性平无毒，可清热去毒、去食积。

5. 扁担杆属 Grewia L.

灌木或乔木。嫩枝被星状柔毛。叶互生，基生三出脉，有锯齿或浅裂；叶柄短；托叶早落。花两性或单性异株，常3朵花组成聚伞花序；花序梗被毛；苞片早落；萼片5片，分离，外面被毛，内面无毛；花瓣5片，比萼片短；腺体鳞片状，生于花瓣基部，被长毛；雌雄蕊柄短，无毛；雄蕊多数，离生；子房2~4室，每室有2~8枚胚珠，花柱单生，柱头盾形，全缘或分裂。核果有纵沟，有2~4枚分核，核间有假隔膜；胚乳丰富，子叶扁平。

约90种，分布于亚热带。中国约27种，产于长江流域以南；广西12种1变种。

分种检索表

1. 花两性；子房及核果均球形，不分裂，具1~2枚分核。
　2. 叶下面被灰色星状绒毛，基部斜圆形或斜截形 ·················· **1. 毛果扁担杆 G. eriocarpa**
　2. 叶下面被疏毛或近秃净，基部斜心形 ·················· **2. 椴叶扁担杆 G. tiliifolia**
1. 花两性或单性；子房及核果2~4裂，双球形或四球形，有2~4枚分核。
　3. 叶卵圆形、菱形、近圆形或倒卵形，基部偏斜或整正，三出脉的两侧脉向上行常过半。
　　4. 叶下面被疏星状粗毛或无毛 ·················· **3. 扁担杆 G. biloba**
　　4. 叶下面被茸毛、粗毛或短粗毛。
　　　5. 花序多枝腋生，花序柄长3~6mm，柱头2裂 ·················· **4. 苘麻叶扁担杆 G. abutilifolia**
　　　5. 花序1~2枝腋生，花序柄长约1cm，柱头5裂 ·················· **5. 稔叶扁担杆 G. urenifolia**
　3. 叶披针形或长圆形，基部整正，长度为宽度的2.5~5.0倍，三出脉的两侧脉向上行达中部或中部以下。
　　6. 叶两面初时被星状粗毛，后脱落留下小瘤状凸起 ·················· **6. 长瓣扁担杆 G. macropetala**
　　6. 老叶下面被茸毛或粗，上面通常有毛。
　　　7. 叶披针形、长圆状披针形、三角状披针形，基部圆形或微心形，有时钝；叶柄长1~8mm。
　　　　8. 叶三角状披针形，基部最宽 ·················· **7. 无柄扁担杆 G. sessiliflora**
　　　　8. 叶披针形、长圆状披针形或带形，基部圆而狭窄。
　　　　　9. 叶披针形或长圆状披针形，长4~14cm，宽2~4cm。
　　　　　　10. 叶下面被黄褐色或灰褐色绒毛。
　　　　　　　11. 叶下面被灰褐色绒毛；叶柄长3~8mm ·················· **8. 寡蕊扁担杆 G. oligandra**
　　　　　　　11. 叶下面被黄褐色粗绒毛；叶柄长2~3mm ·················· **9. 粗毛扁担杆 G. hirsuta**
　　　　　　10. 叶下面被灰白色紧贴星状柔毛 ·················· **10. 钝叶扁担杆 G. retusifolia**
　　　　　9. 叶带形，长13~18cm，宽2~3cm，革质 ·················· **11. 镰叶扁担杆 G. falcata**
　　　7. 叶阔长圆形，基部阔楔形或单侧钝形；叶柄长7~9mm ·················· **12. 黄麻叶扁担杆 G. henryi**

1. 毛果扁担杆　图592

Grewia eriocarpa Juss.

灌木或小乔木，高8m。嫩枝被灰褐色绒毛。叶纸质，斜卵形，长6~13cm，宽3~6cm，先端渐尖，基部斜圆形或斜截形，边缘有细锯齿，上面被疏毛，下面被灰色星状绒毛，基生三出脉的两侧脉长达叶片的3/4；叶柄长5~10mm；托叶线状披针形。腋生聚伞花序有1~3个，长1.5~3.0cm，花序梗长3~8mm，花梗长3~5mm；花两性；萼片狭长圆形，长6~8mm，两面均被毛；花瓣长3mm；腺体短小；雌雄蕊柄被毛；雄蕊离生，比萼片短；子房被毛，花柱被短柔毛，柱头盾形，4浅裂或不分裂。核果球形，直径6~8mm，被星状毛，有浅沟。

产于天峨、百色、田林、隆林、南宁、龙州。分布于云南、贵州、广东、台湾；中南半岛以及印度、菲律宾、印度尼西亚也有分布。茎皮富含纤维，可供织麻袋；花、叶煎水喝，可治胃病。

图 592 毛果扁担杆 Grewia eriocarpa Juss. 果枝。（仿《中国高等植物图鉴》）

图 593 扁担杆 Grewia biloba G. Don 1. 花枝；2. 叶背的一部分（示毛）；3. 果。（仿《中国高等植物图鉴》）

2. 椴叶扁担杆

Grewia tiliifolia Vahl

乔木，高达 8m。嫩枝被灰色星状绒毛。叶纸质，近圆形宽卵圆形，长 8 ~ 13cm，宽 6 ~ 9cm，先端短尖，基部斜心形，边缘有细锯齿，上面初时被疏毛，后脱落，下面被毛或无毛；基生三出脉的两侧脉长达叶片的 2/3；叶柄长 1cm。腋生聚伞花序有 2 ~ 6 枝，每枝有 3 朵花，花序梗长 1.0 ~ 1.5cm，花梗长 6 ~ 7mm，均被灰褐色绒毛；萼片长 7 ~ 8mm，长圆状披针形，两面均被灰黄色绒毛；花瓣黄色，比萼片短窄；雄蕊多数，比萼片稍短，分为 5 束，基部微连生；子房被毛，花柱比雄蕊略长，柱头头状。核果不分裂。花期 5 ~ 6 月。

产于广西西南部。生于灌丛中。分布于云南；印度、缅甸、马来西亚等地也有分布。

3. 扁担杆　图 593

Grewia biloba G. Don

灌木或小乔木，高 1 ~ 4m。嫩枝被粗毛。叶薄革质，椭圆形或倒卵状椭圆形，长 4 ~ 9cm，宽 2.5 ~ 4.0cm，先端锐尖，基部楔形，边缘有细锯齿，两面被疏星状粗毛或无毛；基生三出脉的两侧脉长过叶片的一半；叶柄长 4 ~ 8mm，被粗毛；托叶钻形，长 3 ~ 5mm。聚伞花序腋生，多花，花序梗长不及 1cm；花梗长 3 ~ 6mm；苞片钻形，长 3 ~ 5mm；萼片窄长圆形，长 4 ~ 7mm，外面被毛，内面无毛；花瓣长 1.0 ~ 1.5mm；雌雄蕊柄长 0.5mm，被毛；雄蕊长 2mm；子房被毛，花柱柱头盘状，有浅裂。核果红色，有 2 ~ 4 枚分核。花期 6 ~ 7 月；果期 9 ~ 10 月。

产于临桂、恭城、凤山、田林、凌云、乐业、西林。生于丘陵或低山路边草地、灌丛或疏林中。分布于江西、湖南、广东、台湾、安徽、四川。茎皮纤维白色，可供制人造棉及纺织等用；全株入药，主治小儿疳积、风湿关节痛等。

3a. 小花扁担杆

Grewia biloba var. **parviflora**（Bunge）Hand. – Mazz.

与原种主要区别在于：叶下面密被黄褐色软绒毛。

产于全州、灌阳、临桂。生于海拔约 900m

的山地上。分布于广东、湖南、贵州、云南、四川、湖北。

4. 苘麻叶扁担杆 图594

Grewia abutilifolia Vent. ex Juss.

灌木或小乔木，高1~5m。嫩枝被黄褐色星状粗毛。叶纸质，宽卵圆形或近圆形，长7~11cm，宽5~9cm，先端短尖，基部圆形或微心形，边缘有细锯齿，上面被星状粗毛，下面密被黄褐色星状绒毛；基生三出脉的两侧脉长过叶片的一半；叶柄长1~2cm，被星状粗绒毛。腋生聚伞花序有3~7枝，每枝有多花，花序梗长3~6mm；花梗长4~8mm；苞片线形，早落；萼片窄长圆形，长6~8mm，外面被毛，内面无毛；花瓣长2~3mm；雌雄蕊柄无毛；雄蕊4~5mm；子房被长毛，花柱柱头2裂。核果被毛，有2~4枚分核。

产于广西西北部、北部。生于低海拔阳坡及灌丛中。分布于云南、广东、台湾；越南、印度及中南半岛也有分布。茎皮纤维可代麻，供制人造棉。

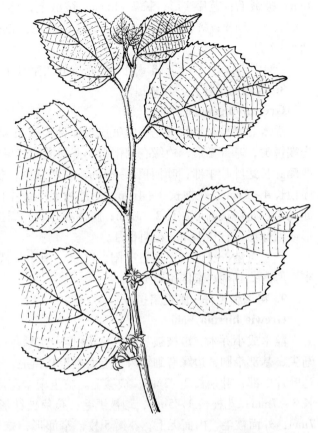

图594 苘麻叶扁担杆 **Grewia abutilifolia** Vent. ex Juss. 花枝。(仿《中国高等植物图鉴》)

5. 稔叶扁担杆 野棉叶扁担杆

Grewia urenifolia (Pierre) Gagnep.

灌木，高2m。嫩枝被星状粗毛。叶宽卵圆形，长6~8cm，宽4.0~6.5cm，先端尖，基部心形，上面被粗糙星状毛，下面密被星状粗毛；叶柄1.0~1.5cm，被粗毛。腋生聚伞花序有花1~2枝，花序梗长1cm；花梗长4~6mm；花蕾长6~7mm；萼片长6mm，外面被毛，内面无毛；花瓣短小；腺体基部被毛；子房被毛，花柱5裂。

产于鹿寨、融水、百色。生于次生灌木丛中。分布于海南、云南；越南、泰国以及中南半岛也有分布。茎皮含纤维约25%，可代麻，供制人造棉。

6. 长瓣扁担杆 大瓣扁担杆

Grewia macropetala Burret

灌木，高达3m。嫩枝被褐色星状粗毛。叶薄革质，长圆状披针形，长4.0~6.5cm，宽1.5~2.0cm，先端渐尖，基部窄圆，边缘有不整齐细锯齿，两面初时被星状粗毛，后脱落留下小瘤状凸起；基生三出脉的两侧脉长达叶片中部；叶柄长4~5mm，被星状。腋生聚伞花序有1~2枝，每枝有3朵花，花序梗长5~14mm；花梗长4~12mm，均被星状毛；苞片线形，长3~4mm；萼片长6mm，外面被毛，内面无毛；花瓣长4~5mm；雌雄蕊柄短，无毛；雄蕊16~18枚，与花瓣等长；子房被毛，花柱2~4裂。核果2~4浅裂，初被毛，后无毛。花期5~6月。

产于南丹。生于次生林中。分布于广东、云南。

7. 无柄扁担杆

Grewia sessiliflora Gagnep.

灌木。嫩枝被黄褐色软绒毛。叶纸质，三角状披针形，长6~10cm，宽3~5cm，先端窄而渐尖，基部斜圆形或微心形，边缘有锯齿，上面被星状软绒毛，下面密被黄褐色软绒毛；基生三出脉的两侧脉长达叶片中部；叶柄长1~3mm。腋生聚伞花序有花枝1~2枝，长4~5cm，花序梗长3~

4cm，被绒毛；苞片线形，长7~8mm，被绒毛；萼片披针形，长8~9mm，外面被毛，内面无毛；花瓣长4~5mm；雄蕊比花瓣稍长；子房被绒毛，花柱超出雄蕊。核果双球形，被稀疏星状毛。花期6~7月。

产于宁明、凭祥、龙州。生于低海拔的次生林中。分布于广东；泰国、越南也有分布。

8. 寡蕊扁担杆　少蕊扁担杆

Grewia oligandra Pierre

灌木。嫩枝被星状绒毛。叶纸质，披针形或长圆状披针形，长9.0~10.5cm，宽2.0~3.5cm，先端锐尖，基部圆形，边缘有细锯齿，上面被稀疏星状短绒毛，下面被灰褐色绒毛；基生三出脉的两侧脉长达叶片中部；叶柄长3~8mm；托叶钻形，长4mm，早落。腋生聚伞花序有3~5朵花，花序梗长4~7mm；花梗长3~4mm，均被绒毛；苞片长3~4mm，萼片长5~6mm，外面被绒毛，内面无毛；花瓣长圆形，长2~3mm；腺体鳞片状，周围被毛；子房被毛；花柱柱头多裂。核果双球形或四球形，直径1cm。花期8月。

产于贵港、百色、田东、田阳、邕宁、南宁、武鸣、上思、龙州。生于杂木林中。分布于广东、海南；越南、泰国也有分布。

9. 粗毛扁担杆　刚毛扁担杆

Grewia hirsuta Vahl

灌木或小乔木。嫩枝被灰褐色星状粗毛。叶革质，披针形，长6~14cm，宽2.0~3.5cm，先端渐尖，基部窄圆，边缘有细锯齿，上面被星状粗毛，下面被黄褐色粗绒毛，基生三出脉的两侧脉长达叶片中部；叶柄长2~3mm，被绒毛。腋生聚伞花序有花枝1~5枝，每枝有3~4朵花，花序梗长3~7mm；花梗长3~5mm，均被绒毛；苞片披针形，长3~4mm；萼片5枚，窄披针形，长6~7mm，外面被毛，内面无毛；花瓣5枚，窄卵形；雄蕊长4~5mm，花药有5条直沟；子房被长绒毛，4室，花柱超出雄蕊，无毛，柱头盘状，4裂。核果球形或双球形，被稀疏粗毛，有2~4枚分核。花期6~7月。

产于龙州。生于低海拔的山区杂木林中。分布于云南。茎皮纤维可代麻、供造纸。

10. 钝叶扁担杆

Grewia retusifolia Kurz

灌木或小乔木。嫩枝被黄色星状绒毛。叶长圆状披针形，长6.0~8.5cm，宽2.0~3.5cm，先端钝或略尖，基部圆形，边缘有不规则小齿凸，上面初被星状短粗毛，后变无毛，下面被灰白色星状柔毛；基生三出脉的两侧脉长达叶片中部；叶柄长3~5mm。腋生聚伞花序有花枝1~2枝，每枝3~5朵花，花序梗长1cm，被毛；花梗长3mm；苞片线状披针形，长3~5mm；萼片窄披针形，长5~6mm，外面被星状绒毛，内面无毛；花瓣长2.5mm；雄蕊比花瓣稍长；子房被毛，花柱超出雄蕊，柱头4裂。核果四球形。

产于南宁。生于次生林中。越南、印度尼西亚、澳大利亚也有分布。

11. 镰叶扁担杆

Grewia falcata C. Y. Wu

灌木或小乔木。嫩枝被黄褐色软绒毛。叶革质，带形，略弯斜或伸直，长13~18cm，宽2~3cm，先端渐尖，基部钝，边缘有细锯齿，上面除脉上有毛外，其余部分秃净，下面被黄褐色软绒毛；三出脉的两侧脉微弱，长不及叶片的1/4；叶柄长3~5mm，被绒毛。花1~3朵腋生，花序柄长3~5mm；花柄长3~4mm，有黄褐色绒毛；萼片披针形，外面有绒毛，内面无毛；花瓣长圆形，长3~4mm；子房密被黄褐色长绒毛，花柱比雄蕊长，柱头4裂。核果四球形，有毛，发亮。

产于广西西南部。生于海拔800~1700m的开阔林地。分布于云南；泰国、越南等地也有分布。

12. 黄麻叶扁担杆　西南扁担杆

Grewia henryi Burret

灌木或小乔木，高 1 ~ 6m。嫩枝被黄褐色粗毛。叶薄革质，阔长圆形，长 11 ~ 19cm，宽 3.0 ~ 4.5cm，先端渐尖，基部宽楔形，稀斜圆形，边缘有细锯齿，上面被疏短粗毛，下面被黄绿色星状粗毛，或脱落；基生三出脉的两侧脉长不达叶片的一半；叶柄长 7 ~ 9mm，被星状粗毛。腋生聚伞花序有花枝 1 ~ 2 枝，每枝有 3 ~ 4 朵花；花梗长 5 ~ 11mm；萼片披针形，长 1.0 ~ 1.3cm，外面被毛，内面无毛；花瓣长卵形，长 4 ~ 5mm；雄蕊长 5 ~ 7mm；子房被毛，4 室，花柱长 6 ~ 7mm，柱头 4 裂。核果 4 裂，有 4 枚分核。

产于天峨、百色、靖西、那坡、田林、凌云、隆林、武鸣、大新、龙州。生于山谷、溪边及密林中。分布于云南、贵州、广东、江西、福建。茎皮纤维代麻或作造纸原料。

6. 刺蒴麻属 Triumfetta L.

草本或亚灌木。叶互生，不分裂或掌状 3 ~ 5 裂，基出脉，边缘有锯齿；叶柄较长。花两性，单生或腋生聚伞花序；苞片早落；萼片 5 枚，离生，镊合状排列，顶端常有凸起的角；花瓣与萼片同数，离生，内侧基部有增厚腺体；雄蕊 5 枚至多数，离生，着生于肉质而有裂片的雌雄蕊柄上；子房 2 ~ 5 室，花柱单一，柱头 2 ~ 5 裂，每室有 2 枚胚珠。蒴果近球形，无翅，3 ~ 6 室背瓣裂，或为闭果，具针刺，先端直或倒钩；种子有胚乳。

约 150 种，广布于热带及亚热带地区。中国 7 种，产于南部及东部各地；广西 4 种，本志记载 1 种。

刺蒴麻

Triumfetta rhomboidea Jacq.

亚灌木，高 1m。嫩枝被灰褐色短绒毛。基部的叶宽卵形，长 3 ~ 8cm，宽 2 ~ 6cm，先端常 3 裂，基部圆形；茎上部的叶长圆形，不裂；边缘有不规则粗锯齿，上面被疏毛，下面被星状柔毛；基生三至五出脉的两侧脉直达裂片尖端；叶柄长 1 ~ 5cm。聚伞花序数枝腋生，花序梗及花梗均极短；萼片窄长圆形，长 5mm，先端有角，被长毛；花瓣黄色，比萼稍短，边缘被毛；雄蕊 10 枚；子房被刺毛。果球形，不开裂，直径 3mm，被灰黄色柔毛，针刺有钩，刺长 2 ~ 3mm，无毛；有 2 ~ 6 枚种子。花期夏秋季；果期 11 ~ 12 月。

产于玉林、梧州、贺州、南宁、崇左、百色。生于旷野、村旁、田边、草丛中。分布于广东、云南、福建、台湾；亚洲热带及非洲也有分布。全株供药用，可治毒疮及肾结石；茎皮纤维可供制麻袋等用。

7. 滇桐属 Craigia W. W. Smith et W. E. Evans

落叶乔木。顶芽有鳞苞。叶互生，基生三出脉，边缘有小齿；叶柄长；无托叶。花两性，聚伞花序，花梗有节；萼片 5 枚，肉质，分离，镊合状排列；无花瓣；无雌雄柄；雄蕊多数，退化雄蕊披针形，成对着生，每对包藏 4 枚发育雄蕊；子房上位，5 室；每室有 6 枚胚珠，生于中轴胎座，花柱 5 枚。蒴果椭圆形，有 5 枚膜质翅，翅有脉纹，室间开裂，每室有 1 ~ 4 枚种子，种子长圆形。

2 种。分布于云南、贵州；越南北部也有分布。广西 2 种。

分种检索表

1. 叶椭圆形，长 10 ~ 20cm，基部圆；嫩枝及叶下面无毛 ·················· **1. 滇桐 C. yunnanensis**
1. 叶长圆形，长 7 ~ 9cm，基部楔形；嫩枝及叶下面被毛 ·················· **2. 桂滇桐 C. kwangsiensis**

图595 1. 滇桐 Craigia yunnanensis W. W. Sm. et W. E. Evans 果枝。2~3. 长蒴蚬木 Excentrodendron obconicum（Chun et F. C. How）H. T. Chang et R. H. Miau 2. 叶片；3. 果枝。(仿《中国植物志》)

图596 桂滇桐 Craigia kwangsiensis H. H. Hsue 果枝。(仿《中国植物志》)

1. 滇桐 图595：1

Craigia yunnanensis W. W. Sm. et W. E. Evans

乔木，高达20m。嫩枝无毛。叶纸质，椭圆形，长10~20cm，宽5~11cm，先端急短尖，基部圆形，两面无毛；基生三出脉，两侧脉上行不超过叶片的一半；叶柄长1.5~5.0cm。聚伞花序腋生，长3cm，有2~5朵花；花梗有节；萼片5片，长圆形，长1cm，外面被毛；花瓣缺；退化雄蕊10枚，发育雄蕊20枚，比萼片短；子房无毛，5室，每室有6枚胚珠，花柱5枚。蒴果有翅，5条棱，椭圆形，长3.5cm，直径2.5~3.0cm；种子长1cm。

濒危种，国家Ⅱ级重点保护野生植物。产于靖西、那坡。分布于云南、贵州；越南北部也有分布。

2. 桂滇桐 图596

Craigia kwangsiensis H. H. Hsue

乔木。嫩枝被星状短柔毛。叶纸质，长圆形，长7~9cm，宽2.5~4.0cm，先端渐尖，基部楔形，边缘有细锯齿，上面无毛，下面被黄褐色短柔毛；基生三出脉，两侧脉上行不过叶片长度的1/3；叶柄长1.8~2.5cm。果序腋生，果序梗长1.0~1.5cm；果梗长1.0~1.2cm，有节，均被星状短柔毛；蒴果有翅，椭圆形，长2.5~3.0cm，直径2.0~2.4cm；种子椭圆形，长8mm。

广西特有种，极危种，自命名后未再发现新的野生植株。产于田林。生于海拔1400m的山区。

8. 蚬木属 Excentrodendron

H. T. Chang et R. H. Miau

常绿乔木。嫩枝无毛。叶互生，革质，基生三出脉，脉腋有囊状腺体，全缘。花两性或单性；腋生圆锥花序，花梗常有节；苞片早落。两性花及雄花萼片5~6枚，镊合状排列，基部分离或稍合生，被毛，内面无腺体，或内侧2~3枚各有两个球形腺体；花瓣5(3~9)片，有短爪；雄蕊20~40枚，合成5束；花药2室，基部着生；子房无柄，5室，每室有2枚胚珠，花柱5枚，极短。蒴果长圆形，5室，有5枚薄翅，室间开裂；每室有1枚种子，基部着生于子房底；种子倒卵状长圆形。

2种，产于中国西南部及越南北部，珍贵用材树种。广西2种。

分种检索表

1. 叶基部圆，叶卵圆形或椭圆状卵形，长 8 ~ 18cm，宽 5 ~ 12cm；花梗及果梗无节 ·············· **1. 蚬木 E. hsienmu**
1. 叶基部宽楔形，叶长圆形，长 11 ~ 15cm，宽 4.5 ~ 6.0cm；花梗或果梗有节 ·········· **2. 长蒴蚬木 E. obconicum**

1. 蚬木　图 597：1 ~ 9

Excentrodendron hsienmu（Chun et F. C. How）Hung T. Chang et R. H. Miau

乔木。嫩枝无。叶近革质，卵圆形或椭圆状卵形，长 8 ~ 18cm，宽 5 ~ 12cm，先端锐尖或尾状锐尖，基部圆形，上面绿色，发亮，脉腋有囊状腺体及簇生毛；基生三出脉的两侧脉长达叶片的1/2；叶柄长 3 ~ 10cm，无毛。雄花排成圆锥花序，有 7 ~ 13 朵花，长 5 ~ 9cm；雌花排成总状花序，有花 1 ~ 3 朵；花梗无节，被星状柔毛；苞片早落；萼片圆形，长 1cm，外面被星状柔毛，内面无毛；花瓣倒卵形，长 5 ~ 6mm；雄蕊 18 ~ 35 枚，长 5 ~ 6mm，花丝基部稍相连，分为 5 束，各束雄蕊不等数，花药长 3mm；子房 5 室，每室有 2 枚胚珠，生于中轴胎座，花柱 5 枚，完全分离，极短。蒴果纺锤形，长 3.5 ~ 4.0cm；果梗无节。

濒危种，国家Ⅱ级重点保护野生植物。产于天峨、巴马、隆安、武鸣、百色、田阳、平果、德保、那坡、乐业、龙州、大新、宁明、凭祥。生于石灰岩常绿杂木林中。分布于云南东南部；越南北部也有分布。专性钙土植物，仅生长于石灰岩钙质土，自然生长多在石山山坡、石崖。喜暖热气候，抗寒性弱，幼树在 -1℃时枯梢，-4℃时受严重冻害以至死亡。耐干旱，不耐水湿，排水不良和雨季短期积水都可导致死亡。幼龄期耐阴，长大后喜光。1 ~ 2 年生苗木在庇荫下生长较好，3 ~ 6 年在林下生长正常，10 年以上可在全光下生长。天然更新能力极强，只要有结实母树，加以人工封禁，都能形成以蚬木为主的天然林。近年，广西热带岩溶石山区全面封山育林，天等、大新、龙州等地出现了较大规模的蚬木天然

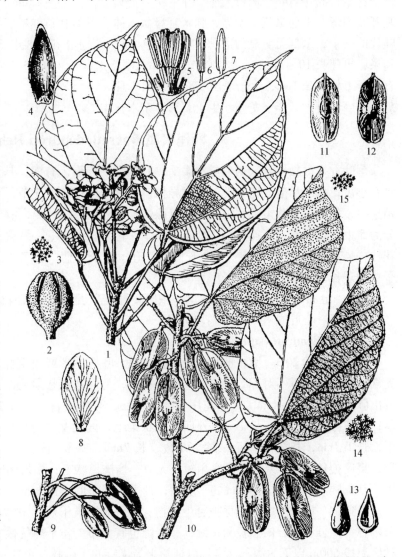

图 597　1 ~ 9. 蚬木 Excentrodendron hsienmu（Chun et F. C. How）Hung T. Chang et R. H. Miao 1. 花枝；2. 花蕾；3. 毛被；4. 花萼；5 ~ 7. 雄蕊；8. 花瓣；9. 果枝。**10 ~ 15. 柄翅果 Burretiodendron esquirolii**（H. Lév.）Rehder 10. 果枝；11 ~ 12. 翅果；13. 种子；14 ~ 15. 毛被。（仿《中国植物志》）

林，生长良好，林分浓郁。在广西热带岩溶石山区，蚬木与金丝李、肥牛树、割舌树等同为季雨林的主要建群树种。生长速度中等，天然林中，5 年生树高年生长量在 28~30cm；以后生长加速，10~15 年生的高生长量每年为 1.1~1.3m；15~25 年生的年生长量则下降为 0.7~0.9m。

播种繁殖。果熟期 6~7 月。蒴果熟后开裂，种子散落地面，迅速发芽或腐烂，果壳开始由青变黄时应及时采种。采回后，置通风处晾干，1~2d 后果开裂，即进行脱粒、除杂、选种。千粒重 150g。新鲜种子，发芽率高达 95% 以上。随采随播，如需短期贮运，种子要晾干，但不能脱水或暴晒。蚬木为广西一类珍贵用材，著名硬木，材质优良，用途广泛，木材气干密度 1.02g/cm³，弦、径干缩比为 1.39，不易开裂变形。木材抗压、抗剪强度高，韧性大，防虫性好，可塑性大，透水性低，易上油漆，是造船、车辆、机械垫木、特殊建筑、高级家具的良材。蚬木心材比重大，红褐色，耐磨、耐砍，也用作车轴、车轮、砧板等用材。

2. 长蒴蚬木 图 595：2~3

Excentrodendron obconicum (Chun et F. C. How) H. T. Chang et R. H. Miau

乔木，高达 20m。嫩枝无毛。叶革质，长圆形，长 11~15cm，宽 4.5~6.0cm，先端尾状渐尖，基部宽楔形，上面绿色，发亮，脉腋有囊状腺体，下面脉腋被星状柔毛；基生三出脉的两侧脉长达叶片的一半，基部无明显的边脉；叶柄长 4~8cm。总状花序梗长 3~6mm，有时更短。有 1~4 枚蒴果，果序长 10~11cm，果梗有节；蒴果长圆锥形，长 4.0~5.5cm，有 5 枚薄翅，下半部变狭窄；有种子 1 枚，长 1cm，生于子房基部。果期 7 月。

广西特有种，产于龙州，生于石灰岩杂木林中。

9. 柄翅果属 Burretiodendron Rehd.

落叶乔木。嫩枝被灰褐色星状柔毛。叶互生，心形，有柄，基生五至七出脉，脉腋无腺体，边缘有小齿；托叶早落。花单性，雌雄异株，聚伞花序；花梗无节；萼片 5 枚，镊合状排列，离生或稍连生，外面被星状柔毛，内面基部有腺体；花瓣 5 枚，分离，有短爪；无雌雄蕊柄；雄蕊 30 枚，分为 5 束，花丝基部稍连生，花药长圆形，2 室，基部着生，纵裂；退化子房藏在雄蕊群内，有短花柱；雌花子房有柄，5 室。蒴果长圆形，有短的子房柄，有 5 枚薄翅，空间开裂，每室有 1 枚种子；种子长倒卵形，着生于子房基部。

4 种，分布于中国西南部及泰国。中国 2 种，产于广西、云南及贵州；广西 1 种。

柄翅果 心叶蚬木 图 597：10~15

Burretiodendron esquirolii (H. Lév.) Rehder

乔木，高达 20m。嫩枝被灰褐色星状柔毛。叶椭圆形或宽倒卵圆形，长 9~14cm，宽 6~9cm，先端急短尖，基部不对称，心形，边缘有小齿，上面被星状柔毛，下面密被灰褐色星状柔毛；基生五出脉；叶柄长 2~4cm。聚伞花序与叶柄等长，有 3 朵花；苞片 2 片，卵形，长 7mm，被毛，早落；雄蕊萼片长圆形，长 1cm，外面被星状柔毛，内面基部有腺体，长为萼片的 1/3；花瓣宽倒卵形，长 1.1cm，基部有短柄；雄蕊 30 枚，长 7mm，基部稍连生，花药长 2mm。果序有 1~2 枚蒴果，果序梗长 1cm；果梗比果序稍短，无节，均被星状毛；蒴果椭圆形，长 3.5~4.0cm，有 5 枚薄翅，基部圆形，有长 3~4mm 的子房柄；种子长倒卵形，长 1cm。

易危种，国家 II 级重点保护野生植物。产于天峨、乐业、田林、隆林、西林。生于石灰岩山地杂木林中。分布于云南、贵州；缅甸、泰国也有分布。耐干热气候，喜土壤深厚立地，在乐业雅长林区海拔 600m 以下的沟谷地常见以柄翅果为优势的次生林，更新良好，林下幼树、幼苗极多。

68　杜英科 Elaeocarpaceae

常绿或半常绿木本。单叶，互生或对生，有柄；具托叶或缺。花单生排成总状或圆锥花序，两性或杂性；苞片有或无；萼片 4 ~ 5 枚，镊合状排列；花瓣 4 ~ 5 枚，镊合状或覆瓦状排列，有时无花瓣；雄蕊多数，生于花盘上或花盘外，花药 2 室，顶孔开裂或短纵裂，药隔凸出成喙状或芒刺状；花盘环状或分裂成腺体状；子房上位，2 至多室，每室有 2 枚至多枚胚珠。果为核果、蒴果，有时果皮外面具刺；种子椭圆形，胚乳丰富，胚扁平。

约 12 属 550 种，主要分布于热带和亚热带地区。中国 2 属 53 种；广西 2 属 24 种。

分属检索表

1. 总状花序；核果 ……………………………………………………………………………… **1. 杜英属 Elaeocarpus**
1. 花单生、簇生于叶腋或成顶生圆锥花序，具长梗；蒴果具刺 ………………………………… **2. 猴欢喜属 Sloanea**

1. 杜英属 Elaeocarpus L.

乔木。叶互生，全缘或有锯齿，下面有时有黑色腺点，有长柄；托叶线状，稀叶状，脱落，稀宿存。总状花序腋生；花两性，萼片 4 ~ 5 枚，分离；花瓣 4 ~ 5 枚，白色，分离，先端撕裂，稀全缘；雄蕊 10 ~ 50 枚，花丝极短，花药顶孔开裂，药隔凸出；花盘分裂为 5 ~ 10 枚腺体，稀环状；子房 2 ~ 5 室，每室有 2 ~ 6 枚胚珠，下垂，生于子房上角；花柱线形。核果，1 ~ 5 室，每室种子 1 枚，胚乳肉质，子叶薄。

约 360 种。中国产 39 种；广西 17 种。

分种检索表

1. 子房及核果 5 室，核果圆球形（五室果组 Sect. Ganitrus）…………………………… **1. 圆果杜英 E. angustifolius**
1. 子房 2 ~ 3 室；核果只有 1 室发育正常，长圆形、椭圆形或纺锤形，稀为圆球形。
  2. 花药顶端凸出成芒刺状，长 1 ~ 4cm（刺药组 Sect. Monocera）。
    3. 花药顶端的芒长 3 ~ 4mm；核果纺锤形，长 3 ~ 4cm ………………………………… **2. 水石榕 E. hainanensis**
    3. 花药顶端的芒长 1.0 ~ 1.5mm；核果长 1.4 ~ 1.7cm。
      4. 叶宽 5 ~ 9cm，侧脉 10 ~ 14 对；花长 1.5cm；雄蕊 30 ~ 38 枚………………………… **3. 美脉杜英 E. varunua**
      4. 叶宽 1.5 ~ 5.0cm，偶达 7cm，侧脉 5 ~ 12 对，稀更多；花长 6 ~ 8mm，稀为 10mm；雄蕊 20 ~ 30 枚。
        5. 叶长卵形或椭圆形，宽 3 ~ 7cm，叶柄长 3 ~ 6cm ………………………………… **4. 长柄杜英 E. petiolatus**
        5. 叶披针形、狭窄披针形、倒披针形、长圆形或狭窄长圆形，宽 2 ~ 4cm，叶柄长 1 ~ 2cm。
          6. 叶膜质，长 10.0 ~ 14.5cm；花瓣裂片 6 条 ………………………………… **5. 少花杜英 E. bachmaensis**
          6. 叶薄革质，长 5 ~ 7cm；花瓣裂片 9 ~ 11 条 ………………………………… **6. 显脉杜英 E. dubius**
  2. 花药顶端无芒刺，偶有刚毛丛（无芒组 Sect. Elaeocarpus）。
    7. 花瓣全缘或先端仅有 2 ~ 5 个浅齿裂，绝无撕裂成流苏状；核果小，长 1 ~ 2cm，宽约 1cm。
      8. 叶椭圆形、卵形、倒卵形或倒披针形。
        9. 侧脉 8 ~ 12 对；叶柄长 3.0 ~ 5.5cm；子房无毛 ………………………………… **7. 秃蕊杜英 E gymnogynus**
        9. 侧脉 6 ~ 9 对；叶柄长 1.5 ~ 4.0cm；子房有毛或至少顶端有毛。
          10. 嫩枝及叶被黄褐色茸毛或柔毛，叶下面有黑色腺点，侧腺 8 ~ 9 对，叶柄长 1.5 ~ 3.0cm ………
          ……………………………………………………………………………… **8. 黑腺杜英 E. atropunctatus**
          10. 嫩枝及叶被银灰色绢毛或至少叶被有此色绢毛，叶下面有或无黑色腺点。
            11. 叶下面无黑色腺点，侧脉 6 ~ 8 对，叶柄长 2 ~ 4cm；子房 2 室… **9. 绢毛杜英 E. nitentifolius**
            11. 叶下面有黑色腺点，侧脉 5 ~ 6 对，叶柄长 2 ~ 6cm；子房 3 室… **10. 日本杜英 E. japonicus**
      8. 叶披针形或狭窄长圆形，稀为卵状披针形或卵状长圆形，叶下面有黑腺点… **11. 中华杜英 E. chinensis**
    7. 花瓣先端撕裂成流苏状；核果大或小。
      12. 核果小，长 1 ~ 2cm，宽 1cm，内果皮薄，厚不超过 1mm，通常无网状沟纹。
        13. 叶小，长 5 ~ 9cm；雄蕊 13 ~ 16 枚。
          14. 嫩枝顶端有微毛；叶披针形；花瓣 6 ~ 8 裂 ………………………………… **12. 滇越杜英 E. poilanei**

14. 嫩枝秃净；叶倒卵形或倒披针形；花瓣 10~12 裂 ························· **13.** 山杜英 **E. sylvestris**

    13. 叶常长于 10cm；雄蕊 20~30 枚；嫩枝无毛，有棱 ················ **14.** 秃瓣杜英 **E. glabripetalus**

  12. 核果大，长 2~4cm，宽 1.5~3.0cm，内果皮厚 3~5mm。

      15. 叶椭圆形、倒卵形或长圆形，长 6~19cm，宽 3~10cm。

        16. 花瓣无毛，或至少外面无毛；花无小苞片；雄蕊 25~30 枚··· **15.** 灰毛杜英 **E. limitaneus**

        16. 花瓣两面均有毛；花有小苞片 1 枚；雄蕊 28~30 枚 ········ **16.** 褐毛杜英 **E. duclouxii**

      15. 叶披针形或倒披针形，长 7~12cm，宽 2.0~3.5cm ··················· **17.** 杜英 **E. decipiens**

1. 圆果杜英

Elaeocarpus angustifolius Blume

乔木，高达 20m。嫩枝被黄褐色柔毛；老枝暗褐色。嫩叶两面被柔毛，老叶变无毛，倒卵状长圆形至披针形，长 9~14cm，宽 3.0~4.5cm，先端钝尖，基部宽楔形，叶缘有小钝齿，下面有黑色腺点；侧脉 10~12 对；叶柄长 1.0~1.5cm，初时被柔毛，以后变无毛。总状花序生于当年枝的叶腋内，长 2~4cm，有花数朵；花梗长 5mm；雄蕊 25 枚，先端有毛丛；子房被毛，5 室；花柱长 5mm。核果球形，直径 1.2~2.0cm，5 室，每室有 1 枚种子，内果皮硬骨质，表面有沟纹。花期 6~7 月；果期 11~12 月。

产于龙州。生于山谷杂木林中。分布于云南、海南；印度、马来西亚、澳大利亚也有分布。散孔材，材质稍硬，纹理直，结构细，供作建筑、门窗、家具等用材。

2. 水石榕　海南杜英　图 598

Elaeocarpus hainanensis Oliv.

小乔木。嫩枝无毛。叶革质，窄披针形，长 7~15cm，宽 1.5~3.0cm，先端渐尖，基部楔形，边缘有细钝齿，幼时两面均无毛；侧脉 14~16 对；叶柄长 1~2cm。总状花序生于当年枝的叶腋内，长 5~7cm，有花 2~6 朵；花较大，直径 3~4cm；苞片叶状，长 1cm，两面被微毛，边缘有齿，宿存；花梗长 4cm，被微毛；萼片 5 枚，披针形，长 2cm，被柔毛；花瓣倒卵形，白色，与萼片近等长，先端撕裂，裂片 30 枚，长 4~6mm；雄蕊多数，与花瓣等长，被微毛，药隔凸出成芒刺状，长 3~4mm；子房 2 室，无毛；花柱长 1cm，被毛；胚珠每室有 2 枚。核果纺锤形，长 3~4cm，内果皮骨质，表面有浅沟。花期 6~7 月；果期 7~9 月。

产于广西南部。多生于山谷杂木林中。分布于海南、云南；越南、泰国也有分布。喜水湿，不耐干旱，在沟边、堤岸生长较好。

图 598　水石榕 **Elaeocarpus hainanensis** Oliv.
1. 果枝；2. 花枝。（仿《中国植物志》）

3. 美脉杜英　云南杜英、滇印杜英　图 599

Elaeocarpus varunua Buch. – Ham. ex Mast.

乔木，高达 30m，胸径 60cm。嫩枝被灰白色短柔毛，后无毛。叶椭圆形，长 10~20cm，宽 5~9cm，先端急短尖，基部圆形，全缘或有不明显小钝齿，上面深绿色，发亮，下面初时被微毛，后秃净；侧脉 10~14 对，在上面凹陷，在下面凸起；叶柄长 3~8cm。总状花序腋生，长 7~12cm；花长约 1.5cm；花梗长约 1cm；萼片 5 片，窄披针形，长 1cm；花瓣 5

枚, 长 1.1cm, 宽 3~5mm; 雄蕊 30~38 枚, 花丝长 1mm, 花药长 4.5mm, 顶端的芒刺长 1.0~1.5mm; 子房 3 室, 被毛; 花柱长 8mm, 被毛。核果椭圆形, 长 1.4~ 1.7cm, 内果皮坚骨质, 厚 1mm, 有腹缝线 3 条, 陷入, 背缝线 3 条, 凸起。花期 3~4 月; 果期 8~9 月。

产于金秀、那坡、上思。生于海拔 1400m 以下的山谷杂木林中。分布于广东、云南、西藏; 印度、越南、马来西亚也有分布。

4. 长柄杜英 图 600

Elaeocarpus petiolatus (Jacq.) Wall.

乔木, 高达 12m。嫩枝无毛。常有红色树脂渗出树皮及枝条表面。叶长卵形或椭圆形, 长 9~18cm, 宽 4~7cm, 先端急短尖, 基部圆形或钝, 边缘有浅波状小钝齿或全缘, 两面无毛; 侧脉 7~9 对; 叶柄长 3~6cm, 无毛。总状花序腋生, 长 6~12cm; 花梗长 1.0~1.5cm; 萼片 5 片, 披针形, 长 6~7mm; 花瓣与萼片等长, 长圆形; 雄蕊 30 枚, 被短柔毛, 花药先端有芒刺; 花盘 10 裂, 无毛; 子房 2 室, 无毛, 花柱无毛。核果椭圆形, 长 1.5cm, 直径 9mm, 内果皮骨质, 有浅沟纹, 1 室; 种子 1 枚, 长 1cm。花期 8~9 月; 果期 9~10 月。

产于融水、罗城、容县。分布于广东、海南、云南; 印度、泰国、马来西亚也有分布。

5. 少花杜英 华南杜英

Elaeocarpus bachmaensis Gagnep.

乔木, 高达 16m。嫩枝被细柔毛, 不久变秃净。叶膜质, 狭窄披针形, 长 10.0~14.5cm, 宽 1.5~3.0cm, 先端锐尖, 基部圆形, 边缘有钝锯齿, 两面无毛; 侧脉 9~12 对; 叶柄长 1~3cm, 纤细, 基部膨大。总状花序腋生, 长 3~8cm; 花梗长 5~6mm, 被毛; 萼片披针形, 长 5~6mm, 两面被灰色短柔毛; 花瓣窄长圆形, 长 5~6mm, 先端撕裂, 有 6 条裂片; 雄蕊多数, 花药顶端有短刺; 子房被毛, 心皮 3~4 个, 花柱长 3~4mm。核果椭圆形, 长 1.2~1.5cm, 直径 8~9mm, 内果皮骨质, 表面无沟纹; 果柄长 5~6mm。花期 3~4 月; 果期 5~6 月。

产于横县、上思、巴马、龙州、大新。生于海拔 300~500m 的杂木林中。分布于云南东南部; 越南也有分布。

6. 显脉杜英 山模果 图 601

Elaeocarpus dubius DC.

乔木, 高达 25m。嫩枝初时被银灰色短柔毛, 后秃净。叶薄革质, 长圆形或披针形, 长 5~7cm, 宽 2.0~2.5cm, 先端急短尖或渐尖, 基部宽楔形, 边缘有钝锯

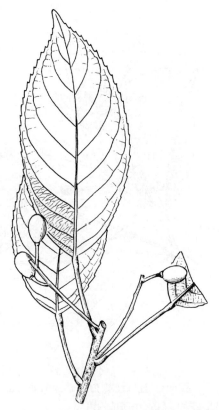

图 599　美脉杜英 Elaeocarpus varunua Buch. - Ham. ex Mast. 果枝。(仿《中国植物志》)

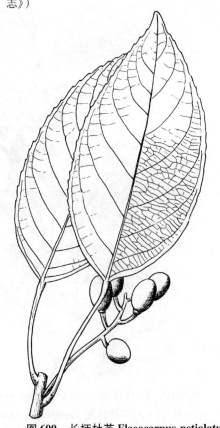

图 600　长柄杜英 Elaeocarpus petiolatus (Jacq.) Wall. 果枝。(仿《中国树木志》)

图 601 显脉杜英 Elaeocarpus dubius DC. 1. 果枝; 2. 花枝。(仿《中国植物志》)

图 602 1. 秃蕊杜英 Elaeocarpus gymnogynus H. T. Chang 花枝。**2 ~ 3. 中华杜英 Elaeocarpus chinensis** (Gardner et Champ.) Hook. f. ex Benth. 2. 花枝; 3. 果枝。(仿《中国植物志》)

齿, 两面无毛; 侧脉 8 ~ 10 对; 叶柄长 1 ~ 3cm, 无毛。总状花序腋生, 长 3 ~ 5cm, 被灰白色短柔毛; 花梗长 7 ~ 9mm, 被毛; 萼片 5 枚, 窄披针形, 长 7 ~ 8mm, 两面被灰白色微毛; 花瓣 5 枚, 与萼片近等长, 长圆形, 两面被灰白色毛, 先端撕裂, 有 9 ~ 11 条裂片; 雄蕊 20 ~ 23 枚, 花丝长 1mm, 花药长 3.5mm, 顶端有芒刺, 长 1.5mm; 花盘 10 裂, 被毛; 子房 3 室, 被毛; 花柱长 5mm。核果椭圆形, 长 1.0 ~ 1.3cm, 无毛, 内果皮硬骨质。花期 3 ~ 4 月; 果期 8 ~ 9 月。

产于广西各地。生于海拔 1000m 以下的山谷、山坡杂木林中。分布于广东、海南、云南; 越南也有分布。喜肥沃湿润土壤。天然更新不良。播种育苗, 随采随播, 种子不宜久藏。木材黄棕色, 稍硬重, 纹理直, 结构细, 可供作建筑、家具等用材。

7. 秃蕊杜英 图 602: 1

Elaeocarpus gymnogynus H. T. Chang

乔木, 高达 10m。嫩枝被黄褐色绒毛。叶薄革质, 椭圆形, 长 10 ~ 14cm, 宽 4.0 ~ 6.5cm, 先端急短尖, 基部宽楔形, 边缘有小钝锯齿; 侧脉 8 ~ 12 对; 叶柄长 3.0 ~ 5.5cm。总状花序腋生, 长 3.0 ~ 5.5cm, 有花 5 ~ 9 朵; 花序轴被毛; 花梗长 4 ~ 5mm; 萼片 5 枚, 披针形, 长 4.5mm, 两面被毛; 花瓣 5 枚, 外面无毛, 内面基部被毛, 先端 5 浅齿; 雄蕊 10 ~ 12 枚, 长 3mm, 花丝极短, 花药被微毛, 顶端无附属物; 花盘 5 裂, 被毛; 子房 2 室, 无毛; 花柱长 2mm, 被毛。核果椭圆形, 长 1.7cm, 直径 1.1cm。花期 3 ~ 4 月; 果期 4 ~ 7 月。

产于罗城。生于海拔 300 ~ 900m 的杂木林中。分布于广东。

8. 黑腺杜英

Elaeocarpus atropunctatus H. T. Chang

乔木。嫩枝被黄褐色茸毛; 老枝干后暗褐色。叶纸质或膜质, 幼嫩时两面均有黄褐色柔毛, 椭圆形, 长 6 ~ 9cm, 宽 3 ~ 5cm, 先端宽而急短尖, 尖头长 1cm, 基部圆形或阔楔形, 边缘有小钝齿, 老叶上面干后浅绿色，无光泽，下面黄绿色，有黑腺点，在中脉上有短柔毛；侧脉 8 ~ 9 对；叶柄长 1.5 ~ 3.0cm；托叶披针形，早落。核果广椭圆形或近于球形，长 12 ~ 14mm，宽9 ~ 11mm，两端圆，内果皮骨质，有腹缝线沟 2 条。果期 8 ~ 9 月。

产于容县、都安。分布于广东。

9. 绢毛杜英 亮叶杜英 图 603：1 ~ 2

Elaeocarpus nitentifolius Merr. et Chun

乔木，高达 20m。嫩枝被银灰色绢毛。叶革质，椭圆形，长 8 ~ 15cm，3.5 ~ 7.5cm，先端急尖或渐尖，基部宽楔形，边缘有小锯齿，幼时两面被绢毛，后在上面变无毛，下面仍被绢毛或近无毛，叶下面无黑色腺点；侧脉 6 ~ 8 对；叶柄长 2 ~ 4cm。总状花序腋生，长 2 ~ 4cm；花序轴被绢毛；花梗长 4 ~ 5mm；花杂性；萼片 4 ~ 5 片，披针形，长 4mm；花瓣 4 ~ 5 片，长圆形，长 4mm，先端 5 ~ 6 齿裂；雄蕊 12 ~ 14 枚，长 2.5mm，花药无芒刺；花盘不明显分裂，被毛；子房 2 室，花柱长 2.5mm，先端 2 ~ 3 裂。核果椭圆形，长 1.5 ~ 2.0cm，直径 8 ~ 11mm，蓝紫色，被白色斑点。花期 4 ~ 5 月。

产于金秀、钦州、防城、上思、龙州。生于海拔 600 ~ 1000m 的山地杂木林中。分布于福建、广东、海南、云南；越南北部也有分布。耐阴，生长速度中等，天然更新不良。木材可供作门窗、家具等用材。

10. 日本杜英 薯豆 图 603：3 ~ 4

Elaeocarpus japonicus Siebold

乔木。嫩枝无毛。叶革质，卵形或椭圆形，长 6 ~ 12cm，宽 3 ~ 6cm，先端锐尖，基部圆形或楔形，边缘有疏锯齿，初时两面被毛，很快脱落变无毛，下面有黑色腺点；侧脉 5 ~ 6 对；叶柄长 2 ~ 6cm。花杂性，总状花序腋生，长 3 ~ 6cm，花序轴被短柔毛；花梗长 3 ~ 4mm，被微毛；萼片 5 枚，长圆形，长 4mm，两面被毛；花瓣长圆形，与萼片等长，先端全缘或有浅齿；雄蕊 15 枚，花丝极短，花药长 2mm；花盘 10 裂，连生成环；子房 3 室；花柱长 3mm。核果椭圆形，长 1.0 ~ 1.3cm，直径 8mm；种子 1 枚，长 8mm。花期 3 ~ 5 月；果期 5 ~ 6 月。

产于广西各地。分布于长江以南各地；越南、日本也有分布。生于土层深厚、肥沃、排水良好的丘陵、山谷地带。材质较硬重，结构细致，可作家具、箱板、工具、室内装修等用材。

11. 中华杜英 华杜英 图 602：2 ~ 3

Elaeocarpus chinensis (Gardner et Champ.) Hook. f. ex Benth.

乔木，高 3 ~ 7m。嫩枝被柔毛；老枝无毛。叶薄革质，披针形或狭窄长圆形，长 5 ~ 8cm，宽 2 ~ 3cm，先端渐尖，基部圆形或楔形，边缘有波状小锯齿，

图 603　1 ~ 2. 绢毛杜英 Elaeocarpus nitentifolius Merr. et Chun 1. 花枝；2. 果枝。3 ~ 4. 日本杜英 Elaeocarpus japonicus Siebold 3. 花枝；4. 果枝。(仿《中国植物志》)

两面无毛，下面被黑色腺点；侧脉4～6对；叶柄长1.5～2.0cm。花杂性；总状花序生于去年无叶枝条上，长3～4cm；花序轴被微毛；花梗长3mm；萼片5枚，披针形，长3mm，两面被毛；花瓣5枚，长圆形，长3mm，不分裂，内面被毛；雄蕊8～10枚，长2mm，花药极短，花药顶端无附属物；花盘5裂；子房2室，被毛。核果椭圆形，长7～8mm。花期5～6月；果期9～10月。

产于桂林、资源、龙胜、永福、恭城、兴安、融水、金秀、巴马、苍梧、平南。生于海拔900m以下的杂木林中。分布于广东、贵州、福建、浙江、江西；越南北部也有分布。木材黄褐色，心材与边材区别不明显，气干密度0.513g/cm³，易干燥，供制盒、胶合板、家具、文具等，也可作造纸原料及供培养白木耳。

12. 滇越杜英　大果杜英

Elaeocarpus poilanei Gagnep.

乔木，高达25m。嫩枝稍被微毛。叶披针形，长5～10cm，宽2～3cm，先端锐尖，基部楔形，下延，全缘或有不明显小齿，两面无毛；侧脉7～9对；叶柄长4～8mm。总状花序腋生，长2～4cm；花序轴无毛；花梗长3mm，无毛；萼片长卵形，长3mm；花瓣5枚，长4mm，上部6～8裂；雄蕊16枚，较萼片短，无芒刺药隔，花丝极短；花盘5裂，被灰白色柔毛；子房被毛，3室，每室有2枚胚珠；花柱长3mm，伸出花瓣之外。核果长椭圆形，长1.5～2.0cm，直径8～9mm；种子1枚，卵形，长1cm。花期5～6月。

产于临桂、融水、防城、上思。生于海拔400～1000m的山地杂木林中。分布于云南、广东、海南；越南也有分布。

图604　山杜英 Elaeocarpus sylvestris（Lour.）Poir. 1. 花枝；2. 果枝。（仿《中国植物志》）

13. 山杜英　图604

Elaeocarpus sylvestris（Lour.）Poir.

乔木，高达10m。嫩枝秃净无毛。叶纸质，倒卵形或倒卵状披针形，长4～8cm，宽2～4cm，先端钝，基部窄楔形，下延，边缘有波状锯齿，无毛；侧脉5～6对；叶柄长1.0～1.5cm，无毛。总状花序腋生，长4～6cm；花序轴无毛；花梗长3～4mm，无毛；萼片5枚，披针形，长4mm，无毛；花瓣倒卵形，上部撕裂，有10～12枚裂片，外面基部被毛；雄蕊13～15枚，花药无毛，无芒状药隔；花盘5裂，圆球形，完全分离，被白色毛；子房2～3室，被毛；花柱长2mm。核果椭圆形，长1.0～1.2cm，内果皮骨质，有腹缝沟3条。花期4～5月；果期10月。

产于广西各地。常见种。生于海拔1000m以下的山地杂木林中。分布于广东、海南、湖南、福建、浙江、江西、贵州、四川、云南；越南也有分布。木材纹理直，结构细匀，轻软，气干密度0.485g/cm³，供制盒、胶合板、家具、文具等，也可作造纸原料。树冠浓密，老熟叶红色，优良园林观赏树种。

14. 秃瓣杜英 图605

Elaeocarpus glabripetalus Merr.

乔木，高达12m。嫩枝无毛，有棱。叶纸质或膜质，倒披针形，长 8～12cm，宽 3～4cm，先端锐尖，基部窄而下延，边缘有小钝齿，两面无毛；侧脉7～8对；叶柄长4～7mm。总状花序常生于去年无叶的枝上，长5～10cm；花序轴有微毛；花梗长5～6mm；萼片5片，披针形，长5mm，外面被微毛；花瓣5枚，白色，长5～6mm，先端撕裂，有14～18枚裂片，无毛；雄蕊20～30枚，长3.5mm，花丝极短；花药无芒状药隔；花盘5裂，被毛；子房2～3室，被毛；花柱长3～5mm，被微毛。核果椭圆形，长1.0～1.5cm，果核表面有浅沟。花期7月。

产于桂林、柳州、河池、百色、南宁、玉林。生于海拔800cm以下的山地杂木林中。分布于云南、贵州、广东、湖南、江西、福建、浙江。

15. 灰毛杜英 毛叶杜英

Elaeocarpus limitaneus Hand. – Mazz.

乔木。嫩枝被灰褐色毛。叶革质，椭圆形或倒卵形，长 7～16cm，宽 5～7cm，先端尖，基部宽楔形，边缘疏生小钝齿，下面被灰褐色毛；侧脉6～8对；叶柄长2～3cm。总状花序腋生或生于去年无叶枝条上，长5～7cm；花序轴被毛；花梗长3～4mm，被毛，苞片早落；萼片5枚，窄披针形，长5mm，被灰色毛；花瓣白色，长6～7mm，外面无毛，先端12～16枚裂片；雄蕊30枚，长4mm，被毛，花药无附属物；花盘5裂，被毛；子房3室，被毛，花柱长3mm。核果椭圆状卵形，长2.5～3.0cm，无毛，果核有沟纹。花期4～5月。

产于永福、桂林、龙胜、融水、容县、邕宁、防城、上思。分布于福建、广东、海南、云南东南部；越南也有分布。

16. 褐毛杜英 冬桃 图606

Elaeocarpus duclouxii Gagnep.

乔木，高达20m，胸径50cm。嫩枝被褐色绒毛。叶革质，长圆形，长 6～15cm，宽 3～6cm，先端急尖，基部楔形，边缘有小钝齿，下面被褐色绒毛；侧脉8～10对；叶柄长1.0～1.5cm，被褐色毛。总状花序常生于去年无叶枝条上，长4～7cm，被褐色毛；小苞片1枚，生于花梗基部；花梗长3～4mm，被毛；萼片5枚，长4～5mm，披针形，两面被柔毛；花瓣5

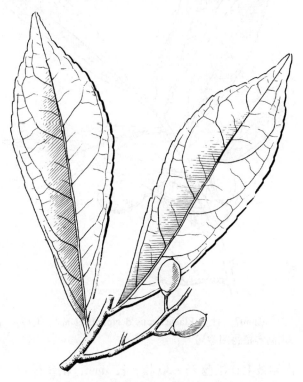

图605 秃瓣杜英 **Elaeocarpus glabripetalus** Merr. 果枝。(仿《中国树木志》)

图606 褐毛杜英 **Elaeocarpus duclouxii** Gagnep. 果枝。(仿《中国植物志》)

图 607 杜英 Elaeocarpus decipiens Hemsl. 果枝。(仿《中国高等植物图鉴》)

片，较萼片稍长，两面被毛，上部撕裂，有 10～12 枚裂片；雄蕊 26～30 枚，长 3mm；花丝极短，花药顶端无芒刺药隔；花盘 5 裂，被毛；子房 3 室，花柱长 4mm，基部被毛；每室有 2 枚胚珠。核果椭圆形，长 2.5～3.0cm，无毛，果核多沟纹。花期 6～7 月；果期 8～10 月。

产于全州、阳朔、临桂、兴安、贺州、融水、金秀、罗城、凌云、容县。分布于云南、贵州、四川、湖南、广东。

17. 杜英 图 607

Elaeocarpus decipiens Hemsl.

乔木，高达 15m。嫩枝被微毛，后脱落无毛。叶革质，披针形或倒披针形，长 7～12cm，宽 2.0～3.5cm，先端钝尖，基部楔形，下延，边缘有小钝齿；侧脉 7～9 对；叶柄长 1cm，初时被毛，后无毛。总状花序腋生或生于无叶的去年枝条上，长 5～10cm，花序轴被微毛；花梗长 4～5mm；花白色；萼片披针形，长 5.5mm，两面被微毛；花瓣倒卵形，与萼片等长，上部撕裂，有 14～16 枚裂片，

内侧被毛；雄蕊 25～30 枚，长 3mm，花丝极短，花药顶端无芒状药隔；花盘 5 裂，被毛，子房 3 室，被毛，每室有 2 枚胚珠，花柱长 3.5mm。核果椭圆形，长 2～3cm，无毛，果核有沟纹。花期 6～7 月；果期 11 月至翌年 2 月。

产于钦州、防城、上思。生于海拔 400～700m 的山地杂木林中。分布于广东、福建、台湾、浙江、云南、贵州、湖南；日本也有分布。

2. 猴欢喜属 Sloanea L.

乔木。叶互生，有长柄，全缘或有锯齿；无托叶。花两性，单生或簇生于叶腋而组成顶生总状花序；萼片 4～5 片，卵形；花瓣 4～5 片，或有时缺，倒卵形，覆瓦状排列，顶端全缘或齿状裂；雄蕊多数，分离，生于肥厚的花盘上，花药线形，顶孔开裂或短纵裂，药隔凸出成喙，花丝短；子房 3～7 室，表面有沟，被毛，花柱分离或合生，胚珠每室多枚。蒴果圆球形或卵形，表面多刺或有刺毛；室背开裂为 3～7 枚果瓣，外果皮木质，内果皮革质；种子 1 枚至数枚，垂生，有假种皮包被着种子下半部。

约 120 种。中国 13 种；广西 7 种。

分种检索表

1. 蒴果针刺长 1～4mm。
  2. 叶长圆形，宽 3.0～7.5cm，基部楔形或圆。
    3. 枝及叶柄无毛或稍被微毛；叶基部楔形或稍圆形 ·················· **1. 百色猴欢喜 S. chingiana**
    3. 枝及叶柄被柔毛；叶基部近圆形 ························· **2. 全叶猴欢喜 S. integrifolia**
  2. 叶披针形或倒披针形，宽 2.0～3.5cm，基部窄 ························· **3. 薄果猴欢喜 S. leptocarpa**
1. 蒴果针刺长 6～25mm。

4. 叶下面明显被毛，毛密而软，叶片较大，宽6～12cm ······················ **4. 滇越猴欢喜 S. mollis**

4. 叶下面秃净无毛，叶片较窄，宽3～5cm，偶达8cm。

  5. 叶卵状披针形或长卵形，硬革质，发亮，第一对侧脉强劲，近似三出脉·········· **5. 樟叶猴欢喜 S. changii**

  5. 叶非上述形状，薄革质，暗晦，第一对侧脉较纤弱。

    6. 叶长圆形或狭窄倒卵形，近全缘，偶有疏齿，长6～9cm，侧脉5～7对；蒴果3～7瓣裂；针刺长1.0～

    1.5cm ·· **6. 猴欢喜 S. sinensis**

    6. 叶狭窄倒卵形或倒披针形，边缘有钝齿或波状钝齿，长10～15cm，侧脉7～9对；蒴果4～5瓣裂；针刺

    长1～2cm ··· **7. 仿栗 S. hemsleyana**

1. 百色猴欢喜　图608

Sloanea chingiana Hu

乔木，高14m，胸径30cm。树皮灰色。嫩枝初时被柔毛，后变无毛。叶长圆形，长10～20cm，宽4～7cm，先端渐尖，基部楔形或稍圆形，全缘，下面仅脉腋被毛丛；侧脉6～8对；叶柄长2.5～5.0cm。蒴果圆球形，单生或数果簇生于当年生枝顶上，果直径1.5～2.0cm，针刺长1～2mm，褐色，有3～4枚果瓣；种子椭圆形，长8mm，假种皮长4mm。花期5月；果熟期9～10月。

广西特有种。产于百色。

2. 全叶猴欢喜

Sloanea integrifolia Chun et F. C. How

乔木。嫩枝被褐色柔毛。叶窄长圆形，长8～15cm，宽3～7cm，先端渐尖，基部近圆形，下面脉上被短柔毛；侧脉6～8对；叶柄被柔毛。蒴果2.5～3.0cm，针刺长2mm。

产于南丹、上思、龙州。分布于海南。

3. 薄果猴欢喜

Sloanea leptocarpa Diels

乔木，高25m。嫩枝被褐色柔毛。叶披针形或倒披针形，长7～14cm，宽2.0～3.5cm，先端渐尖，基部楔形，全缘，初时两面被毛，后脱落，仅下面叶脉和脉腋被疏毛；侧脉7～8对；叶柄长1～3cm，被褐色柔毛。花单生或数朵簇生；花梗长1～2cm，被柔毛；萼片4～5片，卵圆形，大小不等；花瓣4～5片，宽度不等，上端齿状撕裂；雄蕊长6～7mm，花丝长3～4mm；子房被褐色毛，花柱尖细。蒴果圆球形，直径1.5～2.0cm，有3～4枚果瓣；针刺长1～2mm，有柔毛；种子黑色，长1cm，假种皮长5mm。花期4～5月；果熟期9月。

产于广西各地。分布于广东、湖南、福建、四川、云南、贵州。心材与边材区别不明显，材质轻，纹理直，结构细，干燥后易开裂及变形，可供作一般家具用材。

图608 百色猴欢喜 Sloanea chingiana Hu 1. 叶枝；2. 果枝；3. 种子。(仿《中国植物志》)

4. 滇越猴欢喜

Sloanea mollis Gagnep.

乔木，高达 15m，胸径 40cm。嫩枝被黄褐色绒毛。叶卵形或长椭圆形，长 11 ~ 26cm，宽 6 ~ 12cm，先端渐尖，基部稍圆或微心形，边缘小钝齿，下面密被黄褐色绒毛；侧脉 8 ~ 10 对；叶柄长 3 ~ 6cm，被绒毛。花腋生或生于无叶老枝上；花柄长 2 ~ 3cm；萼片 4 ~ 5 片，长卵形；花瓣与萼片等长，上部有粗齿，两面被微毛；雄蕊多数，花药长 3mm，花丝长 4mm；子房被毛；花柱长 8 ~ 10mm。蒴果 4 瓣裂，果瓣长 2.5cm，厚 3mm；内果皮紫红色；针刺长 1.0 ~ 1.5cm，黄色；种子长 1.0 ~ 1.2cm，黑色，下半部有淡黄色假种皮。花期 4 ~ 5 月。

产于靖西、龙州、容县。生于海拔 1200 ~ 1400m 的山地杂木林中。分布于云南；越南北部也有分布。

5. 樟叶猴欢喜

Sloanea changii Coode

乔木，高 25m，胸径 50cm。嫩枝无毛。叶硬革质，卵状披针形或长卵形，长 10 ~ 17cm，宽 4 ~ 7cm，先端渐尖，基部圆形，全缘，两面无毛，发亮；侧脉 6 ~ 7 对，第一对侧脉强劲，近似三出脉；叶柄长 2 ~ 6cm，无毛。花腋生；花梗长 2 ~ 4cm，被柔毛；子房圆锥形，被褐色毛；花柱长 5 ~ 7mm，被毛，合生或 3 ~ 4 条完全分离。蒴果圆球形，直径 3 ~ 4cm，果成 3 ~ 4 瓣裂；果瓣长 3.0 ~ 3.5cm，厚 4 ~ 5mm；针刺长 6 ~ 8mm；种子长 1.5 ~ 2.0cm。果期 9 月。

产于百色、龙州。生于海拔 1000 ~ 1600m 的山地杂木林中。分布于云南东南部。

6. 猴欢喜 图 609

Sloanea sinensis（Hance）Hemsl.

乔木，高达 20m，胸径 80cm。树皮灰白色或灰黑色。嫩枝无毛。叶薄革质，狭窄倒卵形或长圆形，长 6 ~ 9cm，宽 3 ~ 5cm，先端短急尖，基部楔形或稍圆，全缘或上部有疏锯齿，两面无毛，暗晦；侧脉 5 ~ 7 对；叶柄长 1 ~ 4cm，无毛。花簇生于叶腋；花梗长 3 ~ 6cm，被灰色毛；萼片 4 枚，宽卵形，长 6 ~ 8mm，两面被柔毛；花瓣 4 枚，白色，外面被微毛，先端撕裂，有齿刻；雄蕊与花瓣等长，花药长为花丝的 3 倍；子房被毛，卵形，花柱合生。蒴果直径 2 ~ 5cm，果成 3 ~ 7 瓣裂，果瓣长 2.0 ~ 3.5cm，厚 3 ~ 5mm，内果皮紫红色；针刺长 1.0 ~ 1.5cm；种子长 1.0 ~ 1.3cm，黑色；假种皮长 5mm，黄色。花期 9 ~ 11 月；果期翌年 6 ~ 7 月。

产于广西各地。生于海拔 500 ~ 1000m 的常绿阔叶林中。分布于福建、广东、海南、贵州、湖南、江西、浙江；越南、泰国也有分布。木材浅黄褐或浅灰黄褐色，心材与边材无明显区别，有光泽，气干密度 0.55g/cm^3，结构细，供制盒、胶合板、家具、文

图 609 猴欢喜 Sloanea sinensis（Hance）Hemsl. 1. 花枝；2. 果。（仿《中国高等植物图鉴》）

具等。

7. 仿栗 图610

Sloanea hemsleyana（Ito）Rehder et E. H. Wilson

乔木，高达25m。嫩枝无毛。叶狭窄倒卵形或倒披针形，长 10 ~ 15cm，宽 3 ~ 7cm，先端急尖或渐尖，基部楔形而稍圆或微心形，边缘有不规则钝齿，无毛或在下面脉腋被簇生毛；侧脉 7 ~ 9 对；叶柄长 1.0 ~ 2.5cm，无毛。总状花序腋生，花序轴及花梗被柔毛；萼片 4 枚，卵形，长 6 ~ 7mm，两面被柔毛；花瓣白色，与萼片等长，上部齿状撕裂，被微毛；雄蕊与花瓣等长，花药先端有芒刺；子房被褐色绒毛，花柱凸出雄蕊之上，长 5 ~ 6mm；蒴果成 4 ~ 5 瓣裂，果瓣长 2.5 ~ 5.0cm，厚 3 ~ 5mm；内果皮紫红色，或黄褐色；针刺长 1 ~ 2cm；果柄长 2.5 ~ 6.0cm；种子黑褐色，长 1.2 ~ 1.5cm，下半部有黄褐色假种皮。花期 6 月；果期 10 月。

产于天峨、凤山、乐业、德保。生于海拔 1000 ~ 1400m 的山地常绿阔叶林中。分布于湖南、湖北、四川、云南、贵州；越南也有分布。散孔材，纹理直，结构细，供制一般家具；种子含油量约 40%，可供食用。

图610 仿栗 Sloanea hemsleyana（Ito）Rehder et E. H. Wilson 1. 花枝；2. 雄蕊；3. 果。（仿《中国高等植物图鉴》）

69 梧桐科 Sterculiaceae

灌木或乔木，稀草本或藤本。嫩枝常被星状毛。茎皮富含纤维，常有黏液。单叶，互生，稀为掌状复叶，全缘、具齿或深裂；托叶早落。花序腋生，稀顶生，常为圆锥花序、聚伞花序、总状花序或伞房花序，稀单生；花单性、两性或杂性；萼片 5(3 ~ 4)枚，稍合生或分离，镊合状排列；花瓣 5 枚或缺，分离或基部与雌雄蕊柄合生，旋转覆瓦状排列；雄蕊 5 枚或多数，花丝常合生管状，退化雄蕊呈舌状或条状，与萼片对生，或无退化雄蕊；花药 2 室，纵裂；子房上位，5(2 ~ 12)室，心皮连合或靠合，每室有(1 ~)2 枚或多数倒生胚珠，着生于子房室的内角上；花柱 1 枚或与心皮同数。蒴果或蓇葖果，开裂或不开裂，稀为浆果或核果；种子有胚乳或无胚乳。

约 68 属 1100 种，多分布于热带、亚热带。中国 19 属 90 种，主产于华南、西南，其中引入栽培 2 属 9 种；广西 13 属约 40 种，其中引入栽培 2 属 4 种，本志记载 37 种 1 变种。多为用材及经济树种。

分属检索表

1. 花单性或杂性，无花瓣。
　2. 果无翅、开裂，也无龙骨状凸起，每果内有种子 1 枚或多枚；叶的背面无鳞秕。
　　3. 果皮革质，稀为木质，熟前开裂 ………………………………………… **1. 苹婆属 Sterculia**

　　3. 果皮膜质，熟前开裂如叶状。
　　　　4. 先叶后花；萼 5 深裂至基部，向外卷曲，无明显萼筒 ·················· **2. 梧桐属 Firmiana**
　　　　4. 先花后叶；萼齿状裂，有明显萼筒 ························· **3. 火桐属 Erythropsis**
　　2. 果有翅或龙骨状凸起，不裂，每果内有种子 1 枚；叶背面密被银白色或黄褐色鳞秕 ··· **4. 银叶树属 Heritiera**
1. 花两性，有花瓣。
　　5. 子房着生于长的雌雄蕊柄顶端，柄长为子房 2 倍以上。
　　　　6. 种子有膜质长翅，连翅长 2cm 以上 ························· **5. 梭罗树属 Reevesia**
　　　　6. 种子无翅，很小，长不及 4mm ························· **6. 山芝麻属 Helicteres**
　　5. 子房无柄或有很短的雌雄蕊柄。
　　　　7. 花无退化雄蕊。
　　　　　　8. 雄蕊 5 枚；蒴果膜质，1 室；花柱 1 枚 ················· **7. 蛇婆子属 Waltheria**
　　　　　　8. 雄蕊 40～50 枚；蒴果木质或厚革质，5～10 室；花柱柱头 5～10 裂 ··· **8. 火绳树属 Eriolaena**
　　　　7. 花有退化雄蕊。
　　　　　　9. 花簇生于粗枝上或树干上；核果不裂；种子无翅 ··········· **9. 可可树属 Theobroma**
　　　　　　9. 花生于小枝上；蒴果开裂；种子有翅或无翅。
　　　　　　　　10. 发育雄蕊 15 枚，稀有 10 枚或 20 枚，每 3 枚集合成 1 束并与退化雄蕊互生。
　　　　　　　　　　11. 蒴果木质；种子先端有 1 枚膜质长翅 ··········· **10. 翅子树属 Pterospermum**
　　　　　　　　　　11. 蒴果膜质；种子无翅 ··················· **11. 昂天莲属 Ambroma**
　　　　　　　　10. 花有雄蕊 5 枚。
　　　　　　　　　　12. 藤本；退化雄蕊顶端钝，下部连合成筒状；蒴果被刺，室间开裂为 5 瓣裂 ··············
　　　　　　　　　　　　·· **12. 刺果藤属 Byttneria**
　　　　　　　　　　12. 乔木；退化雄蕊披针形，下部不连合；蒴果密被刚毛，室背开裂··· **13. 山麻树属 Commersonia**

1. 苹婆属 Sterculia L.

　　常绿乔木或灌木。单叶，全缘，具齿或掌状分裂，稀掌状复叶。圆锥花序腋生，稀总状花序；花单性或杂性；萼 5 裂；无花瓣；雄花花药聚生于雄蕊柄顶端，内包退化雄蕊；雌花雌雄蕊柄极短，顶端具轮生不发育的花药和发育雌蕊，心皮 5 个，靠合，每心皮有 2 枚或多数胚珠，花柱基部合生，柱头与心皮同数而分离。蓇葖果革质，稀木质，无柄或有柄，成熟时才开裂；有 1 枚或多枚种子；种子有胚乳。

　　约 150 种，分布于热带、亚热带，主产于亚洲热带。中国 26 种；广西 10 种 1 变种。

分种检索表

1. 叶为掌状复叶，小叶 7～9 枚。
　　2. 叶侧脉密而明显；萼钟状，浅裂至中部以上，向内弯曲 ············· **1. 家麻树 S. pexa**
　　2. 叶侧脉疏而不明显；萼星状，深裂至基部，裂片向外开展 ············· **2. 香苹婆 S. foetida**
1. 叶为单叶。
　　3. 萼筒明显，萼裂片与萼筒近等长或稍长。
　　　　4. 萼裂片与萼筒近等长；圆锥花序长达 20cm ················· **3. 苹婆 S. monosperma**
　　　　4. 萼裂片较萼筒稍长；总状花序长约 9cm ················· **4. 信宜苹婆 S. subracemosa**
　　3. 无明显萼筒，萼深裂近基部，如具萼筒，其裂片长为萼筒 2 倍以上。
　　　　5. 叶下面被明显短柔密毛。
　　　　　　6. 叶卵状椭圆形，宽 7～12cm，基部稍成斜心形，基生五出脉；叶柄长 5cm ··· **5. 粉苹婆 S. euosma**
　　　　　　6. 叶椭圆形或椭圆状倒披针形，宽 4～9cm，基部楔形，无明显基生脉；叶柄长 2～3cm ···········
　　　　　　　　···································· **6. 屏边苹婆 S. pinbienensis**
　　　　5. 叶下面无毛或近无毛。
　　　　　　7. 圆锥花序，多分枝，有多花；叶较宽广。

8. 花序较疏散，长 10~18cm，萼片长条状披针形，长 8mm，先端渐尖；叶基生五出脉，明显 ………
…………………………………………………………………………………… **7. 罗浮苹婆 S. subnobilis**

8. 花序较紧密，长不及 10cm，花较密；萼片长圆状，长 4~6mm，顶端钝；叶基生一至三出脉 ………
…………………………………………………………………………………… **8. 假苹婆 S. lanceolata**

7. 总状花序，花少而稀疏；叶较狭长，长圆形或长条状披针形。

9. 叶柄长 1.5~2.5cm，两端枕状不明显，基部窄楔形 ………………… **9. 海南苹婆 S. hainanensis**

9. 叶柄长 1.0~1.5cm，两端枕状，基部楔形 ………………………… **10. 广西苹婆 S. guangxiensis**

1. 家麻树　棉毛苹婆　图611

Sterculia pexa Pierre

乔木，高达 10m。掌状复叶，小叶 7~9 枚；小叶倒卵状披针形或长椭圆形，长 9~23cm，宽 4~6cm，先端尖，基部楔形，上面几无毛，下面密被星状短柔毛；侧脉密而明显，22~40 对，互相平行；叶柄长 7~27cm；托叶三角状披针形，长 5mm。总状或圆锥花序聚生于枝顶，长达 20cm；小苞片条状披针形；花萼钟状，白色，浅裂至中部以上，向上弯曲；雄花的雌雄蕊柄线形，花药 10~20 枚，集生成头状。蓇葖果红褐色，长椭圆形，长 4~9cm，镰状弯曲，密被短绒毛和刚毛；种子 3 枚，长圆形，长 1.6cm，黑色。花期 5~10 月。

产于德保、靖西、田阳、百色、武鸣、上林、扶绥、龙州。各地常栽培取麻。分布于云南；泰国、越南、老挝也有分布。喜光，耐干旱。喜生于土层深厚、湿润地带。扦插繁殖易成活。茎皮纤维丰富，坚韧结实，耐水性强，可供制绳索和各种麻类代用品，也可供造纸；种子煮熟可食；材质坚硬，可供制家具。

2. 香苹婆　图612

Sterculia foetida L.

乔木。枝轮生，平展。掌状复叶，小叶 7~9 枚，椭圆状披针形，长 10~15cm，宽 3~5cm，先

图 611　家麻树 Sterculia pexa Pierre 花枝。(仿《中国植物志》)

图 612　香苹婆 Sterculia foetida L. 花枝。(仿《中国植物志》)

端尾状渐尖，基部楔形，嫩时被毛，后脱落；侧脉疏而不明显；叶柄长 10 ~ 20cm；托叶剑状，早落。圆锥花序顶生，直立；花梗较花短；花萼红紫色，5 深裂近基部，裂片椭圆状披针形，外展呈星状，外被淡黄褐色短柔毛，内面被白色长绒毛；雄花花药 12 ~ 15 枚，聚生成头状。果船状椭圆形，长 5 ~ 8cm，先端喙状，木质，近无毛；种子 10 ~ 15 枚，椭圆形，长 1.5cm，黑色。花期 4 ~ 5 月。

原产于印度、泰国、澳大利亚及非洲热带。龙州有栽培。种子味如栗子，炒熟后可食。

3. 苹婆 图 613

Sterculia monosperma Vent.

乔木，高达 10m。树皮褐黑色。嫩枝被星状毛，后脱落。单叶，叶片长圆形或椭圆形，长 8 ~ 25cm，宽 5 ~ 15cm，先端急短尖或钝尖，基部圆形或宽楔形，全缘，两面无毛；侧脉 8 ~ 10 对；叶柄长 2.0 ~ 3.5cm；托叶早落。圆锥花序长达 20cm，被柔毛；花梗较花长；花萼乳白色至淡红色，钟状，被短柔毛，长 1cm，5 裂，裂片条状披针形，与萼筒近等长；雄花较多，雌雄蕊柄弯曲；雌花较少，子房圆球形，有柄，被毛，5 室，花柱柱头 5 浅裂。蓇葖果深红色，长圆状卵形，长 5cm，先端有喙；在每一蓇葖果内有 1 ~ 4 枚种子，直径 1.5cm，椭圆形，红褐色或黑褐色。花期 4 ~ 5 月；稀 10 ~ 11 月二次开花。

图 613　苹婆 Sterculia monosperma Vent. 果枝。(仿《中国植物志》)

产于河池、百色、隆林、凌云、博白、北流、容县、贵港、上林、宁明、大新、龙州、天等、上思、灵山。生于海拔 700m 以下的山谷地带杂木林中。分布于广东、福建、云南、台湾；越南、印度也有分布。喜光，也耐荫蔽。喜生于排水良好肥沃土壤，在酸性土、钙质土上均能生长。播种繁殖，大枝扦插也易成活。木材轻韧，供制一般家具；种子富含淀粉和糖分，煮熟后味如板栗。树冠球形，翠绿浓密，优良庭院绿化和行道树种。

3a. 野生苹婆

Sterculia monosperma var. **subspontanea** (H. H. Hsue et S. J. Xu) Y. Tang, M. G. Gilbert et Dorr

与原种的区别在于：树皮灰色，有稀疏圆点；叶片基部钝或楔形。

广西特有种。产于广西西南部。

4. 信宜苹婆 图 614

Sterculia subracemosa Chun et H. H. Hsue

灌木。嫩枝被星状毛。单叶，叶片倒披针形或椭圆状倒披卵形，长 11 ~ 18cm，宽 4.0 ~ 6.5cm，先端钝尖，基部楔形，全缘，两面无毛；侧脉 8 ~ 10 对，网脉在两面明显；叶柄长 1.5 ~ 2.5cm，被毛；叶及叶柄均有黑点。总状花序长 9cm，密被淡黄褐色毛；萼粉红白色至橙红色，外面被毛，裂片卵状披针形，稍长于萼筒，先端短尖；雄花雌雄蕊柄纤细；雌花的花药有 17 枚，着生于子房基部，子

图 614　信宜苹婆 Sterculia subracemosa Chun et H. H. Hsue 花枝。(仿《中国植物志》)

房被毛。花期 3~4 月。

产于龙州。生于海拔 500~600m 的山地密林中。分布于广东。

5. 粉苹婆

Sterculia euosma W. W. Sm.

乔木。嫩枝密被淡黄褐色绒毛，后脱落。单叶，叶片卵状椭圆形，长 12~23cm，宽 7~12cm，先端渐尖，基部圆形或斜心形，全缘，基生五出脉，上面无毛或几无毛，下面密被淡黄褐色星状绒毛；叶柄长 5cm。总状花序集生于小枝上部，稍被淡黄褐色绒毛；萼暗红色，深裂近基部，裂片条状披针形，外面被毛；雌雄蕊柄长 2mm。蓇葖果长圆形或长圆状卵形，长 6~10cm，熟时红色，密被星状绒毛；种子卵形，长 2cm，黑色。

产于平乐、柳州、都安、天峨、罗城、田阳、靖西、凌云、乐业、宾阳、武鸣、龙州。生于海拔 700m 以下的石灰岩湿润山麓，常与蚬木、金丝李、肥牛树、闭花木等混生，为中下层林木。分布于云南、贵州、西藏。

6. 屏边苹婆

Sterculia pinbienensis Tsai et Mao

灌木。嫩枝被星状毛。单叶，纸质，叶片椭圆形或椭圆状倒披针形，长 10~22cm，宽 4~9cm，先端钝尖，基部楔形，全缘，上面无毛，下面被灰褐色星状短柔毛；侧脉 10~13 对；叶柄长 2~3cm，被黄褐色毛；托叶条状披针形，长 6mm。圆锥花序被黄褐色柔毛；小苞片长条形；花梗长 6~8mm；萼粉红色，深裂近基部，裂片三角状披针形，长 1.2cm，外面被星状毛，内面近无毛；雄花的雌雄蕊柄弯曲，先端聚生花药有 10 枚。蓇葖果椭圆形，长 4~5cm，直径 1.5cm，被红褐色绒毛；种子长圆形，长 1.1cm，黑褐色。花期 4 月。

产于宁明。生于海拔约 1000m 的山谷和山顶密林中。分布于云南。

7. 罗浮苹婆　图 615

Sterculia subnobilis H. H. Hsue

乔木。嫩枝稍被柔毛。单叶，叶片椭圆形，长 17~28cm，宽 8~13cm，先端钝尖，基部稍圆形或浅心形，全缘，两面无毛，或幼时下面被微毛；侧脉 6~9 对，基生五出脉；叶柄长 2~5cm，几无毛。腋生圆锥花序，花枝疏散，长 10~18cm，稍被毛；萼深裂近基部，裂片长条状披针形，长 8mm，两面被毛；雄花的雌雄蕊柄无毛；子房密被黄褐色毛。花期 4 月。

产于扶绥。生于海拔约 1000m 的山地杂木林中。分布于广东。

8. 假苹婆　图 616

Sterculia lanceolata Cav.

乔木，高达 10m，胸径 40cm。树皮粉灰白色。嫩枝被毛。单叶，叶片椭圆形、披针形或椭圆状披针形，长 9~20cm，宽 3.5~8.0cm，先端钝尖或短尖，基部楔形或稍圆形，全缘，近无毛；侧脉 7~9 对；叶柄长 2.5~3.5cm。圆锥花序腋生，长 4~10cm，多分枝而密集；萼淡红色，深

图 615　罗浮苹婆 Sterculia subnobilis H. H. Hsue 花枝。（仿《中国植物志》）

图 616 假苹婆 Sterculia lanceolata Cav. 1. 花枝；2. 雄花；3. 雌花；4. 果。（仿《中国植物志》）

图 617 海南苹婆 Sterculia hainanensis Merr. et Chun 1. 花枝；2. 雄花；3. 雌花；4. 雄蕊；5. 雌蕊；6. 子房横切面；7. 果。（仿《中国植物志》）

裂至基部，裂片长圆状，长 4 ~ 6mm，顶端钝，外面被毛；雄花的雌雄蕊柄长 2 ~ 3mm，花药 10 枚，生于雌雄蕊柄顶端而呈球形；子房近球形，花柱弯曲，被毛，柱头 5 裂。蓇葖果鲜红色，长卵形或长椭圆形，长 5 ~ 7cm，有喙，密被毛；种子在每一蓇葖果内有 2 ~ 7 枚，椭圆状卵形，直径 1cm，黑褐色。花期 4 ~ 6 月。

产于河池、百色、梧州、玉林、南宁、钦州。生于海拔 500m 以下的山地杂木林中。分布于广东、海南、云南、贵州、四川；缅甸、越南、老挝、泰国也有分布。常见种，为国产苹婆属中分布最广的一种。播种或扦插繁殖，扦插容易，大枝扦插也易成活。木材灰黄褐色，纹理斜，结构粗，易翘曲，不耐腐，不抗虫，供作农具、包装材料等用材。种子可食。树冠浓密，红果鲜艳，优良庭院及道路绿化树种。

9. 海南苹婆 小苹婆 图 617

Sterculia hainanensis Merr. et Chun

小乔木或灌木。嫩枝稍被星状毛。单叶，叶片长圆形或条状披针形，长 15 ~ 23cm，宽 2.5 ~ 6.0cm，先端钝或近渐尖，基部窄楔形，全缘，两面无毛；侧脉 13 ~ 18 对；叶柄长 1.5 ~ 2.5cm，两端枕状不明显。总状花序腋生，长 5 ~ 8cm，花少而稀疏，被星状柔毛；雄花长 8mm；花梗长 10 ~ 12mm；萼 5 深裂近基部，裂片长圆形，长 5 ~ 6mm，外面被星状毛。蓇葖果红色，椭圆形，长 4cm，喙长 6mm，被短绒毛；种子椭圆形，直径 1cm，黑褐色。花期 1 ~ 4 月。

产于龙州、钦州。生于山谷密林中。分布于广东、海南。

10. 广西苹婆

Sterculia guangxiensis S. J. Xu et P. T. Li

乔木，高达7m。嫩枝被稀疏柔毛。单叶，叶片倒卵形或椭圆状倒卵形，长10~18cm，宽4.5~6.0cm，先端锐尖，基部楔形，上面无毛，下面近无毛；侧脉9~11对；叶柄长1.0~1.5cm，两端枕状。蓇葖果鲜红色，柱状椭圆形，长3.5~6.0cm，宽1.5~2.0cm，先端有喙，密被黄色柔毛和星状毛，每蓇葖果有种子3枚；种子黑褐色，椭圆形，有光泽。果期6月。

广西特有种。产于上思。

2. 梧桐属 Firmiana Marsili

乔木或灌木。单叶，掌状3~5裂或全缘。圆锥花序，稀总状花序，顶生或腋生，花单性或杂性，有时先于叶开放，萼片橙红色或黄绿色，4(~5)深裂近基部，萼片向外卷曲；无花瓣；雌雄蕊柄顶端有花药15(10~25)枚；雌花子房5室，基部有不育的花药，每室有2枚或多数胚珠，花柱基部靠合，柱头与心皮同数，分离。蓇葖果有柄，果皮膜质，在成熟前甚至更早就开裂为叶状；种子球形，子叶扁平、甚薄。

15种，分布于亚洲和非洲东部。中国3种；广西1种。

梧桐 图618

Firmiana simplex (L.) F. W. Wight

乔木，高达16m，胸径50cm。树皮青绿色或灰绿色，平滑。小枝绿色。叶心形，掌状3~5裂，裂片三角形，先端渐尖，基部心形，两面无毛或稍被毛；基生五至七出脉；叶柄与叶片近等长。圆锥花序顶生，长20~50cm；花淡黄绿色；萼5深裂近基部，裂片长条形，反曲，长7~9mm，外面被淡黄色柔毛，内面在基部被毛；花梗与花近等长；雄花的雌雄蕊柄与萼等长，无毛；花药15枚，不规则聚生于雌雄蕊柄的顶端；退化子房梨形，被毛，两性花的子房圆球形，被毛。蓇葖果有柄，被毛或无毛，长6~11cm，成熟前开裂呈叶状；每一蓇葖果内有2~4枚种子，球形，表面有皱纹，直径7mm。花期6~7月；果期9~10月。

广西各地均有栽培。分布于黄河流域以南，南达海南。喜光，深根性。喜钙，石灰岩山地习见，常与青檀、大叶榉树、朴树等混生，在酸性、中性土上也能生长。耐干旱，不耐水湿。播种繁殖，1年生苗高30cm时可出

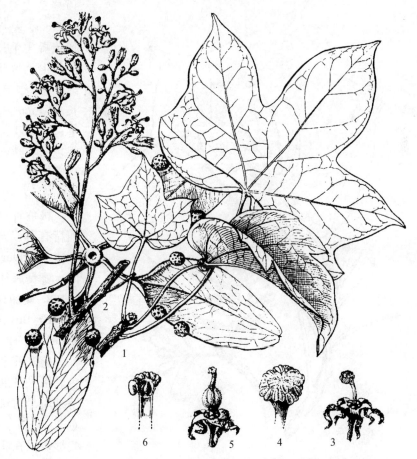

图 618 梧桐 Firmiana simplex (L.) F. W. Wight 1. 叶枝；2. 花枝；3. 雄花；4. 头状雄花群；5. 雌花；6. 剥开部分雄蕊(示子房)。(仿《中国植物志》)

圃造林。木材淡黄褐色，纹理直，结构粗，轻软，易干燥，少翘裂，供制乐器、家具、箱板等用；种子可食。可栽培供观赏及作行道树种。

3. 火桐属 Erythropsis Lindl. ex Schltt et Endl.

落叶乔木。叶全缘，浅裂或深裂，掌状脉；叶柄长。先花后叶；总状花序、圆锥花序或聚伞状圆锥花序，腋生；萼橙红色或金黄色，漏斗状或筒状，稀近钟状，两面被毛，顶端5齿裂；无花瓣；雄花花药10~20枚；雌花子房5室，每室有2枚或多枚胚珠，柱头与心皮同数，向外弯曲。蓇葖果有柄，果皮膜质，成熟前开裂而呈叶状；种子球形，子叶扁平。

8种，分布于亚洲热带和非洲热带。中国3种；广西2种。

分种检索表

1. 萼圆筒形，长32mm，密被金黄色且带红紫色的星状绒毛；叶裂片长2~3cm，顶端楔状短渐尖 ·················
····················· **1. 广西火桐 E. kwangsiensis**
1. 萼近钟形，长16mm，密被棕红褐色星状短绒毛；叶裂片长9~14cm，顶端尾状渐尖·················
····················· **2. 美丽火桐 E. pulcherrima**

1. 广西火桐　广西梧桐　图619
Erythropsis kwangsiensis (H. H. Hsue) H. H. Hsue

乔木。树皮灰白色，不裂。小枝干时灰黑色。叶宽卵形或近圆形，长10~17cm，宽9~17cm，

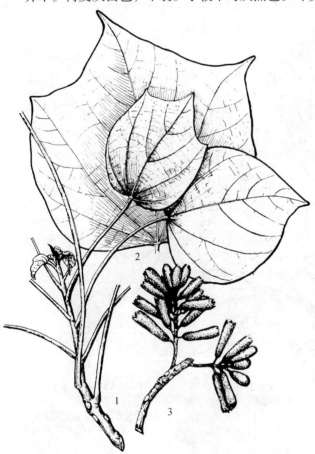

顶端3浅裂或不裂，裂片楔状短渐尖，长2~3cm，基部平截或浅心形，两面均被极稀疏短柔毛；基生五至七出脉，脉腋密被淡黄褐色星状短柔毛；叶柄长20cm，被稀疏星状短柔毛。总状花序长5~7cm；花梗长4~8mm，密被金黄色带红褐色星状短柔毛；萼筒状，长3.2cm，外面被金黄色带红褐色星状绒毛，内面鲜红色，被柔毛，5浅裂，萼片三角状卵形，长4mm；雄蕊柄长2.8cm，花药15枚集生。花期6月。

极危种，国家Ⅱ级保护野生植物。广西特有种。产于那坡、靖西、龙州。生于海拔约900m的山谷及缓坡灌丛中。花艳丽，优良园林观赏植物。

2. 美丽火桐　美丽梧桐
Erythropsis pulcherrima (H. H. Hsue) H. H. Hsue

落叶乔木，高18m。树皮灰白色或褐黑色。嫩枝干时紫色，近于无毛。叶异型，薄纸质，掌状3~5裂或全缘，长7~23cm，宽7~19cm，顶端尾状渐尖，基部截形或浅心形，仅在主脉的基部略被褐色星状短柔毛，中间的裂片长达14cm，两侧的裂片长达9cm；基生五出脉，叶脉在两面均凸出；叶柄长6~17cm，无毛。圆锥花序长8~

图619　广西火桐 Erythropsis kwangsiensis (H. H. Hsue) H. H. Hsue 1. 叶枝；2. 叶；3. 花序。(仿《中国植物志》)

14cm，密被棕红褐色星状短柔毛；花梗长 3 ~ 4mm；萼近钟形，长 16mm，宽 8mm，顶端 5 浅裂，两面均密被棕红褐色星状短柔毛，在内面近基部有一圈白色长绒毛，萼的裂片三角形，长 3mm；雄花的雌雄蕊柄长 2.4cm，被星状毛，花药 15 ~ 25 枚聚生在雌雄蕊柄的顶端成头状并围绕退化雌蕊；退化雌蕊的心皮 5 个，近于分离。花期 4 ~ 5 月。

濒危种。产上思。生于森林中和山谷溪旁。分布于海南。

4. 银叶树属 Heritiera Aiton

常绿乔木，有板根。单叶或掌状复叶，下面被鳞秕。聚伞花序排成圆锥状花序，腋生，多花，被柔毛或鳞秕；花小，单性；萼钟状或瓮状，4 ~ 6 浅裂；无花瓣；雄花的雌雄蕊柄短，花药 4 ~ 15 枚着生于雄蕊柄顶端，间有不育雌蕊；雌花有心皮 3 ~ 5 个，靠合，不育花药位于子房基部，每室有 1 枚胚乳，花柱柱头小。果木质或革质，有龙骨状凸起或翅，不裂；种子 1 枚，无胚乳。

约 35 种，分布于热带和亚热带地区。中国 3 种；广西 1 种，引种栽培 1 种。

分种检索表

1. 果革质，上端有鱼尾状的长翅，翅长 2 ~ 4cm；花白色；叶椭圆状披针形，长 6 ~ 10cm，宽 1.5 ~ 3.0cm ……………………………………………………………………………… **1. 蝴蝶树 H. parvifolia**
1. 果木质，有龙骨状凸起；花红色或红褐色；叶椭圆形，长 10 ~ 22cm，宽 5 ~ 10cm ……… **2. 银叶树 H. littoralis**

1. 蝴蝶树　图 620

Heritiera parvifolia Merr.

乔木，高 40m，胸径 1m。板根高 1m。树皮灰褐色。小枝有鳞秕。叶椭圆状披针形，长 6 ~ 10cm，宽 1.5 ~ 3.0cm，先端渐尖，基部楔形或稍圆形，上面无毛，下面被银白色或褐色鳞秕；叶柄长 1.0 ~ 1.5cm。圆锥花序密被褐色星状毛；花白色，萼长 4mm，5 ~ 6 裂，裂片长圆状卵形；雄花的雌雄蕊柄长 1mm，花盘厚；雌花的子房卵圆形，心皮 5 个，被毛。果的上端有鱼尾状长翅，翅长 2 ~ 4cm，被鳞秕；种子椭圆形，黄褐色。花期 5 ~ 6 月；果期 9 ~ 10 月。

原产于海南。泰国、马来西亚也有分布。南宁、凭祥有栽培。喜湿热环境，也有一定耐寒力，海南海拔 700m 以下热带季雨林或热带山地雨林的主要树种，南宁栽培，未见寒害。心材红褐色至暗红褐色，结构细致，纹理通直，材质坚韧，不翘不裂，极耐腐，为一类珍贵用材，供作造船、桥梁、水工、建筑、高级家具等用材。树冠浓绿，优良庭院绿化及行道树种。可在广西南部地区推广造林。

图 620　蝴蝶树 Heritiera parvifolia Merr. 1. 花枝；2. 花；3. 雄蕊；4. 雌蕊；5. 果。（仿《中国植物志》）

图 621　银叶树 Heritiera littoralis Aiton 1. 花枝；2. 果枝。（仿《中国植物志》）

2. 银叶树　图 621

Heritiera littoralis Aiton

乔木，高达 10m。树皮灰黑色。嫩枝被白色鳞秕。叶革质，椭圆形或卵形，长 10 ~ 22cm，宽 5 ~ 10cm，先端钝尖，基部稍圆形，上面无毛或几无毛，下面密被银白色鳞秕；叶柄长 1 ~ 2cm。圆锥花序长约 8cm，被星状毛和鳞秕；花红褐色；萼钟状，长 4 ~ 6mm，两面被星状毛，4 ~ 5 浅裂，裂片三角形，长 2mm；雄花的花盘较薄，有乳头状凸起，雌雄蕊柄短；雌花的心皮有 4 ~ 5 个。果木质，近椭圆形，长 6cm，背部有龙骨状凸起；种子卵形，长 2cm。花期夏季。

产防城。生于海滨和沿海岛屿上，为热带海岸红树林组成树种。分布于广东、海南、台湾；印度、越南、菲律宾及非洲东部、大洋洲也有分布。木材坚重致密，耐腐，供作建筑、造船、桥梁、家具等用材。

5. 梭罗树属 Reevesia Lindl.

乔木或灌木。单叶，全缘或有钝齿。聚伞状伞房花序或圆锥花序；花两性，多花且密集；萼钟状或漏斗状，3 ~ 5 裂；花瓣 5 片，有爪；雄蕊花丝合生成管，与雌蕊柄贴生而形成雌雄蕊柄；雄蕊管顶端扩大并包围雌蕊，5 浅裂，每裂片外缘有花药 3 枚，药室 2 枚而分歧，全部花药聚生成头状；子房 5 室，有 5 条纵沟，每室有 2 枚倒生胚珠，柱头 5 分裂。蒴果室背 5 裂；种子 1 ~ 2 枚，形扁，下端膜质翅；胚乳丰富。

约 25 种，分布于亚洲热带地区。中国 15 种；广西 7 种。

分种检索表

1. 叶无毛或仅在幼时略有毛。
　2. 圆锥花序，长达 12cm；花瓣厚，白色，被稀疏短柔毛；叶革质，较厚 ………… **1. 上思梭罗 R. shangszeensis**
　2. 聚伞状伞房花序，长 3 ~ 4cm；花瓣较薄，无毛；叶近革质 …………………… **2. 两广梭罗 R. thyrsoidea**
1. 叶被毛，尤其下面更密。
　3. 叶圆形，近先端疏生 2 ~ 3 枚粗齿 ……………………………………… **3. 粗齿梭罗 R. rotundifolia**
　3. 叶非圆形，长过于宽。
　　4. 叶下面干时灰白色，被灰白色星状毛；花很小，萼长 3mm；果长 1.5cm ……… **4. 瑶山梭罗 R. glaucophylla**
　　4. 叶下面干时不是灰白色，被黄褐色星状短绒毛；花较大，花萼长 6 ~ 9mm；果长 2.5 ~ 4.0cm。
　　　5. 蒴果密被褐色星状绒毛；叶下面密被褐色毛 ………………………… **5. 绒果梭罗 R. tomentosa**
　　　5. 果疏被稀疏淡黄褐色星状短柔毛；叶下面被淡黄褐色星状毛。
　　　　6. 叶小，长 7 ~ 12cm，宽 4 ~ 6cm；蒴果梨形或矩圆状梨形，长 2.0 ~ 3.5cm … **6. 梭罗树 R. pubescens**
　　　　6. 叶大，长 13 ~ 18cm，宽 5 ~ 7cm；果椭圆状倒卵形，长 4.5 ~ 5.0cm … **7. 隆林梭罗 R. lumlingensis**

1. 上思梭罗　图622

Reevesia shangszeensis H. H. Hsue

乔木。小枝稍被毛。叶厚革质，椭圆形，长8.0~10.5cm，宽3.5~5.0cm，先端尖，基部楔形，全缘，两面无毛；侧脉6对；叶柄长1.5~3.0cm，几无毛。圆锥花序顶生，长12cm，被毛；花极香；萼管状，长7mm，5裂，被星状毛，裂片三角状卵形，先端尖，长1mm；花瓣白色，厚，匙形，先端钝，长1cm，被稀疏短柔毛；雌雄蕊柄长2.0~2.3cm，顶端5裂，花药15枚集生于雌雄蕊柄顶端；子房卵形，被毛。

广西特有种。产于上思。生于杂木林内。

图622　上思梭罗 Reevesia shangszeensis H. H. Hsue 1. 花枝；2. 花。（仿《中国植物志》）

2. 两广梭罗　图623

Reevesia thyrsoidea Lindl.

常绿乔木，高25m。树皮灰褐色。嫩枝干时棕黑色，被星状毛。叶近革质，长圆形或卵状椭圆形，长5~7cm，宽2.5~3.0cm，先端渐尖，基部圆形或楔形，两面无毛；叶脉5~7对；叶柄长1~3cm，两端膨大。聚伞状伞房花序顶生，长3~4cm，被毛，花多而密；萼钟状，长6mm，外面被星状毛，5裂，裂片长2cm；花瓣白色，较薄，匙形，长1cm，无毛；雌雄蕊柄长2cm；子房球形，被毛。蒴果长圆状梨形，有5条棱，长3cm，被毛；种子有翅，翅褐色。花期3~4月；果期10~11月。

产于贺州、容县、武鸣、宁明、上思。生于海拔500~1500m的杂木林中。分布于广东、海南；越南和柬埔寨也有分布。喜温暖气候，喜肥沃湿润土壤。

3. 粗齿梭罗　图624

Reevesia rotundifolia Chun

乔木，高达16m。树皮灰白色。嫩枝被淡黄褐色星状毛。叶革质，圆形或倒卵状圆形，直径6.0~11.5cm，先端圆形或截形而尖，基部平截或圆形，近顶端两侧有粗齿，上面沿主脉和侧脉被淡黄褐色毛，下面密被淡黄褐色毛；侧脉5~6对；叶柄长4.0~4.5cm，被毛。蒴果倒卵状圆形，有5条棱，长3~4cm，顶端圆形，被淡黄色毛和灰白色鳞秕；种子有翅，翅褐色，顶端钝。

图623　两广梭罗 Reevesia thyrsoidea Lindl. 1. 花枝；2. 果；3. 种子。（仿《中国植物志》）

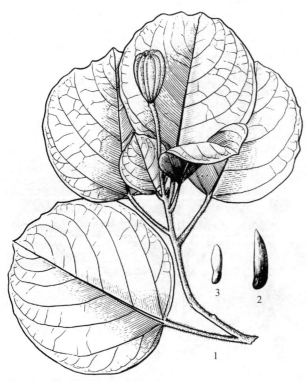

图 624 粗齿梭罗 Reevesia rotundifolia Chun 1. 果枝；2. 果瓣；3. 种子。(仿《中国植物志》)

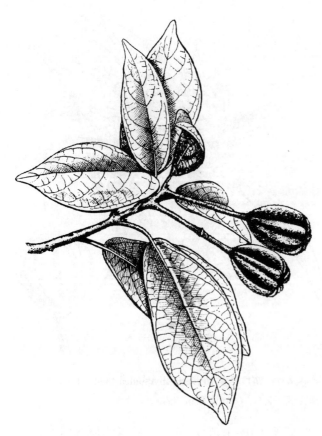

图 625 绒果梭罗 Reevesia tomentosa H. L. Li 果枝。(仿《中国植物志》)

产于上思、防城。生于海拔约 1000m 的山地杂木林中。分布于广东。

4. 瑶山梭罗

Reevesia glaucophylla H. H. Hsue

落叶乔木，高达 16m。树皮灰色或灰褐色，有纵裂纹。嫩枝近无毛。叶纸质或薄革质，长圆形或长圆状卵形，长 8.0~13.5cm，宽 4~7cm，先端尖，基部钝，圆形或浅心形，上面叶脉被淡黄褐星状毛，叶下面被灰白色星状毛及白霜；叶柄长 2~5cm，被毛。聚伞状伞房花序顶生，长 4~6cm，被黄褐色星状柔毛，花小；萼长 3mm，5 裂，裂片三角形；花瓣长圆状倒披针形，长 4mm；雌雄蕊柄长 8mm；子房球形。蒴果倒卵形或长椭圆形，长约 1.5cm，5 条棱，密被淡黄褐色星状毛；种子有翅，翅红褐色，顶端尖。花期 5~6 月，果期 10 月。

产于桂林、阳朔、贺州、象州、金秀、龙州。生于山地疏林中。分布于广东、贵州、湖南。喜光。耐干旱。在红壤、黄壤和钙质土上均生长良好。播种繁殖。

5. 绒果梭罗 绒毛梭罗 图 625

Reevesia tomentosa H. L. Li

乔木。小枝、叶下面、叶柄、花序、花梗、花萼及果均密被黄褐色星状毛。叶近革质，长圆状卵形，或倒卵形，长 8~14cm，宽 3~6cm，先端钝尖，基部圆形或稍浅心形，上面被稀疏星状毛；侧脉 6~10 对；叶柄长 1~3cm，密被黄褐色毛。聚伞状伞房花序顶生；萼钟状，长 4mm，有 5 裂。蒴果倒卵状矩圆形，长 4cm，宽 3cm，具 5 条狭窄的棱脊，果梗长 2.5~3.0cm；种子有翅，翅长圆形，褐色。

产于融水、容县。生于山区杂木林中。分布于福建、广东；缅甸也有分布。

6. 梭罗树 毛梭罗树 图 626

Reevesia pubescens Mast.

常绿乔木，高 26m。树皮灰褐色。嫩枝被星状毛。叶椭圆状卵形或椭圆形，长 7~12cm，宽 4~6cm，先端渐尖，基部钝或浅心形，上面被毛或近无毛，下面密被星状毛。聚伞状伞房花序顶生，长 7cm，被毛；花梗长 8~11mm；萼倒圆锥状，长 8mm，5

裂，裂片宽卵形，先端尖；花瓣白色或淡红色，条状匙形，长 1.0 ~ 1.5cm，被毛；雌雄蕊柄长 2.0 ~ 3.5cm。蒴果梨形或矩圆状梨形，长 2.0 ~ 3.5cm，有 5 条棱，被稀疏淡黄褐色毛；种子有翅。花期 5 ~ 6 月。

产于临桂、龙胜、金秀、象州、融水、靖西、田林。生于海拔 500m 以上的山区杂木林中。分布于云南、贵州、四川；越南、缅甸、老挝、印度等地也有分布。

7. 隆林梭罗

Reevesia lumlingensis H. H. Hsue ex S. J. Xu

乔木或灌木。嫩枝被褐色柔毛。叶长圆状椭圆形，长 13 ~ 18cm，宽 5 ~ 7cm，先端圆或钝尖，基部圆形，上面无毛，下面叶脉被星状毛；侧脉 5 对；叶柄长 2.5 ~ 3.0cm，被褐色柔毛。果序顶生或近顶生；果椭圆状倒卵形，5 条棱，长 4.5 ~ 5.0cm，被疏褐色星状毛；种子具翅。果期 6 月。

广西特有种。产于隆林。

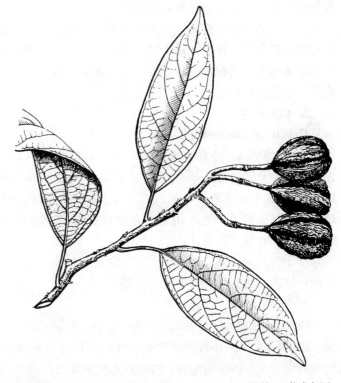

图 626　梭罗树 Reevesia pubescens Mast. 果枝。（仿《中国植物志》）

6. 山芝麻属 Helicteres L.

乔木或灌木。枝被星状毛。单叶，互生，全缘或有锯齿。花两性，单生或聚伞花序，腋生，稀顶生；小苞片细小；萼筒状，5 裂，裂片不等，二唇状；花瓣 5 枚，相等或呈二唇状，有长爪并有耳状附属体；雄蕊 10 枚，着生于雌雄蕊柄顶端，花丝稍合生，围绕雌蕊；退化雄蕊 5 枚，位于发育雄蕊之内；子房 5 室，有 5 条棱，每室有多数胚珠；花柱 5 枚，线形，顶端稍厚。蒴果劲直或螺旋状扭曲，被毛；种子有多数瘤状凸起。

约 60 种，分布于热带地区。中国 9 种；广西 4 种。

分种检索表

1. 叶全缘，稀先端有锯齿。
　2. 小枝被灰绿色短柔毛；叶全缘；果密被星状毛及混生长绒毛 ·················· **1. 山芝麻 H. angustifolia**
　2. 小枝被黄褐色茸毛；叶全缘或近顶端有不明显疏锯齿数个；果密被长绒毛 ····· **2. 剑叶山芝麻 H. lanceolata**
1. 叶缘全部都有明显的齿或锯齿。
　3. 聚伞花序顶生或腋生，几与叶等长，花黄色；叶柄长约 1cm ·················· **3. 长序山芝麻 H. elongata**
　3. 聚伞花序腋生，长 3cm，有 3 ~ 7 朵花，花紫红色或红色；叶柄长约 2cm ·················· **4. 雁婆麻 H. hirsuta**

1. 山芝麻

Helicteres angustifolia L.

小灌木，高 1m。小枝被灰绿色毛。叶窄长圆形或条状披针形，长 3 ~ 8cm，宽 1.5 ~ 2.5cm，先端钝尖，基部近圆形，全缘，上面无毛或近无毛，下面被灰白色或淡黄色星状绒毛，常混生刚毛；叶柄长 5 ~ 7mm。聚伞花序腋生，有 2 朵至数朵花；花梗有锥尖状小苞 4 枚；萼长 6mm，被星状毛，裂片三角形；花瓣淡红色或紫红色，不等大，长 1cm，较萼稍长，基部有 2 枚耳状附属体；子房被毛，胚珠多数。蒴果卵状长圆形，长 1.2～2.0cm，顶端尖，被星状毛，并混生长绒毛；种子褐色，有椭圆形小斑点。几全年都有花开。

产于广西中部和南部。分布于湖南、江西、广东、海南、云南、福建、台湾；印度、缅甸、越南等地也有分布。喜光，耐干旱，耐瘠薄土壤，在赤红壤或山地红壤马尾松林下有成片生长，或与岗松形成灌丛，为优势树种。山芝麻 – 岗松灌丛是季风常绿阔叶林或季节性雨林经反复砍伐火烧后形成的次生灌丛植被。

2. 剑叶山芝麻

Helicteres lanceolata A. DC.

灌木，高 2m。小枝被黄褐色星状毛。叶披针形或长圆状披针形，长 3.5～7.5cm，宽 2～3cm，先端渐尖，基部楔形，全缘或近先端有小锯齿，两面被黄褐色星状毛，下面较密；叶柄长 3～10mm。花簇生或成聚伞花序，长达 3.5cm；萼筒状，5 浅裂，被毛；花瓣紫红色，5 枚，不等大；雌雄蕊柄基部被毛，雄蕊 10 枚；子房每室有 12 枚胚珠。蒴果圆柱状，长 2.0～2.5cm。顶端有喙，被长绒毛。花期 7～11 月。

产于柳州、藤县、凤山、那坡、隆林、博白、北流、扶绥、宁明、龙州、上思。分布于广东、云南；越南、缅甸、老挝等地也有分布。

3. 长序山芝麻

Helicteres elongata Wall. ex Bojer

灌木，高 2m。小枝被星状毛。叶长圆状披针形或长圆状卵形，长 5～11cm，宽 2.5～3.5cm，先端渐尖，基部圆形而偏斜，边缘有不规则锯齿，两面被星状毛，下面被长柔毛；叶柄长 1cm；托叶条形，早落。聚伞花序与叶近等长，花多；萼管状钟形；花瓣黄色，下部有一枚耳状附属体；雌雄蕊柄被毛，雄蕊 10 枚；子房 5 室，被毛，每室有胚珠 10 枚。蒴果长圆柱形，长 2.0～3.5cm，顶端尖锐，被灰黄色星状毛。花期 6～10 月。

产于都安、巴马、凤山、那坡、百色、田林、南宁、邕宁、横县、大新、崇左、龙州。生于河边、路旁、旷野疏林中。分布于云南南部；缅甸、泰国、越南也有分布。

4. 雁婆麻 硬毛山芝麻

Helicteres hirsuta Lour.

灌木，高 3m；小枝被星状毛。叶卵形或椭圆状卵形，长 5～15cm，宽 2.5～5.0cm，先端渐尖或急尖，基部斜心形或近平截，边缘有不规则小齿，两面被星状毛，下面较密，基生五出脉；叶柄长约 2cm，被毛。聚伞花序腋生，长 3cm，有 3～7 朵花；花梗有关节；萼长 1.1～1.5cm，被星状毛；花瓣紫红色或红色，长 2cm；雌雄蕊柄无毛，雄蕊 10 枚；子房 5 室，具乳头状小凸起，每室具胚珠 20～30 枚。蒴果窄卵形，长 3.5～4.0cm，顶端有喙，被长绒毛及乳头状凸起；种子多数，直径 1～2mm，表面有皱纹。

产于博白、北流、合浦、宁明、龙州。生于山地灌丛或旷野疏林中。分布于广东、海南。

7. 蛇婆子属 Waltheria L.

草本或半灌木。被星状毛。单叶，互生，有锯齿；托叶披针形。聚伞花序或团伞花序；花小，两性；萼 5 裂；花瓣 5 枚，匙形，宿存；雄蕊 5 枚，基部合生，与花瓣对生，花药 2 室；子房无柄，1 室，有 2 枚胚珠，花柱上部棒状或流苏状。蒴果 2 裂；有 1 枚种子；种子有胚乳，子叶扁平。

约 50 种，多分布于热带美洲，少数分布至南非和南亚。中国 1 种；广西 1 种。

蛇婆子

Waltheria indica L.

半灌木，长达 1m。小枝被短柔毛。叶卵形或长圆状卵形，长 2.5～4.5cm，宽 1.5～3.0cm，先端钝，基部圆形或浅心形，边缘有小锯齿，两面被短柔毛；叶柄长 5～10mm。聚伞花序腋生，头状，总花梗长 3 ~ 16mm；小苞片窄披针形，萼筒状，长 3 ~ 4mm，裂片三角形；花瓣淡黄色；花丝合生成筒；子房无柄，被短柔毛，花柱偏生，柱头流苏状。蒴果倒卵形，长 3mm，被毛，为宿萼所包；种子倒卵形。花期夏秋季。

产于梧州、田阳、龙州。生于丘陵向阳草坡。分布于台湾、福建、广东、云南。耐干旱，耐瘠薄土壤，匍匐生长。茎皮纤维可供织麻袋；全株药用，可治黄疸肝炎、腹泻、眼热红肿。

8. 火绳树属 Eriolaena DC.

乔木或灌木。单叶，互生，心形，有齿或掌状浅裂，稀全缘，下面被星状毛；托叶早落。花单生、簇生或排成花序，腋生，稀顶生；小苞片 3 ~ 5 枚，有锯齿或条裂，稀全缘；花两性；萼 5 深裂近基部，萼片条形，先端尖；花瓣 5 枚，具被绒毛的爪；雄蕊连合成筒，为单体雄蕊，花丝在顶端分离，花药多数，2 室，无退化雄蕊；子房无柄，5 ~ 10 室，被柔毛，每室有多数胚珠，花柱柱头 5 ~ 10 裂。蒴果卵形或长卵形，室背开裂；种子上部有翅，翅长为种子全长的 1/2，胚乳薄。

约 17 种，分布于亚洲热带、亚热带。中国 5 种；广西 3 种。

分种检索表

1. 小苞片全缘或近全缘；果卵形，直径 2.5cm，有瘤状凸起和棱脊 ·················· **1. 火绳树 E. spectabilis**
1. 小苞片边缘有明显齿裂状或羽状深裂。
  2. 叶纸质，上部 3 ~ 5 浅裂，被灰白色毛；花序比叶短，具多数花 ·················· **2. 南火绳 E. candollei**
  2. 叶革质或近革质，不裂，被黄褐色毛；花序比叶长，具少数花 ·················· **3. 桂火绳 E. kwangsiensis**

1. 火绳树　芒木　图 627

Eriolaena spectabilis Planch. ex Mast.

乔木，高 9m，胸径 40cm。树皮灰色或灰白色，纵裂。嫩枝被星状短柔毛。叶宽卵形或卵形，长 8 ~ 14cm，宽 6 ~ 13cm，先端钝尖，基部心形或圆形，边缘有钝锯齿，上面被星状柔毛，下面被灰白色或带褐色星状绒毛；叶柄长 2 ~ 7cm，被绒毛。聚伞花序腋生，被绒毛；花梗与花等长或稍短；小苞片全缘，稀浅裂，长 4mm；萼片条状披针形，长 1.8 ~ 2.5cm，被星状短绒毛；花瓣倒卵状匙形，白色或带淡黄色，与萼片等长，瓣柄厚，被长柔毛；子房卵圆形。蒴果木质，卵形或卵状椭圆形，长 5cm，直径 2.5cm，有瘤状凸起和棱脊，果瓣连合处有深沟，顶端钝或有喙；种子有翅。花期 4 ~ 7 月。

产于隆林、田林。生于海拔 400m 以上的山坡疏林和灌丛中。分布于云南、贵州；印度也有分布。喜光。树皮厚，抗火力强。耐瘠薄。萌蘖性强。在历经砍伐、山火、放牧的地方与其他喜光耐旱树种组成次生疏林或灌木林。边材灰红褐色，心材红褐色，具暗条纹，纹理交错，结构细，硬重，耐腐，

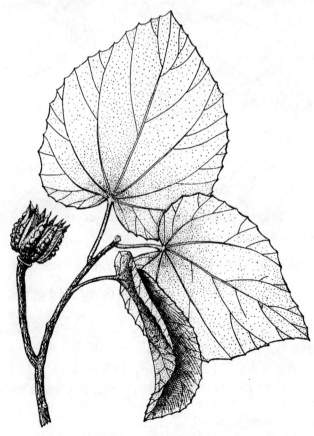

图 627　火绳树 **Eriolaena spectabilis** Planch. ex Mast. 果枝。（仿《中国植物志》）

颜色美观，供作上等家具、木雕用材；紫胶虫寄主；树皮纤维可供制绳索。

2. 南火绳

Eriolaena candollei Wall.

乔木，高12m。树皮灰色。嫩枝被星状毛。叶厚纸质，圆形或卵圆形，长6～10cm，宽5.5～11.0cm，先端渐尖，3～5浅裂，基部心形或浅心形，边缘有钝锯齿，上面被星状毛，下面被灰白色星状绒毛，基生五至七出脉；叶柄长1.5～3.0cm。聚伞花序长7cm，多花；小苞片羽状深裂，长1.0～1.5cm；萼片比小苞片稍长，被淡黄褐色绒毛；花瓣黄色，长圆形，先端微凹，有瓣柄，被长绒毛。蒴果卵圆形，长5cm，直径2.5cm，顶端尖锐，有喙，果瓣10枚，内面边缘被绢毛；种子多数，具翅。花期3～4月。

产于西林。生于海拔800～1400m的山坡灌丛或草坡。分布于云南、四川；印度、不丹、缅甸也有分布。紫胶虫寄主。

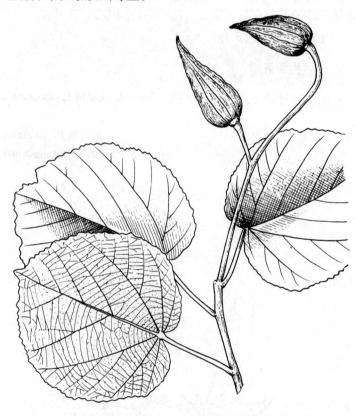

图628 桂火绳 **Eriolaena kwangsiensis** Hand. – Mazz. 果枝。（仿《中国树木志》）

3. 桂火绳 广西芒木 图628

Eriolaena kwangsiensis Hand. – Mazz.

乔木，高达11m。树皮灰色。小枝被淡黄褐色星状毛。叶革质或近革质，圆形或宽心形，长9～15cm，宽7～13cm，先端短尖或尾状短尖，基部心形，边缘有钝锯齿，两面被黄褐色柔毛，下面较密，基生五至七出脉；叶柄长2～5cm，有毛。聚伞状总状花序腋生，有数朵花，稀10余朵花；花梗长5～15mm；小苞片匙状舌形，长1.0～1.5cm，撕裂状；萼片4（～5）枚，长2.0～2.5cm，外面被黄褐色绒毛，内面被灰色长柔毛；花瓣4（～5）枚，白色，倒卵状匙形，长2.5cm；雄蕊筒长1.2cm。蒴果长椭圆状卵形，长3.5～5.0cm，直径1.5～2.0cm，有喙；种子有翅。花期5～8月。

产于都安、东兰、百色、凌云、乐业、田林、隆林、西林、平果、德保、南宁、大新、宁明、龙州。生于海拔800m以上的山谷密林中和灌丛中。分布于云南。

9. 可可树属 Theobroma L.

乔木。单叶，互生，全缘。花两性，单生或成聚伞花序，生于树干上或粗枝上；萼5深裂；花瓣5枚，上部匙形，下部盔状；退化雄蕊5枚，伸长；雄蕊1～3枚成一束，与退化雄蕊互生，花丝基部合生成筒状；子房5室，柱头5裂。核果较大；种子多数。

约22种，分布于热带美洲。中国引入栽培1种；广西也有引种。

可可　图 629

Theobroma cacao L.

常绿乔木，高 12m。树皮暗灰褐色。嫩枝短柔毛。叶卵状圆形或倒卵状长圆形，长 20～30cm，宽 7～10cm，先端长渐尖，基部圆形或楔形，无毛或叶脉上稍被星状毛；叶柄长 5～23mm；托叶早落。聚伞花序；花直径 1.8cm；花梗长 1.2cm；萼粉红色，萼片长披针形，宿存；花瓣淡黄色，稍比萼长，下部盔状反卷，顶端尖；退化雄蕊条形，雄蕊与花瓣对生；子房倒卵形，稍有 5 条棱，每室有 14～16 枚胚珠，2 列，花柱圆柱状。核果椭圆形或长圆形，长 15～20cm，直径 7cm，有 10 条纵沟，淡黄色或近红色，干后褐色；果皮厚 4～8mm；每室有 12～14 枚种子；种子卵形，稍扁，长 2.5cm，子叶肥厚，无胚乳。花期几全年。

原产于南美洲，热带地区有广泛栽培。南宁、防城、凭祥有引种栽培。

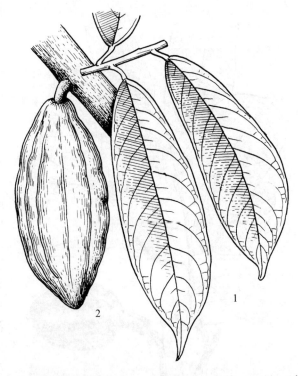

图 629　可可 Theobroma cacao L. 1. 叶枝；2. 果。（仿《中国植物志》）

10. 翅子树属 Pterospermum Schreber

乔木或灌木。嫩枝被星状毛或鳞秕。单叶，互生，分裂或不裂，全缘或有锯齿，偏斜；托叶早落。花两性；单生或成聚伞花序；小苞片 3 枚，稀无小苞片；萼 5 裂，有时裂至近基部；花瓣 5 枚；雌雄蕊柄无毛，较雄蕊短；雄蕊 15 枚，每 3 枚集生，花药 2 室，药室平行，药隔有凸尖；退化雄蕊 5 枚，条状，与雄蕊群互生；子房 5 室，每室有多数倒生胚珠，中轴胎座，花柱柱头有 5 条纵沟。蒴果木质，室背 5 瓣裂；种子有长翅，翅长圆形，膜质。

约 40 种，分布于亚洲热带和亚热带。中国 9 种；广西 3 种。

分种检索表

1. 成年树枝的叶为倒梯形或长矩圆状倒梯形，叶先端 3～5 浅裂 ···················· 1. 截裂翅子树 P. truncatolobatum
1. 成年树的叶披针形、长圆形，不为倒梯形。
　　2. 小苞片条状裂；果柄柔弱，长 3～5cm ···························· 2. 窄叶翅子树 P. lanceifolium
　　2. 小苞片全缘；果柄粗壮，长 1.0～1.5cm ···························· 3. 异叶翅子树 P. heterophyllum

1. 截裂翅子树　截裂翻白叶树　图 630

Pterospermum truncatolobatum Gagnep.

乔木，高 16m。树皮黑色，纵裂。嫩枝密被褐色星状绒毛。叶长圆状倒梯形，长 8～16cm，宽 3.6～11.0cm，顶端平截，3～5 裂，中间裂片尖或渐尖，长 1～2cm，基部心形或斜心形，上面无毛或主脉稍被毛，下面密被灰白或黄褐色星状绒毛，基生五至七出脉；叶柄长 1～10mm；托叶掌状 3～5 条裂。花单生于叶腋；小苞片条裂；萼片长条形，长 4.5～6.5cm；花瓣长条状镰刀形，长 3～6cm，基部渐窄；退化雄蕊长 5cm，雄蕊与退化雄蕊互生。蒴果卵圆形，有棱和沟，长约 12cm，宽约 7cm，基部收缩成柄状，密被褐色星状绒毛，有或无瘤状凸起，每室有 6～10 枚种子，排成 2 列；

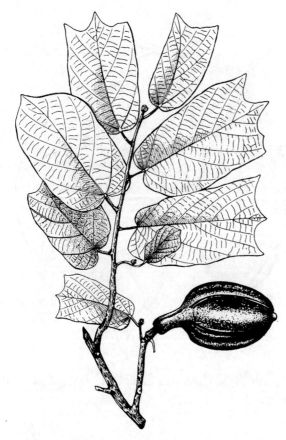

图 630 截裂翅子树 **Pterospermum truncatoloba-tum** Gagnep. 果枝。(仿《中国树木志》)

图 631 窄叶翅子树 **Pterospermum lanceifolium** Roxb. 1. 果枝；2. 种子。(仿《中国树木志》)

种子有膜质长翅，长达 4.4cm，顶端钝或平截。花期 7 月。

产于宁明、龙州。生于海拔 600m 以下的石灰岩山地。分布于云南；越南北部也有分布。

2. 窄叶翅子树 翅子树 图 631
Pterospermum lanceifolium Roxb.

常绿大乔木，高 30m，胸径 33cm。树皮黄褐色或灰色，有纵裂纹。嫩枝被黄褐色绒毛。叶披针形或长圆状披针形，长 5～9cm，宽 2～3cm，先端渐尖或急尖，基部偏斜或钝形，全缘或在先端有锯齿，上面几无毛，下面被黄褐色或黄白色绒毛；叶柄长 5mm；托叶 2～3 裂，被绒毛。花白色，单生于叶腋；花梗长 3～5cm，有关节；小苞片生于花梗中部，撕裂状或条形，长 7～8mm；萼片条形，长 2cm，两面被柔毛；花瓣披针形，先端钝，与萼片等长或稍短。蒴果木质，长圆状卵形，长 5cm，基部渐狭，被黄褐色绒毛，果柄长 3～5cm，柔弱，每室有 2～4 枚种子；种子有翅，连翅长 2.0～2.5cm。花期 5～6 月；果期 11 月至翌年 1 月。

产于百色、田林、那坡、博白、平南、南宁、上思、钦州。生于海拔 1000m 以下的丘陵、山地、河边。分布于广东、云南；越南、缅甸、印度也有分布。喜光，天然林中多为上层乔木，密林下天然更新不良。生长迅速。边材白色，心材红色，结构细，不耐腐，轻软，供作一般家具、箱盒等用材。

3. 异叶翅子树 翻白叶树 图 632
Pterospermum heterophyllum Hance

常绿乔木，高达 30m，胸径 60cm。树皮灰色或灰褐色。小枝被红褐色或黄褐色绒毛。叶二型，幼树或萌条上的叶为盾形，掌状 3～5 裂，直径约 15cm，基部平截近半圆形，上面近无毛，下面被黄褐色星状短柔毛；叶柄长 10～30cm；成长树上的叶卵状长圆形，长 7～15cm，宽 3～10cm，先端钝尖或渐尖，基部楔形、平截和斜心形，下面被黄褐色绒毛；叶柄长 1～2cm，被毛。花青白色，单生或 2～4 朵花排成腋生聚伞花序；花梗长 5～15mm，无关节；小苞片鳞片状，全缘；萼片条形，长 2.8cm；花瓣倒披针形，与萼片等长。蒴果木质，长圆状卵形，长 6cm，被褐色绒毛，果柄粗壮，长 1.0～1.5cm；种子具膜质翅。花期 6～8 月；果期 10~11 月。

产于广西各地。生于海拔 500m 以下的山地杂木林中。分布于广东、海南、福建。喜光。生于肥沃、湿润、疏松的酸性土，在石灰岩山地也生长良好。萌蘖性强，伐根萌条生长旺盛，易成材。播种繁殖，果呈灰褐色时及时采收，以免种子飞散。木材浅黄褐色或浅红褐色，有光泽，结构细，轻软，可供制建筑、家具、农具；叶奇异，适应性强，优良园林绿化树种。

11. 昂天莲属 Ambroma L. f.

乔木或灌木。叶心形或卵状椭圆形，全缘或有锯齿，有时掌状浅裂。花序与叶对生或顶生，有少数花；花两性；萼片 5 枚，近基部合生；花瓣 5 枚，红紫色，中部以下突然收窄，下部凹陷，上部匙形；雄蕊花丝合生成管状，围着雌蕊，退化雄蕊 5 枚，顶端钝，基部连合成管状，有缘毛；花药 15 枚，每 3 枚集生

图 632 异叶翅子树 Pterospermum heterophyllum Hance
1. 果枝；2. 异形叶片。(仿《中国树木志》)

成群，着生于花丝管外侧并与退化雄蕊互生；子房无柄，有 5 条沟槽，5 室，每室有多枚胚珠，花柱有 5 条浅沟。蒴果膜质，有 5 枚棱角，有 5 枚翅，顶端平截；种子多数，有胚乳；子房扁平，心形。

1~2 种，分布于亚洲热带至大洋洲。中国 1 种；广西也有分布。

昂天莲

Ambroma augustum (L.) L. f.

灌木，高 4m。小枝被星状绒毛。叶心形或卵状心形，有时 3~5 浅裂，长 10~22cm，宽 9~18 (~24)cm，先端渐尖或急尖，基部心形或斜心形，边缘有锯齿，上面无毛或疏被星状毛，下面被短绒毛，基生三至七出脉，叶脉在两面凸起；叶柄长 1~10cm；托叶条形，长 5~10mm，脱落。聚伞花序有花 1~5 朵，花红紫色，直径 5cm；萼片披针形，长 1.5~1.8cm，两面被短柔毛；花瓣长 2.5cm；子房稍被毛，花柱三角状舌形。蒴果倒圆锥形，直径 3~6cm，被星状毛，有 5 枚纵翅，边缘有长绒毛，顶端平截；种子长圆形，黑色，长 2mm。花期春夏季。

产于东兰、南丹、都安、天峨、百色、那坡、田林、凌云、乐业、藤县、桂平、龙州、上思。生于山谷或林缘。分布于广东、云南、贵州；印度、马来西亚、泰国也有分布。根、叶可入药，可治跌打骨折、月经不调等；茎皮纤维可作丝织品代用品。

12. 刺果藤属 Byttneria Loefl.

草本、灌木或乔木，多为藤本。单叶，多为圆形或卵形。聚伞花序；花小；萼片 5 枚，基部连合；花瓣 5 枚，有爪，上部凹陷，先端有长带状附属物；有发育雄蕊 5 枚，花丝合成筒状，与花瓣互生，退化雄蕊 5 枚，片状，与萼片对生；子房 5 室，每室有 2 枚胚珠，花柱全缘或顶端 5 裂。蒴果球形，有刺，室背开裂，每果瓣有 1 枚种子。

约 130 种，分布于热带地区。中国 3 种；广西 1 种。

刺果藤 图 633

Byttneria aspera Collebr. ex Wall

木质大藤本。嫩藤被毛。叶宽卵形、心形或近圆形，长 7 ~ 23cm，宽 5.5 ~ 16.0cm，先端钝尖或急尖，基部心形，全缘，上面近无毛，下面被白色星状毛；叶柄长 2 ~ 8cm，被毛。花小，淡黄白色，内面带紫红色。蒴果球形或卵球形，直径 3 ~ 4cm，具粗刺，被短柔毛；种子长圆形，长 1.2cm，黑色。花期春夏季。

产于金秀、忻城、天峨、梧州、田林、凌云、乐业、北流、南宁、邕宁、龙州、上思。生于海拔 700m 以下的疏林中或溪边，常与买麻藤、瓜馥木、省藤、黄藤等混生。分布于广东、海南、云南；印度、越南、老挝等地也有分布。茎皮纤维可供制绳索或织麻袋。根入药，有祛风湿、壮筋骨的功效，可治腰肌劳损、风湿骨痛。

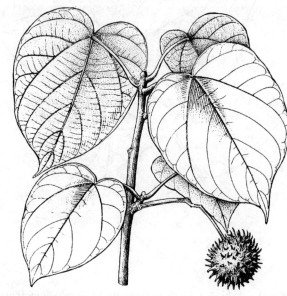

图 633 刺果藤 Byttneria grandifolia A. DC. 果枝。（仿《中国植物志》）

13. 山麻树属 Commersonia

J. R. et G. Forst.

乔木或灌木。单叶，常偏斜，有锯齿或深裂。聚伞花序组成圆锥花序；花小，两性；萼 5 裂；花瓣 5 片，基部宽且凹入，先端成带状附属物；雄蕊 5 枚，与花瓣对生；花药 2 室，药室分歧；退化雄蕊 5 枚；子房无柄，5 室，每室有 2 ~ 6 枚胚珠，花柱基部连合或分离。蒴果 5 室，室背开裂，被刚毛；种子有胚乳，子叶扁平。

约 9 种，分布于亚洲热带和大洋洲。中国 1 种；广西有分布。

山麻树 图 634

Commersonia bartramia（L.）Merr.

乔木，高 15m。小枝密被黄色柔毛。叶宽卵形或卵状披针形，长 9 ~ 24cm，宽 5 ~ 14cm，先端渐尖，基部斜心形，边缘有不规则锯齿和红色毛，上面疏被星状毛，下面密被灰白色柔毛；叶柄长 6 ~ 18mm，被毛；托叶掌状条裂。复聚伞花序长 3 ~ 21cm，多分枝；花白色，密生，直径 5mm；萼长 3mm，卵形，被短柔毛；花瓣与萼等长，基部两侧有小裂片，先端带状；雄蕊藏于花瓣基部凹陷处；退化雄蕊长 1.5mm，两面被小柔毛；子房 5 室，每室有 2 枚胚珠。蒴果球形，直径 2cm，密生细长刚毛；种子椭圆形，长 2mm，黑褐色，光亮。花期 2 ~ 10 月。

产于博白、钦州。生于海拔 400m 以下

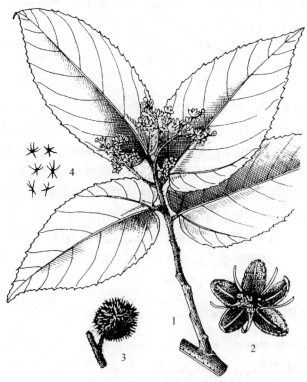

图 634 山麻树 Commersonia bartramia（L.）Merr.
1. 花枝；2. 花；3. 果；4. 叶上的星状毛。（仿《中国树木志》）

的山区疏林中。分布于广东、云南；印度、越南、菲律宾、澳大利亚等地也有分布。茎皮纤维可供织麻布及麻袋，也可供制绳索。

70　木棉科 Bombacaceae

乔木，树干基部常有板状根。叶互生，单叶或掌状复叶，常具鳞秕；托叶早落。花两性，大型，辐射对称，单生或簇生；花萼杯状，顶端截平或不规则3~5裂；花瓣5枚，覆瓦状排列，有时基部与雄蕊管合生，有时无花瓣；雄蕊5枚至多数，退化雄蕊常存在，花丝分离或合生成管，花药肾形或线形，1室或2室，花粉平滑；子房上位，2~5室，每室有倒生胚珠2至多枚，生于中轴胎座上，花柱1枚，柱头2~5裂。蒴果，室背开裂或不裂；种子常为内果皮的丝状绵毛所包围。

约30属250种，分布于热带地区，主产于美洲。中国1属2种，引入6属10种；广西1属1种，引入3属5种，本志记载4属5种。

分属检索表

1. 单叶，具掌状脉 ························· **1. 轻木属 Ochroma**
1. 掌状复叶。
　2. 花丝在40枚以上。
　　3. 雄蕊管上部花丝集为多束，每束再分离为7~10枚细长的花丝；花萼顶端截平，内面无毛；种子大，长达2.5cm ························· **2. 瓜栗属 Pachira**
　　3. 雄蕊上部花丝集为5束或散生，花萼具齿，内面被毛；种子小，长不及5mm ········· **3. 木棉属 Bombax**
　2. 花丝3~15枚，花萼于花后枯萎宿存 ················· **4. 吉贝属 Ceiba**

1. 轻木属 Ochroma Swartz

乔木，树干无皮刺。单叶，互生或螺旋状排列，掌状浅裂或全缘；托叶大，脱落。花大型，单生于叶腋，具梗；花萼管状或漏斗状，5裂，质厚，裂片卵状三角形；花瓣匙形，初时直立，后渐外卷，白色；雄蕊管长，上部扭转，无分离的花丝，花药5~10枚；子房上位，5室，每室具多数胚珠，花柱粗壮，柱头相互扭转成纺锤形，有螺旋状沟纹。蒴果狭长，室背5裂，里面密被褐色丝状绵毛。种子多数，藏于绵毛中，有假种皮，胚乳肉质。

本属1种，原产于热带美洲。中国热带地区有引进栽培。

轻木　图635：1~4

Ochroma pyramidale（Cav. ex Lam.）Urb.

常绿乔木。树皮棕褐色，光滑。叶心状卵圆形，掌状浅裂或不裂，长15~30cm，宽12~20cm，基生七出脉；羽状脉5~6对，网脉显著；叶柄长5~20cm，粗壮，密被褐色星状毛；托叶明显，早落。花单生于枝顶，花梗长8~10cm；花萼筒厚革质，长3.5cm，5裂，裂片长约1cm，其中3

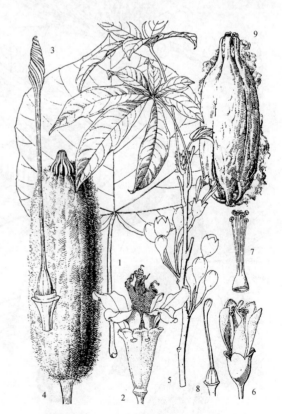

图635　1~4. 轻木 Ochroma pyramidale（Cav. ex Lam.）Urb. 1. 叶；2. 花；3. 雌蕊；4. 果。**5~9.** 吉贝 Ceiba pentandra（L.）Gaertn. 5. 花枝；6. 花；7. 雄蕊管；8. 雌蕊；9. 果。（仿《中国植物志》）

枚阔；花瓣匙形，白色，长8~9cm，宽1.5~1.8cm。蒴果圆柱形，长12~18cm，室背5瓣裂，内面有绵状簇毛，成熟时果瓣脱落；种子多数，淡红色或咖啡色，疏被灰褐色丝状绵毛。花期3~4月；果期7~9月。

原产于热带美洲低海拔地区。南宁、凭祥有引种栽培；海南、云南、台湾也有栽培。喜湿热气候，要求年降水量1200mm以上，年平均气温21℃以上，最低气温7℃以上，在4~5℃则造成严重寒害。1974年凭祥栽培，2年生树高6.2m，胸径8.1cm，1976年遇特大寒潮，绝对最低气温降至0℃时，露天栽培的全部受害冻死，温室栽培的植株也受到不同程度的寒害。浅根性，干枝脆，易风倒折断。极喜光，苗期需适当遮阴。木材极轻，材质均匀，易加工，可用来制作救生器材；木材导热系数低，优良绝热材料。

2. 瓜栗属 Pachira Aubl.

乔木。叶互生，掌状复叶，具长柄，小叶5~11枚，全缘。花单生于叶腋，具梗；苞片2~3枚；花萼杯状，短，顶端截平或具不明显的浅齿，果期宿存；花瓣长圆形或线形，白色或淡红色，外面被绒毛；雄蕊管基部成对合生或深裂成5至多束，每束再分离为多数花丝，花药肾形，1室；子房5室，每室有胚珠多枚；花柱伸长，顶部棒状，柱头5浅裂。蒴果近长圆形，木质或革质，室背开裂为5瓣，里面具长绵毛；种子近四角楔形，种皮脆壳质，平滑。

约50种，产于热带美洲。中国引进栽培2种；广西引进栽培1种。

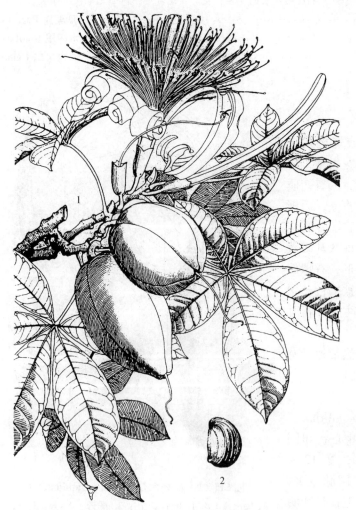

图636 瓜栗 Pachira aquatica Aubl. 1. 花枝；2. 种子。(仿《中国树木志》)

瓜栗　图636

Pachira aquatica Aubl.

小乔木，高4~5m。幼枝栗褐色，无毛。掌状复叶，叶柄长11~15cm；小叶5~11片，长圆形或卵状长圆形，中间小叶长13~24cm，宽4.5~8.0cm，两侧较小，顶端渐尖基部楔形，全缘，上面无毛，下面被锈色星状绒毛；侧脉16~20对，网脉细密，在背面显著隆起；具短柄或近无柄。花单生于枝顶叶腋；花梗粗壮，长约2cm；花萼杯状，近革质，直径1.3cm；花瓣淡黄绿色，狭披针形至线形，长达15cm。蒴果近梨形，长9~10cm，宽直径4~6cm，果皮厚，木质，黄褐色，外面无毛，内面密被长绵毛。种子多数，不规则梯状楔形，长约2.5cm，宽1.0~1.5cm；种皮暗褐色，有白色螺纹。花果期5~11月。

原产于热带美洲。世界热带地区有广泛引种栽培。南宁、钦州、凭祥等地有露地栽培，各地有盆栽。喜温热气候，适宜年均温21℃以上，可耐轻霜和短期0℃绝对低温。对土壤要求轻高，适生于土层深厚、湿润的酸性土中。在干燥、贫瘠地生长不良。

强喜光树种，幼龄具一定耐阴能力，露地栽培宜光照充足。播种繁殖，果实 3~4 月成熟。采成熟果实，种子千粒重约 1765g，随采随播。种子可炒食，味如板栗香甜，也可供榨油。盆栽时根茎常膨大，美观，优良盆景植物，商品名"发财树"。

3. 木棉属 Bombax L.

落叶大乔木。幼枝、树干通常具圆锥状皮刺。掌状复叶。花单生，大型，先于叶开放，通常红色，有时为橙红色或黄白色；无苞片；花萼革质，杯状，开花后顶端不规则分裂；连同花瓣和雄蕊一起脱落；花瓣 5 枚，倒卵形或倒卵状披针形；雄蕊多数，合生成束，花丝排成若干轮，最外轮集生成 5 束，各束与花瓣对生，花药 1 室，肾形；子房 5 室，每室具多数胚珠，花柱细棒状，比雄蕊长；杜头 5 裂。蒴果室背开裂为 5 瓣，果瓣革质，内有丝状绵毛；种子小，黑色，藏于绵毛中。

约 50 种，分布于热带地区。中国 3 种；广西 1 种。

木棉 图 637

Bombax ceiba L.

落叶大乔木，高达 25m。树皮灰白色。幼枝、树干通常有圆锥状皮刺。掌状复叶，小叶 5~7 枚，长圆形至长圆状披针形，长 10~16cm，宽 3.5~5.5cm，顶端渐尖，基部阔或渐狭，全缘，两面无毛；侧脉 15~17 对，网脉细密；叶柄长 10~20cm，小叶柄长 1.5~4.0cm。花单生，红色、橙红色或黄色，直径约 10cm；花萼杯状，顶端 3~5 裂，长 2~3cm，外面无毛，里面被黄色短绢毛；花瓣肉质，倒卵状长圆形，长 8~10cm，宽 3~4cm。蒴果长圆形至长圆状披针形，长 10~15cm，直径 4~5cm；种子多数，倒卵形，光滑。花期 3~4 月；果夏季成熟。

自然分布于广西红水河以南地区，阳朔有栽培。分布于江西、广东、海南、福建、云南、四川、贵州；印度、斯里兰卡、印度尼西亚、菲律宾、澳大利亚也有分布。喜高温，耐干旱，强喜光树种，对土壤要求不严，砖红壤、红壤、燥红壤、红色石灰土上均能生长。播种繁殖，蒴果成熟尚未开裂前采收，暴晒开裂后，用棍子拍打使种子从绵毛中抖落，或直接地面捡拾。随采随播，种子富含油脂，种子贮藏时间不宜过长，易失去发芽率。1 年生苗可达 80~100cm。木材轻软，可供制作蒸笼、箱板及作造纸等原料；花入药可清热除湿、治菌痢、胃痛；根皮可祛风湿、治疗跌打，树脂作滋补药；果内绵毛可作枕、褥、救生圈的填充料。先花后叶，花大色艳，红色、橙红色或黄色，且树形优美，优良庭院观赏或行道树种。

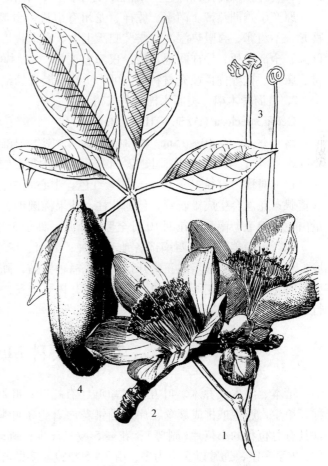

图 637 木棉 Bombax ceiba L. 1. 叶枝；2. 花枝；3. 雄蕊；4. 果。(1 仿《中国高等植物图鉴》；2~4 仿《中国植物志》)

4. 吉贝属 Ceiba Mill.

落叶乔木，树干有皮刺或缺。掌状复叶；小叶 3~9 枚，具短柄，无毛，叶背苍白色，全缘。花先于叶开放，单生或 2 ~ 15 朵簇生于落叶的节上，通常辐射对称；花萼钟状，不规则 3 ~ 12 裂，宿存；花瓣淡红色或黄白色；雄蕊管短，花丝 3 ~ 15 枚，分离或集生为 5 束，每束花丝顶端有 1 ~ 3 枚扭曲的 1 室花药；子房 5 室，每室具多数胚珠。蒴果木质或革质，下垂，长圆形或近倒卵形，室背开裂为 5 瓣，果瓣里面被绵毛；种子多数，藏于绵毛中，具假种皮。

约 17 种，产于非洲热带。中国引进 2 种；广西也有引进栽培。

分种检索表

1. 小叶长圆状披针形，长 5 ~ 16cm，顶端短渐尖，基部楔形，全缘或近顶端有稀疏细齿；花瓣淡红色或黄白色 …………………………………………………………………………………………………… **1. 吉贝 C. pentandra**
1. 小叶椭圆形，长 12 ~ 14cm，顶端长渐尖或尾尖，基部狭楔形，边缘有锯齿；花瓣淡紫红色 ………………………………………………………………………………………………… **2. 美丽异木棉 C. speciosa**

1. 吉贝　爪哇木棉　图 635：5 ~ 9

Ceiba pentandra（L.）Gaertn.

落叶大乔木，高达 30m。侧枝轮生，幼枝有皮刺。掌状复叶，具长 7 ~ 14cm 的柄；小叶 5 ~ 9 枚，长圆状披针形，长 5 ~ 16cm，宽 1.5 ~ 4.5cm，顶端短渐尖，基部楔形，全缘或近顶端有稀疏细齿，两面无毛，下面有白霜；小叶柄长 3 ~ 4mm。花先于叶或与叶同时开放，多数簇生于上部叶腋；花梗长 2.5 ~ 5.0cm，无总梗；花萼长 1 ~ 2cm；花瓣倒卵状长圆形，长 2.5 ~ 4.0cm，花瓣淡红或黄白色；花柱长 2.5 ~ 3.5cm，柱头棒状，5 浅裂。蒴果长圆形，向上渐窄，长 7 ~ 15cm，直径 3 ~ 5cm，5 裂，果瓣内面密被丝状绵毛；种子圆形，平滑。花期 3 ~ 4 月。

原产于美洲热带。南宁、凭祥、龙州有引进。台湾、广东、海南、云南等热带地区也有栽培。喜光，不耐寒，喜暖热湿润气候及肥沃土壤。南宁栽培，2 年生树高 6m，径粗 8cm，2008 年冬连续低温，全部冻死，凭祥露地栽培，仅嫩枝受冻。木材可作箱板、火柴梗用材；果内绵毛为救生器材、床垫、枕等优良填充材料，也可作防冷、隔音的绝缘材料；种子供榨油制皂。

2. 美丽异木棉　美丽木棉、美人树

Ceiba speciosa（A. St. – Hil.）Ravenna

落叶乔木，高 10 ~ 15m。幼树树皮绿色，密生圆锥状皮刺。侧枝平展，呈轮生状。掌状复叶有小叶 5 ~ 7 枚；小叶椭圆形，长 12 ~ 14cm，顶端长渐尖或尾尖，基部狭楔形，边缘有锯齿。花单生，花冠辐射对称，直径 10 ~ 15cm，淡紫红色，中心乳白色；花瓣 5 枚，长 5 ~ 8cm，反卷，花瓣基部有蜜腺；花丝合生成雄蕊管，包围花柱。蒴果椭圆形，果皮木质，长 2cm；种子黑色，外面包有大量白色长绵毛。南宁，花期 10 月至翌年 2 月；种子 5 月成熟。

原产于南美洲。广西南部各地有引种；云南、广东、海南、台湾也有引种。喜温暖、湿润环境，稍耐寒，南宁栽培能正常开花结实。播种繁殖，随采随播，发芽率可达 90%。优良观花乔木，盛开时花多叶少，花淡紫红色，花姿美艳，树冠整齐，飘逸飒爽，不仅适用于庭院绿化，也可作为行道树种。

71　锦葵科 Malvaceae

草本、灌木或乔木。叶互生，单叶，有托叶；叶脉通常为掌状。花两性，罕见杂性，辐射对称，单生、簇生或排成聚伞花序或圆锥花序着生于叶腋或枝条顶端；萼片 3 ~ 5 枚，分离或合生，常具有总苞状的小苞片（副萼）；花瓣 5 枚，离生；雄蕊多数，花丝连合成一管状雄蕊管；子房上位，2 至多室，通常以 5 室为多，由 2 ~ 5 枚或较多的心皮环绕中轴而成，花柱与心皮同数或为其 2 倍。蒴果，常开裂，很少为浆果状；种子肾形或倒卵形，有胚乳。

约 100 属 1000 种，产于热带至温带。中国 19 属 81 种，各地均产，以热带和亚热带地区种类较多；广西 12 属 39 种（含变种和变型），本志记载 4 属 12 种。

分属检索表

1. 果裂成分果，与果轴或花托脱离；子房由数个分离心皮组成。
  2. 雄蕊管上花药着生到顶端；花柱分枝与心皮同数，小苞片4~6枚；圆锥花序；花瓣白色或粉红色；乔木 …………………………………………………………………………………… **1. 翅果麻属 Kydia**
  2. 雄蕊管上仅外部着生花药，顶端平截或5齿，花柱分枝为心皮的2倍，小苞片7~12枚；花单生，花瓣深红色；灌木或亚灌木 ……………………………………………………………… **2. 悬铃花属 Malvaviscus**
1. 果为蒴果；子房由数个合生心皮组成。
  3. 花柱分枝5枚，萼片5裂或5齿，子房5室 …………………………………… **3. 木槿属 Hibiscus**
  3. 花柱棒状，不分枝，萼片平截，子房3~5室 ……………………………… **4. 桐棉属 Thespesia**

1. 翅果麻属 Kydia Roxb.

乔木，高20m。叶互生，常分裂，掌状脉。花杂性，单生或排成圆锥花序；小苞片4~6枚，叶状，基部合生，果时扩大成翅；萼片5枚，三角形；花瓣5枚，倒心形，具爪；雄花雄蕊管圆筒形，5~6裂至中部，每裂有3~5枚无柄、肾形的花药；不发育的子房球形，不孕性花柱内藏；雌花雄蕊管5裂，上有不孕性花药，花柱顶端3裂，柱头盾状，具乳凸，子房2~3室，稀为4室，每室有胚珠2枚。蒴果近球形，室背3瓣裂；种子肾形，有沟槽。

2种，分布于印度、不丹、缅甸、柬埔寨、越南和中国。广西产1种。

光叶翅果麻

Kydia glabrescens Mast.

乔木，高10m。小枝圆柱形，被星状毛。叶近圆形或倒卵形，长7~16cm，宽5~12cm，先端钝圆或浅3裂，基部圆形至楔形，边缘具不整齐齿，上面疏被星状短柔毛，下面无毛；掌状脉5~7条；叶柄长2~4cm。圆锥花序顶生或腋生；小苞片长圆状椭圆形，长约5mm，无毛；花淡紫色，直径约13cm；花萼杯状，长1.5~2.0cm，裂片5枚，中部以下合生，无毛或近无毛。蒴果圆球形，直径约4mm，宿存小苞片倒披针形，无毛或近无毛。花期8~10月。

产于田林、隆林。生于海拔500~1000m的山谷疏林中。分布于云南；越南、印度、不丹也有分布。木材纹理直，结构略粗，不耐腐，可作一般建筑、家具、包装箱等用材。

2. 悬铃花属 Malvaviscus Dill. ex Adans.

灌木或亚灌木，有时为攀援藤本。单叶，叶椭圆形或卵形，浅裂或不裂。花单朵腋生，略倒垂；花梗无关节；总苞状小苞片7~12枚，披针形或匙形，基部稍连合；花萼筒状，萼裂片5枚，花冠通常鲜红色，花瓣5枚，直立，永不展开，基部不对称；雄蕊柱稍长于花冠，近顶部有多数具花药的花丝；花柱分枝10枚，柱头头状；子房5室，每室具胚珠1枚。分果，幼嫩时果皮肉质，成熟后果皮变干并各自分离。

约4种，原产于美洲热带地区。中国引进栽培2种；广西栽培1种。

垂花悬铃花

Malvaviscus penduliflorus DC.

灌木，高1~3m，嫩枝和花梗均被疏柔毛。叶卵状披针形，长6~12cm，宽2.5~8.0cm，顶端渐尖，通常不裂，稀3裂，基部圆钝，边缘具钝齿；主脉3条；叶柄长1~2cm，被长柔毛，托叶线形，长约3mm，早落。花单生于叶腋，开花时下垂，花梗长1~4cm；小苞片约7枚，匙形，长1.0~1.5cm，内面被柔毛，基部合生；花萼钟状，约与小苞片等长，萼裂片5枚；花冠鲜红色，长5~7mm，花瓣永不展开。几乎全年开花，广西栽培罕见结实。

原产于美洲热带地区。广西各地有栽培。现世界热带地区有广泛栽培。庭院绿化树种。

3. 木槿属 Hibiscus L.

草本、灌木或乔木。叶互生，掌状分裂或不分裂；有托叶。花两性，5 基数，单生或排成总状花序；萼下小苞片 5 枚或多数，分离或仅基部合生；萼钟状或碟状，稀筒状，5 浅裂或 5 深裂，宿存；花瓣 5 枚，基部与雄蕊管合生；雄蕊管顶端截平或 5 齿裂，花药多数，生于管头顶端；子房 5 室，每室有胚珠 3 至多枚，花柱 5 裂，通常柱头头状。蒴果，室背开裂成 5 果瓣；种子肾形，被毛或为腺状乳凸。

约 200 种，产于热带地区。中国 24 种 16 个变种和变型（含引进栽培种），各地皆产；广西有 14 种，本志记载 9 种 1 变种。

分种检索表

1. 花单生于叶腋。
  2. 花萼钟状，萼裂片 5 枚，花瓣不分裂或边缘有齿状缺 ················· 1. 朱槿 H. rosa-sinensis
  2. 花萼筒状，2～3 浅裂；花瓣深裂成流苏状，反折 ················· 2. 吊灯花 H. schizopetalus
1. 花单朵或数朵生于枝条近顶端。
  3. 花冠黄色，小苞片 7～10 枚；托叶长椭圆形 ················· 3. 黄槿 H. tiliaceus
  3. 花冠紫色、白色或粉红色至红色，托叶线形或阔三角形。
    4. 花冠白色、紫色或淡紫色；花柱无毛；叶基部楔形或阔楔形。
      5. 叶阔卵形；小苞片 6～7 枚，披针形，宽 4～6mm；花淡紫色 ················· 4. 华木槿 H. sinosyriacus
      5. 叶菱形或三角状卵形；小苞片 6～8 枚，线形，宽 1～2mm；花白色或紫色 ················· 5. 木槿 H. syriacus
    4. 花冠粉红色或白色后变粉红色至红色。
      6. 小苞片卵形，宽 8～12mm。
        7. 花梗和小苞片被长硬毛；花梗长 2～4cm，常短于叶柄 ················· 9. 庐山芙蓉 H. paramutabilis
        7. 花梗和小苞片密被星状短绒毛；花梗长 6～15cm，长于叶柄 ················· 6. 芙蓉木槿 H. indicus
      6. 小苞片线形或线状披针形，宽 1.5～5.0mm。
        8. 小苞片 8 枚，线形，长 8～12mm，宽 1.5～2.0mm；花梗长 5～8cm；叶心形，5～7 裂 ················· 7. 木芙蓉 H. mutabilis
        8. 小苞片 5～6 枚，线状披针形，长 16～25mm，宽 3～5mm；花梗长 1～3cm；叶卵形，3 裂 ················· 8. 贵州芙蓉 H. labordei

1. 朱槿　大红花、扶桑　图 638

Hibiscus rosa-sinensis L.

常绿灌木，高 1～4m。小枝被稀疏星状毛。叶卵形或阔卵形，长 7～10cm，宽 2～5cm，顶端渐尖，基部圆钝或阔楔形，上部叶缘具锯齿或缺刻，两面仅叶背脉上有疏毛；叶柄长 0.5～2.0cm，被长柔毛；托叶线形，长 5～12mm，被毛。花单朵腋生，花梗长 3.5～7.0cm，近顶部或上部具关节，直立或下垂；小苞片 6～10 枚，线形，长 8～15mm，疏被毛；花萼钟状，长 1.5～2.0cm，萼裂片 5 枚，有时二唇形；花冠直径达 10cm，粉红、深红色或黄色，花瓣 5 枚，有时为重瓣，顶端圆钝或具粗圆齿，但不分裂；雄蕊管分枝；柱头头状，被紫色短毛。蒴果椭圆状，无毛；种子无毛。几乎全年开花。

广西各地有广泛栽培，南宁市市花。著名花卉，原产于中国南方；广东、福建、云南、四川、台湾有栽培，亚洲各热带地区也有栽培。朱槿有许多栽培品种，以花色及花形来命名，如乳斑朱槿、醉红朱槿、黄朱槿、金球朱槿、粉红朱槿、玫瑰红朱槿等，花色有红、黄、大红、金黄、水红等多种。喜温暖气候，不耐寒，在华北、东北地区冬季需进温室。喜光。要求肥沃疏松砂壤土，光线不足或积水环境，易落叶落蕾。扦插繁殖。根、叶、花入药，有解毒、利尿、调经、治腮肿的功效。花大艳丽，四季常开，为优美观赏植物，也可栽培作绿篱。

1a. 重瓣朱槿

Hibiscus rosa-sinensis var. **rubro-plenus** Sweet

与原种的区别在于：花瓣重瓣，红色、粉红色或橙黄色等。

广西各地有广泛栽培；中国南方各地也常见栽培。著名观赏树种。

2. 吊灯花　假西藏红　图 639

Hibiscus schizopetalus（Dyer）Hook. f.

常绿灌木，高 2 ~ 4m。小枝、叶片均无毛。叶卵形或椭圆形，长 4 ~ 7cm，宽 1.5 ~ 4.0cm，顶端急尖或短渐尖，基部圆钝或阔楔形，上半部叶缘有锯齿；叶柄长 1 ~ 2cm，被柔毛；托叶线形，长约 3mm。花单朵腋生，花梗下垂，长 10 ~ 14cm，中部有关节；小苞片 7 ~ 8 枚，线形，长 1 ~ 2mm，被纤毛；花萼筒状，长约 1.5cm，2 ~ 3 浅裂；花冠红色，花瓣长 5 ~ 6cm，上半部分裂成流苏状，外卷；雄蕊管细长，长 9 ~ 11cm，下垂，上半部有多数分离的花丝；花柱分枝 5 枚，柱头头状。蒴果圆柱状，长约 4cm，直径约 1cm，无毛；种子无毛。花期全年。

原产于非洲东部。现世界热带、亚热带地区均有栽种；广西南部多有栽培。花美丽，宛如吊灯，可供庭院绿化观赏。

3. 黄槿　图 640

Hibiscus tiliaceus L.

常绿灌木或小乔木，高 3 ~ 7m。小枝无毛或初时被星状绒毛，后脱落变无毛。叶革质，近圆形或阔卵形，直径 7 ~ 15cm，顶端急尖或短渐尖，基部心形，全缘或有细圆齿，叶面嫩时疏生短星状毛，后无毛，叶背密被灰白色绒毛；中脉或 3 ~ 5 条掌状脉，近基部具线状蜜腺；托叶近长椭圆形，长 2 ~ 3cm，宽 1.2 ~ 1.5cm。花序顶生或腋生，花总梗长 4 ~ 5cm，花梗长 1 ~ 3cm，基部有一对托叶状苞片；小苞片 7 ~ 10 枚，线状披针形，中部以下合生成杯状；花萼基部的 1/3 ~ 1/4 处合生，萼片 5 枚；花冠钟形，直径 6 ~ 7cm，黄色，花瓣倒卵形。蒴果近球形，具短喙，外果皮木质，薄，密被黄色柔毛，5 瓣裂；种子肾形。花期 6 ~ 8 月。

产于广西南部沿海。生于沿海沙地、河港两岸，其他各地有零星栽培。分布于福建、

图 638　朱槿 **Hibiscus rosa-sinensis** L. 花枝。（仿《中国树木志》）

图 639　吊灯花 **Hibiscus schizopetalus**（Dyer）Hook. f. 花枝。（仿《中国高等植物图鉴》）

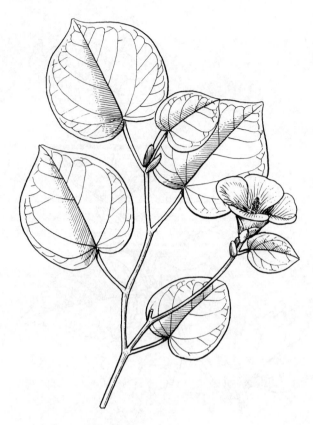

图 640 黄槿 **Hibiscus tiliaceus** L. 花枝。(仿《中国高等植物图鉴》)

图 641 华木槿 **Hibiscus sinosyriacus** L. H. Bailey
1. 花枝; 2. 叶上的星状毛。(仿《中国树木志》)

广东、海南、台湾的沿海地区;印度、泰国、越南等地也有分布。半红树林树种,耐海边盐碱地。速生,15 年可成材。萌蘖能力强,可进行萌蘖更新,扦插繁殖易成活。可作海滨防风、防潮、防沙绿化树种。木材较硬重致密,色泽美,抗曲性强,耐腐,供作建筑、造船、家具等用材。树皮纤维可供作编绳、织网、造纸等用材。

4. 华木槿 图 641

Hibiscus sinosyriacus L. H. Bailey

落叶灌木,高 2 ~ 4m。嫩枝被星状毛,后变无毛。叶阔卵形或圆形,长宽各 7 ~ 12cm,通常 3 裂,裂片三角形,中裂片较大,侧裂片较小,先端短尖,基部楔形或近圆形,边缘有粗锯齿,两面疏被星状柔毛;掌状脉 3 ~ 5 条;叶柄长 3 ~ 6cm,被星状柔毛;托叶线形,长 1.2cm,被星状毛。花单生于枝端叶腋;花梗长 1.0 ~ 2.5cm,被淡黄色星状柔毛;小苞片 6 ~ 7 枚,披针形,长 1.7 ~ 2.5cm,宽 4 ~ 6mm,先端渐尖,基部稍合生;萼钟形,裂片 5 枚,密被金黄色绒毛;花淡紫色,直径 7 ~ 9cm,外面密被星状长柔毛;花柱分枝 5 枚。花期 6 ~ 7 月。

产于资源。生于海拔约 1000m 的山谷灌木丛中,全州、罗城偶见栽培。分布于贵州、江西、湖南。枝叶茂密,花色艳丽,可作庭院绿化观赏及绿篱。

5. 木槿 图 642

Hibiscus syriacus L.

落叶灌木,高 2 ~ 4m。小枝密被星状绒毛。叶菱形至三角状卵形,长 3 ~ 10cm,宽 2 ~ 4cm,常 3 裂或不裂,先端钝,基部楔形,边缘具不整齐齿缺;叶柄长 0.5 ~ 2.5cm,被星状柔毛;托叶线形,长约 6mm,被毛。花单生于枝端叶腋,小苞片 6 ~ 8 枚,线形,长 6 ~ 15mm,宽 1 ~ 2cm,被星状毛;花萼钟形,长 14 ~ 20mm,5 裂,裂片三角形;花冠钟形,淡紫色或白色,直径 5 ~ 6cm,花瓣倒卵形,长 3.5 ~ 4.5cm,外面疏被纤毛和星状柔毛;雄蕊柱长约 3cm。蒴果卵圆形,直径约 12mm,密被黄色星状绒毛;种子肾形,背部被黄白色长柔毛。花期 7 ~ 11 月。

广西各地有广泛栽培。原产于中国中部各

地。花大而美丽，庭院观赏植物，常作绿篱，广泛栽培于华北以南各地，栽培品种很多。茎皮纤维可供造纸；全株入药，有清热凉血、利尿的功效。

6. 芙蓉木槿　毛槿

Hibiscus indicus (Burm. f.) Hochr.

落叶灌木，高 1～3m。全株密被淡黄色星状柔毛。叶心形，长 7～12cm，宽 10～15cm，掌状分裂，裂片阔三角形，边缘具不规则钝齿，两面密被星状柔毛；叶柄长 6～11cm；托叶披针形，长约 5mm。花单朵腋生，花梗长 6～15cm，近顶端有关节；小苞片 4～5 枚，卵形，长约 2cm，宽 8～12mm，近基部连合，各小苞片有脉 5 条，密被柔毛；花萼浅杯状，长约 2.5cm，裂片阔三角形；花冠粉红色或白色，直径达 8cm，外面被毛。蒴果卵球形，直径 2.0～2.5cm，顶端具短尖，5～6 瓣裂，外果皮密被淡黄色粗长毛；种子被黄褐色毛。花期 7～12 月。

产于全州、金秀、藤县、百色、凌云、乐业、隆林、贵港、平南、博白、南宁、宁明、龙州。生于海拔 700m 以上的山区灌丛。分布于广东、海南、云南、四川；越南、印度也有分布。茎皮纤维可供编绳和造纸；花大而美丽，可栽培供观赏。

7. 木芙蓉　图 643

Hibiscus mutabilis L.

落叶灌木或小乔木。小枝、叶柄、花梗和花萼被灰星状毛和细绵毛。叶心形，直径 10～15cm，常 5～7 裂，裂片三角形，先端渐尖，边缘具钝圆齿，叶面疏被星状毛，叶背被星状细绒毛；掌状脉 7～11 条；叶柄长 5～8cm；托叶披针形，早落。花单生于枝端叶腋，花梗长 5～8cm，近端有关节；小苞片 8 枚，线形，长 8～12cm，宽 1.5～2.0mm，密被绵毛，近基部合生；萼钟状，长 2.5～3.0cm，5 裂，裂片卵形，渐尖；花初开放时白色，午后变淡红色或红色，花瓣 5 枚或为重瓣，直径 8cm，各瓣近圆形；雄蕊长 2.5～3.0cm；花柱分枝 5 枚。蒴果扁球形，直径约 2.5cm，被淡黄色刚毛和绵毛，果瓣 5；种子肾形，具长柔毛。花期 9～12 月。

原产于华东、华中地区。中国有悠久栽培历史，辽宁以南有普遍栽培；广西各地有栽培。

图 642　木槿 Hibiscus syriacus L. 花枝。（仿《中国树木志》）

图 643　木芙蓉 Hibiscus mutabilis L. 1. 花枝；2. 果；3. 种子。（仿《中国树木志》）

喜光。喜肥沃湿润土壤。耐修剪。扦插、压条或分根繁殖。花大，艳丽，著名观赏树种。花、叶、根入药，性凉，有清热、凉血、消肿、解毒的功效。

8. 贵州芙蓉

Hibiscus labordei H. Lév.

落叶灌木，高 3~6m。小枝粗壮，被星状细绵毛。叶卵形，长 8~12cm，宽 7~11cm，3 裂，裂片三角形，中裂片较长，渐尖，侧裂片短，短尖或钝，基部微心形，稀截形，边缘有钝圆齿；掌状脉 5 条，两面疏被星状硬毛；叶柄长 3~11cm，被星状绵毛；托叶线形，长 5~6cm，早落。花单生于枝端叶腋；花梗长 1~3cm，密被星状绵毛，小苞片 5~6 枚，线状披针形，长 1.6~2.5cm，宽 3~5mm，密被星状毛与刚毛；萼钟形，长约 2.2cm，裂片 5 枚，卵形，密被金黄色星状绒毛；花冠钟形，开放时白色，后变粉红色，内面基部紫色，直径 6~8cm，花瓣倒卵形，长约 6cm；雄蕊管长 3cm；花柱分枝 5 枚，被长毛。花期 6 月。

产于全州、罗城、三江。生于海拔约 1300m 的湿润山谷中。分布于贵州。

9. 庐山芙蓉

Hibiscus paramutabilis L. H. Bailey

落叶灌木至小乔木，高 1~4m。小枝、叶及叶柄均被星状短柔毛。叶掌状，5~7 浅裂，有时 3 裂，长 5~14cm，宽 6~15cm，裂片先端渐尖形，基部截形至近心形，边缘具疏离波状齿；主脉 5 条，两面均被星状毛；叶柄长 3~14cm；托叶线形，长约 6mm，早落。花单生于枝端叶腋，花梗长 2~4cm，密被锈色长硬毛及短柔毛；小苞片 4~5 枚，卵形，长约 2cm，宽 1.0~1.2cm，密被短柔毛及长硬毛；萼钟状，裂片 5 枚，卵状披针形，长 2~3cm；花冠白色，内面基部紫红色，直径 10~12cm，花瓣倒卵形。蒴果长圆状卵圆形，长约 2.5cm，直径约 2cm，果瓣 5 裂，密被黄锈色星状绒毛；种子肾形，被红棕色长毛。花期 7~8 月。

产于全州、融水、罗城、金秀、富川。生于海拔 800~1100m 的山地灌木丛中。分布于江西、湖南。可供园林观赏用，优良绿篱植物。

4. 桐棉属 Thespesia Soland. ex Corr.

乔木或灌木。植株无毛或被星状毛或鳞秕。叶全缘或掌状分裂；叶脉掌状。花单朵腋生，稀排成聚伞花序，通常黄色；花梗通常无关节；小苞片 3~6 枚，离生，小，开花后脱落；花萼杯状，全缘或具 5 小齿，开花后变成木质，宿存；花瓣 5 枚；雄蕊管有多数花丝及花药；子房 5 室或具隔膜而呈 10 室，每室具胚珠数枚，花柱 1 枚，顶部棒状，具纵槽纹或短 5 裂。蒴果，果皮木质或革质，室背开裂或不开裂；种子倒卵形，无毛或被柔毛或具乳头状凸起。

约 17 种，分布于热带地区。中国 2 种；广西 1 种。

白脚桐棉 肖槿

Thespesia lampas (Cav.) Dalzell et A. Gibson

常绿灌木，高 1.0~2.5m。嫩枝、花梗均密被黄褐色星状绒毛。叶阔卵形或近圆形，长 8~15cm，宽 8~13cm，3 裂，稀 5 裂，裂片先端渐尖或急尖，基部阔心形或圆形，叶面疏被短星状柔毛，叶背被锈色绒毛，掌状脉；叶柄长 1~4cm，被星状柔毛；托叶线形，长 5~7mm。花单生或排成聚伞花序，花梗长 3~8cm，小花梗长 0.5~1.0cm；小苞片 5 枚，外面被绒毛；花萼浅杯状；花冠黄色，中央暗紫色，花瓣长 6~7cm，外面密被锈色柔毛；雄蕊管长 1.5~2.0cm；子房 5 室，花柱顶部棒状，具 5 条纵槽纹。蒴果椭圆状，稍具 5 条棱，顶部短尖，果皮木质，被短星状毛，室背开裂；种子卵形，仅种脐周围有一环褐色柔毛。花期 9 月至翌年 2 月。

产于百色、宁明、龙州。分布于广东、海南、云南；非洲东部、亚洲南部和东南部热带地区也有分布。茎皮纤维供编绳、造纸；嫩叶、花可作蔬菜食用。

72　粘木科 Ixonanthaceae

乔木或灌木。芽、花蕾、幼果具黏液。叶互生，全缘或有锯齿；托叶细小或缺。花小，两性，排成聚伞花序、总状花序或圆锥花序；萼片 5 枚，分离或基部合生；花瓣 5 枚，分离，旋转状排列，宿存且常变硬；雄蕊 5 ~ 20 枚，花丝基部合生，花药 2 室，纵裂；子房 3 ~ 5 室，中轴胎座，每室有胚珠 2 或 1 枚，花柱 1 ~ 5 枚。蒴果室间开裂；有时每室为假隔膜所分开；种子具翅或假种皮，有肉质胚乳。

8 属约 40 种，分布于热带美洲、非洲和亚洲；中国 1 属 2 种；广西有 1 种。

粘木属 Ixonanthes Jack

乔木或灌木。叶互生，全缘或偶有腺状锯齿；托叶细小或缺。花小，排成腋生的二歧聚伞花序；萼片 5 枚，基部合生，宿存；花瓣 5 枚，旋转排列，宿存；雄蕊 10 ~ 20 枚，着生于环状或杯状花盘的外缘；子房与花盘分离，5 室，每室有胚珠 2 枚。蒴果革质或木质，长圆形或圆锥形，室间开裂；种子有翅或顶端冠以僧帽状假种皮，胚乳肉质。

3 种，分布于热带亚洲。中国 1 种；广西也有分布。

粘木

Ixonanthes reticulata Jack

灌木或乔木，高 20m。叶纸质，椭圆状长圆形或微倒卵形，长 4 ~ 16cm，宽 2 ~ 10cm，顶端急尖或圆而微缺，基部狭楔形，全缘，无毛；侧脉 5 ~ 17 对，纤细；叶柄长 1 ~ 3cm，有狭边。二歧聚伞花序生于枝的近顶部叶腋内，总花梗长 5 ~ 8cm，花梗长 5 ~ 8mm；花冠白色，直径约 6mm；萼片 5 枚，基部合生，卵状长圆形，宿存；花瓣 5 枚，阔圆形或卵状椭圆形，宿存；花盘杯状；有槽纹 10 条；雄蕊 10 枚，伸出花冠之外，长达 2cm；子房近球形，花柱长，伸出，柱头头状。蒴果卵状椭圆形，长 2 ~ 3cm，宽约 1cm，短锐尖，褐黑色，开裂为 5 果瓣；种子长圆形，长 8 ~ 10mm，一端冠以长 10 ~ 15mm 的翅。

产于金秀、南丹、德保、陆川、合浦、钦州、浦北、防城、上思、龙州。分布于广东、海南、云南；越南、泰国、马来西亚也有分布。喜光，在湿润疏林下天然更新良好，多幼苗幼树，在密林中，树干通直，高耸于林冠上层。生长中速，在低山丘陵良好立地下可长成大树；在海拔较高或土壤贫瘠的条件下长势差，植株矮小，不能成材。播种繁殖，种子千粒重 17.5g，种子普通干藏半年不降低发芽率。1 年生苗高 50 ~ 60cm 时可圃。选择低海拔地造林。木材纹理斜，结构细匀，质较轻，耐腐性不强，切面光滑，供作建筑、家具等用材。

73　金虎尾科 Malpighiaceae

木质藤本、灌木或小乔木。植株常被单细胞分枝毛。单叶对生，稀轮生或近对生或互生，全缘，背面或叶柄常具腺体；托叶存在或缺失。花两性，辐射对称或两侧对称；花序腋生或顶生，圆锥花序或总状花序；花柄具节，小苞片常 2 枚；萼 5 裂，分裂或部分结合，覆瓦状或镊合状排列，其中 1 枚或多枚具腺体；花瓣 5 枚，分裂，覆瓦状或旋转排列，基部具爪或无爪，边缘具缘毛、齿裂或流苏状；雄蕊 10 枚，花丝基部常合生，花药 2 室，纵裂；子房上位，3 室，稀 2 或 4 室，每室有胚珠 1 枚，花柱 3 枚，稀合生成 1 枚，宿存，柱头膨大。翅果各式，少数为肉质和木质核果；种子通常具大而直的胚。

60 属 800 种，分布于全球热带和亚热带地区，主产于南美洲。中国 4 属约 18 种，另引入栽培 2 属 2 种；广西 2 属 10 种。

分属检索表

1. 花萼无腺体，花瓣无爪，花柱 3 枚；每心皮的侧翅发育成圆形或长圆形的翅盘，背翅不发育或仅发育成鸡冠状凸起 ·· **1. 盾翅藤属 Aspidopterys**
1. 花萼基部具 1 枚大腺体或无腺体，花瓣具爪，花柱仅 1 枚；每心皮的两侧翅及 1 背翅均发育成翅果的翅，通常中翅最长 ··· **2. 风车藤属 Hiptage**

1. 盾翅藤属 Aspidopterys A. Juss.

木质藤本或攀援灌木。单叶对生，全缘，叶及叶柄无腺体，常被"丁"字毛；托叶小而早落或无。花小，两性辐射对称，黄色或白色，圆锥花序顶或腋生，稀为总状花序；总花梗顶端具苞片，花梗纤细，近中部有节和 2 枚小苞片；花萼短，深 5 裂，无腺体；花瓣 5 枚，无爪，全缘，广展或外弯；雄蕊 10 枚，全发育，花丝分离或基部合生；花药基部着生；子房 3 室，花柱 3 枚，无毛，柱头头状。翅果，由 1 ~ 3 个具翅的成熟心皮合成，果翅具放射性脉纹，背翅很少发育或呈鸡冠状凸起。

约 20 种，分布于亚热带地区。中国 9 种，产于西南及南部各地；广西 6 种。

分种检索表

1. 果翅长圆形、长圆状披针形或卵状披针形，长度明显超过宽度。
    2. 老叶背面密被锈色绒毛；子房疏被硬毛 ······························· **1. 蒙自盾翅藤 A. henryi**
    2. 老叶背面仅中脉略被锈色短柔毛，其余疏被"丁"字毛；子房无毛 ············ **2. 盾翅藤 A. glabriuscula**
1. 果翅圆形或近圆形，长度稍长于宽度或长宽几相等。
    3. 翅果翅半革质或干膜质。
        4. 植株各部均密被长柔毛；叶背被柔毛，背面被灰白色绒毛；萼片密被淡黄色柔毛 ·········· **3. 花江盾翅藤 A. esquirolii**
        4. 仅枝条幼嫩部分被红色绒毛，后变无毛；叶面无毛，背面仅中脉基部被微柔毛；萼片无毛 ·········· **4. 广西盾翅藤 A. concava**
    3. 翅果翅膜质或纸质。
        5. 翅果直径大于 1.5cm；小枝幼时被黄褐色紧贴柔毛，后近无毛；叶无毛；花序被锈色"丁"字毛 ·········· **5. 贵州盾翅藤 A. cavaleriei**
        5. 翅果直径 1.0 ~ 1.2cm；枝、叶、花序均无毛 ·················· **6. 小果盾翅藤 A. microcarpa**

1. 蒙自盾翅藤

Aspidopterys henryi Hutch.

木质藤本。小枝近圆柱形，密被铁锈色绒毛。叶薄纸质，阔卵形或卵状圆形，长 8 ~ 10cm，宽 5 ~ 7cm，先端短渐尖，基部圆形或稍带心形，上面无毛，具小凹点，背面密被锈色绒毛；侧脉 6 对，弧形，具硬粗毛；叶柄长 7 ~ 10mm，被锈色硬粗毛。顶生或腋生总状圆锥花序，长 25cm，被铁锈色柔毛；苞片小，被硬粗毛；花梗簇生成束，长 4 ~ 6mm，具关节；萼片 5 枚，近等大，椭圆形或椭圆状倒卵形；花瓣 5 枚，倒卵形；雄蕊 10 枚，花丝基部结合，无毛；子房疏被硬毛，花柱长 2.5mm，无毛，柱头头状，近球形。翅果狭长圆形，长 3.5 ~ 4.0cm，宽 1.5 ~ 1.8cm，具稀疏网脉，无毛；果柄长 1.5 ~ 2.0cm。花期 8 ~ 10 月；果期 10 ~ 12 月。

产于百色、那坡。生于海拔 1100 ~ 1650m 的山地林中。分布于云南东南部。

2. 盾翅藤

Aspidopterys glabriuscula A. Juss.

木质藤本。幼嫩枝叶和花序密被锈色平伏绢质短柔毛。叶薄纸质，倒卵形、椭圆形或披针形，长 6 ~ 11cm，宽 2 ~ 6cm，先端短渐尖，基部圆形或近心形，全缘，幼时两面被绢毛，老时仅背面中脉略被锈色短柔毛，其余疏被"丁"字毛；中脉上面具槽，在背面隆起，侧脉 5 ~ 6 对，弓形上升，在上面略凸起，网脉细；叶柄 6 ~ 10mm，被锈色短柔毛。圆锥花序顶生或腋生，长约 15cm；花小，直径约 7mm，花梗 2 ~ 4mm；花瓣椭圆形，先端圆形；子房无毛。翅果卵形，连翅长 3 ~ 5cm，果翅近椭圆形或卵状披针形，顶端圆钝，基部圆形；果柄长约 2cm，下半部具关节；种子线形，长约 1cm，位于翅果中部。花期 8 ~ 9 月；果期 10 ~ 11 月。

产于凤山、百色、那坡、宁明、龙州、上思。生于海拔 1000m 以下的山地林中。分布于广东、海南、云南；印度、越南、菲律宾也有分布。适生于热带及南亚热带气候，喜肥沃土壤，属中性至偏阴性植物。

3. 花江盾翅藤
Aspidopterys esquirolii H. Lév.

木质藤本。小枝、叶两面、叶柄和花序均密被灰黄色毡状"丁"字绒毛。叶片卵形或卵状披针形，长 7 ~ 13cm，宽 3.5 ~ 6.0cm，近革质，先端尾状渐尖，基部圆形或近心形，全缘；侧脉 4 ~ 5 对，网脉不明显；叶柄长 1.0 ~ 1.5cm。圆锥花序腋生，长（5 ~）11cm，花密集于分枝上部，呈聚伞状；苞片线状，密被"丁"字短绒毛；花梗长约 1cm；萼片 5 枚，卵形，外面密被灰黄色"丁"字绒毛。翅果近圆形，长 2.5 ~ 4.0cm，宽 2.0 ~ 3.5cm，翅近革质，顶端钝或微凹，基部圆形，背部具一长 1.2cm、高 5mm 的背翅；宿存花盘黄褐色，3 浅裂，裂片三角形；果瓣柄锥状，长约 1.5mm；种子披针形，位于翅果的中部偏上。花期 7 ~ 8 月；果期 10 ~ 12 月。

产于百色、凌云。生于海拔 400 ~ 800m 的山地林中。分布于四川、贵州。

4. 广西盾翅藤
Aspidopterys concava (Wall.) A. Juss.

木质藤本，长达 20m。幼枝被红褐色短绒毛，后变无毛，具纵条纹和皮孔。叶片近革质，卵状椭圆形，长 5 ~ 10（~ 12）cm，宽 3 ~ 5（~ 8）cm，先端渐尖，基部圆形或钝，全缘，仅叶背沿主脉基部被微柔毛；侧脉 4 ~ 7 对，在背面凸起，于边缘处网结；叶柄长 1 ~ 2cm。圆锥花序腋生，长 5 ~ 10cm，花序轴细弱，幼时被红褐色柔毛，老时近无毛；花梗纤细，无毛，长 1.0 ~ 1.5cm；萼片无毛，先端圆形；花瓣白色。翅果近圆形至圆形，长 2.5 ~ 4.5cm，宽 2.0 ~ 3.7cm，中间内凹，翅半革质或膜质，顶端钝或微凹，基部圆形，红褐色，背部具狭翅；宿存花盘暗红褐色，3 浅裂，裂片极短，具锐尖头，果瓣柄三棱状锥形，与花盘裂片几等长，顶端钝；种子线形，位于下凹部分的上侧。花期 7 ~ 8 月；果期 10 ~ 12 月。

产于柳州、柳城、靖西、上林、龙州、宁明。生于海拔 600m 以下的石灰山密林中或丘陵灌丛中。分布于越南、马来西亚、印度尼西亚、菲律宾。

5. 贵州盾翅藤　西南盾翅藤
Aspidopterys cavaleriei H. Lév.

木质藤本。小枝圆柱形，幼时被黄褐色紧贴柔毛，后近无毛，具纵条纹。叶薄革质，卵形或近圆形，长 11 ~ 25cm，宽 8 ~ 15cm，先端短渐尖，基部圆形或近心形，叶面橄榄色，背面锈红色或绿色，两面无毛；叶柄长 3cm，无毛。总状圆锥花序腋生，长 15 ~ 25cm，被锈色"丁"字毛；花梗长约 7mm，下端具关节，无毛；萼片 5 枚，长圆形，外被微柔毛；花瓣 5 枚，长圆形，黄白色，外被极疏微柔毛或无毛。翅果近圆形，长 3.5 ~ 4.5cm，宽 3.0 ~ 3.8cm，翅膜质，顶 2 浅裂，基部圆形；果柄长 1 ~ 2cm，下部具关节；果瓣柄尖塔状三角形，长约 4mm，三面凹入，先端锐尖；种子圆柱形，位于翅果的中上部。花期 2 ~ 4 月；果期 4 ~ 5 月。

产于金秀、环江、扶绥、大新、宁明。生于海拔 800m 以下的沟谷林中。分布于广东、贵州、云南。

6. 小果盾翅藤

Aspidopterys microcarpa H. W. Li ex S. K. Chen

木质藤本。小枝圆柱形，无毛。叶薄革质，卵形，长 7 ~ 12cm，宽 4.5 ~ 6.0cm，先端尾状渐尖，基部圆形，全缘，叶面深绿色，背面苍白色，两面无毛；主脉在叶面凹下，在背面隆起，侧脉 9 ~ 10 对，平行，在上面平坦，在背面凸起，于叶缘处网结，细脉网状，不明显；叶柄长 2 ~ 3cm，无毛。花未见。聚伞状圆锥果序顶生，长约 25cm，无毛。翅果近圆形，直径 1.0 ~ 1.2cm，翅膜质，乳白色，具辐射状脉，果瓣柄 2 枚细长，针形，形似钳状。果期 12 月。

产于靖西。生于低海拔地区的山地灌丛中。分布于越南北部。

2. 风筝果属 Hiptage Gaertn.

木质藤本或灌木。幼嫩部分常被"丁"字毛。叶对生，全缘，基部背面常具 2 枚腺体；托叶有或无。总状花序，花两性，两侧对称，白色或粉红色，芳香；花梗中部常具关节；花萼基部具 1 枚大腺体或无；花瓣 5 枚，具爪，不等大，边缘被丝毛；雄蕊 10 枚，全部发育，不等大，中间 1 枚最长，常为其他的 2 ~ 3 倍长，花药 2 室；子房 3 室，花柱 1（~2）枚，顶部拳卷。翅果裂为 2 ~ 3 枚分果，每分果具 3 枚翅，中间的翅最长，两侧的翅较短；种子呈多角球形。

约 30 种，分布于斯里兰卡、印度、马来西亚、菲律宾、越南。中国 10 种，分布于西南部、南部至台湾；广西 4 种。

分种检索表

1. 花萼的腺体粗大，长圆形，一半贴附于萼片上，一半下延于花梗上；叶长圆形或卵状披针形，长 7 ~ 16cm，宽 3 ~ 8cm，先端尾尖，基部宽楔形或近圆形 ·················· **1. 风车藤 H. benghalensis**
1. 花萼的腺体近圆形或长圆形，不下延至花梗上。
  2. 叶长圆形，长 12 ~ 13cm，宽 5.0 ~ 5.5cm，先端急尖，基部心形；翅果的中翅长倒卵形，长 2.2 ~ 2.5cm ······
    ·················· **2. 多花风筝果 H. multiflora**
  2. 叶椭圆形、卵状椭圆形或卵形，先端渐尖，基部楔形或圆形；翅果的中翅长圆形。
    3. 总状花序顶生，长达 11cm；萼片长圆形；叶椭圆形或卵状椭圆形，先端长渐尖，基部楔形 ··················
    ·················· **3. 白蜡叶风筝果 H. fraxinifolia**
    3. 总状花序腋生，长 2 ~ 3cm；萼片卵圆形；叶卵形或椭圆形，先端渐尖，基部阔楔形或圆形 ··················
    ·················· **4. 田阳风筝果 H. tianyangensis**

1. 风车藤 风筝果

Hiptage benghalensis（L.）Kurz

木质大藤本。长 30m。嫩枝、幼叶、花序被平伏黄褐色柔毛；小枝圆，皮孔黄白色。叶革质，长圆形或卵状披针形，长 7 ~ 16cm，宽 3 ~ 8cm，先端尾尖，基部宽楔形或近圆形，全缘，幼时紫红色，老时绿色；中脉和侧脉在两面凸起，侧脉 6 ~ 7 对；叶柄长 5 ~ 10mm，被毛，上面具槽。总状花序腋生或顶生，长 3 ~ 10cm；花梗长 1 ~ 2cm，密被黄褐色短柔毛，具 2 枚钻状披针形小苞片；花大，直径 1 ~ 3cm；萼片 5 枚，近卵形，长 5 ~ 6mm，先端钝，外面密被黄褐色柔毛，腺体粗大，长圆形，一半贴附于萼片上，一半延下于花梗上；花瓣白色或粉红色。翅果仅果核被毛，中翅椭圆形或倒卵状披针形，长 3 ~ 7cm，宽 1.0 ~ 1.6cm，侧翅披针状长圆形，长 1 ~ 3cm，背面具 1 枚三角形鸡冠状附属物。花期 2 ~ 4 月；果期 4 ~ 5 月。

产于桂林、柳州、金秀、田阳、那坡、隆林、德保、平果、武鸣、上林、上思、扶绥。分布于云南、贵州、广东、海南、福建、台湾；印度、缅甸、越南、菲律宾和印度尼西亚也有分布。花艳丽，芳香，嫩叶紫红色，果形奇异特，可栽培供观赏；茎供药用，可补肾强身。

2. 多花风筝果

Hiptage multiflora F. N. Wei

藤状灌木。枝条圆柱状，有圆形皮孔，稍粗糙，近无毛。叶革质，长圆形，长 12~13cm，宽 5.0~5.5cm，顶端急尖，基部心形，有 2 枚腺体，边缘干后反卷，上面无毛，下面无毛或仅叶脉被柔毛；中脉粗壮，在两面明显凸起，侧脉 6~7 对。总状花序多花，腋生，密被微柔毛；花梗长 1cm，中间具关节；萼片 5 枚，卵圆形，被微柔毛，基部具腺体 1 枚。翅果被微柔毛，翅不对称，顶端全缘或具不整齐的锯齿，中间的翅长倒卵形，长 2.2~2.5cm，侧翅较小，长圆形，长 1.7cm，宽 5mm。

广西特有种。产于龙州。生于海拔约 600m 的石山山顶灌丛中。

3. 白蜡叶风筝果

Hiptage fraxinifolia F. N. Wei

藤状灌木。嫩枝密被短柔毛，老枝呈棕褐色，有圆形的皮孔。叶片椭圆形或卵状椭圆形，长 11~13cm，宽 3.0~5.5cm，先端长渐尖，基部楔形，除下面中脉外其余无毛；中脉在两面凸起，侧脉 6~9 对；叶柄长 5~6mm，被微柔毛。总状花序顶生，长 11cm；萼片 5 枚，长圆形，有长圆形腺体 1 枚。翅果疏被微柔毛，翅长圆形，被疏柔毛，顶端钝，全缘或具不整齐的锯齿，中间的翅长约 4cm，宽约 8mm，两侧的翅长 2.8cm，宽约 1cm。果期 5~6 月。

广西特有种。产于横县。生于海拔约 400m 的土山山谷密林中。

4. 田阳风筝果

Hiptage tianyangensis F. N. Wei

藤状灌木。枝条圆柱形，栗色；小枝灰褐色，被微柔毛。叶卵形或椭圆形，长 7~12cm，宽 2.5~5.5cm，先端渐尖，基部阔楔形或圆形，边缘外卷，两面无毛；中脉和侧脉在两面凸起，侧脉 6 对；叶柄长约 5mm。总状花序腋生，长 2~3cm；花梗被短柔毛；萼片 5 枚，卵圆形，顶端钝，仅边缘有毛，具 1 枚腺体；花瓣 5 枚，白色，卵状圆形，外被短柔毛，不对称，边缘流苏状；花丝无毛；子房 3 深裂，被微柔毛，花柱无毛。翅果被微柔毛，翅近长圆形，顶端不整齐或具锯齿，中间翅长约 2.5cm，宽约 6mm。花期 3 月；果期 4~5 月。

产于田阳。生于海拔约 350m 的向阳山坡或山顶灌丛中。分布于贵州南部。

74　亚麻科 Linaceae

草本，稀灌木。单叶，全缘，通常互生，托叶小或无。花两性，辐射对称，4~5 基数，生于枝顶或上部叶腋，组成聚伞花序；萼片分离或基部合生，覆瓦状排列，宿存；花瓣分离，覆瓦状或旋转状排列，有爪；雄蕊 5 枚、10 枚或多枚，有时有互生的退化雄蕊，花丝基部连生，花药 2 室，内向纵裂；子房上位，2~5 室，常有假隔膜，每室 1~2 枚胚珠；花柱 3~5 枚，丝状，柱头各式。蒴果，稀核果。

14 属约 250 种，广布于全世界，主产于温带地区。中国 4 属 14 种，分布于南北各地；广西 3 属 5 种，本志记载 2 属 3 种。

分属检索表

1. 花白色，集生为腋生或顶生聚伞花序；蒴果 4~5 瓣裂 ······ **1. 青篱柴属 Tirpitzia**
1. 花黄色，簇生或单生于叶腋或顶生；蒴果裂为 6~8 个分果瓣 ······ **2. 石海椒属 Reinwardtia**

1. 青篱柴属 Tirpitzia Hall. f.

灌木。叶互生，全缘。花白色，聚伞花序；萼片 5 枚，花瓣 5 枚；雄蕊 5 枚，与齿状假雄蕊互生；子房 4~5 室，每室有胚珠 2 枚；花柱 4~5 枚。蒴果卵状椭圆形、卵形或长椭圆形，4~5 瓣裂；种子扁平，具光泽，上部具翅。

3种，分布于中国及越南、泰国。广西2种。

分种检索表

1. 青篱柴 白花树 图644

Tirpitzia sinensis（Hemsl.）Hallier f.

常绿灌木，高4m。小枝细，嫩时青绿色，无毛；老枝常灰黄色，具皮孔。叶纸质或厚纸质，长椭圆形或倒卵状长椭圆形，长3~6cm，宽1~4cm，先端圆，基部楔形渐狭下延，下面粉绿色，两面无毛；中脉在背面凸起，侧脉5~7对，在两面微凸，远离边缘网结，网脉不明显；托叶刚毛状；叶柄长0.5~1.5cm，无毛。聚伞花序在枝上部腋生，长1~3cm；萼片窄披针形，长约5mm，无毛；花瓣5枚，白色，阔倒卵形，先端扩大部分圆形；雄蕊花丝基部合生，具5枚齿状退化雄蕊；花柱4枚。果长椭圆形或卵球形，长1~2cm，直径6~8mm，4裂，每瓣先端有2枚尖芒；种子连翅长约1cm。花期5~8月；果期8月至翌年3月。

产于桂林、柳州、百色、河池、梧州、南宁。生于海拔1000~1800m的向阳石灰岩山坡或山顶疏林中。分布于云南、贵州；越南也产。茎、叶有消肿止痛、接骨的功效，用于治跌打外伤、骨折。小枝细，萌芽力强，耐修剪，花美丽，可供庭院绿化用。

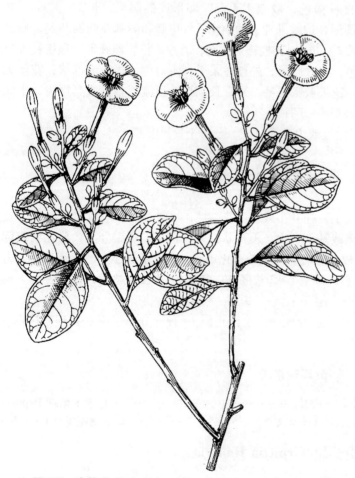

图644 青篱柴 Tirpitzia sinensis（Hemsl.）Hallier f. 花枝。（仿《中国植物志》）

2. 米念芭 白花木

Tirpitzia ovoidea Chun et F. C. How ex W. L. Sha

灌木，高0.5~4.0m。树皮灰褐色，有灰白色椭圆形的皮孔。叶革质或厚纸质，卵形或倒卵状椭圆形，长2~8cm，宽1.2~4.2cm，先端钝圆或急尖，中间微凹，基部宽楔形或近圆形，全缘，两面无毛；中脉在表面微凹或平坦，在背面凸起，侧脉在两面微凸；叶柄长5~13mm，内卷。聚伞花序在茎和分枝上部腋生；苞片小，宽卵形；花梗长2~3mm；萼片5枚，狭披针形；花瓣5枚，白色，长2.0~3.5cm；雄蕊5枚，基部合生；子房5室，每室有胚珠2枚；花柱5枚。蒴果卵状椭圆形，长0.8~1.6cm，室间开裂成5瓣，每室有种子2枚，有时1枚；种子褐色，具膜质翅，翅倒披针形，稍短于蒴果。花期5~10月；果期10~11月。

产于柳州、柳城、河池、凤山、巴马、都安、百色、德保、靖西、南宁、龙州、大新。分布于越南。专性石灰岩植物，喜钙质，喜光，耐干旱，在石灰岩山坡及山顶疏林地中常见。茎、叶有活血散瘀、舒筋活络的功效，用于治风湿骨痛，外用可治外伤出血、跌打损伤、疮疖、骨折。

2. 石海椒属 Reinwardtia Dumort.

小灌木。叶互生，全缘或钝齿，托叶小，早落。花黄色，单生或数朵簇生于叶腋或顶端；萼片5枚，全缘，宿存；花瓣4～5枚；雄蕊5枚，具腺体2～5枚；子房3～5室，每室有2小室，每小室有胚珠1枚，花柱3～4枚。蒴果球形，室背开裂6～8瓣；种子肾形。

1种。分布于南业、东业及东南亚。

石海椒　图 645

Reinwardtia indica Dumort.

小灌木，高 1m。小枝淡绿色，无毛。叶纸质，长椭圆形或倒卵状椭圆形，长 2～9cm，宽 1～4cm，先端急尖，具小尖头，基部楔形，全缘或具小圆齿，两面无毛；叶柄长 0.8～2.5cm，无毛；托叶刚毛状，早落。花序顶生或腋生，或单花腋生；萼片披针形，长 7～10mm；花瓣黄色，圆形，下具狭柄；雄蕊 5 枚，退化雄 5 枚，呈齿状；子房 3 室，花柱 3 枚，无毛。蒴果球形，6 或 8 瓣裂，较宿存萼片短；种子肾形，具膜质翅。花期 4 月。

产于天峨。桂林有栽培。分布于湖北、福建、广东、四川、云南、贵州；越南、印度尼西亚也有分布。嫩枝及叶有清热利尿的功效，用于治黄疸型肝炎、肾炎、小便不利。

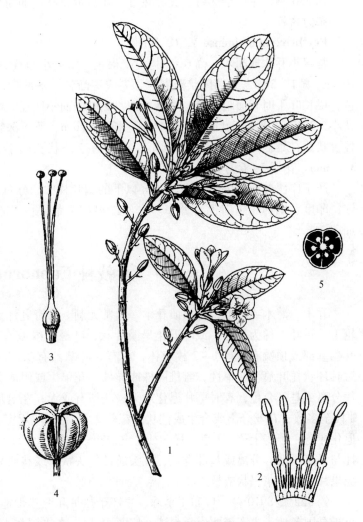

图 645　石海椒 Reinwardtia indica Dumort. 1. 花枝；2. 雄蕊；3. 雌蕊；4. 果；5. 子房横切面。（仿《中国植物志》）

75　古柯科 Erythroxylaceae

灌木或小乔木。单叶，全缘，稀有钝锯齿，互生，稀对生；具叶柄内托叶，常早落。花丛生，两性，稀单性异株，辐射对称；萼钟状，5 裂，覆瓦状排列，宿存；花瓣 5 枚，脱落或宿存，内常具舌状体贴生于基部；雄蕊 5、10 或 20 枚，两轮排列，基部连合，花药椭圆形，2 室，纵裂；子房 3～5 室，通常 2 室不发育或全部发育，发育的每室具 1～2 枚胚珠，花柱 3 枚，分离或部分合生，柱头偏斜，柱头扁头状或棒状。核果或蒴果，种子有胚乳或无。

2 属，分布于热带、亚热带地区。中国 1 属 1 种，分布于东南部或西南部；广西也有分布。

古柯属 Erythroxylum P. Browne

灌木或小乔木，无毛。叶近二列状；托叶生于叶柄内侧，在短枝上常复叠。花小，白色或黄绿色，单生或簇生于叶腋；萼基部合生；花瓣里面有直立、重叠的舌状附属物；雄蕊10枚，近等长。核果具1枚种子。

约230种，主产于热带、美洲热带、亚热带及马达加斯加。中国1种；广西也有分布。

东方古柯

Erythroxylum sinense Y. C. Wu

常绿小乔木或灌木，高6m。树皮暗褐色，密被小瘤点。叶纸质，长椭圆形或倒披针形，长2~10cm，宽1~3cm，先端尾状渐尖、急尖或短渐尖，基部楔形或阔楔形，中部以上最宽，幼叶带红色，成长叶干时背面暗紫色；中脉纤细，侧脉曲而不明显；叶柄长2~8mm；托叶披针形或三角形。花小，2~7朵簇生于叶腋内；花梗细，长5~9mm；萼5深裂；花瓣卵状长圆形，长3~4mm，具2枚舌状体；雄蕊10枚；子房长圆形。核果锐三棱状长圆形，稍弯，顶端钝，长10~14mm，直径3~5mm。花期5~6月；果期6~11月。

产于广西各地。生于海拔1000m以下的阔叶林中。分布于贵州、云南、广东、江西、福建、浙江；印度、缅甸和越南也有分布。木材红褐色至紫褐色，心材与边材区别明显，致密，硬重，难加工。

76 大戟科 Euphorbiaceae

乔木、灌木或草本，稀木质藤本。通常无刺。常有乳汁，白色，稀淡红色。叶互生，稀对生或轮生，单叶，稀为复叶，或叶退化呈鳞片状，叶缘全缘或有锯齿，稀掌状深裂；羽状脉或掌状脉；叶柄基部或顶端有时具1~2枚腺体，或有时叶基部有腺斑。托叶早落或宿存，稀呈托叶鞘，脱落后具环状托叶痕。花单性，雌雄同株或异株，花单生或组成各式花序，通常为聚伞或总状花序；萼片分离或基部合生，有时萼片退化或无；花瓣有或无；花盘环状或分裂成腺状体，稀无花盘；雄蕊1枚至多数；花丝分离或合生成柱状，花药2室，稀3~4室，纵裂，稀顶孔开裂或横裂；雄花常有退化雌蕊；子房上位，2室，稀3或4室或更多或更少，每室有1~2枚胚珠着生于中轴胎座上，花柱与子房同数，分离或基部合生，柱头通常呈头状、线状或呈羽状分裂。蒴果，在中央轴柱分离成分果片，或为浆果状或核果状。

约322属8910种，广布于全球，主产于热带和亚热带地区。中国包括引种栽培共约75属，广布于全国各地，主产于西南至台湾；广西46属，本志记载43属145种4变种。

大戟科有多种经济植物，最重要的有橡胶树、油桐、千年桐、乌桕、蓖麻、余甘子、木薯等，有广泛栽培利用。大戟科是一个多型科，分类比较复杂。根据《中国植物志》第44卷分为5个亚科，中国有4个亚科。

分亚科检索表

1. 子房每室有2枚胚珠；植株无内生韧皮部；叶柄和叶片均无腺体 ························· 叶下珠亚科 Phyllanthoideae
1. 子房每室有1枚胚珠；植株通常存在内生韧皮部；叶柄上部或叶片基部通常有腺体。
　2. 植株无乳汁管组织；单叶，稀复叶；花瓣存在或退化 ··················· 铁苋菜亚科 Acalyphoideae
　2. 植株有乳汁管组织；单叶全缘至掌状分裂，或复叶；花瓣存在或不存在。
　　3. 液汁透明至淡红色或乳白色；二歧圆锥花序至穗状花序；苞片基部通常无腺体；萼片覆瓦状或镊合状排列；雄蕊在花蕾中内向弯曲，花瓣通常存在；花盘中间有退化雄蕊 ·················· 巴豆亚科 Crotonoideae
　　3. 乳汁白色；总状花序、穗状花序或大戟花序；苞片基部通常有2枚腺体；萼片覆瓦状排列或无萼片而由4~5枚苞片联合成花萼状总苞；雄蕊在花蕊中通常直立；无花瓣；花盘中间通常无退化雄蕊 ·················· ·············· 大戟亚科 Euphorbioideae

叶下珠亚科 Subfam. Phyllanthoideae

乔木、灌木或草本，稀藤木。植株无内生韧皮部，多数无乳汁管组织。单叶，稀三出复叶，通常全缘，基部和叶柄均无腺体，稀具腺体；有托叶。花序各式，有花瓣及花盘，或只有花瓣或花瓣及花盘均缺；萼片通常5枚；雄蕊少数至多数，通常分离；子房3～12室，每室2枚胚珠。蒴果、核果或浆果状，片裂或不开裂；种子无种阜，胚乳丰富。

约61属2600余种。中国18属；广西17属，本志记载16属81种2变种。

分属检索表

1. 单叶；植物体无白色或红色汁液；有花瓣和花盘，或只有花瓣或花盘。
  2. 花有花瓣和花盘；雄蕊通常5枚；退化雌蕊通常存在。
    3. 雄花萼片覆瓦状排列；花瓣比萼片短或近等长；花盘围绕于子房基部或不围绕。
      4. 花盘环状围绕于子房基部；蒴果直径1.3～2.5cm，开裂后中轴宿存，外果皮与内果皮分离 ………………………………………………………………………… **1. 喜光花属 Actephila**
      4. 花盘分裂为5枚扁平的腺体，腺体顶端全缘或2裂；蒴果直径5～8mm，开裂后中轴不宿存，外果皮与内果皮不分离，子房和蒴果均为3室 ………………………… **2. 雀舌木属 Leptopus**
    3. 雄花萼片镊合状排列；花瓣鳞片状，远比萼片小；花盘包围于子房中部以上或全部包裹子房。
      5. 侧脉弯拱上升，不平行；子房和蒴果均3室；花柱分离 ………………… **3. 闭花木属 Cleistanthus**
      5. 侧脉通常直立，平行或近平行；子房2室，蒴果或核果1～2室；花柱分离或基部合生 ………………………………………………………………………… **4. 土蜜树属 Bridelia**
  2. 花无花瓣。
    6. 花具花盘。
      7. 雄蕊着生于花盘边缘、凹缺处或花盘裂片之间；子房1～2室，稀3室；核果，稀蒴果。
        8. 萼片离生；子房1～3室；花柱极短或近无，柱头常扩大呈盾形或肾形；果直径1.0～2.5cm ……………………………………………………………… **5. 核果木属 Drypetes**
        8. 萼片合生成环状或盘状；子房1室，花柱顶生或侧生，顶端不扩大；果直径在8mm以下 ……………………………………………………………………… **6. 五月茶属 Antidesma**
      7. 雄蕊着生在花盘的内向；子房3～15室；果实为蒴果、浆果状或核果状。
        9. 雄花具退化雌蕊；叶2列，叶片全缘或有细齿 ……………………… **7. 白饭树属 Flueggea**
        9. 雄花无退化雌蕊。
          10. 萼片和雄蕊4枚；种子蓝色或淡蓝色 ………………………… **8. 蓝子木属 Margaritaria**
          10. 萼片和雄蕊2～6枚；种子非蓝色或淡蓝色。
            11. 萼片背面中肋不隆起，顶端不呈尾状渐尖；花盘呈腺体状，小，不呈条形；雄蕊2～6枚，花丝分离或合生，药隔无凸起 ……………… **9. 叶下珠属 Phyllanthus**
            11. 萼片背面中肋隆起，顶端尾状渐尖；花盘呈条状腺体；雄蕊3枚，花丝合生成柱状，药隔顶端钻状凸起 ………………………… **10. 珠子木属 Phyllanthodendron**
    6. 花无花盘。
      12. 花丝分离；叶片全缘或有疏齿。
        13. 叶柄顶端两侧通常各具1枚小腺体；穗状花序；雄蕊2枚，稀3枚或5枚；花柱2～3枚，顶端2裂，通常呈乳头状或流苏状；蒴果核果状，不规则开裂 ……………… **11. 银柴属 Aporosa**
        13. 叶柄顶端无小腺体；圆锥花序由总状花序组成；雄蕊4～8枚，花柱2～5枚，极短，顶端2裂，不呈头状或流苏状；蒴果浆果状，外果皮肉质，不开裂或迟裂 ………… **12. 木奶果属 Baccaurea**
      12. 花丝合生；叶全缘。
        14. 萼片分离；雄蕊3～8枚，花丝和花药全部合生成圆柱状，顶端稍分离；子房3～15室；果具多条明显或不明显的纵沟，成熟后开裂为3～15枚分果片 ………… **13. 算盘子属 Glochidion**
        14. 雄花花萼盘状、壶状、漏斗状或陀螺状，顶端全缘或6裂；雄蕊3枚，仅花丝合生成圆柱状，药隔不凸起；子房3室，花柱3枚，分离或基部合生；果不具纵沟。

15. 雄花有花盘，分成6~12枚裂片；雌花萼片6深裂，裂片组成2轮；蒴果开裂 ……………
…………………………………………………………………… **14. 守宫木属 Sauropus**

15. 雄花无花盘，雌花花萼陀螺状、钟状或辐射状；蒴果浆果状，不开裂 … **15. 黑面神属 Breynia**

1. 三出复叶，稀5小叶；植物体具红色或淡红色液汁；无花瓣和花盘 …………………… **16. 秋枫属 Bischofia**

1. 喜光花属 Actephila Bl.

乔木或灌木。单叶互生，稀近对生，通常全缘，羽状脉，有托叶。花雌雄同株，稀异株，簇生或单生于叶腋，花梗通常伸长；雄花：萼片4~6枚，覆瓦状排列，基部稍合生；花瓣与萼片同数，较萼片短，稀无花瓣；雄蕊5枚，稀3~4(~6)枚，退化雌蕊顶端3裂；花盘环状；雌花：花梗比雄花长，萼片和花瓣与雄花的相同；花盘环状，围绕子房的基部；子房3室，每室有胚珠2枚，花柱短，顶端2裂或全缘。蒴果分裂成3枚2裂的分果片；种子肉质。

约35种，分布于大洋洲和亚洲热带及亚热带地区。中国3种，分布于华南及西南；广西1种。

毛喜光花

Actephila excelsa（Dalzell）Müll. Arg.

灌木，高1~4m。小枝具棱，有黄白色皮孔，幼时被短毛，老时脱落无毛。叶互生，纸质，长圆形或倒卵状披针形，长8~20cm，宽3.0~5.5cm，先端长渐尖，基部楔形，幼时背面被短毛，以后变无毛；中脉在两面凸起，侧脉9~12对；叶柄长0.6~3.0cm，被短柔毛；托叶三角形。雄花：簇生，花梗长2mm；萼片5枚，花瓣淡绿色，均细小，雄蕊5枚；雌花：单生，花梗长2~7cm，萼片5枚，花瓣5枚，细小，花柱3枚，顶端2裂。蒴果扁球形，直径2.0~2.5cm，无毛，萼片宿存；种子三棱形，长约1cm。花期2~9月；果期7~10月。

产于龙州。生于石灰岩山地灌丛中。分布于云南；印度、缅甸、泰国也有分布。

2. 雀舌木属 Leptopus Decne.

灌木，稀草本。茎或小枝具棱。单叶互生，全缘，羽状脉；叶柄通常短，有托叶，膜质。花雌雄同株，稀异株，单生或簇生于叶腋，花梗纤细，稍长；花瓣比萼片小，萼片、花瓣、雄蕊和花盘腺体均为5枚，稀6枚；雄花：退化雌蕊小或无；雌花：子房3室，每室2枚胚珠，花柱3枚，2裂。蒴果成熟开裂成3枚2裂的分果片。种子无种阜。

9种，分布于亚洲和澳大利亚。中国6种，分布于华南及西南；广西4种。

分种检索表

1. 子房和蒴果均为3室。
  2. 雄花的花盘腺体顶端不分裂 ……………………………………………… **1. 缘腺雀舌木 L. clarkei**
  2. 雄花的花盘腺体顶端2深裂或2裂至中部。
    3. 叶片膜质至薄纸质，下面幼时被疏短柔毛；萼片卵形或宽卵形，浅绿色；雄花梗长6~10mm …………
    …………………………………………………………………………… **2. 雀儿舌头 L. chinensis**
    3. 叶片革质，无毛；萼片长卵形，淡红；雄花梗长2.0~2.5cm ………… **3. 厚叶雀舌木 L. pachyphyllus**
1. 子房和蒴果均为4~5室 ……………………………………………………… **4. 方鼎木 L. fangdingianus**

1. 缘腺雀舌木　尾叶雀舌木、长叶雀舌木　图646：1~5

Leptopus clarkei（Hook. f.）Pojark.

直立灌木，高6m。幼枝、嫩叶和叶柄幼时均被疏柔毛，其余无毛。叶膜质至纸质，长椭圆形至长卵状披针形，长2~8cm，宽1.5~2.0cm，先端尾状渐尖，基部楔形或钝；侧脉4~6对；叶柄长2~12mm。花雌雄同株；萼片、花瓣和雄蕊均为5枚；雄花：单生或簇生于叶腋，花盘腺体顶端不分裂；雌花：单生于叶腋；子房3室，每室有2枚胚珠，花柱3枚，2深裂。蒴果球形，直径5~8mm，基部有宿存萼，果梗长2~4cm。花期4~8月；果期6~10月。

产于乐业、隆林、南丹。生于海拔500m以上的山地疏林或灌丛中。分布于四川、贵州、云南；越南、印度也有分布。

2. 雀儿舌头　黑钩叶　图646：6~8

Leptopus chinensis (Bunge) Pojark.

直立灌木，高3m。小枝、叶片、叶柄和萼片在幼时均被疏短柔毛外，其余无毛。叶膜质至纸质，卵形或披针形，长1~5cm，宽0.4~2.5cm，先端钝或急尖，基部圆形或宽楔形；侧脉4~6对；叶柄长2~8mm。花雌雄同株，单生或簇生于叶腋；萼片、花瓣和雄蕊均5枚；雄花：花梗丝状，长6~10mm；雌花：花梗长1.5~2.5cm，子房3室，每室2枚胚珠，花柱3枚，2深裂。蒴果直径6~8mm，球形或扁球形，基部有宿存萼，果梗长2~3cm。花期2~8月；果期6~10月。

产于永福、融水、南丹、天峨、隆林、扶绥。生于海拔500~1000m的灌丛、林缘、路旁、石崖。中国大部分地区有分布。喜光，耐旱，耐贫瘠，为保持水土的优良林下植物。叶有毒，可作杀虫农药。

图646　**1~5. 缘腺雀舌木 Leptopus clarkei**（Hook. f.）Pojark. 1. 花枝；2. 雄花；3. 雄蕊内面观；4. 雄蕊外面观；5. 果。**6~8. 雀儿舌头 Leptopus chinensis**（Bunge）Pojark. 6. 花枝；7. 雄花；8. 果。（仿《中国植物志》）

3. 厚叶雀舌木

Leptopus pachyphyllus X. X. Chen

灌木，高2m。小枝圆柱状，褐色，近无毛。叶革质，圆形或卵状椭圆形，长2~5cm，宽1.5~2.5cm，先端钝圆或钝，基部圆至阔楔形，无毛；中脉在上面凹陷，在下面凸起，侧脉3~5对，不明显；叶柄长3~4mm，无毛。花雌雄同株，单生于叶腋，雄花和雌花的花梗长2.0~2.5(~2.8)cm。蒴果扁球形，直径约8mm，无毛，成熟时开裂成3枚2裂的分果片；基部有宿存花萼。

广西特有种。产于环江。生于山坡、山谷、路旁灌木丛中或草丛中。

4. 方鼎木　图647

Leptopus fangdingianus（P. T. Li）Voronts. et Petra Hoffm.

灌木，高1.5m。小枝圆柱状，幼时小枝、叶下面及叶柄均被短柔毛，其余无毛。叶厚纸质，

图 647 方鼎木 Leptopus fangdingianus（P. T. Li）Voronts. et Petra Hoffm. 1. 花果枝；2~3. 雄花；4. 雄蕊；5. 雌花；6. 子房横切面（示胚珠着生）；7. 果；8. 种子。（仿《中国植物志》）

椭圆形，长 3.5 ~ 11.5cm，宽 1.5 ~ 4.0cm，先端渐尖，基部宽楔形至钝，中脉和侧脉在上面扁平，在下面凸起，侧脉 4 ~ 6 对；叶柄长 3 ~ 10mm；托叶小，三角形。花雌雄异株，雄花：花梗长 1cm，萼片、花瓣和雄蕊均 5 枚；雌花：花梗长 2.0 ~ 2.5cm，花萼、花瓣均 5 枚，子房 4 ~ 5 室，每室 2 枚胚珠。蒴果近圆形，直径均 6mm，外果皮有许多鳞片状凸起，果梗长 2.5cm。花期 4 ~ 7 月；果期 7 ~ 10 月。

广西特有种。产于那坡。生于海拔 900 ~ 1250m 的石灰岩山地林中。

3. 闭花木属 Cleistanthus
Hook. f. ex Planch.

乔木或灌木。单叶，二列状互生，全缘；托叶宿存或早落。花雌雄同株或异株，团伞花序或穗状花序腋生；雄花：萼片 4 ~ 6 枚，镊合状排列，花瓣小，鳞片状，与萼片同数；雄蕊 5 枚，与退化雌蕊合生，退化雌蕊顶端 3 裂；花盘杯状或垫状；雌花：萼片和花瓣与雄花的相同；子房 3 ~ 4 室，每室有 2 枚胚珠，花柱 3 枚；花盘环状或圆锥状，稀无花盘。蒴果近球形，成熟开裂成 2 ~ 3 枚分果片，每分果片有种子 1 枚或 2 枚，中轴宿存，具短梗或无梗。

约 141 种，主产于亚洲东南部。中国 7 种，分布于华南和西南；广西 4 种。

分种检索表

1. 子房和蒴果均被短柔毛；雌花花盘筒状，近全包围子房；叶片先端尾状渐尖 ············ **1. 闭花木 C. sumatranus**
1. 子房和蒴果均无毛。
  2. 叶片顶端长渐尖；雌花花盘被疏短柔毛 ························ **2. 米咀闭花木 C. pedicellatus**
  2. 叶片顶端短渐尖；雌花花盘无毛。
    3. 侧脉每边 9 ~ 10 条；雄花花瓣边缘具有小齿或缺刻；雌花花盘环状，围绕子房基部 ·······
    ··· **3. 馒头果 C. tonkinensis**
    3. 侧脉每边 6 ~ 7 条；雄花花瓣边缘全缘；雌花花盘坛状或筒状，包围子房········ **4. 假肥牛树 C. petelotii**

1. 闭花木 尾叶木 图 648：1 ~ 5
Cleistanthus sumatranus（Miq.）Müll. Arg.

常绿乔木，高 18m。树干通直，树皮红褐色，平滑。幼枝、幼果被短柔毛，子房被长硬毛，其余无毛。叶纸质，椭圆形或卵状长圆形，长 3 ~ 10cm，宽 2 ~ 5cm，先端尾状渐尖，基部钝圆；侧脉 5 ~ 7 对，在两面略不明显；叶柄长 3 ~ 7mm，有横皱纹。花雌雄同株，单生或数朵簇生于叶腋或退化叶的腋内；雄花：花萼和花瓣均 5 枚；花盘环状；雌花花盘筒状，近全包围子房；子房卵圆形，子房和蒴果均被短柔毛，花柱 3 枚。蒴果卵状三棱形，直径约 1cm，成熟开裂成 3 枚分果片，每分果片常有 1 枚种子，种子近球形。花期 3 ~ 8 月；果期 4 ~ 10 月。

产于田林、隆安、博白、崇左、扶绥、宁明、龙州、天等、防城、上思。生于海拔 500m 以下的疏林中。分布于广东、海南、云南；泰国、越南、印度尼西亚、新加坡等地也有分布。喜光，耐干旱瘠薄，萌蘖能力强，对土壤适应能力较强，酸性土、石灰岩钙质土上都能生长，在龙州、宁明，闭花木与蚬木、金丝李、肥牛树等组成石灰岩山地季雨林，为中下层林木。

2. 米咀闭花木　网脉闭花木
Cleistanthus pedicellatus Hook. f.

灌木或小乔木，高 3m。树皮灰色。仅雌花被短毛，其余无毛。叶革质，椭圆状卵形或椭圆形，长 6 ~ 11cm，宽 2.5 ~ 5.0cm，先端长渐尖，基部钝；侧脉 4 ~ 6 对；叶柄长 4 ~ 5mm。花雌雄同株，团伞花序腋生，花序梗短。雄花：花梗长 0.5 ~ 1.0cm，花瓣不规则卵形或匙形；花托平，花盘环状，退化雌蕊较长；雌花：花托杯状，花盘坛状，膜质，疏被柔毛，将子房包藏；子房圆球形，子房和蒴果均无毛，花柱 3 枚，顶端 2 裂。蒴果圆球状三棱形，3 室，成熟开裂成 3 枚分果片；果梗长 12~15mm。

产于龙州。生于海拔约 300m 的山坡林中。分布于越南、马来西亚、菲律宾、印度尼西亚。

3. 馒头果　东京闭花木
Cleistanthus tonkinensis Jabl.

小乔木或灌木，高 3m。小枝绿色，具皮孔。除苞片和雄花萼片外，其余均无毛。叶革质，长圆形或长椭圆形，长 7~13cm，宽 2~5cm，顶端长渐尖，基部钝或圆；侧脉 9~10 对；叶柄长 4~8mm；托叶线状长圆形，长 2~3mm。穗状团伞花序，腋生，长 1.5~4.0cm；苞片卵状三角形。雄花：萼片披针形；花瓣匙形，边缘有小齿或缺刻；花盘杯状；雄蕊 5 枚，花丝合生成圆筒状，包围退化雌蕊；雌花：花梗极短或几乎无；萼片卵状三角形；花瓣菱形或斜方形；花盘环状，围绕子房基部；子房圆球形，花柱 3 枚。蒴果三棱形，长约 1cm，成熟时开裂成 3 枚分果片；果梗极短或几乎无；种子卵形，长约 7mm。花期 4~7 月；果期 7~8 月。

产于钦州、大新。生于海拔 800m 以下的山地林中。分布于广东、云南；越南也有分布。

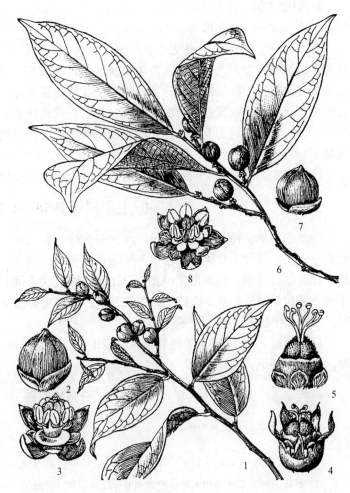

图648　1 ~ 5. 闭花木 Cleistanthus sumatranus（Miq.）Müll. Arg. 1. 果枝；2. 花蕾；3. 雄花；4. 雌花；5. 花瓣、花盘和雌蕊。**6 ~ 8. 假肥牛树 Cleistanthus petelotii** Merr. ex Croizat 6. 果枝；7. 花蕾；8. 雄花。（仿《中国植物志》）

4. 假肥牛树 图648：6~8

Cleistanthus petelotii Merr. ex Croizat

乔木，高7~18m。全株无毛。叶革质，椭圆形，长8~19cm，宽3~8cm，先端短渐尖，基部钝圆，边缘略反卷，上面深绿，背面淡黄绿色；侧脉6~7对，网脉明显；叶柄长5~8mm。花雌雄同株，数朵集生于叶腋成团伞花序；雄花：花瓣边缘全缘，花盘倒卵形，雄蕊5枚，花丝中部以下合生成圆筒状，包藏着退化雌蕊；雌花：花盘坛状或筒状，包围子房，顶端具微小舌状裂片，子房平滑，子房和蒴果均无毛，花柱3枚。蒴果近球形，直径约15mm，外果皮有网状皱纹；种子卵形。花期4~6月；果期5~11月。

产于崇左、扶绥、宁明、龙州、大新。生于石灰岩山地森林中。分布于越南北部。

4. 土蜜树属 Bridelia Willd.

乔木或灌木，稀木质藤本。单叶互生，全缘，有托叶。花单性，同株或异株，多朵集成腋生团伞花序；花5基数，有梗或无梗；萼片镊合状排列，宿存；花瓣小，鳞片状；雄花：花盘杯状或盘状，花丝基部合生，包围退化雌蕊；退化雌蕊圆柱状或倒卵状；雌花：花盘圆锥状或坛状，包围着子房；子房2室，每室2枚胚珠，花柱2枚，分离或基部合生，顶端2裂或全缘。核果或蒴果，1~2室，每室有1~2枚种子，种子有纵沟纹。

约60种，分布于东半球热带和亚热带地区。中国7种，分布于东南部、南部和西南部；广西5种，广布于各地。

分种检索表

1. 乔木或直立灌木；花直径8mm以下。
　2. 核果2室。
　　3. 小枝、叶片及叶柄均被毛；叶片长3~9cm，宽1.5~4.0cm ························ **1. 土蜜树 B. tomentosa**
　　3. 小枝、叶片及叶柄均无毛；叶片长8~22cm，宽4~13cm ························ **2. 大叶土蜜树 B. retusa**
　2. 核果1室。
　　4. 叶片两面及叶柄被毛；花直径约8mm ························ **3. 膜叶土蜜树 B. glauca**
　　4. 叶片仅背面被毛，叶片上面及叶柄均无毛；花直径3~5mm ························ **4. 禾串树 B. balansae**
1. 木质藤本；花直径达10mm ························ **5. 土蜜藤 B. stipularis**

1. 土蜜树 逼迫子 图649：1~4

Bridelia tomentosa Blume

灌木或小乔木，高2~5m。幼枝、叶柄、托叶和雌花的萼片外面均被柔毛，其余无毛。叶纸质，长椭圆形或倒卵状长圆形，长3~9cm，宽1.5~4.0cm，先端锐尖或钝，基部宽楔形至圆形，叶面粗糙；侧脉9~12对，在背面凸起；叶柄长3~5mm；托叶线状披针形，顶端刚毛状渐尖，常早落。花雌雄同株或异株，簇生于叶腋；雄花：梗极短；萼片三角形；花瓣倒卵形，顶端3~5齿裂；花丝下部与退化雌蕊贴生；雌花：几无梗；萼片三角形；花瓣倒卵形或匙形，顶端全缘或齿裂；花盘坛状，包围子房。核果近圆球形，直径4~7mm，2室，种子褐红色，腹面存纵沟，背面有纵条纹。花果期几乎全年。

产于梧州、苍梧、藤县、田东、隆林、南宁、邕宁、钦州、贵港、平南、容县、陆川、博白、北流、扶绥、宁明、龙州。生于灌丛中。分布于福建、台湾、广东、海南、云南；印度、越南、菲律宾也有分布。

2. 大叶土蜜树 虾公木 图650

Bridelia retusa（L.）A. Juss.

乔木，高15m，胸径35cm。树皮灰褐色。小枝具纵条纹和黄白色皮孔。苞片两面、花梗和萼片外面被毛，其余无毛。叶纸质，倒卵形，长 8～22cm，宽 4～13cm，先端圆或截形，具小短尖，稀微凹，基部钝圆或浅心形，叶脉在上面扁平，在背面凸起；侧脉 13～19 对，近平行，直达叶缘而网结，网脉明显；叶柄长约 1.2cm；托叶早落，留有线形的托叶痕。花雌雄异株；穗状花序腋生或在小枝顶端由 3～9 枝穗状花序再组成圆锥花序，长 10～20cm。核果卵形，长 7～8mm，直径4～6mm，黑色，2 室。花期4～9 月；果期 8 月至翌年 1 月。

产于阳朔、那坡、龙州。分布于湖南、广东、海南、云南、贵州。

3. 膜叶土蜜树
Bridelia glauca Blume

乔木，高 15m。小枝、叶两面、托叶、花梗和萼片均被柔毛外，其他部位无毛。叶膜质，倒卵形或椭圆状披针形，长 5～15cm，宽 2.5～7.5cm，先端急尖或渐尖，基部钝至圆；侧脉 7～12 对，在叶背凸起；叶柄长 4～10mm，托叶线状披针形。花白色，直径约

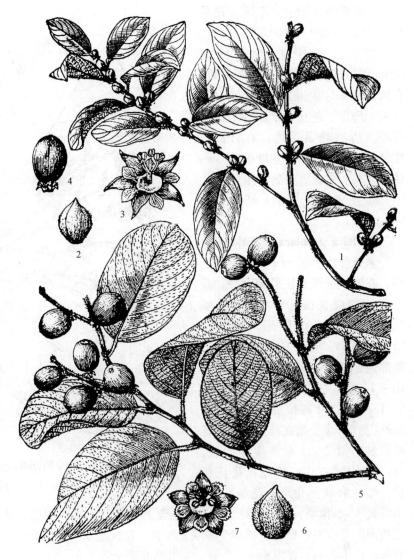

图 649　1～4. 土蜜树 Bridelia tomentosa Blume 1. 果枝；2. 花蕾；3. 雄花；4. 核果。5～7. 土蜜藤 Bridelia stipularis（L.）Blume 5. 果枝；6. 花蕾；7. 雄花。（仿《中国植物志》）

8mm，花雌雄同株，多朵簇生或组成穗状花序生于叶腋。雄花：萼片披针形；花盘枕状；退化雌蕊圆柱状；雌花：萼片三角形；花盘坛状；花柱短于花瓣，基部合生。核果椭圆形，长 8～11mm，顶端具小尖头，基部有宿存花萼，1 室。花期5～9 月；果期 9～12 月。

产于广西南部。生于海拔 500～1300m 的疏林中。分布于台湾、广东、云南；印度、尼泊尔、越南也有分布。

4. 禾串树　大叶逼迫子
Bridelia balansae Tutcher

乔木，高 17m，胸径30cm。树干通直。小枝有凸起皮孔，无毛。叶近革质，椭圆形或长圆形，长 5～25cm，宽 1.5～7.5cm，先端渐尖，基部钝，边缘反卷，无毛或背面被疏柔毛；侧脉 5～11 对；叶柄长 4～10mm，托叶线状披针形，被黄色柔毛。花直径 3～5mm，雌雄同株，密集成团伞花序，腋生；除萼片及花瓣被黄色柔毛外，其余无毛；雄花：萼片三角形，花瓣匙形，花丝基部合生，花盘浅杯状，退化雌蕊卵状锥形；雌花：萼片与雄花的相同，花瓣菱状圆形，花盘坛状，全包子房，后期由于子房膨大而撕裂，子房卵圆形，花柱 2 枚，分离，顶端 2 裂。核果长卵形，直径约

1cm，成熟时紫黑色，1室。花期 3~8月；果期9~11月。

产于广西各地。生于海拔800m以下的疏林中。分布于福建、台湾、广东、海南、四川、贵州、云南；印度、越南、泰国等地也有分布。边材淡黄棕色，心材黄棕色，细致，稍硬，气干密度0.6g/cm³，供作建筑、农具、器具等用材。

5. 土蜜藤 托叶土蜜树 图 649：5~7

Bridelia stipularis（L.）Blume

木质藤本，长15m。除小枝下部、花瓣、子房和核果无毛外，其余各部均被黄褐色柔毛。叶近革质，椭圆形或倒卵形，长6~15cm，宽2~9cm，先端急尖或钝，基部钝至圆，边缘干时背卷；侧脉10~14对，在叶背凸起；叶梗长5~13cm，托叶卵状三角形，顶端长渐尖，早落。花直径约1cm，雌雄同株，常2~3朵簇生于叶腋，有时成穗状花序；雄花：花托杯状，萼片卵状三角形；花瓣匙形，

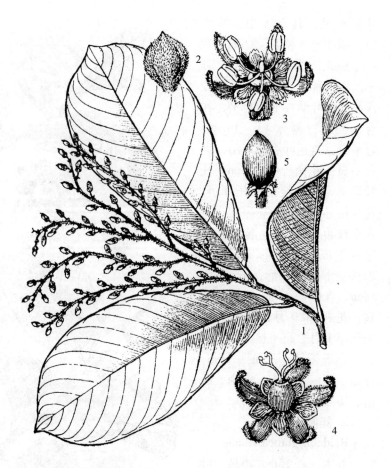

图650　大叶土蜜树 **Bridelia retusa**（L.）A. Juss. 1. 果枝；2. 花蕾；3. 雄花；4. 雌花；5. 果。（仿《中国植物志》）

顶端具3~5齿裂；花盘浅杯状；退化雌蕊圆柱状，顶端2深裂；雌花：花托近漏斗状，萼片卵状三角形；花瓣菱状匙形，顶端全缘或2浅裂；花盘坛状；子房卵圆形，顶端2裂，裂片线形。核果卵形，长1.2cm，直径8mm，2室。花果期几乎全年。

产于百色、那坡、凌云、田林、龙州。生于山坡疏林下或溪边灌丛中。分布于台湾、广东、海南、云南；印度、越南、菲律宾也有分布。

5. 核果木属 Drypetes Vahl

乔木或灌木。单叶互生，全缘或有锯齿，基部两侧常不等；叶柄短；有托叶。花雌雄异株；无花瓣；雄花：簇生或成团伞、总状或圆锥花序；萼片4~6枚，覆瓦状排列，常不等长；雄蕊1~25枚，排成1轮至数轮；花盘扁平或中间稍凹缺；退化雌蕊极小或无；雌花：单生于叶腋或侧生于老枝上；花盘杯状；子房1~2室，稀3室，每室2枚胚珠，花柱短，柱头1~2裂，稀3裂，常扩大呈盾状或肾形。核果或蒴果，外果皮革质或近革质，中果皮肉质或木质，内果皮木质、纸质或脆壳质，1~2室，稀3室，每室1枚种子。

约200种，分布于亚洲、非洲和美洲热带及亚热带。中国12种，分布于台湾、广东、海南、云南和贵州；广西7种，分布于西南部和南部。

分种检索表

1. 核果。
　　2. 果实无毛；叶先端急尖，叶缘上部有疏齿，网脉明显 ··························· **1. 网脉核果木 D. perreticulata**
　　2. 果实被毛。

3. 叶片顶端渐尖，叶缘全部具有疏钝齿，侧脉明显 ························· **2. 拱网核果木 D. arcuatinervia**
3. 叶片顶端短渐尖至钝，叶缘全缘或有时上部有不明显的钝齿，侧脉不明显。
    4. 乔木；小叶和叶柄在幼时被柔毛；果具棱 ························· **3. 钝叶核果木 D. obtusa**
    4. 灌木；小叶和叶柄在幼时无毛；果不具棱 ························· **4. 全缘叶核果木 D. integrifolia**
1. 蒴果。
  5. 叶缘具锯齿。
    6. 小枝和叶柄被短柔毛；雄蕊 13 ~ 15 枚；果实圆球形，无毛 ·················· **5. 密花核果木 D. congestiflora**
    6. 小枝和叶柄无毛；雄蕊 10 枚；果实椭圆形，被短柔毛 ·················· **6. 青枣核果木 D. cumingii**
  5. 叶全缘；萼片、子房和果被毛，其余无毛；雄蕊 4 ~ 8 枚；果实圆球形 ·················· **7. 核果木 D. indica**

1. 网脉核果木　图 651：1 ~ 4

Drypetes perreticulata Gagnep.

乔木，高 16m，胸径 30cm。树皮灰黄色，平滑。小枝具棱，幼时被红褐色短柔毛，老时变无毛，呈灰白色。叶革质，椭圆形或长圆形，长 4.5 ~ 12.0cm，宽 2.5 ~ 6.0cm，先端急尖，基部宽楔形或圆，两侧不相等，叶缘上部有疏齿，叶上面中脉幼时被短柔毛；侧脉 6 ~ 8 对，网脉明显；叶柄长 3 ~ 6mm，幼时被微毛，后变无毛；托叶线形，宿存。雄花：雄蕊 25 枚，花丝扁，无退化雌蕊；雌花：子房卵圆形，1 室。核果常单生于叶腋，卵形或椭圆形，长 1.8 ~ 2.5cm，直径 1.4 ~ 1.8cm，平滑无毛，成熟暗红色，1 室，种子 1 枚。花期 1 ~ 3 月；果期 5 ~ 10 月。

产于宁明、龙州。生于海拔 800m 以下的山地林中。分布于广东、海南、云南、贵州；越南、泰国也有分布。木材橙黄色，坚重，气干密度 0.96g/cm³，结构细致美观，干后少裂，不变形，供作车辆、机械、高级家具、雕刻及细木工等用材。

2. 拱网核果木　图 651：5 ~ 8

Drypetes arcuatinervia Merr. et Chun

灌木，高 4m。小枝密被皮孔。除果外，全株无毛。叶纸质或近革质，长圆形或长圆状披针形，长 6 ~ 15cm，宽 2 ~ 6cm，先端渐尖，基部钝，边缘具疏钝锯齿；侧脉 7 ~ 8 对，明显，网脉疏离；叶柄长 2 ~ 5mm。花组成长达 7cm 的总状或圆锥花序，或簇生于叶腋或顶生；雄花：雄蕊 4 ~ 6 枚，无退化雌蕊；雌花：子房卵圆形，1 室。核果卵形，表面被毛，顶端急尖，单生或 2 ~ 5

图 651　**1 ~ 4.** 网脉核果木 Drypetes perreticulata Gagnep. 1. 花枝；2. 花蕾；3. 雄花；4. 核果。**5 ~ 8.** 拱网核果木 Drypetes arcuatinervia Merr. et Chun 5. 花枝；6. 花蕾；7. 雄花；8. 核果。(仿《中国植物志》)

枚集成总状果序，腋生或顶生，1室1枚种子。花期4~10月；果期8月至翌年4月。

产于苍梧、容县、龙州。生于海拔800m以下的山地沟谷或山坡疏林中。分布于广东、海南、云南；越南也有分布。

3. 钝叶核果木

Drypetes obtusa Merr. et Chun

小乔木，高7m。枝条灰白色，干后皱缩而粗糙，幼枝略被短毛。叶纸质或近革质，长圆形，长4~8cm，宽1.5~3.5cm，先端短渐尖至钝，有时微凹，基部楔形，全缘；侧脉8~10对，不明显；叶柄6~8mm。花未见。核果单生于叶腋，近椭圆形，具棱，长约1.5cm，宽约1cm，被毛，1室1枚种子；宿存花柱极短。果期6~8月。

产于上思。生于海拔600m以下的阔叶林中。分布于广东、海南、云南；越南也有分布。

4. 全缘叶核果木

Drypetes integrifolia Merr. et Chun

灌木。叶纸质或近革质，椭圆形，长8~16cm，宽3.0~6.5cm，先端钝至短渐尖，基部宽楔形，全缘或上部具不明显钝齿，无毛；侧脉10~12对，不明显；叶柄长6~9mm，粗壮，无毛。核果双生于叶腋或顶生，果长圆形，长约12mm，直径7mm，外被短柔毛，1室，1枚种子，宿存花柱极短，宿存萼片6枚。果期6~8月。

产于博白。生于海拔500m以下的溪边。分布于广东、海南。

5. 密花核果木　密花核实　图652：1~5

Drypetes congestiflora Chun et T. Chen

乔木，高12m，胸径35cm。小枝、叶柄、小苞片被短柔毛，其余无毛。叶革质，长圆形或长卵形，长4.5~6.0cm，宽2~4cm，先端渐尖，基部近圆形，两侧不相等，边缘具明显钝齿；侧脉7对；叶柄长4~10mm。雄花：密集簇生于叶腋，雄蕊13~15枚，无退化雌蕊；雌花：子房2室，常1室发育，内有1枚种子。蒴果圆球形，直径1cm。花期2~7月；果期6~10月。

产于都安、大新、龙州。生于海拔800m以下的疏林中。分布于广东、海南、云南；菲律宾也有分布。喜光，耐干旱瘠薄。在龙州、大新石灰岩山地，密花核果木与蚬木、金丝李、网脉核果木、肥牛树等组成石灰岩季雨林，为优势树种。材质坚重，结构致密，美观，供作车辆、机械、高级家具、美术工艺品和雕刻等用材。

图652　1~5. 密花核果木 Drypetes congestiflora Chun et T. Chen 1. 花枝；2~3. 雄花；4~5. 雄蕊。**6. 青枣核果木 Drypetes cumingii** (Baill.) Pax et K. Hoffm. 果枝。(仿《中国植物志》)

6. 青枣核果木 图 652：6

Drypetes cumingii（Baill.）Pax et K. Hoffm.

乔木，高 9~20m，胸径 50cm。幼枝被黄色柔毛和小皮孔。叶革质，卵形或卵状披针形，长 6~17cm，宽 2.5~6.5cm，先端急尖至长渐尖，基部楔形至钝，稍偏斜，边缘具不规则波状齿或不明显钝齿，两面无毛，有光泽；侧脉 7~9 对，和网脉一样明显；叶柄长 4~8mm；托叶早落。花簇生叶腋；雄花：花梗长 13~18mm，被柔毛，雄蕊 10 枚；雌花：花梗长 10~12mm，子房卵圆形，2 室，柱头倒三角形。蒴果椭圆形，长 14~16mm，直径约 10mm，被短柔毛，2 室，种子 1 枚。花期 5~7 月；果期 8~12 月。

产于天峨、崇左、宁明、龙州。生于海拔 800m 以下的山坡或山谷林中。分布于广东、海南和云南；菲律宾也有分布。

7. 核果木 图 653

图 653　核果木 **Drypetes indica**（Müll. Arg.）Pax et K. Hoffm. 果枝。（仿《中国植物志》）

Drypetes indica（Müll. Arg.）Pax et K. Hoffm.

乔木，高 15m。枝条伸长，小枝具皮孔。萼片、子房和果被毛，其余全株无毛。叶革质，椭圆状长圆形至披针形，长 8~15cm，宽 3~6cm，先端尾状渐尖，尖头钝，基部楔形至钝，两侧常不相等，全缘；侧脉 6~8 对，网脉密而明显；叶柄长 3~10mm。花雌雄异株，总状花序腋生或顶生；雄花：花梗长 2~5mm；雄蕊 4~8 枚；雌花：花梗长 2cm，子房 2~3 室。蒴果圆球形，直径 12~18mm，顶端稍压，2~3 室，每室 1 枚种子。花果期 11 月至翌年 2 月。

产于龙州。分布于台湾、广东、海南、云南、贵州；印度、缅甸、泰国也有分布。

6. 五月茶属 Antidesma L.

乔木或灌木。单叶互生，全缘，叶柄短；有托叶。花小，雌雄异株，组成顶生或腋生的总状或穗状花序，有时为圆锥花序，无花瓣，有花萼；雄花：花萼杯状，3~5 裂；花盘环状或垫状；雄蕊 3~5 枚，少数 1~2 枚或 6 枚，花丝长于萼片，退化雌蕊小；雌花：子房 1 室，内有 2 枚胚珠，花柱 2~4 枚，顶生或侧生，顶端常 2 裂。核果，干后有小窝孔，种子 1 枚。

约 100 种，广布于亚洲热带和亚热带地区。中国 11 种，分布于西南、东南及华东；广西 6 种 1 变种，广布于各地。

分种检索表

1. 子房被毛。
　2. 雄花萼片 4 枚；叶片先端渐尖，具小尖头；叶柄长约 5mm；托叶披针形 ……… **1. 海南五月茶 A. hainanense**
　2. 雄花萼片 5~7 枚。
　　3. 叶片顶端短渐尖或尾状渐尖；叶柄长 1~3mm；托叶卵状披针形；雄蕊着生于花盘内面；果纺锤形 ………
　　………………………………………………………………………………………… **2. 黄毛五月茶 A. fordii**
　　3. 叶片顶端圆、钝或急尖；叶柄长 5~20mm；托叶线形；雄蕊着生于花盘裂片之间；果近球形 …………

.... **3. 方叶五月茶 A. ghaesembilla**

1. 子房无毛。

  4. 雄花萼片边缘具不规则的缺齿；花盘小，分离 .... **4. 山地五月茶 A. montanum**

  4. 雄花萼片边缘全缘；花盘杯状或盘状。

    5. 小枝无毛；叶片先端急尖或圆，上面常有光泽；花盘杯状，全缘或不规则分裂；果长约8mm ....

.... **5. 五月茶 A. bunius**

    5. 小枝幼时被短柔毛；叶片先端尾状渐尖，上面无光泽；花盘垫状；果长5～6mm ....

.... **6. 日本五月茶 A. japonicum**

1. 海南五月茶　图654：1～6

Antidesma hainanense Merr.

灌木，高4m。小枝和叶柄被污色绒毛，其余(叶无毛)各部分均被短柔毛。叶纸质，长椭圆形或倒卵状披针形，长5～15cm，宽3.0～4.5cm，先端渐尖，具小尖头，基部急尖或钝；侧脉7～10对，在背面与网脉明显凸起；叶柄长约5mm；托叶披针形，长约5mm，早落。雌雄花均为总状花序，腋生，长3cm；苞片线形；雄花：萼片4枚，雄蕊4枚，花盘垫状；退化雌蕊长倒卵形；雌花：萼片4～5枚，花盘杯状，子房卵圆形，长于萼片2倍，花柱顶生。核果卵形或近圆形，直径5～

6mm。花期4～7月；果期8～11月。

    产于广西西南部。生于海拔1000m以下的山地密林中。分布于广东、海南、云南；老挝、越南也有分布。

2. 黄毛五月茶　图654：7～11

Antidesma fordii Hemsl.

小乔木，高7m。小枝、叶柄、托叶、花序轴被黄色绒毛，其余均被长柔毛或柔毛。叶椭圆形或倒卵形，长7～25cm，宽3.0～10.5cm，顶端短渐尖或尾状渐尖，基部近圆或钝；侧脉7～11对，在背面凸起；叶柄长1～3mm；托叶卵状披针形，长约1cm。花序顶生或腋生，长8～13cm；苞片线形；雄花：多朵组成分枝的穗状花序；花萼5枚；裂片宽卵形；花盘5裂；雄蕊5枚，着生于花盘内面；退化雌蕊圆柱状；雌花：多朵组成不分枝或少分枝的总状花序；花梗长1～3mm；花盘杯状，无毛；子房椭圆形，花柱3枚，柱头2深裂。核果纺锤形，长约7mm，直径4mm。花期3～7月；果期7月至

图654　1～6. 海南五月茶 Antidesma hainanense Merr. 1. 花枝；2～3. 雄花；4～5. 雌花；6. 核果。7～11. 黄毛五月茶 Antidesma fordii Hemsl. 7. 花枝；8～9. 雄花；10. 雌花；11. 核果。(仿《中国植物志》)

翌年 1 月。

产于横县、苍梧、蒙山、钦州、陆川、百色、南丹、巴马、金秀、扶绥、龙州。生于海拔 1000m 以下的山地密林中。分布于福建、广东、海南、云南；越南、老挝也有分布。

3. 方叶五月茶 图 655

Antidesma ghaesembilla Gaertn.

小乔木，高 10m。除叶面外，全株密被柔毛或短柔毛。叶纸质，矩圆形或卵形，长 3.0 ~ 9.5cm，宽 2 ~ 5cm，先端圆、钝或急尖，基部圆或近心形，边缘微卷；侧脉 5 ~ 7 对；叶柄长 5 ~ 20mm；托叶线形，早落。雄花：黄绿色，多朵组成多分枝的穗状花序；萼片 5(~ 7)枚；雄蕊 4 ~ 5 枚；花盘 4 ~ 6 裂；退化雌蕊倒锥形；雌花：多朵组成分枝的总状花序；萼片与雄花的同；花盘环状，子房卵圆形，花柱 3 枚。核果近球形，直径 4.5mm。花期 3 ~ 9 月；果期 6 ~ 12 月。

产于百色、田林、横县、南宁、邕宁、宁明、龙州。生于海拔 1100m 以下的山地疏林中。分布于广东、海南、云南；印度、缅甸、越南等地也有分布。

4. 山地五月茶 图 656

Antidesma montanum Blume

乔木，高 15m。幼枝、叶脉、叶柄、花序和花萼被柔毛外，其余均无毛。叶纸质，椭圆形、倒卵状椭圆形、披针形，长 7 ~ 25cm，宽 2 ~ 10cm，先端尾状渐尖，基部急尖或钝；侧脉 7 ~ 9 对，在背面凸起；叶柄长 1cm；托叶线状披针形，长 4 ~ 10mm。总状花序顶生或腋生，长 5 ~ 16cm，分枝或不分枝；雄花：花萼浅杯状，3 ~ 5 裂，边缘具不规则缺齿；雄蕊 3 ~ 5 枚，花盘肉质，3 ~ 5 裂；退化雌蕊倒锥状或近球形；雌花：萼片 3 ~ 5 裂，裂片长圆状三角形；花盘小，分裂；子房卵圆形，花柱顶生。核果卵圆形，长 5 ~ 8mm。花期 4 ~ 7 月；果期 7 ~ 11 月。

产于巴马、都安、西林、隆林、宁明、龙州、大新。生于海拔 700 ~ 1500m 的山地密林中。分布于广东、海南、贵州、云南、西藏；东南亚各国也有分布。

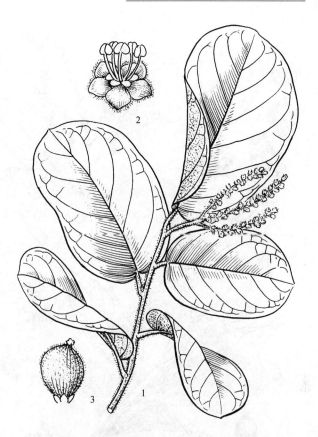

图 655　方叶五月茶 Antidesma ghaesembilla Gaertn.
1. 花枝；2. 雄花；3. 果。(仿《中国植物志》)

图 656　山地五月茶 Antidesma montanum
Blume 1. 花枝；2 ~ 3. 雄花。(仿《中国植物志》)

4a. 小叶五月茶 柳叶五月茶、狭叶五月茶

Antidesma montanum var. **microphyllum**（Hemsl.）Petra Hoffm.

与原种的主要区别是：叶小型，线形或线状披针形，长 3～12cm，宽 0.4～2.5cm；核果小，直径 3～4mm。花期 4～6 月；果期 6～10 月。

产于河池、南丹、天峨、罗城、都安、百色、那坡、隆林、容县。生于海拔 1200m 以下的山坡林地中。分布于广东、海南、湖南。

5. 五月茶 图 657：1～6

Antidesma bunius（L.）Spreng.

乔木，高 10m。小枝有明显皮孔。叶背中脉、叶柄、花萼和退化雌蕊被柔毛，其余无毛。叶纸质，长椭圆形、倒卵形或长倒卵形，长 8～23cm，宽 3～10cm，先端急尖或圆，有短尖头，基部宽楔形或楔形，叶面有光泽；侧脉 7～11 对，在叶背凸起；叶柄长 3～10mm，托叶早落；雄花序为顶生穗状花序，长 6～17cm；雄花：花萼杯状，3～4 裂；花盘杯状，全缘或不规则分裂；雄蕊 3～4 枚；退化雌蕊棒状；雌花序为顶生的总状花序，长 5～18cm，雌花：花萼、花盘与雄蕊同；雌蕊稍长于萼片，子房宽卵形，花柱顶生，柱头短而宽，顶端微凹。核果近

图 657 1～6. 五月茶 Antidesma bunius（L.）Spreng. 1. 花枝；2. 果序；3～4. 雄花；5. 雌花；6. 果。**7～11. 日本五月茶** Antidesma japonicum Siebold et Zucc. 7. 果枝；8～9. 雄花；10. 雌花；11. 果。（仿《中国植物志》）

球形，长约 8mm，成熟时红色。花期 3～5 月；果期 6～11 月。

产于南丹、天峨、西林、隆林、隆安、宁明、龙州。生于海拔 1500m 以下的山地疏林中。分布于江西、福建、湖南、广东、海南、贵州、云南和西藏；广布于亚洲热带至澳大利亚。木材纹理直至斜，结构细，材质重，供作车辆和箱板等用材。

6. 日本五月茶 酸味子、禾串果 图 657：7～11

Antidesma japonicum Siebold et Zucc.

小乔木或灌木，高 2～8m。小枝幼时被毛，后变无毛。叶纸质或近革质，椭圆形或长椭圆状披针形，长 3.5～13.0cm，宽 1.5～4.0cm，先端尾状渐尖，有小尖头，基部楔形，叶脉被毛，其余无毛；侧脉 5～10 对，在叶背凸起；叶柄长 5～10mm，被短柔毛至无毛；托叶线形，早落。总状花序顶生，长 10cm；雄花：花萼钟状；雄蕊 2～5 枚，伸长萼之外；花盘垫状；雌花：花萼与雄花相似，但较小；有 1～2 枚退化雄蕊；子房卵圆形，花柱顶生，柱头 2～3 裂。核果椭圆形，长 5～6mm。花期 4～6 月；果期 7～9 月。

产于广西各地，生于山地疏林或山谷湿润地。分布于中国长江以南地区；日本和东南亚也有分布。

7. 白饭树属 Flueggea Willd.

灌木或小乔木，通常无刺。单叶互生，2 列排列，全缘或有钝锯齿；叶柄短；有托叶。花小，

雌雄异株，稀同株，单生、簇生或集成聚伞花序；无花瓣；雄花：萼片 4~7 枚，全缘或有锯齿；雄蕊 4~7 枚，与花盘腺体互生，花丝分离；退化雌蕊小，2~3 裂；雌花：萼片与雄花的相同；花盘碟状或盘状；子房 3(稀 2 或 4)室，分离，每室有横生胚珠 2 枚，花柱 3 枚，分离，顶端 2 裂或全缘。蒴果，球形或三棱形，基部有宿存萼片，果皮肉质或革质，3 瓣裂或不裂而呈浆果状。

约 13 种，分布于亚洲、美洲、欧洲和非洲的热带至温带。中国 4 种，除西北外，其余各地均有；广西 2 种。

分种检索表

1. 叶片全缘或有波状齿或细锯齿，下面浅绿色；蒴果三棱状扁球形，淡红褐色，3 瓣裂 ··· 1. 一叶萩 F. suffruticosa
1. 叶片全缘，下面白绿色，蒴果浆果状，近圆球形，淡白色，不开裂 ·························· 2. 白饭树 F. virosa

1. 一叶萩　白几木　图 658：1~6

Flueggea suffruticosa (Pall.) Baill.

灌木。多分枝，小枝有棱槽。全株无毛。叶纸质，椭圆形或长椭圆形，长 1.5~8.0cm，宽 1~3cm，顶端急尖至钝，基部宽楔形，全缘或有波状齿或细锯齿，下面浅绿色；侧脉 5~8 对，在两面凸起，网脉明显；叶柄长 2~8mm，托叶长约 1mm，宿存。雌雄异株，簇生于叶腋；雄花：萼片、雄蕊、花盘腺体均 5 枚；退化雌蕊圆柱形，顶端 2~3 裂；雌花：花盘盘状，全缘或近全缘；子房卵圆形，(2~)3 室，柱头 3 裂，分离或基部合生。蒴果三棱状扁球形，成熟时淡红褐色，有网纹，3 瓣裂。花期 3~8 月；果期 6~11 月。

产于桂林、临桂、北流。生于海拔 800m 以上的山坡灌丛、山谷、路旁。广布于中国各地；蒙古、俄罗斯、朝鲜也有分布。茎皮纤维坚韧，纺织原料；枝条可供编制用具；花、叶药用，可治小儿麻痹后遗症、神经衰弱等；根皮煮水，外洗可治牛虱、马虱等。

2. 白饭树　图 658：7~9

Flueggea virosa (Roxb. ex Willd.) Royle

灌木，高 1~6m。小枝具纵棱槽，有皮孔。全株无毛。叶片纸质，椭圆形或倒卵形，长 2~5cm，宽 1~3cm，顶端圆至急尖，基部钝至楔形，全缘，下面白绿色；侧脉 5~8 对；叶柄长 2~9mm；托叶披针形，长 1.5~3.0mm。花淡黄色，雌雄异株，多朵簇生于叶腋；苞片鳞片状；雄花：花梗纤细，长 3~6mm；萼片 5 枚，卵形；雄蕊 5 枚；花盘腺体 5 枚；退化雌蕊通常 3 深裂；雌花：3~10 朵簇生，有时单生；花梗长 1.5~12.0mm；萼片与雄花的相同；花盘环状，

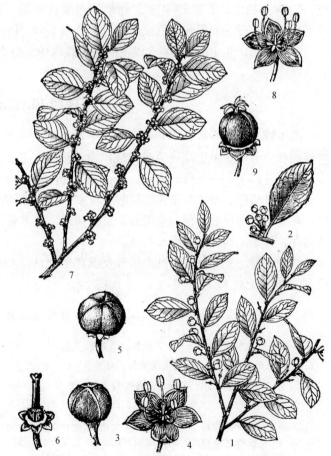

图 658　1~6. 一叶萩 Flueggea suffruticosa (Pall.) Baill. 1. 果枝；2. 花枝；3. 花蕾；4. 雄花；5. 果；6. 轴柱及宿存萼片。**7~9. 白饭树 Flueggea virosa** (Roxb. ex Willd.) Royle 7. 花枝；8. 雄花；9. 果。(仿《中国植物志》)

围绕子房基部；子房卵圆形，3 室，花柱 3 枚，基部合生，顶部 2 裂。蒴果浆果状，近圆球形，直径 3~5mm，成熟时果皮淡白色，不开裂；种子栗褐色，有光泽，有小疣状凸起及网纹，种脐略圆形，腹部内陷。花期 3~8 月；果期 7~12 月。

产于广西各地。分布于华东、华南及西南各地；广布于非洲、大洋洲和亚洲的东部及东南部。全株供药用，可治风湿关节炎、湿疹、脓疱疮等。

8. 蓝子木属 Margaritaria L. f.

乔木或灌木。叶二列状互生，全缘；托叶通常早落。花单性异株，簇生或单生于叶腋或短枝上；无花瓣；雄花：花梗细长，萼片 4 枚，2 轮，不等大；花盘盘状；雄蕊 4 枚，花丝分离或基部合生，无退化雌蕊；雌花：花梗圆柱状或扁平；萼片、花冠与雄花相同；子房 2~6 室，花柱 2~6 枚，分离或基部合生，顶端 2 裂，胚珠横生，每室 2 枚。蒴果，分离成 3 枚 2 裂的分果片或不规则开裂，外果皮肉质，内果皮木质或骨质，种子蓝色或淡蓝色。

约 14 种，分布于美洲、非洲、大洋洲及亚洲东部。中国 1 种，产于台湾和广西。

蓝子木

Margaritaria indica (Dalzell) Airy Shaw

乔木，高 25m。小枝有皮孔。全株无毛。叶薄纸质，椭圆形或椭圆状披针形，长 5~13cm，宽 3~6cm，全缘，先端急尖至钝，基部楔形，略下延，下面常灰白色；侧脉 8~12 对，在下面凸起；叶柄长 5~10mm；托叶膜质，披针形。雄花：数朵簇生于叶腋；花盘环状，贴生于萼片基部；雌花：1~3 朵腋生，子房 3~4 室，卵形。蒴果近球形，直径 7~12mm，有 3 条纵沟，外果皮肉质，内果皮革质；种子扇形，蓝色或浅蓝色。花期 5~8 月；果期 8~12 月。

产于龙州。生于海拔 400m 以下的山地森林中。分布于台湾；印度、泰国、越南、澳大利亚也有分布。

9. 叶下珠属 Phyllanthus L.

灌木或草本，少数乔木。无乳汁。单叶互生，通常 2 列排列，叶柄短；有托叶，早落。花小，雌雄同株或异株，单生或簇生或组成团伞、聚伞、总状或圆锥花序生于叶腋；花梗纤细，无花瓣；雄花：萼片(2~)3~6 枚，离生，1~2 轮，覆瓦状排列；雄蕊 2~6 枚，花丝合生成柱状或离生，花药 2 室；雌花：萼片与雄花的同数或较多；花盘腺体小；子房 3 室，稀 4~12 室，每室有胚珠 2 枚，花柱与子房同数，顶端全缘或 2 裂。蒴果，通常扁球形，成熟时常开成 3 枚 2 裂的分果片，中轴宿存；种子三棱形，平滑或有网纹。

约 800 种，主要分布于世界热带及亚热带地区。中国 32 种，主要分布于长江以南各地；广西 17 种，本志记载 12 种。

分种检索表

1. 果实呈浆果状或核果状，干后不开裂，成熟后黑色。
 2. 叶片基部两侧对称；果实呈浆果状；雄蕊 3~4(~6)枚。
  3. 果 4~12 室，直径约 6mm，内有种子 8~16 枚 ·················· **1. 小果叶下珠 P. reticulatus**
  3. 果 3 室。
   4. 果时萼片宿存 ··· **2. 青灰叶下珠 P. glaucus**
   4. 果时萼片脱落 ··· **3. 落萼叶下珠 P. flexuosus**
 2. 叶片基部两侧不对称；果实呈核果状；雄蕊 3 枚 ··················· **4. 余甘子 P. emblica**
1. 果实为蒴果，干后开裂，成熟后褐色或淡棕色。
 5. 雄花萼片 4~6 枚，全缘。
  6. 雄蕊 3 枚，花丝离生；叶片倒卵形，长 5~15mm；花单生 ·············· **5. 滇藏叶下珠 P. clarkei**

6. 雄蕊 2~4 枚，2 枚的花丝离生，3~4 枚的花丝合生。

　7. 雄花萼片 6 枚；雄蕊 3 枚；小枝具棱；叶长 1~2cm，宽 0.6~1.3cm ·· 6. 越南叶下珠 P. cochinchinensis

　7. 雄花萼片 4 枚；雄蕊 2 枚。

　　8. 叶非线状长圆形；花簇生。

　　　9. 花紫红色 ··· 7. 贵州叶下珠 P. bodinieri

　　　9. 花淡白色 ··· 8. 尖叶叶下珠 P. fangchengensis

　　8. 叶片线状长圆形；花组成团伞花序 ·············· 9. 落羽松叶下珠 P. taxodiifolius

5. 雄花萼片 4 枚，边缘流苏状、齿状或啮蚀状。

　10. 雄蕊 4 枚。

　　11. 子房密被皱波状或卷曲状长毛；蒴果密被卷曲状长毛 ·············· 10. 浙江叶下珠 P. chekiangensis

　　11. 子房具纵棱，有小瘤状凸起；蒴果被褐红色绵毛 ·············· 11. 毛果叶下珠 P. gracilipes

　10. 雄蕊 2 枚；蒴果光滑，淡褐色 ························· 12. 云桂叶下珠 P. pulcher

1. 小果叶下珠　烂头钵、龙眼睛　图 659：1~3

Phyllanthus reticulatus Poir.

灌木，高达 4m。小枝淡褐色。幼枝、叶和花梗均被淡黄色短柔毛或微毛，或光滑无毛。叶膜质至纸质，卵形至圆形，长 1~5cm，宽 0.7~3.0cm，先端急尖至圆，基部钝至圆；侧脉 5~7 对，与网脉在两面明显；叶柄长 2~5mm，托叶钻状三角形，干后变硬刺状。常 2~10 朵雄花和 1 雌花簇生于叶腋；雄花：萼片 5~6 枚，卵形或倒卵形，2 轮，不等大；雄蕊 5 枚，其中 3 枚长，花丝合生，2 短，花丝离生；花盘腺体 5 枚，鳞片状；雌花：萼片 5~6 枚，2 轮，不等大；花盘腺体 5~6 枚，倒卵形或长圆形；子房 4~12 室，花柱分离。蒴果呈浆果状，球形，直径约 6mm，红色，干后灰黑色，不开裂，每室有种子 2 枚。花期 3~6 月；果期 6~10 月。

产于南宁、武鸣、北海、宁明、龙州。生于海拔 800m 以下的山地林下或灌丛中。分布于江西、福建、台湾、湖南、广东、海南、贵州、四川、云南；日本及东南亚也有分布。根和叶供药用。

图 659　1~3. 小果叶下珠 Phyllanthus reticulatus Poir. 1. 果枝；2. 雄花；3. 果。4~6. 青灰叶下珠 Phyllanthus glaucus Wall. ex Müll. Arg. 4. 花枝；5. 雄花；6. 雌花；7~10. 落萼叶下珠 Phyllanthus flexuosus (Siebold et Zucc.) Müll. Arg 7. 果枝；8. 雄花；9. 雌花；10. 果。（仿《中国植物志》）

2. 青灰叶下珠 图659: 4~6

Phyllanthus glaucus Wall. ex Müll. Arg.

灌木，高4m。全株无毛。叶膜质，椭圆形或长圆形，长2.5~5.0cm，宽1.5~2.5cm，先端急尖，有小尖头，基部钝至圆，下面稍苍白色；侧脉8~10对；叶柄长2~4mm；托叶膜质，卵状披针形。花簇生于叶腋；雄花：萼片6枚，卵形；花盘腺体6枚；雄蕊5枚，花丝分离；雌花：通常与多数雄花同生于叶腋；萼片6枚，卵形；花盘盘状；子房卵形，3室，每室2枚胚珠，花柱3枚，基部合生。蒴果浆果状，直径1cm，熟时紫黑色，基部有宿存萼片；种子黄褐色。花期4~7月；果期7~10月。

产于靖西。生于海拔1000m以下的山地灌丛或稀疏林下。分布于江苏、江西、安徽、浙江、湖北、湖南、广东、四川、贵州、云南、西藏；印度、不丹也有分布。

3. 落萼叶下珠 红五眼 图659: 7~10

Phyllanthus flexuosus (Siebold et Zucc.) Müll. Arg

灌木，高3m。枝条弯曲。全株无毛。叶片纸质，椭圆形至卵形，长2.0~4.5cm，宽1.0~2.5cm，顶端渐尖或钝，基部钝至圆，下面稍带白绿色；侧脉5~7对；叶柄长2~3mm；托叶卵状三角形，早落。雄花数朵和雌花1朵簇生于叶腋；雄花：花梗短；萼片5枚，暗紫红色；花盘腺体5枚；雄蕊5枚，花丝分离；雌花：直径约3mm；花梗长约1cm；萼片6枚；花盘腺体6枚；子房卵圆形，3室，花柱3枚，顶端2深裂。蒴果浆果状，扁球形，直径约6mm，3室，每室1枚种子，基部萼片脱落；种子近三棱形。花期4~5月；果期6~9月。

产于阳朔、临桂、全州、兴安、龙胜、资源、恭城、贵港、田东、凭祥。生于海拔700~1500m的山地疏林下、沟边、路旁或灌丛中。分布于江苏、江西、安徽、浙江、湖北、湖南、广东、四川、贵州、云南；日本也有分布。

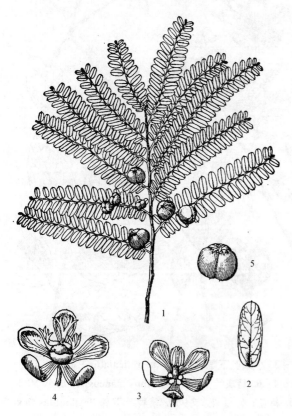

图660 余甘子 Phyllanthus emblica L. 1. 果枝；2. 叶片；3. 雄花；4. 雌花；5. 果。（仿《中国植物志》）

4. 余甘子 油甘子 图660

Phyllanthus emblica L.

乔木，高23m，胸径50cm。现在普遍退化成灌木状或小乔木，广西目前可见高8~10m、径粗8~11cm树木。树皮浅褐色，小枝被黄褐色短柔毛。叶纸质至革质，排成2列，似羽状复叶，线状长圆形或矩圆形，长8~20mm，宽2~6mm，先端截平或钝圆，有尖头或微凹，基部浅心形而稍偏斜，上面绿色，下面浅绿色，侧脉4~7对；叶柄长0.3~0.7mm；托叶三角形，褐红色。多朵雄花和1朵雌花或完全为雄花组成聚伞花序生于叶腋；萼片6枚；雄花：雄蕊3枚，花丝合生成柱状；花盘腺体6枚；雌花：花盘杯状，包围子房一半以上；子房3室，花柱3枚，基部合生，先端2裂。蒴果呈核果状，圆球形，直径1.0~1.3cm，外果皮肉质，绿白色或淡黄白色，内果皮硬骨质；种子略带红色。花期4~6月；果期7~9月。

除广西北部及东北部少见外，其余各地常见。分布于江西、福建、广东、海南、云南、四川；印度、斯里兰卡、越南等地也有分布。喜热，常见于海拔400m以下的丘陵，多生于河谷丘陵地带，在广西左右江河谷海拔可达700m。耐旱，自然生长生境为干热或干旱气候，土壤为砖红壤、赤红壤、红壤、山地红壤等酸性土壤，有机质含量低，冲刷严重，群落总盖度约50%，余甘子占绝对优势，伴生植物有西南杭子梢、坡柳、黄荆、银柴等。极喜光，耐瘠薄，萌芽力强，根系发达。播种或扦插繁殖。果实富含丰富的维生素C，供食用，生津止渴，润肺化痰，初食酸涩，良久乃甘，故名"余甘子"；树皮、根皮为优质栲胶原料；叶晒干供制枕芯用。在水土流失严重，土壤贫瘠的干热低丘陵地带可作经济林发展，既保持水土，又有经济收入。

5. 滇藏叶下珠 思芽叶下珠 图661

Phyllanthus clarkei Hook. f.

灌木，高1.5m。茎圆柱状，枝条上部略具棱。全株无毛。叶薄纸质或膜质，倒卵形，长5~15mm，宽4~8mm，先端圆或钝，基部宽楔形至圆；侧脉4~6对，在下面略凸；叶柄长约1mm。花雌雄同株，单生于叶腋，花梗基部有多数小苞片；萼片6枚；雄花：雄蕊3枚，花丝分离；花盘杯状，先端浅波状；雌花：子房圆球形，3室，花柱3枚，平展，顶端2裂。蒴果圆球形，直径3~4mm，红色，基部萼片宿存。

产于天峨、龙州。生于海拔800m以上的山地疏林或河边沙地灌丛。分布于贵州、云南和西藏东南部；印度、越南、缅甸也有分布。

6. 越南叶下珠 图662

Phyllanthus cochinchinensis Spreng.

灌木，高3m。小枝具棱，与叶柄幼时同被黄褐色短柔毛，老后变无毛。叶互生或3~5枚着生于小枝极短的凸起处，革质，倒卵形或匙形，长1~2cm，宽0.6~1.3cm，先端钝或圆，基部渐狭；中脉在两面稍凸，侧脉不明显；叶柄长1~2mm；托叶褐红色，卵状三角形。花雌雄异株，花1~5朵簇生于叶腋垫状凸起处；雄花：通常单生，萼片6枚；雄蕊3枚，花药3枚，顶部合生；花盘腺体6枚；雌花：单生或簇生；萼片6枚，外面3枚卵形，内面3枚卵状菱形；花盘坛状，包围子房约2/3；子房3室，花柱3枚。蒴果球形，直径约5mm，有3条纵沟，熟时开成3枚2瓣裂的分果片；种子

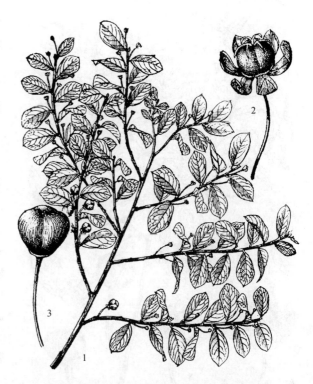

图661 滇藏叶下珠 Phyllanthus clarkei Hook. f.
1. 果枝；2. 雌花；3. 果。(仿《中国植物志》)

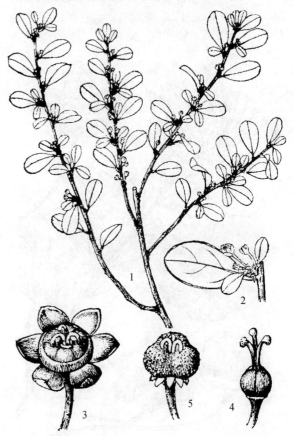

图662 越南叶下珠 Phyllanthus cochinchinensis
Spreng. 1. 花枝；2. 花簇生于叶腋(放大)；3. 雌花；
4. 雌蕊；5. 蒴果。(仿《中国植物志》)

图 663 贵州叶下珠 Phyllanthus bodinieri（H. Lév.）Rehder 1. 花枝；2. 花簇生于叶腋（放大）；3. 雄花蕾；4. 雌花蕾；5. 雄花；6. 雌花。（仿《中国植物志》）

图 664 尖叶下珠 Phyllanthus fangchengensis P. T. Li 1. 花枝；2. 雄花；3. 轴柱及萼片；4. 雌花；5. 雌蕊及花盘。（仿《中国植物志》）

橙红色，上面密被稍凸起的腺点。花果期 6 ~ 12 月。

产于博白。生于山野灌丛中、山谷疏林或林缘。分布于福建、广东、海南、四川、云南和西藏；印度、越南、老挝等地也有分布。

7. 贵州叶下珠 图 663

Phyllanthus bodinieri（H. Lév.）Rehder

灌木。小枝具棱翅。全株无毛。叶二列，革质，卵状披针形，长 2.0 ~ 3.5cm，宽 8 ~ 12mm，先端渐尖，基部楔形，边缘干后反卷，上面淡黄色，下面淡棕色；中脉在两面凸起，侧脉 4 ~ 5 对，不明显；叶柄长 1mm。花雌雄同株，紫红色，多数簇生于叶腋；雄花：萼片 4 枚，宽卵形，全缘；花盘腺体 4 枚，中部内凹；雄蕊 2 枚，花丝合生；雌花：萼片 6 枚，宽卵形；花盘杯状；子房 3 室，花柱 3 枚，顶端 2 裂。蒴果圆球形，熟时 3 瓣裂。

产于北流。生于山地疏林下。分布于贵州东南部。根、叶可治跌打损伤。

8. 尖叶下珠 防城叶下珠 图 664

Phyllanthus fangchengensis P. T. Li

灌木，高约 1m。小枝灰绿色，具翅。叶 2 列排列，纸质，披针形，长 2 ~ 6cm，宽 7 ~ 13mm，基部圆或钝；侧脉 3 ~ 4 对，不太明显；叶柄长 1 ~ 2mm。花淡白色，单朵雄花和 2 ~ 3 雌花同簇生于叶腋；雄花，花梗纤细，长 1.0 ~ 1.5cm；萼片 4 枚；花盘腺体 4 枚；雄蕊 2 枚；雌花：花梗长 2.0 ~ 2.3cm，萼片 6 枚，2 轮，每轮 3 枚；花盘盘状，肉质；子房圆球形，直径 2mm，3 室，每室 2 枚胚珠。蒴果圆形球形，成熟淡红色，3 瓣裂，萼片宿存，果梗长 2.3 ~ 3.0cm。

广西特有种，产于防城。生于海拔约 200m 的山谷、河旁灌丛中。

9. 落羽松叶下珠

Phyllanthus taxodiifolius Beille

灌木，高 2m。小枝四棱形，全株无毛。叶纸质，紧密排成 2 列，线状长圆形，长约 6mm，宽 1 ~ 2mm，两端钝；侧脉不明显；叶柄极短。花雌雄同株，团伞花序生于小枝下部叶腋；雄花：萼片 4 枚，倒卵形；花盘腺体 4 枚，膜质，倒卵形；雄蕊 2 枚，花丝合生；雌花：萼片 6 枚，卵形，全缘；花柱 3 枚，顶端 2 裂。蒴果圆球状，直径4～5mm，淡褐色，3瓣裂；种子三角形，有小乳凸。

产于田林、隆林。生于山地灌丛中或疏林下。分布于云南南部；越南、泰国、柬埔寨也有分布。

10. 浙江叶下珠

Phyllanthus chekiangensis Croizat et Metcalf

灌木，高1m。小枝常聚生于老枝上部，纤细，有纵条纹。除子房和果皮外，全部无毛。叶2列排列，纸质，椭圆形至椭圆状披针形，长8～15mm，宽3～7mm，先端急尖，有小尖头，基部偏斜或略偏斜，边缘反卷；侧脉3～4对，纤细；叶柄长5～10mm。花紫红色，雌雄同株，单花或多数簇生于叶腋，雄花：萼片4枚；花盘稍肉质，不分裂；雄蕊4枚，花丝合生；雌花：萼片6枚；花盘稍肉质，不分裂，边缘增厚成圆齿；子房扁球形，直径约1mm，3室，花柱3枚，2裂。蒴果扁球形，直径7mm，3瓣裂，外被卷曲长毛，种子三棱形，淡黄褐色。花期4～8月；果期7～10月。

产于临桂。生于海拔800m以下的山坡灌丛或山地疏林中。分布于安徽、浙江、江西、福建、广东、湖北、湖南等地。

11. 毛果叶下珠

Phyllanthus gracilipes (Miq.) Müll. Arg.

灌木，高3m。小枝被褐色短柔毛。叶2列，膜质，椭圆形或斜方状披针形，长2.5～10.0cm，宽1.5～4.0cm，先端急尖或渐尖，基部圆，背面褐红色，下面稍被柔毛或无毛；侧脉6对；叶柄长2～3mm。花淡紫色，雌雄异株，多朵花成聚伞花序生于叶腋；雄花：萼片4枚，边缘具不规则齿裂；花盘坛状；雄蕊4枚，花丝合生；雌花：花梗棒状，长1.0～1.5cm；萼片6枚，2轮，边缘流苏状；花盘杯状，近全缘或6浅裂；子房近圆形，具纵棱，有小瘤状凸起，3室，花柱3枚，2裂。蒴果扁球形，直径6mm，被褐红色绵毛，果梗长5cm。

产于广西西部。生于海拔约900m的山地林下。越南、泰国和印度也有分布。

12. 云桂叶下珠

Phyllanthus pulcher Wall. ex Müll. Arg.

灌木，高1m。幼枝被柔毛，小苞片有睫毛，其余全株无毛。叶2列，膜质，斜长圆形到卵状长圆形，长1.8～3.0cm，宽8～13mm，两侧不对称，边缘略反卷，侧脉4～6对，不太明显；叶柄长0.8～1.5mm。花雌雄同株；雄花：单生于小枝下部的叶腋内，花梗长5～10mm，萼片4枚，边缘撕裂状，深红色，花盘腺体4枚，雄蕊2枚，花丝合生；雌花：单生于小枝上部的叶腋内，萼片6枚，花盘盘状，肉质，子房近球形，3室，花柱3枚，2裂。蒴果近球形，直径3mm，光滑，淡褐色，萼片宿存。

产于隆林。生于海拔700m以上的山地林下或溪边灌木丛中。分布于云南；越南、泰国、印度也有分布。

10. 珠子木属 Phyllanthodendron Hemsl.

乔木或灌木。无乳汁。叶互生，排成2列，全缘；叶柄短；有托叶，早落。花单性，同株或异株，花梗纤细，短或伸长；无花瓣；雄花：萼片5～6枚，稀4枚，分离，2轮，覆瓦状排列，先端尾状渐尖；花盘腺体5～6枚，稀4枚，与萼片互生，全缘；雄蕊3枚，稀4枚，花丝合生成柱状，花药2室，药隔顶端钻状渐尖；雌花：萼片和花盘腺体5～6枚；子房3室，每室2枚胚珠，花柱3枚，顶端常不分裂。蒴果近球形，室间或室背开裂；种子三棱形。

约16种，分布于马来半岛至中国。中国10种，分布于华南和西南；广西产7种。

分种检索表

1. 雄花萼片和花盘腺体为5～6枚；雄蕊3枚。

2. 枝条圆柱形。

  3. 叶片纸质，倒卵形，基部楔形或宽楔形；侧脉和网脉在上面凸起，在下面扁平；花盘腺体匙形，子房圆球形，花柱短，顶端2裂至中部 ······························ **1. 岩生珠子木 P. petraeum**

  3. 叶片革质，圆形或近圆形，基部圆或浅心形；侧脉和网脉在两面凸起；花盘腺体舌状或长圆形，子房卵形，花柱长，2裂至近基部 ······························ **2. 圆叶珠子木 P. orbicularifolium**

2. 枝条具棱或棱翅。

  4. 小枝被短柔毛。

   5. 叶片基部两侧对称；雄花萼片5枚 ························ **3. 珠子木 P. anthopotamicum**

   5. 叶片基部两侧不对称；雄花萼片6枚 ························ **4. 龙州珠子木 P. breynioides**

  4. 小枝两侧具明显的棱翅，无毛。

   6. 叶片顶端具尾尖，基部宽楔形或钝；侧脉每边10~14条；雄花萼片和花盘腺体均为6枚 ·····

   ····························· **5. 尾叶珠子木 P. caudatifolium**

   6. 叶片顶端急尖或渐尖，基部圆；侧脉每边6~8条；雄花萼片和花盘腺体均为5枚 ···········

   ····························· **6. 枝翅珠子木 P. dunnianum**

1. 雄花萼片、花盘腺体和雄蕊均为4枚 ····························· **7. 弄岗珠子木 P. moi**

1. 岩生珠子木 图665：1~5

Phyllanthodendron petraeum P. T. Li

灌木。茎灰褐色。小枝圆柱形，常集生于茎上部。全株无毛。叶纸质，倒卵形，长3~5cm，宽2.0~3.5cm，先端圆，有小短尖头，基部楔形或宽楔形；中脉在上面扁平，下面稍凸起，侧脉6~7对，在上面凸起，在下面扁平；叶柄长3~7mm。花雌雄同株，单生于叶腋；雄花：萼片6枚，长圆状披针形，背部中肋凸起；雄蕊3枚，花丝合生；花盘腺体6枚，匙形；雌花：萼片和花盘腺体与雄花的同；子房圆球形，3室，每室有2枚胚珠，花柱3枚，顶端2裂至中部。蒴果圆球形，直径5mm，有宿存萼片和花柱。

广西特有种。产于龙州。生于石灰岩灌丛中。

2. 圆叶珠子木 图665：6~10

Phyllanthodendron orbicularifolium P. T. Li

灌木，高3.5m。茎深褐色，枝条圆柱形，全株均无毛。叶革质，圆形或近圆形，长3.5~6.5cm，宽3.0~5.5cm，两端圆或基部浅心形，先端具小短尖头，嫩

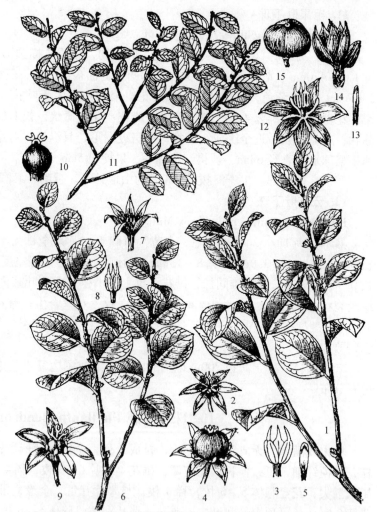

图665　1~5. 岩生珠子木 Phyllanthodendron petraeum P. T. Li 1. 花枝；2. 雄花；3. 雄蕊；4. 雌花；5. 花盘腺体。**6~10.** 圆叶珠子木 Phyllanthodendron orbicularifolium P. T. Li 6. 花枝；7. 雄花；8. 雄蕊；9. 雌花；10. 雌蕊。**11~15.** 龙州珠子木 Phyllanthodendron breynioides P. T. Li 11. 花枝；12. 雄花；13. 花盘腺体；14. 雌花；15. 蒴果。（仿《中国植物志》）

叶红色，老叶亮绿色；中脉在上面扁平或微凹，在下面凸起，侧脉 5 ~ 6 对，与网脉在两面凸起；叶柄长约 5mm；托叶长圆形，早落。花黄白色，雌雄同株，单生于叶腋；花梗长约 2mm；雄花：萼片 5 ~ 6 枚，长圆状披针形，背部中肋凸起；雄蕊 3 枚，花丝合生，花药分离，药室 2 枚；花盘腺体 5 ~ 6 枚，舌状，与萼片互生；雌花：萼片和花盘腺体 6 枚，形状与雄花的相同；子房卵圆形，3 室，每室有胚珠 2 枚，花柱 3 枚，顶端 2 裂至近基部。蒴果近圆球状，直径约 1.3cm，平滑，外果皮淡褐色，内果皮淡黄色，花柱和萼片宿存；果梗长约 7mm；种子近三棱形，棕色。花果期 8 ~ 12 月。

广西特有种。产于靖西、龙州。生于海拔 700 ~ 800m 的山地森林中。

3. 珠子木 叶珠木、鱼骨树 图 666：1 ~ 4

Phyllanthodendron anthopotamicum（Hand. – Mazz.）Croizat

灌木，高 3m。小枝常集生于茎上部，具棱，灰绿色。幼枝、叶脉、叶柄、花梗、萼片、托叶均被短柔毛，苞片边缘有睫毛。叶纸质至革质，椭圆形或卵形；通常生在花枝或果枝上的叶较小而密，长 1 ~ 3cm，宽 5 ~ 15mm，先端急尖、渐尖或钝，基部宽楔形至钝，着生于徒长枝或无花果枝上叶较大而疏，长 5 ~ 13cm，宽 3 ~ 6cm，基部圆；侧脉 6 ~ 8 对；叶柄长 2 ~ 5mm。花 2 ~ 4 朵簇生于叶腋；雄花：萼片 5 枚，椭圆状披针形；雄蕊 3 枚，花丝合生成柱状；花盘腺体 5 枚；雌花：萼片 6 枚，与雄花的同；花盘腺体 6 枚；子房卵圆形，花柱 3 枚，顶端 2 浅裂。蒴果直径 5 ~ 8mm。花期 5 ~ 9 月；果期 9 ~ 12 月。

产于河池、天峨、凤山、都安、德保、靖西、隆林、龙州、大新、天等。生于海拔 800 ~ 1300m 的山地疏林或灌丛中。分布于广东、贵州、云南；越南也有分布。

4. 龙州珠子木 图 665：11 ~ 15

Phyllanthodendron breynioides P. T. Li

灌木，高 1 ~ 3m。小枝具棱，节间比叶短。仅小枝和叶柄被短柔毛，其余无毛。叶纸质至厚纸质，2 列排列，卵形至卵状椭圆形，长 1 ~ 3cm，宽 5 ~ 15mm，先端钝，具小尖头，基部圆形或浅心形，两侧不对称，下面淡绿色；中脉在两面略凸起，侧脉 5 ~ 7 对，在两面扁平；叶柄长 1 ~ 2mm；托叶披针形。花黄色，单生于叶腋；雄花：花梗基部有许多小苞片，萼片 6 枚，长圆状披针形，背部中肋凸起；花盘腺体 6 枚，线形；雄蕊 3 枚，花丝合生；雌花：花梗基部有小苞片，萼片和花盘腺体 6 枚，与雄花的同；子房圆球形，花柱 3

图 666 **1 ~ 4. 珠子木 Phyllanthodendron anthopotamicum**（Hand. – Mazz.）Croizat 1. 花枝；2. 雄花；3. 雄蕊；4. 雌花。**5 ~ 8. 枝翅珠子木 Phyllanthodendron dunnianum** H. Lévl. 5. 花枝；6. 雄花；7. 雄蕊；8. 雌花。（仿《中国植物志》）

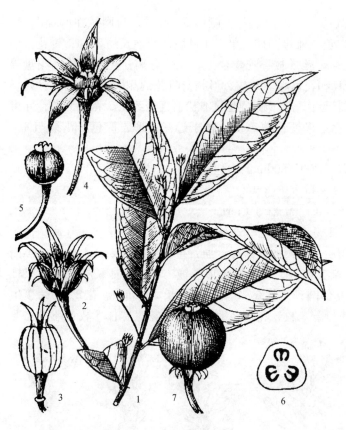

图667 尾叶珠子木 Phyllanthodendron caudatifolium P. T. Li 1. 花枝；2. 雄花；3. 雄蕊；4. 雌花；5. 雌蕊；6. 子房横切面(示胚珠着生)；7. 蒴果。(仿《中国植物志》)

分布于贵州兴义。

6. 枝翅珠子木 枝翅叶下珠 图666：5~8

Phyllanthodendron dunnianum H. Lévl.

灌木或小乔木，高2~6m。小枝两侧具棱翅。全株无毛。叶革质或厚纸质，椭圆形、卵形或卵状披针形，长2.5~10.0cm，宽1.5~4.0cm，先端急尖或渐尖，基部圆形；侧脉6~8对；叶柄长约2mm。花1~2朵腋生，雌雄同株；雄花：萼片5枚，卵状椭圆形，先端具芒尖；花盘腺体5枚，线形；雄蕊3枚，花丝合生；雌花：萼片6枚，形态与雄花同；花盘腺体6枚，线形；子房卵圆形，3室，每室2枚胚珠，花柱3枚。蒴果球形，直径1.0~1.5cm，果梗长5~6mm。花期5~7月；果期7~10月。

产于天峨、南丹、东兰、罗城、都安、百色、平果、靖西、那坡、乐业、隆林。生于海拔500~1000m的石灰岩山地灌丛中。分布于贵州、云南。

7. 弄岗珠子木 弄岗叶下珠

Phyllanthodendron moi (P. T. Li) P. T. Li

灌木，高3m。小枝具翅。仅花梗基部、子房和蒴果被短柔毛，其余无毛。叶纸质，椭圆形至卵状椭圆形，长5~10cm，宽2.5~4.5cm，先端尾尖，基部圆形；侧脉5~7对，与中脉在两面凸起叶柄长不及2mm；托叶狭三角形，长3~4mm。花1~2朵腋生；雄花：花梗丝状，长3.0~3.5cm；萼片4枚，披针形；花盘腺体4枚，膜质；雄蕊4枚，花丝合生；退化雌蕊柱状，顶端3裂；雌花：花梗长3.5~4.0cm；萼片6枚，匙形；花盘腺体6枚；子房球形，3室。蒴果近球形，直径8mm，有网纹状凸起；种子宽卵圆形。花期5~8月；果期8~11月。

广西特有种。产于龙州。生于海拔500~800m的山地沟谷灌丛中。

枚，基部合生。蒴果球形，直径约1cm。花期7~8月；果期8~12月。

广西特有种。产于百色、德保、龙州。生于山地疏林或石山山地灌丛中。

5. 尾叶珠子木 图667

Phyllanthodendron caudatifolium P. T. Li

灌木，高约2m。小枝具棱翅。全株无毛。叶纸质，倒卵形至椭圆形，长5.5~12.0cm，宽2.0~3.5cm，先端尾尖，尾尖长1.2cm，基部楔形；侧脉10~14对，与中脉在两面稍凸起；叶柄长2~4mm；托叶披针形。花白色，雌雄同株，花1~3朵生于叶腋，花梗基部有小苞片；雄花：萼片6枚，披针形，背部中肋凸起；花盘腺体线形，6枚；雄蕊3枚，花丝合生成柱状；雌花：萼片和花盘及形状与雄花的同，子房圆球形，花柱3枚，顶端2裂。蒴果球形，直径约1.5cm，有宿存萼片和花柱；果柄长约4cm，顶端膨大。花期5~7月；果期7~9月。

产于隆林。生于石灰岩山地灌丛中。

11. 银柴属 Aporosa Blume

乔木或灌木。单叶互生，全缘或有疏齿，叶柄顶端通常有小腺体；有托叶。花单性，雌雄异株，稀同株，多朵花集生成穗状花序，单枝或数枝簇生于叶腋；雄花序比雌花序长；具苞片；花梗短；无花瓣和花盘；雄花：萼片3~6枚，近等长，膜质；雄蕊2枚，稀3或5枚，花丝分离，与萼片等长或长过，退化雌蕊极小或无；雌花：萼片3~6枚，比子房短；子房通常2室，稀3~4室，每室2枚胚珠；花柱通常2枚，稀3~4枚，顶端2浅裂而通常呈乳头或流苏状。蒴果核果状，成熟时不规则开裂，内有种子1~2枚。

约80种，分布于亚洲东部。中国4种，分布于华南和西南；广西4种全产。

分种检索表

1. 子房和果均被毛。
　　2. 叶下面和上下两面叶脉均密被绒毛 ⋯⋯⋯⋯⋯⋯⋯⋯⋯⋯⋯⋯⋯⋯⋯ **1. 毛银柴 A. villosa**
　　2. 叶片无毛或仅叶片下面的脉上被稀疏短柔毛 ⋯⋯⋯⋯⋯⋯⋯⋯⋯⋯⋯⋯ **2. 银柴 A. dioica**
1. 子房和果均无毛。
　　3. 幼枝被短柔毛；叶纸质至革质，全缘；雌花萼片4枚 ⋯⋯⋯⋯⋯⋯⋯ **3. 全缘叶银柴 A. planchoniana**
　　3. 幼枝无毛；叶膜质至薄纸质，边缘具稀疏腺齿；雌花萼片3枚⋯⋯⋯⋯ **4. 云南银柴 A. yunnanensis**

1. 毛银柴 毛大沙叶 图668：1~7

Aporosa villosa（Lindl.）Baill.

灌木或小乔木，高2~7m。除老枝和叶上面（除叶脉外）无毛外，全株各部均被锈色短绒毛或柔毛。叶革质，宽椭圆形至椭圆形，长8~13cm，宽4.5~8.0cm，先端圆或钝，基部宽楔形或近心形，全缘或有稀疏波状腺齿；侧脉6~8对。在两面明显；叶柄长1~2cm，顶端两侧各具1枚小腺体；托叶斜卵形。雌雄花均为穗状花序；雌花序长2~7mm；雄花序长1~2cm；雄花：萼片3~6枚，雄蕊2~3枚；雌花：萼片3~6枚，子房圆形，2室。蒴果椭圆形，长约1cm，顶端呈一短喙状，外面密被柔毛，内有种子1枚。花果期几乎全年。

产于桂林、合浦、龙州。分布于广东、海南、云南；印度、越南、泰国也有分布。

2. 银柴 大沙叶 图669

Aporosa dioica（Roxb.）Müll. Arg.

乔木或灌木，高2~9m。小枝疏被粗毛；老枝渐无毛。叶革质，椭圆形或倒披针形，长6~12cm，宽3.5~6.0cm，先端圆至急尖，基部楔形或圆，全缘或有稀疏浅疏齿，上面无毛，下面初时仅叶脉上被疏短柔毛，老时渐无毛；侧脉5~7对；叶柄长5~12mm，被短柔毛，顶端两侧各有1枚腺体；托叶卵状披针形。雌、雄花均为穗状花序，雌花序长4~

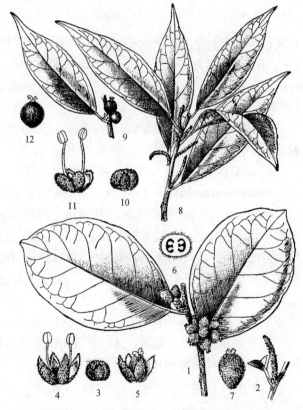

图668 **1~7. 毛银柴 Aporosa villosa**（Lindl.）Baill. 1. 果枝；2. 雄花枝；3. 雄花蕾；4. 雄花；5. 雌花；6. 子房横切面，示胚珠着生；7. 蒴果。**8~12. 云南银柴 Aporosa yunnanensis**（Pax et K. Hoffm.）F. P. Metcalf 8. 雄花枝；9. 果枝；10. 雄花蕾；11. 雄花；12. 蒴果。（仿《中国植物志》）

12mm，雄花序长约 2.5cm；雄花：萼片通常 4 枚；雄蕊 2～4 枚，长过萼片；雌花：萼片 4～6 枚；子房 2 室，密被短柔毛。蒴果椭圆形，长 1.0～1.3cm，被短柔毛，内有种子 2 枚。花果期几乎全年。

产于梧州、百色、田阳、那坡、西林、邕宁、隆安、横县、玉林、陆川、博白、合浦、防城、上思、扶绥、宁明、龙州。生于海拔 1000m 以下疏林下、林缘或山坡灌木丛中。分布于广东、海南、云南；印度、泰国、越南也有分布。

3. 全缘叶银柴

Aporosa planchoniana Baill. ex Müll. Arg.

灌木，高约 4m。小枝细长，幼时被短柔毛，老时渐无毛。叶纸质至革质，长卵形，长 6～9cm，宽 2～3cm，先端渐尖，基部圆形至钝，两面无毛，

图 669　银柴 Aporosa dioica（Roxb.）Müller 1. 果枝；2～3. 雄花；4. 雌花；5. 蒴果。（仿《中国植物志》）

有黄色小斑点，全缘；侧脉 6～7 对；叶柄长 7～10mm，顶端两侧各有 1 枚小腺体。雄花穗状花序 2～5 朵簇生于叶腋，长 1～2cm；萼片 4 枚，卵形；雄蕊 2 枚；雌花穗状花序腋生，花序梗长 2～6mm；萼片 4 枚，三角形；子房倒卵形，2 室，无毛，花柱 2 枚。蒴果椭圆形，长 9～10mm，内有 1 枚种子。

产于钦州。生于海拔 800m 以下的疏林。分布于海南、云南；印度、缅甸、泰国、越南等地也有分布。

4. 云南银柴　云南大沙叶　图 668：8～12

Aporosa yunnanensis（Pax et K. Hoffm.）F. P. Metcalf

小乔木，高 8m。小枝无毛。叶膜质至薄纸质，长椭圆形至披针形，长 6～20cm，宽 2～8cm，先端尾状渐尖，基部钝或宽楔形，全缘或有稀疏腺齿，上面无毛，密生黑色小斑点，下面仅幼时叶脉上被疏柔毛，老时渐无毛；侧脉 5～7 对，在两面均明显而在下面凸起；叶柄长 1.0～1.3cm，顶端具 2 枚小腺体；托叶早落。雌、雄花均为穗状花序，雄花序长 2～4cm，雌花序长 8mm；雄花：萼片 3～5 枚，三角形；雄蕊 2 枚；雌花：萼片通常 3 枚，三角形；子房椭圆形，无毛，2 室。蒴果近球形，长 8～13mm，直径 6～8mm。花果期 1～10 月。

产于金秀、苍梧、东兰、百色、靖西、隆林、那坡、横县、平南、陆川、上思、宁明。生于海拔 1300m 以下的山地密林中、林缘或溪旁灌丛中。分布于江西、广东、海南、贵州、云南；印度、泰国、越南也有分布。

12. 木奶果属 Baccaurea Lour.

乔木或灌木。叶互生，通常集生于枝上部，全缘或有浅波状锯齿。花单性，雌雄异株或同株异序；总状或穗状花序集成圆锥花序；无花瓣；雄花：萼片 4～8 枚，通常不等大；雄蕊 4～8 枚，与萼片等长或较长，花丝分离，花药 2 室；花盘分裂成腺体状，腺体位于雄蕊之间，细小或缺；退化雌蕊通常被短柔毛，顶端常扩大，扁平而 2 裂；雌花：萼片 4～8 枚；无花盘；子房 2～3 室，稀 4～

5室，每室有2枚胚珠，花柱2~5枚，极短。浆果状蒴果，通常不开裂，外果皮肉质，后变坚硬，内有1枚种子。

约80种，分布于亚洲热带地区。中国产1种，栽培1种；广西产1种。

木奶果 枝花木奶果 图670

Baccaurea ramiflora Lour.

常绿乔木，高5~15m。树皮灰褐色。小枝被糙硬毛，后变无毛。叶纸质，倒卵状椭圆形或长圆形，长9~15cm，宽3~8cm，先端短渐尖至急尖，基部楔形，全缘或浅波状，上面绿色，下面黄绿色，两面无毛；侧脉5~7对，在上面平坦，在下面凸起；叶柄长1.0~4.5cm。花雌雄异株，无花瓣，总状圆锥花序腋生或茎生，被疏短毛，雄花序长15cm，雌花序长30cm；苞片卵形或卵状披针形；雄花：萼片4~5枚，雄蕊4~8枚，退化雌蕊圆柱状，2深裂；雌花：萼片4~6枚；子房卵形或球形，密被锈色糙伏毛。浆果状蒴果近球形或卵形，长2.0~2.5cm，直径1.5~2.0cm，熟时紫红色，不开裂，内有1~3枚种子。花期3~4月；果期6~10月。

图670 木奶果 Baccaurea ramiflora Lour. 1. 雄花枝；2. 果枝；3. 雄花；4. 雌花。（仿《中国植物志》）

产于靖西、那坡、崇左、扶绥、宁明、龙州、大新、浦北、防城、上思。生于海拔1300m以下的山地疏林中。分布于广东、海南、云南；印度、泰国、越南也有分布。果可生食，味酸甜。木材可供制作家具。树形优美，可作行道树种。

13. 算盘子属 Glochidion J. R. et G. Forst.

乔木或灌木。叶二列状互生。花单性，雌雄同株，稀异株，组成短小的聚伞花序或簇生成花束；雌花束常位于雄花束之上部或雌雄花束分生于不同的小枝叶腋；无花瓣；通常无花盘；雄花：花梗细长，萼片5~6枚；雄蕊3~8枚，合生成圆柱状，顶端稍分离，花药2室；无退化雌蕊；雌花：花梗粗短或几无梗，萼片5~6枚；子房球形，3~15室，每室有2枚胚珠。蒴果球形或扁球形，具多条纵沟，熟时开裂成3~15枚分果片；常有宿存花柱。

约200种，主要分布于热带亚洲，少数分布到美洲和非洲。中国28种，主要分布于西南部至台湾；广西产13种1变种，广布于各地。

分种检索表

1. 雄蕊4~8枚。
　　2. 小枝被短柔毛；叶片仅叶脉上被短柔毛，后变无毛 ·················· **1. 红算盘子 G. coccineum**
　　2. 小枝、叶片均无毛。
　　　　3. 叶片基部急尖或宽楔形；花在叶腋内簇生 ·················· **2. 艾胶算盘子 G lanceolarium**
　　　　3. 叶片基部浅心、截形或圆；花组成腋上生聚伞花序·················· **3. 香港算盘子 G. zeylanicum**

1. 雄蕊3枚。

  4. 叶片或叶脉被毛。

    5. 叶片基部两侧不相等；叶片在下面被白色短柔毛；萼片6枚；子房被短柔毛 ……………
…………………………………………………………………… **4. 里白算盘子 G. triandrum**

    5. 叶片基部两侧相等。

      6. 叶片和蒴果均被扩展的长柔毛；叶片基部钝、截形或圆形 ………… **5. 毛果算盘子 G. eriocarpum**

      6. 叶片和蒴果均被短柔毛或短绒毛；叶片基部楔形至钝 ……………… **6. 算盘子 G. puberum**

  4. 叶片光滑无毛。

    7. 叶片基部两侧不相等。

      8. 幼枝、子房和蒴果均被柔毛 ………………………………… **7. 甜叶算盘子 G. philippicum**

      8. 幼枝、子房和蒴果均无毛。

        9. 叶片下面浅绿色，干后褐色；花柱合生呈扁球状，宽约2mm，为子房的2倍，且包住子房上部……
…………………………………………………………………… **8. 圆果算盘子 G. sphaerogynum**

        9. 叶片下面粉绿色，干后苍白色；花柱合生呈圆柱形，宽约1mm以下，为子房宽狭或等宽 ……
…………………………………………………………………… **9. 白背算盘子 G. wrightii**

    7. 叶片基部两侧相等。

      10. 雄花花梗长13~20mm，全部被短柔毛 …………………… **10. 四裂算盘子 G. ellipticum**

      10. 雄花花梗长9mm以下，无毛。

        11. 小枝具棱；叶柄被柔毛；叶片下面灰白色。

          12. 中脉仅在叶下面凸起；子房初时被毛；花柱合生呈棍棒状………… **11. 革叶算盘子 G. daltonii**

          12. 中脉在两面均凸起；子房无毛；花柱合生而呈圆柱状………… **12. 湖北算盘子 G. wilsonii**

        11. 小枝圆柱形；叶柄无毛；叶片下面非灰白色 ……………… **13. 长柱算盘子 G. khasicum**

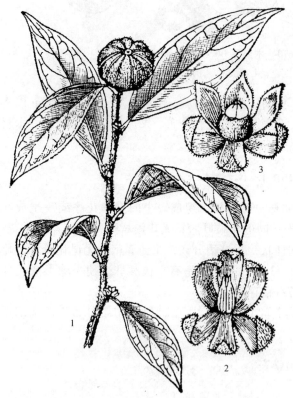

图671 红算盘子 Glochidion coccineum（Buch.-Ham.）Müll. Arg. 1. 花果枝；2. 雄花；3. 雌花。（仿《中国植物志》）

1. 红算盘子 图671

Glochidion coccineum（Buch.-Ham.）Müll. Arg.

常绿灌木或乔木，高4~10m。小枝具棱，被短柔毛。叶革质，长椭圆形或卵状披针形，长6~12cm，宽3~5cm，先端渐短尖，基部楔形或急尖，上面绿色，下面粉绿色，两面仅叶脉被短柔毛，后变无毛；侧脉6~8对，侧脉明显；叶柄长3~5mm，被柔毛；托叶被柔毛。花2~6簇生于叶腋内，通常雌花束生于小枝上部，雄花束生于小枝下部，萼片外面被短柔毛；雄花：萼片6枚，其中3枚较大；雄蕊4~6枚；雌花：花梗极短或几无梗；萼片6枚；子房卵圆形，10室，密被绢毛，花柱合生而呈近圆锥状，长约1mm。蒴果扁球形，直径15mm，有10条纵沟，被柔毛。花期4~10月；果期8~12月。

产于邕宁、金秀、龙州。生于海拔400~1000m的山地疏林。分布于福建、广东、海南、贵州、云南；印度、缅甸、泰国、越南也产。

2. 艾胶算盘子 大叶算
盘子 图 672：1~4

Glochidion lanceolarium
(Roxb.) Voigt

常绿灌木或乔木，高7~
12m。除子房和蒴果被毛外，
其余均无毛。叶革质，椭圆
形、长椭圆状披针形，长6~
16cm，宽2.5~6.0cm，先端
钝或急尖，基部宽楔形或稍
下延成急尖，两侧近相等，
上面深绿色，下面淡绿色；
侧脉5~7对；叶柄长3~
5mm；托叶三角状披针形。
花簇生于叶腋内，雌雄花着
生于不同小枝上，或雌花1~
3朵生于雄花束内；雄花：
花梗长8~10mm；萼片6枚，
黄色；雄蕊5~6枚；雌花：
花梗长2~4mm；萼片6枚，
3枚大3枚小；子房圆球形，
6~8室。蒴果近球形，直径
12~18mm，顶端凹陷，有
6~8条纵沟，顶部略被毛，
后变无毛。花期4~6月；果
期7月至翌年2月。

产于柳州、德保、横县、
容县、陆川、博白、北流。
生于海拔500~1200m的山
地疏林或溪旁灌丛中。分布
于福建、广东、海南、云南；
印度、泰国、越南也有分布。

图672　1~4. 艾胶算盘子 **Glochidion lanceolarium** (Roxb.) Voigt 1. 花
果枝；2. 雄花；3. 蒴果；4. 轴柱及宿存萼片。**5~8. 香港算盘子 Glochidion
zeylanicum** (Gaertn.) A. Juss. 5. 花果枝；6. 雄花；7. 蒴果；8. 雌花。
9~12. 厚叶算盘子 Glochidion zeylanicum var. **tomentosum** (Dalzell) Trimen
9. 果枝；10. 雄花；11. 雌花；12. 蒴果。(仿《中国植物志》)

3. 香港算盘子 图672：5~8

Glochidion zeylanicum (Gaertn.) A. Juss.

灌木或小乔木，高1~6m。全株无毛。叶革质，长圆形或卵形，长6~18cm，宽4~6cm，先端
钝圆或圆形，基部浅心形或截形，两侧稍偏斜；侧脉5~7对；叶柄长约5mm。花簇呈花束或组成
短小的聚伞花序生于叶腋上，雄花生于小枝下部或雌花序内具1~3朵雄花；雄花：萼片6枚，雄
蕊5~6枚，合生；雌花：萼片6枚；子房圆球形，5~6室，花柱合生而呈圆锥状，顶端截形。蒴
果扁球形，直径8~10mm，有8~12条纵沟。花期3~8月；果期7~11月。

产于柳州、平果、贵港、容县、宁明、龙州。生于海拔600m以下的山谷潮湿处或溪边灌丛中。
分布于福建、台湾、广东、海南、云南；印度、越南、日本、印度尼西亚等地也有分布。根皮可治
咳嗽、肝炎；茎、叶可治腹痛、跌打损伤等；茎皮可供提取栲胶。

3a. 厚叶算盘子 图 672: 9 ~ 12

Glochidion zeylanicum var. tomentosum（Dalzell）Trimen

与原种的区别：小枝、叶、叶柄、果均被毛，果有 5 ~ 6 条纵沟。花果期几乎全年。

产于上林、横县、柳州、梧州、藤县、合浦、平果、凌云、乐业、龙州。生于海拔 1800m 以下的山地林下、河边或沼地灌丛中。分布于福建、台湾、广东、海南、云南、西藏；印度也有分布。根、叶供药用，有收敛固脱、祛风消肿的功效；材质坚硬，可供作水轮木等用料。

4. 里白算盘子 图 673: 1 ~ 4

Glochidion triandrum（Blanco）C. B. Rob.

灌木或小乔木，高 3 ~ 7m。小枝具棱，被褐色短柔毛。叶纸质或膜质，长椭圆形或披针形，长 4 ~ 13cm，宽 2.0 ~ 4.5cm，先端急尖或钝，基部宽楔形或钝，两侧略不对称，上面绿色，幼时仅中脉上被短柔毛，后变无毛，下面带苍白色，被白色短柔毛；侧脉 5 ~ 7 对；叶柄长 2 ~ 4mm；托叶卵状三角形，被短柔毛。花 5 ~ 6 朵簇生于叶腋内，雌花生于小枝上部，雄花生于小枝下；雄花：花梗长 6 ~ 7mm，基部具小苞片；萼片 6 枚，倒卵形；雄蕊 3 枚，合生；雌花：几无花梗，萼片 6 枚，内凹；子房卵状，4 ~ 5 室，被短柔毛。蒴果扁球形，直径 5 ~ 7mm，有 8 ~ 10 条纵沟，被疏柔毛，顶端有宿存花柱，基部有宿存萼片。花期 3 ~ 7 月；果期 7 ~ 12 月。

产于金秀、凌云、乐业。生于海拔 500m 以上的山地疏林或山谷、溪旁灌丛中。分布于福建、台湾、湖南、广东、四川、贵州、云南；印度、柬埔寨、日本、菲律宾也有分布。

5. 毛果算盘子 漆大姑 图 674

Glochidion eriocarpum Champ. ex Benth.

灌木。小枝密被淡黄色、扩展的长柔毛。叶纸质，卵形，长 4 ~ 8cm，宽 1.5 ~ 3.5cm，先端渐尖或急尖，基部钝、截形或圆形，两面均密被长柔毛，下面较密；侧脉 4 ~ 5 对；叶柄长 1 ~ 2mm，被柔毛；托叶钻形。花单生或 2 ~ 4 朵簇生于叶腋内，雌花生于小枝上部，雄花生于小枝下部；雄花：花梗长 4 ~ 6mm；萼片 6 枚，长倒卵形，外面被柔毛；雄蕊 3 枚；雌花：几无花梗；萼片 6 枚，长圆形，两面均被长柔毛；子房扁球形，密被柔毛，4 ~ 5 室，花柱合生成柱状，顶端 4 ~ 5 裂。蒴果扁球形，直

图 673 1 ~ 4. 里白算盘子 Glochidion triandrum（Blanco）C. B. Rob. 1. 花果枝；2. 雄花；3. 雌花；4. 蒴果。5 ~ 9. 算盘子 Glochidion puberum（L.）Hutch. 5. 花果枝；6. 雄花；7 ~ 8. 雌花；9. 蒴果。（仿《中国植物志》）

径 8 ~ 10mm，具 4 ~ 5 条纵沟，密被长毛，顶端有宿存花柱，基部有宿存花萼。花果期几乎全年。

算盘子属中常见种。产于广西各地。生于向阳山坡、山谷、路旁灌丛中。分布于中国西南、华南和台湾；越南、菲律宾也有分布。根、叶供药用，解漆毒有特效，故称"漆大姑"，有收敛止泻、祛湿止痒的功效。

6. 算盘子 红毛馒头果 图 673：5 ~ 9

Glochidion puberum (L.) Hutch.

灌木，高 1 ~ 5m。多分枝。小枝、叶下面、萼片外面、子房和蒴果均密被短柔毛。叶纸质或近革质，长圆形或倒卵状长椭圆形，长 3 ~ 8cm，宽 1.0 ~ 2.5cm，先端短渐尖或圆，基部楔形至钝，上面灰绿色，仅中脉被疏柔毛或几无毛，下面粉绿色；侧脉 5 ~ 7 对，在下面凸起，网脉明显；叶柄长 1 ~ 3mm；托叶三角形。花小，雌雄同株或异株，花 2 ~ 5 朵簇生于叶腋内，雌花束生于小枝上部，雄花生于小枝下部，有时雌雄花同生于叶腋内；雄花：花梗长 4 ~ 15mm；萼片 6 枚，雄蕊 3 枚，合生成柱状；雌花：花梗长约 1mm；萼片 6 枚；子房球形，5 ~ 10 室。蒴果扁球形，直径 8 ~ 15mm，有 8 ~ 10 条纵沟，成熟时红色。花期 4 ~ 8 月；果期 7 ~ 11 月。

产于广西各地。散生于丘陵山地阳坡灌丛中、旷野疏林中内，为酸性红壤荒坡习见种。分布于中国华中、华东、华南及西南。根、茎、叶可入药，有活血、散瘀、消肿、解毒的功效。全株可供提制栲胶。

7. 甜叶算盘子 菲岛算盘子 图 675：1 ~ 5

Glochidion philippicum (Cav.) C. B. Rob.

小乔木，高 12m。小枝幼时被短柔毛，老时渐无毛。叶纸质或近革质，卵状披针形或长椭圆形，长 5 ~ 15cm，宽 2.5 ~ 5.5cm，先端渐尖至钝，基部急尖或宽楔形，通常偏斜，上面深绿色，两面无毛；侧脉 6 ~ 8 对；叶柄长 4 ~ 6mm；托叶卵状三角形。花 4 ~ 10 朵簇生于叶腋内；雄花：花梗长 6 ~ 7mm；萼片 6 枚，无毛；雄蕊 3 枚，全合成圆柱状；雌花：花梗 2 ~ 4mm；萼片 6 枚；子房球形，被柔毛，4 ~ 7 室，花柱合生而呈短的圆锥状。蒴果扁球形，直径 8 ~ 12mm，顶端中央凹陷，被疏白色柔毛，有 8 ~ 10 条纵沟，花柱宿存。花期 4 ~ 8 月；果期 7 ~ 12 月。

产于金秀、柳城、百色、靖西、上林、容县、

图 674 毛果算盘子 Glochidion eriocarpum Champ. ex Benth. 果枝。（仿《中国高等植物图鉴》）

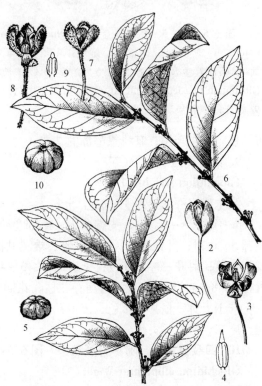

图 675 1 ~ 5. 甜叶算盘子 Glochidion philippicum (Cav.) C. B. Rob. 1. 花枝；2 ~ 3. 雄花；4. 雄蕊；5. 蒴果。6 ~ 10. 四裂算盘子 Glochidion ellipticum Wight 6. 花枝；7 ~ 8. 雄花；9. 雄蕊；10. 蒴果。（仿《中国植物志》）

图676　1~5. 圆果算盘子 Glochidion sphaerogynum (Müll. Arg.) Kurz 1. 果枝；2. 雄花；3. 雌花；4. 雌花横切面（示胚珠着生及萼片排列）；5. 蒴果。6~9. 长柱算盘子 Glochidion khasicum（Müll. Arg.）Hook. f. 6. 果枝；7. 雄花；8. 雄蕊；9. 蒴果。（仿《中国植物志》）

防城、上思、龙州。生于山地阔叶林中。分布于福建、台湾、广东、海南、四川、云南；菲律宾、马来西亚和印度尼西亚也有分布。

8. 圆果算盘子　山柑算盘子、栗叶算盘子　图676：1~5

Glochidion sphaerogynum（Müll. Arg.）Kurz

小乔木或灌木，高4~10m。小枝具棱，无毛。叶纸质或近革质，披针形或长椭圆状披针形，长7~10cm，宽1.5~3.5cm，先端渐尖，基部急尖，两侧略不相等，两面无毛，上面绿色，下面浅绿色，干后褐色；侧脉6~8对；叶柄长6~8mm；托叶三角形。花簇生于叶腋内，雌、雄花分别着生于小枝的上、下部，或雌雄花同生于小枝中部的叶腋内；雄花：花梗长6~8mm；萼片5~6枚；雄蕊3枚；雌花：花梗长2~3mm；萼片6枚；子房4~6室，无毛，上部为花柱所包，花柱合生而呈扁球状，宽约2mm，约为子房的2倍。蒴果扁球形，直径8~10mm，无毛，有8~12条纵沟，顶端有宿存花柱。花期12月至翌年4月；果期4~10月。

产于藤县、靖西、那坡、上林、龙州。生于山地疏林或旷野灌丛中。分布于广东、海南、云南；越南、泰国也有分布。枝、叶供药用，有清热解毒的功效。

9. 白背算盘子　图677

Glochidion wrightii Benth.

灌木或小乔木，高1~8m。全株无毛。叶纸质，长椭圆状披针形，呈镰刀状弯斜，长2.5~5.5cm，宽1.5~2.5cm，先端渐尖，基部急尖，两侧不等，上面绿色，下面粉绿色，干后灰白色；侧脉5~6对；叶柄长3~5mm。雌、雄花共同簇生于叶腋内；雄花：花梗长2~4mm；萼片6枚；雄蕊3枚；雌花：萼片6枚；子房球形，3~4室，花柱合生而呈柱状，宽不及1mm。蒴果扁球形，直径6~8mm，红色，顶端有宿存花柱。花期5~9月；果期7~11月。

产于上林、横县、百色、田东、平果、东兰、都安、龙州。生于山地疏林或灌丛中。分布于福建、广东、海南、贵州、云南。

10. 四裂算盘子　阿萨姆算盘子　图675：6~10

Glochidion ellipticum Wight

小乔木，高10m。枝、叶无毛。叶纸质或近革质，宽椭圆形至披针形，长9~15cm，宽3.5~4.5cm，先端渐尖或短渐尖，基部钝，下面干时淡褐色；侧脉6~8对；叶柄长2~3mm；托叶三角形。多数雄花与少数雌花同时簇生于叶腋内；雄花：花梗长13~20mm，被柔毛；萼片6枚，外面被短柔毛；外被短柔毛，雄蕊3枚，合生；雌花：几无梗；萼片6枚；子房球形，3~4室，花柱合生而呈圆锥状。蒴果扁球形，直径 6 ~ 8mm，通常 4 室，熟时红色。

产于东兰、巴马、田阳、隆林、龙州。生于山坡或河旁灌丛中。分布于台湾、广东、海南、贵州、云南；印度、缅甸、泰国、越南也有分布。

11. 革叶算盘子　灰叶算盘子

Glochidion daltonii（Müll. Arg.）Kurz

灌木或小乔木，高 3 ~ 10m。枝条具棱；小枝纤细，开展。除叶柄和子房被毛外，其余无毛。叶纸质或近革质，披针形或椭圆形，长 3 ~ 12cm，宽 1.5 ~ 3.0cm，先端渐尖或短渐尖，基部宽楔形，上面灰绿色，下面灰白色；侧脉 5 ~ 7 对，在下面凸起；叶柄长 2 ~ 4mm，初时被微毛，后变无毛；托叶三角形。花簇生于叶腋内，基部有 2 枚苞片；雌花和雄花分别生于小枝上部和下部；雄花：花梗长 5 ~ 8mm；萼片 6 枚；雄蕊 3 枚；雌花：几无花梗；萼片 6 枚；子房 4 ~ 6 室，花柱合生而呈棍棒状，顶端 3 ~ 6 裂。蒴果扁球形，直径 1.0 ~ 1.5cm，具 4 ~ 6 条纵沟，基部有宿存萼片。花期 3 ~ 5 月；果期 4 ~ 10 月。

产于临桂、兴安、贺州、金秀、都安、百色、那坡、凌云、龙州。生于山坡疏林或灌丛中。分布于山东、江苏、安徽、浙江、江西、湖北、广东、四川、贵州、云南等地；印度、缅甸、越南也有分布。

12. 湖北算盘子　图 678

Glochidion wilsonii Hutch.

灌木，高 1 ~ 4m。小枝具棱。除叶柄被毛外，其余无毛。叶纸质，披针形或斜披针形，长 3 ~ 10cm，宽 1.5 ~ 4.0cm，先端短渐尖或急尖，基部钝或宽楔形，上面绿色，下面带灰白色；中脉在两面凸起，侧脉 5 ~ 6 对，在下面凸起；叶柄长 3 ~ 5mm；托叶卵状披针形。花绿色，雌雄同株，簇生于叶腋内，雌、雄花分别生于小枝的上部和下部；雄花：花梗长约 8mm；萼片 6 枚；雄蕊 3 枚，合生；雌花：萼片 6 枚，子房 6 ~ 8 室，花柱合生成圆柱状，顶端分裂。蒴果扁球形，直径 1.5cm，有 6 ~ 8 条纵沟，基部有宿存花萼。花期 4 ~ 7 月；果期 6 ~ 9 月。

产于龙胜。生于海拔 600 ~ 1600m 的山地

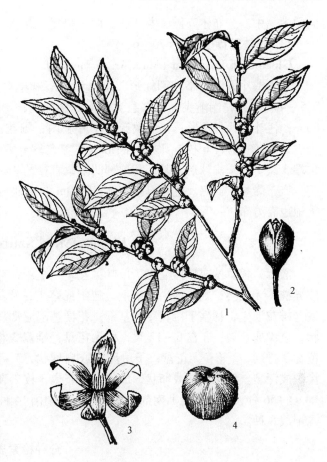

图 677　白背算盘子 Glochidion wrightii Benth. 1. 果枝；2 ~ 3. 雄花；4. 蒴果。（仿《中国植物志》）

图 678　湖北算盘子 Glochidion wilsonii Hutch. 花果枝。（仿《中国高等植物图鉴》）

向阳灌丛中。分布于安徽、浙江、江西、福建、湖北、四川、贵州。

13. 长柱算盘子 图676：6~9

Glochidion khasicum（Müll. Arg.）Hook. f.

灌木或小乔木。小枝圆柱形，全株无毛。叶革质，长椭圆形或卵状披针形，长7~10cm，宽2.5~4.0cm，先端渐尖，基部急尖并下延至叶柄，干后淡绿色；侧脉5~6对；叶柄粗壮，长4~6mm；托叶卵状三角形。花多数簇生于叶腋内；雄花：花梗短；萼片6枚，倒披针形；雄蕊3枚，合生；雌花：萼片6枚，卵状长圆形，不等大；子房球形，3室，花柱合生伸长，粗而近棍棒状，顶端3裂。蒴果扁球形，基部和顶部凹陷，直径约8mm，果具3条纵沟。

产于隆林、武鸣。生于海拔900~1300m的山地疏林或山谷灌丛中。分布于云南；印度、泰国等地也有分布。

14. 守宫木属 Sauropus Blume

灌木，稀草木或攀援灌木。单叶，互生，全缘；羽状脉，稀三出脉；有托叶。花小，雌雄同株或异株，无花瓣；雄花簇生或单生，腋生或茎生，稀集成总状花序或聚伞花序；雌花1~2枚腋生或与雄花混生，稀生于雄花序的基部；花梗基部通常具许多小苞片；雄花：花萼盘状、壶状或陀螺状，全缘或6裂；花盘6~12裂，稀无花盘；雄蕊3枚，2室，纵裂；雌花：花萼通常6裂，裂片覆瓦状排列，2轮；无花盘；子房卵状或扁球状，3室，每室2枚胚珠，花柱3枚，极短，顶端2齿裂或深裂。蒴果球状或卵状，成熟时分裂成3枚2裂的分果片。

约56种，分布于亚洲南部及澳大利亚。中国14种2变种，分布于华南至西南；广西10种，本志记载8种。

分种检索表

1. 茎花或花生于落叶的枝条中部以下。
   2. 枝条、叶片下面基部和叶柄均在幼时被短柔毛；叶通常集生于小枝的上部，且向下弯垂；叶片通常匙形，顶端通常浑圆；花红色或紫红色 ·············· **1. 龙脷叶 S. spatulifolius**
   2. 枝条、叶片下面和叶柄均无毛；叶均匀互生于小枝上，不弯垂；叶片非匙形，顶端渐尖或短渐尖；花黄绿色，有红色斑纹 ·············· **2. 茎花守宫木 S. bonii**
1. 花或花序生于叶腋内；果腋生。
   3. 叶片革质；网脉极明显 ·············· **3. 网脉守宫木 S. reticulatus**
   3. 叶片蜡质至纸质；网膜不明显或不甚明显。
      4. 叶片纸质或厚纸质，顶端尾状渐尖 ·············· **4. 尾叶守宫木 S. tsiangii**
      4. 叶片膜质或薄纸质。
         5. 小枝四棱形；叶片卵形、椭圆形或近圆形，长2~20mm，宽2~12mm，顶端钝或圆；侧脉斜上升；雄花花萼6深裂。
            6. 枝条无毛；叶片顶端钝或圆，无小尖头，基部圆或宽楔形；侧脉纤细 ·············· **5. 方枝守宫木 S. quadrangularis**
            6. 枝条被短柔毛；叶片圆形或近圆形，长和宽2~8mm，顶端圆、截形或微凹，有小尖头，基部浅心形、截形或圆形；侧脉较粗壮顶端分叉，网脉明显 ·············· **6. 石山守宫木 S. delavayi**
         5. 小枝幼时略具不明显的棱，老时渐变为圆柱形；叶片通常卵状披针形，长2~13cm，宽1.0~3.5cm；侧脉弯拱上升；雄花花萼6浅裂。
            7. 小枝和叶脉幼时被微柔毛；雌花萼片卵形或椭圆形；叶片带苍白色；蒴果倒卵状至卵状 ·············· **7. 苍叶守宫木 S. garrettii**
            7. 小枝和叶脉均无毛；雌花萼片倒卵形；叶片淡黄绿色；蒴果圆球状或扁球状 ·············· **8. 守宫木 S. androgynus**

1. 龙脷叶 图 679：1~3

Sauropus spatulifolius Beille

常绿灌木，茎粗糙。小枝圆柱状，蜿蜒状弯曲，多皱纹，幼时被腺状短柔毛，老时渐无毛，节间短，长 2~20mm。叶通常聚生于小枝顶部，常向下弯曲，叶鲜时近肉质，干后近革质或厚纸质，匙形或卵形，长 4.5~16.5cm，宽 2.5~6.3cm，先端浑圆或钝，基部楔形或钝，鲜叶上面深绿色，下面基部有腺状短柔毛，后变无毛；侧脉 6~9 对；叶柄长 2~5mm；托叶呈三角状耳形，宿存。花红色或紫红色，雌雄同株，2~3 朵簇生于落叶的小枝中部或下位或茎花，长 15mm；花序短梗上着生许多披针形的苞片；雄花：花梗丝状，萼片 6 枚，2 轮，倒卵形，花盘腺体 6 枚；雄蕊 3 枚；雌花：萼片 6 枚；无花盘；子房近球形，3 室，花柱 3 枚，顶端 2 裂。花期 2~10 月。

原产于越南北部，南宁、桂林、梧州、贵港有栽培，福建、广东等地也有栽培，栽培于药圃、公园、村边。叶药用，有清肺的功效，可治肺热咳嗽。

图 679　1~3. 龙脷叶 *Sauropus spatulifolius* Beille 1. 花枝；2. 雄花；3. 雌花。4~9. 茎花守宫木 *Sauropus bonii* Beille 4. 花枝；5. 雄蕊；6. 合生雄蕊；7~8. 雌花；9. 子房横切面(示胚珠着生)。(仿《中国植物志》)

2. 茎花守宫木 图 679：4~9

Sauropus bonii Beille

灌木，高 3m。茎灰色，具纵棱。全株无毛。叶纸质，长椭圆形或倒披针形，长 7~14cm，宽 2.5~5.0cm，先端渐尖或短尖，基部宽楔形，上面深绿色，下面淡绿色；侧脉 7~11 对；叶柄长 3~6mm，托叶三角形。总状聚伞花序生于茎的下部或基部，长 6~15cm，常下垂，雌雄同序，花序梗和花梗有覆瓦状排列的苞片和小苞片；雄花：花梗丝状；花萼杯状，黄绿色，有红色斑纹；花盘 6 浅裂；雄蕊 3 枚，合生成柱状；雌花：花萼钟状，6 裂，裂片匙形，2 轮；子房 3 室，每室 2 枚胚珠，花柱 3 枚，分离，顶端 2 裂。蒴果近球形，直径 2cm，6 片裂。

产于天峨、龙州。生于海拔 500m 以下的石灰岩山地林下或灌丛中。越南和泰国也有分布。

3. 网脉守宫木 图 680

Sauropus reticulatus X. L. Mo ex P. T. Li

灌木，高 2m。全株无毛。叶革质，长椭圆形至椭圆状披针形，长 10~16cm，宽 4~5cm，先端渐尖，基部楔形至钝；侧脉 8~10 对，与网脉在两面明显；叶柄长约 5mm；托叶三角形，早落。蒴果扁球形，直径约 2cm，单生叶腋，果梗长约 3cm，宿存花萼 6 片，宿存花柱 3 枚，分离，顶端

图680 网脉守宫木 **Sauropus reticulatus** X. L. Mo ex P. T. Li
1. 果枝；2. 蒴果。（仿《中国植物志》）

图681 尾叶守宫木 **Sauropus tsiangii** P. T. Li 1. 花枝；2. 雄花；
3. 花盘和雄蕊；4. 雌花的萼片。（仿《中国植物志》）

2 裂。

产于靖西、环江。生于海拔 500～800m 的石灰岩山地林下或灌丛中。分布于云南。

4. 尾叶守宫木 图 681

Sauropus tsiangii P. T. Li

灌木。茎圆柱状。小枝具棱。全株无毛。叶纸质，卵形至卵状披针形，长 6.5～9.5cm，宽 3.5～4.5cm，先端尾状渐尖，基部圆；中脉在两面凸起，侧脉 6～7 对，在上面扁平，在下面凸起；叶柄长 3～4mm；托叶早落。雌雄同株，通常 3 朵花簇生于叶腋，花梗丝状，长 5～8mm；雄花：萼片 6 枚；花盘腺体 6 枚，半圆形；雄蕊 3 枚，花丝中部以下合生；雌花：萼片 6 枚，匙形；子房扁三棱形，3 室，每室 2 枚胚珠，花柱 3 枚，顶端 2 裂，裂片下弯。

广西特有种。产于龙州。生于海拔 500～800m 的石灰岩山地林下。

5. 方枝守宫木

Sauropus quadrangularis
(Willd.) Müll. Arg.

灌木，高约 1m。小枝四方形，叶稠密，二列状互生，全株无毛。叶膜质或薄纸质，卵形、椭圆形或近圆形，长 5～20（～25）mm，宽 3～12mm，先端钝圆，基部圆或钝；侧脉 4～5 对，纤细，斜上升；叶柄长 1mm；托叶三角形。花雌雄同株，1～2 朵腋生；雄花：花萼盘状，6 枚，深裂；花盘裂片腺体状，反折；雄蕊 3 枚，花丝中部以下全生呈短柱状；雌花：萼 6 枚，深裂至基部，裂片倒卵形，顶端骤尖，宿存；子房小，花柱外弯紧贴子房，顶端 2 裂。蒴果扁球形，直径约 8mm，熟后星状开裂。

产于阳朔、柳州、那坡、武鸣、隆安、扶绥。生于山地疏林下或灌丛中。分布于云南、西藏；印度、越南、泰国和柬埔寨也有分布。

6. 石山守宫木

Sauropus delavayi Croizat

灌木。多分枝，枝四棱形，红褐色。仅小枝被短腺毛，其余无毛。叶纸质，圆形或近圆形，长和宽 2~8mm，先端圆、截形或微凹，有时具小尖头，基部圆形或浅心形；侧脉 4~5 对，与中脉在两面凸起，网脉明显；叶柄长 0.5~1.0mm，托叶线形。花红色，雌雄同株，花单生于叶腋；雄花：花萼盘状，6 裂；花盘腺体 6 枚；雄蕊 3 枚，合生而呈柱状；雌花：萼 6 裂；子房卵圆形，3 室，花柱 3 枚，分离，顶端 2 裂。蒴果圆形，单生于叶腋，直径 5~8mm，宿存花萼增大而呈卵形。花期 5~7 月；果期 7~9 月。

产于龙州。生于海拔 500m 以上的山地的灌丛中。分布于云南。

7. 苍叶守宫木　图 682

Sauropus garrettii Craib

灌木，高 4m。小枝长而粗，幼时具不明显棱，老枝圆柱状，除幼枝和叶脉被微柔毛外，其余无毛。叶膜质或薄纸质，卵状披针形，长 2~13cm，宽 1.0~3.5cm，先端渐尖，基部宽楔形或截形，干时上面绿色，下面苍白绿色；侧脉 5~6 对；叶柄长 2mm；托叶长披针形。花雌雄同株，1~2 朵腋生，或雌雄花同生于叶腋；雄花：花萼黄绿色，盘状，6 浅裂；雄蕊 3 枚；雌花：花萼 6 深裂，果时增大；子房 3 室，花柱 3 枚。蒴果倒卵状或近卵形，直径 1.0~2.5cm。

产于金秀、那坡、田林、平南。生于海拔 500m 以上的山谷阴湿灌丛中。分布于湖北、广东、云南、贵州；缅甸、泰国和马来西亚等地也有分布。

8. 守宫木

Sauropus androgynus (L.) Merr.

灌木，高 1~3m。小枝绿色，幼时上部具棱，老时渐变为圆柱状。全株均无毛。叶片近膜质或薄纸质，卵状披针形或披针形，长 3~10cm，宽 1.5~3.5cm，顶端渐尖，基部楔形或截形；侧脉 5~7 对，在上面扁平，在下面凸起，网脉不明显；叶柄长 2~4mm；托叶 2 枚，着生于叶柄基部两侧。花雌雄同株；雄花：1~2 朵腋生，或几朵与雌花簇生于叶腋；花盘浅盘状，6 浅裂，裂片倒卵形；花盘腺体 6 枚；雄蕊 3 枚；无退化雌蕊；雌花：单生于叶腋；花萼 6 深裂，裂片红色，宿存；无花盘；子房 3 室，每室 2 枚胚珠，花柱 3 枚，顶端 2 裂。蒴果扁球状或圆球状，直径约 1.7cm，高 1.2cm，乳白色；种子三棱状，黑色。花期 4~7 月；果期 7~12 月。

产于融水、忻城、环江、那坡、凌云。生于海拔 400m 以下的林缘。分布于湖南、广东、云南；印度、斯里兰卡、老挝、越南也有分布。嫩叶和嫩枝可食用。

图 682　苍叶守宫木 Sauropus garrettii Craib
1. 雌花枝；2. 雄花；3. 雌花。（仿《中国植物志》）

15. 黑面神属 Breynia J. R. et G. Forst.

灌木或小乔木。单叶二列状互生，干时常变黑色，羽状脉，具托叶。花雌雄同株，单生或多数集生于叶腋；无花瓣和花盘；雄花：花萼呈陀螺状、漏斗状或半球状，顶端常6浅裂或细齿裂；雄蕊3枚，无退化雌蕊；雌花：花萼半球状、钟状至辐射状，6裂或浅或深，稀5浅裂，结果时常增大成盘状；子房3室，每室2枚胚珠，花柱3枚，顶端常2裂。蒴果呈浆果状，不开裂，外果皮稍肉质，干后变硬，有宿存花萼。

约26种，主要分布于亚洲东部。中国5种，分布于西南、东南部和南部；广西产4种。

分种检索表

1. 萼片6枚。

  2. 小枝圆柱状；叶膜质，无小斑点和鳞片 ·· 1. 小叶黑面神 B. vitis-idaea

  2. 小枝四棱状或压扁状；叶片革质或纸质，密被小斑点或小鳞片

    3. 叶革质，先端钝或急尖；雌花花萼钟状，顶端6浅裂，裂片近相等，结果时增大，上部辐射状张开而呈盘状；蒴果顶端无圆锥状的喙 ·· 2. 黑面神 B. fruticosa

    3. 叶纸质或近革质，先端渐尖；雌花花萼6深裂，其中3枚较大，结果时不增大而反折；蒴果顶端宿存喙状的花柱 ·· 3. 喙果黑面神 B. rostrata

1. 萼片5枚；叶椭圆形，侧脉不明显；雄花萼片圆形，花梗长达1.5cm ············· 4. 广西黑面神 B. retusa

图 683 小叶黑面神 Breynia vitis-idaea (Burm. f.) C. E. C. Fisch. 1. 果枝；2. 雄花；3. 雌花；4. 果。(仿《中国植物志》)

1. 小叶黑面神　图683

Breynia vitis-idaea (Burm. f.) C. E. C. Fisch.

灌木。多分枝，小枝纤细，圆柱状。全株无毛。叶膜质，二列状，卵形或椭圆形，长2.0~3.5cm，宽0.8~2.0cm，先端钝至圆形，基部钝，上面绿色，下面粉绿色或苍白色；中脉、侧脉在上面扁平，在下面凸起，侧脉3~5对；叶柄2~3mm，托叶三角形。花小，绿色，单生或多数组成总状花序；雄花：花梗细，萼片6枚，雄蕊3枚；雌花：萼片与雄花同数，但较短，果时不增大，子房卵珠状，花柱短。蒴果卵珠状，直径约5mm，基部具宿存花萼。花期3~9月；果期5~12月。

产于广西各地，生于低海拔的山地灌丛中。分布于福建、台湾、广东、云南、贵州；印度、泰国、柬埔寨也有分布。全株可供药用，有消炎、平喘的功效。

2. 黑面神　鬼画符　图684：1～6

Breynia fruticosa（L.）Müll. Arg.

灌木。小枝上部常压扁状，紫红色。小枝绿色，全株无毛。叶革质，卵形或菱状卵形，长3～7cm，宽1.8～3.5cm，两端钝至急尖，上面深绿色，背面粉绿色，具小斑点；侧脉3～5对；叶柄长3～4mm。花小，单生或2～4朵簇生于叶腋；雌花位于小枝上部，雄花位于小枝下部，有时生于不同的小枝上；雄花：花萼陀螺状，顶端6齿裂，雄蕊3枚，合生成柱状；雌花：花萼钟状，6浅裂，萼片近相等，果后逐步增大，上部辐射状张开而呈盘状；子房卵状，花柱3枚，顶端2裂。蒴果圆球状，直径6～7mm，有宿存花萼。花期4～9月；果期5～12月。

产于柳州、梧州、河池、百色、南宁、玉林、钦州。生于山坡、平地旷野、灌丛中或林缘。分布于浙江、福建、广东、海南、四川、云南、贵州；越南也有分布。根、叶供药用，可治肠胃炎、咽喉肿痛、风湿骨痛等；全株煮水可供外洗治皮炎、疮疖等。

3. 喙果黑面神　图684：7～12

Breynia rostrata Merr.

图684　1～6. 黑面神 Breynia fruticosa（L.）Müll. Arg. 1. 花果枝；2. 雄花；3. 雄蕊；4. 雌花；5. 子房横切面(示胚珠着生)；6. 蒴果。7～12. 喙果黑面神 Breynia rostrata Merr. 7. 花枝；8. 雄花；9. 雄花萼展开(示雌蕊)；10. 雄蕊；11. 雌花；12. 蒴果。(仿《中国植物志》)

常绿灌木或小乔木，高4～5m。小枝和叶干后黑色；全株无毛。叶纸质或近革质，卵状披针形或椭圆状披针形，长3～7cm，宽1.5～3.0cm，先端渐尖，基部急尖至钝，上面绿色，下面灰绿色；侧脉3～5对；叶柄长2～3mm。花单生或2～3朵雌花与雄花同簇生于叶腋内；雄花：花梗长约3mm，花萼漏斗状，顶端6齿裂；雌花：花梗长3mm，花萼6深裂，裂片3大3小，花后反折，果时不增大；子房球形，花柱顶2裂。蒴果圆球形，直径6～7mm，顶端宿存喙状花柱。花期3～9月；果期6～11月。

产于凤山、田林、上林、龙州、防城、上思。生于山地密林或山坡灌丛中。分布于福建、广东、海南、云南；越南也有分布。根、叶可药用，治风湿骨痛、湿疹、皮炎等。

4. 广西黑面神　钝叶黑面神

Breynia retusa（Dennst.）Alston

灌木。枝条纤细。全株无毛。叶纸质或薄纸质，椭圆形，长1.5～3.0cm，宽1.0～1.5cm，两端钝至圆,有小尖头,上面绿色,下面青灰色;侧脉3~5对,纤细,不明显;叶柄长1.5~2.0mm。花单生或数朵簇生于叶腋;雄花:花梗长1cm,丝状,萼圆形,顶端5裂;雄蕊3枚,合生成三棱形;雌花:花梗长1.5cm,花萼钟状,顶端5裂;子房球形,3室,花柱3枚,顶端2裂。蒴果球形,直径1cm,红色,宿萼不增大。花期4~10月;果期9月至翌年2月。

产于桂林、柳城、金秀、东兰、凌云、乐业。生于海拔300~1000m的山地灌丛中。分布于云南。

16. 秋枫属 Bischofia Blume

高大乔木。有乳管组织,汁液呈红色或淡红色,幼嫩枝、叶的汁液呈淡白色。叶互生,三出复叶,稀5小叶,具长柄,顶端常有2枚小腺体,小叶边缘有细锯齿,托叶早落。花雌雄异株,稀同株,组成腋生圆锥花序或总状花序,常下垂;无花瓣和花盘;萼片5枚;雄花:萼片镊合状排列,雄蕊5枚,花药2室;雌花:萼片覆瓦状排列;子房上位,3室,稀4室,每室2枚胚珠,花柱2~4枚。果小,浆果状,圆球形,不分裂,外果皮肉质;种子3~6枚。

2种,分布于亚洲南部和东部至澳大利亚。中国全产,分布于热带、亚热带地区;广西各地有分布。

分种检索表

1. 常绿或半常绿乔木;叶基部宽楔形至钝,叶缘锯齿较疏;圆锥花序 ·········· **1. 秋枫 B. javanica**
1. 落叶乔木;叶基部圆形至浅心形,叶缘有锯齿而细密;总状花序 ·········· **2. 重阳木 B. polycarpa**

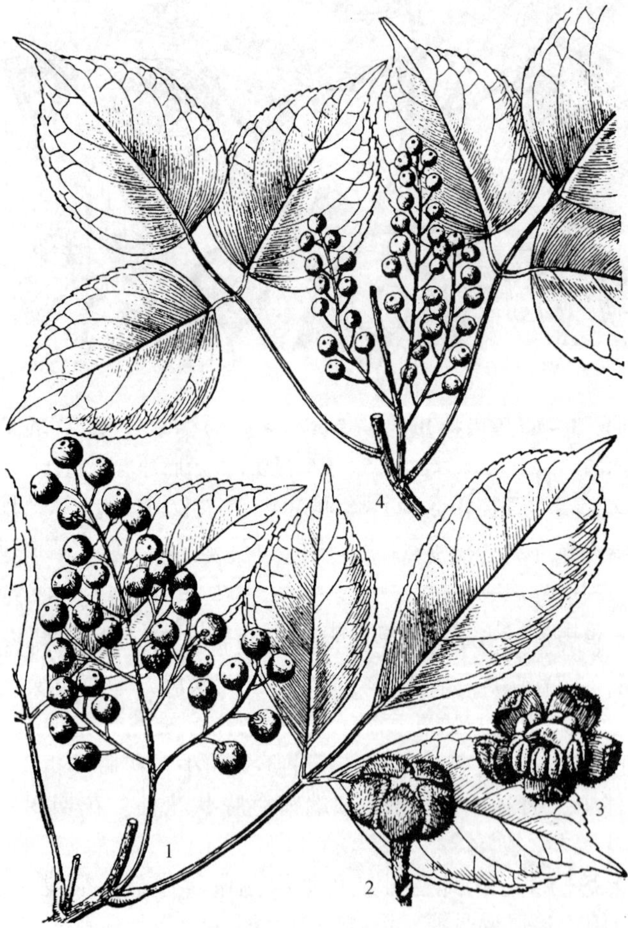

1. 秋枫 图685:1~3

Bischofia javanica Blume

常绿或半常绿乔木,高40m,胸径23cm。树皮纵浅裂,砍伤树皮有红色汁液。小枝无毛。三出复叶,稀5小叶,总柄长8~20cm;小叶纸质,卵形或倒卵形,长7~15cm,宽4~8cm,先端急尖或短尾尖,基部宽楔形至钝,边缘有疏锯齿,顶生小叶柄长2~5cm,侧生小叶柄长0.5~2.0cm。花小,雌雄异株,组成圆锥花序;雄花:花序长8~13cm;萼片半圆形,凹成勺状;退化雌蕊小,盾状;雌花:花序长15~27cm,花萼形态与雄花相似;子房无毛,3~4室,花柱3~4枚。果实浆果状圆球形,直径6~13mm,淡褐色。花期4~5月;果期8~10月。

产于广西各地。生于海拔800m以下的潮湿沟谷中。分布于华东、华中、华南和西南各地;东南亚和澳大利亚也有分布。好水湿,干旱环境下生长不良。播种繁殖。木材赤色,有光泽,常具条纹,心材与边材区别不甚明显,结构细,质重,坚韧耐用,耐腐,耐水湿,故有"水蚬木"之名。木材气干密度0.69g/cm³,

图685 1~3. 秋枫 Bischofia javanica Blume 1. 果枝;2. 雄花蕾;3. 雄花。4. 重阳木 Bischofia polycarpa (H. Lév.) Airy Shaw 果枝。(仿《中国植物志》)

可供作建筑、桥梁、车辆、造船、高级家具、木地板等用材，商品名称"爪哇木"、"牛血树"；木材色深，也可作红木紫檀代用材，也是广西石灰岩山区群众喜用材树种；果肉可供酿酒；种子可供榨油；树皮可供提取红色染料；根有祛风消肿的作用。树冠浓绿，栽培供观赏及作行道树种。

2. 重阳木　水枨木　图685：4

Bischofia polycarpa（H. Lév. ）Airy Shaw

落叶乔木。小枝无毛，当年生小枝绿色，皮孔灰白色。三出复叶，叶柄长 9.0 ~ 13.5cm；顶生小叶较侧生小叶大，小叶卵形至广卵形，长 5 ~ 9(~ 14) cm，宽 3 ~ 6(~ 9) cm，基部圆形至浅心形，先端短渐尖，边缘有细密锯齿，顶生小叶柄长 1.5 ~ 4.0cm，侧生小叶柄长 0.3 ~ 1.4 cm；托叶小，早落。花雌雄异株，与叶同放，组成总状花序生于新枝下部，下垂；雄花：花序长 8 ~ 13cm；萼片半圆形；退化雌蕊明显；雌花：花序长 3 ~ 12cm；子房 3 ~ 4 室，花柱 2 ~ 3 枚。果实浆果状，球形，直径 5 ~ 7mm，红褐色。花期 4 ~ 5 月；果期 10 ~ 11 月。

产于临桂、全州、梧州、龙州。生于海拔 1000m 以下的山地林中，各地常有栽培。分布于秦岭、淮河流域以南至华南。喜湿润肥沃土壤。播种繁殖，1 年生苗高 1m 时可出圃造林。木材用途同秋枫。

铁苋菜亚科 Subfam. Acalyphoideae

植株常有无节的乳汁管，但无白色液汁。花为总状花序，穗状花序或圆锥花序；雄花萼片镊合状排列，雌花萼片镊合状或覆瓦状排列；花瓣缺，稀有花瓣，通常有花盘或腺体；子房每室有 1 枚胚珠。蒴果，稀核果状。

约 106 属 2000 种。中国产 24 属 94 种 15 变种；广西 11 属 37 种 2 变种。

分属检索表

1. 叶对生。
　2. 叶等大，卵形，无颗粒状腺体；雌花 2 ~ 4 朵排成花序或单花腋生；核果 …………… **17. 滑桃树属 Trewia**
　2. 叶大小不等，非卵形，通常具有颗粒状腺体；雌花具花 5 朵以上；蒴果被毛和具软刺 … **18. 野桐属 Mallotus**
1. 叶互生。
　3. 叶具散生颗粒状腺体，无小托叶。
　　4. 花序顶生，稀腋生，花药 2 室，花柱粗状 ………………………………………………… **18. 野桐属 Mallotus**
　　4. 花序腋生，花药 3 ~ 4 室，花柱短或细长 ……………………………………………… **19. 血桐属 Macaranga**
　3. 叶无散生颗粒状腺体。
　　5. 嫩枝、叶被星状毛。
　　　6. 花序较短，雄花排成的团伞花序位于花序轴顶部。
　　　　7. 灌木，叶下面被灰白色绒毛；花丝顶部内弯，离生，花柱 3 ~ 4 裂，线状；果被白色短绒毛 ………
　　　　………………………………………………………………………… **27. 白大凤属 Cladogynos**
　　　　7. 乔木，叶无毛；花丝直立，基部合生，花柱浅 2 裂；果密生瘤状刺…… **20. 肥牛树属 Cephalomappa**
　　　6. 花序长于 3cm，雄花多朵在苞腋排成团伞花序，稀疏地排列在花序轴上；果核果状，外面无瘤状刺 …
　　　…………………………………………………………………………… **21. 蝴蝶果属 Cleidiocarpon**
　　5. 嫩枝、叶被柔毛，稀无毛。
　　　8. 花丝离生或仅基部合生，雄花在苞腋多朵簇生或排成团伞花序。
　　　　9. 圆锥花序。
　　　　　10. 叶柄顶端具小托叶，雄花具雄蕊 25 ~ 60 枚，药室离生，花柱 2 裂…………………………………
　　　　　……………………………………………………………………… **22. 假羊包叶属 Discocleidion**
　　　　　10. 叶柄基部或顶端均无小托叶，雄花雄蕊通常 8 枚，药室合生，花柱不分裂 ……………………………
　　　　　………………………………………………………………………… **23. 山麻杆属 Alchornea**
　　　　9. 穗状花序或总状花序。
　　　　　11. 雌花单朵腋生，花梗粗状，果梗长 2cm 以上，雄花具雄蕊 40 ~ 120 枚，花药 4 室 …………………

17. 滑桃树属 Trewia L.

乔木。叶对生，全缘；基生脉3~5条；托叶2枚。花雌雄异株，无花瓣，无花盘；雄花序为疏散的总状花序，腋生，每苞片内有雄花2~3朵，萼裂片3~5枚，镊合状排列；雄蕊75~95枚，花丝离生，基着药，纵裂；雌花单生或排成总状花序，花萼佛焰苞状，不规则2~4裂，通常1侧深裂；子房2~4室，每室1枚胚珠，花柱2~4条，基部稍合生，柱头长。核果2~4室，通常不开裂，外果皮略为肉质，内果皮薄壳质。

1种，分布于亚洲南部和东南部热带地区。在中国，分布于云南、海南和广西。

滑桃树 图686

Trewia nudiflora L.

乔木，高35m，胸径45cm。嫩枝、嫩叶两面、成长叶片上面的叶脉和下面以及叶柄密被黄色绒毛或长柔毛。叶对生，纸质，卵形或长圆形，先端渐尖，基部心形或截平，近全缘；基生三至五出脉，侧脉4~5对，近基部有斑状腺体2~4枚；叶柄长3~12cm；托叶线形，早落。雄花序长6~18cm，密被浅黄色长柔毛；雄花花梗长3~6mm，中部具关节；萼片椭圆形，外面稍被毛；雌花单生或2~4朵排成总状花序，花序梗长2~3cm，花梗长2~30mm。果近球形，直径2.5~3.0cm；种子近球形。花期12月至翌年3月；果期6~12月。

产于龙州。生于海拔500~800m的山谷、溪边疏林中。分布于云南、海南。速生树种，植物体含有抗肿瘤活性的新美登素类化合物。

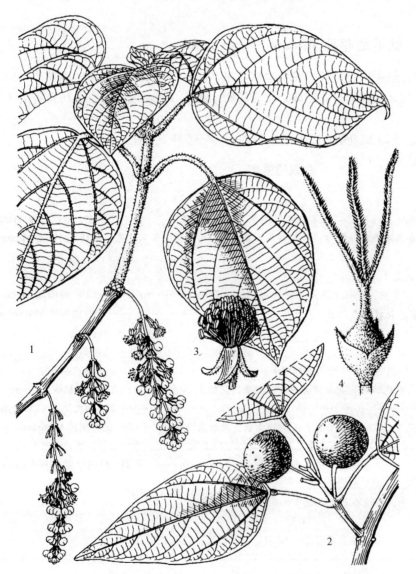

图 686 滑桃树 Trewia nudiflora L. 1. 雄花枝；2. 果枝；3. 雄花；4. 雌花。（仿《中国植物志》）

18. 野桐属 Mallotus Lour.

灌木或乔木。通常被星状毛。叶互生或对生，全缘或有锯齿，有时开裂，下面通常有颗粒状腺体，近基部有 2 枚至数枚斑状腺体，有时为盾形叶；掌状脉或羽状脉。花雌雄异株，稀同株，无花瓣，无花盘；总状花序、穗状花序或圆锥花序，花序顶生或腋生；雄花每一苞片内有多花，花萼 3~4 裂；雄蕊多数，花丝分离，花药 2 室；雌花在每一苞片内 1 朵花，花萼 3~5 裂或佛焰苞状；子房 3 室，稀 2~4 室，每室 1 枚胚珠。蒴果，常具软刺或颗粒状腺体。

约 150 种，主要分布于亚洲热带和亚热带地区。中国 28 种；广西 14 种。

分种检索表

1. 叶脉为羽状脉。
  2. 同对生的叶，形状和大小极不相同，小型叶退化呈钻状；雄蕊约 60 枚（粗毛野桐组）………………………………………………………………………………………… **1. 粗毛野桐 M. hookerianus**
  2. 同对生的叶，形状和大小不同，但小型叶不呈钻状；雄蕊 35~40 枚（羽脉野桐组）………………………………………………………………………………………………… **2. 云南野桐 M. yunnanensis**
1. 叶脉为掌状脉或基生三至七出脉，稀为羽状脉。
  3. 蒴果无软刺（粗糠柴组）。
    4. 藤本或攀援灌木；叶下面具黄色颗粒状腺体；雄蕊 40~75 枚；蒴果外面均密布黄色或橙黄色毛和颗粒状腺体。
      5. 蒴果直径 1.2~1.5cm，密被橙黄色叠生星状毛 ……………… **3. 崖豆藤野桐 M. millietii**
      5. 蒴果直径约 1cm，密被黄色或黄褐色粉末状毛，具 2(~3)枚分果片 ………… **4. 石岩枫 M. repandus**
    4. 乔木；叶下面具红色颗粒状腺体；雄蕊 18~30 枚；蒴果密被红色颗粒状腺体和粉末状毛，直径 6~8mm，具 2(~3)个分果片 ………………………………… **5. 粗糠柴 M. philippensis**
  3. 蒴果具软刺（野桐组）。
    6. 叶基部盾状或稍盾状着生。
      7. 蒴果的软刺钻形，长 1~5mm。
        8. 叶两面疏生白色长柔毛和星状毛 ……………………………… **6. 南平野桐 M. dunnii**
        8. 叶下面被灰黄色或灰白色星状绒毛 ……………………………… **7. 白楸 M. paniculatus**
      7. 蒴果的软刺线形，长 6mm 以上。
        9. 嫩枝、叶和花序均被星状长绒毛 ……………………………… **8. 毛桐 M. barbatus**
        9. 嫩枝、叶和花序均被星状短绒毛，有时有叠生星状毛。
          10. 叶下面被红棕色星状短绒毛和紫红色颗粒状腺体 ………… **9. 东南野桐 M. lianus**
          10. 叶下面被浅灰色星状短绒毛，间有叠生星状毛，无颗粒状腺 …… **10. 褐毛野桐 M. metcalfianus**
    6. 叶基部非盾状着生。
      11. 蒴果具密生线形的软刺；叶卵形或阔卵形，下面被灰白色绒毛 ……… **11. 白背叶 M. apelta**
      11. 蒴果具稀疏、粗短的软刺。
        12. 蒴果直径 4~5mm ……………………………………………… **12. 小果野桐 M. microcarpus**
        12. 蒴果直径 8~12mm。
          13. 雌花序有分枝，呈圆锥状；叶上面无毛，下面仅脉上疏生星状毛或无毛 …………………………………………………………………………………… **13. 野梧桐 M. japonicus**
          13. 雌花序总状；叶下面密被淡黄色星状绒毛 ………… **14. 山地野桐 M. oreophilus**

1. 粗毛野桐

Mallotus hookerianus (Seem.) Müll. Arg.

灌木或小乔木，高 1.5~6.0m。嫩枝和叶柄疏生黄色粗毛。叶对生，同对的叶形状和大小极不相同，小型叶退化成托叶状，钻形，长 1.0~1.2cm，叶革质，长椭圆状披针形，长 8~12cm，宽

2 ~ 5cm，先端渐尖，基部钝或圆形，叶缘近全缘或波状，上面无毛，下面中脉近基部被长粗毛，其余无毛；羽状脉，侧脉 8 ~ 9 对，叶基部有时具褐色斑状腺体；叶柄长 1.0 ~ 1.5cm，两端膨大；托叶线状披针形，长约 1cm，宿存。花雌雄异株，雄花总状，生于小型叶叶腋，长 4 ~ 10cm，苞片披针形，苞腋有雄花 1 ~ 2 朵；雄花：花萼裂片 4 枚，雄蕊 60 枚；雌花：单生，有时 2 ~ 3 朵组成总状花序，花萼裂片 5 枚；子房具刺。蒴果三棱状球形，直径 1.0 ~ 1.4cm，密生直的软刺和黄色星状毛；种子球形。花期 3 ~ 5 月；果期 8 ~ 10 月。

产于上思、钦州。生于海拔 500 ~ 800m 的山地林中。分布于广东、海南；越南也有分布。

2. 云南野桐

Mallotus yunnanensis Pax et K. Hoffm.

灌木或小乔木。小枝和花序密被褐色星状短柔毛。叶对生，同对的叶形状和大小稍不同，通常阔卵形或卵状椭圆形，长 4 ~ 11cm，宽 2.0 ~ 4.5cm，先端渐尖或急尖，基部宽楔形或近圆形，近全缘或稍波状齿，上面无毛，下面侧脉脉腋和叶脉被长柔毛，疏生黄色颗粒状腺体；羽状脉，具侧脉 4 ~ 6 对，基部一对常最长，基部具褐色斑状腺体 2 ~ 4 枚；大型叶叶柄长 5 ~ 30mm，小型叶叶柄长 2 ~ 5mm；托叶钻形。花雌雄异株；雄花：花序总状，顶生或腋生，长 1.2 ~ 5.0cm，苞片卵形，苞腋有雄花 3 朵；萼裂片 3 ~ 4 枚；雄蕊 35 ~ 40 枚；雌花：花序总状，顶生，长 1 ~ 2cm，有雌花 2 ~ 9 朵，苞片卵形；萼裂片 3 ~ 5 枚；子房球形。蒴果扁球状，3 室，直径约 7mm，散生黄色颗粒状腺体，被毛，具疏软刺。花期 4 ~ 10 月；果期 10 ~ 12 月。

产于广西南部和西南部，生于海拔 1200m 以下的疏林下。分布于海南、贵州、云南；越南也有分布。

3. 崖豆藤野桐　贵州野桐　图 687：1 ~ 4

Mallotus millietii H. Lév.

攀援灌木。嫩枝、叶柄和花序密被黄色星状毛或单生长柔毛。叶互生，纸质或革质，卵状椭圆形或卵形，长 5 ~ 17cm，宽 3 ~ 10cm，先端急尖，基部圆形或宽楔形，全缘或稍有齿，嫩叶上面沿叶脉和下面被黄褐色星状绒毛，有时沿叶脉有星状长柔毛，散生黄色颗粒状腺体；叶柄长 1.5 ~ 7.0cm。雌雄异株；雄花：花序总状，长 5 ~ 12cm，苞片钻形，2 ~ 5 朵花簇生于苞腋，萼裂片 4 枚，常向外折；雄蕊 40 ~ 50 枚；雌花：花序总状，长 4 ~ 9cm；萼裂片 4 枚；花柱 3 ~ 4 枚，中部以下合生，密被乳头状凸起。蒴果球形，具 3 ~ 4 条纵槽，直径 1.2 ~ 1.5cm，密被橙黄色叠生星状毛和颗粒状腺体。花期 5 ~ 6 月；果期 8 ~ 10 月。

产于河池、南丹、凤山、都安、凌云、田林、西林、南宁、龙州。生于海拔 500 ~ 1200m 的疏林下或灌丛中。分布于湖北、湖南、贵州、云南。

4. 石岩枫　图 687：5 ~ 6

Mallotus repandus（Willd.）Müll. Arg.

攀援灌木。嫩枝、叶柄、花序和花梗均密被黄色星状毛，老枝无毛，常具皮孔。叶互生，纸质或膜质，卵形或椭圆状卵形，长 3.5 ~ 8.0cm，宽 2.5 ~ 5.0cm，先端急尖或渐尖，基部楔形或圆形，边缘全缘或波状；嫩叶两面被星状毛，成长叶仅下面叶脉腋部被毛和散生黄色颗粒状腺体，基生三出脉，有时离基，侧脉 4 ~ 5 对；叶柄长 2 ~ 6cm。花雌雄异株，总状花序或下部分枝；雄花：总状花序顶生，稀腋生，长 5 ~ 15cm，苞片钻状，苞腋有花 2 ~ 5 朵；萼裂片 3 ~ 4 枚；雄蕊 40 ~ 75 枚；雌花：总状花序顶生，长 5 ~ 8cm，苞片长三角形；萼裂片 5 枚，花柱 2（ ~ 3）枚。蒴果具 2（ ~ 3）个分果片，直径约 1cm，密生黄色粉末状毛和具颗粒状腺体；种子卵形，直径约 5mm，黑色，有光泽。花期 3 ~ 5 月；果期 8 ~ 9 月。

产于桂林、全州、龙胜、柳州、柳城、融水、金秀、宜州、凌云、龙州。生于海拔 1000m 以下的山地疏林中或林缘。分布于福建、广东、海南、台湾、云南；亚洲南部及澳大利亚也有分布。

5. 粗糠柴 菲岛桐 图 687：7

Mallotus philippensis（Lam.）Müll. Arg.

乔木，高 18m。小枝、嫩叶和花序均密被黄褐色短星状柔毛。叶互生或有时小枝顶部对生，近革质，椭圆形或卵状披针形，长 5 ~ 18cm，宽 3 ~ 6cm，先端渐尖，基部圆形或宽楔形，边缘近全缘，上面无毛，下面被灰黄色星状短绒毛；叶脉上有长柔毛，散生红色颗粒状腺体，基生三出脉，侧脉 4 ~ 6 对，近基部有褐色斑状腺体 2 ~ 4 枚；叶柄长 2 ~ 5(~ 9)cm，两端膨大，被星状毛。花雌雄异株，花序总状，单生或数个簇生；雄花：花序长 5 ~ 10cm，苞片卵形，1 ~ 5 朵簇生于苞腋，萼裂片 3 ~ 4 枚；雄蕊 18 ~ 30 枚；雌花：花序长 3 ~ 8cm，果序长 16cm；萼裂片 3 ~ 5 枚，花柱 2 ~ 3 枚。蒴果扁球形，直径 6 ~ 8mm，具 2(~ 3) 个分果片，外被红色颗粒状腺体和粉末状毛。花期 4 ~ 5 月；果期 5 ~ 8 月。

产于广西各地。生于海拔 1600m 以下的山地林中或林缘。分布于长江以南各地；印度、越南、菲律宾、澳大利亚也有分布。木材淡黄色，坚韧，供作细木工、家具等用材；树皮可供提取栲胶；种子油可作工业用油；果实的红色颗粒状腺体可作染料，但有毒，不能食用。

图 687　1 ~ 4. 崖豆藤野桐 Mallotus millietii H. Lév. 1. 雌花枝；2. 果序；3. 雄花；4. 雌花。5 ~ 6. 石岩枫 Mallotus repandus（Willd.）Müll. Arg. 5. 雄花枝；6. 果序。7. 粗糠柴 Mallotus philippensis（Lam.）Müll. Arg. 果枝。(仿《中国植物志》)

6. 南平野桐

Mallotus dunnii F. P. Metcalf

灌木，高 1 ~ 4m。小枝红褐色，疏生星状毛或长柔毛，但很快脱落。叶互生，有时于枝顶近对生，薄纸质，卵状三角形或近圆形，长 10 ~ 25cm，宽 8 ~ 21cm，先端长渐尖，基部圆形，边缘有锯齿，两面疏生白色长柔毛和散生橙黄色颗粒状腺体；掌状脉 8 ~ 10 条，侧脉 4 ~ 5 对，基部有褐色斑状腺体 2 ~ 4 枚；叶柄离叶基部 5 ~ 30mm 处盾状着生，长 10 ~ 15cm，疏生白色长柔毛或无毛。花雌雄异株，总状或圆锥花序顶生，疏被白色长柔毛或无毛；雄花：花序长 10 ~ 25cm，苞片披针形，苞腋有雄花 3 ~ 8 朵，萼裂片 4 ~ 5 枚；雄蕊 40 ~ 50 枚；雌花：花序长 8 ~ 35cm，苞片披针形；花梗细长，长 3 ~ 5cm；萼裂片 4 ~ 5 枚；花柱 3 枚。蒴果钝三棱状球形，具 3 条纵槽，疏生钻形软刺和淡黄色颗粒状腺体。花期 6 ~ 7 月；果期 9 ~ 10 月。

产于容县。生于海拔 300 ~ 500m 的湿润疏林中。分布于湖南、广东、福建。

7. 白楸　黄背桐

Mallotus paniculatus (Lam.) Müll. Arg.

乔木或灌木，高 3～15m。树皮灰褐色；小枝被褐色星状绒毛。叶互生，生于花序下部的叶常密生，卵形、卵状三角形或菱形，长 5～15cm，宽 3～10cm，先端渐尖，基部楔形或宽楔形，边缘波状或全缘，嫩叶两面均被灰黄色或灰白色星状绒毛，成长叶上面无毛；基生五出脉，基部近柄处具斑状腺体 2 枚；叶柄稍盾状着生，长 2～15cm。花雌雄异株，总状或圆锥花序顶生；雄花：花序长 10～20cm，苞腋有雄花 2～6 朵；萼裂片 4～5 枚；雄蕊 50～60 枚；雌花：花序长 5～25cm，苞腋有雌花 1～2 朵；萼裂片 4～5 枚；花柱 3 枚。蒴果扁球形，具 3 个分片，直径 1.0～1.5cm，外被褐色星状毛，疏生钻形软刺。花期 7～10 月；果期 11～12 月。

产于临桂、贺州、梧州、岑溪、金秀、百色、桂平、博白、南宁、东兴、钦州。生于海拔 1300m 以下的林缘或灌丛中。分布于福建、广东、海南、云南、贵州、台湾；印度、泰国、越南也有分布。

8. 毛桐　长叶野桐

Mallotus barbatus Müll. Arg.

小乔木，高 3～4m。嫩枝、叶柄和花序均被黄棕色星状绒毛。叶互生，纸质，卵形或卵状菱形，长 13～35cm，宽 12～28cm，先端渐尖，基部圆形或截形，边缘有锯齿或波状，上部有时具 2 枚裂片或粗齿，上面仅叶脉有毛，下面密被黄棕色星状绒毛，散生黄色颗粒状腺体；掌状脉 5～7 条，侧脉 4～6 对，近叶柄着生处有时具黑色斑状腺体数枚；叶柄离叶片基部 0.5～5.0cm 处盾状着生，长 2～22cm。花雌雄异株，总状花序顶生；雄花：花序长 11～36cm，下面多分枝；苞片线形，苞腋具雄花 4～6 朵；萼裂片 4～5 枚；雄蕊 75～85 枚；雌花：花序长 15～25cm，苞腋有雌花 1(～2)朵；萼裂片 3～5 枚；花柱 3～5 枚。蒴果排列稀疏，球形，直径 1.3～2cm，密被淡黄色星状毛和紫红色软刺。花期 4～5 月；果期 9～10 月。

产于广西各地。生于海拔 400～1300m 空旷地或灌丛中。分布于云南、贵州、广东；印度、泰国、越南也有分布。茎皮纤维可作造纸原料；木材质地轻软，仅能供制器具及作薪材。

9. 东南野桐

Mallotus lianus Croizat

小乔木或灌木，高 2～10m。树皮红褐色；小枝被红棕色星状短绒毛。叶互生，纸质，卵形或心形，长 10～18cm，宽 9～14cm，先端急尖或渐尖，基部圆形或截平，近全缘；嫩叶两面均被红棕色紧贴星状绒毛，成长叶上面无毛，下面被毛和疏生紫红色颗粒状腺体；基生五出脉，侧脉 5～6 对，近叶柄着生处有褐色斑状腺体 2～4 枚；叶柄离叶基 2～10mm 处盾状着生或基生，长 5～13cm。花雌雄异株，组成总状或圆锥状花序；雄花：花序长 10～18cm，被红棕色星状短柔毛，苞片卵形，苞腋有雄花 3～8 朵；花萼 4～5 裂；雄蕊 50～80 枚；雌花：花序长 10～25cm，苞片卵形；花萼裂片卵状披针形；花柱 3 枚。蒴果球形，直径 8～10mm，密被黄色星状毛和黄色颗粒状腺体，外被线状软刺。花期 8～9 月；果期 11～12 月。

产于龙胜、平南。生于海拔 1100m 以下的阴湿林中。分布于福建、广东、湖南、江西、浙江。

10. 褐毛野桐

Mallotus metcalfianus Croizat

小乔木，高 5～7m。树皮灰黑色；小枝圆柱形，有棱，密被锈红色星状短柔毛。叶互生，纸质，卵形或卵状三角形，长 17～25cm，宽 9～11cm，先端急尖或渐尖，基部圆形或阔楔形，边缘全缘或具疏离齿，上面无毛，下面被浅褐色星状短绒毛，间有红褐色叠生星状毛，无颗粒状腺体；掌状脉 5～9 条，近基部的两条极短，侧脉 7～10 对，近叶柄着生处常有褐色斑状腺体 2～4 枚；叶柄离叶基部 3～5mm 处盾状着生，长 5～10cm。花雌雄异株，雄花：花序多分枝呈圆锥状，长 10～15cm；苞片钻形，苞腋有雄花 2～5 朵；萼裂片 4～5 枚；雄蕊 50～60 枚；雌花：总状或圆锥状花序，长 8~10cm；苞片长 4mm；花萼裂片 4 枚；花柱 3 枚。蒴果排列较密，卵状球形，直径 1.0~1.2cm，密被星状毛和软刺，软刺红色，线形，长约 6mm；种子卵状肾形，褐色。花果期 5~12 月。

产于防城。生于河边湿润林中。分布于云南；越南、缅甸也有分布。

11. 白背叶

Mallotus apelta（Lour.）Müll. Arg.

灌木或小乔木，高 1~4m。小枝、叶柄和花序均密被淡黄色星状柔毛和散生橙黄色颗粒状腺体。叶互生，卵形或阔卵形，长和宽均 6~16(~25)cm，先端急尖或渐尖，基部截平或稍心形，边缘具疏齿，上面干后黄绿色或暗绿色，无毛或被疏毛，下面被灰白色星状绒毛，散生橙黄色颗粒状腺体；基生五出脉，侧脉 6~7 对，基部近叶柄处有褐色斑状腺体 2 枚；叶柄长 5~15cm。雌雄异株，雄花：圆锥或穗状花序，长 15~30cm，苞腋簇生多朵雄花；花萼裂片 4 枚；雄蕊 50~75 枚；雌花：穗状花序，长 15~30cm，稀分枝，苞片近三角形；花萼裂片 3~5 枚；花柱 3~4 枚。蒴果近球形，密被灰白色星状毛的软刺，软刺线形，黄褐色或浅黄色，长 5~10mm；种子近球形，褐色或黑色，具皱纹。花期 6~9 月；果期 8~11 月。

产于广西各地。生于海拔 1000m 以下的山坡或山谷灌丛中。分布于云南、江西、福建、湖南、广东、海南；越南也有分布。习见种，为撂荒地的先锋树种。茎皮可供编织；种子含油率近 36%，含 α-粗糠柴油，供制油漆等用。

12. 小果野桐

Mallotus microcarpus Pax et K. Hoffm.

灌木，高 1~3m。嫩枝细长，密被白色微毛。叶互生，稀近对生，纸质，卵形或卵状三角形，长 5~15cm，宽 5~17cm，先端急尖或长渐尖，基部截平，边缘有锯齿，上部常 2 浅裂或具 2 粗齿，上面疏生白色星状短柔毛，下面毛较密，后变无毛，散生黄色颗粒状腺体；基生三至五出脉，侧脉 4~5 对，小脉横出，彼此平行，叶基具斑状腺体 2~4 枚；叶柄长 3~13cm，细长，被柔毛；托叶卵状披针形，被毛。花雌雄同株或异株，总状花序，1~2 枝顶生或腋生，被黄色微柔毛；雄花：花序长 12~15cm，苞片卵形，苞腋有雄花 3~7 朵；花萼裂片 3~4 枚；雄蕊 50~60(~70)枚；雌花：花序长 12~14cm，苞片钻形；花萼裂片 4 枚；子房密被长柔毛和疏生短刺，花柱 3 枚。蒴果扁球形，3 室，具 3 分果片，直径 4~5mm，疏生短刺和密生灰白色长柔毛，散生橙黄色颗粒状腺体。花期 4~7 月；果期 8~10 月。

产于桂林、梧州、苍梧、贺州、环江、龙州。生于海拔 1000m 以下的疏林中或林缘灌丛中。分布于广东、贵州、湖南、江西；越南也有分布。

13. 野梧桐

Mallotus japonicus（L. f.）Müll. Arg.

小乔木或灌木，高 2~4m。嫩枝具棱，枝、叶柄和花序轴均密被褐色星状毛。叶互生，纸质，形状多变，卵形、卵状三角形、肾形或横长圆形，长 5~17cm，宽 3~11cm，先端急尖或凸尖，基部圆形或宽楔形，全缘，不分裂或上部具 1 浅裂或粗齿，上面无毛，下面仅脉上疏生星状毛或无毛，散生橙黄色腺点；基生三出脉，侧脉 5~7 对，叶基有 2 枚腺体；叶柄长 5~17mm。花雌雄异株，总状或圆锥状，长 8~20cm；雄花：苞腋有雄花 3~5 朵；花萼裂片 3~4 枚；雄蕊 25~75 枚；雌花：花序长 8~15cm，苞片披针形；苞腋内有雌花 1 朵；萼裂片 4~5 枚；子房近球形，花柱 3~4 枚。蒴果扁球形或钝三棱形，直径 8~10mm，密被星状毛的软刺和红色腺点。花期 4~6 月；果期 7~8 月。

产于临桂、全州、兴安、龙胜、资源、融水、苍梧、凌云、隆林、环江、崇左、宁明、龙州、大新。生于海拔 600m 以下的林中。分布于台湾、浙江；日本也有分布。边材黄白色，心材褐色，轻软。果皮可供提制红色染料。

14. 山地野桐　绒毛野桐

Mallotus oreophilus Müll. Arg.

乔木或灌木，1.5~13.0m。小枝和花序具褐色星状绒毛。叶片纸质，卵形、长圆形或近肾形，有时1~2短裂，长6~15cm，宽6.5~20.0cm，基部截形或钝，基部具2枚腺体，边缘全缘，先端突尖、近圆形或近截形，上面无毛，背面密被灰黄色绒毛，具少数淡黄色具腺鳞片；基生三出脉；叶柄长6~15cm，被灰黄色绒毛；托叶有或退化。雄花序不分枝，长14~30cm，苞片钻形至披针形，雄花：3~5朵簇生于苞腋；萼片5枚；雄蕊75~85枚；雌花序不分枝，长12~18cm；苞片近披针形；雌花：萼片6枚；子房被绒毛和星状柔毛；花柱3枚。朔果近球形，直径1~1.2cm，被绒毛，疏生软刺，刺钻形，被星状柔毛。花果期6~10月。

产于龙胜、贺州、德保、凌云、隆林。生于海拔1400m以上的林中。分布于云南、四川、西藏；印度也有分布。

19. 血桐属 Macaranga Thou.

乔木或灌木。幼嫩枝、叶通常被柔毛。叶互生，下面具颗粒状腺体，近基部处具斑状腺体；托叶小或大。花雌雄异株，稀同株，花序总状或圆锥状，腋生或生于已落叶的腋部，无花瓣，无花盘；雄花：花序的苞片小或叶状，苞腋具花多数，簇生或排成团伞花序；花萼2~4枚，镊合状排列；雄蕊1~3枚或5~15枚，稀20~30枚，花丝分离或基部合生，花药4(~3)室，无不发育雌蕊；雌花：花序的苞片小或叶状，苞腋有1朵花，稀多数；花萼杯状或瓶状，分裂或齿裂，有时截平，宿存或凋落，子房(1~)2(~6)室，每室1枚胚珠，花柱短或细长，不叉裂，分离，稀基部合生。蒴果具(1~)2(~6)枚分果片，果皮光滑或软刺或具瘤体，通常具颗粒状腺体；种子近球形，胚乳肉质。

约260种，分布于非洲、亚洲和大洋洲的热带地区。中国产10种；广西7种。

分种检索表

1. 叶盾状着生，掌状脉7~9条。
　2. 托叶卵状三角形；雄花序的小花序轴呈"之"字形；苞片线形、匙形；雄蕊5~7；子房1室 ……………………………………………………………………………………… **1. 印度血桐 M. indica**
　2. 托叶披针形，长7~10mm，被绒毛或柔毛。
　　3. 苞片卵状披针形，边缘具长齿1~3枚；雄蕊3~5枚，子房2室 ……… **2. 鼎湖血桐 M. sampsonii**
　　3. 苞片近长圆形，边缘有腺体2~4枚；雄蕊9~16(21)枚，子房2(~3)室 ……… **3. 中平树 M. denticulata**
1. 叶浅的盾状着生或非盾状着生，羽状脉，或基生脉3(~5)条。
　4. 叶片较大，宽6cm以上，托叶非钻形。
　　5. 叶菱状卵形或三角状卵形，稀浅3裂，被柔毛；托叶线形，长3mm；雄蕊18~20枚，雌花序有花4~5朵，具2枚近对生的叶状苞片 ……………………………… **4. 尾叶血桐 M. kurzii**
　　5. 叶卵状长圆形或长圆状披针形，无毛，托叶披针形，长5~8mm；雄蕊6~12枚，雌花序具花10朵以上，苞片疏生 …………………………………………………………… **5. 草鞋木 M. henryi**
　4. 叶片较小，宽2~5(~6)cm，托叶钻形，稀狭三角形；花柱2枚，线状。
　　6. 灌木；雌花序有花1(~4)朵，生于花序顶部，苞片近轮生或其中2枚叶状苞片近对生 …………………………………………………………………………… **6. 轮苞血桐 M. andamanica**
　　6. 乔木；雌花序具花4~8朵，疏生于花序轴上，苞片疏生，披针形 ……………… **7. 刺果血桐 M. lowii**

1. 印度血桐　盾叶木　图688：1~4

Macaranga indica Wight

乔木，高10~25m。嫩枝被黄棕色短柔毛；小枝粗壮，无毛，稍被白霜。嫩叶被黄褐色绒毛，成长叶薄革质，卵圆形，长14~25cm，宽13~23cm，盾状着生，先端聚短渐尖，基部通常截平或圆，具斑状腺体2~4枚，边缘有细锯齿，上面无毛或沿叶脉被柔毛，下面被短柔毛，具颗粒状腺体；掌状脉9条，侧脉6对；叶柄长11~14cm；托叶三角状卵形，被毛。雄花序圆锥状，分枝，长10~15cm，小花序轴"之"字形，被柔毛；苞片线状匙形；每苞片具多朵花集成的团伞花序；雄花：萼片3枚；雄蕊5~7枚，花药4室；雌花序圆锥状，有分枝，长5~7cm；苞片三角形，小花序轴上具小苞片；雌花：单生于苞腋；萼片4枚，宿存；子房1室，花柱1枚。蒴果球形，直径4mm，具颗粒状腺体。花期8~10月；果期10~11月。

产于金秀、河池、天峨、巴马、都安、百色、德保、靖西、那坡、田林、防城、上思、龙州。生于海拔900~1300m的山谷、河边或林中。分布于广东、贵州、西藏、云南；越南、印度、缅甸也有分布。

2. 鼎湖血桐　山中平树
图688：5~9
Macaranga sampsonii
Hance

图688　1~4. 印度血桐 Macaranga indica Wight 1. 雄花枝；2. 一段雄花序；3. 雄花；4. 果。5~9. 鼎湖血桐 Macaranga sampsonii Hance 5. 雌花枝；6~7. 苞片；8. 雄花；9. 果。(仿《中国植物志》)

灌木或小乔木，高2~7m。嫩枝、叶和花序均被黄褐色绒毛；小枝无毛，有时被白霜。叶薄革质，三角状卵形或卵圆形，长12~17cm，宽11~15cm，先端骤长渐尖，基部近截形或阔楔形，浅盾状着生，有时具斑状腺体2枚，叶缘波状或有具腺的粗锯齿，下面具柔毛和颗粒状腺体，掌状脉7~9条，侧脉约7对；叶柄长5~13cm，被疏柔毛或近无毛；托叶披针形，具柔毛，早落。雄花序圆锥状，长8~12cm；苞片卵状披针形，每苞片腋部有雄花5~6朵；雄花：萼片3枚，具柔毛；雄蕊4(3~5)枚，花药4室；雌花序圆锥状，长7~11cm，苞片形状与雄花序的同形；雌花：萼片4枚；子房2室，花柱2枚。蒴果双球形，长5mm，宽8mm，具颗粒状腺体。花期5~6月；果期7~8月。

生于龙州。生于海拔500m以下的山地或山谷阔叶林中。分布于福建、广东、海南、云南；越南北部也有分布。

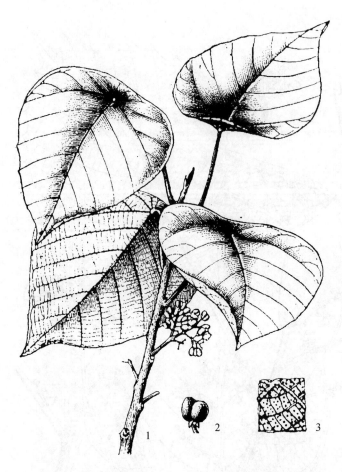

图 689 中平树 Macaranga denticulata（Blume）Müll. Arg.
（仿《中国高等植物图鉴》）1. 花枝；2. 果；3. 叶背（部分）。

3. 中平树 图 689

Macaranga denticulata （Blume）Müll. Arg.

乔木，高 3 ~ 10m。嫩枝、叶、花序和花均被锈色或黄褐色绒毛；小枝粗壮，具纵棱，绒毛呈粉状脱落。叶纸质或近革质，三角状卵形或卵圆形，长 12 ~ 30cm，宽 11 ~ 28cm，盾状着生，先端长渐尖，基部钝圆或近截平，两侧通常各具斑状腺体 1~2 枚，叶缘波状或近全缘，具疏生腺齿；掌状脉 7 ~ 9 条，侧脉 8 ~ 9 对；叶柄长 5 ~ 20cm；托叶披针形。雄花序圆锥状，长 5 ~ 10cm，苞片长圆形，长 2 ~ 3mm，边缘具 2 ~ 4 枚腺体，苞腋具花 3 ~ 7 朵；雄花：萼片 2 ~ 3 裂；雄蕊 9 ~ 16(~21) 枚，花药 4 室；雌花序圆锥状，长 4 ~ 8cm，苞片长圆形，长 5 ~ 7mm，边缘具腺体 2 ~ 4 枚；雌花：花萼 2 浅裂，子房 2(~3) 室，花柱 2 ~ 3 枚。蒴果双球形，长 3mm，宽 5 ~ 6mm，具颗粒状腺体，宿萼 3 ~ 4 裂。花期 4 ~ 6 月；果期 5 ~8 月。

产于都安、平果、靖西、那坡、田林、扶绥、龙州。生于林缘、荒坡或灌丛中。分布于海南、贵州、云南、西藏；印度、缅甸、泰国、越南也有分布。木材浅红褐色，轻软，不耐腐，可供作包装箱、薪材等用。

4. 尾叶血桐

Macaranga kurzii（Kuntze）Pax et K. Hoffm.

灌木或小乔木，高 1 ~4(~7) m。嫩枝、叶、花序均被黄褐色短柔毛和长柔毛；小枝无毛；叶薄纸质，菱状卵形或三角状卵形，稀浅三尖裂，长 8 ~ 14cm，宽 5 ~ 8cm，先端尾尖，基部微耳状心形，两侧各有斑状腺体 1 ~ 2 枚，边缘全缘或具腺齿，上面沿脉序被柔毛，下面被柔毛和颗粒状腺体；侧脉 5 ~ 6 对；叶柄长 3 ~6cm；托叶线形，长约 3mm。雄花序圆锥状，长 5 ~ 11cm；苞片长卵形或叶状，长 1.5 ~ 2.5cm，宽 1cm，苞腋具花 10 朵；雄花：萼裂 3 ~ 4 枚，雄蕊 18 ~ 20 枚，花药 4 室；雌花序总状，总梗长 6 ~ 12cm，顶端有花 4 ~ 5 朵，2 枚近对生的苞片叶状，长 1.7 ~ 2.5cm，宽 1.0 ~ 1.4cm，近顶部边缘具盘状腺体 2 ~ 3 对，其余苞片通常披针形，长 2mm；雌花：花萼 4 浅裂；子房具软刺，花柱 2 枚，长 1 ~ 2cm。蒴果双球形，长 6mm，宽 12mm，具软刺和颗粒状腺体。花期 3 ~ 10 月；果期 5 ~ 12 月。

产于那坡、防城、上思，生于较干燥的疏林、灌丛中。分布于云南；老挝、越南、缅甸也有分布。

5. 草鞋木 图 690：1 ~ 6

Macaranga henryi（Pax et K. Hoffm.）Rehder

灌木或小乔木，高 2 ~ 15m。嫩枝、叶均被锈色微柔毛，不久呈粉状脱落；小枝无毛，通常被白霜。叶纸质，卵状披针形，长 10 ~ 25cm，宽 3.5 ~ 7.0cm，先端长渐尖或尾尖，基部圆形或浅盾状，具斑状腺体 2 ~ 4 枚，边缘波状或近全缘，具腺齿，下面疏生颗粒状腺体；叶柄长 2.5 ~ 10.0cm；托叶披针形，长 5 ~ 8mm。雄花序圆锥状，长 6 ~ 10cm，几无毛，苞片三角形，苞腋有花 3 ~ 5 朵；雄花：萼裂片 3 枚；雄蕊 6 ~ 12 枚，花药 4 室；雌花序总状或圆锥状，长 5 ~ 12cm，有花 10 朵以上，苞片三角形，有时在花序轴下部的 1 ~ 2 枚苞片叶状，长 1 ~ 3cm，宽 3 ~ 7mm；雌花：花萼 4 浅齿裂或近截平，花萼 2 纵裂；子房有软刺，花柱 2 枚。蒴果双球形，长 6mm，宽 8mm，具颗粒状腺体和疏软刺。花期 3 ~ 5 月；果期 7 ~ 9 月。

产于永福、金秀、融水、象州、蒙山、罗城、靖西、那坡、凌云、武鸣、上思、宁明、大新、防城。生于山坡阔叶林中或石灰岩山地树林中。分布于贵州、云南；越南也有分布。

6. 轮苞血桐 灰岩血桐、广西血桐 图 690：7 ~ 10

Macaranga andamanica Kurz

灌木，高 1 ~ 5m。嫩枝被毛；小枝无毛。叶厚纸质，长圆状披针形，长 7 ~ 14cm，宽 3.0 ~ 5.5cm，先端渐尖，基部微耳状心形，两侧各具有斑状腺体 1 枚，叶缘有疏生腺齿，上面无毛，下面生颗粒状腺体；侧脉 5 ~ 8 对；叶柄长 2 ~ 4cm，

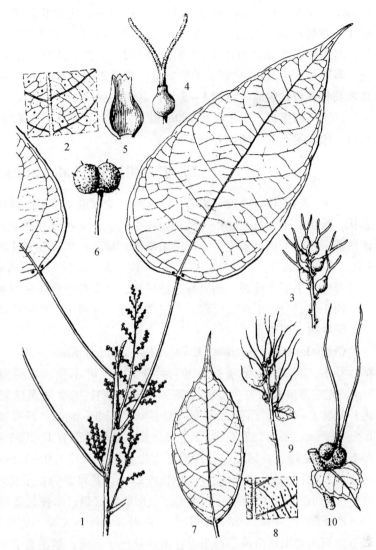

图 690　1 ~ 6. 草鞋木 Macaranga henryi (Pax et K. Hoffm.) Rehder 1. 雄花枝；2. 叶下面（部分）；3. 一段雄花序；4. 雌花；5. 雄花的花萼；6. 果。7 ~ 10. 轮苞血桐 Macaranga andamanica Kurz 7. 叶；8. 叶下面（部分）；9. 雌花序；10. 雌花和卵形苞片。(仿《中国植物志》)

疏被毛；托叶椭圆形，早落。雌雄同株，花序总状，长 2 ~ 9cm，总梗纤细，长 0.3 ~ 2.0cm，总苞鳞片状，通常 3 ~ 4 枚轮生，苞片三角形，苞腋具花 3 ~ 5 朵；雄花：萼片 3 枚；雄蕊 20 ~ 22 枚，花药 4 室；花梗具毛；雌花序有 1 (~4) 朵花，花序细长，长 3 ~ 9cm，苞片 2 ~ 4 枚，近对生或近轮生，有时雌雄同序，由 1 雌花和 2 ~ 3 雄花组成，花由一对叶状苞片包着；雌花：萼裂片 4 枚；子房 2 室，花柱 2 枚，长 1.2 ~ 1.4cm。蒴果双球形，长 6mm，宽 12mm，有颗粒状腺体。花果期几乎全年。

产于防城、上思、钦州。生于海拔 400m 以下的灌丛。分布于广东、云南、贵州、海南；印度、缅甸、越南也有分布。

7. 刺果血桐

Macaranga lowii King ex Hook. f.

乔木，高 5 ~ 15m。小枝初时被毛，渐变无毛。叶纸质，椭圆形，长 8 ~ 13 (~16) cm，宽 3 ~ 4 (~6) cm，先端长渐尖，基部微耳状心形，两侧各有斑状腺体 1 ~ 2 枚，边缘全缘或浅波状，具疏腺齿，下面有颗粒状腺体，沿中脉具疏柔毛；侧脉 8 ~ 10 对；叶柄长 2 ~ 4cm；托叶钻形，长 2.5 ~

3.0mm, 脱落。花序总状或复总状, 长 6 ~ 9cm; 苞片长卵形, 长 2 ~ 3mm, 苞腋有雄花 5 ~ 7 朵; 雄花: 萼裂片 3(~ 4) 枚, 长卵形; 雄蕊 12 ~ 16 枚, 花药 4 室; 雌花序总状, 长 4 ~ 6cm, 有花 4 ~ 8 朵, 疏生于花序轴, 苞片 4 ~ 7 枚, 其中 2 ~ 3 枚披针形, 长 1.0 ~ 1.2cm, 其余为卵状三角形; 雌花: 萼裂片 3 ~ 4 枚, 宿存; 子房 2 室, 花柱 2 枚, 长 7 ~ 12mm。蒴果双球形, 长 6mm, 宽 12mm, 具软刺和颗粒状腺体。花期 1 ~ 5 月; 果期 5 ~ 6 月。

产于广西南部。生于海拔 500m 以下的山地密林中。分布于福建、广东、海南; 菲律宾、越南、泰国、印度尼西亚等地也有分布。

20. 肥牛树属 Cephalomappa Baill.

乔木。幼嫩枝、叶被短柔毛。叶互生, 全缘或上半部有疏腺齿, 羽状脉; 托叶小, 早落。花序总状, 腋生, 不分枝或有短分枝; 花雌雄同株, 无花瓣和花盘; 雄花密集成团伞状花序, 位于花序轴顶部, 雌花 1 枚至多枚生于花序轴基部; 雄花: 花萼在开花时 2 ~ 5 浅裂, 镊合状排列, 雄蕊 2 ~ 4 枚, 花丝基部合生; 雌花: 萼片 5 ~ 6 枚, 覆瓦状排列, 凋落; 子房 3 室, 每室有 1 枚胚珠, 花柱基部合生, 上部 2 浅裂。蒴果有 3 分果片, 果皮有小瘤体和短刺。

约 5 种, 分布于亚洲南部。中国产 1 种, 分布于广西西南部。

肥牛树 肥牛木

Cephalomappa sinensis (Chun et F. C. How) Kosterm.

乔木, 高 25m, 嫩枝被短毛, 后变无毛。叶革质, 长椭圆形或倒卵形, 长 6 ~ 15cm, 宽 2 ~ 9cm, 先端渐或长渐尖, 基部阔楔形, 通常偏斜, 有 2 枚斑状腺体, 叶缘淡紫色, 浅波状或具疏锯齿; 侧脉 5 ~ 6 对, 网脉在两面明显; 叶柄长 3 ~ 5mm; 托叶披针形, 长 1 ~ 2mm, 早落。花序长 1.5 ~ 2.5cm, 不分枝或有 1 ~ 2 个短分枝, 花序上部有 1 ~ 3 枝由 9 ~ 13 朵雄花组成的团伞花序, 下部有 1 ~ 3 朵雌花; 雄花: 几无梗, 苞片长卵形, 长 1.0 ~ 1.5mm; 萼裂片 3 ~ 4 枚; 雄蕊 4 枚, 有时 3 或 8 枚; 雌花: 有短梗, 苞片长约 2mm; 花萼 5 裂; 子房球形, 具小瘤体, 顶端 2 浅裂。蒴果直径 1.5cm, 有 3 个分果片, 密生三棱形的瘤状刺; 果梗长 2 ~ 3mm。花期 3 ~ 4 月; 果期 5 ~ 7 月。

产于隆安、田阳、靖西、宁明、龙州、大新、天等、凭祥、上思。喜钙植物, 生于海拔 500m 以下的石灰岩山地山坡、石崖、谷地。分布于云南; 越南也有分布。喜湿热气候, 原产地年平均气温 20 ~ 22℃, 能忍受短时间 -7℃ 的低温和较长时间干旱。中性偏阴树种, 幼年期要求庇荫环境。虽以生长在湿润肥沃地方为好, 但由于根系粗壮, 穿插力强, 可生于高陡岩缝间, 破石延伸, 攀生于悬崖之隙缝中。广西西南部石灰岩季雨林主要建群种, 常参与蚬木杂木林的建群, 但在深狭的圆洼地和坡底部位以及日照短促的荫蔽地形上, 耐阴性强的肥牛树更能有利地发展, 形成单优杂木林, 而蚬木和其他树种则均在不同程度上受到排挤, 包括蚬木在内, 处于从属或极为从属的地位, 除蚬木外, 其他主要伴生树种有东京桐、米浓液、倒吊笔、割舌树、闭花木、海南大风子等。幼龄生长慢, 3 ~ 5 年后生长加快, 人工种植 9 年后平均树高 3.5m, 平均胸径 4.2cm。播种繁殖, 果熟时种子易脱落, 鸟兽喜食。在种子未脱落前及时采收蒴果, 阴干或弱光下晒干, 脱出种子, 出种率约 52.5%, 千粒重约 345g。种子含油脂, 易丧失发芽力, 不宜久藏, 随采随播。苗期生长缓慢, 2 年生苗木才能出圃造林。石山造林地立地条件差, 提倡容器苗造林。产区群众也有移植母树周围自然生长苗木造林的习惯, 果实成熟落地前结合抚育, 清除结实母树周边杂草并适当松土, 肥牛树果实成熟后自然落地, 约半个月发芽生长, 当年底及翌年结合采叶、采草, 除去影响幼苗生长杂草, 第 3 年春择阴雨天即可移苗造林。萌芽力强, 萌芽条生长快, 砍后 1 年可以长 1 ~ 2m。

优良木本饲料树种, 鲜叶和嫩枝含有丰富的营养物质。干叶中含有粗脂肪 8.94%、粗蛋白质 7.44%、粗纤维 24.93%、氨基酸 5.83%, 每 100kg 叶含粗蛋白质相当于 580kg 稻草或 200kg 青草。隆安县布泉乡和天等县驮堪乡的石山区居民有栽培肥牛树养牛的传统习惯。肥牛树成了当地的当家树种, 村民在房前屋后、路边、地角零星或成片种植。

21. 蝴蝶果属 Cleidiocarpon Airy Shaw

乔木。嫩枝被星状毛。叶互生,全缘,羽状脉;叶柄具叶枕;托叶小。圆锥花序顶生,雌雄同株,无花瓣和花盘,雄花多朵在苞腋内排成团伞花序,排列于花序轴上,雌花1~6朵生于花序轴下部;雄花:萼裂片3~5枚,镊合状排列;雄蕊3~5枚,花丝分离,背着药,4室,药隔不凸出;不育雌蕊柱状,短,无毛;雌花:萼片5~8枚,覆瓦状排列,宿存;副萼小,与萼片互生,早落;子房2室,每室有1枚胚珠,花柱下部合生,顶端3~5裂,裂片短并叉裂。果实核果状,近球形或双球形,有宿存花柱,果皮密被星状柔毛。

2种,分布于缅甸、泰国、越南及中国西南部。中国1种,分布于广西、云南和贵州。

蝴蝶果 山板栗

Cleidiocarpon cavaleriei(H. Lév.)Airy Shaw

乔木,高25m。嫩枝、叶疏生微星状毛,后变无毛。叶纸质,椭圆形或披针形,长6~22cm,宽1.5~6.0cm,先端渐尖,基部楔形;小托叶钻状;叶柄长1~4cm,成叶枕,顶端有2枚黑色细小腺体;托叶钻状,长1.5~2.5mm,有时基部外侧有1枚腺体。圆锥花序,长10~15cm,各部密生灰黄色微星状毛,雄花7~13朵密集成团伞花序生于花序轴上部,雌花1~6朵生于花序轴基部或中部;雄花:萼裂片(3~)4~5枚,雄蕊(3~)4~5枚,不育雌蕊柱状,长约1mm,花梗极短;雌花:萼片5~8枚,长3~5mm;副萼5~8枚,长1~4mm,早落;子房2室,通常1室发育,另一室仅有痕迹,花柱上部3~5裂,裂片叉裂为2~3枚短裂片。核果卵球形或双球形,偏斜,被柔毛,直径约3cm或5cm,不开裂。花果期5~8月。

产于都安、巴马、东兰、凤山、凌云、田林、隆林、靖西、那坡、田东、田阳、马山、武鸣、宁明、龙州、凭祥、大新、扶绥、浦北、防城。生于海拔750m以下的山地或石灰岩山坡或谷底。分布于贵州、云南;越南、缅甸也有分布。喜温暖环境,适生区年平均气温19~22.4℃,年积温在7000℃以上。在分布区的北缘,极端低温-2℃左右、短期霜冻的情况下,尚能生长良好,但幼苗与幼林易受霜冻。在分布区内,如遇持续3~5d重霜,幼苗地上部分常受害冻死。适生区年降水量900~1500mm,干湿季明显。在石灰岩山地,常生长于山沟、山麓、山下部等水肥较好的地方;也耐干旱瘠薄,在土壤整实、贫瘠的公路旁常见生长良好、结实累累的大树。喜光树种,在向阳开旷的山坡中下部,枝叶繁茂,结果多;在山谷光照较弱的条件下,树干高,生长快,冠幅小,分枝少,结果少。幼、中龄植株萌芽力较强,10年生左右的伐根可萌芽数条,萌芽条生长甚快,1年生树高可达1m以上。在野生状态下初期生长较缓慢,以后逐渐加快。一般6~7年生树高5m以上,胸径12cm,冠幅6m。播种繁殖,种子千粒重12000g。种子不宜久藏,不宜晒干或风干,应随采随播。半年生苗高可达40cm以上,可以出圃定植。

蝴蝶果出仁率约为60%,含油率33%~39%、含蛋白质14.70%~18.32%、含淀粉20.56%~40.38%、含糖分2.49%~12.36%。种子蒸熟后压榨得油,油质清冽,芳香可口,可作食用,为优质食用油。木材为散孔材,淡黄白色,纹理直,结构略粗、较坚实,可作建筑及家具用材。树形呈广卵形,枝叶密集,常绿,热带南亚热带地区优良庭院绿化树种。

22. 假奓包叶属 Discocleidion(Muell-Arg.)Pax et Hoffm.

灌木或小乔木。叶互生,边缘有锯齿,基生三至五出脉;具小托叶2枚。总状花序或圆锥花序,顶生或腋生;花雌雄异株,无花瓣,雄花3~5朵簇生于苞腋,花蕾球形,花萼3~5枚,镊合状排列;雄蕊25~60枚,花丝离生,花药4室,成对地一端附着成水平状相对生;花盘具腺体,呈棒状圆锥形;无不发育雌蕊;雌花1~2朵生于苞腋;花萼裂片5枚;花盘环状;子房3室,每室有1枚胚珠,花柱3枚,2裂至中部或几达基部。蒴果具3分果片;种子球形,稍具疣状凸起。

2种,分布于中国和日本。中国2种都产;广西1种。

假㠭包叶 毛丹麻杆 图 691

Discocleidion rufescens（Franch.）Pax et Hoffm.

灌木或小乔木，高 1.5 ~ 5.0 m。小枝、叶柄、花序密被白色或淡黄色长柔毛。叶纸质，卵形或卵状椭圆形，长 7 ~ 14 cm，宽 5 ~ 12 cm，先端渐尖，基部圆形或近截平，近基部两侧各具褐色斑状腺体 2 ~ 4 枚，边缘具锯齿，上面被粗糙伏毛，下面被绒毛，叶脉上被白色长柔毛，基生脉 3 ~ 5 条，侧脉 4 ~ 6 对；叶柄长 3 ~ 8 cm，顶端具 2 枚线形小托叶，长约 3 mm，边缘具黄色小腺体；托叶披针形，早落。总状花序或下部多分枝呈圆锥花序，长 15 ~ 20 cm，苞片卵形，长约 2 mm；雄花：3 ~ 5 朵生于苞腋，花梗长 3 mm；花萼裂片 3 ~ 5 枚；雄蕊 35 ~ 60 枚；雌花：1 ~ 2 朵生于苞腋，花梗长 3 mm；子房被黄色糙伏毛，花柱长 1 ~ 3 mm。蒴果扁球形。直径 6 ~ 8 mm，被柔毛。花期 4 ~ 8 月；果期 8 ~ 10 月。

产于桂林、凌云、东兰。生于海拔 1000 m 以下的林中或山坡灌丛

图 691 假㠭包叶 Discocleidion rufescens（Franch.）Pax et K. Hoffm. 1. 雌花枝；2. 雌花；3. 雄花；4. 雄蕊。（仿《中国植物志》）

中。分布于甘肃、陕西、四川、湖北、湖南、贵州、广东。

23. 山麻杆属 Alchornea Sw.

乔木或灌木。叶互生，纸质或膜质，边缘有锯齿，基部具斑状腺体，羽状脉或掌状脉；托叶 2 枚。花雌雄同株或异株，花序穗状、总状或圆锥状，雄花多朵簇生于苞腋，雌花 1 朵生于苞腋，花无花瓣；雄花：花萼在花蕾时闭合，开时 2 ~ 5 裂，镊合状排列，雄蕊 4 ~ 8 枚，无不发育雌蕊；雌花：萼片 4 ~ 8 枚，子房(2 ~)3 室，每室 1 枚胚珠，花柱(2 ~)3 枚。蒴果具 2 ~ 3 个分果片，果皮平滑或具小疣或小瘤。

约 50 种；分布于热带和亚热带地区；中国 8 种；广西 5 种。

分种检索表

1. 叶无小托叶，羽状脉；雄花序顶生，圆锥状 ……………………………………… **1. 羽脉山麻杆 A. rugosa**
1. 叶基部具小托叶，基生三出脉；雄花序腋生，通常穗状。
  2. 果皮平坦。
    3. 雄花序长不及 4 cm，柔荑花序状，苞片卵形；叶背非浅红色 ……………………… **2. 山麻杆 A. davidii**
    3. 雄花序细长，长 5 cm 以上；苞片三角形；叶背浅红色 ……………………… **3. 红背山麻杆 A. trewioides**
  2. 果皮具小瘤或小疣。
    4. 雄花无毛，雌花具萼片 5 枚，披针形；果密生长柔毛和散生小疣 ………… **4. 湖南山麻杆 A. hunanensis**

4. 雄花被疏短柔毛，雌花萼片5(~6)枚，近卵形，不等大；果被短柔毛和小瘤 ……………………………
……………………………………………………………………………………………… **5. 椴叶山麻杆 A. tiliifolia**

1. 羽脉山麻杆
Alchornea rugosa (Lour.) Müll. Arg.

灌木或小乔木，高 1.5 ~ 5.0m。嫩枝被短柔毛，小枝无毛。叶纸质，狭长倒卵形至阔披针形，长 10 ~ 21cm，宽 4 ~ 10cm，先端渐尖，基部钝或浅心形，有斑状腺体 2 枚，边缘有腺齿，上面无毛，下面脉腋具柔毛；侧脉 8 ~ 12 对；无小托叶；叶柄长 0.5 ~ 3.0cm，无毛；托叶钻形，长 5 ~ 7mm。雌雄异株，雄花序圆锥状，顶生，长 8 ~ 25cm，花序常被微毛或无毛，苞片三角形，有时基部具 2 枚腺体，雄花 5 ~ 11 朵簇生于苞腋；雌花序总状或圆锥状，顶生，长 7 ~ 16cm，苞片三角形；果梗长 2mm，无毛；雄花：萼片 2 或 4 枚；雄蕊 4 ~ 8 枚；雌花：萼片 5 枚；子房被毛，花柱 3 枚。蒴果近球形，直径 8mm，具 3 条圆棱，近无毛。花果期几全年。

产于扶绥、宁明、龙州。生于海拔 600m 以下的林中。分布于广东、海南、云南；亚洲东南部各国以及澳大利亚也有分布。

2. 山麻杆
Alchornea davidii Franch.

落叶灌木，高 1 ~ 5m。嫩枝被白色短绒毛。叶薄纸质，阔卵形或近圆形，长 8 ~ 15cm，宽 7 ~ 14cm，先端渐尖，基部心形或近截平，有斑状腺体 2 或 4 枚，边缘有粗锯齿或细齿，齿尖具腺体，上面沿中脉被短柔毛，下面被短柔毛；基生三出脉；小托叶线形，被短毛；叶柄长 2 ~ 10cm，被短柔毛；托叶披针形，具短柔毛。花雌雄异株，雄花序穗状，生于 1 年生枝已落叶的腋部，长 1.5 ~ 3.5cm，呈柔荑花序状，苞片卵形；雄花 5 ~ 6 朵簇生于苞腋，花梗基部有关节；雌花序总状，顶生，长 4 ~ 8cm，有花 4 ~ 7 朵，苞片三角形，小苞片披针形；雄花：萼片 3(~4)枚；雄蕊 6 ~ 8 枚；雌花：萼片 5 枚；子房球形，花柱 3 枚，长 10 ~ 12mm。蒴果近球形，具 3 条圆棱，直径 1.0 ~ 1.2cm，密生柔毛。花期 3 ~ 5 月；果期 6 ~ 7 月。

产于天峨、都安、平果、凌云、隆安、宾阳。生于海拔 700m 以下的沟谷、溪畔、河边的坡地灌丛中。分布于中国中部、东部及西南部。茎皮纤维为造纸原料；叶可作饲料。

3. 红背山麻杆
Alchornea trewioides (Benth.) Müll. Arg.

灌木，高 1 ~ 2m。小枝被灰绿色柔毛，渐变无毛。叶薄纸质，阔卵形，长 8 ~ 15cm，宽 7 ~ 13cm，先端急尖或渐尖，基部浅心形或近截平，具斑状腺体 4 枚，边缘疏生腺状锯齿，上面无毛，下面浅红色；基生三出脉；小托叶披针形，长 2.0 ~ 3.5mm；叶柄长 7 ~ 12cm；托叶钻状，长 3 ~ 5mm，早落。雌雄异株，雄花序穗状，腋生或生于 1 年生枝已落叶的腋部，长 7 ~ 15cm，苞片三角形；雄花(3~)11 ~ 15 朵簇生于苞腋，花梗中部有关节；雌花序总状，顶生，长 5 ~ 6cm，有花 5 ~ 12 朵，苞片狭三角形，基部有 2 枚腺体。雄花：萼片 4 枚；雄蕊 7 ~ 8 枚；雌花：萼片 5 ~ 6 枚，其中 1 枚基部有 1 枚腺体；子房球形，花柱 3 枚，长 12 ~ 15mm。蒴果球形，具 3 条圆棱，直径 8 ~ 10mm，果皮平坦，被微柔毛。花期 3 ~ 5 月；果期 6 ~ 8 月。

产于广西各地。生于海拔 1000m 以下的灌丛中、疏林下，在石灰岩山区灌丛中最为常见。分布于福建、江西、湖南、广东、海南；泰国、越南也有分布。

4. 湖南山麻杆
Alchornea hunanensis H. S. Kiu

灌木，高 2m。小枝被柔毛。叶膜质或纸质，卵圆形，长 10 ~ 12cm，宽 8 ~ 10cm，先端渐尖，基部浅心形或截平，有斑状腺体 2 枚，边缘具腺齿，上面沿脉被柔毛，下面被柔毛；基生三出脉；小托叶钻形，有毛；叶柄长 5 ~ 8cm，被毛；托叶披针形，长 6 ~ 8mm。花雌雄异株，雄花序穗状，腋生，长 9 ~ 15cm，苞片卵形，有花 5 ~ 7 朵；雌花序总状，顶生，长 3 ~ 4cm，具花 4 ~ 7 朵，苞片三角形，小苞片线形；雄花：花梗长 1.5 ~ 2.0mm，无毛，下半部有关节；萼片 3 枚；雄蕊 6 ~ 8 枚；雌花：萼片 5 枚，披针形；子房球形，花柱 3 枚，长 10 ~ 15mm。蒴果近球形，具 3 条浅沟，直径约 1cm，果皮密生长柔毛和散生小疣；果梗长 1.0 ~ 1.5mm，被柔毛。花期 4 ~ 5 月；果期 6 ~ 7 月。

产于全州。生于海拔 900m 以下的石灰岩山坡或山谷疏林下或灌丛中。分布于湖南。

5. 椴叶山麻杆

Alchornea tiliifolia（Benth.）Müll. Arg.

灌木或小乔木，高 2 ~ 8m。小枝密生柔毛。叶薄纸质，卵状菱形或长卵形，长 10 ~ 17cm，宽 5 ~ 16cm，先端渐尖或尾尖，基部楔形或近截平，有斑状腺体 4 枚，边缘有腺齿，上面沿脉被柔毛，下面被柔毛，基生三出脉；小托叶披针形，长 2.5 ~ 4.0mm，有毛；叶柄长 6 ~ 20cm，被柔毛；托叶披针形，长 6 ~ 7mm，疏被柔毛，早落；花雌雄异株，雄花序穗状，1 ~ 3 个生于 1 年生枝已落叶的腋部，长 5 ~ 9cm，苞片阔卵形，长 2.0 ~ 2.5mm；雄花 7 ~ 11 朵簇生于苞腋，花梗中部有关节；雌花序总状或少分枝的复总状，顶生，长 8 ~ 15cm，苞片三角形，小苞片披针形；雄花：萼片 3 枚；雄蕊 8 枚；雌花：萼片 5(~6)枚，卵形，不等大，其中 1 枚基部有 1 枚腺体；子房球形，花柱 3 枚，长 7 ~ 11mm。蒴果椭圆形，直径 6 ~ 8mm，具 3 条浅沟，果皮有小瘤和短柔毛。花期 4 ~ 6 月；果期 6 ~ 7 月。

产于都安、平果、凌云、扶绥、龙州。生于山谷林下或石灰岩山区灌丛中。分布于云南、贵州、广东；印度、孟加拉国、泰国、马来西亚也有分布。

24. 棒柄花属 Cleidion Blume

乔木或灌木。叶互生，叶缘常有腺齿；羽状脉；托叶小，早落。花雌雄异株，稀同株，无花瓣和花盘；雄花常穗状，雄花多朵簇生于苞腋或排成团伞花序，稀单朵生于苞腋；雌花序总状或仅 1 朵，腋生，花梗顶端增粗；雄花：花萼 3 ~ 4 枚，镊合状排列；雄蕊 35 ~ 80 枚，稀更多，生于圆锥状的花托上，4 室，无不发育雌蕊；雌花：萼片 3 ~ 5 枚，覆瓦状排列；子房 2 ~ 3 室，每室 1 枚胚珠，花柱细长，各 2 深裂。蒴果 2 ~ 3 个分果片，果梗长，呈棒状。

约 25 种，分布于全世界热带。中国 3 种；广西 2 种。

分种检索表

1. 花雌雄同株，雌花萼片不等大，其中 3 片披针形，长 5mm 以上，花后增大呈长圆形；雄花 3 ~ 7 朵簇生于苞腋；果直径 1.2 ~ 1.5cm；叶常密生 ·· **1. 棒柄花 C. brevipetiolatum**
1. 花雌雄异株，雌花萼片长不及 5mm，花后几不增大；雄花单朵生于苞腋或近顶生；果直径 1.5cm；叶不密生 ·· **2. 灰岩棒柄花 C. bracteosum**

1. 棒柄花　棒花木　图 692

Cleidion brevipetiolatum Pax et K. Hoffm.

小乔木，高 5 ~ 12m。小枝无毛。叶薄革质，互生或近对生，常有 3 ~ 5 枚密生小枝顶，倒卵形或披针形，长 7 ~ 21cm，宽 3.5 ~ 7.0cm，先端短渐尖，基部渐狭至钝，有斑状腺体数枚，上半部边缘有疏锯齿；侧脉 5 ~ 9 对；叶柄长 1 ~ 3cm；托叶披针形，长约 3mm，早落。花雌雄同株，雄花序腋生，长 5 ~ 9cm，花序轴被微柔毛，雄花 3 ~ 7 朵簇生于苞腋，苞片阔三角形，长 1.5mm，小苞片三角形；雌花单朵腋生，花梗长 2.0 ~ 3.5cm，基部有苞片 2 ~ 3 枚，三角形，长 1.5 ~ 3.0mm；果柄棒状，长 3.0 ~ 7.5cm；雄花：萼片 3 枚，长 2.0 ~ 2.5mm；雄蕊 55 ~ 65 枚，花丝长约 1mm，花药 4 室；花梗有关节；雌花萼片 5 枚，不等大，其中 3 枚披针形，长 6 ~ 7mm，宽 2 ~ 3mm，2 枚三角形，长 2 ~ 4mm，宽 0.5 ~ 1.5mm，花后增大，其中 3 ~ 4 枚呈长圆形，长 9 ~ 15mm，宽 4 ~ 6mm，1 ~ 2 枚较小，长 3 ~ 5mm；子房球形，密生黄色毛，花柱 3 枚，长约 1cm。蒴果扁球形，直径 1.2 ~

1.5cm，有 3 个分果片，果皮具疏毛。花果期 3~10 月。

产于阳朔、东兰、田阳、靖西、那坡、田林、隆林、隆安、陆川、博白、崇左、扶绥、宁明、龙州、大新、天等、凭祥。生于海拔 700m 以下的湿润阔叶林中。分布于广东、海南、贵州、云南；越南也有分布。

2. 灰岩棒柄花

Cleidion bracteosum Gagnep.

小乔木，高 5~15m。小枝无毛。叶薄革质，互生，卵状椭圆形或卵形，长 9~19cm，宽 4~9cm，先端渐尖或急尖，基部钝圆，有斑状腺体 2~4 枚，叶缘有疏锯齿；侧脉 5~7 对，网脉在两面明显；叶柄长 2~7cm；托叶小。花雌雄异株，雄花序腋生或近顶生，花序长 6~14cm，微被柔毛，雄花单生，疏排列于轴上，苞片三角形，长 2.0~2.5mm，小苞片三角形，长约 1mm；雌花序腋生，花梗棒状，长 2~4cm，基部具数枚苞片，苞片三角形，长约 1.5mm；果梗长 6~7cm；雄花：萼片 2 或 4 枚，长约

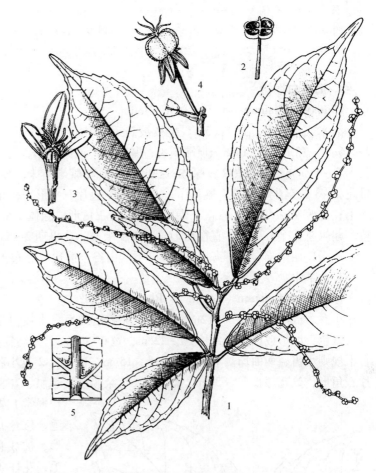

图 692　棒柄花 Cleidion brevipetiolatum Pax et Hoffm. 1. 花枝；2. 雄花；3. 雌花；4. 幼果；5. 叶背面(部分)。(仿《中国植物志》)

4mm，雄蕊 100~120 枚，花丝长 1~2mm，花药 4 室；花梗有关节；雌花：萼片 5 枚，不等大，长 2~4mm，花后几不增大；子房球形，3 室。蒴果直径约 1.5cm，有 3 个分果片，无毛。花期 12 月至翌年 2 月；果期 4~5 月。

产于河池、天峨、环江、德保、靖西、那坡、龙州。生于海拔 1000m 以下的石灰岩山地。分布于贵州、云南；越南也有分布。

25. 白桐树属 Claoxylon A. Juss.

乔木或灌木。嫩枝被柔毛。叶互生，边缘有锯齿或近全缘；羽状脉；托叶细小，早落。花雌雄异株，稀同株，无花瓣，总状花序腋生，稀有分枝；雄花 1 朵至多朵簇生于苞腋，雌花通常 1 朵生于苞腋；雄花：萼裂片 2~4 枚，镊合状排列；雄蕊 10~200 枚，通常 20~30 枚，花丝离生，花药 2 室，基着药，药几近离生，直立；散生于雄蕊基部的腺体细小，众多，直立；雌花：萼片 2~4 枚，通常 3 枚，花盘具浅裂或为离生腺体；子房 2~3(~4) 室，每室 1 枚胚珠，花柱短，离生或基部合生。蒴果具 2~3(~4) 枚分果片。

约 75 种，分布于东半球热带地区。中国 6 种；广西 3 种。

分种检索表

1. 雄花花萼无毛；雌花子房无毛；叶膜质 ························· **1. 海南白桐树 C. hainanensis**
1. 雄花花萼具毛；雌花子房具毛。
　2. 叶纸质，两面被疏毛，干后淡紫色，卵形或卵圆形，长 10~22cm；雄花有雄蕊 15~25 枚；雌花盘非杯状；分

果片的脊线凸起 ·· **2. 白桐树 C. indicum**

2. 叶膜质，上面无毛，干后青黄色，长卵形至长圆形，长 18～30cm；雄花有雄蕊 35～50 枚；雌花盘杯状；分果
   片的脊线不凸起 ··· **3. 膜叶白桐树 C. khasianum**

1. 海南白桐树

Claoxylon hainanensis Pax et K. Hoffm.

灌木或小乔木，高 1～5m。嫩枝被疏毛。叶膜质，干后浅紫色，长圆状披针形或披针形，长
9～16cm，宽 1.5～5.0cm，顶端渐尖，基部楔形或阔楔形，边缘具钝腺齿或锯齿，两面无毛；叶柄
长 1.5～5.0cm，顶部具 2 枚腺体；托叶钻形。花雌雄异株，雄花序长 11～13cm，苞片卵状三角形，
雄花 2～3 朵簇生于苞腋；雌花序长 4～5cm，苞片三角形，雌花 1 朵簇生于苞腋；雄花：萼片 3 枚，
无毛；雄蕊 40～50 枚；雌花：萼片 3 枚，近三角形；腺体 3 枚，卵形；子房近球形，无毛，花柱 3
枚。蒴果有 3 个分果片，直径约 1cm，果皮纸质。花果期 2～11 月。

产于广西南部。生于海拔 700m 以下的山谷、溪边。分布于广东、海南；越南也有分布。

2. 白桐树　丢了棒　图 693

Claoxylon indicum (Reinw. ex Blume) Hassk.

小乔木或灌木，高 3～12m。嫩枝被灰色短绒毛，小枝粗壮，灰白色，散生皮孔。叶纸质，干
后淡紫色，卵形或卵圆形，长 10～22cm，宽 6～13cm，先端急尖，基部楔形或圆钝或稍偏斜，边缘
有不规则小齿，两面均被毛；叶柄长 5～15cm，顶端有 2 枚小腺体。花雌雄异株，花序被绒毛，苞
片三角形；雄花序长 10～30cm，雄花 3～7 朵簇生于苞腋，花梗长约 4mm；雌花序长 5～20cm，雌
花通常 1 朵生于苞腋；雄花：萼片 3～4 枚，被毛，雄蕊 15～25 枚；雌花：萼片 3 枚，近三角形，被绒毛；花盘 3 裂或边缘波状；子房被绒毛，花柱 3 枚。蒴果直径 7～8mm，具 3 个分果片，脊线凸起，被灰色短绒毛。花期 3～12 月。

产于梧州、扶绥、宁明、龙州、大新。生于海拔 500m 以下的丘陵疏林中。分布于广东、海南、云南；越南、印度也有分布。

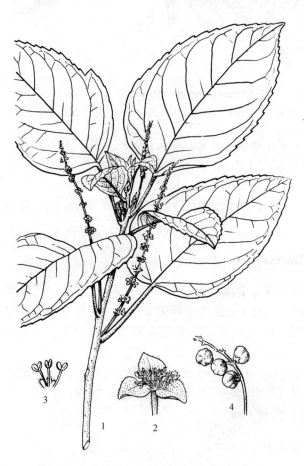

图 693　白桐树 Claoxylon indicum（Reinw. ex Blume）Hassk. 1. 雄花枝；2. 雄花；3. 示部分雄蕊和腺体；4. 一段果序。(仿《中国植物志》)

3. 膜叶白桐树　喀西白桐树

Claoxylon khasianum Hook. f.

灌木或小乔木，高 3～5m。嫩枝被短柔毛。叶膜质，干后青黄色，长卵形至长圆形，长 18～30cm，宽 6～14cm，先端骤短尖，基部圆至阔楔形，无毛，近全缘或浅波状，疏生细齿；叶柄长 3.5～7.0cm，顶端无腺体；托叶鳞片状，具毛。花雌雄异株，被短柔毛；雄花序长 10～20cm，苞片披针形，长约 1mm，雄花 3～5 朵簇生于苞腋；雌花序长 5～10cm，苞片三角形，长 1.5mm，雌花 1 朵生于苞腋；雄花：萼片 3 枚，被毛，雄蕊 40～50 枚，花丝长约 0.7mm；雌花：萼片 3 枚，阔三角形，被绒毛；花盘杯状，边缘波状，子房被绒毛，花柱 3 枚。蒴果直径 12mm，具 3 个分果片，被柔毛或无毛。花果期 3～11 月。

产于东兴。生于山谷湿润常绿阔叶林中。分布于云南；越南、印度也有分布。

26. 水柳属 Homonoia Lour.

小乔木或灌木。全株被毛和鳞片。叶互生，下面被鳞片；羽状脉；托叶 2 枚。雌雄异株，无花瓣和花盘，雄花序成总状，腋生；雌花序成穗状，腋生；雄花：萼片 3 深裂，镊合状排列，雄蕊多数，花丝合生成多束，花药 2 室，无不发育雌蕊；雌花：萼片 5～8 枚，覆瓦状排列，花后几不增大；子房 3 室，每室有 1 枚胚珠，花柱 3 枚，不叉裂。蒴果具 3 枚分果片，果皮被短柔毛。

约 2 种，分布于亚洲东南部和南部。中国 1 种，分布于南部和西南部各地；广西也产。

水柳 水杨梅、水柳子

Homonoia riparia Lour.

灌木，高 1～3m。小枝具棱，被柔毛。叶纸质，互生，狭披针形或线状长圆形，长 6～20cm，宽 1.2～2.5cm，先端渐尖，有尖头，基部急狭或钝，全缘或疏生腺齿，上面被疏柔毛或无毛，下面密生鳞片和柔毛；侧脉 9～16 对，网脉略明显；叶柄长 5～15mm；托叶钻状，早落。花雌雄异株，花序腋生，长 5～10cm；苞片近卵形，小苞片 2 枚，三角形，花单生于苞腋；雄花：萼裂片 3 枚，被短柔毛；雄蕊多数，花丝合生成约 10 束，花药小；雌花：萼片 5 枚，长圆形，被短柔毛；子房球形，被紧贴柔毛，花柱 3 枚，基部合生，柱头密生羽毛状凸起。蒴果球形，直径 3～4mm，被灰色短柔毛。花期 3～5 月；果期 4～7 月。

产于邕宁、武鸣、防城、上思、百色、田阳、那坡、凌云、乐业、田林、隆林、东兰、宁明、龙州。生于溪边及河滩沙石地。分布于台湾、海南、贵州、云南、四川；印度、泰国、越南也有分布。

27. 白大凤属 Cladogynos Zipp. ex Span.

灌木。小枝被白色星状短柔毛。叶互生，有锯齿，基部耳状浅心形，下面密被绒毛，掌状脉；托叶小。花序总状，1～2 枚生于叶腋，花雌雄同株，无花瓣，雄花密集成团伞花序，位于花序轴顶端，雌花 1～2 朵，生于花序轴下部；雄花：花萼裂片 2～4 枚，镊合状排列，雄蕊通常 4 枚，花丝离生；不育雌蕊柱状；无花盘；雌花：花萼裂片 5～7 枚，线形或近叶状，基部骤狭成柄，宿存，腺体与萼片互生；子房 3 室，每室有 1 枚胚珠，花柱基部合生，上部 3～4 裂，裂片二叉状。蒴果具 3 枚分果片，被星状柔毛。

1 种，分布于亚洲东部各国。在中国，产于广西。

白大凤 图 694

Cladogynos orientalis Zipp. ex Span.

灌木，高 0.5～2.5m。小枝密被白色星状毛。叶纸质，长卵形或长圆，长 11～18cm，宽 5～8cm，先端渐尖，基部狭耳状浅心形，边缘残波状或具疏锯齿，上面无毛，下面被灰白色绒毛，掌状脉 5～7 条，侧脉 4～5 对；叶柄长 1.5～5.0cm，被绒毛；

图 694　白大凤 Cladogynos orientalis Zipp. ex Span.
1. 花枝；2. 雄花蕾纵切面；3. 雌花；4. 果。（仿《中国植物志》）

托叶披针形，基部具 1 枚腺体，宿存。花的性状描述见属。蒴果直径约 8mm，被白色短绒毛；果梗长 2.0 ~ 2.5cm。花果期 3 ~ 11 月。

产于广西西南和西北部。生于海拔 500m 以下的石灰岩山坡、干燥疏林或灌丛中。泰国、老挝、越南、马来西亚等地也有分布。

巴豆亚科 Subfam. Crotonoideae

植株具有节或无节的乳汁管，液汁浅白色至淡红色或无色，稀无乳汁。花序为总状花序，穗状花序或聚伞圆锥状花序；雄花萼片覆瓦状或镊合状排列，通常有花瓣；花粉粒具散孔或无萌发孔，外壁为多角形的"巴豆式"图案，稀为 3 孔沟；子房每室具胚珠 1 枚。蒴果，稀为核果(石栗属 Aleurites 等)。

约 72 属，约 1500 种。中国产 18 属 61 种；广西 12 属 19 种，本志记载 12 属 17 种。

分属检索表

1. 花丝在花蕾时内弯，通常基部被绵毛，离生，雄花萼片覆瓦状或镊合状排列，有花瓣；雌花有或无花瓣 ……… ……………………………………………………………………………… **28. 巴豆属 Croton**
1. 花丝在花蕾时直立。
  2. 雄花花萼片镊合状排列；花排成聚伞圆锥花序。
    3. 花无花瓣；蒴果；叶为指状复叶 ……………………………………… **29. 橡胶树属 Hevea**
    3. 花有花瓣；果为核果状；叶为单叶。
      4. 嫩枝被星状毛；花较小，长不及 1cm。
        5. 花雌雄同株，花萼 2 ~ 3 裂，雄蕊 15 ~ 20 枚；外果皮肉质 ……… **30. 石栗属 Aleurites**
        5. 花雌雄异株，花萼 5 裂，雄蕊 7 枚；外果皮壳质 ………… **31. 东京桐属 Deutzianthus**
      4. 嫩枝被柔毛；花长于 1.5cm，花萼 2 ~ 3 裂，呈佛焰苞状，雄蕊 8 ~ 12 枚，果皮壳质 ……… ………………………………………………………………………… **32. 油桐属 Vernicia**
  2. 雄花花萼裂片或萼片覆瓦状排列。
    6. 雄花具花瓣。
      7. 总状花序，花两性。
        8. 花瓣短于花萼，细小，雄蕊 20 ~ 30 枚，离生；叶具彩色 ……… **33. 变叶木属 Codiaeum**
        8. 花瓣长于花萼，黄色或红色，雄蕊 3 枚，花丝合生…… **34. 三宝木属 Trigonostemon**
      7. 聚伞状花序或聚伞圆锥花序，若为总状花序，则为单性。
        9. 雌花萼片边缘有长腺毛，无花瓣；雄蕊约 30 枚，花丝离生 ……… **35. 宿萼木属 Strophioblachia**
        9. 雌花萼片无腺毛。
          10. 花丝离生；雌花序通常伞形花序状；雌花无花瓣，萼片花后稍增大，宿存 ……………… ……………………………………………………………… **36. 留萼木属 Blachia**
          10. 花丝合生，或仅内轮花丝合生成柱状；伞房状聚伞圆锥花序；雌花具花瓣 ………… ………………………………………………………………… **37. 麻风树属 Jatropha**
    6. 雄花无花瓣。
      11. 叶柄顶端无腺体，叶片密生透明细点；聚伞花序与叶对生 ……………… **38. 白树属 Suregada**
      11. 叶柄顶端有腺体，叶片无透明细点；雄花为圆锥花序，雌花为总状花序或稀为分枝的圆锥花序，腋生 ……………………………………………………… **39. 黄桐属 Endospermum**

28. 巴豆属 Croton L.

乔木或灌木，稀亚灌木，通常被星状毛或鳞腺，稀无毛。叶互生，稀对生或近轮生，羽状脉或掌状脉；叶柄顶端或叶片基部常有 2 枚腺体，有时叶缘齿端或齿间有腺体；托叶早落。花雌雄同株（或异株），总状或穗状；雄花：花萼常有 5 枚裂片，覆瓦状或近镊合状排列；花瓣与萼片同数，较小或等大；腺体通常与萼片同数且对生；雄蕊 10 ~ 20 枚，花丝离生；无不发育雌蕊；雌花：花萼 5 枚裂片，宿存，有时花后增大，花瓣细小或缺；花盘环状或腺体鳞片状；子房 3 室，每室 1 枚胚珠，花柱 3 枚，通常 2 或 4 裂。蒴果具 3 个分果片。

约 1300 种，广布于全世界热带、亚热带地区。中国约 23 种；广西 10 种，本志记载 8 种。

分种检索表

1. 嫩叶、成长叶下面、花序和果均密被紧贴的鳞腺；叶全缘，羽状脉；花柱 4 ~ 8 裂 ······················ ·· **1. 银叶巴豆 C. cascarilloides**
1. 嫩枝被星状毛、星状鳞毛或近无毛。
  2. 叶具基生脉 3 ~ 5(~ 7) 条。
    3. 基生脉(3 ~)5(~ 7) 条；叶柄顶端腺体杯状，有柄，叶纸质 ············· **2. 石山巴豆 C. euryphyllus**
    3. 基生脉 3(~ 5) 条。
      4. 苞片边缘有线状撕裂齿，齿端有细小尖头腺体；花柱 4 裂；矮小灌木 ········ **3. 鸡骨香 C. crassifolius**
      4. 苞片线形或钻形，全缘；花柱 2 裂；灌木至小乔木。
        5. 叶柄顶端或叶片基部的腺体具柄，杯状。
          6. 叶边缘具细齿，叶基部或叶柄顶端具腺体 ············· **4. 毛果巴豆 C. lachnocarpus**
          6. 叶边缘疏生重锯齿，叶基部的腺体具细长柄 ············· **5. 荨麻叶巴豆 C. cnidophyllus**
        5. 叶片基部的腺体无柄，盘状，叶纸质 ················· **6. 巴豆 C. tiglium**
  2. 叶具羽状脉，无基生脉。
    7. 嫩枝和花序被星状鳞毛；叶纸质，长圆状披针形，两面无毛，叶柄短，长不及 1cm ············· ·· **7. 香港巴豆 C. hancei**
    7. 嫩枝和花序被星状绒毛；叶厚纸质，长椭圆形，下面被绒毛，叶柄长 1 ~ 3cm ············· ·· **8. 厚叶巴豆 C. merrillianus**

1. 银叶巴豆　毛银叶巴豆　图 695
Croton cascarilloides Raeusch.

灌木，高 1 ~ 2m。幼枝、叶、叶柄、花序和果均密被紧贴鳞腺，鳞腺圆形，半透明，膜质；枝条具皱纹。叶互生，常密集于枝顶，披针形、椭圆形或倒卵状椭圆形，长 8 ~ 14cm，宽 2 ~ 5cm，先端短尖、渐尖、近圆或微凹，基部渐狭、钝或微心形，有 2 枚盘状腺体，全缘，上面鳞腺早落，下面被苍灰色或浅褐色鳞腺；羽状脉，侧脉 8 ~ 12 对；叶柄长 1.5 ~ 3.0cm；托叶钻状，早落。花序顶生，长 1 ~ 4cm，苞片早落；雄花：萼片被白色缘毛；花瓣倒卵形，具白色缘毛，雄蕊 15 ~ 20 枚，花丝下部被白色柔毛；雌花：苞片有白色缘毛，子房和花柱被鳞腺，花柱 4 ~ 8 裂，裂片丝状。蒴果近球形，直径约 7mm。花期几全年。

产于宁明、龙州。生于海拔 500m 以下的灌丛或疏林中。分布于台湾、福建、广东、海南、云南；日本、越南、泰国也有分布。

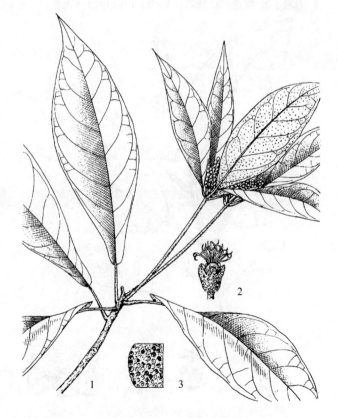

图 695　银叶巴豆 Croton cascarilloides Raeusch. 1. 花枝；2. 雌花；3. 示萼片的鳞片。(仿《中国植物志》)

图 696　石山巴豆 Croton euryphyllus W. W. Sm.
1. 花枝；2. 雌花；3. 雄花；4. 果。（仿《中国植物志》）

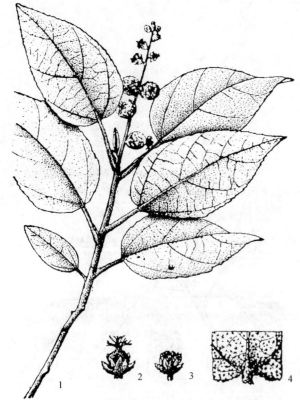

图 697　鸡骨香 Croton crassifolius Geiseler 1. 果枝；
2. 雌花；3. 蒴果；4. 叶背面（部分）。（仿《中国高等植物图
鉴》）

2. 石山巴豆　图 696

Croton euryphyllus W. W. Sm.

灌木，高 3 ~ 5m。嫩枝、叶和花序均被很快脱落的星状柔毛，小枝淡黄色。叶纸质，近圆形至阔卵形，长 6.5 ~ 8.5cm，宽 6 ~ 8cm，先端短尖或钝，基部心形，边缘有粗钝锯齿；基生脉（3 ~ ）5（ ~ 7）条，侧脉 3 ~ 5 对；叶柄长（1.5 ~ ）3.0 ~ 7.0cm，顶端有 2 枚具柄腺体；托叶线形，早落。花序总状，长 15cm，苞片线状三角形，早落；雄花：萼片披针形；花瓣比萼片小；雄蕊 15 枚；雌花：萼片披针形；花瓣细小，钻状；子房被星状毛，花柱 2 枚。蒴果近球形，长 1.2 ~ 1.5cm，直径约 1.2cm，密被星状毛。花期 4 ~ 5 月；果期 6 ~ 9 月。

产于桂林、阳朔、临桂、平乐、柳州、天峨、武鸣、龙州。生长于疏林中。分布于四川、贵州、云南。

3. 鸡骨香　图 697

Croton crassifolius Geiseler

小灌木，高 20 ~ 50cm。1 年生枝、幼叶、成长叶下面、花序和果均密被星状绒毛，老枝近无毛。叶卵形至长圆形，长 4 ~ 10cm，宽 2 ~ 6cm，先端钝或短尖，基部圆形至心形，边缘有不明显的细齿，齿间有腺体，成长叶上面的毛渐脱落，下面被星状绒毛，基生脉 3（ ~ 5）条，侧脉（3 ~ ）4 ~ 5 对；叶柄长 2 ~ 4cm；叶柄顶端或叶片基部中脉两侧有 2 枚具柄的杯状腺体；托叶钻状，早落。总状花序顶生，长 5 ~ 10cm，苞片线形，边缘有线形撕裂状齿，齿端有细小头状腺体；雄花：萼片被星状绒毛；花瓣与萼片等长，边缘有绵毛；雄蕊 14 ~ 20 枚；雌花：外被星状绒毛，子房被黄色绒毛，花柱 4 裂，线形。蒴果球形，直径 1cm。花期 11 月至翌年 6 月；果期 2 ~ 9 月。

产于阳朔、合浦。生于丘陵台地。分布于福建、广东、海南；越南、老挝、泰国也有分布。

4. 毛果巴豆

Croton lachnocarpus Benth.

灌木或小乔木，高 1 ~ 3m。1 年生小

枝、幼叶、花序和果均密被星状柔毛，老枝近无毛。叶纸质，长椭圆形，长 4 ~ 10cm，宽 1.5 ~
4.0cm，先端钝、短尖至渐尖，基部近圆形至微心形，边缘有不明显细锯齿，齿间弯缺处常有 1 枚
细小有柄的杯状腺体，成长叶上面几无毛或仅沿脉被星状柔毛，稍粗糙，下面密被星状柔毛；基生
三出脉，侧脉 4 ~ 6 对；叶柄顶端有 2 枚有柄杯状腺体；叶柄长 2 ~ 4cm，密被星状柔毛。总状花序
1 ~ 3 个顶生，长 6 ~ 10cm，苞片钻形；雄花：萼片卵状三角形；花瓣椭圆形，雄蕊 10 ~ 12 枚；雌
花：萼片披针形；子房被黄色绒毛，花柱线形，2 裂。蒴果扁球形，直径 6 ~ 10mm，被毛。花期
4 ~ 5 月；果期 6 ~ 9 月。

产于临桂、灵川、兴安、恭城、贺州、昭平、蒙山、金秀、平南、桂平。生于海拔 900m 以下
的山地疏林或灌丛中。分布于江西、湖南、贵州、广东；越南、泰国也有分布。

5. 荨麻叶巴豆　贵州巴豆

Croton cnidophyllus Radcl. - Sm. et Govaerts

灌木，高 1 ~ 2m。嫩枝、叶、叶柄和花序均密被贴伏柔毛；老枝无毛。叶纸质，卵形或椭圆状
卵形，长 3.0 ~ 7.5cm，宽 1.5 ~ 3.5cm，先端渐尖，基部圆形或近心形，边缘疏生重锯齿，齿间弯
缺处常有具柄腺体；基生脉 3(~ 5) 条，侧脉 2 ~ 3 对，叶下面基部中脉两侧各具 1 枚具柄的杯状腺
体；叶柄长 1.5cm；托叶线形，早落。总状花序顶生，长 8 ~ 14cm，苞片钻状，早落；雄花：萼片
长圆形；花瓣长圆状椭圆形；雄蕊 10 ~ 12 枚；雌花：萼片长圆状披针形；子房密被星状硬毛，花
柱 3 枚，2 裂，线状。蒴果近球形，直径约 1cm，被星状绒毛。花期 7 ~ 9 月；果期 9 ~ 11 月。

产于乐业。生于海拔 400 ~ 700m 的石灰岩山地疏林中。分布于贵州、云南。

6. 巴豆　图 698

Croton tiglium L.

灌木或小乔木，高 3 ~ 6m。幼枝被稀疏星状毛，小枝无毛。叶纸质，卵形，长 7 ~ 12cm，宽 3 ~
7cm，先端短尖，基部阔楔形至近圆形，边缘有细锯齿，有时近全缘，成长叶近无毛；基生脉 3
(~ 5) 条，侧脉 3 ~ 4 对；基部两侧叶缘
上各有 1 枚盘状腺体；叶柄长 2.5 ~
5.0cm，近无毛；托叶线形，早落。总状
花序顶生，长 8 ~ 20cm，苞片钻状；雄
花：萼片被星状毛或近无毛；雌花：萼
片长圆状披针形，几无毛；子房密被星
状柔毛，花柱 2 深裂。蒴果椭圆形，长约
2cm，直径 1.4 ~ 2.0cm，被稀疏星状柔
毛或近无毛。花期 2 ~ 7 月；果期 5 ~
9 月。

产于广西各地。生于村旁或山地疏
林中。分布于浙江、福建、江西、湖南、
广东、海南、贵州、四川、云南；亚洲
南部和东南部也有分布。有毒，民间用
枝、叶作杀虫药或毒鱼，也供药用，作
泻药，根、叶可治风湿骨痛等。

7. 香港巴豆

Croton hancei Benth.

灌木或小乔木，高 5m。嫩枝和花序
被贴伏的星状鳞毛，老枝无毛。叶纸质，
集生于小枝顶端，长圆状披针形，长 8 ~

图 698　巴豆 Croton tiglium L. 1. 花枝；2. 雌花；3. 蒴
果。(仿《中国树木志》)

18cm，宽 2～5cm，先端渐尖，基部渐狭且钝，全缘或边缘有细锯齿，两面无毛，羽状脉，基部中脉两侧各有 1 枚具柄的杯状腺体；叶柄长 2～5mm。总状花序顶生，长约 3cm，苞片细小；雄花：多朵密生于花序；萼片卵形；花瓣小；雄蕊约 16 枚，花丝被绵毛；雌花：1 朵生于花序基部，萼片长圆形；子房球形，密被毛，花柱 3 枚，中部以下合生，上部 2 裂。花期 6～8 月。

产于广西东南部。生于海拔 500～600m 的山地密林中。分布于香港、广东。

8. 厚叶巴豆
Croton merrillianus Croizat

灌木，高 1.5～3.0m。嫩枝、叶下面、叶柄和花序密被星状绒毛；枝条几无毛。叶厚，纸质，常密生于枝顶，长椭圆形，长 11～20cm，宽 3～6cm，先端短尖至渐尖，基部近圆形，全缘，成长叶上面无毛；侧脉 8～12 对，基部中脉两侧各有 1 枚有柄的杯状腺体；叶柄长 1～3cm。总状花序仅基部数朵为雌花；雄花：萼片卵形，外面被星状毛，内面无毛；花瓣椭圆形，外面无毛，内面被绵毛；雄蕊 16 枚；雌花：萼片椭圆形，外面被星状毛，内面无毛，花后增大，长达 1cm；花瓣丝状；子房球形，花柱 3 枚，2 深裂。蒴果近球形，直径约 1cm，密被星状毛。花期 1～10 月。

产于上思，生于海拔 700m 的山地密林中。分布于海南。

29. 橡胶树属 Hevea Aubl.

乔木，有丰富乳汁。3(～5)出复叶，互生，或小枝顶部的近对生，具长柄，叶柄顶端有腺体，小叶全缘，具小叶柄。花雌雄同株，同序，无花瓣，由多个聚伞花序组成圆锥花序，雌花生于聚伞花序的中央，其余为雄花；雄花花萼 5 裂，花盘分裂为 5 枚腺体，或浅裂或不裂；雄蕊 5～10 枚，花丝合生成一超出花药的柱状物，花药排列成整齐或不整齐的 1～2 轮；雌花的花萼与雄花的同；子房 3 室，稀较多或较少，每室 1 枚胚珠，通常无花柱。蒴果大，通常具 3 个分果片，外果皮肉质，内果皮木质。种子圆柱状，有斑纹。

约 12 种，分布于美洲热带地区。中国栽培 1 种，广西也有。

橡胶树 巴西橡胶、三叶橡胶 图 699

Hevea brasiliensis (Willd. ex A. Juss.) Müll. Arg.

大乔木，高 30m，有丰富乳汁。指状复叶有 3 枚小叶，叶柄长 15cm，顶端有 2(3～4) 枚腺体；小叶椭圆形，长 10～25cm，宽 4～10cm，先端渐尖，基部楔形，全缘，两面无毛；侧脉 10～16 对，网脉明显；小叶柄长 1～2cm。花序腋生，圆锥状，长 16cm，被白色短柔毛；雄花：萼片卵状披针形，雄蕊 10 枚，排成 2 轮，花药 2 室；雌花：花萼与雄花同，稍大；子房(2～)3(～6) 室，花柱短，柱头 3 枚。蒴果椭圆形，直径 5～6cm，有 3 条纵沟，顶端有喙尖，外果皮干后有网状脉纹。种子椭圆状，有斑纹。花期 5～6

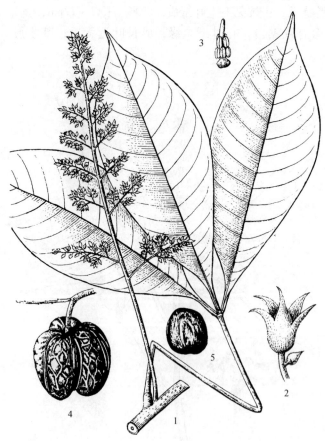

图 699　橡胶树 Hevea brasiliensis (Willd. ex A. Juss.) Müll. Arg. 1. 花枝；2. 花；3. 雄蕊群；4. 果；5. 种子。(仿《中国植物志》)

月；果期 8~9 月。

原产于巴西，现广泛栽培于世界热带地区。合浦、防城、玉林、博白、龙州有栽培，台湾、福建、广东、云南、海南也有栽培。喜湿热气候，中国引种适生栽培地区，年平均气温 21~24℃，年降水量 1500mm 以上，绝对最低气温 5℃ 以上。广西南部地区栽培橡胶，常受寒害，重者大树冻死，应选择抗寒品系和开阔地形。在肥沃、湿润、排水良好的酸性砂壤土上生长良好。本种是最主要的天然橡胶植物。

30. 石栗属 Aleurites J. R. Forst. et G. Forst.

常绿乔木。嫩枝密被星状柔毛。单叶，全缘或 2~5 裂；叶柄顶端有 2 枚腺体。花雌雄同株，组成顶生圆锥花序，花萼整齐或不整齐的 2~3 裂；花瓣 5 枚；雄花：腺体 5 枚，雄蕊 15~20 枚，排成 3~4 轮，生于凸起的花托上；无不育雌蕊；雌花：子房 2(~3)室，每室 1 枚胚珠，花柱 2 裂。核果近球形，外果皮肉质，内果皮壳质，有 1~2 枚种子。

2 种，分布于亚洲和大洋洲热带至亚热带地区。中国 1 种，广西有产。

石栗　图 700

Aleurites moluccana (L.) Willd.

常绿乔木，高 18m，树皮纵浅裂或近光滑。嫩枝密被灰褐色星状柔毛，成长枝近无毛。叶纸质，卵形至椭圆状卵形，长 14~20cm，宽 7~17cm，先端短尖，基部阔楔形至圆形，全缘或 2~5 浅裂，嫩叶两面被星状柔毛，成长叶上面无毛，下面疏生星状毛或几无毛；基生脉 3~5 条；叶柄长 6~12cm，密被星状毛，顶端有 2 枚扁圆形腺体。花雌雄同序或异序，花序长 15~20cm，花萼 2~3 裂，密被星状毛，花瓣长圆形，乳白色至乳黄色；雄花：雄蕊 15~20 枚，排成 3 轮；雌花：子房密被星状柔毛，2(~3)室，花柱 2 枚，短，2 深裂。核果近球形或稍偏斜，长约 5cm，直径 5~6cm，有 1~2 枚种子。花期 4~10 月；果期 10~12 月。

产于广西东南部、西部及西南部。分布于福建、台湾、广东、海南、云南；越南、泰国、马来西亚、印度等地也有分布。喜高温、高湿气候，能耐短期 -1℃ 左右低温，但忌重霜。喜光树种，深根性，生长快速，有萌芽力，适生于湿润、肥沃的酸性土至中性土，也耐贫瘠，在公路两旁能生长成胸径 40cm 的大树。播种繁殖，待果实自然落地后捡拾。采集的果实堆沤于湿润处，果皮腐烂后捣洗得净种。种子千粒重 6410g。摊晒 2~3d，普通干藏，发芽力保存约 1 年。1 年生苗高 1.2~1.5m，地径 1.2cm 时，可出圃定植。石栗种仁富含油脂，种子提取的工业用油，可直接用于提炼生物质柴油；也可代替桐油作为制肥皂、油漆、涂料及水中防腐剂原料。树冠浓绿，

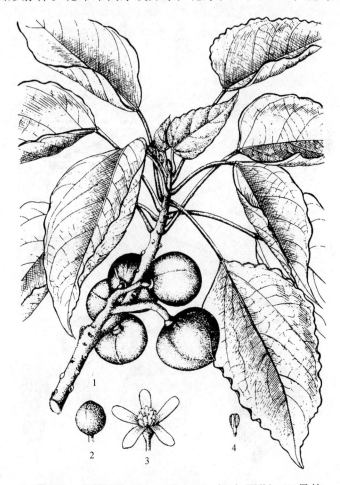

图 700　石栗 Aleurites moluccana (L.) Willd. 1. 果枝；2. 雄花蕾；3. 雄花；4. 雄蕊。(仿《中国植物志》)

栽培作行道树和庭院绿化树。

31. 东京桐属 Deutzianthus Gagnep.

乔木。小枝有明显叶痕。叶互生，基生三出脉，侧脉明显；叶柄顶端有 2 枚腺体。花雌雄异株，伞房状圆锥花序，顶生，雌花序较雄花序短且狭；雄花：花萼钟状，5 浅裂，花瓣 5 枚，与萼片互生，内向镊合状排列；花盘 5 浅裂；雄蕊 7 枚，2 轮，外轮 5 枚离生，内轮 2 枚合生到中部，无不育雌蕊；雌花：萼片三角形，花瓣与雄花同；花盘杯状，5 裂，3 室，每室有 1 枚胚珠，花柱 3 枚，基部合生。果近球形，外果皮壳质，内果皮木质，种子椭圆形。

2 种，分布于越南南部和中国南部。中国 1 种，广西也有分布。

东京桐 图 701

Deutzianthus tonkinensis Gagnep.

常绿乔木，高 12m，胸径 30cm。嫩枝密被星状毛，很快变无毛，老枝有明显叶痕。叶椭圆状菱形至椭圆状卵形，长 10～15cm，宽 6～11cm，先端短尖至渐尖，基部阔楔形至圆形，全缘，上面无毛，下面淡绿色，仅脉腋有簇毛，侧脉 5～7 对；叶柄长 5～15cm，无毛，顶端有 2 枚腺体。花雌雄异株，花序顶生，密生灰色柔毛，雌花序长约 10cm，宽 6～12cm，苞片近丝状，宿存；雄花序长约 15cm，宽约 20cm；雄花：花萼钟状，萼片三角形；花瓣长圆形，两面被毛；花盘 5 深裂；雄蕊 7 枚；雌花：花萼、花瓣与雄花同；花盘杯状，5 裂；子房被绢毛，花柱顶端 2 次分叉。果直径约 4cm，外被灰色短毛。花期 4～6 月；果期 7～9 月。

产于龙州、宁明、崇左。生于海拔 500m 以下的密林中。分布于云南南部；越南北部也有分布。

分布区年平均气温 20.0～22.5℃，1 月平均气温 13.7～15.4℃，极端最高气温 38℃，年降水量 1250mm 以上，干湿季节明显。较耐阴，幼龄树喜在庇荫下生长，成龄树喜稀疏遮阴，天然林中常为二层林冠。在石灰岩山区及酸性土山区均有分布，喜肥沃湿润森林土壤，在石灰岩山区，多分布于积土深厚的峰丛中下部；在酸性土山区也多分布在山坡中下部，山脊少见。种仁含油率高达 49.7%，油色金黄，属半干性油，用于制作肥皂、油漆、涂料、防腐剂等；果壳可制活性碳或桐碱；桐饼为上等肥料；木材纹理直，结构细，材质坚韧，可供作建筑、家具；叶大荫浓，硕果累累，可作观赏树种。

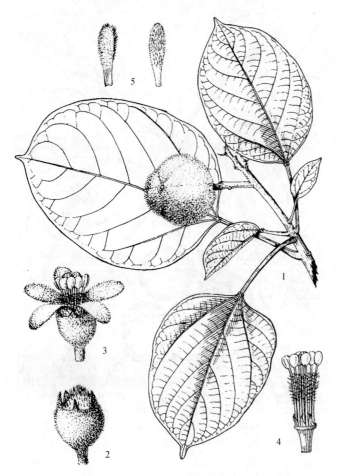

图 701 东京桐 Deutzianthus tonkinensis Gagnep. 1. 果枝；2. 花蕾；3. 雄花；4. 雄蕊群；5. 花瓣。(仿《中国植物志》)

32. 油桐属 Vernicia Lour.

落叶乔木。嫩枝被短柔毛。叶互生，全缘或 1～4 裂；叶柄顶端有 2 枚腺体。花雌雄同株或异株，由聚伞花序再组成伞房状圆锥花序；雄花：花萼呈佛焰苞状，开花时 2～3 裂，花瓣 5 枚；腺体 5 枚；雄蕊 8～12 枚，2 轮，外轮花丝离生，内轮花丝较长且基部合生；雌花：萼片、花瓣与雄花同，花盘不明显或缺，3(~8)室，每室有1枚胚珠，花柱3~4枚，各2裂。果大，核果状，近球形，顶端有喙尖，不开裂或基部具裂缝，果皮壳质，有3(~8)枚种子。

3种，分布于亚洲东部。中国产2种，分布于秦岭以南各地。

本属植物种子含油系干性油，为油漆工业重要原料。

分种检索表

1. 叶全缘，稀1~3裂，叶柄顶端有无柄的腺体；果皮光滑无棱 ·························· **1. 油桐 V. fordii**
1. 叶1~5裂，稀全缘，叶柄顶端有具柄的腺体；果皮有凸起的皱纹 ·························· **2. 木油桐 V. montana**

1. 油桐 二年桐、桐油树、桐子树 图702：1~2

Vernicia fordii（Hemsl.）Airy Shaw

落叶乔木，高10m，树皮灰色，光滑不开裂。小枝粗壮，无毛，具明显皮孔。叶卵圆形，长5~18cm，宽3~15cm，先端短尖，基部截平至浅心形，全缘，稀1~3浅裂，嫩叶上面被很快脱落的微柔毛，下面被渐落棕色微柔毛，成长叶上面深绿色，无毛，下面灰绿色，被贴伏微毛，掌状脉5(~7)条；叶柄与叶片近等长，几毛，顶端有2枚无柄腺体。花雌雄同株，先于叶或与叶同时开放；花萼片长约1cm，2(~3)裂，外面被棕色微毛；花瓣白色，有淡红色脉纹，倒卵形，长2~3cm，宽1.0~1.5cm；雄花：雄蕊8~12枚，轮生，外轮离生，内轮花丝中部以下合生；雌花：3~5(~8)室，每室有1枚胚珠，花柱与子房室同数，2裂。核果近球形，直径4~6(~8)cm，果皮光滑，3~4(~8)枚种子。花期3~4月；果期8~9月。

产于广西北部、东北部和西北部，在中部岩溶盆地也有零星栽培，以田林、隆林、西林、乐业、凌云、田东、那坡、天峨、东兰等为主产区。垂直分布以海拔300~700m的丘陵至低山为多，在西北部的隆林各族自治县岩茶乡海拔1300m处也有栽培。中国油桐产于淮河流域以南，以四川、湖北、湖南毗邻地区栽培最为集中。油桐是典型的中亚热带树种，要求年平均气温15~20℃，而以16~17℃最为适宜。当年平均气温超过20℃时，生长和发育均受影响。能耐短期-15~-10℃低温，-10℃以下遭受冻害，不能顺利越冬。年降水量要求大于800mm，否则影响果实

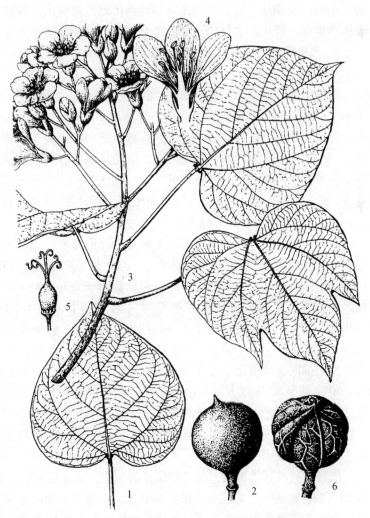

图702　1~2. 油桐 Vernicia fordii（Hemsl.）Airy Shaw 1. 叶；2. 果. 3~6. 木油桐 Vernicia montana Lour. 3. 雄花枝；4. 雄花纵切面；5. 雌蕊；6. 果。（仿《中国植物志》）

膨大和油脂形成。土壤以砂岩或页岩风化、富含有机质和氮、磷、钾元素的砂质壤土为好，pH 值 5.0～7.0。土壤含有一定的钙及微量的锌、硼、锰，不论对桐树的生长发育还是桐籽的含油量，都十分有利。在喀斯特石灰岩山地中下部坡积土上生长良好，产量较高。油桐（含木油桐）是广西优势经济林树种之一，面积约 20 万 hm^2，年产桐油约 3.0 万 t，面积和产量均居全国第 3 位。广西栽培的油桐可分为六大品种类群，37 个品种，以大米桐和对年桐为主。广西著名的大米桐类有南丹百年桐、龙胜大蟠桐、三江五爪桐、田林米桐、天峨米桐、隆林米桐、乐业米桐、平乐五爪桐、忻城红皮丛桐等优良地方品种，以及南百 1 号、龙蟠 97 号等优良无性系；对年桐类的优良品种有恭城对年桐、三江对年桐、永福对岁桐等。

播种繁殖，实生苗造林或种子点播造林，优良无性系则用嫁接繁殖。油桐嫁接苗常以千年桐作砧木，可防枯萎病。油桐纯林便于集约经营，单位面积产量高，商品率高，是三年桐的重要经营方式。广西油桐产区还有桐农混种、零星种植、茶桐混交和杉桐混交等经营方式。桐农混种是在农耕旱地上稀疏栽植油桐，75～105 株/hm^2，农作物与油桐长期共同经营；零星种植是指利用四旁地种植单株或数株油桐，由于水、土、肥及光照条件好，单株产量高，值得大力提倡；在杉木产区，有"点桐种杉"的习惯，选种对年桐，采用 1 行油桐 2 行杉木混交，可以收获桐籽 4～5 年。

油桐籽榨出的油，称桐油，具有干燥快、附着力强、有光泽、不导电、耐酸碱、耐热、防水、防锈、防腐等优良性能，在电器工业、人造皮革、塑料橡胶、冶金铸造、建筑、交通、印刷、国防、车船以及渔业、农业、医药等领域都得到广泛应用。桐麸可用于生产农药及复合肥料；果皮用于生产糠醛、钾肥；木材用于制造轻型家具、食用菌培养基等。

2. 木油桐 千年桐、皱果桐 图 702：3～6

Vernicia montana Lour.

落叶乔木，高 20m。小枝无毛，散生凸起皮孔。叶纸质，广卵形至近圆形，长 8～20cm，宽 6～18cm，先端短尖，基部心形至截形，全缘或 2～5 裂，裂缺常有腺体，两面被稀疏短柔毛，成长叶几无毛或下面基部沿脉被短柔毛；掌状脉 5 条；叶柄长 7～17cm，无毛，顶端有 2 枚具柄的杯状腺体。花序生于当年生已发叶的小枝上，雌雄异株，有时同株异序；花萼无毛，长约 1cm，2～3 裂；花瓣白色或基部紫红色且有紫红色脉纹，倒卵形，长 2～3cm，基部爪状；雄花：雄蕊 8～10 枚；雌花：3 室，花柱 3 枚，2 深裂。核果卵球形，直径 3～5cm，具 3 条纵棱，棱间有凸起粗网纹，有 3 枚种子。花期 4～6 月；果期 7～10 月。

产于广西各地，以南部天然分布和人工种植最多。分布于中国北热带至中亚热带南部。垂直分布多见于海拔 400～1000m 以下的江边、河谷及丘陵地区。主要栽培区为广西、广东、福建以及江西南部、湖南南部、浙江南部等地，常见栽培于海拔 200m 左右的低丘或 100m 左右的台地，多为村旁、道边零星种植。分布区年平均气温 15℃ 以上，≥10℃ 年积温在 5000℃ 以上，年降水量 960mm 以上。分布区地带性土壤有砖红壤、赤红壤、红壤和黄壤及红色石灰土。实生繁殖下一般表现为雌雄异株，有一半为雄株，不结实或结实很少，但没有始终不开雌花、绝对不结实的雄株，也有典型雌雄同株的类型。在实生繁殖下，5～7 年生开始开花结实，盛果期 30～40 年，寿命长达 50～60 年甚至 80 年以上。与油桐比较，木油桐具有树体大、寿命长、结实晚、产量高、耐瘠薄、抗枯萎病强、耐寒力较弱等特点。20 世纪 70 年代广西林业科学研究院凌麓山等人选育的桂皱 27 号、桂皱 1 号、桂皱 2 号和桂皱 6 号等四个木油桐高产无性系，曾创下产桐油 750kg/hm^2 的高产纪录，获得国家发明三等奖。

播种繁殖或嫁接繁殖，以培育嫁接苗为主，砧木用本砧。直播造林或植苗造林，木油桐实生苗有 50% 的植株为不结实或很少结实的雄株，产量低，同时结实量单株间差异大，应大力推广应用经选育的优良无性系嫁接苗造林。木油桐树体高大，叶片宽阔，根系发达，是优良水土保持树种；桐花洁白，春季满树白花，也是优良风景园林和道路绿化树种。木油桐经济树命长，产量高，少病虫害，适应于低海拔和高温气候，尤其适宜广西规模发展。

33. 变叶木属 Codiaeum A. Juss.

灌木或小乔木。叶互生，全缘，稀分裂；具叶柄，托叶小或缺。花雌雄同株，稀异株，花序总状；雄花：多数簇生于苞腋，花萼(3~)5(~6)裂，裂片覆瓦状排列，花瓣细小，5~6枚，稀缺；花盘分裂为5~15枚离生腺体；雄蕊15~100枚；无不育雌蕊；雌花：单生于苞腋，花萼5枚，无花瓣；花盘近全缘或分裂；子房3室，每室有1枚胚珠，花柱3枚，不分裂，稀2裂。蒴果。

约15种，分布于亚洲东南部至大洋洲北部。中国栽培1种，广西也有栽培。

变叶木 洒金榕 图703

Codiaeum variegatum (L.) Rumph. ex A. Juss.

灌木或小乔木，高2m。枝条无毛，有明显叶痕。叶薄革质，叶形状大小、形状变异很大，有时由长的中脉把叶片间断成上下两片，长5~30cm，宽(0.3~)0.5~8.0cm，先端渐尖至圆钝，基部楔形，边缘全缘、浅裂至深裂，两面无毛，绿色、淡绿色、紫红色、紫红色与黄色相间、黄色与绿色相间，有时绿色叶上散生黄色或金黄色斑点或斑纹；叶柄长0.2~2.5cm。总状花序腋生，雌雄同株异序，长8~30cm；雄花：白色，萼片5枚；花瓣5枚，远较萼片小；腺体5枚；雄蕊20~30枚；花梗纤细；雌花：淡黄色，萼片卵状三角形；无花瓣；花盘环状；子房3室；花梗粗。蒴果近球形，稍扁，无毛，直径约9mm。花期9~10月。

原产于马来亚半岛至大西洋。现广泛栽培于热带地区。品种很多，重要观叶植物。广西各地有栽培；中国南部各地常见栽培。喜温暖湿润气候，惧低温霜冻，南宁室外露地栽培，特寒年份枝叶受冻，但春季气温回暖后可恢复生长。扦插繁殖，扦插易成活。叶具各式颜色和花斑，优良盆栽植物和室外花坛、花带栽培植物。

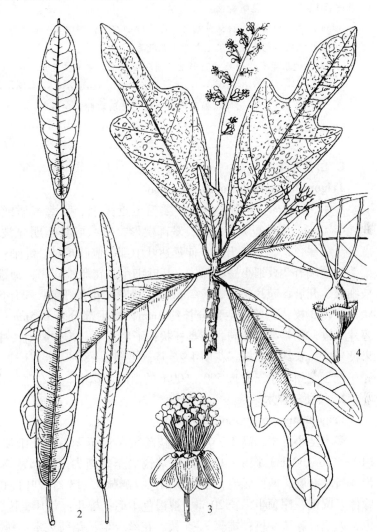

图703 变叶木 Codiaeum variegatum (L.) Rumph. ex A. Juss.
1. 花枝；2. 异形叶；3. 雄花；4. 雌花。(仿《中国植物志》)

34. 三宝木属 Trigonostemon Bl.

灌木或小乔木。叶互生，稀对生或轮生；托叶小。花雌雄同株，同序或异序，花序总状、聚伞状或圆锥状，顶生或腋生；雄花：萼片5枚，覆瓦状排列；花瓣5枚，较花萼长；花盘环状，浅裂或分裂成5枚腺体；雄蕊3~5枚，花丝合生成柱状或仅上部分离；药隔肥厚；无不发育雌蕊；雌花：花梗粗；萼片与雄花同；花盘环状，通常不裂；子房3室，每室有1枚胚珠，花柱3枚，离生或基部合生，上部 2 裂或不裂。蒴果具 3 个分果片。

50~80 种，分布于亚洲热带、亚热带。中国 8 种；广西 5 种。

分种检索表

1. 果梗长 2~3cm；嫩枝被微柔毛。
  2. 花瓣白色；叶阔椭圆形，干后绿色，基生三出脉 ································· **1. 白花三宝木 T. albiflorus**
  2. 花瓣黄色；叶倒卵形或长椭圆形至披针形，干后果褐色，无基生脉 ·············· **2. 长梗三宝木 T. thyrsoideus**
1. 果梗长 1~1.5cm；花瓣黄色。
  3. 嫩枝、叶柄和花序均密被黄褐色绒毛；叶椭圆形，侧脉 8~10 对 ·················· **3. 黄花三宝木 T. fragilis**
  3. 嫩枝、叶柄和花序被微柔毛或贴伏长硬毛。
    4. 嫩枝被微柔毛；叶长椭圆形至长圆状披针形，基生三出脉，侧脉 3~5 对；花序约 15cm，被微柔毛········
    ··· **4. 勐仑三宝木 T. bonianus**
    4. 嫩枝被长毛；叶倒卵状椭圆形或长圆形，羽状脉，侧脉 6~8 对；花序长 9~18cm，分枝开展，被疏柔毛
    ··· **5. 三宝木 T. chinensis**

1. 白花三宝木

Trigonostemon albiflorus Airy Shaw

灌木，高 1m。小枝疏生贴伏柔毛至近无毛。叶薄革质或纸质，阔椭圆形，长 9~16cm，宽 3.5~6.0cm，先端短尖至渐尖，基部楔形，全缘或具不明显波状圆齿，两面无毛，上面有细小疣点，干后绿色；基生三出脉，伸延达叶中部，侧脉 6 对，纤细；叶柄长 2.0~5.5cm，无毛或被稀疏柔毛，顶端有 2 枚细小钻状腺体；托叶细小。花雌雄同序，圆锥花序，顶生或腋生，长达 20cm，分枝细长，开展，苞片钻状，长 2.5mm；雄花：花梗纤细；萼片倒卵形；花瓣白色，宽匙形；花盘环状；雄蕊 3 枚，花丝合生部分长约 2mm，离生部分长 0.5mm；雌花：花梗棒状，长 1.0~1.5cm；萼片 5 枚；花瓣与雄花同，花盘杯状；子房无毛，花柱离生，柱头短 2 裂。蒴果直径约 1cm，无毛；果梗棒状，长约 2.8cm。花期 4~5 月；果期 6~8 月。

产于龙州。生于海拔 500~600m 的山间灌丛中。分布于越南北部。

2. 长梗三宝木

Trigonostemon thyrsoideus Stapf

灌木至小乔木，高 1~6m。小枝疏被柔毛至无毛。叶纸质，倒卵状或长椭圆形至披针形，长 (10~)16~32cm，宽 4~12cm，先端锐尖至短渐尖，基部宽楔形至近圆形，边缘有不明显疏细锯齿，齿端有腺，两面无毛，干后浅褐色；侧脉 8~13 对；叶柄长 4~10cm，无毛，顶端有 2 枚锥状腺体。圆锥花序顶生，长 20cm，被褐色柔毛；雄花：萼片 3 枚，卵圆形；花瓣 5 枚，长椭圆形，黄色，无毛；腺体 5 枚；雄蕊 3~5 枚，花丝合生，花药 2 室；雌花：萼片和花瓣与雄花同，但较大；花盘环状，5 裂；子房无毛，花柱 3 枚，2 浅裂。蒴果具 3 条深纵沟，直径约 1.5cm，散生皮刺状凸起；果柄棒状，长约 3cm。花期 4~7 月；果期 6~9 月。

产于河池、隆林、防城、上思、龙州。生于海拔 600~1000m 的密林中。分布于云南、贵州；越南北部也有分布。

3. 黄花三宝木

Trigonostemon fragilis (Gagnep.) Airy Shaw

灌木，高 1m。嫩枝、叶柄和花序密被开展的黄褐色柔毛，成长枝的毛渐脱落。叶纸质，椭圆形，长 15~23cm，宽 6~8cm，先端渐尖，有时长渐尖，基部阔楔形至圆形，全缘或疏生细锯齿，两面初时被柔毛，后渐脱落；侧脉 8~10 对；叶柄长 1~3cm。圆锥花序顶生，长 25cm，苞片披针形；雄花：萼片 5 枚，卵形，外面被疏柔毛；花瓣黄色，干后橙红色，倒卵形，有爪；雄蕊 3 枚；雌花：萼片披针形；花瓣倒卵状椭圆形，有爪，黄色；花盘环状；子房无毛，花柱 3 枚，柱头头

状。蒴果近球形，直径约1cm，无毛。花期4~5月；果期6~8月。

产于田东、崇左、宁明、龙州、防城。生于海拔500~600m的石灰岩山地灌丛中。分布于海南；越南也有分布。

4. 勐仑三宝木　广西三宝木　图704：1~2

Trigonostemon bonianus Gagnep.

灌木，高2~4m。当年生枝被柔毛，老枝无毛。叶纸质，长椭圆形至长圆状披针形，长10~17cm，宽2~5cm，先端渐尖至尾状渐尖，基部阔楔形至近圆形，全缘或具稀疏细锯齿，两面无毛；基生三出脉，侧脉3~5对；叶柄长0.5~2.0cm，被柔毛至近无毛。圆锥花序顶生，开展，长约15cm，被微柔毛，苞片线形；雄花：萼片5枚；花瓣5枚，黄色；雄蕊3枚；雌花：萼片披针形；花瓣椭圆形，黄色；子房无毛，花柱3枚，柱头头状。花期5月。

产于宁明、龙州。生于海拔500~700m的疏林中。分布于云南南部。

5. 三宝木　图704：3~7

Trigonostemon chinensis Merr.

灌木，高2~4m。嫩枝密被黄棕色柔毛，老枝近无毛。叶薄纸质，倒卵状椭圆形至长圆形，长8~18cm，

图704　1~2. 勐仑三宝木 Trigonostemon bonianus Gagnep. 1. 果枝；2. 果。3~7. 三宝木 Trigonostemon chinensis Merr. 3. 花枝；4. 雄花蕾；5. 雄花花萼；6. 雄花纵切面；7. 雌花的雌蕊和一部分萼片和花瓣。（仿《中国植物志》）

宽3.0~5.5cm，先端短尖至尾尖，基部楔形，全缘或上半部有不明显疏细齿，嫩叶两面密生很快脱落的长柔毛，成长叶无毛或近无毛；羽状脉，侧脉6~8对；叶柄长1~2cm，初时密被短硬毛，后几无毛，顶端有2枚锥状小腺体。圆锥花序顶生，长9~18cm，分枝细长，开展，被疏柔毛；雄花：花梗纤细；萼片5枚；花瓣倒卵形，黄色；花盘环状，雄蕊3枚，花丝合生，顶端分离；雌花：花梗棒状，长1.0~1.5cm；萼片5枚，其中3枚较大；花瓣倒卵形，黄色；子房无毛，花柱3枚，柱头头状。蒴果近球形，直径约1.2cm，具3条纵沟，无毛。花期2~9月；果期5~11月。

产于崇左、龙州，生于海拔400~600m的密林。分布于广东、海南；越南北部也有分布。

35. 宿萼木属 Strophioblachia Boerl.

小灌木。叶互生，全缘，羽状脉；托叶宿存。花雌雄同株，异序或同序，总状花序聚伞状；短，顶生；雄花：萼片4~5枚，覆瓦状排列；花瓣5枚，白色，与萼片等长，有小齿；腺体5枚，与萼片对生；雄蕊约30枚，花药2室，花丝离生；无不育雌蕊；雌花：萼片5枚，花后增大，边缘(有时背面)具腺毛；无花瓣；花盘坛状，全缘；子房3室，每室1枚胚珠，花柱3枚，基部合生，上部2深裂。蒴果无毛，有宿存的萼片。

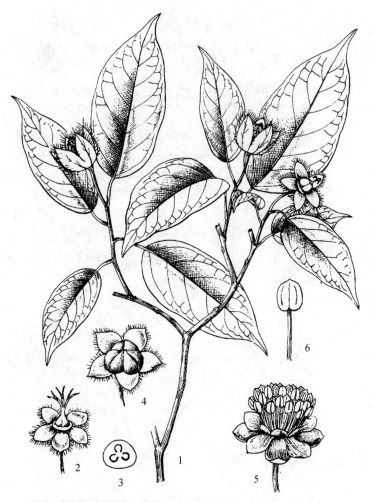

图 705 宿萼木 Strophioblachia fimbricalyx Boerl. 1. 果枝; 2. 雌花; 3. 子房横切面; 4. 果和宿萼; 5. 雄花; 6. 雄蕊。(仿《中国植物志》)

2 种，分布于亚洲东部。中国 2 种 1 变种；广西 1 种。

宿萼木 图 705

Strophioblachia fimbricalyx Boerl.

灌木，高 2 ~ 4m。嫩枝灰白色，被很快脱落的疏生短柔毛，成长枝无毛，散生细小皮孔。叶膜质，卵形至倒卵状披针形，长 7 ~ 14cm，宽 2.5 ~ 5.0cm，先端渐尖或尾状渐尖，基部阔楔形至近圆形，全缘，成长叶两面无毛；侧脉 6 ~ 8 对；叶柄长 1 ~ 5cm，嫩时被疏柔毛，很快变无毛。总状花序聚伞状；雄花：萼片卵圆形；花瓣倒卵形，与萼片等长；腺体宽扁；雄蕊 15 ~ 30 枚，开放时长于花冠；雌花：萼片卵形，稍不等长，花后增大至 1.5 ~ 2.0cm，边缘密生粗腺毛；无花瓣；花盘环状；子房 3 室，花柱 3 枚，2 深裂。蒴果球形，稍扁，直径 8 ~ 10mm，具 3 条纵沟，无毛，红褐色。花期 5 ~ 6 月；果期 7 ~ 10 月。

产于龙州。生于海拔 400m 以下的密林或灌丛中。分布于海南、云南；印度尼西亚、越南也有分布。

36. 留萼木属 Blachia Baill.

灌木。叶互生，全缘，稀分裂，羽状脉；叶柄短。花雌雄同株异序，花序顶生或腋生，雄花序总状，花在总梗顶部密生或疏生，花梗细长；雌花序有数朵花，排成伞形或总状花序，有时雌花单朵或数朵生于雄花序基部，花梗上部较粗；雄花：萼片 4 ~ 5 枚，覆瓦状排列；花瓣 4 ~ 5 枚，较萼片短；腺体鳞片状；雄蕊 10 ~ 20 枚，着生于凸起的花托上，花丝离生；无不育雌蕊；雌花：萼片 5 枚，花后增大或稍增大；无花瓣；花盘环状或分裂；子房 3 ~ 4 室，每室 1 枚胚珠，花柱 3 枚，离生，各 2 裂。蒴果扁球形，具 3 条纵沟。

约 10 种，分布于亚洲热带地区。中国 4 种；广西 1 种。

大果留萼木

Blachia andamanica (Kurz) Hook. f.

灌木，高 2m。小枝灰色，有明显皮孔。叶纸质，长圆形至椭圆状披针形，长 2 ~ 17cm，宽 1.0 ~ 5.5cm，先端锐尖或渐尖，基部圆形或阔楔形，全缘，两面无毛；侧脉 4 ~ 7 对；叶柄长 5 ~

10mm，被白色柔毛。花雌雄同株，雄花序顶生，总状，有花 5~10 朵，花梗长 1.0~3.5cm，被白色绢质柔毛；雌花序伞形花序状，有花 2~4 朵，生于雄花序基部或小枝顶端，花序梗短；雄花：花梗长 3~5mm；萼片 5 枚，绿色；花瓣 5 枚；花盘 5 裂；雄蕊 24 枚；雌花：花梗棒状；萼片 5 枚；花盘环状，子房密被白色绢质长柔毛，花柱 3 枚，基部合生，上部 2 深裂，线形。蒴果扁球形，有 3 条纵沟，直径约 1.2cm，被柔毛。花期 9~10 月；果期 10~12 月。

产于龙州。生于海拔 500~600m 的石灰岩灌丛。分布于广东、海南；印度、马来西亚、缅甸、菲律宾等地也有分布。

37. 麻疯树属 Jatropha L.

乔木、灌木、亚灌木或为具根状茎的多年生草本。叶互生，掌状或羽状分裂，稀不裂，被毛或无毛，具柄或无柄；托叶全缘或分裂为刚毛状或为有柄的一列腺体，或小托叶。花雌雄同株，稀异株，伞房状聚伞圆锥花序，顶生或腋生，在二歧聚伞花序中央的花为雌花，其余为雄花；萼片 5 枚，覆瓦状排列，基部稍连合；花瓣 5 枚，覆瓦状排列，离生或基部合生；腺体 5 枚，离生或合生成环状花盘；雄花：雄蕊 8~12 枚，排成 2~6 轮，花丝稍合生；雌花：子房 2~3(~4~5)室，每室有 1 枚胚珠；花柱 3 枚。蒴果。

约 175 种，主产于美洲热带、亚热带。中国栽培或逸为野生的有 3 种；广西 2 种。

分种检索表

1. 花瓣合生几达中部，黄绿色；叶不分裂或 3~5 浅裂，非盾状着生 ·················· **1. 麻疯树 J. curcas**
1. 花瓣离生或近离生，红色；叶盾状着生，全缘或 2~6 浅裂 ·················· **2. 佛肚树 J. podagrica**

1. 麻疯树 假白榄 图 706

Jatropha curcas L.

灌木或小乔木，高 2~5m。有水状液汁，树皮平滑，枝条苍白色，无毛，疏生凸起皮孔，髓心大。叶纸质，近圆形至卵圆形，长 7~18cm，宽 6~16cm，先端短尖，基部心形，全缘或 3~5 浅裂，上面亮绿色，无毛，下面灰绿色，初时沿脉被柔毛，后变无毛；掌状脉 5~7 条；叶柄长 6~18cm；托叶小。花序腋生，长 6~10cm，苞片披针形，长 4~8mm；雄花：萼片 5 枚，基部合生；花瓣长圆形，黄绿色，合生至中部；腺体 5 枚；雄蕊 10 枚，外轮 5 枚离生，内轮花丝下部合生；雌花：花梗花后伸长；萼片离生，长约 6mm；花瓣和腺体与雄花同；子房 3 室。蒴果椭圆形或近球形，长 2.5~3.0cm，黄色。花期 9~10 月；果期 10~12 月。

产于南宁、邕宁、北海、钦州、百色、田阳、凌云、乐业、隆林、都安、宁明、龙州等地，多作绿篱栽培。福建、台湾、广东、海南、贵州、云南、四川等地有栽培或逸为野生。世界各热带地区有分布或栽培。

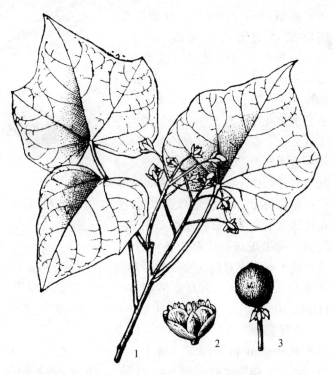

图 706 麻疯树 Jatropha curcas L. 1. 花果枝；2. 雄花；3. 蒴果。（仿《中国高等植物图鉴》）

2. 佛肚树

Jatropha podagrica Hook.

直立灌木，高2m。茎基部和下部膨大呈瓶状。枝条粗短，肉质，散生凸起皮孔；叶痕大。叶盾状着生，圆形至椭圆形，长8~18(~25)cm，宽6~16cm，先端圆钝，基部截形或钝，全缘或2~6浅裂，两面无毛，上面亮绿色，下面灰绿色，掌状脉6~8条；叶柄长8~16cm，无毛；托叶分裂呈刺状，宿存。花序顶生，总梗长，分枝短，红色；萼片近长圆形；花瓣倒卵状长圆形，红色；雄花：雄蕊6~8枚，基部合生；雌花：子房无毛，花柱3枚，基部合生，顶端2裂。蒴果椭圆状球形，长1.3~1.8cm，直径约1.5cm，具3条纵沟。花果期几全年。

原产于美洲热带地区，作为观赏植物，世界各热带地区有广泛栽培。南宁、桂林有栽培；中国多地也有栽培。

38. 白树属 Suregada Roxb. ex Rottl.

灌木或小乔木。乳胶不明显，枝、叶无毛。叶互生，全缘或偶有疏生小齿，叶片密生透明细点，羽状脉；叶柄短，托叶小，合生，早落，在节上留下明显环痕。花雌雄异株，偶有同株，无花瓣，具短梗，排成密集聚伞花序或团伞花序，花序与叶对生；雄花：萼片5(~6)枚，近圆形，覆瓦状排列；雄蕊多数，离生；无不育雌蕊；雌花：萼片与雄花同；花盘环状；子房(2~)3室，每室有1枚胚珠。蒴果核果状，稍三棱状圆球形，迟开裂。

约35种，分布于亚洲、大洋洲和非洲热带。中国2种；广西1种。

白树 图707

Suregada glomerulata（Blume）Baill.

灌木或乔木，高2~13m。枝条灰黄色至灰褐色，无毛。叶薄革质，倒卵形至倒卵状椭圆形，长5~12cm，宽3~6cm，先端短尖或短渐尖，基部阔楔形，全缘，两面无毛；侧脉5~8对；叶柄长3~8cm，无毛。聚伞花序，花梗和花萼具微柔毛或近无毛，花在开花时直径3~5mm；萼片近圆形，边缘有浅齿；雄花：雄蕊多数；腺体小，生于花丝基部；雌花：花盘环状，子房近球形，无毛，花柱3枚，平展，2深裂，裂片再2浅裂。蒴果近球形，有3条浅纵沟，直径约1cm，成熟后完全开裂，具宿存萼片。花期5~9月；果期6~11月。

产于防城。生于海拔600m以下的灌丛中。分布于广东、海南、云南；印度、越南也有分布。

图707 白树 Suregada glomerulata（Blume）Baill. 1. 花枝；2. 雄蕊群和腺体；3. 雄蕊；4. 萼片；5. 果。（仿《中国植物志》）

39. 黄桐属 Endospermum Benth.

乔木。小枝圆柱形，有明显髓部。叶互生，叶柄顶端有腺体；托叶2枚。花雌雄异株，无花瓣；雄花几无梗，组成圆锥花序，簇生于苞腋；花萼杯状，3~5浅裂，雄蕊5~12枚，2~3轮，生于凸起的花托上，花丝短，分离，花药2室，无不育雌蕊；雌花排成总状花序或有时为少分枝圆锥花序；花萼杯状，4~5齿裂；花盘环状，子房2~3室，每室有1枚胚珠，柱头呈2~6浅裂的盘状体。果实核果状，成熟时分离成2~3个不开裂的分果片。

约10种，分布于亚洲东南部和大洋洲热带地区。中国1种；广西也产。

黄桐 黄虫树　图708

Endospermum chinense Benth.

乔木，高6~35m。树皮灰褐色。嫩枝、花序和果均密被灰黄色星状微柔毛。小枝粗壮，毛渐脱落，叶痕明显，灰白色。叶薄革质，椭圆形至卵圆形，长8~20cm，宽4~14cm，先端短尖至钝圆形，基部阔楔形、截平至浅心形，有2枚球形腺体，全缘，两面无毛或下面被疏生星状毛；侧脉5~7对；叶柄长4~9cm；托叶三角状卵形。花序生于枝顶叶腋，雄花长10~20cm，雌花序长6~10cm，苞片卵形；雄花：花萼杯状，有4~5枚浅圆齿；雄蕊5~12枚，花丝长约1mm；雌花：花萼杯状，具3~5枚波状浅裂；花盘杯状，2~4齿裂；子房近球形，2~3室，花柱短。果近球形，直径约1cm，果皮稍肉质。花期5~8月；果期8~11月。

产于金秀、巴马、玉林、容县、陆川、北流、合浦、防城、上思、钦州、龙州。生于海拔600m以下的阔叶林中。分布于福建、广东、海南、云南；印度、缅甸、越南也有分布。

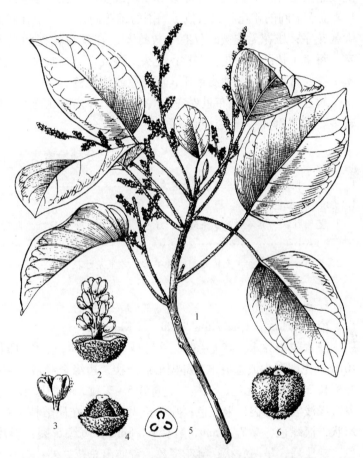

图708　黄桐 Endospermum chinense Benth. 1. 雄花枝；2. 雄花；3. 雄蕊；4. 雌花；5. 子房横切面；6. 果。(仿《中国植物志》)

大戟亚科 Subfam. Euphorbioideae

植株具有内生韧皮部及乳汁管，乳汁管无节，乳汁白色。单叶。总状花序、穗状花序或大戟花序；苞片基部通常具有2枚腺体；萼片覆瓦状排列，或无花萼，而由4~5枚苞片联合呈花萼状总苞；无花瓣；花盘中间无退化雄蕊或无花盘；雄花在花蕾中通常直立；子房2~4室，稀1室，每室有1枚胚珠；花柱分离或基部合生。蒴果，通常开裂为3个2片裂的分果片，具宿存的中轴，或果实浆果状，不开裂；种子具丰富的胚乳及宽的子叶。

中国有7属；广西7属都产，本志记载4属10种。

分属检索表

1. 杯状聚伞花序，总苞呈辐射对称，不偏斜；雄花无花萼；雄蕊1枚 …………………… **40. 大戟属 Euphorbia**

1. 穗状花序，稀总状花序；雄花萼片 2~5 枚，分离或合生；雄蕊 2~3 枚，稀多数。

   2. 雄花萼片离生，通常 3 片，罕为 2 片 ·· **41.** 海漆属 Excoecaria

   2. 雄花花萼杯状或管状 2~3 浅裂或为 2~3 细齿。

      3. 叶柄不呈翅状；种子假种皮薄蜡封闭 ······························· **42.** 乌桕属 Triadica

      3. 叶柄两侧薄，呈翅状；种子无假种皮 ······················· **43.** 白木乌桕属 Neoshirakia

40. 大戟属 Euphorbia L.

1 年生、2 年生或多年生草本，灌木或乔木。植物体具乳状液汁。叶互生或对生，少轮生，常全缘；叶常无叶柄；托叶常无，少数存在或呈钻状或呈刺状。雌雄同株或异株，杯状聚伞花序，单生或组成复花序，复花序呈单歧或二歧或多歧分枝，多生于枝顶或植株上部；每枝杯状聚伞花序由 1 朵位于中间的雌花和数朵位于周围的雄花同生于 1 个杯状总苞内而组成，为本属所特有，故又称大戟花序；雄花无花被，仅有 1 枚雄蕊，花丝与花梗间具不明显的关节；雌花常无花被；子房 3 室，每室 1 枚胚珠；花柱 3 枚；柱头 2 裂或不裂。蒴果，成熟时分裂为 3 个 2 裂的分果爿；种子每室 1 枚，常卵球状，种皮革质，深褐色或淡黄色。

超过 2000 种，遍布世界各地。中国 77 种，南北均产，但以西南的横断山区和西北的干旱地区较多。广西 26 种，本志记载 3 种。

分种检索表

1. 茎顶部叶红色或至少一部分呈红色或白色 ·· **1.** 一品红 E. pulcherrima

1. 茎顶部非红色。

   2. 茎圆柱状，具不明显 5 条隆起，绿色；叶互生，少而稀疏，肉质，常簇生于嫩枝顶端脊上 ·········

      ··· **2.** 金刚纂 E. neriifolia

   2. 茎与分枝均绿色，无棱无刺；叶早落，常呈无叶状·························· **3.** 绿玉树 E. tirucalli

1. 一品红

Euphorbia pulcherrima Willd. ex Klotzsch

灌木或小乔木，高 1~3m，多分枝，无毛。叶互生，卵状椭圆形或披针形，长 6~25cm，宽 4~10cm，先端渐尖或急尖，基部楔形或渐狭，边缘全缘或浅裂，叶面被短柔毛或无毛，叶背被柔毛；叶柄长 2~5cm，无毛；无托叶。苞叶 5~7 枚，狭椭圆形，长 3~7cm，宽 1~2cm，通常全缘，极少边缘浅波状分裂，朱红色；叶柄长 2~6cm。花序数枝聚伞排列于枝顶；花序柄长 3~4mm；总苞坛状，淡绿色，高 7~9mm，直径 6~8mm，边缘 5 裂，裂片三角形；腺体常 1 枚，极少 2 枚，黄色，常压扁，呈两唇状；雄花多数，常伸出总苞之外；苞片丝状；雌花 1 枚，子房柄明显伸出总苞之外；子房光滑，花柱 3 枚，中部以下合生，柱头 2 深裂。蒴果，三棱状圆形，长 1.5~2.0 cm，直径约 1.5cm，平滑无毛。花果期 10 至翌年 4 月。

原产于中美洲。现广泛栽培于热带和亚热带地区，偶有逸为野生。广西各地均有栽培；安徽、福建、广东、贵州、海南、湖北、湖南、江苏、江西、山东等地也有栽培。喜暖热气候，不耐寒。扦插繁殖，春季选 1 年生粗枝作插穗，半月内即生根。著名观赏植物，多盆栽。茎叶可入药，有消肿等功效，可治跌打损伤。

2. 金刚纂

Euphorbia neriifolia L.

小乔木或灌木。乳汁丰富，高 3~5m；茎圆柱状，上部多分枝，具不明显 5 条隆起、且呈螺旋状旋转排列的脊，绿色；髓近五棱形，糠质。叶互生，少而稀疏，肉质，常簇生于嫩枝顶端脊上，倒卵形至匙形，长 4.5~12.0cm，宽 1.3~3.8cm，先端钝圆，具小凸尖，基部渐狭，全缘；叶脉不明显；叶柄短，长 2~4mm；托叶刺状，长 2~3mm，宿存。花序二歧状腋生，花序梗长约 3mm；

苞叶 2 枚，膜质，早落；总苞阔钟状，高约 4mm，直径 5~6mm，裂片 5 枚，半圆形；腺体 5 枚，肉质，边缘厚，全缘；雄花多数；苞片丝状；雌花 1 朵，栽培时常不育。花期 6~9 月。

原产于印度。梧州、南宁有栽培；广东、海南、云南也有栽培。扦插或压条繁殖，易成活。用作绿篱或盆栽树种，供观赏。茎叶捣烂外敷可治痈疖、疥癣，但有毒，宜慎用。

3. 绿玉树

Euphorbia tirucalli L.

小乔木或灌木，高 2~6m，直径 10~25cm。老时呈灰色或淡灰色，幼时绿色，上部平展或分枝。小枝肉质，具丰富乳汁。叶互生，生于当年生嫩枝上，稀疏且很快脱落，故常呈无叶状态；叶片长圆状线形，长 7~15mm，宽 0.7~1.5mm，先端钝，基部渐狭，全缘，无柄或近无柄；总苞叶干膜质，早落。化序簇生于枝顶，基部具柄；总苞陀螺状，微小，内侧被短柔毛；腺体 5 枚，盾状卵形或近圆形；雄花数朵，伸出总苞之外；雌花 1 朵，子房柄伸出总苞边缘；子房光滑无毛，花柱 3 枚，柱头 2 裂。蒴果棱状三角形，长度与直径均约 8mm，平滑，略被毛或无毛，3 裂。种子卵球状，平滑；具微小的种阜。花果期 7~10 月。

原产于非洲东部。广泛栽培于热带和亚热带地区，并有逸生为野生的现象。玉林、百色、田阳、龙州有栽培；安徽、福建、广东、贵州、海南、湖北、湖南等地也有栽培，供观赏。

41. 海漆属 Excoecaria L.

乔木或灌木，具乳汁，无毛。叶互生或对生，具柄，全缘或有锯齿，具羽状脉；托叶小，早落。花单性，雌雄异株或同株异序，极少雌雄同序，无花瓣，总状花序或穗状花序腋生或顶生；雄花萼片 3 枚，稀为 2 枚，细小，覆瓦状排列；雄蕊 3 枚，花丝分离，花药纵裂，无退化雌蕊；雌花无梗，花萼 3 浅裂或分裂为 3 枚萼片；子房 3 室，每室具 1 枚胚珠，花柱粗。蒴果自中轴开裂而成具 2 瓣裂的分果爿，分果爿常坚硬而稍扭曲，中轴宿存，具翅；种子球形，无种阜，种皮硬壳质。

约 35 种，分布于亚洲、非洲和大洋洲热带地区。中国 5 种；广西 3 种。

分种检索表

1. 叶互生，叶全缘或近全缘，叶柄顶端有 2 枚腺体 ·· **1. 海漆 E. agallocha**
1. 叶对生，稀兼有互生或 3 片轮生。
  2. 花雌雄异株；叶背面紫红色或血红色 ························· **2. 红背桂花 E. cochinchinensis**
  2. 花雌雄同株，异序或同序而雌花生于花序轴基部，雄花生于花序轴上部；叶背部淡绿色 ······················
  ·· **3. 鸡尾木 E. venenata**

1. 海漆

Excoecaria agallocha L.

常绿乔木，高 2~3m。枝无毛，具多数皮孔。叶互生，近革质，叶片椭圆形或阔椭圆形，长 4.5~10.0cm，宽 3~5cm，先端短尖，尖头钝，基部钝圆或阔楔形，边全缘或有不明显的疏细齿，两面均无毛，上面光滑；中脉粗壮，在腹面凹入，在背面显著凸起，侧脉 10~13 对，网脉不明显；叶柄粗壮，长 1.5~3.0cm，顶端有 2 枚圆形的腺体；托叶卵形，长 1.5~2.0mm。花单性，雌雄异株，聚集成腋生、单生或双生的总状花序，雄花序长 3.0~4.5cm，雌花序较短；雄花：苞片阔卵形，每苞片内含 1 朵花；小苞片 2 枚；花梗粗短或近无花梗；萼片 3 枚；雄蕊 3 枚；雌花：苞片和小苞片与雄花的相同；萼片阔卵形；子房卵形，花柱 3 枚。蒴果球形，具 3 条沟槽，长 7~8mm，直径约 10mm；分果爿尖卵形，顶端具喙。花果期 1~9 月。

产于北海、合浦、防城、钦州。红树林植物，生于滨海潮地或红树林内。分布于广东、台湾；印度、泰国、越南及大洋洲也有分布。

2. 红背桂花

Excoecaria cochinchinensis Lour.

常绿灌木，高1m。枝无毛，具多数皮孔。叶对生，稀互生或近3片轮生，纸质，狭椭圆形或长圆形，长6~14cm，宽2~4cm，顶端长渐尖，基部渐狭，边缘有疏细齿，两面均无毛，腹面绿色，背面紫红色或血红色；侧脉8~12对，网脉不明显；叶柄长3~10mm；托叶卵形，长约1mm。花单性，雌雄异株，聚集成腋生或顶生的总状花序，雄花序长1~2cm，雌花序由3~5朵花组成，略短于雄花序；苞片长约1.7mm，每一苞片内仅有1朵花；小苞片2枚，长约1.5mm；萼片3枚，长约1.2mm；雌花：花梗长1.5~2mm，苞片和小苞片与雄花的相同；萼片3枚，长1.8mm，宽近1.2mm；子房球形，花柱3枚，长约2.2mm。蒴果球形，直径约8mm，基部截平，顶端凹陷；种子近球形，直径约2.5mm。花期几乎全年。

产于龙州，各地有引种栽培。分布于海南；越南也有分布。扦插或播种繁殖，扦插易成活。叶背红色，耐修剪，优良观赏灌木。全株入药，可治麻疹、腮腺炎、扁桃体炎和腰肌劳损。

3. 鸡尾木

Excoecaria venenata S. K. Lee et F. N. Wei

灌木，高1~3m。小枝绿色或有时带紫红色，有纵棱，无毛。叶对生或兼有互生，薄革质，狭披针形或狭椭圆形，长9~15cm，宽1.5~2.0cm，先端渐尖，尖头呈镰刀状，基部渐狭或楔形，边缘有疏细齿，幼时带红色或仅背面的脉呈红紫色，老时两面均绿色，无毛；中脉在两面均凸起，侧脉10~13对，网脉细弱，通常明显；叶柄长3~5mm；托叶卵形，长1.0~1.5mm。花单性，雌雄同株，通常异序或间有同序而雌花1~3朵生于花序轴的下部，聚集成腋生、长8~30mm的总状花序。雄花：苞片阔三角形，基部于腹面具2枚腺体，每苞片内通常有花1朵；小苞片2枚，基部具2枚腺体；萼片3枚；雄蕊3枚，稀2枚；雌花仅见于幼者。蒴果球形，具3条棱，直径约7mm，顶端有宿存的花柱；果柄长约2mm。花期8~10月。

广西特有种，产于崇左、宁明、龙州、那坡，石山地区特有植物，生于石灰岩山地的林下或灌丛中。茎、叶含有挥发性有毒物质，接触皮肤会引起红肿、脱皮等。鲜叶捣烂外敷可治牛皮癣。

42. 乌桕属 Triadica Lour.

乔木或灌木。叶互生，稀近对生，全缘或有锯齿，羽状脉；叶柄顶端通常有2枚腺体，稀缺；托叶小。花单性，雌雄同株，有时异株，若为雌雄同序，则雌花生于花序下部，雄花生于花序上部，穗状花序、穗状圆锥花序或总状花序顶生；苞片基部有2枚腺体。雄花小，黄色，簇生在苞腋内；花萼膜质；雄蕊2~3枚；无退化雌蕊。雌花比雄花大，每苞腋有1朵花；花萼杯状，分裂或具3齿，稀为2~3萼片；子房2~3室，每室具1枚胚珠，花柱3枚。蒴果球形、梨形或3瓣裂，稀浆果状，通常3室，室背开裂、不规则开裂或有时不裂；种子近球形，常附于三角状、宿存的中轴上，通常覆盖蜡质假种皮，外果皮坚硬。

3种，分布于东亚和南亚。中国3种全产；广西3种也全产。

分种检索表

1. 叶卵形、长卵形或椭圆形，长为宽的2倍或2倍以上 ·················· 1. 山乌桕 **T. cochinchinensis**
1. 叶菱形、阔卵形或近圆形，长和宽近相等。
  2. 叶菱形，幼时绿色 ·················· 2. 乌桕 **T. sebifera**
  2. 叶阔卵形或近圆形，幼时呈淡红色 ·················· 3. 圆叶乌桕 **T. rotundifolia**

1. 山乌桕 图 709

Triadica cochinchinensis Lour.

乔木，高达 12m，全株无毛。小枝灰棕色，具皮孔。叶互生，纸质，幼时呈淡红色，椭圆形或长卵形，长 4 ~ 10cm，宽 2.5 ~ 5.0cm，先端钝或短渐尖，基部楔形，背面近边缘常有数枚圆形腺体；中脉在两面凸起，侧脉 8 ~ 12 对；叶柄纤细，长 2.0 ~ 7.5cm，顶端具 2 枚腺体；托叶小，早落。花雌雄异株，顶生总状花序长 4 ~ 9cm，雌花生于花序轴下部，雄花生于花序轴上部，或有时全为雄花；雄花：花梗丝状；苞片卵形，基部两侧各具 1 枚腺体，每苞片有 5 ~ 7 朵花；小苞片小；花萼杯状；雄蕊 2 枚，稀 3 枚；雌花：花梗粗壮；苞片与雄蕊相似，每苞片有 1 朵花；花萼 3 深裂；子房卵形，3 室，花柱粗壮，柱头 3 裂。蒴果球形，黑色，直径 1.0 ~ 1.5cm，分果片脱落后中轴宿存；种子近球形。花期 4 ~ 6 月；果期 7 ~ 10 月。

产于广西各地。生于山谷或山坡混交林中。分布于云南、四川、贵州、湖南、广东、江西、安徽、福建、浙江、台湾等地；印度、缅甸、老挝、越南也有分布。喜光，喜深厚湿润土壤，生于低山丘陵的次生疏林或灌丛中。播种繁殖，播种前将种子埋入 20% 的草木灰中 2 ~ 3d，使蜡质分解后播种。木材浅黄色，心材与边材区别不明显，轻软，供制包装箱用。根皮及叶药用，可治跌打扭伤、痈疮、毒蛇咬伤及便秘等。种子油可供制肥皂。

2. 乌桕 图 710

Triadica sebifera (L.) Small

乔木，高达 15m，全株无毛，有乳汁。叶互生，纸质，菱形或菱状卵形，长 3 ~ 8cm，宽 3 ~ 9cm，先端具长短不等的尖头，基部阔楔形或钝，全缘；侧脉 6 ~ 12 对；叶柄长 2.5 ~ 6.0cm，顶端有 2 枚腺体。花单性，雌雄同株，总状花序长 6 ~ 12cm，顶生，雌花生于花序轴下部，雄花生于花序轴上部，稀整个花序全为雄花；雄花：花梗纤细；苞片阔卵形，基部具 2 枚腺体，每一苞片内有花 10 ~ 15 朵；小苞片 3 枚；雄蕊 2 枚，稀 3 枚；雌花：花梗粗壮；苞片深 3 裂，基部具 2 枚腺体，每一苞片内仅 1 朵雌花，间有 1 朵雌花和数朵雄花同

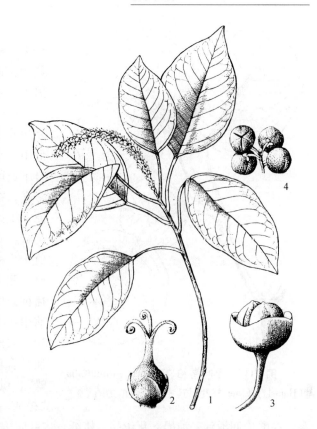

图 709　山乌桕 Triadica cochinchinensis Lour. 1. 花枝；2. 雌花；3 ~ 4. 果。(仿《中国树木志》)

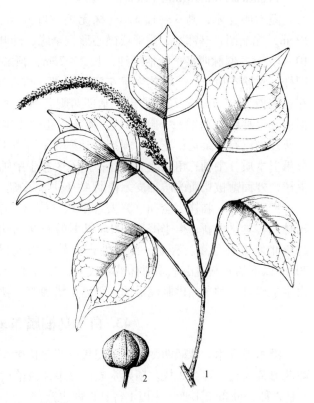

图 710　乌桕 Triadica sebifera (L.) Small 1. 花枝；2. 果。(仿《中国树木志》)

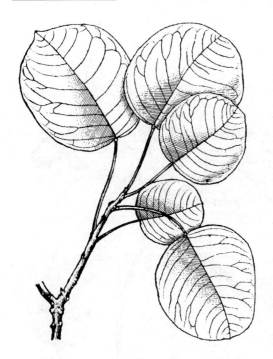

图 711　圆叶乌桕 Triadica rotundifolia
（Hemsl.）Esser 枝叶（仿《中国高等植物图鉴》）

聚生于苞腋内；花萼3深裂；子房卵球形，3室，花柱3枚。蒴果梨状球形，成熟时黑色，直径1.0～1.5cm，具3粒种子，分果爿脱落后而中轴宿存；种子扁球形，黑色。花期4～8月；果期8～12月。

产于广西各地，在广西北部最为常见。生于村旁、路边及石山山脚。垂直分布一般在海拔1000m以下的低山、丘陵。分布于中国北亚热带和中亚热带；美国、日本、印度、巴基斯坦等地有栽培。喜光，适应性非常强，在年平均气温15℃、年降水量750mm以上的平原、山区均可种植。沟边河道、路旁、宅基四周都能生长，有较强的抗涝能力。对土壤适应幅度较宽，pH值4.5～8.5的沙土和黏土上均能生长，但以土层深厚、肥力高的平原冲积土、石灰岩发育的土壤最好。播种繁殖，种子千粒重约260g。种子外被蜡质，播种前用60～80℃热水浸泡至自然冷却，再用冷水浸种3d，取出种子除去蜡皮，晾干后即可播种。种子既含油又含脂，种子的蜡质层假种皮俗称"皮油"或"柏蜡"，供制蜡烛、肥皂。去蜡质层的种皮所榨的油称"梓油"或"柏油"，梓油是一种干性油，可用作制油漆、油酸、润滑油、油墨、化妆品、蜡纸、皮肤防裂油和药膏的原料，也是合成前列腺素和杀菌剂的原料。

3. 圆叶乌桕　图711

Triadica rotundifolia（Hemsl.）Esser

灌木或乔木，高3～12m，全株无毛。叶互生，厚，近革质，近圆形，长5～11cm，宽6～12cm，先端圆，基部圆、截形或微心形，全缘，幼叶呈红色，成熟叶上面绿色，下面苍白色；侧脉10～15对，网脉明显；叶柄纤细，长3～7cm，顶端有2枚腺体；托叶小，腺体状。花单性，雌雄同株，总状花序顶生，雌花生于花序轴下部，雄花生于花序轴上部或有时整个花序全为雄花；雄花：花梗长1～3mm；苞片卵形，基部两则各具1枚腺体，每一苞片内有3～6朵花；小苞片狭卵形；花萼杯状，3浅裂；雄蕊2枚。雌花：花梗比雄花的粗壮，长约2mm；苞片与雄花的相似，每一苞片内仅有1朵花；花萼3深裂几达基部；子房卵形，花柱3枚。蒴果近球形，直径约1.5cm；分果爿木质，中轴三角柱状，宿存；种子久悬于中轴上，扁球形，顶端具1个小凸点，腹面具1条纵棱，外面薄被蜡质的假种皮。花期4～6月；果期7～10月。

产于桂林、临桂、全州、兴安、平乐、柳州、融水、南丹、天峨、罗城、田阳、平果、靖西、田林、容县、大新，生于海拔700m以下的石灰岩山地森林中。分布于广东、贵州、湖南、云南；越南北部也有分布。喜光，深根性，石灰岩山地习见，为钙质土指示树种。在广西西南部海拔700m以下的石灰岩山地季雨林被砍伐后，生境干燥，出现由圆叶乌桕、翅子树、华南朴树组成的次生季雨林。种子油供制润滑油、肥皂、蜡烛等。秋叶鲜红，可供观赏。

43. 白木乌桕属 Neoshirakia Esser

灌木或乔木。叶柄两侧薄，呈翅状。花序顶生，雌雄同序；雄花花萼杯状，不规则2～3浅裂；雌花萼片3枚，稀为2枚。蒴果木质，分果片脱落后无宿存中轴，种子外层无蜡质的假种皮。

2种，分布于东亚。中国1种；广西也产。

白木乌桕

Neoshirakia japonica（Siebold et Zucc.）Esser

灌木或乔木，高 1~8m，全株无毛。小枝平滑，纤细。叶互生，纸质，卵形或椭圆形，长 7~16cm，宽 4~8cm，先端短尖或凸尖，基部钝或截形，两侧常不等，全缘，基部靠近中脉处也有 2 枚腺体；侧脉 8~10 对；叶柄长 1.5~3.0cm，两侧薄，呈翅状，顶端无腺体；托叶膜质。花单性，雌雄同株，总状花序顶生，纤细，长 4~11cm，雌花数朵生于花序轴基部，雄花数朵生于花序轴上部，有时整个花序全为雄花；雄花：花梗丝状；花序下部的苞片比上部的长，基部有 2 枚肾形腺体，每一苞片内有花 3~4 朵；花萼杯状，3 裂；雄蕊 3 枚，稀 2 枚；雌花：花梗粗壮；苞片 3 深裂几达基部，通常中间 1 枚裂片较大，其余 2 枚裂片边缘各具 1 枚腺体；萼片 3 枚；子房卵球形，3 室，柱头 3 裂。蒴果三棱状球形，直径 1.0~1.5cm；分果片脱落后无宿存中轴；种子扁球形，无蜡质假种皮。花期 5~6 月；果期 7~9 月。

产于临桂、全州、灌阳、资源、融水。生于海拔 500m 以下的林中湿润处或溪边。分布于山东、安徽、江苏、浙江、福建、江西、湖北、湖南、广东、贵州、四川；日本和朝鲜也有分布。种子油可作油漆、硬化油、肥皂、蜡烛等原料。

77　小盘木科 Pandaceae

乔木或灌木。通常腋芽明显。单叶互生，边缘有细锯齿或全缘，羽状脉，具叶柄，托叶小。花小，单性，雌雄异株，单生、簇生、组成聚伞花序或总状圆锥花序；萼片 5 枚，覆瓦状排列或张开；花瓣 5 枚，覆瓦状或镊合状排列；雄蕊 5、10 或 15 枚，1~2 轮，着生于花托上，外轮的与花瓣互生，内轮的有时不育或退化成腺体，花药内向，2 室，纵裂；花盘小或无，稀大型；子房 2~5 室，胚珠每室 1~2 枚，花柱 2~10 裂。核果或蒴果；种子无种阜，子叶 2 枚，宽而扁，胚乳丰富。

约 3 属 18 种，产于热带非洲及亚洲。中国产 1 属 1 种；广西也有分布。

小盘木属 Microdesmis J. D. Hook.

灌木或小乔木。单叶互生，羽状脉，具短叶柄；托叶小。花单性，雌雄异株，常多朵簇生于叶腋，雌花的簇生花较少或有时单生；花梗短；雄花：花萼 5 深裂，裂片覆瓦状排列；花瓣 5 枚，长于萼片；雄蕊 10 或 5 枚，2 轮，花药 2 室；雌花的萼片、花瓣与雄花的相似，但稍大；子房 2~3 室，每室 1 枚胚珠，花柱短，2 深裂，常叉开。核果，外果皮粗糙，内果皮骨质；种子具肉质胚乳，种皮膜质；子叶 2 枚，宽而扁。

小盘木

Microdesmis caseariifolia Planch. ex Hook.

乔木或灌木，高 3~8m。树皮粗糙，多分枝；嫩枝密被柔毛，成长枝近无毛。叶片纸质至薄革质，披针形至长圆形，长 6~16cm，宽 2.5~5.0cm，顶端渐尖或尾状渐尖，基部楔形或阔楔形，两侧稍不等，边缘具细锯齿或近全缘，两面无毛或嫩叶下面沿中脉疏生微柔毛；侧脉每边 4~6 条，纤细；叶柄长 3~6mm，被柔毛，后毛被脱落；托叶小，长约 1.2mm。花小，黄色，簇生于叶腋；雄花：花梗长 2~3mm；花萼裂片卵形，长约 1mm；花瓣椭圆形，长约 1.5mm；雄蕊 10 枚，2 轮，外轮 5 枚较长，花丝扁平，花药球形，2 室，花室贴生于花隔两侧；雌花：花萼与雄花的相似；花瓣椭圆形或卵状椭圆形，长约 3mm；子房圆球状，2 室，无毛；退化雌蕊肉质。核果圆球状，直径约 5mm，外面粗糙，成熟时红色，干后呈黑色，外果皮肉质，内具有 2 枚种子。花期 3~9 月；果期 7~11 月。

产于百色、凌云、田林、苍梧、武鸣、横县、防城、上思、扶绥、龙州。生于山谷、山坡密林下或灌木丛中。分布于广东、海南、云南；中南半岛、马来半岛、菲律宾至印度尼西亚也有分布。

78 山茶科 Theaceae

乔木或灌木，常绿，偶有落叶。单叶互生，羽状脉，全缘或有锯齿；具柄；无托叶。花两性，稀单性雌雄异株，单生或数花簇生；苞片 2 枚至多数，宿存或脱落；萼片 5 枚至多数，脱落或宿存，有时向花瓣逐渐过渡；花瓣 5 枚至多数，基部合生，稀分离，白色、红色、黄色；雄蕊多数，排成多轮，花药 2 室；子房上位，稀半下位，2～10 室，胚珠每室 2 枚至多数；花柱分离或合生，柱头与心皮同数。果为蒴果、核果，或浆果状；种子有时具翅，胚乳小或缺，子叶肉质。

约 19 属 600 余种。中国 12 属 274 余种；广西 12 属 153 种(含变种)。

分属检索表

1. 花两性，直径 2～12cm；雄蕊多轮，花药短，常为背部着生，花丝长；子房上位；蒴果，稀为核果(山茶亚科 Subfam. Theoideae)。
  2. 果为蒴果；种子球形或扁平。
    3. 萼片常多于 5 枚，宿存或脱落，花瓣 5～14 枚；种子大，无翅 ………………………… 1. 山茶属 Camellia
    3. 萼片 5 基数，宿存，花瓣 5 枚；种子较小，有翅或无翅。
      4. 蒴果中轴宿存，顶端圆或钝，宿萼不包被蒴果，种子有翅或无翅。
        5. 种子扁平，有翅；花大，雄蕊多轮，花药背部着生，花柱伸长。
          6. 蒴果长筒状，种子顶端有翅，萼片半宿存 …………………………… 2. 大头茶属 Polyspora
          6. 蒴果球形，种子周围有翅，宿存萼片细小 …………………………… 3. 木荷属 Schima
        5. 种子肾圆形，无翅，蒴果扁球形；花小；雄蕊 2 轮，花药基部着生；花柱极短 …………………………
          ……………………………………………………………………… 4. 圆籽荷属 Apterosperma
      4. 蒴果无中轴，顶端长尖，宿萼大，稍包被果实，种子有翅或缺 ………………… 5. 紫茎属 Stewartia
  2. 果为核果；种子长形 ……………………………………………………………… 6. 核果茶属 Pyrenaria
1. 花两性或单性，直径小于 2cm，如大于 2cm，则子房下位或半下位；雄蕊 1～2 轮，花药基部着生；花丝短；浆果或闭果(厚皮香亚科 Subfam. Ternstroemioideae)。
  7. 花单生于叶腋，胚珠 3～10 枚；浆果及种子较大；叶排成多列。
    8. 花杂性，花药有短芒，子房上位，花瓣近分离，胚珠每室有 2～6 枚 ………… 7. 厚皮香属 Ternstroemia
    8. 花两性，花药有长芒，子房半下位，花瓣下半部连生，胚珠每室 4～10 枚 ………… 8. 茶梨属 Anneslea
  7. 花数朵腋生，胚珠 8～10 枚；浆果及种子均细小；叶排成 2 列，稀多列，如为多列则叶有锯齿。
    9. 花两性，花药被长毛，药隔稍有芒。
      10. 花柄长 1～3cm，胚珠 8～100 枚；叶厚革质，排成 2 列，常全缘，稀有钝齿，侧脉密，不联结。
        11. 子房 3～5 室，胚珠 20～100 枚，花柱全缘；顶芽有毛；种子极多 ………… 9. 杨桐属 Adinandra
        11. 子房 2～3 室，胚珠 8～10 枚，花柱 2～3 裂；顶芽无毛；种子 10 枚以下 … 10. 红淡比属 Cleyera
      10. 花柄长 3～6mm；胚珠 12 个；叶薄革质，排成多列，有锯齿，侧脉疏，末端联结……………………
        ……………………………………………………………………… 11. 猪血木属 Euryodendron
    9. 花单性，花药无毛，也无芒；叶排成 2 列 …………………………………………… 12. 柃属 Eurya

1. 山茶属 Camellia L.

灌木或乔木。叶革质，有锯齿，具柄。花两性，单生或 2～3 朵簇生，有柄或近无柄；苞片 2～6 枚；萼片 5～6 枚或更多，有时不分化为苞片及萼片，称为苞被；花白色、红色或黄色，花瓣 5～14 枚，基部稍连生；雄蕊多数，2～5 轮，外轮花丝基部与花瓣基部连生成短管；花药黄色，背部着生，稀基部着生；子房上位，3～5 室，每室有 2～6 枚胚珠；花柱 3～5 枚，完全分离或 3～5 浅裂。果为蒴果，3～5 瓣自上部开裂，裂成的果瓣木质；中轴存在或不发育；种子球形或半球形；有时种子被毛。

约 120 种。中国 97 种；广西 49 种及 13 变种。

本属植物经济价值高，茶叶是世界性的饮料；种子含油量高，是中国重要木本食用油和工业主要用油；茶花有白花、红花和黄花，可供观赏，为著名花卉。

分种检索表

1. 明显具花梗，小苞片排列于花梗上，宿存或早落；萼片宿存(茶亚属 Subgen. **Thea**)。
  2. 花柱离生。
    3. 苞片(4~)5 枚或较多；花通常较大；雌、雄蕊与花瓣近等长；雄蕊外轮花丝下半部合生；子房和幼果期先端稍浅裂。
      4. 子房 5 室；子房无毛；叶厚革质，边缘有锯齿，网脉两面隆起 ·················· **1. 五室金花茶 C. aurea**
      4. 子房 3 室。
        5. 子房被绒毛。
          6. 顶芽大，长圆柱形，被微柔毛；叶长椭圆形或倒披针形；花直径 4.0~5.5cm；种子被毛 ·········
          ·· **2. 薄叶金花茶 C. chrysanthoides**
          6. 顶芽小，卵形，无毛；叶阔倒卵形或倒卵形；花较小，直径 1.5~2.5cm；种子无毛 ·········
          ·· **3. 小花金花茶 C. micrantha**
        5. 子房无毛。
          7. 顶芽大，长圆柱形；幼枝、叶背和叶柄皆被柔毛；叶表面中、侧脉极凹陷 ·················
          ·· **4. 凹脉金花茶 C. impressinervis**
          7. 顶芽小，卵形；幼枝、叶背和叶柄无毛；叶表面中、侧脉稍凹陷或不明显。
            8. 花较大，直径(3.5~)4.0~6.0cm，花瓣金黄色，肉质；果大，直径 4~6cm。
              9. 狭长椭圆形或长椭圆状披针形；花梗长 5~13mm ·········· **5. 金花茶 C. petelotii**
              9. 叶椭圆形；花梗长约 5mm ·························· **6. 显脉金花茶 C. euphlebia**
            8. 花中等大或较小，黄色或淡黄白色，花瓣膜质；果较小(稀较大)。
              10. 萼片革质，绿色，长 5~9mm，里面被白色短柔毛；花黄色，直径 3~4(~5)cm；果直径 3.0~3.5cm；种子被毛。
                11. 叶柄长 0.7~1.2cm；花梗长 5~10mm ·········· **7. 贵州金花茶 C. huana**
                11. 叶柄长 3~5mm；花梗长 3~5mm ·········· **8. 淡黄金花茶 C. flavida**
              10. 萼片膜质，淡黄白色，长 2~3mm；花小，直径 1.0~2.5cm，淡黄色至淡黄白色；果直径 1.5~2.5cm；种子无毛。
                12. 叶椭圆形，侧脉在表面微凹 ·········· **9. 柠檬金花茶 C. indochinensis**
                12. 叶卵形，表面侧脉清晰或不显 ·········· **10. 平果金花茶 C. pingguoensis**
    3. 小苞片 9 枚；花小；雌、雄蕊短，长不超过花瓣的 1/2；花丝近离生，常呈钻形，压扁；子房与幼果期先端全缘；叶基耳形；幼枝被开展长硬毛 ·········· **11. 毛籽离蕊茶 C. pilosperma**
  2. 花柱合生。
    13. 叶片通常较大；花较大；雄蕊 3~4 轮，外轮花丝基部或下部合生；果 3~5 室，中轴宿存。
      14. 花梗短而粗壮，长不超过 1cm；小苞片早落；花和果较大；中轴粗壮。
        15. 子房 5 室，花柱 5 裂。
          16. 顶芽、幼枝、叶片和叶柄皆无毛；果扁球形，果皮薄，厚 1~2mm ·········
          ·· **12. 大厂茶 C. tachangensis**
          16. 顶芽、幼枝和叶背均被毛；果圆球形，果皮厚 5~6mm ·········· **13. 广西茶 C. kwangsiensis**
        15. 子房 3 室，花柱 3 裂，稀离生。
          17. 子房无毛。
            18. 幼枝和叶片均无毛；叶片两面网脉不显；萼片里面被绢毛。
              19. 顶芽被绢毛；叶多为椭圆形，宽 4.0~5.5cm；花梗长 1.0~1.2cm；萼片大，长约 6mm；蒴果 3 室，直径 5~8cm，果皮厚 4~5mm ·········· **14. 秃房茶 C. gymnogyna**
              19. 顶芽无毛；叶长圆形或披针形，宽 2.5~3.5cm；花梗长 6~7mm；萼片长 5~6mm；蒴果 1 室，直径约 1~4cm，果皮薄，厚约 1mm ·········· **15. 突肋茶 C. costata**
            18. 顶芽、幼枝和叶背被毛；网脉两面凸起；萼片两面无毛；蒴果 1~2 室，果皮薄，厚约

1mm ………………………………………………………………… **16. 膜叶茶 C. leptophylla**

17. 子房被毛。

20. 幼枝、叶背和叶柄密被灰色或灰黄色柔毛；叶片大，长 13~29cm，宽 5~12cm；萼片外面被毛，里面无毛 ………………………… **17. 防城茶 C. fangchengensis**

20. 幼枝、叶背和叶柄无毛；叶长 4~12cm，宽 2~5cm；萼片外面无毛，里面密被绢毛……

……………………………………………………………………… **18. 茶 C. sinensis**

14. 花梗纤细，长 1.2~4.0cm；小苞片早落或宿存；花和果小；中轴纤细。

21. 小苞片宿存；花梗长 1.2~3.5cm。

22. 子房无毛；叶椭圆形，长 4~7cm，宽 2.0~3.5cm ………… **19. 长梗茶 C. longipedicellata**

22. 子房被绒毛；叶狭披针形，长 6~11cm，宽 1.4~2.8cm **20. 狭叶长梗茶 C. gracilipes**

21. 小苞片早落；子房无毛；花梗长 1.7~4.5cm ……………… **21. 超长梗茶 C. longissima**

13. 叶片通常较小；花小；雄蕊 2 轮，外轮花丝通常 2/3 以上合生；果小，仅 1 室，中轴退化。

23. 花瓣外面无毛；子房和花柱无毛。

24. 幼枝无毛或在放大镜下可见微毛。

25. 萼片披针形，先端尖 ……………………………… **22. 长萼连蕊茶 C. longicalyx**

25. 萼片卵形或近圆形，先端圆形或钝。

26. 叶表面中脉上被微硬毛。

27. 小枝麦秆黄色；叶卵状披针形或椭圆形；苞、萼绿色，无毛；花丝无毛…………

……………………………………………………… **23. 连蕊茶 C. cuspidata**

27. 小枝红褐色；叶披针形或狭披针形；苞、萼绿色或常变紫红色，萼片和花瓣外面均被粉状微毛；内轮花丝疏生柔软毛………… **24. 绿萼连蕊茶 C. viridicalyx**

26. 叶表面中脉凹陷，无毛 ………………………… **25. 秃肋连蕊茶 C. glabricostata**

24. 幼枝密被柔毛、短硬毛或开展长柔毛。

28. 幼枝密被短柔毛或短硬毛。

29. 叶片较大，长 4~7cm，宽 1.3~2.6cm ………………… **26. 贵州连蕊茶 C. costei**

29. 叶片小，长 2.0~4.5cm。

30. 小苞片 3~4 枚，不遮盖花梗；叶宽 1~2cm ……… **27. 川鄂连蕊茶 C. rosthorniana**

30. 小苞片 4~6 枚，遮盖花梗；叶宽 6~9mm ………………………………

………………… **28a. 微花连蕊茶 C. lutchuensis var. minutiflora**

28. 幼枝密被开展长柔毛。

31. 花丝无毛；叶基部楔形；萼外面被污黄色绢毛，里面无毛 …………

…………………………………………………… **29. 毛萼连蕊茶 C. transarisanensis**

31. 花丝密被长柔毛；叶基部阔楔形或近圆形；萼片两面无毛…………

………………………………………………… **30. 屏边连蕊茶 C. tsingpienensis**

23. 通常花瓣外面被粉状微毛；子房和花柱被毛。

32. 幼枝被柔毛或短毛；叶椭圆形，先端尾状渐尖 ……… **31. 长尾毛蕊茶 C. caudata**

32. 幼枝被开展长柔毛。

33. 小苞片和萼片披针形或狭披针形，先端长渐尖；叶长圆状披针形 …………

…………………………………………………… **32. 柳叶毛蕊茶 C. salicifolia**

33. 小苞片和萼片卵形，先端圆形；叶长圆状卵形，基部圆形或微心形 …………

…………………………………………………… **33. 心叶毛蕊茶 C. cordifolia**

1. 花无梗；小苞片紧贴于萼片之下，苞、萼脱落或半宿存(山茶亚属 Subgen. **Camellia**)。

34. 花柱离生。

35. 子房或果表面无瘤状凸起。

36. 叶背无腺点；果皮粗糙，糠秕状 ………………………… **34. 毛糙果茶 C. pubifurfuracea**

36. 叶背明显具腺点。

37. 叶硬革质，先端圆形或钝 ………………………… **35. 硬叶糙果茶 C. gaudichaudii**

37. 叶革质或薄革质，先端尖。

38. 小枝红褐色；花大，直径 6~10cm；萼片长达 2cm；子房 3~5 室；果直径 7~12cm，果皮厚 1.0~1.5cm ………………………………………… **36. 红皮糙果茶 C. crapnelliana**

38. 小枝灰褐色；花直径2.0~3.5cm；萼片长约1cm；子房3室；果直径2.5~4.0cm，果皮厚2~4mm ·· **37. 糙果茶 C. furfuracea**

35. 子房或果表面具粗瘤状凸起(瘤果茶组)。

 39. 叶椭圆形，两面无毛；萼片两面被灰色绢毛，子房具小瘤状凸起，上部或近先端密被灰白色柔毛···
  ·· **38. 安龙瘤果茶 C. anlungensis**

 39. 叶长圆形，背面沿中脉疏生柔毛；萼片两面被绢毛，子房上部被绒毛··· **39. 皱果茶 C. rhytidocarpa**

34. 花柱稍合生。

 40. 小苞片和萼片半宿存；花柱3~5条靠合，具3~5条槽；苞、萼和花瓣外面显著被毛···
  ·· **40. 毛瓣金花茶 C. pubipetala**

40. 小苞片和萼片花后脱落；花柱合生。

 41. 小苞片和萼片与花瓣同时脱落；花瓣基部连生；雌、雄蕊与花瓣近等长，外轮花丝1/2合生；花柱通常先端3~5浅裂。

  42. 苞、萼花后稍宿存至幼果期。

   43. 子房被绒毛，顶端3~5裂；叶边缘上半部具锯齿，下半部全缘 ·····························
   ·· **41. 南山茶 C. semiserrata**

   43. 子房无毛，花柱3浅裂；叶边缘具细锯齿 ·············· **42. 山茶 C. japonica**

  42. 苞、萼与花瓣同时脱落。

   44. 叶表面侧脉稍凸起；花丝无毛或几无毛；幼枝和叶背皆无毛，先端长尾尖或渐尖，边缘具尖锐粗锯齿 ·············· **43. 西南山茶 C. pitardii**

   44. 叶表面侧脉显著凹陷；花丝密被长柔毛。

    45. 叶表面侧脉凹陷，边缘具细锯齿 ·············· **44. 毛蕊红山茶 C. mairei**

    45. 叶表面侧脉和网脉显著凹陷，边缘具密生锐利细锯齿 ··· **45. 多齿红山茶 C. polyodonta**

 41. 小苞片和萼片与花瓣早落；花瓣离生或几离生；雌、雄蕊极短，长约花瓣的1/2；花柱深裂或几达基部。

  46. 叶表面侧脉、网脉极凹陷，背面具暗红色腺点，边缘具尖锐锯齿；雄蕊外轮花丝合生达中部以上
  ·· **46. 长瓣短柱茶 C. grijsii**

  46. 叶表面不如上述，背面无腺点，边缘具细圆齿或锯齿；花丝近离生或基部稍合生。

   47. 叶狭披针形或线状披针形 ·············· **47. 窄叶短柱茶 C. fluviatilis**

   47. 叶形不如上述。

    48. 花大，直径4~6cm；果直径3~4cm，3室；叶革质，椭圆形，先端钝尖，边缘具细锯齿
    ·· **48. 油茶 C. oleifera**

    48. 花小，直径1.5~3.0cm；果小，直径1~2cm，1室发育，具种子1枚。

     49. 叶椭圆形或长圆形，先端尾状渐尖，侧脉在表面常稍凹陷；花直径2~3cm，花柱长3~7mm；果直径1.5~2.5cm ·············· **49. 落瓣油茶 C. kissi**

     49. 叶椭圆形或倒卵椭圆形，先端略尖，表面侧脉不明显；花直径1.5~3.0cm，花柱长1~4mm；果直径1.5~1.8cm ·············· **50. 短柱茶 C. brevistyla**

1. 五室金花茶

Camellia aurea H. T. Chang

灌木。嫩枝无毛。叶厚革质，长圆形，长10~15cm，宽3.5~5.0cm，先端急短尖或渐尖，基部宽楔形或钝，边缘有锯齿，无毛；侧脉8~9对，网脉在两面隆起；叶柄长1cm，无毛。花金黄色，单生于叶腋，花柄长3~5mm；苞片5枚，长1mm；萼片5枚，近圆形，长4~6mm，无毛，宿存；花瓣9~12枚，椭圆形至长圆形，长1.5~2.7cm；雄蕊多数，长1.0~1.5cm，离生，无毛；子房5室，无毛；花柱5枚，离生，长1.8~2.3cm，无毛。花期1月。

产于扶绥。生于海拔约200m的石灰岩杂木林中。越南北部也有分布。本种是中国金花茶物种中唯一的子房有5室的种类，数量稀少，具有很高的观赏价值和科研价值，也是杂交育种的良好亲本。

2. 薄叶金花茶

Camellia chrysanthoides H. T. Chang

灌木或小乔木，高1.5~5.0m。嫩枝无毛；顶芽大，长圆柱形，被微柔毛。嫩叶淡紫红色，老

叶膜质，长椭圆形或倒披针形，长 10~15cm，宽 3.0~5.5cm，先端渐尖或急短尖，基部楔形或略钝，边缘有细锯齿，两面均无毛，下面有黑腺点；侧脉 9~11 对，与中脉在上面下陷，在下面凸起；叶柄长 1cm，绿色，无毛。花为黄色，腋生，花直径 4.0~5.5cm，有短花梗；苞片 4~6 枚，宿存，绿色；萼片 5 枚，长 3~5mm，被微毛，绿色，宿存；花瓣 8~9 枚；雄蕊多数，长 1.3~1.5cm；子房近球形，无毛；花柱 3 枚，完全分离，无毛。蒴果扁三角状球形，3 室，无毛，每室有种子 1~2 粒，3 瓣裂；种子褐色，无毛。花期 12 月；果期 9 月。

广西特有种，濒危种。产于龙州、凭祥，生于海拔 800m 以下的石山和丘陵阔叶林中。

3. 小花金花茶

Camellia micrantha S. Y. Liang et Y. C. Zhong

灌木，高达 3m。树皮灰褐色至黄褐色。嫩枝淡红色，无毛，老枝黄褐色。顶芽小，卵形，无毛。嫩叶深紫红色，老叶革质，阔倒卵形或倒卵形，长 10.5~15.5cm，宽 4.0~7.5cm，先端急尖或尾状渐尖，基部宽楔形或近圆形，边缘具细锯齿，两面均无毛，侧脉 6~9 对，与中脉在上面下陷，在下面明显凸起；叶柄长 5~10mm，绿色，无毛。花淡黄色，1~3 朵腋生或顶生，直径 1.5~2.5cm；苞片 5~7 枚，宿存；萼片 5 枚，宿存；花瓣 6~8 枚，外轮花瓣较短小，内轮花瓣较宽长；雄蕊多数，成 4 轮排列；花丝无毛，外轮花丝基部连生，长 1.0~1.2cm，内轮花丝基部离生，长 1.0~1.4cm；子房近球形，花柱 3 枚，长 1.0~1.5cm。蒴果扁球形或扁三角状球形，直径约 3cm，无毛，3 室，每室有 1~2 枚种子；种子黑褐色，无毛。花期 10~12 月。

广西特有种，极危种。产于宁明。生于海拔 400m 以下的酸性土上的阔叶林中。

4. 凹脉金花茶　图 712

Camellia impressinervis H. T. Chang et S. Y. Liang

灌木至小乔木，高 6m。嫩枝红褐色，被短粗毛；老枝变无毛。顶芽大，长圆柱形。叶革质，椭圆形或长椭圆形，长 11~22cm，宽 5.0~8.5cm，先端急尖或渐尖，基部宽楔形或近圆形，边缘有细锯齿，上面深绿色，发亮，下面黄褐色，被柔毛，有黑色腺点；侧脉 10~14 对，与中脉及网脉在上面凹下，在下面凸起；叶柄长 1cm，上面有纵沟，无毛，下面被毛。花淡黄色，通常单生或 2 朵簇生，腋生或顶生，花直径 3.8~8.0cm；花梗长 6~7mm，较粗大，无毛；苞片 5 枚，无毛，宿存；萼片 5 枚，无毛，宿存；花瓣 9~12 枚，无毛；雄蕊多数，成 6 轮排列；子房 3~4 室，无毛；花柱 3~4 枚，无毛。蒴果扁圆形或扁球形，3~4 室，室间凹入成 2~3 条沟，每室有种子 1~2 枚。花期 12 月至翌年 3 月。

广西特有种，极危种。产于龙州、大新。生于海拔 500m 以下的石灰岩钙质土杂木林中。

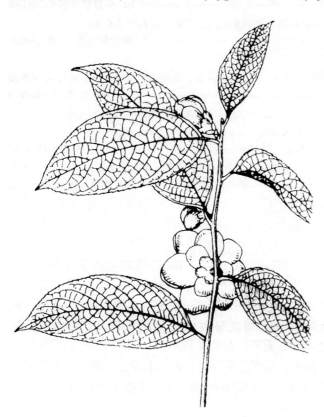

图 712　凹脉金花茶 Camellia impressinervis H. T. Chang et S. Y. Liang 花枝。（编著者自绘）

5. 金花茶　图 713

Camellia petelotii（Merr.）Sealy

灌木或小乔木，高 2~3m。树皮灰黄色至黄褐色。嫩枝淡紫色，无毛。顶芽小，卵形。嫩叶紫红色，成长叶革质，狭长椭圆形或长椭圆状披针形，长 11~21cm，宽 2.5~

6.5cm，先端尾状渐尖或急尖，尖尾长1.0～2.5cm，基部楔形或宽楔形，边缘具细锯齿，上面深绿色，发亮，下面浅绿色，两面均无毛；中脉与侧脉在上面稍下陷或不明显，在下面凸起，侧脉7对；叶柄长7～15mm，在上面有纵沟，绿色，无毛。花金黄色，单生或2朵簇生、腋生或近顶生，花直径3.5～6.5cm；花梗长5～13mm；苞片与萼片均绿色，苞片5枚，宿存；萼片5～6枚；花瓣7～10枚，长2.5～4.5cm，宽1.2～2.5cm，肉质肥厚，具蜡质光泽；雄蕊多数，成4轮排列，花丝较粗，长1.2～2.7cm；花药长2～3mm；子房近球形，3～4室，无毛；花柱3枚，偶有4枚，长1.2～3.3cm，无毛。蒴果扁球形或扁四角状球形，直径4.5～6.5cm，有3个分果片；每室有种子1～3枚。花期11月至翌年1月；果期9～11月。

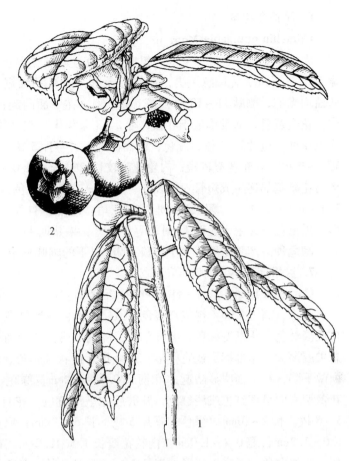

图 713 金花茶 Camellia petelotii（Merr.）Sealy 1. 花枝；2. 果。（仿《中国植物志》）

濒危种。产于邕宁、隆安、防城、扶绥、宁明。生于海拔900m以下的酸性土杂木林中。分布于越南北部。山茶属植物花多为红色、粉红色或白色，唯独金花茶的花黄色，极为珍贵，被誉称为"花族皇后"。在广西，除金花茶外，自然分布的还有凹脉金花茶、薄叶金花茶等共计11种4变种金黄色茶花，其中6种4变种为广西特有种，为金花茶类植物现代分布中心，金花茶的故乡，集中分布于亚热带南缘和热带北缘地区，包括防城、宁明、凭祥、龙州、崇左、扶绥、大新、天等、邕宁、隆安、武鸣、平果、田东、博白等地，垂直分布多在海拔650m以下的低山丘陵、台地的山间沟谷两旁或溪边，以及石灰岩峰丛谷地，尤以在海拔350m以下的阔叶林下较为常见。

金花茶喜温暖多湿气候，不耐寒；中偏阴性，忌强光直射，在半阴湿润环境下生长良好；喜疏松湿润、肥沃和排水良好的壤土，不耐旱瘠，在全光照和土壤干燥处生长不良。播种、扦插、高压繁殖。金花茶有"茶族皇后""植物界中的大熊猫"之美称，国外称之为"幻想中的黄色山茶"，花梗下垂，花瓣蜡质肥厚，色泽金黄，观赏价值较高。然而，金花茶类植物生长较慢，结实较少，近年来各地采挖野生金花茶资源十分严重，更加重了金花茶类植物濒危程度。金花茶类植物喜阴湿，自然生长的有些仅生长于酸性土，有些仅生长于石灰岩钙质土，少量的在酸性土和钙质土上都有，栽培不当效果较差。禁止采挖野生资源，可通过扦插、嫁接等技术手段扩大种植。

5a. 小果金花茶

Camellia petelotii var. **microcarpa** T. L. Ming et W. J. Zhang

本种与原种的区别在于：叶片椭圆形，长10～14cm，宽4～6cm；花直径2～3cm，花梗约5mm，小苞片6枚；萼片里面被白色柔毛；蒴果扁圆形，直径1.5～2.5cm，有2个分果片。花期11～12月；果期9～10月。

广西特有种。产于邕宁。生于海拔约200m的森林中或溪边。

6. 显脉金花茶

Camellia euphlebia Merr. ex Sealy

灌木至小乔木，高 2 ~ 5m。树皮灰褐色。嫩枝红褐色，无毛。叶革质，椭圆形，长 11 ~ 19cm，宽 5.0 ~ 7.5cm，先端急短尖，基部近圆形，边缘具细锯齿，上面深绿色，有光泽，下面浅绿色，两面均无毛，侧脉 11 ~ 13 对，在上面下陷，在下面凸起；叶柄长 1.0 ~ 1.2cm，绿色，在上面有纵沟。花金黄色，通常单生于叶腋，稀 2 ~ 3 朵簇生，花直径 3.0 ~ 5.5cm，有蜡质光泽；花梗长 5mm 或无花梗；苞片 5 ~ 7 枚，绿色，内面被绢毛；萼片 5 枚，绿色，宿存，内面密被银灰色短柔毛；花瓣 7 ~ 9 枚，外轮花瓣较短，内轮花瓣较长；雄蕊长 2.0 ~ 3.5cm，多数，成 4 轮排列，外轮花丝基部与花瓣基部连生成短管，管长 5 ~ 10mm；花药金黄色；子房近球形，无毛，3 室；花柱 3 枚，长 2.0 ~ 3.5cm，无毛。蒴果扁球形或扁三角状球形，直径 3 ~ 4cm，无毛，具 3 个分果片；种子近球形，黑褐色，无毛。花期 11 月至翌年 1 月；果熟期 11 ~ 12 月。

濒危种。产于防城。生于海拔 500m 以下的阔叶林中。分布于越南北部。

7. 贵州金花茶　天峨金花茶

Camellia huana T. L. Ming et W. J. Zhang

灌木，高 1 ~ 3m。树皮灰褐色。嫩枝淡红色或紫红色，无毛；老枝灰褐色至黄褐色。嫩叶紫红色或淡红色，逐渐变绿色，老叶革质，椭圆形或长圆状椭圆形，长 6.5 ~ 13.5cm，宽 3 ~ 5cm，先端急尖或渐尖，基部楔形或宽楔形，边缘具牙齿状细锯齿，两面均无毛；侧脉 6 ~ 7 对，与中脉在上面微下陷，在下面明显凸起；叶柄长 0.7 ~ 1.2cm，绿色，无毛。花淡黄色，单生于叶腋或枝顶，花蕾期表面呈紫红色或淡红色，开放后才呈淡黄色，花直径 3.0 ~ 3.5cm；花梗长 5 ~ 10mm；苞片 5 ~ 6 枚，长 2 ~ 3mm，绿色；萼片 5 枚，长 5 ~ 7mm，绿色；花瓣 7 ~ 9 枚，外轮花瓣较短小，长 1.0 ~ 1.2cm，宽 0.8 ~ 1.0cm，内轮花瓣长 1.5 ~ 2.0cm，宽 1.0 ~ 1.5cm；雄蕊多数，成 4 ~ 5 轮排列，花丝白色；子房近球形，直径 3mm；花柱 3 枚，长 2.0 ~ 2.1cm。蒴果扁三角状球形，绿色，3 室，每室有种子 1 ~ 2 枚，褐色，密被柔毛。花期 2 ~ 4 月；果期 10 月。

濒危种。产于天峨。生于海拔 600 ~ 800m 的石灰岩杂木林中。分布于贵州。

8. 淡黄金花茶　弄岗金花茶

Camellia flavida H. T. Chang

灌木，高 3m。当年生枝条浅红色，无毛。嫩叶淡紫红色，老叶椭圆形至长椭圆形，长 8 ~ 16cm，宽 3 ~ 6.5cm，先端渐尖或急短尖而尖头钝，基部宽楔形或楔形，边缘具细锯齿，两面无毛；侧脉 7 ~ 9 对，在上面稍下陷，在下面凸起；叶柄长 3 ~ 5mm，无毛。花为淡黄色，多单朵腋生，花梗长 3 ~ 5mm；苞片 5 ~ 6 枚，长 2 ~ 3mm；萼片 5 枚，长 6 ~ 8mm，宿存；花瓣 7 ~ 13 枚，长 1.0 ~ 2.5cm；雄蕊多数，外轮花丝基部与内轮花瓣基部合生成一短管；子房近球形，花柱 3 枚。蒴果球形，直径 2.5 ~ 3.5cm，有 2 ~ 3 枚分果片，每个分果片有 1 枚种子；种子圆球形，褐色，无毛。花期 10 月至翌年 1 月；果期 9 ~ 10 月。

濒危种，广西特有种。产于武鸣、崇左、扶绥、龙州、宁明、凭祥。生于海拔 500m 以下的石灰岩阔叶林中。

8a. 多变淡黄金花茶

Camellia flavida var. **patens** (S. L. Mo et Y. C. Zhong) T. L. Ming

与原种的区别在于：叶柄长 10mm；分果片 2 ~ 5 个。花期 12 月至翌年 2 月；果期 9 ~ 10 月。

广西特有种。产于武鸣、扶绥。生于海拔 500m 以下的石灰岩钙质土杂木林中。

9. 柠檬金花茶　中越山茶　图 714：1 ~ 5

Camellia indochinensis Merr.

灌木，高 1 ~ 4m。小枝黄褐色；1 年生枝条紫褐色，纤细，无毛。叶薄革质，椭圆形，长 6.0 ~ 10.5cm，宽 1.2 ~ 4.0cm，先端尾状渐尖，基部阔楔形，两面无毛，背面有褐色腺点；中脉在上面凹陷，背面隆起；侧脉 6~7 对，侧脉在表面微凹；叶柄长 5~8mm，无毛。花单生于叶腋，柠檬黄色，直径 1~2cm，花梗长 3~4mm，苞片 5~6 枚；萼片 5 枚，无毛或外面被短柔毛；花瓣 8~9 枚，外轮较小；雄蕊长 4~10 mm；子房卵形，3 室，花柱 3 枚。蒴果扁三球或二球形，宽 1.5~2.0cm，高 1.0~1.5cm；种子半球形，褐色，无毛。花期 12 月至翌年 1 月；果期 9~10 月。

易危种。产于天峨、宁明、扶绥、龙州、凭祥。生于海拔 400m 以下的石灰岩山地阔叶林中。越南北部也有分布。

9a. 东兴金花茶　图 715

Camellia indochinensis var. **tunghinensis**（H. T. Chang）T. L. Ming et W. J. Zhang

与原种的区别在于：叶片长 5~9cm，宽 2.5~4.5cm，先端急尖，边缘上半部有细锯齿；叶柄长 8~15mm；花直径 3.5~4.0cm；花梗长 9~13cm；苞片 6~7 枚。花期 12 月到翌年 1 月；果期 10 月。

极危种，广西特有种。产于防城。生于海拔约 300m 的山地杂木林中。

10. 平果金花茶　图 716

Camellia pingguoensis D. Fang

灌木，高 3m。嫩枝无毛。嫩叶暗红色，老叶革质，卵形，长 5.0~9.5cm，宽 1.4~3.5cm，先端渐尖，基部宽楔形，边缘有细锯齿，两面无毛，下面有黑色腺点；侧脉 6~7 对，表面侧脉清晰或不显；叶柄长 3~10mm。花淡黄色，通常单生于叶腋，稀 2 朵簇生，花直径 1.5~2.5cm；花梗长 3~5mm，无毛；苞片 4~5 枚，细小，宿存；萼片 5~6 枚，宿存；花瓣 5~6 枚，基部稍连生；雄蕊多数，成 3~4 轮排列，花丝近离生；子房近球形，3 室，花柱 3 枚，完全分离，长 6~12mm。蒴果球形，直径 1.0~1.3cm，1~2 室；种子 1~3 枚，黑色，无毛。花期 10 月至翌年 1 月。

濒危种，广西特有种。产于平果、田东，生于海拔 600m 以下的石灰岩杂木林中。

10a. 顶生金花茶　图 717

Camellia pingguoensis var. **terminalis**（J. Y. Liang et Z. M. Su）T. L. Ming et W. J. Zhang

与原种的区别在于：花顶生；花柱合生，先端 3 裂。花期 10~11 月；果期 11~12 月。

广西特有种，产于天等。生于海拔 500m 以

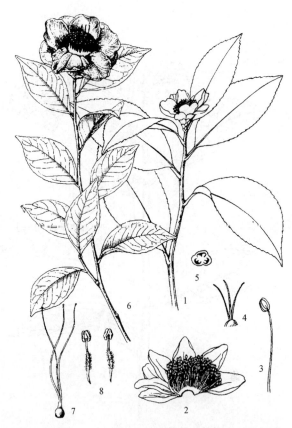

图 714　1~5. 柠檬金花茶 Camellia indochinensis Merr. 1. 花枝；2. 花瓣及雄蕊；3. 雄蕊；4. 雌蕊；5. 子房横切面。**6~8. 长梗茶 Camellia longipedicellata**（Hu）H. T. Chang et D. Fang 6. 花枝；7. 雌蕊；8. 雄蕊。（仿《中国植物志》）

图 715　东兴金花茶 Camellia indochinensis var. **tunghinensis**（H. T. Chang）T. L. Ming et W. J. Zhang 花枝。（编著者自绘）

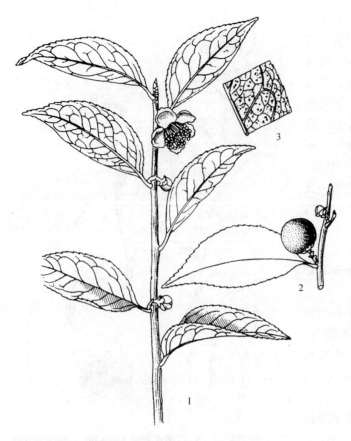

图716 平果金花茶 Camellia pingguoensis D. Fang 1. 花枝；2. 果；3. 叶背腺点。（仿《中国植物志》）

图717 顶生金花茶 Camellia pingguoensis var. **terminalis** （J. Y. Liang et Z. M. Su）T. L. Ming et W. J. Zhang 花枝。（编著者自绘）

下的石灰岩杂木林中。

11. 毛籽离蕊茶 图718

Camellia pilosperma S. Y. Liang

灌木，高3m。嫩枝被褐色长粗毛。叶革质，椭圆形或卵状长圆形，长2～5cm，宽1.5～2.5cm，先端略尖，基部耳形，边缘有疏锯齿，上面深绿色，仅中脉被粗毛，背面浅绿色，疏生柔毛；中脉有长丝毛，侧脉5～8对；叶柄极短。花为白色，1～2朵顶生或腋生，花梗极短；苞片9枚，无毛，宿存；花瓣5～7枚，倒卵形，长1.2～1.5cm，近于离生，无毛；雄蕊长8～10mm，外轮花丝基部连生成短管，无毛，内轮完全分离；子房3室，被毛，花柱3枚，几完全分离。蒴果球形，直径7～12mm，1室，有1枚圆球形的种子，表面被短毛。花期11～12月。

极危种，广西特有种。产于昭平。生于海拔500m以下的山区林中。

12. 大厂茶 五室茶

Camellia tachangensis F. S. Zhang

乔木，高4～15m。嫩枝无毛。叶革质，椭圆形、长圆形，长9～12cm，宽3～6cm，先端急尖，基部楔形，边缘有锯齿，两面无毛；中脉紫红色，侧脉7～10对；叶柄长6～10mm。花白色，单生或3朵簇生于枝顶或叶腋，花直径3.0～3.5cm；花梗长7～9mm，无毛；苞片2～3枚，早落；萼片5～6枚，长5mm；花瓣10～14枚，长2.0～2.5cm，基部连生；雄蕊长1.5～2.0cm，外轮花丝基部连生成短管；子房5室，每室有1～4枚胚珠，花柱长1.3cm，先端3～5裂。蒴果扁球形，直径2.5～5.0cm，果皮薄，厚1～2mm，3～5瓣裂，每个分果片具1～2枚种子。花期10月至翌年1月；果期9～10月。

易危种。产于隆林。生于海拔900m以上的阔叶林中。分布于重庆、贵州、四川、云南。

13. 广西茶

Camellia kwangsiensis H. T. Chang

灌木或小乔木，高3～6m。嫩枝无毛；当年生小枝被短柔毛，后脱落。叶革质，长圆形，长 8～17cm，宽 3～7cm，先端渐尖，基部宽楔形，边缘有细锯齿，上面无毛，下面初时被短柔毛，后脱落；中脉在两面稍凸起，侧脉 8～13 对；叶柄长 8～12mm，无毛。花白色，1 朵或成对顶生或腋生，花梗长 7～8mm，粗大；苞片 2 枚，早落；萼片 5 枚，长 8～10mm，宿存；花瓣 8～10 枚，长约 2cm，基部合生；雄蕊长 1.0～1.8cm，外轮花丝基部 1/3 处合生；子房球形，5 室。蒴果球形，直径 3～4cm，果皮厚 5～6mm，5 室，每室具 2 枚种子；种子棕色，半球形，直径约 1.5cm。花期 11～12 月；果期 9～10 月。

易危种。产于龙胜、田林。生于海拔 1500～1900m 的阔叶林。分布于云南。

14. 秃房茶

Camellia gymnogyna H. T. Chang

灌木。嫩枝无毛，顶芽被绢毛。叶革质，椭圆形，长 9～14cm，宽 4.0～5.5cm，先端急尖，基部宽楔形，边缘有疏锯齿，两面无毛；侧脉 8～9 对；叶柄长 7～10mm，无毛。花 2 朵，腋生，花梗长 1.0～1.2cm，无毛；苞片 2 枚，早落；萼片 5 枚，宽卵形，长约 6mm，无毛；花瓣 7 枚，白色，倒卵圆形，长 2cm，基部连生；雄蕊多数，长 1.0～1.2cm，花丝离生，无毛；子房无毛，3 室，花柱长 1.2cm，无毛，先端 3 裂。蒴果 3 瓣裂，直径 5～8cm，果皮厚 4～5mm，每个分果片有 1 枚种子。花期 12 月至翌年 1 月。

图 718 毛籽离蕊茶 Camellia pilosperma S. Y. Liang 1. 花枝；2. 花萼及花柱；3. 雄蕊。(仿《中国植物志》)

产于兴安、融水、东兰、凌云、乐业、隆林。生于海拔 1000m 以上的山地杂木林中。分布于广东、贵州、云南。

15. 突肋茶

Camellia costata S. Y. Hu et S. Y. Liang

小乔木。嫩枝无毛。叶革质，长圆形或披针形，长 9～12cm，宽 2.5～3.5cm，先端渐尖，基部楔形，边缘上半部有疏锯齿，两面无毛；侧脉 7～9 对，与中脉在上面凸起；叶柄长 5～8mm。花白色，1～2 朵腋生；花梗长 6～7mm，无毛；苞片 2 枚，早落；萼片 5 枚，近圆形，长 5～6mm，基部稍连生，无毛；花瓣 6～7 枚，无毛；雄蕊近离生；子房无毛，花柱无毛，先端 3 裂。蒴果球形，果皮薄，厚约 1mm，1 室，直径约 1.4cm，有 1 枚种子。

产于昭平、融水、田林。生于海拔 700～1100m 的山谷溪边。分布于广东、贵州。

16. 膜叶茶

Camellia leptophylla S. Y. Liang ex H. T. Chang

灌木。嫩枝被柔毛，后脱落无毛。叶薄膜质，长圆形或狭椭圆形，长 8～10cm，宽 3～4cm，先

端短尖，尖头钝，基部楔形，边缘有疏锯齿，无毛；侧脉 7 ~ 8 对，在两面均明显凸起；叶柄长 1cm，被疏毛或无毛。花白色，1 ~ 2 朵顶生或腋生；花梗长 4 ~ 6mm，无毛；苞片 2 枚，早落；萼片 5 枚，近圆形，长 6 ~ 7mm，两面无毛，边缘有睫毛，宿存；花瓣 9 枚，倒卵形，长 9 ~ 11mm，背面无毛，基部略连生；雄蕊近离生，花丝无毛，基部与花瓣合生；子房无毛，3 室；花柱 8mm，无毛，先端 3 裂。蒴果 1 ~ 2 室发育，果皮薄，厚约 1mm。花期 11 ~ 12 月；果期 9 ~ 10 月。

广西特有种，产于那坡、马山、龙州。生于海拔 600 ~ 900m 的杂木林中。

17. 防城茶 图 719：1 ~ 5

Camellia fangchengensis S. Y. Liang et Y. C. Zhong

灌木至小乔木。嫩枝密被绒毛。叶薄革质，椭圆形或长圆形，长 13 ~ 29cm，宽 5 ~ 12cm，先端急短尖或钝，基部阔楔形或近圆形，边缘有细锯齿，下面密被柔毛。侧脉 11 ~ 17 对，在两面凸起；叶柄长 5 ~ 10mm，被柔毛。花白色，腋生，直径 2.0 ~ 3.5cm；花梗长 5 ~ 10mm；苞片 2 枚，早落；萼片 5 枚，长 3mm，被灰褐色柔毛；花瓣 5 枚，外面被柔毛，基部稍连生；

图 719　1 ~ 5. 防城茶 Camellia fangchengensis S. Y. Liang et Y. C. Zhong 1. 花枝；2 ~ 3. 蒴果；4 ~ 5. 种子。**6 ~ 7. 超长梗茶** Camellia longissima H. T. Chang et S. Y. Liang 6. 花枝；7. 蒴果。（仿《中国植物志》）

雄蕊长 1cm，外轮花丝基部稍合生；子房 3 室；花柱长 6 ~ 10mm，先端 3 裂。蒴果无毛，直径 2.0 ~ 3.2cm，3 室，每室有 1 枚种子。花期 11 ~ 12 月；果期 9 ~ 10 月。

广西特有种，产于防城。生于海拔 400m 以下的山谷阔叶林中。

18. 茶

Camellia sinensis（L.）Kuntze

灌木或小乔木。嫩枝无毛。叶革质，长圆形或椭圆形，长 4 ~ 12cm，宽 2 ~ 5cm，先端通常钝形或锐尖，基部楔形，边缘有锯齿，无毛；侧脉 5 ~ 8 对；叶柄长 3 ~ 8mm，无毛。花白色，1 ~ 3 朵腋生；花梗长 4 ~ 6mm，无毛；苞片 2 枚，早落；萼片 5 枚，阔卵形或圆形，长 3 ~ 4mm，无毛，宿存；花瓣 5 ~ 8 枚，阔卵形，长 1.0 ~ 1.6cm，基部稍连生，背面有短柔毛或无毛；雄蕊长 8 ~ 13mm，近离生；子房被毛，3 室，花柱无毛，顶端 3 裂。蒴果 3 球形或 1 ~ 2 球形，表面密被绢毛，每球有 1 ~ 2 枚种子。花期 10 ~ 12 月；果期 9 ~ 10 月。

著名饮料植物，在中国已有数千年的利用和栽培历史，广西各地有广泛栽培，也有野生。分布于秦岭、淮河流域以南。喜温暖湿润气候，在酸性红壤、红黄壤、黄壤地区的土层深厚、疏松、富含腐殖质的坡地上，生长旺盛，茶叶品质优良。

18a. 普洱茶

Camellia sinensis var. **assamica** (J. W. Mast.) Kitam.

与原种的主要区别在于：叶片宽大，先端渐尖；背面沿中脉被开展柔毛；子房先端稍无毛。

产于天峨、昭平，广西各地有广泛栽培。分布于广东、海南、云南、贵州。

18b. 白毛茶

Camellia sinensis var. **pubilimba** H. T. Chang

与原种的主要区别在于：萼片外面被白色柔毛；花特别小；子房被绒毛；叶片背面被柔毛。

产于龙胜、兴安、金秀、融水、凌云、容县、贵港、扶绥、宁明、防城。广西各地有广泛栽培。分布于云南、广东、海南。

19. 长梗茶 长柄山茶 图 714：6~8

Camellia longipedicellata (Hu) H. T. Chang et D. Fang

灌木，高 1~2m。当年生小枝被绒毛，后脱落无毛。叶革质，椭圆形，长 4~7cm，宽 2.0~3.5cm，先端渐尖或略钝，基部楔形，边缘有钝锯齿，上面深绿色，无毛，背面苍绿色，有棕色腺点，仅沿中脉疏生柔毛；侧脉 5~7 对；叶柄长 2mm，上面被毛。花白色，腋生或近顶生，直径约 4.5cm；花梗长约 1.2cm，被毛；苞片 3~4 枚，长约 1.5mm；萼片 5~7 枚，卵形，长 4~7mm，两面无毛，边缘具短缘毛；花瓣 9 枚，倒卵形，基部略连生；雄蕊长约 1cm，被毛，外轮花丝的 2/3 连生；子房球形，无毛，3 或 4 室，花柱 3 (~4) 枚，完全分离，长 3.5cm。蒴果扁球形，直径 1.0~1.5cm，3~4 室；种子棕色，有短柔毛。花期 12 月至翌年 2 月；果期 9~10 月。

广西特有种，产于柳州、忻城、都安。生于海拔约 200m 的石灰岩灌丛中。

20. 狭叶长梗茶

Camellia gracilipes Merr. ex Sealy

灌木，高 1.8~3.0m。当年生小枝紫红色，被灰色短柔毛，后脱落。叶革质，狭披针形，长 6~11cm，宽 1.4~2.8cm，先端长渐尖或尾尖，基部圆形或钝，边缘有稀疏锯齿，上面无毛，下面沿中脉有短柔毛；中脉在上面下陷，在背面凸起，侧脉 6~7 对；叶柄长 2~4mm，有短柔毛。花单生于叶腋或 3 朵簇生，花梗 3.0~3.5cm，无毛；小苞片 2 枚，宿存；花瓣 7 枚；雄蕊长约 6mm，外轮花丝基部合生；子房卵球形，被黄色绒毛，花柱 3 深裂近基部。蒴果卵球形，直径 2.0~2.5cm，每室有 1 枚种子。花期 11~12 月；果期 9~10 月。

产于防城。生于海拔 300m 以下的灌丛中。分布于越南北部。

21. 超长梗茶 图 719：6~7

Camellia longissima H. T. Chang et S. Y. Liang

灌木。嫩枝无毛。叶膜质，椭圆形，长 14~17cm，宽 6.0~8.5cm，先端急短尖，基部近圆形或楔形，边缘有细锯齿，两面无毛；侧脉 4~19 对，与中脉几乎垂直，在两面凸起；叶柄长 4~7mm，无毛。花白色，1~3 朵顶生或腋生；花梗长 1.7~4.5cm，无毛；苞片 2 枚，早落；萼片 5 枚，长 5mm，无毛；花瓣 8 枚，离生，椭圆状倒卵形，长 1cm，无毛；雄蕊长 7~8mm，离生，无毛；子房 3 室，无毛；花柱长 12mm，先端 3 浅裂。花期 10~12 月。

广西特有种。产于靖西、龙州。生于海拔 400~500m 的山地杂木林中。

22. 长萼连蕊茶 图 720

Camellia longicalyx H. T. Chang

小乔木，高 4m。嫩枝无毛。叶革质，卵状披针形，长 4~6cm，宽 1.3~2.0cm，先端渐尖，基部宽楔形，边缘有锯齿，无毛；侧脉 5~6 对；叶柄长 3~5mm。花白色，单生于枝顶叶腋，花梗长 8mm；苞片 4 枚，长 4~5mm，无毛；萼片披针形，先端尖，长约 8mm，无毛；花瓣 5 枚，倒卵形或倒心形，基部稍连生，无毛；雄蕊多数；子房无毛；花柱先端 3 浅裂。

产于全州。生于山地杂木林中。分布于福建。

图 720 长萼连蕊茶 Camellia longicalyx H. T. Chang 1. 花枝；2. 花；3. 花瓣及雄蕊；4. 雌蕊。(仿《中国植物志》)

图 721 连蕊茶 Camellia cuspidata (Kochs) Bean 果枝。(仿《中国植物志》)

23. 连蕊茶 尖连蕊茶 图 721

Camellia cuspidata (Kochs) Bean

灌木，高 3m。嫩枝无毛，小枝麦秆黄色。叶革质，卵状披针形或椭圆形，长 5~8cm，宽 1.5~2.5cm，先端尾状渐尖，基部近圆形或楔形，边缘有细密锯齿，两面均无毛；侧脉 6~7 对；叶柄长 3~5mm，有残留短毛。花白色，单生于枝顶或叶腋；花梗长 2~4mm；苞片 3~4 枚，卵形，长 1.5~2.5mm，绿色，无毛，宿存；萼片 5 枚，阔卵形，绿色，无毛，不等大，基部合生，宿存；花瓣 6~7 枚，基部稍连生，长 1.2~2.4cm；雄蕊比花瓣短，花丝无毛，外轮花丝在基部与花瓣合生；子房无毛；花柱长 1.5~2.0cm，无毛，顶端 3 浅裂。蒴果球形，直径约 1.5cm，1 室，有 1 枚种子。花期 12~4 月；果期 8~10 月。

产于桂林、龙胜、临桂、灌阳、灵川、金秀、融水、罗城。生于海拔 500m 以上的山地杂木林中。分布于江西、湖南、贵州、安徽、陕西、湖北、云南、广东、福建。

23a. 毛丝连蕊茶

Camellia cuspidata var. **trichandra** (Hung T. Chang) T. L. Ming

外轮花丝基部 1/2 合生成管状，无毛；内轮花丝有短柔毛。蒴果 3 室，每室 1 枚种子。花期 12 月；果期 9~10 月。

广西特有种，产于百色、乐业、凌云，生于海拔约 1100m 的灌丛中。

24. 绿萼连蕊茶 图 722

Camellia viridicalyx H. T. Chang et S. Y. Liang

灌木，高 1~2m。嫩枝被褐色毛；小枝红褐色。叶革质，披针形或卵状披针形，长 3.4~5.5cm，宽 1.0~1.6cm，先端尾状渐尖，基部阔楔形或略圆，边缘有细锯齿；中脉在上面被柔毛，下面无毛，侧脉 7 对；叶柄长 2~3mm，有短柔毛。花白色，顶生，花梗极短；苞片 4 枚，卵形，长 1.5~2.5mm；萼片 5 枚，卵圆形，长 5.5mm，背面被柔毛，边缘有睫毛；花瓣 5 枚，倒卵形，基部略连生，被毛；雄蕊连生成短管，离生花丝被柔毛；子房无毛；花柱无毛，先端 3 浅裂。蒴果球形，直径 1.8cm，有 2 枚种子。

产于贺州。生于海拔 400~900m 的山谷溪边杂木林中。分布于湖南。

25. 秃肋连蕊茶

Camellia glabricostata T. L. Ming

灌木或乔木，高1~5m。当年生小枝紫红色，无毛。叶纸质，长圆形，长 5.0~9.5cm，宽 2.0~3.5cm，先端尾状渐尖，基部阔楔形，边缘有细锯齿，两面无毛；侧脉 6~10 对，稍凸起或不明显，中脉在叶表面凹陷；叶柄长 3~5mm，无毛。花单生于叶腋；小苞片宽卵形，边缘有短缘毛；萼片 5 枚，近离生，边缘有短缘毛；花瓣 5 枚，白色或粉红色，基部稍合生；雄蕊长约6mm，外轮花丝合生成筒，离生部分密被白色柔毛；子房无毛，3 室，花柱顶部3浅裂。花期 7 月。

产于凭祥。生于海拔 200~300m 的山林中。分布于越南北部。

26. 贵州连蕊茶　图723

Camellia costei H. Lév.

灌木或小乔木。嫩枝被短柔毛。叶卵状椭圆形，长4~7cm，宽1.3~2.6cm，先端渐尖或长尾状渐尖，基部宽楔形，边缘有钝锯齿，上面中脉有残留短毛，下面初时被毛，后变无毛；侧脉6对；叶柄长 2~4mm，被毛。花白色，顶生或腋生，花梗长 3~4mm；苞片 4~5 枚，长 1~2mm，稍被毛；萼片 5 枚，卵形，长约2mm，先端被毛；花瓣 5 枚，长 1.3~2.0cm，基部与雄蕊连生；雄蕊长 1.0~1.5cm，花丝管长 7~9mm；子房无毛，花柱长 1.0~1.7cm，先端3浅裂。蒴果球形，直径1.2~1.6cm，1 室，有 1 枚种子。花期 1~2 月。

产于象州、融水、龙州。生于海拔 400~1500m 的山地杂木林中。分布于贵州、湖北、湖南、四川、云南。

27. 川鄂连蕊茶

Camellia rosthorniana Hand. – Mazz.

灌木。嫩枝密被柔毛；老枝红棕色，无毛。叶薄革质，椭圆形或卵状长圆形，长 2.5~4.5cm，宽1~2cm，先端渐尖，基部宽楔形，边缘有细锯齿；中脉在上面有残留短毛，下面无毛，侧脉6对；叶柄长2~3mm，被毛。花白色，顶生或腋生，直径 1.2~1.5cm，花梗长 3~4mm；苞片3~4 枚，卵形，长 1~2mm，有睫毛，宿存；萼片 5 枚，卵形，长 1.5~3.0mm，先端圆，有睫

图 722　绿萼连蕊茶 Camellia viridicalyx H. T. Chang et S. Y. Liang 花枝。(仿《中国植物志》)

图 723　贵州连蕊茶 Camellia costei H. Lév. 1. 果枝；2. 蒴果。(仿《中国植物志》)

毛，宿存；花瓣 5~7 枚，长 1.0~1.5cm，基部连生 2~3mm；雄蕊长 1cm，花丝管长 4mm；子房无毛；花柱 1.0~1.3cm，先端 3 浅裂。蒴果球形，直径 1.0~1.4cm，1~2 室，每室有 1~2 枚种子。花期 2~3 月；果期 9~10 月。

产于龙胜。生于海拔 600~1400m 的山谷灌丛中。分布于湖北、湖南、四川、贵州。

28a. 微花连蕊茶

Camellia lutchuensis var. **minutiflora**（Hung T. Chang）T. L. Ming

灌木。当年生小枝微被柔毛。叶薄革质，披针形，长 2.0~3.5cm，宽 6~9mm，先端锐尖至渐尖，基部楔形，边缘有细锯齿，上面沿中脉具硬毛，背面沿中脉具柔毛或脱落无毛；中脉在两面凸起，侧脉 6~8 对；叶柄长 1~3mm，有短柔毛。花单生，芳香，花梗长 1~2mm；小苞片 4~5 枚，边缘有短缘毛，遮盖花梗；萼片 5 枚，披针形；花瓣 5 或 6 枚，白色，长 0.6~0.8cm，宽 0.4~0.6cm，基部合生；雄蕊长 5~7mm，无毛，外轮花丝基部合生；子房 3 室，花柱顶部 3 深裂。蒴果近球形，直径约 1cm，每室有 1 枚种子。花期 1~3 月；果期 9~10 月。

产于钦州。生于海拔 300~500m 的山林中。分布于香港。

29. 毛萼连蕊茶　阿里山连蕊茶

Camellia transarisanensis（Hayata）Cohen-Stuart

灌木，高 1.5~3.0m，多分枝。1 年生小枝紫褐色，被柔毛；嫩枝无毛。叶薄革质，椭圆形、长圆形或卵状披针形，长 2.0~4.5cm，宽 1.0~1.7cm，先端钝、急尖或渐尖，基部楔形，边缘有钝锯齿，上面中脉上有短毛，下面被稀疏柔毛或无毛；中脉在两面凸起，侧脉在两面均不明显；叶柄长 2~4mm，有毛。花腋生，单生或成对着生，直径约 2.5cm，花柄短，苞片 3~5 枚，卵形或三角形，外面被黄色柔毛；花萼杯状，长 4mm，萼片 5 片，阔卵形至近圆形，长 3~4mm，外面有绢毛，内侧无毛；花瓣 5~6 枚，白色，倒卵形至宽倒卵形，基部 3~6mm 与雄蕊相连生；雄蕊长 1.3~1.6cm，无毛，花丝管长 1.0~1.3cm；子房卵球形，无毛，花柱长 1.1~1.4cm，先端 3 深裂。蒴果近球形，直径约 1.5cm，每室具 1 枚种子；种子球形，直径 1.0~1.2cm。花期 3 月；果期 10 月。

产于临桂、灵川。生于海拔 500m 以下的灌丛中。分布于福建、贵州、湖南、江西、台湾、云南。

图 724　屏边连蕊茶 Camellia tsingpienensis Hu
1. 花枝；2. 花；3. 雄蕊；4. 花柱；5. 子房横切面。
（仿《中国植物志》）

30. 屏边连蕊茶　图 724

Camellia tsingpienensis Hu

灌木至小乔木，高 2~6m。嫩枝被柔毛。叶薄革质，长圆形、披针形或卵状披针形，长 5~8cm，宽 1.5~3.5cm，先端尾状渐尖，基部阔楔形或近圆形，边缘有细锯齿；中脉在两面均被柔毛，侧脉 6~8 对；叶柄长 2~5mm。花顶生或腋生，白色，花梗极短；苞片 4 枚，无毛或有睫毛；萼片 5 枚，卵圆形，长 5mm，无毛；花瓣 5 枚，长 1.0～1.4cm，基部与雄蕊连生；雄蕊长 8～13mm，花丝管长 5～6mm，离生花丝被白色长毛；子房无毛；花柱长 9～12mm，顶端 3 浅裂。蒴果球形，直径 1.5cm，1 室，有 1 枚种子。花期 10～12 月；果期 8～9 月。

产于临桂、阳朔、灵川、兴安、龙胜、融水、金秀、百色。生于海拔 800～1900m 的山地杂木林中。分布于贵州、云南；越南也有分布。

31. 长尾毛蕊茶 图 725：1～3
Camellia caudata Wall.

小乔木，高 7m。嫩枝密被灰色柔毛。叶革质或薄革质，椭圆形，长 5～9cm，宽 1～2cm，先端尾状渐尖，基部宽楔形，边缘有细锯齿，上面仅中脉被短毛，下面被稀疏长丝毛；侧脉 6～9 对；叶柄长 4～6mm，被柔毛或绒毛。花白色，顶生或腋生，花梗长 3～4mm；苞片 3～5 枚，长 1～2mm，被毛，宿存；萼片 5 枚，近圆形，长 3～4mm，被柔毛，宿存；花瓣 5 枚，长 1.0～1.5cm，基部连生，外面被毛；雄蕊长 1.0～1.5cm，花丝管长 6～8mm，离生花丝被绒毛；子

图 725　1～3. 长尾毛蕊茶 Camellia caudata Wall. 1. 花枝；2. 被毛雄蕊；3. 花柱及萼。4～6. 心叶毛蕊茶 Camellia cordifolia（Metcalf）Nakai 4. 花枝；5. 花；6. 花柱及萼。（仿《中国植物志》）

房被绒毛，花柱 1.0～1.2cm，被灰色柔毛，顶端 3 浅裂。蒴果球形，直径 1.2～1.5cm，被柔毛，1 室，有 1 枚种子。花期 10 月至翌年 3 月。

产于广西各地，生于海拔 1200m 以下的阔叶林中。分布于广东、海南、台湾、浙江、云南、西藏；越南、印度、缅甸、不丹也有分布。

32. 柳叶毛蕊茶
Camellia salicifolia Champ. ex Benth.

小乔木，高 10m。嫩枝密被柔毛。叶长圆状披针形，长 7～9cm，宽 1.4～2.5cm，先端尾状渐尖或长尾状，基部圆形，边缘有细锯齿；侧脉 6～8 对；叶柄长 2～3mm，密被绒毛。花白色，顶生及腋生，花梗长 3～4mm，被丝毛；苞片 4～5 枚，披针形，长 4～10mm，被长毛，宿存；萼片 5 枚，不等长，狭披针形，长 1.0～1.5cm，先端尖，被绒毛，宿存；花瓣 5～6 枚，长 1.5～2.0cm，基部连生，外被毛；雄蕊长 1.0～1.5cm，花丝管长 6～8mm，离生花丝被柔毛；子房被柔毛，花柱长 1.0～1.3mm，被毛，顶端 3 浅裂。蒴果球形或卵圆形，直径约 1.5cm，1 室，有 1 枚种子。花期 11 月；果期 9～10 月。

产于昭平、平南。生于海拔 300～800m 的杂木林中。分布于福建、江西、广东、台湾。

33. 心叶毛蕊茶 文山毛蕊茶 图 725：4~6

Camellia cordifolia (Metcalf) Nakai

灌木至小乔木，高 1~6m。嫩枝被粗毛。叶革质，圆状卵形，长 7~11cm，宽 1.5~3.0cm，先端尾状渐尖，基部圆形或微心形，边缘有锯齿，上面仅中脉有残留短毛，下面被稀疏褐色长毛；侧脉 7~8 对；叶柄长 2~3mm，有粗毛。花白色，顶生或腋生，花梗长 2~3mm，有粗毛；苞片 4~5 枚，卵形，先端圆，被柔毛；萼片 5 枚，卵圆形，长 4~5mm，先端圆，外面被柔毛；花瓣 5 枚，基部与雄蕊连生，外面被柔毛；雄蕊多数，花丝管长 8~12mm，被柔毛，离生花丝被毛；子房被柔毛，3 室，花柱与雄蕊等长，密被毛，先端 3 浅裂。蒴果球形，直径 1.0~1.5cm，被柔毛，2~3 室，每室有 1~3 枚种子。花期 10~12 月。

产于阳朔、临桂、龙胜、贺州、三江、金秀、蒙山、苍梧。生于海拔 850m 以下的山区密林中。分布于福建、广东、湖北、湖南、贵州、云南、西藏；印度、越南也有分布。

34. 毛糙果茶

Camellia pubifurfuracea Y. C. Zhong

灌木或乔木，高 2~5m。嫩枝被柔毛。叶革质，椭圆形至卵状椭圆形，长 8~15cm，宽 3.5~6.0cm，先端尾状渐尖，基部阔楔形或近圆形，边缘有细锯齿，上面无毛，下面被稀疏长柔毛，中脉毛较密；侧脉 5~7 对；叶柄长 5~7mm，密被柔毛。花白色，腋生或近顶生，单生，无柄；苞片及萼片 8~10 枚，长 4~15mm，被绢毛；花瓣 5~10 枚，长 2.2~2.5cm，基部略连生；雄蕊长 1.0~1.5cm；子房球形，3~5 室，花柱 3~5 枚，离生，长 1.2~1.5cm。蒴果球形，果皮粗糙，糠秕状，直径 4~7cm，每室有 1 枚种子。花期 10~11 月；果期 9 月。

广西特有种。产于金秀。生于海拔 600~800m 的森林中。

35. 硬叶糙果茶

Camellia gaudichaudii (Gagnep.) Sealy

灌木或小乔木，高 3~5m。嫩枝无毛。叶硬革质，椭圆形至卵状椭圆形，长 5~8cm，宽 2.5~3.5cm，先端短钝尖或略圆，基部阔楔形，边缘上半部有小锯齿，或全缘，两面无毛，下面有黑腺点；侧脉 5~6 对，与中脉在上面下陷，在下面凸起；叶柄长 7~8mm，无毛。花白色，1~2 朵腋生或顶生，无柄；苞片及萼片革质，近圆形，长 7~9mm，外面被绒毛；子房被长粗毛，3 室；花柱 3 枚，长 7~9mm，离生，被柔毛。蒴果球形，直径 2~3cm，3 室，每室有 1 枚种子；果皮软鳞片状。花期 12 月至翌年 2 月；果期 8~9 月。

产于防城。生于山地林中。分布于海南；越南也有分布。

36. 红皮糙果茶 博白大果油茶 图 726：1~5

Camellia crapnelliana Tutcher

小乔木，高 5~7m。树皮红褐色。嫩枝无毛。叶革质，椭圆形至长圆状椭圆形，长 7~19cm，宽 3~6cm，先端短尖，基部楔形，边缘有细锯齿，下面无毛，有棕色腺点；侧脉 7~9 对；叶柄长 6~10mm，无毛。花白色，腋生或近顶生，直径 6~10cm，近无柄；苞片 3 枚，紧贴萼片；萼片 5 枚，长 1.0~1.7cm，背面有绒毛；花瓣 6~8 枚，基部合生；雄蕊基部略连生，长 1.5~1.8cm；子房被绒毛，3~5 室；花柱 3 枚，长 1.5cm，完全分离。蒴果球形，直径 7~12cm，果皮厚 1.0~1.5cm，3~5 室，每室有 3~5 枚种子。花期 12 月至翌年 1 月；果期 9~10 月。

产于苍梧、浦北、容县、博白。生于海拔 800m 以下的森林中。分布于福建、广东、江西、浙江。种子油清香，可食用。

37. 糙果茶 图 726：6

Camellia furfuracea (Merr.) Cohen–Stuart

灌木或小乔木，高 2~7m。嫩枝灰褐色，无毛。叶椭圆形或长圆状椭圆形，长 8~15cm，宽 2.5~5.0cm，无毛，先端渐尖，基部楔形或阔楔形，边缘有细锯齿；侧脉 7~8 对，在上面稍凹陷；

叶柄长 6 ~ 10mm。花白色，顶生或腋生，花直径 2.0 ~ 3.5cm，无柄；苞片及萼片 7 ~ 8 枚，倒卵圆形，长 2.5 ~ 13.0mm；花瓣 7 ~ 8 枚，倒卵形，长 1.5 ~ 2.0cm，最外面 2 ~ 3 枚过渡为萼片，中部革质；雄蕊长 1.3 ~ 1.5cm，花丝管长 5 ~ 6mm；子房被长毛，3 室；花柱 3 枚，完全分离，长 1.0 ~ 1.7cm，被柔毛。蒴果球形，直径 2.5 ~ 4.0cm，果皮厚 2 ~ 4mm，3 室，每室有 2 ~ 4 枚种子。花期 11 ~ 12 月；果期 9 ~ 10 月。

产于贺州、苍梧、桂平、容县、防城、东兴。生于海拔 1000m 以下的林中。分布于广东、海南、湖南、江西、台湾；越南和老挝也有分布。

37a. 阔柄糙果茶

Camellia furfuracea var. **latipetiolata** (C. W. Chi) T. L. Ming

与原种的区别在于：叶片基部圆形或稍心形；叶柄长 5 ~ 6mm。花期 12 月；果期 9 ~ 10 月。

产于上林。生于海拔约 200m 的森林中。分布于广东西北部。

38. 安龙瘤果茶

Camellia anlungensis H. T. Chang

图 726　1 ~ 5. 红皮糙果茶 Camellia crapnelliana Tutcher
1. 花枝；2. 雌蕊；3. 雄蕊；4. 蒴果；5. 种子。6. 糙果茶 Camellia furfuracea (Merr.) Cohen - Stuart 花枝。(仿《中国植物志》)

灌木或乔木，高 2 ~ 5m。嫩枝无毛。叶薄革质，椭圆形，长 7 ~ 14cm，宽 3 ~ 6cm，先端渐尖或锐尖，基部阔楔形至钝，边缘有细锯齿，两面无毛，背面有棕色腺点；中脉和侧脉在两面凸起，侧脉 7 ~ 9 对；叶柄 5 ~ 10mm，无毛。花白色；萼片圆形，被绢毛；花瓣 6 ~ 7 片；花丝连生成管；子房被毛，具小瘤状凸起，花柱 3 条。蒴果近无柄，球形，直径 3.0 ~ 3.5cm，3 室，每室有种子 1 枚，果皮多皱褶和瘤状凸起，3 片裂开，果片厚 2 ~ 4mm，有毛；种子半圆球形，表面有绒毛，无宿存萼片。花期 3 ~ 4 月；果熟期 9 月。

产于乐业、隆林。生于海拔 1200m 以下的山坡林下。分布于云南、贵州。

38a. 尖苞瘤果茶　图 727

Camellia anlungensis var. **acutiperulata** (Hung T. Chang et C. X. Ye) T. L. Ming

与原种的区别在于：小苞片和萼片卵形，先端尖，两面无毛或外面近先端疏生柔毛；子房和花柱无毛。

广西特有种。产于凌云、乐业。生于海拔 900 ~ 1200m 的杂木林中。

39. 皱果茶

Camellia rhytidocarpa H. T. Chang et S. Y. Liang

灌木或乔木，高 3 ~ 10m。嫩枝具棱，无毛。叶长圆形，长 7 ~ 12cm，宽 2.5 ~ 4.0cm，先端渐尖至尾状渐尖，基部近圆形，边缘有细锯齿，上面无毛，背面沿中脉疏被毛；侧脉 6 ~ 9 对；叶柄长 8 ~ 12mm，无毛。花白色，1 ~ 2 朵腋生或近顶生，直径 3 ~ 4cm，无柄；苞片及萼片 10 枚，长 1.0 ~ 1.4cm，两面被绢毛；花瓣 5 ~ 6 枚，长 3.2cm，基部连生，外侧被毛；雄蕊长 2cm，外轮花丝

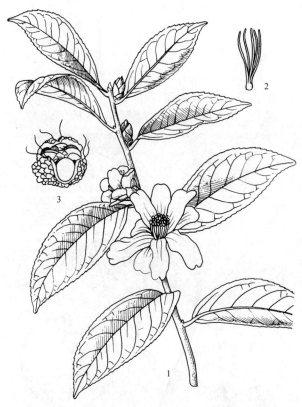

图 727　尖苞瘤果茶 Camellia anlungensis var. **acutiperulata**（Hung T. Chang et C. X. Ye）T. L. Ming 1. 花枝；2. 花柱；3. 蒴果（开裂）。（仿《中国植物志》）

图 728　毛瓣金花茶 Camellia pubipetala Y. Wan et S. Z. Huang 花枝。（编著者自绘）

基部连生成短管，管长 1.3cm；子房上部被绒毛，3 室，花柱 3 枚，完全分离，长 2cm，无毛。蒴果球形，直径约 2.5cm，1~2 室，每室有 1 枚种子；种子球形，褐色，无毛。花期 11 月；果期 9 月。

产于龙胜、融水、金秀、百色、乐业。生于海拔 500~1100m 的杂木林中。分布于湖南、贵州。

40. 毛瓣金花茶　图 728

Camellia pubipetala Y. Wan et S. Z. Huang

灌木至小乔木，高 1.5~5.5m。嫩枝密被粗毛。叶薄革质，椭圆状卵形，长 10~17cm，宽 3.5~6.0cm，先端尾状渐尖，基部近圆形或楔形，边缘有细锯齿，上面无毛，背面有棕色腺点，被贴伏绒毛，沿中脉密被长柔毛；侧脉 8~10 对；叶柄长 5~10mm，密被粗毛。花黄色，单生或 2 朵簇生，花直径 5.0~6.5cm，腋生或近顶生，几无花梗；苞片 6~8 枚，外面被毛，里面无毛，宿存；萼片 5~6 枚，外面被毛，里面无毛，宿存；花瓣 9~13 枚，基部稍连生，密被柔毛；雄蕊多数，成 5~6 轮排列；花丝被短柔毛，长 1.5~2.5cm；子房近球形，3~4 室，密被短柔毛；花柱长 2.3~3.0cm，被柔毛，3~5 条靠合，具 3~5 槽。蒴果扁球形或扁三角状球形，直径约 3.5cm，3 室，每室有种子 1~2 枚，黑褐色。花期 11 月至翌年 2 月；果期 10 月。

广西特有种。产于隆安。生于海拔 400m 以下的石灰岩杂木林中。

41. 南山茶　广宁油茶、红花油茶

Camellia semiserrata C. W. Chi

小乔木。嫩枝无毛。叶革质，椭圆形，长 9~15cm，宽 3~6cm，先端急尖，基部宽楔形，两面无毛；侧脉 7~9 对；边缘上半部有粗锯齿；叶柄长 1.0~1.7cm。花红色，顶生，无柄，花直径 7~9cm；苞片及萼片 10~11 枚，最长 2cm，被短绢毛；花瓣 6~7 枚，宽倒卵形，长 4~5cm，基部连生 7~8mm；雄蕊长 2.5~3.0cm，花丝管长 1.5~2.0cm，离生花丝无毛；子房被毛，3~5 室；花柱长 4cm，顶端 3~5 裂。蒴果卵圆

形，直径 7 ~ 10cm，3 ~ 5 室，每室有 1 ~ 3 枚种子。花期 12 月至翌年 2 月；果期 10 ~ 12 月。

产于苍梧、藤县、防城、上思。生于海拔 800m 以下的山地林中。分布于广东。喜温暖湿润气候，中偏阴性，喜光而耐半阴；喜酸性、疏松肥沃湿润和排水良好的壤土，不耐盐碱土；在土层瘠薄和全日强光照直射的环境下生长欠佳。深根性，生长慢，实生苗要 10 ~ 12 年始开花结果。播种或高压繁殖。播种宜采回果实阴干，开裂后取出种子即播或沙藏春播，晒干及久藏将丧失发芽能力。树姿壮健，四季浓绿，花艳果硕，甚为美观。花于春节前后开放，在绿叶丛中鲜红夺目，迎合节日气氛；而在秋季，赭红色的球状果实悬挂枝端，惹人喜欢。实为早春观花、入秋赏果的优良园林树种。宜作行道树种及庭院孤植、丛植以供观赏；又可作防火树种。种子榨油，含油率 30%，为优良食用油或供制肥皂等工业用，油麸为良好肥料。

41a. 大果南山茶
Camellia semiserrata var. **magnocarpa** S. Y. Hu et T. C. Huang

与原种的区别在于：萼片和小苞片无毛；子房无毛或仅基部被毛；蒴果直径约 12cm。

产于藤县、苍梧。生于海拔 500m 以下的阔叶林中。分布于广东。

42. 山茶　图 729
Camellia japonica L.

灌木或小乔木。嫩枝无毛。叶椭圆形，长 5 ~ 10cm，宽 2.5 ~ 5.0cm，先端钝尖，基部宽楔形，两面均无毛；侧脉 6 ~ 9 对；边缘有细锯齿；叶柄长 8 ~ 15mm，无毛或被短柔毛。花白色或红色，顶生或腋生，无柄；苞被片 9 ~ 10 枚，被绢毛，花后脱落；花瓣 6 ~ 7 枚，基部连生 7 ~ 8mm；雄蕊 3 轮，外轮花丝管略被柔毛；子房无毛，3 室；花柱长 2.5cm，先端 3 浅裂。蒴果球形，直径约 3cm，无毛，3 室，每室有 1 ~ 2 枚种子。花期 1 ~ 3 月；果期 9 ~ 10 月。

栽培种多重瓣，花红色或白色，野生种花浅红色。在广西各地，常见栽培供观赏，品种多。喜温暖湿润气候，略耐寒，不耐高温，喜光而耐半阴；喜酸性至近中性的疏松、肥沃湿润和排水良好的砂壤土，不耐旱瘠，忌盐碱土和积水；略耐修剪；抗大气污染能力较强。扦插、压条或嫁接繁殖。扦插较易生长成活，约 2 年便可开花。在花蕾期，需适当疏蕾，每枝保留 1 ~ 2 朵，并将枝顶傍花蕾的枝芽摘除，以减少养分消耗，同时薄施磷肥，忌施浓肥，以防花蕾早落和促进花开鲜艳。

山茶树姿苍翠壮美，花大色艳，绚丽多彩，美观夺目，且花期长，迎春怒放，为中国传统名花和迎春应节花卉。宜作孤植、丛植或盆栽以供观赏。花有止血功效。

43. 西南山茶
Camellia pitardii Cohen – Stuart

灌或小乔木，高 3 ~ 7m。嫩枝无毛。叶革质，椭圆形或长圆状椭圆形，长 8 ~ 12cm，宽 2.5 ~ 4.0cm，先端渐尖或长尾状，基部楔形，边缘有尖锐粗锯齿，两面无毛；中脉在两面凸起，侧脉 6 ~ 7 对，在表面稍凸起；叶柄长 1.0 ~ 1.5cm，无毛或上面被毛。花顶生，红色或白色，直径 5 ~ 8cm，无柄；苞片及萼片 10 枚，最下半 1 ~ 2 片半月形，背面有毛，脱落；花瓣 5 ~ 6 枚，基部与雄蕊合生；雄蕊长 2 ~ 3cm，无毛，外轮花丝连生，花丝管

图 729　山茶 Camellia japonica L. 花枝。（仿《中国植物志》）

长 1.0 ~ 1.5cm；子房有长毛，花柱长 2.5cm，基部有毛，先端 3 浅裂。蒴果扁球形，高 2.5 ~ 3.5cm，宽 3.5 ~ 5.5cm，3 片裂开，果片厚；种子半圆形，直径 1.5 ~ 2.0cm，褐色。花期 12 月至翌年 3 月；果期 8 ~ 10 月。

产于兴安、龙胜、资源、临桂、灵川、灌阳、全州、融水、乐业。生于森林、灌丛中。分布于贵州、湖南、四川、云南。

44. 毛蕊红山茶

Camellia mairei (H. Lév.) Melch.

灌木或小乔木。嫩枝被灰白色柔毛。叶长圆形，长 7 ~ 10cm，宽 2.0 ~ 2.5cm，先端尾状渐尖，基部楔形或阔楔形，边缘有细锯齿；中脉在下面被丝毛，侧脉 5 ~ 6 对，在表面凹陷；叶柄长约 1cm，被柔毛。花红色，顶生，无柄；苞片及萼片 10 枚，被毛；花瓣 8 枚，长 3 ~ 4cm，基部连生 1.5cm，无毛；雄蕊长 2.5 ~ 3.0cm，外轮花丝基部连生成短管，离生花丝被柔毛；子房被柔毛；花柱长 2cm，先端 3 浅裂。蒴果球形，直径 4cm，3 室，每室有 1 枚种子。花期 12 月至翌年 2 月；果期 9 ~ 10 月。

产于田林、乐业，生于海拔 900 ~ 1500m 的阔叶林中。分布于四川、贵州、云南。

44a. 石果红山茶

Camellia mairei var. **lapidea** (Y. C. Wu) Sealy

与原种的主要区别在于：叶片通常狭长，长圆状椭圆形或披针形，长达 15cm，先端长尾尖，基部楔形至阔楔形；背面毛被稍宿存，苞、萼里面无毛。

产于融水、金秀、昭平、藤县、天峨、环江、那坡、凌云、乐业、平南、容县、北流、钦州、上思、宁明。分布于广东、贵州、湖南、四川、云南。

45. 多齿红山茶 宛田红花油茶
图 730

Camellia polyodonta F. C. How ex Hu

小乔木。嫩枝无毛。叶厚革质，椭圆形或长圆形，长 8.0 ~ 12.5cm，宽 3.5 ~ 6.0cm，先端尾尖，基部圆形，边缘密生锐利细锯齿；侧脉 6 ~ 7 对，叶表面侧脉和网脉显著凹陷；叶柄长 8 ~ 10mm，无毛。花为紫红色，顶生或腋生，花直径 7 ~ 10cm，无柄；苞片及萼片 15 枚，长 4 ~ 28mm，被褐色绢毛；花瓣 6 ~ 7 枚，长 2 ~ 4cm，被毛，基部连生；雄蕊多轮，外轮花丝连生，与离生花丝均被柔毛；子房 3 室，被毛；花柱长 2cm，先端 3 浅裂，被柔毛。蒴果球形，直径 5 ~ 8cm，被褐毛。花期 1 ~ 2 月；果期 9 ~ 10 月。

产于临桂、全州、兴安、龙胜、荔浦、贺州、融水、金秀。分布于湖南。花艳丽，可作庭院栽培以供观赏。种子可榨油，供制肥皂或食用。

图 730 多齿红山茶 Camellia polyodonta F. C. How ex Hu
1. 花枝；2. 果；3. 种子。(仿《中国植物志》)

46. 长瓣短柱茶　攸县油茶

Camellia grijsii Hance

灌木或小乔木，高 1～4m。嫩枝被短柔毛。叶长圆形或椭圆形，长 6～9cm，宽 2.5～3.7cm，先端渐尖或尾状渐尖，基部宽楔形，边缘有锐锯齿，上面无毛，背面仅中脉被长毛；侧脉 6～7 对，叶表面侧脉和网脉极凹陷，背面具暗红色腺点；叶柄长 5～10mm，被柔毛或脱落无毛。花白色，腋生或顶生，直径 3～5cm，花梗极短；苞片及萼片 9～10 枚，长 2～8mm，无毛；花瓣 5～6 枚，倒卵形，长 2.0～2.5cm，基部与雄蕊连生，先端 2 裂；雄蕊长 7～10mm，无毛，外轮花丝合生达中部以上；子房球形，被绒毛，花柱长 3～4mm，先端 3 浅裂，无毛。蒴果球形，直径约 2.5cm，1～3 室，每室有 1～2 枚种子。花期 2～3 月；果期 9～10 月。

产于龙胜。分布于福建、广东、贵州、湖北、湖南、江西、浙江。

47. 窄叶短柱茶　窄叶油茶　图 731：1～2

Camellia fluviatilis Hand. – Mazz.

灌木，高 1～3m。嫩枝被短柔毛，不久脱落。叶狭披针形或线状披针形，长 5～9cm，宽 1～2cm，先端尾状渐尖，基部窄楔形，边缘有细锯齿，两面无毛；中脉在两面凸起，侧脉 6～8 对；叶柄长 2～5mm，被毛。花白色，顶生或腋生，直径 1.5～6.0cm，花柄极短；苞片及萼片 9～10 枚，倒卵形，长 2～6mm；花瓣 5～7 枚，倒卵形，长 1.2～1.5cm，先端圆或凹陷，离生；雄蕊长 5～7mm，基部略连生，无毛；子房球形，3 室，被长丝毛，花柱 3 枚，长 2～5mm，无毛，完全分离。蒴果梨形，长约 1.7cm，3 室，每室有 1 枚种子。花期 12 月至翌年 2 月；果期 9～10 月。

产于昭平、上思。生于海拔 500m 以下的林中或溪边。分布于海南；印度、缅甸也有分布。

47a. 大花窄叶油茶

Camellia fluviatilis var. **megalantha**（Hung T. Chang）T. L. Ming

与原种的区别在于：叶片披针形至狭披针形，宽 1.5～2.2cm；花直径 5～6cm。花期 10～12 月；果期 9～10 月。

产于昭平、金秀。生于海拔 500m 以下的林中或灌丛中。

48. 油茶

Camellia oleifera Abel

小乔木。嫩枝被粗毛。叶革

图 731　1～2 窄叶短柱茶 Camellia fluviatilis Hand. – Mazz. 1. 果枝；2. 雌蕊。3～4. 落瓣油茶 Camellia kissi Wall. 3. 果枝；4. 雌蕊。（仿《中国植物志》）

质，椭圆形，长 3 ~ 10cm，宽 2 ~ 4cm，先端钝尖，基部楔形，边缘有细锯齿；中脉在下面被毛，上面无毛，侧脉 5 ~ 8 对；叶柄长 5 ~ 10mm，被粗毛。花白色，腋生或顶生，直径 4 ~ 6cm，单生或成对，近无柄；苞片和萼片 8 枚，长 3 ~ 12mm，背面被毛，花后脱落；花瓣 5 ~ 7 枚，长 2.5 ~ 3.5cm，基部近离生，被毛，先端 2 裂；雄蕊长 1.5cm，近离生，无毛；子房球形，被绒毛，3 室，花柱长约 1cm，顶部 3 浅裂或深裂。蒴果球形至椭圆形，直径 3 ~ 4cm，3 室，每室有 1 ~ 2 枚种子。花期 12 月至翌年 1 月；果期 9 ~ 10 月。

广西各地有普遍栽培。生于海拔 1800m 以下的森林、灌丛中，通常栽培于海拔 500m 以下的低山丘陵地带。油茶是中国南方特有的木本食用油料树种，主要分布于 18°21′ ~ 34°34′N，98°40′ ~ 122°0′E 之间的地区，以中亚热带丘陵低山区为主，包括 18 个省(自治区、直辖市)；老挝以及缅甸北部和越南北部也有分布。广西是中国油茶主产区之一，种植面积和产油量均在江西、湖南之后而列全国第三位。广西油茶种植面积约 40hm²，约占全国总面积的 10%，年产茶油约 4 万 t，占全国产量的 25%。广西有较大栽培面积的县 30 多个，其中三江、龙胜、融安、东兰、巴马、凤山等 6 个油茶商品生产基地县的油茶林面积均在 1.33 万 hm² 以上，而三江县的则达 4.93 万 hm²。山茶属有 20 多个可供食用的油茶物种，其中主要有油茶、红皮糙果茶、南山茶、多齿红山茶等物种，油茶是主栽物种。广西油茶种质资源十分丰富。良种是实现油茶高产、优质、高效的物质基础。广西林业科学研究院经过近 40 年的油茶品种遗传改良研究攻关，先后选育出岑溪软枝油茶及岑软 2 号、3 号，桂无 1、2、3、4、5、6 号和桂普 32、50、101、74、105、107、38、49、43 号等优良品种和优良无性系。油茶喜光而耐半阴；喜温暖湿润气候，也具有一定的耐寒性，要求年平均气温 14 ~ 21℃，最低月平均气温不低于 0℃，最高月平均气温为 31℃，相对湿度 74% ~ 85%，年平均降水量在 1000mm 以上，年日照 1800 ~ 2200h。对土壤条件要求不严，呈酸性至微酸性土上均能正常生长发育，略耐旱瘠，但忌碱性土。抗大气污染和抗火性较强。

播种、嫁接或扦插繁殖。种子宜即采即播。实生苗 3 ~ 4 年便可开花结实。中国主要木本油料树种和蜜源植物，种子含油率 31.33%，为优良食用油，对降高血压、胆固醇、高血脂和肝炎等有预防和治疗作用；又可供制肥皂、护发油和制药等用。果壳可供制碱和活性炭；茶麸可作肥料及洗发用。

49. 落瓣油茶 落瓣短柱茶 图 731: 3 ~ 4

Camellia kissi Wall.

灌木或小乔木，高 1.5 ~ 5.0m。嫩枝密被柔毛。叶薄革质，长圆形或椭圆形，长 5.0 ~ 13.5cm，宽 1.5 ~ 6.0cm，先端尾状渐尖，基部楔形至钝，边缘有细锯齿，上面沿中脉略被毛，下面疏生柔毛或近无毛；中脉在两面凸起，侧脉 6 ~ 8 对，在表面稍凹陷；叶柄长 3 ~ 7mm，密被柔毛。花白色，1 ~ 2 朵顶生或腋生，直径 2 ~ 3cm，无柄；苞片及萼片 7 ~ 9 枚，长 2 ~ 7mm，外面疏被绢毛；花瓣 5 ~ 8 枚，倒卵形，长 0.8 ~ 3.0cm；雄蕊长 0.6 ~ 1.5cm，基部略连生，与花瓣分离；子房被长丝毛，3 室，花柱 3 枚，长 3 ~ 7mm，先端 3 深裂或浅裂。蒴果梨形或近球形，略尖，长 1.5 ~ 2.5cm，1 ~ 3 室，每室有 1 枚种子。花期 11 ~ 12 月；果期 9 ~ 10 月。

产于上思、宁明。生于海拔 600m 以上的山区阔叶林中或灌丛、河边。分布于广东、云南、海南；不丹、柬埔寨、老挝、印度、缅甸、泰国、越南等地也有分布。

49a. 大叶落瓣油茶

Camellia kissi var. **confusa** (Craib) T. L. Ming

与原种的区别在于：叶片椭圆形至宽椭圆形，长 8.0 ~ 13.5cm，宽 3.5 ~ 5.0cm；花瓣长 2 ~ 3cm；雄蕊长 1.3 ~ 1.5cm；蒴果 3 室。花期 11 ~ 12 月；果期 9 ~ 10 月。

产于防城、上思、宁明。生于杂木林中。分布于云南；印度、缅甸、泰国也有分布。

50. 短柱茶

Camellia brevistyla（Hayata）Cohen‑Stuart

灌木或小乔木，高 1~8m。嫩枝被柔毛。叶薄革质，椭圆形或倒卵状椭圆形，长 3.0~5.5cm，宽 1.5~3.0cm，先端略尖，基部宽楔形，边缘有钝锯齿，两面仅中脉微被柔毛，下面有小瘤状凸起；侧脉在两面不明显；叶柄长 5~6mm，被毛。花白色，单生于枝顶或叶腋，直径 1.5~3.0cm，近无柄；苞片及萼片 6~8 枚，长 2~9mm，被毛；花瓣 5~7 枚，长 1.5~2.5cm；雄蕊长 5~9mm，基部连生成短管，管长约 3mm；子房被长粗毛，花柱 3~4 枚，无毛，长 1~4mm，有时先端 3 裂。蒴果球形，直径 1.5~1.8cm，通常 1 室，有 1 枚种子。花期 10~12 月；果期 9~10 月。

产于贺州。分布于广东、安徽、福建、贵州、湖北、湖南、江西、浙江、台湾。

2. 大头茶属 Polyspora Sweet

常绿灌木或乔木。叶互生，常簇生于枝顶，全缘或有少数齿凸；有叶柄。花大，白色，腋生，有短梗；苞片 2~7 枚，早落；萼片 5 枚，宿存或半宿存；花瓣 5~6 枚，基部连生；雄蕊多数，着生于花瓣基部，排成多轮；花药 2 室，背部着生；子房 3~5 室，有时 7 室，花柱顶端 3~5 裂，每室有 4~8 枚胚珠。蒴果长筒形，室背裂开，果瓣木质，中轴宿存，长条形；种子扁平，上端有长翅，胚乳缺。

约 40 种。中国 6 种；广西 2 种。

分种检索表

1. 大头茶　图 732

Polyspora axillaris（Roxb. ex Ker Gawl.）Sweet ex G. Don

灌木或乔木，高 10m。嫩枝无毛。叶革质，倒披针形，长 6~14cm，宽 2.5~4.0cm，先端圆或凹，基部楔形，下延，无毛，全缘；侧脉在两面不明显；叶柄长 1.0~1.5cm。花白色，单生于枝顶叶腋，直径 7~10cm；花梗极短；小苞片 6~7 枚，早落；萼片 5 枚，卵圆形，长 1.0~1.5cm，宿存，被毛；花瓣 5 枚，宽倒卵形，长 3.5~5.0cm，先端凹入，被毛；雄蕊长 1.5~2.0cm，基部连生，无毛；子房 5 室，被毛；花柱长 2cm，被绢毛。蒴果长 2.5~3.5cm，直径 1.5~2.5cm，5 瓣开裂；种子连翼长 1.5~2.0cm。花期 9~10 月；果期 11~12 月。

产于临桂、永福、融水、象州、金秀、环江、那坡、平南、防城、上思、龙州。生于海拔 800m 以下的杂木林或灌丛中。分布于广东、海南、台湾。散孔材，纹理直，结构细，硬重，可供作建筑、工具等用。种子可供榨油。

图 732　大头茶 Polyspora axillaris（Roxb. ex Ker Gawl.）Sweet ex G. Don 1. 果枝；2. 种子。（仿《中国植物志》）

图 733 四川大头茶 Polyspora speciosa（Kochs）B. M. Barthol. et T. L. Ming 1. 花枝；2. 雄蕊；3. 果实；4. 种子。（仿《中国植物志》）

2. 四川大头茶 广西大头茶 图 733

Polyspora speciosa（Kochs）B. M. Barthol. et T. L. Ming

乔木，高 15m。嫩枝无毛或近无毛。叶革质，椭圆形至长圆形，长 10 ~ 22cm，宽 3 ~ 7cm，先端渐尖，基部楔形，下面无毛，边缘有锯齿，两面无毛；侧脉 10 ~ 13 对，在上面明显，而在下面不明显；叶柄长 1.5 ~ 2.0cm。花腋生，直径 5 ~ 9cm；花梗长 4 ~ 5mm；苞片 5 枚，早落；萼片卵形，长 1.0 ~ 1.5cm，外面被毛；花瓣 5 枚，长 4 ~ 5cm，外面被毛；雄蕊长 2.0 ~ 2.5cm，无毛；子房 5 室，被毛；花柱长 2cm，被毛。蒴果长 3.0 ~ 3.5cm，直径 1.0 ~ 13.5cm，5 室；种子连翼长 2.0 ~ 2.5cm。花期 8 ~ 11 月；果期 9 ~ 10 月。

产于灌阳、阳朔、永福、金秀、融水、昭平、防城、上思。生于海拔 1200m 以上的杂木林或灌丛中。分布于重庆、贵州、湖南、四川、云南。树形美观，可栽培以供观赏。

3. 木荷属 Schima Reinw. ex Bl.

常绿乔木，高 30m，直径 1m。叶革质，全缘或有锯齿，有柄。花大，两性，白色，单生于枝顶叶腋，或数朵排成短总状花序，有长柄；苞片 2 ~ 7 枚，早落；萼片 5 枚，覆瓦状排列，离生或基部连生，宿存；花瓣 5 枚，离生；雄蕊多数，花丝扁平，离生；花药 2 室，基部着生；子房 5 室，被毛，每室有 2 ~ 6 枚胚珠。蒴果木质，扁球形；种子周围有翅。

约 20 种。中国 13 种；广西 7 种。

分种检索表

1. 叶全缘。
　2. 苞片 4 ~ 5 片，长 1.2 ~ 1.6cm；叶倒卵形，长 11 ~ 16cm，无毛，侧脉 12 ~ 16 对 ·················
　　 ·· **1. 多苞木荷 S. multibracteata**
　2. 苞片 2 片，长 2 ~ 6mm；叶片短于 18cm，有或无灰白色蜡被。
　　3. 萼片圆形，长 2 ~ 4cm；叶厚革质，长圆形或倒卵形，无毛。
　　　4. 叶长圆形；花柄长 1 ~ 2cm，较纤细 ····························· **2. 银木荷 S. argentea**
　　　4. 叶倒卵形；花柄长 1.5 ~ 2.5cm，极粗壮 ····················· **3. 短梗木荷 S. brevipedicellata**
　　3. 萼片半圆形，长 2 ~ 3cm；叶薄革质，椭圆形，嫩枝有毛，叶下面被灰毛 ········· **4. 西南木荷 S. wallichii**
1. 叶边缘有锯齿。
　5. 萼片圆形，长 5mm，花大，直径 4 ~ 5cm，花柄长 2 ~ 5cm；叶长 12 ~ 16cm。
　　6. 花柄有棱；叶发亮，黄绿色，锯齿相隔 4 ~ 8mm ······················· **5. 华木荷 S. sinensis**
　　6. 花柄圆形；叶暗晦，锯齿相隔 7 ~ 20mm ·························· **6. 疏齿木荷 S. remotiserrata**
　5. 萼片半圆形，长 2 ~ 3cm，花直径 2 ~ 3m，花柄长 1.0 ~ 2.5cm；叶长 7 ~ 12cm ········· **7. 木荷 S. superba**

1. 多苞木荷

Schima multibracteata Hung T. Chang

乔木。嫩枝无毛；老枝灰白色。叶倒卵形，长 11~16cm，宽 4.5~7.0cm，先端略尖，基部楔形，下延，全缘，两面无毛；侧脉 12~16 对，在两面均能见；叶柄长 1.5~2.0cm，扁平，无毛。花 4~7 朵聚生于枝顶叶腋；花梗长 1.5cm，无毛；苞片 4~5 片，长 1.2~1.6cm，外面被微毛；萼片 5 枚，近圆形，长 6mm，外面被银灰色绢毛；花瓣 5 枚，白色，基部稍合生；雄蕊长为花瓣的一半，花丝离生；子房被毛，5 室。花期 8~9 月。

广西特有种。产于金秀。生于海拔约 1400m 的山地杂木林中。

2. 银木荷 图 734：1~2

Schima argentea E. Pritz. ex Diels

乔木，高 6~15m。嫩枝被柔毛；老枝有白色皮孔。叶厚革质，长圆形，长 8~16cm，宽 2.0~5.5cm，先端锐尖或渐尖，基部楔形，全缘，下面有银灰色蜡被，疏生柔毛或无毛；侧脉 9~13 对，在两面明显；叶柄长 1.0~1.5cm，被柔毛或后脱落。花单生或数朵排成伞房状花序生于枝顶叶腋，直径 3~4cm；花梗长 1~2cm，纤细，被毛；苞片 2 枚，卵形，长 5~7mm，被毛；萼片圆形，长 3~5mm，外面被绢毛；花瓣白色，长 1.5~2.0cm，外面基部被毛；雄蕊长

图 734 1~2. 银木荷 Schima argentea E. Pritz. ex Diels
1. 果枝；2. 蒴果。3~4. 西南木荷 Schima wallichii Choisy
3. 果枝；4. 叶背毛被。(仿《中国植物志》)

1cm；子房被毛；花柱长 7mm，无毛，柱头 5 枚。蒴果直径 1.5~2.0cm，5 瓣裂；种子连同翅长 6~9mm。花期 7~9 月；果期 10 月。

产于广西北部及南部十万大山。生于海拔 1600m 以上的山地杂木林中。分布于江西、四川、云南；缅甸、越南也有分布。耐寒，多生于高海拔山地。稍耐阴。喜酸性肥沃土壤，较耐干瘠条件。树皮厚，抗火。木材淡红色，心材与边材区别不明显，结构均匀，供作建筑、家具等用，也是生产木衣架的优质木材。耐火性强，优良防火林带树种。宜在广西高海拔地区作为用材林或生态公益林树种规模发展。

3. 短梗木荷

Schima brevipedicellata Hung T. Chang

乔木，高 25m。树皮黑褐色，有块状深裂。嫩枝初时被毛，后脱落无毛，有皮孔。叶革质，倒卵状形，长 10~18cm，宽 3~8cm，先端锐尖，基部宽楔形，全缘，背面有白粉，疏生柔毛或脱落无毛；侧脉 12~14 对，在两面均能见；叶柄长 1.5~3.0cm。花单生或数朵生于枝顶，排成伞房状；花梗长 1.5~2.5cm，粗壮，被灰黄色柔毛；小苞片 2 枚，近圆形，长 6~8mm，早落；萼片圆形，长 5~6mm，被柔毛；花瓣白色，基部被微柔毛；雄蕊长约 1.5cm，无毛；子房被银灰色绢毛，5

室，花柱无毛，柱头 5 裂。蒴果扁球形，直径 1.5～2.0cm，5 瓣裂；种子肾形，连同翼长 7～8mm。花期 7 月；果期 10～11 月。

产于桂林。生于海拔 500m 以上的阔叶林中。分布于广东、贵州、湖南、江西、四川、云南；越南北部也有分布。

4. 西南木荷　红木荷、红荷、峨眉木荷　图 734：3～4

Schima wallichii Choisy

乔木，高 10～15m。嫩枝被柔毛；老枝有白色皮孔。叶薄革质，椭圆形，长 8～17cm，宽4.0～7.5cm，先端锐尖，基部宽楔形，全缘，下面有灰白色蜡及被柔毛；中脉在背面凸起，在上面凹陷，侧脉 8～12 对；叶柄长 1～2cm，被毛。花单生或数朵生于近枝顶叶腋，直径 3～4cm；花梗长 1～2cm，被柔毛；小苞片 2 枚，早落；萼片半圆形，长 2～3mm，宽 4～5mm；花瓣白色，长 2cm；子房被毛，花柱无毛，柱头 5 枚。蒴果近球形，直径 1.5～2.0cm，5 室，每室 2 枚种子，5 瓣裂；果梗有皮孔；种子连同翼长 7～10mm。花期 4～5 月；果期 11～12 月。

产于广西西部、西北部及西南部。分布于贵州、西藏、云南；印度、越南、泰国、尼泊尔也有分布。在广西西南部海拔 700m 以下的山谷地带，半常绿季雨林被砍伐破坏后的迹地，出现由西南木荷、枫香、黄杞、中平树等组成的次生季雨林。幼树耐阴，大树喜光，耐瘠薄，萌芽力强，耐火，天然更新能力强，为酸性土次生林常见种和荒山灌丛先锋树种。播种繁殖。近年广西各地规模营造人工林，长势极差，究其原因，应与近年该树种被破坏严重，通直大树罕见，采种母树选择不当，形成的负向选择有关。木材棕红色，心材与边材区别不明显，结构均匀，坚韧致密，不开裂，易加工，供作建筑、家具等用材，也是生产木衣架的优质木材。耐火性强，优良防火林带树种。可作为用材林或生态公益林树种，在广西西部地区规模发展。

5. 华木荷　大苞木荷

Schima sinensis (Hemsl. et E. H. Wilson) Airy Shaw

乔木，高 8～18m。幼枝棕色，有白色皮孔，无毛。叶片革质，发亮，黄绿色，长圆状椭圆形至长圆形，长 12～16cm，宽 3.5～5.5cm，先端渐尖，基部阔楔形，边缘疏生钝锯齿，锯齿相隔4～8mm；两面无毛；侧脉 12～14 对，在两面凸起；叶柄长 1.0～1.5cm，无毛。花单生，直径 4～5cm；花梗长 4～5cm，有棱，无毛；小苞片 2 枚，早落，无毛；萼片外面无毛，里面有白色绢毛，边缘有短毛；花瓣白色，外面基部有柔毛；雄蕊长 1.0～1.5cm，花丝基部贴生于花瓣上；子房基部被毛，花柱无毛，柱头 5 裂。蒴果近球形，直径约 2cm，5 室，每室有 2 枚种子，5 瓣裂；种子连翼长约 1cm。花期 7～8 月；果期 10～11 月。

产于灌阳、资源。生于海拔 1400m 以上的杂木林中；分布于贵州、湖北、湖南、四川、云南。

6. 疏齿木荷

Schima remotiserrata Hung T. Chang

乔木。当年生小枝有短柔毛或脱落无毛。叶片长圆形至椭圆形，色暗晦，长 12～16cm，宽5.0～6.5cm，先端渐尖，基部楔形，边缘 1/2 以上有稀疏锯齿，齿相隔 7～20mm，两面无毛；侧脉 9～12 对，和网脉在两面凸起；叶柄长 2～4cm，扁平，无毛。花 6～7 朵排成短总状花序，花直径约 4cm；花梗长 3.5～4.0cm，被微柔毛或后脱落；小苞片 2 枚，早落；萼片近圆形，长约 6mm，外面无毛，里面被绢毛；花瓣白色，宽倒卵形；雄蕊长约 1cm，花丝离生；子房无毛或基部被毛，5 室，花柱无毛。蒴果直径约 1.5cm。花期 8～9 月；果期 10～11 月。

产于贺州、金秀。生于海拔 500～1000m 的山地杂木林中。分布于福建、广东、湖南、江西。

7. 木荷　图 735

Schima superba Gardner et Champ.

大乔木，高 30m，胸径 1m。树皮灰褐色，纵裂。嫩枝无毛或微被柔毛。叶椭圆形，长 7～12cm，宽 2.0～6.5cm，先端锐尖，基部楔形，边缘 1/2 以上有钝锯齿，无毛；侧脉 7～9 对，在两面均明显；叶柄长 1~2cm，疏生柔毛或无毛。花白色，生于枝顶叶腋，有时数朵排成总状花序，直径 2~3cm；花梗长 1.0~2.5cm，无毛或疏生短柔毛；苞片 2 枚，长 4~6mm，早落；萼片半圆形，长 2~3mm，外面无毛，内面被绢毛；花瓣长 1.0~1.5cm，最外一片风帽状，边缘有毛；子房被毛。蒴果近球形，直径 1.5~2.0cm。花期 6~8 月；果期 10~12 月。

图 735 木荷 Schima superba Gardner et Champ. 花枝。（仿《中国植物志》）

产于广西北部、中部及东部各地，生于海拔 800m 以下的杂木林中。分布于安徽、福建、贵州、海南、湖北、湖南、江西、台湾、浙江；日本也有分布。幼树耐阴，大树喜光，耐瘠薄，萌芽力强，耐火，天然更新能力强，为酸性土次生林常见种和荒山灌丛先锋树种。播种繁殖。1 年生苗高 40cm 时可出圃栽植。木材浅红褐色至暗黄褐色，心材与边材区别不明显，结构均匀，坚韧致密，不开裂，易加工，供作建筑、家具、细木工等用。荔浦县用木荷木材生产的木衣架，远销欧美，形成了产业集群。耐火性强，优良防火林带树种。

4. 圆籽荷属 Apterosperma Hung T. Chang

乔木。叶革质，互生，多列，边缘有锯齿，有叶柄。花两性，顶生，排成总状花序，有短花梗；苞片 2 枚，早落；萼片 5 枚，宿存；花瓣 5 枚，倒卵形，基部连生；雄蕊多数，成 2 轮排列，外轮稍长，花丝扁平，离生，基部与花瓣基部连生，花药 2 室，基部叉开，纵裂；子房上位，5 室，花柱极短，柱头 5 裂，每室有 3~4 枚胚珠，中轴胎座。蒴果扁球形，室背开裂为瓣，中轴宿存，每室有 2~3 枚种子；种子肾圆形，背部厚而凸出，无翅，无胚乳。

中国特有属，1 种。产于广西、广东。

圆籽荷

Apterosperma oblata Hung T. Chang

灌木或乔木，高 3~10m。嫩枝被柔毛。叶聚生于枝顶，革质，窄长圆形或长圆状椭圆形，长 5~10cm，宽 1.5~3.0cm，先端渐尖，基部楔形，边缘有锯齿，下面初被柔毛，后脱落；侧脉 7~9 对，在两面均明显；叶柄长 3~6mm，被毛。花淡黄色，直径约 1.5cm，总状花序有 5~9 朵花；花梗长 4~5mm，被毛；苞片紧贴萼片，早落；萼片 5 枚，长 4mm；花瓣 5 枚，基部连生，宽卵形，长约 7mm，背面无毛；雄蕊多数，长 4~5mm，花药 2 室，基部着生；子房圆锥形，基部被毛，5 室，每室有 3~4 枚胚珠，花柱极短，顶端 5 裂。蒴果扁球形，直径 8~10mm，5 瓣裂开，中轴长 5mm；种子褐色，无翅。花期 5~6 月；果期 9 月。

易危种，产于桂平。生于海拔 800~1300m 的杂木林中。分布于广东。

5. 紫茎属 Stewartia L.

乔木或灌木。树皮灰褐色。叶纸质或革质，互生，边缘有锯齿；叶柄有翅，对折成舟状。花白色，单生于叶腋或数朵排成总状花序，有短梗；小苞片 2 枚，宿存，稀早落；萼片 5 枚，宿存；花瓣 5 枚，白色或黄白色，基部稍连生；雄蕊多数，成多轮排列，外轮花丝下半部连生成短管；子房上位，5 室，每室有 2 ~ 4(~ 7)枚胚珠，基底着生；花柱顶端 5 裂。蒴果卵状球形，室背 5 裂，中轴短；每室有 2 ~ 4 枚种子，褐色，扁平，有窄翅或无翅，无胚乳。

约 20 种。中国 15 种，分布于长江流域以南各地；广西 8 种 3 变种。

分种检索表

1. 常绿；叶柄两侧对折，舟状；种子几无翅；顶芽不具鳞苞。
  2. 萼片圆形或倒卵形，革质，长与宽均 4 ~ 8mm。
    3. 叶全缘，先端圆，基部楔形，叶柄长 1.0 ~ 1.5cm；蒴果锥形，长 8 ~ 12mm 或更长 …… **1. 钝叶紫茎 S. obovata**
    3. 叶边缘有锯齿，先端尖，基部微心形或狭而钝。
      4. 嫩枝秃净，叶厚革质，长卵形，基部微心形，叶柄长 1.5 ~ 2.0cm ………… **2. 厚叶紫茎 S. crassifolia**
      4. 嫩枝被毛，叶薄革质，长圆形或倒卵形，基部狭而钝，叶柄长 1.0 ~ 1.5cm。
        5. 花单生，苞片长 2 ~ 3cm；蒴果长圆锥形，先端尖；种子稍有翅 ………… **3. 云南紫茎 S. calcicola**
        5. 花 2 ~ 3 朵排成总状花序，苞片长 5 ~ 7mm；蒴果球形；种子有狭翅 ………… **4. 老挝紫茎 S. laotica**
  2. 萼片长卵形，长大于宽，近膜质，易碎。
    6. 花单生。
      7. 萼片先端钝圆，长 9 ~ 12mm；叶厚革质，长卵形，长 5 ~ 8cm，宽 3.0 ~ 4.5cm，无毛，基部近心形 … ………………………………………………………………………………………………… **5. 心叶紫茎 S. cordifolia**
      7. 萼片先端尖，长 12 ~ 20mm；叶革质，长圆形或椭圆形，长 8 ~ 13cm，宽 3 ~ 5cm，两面初被柔毛，后脱落，仅叶背中脉被毛，基部圆或楔形 ……………………………………………… **6. 柔毛紫茎 S. villosa**
    6. 花 2 ~ 3 朵排成总状花序，萼片被黄毛；叶革质，长圆形，长 10 ~ 14cm，宽 3.0 ~ 4.5cm，下面被黄棕色或红棕色柔毛 …………………………………………………………………………… **7. 黄毛紫茎 S. sinii**
1. 落叶或半常绿；叶柄不对折；种子有翅；顶芽有鳞状苞片。
  8. 叶椭圆状卵形或卵状椭圆形，长 6 ~ 10cm，宽 2 ~ 4cm，先端渐尖，基部楔形，边缘有粗锯齿………………… ………………………………………………………………………………………………… **8. 紫茎 S. sinensis**
  8. 叶长圆状椭圆形或卵状椭圆形，长 9 ~ 13cm，宽 5.0 ~ 6.5cm，先端渐尖或尾状渐尖，基部圆形，边缘有钝锯齿 ……………………………………………… **9a. 大明山紫茎 S. rubiginosa var. damingshanica**

1. 钝叶紫茎　钝叶摺柄茶

Stewartia obovata (Chun et Hung T. Chang) J. Li et T. L. Ming

常绿小乔木，高 5m。嫩枝略被柔毛。叶革质，倒卵形至倒卵状长圆形，长 7 ~ 12cm，宽 3.0 ~ 4.5cm，先端钝或略圆，微凹入，基部楔形，全缘，下面初被柔毛，后脱落，有红色腺点；侧脉 10 ~ 15 对；叶柄长 1.0 ~ 1.5cm，翅宽 1.5 ~ 2.0mm，幼时被毛。花单生或 4 朵组成短总状花序，直径约 2cm；花梗长 3 ~ 5mm，被短柔毛；小苞片 2 枚，早落；萼片外面被灰白色柔毛；花瓣 5 枚，白色，基部稍合生，边缘有锯齿；雄蕊多数，轮生，花丝基部合生；子房无毛。蒴果锥形，长 8 ~ 12mm 或更长。花期 6 ~ 7 月；果期 9 ~ 10 月。

产于融水、防城、上思。生于海拔 900 ~ 1300m 的杂木林中。分布于广东。

2. 厚叶紫茎

Stewartia crassifolia (S. Z. Yan) J. Li et T. L. Ming

常绿乔木，高 10 ~ 18m。嫩枝秃净。叶厚革质，长卵形，长 8 ~ 12cm，宽 3.0 ~ 4.5cm，上面无毛，背面幼时被柔毛，后脱落，先端急尖，基部稍心形，边缘有锯齿；叶柄长 1.5 ~ 2.0cm。花 2 或 3 朵排成短总状花序，花梗 5 ~ 7mm，被短柔毛；小苞片早落；萼片近圆形，外面被柔毛，基部稍合生；花瓣淡黄白色，外面被白色绢毛；雄蕊长 8 ~ 10mm，花丝基部合生；子房圆锥形，花柱极短。蒴果短圆锥形，直径约 1.5cm。花期 5 ~ 6 月；果期 11 月。

产于龙胜。生于海拔 800 ~ 1900m 的山林中。分布于广东、湖南、江西。

3. 云南紫茎 云南折柄茶 图 736

Stewartia calcicola T. L. Ming et J. Li

常绿乔木，高 8 ~ 15m。当年生小枝被柔毛；老枝无毛。叶革质，长圆形或长圆状披针形，长 6 ~ 9cm，宽 3.0 ~ 4.5cm，先端尖，基部圆形，边缘有细锯齿，下面初被柔毛；侧脉 10 ~ 12 对；叶柄长 1.0 ~ 1.5cm，翅宽 2 ~ 3mm，被柔毛。花单生于叶腋；花梗长 3 ~ 5mm，被毛；苞片 2 枚，长 3 ~ 4mm，早落；萼片肾形或圆形，长 5 ~ 6mm，被柔毛，边缘有腺毛；花瓣白色，外面被银灰色绢毛；雄蕊多数，花丝基部合生；子房无毛，花柱长 3 ~ 4mm。蒴果长圆锥形，长 1.5 ~ 2.0cm，直径约 1cm，先端尖；种子长 6mm，稍有翅。花期 5 ~ 6 月；果期 8 ~ 10 月。

产于那坡。生于海拔 900 ~ 1700m 的杂木林中。分布于云南。

图 736 云南紫茎 Stewartia calcicola T. L. Ming et J. Li
1. 花枝；2. 花；3. 蒴果(开裂)。(仿《中国植物志》)

4. 老挝紫茎

Stewartia laotica（Gagnep.）J. Li et T. L. Ming

常绿小乔木。当年生小枝密被白色柔毛。叶革质，长圆形或倒卵状长圆形，长 7 ~ 10cm，宽 2.5 ~ 4.0cm，先端钝尖，基部楔形，边缘有细锯齿，上面无毛，有光泽，下面沿中脉有短柔毛；侧脉 9 ~ 12 对；叶柄长约 1cm，翅宽约 1.5mm，被柔毛。花 2 ~ 4 朵排成总状花序；花梗长 5 ~ 7mm，有短柔毛；小苞片 2 枚，有白色柔毛，长 5 ~ 7mm；萼片 5 枚，外面有白色柔毛；花瓣 5 枚，白色，外面被微柔毛；雄蕊多数，花丝基部合生；子房密被短柔毛，5 室，花柱长 2 ~ 4mm。蒴果球形，每室有 5 ~ 6 枚种子；种子有狭翅。花期 5 ~ 6 月；果期 9 ~ 10 月。

产于那坡、金秀。生于海拔 900m 以上的山林中。分布于云南；老挝也有分布。

5. 心叶紫茎 心叶折柄茶 图 737

Stewartia cordifolia（H. L. Li）J. Li et T. L. Ming

常绿乔木，高 12 ~ 18m。当年生小枝

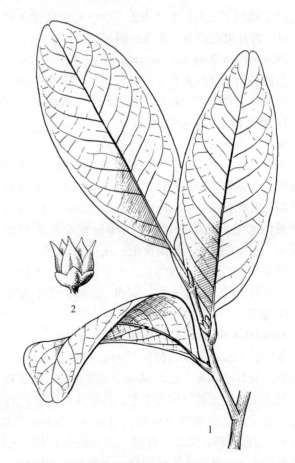

图 737 心叶紫茎 Stewartia cordifolia（H. L. Li）J. Li et T. L. Ming 1. 枝叶；2. 开裂蒴果。(仿《中国植物志》)

被柔毛，后脱落无毛。叶厚革质，长卵形，长5~8cm，宽3.0~4.5cm，先端短尖或渐尖，基部近心形，边缘有疏钝锯齿，下面初被柔毛，后脱落；侧脉10~12对；叶柄长1.0~2.5cm，翅宽2~3mm，被柔毛。花单生于叶腋，花梗长4~6mm，被柔毛；苞片2枚，窄披针形，长4~7mm，被柔毛；萼片近膜质，长椭圆形，长9~12mm，先端钝圆，被柔毛；花瓣白色，长1.2~1.5cm，宽8~10mm；雄蕊长8~10mm；子房无毛。蒴果圆锥形，长约1cm，直径约1.4cm；种子有狭翅。花期6~7月；果期9~10月。

产于金秀。生于海拔400~1300m的杂木林中。分布于贵州、湖南。

6. 柔毛紫茎　毛折柄茶

Stewartia villosa Merr.

常绿乔木，高8m。嫩枝被开展长柔毛。叶革质，长圆形或椭圆形，长8~13cm，宽3~5cm，先端锐尖或急短尖，基部圆或楔形，边缘全缘或有疏锯齿，两面初被柔毛，后脱落，仅叶背中脉被毛；侧脉10~17对；叶柄长1~2cm，翅宽约2mm，被柔毛。花单生于叶腋；花梗长6~8mm，被毛；苞片披针形，长8~15mm，被毛；萼片卵状披针形，长1.5~2.0cm，先端略尖，外面被毛；花瓣淡黄白色，长约1.8cm；雄蕊多列，下半部连生成短管；子房被绒毛，花柱短。蒴果圆锥形，长1.5~2.0cm；种子长3~5mm，有狭翅。花期6~7月；果期10月。

产于防城、上思。生于海拔600~700m的杂木林中。分布于广东。

6a. 广东柔毛紫茎　大叶毛折柄茶

Stewartia villosa var. **kwangtungensis** (Chun) J. Li et T. L. Ming

与原种的主要区别在于：当年生小枝、叶背面中脉及叶柄被贴伏短柔毛；叶披针形，长15~21cm，宽5.5~7.0cm，叶缘有钝锯齿。花期6~7月；果期11月。

产于防城、上思。生于海拔1200m以下的杂木林中。分布于广东、江西。

6b. 齿叶柔毛紫茎　锯齿折柄茶

Stewartia villosa var. **serrata** (Hu) T. L. Ming

与原种的主要区别在于：叶较狭长，边缘锯齿较明显。花期6月；果期10月。

广西特有种，产于防城、上思。生于海拔200~400m的杂木林中。

7. 黄毛紫茎　黄毛折柄茶

Stewartia sinii (Y. C. Wu) Sealy

常绿乔木，高10m。嫩枝被灰黄色长柔毛。叶革质，长圆形，长10~14cm，宽3.0~4.5cm，先端渐尖，基部楔形或近圆形，边缘有锯齿，下面被黄棕色或红棕色柔毛；侧脉12~18对，在背面下陷；叶柄长1.5~2.0cm，翅宽约2mm，被黄褐色柔毛。花2~3朵排成腋生或顶生总状花序，被黄褐色柔毛，花序梗长不及1cm；苞片长倒卵形，长8mm；萼片近膜质，倒卵形，长1.2~1.5cm，先端尖或钝，外面被毛；花瓣近圆形，长1.5cm；雄蕊长1cm，基部连生；子房被柔毛。蒴果圆锥形，与宿存萼片等长；种子长2mm。花期5月；果期9月。

广西特有种，产于永福、贺州、金秀，生于海拔300~1000m的杂木林中。

8. 紫茎

Stewartia sinensis Rehder et E. H. Wilson

落叶灌木或小乔木，高3~10m；树皮灰黄色；嫩枝被毛或无毛。叶纸质，椭圆状卵形或卵状椭圆形，长6~10cm，宽2~4cm，先端渐尖，基部楔形，边缘有粗锯齿，嫩叶两面被灰白色绢毛，后上面无毛，背面被贴伏短柔毛，延脉被长柔毛；侧脉7~11对；叶柄长0.5~1.0cm，无毛或有长柔毛，有窄翅。花单生于叶腋，直径4~5cm；花梗长4~8mm；苞片卵圆形，叶状，长2.0~2.5cm，宿存；萼片卵形，叶状，基部连生，长1~2cm；花瓣白色，长2.5~3.0cm；雄蕊多数，花丝长达2cm，基部连生成短管；子房长6~7mm；花柱长1cm以下，无毛。蒴果圆锥状，被毛，卵形，先端渐尖；种子边缘有翅。花期5~6月；果期9~11月。

产于融水。生于海拔500m以上的杂木林中。分布于安徽、福建、贵州、河南、湖北、湖南、江西、四川、云南、浙江。喜光；喜湿润气候及肥沃土壤。天然更新能力差，林下幼苗或幼树稀少。种子含油率40%，可供食用，并可供制肥皂和机械润滑油。木材黄褐色，有光泽，纹理直或斜，结构细，硬重，可供建筑、造船、家具、细木工及工艺品等用。

9a. 大明山紫茎

Stewartia rubiginosa var. **damingshanica** (J. Li et T. L. Ming) T. L. Ming

落叶乔木，高15m。树皮红褐色，光滑。当年生小枝紫红色，无毛。叶纸质，长圆状椭圆形或卵状椭圆形，长9～13cm，宽5.0～6.5cm，先端渐尖或尾状渐尖，基部圆形，边缘有钝锯齿，背面有贴伏短柔毛，侧脉8～12对；叶柄长1～2cm，被短柔毛。花单生，白色，直径6～7cm，花梗长4～7cm，有短柔毛或脱落无毛；苞片肾形，长5～6mm；萼片倒卵形，长6～12mm，边缘有细锯齿，外面被长柔毛，里面被绢毛；花瓣倒卵形，长3.5～4.0cm，基部连生，背面被绢毛；雄蕊长1～2cm，花丝基部连生成短管；子房被毛或脱落无毛；花柱长5～8mm。蒴果卵球形，先端尖锐，有宿存花柱；种子有7枚，翅较宽。花期5～6月；果期10月。

广西特有种，产于武鸣、马山、上林。生于海拔1100～1300m的常绿阔叶林中。

6. 核果茶属 Pyrenaria Blume

常绿灌木或乔木。叶革质，互生，有锯齿，侧脉不明显。花两性，白色或淡黄色，腋生，具短梗；苞片2枚，早落或宿存；萼片5～10枚，被绢毛，早落或宿存；花瓣5枚，被绢毛；雄蕊多轮，花丝分离，基部与花瓣基部连生，花药2室，背部着生；子房3～6室，花柱单一，顶端3～6裂；每室有2～5枚胚珠。蒴果木质，从基部向顶端成3～6瓣裂开，中轴存在或核果状不开裂；每室有2～5枚种子，稍扁，长卵形，有时多边形，种皮骨质，种脐纵长，无胚乳。

26种。中国13种；广西6种2变种。

分种检索表

1. 蒴果较大，常为球形，少数为椭圆形，直径2～8cm，3～6瓣裂开。
  2. 萼片10基数。
    3. 当年生小枝无斑点；叶椭圆形，长11～13cm，宽4.0～5.5cm；叶柄长2～6mm；蒴果3～6室 ·················
      ··· **1. 大果核果茶 P. spectabilis**
    3. 当年生小枝有紫褐色斑点；叶长圆状披针形至披针形，长11～14cm，宽3～4cm；叶柄长1.0～1.8cm；蒴果3室 ····································· **2. 斑枝核果茶 P. maculatoclada**
  2. 萼片5基数。
    4. 萼片近圆形，先端圆，花柄长2～3mm；蒴果球形或扁球形，顶端圆；叶圆形至长圆状倒卵形 ·············
      ··· **3. 广西核果茶 P. kwangsiensis**
    4. 萼片卵形，先端尖，花柄长1～2cm；蒴果三角状锥形；叶披针形 ················ **4. 长萼核果茶 P. wuana**
1. 蒴果小，卵形或倒卵形，直径1.0～1.5cm，直径1.0～1.5cm，3瓣裂开。
  5. 嫩枝被褐色粗毛，叶上面沿中脉具微糙毛，叶下面被灰褐色柔毛；蒴果纺锤形，两端尖，果皮密被长硬毛···
    ·· **5. 粗毛核果茶 P. hirta**
  5. 嫩枝、叶初时被毛，后脱落无毛；蒴果卵球形、倒卵球形或椭圆形，果皮疏被毛 ·······················
    ··· **6. 小果核果茶 P. microcarpa**

1. 大果核果茶　六瓣果石笔木

Pyrenaria spectabilis (Champ. ex Benth.) C. Y. Wu et S. X. Yang

乔木，高5～15m。嫩枝初时被毛，后脱落无毛。叶革质，椭圆形，长11～13cm，宽4.0～5.5cm，先端钝尖，基部宽楔形，边缘有波状锯齿，两面无毛；侧脉9～11对；叶柄长2～6mm。花腋生或近顶生，直径6～10cm，花梗有短柔毛；小苞片2枚，外面密被黄色绢毛；萼片9～11枚，近圆形，外面密被绢毛；花瓣5~6枚，白色，外面被淡黄色绢毛，里面无毛；雄蕊长约1.5cm，无毛，外轮花丝稍合生，并贴生于花瓣；子房被淡黄色绒毛，3~6室，每室2~5枚胚珠，花柱3~6枚，合生至近先端，中部以下被毛。蒴果扁球形，直径4~8cm，3~6室，自基部开裂，果皮厚5mm以上，被褐色柔毛。花期5~7月；果期8~10月。

产于藤县、金秀。分布于福建、广东；越南北部也有分布。

1a. 长柱核果茶　薄瓣核果茶、华南石笔木

Pyrenaria spectabilis var. **greeniae** (Chun) S. X. Yang

与原种的区别在于：花直径4~5cm；蒴果直径2.0~3.5cm；果皮干时厚度1~2mm。

产于防城、上思。分布于福建、江西、广东、湖南。

2. 斑枝核果茶

Pyrenaria maculatoclada (Y. K. Li) S. X. Yang

乔木，高4~6m。当年生小枝有浅灰色和紫褐色斑点，无毛。叶长圆状披针形至披针形，长11~14cm，宽3~4cm，先端渐尖，基部楔形，边缘疏生锯齿，两面无毛；中脉在上面凹陷，在下面凸起，侧脉8~9对；叶柄长1.0~1.8cm，无毛。蒴果椭圆状球形，长3~4cm，直径2~3cm，3室，每室有2枚种子，自基部开裂，果皮被毛，果梗2~4mm。果期9~10月。

产于广西北部。生于海拔700~1000m的山林中。分布于贵州南部。

3. 广西核果茶

Pyrenaria kwangsiensis Hung T. Chang

乔木，高9~15m。当年生小枝无毛。叶片革质，长圆形至长圆状倒卵形，长10~17cm，宽3~5cm，先端渐尖，基部楔形，边缘有细锯齿，两面无毛；侧脉9~13对，在两面明显；叶柄长1~2cm，无毛。花单生于叶腋，直径5~6cm；花梗长2~3mm，有短柔毛；小苞片2枚，外面密被棕色绢毛；萼片5枚，近圆形，先端圆，大小不等，外面密被绢毛，里面无毛；花瓣5枚，白色，外面被绢毛；雄蕊多数，花丝无毛，外轮花丝基部稍合生，并贴生于花瓣上；子房密被绢毛，4或5室；花柱先端4~5裂。蒴果球形或扁球形，直径4~8cm，不裂，每室2枚种子。花期6~7月；果期10~11月。

广西特有种，产于昭平、贺州、象州、金秀、融水。生于海拔800~1400m的密林中。

4. 长萼核果茶　长萼石笔木

Pyrenaria wuana (Hung T. Chang) S. X. Yang

乔木，高8m。嫩枝被黄褐色长绒毛。叶革质，披针形，长10~17cm，宽3~4cm，先端渐尖或尾尖，基部钝形，边缘有细锯齿，下面淡绿色，被绒毛；中脉在两面凹陷，侧脉10~15对，在两面均隐约可见；叶柄长5~8mm，被毛。花白色，生于枝顶叶腋，直径4~6cm；花梗长1~2cm，被毛；小苞片2(~4)枚，卵圆形，长1.2~1.5cm，被绒毛；萼片6~9枚，卵形，长2.0~2.5cm，被长绒毛；花瓣长倒卵形，长2.5~3.5cm，下面被毛；雄蕊长约1.5cm，花丝无毛；子房3室，被毛；花柱长1.0~1.6cm，下半部被毛。蒴果三角状锥形，长3~5cm，3瓣裂，被黄棕色绒毛，每室有2~3枚种子。花期6~7月；果期9~11月。

产于桂林、昭平。生于海拔800~900m的杂木林中。分布于广东。

5. 粗毛核果茶　粗毛石笔木

Pyrenaria hirta (Hand. – Mazz.) H. Keng

小乔木，高8m。树皮灰褐色，不裂。嫩枝被褐色粗毛。叶革质，长圆形，长6~13cm，宽2.5~4.0cm，先端锐尖，基部楔形，上面沿中脉具微糙毛，下面被灰褐色柔毛，边缘有细锯齿；侧脉8~13对；叶柄6~10mm，被毛。花白色或淡黄色，直径2.5~4.5cm，腋生；花梗长2~7mm，被毛；苞片2枚，长4~5mm；萼片6~10枚，近圆形，长5~10mm；花瓣长1.5~2.0cm；雄蕊比花瓣短，无毛；子房3室，每室有2~3枚胚珠；花柱长6~8mm。蒴果纺锤形，长2~3cm，果直径1.5~1.8cm，两端尖，果皮密被长硬毛；种子长7~10mm。花期6~7月；果期9~11月。

产于阳朔、临桂、兴安、永福、龙胜、昭平、象州、金秀、融水、罗城。生于山地阔叶林中。分布于广东、湖北、湖南、江西、贵州、云南。

5a. 心叶石笔木

Pyrenaria hirta var. **cordatula** (H. L. Li) S. X. Yang et T. L. Ming

叶宽披针形，长11~14cm，宽4~5cm，基部圆形或微心形，先端略尖，下面被褐色柔毛；蒴果长2.5~3.5cm，长卵形，先端尖。

产于融水、金秀。生于海拔300~400m的杂木林中。分布于广东、贵州、湖南；越南也有分布。

6. 小果核果茶　薄叶石笔木

Pyrenaria microcarpa (Dunn) H. Keng

乔木，高13m。嫩枝初时被毛，后脱落。叶薄革质，长圆状椭圆形或倒披针形，长5.0~13cm，宽2.0~4.5cm，先端钝尖，基部宽楔形，边缘有细锯齿，下面初被长柔毛，后无毛；侧脉10~13对，在两面均能见；叶柄长4~13mm，被毛或无毛。花单生于叶腋，直径约3cm；花梗长7~8mm，被毛；苞片2枚，卵形，被灰毛，早落；萼片5~7枚，圆形，长8~10mm，外面被毛，内面无毛，红褐色；花瓣5~7枚，白色或淡黄色，长1.5cm，外面被绢毛；雄蕊长8~9mm，花丝无毛；子房3室，被毛；花柱长6~7mm，先端3裂，无毛。蒴果卵球形、倒卵球形或椭圆形，长1.5~2.0cm，宽1.0~1.5cm，果皮疏被毛。花期6~7月。

产于龙州。分布于安徽、福建、浙江、江西、台湾、贵州、广东、海南；日本和越南也有分布。

7. 厚皮香属 Ternstroemia Mutis ex L. f.

常绿灌木至乔木。小枝粗壮。单叶互生，常聚生于枝顶，革质，全缘，稀有锯齿。花两性，稀单性，单生于叶腋或无叶的小枝上；苞片2枚，宿存或早落；萼片5枚，宿存；花瓣5枚，基部连生；雄蕊多数，成1~2轮排列，贴生于花瓣基部；花药基着，花丝连生，无毛；子房上位，2~4(~5)室，每室有2(3~5)枚胚珠，柱头不裂或2~5裂。果为浆果状，果皮革质，不裂或不规则开裂；种子马蹄形，有胚乳。

约90种。中国13种；广西7种1变种。

分种检索表

1. 叶下面具暗红褐色腺点，叶厚革质，肥厚 ……………………………………………… 1. 厚叶厚皮香 T. kwangtungensis
1. 叶下面无暗红褐色腺点。
  2. 果实圆球形或扁球形。
    3. 萼片长卵形或卵状披针形，顶端尖，并有小尖头；果实直径约2cm，果梗长2~3cm，近萼片基部一端明显粗肥而下弯，向下逐渐而明显变得纤细；叶片椭圆形或椭圆状倒披针形，下面灰绿色或绿白色 …………
    ……………………………………………………………………………………………… 2. 尖萼厚皮香 T. luteoflora
    3. 萼片长圆形、卵圆形至几圆形，顶端钝或圆，无小尖头；果梗非如上形态。
      4. 果实较大，长达1.5~3.0cm；叶薄革质或纸质，倒卵状椭圆形或倒卵形，长7~13cm，宽3~6cm，顶端短尖至钝尖 ………………………………………………………………………… 3. 大果厚皮香 T. insignis
      4. 果实较小，长约1cm；叶革质，倒卵形、长圆状倒卵形或椭圆形，长4~9cm，宽1.5~3.5cm，先端急尖或短渐尖 ……………………………………………………………………………… 4. 厚皮香 T. gymnanthera
  2. 果实卵形、长卵形或椭圆形。
    5. 果实卵形或长卵形，顶端略尖或尖，基部最宽。
      6. 果小，长约1cm；叶长圆状椭圆形或长圆状倒卵形，长6~10cm，宽2.5~4.0cm …………………………
      ………………………………………………………………………………………… 5. 亮叶厚皮香 T. nitida
      6. 果较大，长1.5~2.0cm；叶椭圆形至宽椭圆形，长6~9cm，宽3~5cm …………………………………
      ………………………………………………………………………………………… 6. 锥果厚皮香 T. conicocarpa

5. 果实椭圆形，两端略钝，中部最宽，宿存萼片卵圆形或近圆形；叶较小，长圆状倒卵形、倒披针形或倒卵形，长2.0~5.0(~6.5)cm，宽0.6~1.5cm ………………………… **7. 小叶厚皮香 T. microphylla**

1. 厚叶厚皮香　圆叶厚皮香
Ternstroemia kwangtungensis Merr.

灌木或小乔木，高2~10m。全株无毛。叶厚革质，阔椭圆形或倒卵形，长8~11cm，宽4.0~6.5cm，先端圆形，基部圆形或宽钝形，全缘，有时上半部分疏生腺状锯齿，下面密被红褐色或褐色腺点；中脉在上面平或稍下陷，在背面凸起，侧脉5~7对，不明显；叶柄长1~2cm。花单生于叶腋，杂性；花梗长1~2cm；小苞片2枚，边缘疏生腺状齿凸；萼片圆形，长5mm，先端圆，边缘疏生腺状齿突；花瓣白色，长约1cm；雄蕊长6~7mm；子房无毛，4室；花柱长4~5mm。果扁球形，直径1.6~2.0cm，3~4(~5)室，每室有1枚种子；宿存花柱顶端3~4(~5)浅裂。花期5~6月；果期10~11月。

产于兴安、龙胜、金秀。生于海拔700~1700m的灌木林中。分布于福建、广东、江西。

2. 尖萼厚皮香　黄花厚皮香　图738
Ternstroemia luteoflora L. K. Ling

小乔木，高4~8m。嫩枝无毛。叶聚生于枝顶，革质，椭圆形或椭圆状倒披针形，长5~11cm，宽2.5~3.5cm，先端急尖或短渐尖，基部宽楔形，全缘，两面无毛；中脉在上面凹陷，在下面凸起，下面灰绿色或绿白色，侧脉6~8对，不明显；叶柄长1.0~1.5cm。花单性或杂性，腋生，直径约1.5cm，花梗长2~3cm；苞片卵状披针形，无毛，宿存；萼片长卵形，先端锐尖，长约6mm；花瓣白色或淡黄色，长0.8~1.0cm；雄花：雄蕊30~45枚，长6~7mm；雌花：子房无毛；花柱长约2mm。果圆球形，直径1.5~2.0cm，2室，每室1枚种子，果梗长2~3cm，近萼片基部一端粗肥而下弯，向下逐渐而明显变得纤细。花期5~6月；果期8~10月。

产于广西北部及十万大山，生于海拔400~1500m的杂木林中。分布于福建、贵州、湖北、湖南、广东、江西、云南。

3. 大果厚皮香
Ternstroemia insignis Y. C. Wu

乔木，高9~15m。全株无毛。叶薄革质或纸质，倒卵状椭圆形或倒卵形，长7~13cm，宽3~6cm，先端短尖至钝尖，基部楔形，全缘；中脉在上面凹陷，在下面凸起，侧脉9~11对；叶柄长1.5~3.0cm。花白色，单生于叶腋，杂性；花梗长1.5~2cm；雄花：小苞片2枚，卵形，长6mm，边缘较薄并有撕裂状腺状齿凸，宿存；萼片5枚，圆形，长1cm，边缘全缘或有腺齿；花瓣5枚，白色，倒卵形，长1.2~1.7cm，宽1.0~1.5cm；雄蕊多数，长5~8mm；两性花：小苞片、萼片和花瓣与雄花的相似；子

图738 尖萼厚皮香 Ternstroemia luteoflora L. K. Ling
1. 果枝；2. 花；3. 萼片；4. 花瓣；5. 雄蕊。(仿《中国植物志》)

房 4 室，每室有胚珠 2 枚；花柱先端 4 裂。果球形或扁球形，直径 1.5 ~ 3.0cm；果柄粗壮，长 2.5 ~ 3.0cm。花期 6 ~ 7 月；果期 8 ~ 10 月。

产于金秀。生于海拔 800m 以上的杂木林。分布于贵州、云南。

4. 厚皮香 图 739

Ternstroemia gymnanthera (Wight et Arn.) Bedd.

灌木或乔木，高 1.5 ~ 10.0m。全株无毛。叶革质，倒卵形、长圆状倒卵形或椭圆形，长 4 ~ 9cm，宽 1.5 ~ 3.5cm，先端急尖或短渐尖，基部楔形，全缘；中脉在上面凹陷，侧脉 5 ~ 7 对，不明显；叶柄长 0.7 ~ 1.3cm。花淡黄色，腋生，直径 1cm，两性或单性；花梗长 1.0 ~ 1.5cm；两性花：苞片 2 枚，卵状三角形，边缘有腺齿；萼片卵圆形或长圆形，长 5 ~ 6mm，先端圆，边缘有腺齿；花瓣长 1cm；雄蕊长 4 ~ 5mm；子房无毛，2 室，每室具 2 枚胚珠；花柱顶端 2 裂。果球形，直径约 1cm。花期 5 ~ 7 月；果期 9 ~ 11 月。

图 739　厚皮香 Ternstroemia gymnanthera（Wight et Arn.）Bedd. 1. 果枝；2. 花。（仿《中国植物志》）

产于广西各地。生于阔叶林或灌丛中。分布于安徽、福建、广东、贵州、湖北、湖南、江西、四川、云南、浙江；印度、缅甸、越南也有分布。在十万大山海拔 700m 以下砂页岩发育的赤红壤沟谷地区，狭叶坡垒、乌榄、梭子果林中，厚皮香和锯叶竹节树、黄丹木姜子、风吹楠、鱼尾葵等组成中下层林木，为优势树种。

4a. 凹脉厚皮香 阔叶厚皮香

Ternstroemia gymnanthera var. **wightii**（Choisy）Hand. – Mazz.

与原种的区别在于：叶长 10 ~ 12cm，宽 3.5 ~ 5.5cm，边缘疏生锯齿；花直径 1.5 ~ 1.8cm，果实直径约 1.5cm。花期 5 ~ 7 月；果期 9 ~ 11 月。

产于金秀。生于中海拔 1400m 以上的密林或灌丛中，少见。分布于广东、贵州、湖南、湖北、四川、云南；印度也有分布。

5. 亮叶厚皮香

Ternstroemia nitida Merr.

灌木或乔木，高 2 ~ 8m。全株无毛。叶纸质或薄革质，长圆状椭圆形或长圆状倒卵形，长 6 ~ 10cm，宽 2.5 ~ 4.0cm，先端短渐尖，基部宽楔形，全缘；中脉在上面凹陷，侧脉 7 ~ 9 对；叶柄长 1.0 ~ 1.5cm。花白色，单生于叶腋，杂性；花梗长 1.5 ~ 2.0cm；苞片三角形，长 2mm，边缘疏生腺状齿凸；萼片 5 枚，椭圆形，两面具金黄色小圆点；花瓣倒卵形，长 5 ~ 7mm；雄蕊多数，花丝长 2mm；子房 2 室，每室具 1 枚胚珠，花柱顶部 2 裂。果长卵形，长约 1cm，成熟时紫红色；果梗长 1.5 ~ 2.0cm。花期 6 ~ 7 月；果期 8 ~ 9 月。

产于永福、灵川、兴安、全州、龙胜、阳朔、贺州、融水、苍梧。生于海拔 900m 以下的杂木林中。分布于安徽、福建、广东、贵州、湖南、江西、浙江。散孔材，木材红色，纹理直，结构细，材质重，适于制家具、雕刻等用。

6. 锥果厚皮香 图 740

Ternstroemia conicocarpa L. K. Ling

灌木或小乔木，高 3 ~ 12m。嫩枝无毛。叶薄革质，椭圆形至宽椭圆形，长 6 ~ 9cm，宽 3 ~

图 740　锥果厚皮香 Ternstroemia conicocarpa L. K. Ling
1. 花枝；2. 花；3. 果。（仿《中国植物志》）

图 741　小叶厚皮香 Ternstroemia microphylla Merr. 1. 果枝；2. 叶片。（仿《中国植物志》）

5cm，先端急尖，基部宽楔形，常下延，全缘，两面无毛；中脉在上面凹陷，在下面凸起，侧脉 6 ~ 8 对；叶柄长 1.0 ~ 1.5cm，无毛。花白色，单生于叶腋，杂性；花梗长 1.5 ~ 3.0cm；苞片卵形，长 2mm；宿存；萼片椭圆形，长 4 ~ 5mm，无金黄色小圆点，宿存；花瓣长 7mm；雄蕊多数，长 5mm；子房无毛；花柱短。蒴果卵形或卵状锥形，长 1.5 ~ 2.0cm，直径约 1cm，2 室，每室有 1 枚种子。花期 5 ~ 6 月；果期 9 ~ 10 月。

产于全州。生于海拔 300 ~ 500m 的杂木林中。分布于广东、湖南。

7. 小叶厚皮香　图 741

Ternstroemia microphylla Merr.

灌木或小乔木，高 1 ~ 6m。全株无毛。叶聚生于枝顶，薄革质，长圆状倒卵形、倒披针形或倒卵形，长 2 ~ 5cm，宽 0.6 ~ 1.5cm，先端圆或钝，基部楔形，全缘或上部疏生细锯齿；中脉在上面凹下，在下面凸起，侧脉 3 ~ 4（ ~5）对，不明显；叶柄长 2 ~ 3mm。花单朵或数朵生于叶腋或无叶的小枝上；花梗长 5 ~ 10mm；苞片卵状三角形，长约 2mm；萼片卵圆形，长 2 ~ 3mm，宿存；花瓣白色，长约 4mm；雄蕊多数；子房 2 室，每室有 1 枚胚珠，花柱顶端 2 裂。果椭圆形，两端略钝，长 8 ~ 10mm，直径 5 ~ 6mm。花期 5 ~ 6 月；果期 8 ~ 10 月。

产于永福、金秀、北流、博白、陆川、防城、上思。生于海拔 1000m 以下的杂木林中。分布于福建、海南、广东。

8. 茶梨属 Anneslea Wall.

常绿灌木或乔木。小枝粗壮。顶芽圆锥形。单叶互生，常聚生于枝顶，全缘，稀有锯齿，具柄。花两性，单生于近枝端叶腋或数朵集成假伞房花序状，花瓣 5 枚，基部连生；雄蕊 30 ~ 40 枚；花药 2 室，纵裂，药隔顶端有长尖头；花丝下半部连生；子房半下位，2 ~ 3 室，每室有多数胚珠，自室顶下垂；花柱长，顶端 2 ~ 3（ ~5）裂。果为浆果状，顶端具宿存萼片。种子长圆形，有假种皮，无胚乳。

白色或红色；苞片 2 枚，宿存或半宿存；萼片 5 枚，肉质；

约 3 种。中国 1 种；广西也有分布。

茶梨 红楣

Anneslea fragrans Wall.

灌木或乔木，高 3 ~ 15m。嫩枝无毛。叶簇生于枝顶，椭圆形或倒卵状椭圆形，长 6 ~ 16cm，宽 3 ~ 7cm，先端钝尖或短渐尖，基部楔形，近全缘，有时有不明显波状钝锯齿，稍反卷，下面淡绿白色，有红褐色腺点；中脉在上面稍下陷，在下面隆起，侧脉 10 ~ 12 对；叶柄长 2.0 ~ 3.5cm。花乳白色，数朵簇生于枝顶或叶腋，花梗长 3 ~ 6cm；苞片三角状卵形，长 4.0 ~ 4.5mm；萼片卵形，长 1.0 ~ 1.5cm，边缘膜质；花瓣 5 枚，长约 1.5cm，宽 5 ~ 6mm，基部连生成管状；雄蕊 30 ~ 40 枚，花丝长约 5mm，着生于花瓣基部；子房无毛，2 ~ 3 室，花柱顶端 2 ~ 3 裂。果近球形，直径 2.0 ~ 3.5cm；果梗长 3 ~ 6cm；种子具红色假种皮。花期 1 ~ 3 月；果期 7 ~ 9 月。

产于防城、上思。生于杂木林或灌丛中。分布于福建、江西、广东、海南、湖南、云南、贵州、台湾；柬埔寨、马来西亚、泰国、越南也有分布。散孔材，浅黄色，细致均匀，纹理斜，较硬重，切削面光滑，抗腐性中等，可作建筑、家具等用材。树皮和叶药用，能消食健胃，治消化不良、肠炎、肝炎。

9. 杨桐属 **Adinandra** Jack.

常绿小乔木或灌木。嫩枝被毛。叶互生，常有腺点或绒毛，全缘或有锯齿。花两性，单生于叶腋，偶双生，花梗下弯，稀直立；苞片 2 枚，对生或互生，宿存或早落；萼片 5 枚，花后增大，宿存；花瓣 5 枚，基部稍连生，外面无毛或被绢毛，内面常无毛；雄蕊多数，排成 1 ~ 5 轮，着生于花瓣基部，花丝常合生，稀分离；花药被丝状毛；子房被柔毛或无毛，3 ~ 5 室，每室有 20 ~ 100 枚胚珠；花柱单生，先端偶有 3 ~ 5 裂。果为浆果；种子极多，细小。

约 85 种。中国 22 种；广西 11 种 3 变种。

分种检索表

1. 花柱顶端 2 ~ 4 分叉。
  2. 子房被毛，花柱被绢毛，花瓣外面全无毛，花梗纤细，长约 2cm；叶长圆状椭圆形 ⋯ **1. 细梗杨桐 A. filipes**
  2. 子房和花柱均无毛。
    3. 花柱顶部 3 裂；叶薄革质，卵状长圆形 ⋯⋯⋯⋯⋯⋯⋯⋯⋯⋯⋯⋯⋯⋯⋯⋯⋯ **2. 亮叶杨桐 A. nitida**
    3. 花柱顶部稍 2 裂；叶厚革质，椭圆形 ⋯⋯⋯⋯⋯⋯⋯⋯⋯⋯⋯⋯⋯⋯⋯⋯⋯⋯ **6. 凹萼杨桐 A. retusa**
1. 花柱单一，不分叉。
  4. 子房 5 室。
    5. 子房被毛。
      6. 叶片较大，长圆形至长圆状椭圆形，基部阔楔形至圆形，下面无红褐色腺点，中脉在上面凹陷，侧脉 20 ~ 24 对；花梗长 2 ~ 4cm，雄蕊 40 ~ 45 枚 ⋯⋯⋯⋯⋯⋯ **3. 大叶杨桐 A. megaphylla**
      6. 叶片较小，长圆状椭圆形至长圆状倒卵形，基部楔形至狭楔形，下面密被红褐色腺点，中脉在上面不凹陷，侧脉 10 ~ 13 对；花梗长 7 ~ 10mm，雄蕊 30 ~ 35 枚 ⋯⋯⋯⋯⋯⋯ **4. 海南杨桐 A. hainanensis**
    5. 子房无毛；顶芽和嫩枝密被黄褐色披散柔毛；叶薄革质，披针形，基部斜耳形，其一侧稍抱茎，下面无暗红褐色腺点，叶柄极短，长仅 1.0 ~ 1.5mm ⋯⋯⋯⋯⋯⋯⋯⋯⋯⋯ **5. 耳基叶杨桐 A. auriformis**
  4. 子房 3 室。
    7. 花柱被毛。
      8. 叶柄长 8 ~ 10mm；花梗长 10 ~ 15mm；小苞片早落；花瓣外面沿中间部分具微糙硬毛 ⋯⋯⋯⋯⋯⋯
         ⋯⋯⋯⋯⋯⋯⋯⋯⋯⋯⋯⋯⋯⋯⋯⋯⋯⋯⋯⋯⋯⋯⋯⋯⋯⋯ **7. 两广杨桐 A. glischroloma**
      8. 叶柄长 5 ~ 7mm；花梗长 5 ~ 6mm；小苞片宿存；花瓣外面无毛 ⋯⋯⋯⋯⋯ **8. 粗毛杨桐 A. hirta**
    7. 花柱无毛。
      9. 花瓣外面全无毛，萼卵状披针形或卵状三角形；嫩枝、顶芽、叶下面和萼片外面仅被灰褐色、平伏的短柔毛；叶全缘；花梗长 2.0 ~ 2.5cm ⋯⋯⋯⋯⋯⋯⋯⋯⋯⋯⋯ **9. 杨桐 A. milletii**
      9. 花瓣外面的中间部分被平伏绢毛，萼片阔卵形、卵圆形或长卵形。

10. 花梗长 1～2cm，萼片卵圆形，雄蕊 25～30 枚；叶片长圆形或长圆状卵形，基部楔形，叶柄长 5～
　　7mm ･･･ **10. 川杨桐 A. bockiana**

10. 花梗较短，长 5～9mm，萼片长卵形，雄蕊 15～17 枚；叶片披针形或长圆状披针形，基部阔楔形至
　　近圆形，叶柄较短，长 2～3mm ････････････････････････････ **11. 狭瓣杨桐 A. lancipetala**

1. 细梗杨桐

Adinandra filipes Merr. ex Kobuski

灌木。当年生小枝被贴伏柔毛，后脱落无毛。叶长圆状椭圆形，长 7～10cm，宽 2～3cm，先端渐尖，基部楔形，边缘有细锯齿，稀下半部近全缘，下面初时疏被平伏短柔毛，后脱落无毛；中脉在上面下陷，在下面凸起，侧脉 12～15 对，在上面稍明显；叶柄长 2mm，疏生短柔毛或无毛。花单朵腋生，花梗纤细，长约 2cm；小苞片早落；萼片卵形，长约 5mm，边缘被睫毛；花瓣白色，长 7～8mm，无毛；雄蕊长 5～6mm；花药被长丝毛；子房被毛，花柱长 6mm，被毛，顶端 3 裂。果卵球形，直径约 1cm，疏生短柔毛。花期 4 月；果期 8～9 月。

广西特有种，产于凌云。生于海拔 1400～1600m 的杂木林中。

2. 亮叶杨桐

Adinandra nitida Merr. ex H. L. Li

灌木或乔木，高 4～20m。嫩枝无毛。叶薄革质，卵状长圆形，长 7～13cm，宽 2.5～4.0cm，先端渐尖，基部楔形，边缘疏生锯齿，两面无毛；中脉在上面平坦，在下面凸起，侧脉 12～16 对；叶柄长 1.0～1.5cm。花单生于叶腋；花梗长 1～2cm，无毛；苞片窄椭圆形，长 6～10mm，宿存；萼片卵形，长 1.0～1.3cm，无毛；花瓣白色，长约 2cm；雄蕊 25～30 枚，成 1 轮排列，花丝基部合生，花药及花丝被毛；子房 3 室，无毛；花柱长 1.0～1.3cm，顶端 3 裂。果实球形或卵球形，熟时黄色或橙黄色，直径约 1.5cm，种子多数。花期 6～7 月；果期 9～10 月。

产于龙胜、防城、上思。生于海拔 500～1000m 的阔叶林中。分布于广东、贵州。

3. 大叶杨桐　细齿杨桐　图 742

Adinandra megaphylla Hu

乔木，高 5～20m。嫩枝被褐色柔毛，后脱落无毛。叶长圆形或长圆状椭圆形，长 15～25cm，宽 4～7cm，先端渐尖，基部圆形或宽楔形，边缘有细锯齿，上面无毛，下面被锈色柔毛，后脱落；中脉在上面凹下，在下面凸起，侧脉 20～24 对，在两面稍凸起；叶柄长 1.0～1.5cm，被锈色短柔毛。花单生于叶腋；花梗长 2～4cm，密被柔毛；苞片长圆形或卵形，密被短柔毛，早落；萼片宽卵形，外面被柔毛；花瓣白色，外面中间部分密被毛；雄蕊 40～45 枚，花丝无毛，花药有丝毛；子房 5 室，密被毛；花柱长 9mm，下半部被毛。果球形，直径约 2cm，密被绢毛，成熟时紫黑色。花期 6～7 月；果期 10～11 月。

产于德保、靖西、那坡、凌云、田林。生

图 742 大叶杨桐 Adinandra megaphylla Hu

1. 花枝；2. 果。（仿《中国植物志》）

于海拔 1200m 以上的杂木林中。分布于云南；越南北部也有分布。

4. 海南杨桐 图 743：1～7

Adinandra hainanensis Hayata

灌木或乔木，高达 5～10m。嫩枝被贴伏短柔毛，后无毛。叶长圆状椭圆形或长圆状倒卵形，长 6～8cm，宽 2～3cm，先端短渐尖，基部楔形至狭楔形，边缘有细锯齿，下面幼时被柔毛，后脱落无毛，被红褐色腺点；中脉在下面凸起，侧脉 10～13 对，与网脉在两面均明显；叶柄 5～10mm，被短柔毛。花白色，1～2 朵腋生；花梗长约 1cm，被柔毛或老时近无毛；小苞片卵形，早落；萼片卵圆形，长 6～7mm，外层萼片边缘常具暗红色腺点，内层萼片膜质，近全缘；花瓣白色，长 7～9mm；雄蕊 30～35 枚，长 6～7mm；子房 5 室；花柱单一，长约 6mm，被绢毛。果球形，直径 1～2cm，被毛；果梗长 2cm。花期 5～7 月；果期 9～10 月。

产于苍梧、陆川、东兴、上思、钦州、浦北、龙州。生于海拔1000～1800m 的杂木中或灌丛中。分布于海南、广东；越南北部也有分布。

图 743 1～7. 海南杨桐 Adinandra hainanensis Hayata 1. 花枝；2. 花；3. 花瓣；4. 雄蕊；5. 雌蕊；6. 果；7. 叶片下面一段。8～13. 两广杨桐 Adinandra glischroloma Hand. – Mazz. 8. 花枝；9. 花；10. 花瓣；11. 雄蕊；12. 雌蕊；13. 果。（仿《中国植物志》）

5. 耳基叶杨桐

Adinandra auriformis L. K. Ling et S. Y. Liang

灌木或小乔木。1 年生小枝被黄棕色平展长柔毛。叶薄革质，披针形，长 7.5～12.5cm，宽 2.0～2.5cm，先端长渐尖或尾状渐尖，基部斜耳形，抱茎，边缘有不明显锯齿，下面疏被柔毛，沿中脉较密；中脉在上面下陷，在下面凸起，侧脉 14～16 对；叶柄极短，长 1.0～1.5mm，下面密被柔毛。花单生于叶腋，花梗粗短，直立，长 5～7mm，疏被柔毛；小苞片早落；萼片卵形或长卵形，外面无毛；花瓣白色，外面近顶端的中部有绢毛；雄蕊约 34 枚，花丝和花药均无毛；子房 5 室，无毛，花柱单一，无毛。蒴果卵球形，长约 1.3cm，直径 8～9mm。

广西特有种。

6. 凹萼杨桐

Adinandra retusa D. Fang et D. H. Qin

灌木，高 1m。幼枝无毛。叶片厚革质，椭圆形，长 4.5～12.5cm，宽 3～6cm，先端锐尖、钝或微凹，基部楔形，下延，全缘，两面无毛，背面有黑褐色腺点；中脉在上面下陷，在下面凸起，侧脉 17～25 对；叶柄长 0.5～1.2cm，无毛。花 1～2 朵腋生；花梗长 1.0～1.6cm，无毛；小苞片早落；萼片圆形或近圆形，厚革质，边缘有缘毛，其余无毛；花瓣和雄蕊未见；子房卵球形，5室，无毛，花柱无毛，先端2裂。花期6~7月。

广西特有种，产于那坡。生于海拔1200~1300m的杂木林中。

7. 两广杨桐　毛杨桐　图743：8~13

Adinandra glischroloma Hand. – Mazz.

灌木或小乔木。1年生小枝和顶芽密被黄褐色绒毛，毛长约3mm。叶长圆状椭圆形或倒卵状椭圆形，长8~13cm，宽2.5~5.0cm，先端渐尖，基部楔形或圆形，全缘，下面密被黄褐色长刚毛，沿中脉和叶缘甚密；中脉在上面微凹，侧脉10~12对，在两面均可见；叶柄长8~10mm，被刚毛。花2~3朵腋生，直径1cm；花梗长1.0~1.5cm，密被刚毛，常下弯；小苞片2枚，早落；萼片阔卵形，长6~7mm，外面密被锈色硬毛，宿存；花瓣白色，宽卵形，长1cm，外面中间部分密被长刚毛；雄蕊约25枚；子房3室，密被长刚毛，花柱单一，密被刚毛或近顶端无毛。果球形，直径8~9mm，熟时黑色。花期5~6月；果期9~10月。

产于金秀、融水、罗城、东兰、马山、上林、武鸣、容县。生于海拔800~1600m的杂木林中。分布于广东、湖南、江西。

7a. 大萼杨桐

Adinandra glischroloma var. **macrosepala**（F. P. Metcalf）Kobuski

与原种的区别在于：花较大，萼片长11~14mm，花瓣长1.3~1.5cm；雄蕊约30枚；果实成熟时直径约1.3cm。花期5~7月；果期9月。

产于永福、金秀、北流、博白、陆川。分布于福建、广东、江西、浙江。

7b. 长毛杨桐

Adinandra glischroloma var. **jubata**（H. L. Li）Kobuski

与原种及大萼杨桐最大的区别在于顶芽、嫩枝、叶片下面，尤其是叶缘密被锈色长硬毛，毛长达5mm。花期5~7月；果期9~10月。

产于上思。分布于福建、广东。

图744 粗毛杨桐 Adinandra hirta Gagnep. 1. 花枝；2. 花；3. 花瓣；4. 雄蕊；5. 雌蕊。（仿《中国植物志》）

8. 粗毛杨桐　图744

Adinandra hirta Gagnep.

灌木或乔木，高3~15m。嫩枝黄褐色，被锈色粗毛。叶长圆状椭圆形，长9.0~12.5cm，宽3~5cm，先端渐尖，基部楔形或圆形，边缘全缘且密被长刚毛，下面被灰褐色或锈褐色长粗毛；中脉在上面凹陷，在下面凸起，被长柔毛，侧脉10~13对，稍明显；叶柄长5~7mm，被刚毛。花通常2朵，稀单生或3朵一簇；花梗长5~6mm，密被刚毛；苞片卵形，长4~6mm，宽约4mm，宿存；萼片宽卵形，长8mm，外被刚伏毛；花瓣卵状披针形，长1cm，无毛；子房被毛，花柱被毛。果卵球形，直径1.0~1.2cm，被刚毛。花期4~5月；果期7~8月。

产于融水、东兰、大新。生于海拔400~1900m的杂木林中。分布于贵州、云南。

8a. 大苞粗毛杨桐

Adinandra hirta var. **macrobracteata** L. K. Ling

与原种的区别在于：小苞片长 6 ~ 10mm，宽 4.5 ~ 5.0mm，几与萼片等大；花柱纤细，无毛或仅基部具微糙毛。

产于融水、扶绥。生于海拔 700 ~ 1000m 的杂木林中。分布于贵州东南部。

9. 杨桐 图 745

Adinandra milletii（Hook. et Arn.）Benth. et Hook. f. ex Hance

灌木或小乔木，高 2 ~ 10m。嫩枝被灰棕色短柔毛，后脱落无毛。叶长圆状椭圆形，长 4.5 ~ 9.0cm，宽 2 ~ 3cm，先端短渐尖，尖头钝，基部楔形，全缘，稀上半部疏生锯齿，两面无毛；侧脉 10 ~ 12 对，不明显；叶柄长 3 ~ 6mm，疏被柔毛或几无毛。花白色，单生于叶腋；花梗长 2.0 ~ 2.5cm，疏被短柔毛或几无毛；小苞片披针形，早落；萼片卵状披针形或卵状三角形，长 7 ~ 8mm；花瓣卵状长圆形，长约 9mm，无毛；雄蕊 25 枚，长 6 ~ 7mm，花丝分离或几分离，花药密被白色丝毛；子房 3 室，被毛；花柱单一，长 5 ~ 7mm，无毛。果球形，疏被短柔毛，直径约 1cm，成熟时紫黑色，种子多数。花期 5 ~ 7 月；果期 8 ~ 10 月。

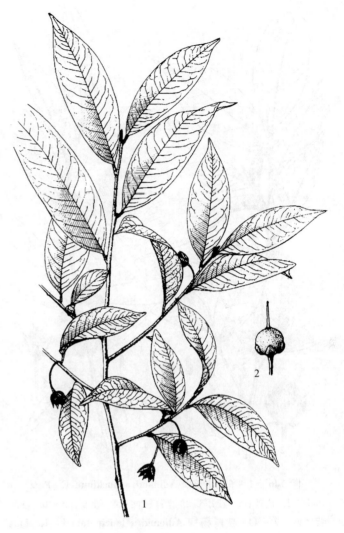

图 745 杨桐 Adinandra milletii（Hook. et Arn.）Benth. et Hook. f. ex Hance 1. 花枝；2. 果。（仿《中国植物志》）

产于广西北部及十万大山。生于海拔 1300m 以下的林中或灌丛中。分布于安徽、福建、广东、贵州、湖北、湖南、江西、浙江；越南也有分布。木材供建筑、家具等用。

10. 川杨桐 四川杨桐、湖南杨桐 图 746：1 ~ 6

Adinandra bockiana E. Pritz. ex Diels

灌木或小乔木，高 2 ~ 9m。当年生小枝和顶芽密被黄褐色开展长柔毛。叶薄革质，长圆状倒卵形或长圆形，长 9 ~ 13cm，宽 2.5 ~ 4.0cm，先端渐尖或钝尖，基部楔形，全缘，下面初时密被柔毛；侧脉 11 ~ 12 对，在上面不明显，在下面凸起；叶柄长 5 ~ 7mm，密被毛。花单朵腋生；花梗长 1 ~ 2cm，密被柔毛；萼片卵圆形，长 5 ~ 6mm，外面被黄褐色柔毛；花瓣白色，阔卵形，长 6 ~ 7mm，外面中间部分密被黄褐色绢毛；雄蕊 25 ~ 30 枚，长 6mm，花丝几分离，花药被丝毛；子房 3 室，被绢毛，花柱单一，无毛。果近球形，直径约 1cm，疏被绢毛，熟时紫黑色；宿存萼片不反折；种子多数，淡红褐色。花期 6 ~ 8 月；果期 9 ~ 11 月。

产于桂林、龙胜。生于海拔 800 ~ 1300m 的阔叶林或灌丛中。分布于四川、贵州、湖南、广东、江西。

图 746 　1～6. 川杨桐 Adinandra bockiana E. Pritz. ex Diels　1. 花枝；2. 花；3. 雄蕊背腹面；4. 雌蕊；5～6. 萼片背腹面。7～11. 狭瓣杨桐 Adinandra lancipetala L. K. Ling　7. 花枝；8. 花；9. 花瓣；10. 萼片；11. 雄蕊。(仿《中国植物志》)

11. 狭瓣杨桐 　图 746：7～11

Adinandra lancipetala L. K. Ling

灌木或乔木，高 2～18m。嫩枝和顶芽密被黄褐色披散柔毛。叶披针形或长圆状披针形，长 6～10cm，宽 2～3cm，先端渐尖或长渐尖，基部阔楔形至近圆形，全缘，下面被黄褐色平伏柔毛，中脉更密，侧脉 10～13 对，不明显；叶柄长 2～3mm，被柔毛。花 1～2 朵腋生，花梗长 5～9mm，被柔毛；小苞片卵形或长卵形，外面密被柔毛，宿存；萼片长卵形，长 4～6mm，被柔毛，花后反卷；花瓣淡黄白色，披针形或卵状披针形，长 6～12mm，宽 2～3mm，外面中间部分密被绢毛；雄蕊15～17 枚，长 4～6mm；子房 3 室，被毛，花柱单一，无毛，先端不开裂。蒴果球形，直径约 8mm，无毛；种子多数，褐色。花期 1～2 月；果期 5～6 月。

产于龙州。生于海拔 500～1000m 的杂木林中。分布于云南；越南北部也有分布。

10. 红淡比属 Cleyera Thunb.

常绿乔木或灌木。嫩枝无毛。叶革质，互生，全缘，有时有锯齿，排成 2 列，具叶柄。花两性，单生或 2～3 朵簇生于叶腋，具梗；苞片 2 枚，小或缺；萼片 5 枚，边缘被毛，覆瓦状排列，宿存；花瓣 5 枚，基部稍连生；雄蕊多数，成 2 轮排列，花丝离生，花药较花丝短，被毛；子房上位，无毛，2～3 室，每室有胚珠多数，花柱长，2～3 裂，柱头细。果为浆果，熟时黑色，花萼与花柱宿存；种子少数；胚乳肉质。

约 24 种。中国 9 种；广西 5 种。

分种检索表

1. 叶下面被红色腺点。
　2. 叶疏生浅钝锯齿或细锯齿，侧脉在两面均不明显；果长卵形 ················· **1. 隐脉红淡比 C. obscurinervia**
　2. 叶缘有锯齿，侧脉在叶上面稍明显；果球形。
　　3. 叶厚革质，基部圆钝，侧脉20 对以上；萼片长卵形，先端圆，有小尖头 ·············
　　　··· **2. 厚叶红淡比 C. pachyphylla**
　　3. 叶革质，基部楔形，侧脉8～12 对；萼片卵圆形，先端圆，微凹 ············ **3. 凹脉红淡比 C. incornuta**
1. 叶下面无红色腺点。
　4. 果长圆形；叶倒卵形或倒卵状长圆形，先端钝圆 ············ **4. 倒卵叶红淡比 C. obovata**
　4. 果球形；叶椭圆形或倒卵形，先端短尖 ······················· **5. 红淡比 C. japonica**

1. 隐脉红淡比　锥果红淡比　图747

Cleyera obscurinervia（Merr. et Chun）
H. T. Chang

　　乔木，高6~15m。全株无毛。叶革质，长圆状椭圆形，长7~9cm，宽2.0~3.5cm，先端钝尖或略尖，基部楔形，边缘疏生浅钝锯齿或细锯齿，下面具暗红褐色腺点；中脉在上面平或微凹，在下面凸起，侧脉12~15对，在两面均不明显；叶柄长1.0~1.5cm。花1~2朵腋生，花梗长1.0~1.5cm；苞片小；萼片卵圆形，边缘有睫毛，宿存；花瓣白色，长圆状倒卵形或倒卵形；雄蕊多数，较花瓣短；子房无毛，2室，每室有10枚胚珠，花柱长约4mm，先端3裂。果通常单个腋生，长卵圆形，长约1cm，直径约7mm，先端尖。花期5~6月；果期9~10月。

　　产于融水、兴安、龙胜、防城、上思。生于海拔1300m以上的山坡密林或山谷。分布于海南。

2. 厚叶红淡比　图748：1~2

Cleyera pachyphylla Chun ex H. T.
Chang

　　灌木或乔木，高3~8m。全株无毛。叶厚革质，长圆形或椭圆形，长8~14cm，宽3.5~6.0cm，先端钝或短尖，基部宽楔形或近圆形，边缘疏生锯齿，下面密被红色腺点；中脉在上面平或微凹，在下面凸起，侧脉20~28对，在上面稍明显；叶柄长8~15mm。花1~3朵腋生；花梗长1.2cm；苞片早落；萼片长卵形，长6~8mm，有睫毛，先端略尖；花瓣白色，椭圆状长圆形或椭圆状倒卵形，长约1.2cm；雄蕊25~27枚，长8mm，花丝长3mm，无毛，花药有丝毛；子房球形，无毛，3室，每室有5~7枚胚珠；花柱长9mm，先端2~3裂。果圆球形，直径约1cm，熟时黑色。花期6~7月；果期10~11月。

　　产于龙胜、资源、灌阳、恭城、贺州、金秀、容县、武鸣、上林、马山。分布于广东、湖南、江西、浙江。

3. 凹脉红淡比　肖柃　图749

Cleyera incornuta Y. C. Wu

　　灌木或乔木，高4~10m。全株无毛。叶革质，狭椭圆形或倒披针状椭圆形，长

图747　隐脉红淡比 **Cleyera obscurinervia**（Merr. et Chun）H. T. Chang 果枝。（仿《中国植物志》）

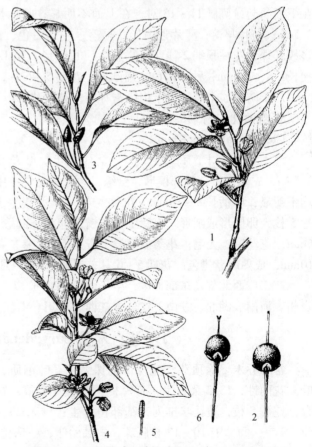

图748　1~2. 厚叶红淡比 **Cleyera pachyphylla** Chun ex H. T. Chang 1. 花枝；2. 果。**3.** 倒卵叶红淡比 **Cleyera obovata** H. T. Chang. 果枝。**4~6.** 红淡比 **Cleyera japonica** Thunb. 4. 花枝；5. 雄蕊；6. 果。（仿《中国植物志》）

图 749　凹脉红淡比 Cleyera incornuta Y. C. Wu 1. 花枝；2. 果。(仿《中国植物志》)

6~10cm，宽3~4cm，先端渐尖或短渐尖，基部楔形，边缘有锯齿，下面疏被暗红褐色腺点；中脉在上面微凹或平，侧脉8~12对，在上面下陷；叶柄长1.0~1.5cm。花1~3朵腋生；花梗长1.5~2.0cm；苞片早落；萼片卵圆形，先端圆且微凹，有睫毛，宿存；花瓣白色，倒卵状长圆形，长9~11mm，宽6mm，边缘有纤毛；雄蕊约25枚，花丝无毛，花药有丝毛；子房3室，无毛，胚珠多数，花柱顶端3裂。果近球形，直径8~10mm，成熟时黑色。花期5~7月；果期9~10月。

产于金秀、龙胜等地。分布于广东、贵州、湖南、江西、云南。

4. 倒卵叶红淡比　图748：3

Cleyera obovata H. T. Chang

灌木或小乔木，高4m。全株无毛。叶革质，倒卵形或倒卵状长圆形，长3~8cm，宽1.5~3.5cm，先端钝圆，基部楔形，全缘，干后反卷，下面无暗红褐色腺点；中脉在上面平坦，在下面凸起，侧脉11~13对，在上面不明显；叶柄长1.0~1.2cm。花单生于叶腋；花梗长1.5~2.5cm；苞片早落；萼片近圆形，早落；花瓣白色，倒卵形；雄蕊约25枚；子房2室，每室有10多枚胚珠，花柱顶端2浅裂。果腋生，长圆形，长1.0~1.8cm，直径0.6~1.0cm，顶端渐狭；果梗长1.8~2.8cm；种子褐色，扁圆形。花期5~6月；果期8~9月。

产于防城、上思。生于山区密林中。越南北部也有分布。

5. 红淡比　图748：4~5

Cleyera japonica Thunb.

灌木或小乔木，高2~10m。全株无毛。叶革质，椭圆形或倒卵形，长5~9cm，宽2.5~3.5cm，先端短尖，基部楔形，全缘，边缘稍反卷；中脉在上面平坦或微凹，侧脉6~8对，在两面均不明显；叶柄长8~10mm。花单生或3~5朵簇生于叶腋；花梗1~2cm，无毛；小苞片早落；萼片5枚，卵圆形或圆形，有睫毛；花瓣倒卵状长圆形，白色，长6~8mm；雄蕊25~30枚，长5~6mm，花丝短，无毛；花药被毛；子房无毛，2室；花柱长约6mm，先端2裂。果近球形，直径8~10mm，成熟时紫黑色。花期5~6月；果期10~11月。

产于广西北部及东部地区，生于海拔1200m以下的林中或灌丛中。分布于安徽、福建、广东、贵州、河南、湖北、湖南、江苏、江西、四川、浙江、台湾；日本也有分布。

11. 猪血木属 Euryodendron Hung T. Chang

常绿乔木。除顶芽和花外，全株无毛。叶革质，互生，边缘有锯齿，羽状脉；叶柄短，无托叶。花两性，1~3朵腋生，有短梗；小苞片2枚，宿存；萼片5枚，大小不等，覆瓦状排列，宿存；花瓣5枚，覆瓦状排列，基部稍合生；雄蕊25~28枚，1轮，离生，花药有丝状毛；子房上位，3室，每室有10~12枚胚珠，中轴胎座，胚珠排成2列，花柱1枚，柱头不分裂。果实为浆果状，球形，3室，每室有4~6枚种子。

单种属，特产于中国广东及广西。

猪血木 图 750

Euryodendron excelsum Hung T. Chang

乔木，高 15 ~ 20m。当年生小枝红褐色，圆柱形。叶革质，长圆形或长圆状椭圆形，长 5 ~ 9cm，宽 1.7 ~ 3.0cm，先端渐尖，基部楔形，边缘有细锯齿，两面无毛；中脉在上面下陷，在下面凸起，侧脉 5 ~ 6 对，在上面下陷，在下面凸起，网脉在两面明显；叶柄长 3 ~ 5mm，上面有浅沟。花 1 ~ 3 朵腋生，或生于无叶的小枝上，白色，直径 5 ~ 6mm，花梗长 3 ~ 5mm，无毛；小苞片阔卵形；萼片阔卵形至近圆形；花瓣倒卵形或倒卵状椭圆形，长约 4mm；雄蕊 25 ~ 28 枚，离生；子房球形，表面有不规则瘤状凸起，3 室，无毛，花柱单一，先端不分裂。果实卵圆形或球形，直径 3 ~ 4mm，成熟时蓝黑色。花期 5 ~ 7 月；果期 10 ~ 11 月。

极危种，产于平南。生于海拔 100 ~ 400m 的山坡、山谷林中。分布于广东。木材坚硬，可供作造船、建筑等用材。

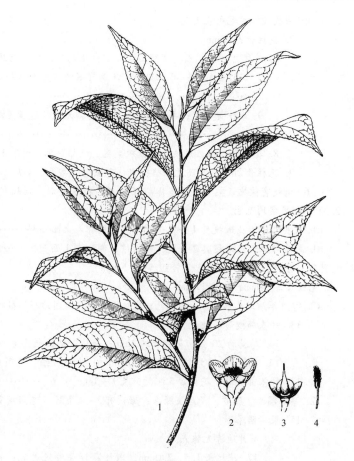

图 750　猪血木 Euryodendron excelsum Hung T. Chang 1. 花枝；2. 花；3. 花纵切面(示雌蕊)；4. 雄蕊。(仿《中国植物志》)

12. 柃属 Eurya Thunb.

常绿灌木或小乔木，稀为大乔木。嫩枝圆柱形或有棱。冬芽裸露。叶革质至近膜质，2 列，边缘有锯齿，稀全缘。花小，单性，雌雄异株，1 至多数成腋生，有短梗；小苞片 2 枚；萼片 5 枚，常不等大，宿存；花瓣 5 枚，基部稍连生；雄花：有雄蕊 5 ~ 35 枚，排成 1 轮，花丝无毛；雌花：不具退化雄蕊；子房上位，2 ~ 5 室，每室有 3 ~ 60 枚胚珠；花柱 2 ~ 5 枚，先端 2 ~ 5 裂，宿存。果为浆果状；种子黑色或褐色。

约 130 种。中国约 83 种；广西 31 种 2 变种。

分种检索表

1. 花药具分格；子房被柔毛(1. 格药柃组 Sect. Meristocheca)。
　2. 子房和果实均被柔毛，至少子房初时被疏柔毛。
　　3. 萼片卵形，顶端尖，革质，干后褐色；嫩枝密被披散柔毛。
　　　4. 花柱 4 ~ 5 枚，分离；雄蕊 22 ~ 28 枚；叶坚纸质，侧脉在上面常凹陷 ·············· **1. 华南毛柃 E. ciliata**
　　　4. 花柱 3 枚，分离或中部以上合生；雄蕊 6 ~ 18 枚。
　　　　5. 叶革质，长圆状披针形，长 5 ~ 9cm；花柱长 5 ~ 7mm，3 浅裂；叶基钝或近圆形 ·········· ·················· **2. 长毛柃 E. patentipila**
　　　　5. 叶纸质，卵状披针形或披针形，长 3.5 ~ 6.0cm；花柱长 3 ~ 5mm，3 深裂；叶基部近圆形 ·········· ·················· **3. 二列叶柃 E. distichophylla**
　　3. 萼片圆形，顶端有微凹或小尖头，膜质或近膜质，干后淡绿色或黄褐色；嫩枝被短柔毛或披散柔毛。

6. 嫩枝被短柔毛或几无毛。

  7. 花柱长 3~5mm。

    8. 花药具分格；嫩枝被短柔毛，小枝几无毛；叶下面疏被短柔毛，侧脉在下面稍凸起。

      9. 嫩枝红褐色；萼片圆形，顶端有微凹，外面有短柔毛，边缘有纤毛；果实圆球形 ……………

         ………………………………………………………………………… **4. 毛果柃 E. trichocarpa**

      9. 嫩枝黄褐色；萼片卵形，顶端尖，无毛，边缘无纤毛；果实卵状椭圆形 …………………

         ………………………………………………………………………… **5. 尖萼毛柃 E. acutisepala**

    8. 花药无分格；嫩枝初时被短柔毛，迅即脱落，叶下面无毛 ……… **6. 尖叶毛柃 E. acuminatissima**

  7. 花柱长 2mm；花药无分格；嫩枝疏被贴伏柔毛，后脱落无毛……… **7. 大果毛柃 E. megatrichocarpa**

  6. 嫩枝密被披散柔毛；花药具 4~6 分格；叶基楔形，顶端渐尖 ……… **8. 贵州毛柃 E. kueichowensis**

2. 子房和果实均无毛。

  10. 果实圆球形；嫩枝具 4 条棱；叶革质，侧脉在上面凸起 ………… **9. 四角柃 E. tetragonoclada**

  10. 果实卵球形；嫩枝具 2 条棱；叶纸质，侧脉在上面凹下 ………… **10. 凹脉柃 E. impressinervis**

1. 花药不具分格；子房无毛(2. 真柃组 Sect. Eurya)

11. 花柱长 2~4mm，稀为 1.5mm。

  12. 萼片革质或几革质，干后褐色；嫩枝圆柱形，连同顶芽均被披散柔毛、短柔毛或微毛，至少顶芽被短柔毛。

    13. 叶基部楔形或钝形。

      14. 雄蕊约 20 枚，花柱长约 2mm；嫩枝密被披散柔毛 ………………… **11. 岗柃 E. groffi**

      14. 雄蕊 10~15 枚，花柱长 2~3mm；嫩枝纤细，连同顶芽仅被微毛……… **12. 细枝柃 E. loquaiana**

    13. 叶基部圆形；花柱常 5 深裂，长 1~3mm ………………… **13. 大叶五室柃 E. quinquelocularis**

  12. 萼片圆形，膜质，干后淡绿色；嫩枝有 2~4 条棱，连同顶芽均无毛或被短柔毛。

    15. 果实圆球形。

      16. 萼片边缘无腺点。

        17. 花柱长 1.5~2.0mm；嫩枝和顶芽被短柔毛；叶倒卵形或倒卵状椭圆形，顶端钝或几圆形，

        边缘密生锯齿 ………………………………………………… **14. 米碎花 E. chinensis**

        17. 花柱长 2~3mm；嫩枝和顶芽均无毛；叶长圆状椭圆形或倒卵状披针形，顶端渐尖或短尖，

        边缘具钝齿 ………………………………………………… **15. 细齿叶柃 E. nitida**

      16. 萼片边缘具腺点。

        18. 嫩枝初时有短柔毛，旋即脱落；叶披针形或椭圆状披针形，宽 1.5~2.5cm …………………

        ………………………………………………………………… **16. 披针叶柃 E. lanciformis**

        18. 嫩枝无毛；叶长圆状椭圆形或椭圆形，宽 3~5cm ………… **17. 假杨桐 E. subintegra**

    15. 果实卵状椭圆形至长卵形。

      19. 嫩枝具 2 条棱；叶长披针形或窄披针形，长 3~6cm，宽 1.0~1.5cm，顶端短渐尖或尾状渐尖

      ………………………………………………………………… **18. 窄叶柃 E. stenophylla**

      19. 嫩枝具 4 条棱；叶长圆状披针形，长 15~20cm，宽 3.0~5.5cm，顶端渐尖或短渐尖…………

      ………………………………………………………………… **19. 多脉柃 E. polyneura**

11. 花柱长 0.5~1.0mm，稀 1.5~2.0mm。

  20. 萼片坚革质，褐色或枯褐色。

    21. 花柱分离。

      22. 雄蕊 17~24 枚；花柱长 1.5~2.5mm；叶厚革质，边缘仅上半部有疏钝齿 …………………

      ………………………………………………………………… **20. 黑柃 E. macartneyi**

      22. 雄蕊 13~15 枚；花柱长约 1mm；叶坚纸质，边缘密生细锯齿 ………… **21. 矩圆叶柃 E. oblonga**

    21. 花柱 3 浅裂。

      23. 嫩枝和顶芽均无毛；萼片圆形，雄蕊 11~15 枚。

        24. 叶基部微心形；嫩枝具 2 条棱…………… **22a. 窄基红褐柃 E. rubiginosa var. attenuata**

        24. 叶基部耳形，抱茎；嫩枝圆柱形，较纤细 …………… **23. 隆林耳叶柃 E. lunglingensis**

      23. 嫩枝和顶芽均密被披散柔毛；雄蕊 10 枚；叶基部耳形，抱茎 ……… **24. 单耳柃 E. weissiae**

20. 萼片膜质或近膜质，干后淡绿色或黄绿色。

25. 雄蕊 15 枚。
  26. 花柱分离。
    27. 嫩枝圆柱形，连同顶芽均被柔毛；萼片被短柔毛 ·········· **25. 丽江柃 E. handel – mazzettii**
    27. 嫩枝具 2 条棱，连同顶芽均无毛；萼片无毛 ················· **26. 短柱柃 E. brevistyla**
  26. 花柱 3 浅裂。
    28. 嫩枝密被短柔毛；叶革质，长 4~8cm，边缘有锯齿，披针形或倒披针形；萼片外面无毛···
              ················· **27. 半齿柃 E. semiserrulata**
    28. 嫩枝圆柱形，连同顶芽仅被微毛，或嫩枝具 4 条棱而无毛。
      29. 雄蕊 15 枚。
        30. 嫩枝圆柱形，被微毛；叶长圆状椭圆形或长圆状倒卵形·················
           ·········· **28. 微毛柃 E. hebeclados**
        30. 嫩枝具 4 条棱，无毛；叶长圆形或椭圆形 ·········· **29. 翅柃 E. alata**
      29. 雄蕊 13~15 枚；嫩枝具 2 条棱，被微毛 ················· **30. 钝叶柃 E. obtusifolia**
25. 雄蕊 5 枚，稀 7~8 枚。
  31. 萼片边缘无腺点；花柱 3 裂；叶倒卵形或倒卵状椭圆形，上面无金黄色腺点 ·········
            ············ **31. 岩柃 E. saxicola**
  31. 萼片边缘有腺点；叶狭椭圆形或长圆状倒披针形，上面有金黄色腺点 ·········
            ············ **32. 云南凹脉柃 E. cavinervis**

1. 华南毛柃　图 751

Eurya ciliata Merr.

灌木或乔木，高 3~10m。嫩枝圆柱形，密被黄褐色长柔毛。顶芽长锥形，被长柔毛。叶坚纸质，长圆状披针形或披针形，长 5~8cm，宽 1.2~2.5cm，先端渐尖，基部斜心形或圆形，边缘全缘，偶有锯齿，上面有光泽，无毛，下面被贴伏柔毛，中脉上较密；中脉在上面下陷，下面凸起，侧脉 10~14 对，在上面常凹陷，在下面显著凸起；叶柄极短。花 1~3 朵簇生，白色；花梗长约 1mm，被柔毛。雄花：小苞片卵形，外面被柔毛；萼片阔卵形，外面密被毛；花瓣长圆形；雄蕊 22~28 枚；花药有 5~8 个分格；雌花：小苞片、萼片、花瓣与雄花相似，但较小；子房球形，4 室，密被柔毛；花柱 4~5 枚，完全分离，长约 4mm。果球形，直径 5~6mm，密被柔毛；花萼及花柱均宿存。花期 10~11 月；果期翌年 4~5 月。

产于贺州、金秀、容县、武鸣、龙州。生于山坡、山谷溪旁。分布于广东、海南、云南。

2. 长毛柃　图 751：4~6

Eurya patentipila Chun

灌木，高 1.5~5.0m。嫩枝圆柱形，

图 751　**1~3. 华南毛柃 Eurya ciliata** Merr. 1. 雌花枝；2. 雌花；3. 果。**4~6. 长毛柃 Eurya patentipila** Chun 4. 雌花枝；5. 雌花；6. 果。(仿《中国植物志》)

图 752　二列叶柃 Eurya distichophylla F. B.
Forbes et Hemsl. 1. 果枝；2. 果。（仿《中国植物志》）

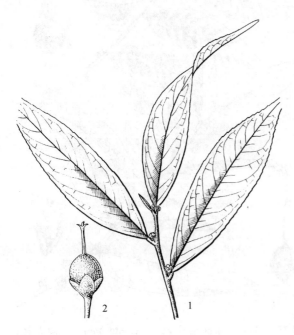

图 753　毛果柃 Eurya trichocarpa Korth. 1. 雄花
枝；2. 果。（仿《中国植物志》）

密被柔毛，后脱落无毛。顶芽密被柔毛。叶革质，长圆状披针形，长 5 ~ 9cm，宽 2.0 ~ 2.5cm，先端长渐尖，基部钝或近圆形，边缘有细锯齿，上面有光泽，无毛，下面被贴伏长柔毛，沿中脉较密；中脉在上面下陷，在下面凸起，侧脉约 20 对，在两面均不明显；叶柄长约 2mm，密被柔毛。花 1 ~ 3 朵腋生，花梗长约 1mm，被柔毛；雄花：小苞片卵形；萼片革质，卵形；花瓣长圆形；雄蕊 10 ~ 15 枚，花药具 6 ~ 8 分格；雌花：小苞片、萼片、花瓣与雄花相似；子房卵形，密被柔毛，花柱长 5 ~ 7mm，顶端 3 浅裂。果球形，直径约 6mm，密被长柔毛，成熟时紫黑色。花期 10 ~ 12 月；果期翌年 6 ~ 7 月。

产于兴安、贺州、昭平、蒙山、金秀、东兰、凌云、容县、武鸣、马山、上林、宁明。生于海拔 500 ~ 1100m 的山坡、沟谷或山顶杂木林中。分布于广东。

3. 二列叶柃　图 752

Eurya distichophylla F. B. Forbes et Hemsl.

灌木或小乔木，高 1.5 ~ 7.0m。嫩枝圆柱形，密被黄褐色长柔毛，后脱落至近无毛。顶芽具长柔毛。叶纸质，披针形或卵状披针形，长 3.5 ~ 6.0cm，宽 1 ~ 2cm，先端渐尖或长渐尖，基部近圆形，两侧不对称，边缘有细锯齿，下面密被贴伏柔毛；中脉在上面下陷，在下面凸起，侧脉 8 ~ 11 对；叶柄极短或近无柄，被柔毛。花 1 ~ 3 朵腋生；花梗长约 1mm，被柔毛；雄花：小苞片卵形，细小；萼片卵形，被毛；花瓣倒卵形，长 2.0 ~ 2.5mm；雄蕊 15 ~ 18 枚，花药具多分格；雌花：萼片卵形；花瓣披针形；子房卵形，3 室，花柱长 3 ~ 5mm，顶端 3 深裂。果球形或卵球形，直径 4 ~ 5mm，成熟时紫黑色。花期 10 ~ 12 月；果期翌年 6 ~ 7 月。

产于金秀、靖西、容县、宁明、大新。生于山坡、山谷、溪边杂木林中。分布于福建、广东、湖南、江西。

4. 毛果柃　图 753

Eurya trichocarpa Korth.

灌木或乔木，高 2 ~ 13m。嫩枝圆柱形，红褐色，密被短柔毛，后脱落无毛。顶芽被柔毛。叶纸质，长圆形或倒披针状长圆形，长 6 ~ 10cm，宽 2 ~ 3cm，先端长渐尖，基部楔形，边缘疏生锯齿，下面初时被平伏柔毛，后脱落无毛；中脉在上面下陷，在下面凸起，侧脉 8 ~ 10 对，在两面均不明显；叶柄长 2 ~ 3mm。花 1 ~ 3 朵腋生，花梗长 1 ~ 2mm，疏被短柔毛；雄花：小苞片卵圆形；萼片圆形，顶部微凹，长 1.5mm，外面被短柔毛，边缘有纤毛；花瓣倒卵状长圆形，长 3mm，基部连生；雄蕊 13 ~ 15 枚，药室有分格；雌花：小苞片、萼片与雄花的相似，但较小，有时为卵圆形；花瓣卵状长圆形；子房球形，3 室，花柱长 2.0 ~ 2.5mm，顶端 3 浅裂。果球形，直径 5 ~ 6mm，成熟时紫黑色，被疏毛。花期 10 ~ 11 月；果期翌年 7 ~ 8 月。

产于临桂、融水、靖西、防城、上思、宁明、龙州。生于海拔 700m 以上的山坡、沟谷杂木林中。分布于广东、海南、西藏、云南；印度、越南、菲律宾也有分布。

5. 尖萼毛柃　图 754

Eurya acutisepala Hu et L. K. Ling

灌木或小乔木，高 2 ~ 7m。嫩枝圆柱形，黄褐色，被黄褐色短柔毛，后脱落无毛。顶芽密被短柔毛。叶薄革质，长圆形或倒披针状长圆形，长 5 ~ 8cm，宽 1.5 ~ 2.0cm，先端长渐尖，基部宽楔形或楔形，边缘有细锯齿，下面疏被短柔毛；中脉在上面下陷，在下面凸起，侧脉 10 ~ 12 对，

图 754　尖萼毛柃 Eurya acutisepala P. T. Li
1. 雌花枝；2. 雌花；3. 果。（仿《中国植物志》）

网脉在两面均不明显；叶柄长 2.0 ~ 3.5mm。花 2 ~ 3 朵腋生，花梗长 1.5 ~ 2.5mm；雄花：小苞片卵形；萼片膜质，卵形，顶端尖，长 2mm，无毛；花瓣倒卵状长圆形，长 4mm；雄蕊约 15 枚，药室有 5 ~ 7 分格；雌花：小苞片、萼片与雄花相似，但萼片较小，无毛；花瓣窄长圆形，长 3mm；子房卵形，3 室，花柱长 2.5 ~ 3.0mm，顶端 3 裂。果卵状椭圆形，长约 4.5mm，直径 3.5 ~ 4.0mm，成熟时紫黑色，被疏柔毛。花期 10 ~ 11 月；果期翌年 6 ~ 8 月。

产于全州、灌阳、兴安、龙胜、临桂、恭城、贺州、金秀、融水、容县、武鸣、马山、上林。生于海拔 500m 以上的山坡、沟谷密林中。分布于福建、广东、贵州、湖南、江西、云南、浙江。

6. 尖叶毛柃　尖叶柃

Eurya acuminatissima Merr. et Chun

灌木或乔木，高 1 ~ 7m。嫩枝圆柱形，红褐色，疏被柔毛，后脱落无毛。顶芽密被短柔毛。叶纸质，卵状椭圆形，长 5 ~ 9cm，宽 1.2 ~ 2.5cm，先端尾状渐尖，尖头圆，有黑腺点，基部楔形，边缘有细锯齿，两面无毛或背面幼时被毛，后脱落无毛；中脉在上面下陷，在下面凸起，侧脉约 9 对，在两面均不明显；叶柄长 2 ~ 3mm。花 1 ~ 3 朵腋生，花梗长 1 ~ 3mm；雄花：小苞片圆形；萼片膜质，近圆形；花瓣长圆形；雄蕊 14 ~ 16 枚，花药无分格；雌花：小苞片和萼片与雄花的相似；花瓣长圆状披针形；子房球形，3 室，密被柔毛，花柱长 3.0 ~ 3.5mm，先端 3 裂。果实椭圆状球形或球形，长约 5mm，被柔毛。花期 9 ~ 11 月；果期翌年 7 ~ 8 月。

产于灌阳、恭城、贺州、金秀、融水、容县、武鸣、马山、上林。生于丘陵、山地杂木林中。分布于广东、贵州、湖南、江西。

图 755　贵州毛柃 Eurya kueichowensis P. T. Li
1. 雄花枝；2. 雄花；3. 雄蕊；4. 果。(仿《中国植物志》)

7. 大果毛柃

Eurya megatrichocarpa Hung T. Chang

灌木或小乔木，高 6～8m。嫩枝圆柱形，疏被贴伏柔毛，后脱落无毛。顶芽被柔毛。叶革质，长圆状椭圆形，长 7～11cm，宽 2～3cm，先端渐尖或锐尖，基部楔形或阔楔形，边缘密生细锯齿，上面深绿色，有光泽，无毛，下面疏被贴伏柔毛，老时几无毛；中脉在上面下陷，在下面凸起，侧脉 8～10 对，在上面不明显，在下面凸起；叶柄长 4～6mm，被短柔毛。花 2～5 朵簇生于叶腋，花梗长 3～4mm；雄花：萼片近圆形；花瓣卵形；雄蕊约 16 枚，花药无分格；雌花：萼片与雄花的相似，但较小；花瓣长圆形；子房球形，5 室，被柔毛，花柱长约 1.5mm，4～5 深裂几达基部。果实圆球形，直径约 5mm，成熟时暗紫色，疏生短柔毛。花期 11～12 月；果期翌年 7～8 月。

产于防城、上思。生于海拔 1200m 以下的杂木林中。越南北部也有分布。

8. 贵州毛柃　图 755

Eurya kueichowensis P. T. Li

灌木或小乔木，高 2～6m。嫩枝圆柱形，密被黄褐色长柔毛，后脱落无毛或几无毛。顶芽被黄棕色长柔毛。叶长圆状披针形或长圆形，长 6.5～9.0cm，宽 1.5～2.5cm，先端渐尖，基部楔形，边缘基部以上有细密锯齿，下面疏生贴伏短柔毛，中脉上较密；中脉在上面下陷，在下面凸起，侧脉 10～13 对，初时稍明显，老

后不明显，网脉在两面均不明显；叶柄长 2～3mm，被短柔毛。花 1～3 朵腋生，花梗长 2～3mm。雄花：小苞片卵圆形，萼片状；萼片膜质，近圆形，长 2mm；花瓣倒卵状长圆形，长 3.5～4.0mm，基部稍合生；雄蕊 15～18 枚，花药有 4～6 分格；雌花：小苞片、萼片、花瓣与雄花的相似，但较小；子房卵形，3 室，被柔毛；花柱长 3.5～4.5mm，顶端 3 裂。果卵圆形，长约 5mm，直径约 4mm，疏被柔毛。花期 9～10 月；果期翌年 4～6 月。

产于融水、凌云、隆林，生于海拔 600～1800m 的山坡、山谷或溪边岩石旁。分布于贵州、湖北、四川、云南。

9. 四角柃　图 756

Eurya tetragonoclada Merr. et Chun

灌木或乔木，高 2～14m。全株无毛，嫩枝和小枝红棕色，具 4 条棱。顶芽长锥形。叶革质，长圆状椭圆形或长圆状倒披针形，长 5～10cm，宽 1.5～3.5cm，先端渐尖，基部楔形，边缘有细钝锯齿，中脉在上面凹陷，在下面凸起，侧脉 8～10 对，在上面凸起；叶柄长约 5mm。花 1～3 朵腋生，花梗长约 2mm。雄花：小苞片卵形；萼片近圆形，无毛；花瓣长圆状倒卵形；雄蕊约 15 枚，花药具分格；雌花：小苞片和萼片与雄花的相似，但较小；花瓣长圆形；子房卵球形，3 室，花柱长约 2mm，先端 3 裂。果实球形，直径约 4mm，成熟时紫黑色。花期 11～12 月；果期翌年 5～8 月。

产于临桂、龙胜、恭城、昭平、金秀、融水、罗城、南丹、凌云、德保、那坡、靖西。生于海拔500m以上的山地杂木林中。分布于广东、贵州、河南、湖北、湖南、江西、四川、云南。

10. 凹脉柃

Eurya impressinervis Kobuski

灌木或乔木，高3～10m。当年生小枝具2条棱，无毛。顶芽无毛。叶纸质，长圆形或长圆状椭圆形，长7～14cm，宽2.0～3.5cm，先端渐尖，基部楔形，边缘有细锯齿，两面无毛；中脉和侧脉在上面下陷，在下面凸起，侧脉10～13对，在上面凹陷；叶柄长3～5mm，无毛。花1～4朵腋生，花梗长2～3mm，无毛。雄花：小苞片圆形，萼片状；萼片圆形，膜质，无毛；花瓣倒卵形；雄蕊15～19枚，花药有分格；雌花：小苞片和萼片与雄花的相似，但较小；花瓣长圆形；子房长卵形，3室，无毛，花柱长2.0～2.5mm，先端3裂。果实卵球形，直径4～5mm，成熟时紫黑色。花期11～12月；果期翌年8～10月。

产于桂林、金秀、象州、融水、罗城、凌云、田林、容县、武鸣、马山、上林。生于海拔600m以上的山地。分布于广东、贵州、湖南、江西、云南。

11. 岗柃 图757

Eurya groffi Merr.

灌木或小乔木，高2～7m。嫩枝圆柱形，密被黄褐色长柔毛。顶芽披针形，密被黄褐色柔毛。叶披针形或长圆状披针形，长4.5～10.0cm，宽1.5～2.2cm，先端渐尖或长渐尖，基部宽楔形或钝，边缘密生细锯齿，上面稍有光泽，无毛，下面密被柔毛；中脉在上面下陷，在下面凸起，侧脉10～14对；叶柄长不及1mm，密被柔毛。花1～9朵腋生，花梗长1.0～1.5mm，密被短柔毛。雄花：小苞片卵形；萼片卵形，长1.5～2.0mm，外面被短柔毛；花瓣长圆形或倒卵状长圆形，长3.5mm；雄蕊约20枚，花药无分格；雌花：小苞片和萼片与雄花的相似，但较小；花瓣长圆状披针形，长约2.5mm；子房卵形，3室，无毛，花柱长约2mm，3裂。果球形，直径3.0～3.5mm，成熟时黑色。花期9～11月；果期翌年4月。

产于广西各地。生于丘陵、坡地、石山灌丛、河边。分布于福建、广东、贵州、海南、四川、云南、西藏；缅甸和越南北部也有分布。

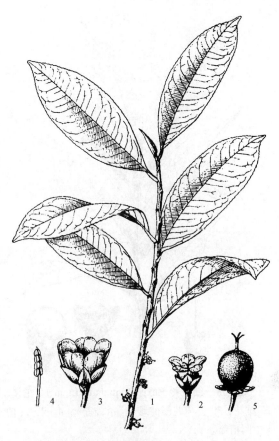

图 756　四角柃 Eurya tetragonoclada Merr. et Chun 1. 雌花枝；2. 雌花；3. 雄花；4. 雄蕊；5. 果。（仿《中国植物志》）

图 757　岗柃 Eurya groffi Merr. 1. 雄花枝；2. 雄蕊；3. 果。（仿《中国植物志》）

图758 细枝柃 Eurya loquaiana Dunn 1. 花枝；2. 雄花；3. 去掉花瓣的雌花(示雄蕊)；4. 果。(仿《中国植物志》)

图759 大叶五室柃 Eurya quinquelocularis Kobuski 1. 果枝；2. 雄花；3. 雌花；4. 雄蕊。(仿《中国植物志》)

12. 细枝柃 图758

Eurya loquaiana Dunn

灌木或乔木，高2～10m。嫩枝纤细，黄绿色或淡褐色，仅被微毛。顶芽被微毛。叶长圆状椭圆形或椭圆状披针形，长4～9cm，宽1.5～2.5cm，先端长渐尖，基部楔形，边缘有钝锯齿，仅下面沿中脉被毛；中脉在上面下陷，在下面凸起，侧脉约10对，在两面稍明显；叶柄长3～4mm，被微毛。花1～4朵腋生，花梗2～4mm，被微毛；雄花：小苞片卵形；萼片卵圆形或近圆形，外面被微柔毛或近无毛；花瓣倒卵形；雄蕊10～15枚，花药不具分格；退化子房无毛；雌花：小苞片、萼片和花瓣与雄花的相似；子房卵形，3室，无毛，花柱长2～3mm，先端3裂。果球形，直径3～4mm，成熟时黑色。花期10～12月；果期翌年7～9月。

产于广西各地。分布于安徽、广东、福建、贵州、海南、河南、湖北、湖南、江西、四川、台湾、云南、浙江。喜阴湿，为沟谷阔叶林和杉木林下常见灌木。

12a. 金叶细枝柃

Eurya loquaiana var. **aureopunctata** Hung T. Chang

与原种的主要区别在于：叶卵状椭圆形或椭圆形，长2～4cm，宽1～2cm，叶下面有金黄色腺斑；雄蕊约10枚；花柱长1.0～1.5mm。

产于广西东北部。生于海拔800～1700m的山地杂木林中。分布于福建、广东、贵州、湖南、江西、云南、浙江。

13. 大叶五室柃 图759

Eurya quinquelocularis Kobuski

灌木或乔木，高3～10m。嫩枝圆柱形，红褐色，被披散柔毛，后脱落无毛。顶芽密被柔毛。叶近膜质或纸质，长圆形或长圆状卵形，先端渐尖至尾状渐尖，基部圆形，边缘密生细锯齿，上面绿色，无毛，下面浅绿色，初时疏生贴伏柔毛，后脱落无毛或几无毛；中脉在上面下陷，在下面凸起，侧脉12～14对，网脉在两面均明显；叶柄长2～3mm，被柔毛。花1至数朵腋生，花梗长2～3mm，被短柔毛；雄花：小苞片卵状三角形；萼片近革质，宽卵形；花瓣卵形，雄蕊17～18枚，花丝分离，花药不具分格；退化子房无毛；雌花：小苞片和萼片与雄花的相似，但较小；花瓣长圆形；子房圆球形，（4～）5室，花柱长 1～3mm，先端常 5 深裂。果圆球形，直径 5～6mm，成熟时黑色。花期 11～12 月；果期翌年 6～7 月。

产于金秀、罗城、靖西、武鸣、马山、上林、防城、上思。生于海拔 800～1500m 的杂木林中。分布于贵州、云南；越南北部也有分布。

14. 米碎花 图 760：1～3

Eurya chinensis R. Br.

灌木，高 1～3m。嫩枝具 2 条棱，被柔毛。顶芽密被黄棕色柔毛。叶革质，倒卵形或倒卵状椭圆形，长 2.0～5.5cm，宽 1～2cm，先端钝或近圆形，基部楔形，边缘密生锯齿，上面有光泽，下面无毛或初时疏被毛，后脱落无毛；中脉在上面下陷，在下面凸起，侧脉 6～8

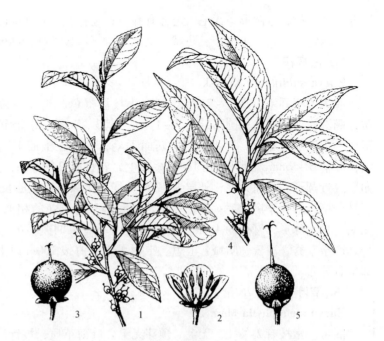

图 760　1～3. 米碎花 Eurya chinensis R. Br. 1. 果枝；2. 雄花纵切面；3. 果。**4～5. 细齿叶柃** Eurya nitida Korth. 4. 果枝；5. 果。（仿《中国植物志》）

对，不明显；叶柄长 2～3mm。花 1～4 朵腋生，花梗长约 2mm，无毛；雄花：小苞片细小，无毛；萼片卵形，无毛；花瓣倒卵形，无毛；雄蕊约 15 枚，花药不分格；雌花：小苞片和萼片与雄花的同，花瓣卵形，长 2.0～2.5mm；子房 3 室，无毛，花柱长 1.5～2.0mm，先端 3 裂。果实圆球形，有时为卵形，直径 3～4mm，成熟时紫黑色。花期 11～12 月；果期翌年 6～7 月。

产于桂林、全州、柳州、梧州、平南、那坡、南宁、邕宁、武鸣、横县、博白、钦州。分布于福建、广东、湖南、江西、台湾。

15. 细齿叶柃 图 760：4～5

Eurya nitida Korth.

灌木或乔木，高 2～5m，全株无毛。嫩枝黄绿色，具 2 条棱；小枝灰褐色或褐色。叶薄革质，长圆状椭圆形或倒卵形披针形，长 4～6cm，宽 1.5～2.5cm，先端渐尖或短尖，基部楔形，边缘密生钝锯齿，两面无毛；中脉在上面下陷，在下面凸起，侧脉 9～12 对；叶柄长约 3mm。花 1～4 朵腋生，花梗长 2～4mm，纤细；雄花：小苞片萼片状，近圆形，无毛；萼片近圆形，几膜质，无毛；花瓣倒卵形，基部稍合生；雄蕊 14～20 枚，花药不具分格；雌花：小苞片和萼片与雄花的相似，但较小；花瓣卵形；子房 3 室，花柱长 2～3mm，先端 3 浅裂。果实球形，直径 3～4mm，成熟时蓝黑色；种子肾形，有光泽。花期 11 月至翌年 1 月；果期 7～9 月。

产于兴安、临桂、灵川、龙胜、金秀、融水、凌云、防城、上思，生于海拔 500～1500m 的山坡杂木林中。分布于安徽、福建、广东、贵州、海南、河南、湖北、湖南、江西、四川、云南、浙江、台湾；印度、印度尼西亚、缅甸、越南也有分布。

16. 披针叶柃

Eurya lanciformis Kobuski

乔木，高 10m。嫩枝有 2 条棱，被疏短柔毛，后脱落无毛。叶革质，披针形或椭圆状披针形，长 7～10cm，宽 1.5～2.5cm，先端渐尖，基部楔形，边缘 1/3 以上有波状钝锯齿，两面无毛，上面深绿色，有光泽，下面淡绿色；侧脉及网脉在两面均凸起；叶柄长 3～5mm，无毛。花未见。果实球形或卵球形，直径 4～5mm，成熟时紫黑色；果梗长 3～4mm，无毛；宿存小苞片 2 枚，萼片状；

宿存萼片 5 枚,近圆形,无毛,边缘有腺点;宿存花柱长 2mm,先端 3 裂。果期 10 ~ 11 月。

广西特有种,产于南宁、防城、上思。生于海拔 700 ~ 800m 的杂木林中。

17. 假杨桐

Eurya subintegra Kobuski

灌木或小乔木,高 2 ~ 7m。当年生小枝淡褐色,具 2 条棱,无毛。顶芽披针形,无毛。叶革质,椭圆形或长圆状椭圆形,长 7 ~ 14cm,宽 3 ~ 5cm,先端渐尖或短尖,基部楔形或阔楔形,边缘至少 1/2 以上有锯齿,稀近全缘,两面无毛;中脉在上面下陷,在下面凸起,侧脉 8 ~ 10 对,纤细;叶柄 6 ~ 9mm,无毛;花 1 ~ 3 朵腋生,花梗长 2 ~ 3mm,无毛;雄花:苞片小;萼片近膜质,卵形或近圆形,外面无毛,外层 1 ~ 2 枚边缘疏生腺点;花瓣长圆状倒卵形;雄蕊 13 ~ 15 枚,花药不具分格;退化子房无毛;雌花:小苞片和萼片与雄花的相似,但稍小;花瓣卵形;子房卵球形,无毛。果实球形,直径约 4mm。花期 10 ~ 12 月;果期翌年 6 ~ 7 月。

产于金秀、凌云、防城、上思、宁明。生于海拔 700m 以下的杂木林中。分布于广东;越南北部也有分布。

18. 窄叶柃 图 761:1 ~ 2

Eurya stenophylla Merr.

灌木。嫩枝有 2 条棱,无毛。顶芽无毛。叶薄革质,披针形或狭披针形,有时为倒披针形,长 3 ~ 6cm,宽约 1.0 ~ 1.5cm,先端短渐尖或尾状渐尖,基部宽楔形,边缘有钝锯齿,两面无毛;中脉在上面下陷,在下面凸起,侧脉 6 ~ 8 对;叶柄长 1 ~ 4mm。花 1 ~ 3 朵腋生;花梗长 3 ~ 4mm,无毛;雄花:小苞片 2 枚,圆形;萼片近圆形,无毛;花瓣倒卵形;雄蕊 14 ~ 16;雌花:小苞片与雄花的同;萼片卵形;花瓣卵形;子房卵形,无毛;花柱长 2.5 ~ 3.0mm,先端 3 浅裂。果椭圆状卵形,长 5 ~ 7mm,直径 3 ~ 4mm。花期 10 月至翌年 2 月;果期 6 ~ 9 月。

产于全州、平乐、龙胜、金秀、罗城、靖西、上林、武鸣、马山、邕宁、上思、防城、龙州。分布于广东、贵州、湖北、四川。

19. 多脉柃 图 761:3 ~ 7

Eurya polyneura Chun

灌木。高 4m。全株无毛。嫩枝粗壮,具 4 条棱。顶芽披针形。叶革质,长圆状披针形,长 15 ~ 20cm,宽 3.0 ~ 5.5cm,先端渐尖或短渐尖,基部钝或楔形,边缘有细锯齿;中脉和侧脉在上面下陷,在下面凸起,侧脉约 20 对;叶柄长约 1.5cm。花 1 ~ 3 朵腋生,花梗长 2 ~ 3mm;雄花:小苞片卵状三角形,无毛;萼片近圆形,无毛;雄蕊 18 ~ 20 枚,花

图 761 **1 ~ 2. 窄叶柃 Eurya stenophylla** Merr. 1. 果枝;2. 去掉花瓣的雌花。**3 ~ 7. 多脉柃 Eurya polyneura** Chun 3. 雄花枝;4. 果;5. 雌花;6. 雄蕊;7. 退化子房。(仿《中国植物志》)

药无分格；雌花：小苞片与雄花的同，萼片卵形；子房长卵形，无毛，花柱长约 5mm，先端 3 裂。果实卵状椭圆形，长 8 ~ 10mm，直径约 5mm，成熟时黑色。花期 11 ~ 12 月；果期翌年 6 ~ 7 月。

产于凌云。生于海拔约 700m 的杂木林中。分布于广东。

20. 黑柃 图 762

Eurya macartneyi Champ.

灌木或小乔木，高 2 ~ 7m。嫩枝圆柱形，淡红褐色，无毛。顶芽披针形，无毛。叶厚革质，椭圆形或长圆状椭圆形，长 6 ~ 14cm，宽 2.0 ~ 4.5cm，先端渐尖，基部阔楔形或钝，边缘近全缘或仅上半部有细锯齿，两面无毛；中脉在上面下陷，在下面稍凸起，侧脉 12 ~ 14 对，在两面均明显；叶柄长 3 ~ 4mm，无毛。花 1 ~ 4 朵腋生，花梗长 1.0 ~ 1.5mm，无毛；雄花：小苞片近圆形，无毛；萼片革质，圆形；花瓣长圆状倒卵形，长 5 ~ 6mm；雄蕊 17 ~ 24 枚；花药无分格；雌花：小苞片与雄花的相似；萼片卵形或卵圆形，长 2.0 ~ 2.5mm；花瓣倒卵状披针形，长 4mm；子房 3 室，无毛，花柱 3 枚，完全分离，长 1.5 ~ 2.5mm。果球形，直径约 5mm，成熟时紫黑色。花期 11 月至翌年 1 月；果期 6 ~ 8 月。

图 762 黑柃 **Eurya macartneyi** Champ. 1. 果枝；2. 雄花；3. 果。(仿《中国植物志》)

产于贺州、苍梧、靖西、防城、上思。生于丘陵、低山的杂木林中。分布于福建、广东、海南、湖南、江西。

21. 矩圆叶柃

Eurya oblonga Y. C. Yang

灌木或小乔木，高 2 ~ 8m。全株无毛。嫩枝具 2 条棱；小枝略呈圆柱形。顶芽披针形。叶坚纸质，长圆状披针形或长圆状椭圆形，长 6.0 ~ 13.5cm，宽约 2.5cm，先端渐尖至尾状渐尖，尖头微凹，基部楔形或近圆形，边缘密生细锯齿，两面无毛；中脉在上面下陷，在下面凸起，侧脉 8 ~ 14 对；叶柄长 5 ~ 10mm，无毛。花 1 ~ 3 朵腋生，花梗长 1.0 ~ 1.5mm，无毛；雄花：小苞片圆形；萼片近革质，圆形；花瓣长圆状倒卵形，长 4 ~ 5mm；雄蕊 13 ~ 15 枚，花药无分格；雌花：小苞片和萼片与雄花的相似，但较小；花瓣长圆形，长约 3.5mm；子房球形，3 室，无毛，花柱长约 1mm，3 深裂几达基部。果实球形，有时稍扁，直径 5 ~ 6mm，成熟时黑色。花期 11 ~ 12 月；果期翌年 6 ~ 8 月。

分布于凌云、田林。生于海拔 1100m 以上的山坡、山顶林中或林缘。分布于贵州、四川、云南。

22a. 窄基红褐柃

Eurya rubiginosa var. **attenuata** H. T. Chang

灌木。嫩枝有 2 条棱，无毛。顶芽长锥形，无毛。叶长圆状披针形，长 6 ~ 8cm，宽 1.5 ~ 2.2cm，先端渐尖，基部楔形或宽楔形，边缘密生细锯齿，干时上面暗绿色，下面红褐色，两面无

毛；中脉在上面稍下陷，在下面凸起，侧脉 13～15 对，在两面均明显；叶柄长约 2mm。花 1～3 朵腋生，花梗 1.0～1.5mm，无毛；雄花：小苞片卵形；萼片革质，近圆形，外面无毛；花瓣倒卵形；雄蕊约 15 枚，花药无分格；雌花：小苞片和萼片与花瓣同，但稍小；花瓣长圆状披针形；子房 3 室，无毛；花柱 3 裂至近离生。果球形或卵球形，直径约 4mm，熟时紫黑色。花期 10～11 月；果期翌年 5～8 月。

产于昭平、金秀、融水、靖西、武鸣、马山、上林。生于海拔400～800m 的山地及沟谷林中。分布于安徽、福建、广东、湖南、江苏、江西、云南、浙江。

23. 隆林耳叶柃　图 763：1～2

Eurya lunglingensis Hu et L. K. Ling

灌木，高 2m。全株无毛。嫩枝圆柱形，淡绿色，纤细。顶芽披针形。叶革质，披针形或长圆状披针

图 763　1～2. 隆林耳叶柃 Eurya lunglingensis Hu et L. K. Ling 1. 花枝；2. 雌花。3～5. 单耳柃 Eurya weissiae Chun 3. 果枝；4. 雄花纵切面；5. 果。(仿《中国植物志》)

形，长 6.0～9.5cm，宽 1.5～3.0cm，先端渐尖，基部耳形而抱茎，耳圆，叶缘有细锯齿；中脉在上面下陷，在下面凸起，侧脉10～12 对，不甚明显，与中脉近垂直；叶无柄。雄花未见；雌花 2～3 朵腋生，花梗长 1.5～2.0mm；小苞片卵形，微小；萼片近膜质，卵圆形或近圆形；花瓣长圆形，长 2.0～2.5mm；子房球形，3 室，无毛，花柱长约 1mm，顶端 3 裂。花期 10～11 月。

广西特有种，产于隆林金钟山海拔约 1500m 的山顶密林中。

24. 单耳柃　图 763：3～5

Eurya weissiae Chun

灌木，高 1～3m。嫩枝圆柱形，和顶芽密被黄棕色长柔毛；小枝灰白色和黄褐色，疏被短柔毛或近无毛。叶革质，长圆状椭圆形或长圆形，长 4～8cm，宽 1.5～3.5cm，先端渐尖，基部耳形，耳长 4～7mm，抱茎，叶缘有细锯齿，上面无毛，下面疏被毛，沿中脉较密；中脉在上面下陷，在下面凸起，侧脉 9～11 对；近无柄。花 1～3 朵腋生，为一叶状总苞所包被，总苞卵形，基部耳状，稍被毛；花梗长约 1mm，被柔毛；雄花：小苞片 2 枚，椭圆形，被柔毛；萼片卵形，外面被长柔毛；花瓣狭长圆形；雄蕊 10 枚，花药不具分格；雌花：小苞片和萼片与雄花的相似，但较小；花瓣长圆状披针形；子房 3 室，无毛，花柱 1.0～1.5mm，先端 3 浅裂。果实球形，直径 4～5mm，成熟时蓝黑色。花期 9～10 月；果期 11 月至翌年 1 月。

产于龙胜、融水、河池。生于海拔 1200m 以下的山地林中。分布于福建、广东、贵州、湖南、江西、浙江。

25. 丽江柃

Eurya handel – mazzettii Hung T. Chang

灌木或小乔木，高 1.5～10.0m。嫩枝圆柱形，红褐色，密被短柔毛，后脱落无毛。顶芽密被

短柔毛。叶薄革质,长圆状椭圆形或椭圆形,长4～7cm,宽1.5～2.5cm,先端短尖或渐尖,基部楔形,边缘有细锯齿,上面绿色,无毛,下面黄绿色;中脉在上面下陷,在下面凸起,侧脉9～12对,通常在下面凸起;叶柄长约2mm,被短柔毛。花1～3朵腋生,花梗长1.5～3.0mm,被柔毛;雄花:小苞片卵圆形,外面被短柔毛;萼片膜质,卵圆形,外面被短柔毛;花瓣倒卵状长圆形,基部稍合生;雄蕊13～15枚,花药无分格;雌花:小苞片与雄花的相似,但较小;萼片近圆形,外面被短柔毛;花瓣卵形;子房球形,3室,无毛,花柱长约1.5mm,3深裂几达基部。果实球形,直径约4mm,成熟时蓝黑色。花期10～12月;果期翌年6～8月。

产于灵川、融水。生于海拔1000m以上的山坡或山谷林中或灌丛中。分布于贵州、四川、西藏、云南;印度也有分布。

26. 短柱柃 图764:1～2

Eurya brevistyla Kobuski

灌木或乔木,高1.5～8.0m。当年生小枝具2条棱,无毛。顶芽无毛。叶革质,倒卵形或长圆状椭圆形,长5～9cm,宽2.0～3.5cm,先端短渐尖或急尖,基部楔形或阔楔形,边缘有密锯齿,上面深绿色,有光泽,下面浅黄绿色,两面无毛;中脉在上面凹陷,在下面凸起,侧脉9～11对,在两面均明显;叶柄长3～6mm,无毛。花1～3朵腋生,花梗长约1.5mm,无毛;雄花:小苞片卵圆形;萼片膜质,近圆形,外面无毛;花瓣长圆形;雄蕊13～15枚;花药不具分格;雌花:小苞片和萼片与雄花的同;花瓣卵形;子房球状,3室,无毛,花柱3枚,离生,长约1mm。果实球形,直径3～4mm,成熟时蓝黑色。花期10～11月;果期翌年6～8月。

产于龙胜、资源、灌阳、兴安、融水。生于海拔800m以上的杂木林中。分布于安徽、福建、贵州、广东、河南、湖北、湖南、陕西、四川、云南。

27. 半齿柃 图765

Eurya semiserrulata H. T. Chang

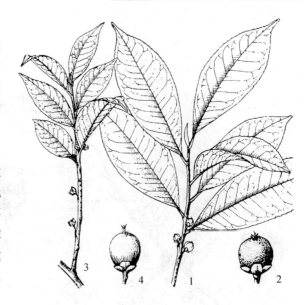

图764 1～2. 短柱柃 **Eurya brevistyla** Kobuski
1. 果枝;2. 果。3～4. 翅柃 **Eurya alata** Kobuski 3. 花枝;4. 果。(仿《中国植物志》)

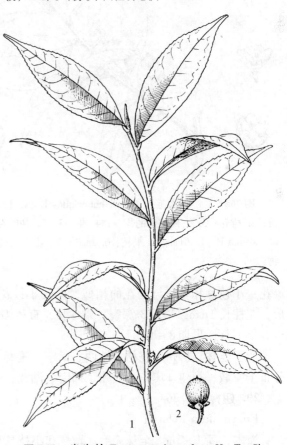

图765 半齿柃 **Eurya semiserrulata** H. T. Chang
1. 果枝;2. 果。(仿《中国植物志》)

灌木或小乔木,高2～10m。嫩枝圆柱形,密被黄褐色短柔毛,后脱落无毛。顶芽披针形,被黄褐色短柔毛。叶革质,披针形或倒披针形,长4～8cm,宽1.2～2.5cm,先端渐尖或尾状渐尖,基部宽楔形或钝,略不等侧,边缘1/2以上有细锯齿,仅背面沿中脉被柔毛;中脉在上面下陷,在

图766 1~4. 微毛柃 Eurya hebeclados L. K. Ling 1. 果枝; 2. 雄花; 3. 去掉雄蕊的雄花; 4. 果。5~7. 钝叶柃 Eurya obtusifolia H. T. Chang 5. 果枝; 6. 雄花; 7. 果。(仿《中国植物志》)

下面凸起，侧脉6~8对，与网脉在上面下陷，在下面稍隆起；叶柄长2~3mm，被柔毛。花1~3朵腋生，花梗长1.0~1.5mm，无毛；雄花：小苞片近圆形；萼片膜质，近圆形，外面无毛；花瓣卵状长圆形；雄蕊10~16枚，花药不具分格；雌花：小苞片和萼片与雄花的相似，但较小；花瓣卵形；子房球形，无毛，花柱长约0.5mm，先端3裂。果实球形，直径3~4mm，成熟时蓝黑色，无毛。花期10~11月；果期翌年6~7月。

产于龙胜、兴安、资源、融水。生于海拔600m以上的山坡或山顶杂木林中。分布于贵州、湖南、江西、四川、云南。

28. 微毛柃 图766：1~4

Eurya hebeclados Y. Ling

灌木或小乔木，高1.5~5.0m。嫩枝圆柱形，被灰色微毛，后脱落无毛。顶芽卵状披针形，密被微毛。叶革质，长圆状椭圆形或长圆状倒卵形，长4~9cm，宽1.5~3.5cm，先端短渐尖，基部楔形，边缘有细锯齿，两面无毛；中脉在上面下陷，在下面凸起，侧脉8~10对，在上面不明显，在下面稍凸起，网脉不明显；叶柄长2~4mm，被微毛。花4~7朵腋生，花梗长约1mm，被微毛；雄花：小苞片圆形；萼片膜质，近圆形，外面被微毛；花瓣长圆状倒卵圆形，无毛，基部稍合生；雄蕊约15枚，花药无分格；

雌花：小苞片和萼片与雄花的相似，但较小；花瓣倒卵形或匙形，长2mm；子房3室，卵状圆锥形；花柱长1mm，顶端3深裂。果球状，直径4mm，成熟时蓝黑色，宿存萼片几无毛。花期12月至翌年1月；果期8~10月。

产于桂林、柳州、苍梧、靖西、南宁、玉林、防城、上思。生于丘陵、山地杂木林中或林缘。分布于安徽、福建、广东、贵州、河南、湖北、湖南、江苏、江西、四川、浙江。

29. 翅柃 图764：3~4

Eurya alata Kobuski

灌木，高1~3m。全株无毛。嫩枝和小枝具显著4条棱。顶芽披针形，无毛。叶革质，长圆形或椭圆形，长4.0~7.5cm，宽1.5~2.5cm，上面深绿色，有光泽，下面黄绿色，中脉在上面下陷，在下面凸起，侧脉6~8对，在上面不明显；叶柄长约4mm。花1~3朵腋生，花梗长2~3mm，无毛；雄花：小苞片卵形；萼片膜质或近膜质，卵圆形；花瓣倒卵状长圆形；雄蕊约15枚，花药不分格；退化子房无毛；雌花：小苞片和萼片与雄花的相同，花瓣长圆形；子房球形，3室，无毛，花柱长约1.5mm，先端3裂。果实球形，直径约4mm，成熟时紫黑色。花期10~11月；果期翌年

6~8月。

产于临桂、龙胜、阳朔、融水、凌云。分布于安徽、福建、广东、贵州、河南、湖北、江西、陕西、四川、浙江。

30. 钝叶柃　图 766：5~7

Eurya obtusifolia H. T. Chang

灌木。嫩枝具 2 条棱，密被微毛；小枝无毛。顶芽密被微毛。叶卵状披针形或长圆状椭圆形，长 5~10cm，宽 2~3cm，先端渐尖或钝，尖顶微凹，基部楔形或钝，边缘有锯齿，两面无毛，上面有金黄色腺点；中脉在上面下陷，在下面凸起，侧脉 9~11 对；叶柄长 2~4mm，无毛或几无毛。花 1~3 朵腋生，花梗长 1.5~3.0mm，被微毛；雄花：小苞片 2 枚，被微毛；萼片 5 枚，圆形，先端微凹，外面被微毛；花瓣倒卵形；雄蕊 13~15 枚，花药不分格；雌花：小苞片和萼片与雄花的同，花瓣长圆形或卵形；子房 3 室，无毛；花柱长 1mm，先端 3 深裂。果圆球形，直径 4~5mm，成熟时紫黑色。花期 11 月至翌年 2 月；果期 7~9 月。

产于临桂、永福、龙胜、灵川。生于海拔 500m 以上的山地林下或灌丛中。分布于贵州、湖北、四川、云南。

31. 岩柃

Eurya saxicola H. T. Chang

灌木，高 1.2~4.0m。嫩枝具 2 条棱，无毛或被微毛。叶革质，倒卵形或倒卵状椭圆形，长 1.5~3.0cm，宽 0.8~1.5cm，先端钝或圆，基部阔楔形，边缘有密锯齿，两面无毛，上面暗绿色，有光泽，中脉在上面下陷，在下面凸起，侧脉 5~7 对，和网脉在上面下陷，在下面凸起；叶柄长 2~3mm，无毛。花 1~4 朵腋生，花梗长 1.5~2.0mm，无毛；雄花：小苞片小，无毛；萼片近圆形，外面无毛；花瓣倒卵形，基部合生；雄蕊 5(~6) 枚，花药无分格；退化子房无毛；雌花：小苞片和萼片与雄花的同；花瓣倒卵形或卵形；子房球形，无毛，花柱长 0.5~1.0mm，先端 3 裂。果实球形，直径 3~4mm，成熟时紫黑色。花期 9~10 月；果期翌年 6~8 月。

产于临桂、灵川、灌阳、金秀，生于海拔 1500m 以上的杂木林或灌丛中。分布于安徽、福建、广东、湖南、江西、浙江。

32. 云南凹脉柃

Eurya cavinervis Vesque

灌木或乔木，高 1~8m。当年生小枝红棕色，具 2 条棱，无毛；小枝灰棕色，稍具 2 条棱。顶芽披针形，无毛。叶革质，狭椭圆形或长圆状倒披针形，长 3~7cm，宽 1.0~2.5cm，先端锐尖或钝，且微凹，基部楔形，边缘密生细锯齿，上面常有金黄色腺点，下面黄绿色，两面无毛；中脉在上面下陷，在下面凸起，侧脉 8~10 对，与网脉在上面下陷，在下面稍凸起；叶柄长 2~5mm，无毛。花 1~3 朵腋生，花梗长约 2mm，无毛；雄花：小苞片近圆形，无毛；萼片近圆形，外面无毛，边缘有褐色腺体；花瓣倒卵形，长约 4mm；雄蕊 5~7 枚，花药不具分格；雌花：小苞片、萼片和花瓣与雄花的相似，但较小；子房球形，无毛；花柱 0.5~1.0mm，先端 3 浅裂。果实球形，直径 3~4mm。花期 11~1 月；果期 7~9 月。

分布于临桂、金秀、象州、防城、上思。生于海拔 600m 以上的山林或灌丛中。分布于西藏、云南；印度、缅甸、尼泊尔也有分布。

79　水东哥科 Saurauiaceae

乔木或灌木。小枝常被爪甲状或钻状鳞片。单叶互生，常有锯齿，侧脉常繁密，叶脉上或有少量鳞片或有刺毛，叶背被绒毛或无；叶柄有鳞片或无，稀被长硬毛；无托叶。花序聚伞式或圆锥式，单生或簇生于当年枝或隔年枝，常有鳞片，被绒毛或无。花两性；苞片 2 枚，近对生；萼片 5

枚，不等大，覆瓦状排列；花瓣5枚，覆瓦状排列，基部常合生；雄蕊多数，着生于花瓣基部，花药倒三角形；子房上位，3～5室，每室有胚珠多数，花柱3～5枚，中部以下合生，稀离生。浆果球形，直径5～15mm；种子细小，褐色。

1属约300种，分布于亚洲及美洲热带和亚热带。中国13种，主产于云南至华南各地及台湾；广西5种。

水东哥属 Saurauia Willd.

特征与科相同。

分种检索表

1. 叶下面被绒毛。
  2. 叶下面密被锈色绵毛或绒毛；聚伞花序，花萼无毛；叶侧脉23～30对 ………… **1. 珠毛水东哥 S. miniata**
  2. 叶下面薄被浅褐色糠秕状短绒毛；圆锥花序，花萼被鳞片和短柔毛；叶侧脉28～40(～46)对 …………
  …………………………………………………………………… **2. 尼泊尔水东哥 S. napaulensis**
1. 叶下面无绒毛。
  3. 叶腹面至少中脉上有偃伏刺毛。
    4. 花序生于当年生枝叶腋，聚锥式，长8～12cm，花达13朵左右 ………… **3. 聚锥水东哥 S. thyrsiflora**
    4. 花序生于当年枝或隔年枝叶腋，聚伞式，长2～4cm，花1～3朵 ………… **4. 水东哥 S. tristyla**
  3. 叶腹面完全无刺毛；聚伞花序，直径约8mm；枝、叶等部薄被细小爪甲状鳞片 …………
  …………………………………………………………………… **5. 云南水东哥 S. yunnanensis**

图767 珠毛水东哥 Saurauia miniata C. F. Liang et Y. S. Wang 1. 叶枝；2. 花枝；3. 果。(仿《中国树木志》)

1. 珠毛水东哥 图767

Saurauia miniata C. F. Liang et Y. S. Wang

小乔木或灌木，高2～8m。小枝密被红褐色绒毛，疏生爪甲状鳞片。叶革质，长圆状椭圆形，长19～24cm，宽6～14cm，先端急尖或短渐尖，基部钝或圆形，边缘有锯齿；侧脉23～30对，上面仅中脉上具极稀钻状鳞片，无毛，下面除密被绒毛外，中、侧脉疏生钻状鳞片；叶柄长2.0～2.5cm，被绒毛和鳞片。花序聚伞式，3～4枝簇生于隔年枝落叶叶腋，长2.5～7.0cm，被绒毛和鳞片；花序梗长5～10mm，顶部具4～5枚苞片；苞片卵状三角形；花柄长12mm，具锈色短绒毛和鳞片，近基部具苞片2枚，苞片长约1mm；花小，直径约8mm，粉红色；萼片椭圆形，无毛；花瓣矩圆形；雄蕊45～75枚；子房近球形，无毛，花柱5枚，中部以下合生。果绿色或白色，扁球形，直径3～5mm。花期5～6月；果熟期10月。

产于田林、那坡。生于海拔500～

1500m 的沟谷林下或河边灌丛中。分布于云南。

2. 尼泊尔水东哥

Saurauia napaulensis DC.

乔木，高 4～20m。小枝被爪甲状至钻状鳞片，被短绒毛或无毛。叶狭椭圆形或倒卵状长圆形，长 13～36cm，宽 7～15cm，先端渐尖或锐尖，基部钝或近圆形，叶缘具细锯齿，齿端内弯，上面无毛，下面被绒毛，中、侧脉上疏生爪甲状鳞片；侧脉 28～40(～46)对；叶柄长 2.5～4.0cm，疏生鳞片。花序圆锥式，单生于叶腋，长 12～33cm，疏生鳞片，有短柔毛，中部以上分枝，分枝处具苞片；花粉红色，直径 8～15mm；花柄长 1.7～2.5cm，中部以下具近对生的苞片 2 枚，长 2～4mm，早落；萼片不等大，外 3 枚稍小，内 2 枚较大，被鳞片和短柔毛；花瓣 5 枚，基部合生；雄蕊 50～90 枚；子房球形或扁球形，花柱 4～5 枚，中部以下合生。果扁球形或近球形，直径 7～12mm，绿色或淡黄色，有 5 条棱。花期 6～10 月；果期 6～10 月。

产于那坡、德保、靖西、凌云、田林、隆林。生于山坡疏林或灌丛中。分布于云南、贵州、四川；印度、尼泊尔、缅甸、越南也有分布。果味甜，可食。根、果入药，可消肿、止血，治骨折、跌打损伤。

3. 聚锥水东哥　图 768

Saurauia thyrsiflora C. F. Liang et Y. S. Wang

灌木或小乔木，高 2～4m。小枝被糠秕状绒毛和钻状鳞片。叶膜质，长圆状椭圆形，长 14～26cm，宽 5.5～11.0cm，先端短渐尖或急尖，基部钝或近圆形，叶缘有细锯齿，齿端有刺尖；侧脉 12～15 对；幼叶两面有稀疏褐色短绒毛，老叶上面中、侧脉乃至侧脉间疏生短的偃状刺毛，下面仅中、侧脉上疏生短绒毛和贴伏刺毛；叶柄长 1.5～4.0cm，被褐色短柔毛和钻状鳞片。花序聚伞式组成大圆锥花序，单生于当年生枝叶腋，长 8～12cm，花约 13 朵，被褐色短柔毛和钻状鳞片；分枝处有 2 枚以上苞片；苞片长 2～5mm；花淡红色，直径 8～10mm；花柄长 1.0～1.7cm，近基部有 2 枚小苞片；萼片白色或绿白色，外 3 枚阔椭圆形，内 2 枚狭椭圆形；花瓣 5 枚，基部合生；雄蕊 48～65 枚；子房近球形，花柱 3～4 枚，中部以下合生。果绿色，近球形，直径 8～12mm，有不明显的 5 条棱。花期 5～7 月；果期 8～12 月。

产于河池、都安、天峨、百色、那坡、德保、隆林、田林、平果、凌云、马山、武鸣、上林、马山、博白、浦北。生于海拔 500～1500m 的沟谷林下或灌丛中。分布于贵州、云南。果有甜味，可食；根用于治小儿麻疹；叶用于治烧、烫伤，也可作牲畜饲料。

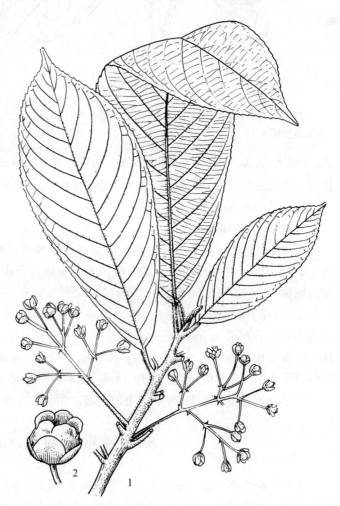

图 768　聚锥水东哥 Saurauia thyrsiflora C. F. Liang et Y. S. Wang 1. 花枝；2. 花。（仿《中国植物志》）

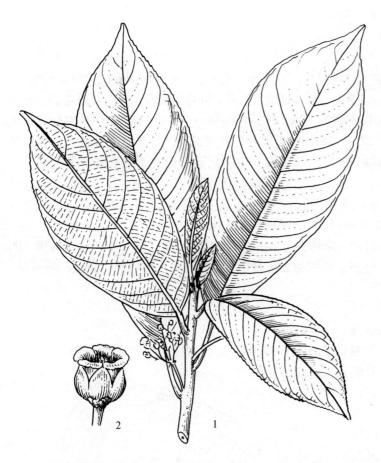

图 769 水东哥 Saurauia tristyla DC. 1. 花枝；2. 花。(仿《中国高等植物图鉴》)

4. 水东哥 图 769

Saurauia tristyla DC.

灌木或小乔木，高 3~6m。小枝被爪甲状鳞片。叶纸质或薄革质，倒卵状椭圆形，长 10~28cm，宽 4~11cm，先端短渐尖或尾状渐尖，基部楔形，边缘有刺状锯齿；侧脉 10~20 对，两面中、侧脉具钻状刺毛或爪甲状鳞片；叶柄具钻状刺毛，有绒毛或无。花序聚伞式，长 2~4cm，1~3 朵簇生于当年枝或隔年枝叶腋，被毛和鳞片；分枝处有 2~3 枚苞片，卵形；花粉红色或白色，直径 7~10mm；花梗基部有 2 枚小苞片；萼片阔卵形或椭圆形；花瓣卵形，先端反卷；雄蕊 25~34 枚；子房卵形或球形，无毛，花柱 3~4(~5) 枚，中部以下合生。果绿色变白色或淡黄色，球形，直径 6~10mm。花期 3~7 月；果期 8~10 月。

产于广西南部和西南部。生于丘陵、低山山脚、沟谷杂木林下或灌丛中。分布于福建、广东、海南、四川、云南、贵州、台湾；印度、马来西亚、越南也有分布。根、叶入药，有清热解毒、凉血作用，可治无名肿毒、眼翳；根皮煲瘦猪肉内服可治遗精；叶可作猪饲料。

5. 云南水东哥

Saurauia yunnanensis C. F. Liang et Y. S. Wang

小乔木或灌木，高 4~5m。小枝疏被爪甲状鳞片。叶薄革质，狭倒卵状披针形，长 6~22cm，宽 1.2~5.2cm，先端短渐尖，基部钝，叶缘有锯齿，齿端有短尖头，两面中、侧脉疏生爪甲状鳞片；侧脉 12~14 对，稀 18 对；叶柄长 1.5~2.5cm，疏生鳞片。花序聚伞式，少花，长 2.5~3.3cm，有毛或无毛，疏生鳞片，分枝处有 2 枚苞片，苞片披针形，长 1.5~3.0mm；花粉红色，直径约 8mm；花柄长 1.2cm，近基部有近对生小苞片 2 枚，小苞片卵状三角形，长 1~2mm；萼片 5 枚，外面 2 枚椭圆形，内面 3 枚阔椭圆形或近圆形；雄蕊约 45 枚；子房近扁球形，花柱 4~5 枚，中部以下合生。果熟时白色，直径 5mm。花期 4~7 月；果期 8~11 月。

产于龙州。生于海拔 400m 以上的山坡、沟谷杂木林下或灌丛中。分布于贵州、云南。

80 猕猴桃科 Actinidiaceae

落叶木质藤本、灌木或乔木，稀常绿或半常绿，常被毛。单叶，互生，无托叶。聚伞花序或圆锥花序腋生或花单生；花两性或雌雄异株，辐射对称；萼片 5 枚，稀 2 或 3 枚，覆瓦状排列，稀镊合状排列；花瓣 5 基数，稀少于或多于 5 基数，离生或基部稍合生；雄蕊 10 枚至多数，离生或贴生于花瓣基部；雌蕊心皮 5 枚至多数；子房上位，5 至多室；花柱离生或合生，常宿存。果为浆果或蒴果而不开裂；种子 5 至多数。

2 属约 80 种。中国 2 属 73 种；广西 2 属 22 种。

分属检索表

1. 枝条髓心多片层状，稀实心；花杂性或雌雄异株；雄蕊及心皮多数；花柱分离；浆果，无棱；种子多数 ………
………………………………………………………………………………………… **1. 猕猴桃属 Actinidia**
1. 枝条髓部实心；花两性；雄蕊 10 枚，心皮 5 室，花柱合生；蒴果不裂，有棱；种子 5 枚 …………………………
………………………………………………………………………………………… **2. 藤山柳属 Clematoclethra**

1. 猕猴桃属 Actinidia Lindl.

　　木质藤本，落叶，稀常绿或半常绿。藤条髓心多为片层状，稀实心；枝条通常有皮孔。单叶，互生，膜质、纸质或革质，多数具长柄，有锯齿，稀近全缘；羽状脉，多数侧脉间有明显的横脉，小脉网状；托叶缺或废退。聚伞花序或花单生，少数多回分枝；花雌雄异株；苞片小，宿存；萼片 2 ~ 5 枚，分离或基部合生；花瓣 5 ~ 12 枚；雄蕊多数，花药黄色、褐色、紫色或黑色；花盘缺；雌蕊多心皮，子房多室，花柱旁生；在雄花中有退化子房。果为浆果，有毛或无毛；种子极多。

　　约 55 种。中国 52 种；广西 21 种 4 变种。

分种检索表

1. 植物体无毛。
　2. 果实无斑点，顶端有喙或喙不显著；子房瓶状；叶膜质或纸质 …………………… **1. 软枣猕猴桃 A. arguta**
　2. 果实有斑点，顶端无喙；子房圆柱形或圆球形。
　　3. 髓实心。
　　　4. 花序近无柄，花簇生状；叶矩圆状近圆形或菱状椭圆形 ……………… **2. 簇花猕猴桃 A. fasciculoides**
　　　4. 花单生，花柄长 5 ~ 12mm；叶长圆状披针形至椭圆形 ……………… **3. 红茎猕猴桃 A. rubricaulis**
　　3. 髓片层状。
　　　5. 叶背非粉绿色。
　　　　6. 髓褐色；叶边缘有稍尖锐锯齿；果实具宿存反折萼片 ……… **4a. 京梨猕猴桃 A. callosa var. henryi**
　　　　6. 髓白色；叶边缘有脉出的硬尖头短小锯齿；果实宿存萼片不反折 ……… **5. 柱果猕猴桃 A. cylindrica**
　　　5. 叶背粉绿色。
　　　　7. 叶大，宽卵形或披针状卵形，长 7 ~ 14cm，宽 4.5 ~ 6.5cm；花金黄色……………………………………
………………………………………………………………………………………… **6. 金花猕猴桃 A. chrysantha**
　　　　7. 叶小，长圆状椭圆形或卵形，长 4 ~ 10cm，宽 3.5 ~ 5.0cm；花白色…………………………………
………………………………………………………………………………………… **7. 中越猕猴桃 A. indochinensis**
1. 植物体密被毛。
　8. 植物体的毛为不分枝的硬毛、糙毛或刺毛；果具斑点。
　　9. 叶长条形，长度为宽度的 8 倍左右，基部耳状心形 ………………… **8. 条叶猕猴桃 A. fortunatii**
　　9. 叶矩圆形或披针形，长度为宽度的 8 倍以下，基部浅心形。
　　　10. 枝条密被锈色硬糙毛；叶背面被白粉，两面密被硬糙毛，有时仅中脉和侧脉被毛…………………………
………………………………………………………………………………………… **9. 美丽猕猴桃 A. melliana**
　　　10. 嫩枝密被绒毛，2 年生枝条无毛或有残存毛被；叶疏生糙毛或仅叶脉上被微柔毛或无毛，背面淡绿色，
　　　　　无毛、被微柔毛或中脉和侧脉上有糙毛 ………………… **10. 蒙自猕猴桃 A. henryi**
　8. 植物体的毛为柔毛、绒毛或绵毛，叶背的毛为分枝的星状毛；果具斑点。
　　11. 叶两面有毛，腹面广被糙伏毛或刚伏毛，至少在中脉上或乃至侧脉上有少量刚毛或糙伏毛。
　　　12. 叶背面被棉絮状毛被，受摩擦后容易脱落，腹面至少中脉上有刚伏毛；小枝和叶柄被糙毛；花序柄很
　　　　　短，花近簇生。

13. 叶柄和花枝被绵毛；叶阔卵形或卵状近圆形，腹面散被刚伏毛 ……… **11. 粉毛猕猴桃 A. farinosa**

13. 叶柄和花枝被糙毛；叶矩状长卵形，腹面散被或不被刚伏毛 ……… **12. 红毛猕猴桃 A. rufotricha**

12. 叶背面被易于观察的星状绒毛，毛不容易脱落，腹面被糙伏毛；小枝和叶柄被绒毛或绵毛；花序柄正常易见，长 4 ~ 10mm …………………………………… **13. 黄毛猕猴桃 A. fulvicoma**

11. 叶仅背面有毛，或幼时腹面也有毛，但很快脱落。

14. 花序为二至四回分歧聚伞花序或为总状花序，每一花序有花 5 ~ 10 朵或更多；叶背星状毛很短小，较难观察。

15. 聚伞花序三至四回分歧，有花 10 朵或更多，…………………… **14. 阔叶猕猴桃 A. latifolia**

15. 聚伞花序一至二回分歧，每花序有花 1 ~ 7 朵。

16. 成熟果实无毛；叶宽卵形、宽倒卵形或圆形，先端急尖 ……… **15. 漓江猕猴桃 A. lijiangensis**

16. 成熟果实被绒毛。

17. 成熟果实疏被绒毛；叶长圆状卵形或宽卵形。

18. 叶背面有白粉，网脉不显著 ………………………… **16. 桃花猕猴桃 A. persicina**

18. 叶背面不被白粉，网脉明显 ………………… **17. 融水猕猴桃 A. rongshuiensis**

17. 成熟果实密被绒毛；叶宽卵形或圆形。

19. 果实椭圆形，长 2 ~ 4cm …………………… **18. 长果猕猴桃 A. longicarpa**

19. 果实长圆形或卵形，长约 1.7cm …………… **19. 临桂猕猴桃 A. linguiensis**

14. 花序一回分歧，1 ~ 3 朵花；叶背星状毛较长，容易观察。

20. 小枝、芽体、叶背、叶柄、花序、花萼和果实上的毛均为白色 ……… **20. 毛花猕猴桃 A. eriantha**

20. 植物体各部分均为黄褐色或锈色，至少花萼和果实上的毛为显著的黄褐色。

21. 叶卵形或长圆形，基部钝圆或浅心形；果圆柱形，直径约 1cm ……………………………………………………………… **21. 两广猕猴桃 A. liangguangensis**

21. 叶宽卵形、宽倒卵形或近圆形，基部钝圆、截平形或浅心形；果近球形，直径 4 ~ 6cm ……………………………………………………………… **22. 中华猕猴桃 A. chinensis**

1. 软枣猕猴桃

Actinidia arguta (Siebold et Zucc.) Planch. ex Miq.

大型落叶藤本。小枝无毛或幼时疏被柔软绒毛，2 年生枝灰褐色，无毛或部分表皮呈污灰色皮屑状，有不显著皮孔。髓白色至淡褐色，片层。叶膜质或纸质，阔卵形至近圆形，长 6 ~ 12cm，宽 5 ~ 10cm，先端急短尖，基部圆形至浅心形，边缘密生锐锯齿，上面绿色，无毛，背面绿色，无毛，沿中脉有短糙伏毛；侧脉 6 ~ 7 对，横脉和网状细，不发达；叶柄粉红棕色，长 3 ~ 6cm，无毛。聚伞花序腋生或腋外生，1 ~ 2 回分枝，1 ~ 7 朵花，被淡褐色短绒毛，花序柄长 7 ~ 10mm，花绿白色或黄绿色，芳香，直径 1.2 ~ 2.0cm；花柄长 8 ~ 14mm；苞片长 1 ~ 4mm；萼片 4 ~ 6 枚；花瓣 4 ~ 6 枚，长 7 ~ 9mm；花丝长 1.5 ~ 3.0mm，花药黑色或暗紫色，长 1.5 ~ 2.0mm；子房瓶状，长 6 ~ 7mm，无毛，花柱长 3.5 ~ 4.0mm。果圆球形或椭圆形，长 2 ~ 3cm，有喙或喙不显著，无毛，无斑点，不具宿存萼片，成熟时绿黄色或紫红色。花期 4 月；果期 8 ~ 10 月。

产于龙胜、融水、罗城。生于海拔 700m 以上的山坡、灌丛或溪边。分布于中国大部分地区；日本和朝鲜也有分布。果可食，有强壮、解热、收剑等药效。

2. 簇花猕猴桃

Actinidia fasciculoides C. F. Liang

攀援灌木。小枝无毛；皮孔明显；髓淡褐色，实心。叶薄革质，矩圆状近圆形或菱状椭圆形，7 ~ 11cm，宽 4.0 ~ 7.5cm，顶端突尖至短渐尖，基部楔至形圆形，边缘有越向上越发达的锯齿，两面无毛；叶脉发达，侧脉 6 ~ 7 对，横脉显著，网脉繁密；叶柄长 3.0 ~ 4.5cm，无毛。花未见。果序繁多，着生于果枝叶腋上，一个果序 2 ~ 6 枚果，果序柄长仅 1 ~ 2mm；果柄长约 1cm，初时被短绒毛，后脱落无毛；果暗绿色，卵形或柱状长圆形，长 1.5 ~ 2.0cm，无毛，有显著的淡褐色圆形斑点。果期 9 ~ 11 月。

产于那坡、田林、龙州。生于海拔 1000～1500m 的山林中。分布于云南。

3. 红茎猕猴桃

Actinidia rubricaulis Dunn

中型半常绿藤本。除子房外，全株无毛。着花小枝较坚硬，红褐色；皮孔明显；髓污白色，实心；2 年生枝条深褐色，具纵行棱脊。叶坚纸质，长圆状披针形至椭圆形，长 8～16cm，宽 1～5cm，先端渐尖至急尖，基部钝圆形至阔楔状钝圆形，边缘有稀疏的硬尖头小齿；中脉在叶面稍下陷或与叶面平，在背面凸起，侧脉 6～7 对，网脉可见；叶柄水红色，长 1～3cm。花序通常单花，稀 2～5 朵花，花序柄长 2～10mm，花柄长 5～12mm；花白色，直径约 1cm；萼片 4～5 枚；花瓣 5枚；花丝粗短，长 1～3mm；子房柱球形，长约 2mm，被茶褐色短绒毛，花柱粗短，约与子房等长。果暗绿色，卵球形或球形，长 1.5～2.0cm，幼时被茶褐色绒毛，后脱落无毛，有枯褐色斑点，有反折的宿存萼片。花期 4～5 月；果期 9～11 月。

产于天峨、南丹、凌云、乐业、隆林、田林。生于海拔 1800m 以下的山地阔叶林中。分布于重庆、贵州、湖南、四川、云南；泰国也有分布。

4a. 京梨猕猴桃

Actinidia callosa var. **henryi** Maxim.

落叶藤本。枝条无毛；皮孔明显；髓褐色，片层状或实心。叶纸质，卵状椭圆形或倒卵形，长 8～10cm，宽 4.0～5.5cm，先端急尖，基部阔楔形或钝，边缘有稍尖锐锯齿，干后上面黑褐色，下面黄灰色，两面无毛，脉腋有髯毛；中脉和侧脉在背面明显凸起，侧脉 6～8 对；叶柄长 2～3cm，无毛。聚伞花序有花 1～3 朵，无毛；花序柄 7～15mm，花柄 11～17mm，均无毛；花白色，直径约 15mm；萼片 5 枚，长 4～5mm；花瓣 5 枚，长 8～10mm，花丝丝状，长 3～5mm，花药黄色；子房近球形，被灰白色绒毛，花柱比子房稍长。果实墨绿色，近球形或倒卵状球形，直径约 5cm，具宿存反折萼片。花期 4～6 月；果期 9～10 月。

产于全州、资源、兴安、龙胜、临桂、灵川、贺州、融水、三江、南丹、凌云、乐业、田林、那坡、田阳、容县。生于海拔 500m 以上的山谷杂木林或灌丛中。分布于西藏、甘肃、陕西、河南、湖北、湖南、浙江、福建、江西、贵州、四川、重庆、云南。

5. 柱果猕猴桃 图 770

Actinidia cylindrica C. F. Liang

半常绿攀援灌木。小枝无毛；皮孔不明显；髓白色，片层状；芽锥形，无毛。叶厚膜质，隔年老叶呈革质，椭圆形、矩圆形或倒卵披针形，长 5～13cm，宽 2.5～5.5cm，先端骤短尖至钝圆形，基部钝形至圆形，边缘有脉出的硬尖头短小锯齿，隔年老叶呈微波状，两面无毛；中脉不发达，在叶面平坦，在叶背稍隆起，侧脉 7～8 对，横脉极不显著，网脉仅可见；叶柄长 1.3～2.3cm，无毛。聚伞花序通常有花 1～2 朵，花序柄和花柄均略被微绒毛。果成熟时黄绿色，圆柱形，长 1.3～1.8mm，直径 3～4mm，幼时可见残存细绒毛，成熟时无毛，有枯褐色的稍凸起的斑点，宿存萼片无毛，不反折。花期 5 月；果期 10 月。

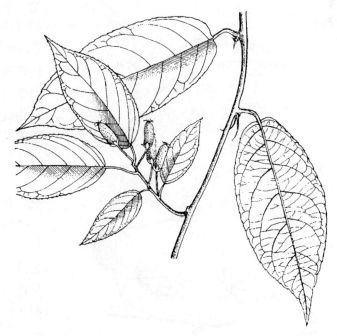

图 770 柱果猕猴桃 Actinidia cylindrica C. F. Liang 果枝。（仿《中国植物志》）

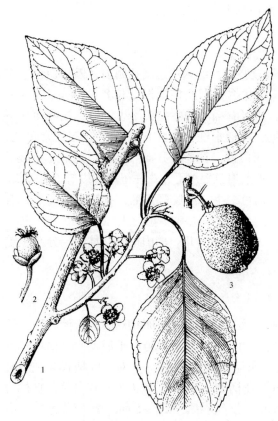

图 771　金花猕猴桃 Actinidia chrysantha C. F. Liang 1. 花枝；2. 幼果；3. 果。（仿《中国植物志》）

广西特有种。产于融水、三江。生于海拔 400～800m 的杂木林或灌丛中。

6. 金花猕猴桃　图 771

Actinidia chrysantha C. F. Liang

落叶藤本。着花小枝在花期疏被毛，果期无毛；皮孔明显；髓褐色，片层状。叶软纸质，宽卵形或披针状卵形，长 7～14cm，宽 4.5～6.5cm，先端短渐尖或渐尖，基部浅心形、截平形或宽楔形，边缘有圆锯齿，下面粉绿色，无毛或微被锈色短绒毛；叶脉不发达，侧脉 7～8 对，横脉和网脉不明显；叶柄长 2.5～5.0cm，无毛。聚伞花序有 1～3 朵花，被锈色短绒毛；花序梗长 6～9mm；花金黄色，花梗长约 7mm；苞片卵形；萼片 5 枚，两面被茶褐色绒毛；花瓣 5 枚，匙状倒卵形；花药黄色；子房密被绒毛。果红褐色或绿褐色，柱状球形或近球形，无毛，有黄色斑点及龟裂状裂纹，长 3～4cm；宿存萼片反折。花期 5 月；果期 11 月。

产于龙胜、兴安、资源、临桂、灵川、贺州。生于海拔 900～1300m 的疏林或灌丛中。分布于广东、湖南。

7. 中越猕猴桃　图 772

Actinidia indochinensis Merr.

落叶藤本。着花小枝几无毛或花期局部略被茶褐色粉末状短绒毛，果期无毛；皮孔不明显；第二年生小枝皮孔明显；髓褐色，片层状。叶幼时膜质，老时软革质，长圆状椭圆形或卵形，长 4～10cm，宽 3.5～5.0cm，先端钝或渐尖，基部阔楔形或近圆形，边缘近全缘、呈波状或具稀疏略呈圆齿状的小锯齿，上面绿色，无毛，背面被白粉或无，无毛或疏生微柔毛；中脉和侧脉在背面明显，侧脉 5～7 对；叶柄长 2～3cm，无毛或有锈色腺毛。聚伞花序有花 1～3 朵，被锈色绒毛，花序柄长 4～9mm，花柄长 4～11mm；花白色，直径 7～8mm；苞片长条形；萼片 5 枚，长 4～5mm，早落；花瓣 5 枚，长 7～8mm；花丝丝状，长 2～3mm，花药黄色；子房近球形，被锈色绒毛。果近球形，成熟时绿褐色，无毛，具黄棕色斑点，直径 4.0～4.5cm。花期 3～4 月；果期 9～10 月。

产于那坡、德保、容县、武鸣、上思、龙州。生于海拔 600～1300m 的山地杂木林中。分布于广东、云南；越南北部也有分布。

图 772　中越猕猴桃 Actinidia indochinensis Merr. 1. 果枝；2. 花。（仿《中国植物志》）

8. 条叶猕猴桃 图773

Actinidia fortunatii Finet et Gagnep.

落叶灌木或藤本。枝黑棕色或淡黄灰色,幼枝被绒毛,后脱落无毛;髓白色,片层。叶披针形或倒卵状披针形,长7~17cm,宽1.8~2.8cm,先端突尖至长渐尖,基部耳状心形,边缘有细锯齿,上面幼时有稀疏糙毛,后脱落无毛,背面有白霜,无毛,有时叶脉被微柔毛;中脉在两面明显,侧脉6~7对,网脉可见;叶柄长1.0~2.5cm。聚伞花序有花1~3朵,无毛或稍被红棕色绒毛;花序梗长2~10mm;花粉红色,花梗长3~5mm;苞片钻形;萼片5枚;花瓣5枚;花丝长1.5~4.0mm,花药黄色;子房圆筒状,有柔毛。果实灰绿色,长圆形或长圆状卵球形,长1.5~1.8cm,宿存萼片反折或不反折。花期4~6月;果期11月。

产于广西各地。生于海拔约1000m的山坡杂木林或灌丛中。分布于广东、贵州、湖南。

图773 条叶猕猴桃 **Actinidia fortunatii** Finet et Gagnep. 果枝。(仿《中国植物志》)

9. 美丽猕猴桃

Actinidia melliana Hand. – Mazz.

半常绿藤本。1~2年生枝条密被锈色硬糙毛;皮孔明显;髓白色,片状。叶幼时膜质或纸质,老时革质,长圆状椭圆形、长圆状披针形或长圆状倒卵形,长6~15cm,宽2.5~9.0cm,先端短渐尖或渐尖,基部浅心形或耳状心形,边缘有坚硬锯齿,叶背面被白粉,两面密被硬糙毛,有时仅中脉和侧脉被毛;侧脉7~8对,网脉不发达;叶柄1.0~1.8cm,密被锈色长硬毛。聚伞花序腋生,被锈色毛,有花10朵,花序梗长3~10mm;花白色,花梗长5~12mm;苞片钻形;萼片5枚;花瓣5枚;花丝长约2.5mm,花药黄色;子房球形,密被锈色绒毛。果实圆筒状,长1.2~2.2cm,无毛,有明显皮孔;宿存萼片反折。花期6~7月。

产于荔浦、贺州、昭平、金秀、容县、苍梧。生于海拔1300m以下的杂木林中。分布于广东、海南、湖南、江西。

10. 蒙自猕猴桃

Actinidia henryi Dunn

半常绿藤本。嫩枝红棕色,密被绒毛;2年生枝条无毛或有残存毛被;皮孔不明显;髓白色,片层状。叶纸质或革质,长圆状卵形或长圆状披针形,长7~14cm,宽3.0~6.5cm,先端渐尖,基部钝圆形至浅心形,边缘有细锯齿,上面深绿色,疏生糙毛或仅叶脉上被微柔毛或无毛,背面淡绿色,无毛、被微柔毛或中脉和侧脉上有糙毛;侧脉8~10对,网脉明显;叶柄长1.5~4.0cm,被锈色糙毛。聚伞花序有花1~5朵,密被红褐色或黄褐色绒毛,花序柄长约4mm;花白色至粉红色,直径 10mm；花柄长约 1cm，密被黄褐色绒毛；苞片卵形；萼片 5 枚；花瓣 5 枚；花丝与花药近等长，花药黄色，卵球形；子房近球形。果圆筒状或长圆状卵球形，长 1.5 ~ 3.0cm，具斑点，无毛。花期 5 ~ 6 月；果期 10 月。

产于临桂、兴安、永福、龙胜、金秀、融水、罗城、那坡、凌云、乐业、田林。生于海拔 1400m 以上的杂木林或灌丛中。分布于广东、贵州、湖南、云南。

11. 粉毛猕猴桃

Actinidia farinosa C. F. Liang

半常绿藤本。嫩枝密被黄褐色绵毛；2 年生枝条薄被残存糙毛，皮孔很小，不明显；髓白色，片层状。叶纸质，阔卵形或卵圆形，长 9 ~ 11cm，宽 7.0 ~ 8.5cm，先端具突尖状短尖，基部浅心形，两侧裂片浑圆，上面绿色，叶脉被刚伏毛，下面苍绿色，密被黄褐色棉絮状绒毛，毛被容易脱落；侧脉 7 ~ 8 对，上端常分叉；叶柄长 3.5 ~ 4.0cm，密被黄褐色绵毛，易脱落。聚伞花序有花 1 ~ 3 朵，密被绒毛；花序柄很短；花直径约 5mm；花柄长 5 ~ 6mm；苞片钻形，密被黄褐色长绒毛；萼片卵形，外面密被长绒毛，内面无毛；花瓣 5 枚；雄蕊很短，花药长约 1.5mm，花丝比花药短；子房圆柱形，长约 2mm，花柱短，长 0.5mm，果期可伸长至 1.5mm。果卵球状圆柱形，无毛，有斑点。花期 6 月。

广西特有种，产于田林老山。生于海拔 1000 ~ 1200m 的山区杂木林中或路边。

12. 红毛猕猴桃

Actinidia rufotricha C. Y. Wu

中型半常绿藤本。小枝与花同出，开花时极短，几不可见，密被黄褐色绒毛，老后变糙毛，每一着花小枝可有花序 4 个，故呈密集簇花状；隔年枝灰褐色，直径 3.0 ~ 3.5mm，秃净或薄被残存糙毛，皮孔小，很不显著；髓白色，片层状。叶纸质，矩状长卵形，长 10 ~ 20cm，宽 5 ~ 8cm，顶端短尖，基部钝圆至浅心形，边缘显著或不显著地具睫状或微带波状硬尖小齿，腹面绿色，散被小刚毛或秃净无毛，密被泥黄色星状绒毛，毛被容易脱落；侧脉 8 ~ 9 对；叶柄长 3 ~ 8cm，无毛或稍被糙毛。聚伞花序 1 ~ 3 花，花序柄长 2mm；总苞片钻形，长 3.5mm；花柄长 4 ~ 5mm；小苞片钻形，长 2.5mm；花淡红色，小，半张开，直径约 6mm；萼片 5 片，长 2.5 ~ 3.0mm；花瓣长 5.0 ~ 5.5mm；雄蕊长 2.5 ~ 3.5mm，花丝与花药等长或花丝比花药长；子房柱状近球形，长 2mm，花柱比子房稍长，长约 2.5mm。果圆柱形，长约 15mm，成熟时秃净无毛，具斑点，宿存萼片不反折；种子小，纵直径约 1.2mm。花期 5 月。

产于凌云、乐业。生于海拔 900 ~ 1500m 的山谷、路旁。分布于云南、贵州。

13. 黄毛猕猴桃

Actinidia fulvicoma Hance

半常绿藤本。着花小枝密被黄褐色绒毛或锈色长硬毛，有稀疏细小皮孔；2 年生枝条灰褐色，皮孔不明显；髓白色，片层状。叶纸质，阔卵形，长 6 ~ 18cm，宽 2.5 ~ 10.0cm，先端渐尖至长渐尖，基部浅心形或圆形，边缘有细锯齿，上面密被糙伏毛或蛛丝状长柔毛，背面密被黄褐色星状绒毛；叶脉显著，侧脉 9 ~ 10 对；叶柄较粗厚，长 1 ~ 5cm，密被黄褐色绒毛或短绒毛。聚伞花序有花 1 ~ 7 朵，密被黄褐色长柔毛；花序柄 4 ~ 10mm；花白色，直径约 1.7cm；花柄 0.7 ~ 2.0cm；苞片钻形，长 2 ~ 6mm；萼片 5 枚，长 4 ~ 9mm；花瓣 5 枚；花丝长 3 ~ 7mm，花药黄色，长 1.0 ~ 1.2mm；子房球形，密被黄褐色绒毛，花柱长约 4mm。果卵球形至卵状圆柱形，幼时被绒毛，成熟后无毛，暗绿色，长 1.5 ~ 2.0cm，具斑点，宿存萼片反折。花期 5 ~ 6 月；果期 10 月。

产于龙胜、兴安、资源、全州、永福、临桂、三江、融水、金秀、罗城、凌云、乐业、那坡、岑溪、武鸣、马山、上林、龙州。生于海拔 400m 以下的疏林或灌丛中。分布于福建、广东、贵州、湖南、江西、云南。

13a. 糙毛猕猴桃

Actinidia fulvicoma var. **hirsuta** Finet et Gagnep.

与原种的主要区别在于：小枝、叶柄、中脉及侧脉均密被锈色长硬毛；叶膜质或纸质，长圆状卵形或卵形，上面被糙伏毛，背面密被星状绒毛。

产于天峨、南丹、东兰、那坡、田林、凌云、乐业、隆林。生于海拔 1000~1800m 的山林中。分布于广东、贵州、云南。

13b. 厚叶猕猴桃

Actinidia fulvicoma var. **pachyphylla**（Dunn）H. L. Li

与原种的区别在于：幼枝密被绒毛；叶革质，长圆状卵形或卵状披针形，上面仅中脉和侧脉被长糙毛，其余光滑无毛，背面有褐色星状绒毛。

产于融水。分布于福建、广东、江西、湖南。

14. 阔叶猕猴桃

Actinidia latifolia（Gardner et Champ.）Merr.

落叶藤本。小枝嫩时被微柔毛或绒毛，后脱落无毛；髓白色，片层状、中空或实心。叶纸质，宽卵形或宽倒卵形，长 8~13cm，宽 5.0~8.5cm，先端短尖或渐尖，基部圆形至浅心形，边缘疏生有胼胝质细锯齿，上面初时被柔毛，后脱落无毛，下面密被灰色或黄褐色星状绒毛；侧脉 6~7 对；叶柄长 3~7cm。聚伞花序 3~4 回分歧，有花 10 朵或更多，密被黄褐色短绒毛，花序柄长 2.5~8.5cm；花直径 1.4~1.6cm，芳香；花梗长 0.5~1.5cm，果期伸长并增大；萼片 5 枚，反折，两面被黄色短绒毛；花瓣 5~8 枚，上半部分和边缘白色，下半部中央部分橙黄色；花丝纤细，花药卵形；子房球形，密被绒毛。果暗绿色，圆柱形或卵状圆柱形，长 3.0~3.5cm，直径 2.0~2.5cm，有斑点，无毛或仅两端被残存绒毛。花期 5~6 月；果期 11~12 月。

产于广西各地。生于海拔 800m 以下的山谷、山坡杂木林或灌丛中。分布于安徽、福建、广东、贵州、海南、湖南、江西、四川、云南、浙江和台湾；马来西亚、越南也有分布。

15. 漓江猕猴桃

Actinidia lijiangensis C. F. Liang et Y. X. Lu

落叶藤本。幼枝密被褐色短绒毛；2 年生枝条红色或黑色，无毛，皮孔线状或点状；髓褐色，片状。叶纸质，宽卵形、宽倒卵形或圆形，长 4.5~12.0cm，宽 4.0~12.5cm，先端急尖，基部心形，边缘有细锯齿，背面疏生星状绒毛，后脱落无毛；中脉和侧脉在上面下陷，在背面凸起，侧脉 6~9 对；叶柄长 3.0~6.5cm，幼时被淡黄色绒毛，成熟时无毛。聚伞花序有花 1~3 朵，被褐色短绒毛，花序柄长 1.5~2.0cm；花白色，花梗长约 2cm；萼片 4~5 枚，两面被绒毛；花瓣 5~6 枚；子房球形，密被淡黄色绒毛，花柱长约 7mm；雄花未见。果实狭圆筒形，长 4~5cm，无毛，密生皮孔；宿存萼片反折。花期 4~5 月；果期 10 月。

广西特有种，产于龙胜、资源。

16. 桃花猕猴桃

Actinidia persicina R. G. Li et L. Mo

落叶藤本。嫩枝被棕色短绒毛，皮孔明显；2 年生枝无毛，皮孔明显；髓棕色，片层状。叶纸质，卵形至宽卵形，长 9~20cm，宽 5.0~9.5cm，先端锐尖，基部圆形或浅心形，边缘有细锯齿，上面无毛，背面有白粉，幼时被星状绒毛，后脱落无毛；侧脉 6~8 对，网脉不显著；叶柄 2.5~6.0cm，幼时被短绒毛，后脱落。聚伞花序有花 1~3 朵，被棕色短绒毛，花序柄 3~7mm；花粉红色，花梗长 0.6~1.3cm；萼片 3~5 枚；花瓣 5 枚，倒卵形；子房卵球形，被白色绒毛。果实卵球形或长圆形，长约 2cm，疏生绒毛；宿存萼片不反折。花期 4 月；果期 10 月。

广西特有种，产于融水。

17. 融水猕猴桃

Actinidia rongshuiensis R. G. Li et X. G. Wang

落叶藤本。嫩枝被棕色短绒毛，皮孔不明显；2 年生枝无毛，皮孔明显；髓白色，片层状。叶纸质，卵状长圆形或宽卵形，长 7~21cm，宽 4~11cm，先端渐尖，基部浅心形，边缘有细锯齿，上面稍具微柔毛，后脱落无毛，下面初时被星状绒毛，后脱落无毛；侧脉 8~9 对，网脉明显；叶柄 2.0~4.5cm，幼时被绒毛，后脱落。聚伞花序有花 1~3 朵，被短绒毛，花序柄长 1~2mm；花红色，花梗长 1.2~1.5cm；萼片 3~6 枚；花瓣 5~6 枚；子房球形，被白色绒毛。果实圆筒状，长约 2.3cm，被绒毛；宿存萼片不反折。花期 6 月；果期 10~11 月。

广西特有种，产于融水。

18. 长果猕猴桃

Actinidia longicarpa R. G. Li et M. Y. Liang

落叶藤本。嫩枝被绒毛，后脱落无毛；2 年生枝无毛，皮孔不明显；髓白色，片层状。叶纸质，卵形或近圆形，长 6~19cm，宽 5.5~11.5cm，先端渐尖或尾状渐尖，上面无毛，下面被星状绒毛，后脱落无毛；侧脉 6~8 对；叶柄长 3.5~6.0cm，幼时被短绒毛，后脱落无毛。聚伞花序有花 1~7 朵，花序柄长约 1.2cm；花粉红色或白色；花梗长 0.9~2.0cm，被绒毛；萼片 3~6 枚，卵形，被绒毛；花瓣 5 枚，狭卵形，长 1.5~1.7cm；子房长圆形，被白色绒毛。果实椭圆形，长 2~4cm，密被白色绒毛，宿存萼片反折或不反折。花期 4~6 月；果期 10 月。

广西特有种，产于龙胜、资源。

19. 临桂猕猴桃

Actinidia linguiensis R. G. Li et X. G. Wang

落叶灌木。嫩枝被绒毛，后脱落无毛；2 年生枝无毛，皮孔明显；髓棕色，片层状。叶纸质，卵形或圆形，长 8~14cm，宽 4.5~10.0cm，先端渐尖，基部浅心形，边缘有细锯齿。上面初时被柔毛，后脱落无毛，下面被星状绒毛，后脱落无毛；侧脉 8 对；叶柄长 4~6cm，初时被短绒毛，后脱落无毛。聚伞花序有花 1~3 朵，被短绒毛，花序柄长 0.6~1.4cm；花粉红色或淡黄色；花梗长 1.0~1.8cm；萼片 5~7 枚，宿存；花瓣 5~7 枚，长 1.0~1.3cm；子房球形，被白色绒毛。果实长圆形或卵形，长约 1.7cm，被绒毛。花期 4~6 月；果期 10~11 月。

广西特有种，产于临桂。

20. 毛花猕猴桃　图 774

Actinidia eriantha Benth.

落叶藤本。小枝、叶柄、花序和萼片均密被乳白色或带黄色的绒毛或绵毛；髓白色，片状。叶纸质，卵形或宽卵形，长 8~16cm，宽 6~11cm，先端短尖或短渐尖，基部圆形或浅心形，边缘有硬尖小锯齿，上面幼时被糙伏毛，后仅中脉和侧脉有少数糙伏毛，下面粉绿色，密被乳白色或带黄色星状绒毛；侧脉 7~8 对，横脉显著；叶柄长 1.5~3.0cm，较粗。聚伞花序有花 1~3 朵，花序柄长 5~10mm；花直径 2~3cm，花梗长 3~5mm；萼片 2~3 枚，浅绿色；花瓣 5 枚，先端和边缘橙色，中央和基部桃红色；雄蕊多数，花丝浅红色，花药黄色；子房被白色绒毛。果圆柱状卵球形，长 3.5~4.5cm，直径 2.5~3.0cm，密被白色绒毛，宿存萼片反折。花期 5~6 月；果期 11 月。

产于龙胜、兴安、临桂、灵川、永福、富川、

图 774　毛花猕猴桃 **Actinidia eriantha** Benth.
1. 叶枝；2. 花枝；3. 果枝。（仿《中国高等植物图鉴》）

钟山、三江、融水、罗城。生于海拔 1000m 以下的山地杂木林或灌丛中。分布于广东、贵州、湖南、江西、浙江。

21. 两广猕猴桃

Actinidia liangguangensis C. F. Liang

常绿藤本。着花小枝有长短之分，短枝密被黄褐色绒毛，长枝疏生绒毛；髓白色，片层状。叶革质，卵形或长圆形，长 7~13cm，宽 4~9cm，先端急尖或尾状急渐尖，基部钝圆或浅心形，边缘有硬尖细锯齿，上面无毛，下面密被淡褐色星状绒毛；侧脉 8~9 对；叶柄长 2~7cm，疏生棕色短绒毛。聚伞花序有花 1~3 朵，被褐色长绒毛，花序柄长 2~7mm；花白色，直径约 1.5cm；花梗长 5~6mm；苞片线形；萼片 5 枚，宿存；花瓣 5 枚；花丝 4~6mm，花药黄色；子房淡黄色，被毛。果圆柱形，长 2.0~3.5cm，直径约 1cm，幼时密被棕色绒毛，成熟时毛被稀疏，有皮孔。花期 4~5 月；果期 11 月。

产于贺州、昭平、金秀、容县。生于海拔 1000m 以下的山坡、沟谷杂木林或灌丛中。分布于广东、湖南。本种的果实较小，但含糖较多，比其他种类都较甜。

22. 中华猕猴桃　图 775

Actinidia chinensis Planch.

落叶藤本。嫩枝带红色，被白色柔毛或绒毛，后脱落无毛或疏被毛；髓白色或淡褐色，片层状。叶宽卵形、宽倒卵形或近圆形，长 6~17cm，宽 7~15cm，先端尖或平截有凹缺，基部钝圆、截平形或浅心形，边缘有睫状小锯齿，上面无毛或中脉和侧脉有少量柔毛或糙毛，下面密被灰白色或淡褐色星状绒毛；侧脉 5~8 对，横脉发达；叶柄长 3~6cm，被灰白色柔毛或绒毛。聚伞花序有花 1~3 朵，被白色丝状绒毛或黄棕色短绒毛，花序柄长 7~15mm；花初开放时白色，后为淡黄色，有香气，直径 2.5cm；花梗长 9~15mm，小苞片卵形或钻形；萼片 5(3~7) 枚；花瓣 5(3~7) 枚；雄蕊极多，花丝窄条形，花药黄色；子房被金黄色绒毛。果近球形，呈黄褐色，直径 4~6cm，被绒毛，熟时变无毛，有淡褐色小斑点；宿存萼片反折。花期 4~5 月；果期 9 月。

产于全州、资源、兴安、龙胜、三江。生于海拔 600m 以下的杂木林或灌丛中，也有栽培。分布于安徽、福建、广东、河南、湖北、湖南、江苏、江西、云南、浙江、陕西。本种的主要特点是小枝和幼果均被绒毛，成熟时近于秃净。欧洲、非洲、美洲、大洋洲及亚洲等地先后引种，并选育了一些优良栽培品种。果富含糖分和维生素 C，可生食，制果酱、果脯、果汁、果酒、糖水罐头等。

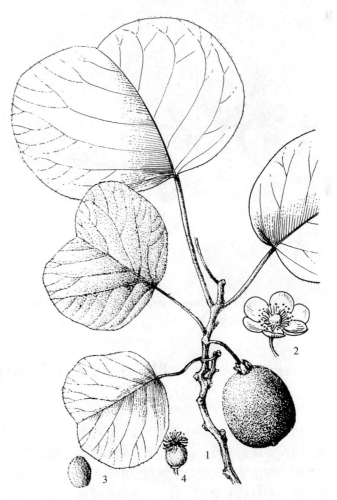

图 775　中华猕猴桃 **Actinidia chinensis** Planch. 1. 果枝；2. 雌花；3. 萼片；4. 雌蕊。(仿《中国植物志》)

22a. 美味猕猴桃

Actinidia chinensis var. **deliciosa**（A. Chev.）A. Chev.

与原种的主要区别在于：枝、叶、花、果都较粗较大；小枝和叶柄被糙伏毛，毛不易脱落；叶上面通常无毛，有时被微柔毛，叶脉上较密；果实近球形、圆筒状或卵球形，长 5~6cm，密被糙毛，成熟时毛被不脱落。

产于全州、资源、三江。生于海拔 800~1400m 的山林中。分布于重庆、甘肃、贵州、河南、湖北、湖南、江西、陕西、四川、云南。该种在中国各地有广泛栽培。

2. 藤山柳属 Clematoclethra（Franch.）Maxim.

落叶木质藤本。小枝无毛，被柔毛、绒毛、绵毛或刚毛。髓实心。芽鳞革质，有毛或无毛，常宿存在新枝基部。单叶互生，全缘或有纤毛状或胼胝质小锯，有毛或无毛。花单生或排成聚伞花序；花两性；萼片与花瓣均 5 枚，覆瓦状排列；雄蕊 10 枚，2 轮排列，花药中部着生，2 室，纵裂；子房 5 室，有 5 条棱，中轴胎座，每室有 8~10 枚胚珠，花柱合生。果为浆果或蒴果不开裂，干后有 5 条棱，花柱宿存，每室有 1 枚种子，先端有宿存花柱；种子倒三角形，有胚乳。

中国特有属，仅 1 种，广西有产。

图 776 藤山柳 Clematoclethra scandens（Franch.）Maxim. 花枝。（仿《中国植物志》）

藤山柳 广西藤山柳 图 776

Clematoclethra scandens（Franch.）Maxim.

小枝被刚毛。叶纸质而较坚，卵形、长圆形、披针形或倒卵形，长 3~8cm，宽 3.0~4.5cm，先端渐尖，基部近圆形，叶缘呈波状，有锯齿，腹面除叶脉上有刚毛外，其余无毛，背面被短绒毛，叶脉上除有较密绒毛外，还有少量刚毛；叶柄长 1~2cm，被绒毛或无毛。花单生或聚伞花序有花 3~6 朵，花序柄纤细，长 1.0~1.5cm，被绒毛；花白色；小苞片披针形，被绒毛；萼片长 2mm；花瓣长 4mm。浆果成熟时红色，偶有黑色。花期 6~7 月；果期 7~8 月。

产于全州。生于海拔 1500m 以上的山坡、沟谷疏林或灌丛中。分布于重庆、甘肃、云南、四川、贵州。

81 五列木科 Pentaphylacaceae

常绿乔木或灌木，具鳞芽。单叶，互生，全缘，托叶宿存。假穗状花序或总状花序腋生，花小，两性，辐射对称，小苞片 2 枚，具睫毛，宿存；萼片 5 枚，圆形，不等长，具睫毛，覆瓦状排列，宿存；花瓣 5 枚，白色，倒卵状长圆形，覆瓦状排列，先端圆或微凹，基部常与雄蕊合生；雄蕊 5 枚，与花瓣互生而较花瓣短，花药 2 室，顶孔开裂；子房上位，5 室，每室有胚珠 2 枚，花柱 1 枚，柱头呈星状五尖头，宿存。蒴果椭圆形，上半部室背开裂或向下裂至基部，中部有隔膜；种子长圆形，压扁或先端具翅。

1 属 1 种，产于中国、印度尼西亚、马来西亚、越南。广西有分布。

五列木属 Pentaphylax Gardner et Champ.

属的特征同科。

五列木　图777

Pentaphylax euryoides Gardner et Champ.

高4~10m，树皮平滑，灰褐色或灰黄色；多分枝，小枝灰褐色，无毛，有凸起皮孔和条纹。叶革质，卵形或长圆状披针形，长5~9cm，宽2~5cm，先端尾尖，基部圆或阔楔形，全缘略反卷，两面无毛；中脉在上面下陷，在下面隆起，侧脉不明显；叶柄长1.0~1.5cm，上面具槽。总状花序腋生或顶生，长4.5~7.0cm，无毛或被稀疏柔毛；花白色，小，花梗极短；小苞片三角形；萼片5枚；花瓣长圆状披针形；雄蕊5枚，花丝花瓣状；子房无毛，花柱柱状，长约2mm，有5条棱。蒴果长圆形，长6~9mm，直径4~5mm，褐黑色，室背5裂，中脉和中轴宿存，内果皮和隔膜木质；种子线状长圆形，长6mm，红棕色，顶端压扁或呈翅状。

产于龙胜、临桂、金秀、德保、武鸣、马山、上林、防城、上思。生于海拔600m以上的山坡或山谷阔叶林中。分布于云南、贵州、广东、湖南、江西、福建、海南；越南、马来西亚、印度尼西亚也有分布。喜温凉湿润环境，多生于地势高峻山地；喜光，稍耐阴，在山地密林中树干挺秀，树冠浓密茂盛。材质稍硬，结构细匀，易加工，供作建筑、家具、农具、工艺雕刻等用材。

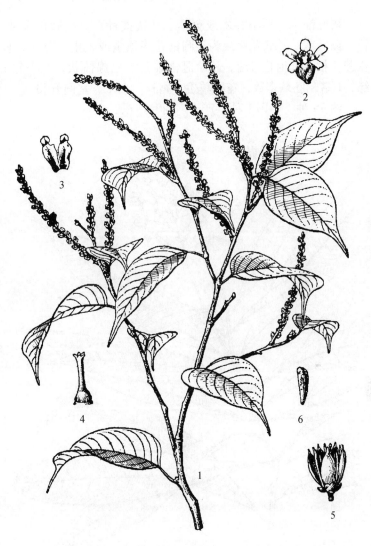

图777　五列木 Pentaphylax euryoides Gardner et Champ. 1. 花枝；2. 花；3. 雄蕊；4. 雌蕊；5. 果；6. 种子。（仿《中国植物志》）

82　金莲木科 Ochnaceae

乔木或灌木，少为草本。单叶互生，极少为羽状复叶，边缘通常有锯齿，稀全缘，通常有多数羽状脉；有托叶，有时呈撕裂状，宿存或早落。花两性，辐射对称，排成总状花序或圆锥花序，有时为伞形花序，极少单生，有苞片；萼片4~5枚，少有10枚，离生，稀基部合生，通常宿存；花瓣4~10枚，通常5枚，基部有短爪或近无爪；雄蕊5~10枚，花丝宿存，花药线形，药室纵裂或少有顶部开裂；心皮3~5(~15)枚，有雌蕊柄，稀无；子房全缘或深裂，1~12室；花柱单生或少有顶部分裂。成熟心皮常完全分离且成核果状，位于增大的花托上，或为蒴果；种子1至多枚。

约 27 属 500 种，分布于热带地区，主产于美洲。中国 3 属 4 种；广西有 2 属 2 种。

分属检索表

1. 叶膜质或薄纸质，叶缘具针芒状腺齿；心皮 8 枚，合生；蒴果 ·························· **1. 合柱金莲木属 Sauvagesia**
1. 叶纸质，叶缘具小锯齿，无针芒状腺齿；心皮 10~12 枚，离生；核果 ·················· **2. 金莲木属 Ochna**

1. 合柱金莲木属 Sauvagesia L.

落叶灌木，稀小乔木或草本。叶狭披针形，侧脉极多数，细而密，叶缘具腺状锯齿；托叶 2 枚，撕裂状。总状花序或为狭圆锥花序顶生或腋生；萼片 5 枚，不等大，边缘有腺毛；花瓣 5 枚；雄蕊 5 枚，具退化雄蕊，外轮退化雄蕊常呈腺体状，在中轮和内轮的常呈花瓣状，宿存；子房全缘，1 室，胚珠多数，花柱单生，宿存。蒴果，室间开裂。

约 35 种。中国 1 种，产于广西和广东。

合柱金莲木 辛木 图 778
Sauvagesia rhodoleuca（Diels）
M. C. E. Amaral

小灌木，高 1m。茎深紫色，有条纹，全株无毛。叶纸质，狭披针形或狭椭圆形，长 7~15cm，宽 1.5~3.0cm，两端均狭渐尖，边缘具针芒状细腺齿；中脉在两面凸起，侧脉极多，纤细而密，几乎与中脉成直角伸出，叶脉平行，不成网状；叶片干后半透明状；叶柄长 3~5mm，上面有槽；托叶长 3~5mm。窄圆锥花序顶生，长 6~10cm，花梗纤细，总花梗长 3~4cm；萼片卵形，浅绿色；花瓣椭圆形，白色或粉红色；雄蕊长 2.5~3.5mm，花丝短；退化雄蕊 2 轮，白色，基部稍合生，宿存；子房卵形，花柱圆柱形，柱头小。蒴果近卵形，3 瓣裂，直径约 4mm，先端具宿存的细长花柱；种子长约 1.5mm，种皮暗红色。花期 4~5 月；果期 6~7 月。

濒危种，中国 I 级重点保护野生植物。产于龙胜、融水、金秀、象州、德保。生于海拔约 1000m 的

图 778　合柱金莲木 Sauvagesia rhodoleuca（Diels）M. C. E. Amaral 1. 果枝；2. 果。（仿《中国植物志》）

林缘或疏林下较湿润处。分布于广东。枝条细柔多姿，叶形奇趣，栽培可供观赏。

2. 金莲木属 Ochna L.

小乔木或灌木。单叶互生，叶缘有锯齿，很少全缘；托叶小，在叶柄内连合，脱落。花大，黄色，稀白色或橙色，有苞片，排成圆锥花序、伞房花序或伞形花序，腋生或顶生；萼片 5 枚，果期

增大，有色彩，宿存；花瓣 5 ~ 12 枚；雄蕊多数，排成 2 轮或更多轮，花药通常顶孔开裂；子房 3 ~ 12 室，深裂，花柱合生，柱头常盘状，具裂片。核果 3 ~ 12 个环生于扩大的花托上。

约 85 种，分布于亚洲和非洲热带、亚热带，少数产于美洲热带。中国 1 种，产于华南。

金莲木

Ochna integerrima（Lour.）Merr.

落叶灌木至小乔木，高 2 ~ 7m。小枝灰褐色，无毛。叶纸质，椭圆形或倒卵状披针形，长 7 ~ 19cm，宽 3.0 ~ 5.5cm，先端急尖或钝，基部阔楔形，叶缘有小锯齿，两面无毛；中脉在两面隆起，侧脉多而密，粗细不一，网脉稍明显；叶柄长 2 ~ 5mm；托叶长 2 ~ 7mm，早落。伞房花序，长约 4cm，着生于短枝上；花大，黄色，盛开时直径达 3cm，花梗长 1.5 ~ 3.0cm，近基部有关节；萼片长圆形，开花时向外反卷，结果时红色；花瓣 5 或 7 枚，卵形；雄蕊多数，排成 3 轮，花丝宿存；了房 10 ~ 12 室，花柱圆柱形，柱头盘状，先端 5 ~ 6 裂。核果椭圆形，长 10 ~ 12mm，直径 6 ~ 7mm，顶端钝，基部稍弯。花期 3 ~ 4 月；果期 5 ~ 6 月。

产于防城、上思。生长于海拔 1400m 以下的山谷两侧或溪边。分布于广东、海南；印度、泰国、马来西亚、越南也有分布。花大、黄色、美丽，可作庭院观赏树种。

83 龙脑香科 Dipterocarpaceae

常绿或半常绿乔木。木质部有树脂，小枝常有环状托叶痕，植物体常具星状毛或盾状鳞秕。单叶互生，全缘或有波状锯齿，羽状脉；托叶早落或宿存。花两性，芳香，圆锥花序或总状花序，顶生或腋生；苞片小或无，早落，稀宿存；花序、花萼、花瓣、子房和其他部分通常有星状、有鳞的簇生或分离的毛；花萼 5 裂，其中 2 枚以上常于果时增大成翅状；花瓣 5 枚，旋转状排列或镊合状排列，分离或基部稍合生，常有毛；雄蕊常（10 ~ ）15 枚至多数，与花瓣离生或合生，药隔有附属体；子房上位，3 个心皮，3 室，每室有 2 枚胚珠，中轴胎座。果坚果状，常被增大的花萼包围，不裂或 3 瓣裂；种子 1 枚，稀 2 枚。

约 17 属 550 种，主产于印度、马来西亚。中国 5 属 12 种；广西 3 属 3 种。热带科，为热带雨林重要标志种，多数为优良用材树种。

分属检索表

1. 萼片覆瓦状排列；药隔附属体芒状、丝状或钝；坚果。
  2. 萼片 2 枚发育成翅状或均不发育成翅状；具明显的花柱基 ················· **1. 坡垒属 Hopea**
  2. 萼片发育成 3 长 2 短的翅或相等的翅，基部狭窄，不包围果实；无花柱基 ········· **2. 柳桉属 Parashorea**
1. 萼片镊合状排列；药隔附属体短而钝；蒴果 ································· **3. 青梅属 Vatica**

1. 坡垒属 Hopea Roxb.

常绿乔木，有白色芳香树脂。枝、叶各部常有鳞秕。叶革质，羽状脉，全缘；托叶小，早落或不明显。圆锥花序或圆锥状总状花序顶生或腋生；花无柄或有短柄，偏生于花序一侧；苞片早落；萼裂片 5 枚，覆瓦状；花瓣 5 枚；雄蕊 10 ~ 15 枚，2 轮，花丝下部扁平而宽，药隔顶部附属体钻形或丝状；子房 3 室，每室有 2 枚胚珠，花柱短，有明显花柱基。坚果卵球形或球形，果皮薄，外面通常被蜡质，宿萼中 2 枚增大成翅状，稀不增大成翅。

约 100 种，产于印度、马来西亚和中南半岛。中国 4 种；广西 1 种。

狭叶坡垒　华南坡垒、万年木

Hopea chinensis（Merr.）Hand. – Mazz.

常绿乔木，高 10 ~ 20m。树皮灰褐色至棕褐色，局部呈块片状剥落后树干上呈现不规则至近圆形、椭圆形如蚌壳表面呈同心圆状的花纹斑痕。小枝细长，棕褐色，被星状毛或短绒毛或无毛。叶革质，长圆形长圆状披针形，长7~26cm，宽2~8cm，先端渐尖或尾状渐尖，基部圆形或楔形，稍不对称，全缘，上面无毛或疏被短柔毛，下面被短柔毛或无毛；叶柄长约1cm，无毛或被短柔毛，干后紫褐色，有横断裂纹。圆锥花序腋生，少花，长4~18cm，被短柔毛，花梗纤细；花淡红色，萼片5枚，无毛；花瓣椭圆形；雄蕊(10~)15枚，药隔附属物有芒；子房卵球形，花柱无毛。果卵形，长约2cm，黑褐色；增大成翅状的2枚宿萼裂片长8~11cm，宽约2.5cm，常具纵脉12条。花期6~7月；果期10~12月。

濒危种，中国Ⅰ级重点保护野生植物。产于于上思、防城、龙州。生于海拔600m以下的山麓、沟谷常绿阔叶林中。分布于云南；越南北部也有分布。适于夏热冬暖、高温多雨的气候，广西分区年平均气温21℃以上，最冷月平均气温14℃以上，有7~9个月的月平均气温大于20℃，年积温7200℃以上，年降水量1200mm以上。喜光偏阴树种，适生于较湿润肥沃的酸性土，土壤为砂页岩发育的赤红壤、砖红壤，有机质含量比较丰富，林木茂密，覆盖度90%以上，石灰岩地区未见分布。常和乌榄、橄榄、多花山竹子等组成湿润季雨林，为优势树种。引种至南宁低丘地，可在露地安全越冬。苗期及幼树生长缓慢，5年以后生长转快。苗期忌霜冻，成年后能耐－1℃左右极端最低气温。幼苗耐阴，在林下天然更新良好，以后逐渐需要光照，林缘和疏林中多幼树及大树。播种繁殖，12年生开始开花结实，正常结实年龄在20年生以后，结实大小年间隔期为1~2年，较明显。成熟果实种子容易飞散，种子成熟后即脱落，应及时采种。饱满的果实外被树脂油层，瘪粒或虫蛀者则不具油层，采种时应注意区分，果实采摘后置室内阴凉处。种子容易发霉变质，随采随播。鲜果出种率70%左右，鲜种种子千粒重带翅约为1700g，脱翅后约为1050g，发芽率在90%以上。种子无休眠期，播种时无需处理。幼苗忌烈日照射和霜冻，苗期需搭棚防护。播后4~6d种子发芽，1周发芽结束。1年生苗高20cm，在苗床育苗需2年，苗高40~100cm时出圃造林。

狭叶坡垒为稀有珍贵树种，热带雨林和季雨林的重要组成树种。木材为散孔材，淡褐色，硬、重、强韧，气干密度1.001g/cm³，耐水湿，极耐腐，埋入土中经数十年而不腐，有"万年木"之称，纹理直，结构细，切面光润，花纹美观，是上等家具、造船、桥梁、建筑、军工、机械、细木工等优质用材。制成的家具，使用时间越长，色泽越深，越光亮。由于过度采伐，残存大树极少，被《中国植物红皮书》列为濒危种。在南亚热带南缘至热带地区选择肥沃的山坡地造林，与其他速生阔叶树混交种植，具有较好效益。

2. 柳安属 Parashorea Kurz

常绿大乔木，常有板根。叶互生，具羽状脉；托叶早落。花排成腋生或顶生的总状或圆锥花序，花及花序下具宿存的苞片；萼片5枚，覆瓦状排列，仅基部合生，被毛；花瓣5枚，白色或浅黄色；雄蕊(12~)15枚，药隔延伸成短芒状；子房被毛，3室，分离，每室具2枚倒生胚珠。坚果被发育成5翅的宿萼所包围，其中3翅有时较大。

约14种，产于亚洲东南部。中国1种，产于云南、广西。

望天树 擎天树

Parashorea chinensis H. Wang

常绿大乔木，高40~60m。树皮呈块状或不规则剥落。幼枝被鳞片状绒毛；皮孔圆形。叶革质，长椭圆形或披针状椭圆形，长6~20cm，宽3~8cm，先端尾状急尖或渐尖，基部常圆形，全缘，两面被鳞片状短柔毛或绒毛；侧脉直伸近平行，14~19对，网脉明显；叶柄长1~3cm，密被短柔毛；托叶纸质，卵形，基生脉5~7条。圆锥状花序顶生或腋生，长5~12cm，密被鳞片状毛或绒毛；每个小花序分枝处有1对小苞片；花芳香；萼裂片5枚，覆瓦状排列；花瓣黄白色；雄蕊12~15枚，2轮，花丝上部收缩，药隔伸出呈突尖；子房狭卵形，密被白色丝状短柔毛，花柱无毛，柱头小。坚果卵状椭圆形，密被银灰色绢毛，宿存萼裂片发育成5翅，翅3枚长2枚短，基部狭窄，不包围果实。花期5~6月；果期8~9月。

濒危种，中国I级重点保护野生植物。产于都安、巴马、那坡、田阳、龙州、大新，生于海拔500m以下的沟谷、坡地、丘陵，多出现在石灰岩峰丛或峰林石山，在砂页岩的土山上少见分布。喜热，在热量丰富、干湿季节明显的地方生长良好。分布区大部分位于北热带季风区，低平地带年平均气温大于21.5℃，最冷月平均气温大于11℃，最热月平均气温28℃以上，夏季长达7个月；年积温大于7200℃，极端低温-3℃以上，年降水量1000mm以上。幼龄期要求庇荫，以后逐渐变为喜光，属偏喜光、偏湿的树种，在雨林中上层占优势，林下天然更新良好，旷地幼苗难以成活，适生于土层深厚、肥沃湿润的石灰土和微酸性土。在土壤肥力较高的立地，对土层不深、多石块甚至石隙的环境也能适应，并可长成巨树。在龙州、田阳、德保、那坡等地石灰岩和夹层砂岩构成的丘陵山地和沟谷地带，望天树和海南风吹楠、方榄、蚬木、金丝李、肥牛树等组成石灰山季雨林中，望天树为优势树种，高达50~60m，枝下高40m，胸径100cm以上。在天然林中，幼苗期生长较慢，1年生苗高20~30cm，10年生通常不超过4m，以后生长渐快，后期生长量大，直至100余年仍不衰退。在德保县1株123年生大树，高55.4m，胸径75cm，单株材积10.485m³。10~20年生开始开花结实，30年生以后进入正常结实期，结实大小年间隔1~2年。

播种繁殖，树体高大，结实稀少，且落果严重，不易采种。种子散落地上，很快发芽或腐烂。成熟果自行脱落，应及时采收。每千克去翅坚果约340~500枚，发芽率95%以上。在林地上1~4d便发芽，在高温多雨环境，有些成熟果尚在母树上，种子就已发芽。随采随播，如需调运，要拌湿润细沙或苔藓贮藏，不宜久藏。木材为散孔材，心材与边材区别明显，心材占80%以上，气干容重0.81g/cm³。纹理直，结构均匀，材质坚硬，耐腐性强，不受虫蛀，淡褐色带黄红色，无特殊气味，力学强度较高，加工性能较好，翘曲变形较小，刨切面光滑，花纹美观，为优良用材，可供造船、建筑、桥梁、家具、车箱、房屋装饰和细木工等用。

3. 青梅属 Vatica L.

乔木，有白色芳香树脂。枝、叶、花常有星状毛。叶革质，羽状脉，全缘；托叶小，早落或不明显。圆锥花序顶生或腋生；萼筒短，萼裂片初为覆瓦状排列，张开时呈镊合状排列；花瓣5枚，白色，常带浅紫色，镊合状排列；雄蕊（10~）15枚，药隔顶部附属体短而钝；子房3室，被短柔毛，花柱短。蒴果球形或椭圆形，革质，宿萼全部增大，等长或不等长，若不等长，则其中2枚成翅状，其余3枚短小。

约65种。产于亚洲南部。中国3种，产于海南、云南、广西；广西1种。

广西青梅 图779

Vatica guangxiensis S. L. Mo

常绿乔木，高30m。1年生枝密被黄褐色星状绒毛，老枝无毛。叶革质，狭长圆形至椭圆状披针形，长6~19cm，宽1.5~4.0cm，先端渐尖或短渐尖，基部楔形，全缘，嫩时两面密被灰黄色至黄

图779 广西青梅 Vatica guangxiensis S. L. Mo 1. 花枝；2. 果实纵切面。（仿《中国植物志》）

褐色星状毛,后脱落无毛或下面疏被星状毛;侧脉 12 ~ 18 对,在两面凸起;叶柄长 1.5 ~ 2.0cm,密被黄褐色短柔毛。圆锥花序顶生或腋生,长 3 ~ 9cm,密被星状毛;萼片稍不等长;花瓣白色或带红色;雄蕊 15 枚,2 轮,药隔附属物短而钝;子房密被黄灰色短柔毛,花柱无毛,柱头 3 浅裂。果近球形,直径 8 ~ 11mm,密被星状毛,宿存的萼裂片 2 枚增大成翅,翅为长圆状狭椭圆形,长 6 ~ 8cm,宽 1.5 ~ 2.0cm,先端圆,具纵脉 5 条,其余 3 枚萼裂片披针形,均疏被星状毛。花期 4 ~ 5 月;果期 7 ~ 8 月。

极危种,中国 Ⅱ 级重点保护野生植物。产于那坡。生于海拔 800 ~ 1000m 的沟谷阔叶林中。分布于云南;越南北部也有分布。木材纹理直,结构细致,质硬重,耐腐性强,为高级家具、造船、车辆、建筑等优质良材。

84 钩枝藤科 Ancistrocladaceae

藤本,有卷钩。叶互生,常集生于枝端,全缘,通常无柄;托叶缺或小而早落。花两性,辐射对称,组成顶生或侧生、分枝外弯的圆锥花序;萼管短,裂片 5 枚,结果时增大成翅状;花瓣 5 枚,覆瓦状排列;雄蕊 5 或 10 枚,药室纵裂;子房下位,3 枚心皮,1 室,花柱球状或长圆形,柱头 3 裂;小坚果为翅状宿萼围绕;种子 1 枚,种皮伸入胚乳的皱褶之间。

1 属约 17 种,分布于亚洲和非洲大陆热带地区。中国 1 种,产于广西和海南。

钩枝藤属 Ancistrocladus Wall.

属的特征与科相同。

钩枝藤

Ancistrocladus tectorius(Lour.)Merr.

攀援灌木,幼时常呈直立灌木状。小枝有环形内弯的钩,无毛;因叶集生于枝端,故嫩枝基部一段与老叶片之间长而无叶、有弯钩呈卷须状的小枝。叶革质,长圆形,倒卵状长圆形至倒披针形,长 7 ~ 38cm,宽 2 ~ 9cm,先端圆或钝,基部渐窄而下延,全缘,两面均被多数白色、圆形的小鳞秕和小粒点;中脉在上面下陷,在下面凸起;无柄,通常在小枝上留下马鞍状叶痕;托叶小,早落。圆锥花序顶生或侧生;小苞片三角形或卵形,边缘流苏状;花小,无梗;萼片 5 枚,基部合生成短筒,不等大;花瓣基部合生,先端内卷;雄蕊 10 枚,5 长 5 短;子房 3 枚心皮,1 室,花柱短,柱头 3 裂。小坚果红色,倒圆锥形,和萼筒合生;翅状宿萼呈倒卵状匙形或匙形,最大的翅长约 4.5cm,宽约 1.6cm,顶端圆形,有明显的脉纹。花期 4 ~ 6 月;果期 6 月。

产于凭祥。生长于海拔 500m 以下的疏林中。分布于海南;印度、印度尼西亚、泰国、越南也有分布。喜光,在疏林下天然更新良好,幼树为灌木状,长大后需光性增强,借钩枝向上攀援。

85 山柳科 Clethraceae

灌木或乔木。嫩枝和嫩叶常被星状毛或单毛。单叶互生,常集生于枝顶,全缘或偶有锯齿;有叶柄,无托叶。花两性,稀单性,整齐,顶生,稀腋生总状花序或圆锥花序或近于伞形的复总状花序,花序轴和花梗被星状毛、簇状毛,少有单伏毛;花梗基部有 1 枚苞片,早落或宿存;花萼蝶状,5(~6)深裂,覆瓦状排列,宿存;花瓣与萼裂同数,分离,极稀基部微黏合或连合;雄蕊 10(~12)枚,分离,有时基部与花瓣黏合,2 轮,外轮与花瓣对生,内轮与萼片对生,花丝钻状或侧扁,花药 2 室,背着,成熟时以裂缝状顶孔开裂;子房上位,被毛,3 室,每室有多数侧生胚珠,中轴胎座,花柱圆柱形,细长,顶端通常 3 裂,稀不裂。蒴果近球形,有宿存花萼和花柱,背裂成 3 果瓣,种子多而小,有翅或无翅。

仅1属约65种。中国7种；广西4种。

山柳属 Clethra L.

形态特征同科。

分种检索表

1. 常绿或半常绿，叶革质或薄革质，稀厚革质。
　　2. 常绿；总状花序，花柱顶端不裂 ·· **1. 单毛桤叶树 C. bodinieri**
　　2. 半常绿；总状花序常分枝，由2~7枝再组成圆锥花序，花柱顶端3浅裂 ············· **2. 华南桤叶树 C. fabri**
1. 落叶，叶纸质或薄纸质。
　　3. 总状花序；叶硬纸质，长4~15cm，宽1.5~6.0cm ······························· **3. 云南桤叶树 C. delavayi**
　　3. 总状花序4~8枝组成伞形花序；叶纸质，长8.0~22.5cm，宽3~9cm ············ **4. 贵州桤叶树 C. kaipoensis**

1. 单毛桤叶树　小叶山柳
Clethra bodinieri H. Lév.

常绿灌木或小乔木，高2~5m。小枝圆柱形，嫩时无毛或有稀疏平展灰色单伏毛，老时无毛。叶革质或近革质，倒披针形或椭圆形，长4~13cm，宽1~3cm，先端尾状渐尖，基部楔形至楔尖，边缘1/3~1/2以上具短尖头细锯齿，上面亮绿色，无毛，下面淡绿色，无毛或中脉被糙毛，下半部全缘，侧脉7~10对，下面与中脉一样明显凸起；叶柄长4~12mm。总状花序顶生，长3~14cm，各部均被灰色单伏毛，苞片线形，早落；花梗细，长5~8mm；花萼裂片5(~6)枚；花瓣4~5枚，白色或粉红色；雄蕊10(~12)枚，与花瓣相等或稍长；子房密被毛，花柱不分裂。蒴果近球形，直径约4mm，被硬毛，具宿存花萼，宿存花柱长8~10mm；种子有棱，种皮上有网状浅凹槽。花期6~8月；果期7~8月。

产于昭平、金秀、融水、罗城、百色、田林、凌云、平南、桂平、横县、上思。生于山坡或山谷密林、疏林或灌丛中。分布于广东、福建、海南、贵州、云南、湖南。

2. 华南桤叶树　山柳　图780
Clethra fabri Hance

半常绿灌木或乔木，高2~7m。嫩枝初被疏毛，很快变无毛。叶纸质或革质，倒卵状椭圆形或长圆形，长5.0~12.5cm，宽1.5~4.0cm，先端渐尖或近短尖，基部稍钝至楔形，边缘1/4~1/2以上具腺状小齿，上面深绿色，初时被稀疏柔毛，后无毛，下面淡绿色，初被疏毛，后仅中脉和脉腋有毛；中脉和侧脉在上面下陷，在下面凸起，侧脉7~13对，网脉仅在下面明显；叶柄长3~12mm。总状花序2~7枝组成圆锥花序，长6~20cm，各部被毛；苞片通常与花等长；花梗长2~3mm；萼片卵状长圆形，具短尖头；花瓣白色，芳香，顶端钝圆且具流苏状浅裂；雄蕊长于花瓣，花药略分叉；花柱长2~3mm，顶端3浅裂。蒴果直径2.5~3.0mm，被硬毛；果梗长4~6mm；种子黄褐色，不规则卵圆形，有时具棱，

图780 华南桤叶树 **Clethra fabri** Hance
1. 花枝；2. 花；3. 雌蕊；4. 花瓣及雄蕊。(仿《中国植物志》)

图 781 云 南 桤 叶 树 Clethra delavayi
Franch. 1. 花枝；2. 雄蕊及花瓣；3. 果；4. 叶背部分（放大）。（仿《中国植物志》）

种皮上有近方形浅凹槽。花期 7 ~ 8 月；果期 8 ~ 10 月。

产于百色、隆林、田林、靖西、德保、那坡、凌云、武鸣、龙州、扶绥、防城、上思、东兴。分布于云南、广东、贵州、海南、湖南；越南也有分布。

3. 云南桤叶树 图 781

Clethra delavayi Franch.

落叶灌木或小乔木，高 1 ~ 8m。小枝栗褐色，嫩时密被成簇锈色糙硬毛或伏贴星状绒毛。腋芽圆锥形，有柄，鳞片长圆形，密被星状微硬毛。叶硬纸质，倒卵状长圆形或长椭圆形，长 4 ~ 15cm，宽 1.5 ~ 6.0cm，先端渐尖或短尖，基部楔形或圆形，边缘具尖锐锯齿，上面深绿色，初被硬毛后近无毛，下面淡绿色，初密被星状毛，后毛渐稀疏，脉腋常有星状簇毛；侧脉 7 ~ 24 对，在下面与中脉一样凸起；叶柄长 0.5 ~ 3.0cm，上面稍成浅沟状。总状花序，长 7 ~ 21cm，密被短柔毛；苞片披针形；花梗细，长 6 ~ 12mm；萼裂片卵状披针形，短尖头上有腺体；花瓣白色、粉红色至深紫色；雄蕊 10 枚，短于花瓣；子房密被锈色绢状长硬毛，花柱几无毛，顶端深 3 裂。蒴果近球形，下弯，直径 4 ~ 6mm，果梗长 14 ~ 20mm；种子具 3 条棱，有时略扁，种皮上有蜂窝状深凹槽。花期 6 ~ 9 月；果期 9 ~ 10 月。

产于全州、平乐、金秀、融安、融水、凌云、平乐、武鸣、上林、横县。分布于福建、广东、重庆、四川、贵州、云南、湖北、湖南、江西、西藏、浙江；印度、越南也有分布。

4. 贵州桤叶树

Clethra kaipoensis H. Lév.

落叶灌木或乔木，高 1 ~ 18m。小枝略具纵棱，嫩时密被星状毛，后渐变无毛。芽长卵圆形，鳞片卵状披针形，密被毛。叶纸质，椭圆形或长圆状倒披针形，长 8.0 ~ 22.5cm，宽 3 ~ 9cm，先端渐尖，基部宽楔形或近圆形，边缘具锐尖锯齿，上面深绿色，下面淡绿色或灰绿色，嫩时两面密被星状柔毛，后上面无毛，下面疏被毛或仅沿叶脉被星状毛或糙伏毛；侧脉 16 ~ 25 对，在上面平坦，在下面微凸；叶柄长 0.8 ~ 4.0cm。总状花序 4 ~ 8 枝组成伞形花序，长 14 ~ 22cm，花序轴稍粗，与花梗和苞片均密被金锈色或锈色星状及成簇长硬毛；花梗稍粗，长 2 ~ 3mm；苞片线状披针形，长于花梗，脱落，有时宿存；萼裂片长圆状卵形，有短尖头；花瓣白色；雄蕊与花瓣等长，无毛；子房密被毛，花柱无毛，长 2 ~ 4mm，顶端短 3 裂。蒴果近球形，疏被长硬毛，直径 4mm，果梗长 4mm；种子扁平，有时具棱，种皮上有蜂窝状凹槽，有时边缘稍向外延伸成膜质状。花期 7 ~ 8 月；果期 9 ~ 10 月。

产于兴安、龙胜、临桂、永福、资源、全州、融水、三江、宜州。生于海拔 1000m 以上的山坡路旁、溪边或灌丛中。分布于江西、福建、湖北、湖南、广东、贵州。根、叶可治风湿痹痛。

86 杜鹃花科 Ericaceae

常绿或落叶灌木，稀为小乔木或乔木。单叶互生，稀假轮生，全缘或有锯齿；无托叶。花两性，整齐，稀两侧对称，通常组成顶生或少为腋生的伞形花序、总状花序或圆锥花序，少有单生或成对着生；花萼宿存，有时花后肉质，顶端通常 5(4～10) 裂，裂片覆瓦状或镊合状排列；花冠钟形、漏斗形、辐射状、圆筒形或壶形，顶端通常 5(4～10) 裂，裂片覆瓦状或少数镊合状排列；雄蕊数目多为花冠裂片的 2 倍，很少与花冠裂片同数而互生，着生于花盘之下，有时基部与花冠管连合，花丝通常分离，花药 2 室，常具尾状延伸的附属体，顶孔开裂，稀短纵裂；子房上位，(4～)5～10 室，中轴胎座，胚珠通常多数，花柱不分枝，盾状或截形，分裂或不分裂。蒴果，少数浆果或核果，种子微小，无翅或有翅。

约 125 属 4000 种，主产于全球温带和寒带，少数分布于热带高山和亚热带低山丘陵。中国有22 属 800 余种，多分布于西南中高海拔山区；广西 6 属 85 种 8 变种。

分属检索表

1. 蒴果；花萼干后宿存，但花后不继续增大。
　2. 蒴果室间开裂；花冠通常阔钟形、漏斗形或漏斗状钟形，很少辐射状；雄蕊通常外伸，花药无芒 ……………………………………………………………………………………… **1. 杜鹃花属 Rhododendron**
　2. 蒴果室背开裂；花冠钟形、圆筒形或壶形；花药无芒或有芒。
　　3. 蒴果扁球形，有深沟；花萼裂片覆瓦状排列 ……………… **2. 金叶子属 Craibiodendron**
　　3. 蒴果近球形，长圆形或卵状球形，有浅深；花萼裂片镊合状排列。
　　　4. 花药无芒；蒴果缝线明显加厚 ………………………………… **3. 珍珠花属 Lyonia**
　　　4. 花药有芒；蒴果缝线不加厚。
　　　　5. 芒位于花药背面，反曲，总状花序或圆锥花序，花冠壶形；常绿 ……… **4. 马醉木属 Pieris**
　　　　5. 芒位于花药顶部，直立或上升，伞形花序或伞形花序状的总状花序，花冠钟形；落叶，或极少数常绿 ……………………………………………………… **5. 吊钟花属 Enkianthus**
1. 浆果状蒴果，为肉质和花后增大的花萼所包着 ………………… **6. 白珠树属 Gaultheria**

1. 杜鹃花属 Rhododendron L.

常绿或落叶，灌木或乔木，有时矮小成垫状，地生或附生。植株无毛或被各式毛被或被鳞片。叶互生，全缘，稀有小齿。花芽被多数芽鳞。花显著，通常排列成伞形总状或短总状花序，稀单花，通常顶生，少有腋生；花萼 4～5 裂，宿存；花冠漏斗状、钟状、管状或高脚碟状，整齐或略两侧对称，常 5 裂，稀 6～8 裂，裂片在芽内覆瓦状；雄蕊 5～10 枚，通常 10 枚，稀更多，花药无附属物；花盘稍增厚而显著；子房常 5 室，少有 6～20 室，花柱常向上弯，无毛或具毛和腺体，宿存。蒴果自顶部向下室间开裂，果瓣常木质；种子多数，细小。

约 1000 种，主产于东亚和东南亚。中国约 409 种，集中产于西南、华南地区；广西 77 种 1 变种。

分亚属检索表

1. 花序顶生。
　2. 植物体有鳞片或鳞腺；叶常绿或半常绿；花于叶后开放 …………… **1. 杜鹃亚属 Subgen. Rhododendron**
　2. 植物体无鳞片或鳞腺；叶常绿或脱落；花生于叶或与叶同时开放。
　　3. 新生枝叶出自花序下的侧生芽或无花的枝端；雄蕊 10～20 枚或更多，罕 5 枚。
　　　4. 叶常绿；雄蕊 10～20 枚或更多；通常为大灌木或小乔木 ……… **2. 常绿杜鹃亚属 Subgen. Hymenanthes**
　　　4. 叶脱落；雄蕊 5 枚；小灌木 ………………………………… **3. 羊踯躅亚属 Subgen. Pentanthera**
　　3. 新生枝叶与花序出自同一顶芽；雄蕊 5～10 枚 ………………… **4. 映山红亚属 Subgen. Tsutsusi**
1. 花序侧生；新生枝条出自枝端的叶腋或花序下的叶腋间。
　　5. 植株无鳞片；花冠阔漏斗状；雄蕊 5 枚或 10 枚 ……………… **5. 马银花亚属 Subgen. Azaleastrum**
　　5. 植株有鳞片；花冠管状；雄蕊 10 枚 ………………………… **1. 杜鹃亚属 Subgen. Rhododendron**

1. 杜鹃亚属 Subgen. Rhododendron

矮至大灌木,少有乔木。植株被鳞片,至少幼枝和叶下面明显被有,通常在叶上面、花梗、花萼、花冠外,子房、花柱上也被有,通常无毛被,有时有柔毛。叶通常常绿,少有半落叶,通常革质,小至大。花序顶生,少花至多花或单花,伞形总状或短总状;萼片不发育,或短小至宽大,通常5枚;花冠小至大,白、红、黄、紫色,漏斗状、钟状、筒状、高脚碟状,稀辐射状,内面常有各色斑;雄蕊10(~5)枚,少有8~27枚;子房5~6室,少有多至12室;花柱细长、劲直或短而强度弯弓。蒴果长圆形或卵球形,密被鳞片,果瓣木质或质薄且开裂后稍扭曲或反卷。种子多数,有鳍状窄翅或两端具伸长的尾状附属物。

约498种。中国有174种,主要产于西南地区;广西产8种。

分种检索表

1. 种子两端无附属物;蒴果熟时不弯曲,果瓣厚革质;花柱有鳞点。
  2. 花序顶生,有时在顶生花芽下具侧生花芽。
    3. 花柱下部具鳞片;花萼发达,有明显深裂成长圆形或卵形的裂片。
      4. 叶较大,长4~17cm,宽2.0~6.5cm;蒴果长2.0~4.3cm。
        5. 植物体无毛;叶长圆形至圆状披针形,仅背面被鳞片,长7~16cm… **1. 百合花杜鹃 Rh. liliiflorum**
        5. 植物体密被长糙毛;叶椭圆形至椭圆状倒卵形,两面被鳞片,长4~8cm… **2. 南岭杜鹃 Rh. levinei**
      4. 叶较小,长3.5~4.5cm,宽1.5~2.1cm;蒴果长8~9mm …………… **3. 武鸣杜鹃 Rh. wumingense**
    3. 花柱无鳞片;花萼短小,无明显裂片或有长4~9mm的红紫色裂片………… **4. 问客杜鹃 Rh. ambiguum**
  2. 花序腋生,生于枝顶叶腋,或有时因叶早落而呈假顶生,或生于前1年枝下部叶腋;花冠筒状,鲜红色或橙红色 ……………………………………………………………………… **5. 爆杖花 Rh. spinuliferum**
1. 种子两端具尾状附属物;蒴果熟时弯曲,果瓣革质;花柱无鳞点。
  6. 叶倒卵形至长倒卵形,长约3.5cm;萼片不明显,波状或钝齿状;花冠长1.5~2.0cm;子房被鳞片;花柱长于雄蕊。
    7. 叶较大,革质,倒卵形至长圆状倒卵形,长1.5~3.5cm,宽1.0~1.5cm;花萼小,浅波状分裂;子房被鳞片,无毛 ……………………………………………………………… **6. 缺顶杜鹃 Rh. emarginatum**
    7. 叶较小,厚革质,倒卵形至倒卵状匙形,长1.2~2.0cm,宽0.8~1.3cm;花萼裂片较大;子房被绒毛和鳞片 …………………………………………………………… **7. 毛果缺顶杜鹃 Rh. poilanei**
  6. 叶倒卵状匙形,长不超过2cm;萼片明显,长圆形;花冠长0.8~1.2cm;子房被微柔毛和鳞点;花柱短于雄蕊 ……………………………………………………… **8. 岩谷杜鹃 Rh. rupivalleculatum**

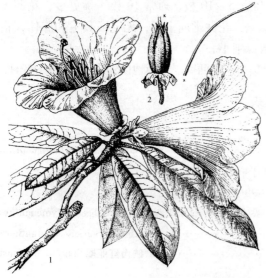

图782 百合花杜鹃 Rhododendron liliiflorum H. Lév. 1. 花枝;2. 果实。(仿《中国植物志》)

1. 百合花杜鹃 图782

Rhododendron liliiflorum H. Lév.

常绿灌木或小乔木,高2~5m。幼枝无毛,被鳞片。叶片革质,长圆形至圆状披针形,长7~16cm,宽2~5cm,顶端钝圆,基部楔形至圆形,叶面暗绿色,无鳞片,叶背粉绿色,密被红褐色细鳞片;叶柄粗,长1.5~3.0cm,被鳞片。伞形花序顶生,有花2~4朵;花梗粗壮,长1.0~1.8cm,密被鳞片;花萼5裂,萼片长圆状卵形,长约1cm,外面被鳞片;花冠芳香,管状钟形,长8~10cm,白色,外侧被鳞片,5裂,裂片全缘;雄蕊10枚,长4~6cm,花丝下部1/3密被绒毛,花药长6~7mm;子房5室,密被鳞片,花柱略短于花冠,下半部密被鳞片。蒴果长圆形,2.5~4.5cm,

常有宿存的花萼和花柱。花期5月；果期9月。

产于兴安、资源、龙胜、临桂、金秀、那坡。生于海拔800~1700m的山坡和山谷灌木丛中或疏林下。分布于云南、贵州、湖南。花大型、素白，极显目，有较高的观赏价值。

2. 南岭杜鹃 北江杜鹃 图783

Rhododendron levinei Merr.

常绿灌木，高1~4m。幼枝疏生鳞片和长硬毛，后渐脱落。叶片革质，椭圆形至椭圆状倒卵形，长4~8cm，宽2~4cm，顶端钝至宽圆，有时微凹，基部宽楔形至钝圆，边缘密生细刚毛状缘毛，叶面密被细长刚毛，疏生鳞片，以后脱落，背面被短柔毛，密生鳞片；叶柄长5~15mm，被长粗毛和鳞片。伞形花序顶生，有花2~4朵；花梗长1~2cm，密生鳞片；花萼5深裂，长8~10mm；花冠宽漏斗形，长5~9cm，白色，内有黄色斑；雄蕊10枚，不等长，长4~7cm，花丝下部被短柔毛；子房密生鳞片和茸毛，花柱长5.5~6.0cm。蒴果长圆形，长2.0~2.5cm，密被鳞片；果梗粗壮，长1~2cm。花期4月下旬至5月下旬，果期9~10月。

产于兴安、资源、龙胜、金秀、融水。生于海拔1300m的以上的山坡和石壁的灌木丛中或疏林下。分布于福建、广东、湖南、贵州。

3. 武鸣杜鹃

Rhododendron wumingense W. P. Fang

常绿灌木，高0.5~4.0m；枝细长，小枝顶端直径1~2mm，幼枝被鳞片。叶较小，厚革质，长圆状倒卵形或长圆状椭圆形，长3.5~4.5cm，宽1.5~2.1cm，顶端近圆形，基部渐狭或宽楔形，边缘疏生刚毛，叶面暗绿色，无鳞片，背面灰色，被金黄色鳞片；侧脉10~12对；叶柄长4~6mm，被淡黄色鳞片。伞形花序顶生，常有花2朵；花梗长6~8mm；花萼短小，淡黄紫色，裂片5枚；花冠宽漏斗形，长4~5cm，白色；雄蕊9~10枚，不等长，长2.5~4.0cm，花丝中部以下被柔毛；子房5室，密被鳞片，花柱长约5cm。蒴果长圆状圆锥形，长8~9mm，密被褐色鳞片。花期4月。

广西特有种，仅产于武鸣大明山和贵港平天山。生于海拔900~1100m的石缝、草丛中。

4. 问客杜鹃 图784

Rhododendron ambiguum Hemsl.

常绿灌木，高1~3m。幼枝细长，密被腺体状鳞片。叶革质，椭圆形或卵状披针形，长4~8cm，宽2~3cm，顶端渐尖、锐尖或钝，有短尖头，基部宽楔形至钝形，叶面被鳞片，幼叶中脉被毛或无毛，背面密被黄褐色鳞片，鳞片不等大；叶柄长6~

图783　南岭杜鹃 Rhododendron levinei Merr.
1. 花枝；2. 雌蕊；3. 雄蕊；4. 果。(仿《中国高等植物图鉴》)

图784　问客杜鹃 Rhododendron ambiguum Hemsl. 1. 花枝；2. 叶背(示鳞片)；3. 果。(仿《中国植物志》)

10mm，密被鳞片。花序顶生，稀腋生，有花 3 ~ 7 朵，伞形着生或短总状，花序轴 2 ~ 4mm；花梗长 0.5 ~ 1.0cm，被鳞片；花萼长 0.5 ~ 1.0mm，被红紫色鳞片；花冠黄色或淡黄色，内面有黄绿色斑点和微柔毛，宽漏斗状，长 3 ~ 4cm，外面被鳞片；雄蕊 10 枚，长 1.8 ~ 4.5cm；子房 5 室，密被鳞片，花柱伸出花冠外，无毛。蒴果长圆形，长 0.6 ~ 1.5cm，密被鳞片。花期 4 月；果期 9 月。

产于环江。生于海拔 800 ~ 1000m 的石灰岩石山灌丛中。分布于四川中部及西部。

5. 爆杖花

Rhododendron spinuliferum Franch.

常绿灌木，高 0.5 ~ 2.0m。幼枝被灰黄色柔毛，杂生刚毛；老枝近无毛。叶坚纸质，散生，叶片倒卵形至椭圆状披针形，长 2.5 ~ 8.0cm，宽 1.3 ~ 3.8cm，顶端通常渐尖，具短尖头，基部楔形，叶面有柔毛，背面密被灰白色柔毛和鳞片，近边缘处有短刚毛；叶脉在叶面凹陷致而呈皱纹状，在背面凸起；叶柄长 3 ~ 6mm，被柔毛或鳞片。花序腋生于枝顶成假顶生；花序伞形，有花 2 ~ 4 朵；花梗长 2 ~ 10cm，连同花萼密被灰白色柔毛和鳞片；花萼浅杯状，无裂片；花冠筒状，两端略狭缩，长 1.5 ~ 2.5cm，鲜红色或橙红色，上部 5 裂，裂片卵形，直立；雄蕊 10 枚，不等长，外伸，花药紫黑色；子房 5 室。蒴果长圆形，长 1.0 ~ 1.4cm。花期 5 月。

产于隆林金钟山。生于海拔 1600m 以上的向阳处灌木丛中。分布于四川、云南。

6. 缺顶杜鹃　图 785

Rhododendron emarginatum Hemsl. et E. H. Wilson

附生灌木，高 0.6 ~ 1.5m。茎分枝多，节间短，幼枝有疣状凸起，被鳞片。叶芽鳞早落。叶革质，3 ~ 4 片集生于枝顶，倒卵形至长圆状倒卵形，长 1.5 ~ 3.5cm，宽 1.0 ~ 1.5cm，顶端宽圆形，微凹缺，有小尖头，基部楔形渐狭，边缘反卷，叶面暗绿色，光滑，背面淡黄绿色，疏生小鳞片；中脉在叶面凹陷，在背面凸起；叶柄长 2 ~ 5mm，有鳞片。花序顶生，有花 1 朵；花梗长 1.4 ~ 2.3cm，被鳞片，基部有数枚小苞片；花萼小，浅波状，疏生鳞片；花冠钟状，长 1.5 ~ 2.0cm，黄色，5 裂，外面被鳞片；雄蕊 10 枚，不等长，长 0.5 ~ 1.5cm，花丝中下部被柔毛；子房密被鳞片，花柱直立或弯弓状，无毛。蒴果圆柱形，长 1.0 ~ 1.5cm，被鳞片。花期 10 月至翌年 1 月；果期 2 ~ 3 月。

产于上思十万大山。生于海拔约 1200m 的树干或岩石上。分布于贵州、云南、四川；越南也有分布。

7. 毛果缺顶杜鹃

Rhododendron poilanei Dop

附生灌木，高 0.5m。茎多分枝，幼枝有疣状凸起，被鳞片。芽鳞早落。叶厚革质，倒卵形或倒卵状匙形，长 1.2 ~ 2.0cm，宽 0.8 ~ 1.3cm，顶端圆形，有时微凹，基部楔形，叶背淡黄绿色，疏生鳞片；侧脉在两面不明显；叶柄长 2 ~ 6mm。花序顶生，有花 1 朵；花梗长 0.5 ~ 1.0cm，被鳞片；花萼疏生鳞片；花冠钟状，长 0.8 ~ 1.0cm，黄色，外面疏生鳞片；雄蕊 10 枚，不等长，花丝无毛；子房被鳞片和绒毛，花柱直立，短于花冠和雄蕊。蒴果细圆柱状，长约 1cm。花期

图 785　缺顶杜鹃 Rhododendron emarginatum Hemsl. et E. H. Wilson 果枝。(仿《中国植物志》)

8~9月。

产于融水。生于海拔1200m以上的山地灌丛。分布于云南；越南北部也有分布。

8. 岩谷杜鹃

Rhododendron rupivalleculatum P. C. Tam

附生小灌木，高20~60cm。茎圆柱形，多分枝，幼枝粗糙，密生小疣状凸起。叶革质，3~4枚集生于枝顶，叶片倒卵状匙形，长1.4~2.0cm，中部最宽处0.8~1.0cm，顶端微凹，有小凸尖头，基部楔形渐狭，边缘明显反卷，叶面橄榄绿色，有光泽，背面淡绿色，疏生鳞片；中脉明显，侧脉不显；叶柄长约3mm或近无柄。花序顶生，有花1朵；花梗纤细，长1.0~1.5cm，被微柔毛和鳞片；花萼短小，被微柔毛，5裂，裂片长圆形，长约1.2mm；花冠短钟状，长0.8~1.2cm，黄色，疏生鳞片，裂片长于筒部，有红色斑点；雄蕊10枚，长0.8~1.0cm，花丝中部被微柔毛；子房密被微柔毛和鳞片，花柱长约5mm。蒴果长圆形，长0.9~1.2cm，直径3.5mm，被微毛和鳞片。花期7~9月；果期11月至翌年1月。

产于龙胜、融水。生于海拔1200~1800m的山顶或山谷石缝中。分布于广东。

2. 常绿杜鹃亚属 Subgen. Hymenanthes

常绿灌木至乔木，稀为匍匐状小灌木。叶革质，较大。顶生总状伞形花序，常多花，稀仅有1~2朵花；花萼小，环状，稀增大发育成杯状，绿色或红色，5(6~8)裂；花冠较大，钟状、管状、漏斗状、稀杯状或碟状，粉红色、白色、红色至紫红色，稀黄色，基部有深色蜜腺囊或无，5裂，稀6~8裂；雄蕊常为花冠裂片的2倍，通常10枚，稀12~20枚，不等长；子房常圆柱形或卵圆形，无毛或具稀或密的各式毛被，稀具腺体，5~18室。蒴果圆柱形，成熟后室间开裂；种子常具膜质薄翅。

广西22种2变种。

分种检索表

1. 叶无毛或幼时背面被毛，成长后变无毛。
  2. 叶背无毛；花冠较大，漏斗状钟形，5~7裂；雄蕊12~25枚；子房无毛，具腺体；蒴果粗壮，近直立。
    3. 花柱有腺体。
      4. 叶革质，长圆形、长圆状椭圆形或长圆状倒披针形。
        5. 叶片基部圆形，叶长圆形至长圆状椭圆形，长7~25cm，宽3.5~12.0cm。
          6. 叶片较大，长11~25cm，宽5~9cm；花冠较大，长和宽均为8~10cm，阔漏斗状钟形，纯白色 ················ **9. 大云锦杜鹃 Rh. faithiae**
          6. 叶片较小，长7~15cm，宽3~9cm；花冠较小，长4~6cm，粉红色 ················ ················ **10. 云锦杜鹃 Rh. fortunei**
        5. 叶片基部楔形，叶长圆状椭圆形或长圆状倒披针形，长10~18cm，宽2.5~5.5cm；花冠漏斗状钟形，淡红色至白色，长6~8cm，宽约6cm ················ **11. 喇叭杜鹃 Rh. discolor**
      4. 叶厚革质，圆形或近圆形，长4.5~9.5cm，宽4~9cm；花冠漏斗状钟形，淡紫红色，长4.0~4.8cm ················ **12. 越峰杜鹃 Rh. yuefengense**
    3. 花柱无腺体或仅基部附近有腺体。
      7. 叶长圆状椭圆形、倒披针状椭圆形、倒披针形或倒卵状披针形。
        8. 花梗、花萼、子房和花柱均无腺体；花丝下部1/4~1/3具微柔毛。
          9. 叶椭圆状倒披针形，长10~25cm，宽3.3~7.5cm；花序有花4~10朵；总轴具微柔毛；花冠漏斗状钟形，长6cm；雄蕊15~16枚，长2~4cm；子房圆锥形，长约8mm，花柱长约4.5cm ········ ················ **13. 早春杜鹃 Rh. praevernum**
          9. 叶长圆状椭圆形至倒披针状椭圆形，长8~16cm，宽3.0~5.5cm；花序有花5~8朵；总轴无毛；花冠宽钟形，长3.0~4.5cm；雄蕊12~16枚，长1.5~3.0cm；子房长卵球形，长约5mm，花柱

　　　　　　长约 2.5cm ·· **14. 桂海杜鹃 Rh. guihainianum**

　　　　8. 花梗、花萼、子房和花柱下半部均具腺体，花柱上半部无腺体；花丝无毛··········

　　　　　　·· **15. 猫儿山杜鹃 Rh. maoerense**

　　　7. 叶阔卵形至圆形，长 5.5 ~ 11.0cm，宽 4.5 ~ 9.0cm ·········· **16. 团叶杜鹃 Rh. orbiculare**

2. 叶幼时背面被单毛或星状毛，成长后无毛或近无毛；花冠较小，钟形或管状，5 ~ 7 裂；雄蕊 10 枚；子房具毛
　　或有腺体。

　　10. 叶通常为披针形、椭圆状披针形，稀为长圆状披针形或卵状披针形；蒴果弯曲或直。

　　　11. 叶片较大，长 8 ~ 15cm；花丝无毛，花柱有腺体或腺毛。

　　　　12. 花冠白色或淡紫红色，长 2 ~ 3cm；花柱全体具腺体 ·············· **17. 桃叶杜鹃 Rh. annae**

　　　　12. 花冠淡紫红色，长 2.5 ~ 4.0cm；花柱下部 1/3 ~ 1/2 被具柄腺体 ··· **18. 短脉杜鹃 Rh. brevinerve**

　　　11. 叶片较小，长 5 ~ 10cm；花丝基部有短柔毛，花柱光滑无毛 ··· **19. 贵州杜鹃 Rh. guizhouense**

　　10. 叶通常长圆状椭圆形或长圆状披针形；蒴果圆柱形，稍直。

　　　13. 子房密被小腺体，花柱长约 2cm；叶柄有不明显的丛卷毛 ·········· **20. 厚叶杜鹃 Rh. pachyphyllum**

　　　13. 子房具 6 条棱，密被锈色尘状细腺毛或腺体，花柱长约 2.5cm；叶柄无丛卷毛··········

　　　　·· **21. 资源杜鹃 Rh. ziyuanense**

1. 叶背密被绵毛、绒毛、毡毛或粉末状柔毡。

　　14. 小枝粗壮；叶大型；花序轴粗短，花密集，花冠漏斗状钟形，子房密生长腺毛或柔毛，雄蕊 14 ~ 15 枚。

　　　15. 叶基耳形；花冠银白色 ·································· **22. 耳叶杜鹃 Rh. auriculatum**

　　　15. 叶基钝圆形；花冠粉红色 ······························· **23. 红滩杜鹃 Rh. chihsinianum**

　　14. 小枝细瘦；叶中型或小型；花序轴细长，花稀疏，花冠漏斗状钟形或钟形，子房无毛或被腺体和毛，雄蕊
　　　10 ~ 20 枚。

　　　16. 小枝和叶柄被刚毛或绒毛；叶背面或沿中脉被刚毛或分枝状绒毛；花萼小，花冠 5 裂，白色、粉红色或
　　　　深红色，基部有或无斑点，雄蕊 10 枚，子房具有柄腺体或绒毛，罕见无毛。

　　　　17. 叶长圆状椭圆形，长 4 ~ 6cm，宽 2.0 ~ 3.5cm，先端圆钝，叶背面沿中脉被卷绒毛；伞形花序有花
　　　　　3 ~ 5 朵，花冠钟形，紫红色，花丝基部被柔毛 ·········· **24. 稀果杜鹃 Rh. oligocarpum**

　　　　17. 叶狭长圆形，长 12 ~ 20cm，宽 4 ~ 7cm，先端短渐尖，叶背面中脉无毛；总状花序花 7 ~ 10 朵，花冠
　　　　　管状漏斗形，近玫瑰色，花丝无毛 ···················· **25. 多毛杜鹃 Rh. polytrichum**

　　　16. 小枝、叶柄和叶背面无刚毛；叶背面被绒毛、绵毛或毡毛。

　　　　18. 花冠深红色，无色斑，基部有密腺囊，花序有花 10 ~ 20 朵，排列密集，子房被黄棕色短绒毛··········

　　　　　·· **26. 马缨杜鹃 Rh. delavayi**

　　　　18. 花冠白色、淡红色或紫红色，常具色斑，基部无蜜腺囊，花序有花 4 ~ 20 朵，排列疏松或紧密，雄蕊
　　　　　10 ~ 14(~ 20) 枚，子房被毛、无毛或有腺体，花柱无毛或有具体。

　　　　　19. 花序总轴较短，花梗短，花排列紧密，花萼长 0.5 ~ 1.5mm；高大直立灌木，高 2 ~ 3m；分枝粗
　　　　　　壮，茎直；叶椭圆状长圆形 ···················· **27. 大橙杜鹃 Rh. dachengense**

　　　　　19. 花序总轴较长，花梗细长，花排列疏松，花萼长 1 ~ 3(~ 5)mm。

　　　　　　20. 雄蕊 18 ~ 20 枚；叶倒卵状披针形或披针形，长 6 ~ 18cm，宽 2.5 ~ 4.5cm，叶背面被淡黄色
　　　　　　　卷曲毡毛层；花冠白色带玫瑰色，子房被白色丛卷毛，花丝中部以下被微毛 ··········

　　　　　　　·· **28. 光枝杜鹃 Rh. haofui**

　　　　　　20. 雄蕊 10 ~ 12 枚。

　　　　　　　21. 花柱无毛，子房被绒毛及腺体，花序有花 4 ~ 9 朵；叶倒卵状披针形，长 4 ~ 10cm ··········

　　　　　　　　·· **29. 猴头杜鹃 Rh. simiarum**

　　　　　　　21. 花柱基部有毛，子房被绒毛，花序有花约 10 朵；叶狭披针形，长 9 ~ 15cm ··········

　　　　　　　　·· **30. 防城杜鹃 Rh. fangchengense**

9. 大云锦杜鹃　图786

Rhododendron faithiae Chun

常绿灌木或小乔木，高 4 ~ 12m。树皮灰褐色至褐色，呈不规则的片状剥落。幼枝粗壮，淡黄

褐色，无毛。冬芽顶生，近球形，无毛。叶常 5 ~ 7 枚集生于枝顶，厚革质，椭圆状长圆形至长圆形，长 11 ~ 25cm，宽 5 ~ 9cm，先端宽急尖，有小尖头，基部钝至圆形，叶面暗橄榄色，背面灰白绿色，无毛，中脉在叶面稍凹下，在背面凸起，侧脉 15 ~ 22 对；叶柄粗壮，长 1.5 ~ 3.4cm，无毛。顶生花序，有花 8 ~ 12 朵；总轴长近 5cm，花梗、花萼、子房、果实上均有腺体；花梗长 2 ~ 3cm；花萼短，几不分裂；花冠宽漏斗状钟形，长 8 ~ 10cm，宽与长近于相等，白色，7 裂；雄蕊 14（ 18）枚，不等长，长 3.7 ~ 5.0cm，花丝无毛；子房长 9mm，花柱长 5.2cm。蒴果圆柱形，长 2.5 ~ 4.5cm，10 室，有纵沟纹。花期 7 ~ 8 月；果期 10 ~ 11 月。

产于金秀、贵港。生于海拔 1000 ~ 1400m 的山谷或溪边杂木林中。分布于广东。

10. 云锦杜鹃　图 787：1 ~ 5
Rhododendron fortunei Lindl.

常绿灌木或小乔木，高 3 ~ 10m；主干弯曲，树皮片状开裂；幼枝初具腺体；顶生冬芽阔卵形，长 1 ~ 3cm，无毛。叶厚革质，长圆形至长圆状椭圆形，长 7 ~ 15cm，宽 3 ~ 9cm，先端钝圆，基部圆钝至浅心形，叶面深绿色，有光泽，背面淡绿色，在放大镜下可见微柔毛，中脉在叶面凹下，背面凸起，侧脉约 14 对，在叶面微凹，背面平坦；叶柄粗壮，长 2 ~ 4cm，疏被腺体。顶生总状伞形花序，有花 6 ~ 12 朵；总轴长 3 ~ 5cm；花梗长 2 ~ 3cm；花萼小，长约 1mm；花冠漏斗状钟形，长 4 ~ 5cm，直径约 5cm，粉红色，裂片 7 枚；雄蕊 14 枚，不等长，长 2 ~ 3cm；子房圆锥形，长 5mm，密被腺体，10 室，花柱长约 3cm，疏被腺体。蒴果长圆状椭圆形，长约 3cm，直径 6 ~ 10mm，有肋纹及腺体残迹。花期 4 ~ 5 月；果期 8 ~ 10 月。

产于资源、龙胜、临桂、全州、兴安、灌阳、融水、容县。生于海拔 700m 以上山坡密林中。分布于陕西、湖北、湖南、河南、安徽、浙江、江西、福建、广东、四川、贵州、云南。

11. 喇叭杜鹃　图 787：6 ~ 9
Rhododendron discolor Franch.

常绿灌木或小乔木，高 2 ~ 8m。小枝粗壮，无毛。叶革质，集生于枝顶，长圆状椭圆形至长圆状倒披针形，长 10 ~ 18cm，宽 2.5 ~ 5.5cm，

图 786　大云锦杜鹃 Rhododendron faithiae Chun 1. 花枝；2. 雌蕊；3. 雄蕊。(仿《中国高等植物图鉴》)

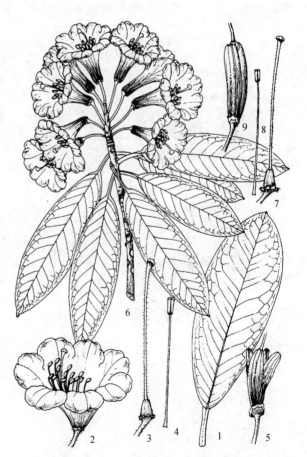

图 787　1 ~ 5. 云锦杜鹃 Rhododendron fortunei Lindl. 1. 叶片；2. 花；3. 雌蕊；4. 雄蕊；5. 果。**6 ~ 9. 喇叭杜鹃 Rhododendron discolor** Franch. 6. 花枝；7. 雌蕊；8. 雄蕊；9. 果。(仿《中国植物志》)

先端钝，基部楔形，边缘反卷，叶面深绿色，背面淡黄白色，两面无毛；中脉在叶面凹陷，在背面凸起，侧脉约20对，在叶面微凹，在背面不明显；叶柄粗壮，长1.5～2.5cm，无毛。短总状花序顶生，有花6～8朵；总轴长1.5～3.0cm，疏被腺体；花梗长2.0～2.5cm，无毛或疏被腺体；花萼小，7裂；花冠漏斗状钟形，长6～8cm，宽约6cm，淡红色至白色，裂片7枚，近圆形，长2cm，宽2.5cm；雄蕊12～16枚，不等长，长3.0～3.8cm，花药白色；子房卵状圆锥形，长7mm，密被短柄腺体，花柱长约5mm。蒴果长圆柱形，微弯曲，长4～5cm，有纵纹及腺体残迹。花期5～6月；果期9～10月。

产于龙胜、临桂、融水。生于海拔约1000m的山地林缘和灌木丛中。分布于陕西、安徽、浙江、江西、湖北、湖南、四川、贵州和云南。

12. 越峰杜鹃

Rhododendron yuefengense G. Z. Li

常绿灌木，高0.5～1.5m。枝多而弯曲，粗壮。叶圆形或近圆形，厚革质，长4.5～9.5cm，宽4～9cm，先端圆形，具凸尖头，基部圆钝或心形，叶面橄榄绿色，背面浅绿色；中脉在叶面凹陷，在背面稍凸起，侧脉8～12对，与网脉同在叶面凹陷，在背面不明显，边缘全缘，明显反卷；叶柄粗壮，长1～3cm，在背面两侧具明显的狭翅，翅宽1～2mm。总状花序顶生，有花5～10朵；总轴长4～7cm，无毛；总苞片卵形，4～5枚，内侧无毛，外侧密被长柔毛，早落，长约3.5cm，宽约1.6cm；花梗稍粗壮，长2.0～3.8cm；花萼浅盆状；花冠漏斗状钟形，长4.0～4.8cm，淡紫红色，裂片7枚；雄蕊13～15枚，长短不一，长1.2～2.6cm，花丝无毛；子房近圆锥形，长约6mm，花柱被腺体，柱头鲜红色。蒴果椭圆状长圆形，长约2cm，直径约1cm。花期5～6月；果期9～10月。

广西特有种。产于兴安、资源、全州、融水。生于海拔1800m以上的山顶阔叶林或灌木丛中。

13. 早春杜鹃　图788

Rhododendron praevernum Hutch.

常绿灌木或小乔木，高2～7m。枝粗壮，无毛。叶4～8枚集生于枝顶，革质，椭圆状倒披针形，长10～25cm，宽3.5～7.5cm，先端锐尖，基部楔形，边缘全缘，反卷，两面无毛；中脉在叶面凹陷，在背面明显凸起，侧脉15～20对，在叶面平，在背面稍凸起；叶柄长1.0～2.5cm，幼时背面、腹面具纵沟。伞形花序顶生，有花4～10朵；总花轴长约1cm，疏被微柔毛；花梗长1.5～3.0cm，无毛；花萼小，5裂，长1.5～2.0mm；花冠漏斗状钟形，淡紫红色带白色，长约6cm，基部有一红色大斑和多数小斑，先端5裂，上方一裂片内侧具紫红色斑点；雄蕊15～17枚，不等长，长2～4cm，花丝下部被微毛；子房圆锥形，长约8mm，直径5mm，花柱长4.0～4.5cm。蒴果圆柱形，长2.5～4.0cm，直径1.2～1.8cm，无毛。花期4月；果期8～9月。

图788　早春杜鹃 Rhododendron praevernum Hutch.

1. 花枝；2. 雌蕊；3. 雄蕊。（仿《中国植物志》）

产于资源。生于海拔1000~1200m的山坡常绿阔叶林中。分布于陕西、湖北、四川、云南。

14. 桂海杜鹃

Rhododendron guihainianum G. Z. Li

乔木，高7~8m。枝粗壮，无毛。叶厚革质，幼时被绒毛，以后渐无毛，常集生于枝顶，长圆状椭圆形至倒披针状椭圆形，长8~16cm，宽3.0~5.5cm，先端急尖并具小尖头，基部阔楔形，边缘全缘，叶两面无毛；中脉在叶面凹陷，在背面凸起，侧脉13~16条，在叶面不明显，在背面凸起；叶柄无毛，长1.0~2.5cm。花5~8朵聚成顶生总状伞形花序；花序轴无毛，长1~2cm，花梗直立，无毛，长1~2cm，花后向外弯折，伸长至2.5~3.0cm；花萼盘状，波状浅裂；花冠阔钟状，白色或粉红色，5裂，内侧具紫红色斑点；雄蕊12~16枚，长1.5~3.0cm，花丝白色；子房长卵球形，长约5mm，花柱长约2.5cm。蒴果。花期4月。

广西特有种。产于金秀。生于海拔1100~1400m的山谷阔叶林中。

15. 猫儿山杜鹃

Rhododendron maoerense W. P. Fang et G. Z. Li

常绿小乔木，高4~8m。小枝粗壮，无毛。叶集生于枝顶，厚革质，倒披针形，长10~16cm，宽3~5cm，先端钝尖并有尖头，基部楔形，两面无毛；中脉在叶面微凹，在背面凸起，侧脉19~21对，在两面不明显；叶柄长1.5~2.0cm，无毛。花7~12朵，呈总状伞形花序；总轴长4~6cm，疏被腺体；花梗粗壮，长3.0~4.5cm，直立，具有柄的褐色腺体；花萼盘状，外面有腺体；花冠钟形，长6.0~6.5cm，淡紫红色，以后变为粉红色带白色，外面无腺体，裂片7枚，顶端有缺刻；雄蕊14~17枚，不等长，长2.0~4.5cm，花丝无毛；子房长圆状卵圆形，长6mm，密被有柄褐色腺体，花柱淡紫色，长4~5cm，有腺体。蒴果长圆状卵圆形，长2.0~3.5cm，直径1.2~1.6cm，10瓣裂，有宿存花萼和花柱。花期4~5月；果期9~10月。

广西特有种。产于兴安、资源。生于海拔1600~2000m的常绿阔叶林中。

16. 团叶杜鹃　图789

Rhododendron orbiculare Decne.

常绿灌木，稀小乔木，高1~6m。幼枝粗壮，无毛。叶厚革质，常3~5枚集生于枝顶，阔卵形至圆形，长5.5~11.0cm，宽4.5~9.0cm，先端钝圆，有小突尖头，基部心状耳形，耳片常互相叠盖，叶面深绿色，背面灰白色；中脉在叶面微凹，在背面凸起，侧脉10~14对；叶柄长3~7cm。顶生伞房花序，有花6~10朵，总轴长1.5~2.5cm，具腺体；花梗长2~3cm，疏被腺体；花萼小，长约1.5mm，有腺体；花冠钟形，长3.5~4.5cm，淡红色或带白色，裂片7枚；雄蕊14枚，不等长，长1~3cm，花丝白色，纤细；子房柱状圆锥形，长5~8mm，密被腺体，花柱长3.0~3.5cm。蒴果圆柱形，弯曲，长2.5~3.5cm。花期5~6月；果期9~10月。

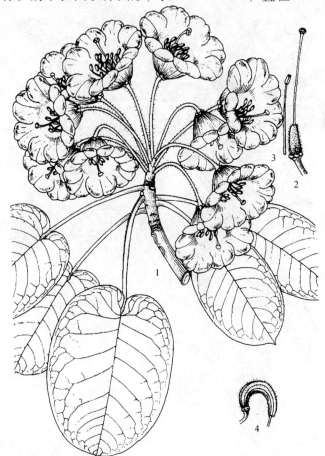

图789　团叶杜鹃 Rhododendron orbiculare Decne. 1. 花枝；2. 雌蕊；3. 雄蕊；4. 果。(仿《中国植物志》)

图790 桃叶杜鹃 Rhododendron annae Franch. 1. 花枝；2. 雌蕊；3. 雄蕊。（仿《中国植物志》）

图791 短脉杜鹃 Rhododendron brevinerve Chun et W. P. Fang 1. 花枝；2. 雌蕊；3. 雄蕊。（仿《中国植物志》）

产于兴安、资源、临桂。生于海拔1500～1900m 的山谷或山脊阔叶林中。分布于四川。

16a. 心基杜鹃

Rhododendron orbiculare subsp. **cardiobasis**（Sleumer）D. F. Chamb.

与原种的区别在于：叶卵形至椭圆形，长 8.0～12.5cm，宽 5.5～9.0cm，两面无毛；叶基浅心形，无耳片；花冠7裂；雄蕊14枚。花期5月；果期9月。

广西特有种，产于全州、临桂、龙胜、贺州、金秀、融水、罗城。生于海拔1500～2200m 的山顶灌丛中。

17. 桃叶杜鹃　图790

Rhododendron annae Franch.

常绿灌木，高 1.5～6.0m。幼枝粗壮，有稀疏腺体。叶集生于枝顶，革质，披针形或椭圆状披针形，长 7～12cm，宽 2.0～3.5cm，先端渐尖，基部楔形，叶面无毛，背面有时疏被短腺毛；中脉在上面凹陷，在下面凸起，侧脉 12～16 对，在上面微凹，在下面稍凸起；叶柄长 1～2cm。总状伞形花序顶生，有花 6～10朵，总轴长 1.5～2.5cm；花梗长 2～3cm，密被腺体；花萼小，波状5裂，具腺体；花冠阔钟形，长 2～3cm，白色或淡紫红色，筒部有紫红色斑点，5深裂；雄蕊10枚，内藏，长 1.5～2.0cm；子房圆锥形，长约4mm，密被腺体，花柱长约2cm，有腺体。蒴果圆柱状，长 1.5～2.5cm，直径 8～12mm，有腺体。花期 6～7月；果期 10～11月。

产于罗城、靖西、那坡。生于海拔1200m 以上的林中或灌丛中。分布于云南、贵州。

18. 短脉杜鹃　图791

Rhododendron brevinerve Chun et W. P. Fang

常绿小乔木，高 3～5m。小枝细瘦，幼枝有毛，以后无毛。叶薄革质，椭圆状披针形至阔披针形，长 10～15cm，宽 2.0～4.5cm，先端渐尖，基部宽楔形，两面光滑无毛；中脉在上面凹陷，在下面凸起，倒脉 9 ~ 15 对，在上面平坦；叶柄长 1.0 ~ 2.5cm，无毛。顶生总状伞形花序，有花 2 ~ 4 朵，总轴长约 1cm，被柔毛；花梗粗壮，长约 2cm，密被长腺毛；花萼小，外面被红色腺毛；花冠阔钟状，长 2.5 ~ 4.0cm，淡紫红色，5 裂；雄蕊 10 枚，不等长，长 2.0 ~ 3.5cm；子房圆锥状卵形，长约 7mm，密被腺毛，花柱长 2.5 ~ 3.0cm，下部 1/3 ~ 1/2 被具柄腺体。蒴果长圆柱形，长约 1.5cm，常有宿存的腺头硬毛及花柱。花期 3 ~ 4 月；果期 10 ~ 11 月。

产于龙胜、临桂、灵川、资源、融水、田林、靖西、凌云、乐业。生于海拔 700 ~ 1400m 的山谷、林缘、山顶灌木林中。分布于广东、湖南、贵州。

19. 贵州杜鹃

Rhododendron guizhouense M. Y. Fang

灌木或小乔木，高 4 ~ 7m。枝条细瘦，无毛。叶多密生于枝顶，薄革质，椭圆状披针形至卵状披针形，长 5 ~ 10cm，宽 1.5 ~ 3.5cm，先端渐尖，基部圆形或宽楔形，上面绿色，下面淡绿色，两面平滑无毛；中脉在上面凹陷，在下面凸起，侧脉 10 ~ 12 对，在两面均不明显；叶柄短，长 1.0 ~ 1.5cm，无毛。总状伞形花序，有花 4 ~ 6 朵；总轴长约 5mm，疏被短绒毛；花梗细瘦，长 1 ~ 2cm，有稀疏的具柄腺体；花萼小，5 齿裂，裂片长约 1mm；花冠阔钟状，长 2.5 ~ 3.0cm，白色，下方一瓣有红色斑点，5 裂；雄蕊 10 枚，长 1 ~ 2cm，基部有短柔毛；子房圆锥形，长 3 ~ 4mm，密被腺头刚毛，花柱长约 2.5cm，光滑无毛。花期 4 ~ 5 月。

产于广西北部。生于海拔 1700 ~ 2400m 的杂木林中。分布于湖南、贵州。

20. 厚叶杜鹃　图792：1 ~ 4

Rhododendron pachyphyllum W. P. Fang

常绿灌木至小乔木，高 2 ~ 8m。幼枝有散生丛卷毛，老枝无毛。叶厚革质，长圆形或长椭圆形，长 5.5 ~ 6.5cm，宽 1.5 ~ 2.5cm，先端短渐尖，有短尖头，基部楔形或钝，边缘反卷，上面暗绿色，中脉凹下，下面淡白绿色，中脉凸起，幼时近基部有丛卷毛；侧脉和细脉在两面均不发育；叶柄长 1.0 ~ 1.5cm，有不明显的丛卷毛。顶生总状伞形花序，有花 4 ~ 5 朵；总轴长约 5mm，无毛；花梗长 1.5 ~ 2.5cm，无毛；花萼小；花冠钟形，长约 3cm，直径 3.5 ~ 4.5cm，粉红色至白色，内面有紫红色斑点，裂片 5 枚；雄蕊 10 枚，不等长，长 1 ~ 2cm，花丝基部被白色微柔毛；子房长圆形，长 5mm，被小腺体，花柱长约 2cm，无毛。蒴果长圆状卵球形，长 2cm，5 瓣开裂，有宿存花萼和花柱。花期 5 月；果期 10 月。

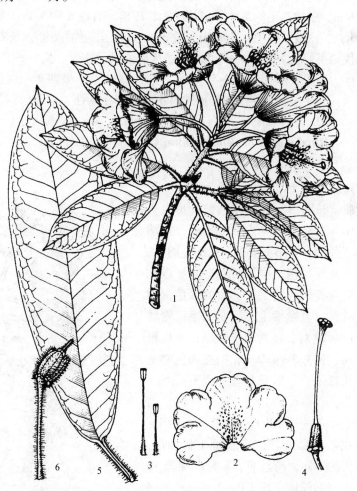

图792　**1 ~ 4. 厚叶杜鹃 Rhododendron pachyphyllum** W. P. Fang 1. 花枝；2. 花冠展开（示斑点）；3. 雄蕊；4. 雌蕊。**5 ~ 6. 多毛杜鹃 Rhododendron polytrichum** W. P. Fang 5. 叶片；6. 果。（仿《中国植物志》）

产于兴安、资源、全州。生于海拔1000m以上的山坡密林和路边疏林中。分布于湖南。

21. 资源杜鹃

Rhododendron ziyuanense P. C. Tam

常绿灌木至小乔木，高达5m。枝粗壮；小枝多分枝，嫩时疏被粗腺毛。芽卵圆形。叶革质，生于小枝顶端，长圆状披针形，长5~7cm，宽1.5~2.5cm，先端渐尖，有短尖头，基部楔形，边缘波状反卷，上面暗绿色，无毛，下面淡绿色；中脉在上面凹陷，在下面凸起，侧脉约14对；叶柄粗壮，长7~12mm，老时有疣状凸起。总状伞形花序，有花3~5朵；花梗纤细，长约1.5cm；花萼浅盘状；花冠阔钟形，长约3cm，直径约5cm，白色，5裂，有暗红色斑；雄蕊10枚，不等长，长1~2cm，花丝白色；子房圆柱形，具6条棱，长4mm，密被铁锈色细腺毛，花柱长约2.5cm。蒴果圆柱形，稍弯曲，长1.5~2.0cm。花期5月；果期10月。

广西特有种。产于资源、全州、兴安、灌阳。生于海拔1700~1800m的密林中。

22. 耳叶杜鹃

Rhododendron auriculatum Hemsl.

常绿灌木或小乔木，高4~6m。幼枝密被长腺毛，老枝无毛。叶革质，集生于枝顶，长圆形、长圆状披针形或倒披针形，长9~25cm，宽3~10cm，先端钝，有短尖头，基部稍不对称，耳形，上面无毛，中脉凹下，下面幼时密被柔毛，老后仅在中脉上有柔毛；侧脉20~22对；叶柄长2~3cm，密被腺毛。顶生伞形花序大，疏松，有花5~15朵；总轴长2~3cm，密被腺体；花梗长2~3cm，密被长腺毛；花萼小，长2~4mm；花冠漏斗形，长6~12cm，银白色，7裂；雄蕊14~16枚，不等长，长2.5~3.5cm；子房椭圆状卵球形，长6mm，密被腺体，花柱长约3cm，密被短柄腺体。蒴果长圆柱形，长3~4cm。花期7~8月；果期9~10月。

产于全州。生于山坡路边林中。分布于陕西、湖北、四川和贵州。

23. 红滩杜鹃

Rhododendron chihsinianum Chun et W. P. Fang

常绿小乔木，高3~5m。幼枝疏被丛卷毛和刚毛，后无毛。叶革质，长圆形至长圆状倒披针形，长10~20cm，宽4.5~10.0cm，先端宽圆形，有小突尖头，基部钝圆形，上面深绿色，中脉凹下，向下近基部有黄褐色刚毛，下面淡绿色，幼时具白色微柔毛，后变无毛；侧脉17~19对，在两面均微凸；叶柄粗壮，长1.5~4.0cm，密被褐色刚毛状腺体。伞形总状花序，有花约8朵；总轴长约2cm，密被锈色长柔毛；花梗长10mm，被淡褐色柔毛；花萼边缘波状；花冠漏斗状钟形，长约4cm，粉红色，7裂；雄蕊15枚，不等长，长3.0~3.5cm；子房长6mm，密被黄色长腺毛，花柱长4cm。蒴果长圆柱形，长1.3~3.0cm。花期4~5月；果期9~11月。

图793 稀果杜鹃 Rhododendron oligocarpum W. P. Fang 1. 花枝；2. 果；3. 雌蕊；4. 雄蕊；5. 叶背(示毛)。(仿《中国植物志》)

广西特有种。产于龙胜。生于海拔 800~1600m 的阔叶林中。

24. 稀果杜鹃 图793

Rhododendron oligocarpum W. P. Fang

灌木或小乔木，高 2~6m。幼枝疏被微柔毛；老枝无毛。叶革质，长圆状椭圆形，长 4~6cm，宽 2.0~3.5cm，先端钝圆，有突尖头，基部圆形，边缘反卷，幼时有褐色纤毛，上面无毛；中脉在上面微凹，在下面凸出，在近基部被褐色柔毛，侧脉 13~15 对；叶柄长 8~15mm，疏被褐色粗伏毛。顶生短总状伞形花序，有花 3~5 朵；总轴长约 5mm；花梗长 1~2cm，密被短毛；花萼小；花冠钟形，长 3.5~4.5cm，紫红色，内面有深紫红色斑块，5 裂；雄蕊 10 枚，不等长，长 1.0~2.5cm，花丝下部有白色微柔毛；子房卵状椭圆形，长 4~5mm，密被长毛，花柱长 2.5cm，无毛。蒴果长圆柱形，长 2.0~2.5cm，直径 7~8mm。花期 4~5 月；果期 9~10 月。

产于兴安、资源。生于海拔 1900m 以上的山坡和山间平地杂木林中。分布于贵州。

25. 多毛杜鹃 图792：5~6

Rhododendron polytrichum W. P. Fang

灌木，高 2m。树皮平滑。小枝粗壮，幼时紫色，密被褐色腺头刚毛；老枝无毛。叶革质，狭长圆形，长 12~20cm，宽 4~7cm，先端短渐尖，基部宽楔形或圆形，边缘反卷，上面暗绿色，下面淡白绿色；中脉在上面微凹，在下面凸起，侧脉 16~18 对；叶柄长 1.5~3.0cm，散生褐色腺头刚毛。总状伞形花序顶生，有花 7~10 朵；总轴长 4~5cm，具褐色腺头刚毛；花梗长 2.5~4.0cm，密被褐色腺头刚毛；花萼杯状，外面密被刚毛；花冠管状漏斗形，长 3.5~4.0cm，近于玫瑰红色，5 裂；雄蕊 10 枚，不等长，长 2.5~3.5cm，花丝无毛；子房卵球形，花柱紫色。蒴果长卵球形，长约 1.5cm，直径约 8mm，有宿存毛被。花期 4 月；果期 7 月。

产于龙胜。生于海拔约 1100m 的山坡阔叶林中。分布于湖南。

26. 马缨杜鹃

Rhododendron delavayi Franch.

常绿灌木或小乔木，高 12m。树皮薄片状剥落。幼枝粗壮，被白色绒毛，后无毛。叶革质，长圆状披针形，长 6~15cm，宽 1.5~4.5cm，先端钝或急尖，基部楔形，边缘反卷，叶面幼时被丛卷毛，在下面被绒毛，中脉、侧脉在上面凹下，在下面凸出，侧脉 14~20 对；叶柄长 0.7~2.0cm。顶生伞形花序，有花 10~20 朵；总轴长 1.0~1.5cm，密被红棕色绒毛；花梗长约 8mm，密被绒毛；花萼小；花冠钟形，长 3~5cm，深红色，基部有 5 枚黑红色蜜腺体，5 裂；雄蕊 10 枚，不等长，长 2~4cm，花丝无毛；子房圆锥形，长 8mm，密被红棕色毛，花柱长 2.8cm，中部以下疏被毛。蒴果长 1.5~2.0cm，直径约 8mm。花期 4~6 月；果期 9~11 月。

产于隆林。生于海拔 1200m 以上的山坡灌丛中或疏林下。分布于云南、四川、贵州、西藏；越南、泰国、缅甸、印度也有分布。

27. 大橙杜鹃

Rhododendron dachengense G. Z. Li

常绿直立灌木，高 2~3m。分枝粗壮，当年生枝密被绒毛，后渐无毛。叶革质，椭圆状长圆形，长 3~7cm，宽 1.2~3.0cm，先端钝，基部楔形至圆钝，叶面无毛，下面密被锈色绒毛；叶脉在叶面凹陷，在背面凸起；叶柄长 0.5~1.5cm，初被绒毛。顶生短总状伞形花序，有花 4~7 朵；花梗长 5~10mm，密被锈色绒毛；花萼小，长 0.5~1.5mm，密被锈色绒毛；花冠钟形，淡紫红色至白色，长 2.5~3.0cm，5~7 裂，上方中部裂片内侧有淡红色斑点；雄蕊 10~13 枚，不等长，长 0.4~1.8cm，花丝白色，下部有白色微柔毛；子房圆锥形，密被锈色绒毛，花柱长约 2.3cm，无毛。花期 5 月。

广西特有种，产于金秀、象州。生于海拔 800~1700m 的山顶、山坡及石崖边灌木丛中。

图794 1～5. 光枝杜鹃 Rhododendron haofui Chun et W. P. Fang
1. 花枝；2. 花纵切面；3. 雌蕊；4. 雄蕊；5. 果。**6～10.** 猴头杜鹃
Rhododendron simiarum Hance 6. 叶片；7. 花；8. 雌蕊；9. 雄蕊；
10. 果。（仿《中国植物志》）

28. 光枝杜鹃　红岩杜鹃　图794：1～5

Rhododendron haofui Chun et W. P. Fang

常绿灌木或小乔木，高4～10m。小枝无毛，树皮纵裂，易脱落。叶革质，披针形或倒卵状披针形，长6～18cm，宽2.0～4.5cm，先端钝或锐尖，有短尖头，基部钝或宽楔形，上面无毛，下面密被黄色绒毛，中脉在上面凹陷，在下面凸起；侧脉14～18对，不明显；叶柄长1.5～2.5cm，无毛。总状伞形花序顶生，有花4～9朵；总轴长0.5～1.0cm，有柔毛；花梗长2.5～4.5cm，被柔毛；花萼小；花冠阔钟形，长4.0～4.5cm，白色带玫瑰色，5裂；雄蕊18～20枚，不等长，长1.5～3.0cm，花丝基部被柔毛；子房长约6mm，密被白色绵毛，花柱长2.5～3.5cm。蒴果圆柱状，长约2.5cm，直径约8mm，被绵毛。花期4～5月；果期10～11月。

产于龙胜、资源、兴安、金秀、融水、罗城、田林、隆林。生于海拔1500～1700m的山谷和阔叶林中。

29. 猴头杜鹃　南华杜鹃
图794：6～10

Rhododendron simiarum Hance

常绿灌木，高2～6m。叶5～7枚集生于枝顶，厚革质，倒卵状披针形，长4～10cm，宽2.0～4.5cm，先端钝或圆，基部楔形，微下延于叶柄，上面无毛，下面被薄层毛被；中脉在上面凹陷，在下面凸起，侧脉10～12对，不明显；叶柄圆柱形，长1～2cm，仅幼时被毛。顶生总状伞形花序，有花4～9朵；总轴长1.0～2.5cm，被疏柔毛；花梗粗壮，长2～5cm；花萼盘状，5裂；花冠钟状，长3.0～4.5cm，乳白色至粉红色，喉部有紫红色斑点，5裂；雄蕊10～12枚，长1～3cm，不等长；子房圆柱状，长5～6mm，被绒毛及腺体，花柱长3.5～4.0cm，基部有时具腺体。蒴果长椭圆形，长1～2cm，直径8mm，被锈色毛，后变无毛。花期4～5月；果期9～10月。

产于兴安、龙胜、金秀、象州、融水、西林、平南、上林、上思、扶绥、宁明、大新。生于海拔1000～1800m的山沟、坡边阔叶林中。分布于广东、福建、湖南、浙江、江西、安徽、贵州、海南。

29a. 变色杜鹃

Rhododendron simiarum var. **versicolor**（Chun et W. P. Fang）M. Y. Fang

与原种的区别在于：叶厚革质，长倒卵形或倒披针形，长7～13cm，宽3～4cm，顶端圆形，侧脉不明显；花梗短，长仅 1.5 ~ 2.2cm；花冠漏斗状，长 2 ~ 3cm，乳白色带粉红色，5 裂；花柱基部无腺体，子房被黏质柔毛。花期 4 月；果期 11 月。

广西特有种。产于龙胜、金秀。生于海拔 800 ~ 1500m 的阔叶林中。

30. 防城杜鹃

Rhododendron fangchengense P. C. Tam

灌木，高 4 ~ 9m。枝条粗壮，幼枝被灰褐色绒毛；老枝近无毛。叶多集生于枝顶，叶片厚革质，狭披针形，长 9 ~ 15cm，宽 1.5 ~ 3.0cm，先端钝，基部楔形，边缘反卷，上面无毛或有时被白粉，下面被淡棕色毛被；中脉在上面平坦或微凹，在下面凸起，侧脉在两面均不明显；叶柄长 2.0 ~ 3.5cm，幼时被绒毛，后无毛。总状伞形花序，有花约 10 朵；总轴长约 1cm，密被淡黄色绒毛；花梗粗壮，长 1.0 ~ 1.5cm，有毛；花萼小，盘状；花冠漏斗状钟形，长约 4.5cm，淡红色带白色，5 裂；雄蕊 10 枚，长 2.2 ~ 3.5cm，不等长，中部以下微被毛；子房圆柱状卵球形，长约 6mm，花柱长 3.5cm，花柱下部及子房密被淡黄色绒毛。蒴果长圆柱形，长约 1cm，有宿存的花柱。花期 3 ~ 4 月；果期 10 月。

广西特有种。产于防城港、上思。生于海拔 1400m 以下的山谷密林中。

3. 羊踯躅亚属 Subgen. Pentanthera

落叶直立灌木，稀乔木状。幼枝近于轮生，被刚毛、短柔毛或无毛。叶散生或簇生。短总状伞形花序出自顶芽，有花几朵或更多，叶枝出自下部侧芽。花萼通常小，稀达 6mm。

约 24 种。中国仅 1 种；广西也有分布。

31. 羊踯躅 图 795：1 ~ 4

Rhododendron molle (Blume) G. Don

落叶灌木，高 0.5 ~ 2.0m。分枝稀疏，幼时密被灰白色柔毛及疏刚毛。叶纸质，长圆形至长圆状披针形，长 3.5 ~ 11.0cm，宽 2.0 ~ 3.5cm，先端钝，具短尖头，基部楔形，边缘具睫毛，幼时上面被微柔毛，下面密被灰白色柔毛，沿中脉被黄褐色刚毛；中脉和侧脉凸出；叶柄长 2 ~ 6mm，被柔毛和刚毛。总状伞形花序顶生，有花 4 ~ 13 朵，先花后叶或与叶同时开放；花梗长 1.0 ~ 2.5cm；花萼小；花冠阔漏斗形，长 3.5 ~ 5.0cm，黄色，内有深红色斑点，5 裂；雄蕊 5 枚，不等长，长不超过花冠；子房圆锥状，长约 4mm，密被灰白色柔毛及疏刚毛，花柱长达 6cm。蒴果圆锥状长圆形，长 2.0 ~ 3.5cm，被微柔毛和疏刚毛。花期 3 ~ 5 月；果期 7 ~ 9 月。

产于桂林、全州、灌阳、临桂、钟山、金秀、罗城、凌云。生于海拔 1000m 以下的山谷或山坡灌木丛中。分布于福建、广东、

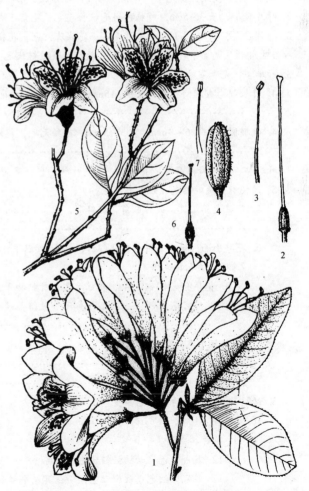

图 795 **1 ~ 4. 羊踯躅 Rhododendron molle** (Blume) G. Don 1. 花枝；2. 雌蕊；3. 雄蕊；4. 果。**5 ~ 7. 满山红 Rhododendron mariesii** Hemsl. et E. H. Wilson 5. 花枝；6. 雌蕊；7. 雄蕊。(仿《中国植物志》)

安徽、河南、江苏、浙江、江西、湖北、湖南、云南、四川、贵州。性喜强光，能耐 - 20℃的低温；喜排水良好的土壤，耐贫瘠和干旱，忌雨涝积水。植株强健，管理粗放，可作观赏花卉栽培。根、花、果有毒，含有闹羊花毒素(rhodo japonin)和马醉木毒素(asebotoxin)，对人、畜容易引起中毒。药用，可治疗风湿性关节炎、跌打损伤，有散瘀、消肿、止痛的功效，但严禁内服；全株可作农药。

4. 映山红亚属 Subgen. Tsutsusi

直立灌木，枝和小枝被红棕色扁平糙伏毛、腺头刚毛或长柔毛，稀无毛。常绿、落叶或半落叶，叶常被糙伏毛或柔毛，无鳞片。伞形花序顶生，花聚顶生，有花 1 至数朵；花萼通常小；花冠漏斗形或辐射状钟形或钟状漏斗形，白色至玫瑰色、紫红色或红色，常具斑点，但不具黄色或橙黄色斑点，有明显的花冠管，裂片 5 枚，无毛，稀具腺毛；雄蕊 5 ~ 10 枚，稀达 12 枚，等长或不等长，花丝被柔毛或无毛；子房 5 室，常被刚毛、柔毛或腺毛，从不具鳞片。蒴果卵球形、圆锥形或圆锥状卵球形，常具沟槽，被糙伏毛、长柔毛或近于无毛。

约 90 种。中国 72 种 6 变种；广西 33 种，引进栽培 1 种。多数种的花鲜艳，可供观赏。

分种检索表

1. 叶 3 枚轮生于枝顶；花先于叶开放或与叶同时开放；幼枝被柔毛。
 2. 叶片较小，长 3 ~ 5cm，叶柄被绒毛状长柔毛；花紫丁香色，花梗稍弯 ………… **32. 丁香杜鹃 Rh. farrerae**
 2. 叶片较大，长 4 ~ 8cm，叶柄近无毛；花玫瑰红色，花梗直立 ……………………… **33. 满山红 Rh. mariesii**
1. 叶散生或数片聚生于枝顶；花于叶后开放；幼枝被糙伏毛。
 3. 叶单型，无春发叶和夏发叶之分。
  4. 叶长圆形或阔倒卵形，长 5 ~ 15mm，宽 3 ~ 8mm；花丝具毛，花冠外侧被淡红色微毛，花柱下半部被微糙毛 ………………………………………………………………………… **34. 小花杜鹃 Rh. minutiflorum**
  4. 叶椭圆形，长 6 ~ 9mm，宽 3 ~ 5mm；花丝无毛，花冠无毛，花柱中部以下被细糙毛 …………………
   …………………………………………………………………… **35. 铁仔叶杜鹃 Rh. myrsinifolium**
 3. 叶二型，春发叶阔而薄，脱落性；夏发叶狭而厚，多为宿存。
  5. 幼枝被开展的刚毛、粗毛或腺毛。
   6. 花萼大而深裂，裂片三角状披针形，长 5 ~ 11mm；芽鳞富含黏胶质；花丝下部 1/3 被微毛 …………
    ……………………………………………………………………… **36. 溪畔杜鹃 Rh. rivulare**
   6. 花萼小而浅裂，裂片三角状卵形，长 4mm 以下；芽鳞无或少有黏胶质。
    7. 花柱被毛或腺体。
     8. 花序有花 10 ~ 15 朵，花丝无毛；叶柄和子房密被细刚毛 ……… **37. 瑶山杜鹃 Rh. yaoshanicum**
     8. 花序有花 5 ~ 6 朵，花丝下部 1/3 被微柔软毛；叶柄和子房被硬毛和腺毛 …………………………
      …………………………………………………… **38. 金秀杜鹃 Rh. jinxiuense**
    7. 花柱无毛，也无腺体。
     9. 花柱长于雄蕊 …………………………………………………… **39. 广东杜鹃 Rh. kwangtungense**
     9. 花柱短于雄蕊 …………………………………………………… **40. 素馨杜鹃 Rh. jasminoides**
  5. 幼枝被扁而平贴的糙伏毛。
   10. 雄蕊 8 ~ 10 枚。
    11. 花芽具黏胶质。
     12. 花冠白色；幼枝被糙伏毛和腺毛 …………………………… **41. 白花杜鹃 Rh. mucronatum**
     12. 花冠紫红色或玫瑰红色；幼枝具扁平糙伏毛。
      13. 植株纤细，常蔓生状；叶脱落性；花冠紫红色 ………… **42. 美艳杜鹃 Rh. pulchroides**
      13. 植株粗壮，直立；叶常绿性；花冠紫红色，有紫色斑点 …… **43. 锦绣杜鹃 Rh. pulchrum**
    11. 花芽具黏胶质。
     14. 叶条状披针形，长 2 ~ 4cm，宽 3 ~ 11mm；花序有花 1 ~ 3 朵，花冠漏斗形，鲜红色 …………

·· **44.** 海南杜鹃 **Rh. hainanense**

14. 叶为其他形状；花序有花 2~6 朵，花冠阔漏斗状或狭漏斗状，红色、鲜红色或蓝紫色。

  15. 叶长圆状披针形或长圆形；花序有花 2~5 朵，花冠蓝紫色，长约 2.5cm ··········
    ······································· **45.** 长尖杜鹃 **Rh. longifalcatum**

  15. 叶为其他形状；花序有花 2~6 朵，花冠红色、鲜红色或紫红色，花丝有毛或无毛。

    16. 花冠较大，长 3.5~4.5cm，阔漏斗形，鲜红色，具深红色斑点 ·············
    ·· **46.** 杜鹃 **Rh. simsii**

    16. 花冠较小，长 1.8~2.0cm，狭漏斗形，淡紫红色，无彩色斑点 ···········
    ·································· **47.** 临桂杜鹃 **Rh. linguiense**

10. 雄蕊 4~5 枚。

  17. 花柱无毛。

    18. 花药基部有 1~3 枚钩状附属物 ·············· **48.** 垂钩杜鹃 **Rh. unclferum**

    18. 花药基部无钩状附属物。

      19. 花丝具微柔毛或小腺点。

        20. 花柱与雄蕊近等长；叶披针形至狭披针形，长 1.5~7.5cm；花冠长约 3.3cm，裂片披针形，长约 2cm，宽约 9mm ·············· **49.** 南边杜鹃 **Rh. meridionale**

        20. 花柱比雄蕊长。

          21. 花丝具小腺点，花冠鲜红色或玫瑰红色，有深红色斑点，漏斗形，直径 5~6cm ································· **50.** 西鹃 **Rh. indicum**

          21. 花丝具微柔毛。

            22. 叶披针形至倒披针形，长 1.0~4.5cm；花梗长 0.9~1.8cm ··········
            ···························· **51.** 金萼杜鹃 **Rh. chrysocalyx**

            22. 叶椭圆形或披针形，长 0.3~3.2cm；花梗长 3~6mm ················
            ························· **52.** 亮毛杜鹃 **Rh. microphyton**

      19. 花丝无毛，无小腺点。

        23. 花冠紫红色，裂片带状，先端圆钝············· **53.** 岭南杜鹃 **Rh. mariae**

        23. 花冠淡紫红色，裂片披针形，先端具尖头··········· **54.** 广西杜鹃 **Rh. kwangsiense**

  17. 花柱无毛。

    24. 花柱和花梗兼被糙伏毛和短柄腺体，花冠漏斗状，红色，长约 1.2cm ·········
    ···································· **55.** 桂中杜鹃 **Rh. guizhongense**

    24. 花柱和花梗均被糙伏毛，无具柄腺体。

      25. 侧脉在叶两面消失或不明显，叶常聚生于枝顶。

        26. 叶革质或薄革质，卵形至长圆状卵形，长 1.2~3.0cm，中脉在叶两面或仅在背面隆起；花丝具毛。

          27. 花柱与雄蕊近相等 ·········· **56.** 岭上杜鹃 **Rh. polyraphidoideum**

          27. 花柱短于全部雄蕊或短于一部分雄蕊。

            28. 花柱短于全部雄蕊 ············· **57.** 两广杜鹃 **Rh. tsoi**

            28. 花柱短于一部分雄蕊··········· **58.** 隐脉杜鹃 **Rh. subenerve**

        26. 叶薄纸质，椭圆状长卵形，长 2.0~5.5cm，中脉在叶面微凹陷，在背面隆起；花冠漏斗形，长约 8mm ·················· **59.** 细瘦杜鹃 **Rh. tenue**

      25. 侧脉至少在叶背面明显，叶散生或少有聚生于枝顶。

        28. 花冠白色，具紫色斑点。

          29. 花冠管外侧被柔毛、伏毛或短腺毛。

            30. 花序有花 3~10 朵，花冠狭漏斗形，管部长约 1.2mm，外侧被细刺状毛，花丝无毛 ·········· **60.** 毛果杜鹃 **Rh. seniavinii**

            30. 花序有花 5 朵，花冠漏斗状钟形，管部长约 6mm，外侧被糙伏毛和腺体毛，花丝中部以下被微柔软毛············· **61.** 腺花杜鹃 **Rh. adenanthum**

          29. 花冠管外侧无毛和腺体；叶纸质，叶椭圆状披针形或狭椭圆形，长 6~7cm；花序有花 2~5 朵，花冠漏斗状，花丝无毛 ················· **62. 子花杜鹃 Rh. flosculum**

28. 花冠紫红色或粉红色，具深紫色或紫色斑点。

 31. 花柱全体被糙伏毛，花冠漏斗状钟形，粉红色，长 1.0~1.2cm，花冠具紫色斑点

················· **63. 棕毛杜鹃 Rh. fuscipilum**

 31. 花柱基部以上 1/4~4/5 被糙伏毛。

  32. 花柱基部以上 4/5 被糙伏毛，花梗被伏毛和腺体，花冠漏斗状，长约 1cm，具深紫色斑点 ················· **64. 龙山杜鹃 Rh. chunii**

  32. 花柱基部以上 1/4~1/2 被糙伏毛，花梗被糙伏毛，无腺体，花冠漏斗状短钟形，长约 9mm，管部外侧具带刺钝头的肉质小刺 ·················

················· **65. 黏芽杜鹃 Rh. viscigemmatum**

32. 丁香杜鹃　华丽杜鹃

Rhododendron farrerae Sweet

落叶灌木，高 1.5~3.0m。枝短而坚硬，幼时被铁锈色长柔毛，后渐无毛。叶薄革质，常集生于枝顶，卵形，长 2~5cm，宽 1.5~3.5cm，先端钝，具短尖头，基部圆形，边缘具开展的睫毛；中脉和侧脉在上面凹陷，下面凸出，叶两面幼时被锈色平贴长柔毛，以后无毛；叶柄长 2~4mm，密被锈色长柔毛。花 1~2 朵顶生，先花后叶；花梗长 3~6mm，密被锈红色柔毛；花萼极不明显；花冠辐射状漏斗形，淡红色或紫丁香色，5 裂，上裂片具紫红色斑点，无毛，花冠管短而狭；雄蕊 8~10 枚，不等长，比花冠短，花丝中部以下被短腺毛；子房卵球形，密被红棕色长柔毛，花柱无毛。蒴果长圆柱形，长 1.0~1.5cm，密被锈色柔毛；果梗长约 1cm，弯曲，密被红棕色长柔毛。花期 4~5 月；果期 9~10 月。

产于兴安、资源、龙胜、临桂、阳朔、金秀、融水、武鸣、上林。生于海拔 800~1400m 的山坡灌丛或林缘向阳处。分布于广东、福建、湖南、江西、重庆。

33. 满山红　图 795：5~7

Rhododendron mariesii Hemsl. et E. H. Wilson

落叶灌木，高 1~4m。枝轮生，幼时被淡黄棕色柔毛，成长时无毛。叶厚纸质或近于革质，常 2~3 片集生于枝顶而呈轮生状，椭圆形至卵状披针形，长 4~8cm，宽 2~5cm，先端锐尖，具短尖头，基部钝或近圆形，边缘微反卷，初时具细钝齿，幼时两面均被黄棕色长柔毛；叶脉在上面凹陷，在下面凸出；叶柄长 5~7mm，近于无毛。花通常 2 朵顶生，先花后叶；花梗直立，长 7~10mm，密被黄褐色柔毛；花冠漏斗形，淡紫红色或紫红色，长 3.0~3.5cm，5 深裂，上方裂片具紫红色斑点，两面无毛；雄蕊 8~10 枚，不等长，比花冠短或与花冠等长，花丝无毛；子房卵球形，密被淡黄棕色长柔毛，花柱比雄蕊长，无毛。蒴果椭圆状卵球形，长 6~9mm，密被棕褐色长柔毛。花期 4~5 月；果期 9~10 月。

产于桂林、兴安、资源、全州、临桂、贺州、金秀、平南、上林、武鸣。生于海拔 1000~1800m 的山坡灌丛中。分布于广东、福建、江西、浙江、湖南、湖北、江苏、河南、河北、陕西、四川、贵州、安徽、台湾。

34. 小花杜鹃　细花杜鹃　图 796：1~2

Rhododendron minutiflorum Hu

直立灌木，高 3m。分枝密集，近于轮生，幼枝密被糙伏毛。叶革质，4~5 枚集生于枝顶，长圆形至倒卵形，长 5~15mm，宽 3~8mm，先端尖锐，基部楔形，边缘反卷，上面初时散生糙伏毛，后无毛，下面除沿中脉疏被糙伏毛外，其余无毛；中脉在上面微凹，在下面微凸起，侧脉和细脉在两面不明显；叶柄长 2~3mm，密被糙伏毛。伞形花序顶生，常具花 3 朵，与叶同时开放；花梗长 4~6mm，密被糙伏毛；花萼小；花冠白色、淡紫色或紫色，辐射状漏斗形，长 6mm，5 裂，裂片无斑点，外侧被淡红色微毛；雄蕊 5 枚，近等长，长约 7mm，略伸出花冠外，花丝基部被微柔毛；子

房卵球形，长 3mm，密被糙伏毛，花柱比雄蕊长，中部以下疏被短腺毛。蒴果长 3mm，密被糙伏毛。花期 4 ~ 5 月；果期 6 ~ 8 月。

产于龙胜、灵川、临桂、灌阳、金秀、融水、罗城、凌云、武鸣。生于海拔 800 ~ 1500m 的山谷、山坡和山顶疏林下或灌丛中。分布于贵州、广东。

35. 铁仔叶杜鹃
Rhododendron myrsinifolium Ching ex W. P. Fang et M. Y. He

常绿小灌木，高 1.5m。小枝纤细，分枝多，幼时疏被刚毛或微柔毛，老时近于无毛。叶厚革质，常密集于小枝顶端，椭圆形，长 6 ~ 9mm，宽 3 ~ 5mm，先端钝尖，具短硬尖头，基部楔形，边缘微反卷，有红褐色腺点；两面近于无毛；中脉在两面略明显，侧脉不发育；叶柄长 2 ~ 3mm，密被锈色刚毛状糙伏毛。伞形花序顶生，有花 2 ~ 3 朵；花梗长 4mm，密被锈色刚毛状糙伏毛；花萼小；花冠漏斗状钟形，紫色，长约 1cm，花冠管圆筒状，5 裂，无毛，无斑点；雄蕊 5 枚，不等长，长 1.2 ~ 1.4cm，

图796　1 ~ 2. 小花杜鹃 Rhododendron minutiflorum Hu 1. 植株；2. 花。3 ~ 4. 瑶山杜鹃 Rhododendron yaoshanicum W. P. Fang et M. Y. He 3. 花枝；4. 花纵切面。（仿《中国植物志》）

伸出花冠外，花丝无毛；子房卵球形，长 2 ~ 3mm，密被锈色刚毛状糙伏毛，花柱长 1.2 ~ 1.5cm，中部以下被刚毛状糙伏毛。蒴果卵球形，长 4mm，密被糙伏毛。花期 4 ~ 5 月；果期 7 ~ 8 月。

广西特有种，产于防城。生于海拔约 1000m 的山顶疏林下。

36. 溪畔杜鹃　图797：1 ~ 4
Rhododendron rivulare Hand. – Mazz.

常绿灌木，高 1 ~ 3m。幼枝密被锈褐色腺毛，疏生糙伏毛，老枝近于无毛。芽鳞富含黏胶质。叶纸质，卵状披针形或长圆状卵形，长 5 ~ 9cm，宽 1 ~ 4cm，先端渐尖，具短尖头，基部近圆形，边缘被睫毛，上面初时疏生长柔毛，后仅中脉上有残存毛，下面被短刚毛；叶脉在上面凹陷，在下面凸出；叶柄长 5 ~ 10mm，密被腺毛及糙伏毛。伞形花序顶生，有花 8 ~ 12 朵；花梗长 1.5 ~ 2.2cm，密被腺毛及糙伏毛；花萼裂片狭三角形，长 5 ~ 11mm；花冠漏斗形，紫红色，长约 2.3cm，花冠管狭圆筒形，长约 1.3cm，向基部渐窄，外面无毛，内面被微柔毛，5 裂；雄蕊 5 枚，不等长，长 2.5 ~ 3.0cm，伸出于花冠外，花丝基部被微柔毛；子房密被红棕色刚毛。蒴果长卵球形，长 9mm，密被刚毛状长毛。花期 4 ~ 6 月；果期 10 ~ 11 月。

产于龙胜、临桂、灵川、永福、兴安、恭城、融水、金秀、蒙山、罗城、平南。生于海拔 300 ~ 900m 的沟边、路边、山坡灌丛中。分布于广东、福建、湖南、湖北、四川、贵州。

37. 瑶山杜鹃　图796：3～4

Rhododendron yaoshanicum W. P. Fang et M. Y. He

小灌木。小枝纤细，幼时密被腺头刚毛。叶薄纸质，散生，长圆形或长圆状披针形，长10～18cm，宽3～8cm，先端渐尖，基部近圆形或微偏斜，上面近无毛，下面疏被短刚毛；中脉在上面微凹，在下面凸起，侧脉15～17对；叶柄长7～17mm，密被刚毛。伞形花序顶生，有花10～15朵；花梗长约1cm，密被短刚毛；花冠漏斗状钟形，红色，长约1.5cm，直径约1cm，花冠管圆筒状，长6～7mm，两面均无毛，5裂；雄蕊5枚，等长，长约2.2cm，伸出花冠外，花丝无毛；子房卵球形，长2.5mm，密被棕褐色短刚毛，花柱长约2.4cm，中部以下被腺毛。蒴果长圆柱形或长圆状卵球形，长5～7mm，密被短刚毛。花期5月；果期9月。

广西特有种。产于金秀。生于海拔约1200m的疏林下和灌木丛中。

38. 金秀杜鹃

Rhododendron jinxiuense W. P. Fang et M. Y. He

灌木，高3m。小枝密被长刚毛、短刚毛及腺毛。叶厚革质，卵形或长卵形，长2.5～10.0cm，宽1.5～5.0cm，先端渐尖或锐尖，基部圆形或近圆形，上面初时微被刚毛，后无毛，下面仅沿中脉被刚毛；中脉和侧脉在上面凹陷，在下面凸起，侧脉9～11对；叶柄长5～7mm，密被刚毛和腺毛。伞形花序顶生，有花5～6朵；花梗长4～6mm，密被深棕褐色硬毛和腺毛；花冠漏斗状，紫红色，长约2cm，花冠管圆筒状，无毛，5裂，两面无毛；雄蕊5枚，近等长，伸出花冠外，花丝中部以下被微柔毛；子房卵球形，长3mm，密被刚毛和腺毛，花柱长约2.8cm，近基部疏具腺毛。花期5～6月。

广西特有种。产于金秀。生于海拔约1000m的山坡疏林中或灌木丛中。

39. 广东杜鹃　图797：5～9

Rhododendron kwangtungense Merr. et Chun

落叶灌木，高1.5～3.0m。幼枝纤细，密被长刚毛和腺毛。叶集生于枝顶，革质，披针形至长圆状披针形，长3～8cm，宽2～4cm，先端渐尖，具短尖头，基部宽楔形，上面无毛，下面散生纤毛状刚毛；中脉和侧脉在上面凹陷，在下面凸出，侧脉5～7对，未达叶缘联结；叶柄长4～10mm，密被长刚毛和腺毛。伞形花序顶生，具花8～9朵；花梗长7～10mm；花萼极小；花冠狭漏斗形，紫红色或白色，长约2cm，无毛，5裂；雄蕊5枚，近等长，长约2.5cm，伸出花冠外，花

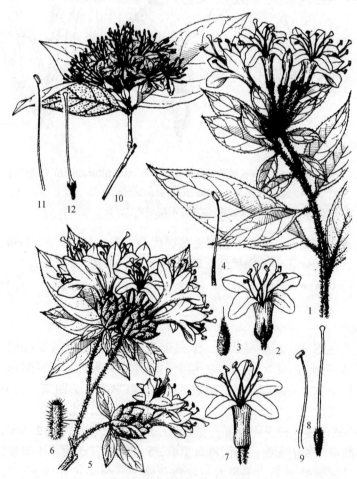

图797　1～4. 溪畔杜鹃 Rhododendron rivulare Hand. - Mazz. 1. 花枝；2. 花；3. 萼片；4. 雄蕊。**5～9. 广东杜鹃 Rhododendron kwangtungense** Merr. et Chun 5. 花枝；6. 枝的一部分（示刚毛）；7. 花；8. 雌蕊；9. 雄蕊。**10～12. 素馨杜鹃 Rhododendron jasminoides** M. Y. He 10. 花枝；11. 雄蕊；12. 雌蕊。（仿《中国植物志》）

丝无毛；子房卵球形，密被棕褐色长刚毛，花柱比雄蕊长，长达3cm，褐色，无毛。蒴果长圆状卵形，长5~10mm，具刚毛。花期5月；果期10~12月。

产于临桂、阳朔、金秀、平南。生于海拔700~1300m的山坡灌木丛中。分布于湖南、广东、贵州。

40. 素馨杜鹃 图797：10~12

Rhododendron jasminoides M. Y. He

灌木，高5m。幼枝具腺毛；老枝近无毛。叶薄革质，集生于枝顶，椭圆形，长4.5~8.0cm，宽2.5~4.5cm，先端渐尖，基部宽楔形，上面近无毛，下面散生棕褐色短刚毛；中脉在上面凹陷，在下面凸起，侧脉5~8对，叶柄长4~7mm。伞形花序顶生，有花10~12朵；花梗长约1cm，密被糙伏毛；花萼小，密被棕褐色短刚毛；花冠狭漏斗形，粉红色，长约2cm，花冠管圆筒状，两面无毛，5裂；雄蕊5枚，不等长，长1.9~2.7cm，伸出于花冠外；子房卵球形，长约3mm，密被棕褐色短刚毛，花柱长2.0~2.2cm，比雄蕊短，淡紫色，无毛。花期4~5月。

广西特有种。产于金秀。生于山地林下或灌木丛中。

41. 白花杜鹃 图798：1~5

Rhododendron mucronatum (Blume) G. Don

半常绿灌木，高1~2m。分枝多，密被灰褐色开展的长柔毛，混生少数腺毛。叶纸质，披针形至卵状披针形，长2~6cm，宽0.5~1.8cm，先端钝尖至圆形，基部楔形，上面疏被糙伏毛；中脉、侧脉及细脉在上面凹陷，在下面凸起或明显可见；叶柄长2~4mm，密被长糙伏毛和短腺毛。伞形花序顶生，有花1~3朵；花梗长约1.5cm，密被长柔毛和腺毛；花萼大，绿色，裂片5枚，披针形，长1.2cm，密被腺毛；花冠白色，有时淡红色，阔漏斗形，长3.0~4.5cm，5深裂，无毛；雄蕊10枚，不等长；子房卵球形，长4mm，密被糙伏毛和腺毛，花柱伸出花冠外很长，无毛。蒴果圆锥状卵球形，长约1cm。花期4~5月；果期6~7月。

原产地可能在中国或日本，但未见野生种。广西各地多有栽培。中国东南部各地有引种；日本、越南、印度尼西亚、英国、美国有广泛引种栽培。喜温暖，耐阴，扦插或种子繁殖。具较高观赏价值，栽培品种较多，丛植或列植于庭院中阳光较为充足处。

42. 美艳杜鹃 图798：6~10

Rhododendron pulchroides Chun et W. P. Fang

落叶小灌木，高约1m。小枝短而纤细，被淡黄棕色长柔毛；老枝近无毛。叶膜质或薄纸质，假轮生状，集生于枝顶，长圆形或倒披针状椭圆形，长1.5~2.5cm，宽5~9mm，先端短钝尖，具硬的细尖头，基部宽楔形至近圆形，边缘

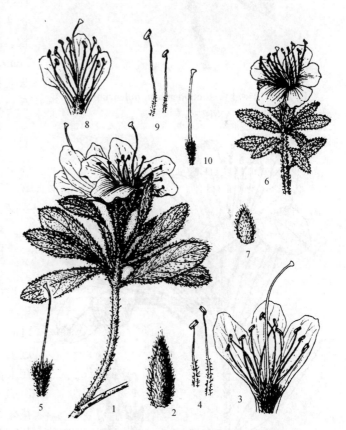

图798 1~5. 白花杜鹃 Rhododendron mucronatum (Blume) G. Don 1. 花枝；2. 萼片；3. 花纵切面；4. 雄蕊；5. 雌蕊。6~10. 美艳杜鹃 Rhododendron pulchroides Chun et W. P. Fang 6. 花枝；7. 萼片；8. 花纵切面；9. 雄蕊；10. 雌蕊。(仿《中国植物志》)

和两面被淡黄棕色皱曲长柔毛；中脉在上面凹陷，在下面凸出，侧脉和细脉在两面不明显；叶柄扁平，扭曲，长2mm。伞形花序顶生，有花1～4朵；花梗长约1cm，密被皱曲柔毛；花萼5裂，裂片椭圆状长卵形，长3.5mm；花冠紫色，漏斗状钟形，长2.5～3.0cm，无毛，5裂；雄蕊10枚，不等长，长达3.2cm，显著伸出于花冠外；子房椭圆状长椭圆形，密被皱曲长柔毛，花柱长4cm，无毛。花期6月。

图799　锦绣杜鹃 Rhododendron pulchrum Sweet 花枝。（仿《中国高等植物图鉴》）

图800　海南杜鹃 Rhododendron hainanense Merr.
1. 花枝；2. 果。（仿《中国植物志》）

广西特有种。产于龙胜、武鸣。生于海拔700～1000m 的溪边或林缘石壁上。

43. 锦绣杜鹃　图799

Rhododendron pulchrum Sweet

常绿灌木，高1.5～2.5m。枝开展，粗壮，被糙伏毛。叶薄革质，椭圆状长圆形或长圆状倒披针形，长2～7cm，宽1.0～2.5cm，先端钝尖，基部楔形，边缘反卷，上面初时散生糙伏毛，后近无毛，下面被微柔毛和糙伏毛；中脉和侧脉在上面凹陷，在下面凸起；叶柄长3～6mm，密被糙伏毛。伞形花序顶生，有花1～5朵；花梗长0.8～1.5cm，密被长柔毛；花萼大，绿色，5深裂，裂片披针形，长约1.2cm，被糙伏毛；花冠紫红色，阔漏斗形，长4.5～5.0cm，5裂，具深红色斑点；雄蕊10枚，近等长，长3.5～4.0cm；子房卵球形，长3mm，密被刚毛状糙伏毛，花柱长约5cm。蒴果长圆状卵球形，长0.8～1.0cm，被刚毛状糙伏毛，花萼宿存。花期3～5月；果期9～10月。

广西各地多有栽培，中国东南各地多有引种。观赏花卉，栽培品种较多，丛植于草地、林下、溪旁、池畔、岩边、缓坡、林缘，庭院栽培于台阶前、庭阴树下、墙角。性喜阴，忌暴晒，要求凉爽湿润气候。萌芽能力不强。

44. 海南杜鹃　图800

Rhododendron hainanense Merr.

小灌木，高1～3m。分枝多，幼枝纤细，密被棕褐色扁平糙伏毛；老枝无毛。叶近革质，集生于枝顶，线状披针形，长2～4cm，宽3～11mm，先端锐尖，具短尖头，基部楔形，上面近无毛，下面散生糙伏毛；叶脉在上面凹陷，在下面凸出；叶柄长3～6mm，被糙伏毛。花1～3朵顶生；花梗长5～8mm，密被糙伏毛；花萼5裂，裂片不等大，外面及边缘被长柔毛；花冠漏斗形，长3.5～4.5cm，鲜红色，两面均无毛，5深裂；雄蕊10枚，不等长，花丝中部以下被微柔毛；子房卵球形，密被刚毛状糙伏毛，花柱比雄蕊长，无毛。蒴果卵球形，长8～10mm，几无毛。花期10～12月；果期翌年5～

8 月。

产于金秀、融水、上思、防城。生于海拔1000m以下的林缘、山谷溪边或河边。分布于海南；越南也有分布。

45. 长尖杜鹃

Rhododendron longifalcatum P. C. Tam

直立小灌木，高1m。小枝密被锈色糙伏毛。叶纸质，长圆状披针形或披针形，长3.0~8.5cm，宽0.9~2.0cm，先端长渐尖，近于镰刀状尾尖，基部狭楔形，两面被糙伏毛；中脉在两面凸出，侧脉3~4对，在两面微明显；叶柄长3~7mm，密被锈色糙伏毛。伞形花序顶生，有花2~5朵；花梗长6mm，被糙伏毛；花萼5浅裂，被糙伏毛；花冠蓝紫色，阔漏斗状钟形，长约2.5cm，花冠管短筒状，长7mm，5裂，无斑点；雄蕊10枚，不等长，长2.2~2.8cm；子房卵球形，长约4mm，密被锈色绢质糙伏毛，花柱长2.6cm，无毛。花期3月。

广西特有种。产于上思。生于海拔约200m的疏林、河边灌木丛中。

46. 杜鹃 映山红 图801

Rhododendron simsii Planch.

落叶灌木，高2~5m。分枝多而细，密被亮棕褐色扁平糙伏毛。叶革质，常集生于枝顶，椭圆状卵形至倒披针形，长1.5~5.0cm，宽0.5~3.0cm，先端短渐尖，基部楔形或宽楔形，两面被糙伏毛；中脉在上面凹陷，在下面凸出；叶柄长2~6mm，密被扁平糙伏毛。花2~6朵簇生于枝顶；花梗长8mm，密被糙伏毛；花萼5深裂，裂片三角状长卵形，长5mm，被糙伏毛；花冠阔漏斗形，鲜红色，长3.5~4.5cm，5裂，上部裂片具深红色斑点；雄蕊10枚，长与花冠相等，花丝中部以下被微柔毛；子房卵球形，密被糙伏毛，花柱伸出花冠外，无毛。蒴果卵球形，长约1cm，密被糙伏毛；花萼宿存。花期3~5月；果期7~10月。

产于广西各地，为分布最广、最常见的种类。生于山坡灌丛中或林缘，以向阳、干燥处较常见，典型酸性土指示植物。分布于长江以南各地；越南、泰国、老挝、缅甸也有分布。

47. 临桂杜鹃

Rhododendron linguiense G. Z. Li

灌木，高2.5m。当年生枝密被棕褐色糙伏毛。叶散生或集生于枝顶，薄革质，二型：春发叶阔椭圆形至椭圆形，长3~7cm，宽1.3~3.0cm，先端锐尖或短尖，具小尖头，基部楔形，叶面初时疏被糙伏毛，后渐无毛，叶背密被锈色糙伏毛，中脉和侧脉在叶面凹陷，在背面凸起，侧脉在近边缘处联结，网脉在两面不明显，叶柄长3~6mm，密被糙伏毛；夏发叶倒卵状椭圆形，长1.5~

图801 杜鹃 **Rhododendron simsii** Planch. 1. 花枝；2. 花纵切面；3. 雄蕊；4. 雌蕊；5. 萼片；6. 果。（仿《中国植物志》）

2.5cm，宽8~12cm，叶柄长2~3mm。伞形花序2~4枝集生于枝顶，每花序有花2~6朵，几无总梗；花萼小，长约1mm；花冠狭长漏斗形，淡紫红色，长1.8~2.0cm，5裂，无斑点；雄蕊10枚，不等长，长12~15mm；子房卵球形，长3mm，密被糙伏毛，花柱长2.5cm，无毛。花期4月；果期8月。

广西特有种。产于临桂。生于海拔约200m的山坡灌丛中。

48. 垂钩杜鹃

Rhododendron unciferum P. C. Tam

灌木。枝近于轮生，初时密被糙伏毛，后近无毛。叶革质，集生于枝顶，卵形或椭圆状卵形，长1.5~3.2cm，宽1.0~1.7cm，先端短尖，基部宽楔形或近圆形，边缘反卷，有细圆齿，上面除中脉外无毛，下面散生锈色糙伏毛；中脉在上面微凹，在下面凸起，侧脉4~5对，在上面凹陷；叶柄短，长2~4mm，被糙伏毛或近无毛。伞形花序顶生，有花7~12朵；花梗长2~3mm，密被糙伏毛；花萼小，裂片5枚，长约2.5mm，密糙伏毛；花冠淡紫红色，漏斗形，长约1.2cm，无毛，5裂，无斑点；雄蕊5枚，不等长，长1.3~1.7cm，花丝无毛；子房卵球形，长约3mm，密被糙伏毛，花柱长约1.4cm，无毛。花期4~5月。

广西特有种。产于横县。生于海拔740m的山顶石缝中。

49. 南边杜鹃

Rhododendron meridionale P. C. Tam

直立灌木，高3m。小枝细，分枝多，被锈色糙伏毛，后近无毛。叶近革质，集生于枝顶，披针形或狭披针形，长1.5~7.5cm，宽0.5~1.5cm，先端长渐尖，基部狭楔形，上面深绿色，下面疏被糙伏毛；中脉与侧脉在上面微凹，在下面凸出，侧脉近叶缘联结；叶柄长3~5mm，密被糙伏毛。伞形花序顶生，有花3~6朵；花梗长1.3~1.5cm，密被糙伏毛；花冠阔漏斗形，紫色或紫红色，长约3.3cm，无毛，5裂，无斑点，裂片披针形，长约2cm，宽约9mm；雄蕊5枚，近等长，长约3.5cm，伸出于花冠外；子房卵球形，长约3mm，密被长糙伏毛，花柱与雄蕊等长。蒴果卵球形，长7mm，被灰褐色糙伏毛。花期3~4月；果期10~11月。

广西特有种。产于融水、钦州、防城、上思。生于海拔650m以下的山谷、疏林下。

50. 西鹃

Rhododendron indicum (L.) Sweet

半常绿灌木，高1~2m。小枝初时密被糙伏毛，后近无毛。叶集生于枝顶，近革质，狭披针形或倒披针形，长1.7~3.0cm，宽约6mm，先端钝尖，基部狭楔形，上面有光泽，疏被糙伏毛；中脉在上面凹陷，在下面凸出，侧脉在下面微明显，两面散生糙伏毛；叶柄长2~4mm，被糙伏毛。花1~3朵生于枝顶；花梗长0.6~1.2cm，被糙伏毛；花萼5裂，裂片长2~3mm；花冠鲜红色，有时玫瑰红色，漏斗形，长3~4cm，直径5~6cm，5裂，具深红色斑点；雄蕊5枚，不等长，长1.6~2.2cm，比花冠短，花丝淡红色，具小腺点；子房长约3.5mm，花柱长2.3~4.5cm。蒴果长圆状卵球形，长6~8mm，密被糙伏毛。花期5~6月。

原产于日本。广西各地有栽培。花色多样，有单瓣和重瓣，花期长，四季都能开花，庭院绿化、绿篱或盆栽树种。

51. 金萼杜鹃 802: 1~2

Rhododendron chrysocalyx H. Lév. et Vaniot

落叶灌木，高1~3m。分枝多，小枝密被棕褐色糙伏毛。叶厚纸质，密集于枝顶，披针形至倒披针形，长1.5~4.5cm，宽0.5~1.3cm，先端渐尖，具短尖头，基部狭楔形，边缘反卷，具细圆齿，上面具光泽，中脉和侧脉凹陷，疏被糙伏毛，下面散生糙伏毛；叶柄长3~5mm，密被糙伏毛。伞形花序顶生，有花3~12朵；花梗长0.9~1.8cm，密被糙伏毛；花萼极小；花冠狭漏斗形，红色或白色，长2.4~2.9cm，5裂，有深红色斑点；雄蕊5枚，伸出花冠外很长，长约3.5cm，花丝下部被微柔毛；子房近卵球形，密被长糙伏毛，花柱长过雄蕊，长约5cm，无毛。蒴果长卵球形，长8~10mm，密被长糙伏毛。花期3~5月；果期6~10月。

产于环江、天峨。生于海拔1000m以下的河边或山脚灌丛中。分布于贵州、湖北、四川。

52. 亮毛杜鹃

Rhododendron microphyton Franch.

常绿直立灌木，高1~2m。分枝繁多，小枝密扁平糙伏毛。叶革质，椭圆形或卵状披针形，长0.5~3.2cm，宽约1.3cm，先端尖锐，具短尖头，基部楔形或略钝，两面散生红褐色糙伏毛，沿中脉更明显；叶柄长2~5mm，密被糙伏毛。伞形花序顶生，有花3~7朵；花梗长3~6mm，密被糙伏毛；花萼小，5浅裂；花冠漏斗形，蔷薇色或近白色，长约2cm，花冠管狭圆筒形，5裂，上方3裂片具紫红色斑点；雄蕊5枚，伸出于花冠外，花丝中部以下被微柔毛；子房卵球形，长约4mm，5室，密被长糙伏毛，花柱长过雄蕊，无毛。蒴果卵球形，长约8mm，密被糙伏毛并混生微柔毛，花柱宿存。花期3~6月；果期7~12月。

产于阳朔、金秀、隆林、马山。生于海拔1700m以下的灌丛。分布于云南、四川、贵州；缅甸、泰国也有分布。

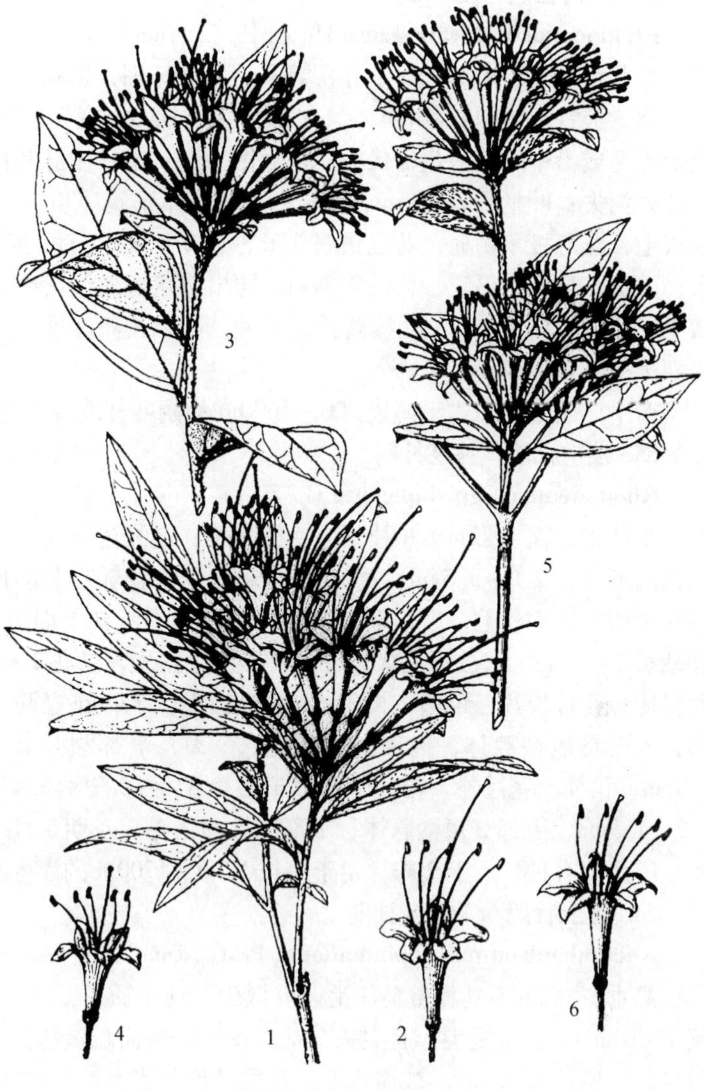

图802 1~2. 金萼杜鹃 Rhododendron chrysocalyx H. Lév. et Vaniot 1. 花枝；2. 花。3~4. 岭南杜鹃 Rhododendron mariae Hance 3. 花枝；4. 花。5~6. 广西杜鹃 Rhododendron kwangsiense Hu ex P. C. Tam 5. 花枝；6. 花。(仿《中国植物志》)

53. 岭南杜鹃 紫花杜鹃 图802：3~4

Rhododendron mariae Hance

落叶灌木，高1~5m。分枝多，幼枝密被糙伏毛。叶革质，集生于枝顶，椭圆状披针形至椭圆状倒卵形，长3~9cm，宽1.5~4.0cm，先端短渐尖，具短尖头，基部楔形，上面除沿中脉被毛外，其余无毛，下面散生红棕色糙伏毛；中脉和侧脉在上面凹陷，下面显著凸起，侧脉未达叶缘联结；叶柄长4~10mm，密被糙伏毛。伞形花序顶生，具花7~16朵；花梗长5~12mm，密被柔毛；花萼极小；花冠狭漏斗状，长1.5~2.2cm，紫红色，无毛，5裂，裂片带状，先端圆钝，无斑点；雄蕊5枚，不等长，长1.7~2.5cm，伸出于花冠外；子房卵球形，长约2mm，花柱比雄蕊长。蒴果长卵球形，长7~14mm，密被糙伏毛。花期4~6月；果期7~11月。

产于广西各地。生于海拔600~1300m的山坡、山谷、溪边等处的灌木丛中。分布于广东、福建、安徽、江西、湖南、贵州。

54. 广西杜鹃　图 802：5～6

Rhododendron kwangsiense Hu ex P. C. Tam

半常绿灌木，高 1～3m。分枝繁多，幼枝纤细，密被棕褐色糙伏毛；老枝无毛。叶革质，集生于枝顶，披针形或椭圆状披针形，长 1.5～3.6cm，宽 1～2cm，先端渐尖，具短尖头，基部楔形，上面无毛或沿中脉被褐色糙伏毛，下面散生糙伏毛；中脉和侧脉在上面凹陷，在下面凸起，侧脉于近缘处消失；叶柄长 3～6mm，密被糙伏毛。伞形花序顶生，有花 5～10 朵；花梗长 5～8mm，密被糙伏毛；花萼极不明显；花冠狭漏斗形，长 2.0～2.5cm，淡紫红色，5 裂，裂片披针形，先端具尖头；雄蕊 5 枚，近等长，长约 2.7cm，伸出于花冠外，花丝无毛；子房卵球形，长约 3mm，密被糙伏毛，花柱长约 2.8cm，比雄蕊长，无毛。蒴果长卵球形，长约 6mm，密被糙伏毛。花期 4～6 月；果期 7～11 月。

产于广西各地，生于海拔 900～1600m 的阔叶林或灌木丛中。分布于湖南、广东、贵州。

55. 桂中杜鹃　腺柱杜鹃

Rhododendron guizhongense G. Z. Li

小灌木，高 1～2m。小枝幼时密被长毛；老枝近无毛。叶纸质，集生于枝顶，狭椭圆形或椭圆状长圆形，长 2.0～3.5cm，宽 1.0～1.4cm，先端渐尖或近于锐尖，具短尖头，基部楔形或宽楔形，初时两面疏被糙伏毛，后仅下面中脉上被毛；中脉在上面微凹，在下面稍凸，侧脉在两面不明显；叶柄长 2～4mm，密被刚毛状长毛。伞形花序顶生，具花 3～6 朵；花梗长约 5mm，密被刚毛状长毛及腺体；花萼裂片三角形，长 3～5mm，被糙伏毛；花冠漏斗形，红色，长约 1.2cm，花冠管圆筒状，外面具短柄腺体，内面被微柔毛，5 裂，上部裂片具紫色斑点；雄蕊 5 枚，不等长，长约 1.3cm，稍伸出花冠外，花丝中部以下被微柔毛；子房卵球形，长 2～3mm，密被糙伏毛，花柱长 1.2～1.5cm，上部具短柄腺体，下部疏被糙伏毛。花期 5 月。

广西特有种。产于金秀。生于海拔 1200～1700m 的灌木丛中或林缘。

56. 岭上杜鹃　千针叶杜鹃

Rhododendron polyraphidoideum P. C. Tam

灌木，高 2m。幼枝被糙伏毛。叶散生，薄革质，二型：春发叶卵形或长圆状卵形，长约 2cm，宽 9～10mm，先端短尖，有尖头，基部楔形，两面疏被糙伏毛，中脉在叶两面凸起，侧脉在两面不明显，叶柄长 1～2mm，被糙伏毛；夏发叶形似春发叶，但较小，长 1.0～1.5cm，宽 7mm。伞形花序顶生，有花 2～3 朵；花梗长 4mm，被糙伏毛；花萼 5 深裂，裂片长 2mm；花冠短钟状漏斗形，长 1.2～1.5cm，5 裂；雄蕊 5 枚，长 1.5～2.0cm，花丝基部以上被透明腺毛；子房密被糙伏毛，花柱长 1.7～2.0cm，中部以下或基部被糙伏毛。花期 8 月；果期 10～11 月。

产于上林、武鸣。生于 800～1500m 的山顶或密林中。分布于湖南、广东。

57. 两广杜鹃

Rhododendron tsoi Merr.

半常绿灌木，高 0.5～1.0m。幼枝密被糙伏毛；老枝无毛。叶革质，常簇生于枝顶，椭圆形或倒卵状阔椭圆形，长 0.5～1.4cm，宽 0.4～0.9cm，先端钝或近圆形，常具短尖头，基部阔楔形，上面疏生糙伏毛或近无毛，下面被糙伏毛；中脉在上面凹陷，在下面凸出，侧脉在两面不明显；叶柄长 1.0～2.5mm，被糙伏毛。伞形花序有花 3～5 朵；花梗长 3～4mm，密被糙伏毛；花萼小；花冠狭漏斗形，粉红色，长约 1cm，外面无毛，内面被疏柔毛，5 裂；雄蕊 5 枚，长约 9mm，略短于花冠，花丝中部以下被微柔毛；子房卵球形，密被糙伏毛，花柱长约 7mm，密被糙伏毛。蒴果长圆状卵球形，长 4～5mm，被糙伏毛。花期 4～5 月；果期 6～8 月。

产于广西中部及西部。生于海拔 700～1600m 的杂木林中。分布于广东。

58. 隐脉杜鹃　灌阳杜鹃

Rhododendron subenerve P. C. Tam

灌木。幼时密被糙伏毛。叶革质，聚生于枝顶，卵形或长圆状卵形，长 1.5~3.0cm，宽 7~11mm，先端钝尖，具凸尖头，基部宽楔形或近圆形，上面初时被糙伏毛，后渐脱落，下面除沿中脉被毛外，近无毛；中脉在两面凸起，侧脉不明显；叶柄短，长仅 2mm，或近无柄，密被糙伏毛。伞形花序顶生，具花 4~5 朵；花梗长 6~8mm，密被糙伏毛；花萼 5 裂，裂片长约 1mm；花冠短漏斗形，白色，长约 9mm，5 裂，无斑点；雄蕊 5 枚，不等长，长 1.2~1.6cm；子房卵球形，长约 3mm，花柱长 1.3cm，上部有细腺毛，下部被糙伏毛。蒴果卵球形，长约 4mm，与果柄均密被红褐色糙伏毛。花期 4 月；果期 9~10 月。

广西特有种。产于灌阳。生于山地林缘。

59. 细瘦杜鹃

Rhododendron tenue Ching ex W. P. Fang et M. Y. He

灌木。小枝细瘦，直径 1.0~1.5mm；幼枝密被棕褐色糙伏毛，后近无毛。叶密集于枝顶，薄纸质，椭圆状长卵形，长 2.0~5.5cm，宽 0.8~1.9cm，先端锐尖，基部宽楔形或近圆形，边缘具不明显的钝圆齿，上面幼时散生棕褐色糙伏毛，下面被糙伏毛；中脉在上面下凹，在下面凸起，侧脉 3~6 对，仅在下面明显，未达叶缘联结；叶柄长 2~5mm，被糙伏毛。伞形花序顶生，有花 2~4 朵；花梗长 3~5mm，密被糙伏毛；花萼极不发达；花冠漏斗形，粉红色带白色，连同管长 8mm，花冠管长约 5mm，内面被微柔毛；雄蕊 5 枚，不等长，长达 1.2cm，花丝被短柔毛；子房卵球形，被糙伏毛，花柱长约 1.2cm，中部以下被糙伏毛，柱头 5 浅裂。蒴果圆锥形，长 5~6mm，密被糙伏毛。花期 5~6 月；果期 7~11 月。

广西特有种。产于兴安、资源。生于海拔约 1500m 的山谷、山坡疏林下或灌木丛中。

60. 毛果杜鹃

Rhododendron seniavinii Maxim.

半常绿灌木，高 2m。分枝多，幼枝密被糙伏毛；老枝近无毛。叶革质，集生于枝顶，卵形至长圆状披针形，长 1.5~6.0cm，宽 1.0~2.5cm，先端渐尖，具短尖头，基部宽楔形，上面有光泽，无毛或疏被贴伏长柔毛，下面密被长糙伏毛；中脉和侧脉在上面凹陷，在下面凸出，叶柄长 0.6~1.3cm，密被糙伏毛。花芽黏结。伞形花序顶生，具花 3~10 朵；花梗长约 5mm，密被绢状糙伏毛；花萼极小；花冠狭漏斗形，白色，长约 2.2cm，直径约 1.5cm，花冠管圆筒形，长约 1.2cm，外面被疏柔毛，5 裂，具紫色斑点；雄蕊 5 枚，不等长，伸出花冠外，花丝无毛；子房卵球形，密被绢状糙伏毛，花柱比雄蕊长，基部密被淡黄色长柔毛。蒴果长卵球形，长约 7mm，密被糙伏毛。花期 4~5 月；果期 8~11 月。

产于全州。生于海拔约 1000m 的灌木丛中。分布于福建、湖南、贵州、云南、江西。

61. 腺花杜鹃

Rhododendron adenanthum M. Y. He

小灌木，高 1m。幼枝纤细，直径 1mm，密被糙伏毛；老枝无毛或近无毛。叶纸质，集生于枝顶，椭圆形或椭圆状卵形，长 2.5~4.0cm，宽 0.9~1.3cm，先端锐尖，基部宽楔形或近圆形，上面疏被褐色糙伏毛；下面仅沿中脉和侧脉疏被糙伏毛；中脉在上面微凹，在下面凸出，侧脉在两面不明显；叶柄长约 3mm，密被糙伏毛。伞形花序顶生，有花 5 朵；花梗长约 4mm，密被绢状糙伏毛；花冠漏斗状钟形，白色，长约 1cm，花冠管圆筒状，长约 6mm，外面疏被糙伏毛及腺毛，内面被微柔毛，5 裂，具紫色斑点；雄蕊 5 枚，3 长 2 短，长 1.4~1.7cm，伸出于花冠外，花丝中部以下被微柔毛；子房卵球形，长 2.5mm，密被糙伏毛，花柱长 1.1cm，中部以下被糙伏毛。花期 4~5 月。

广西特有种。产于资源。生于山顶疏林中。

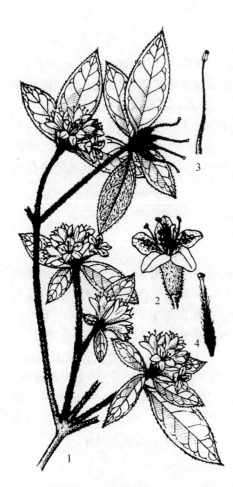

图 803　棕毛杜鹃 Rhododendron fuscipilum M. Y. He 1. 花枝；2. 花；3. 雄蕊；4. 雌蕊。（仿《中国植物志》）

62. 子花杜鹃

Rhododendron flosculum W. P. Fang et G. Z. Li

灌木或小乔木，高 2~4m。幼枝细瘦，直径约 1mm，疏被糙伏毛；老枝近无毛。叶纸质，狭椭圆形或椭圆状披针形，长 6~7cm，宽 1.5~2.5cm，先端锐尖，具细尖头，基部宽楔形或近圆形，边缘具不明显细锯齿，幼时两面疏被糙伏毛，老时仅上面中脉被毛；中脉在上面微凹，在下面稍凸，侧脉在两面不明显；叶柄长 3~5mm，被糙伏毛。伞形花序顶生，有花 2~5 朵；花梗长 3~4mm，被糙伏毛；花萼小；花冠白色带淡红色，漏斗状，长约 1cm，直径约 1.8cm，花冠管圆筒状，长约 5mm，5 裂，具淡红色斑点；雄蕊 5 枚，近等长，长约 1cm，花丝无毛；子房圆锥形，长约 2mm，密被糙伏毛，花柱长约 1.2cm，基部被糙伏毛。花期 5~6 月。

广西特有种。产于资源。生于海拔 1500~1700m 的山坡灌木丛中或林下。

63. 棕毛杜鹃　图 803

Rhododendron fuscipilum M. Y. He

灌木。枝纤细，幼枝密被糙伏毛；老枝无毛。叶厚纸质，披针形或椭圆状披针形，长 1.8~4.5cm，宽 0.7~1.8cm，先端锐尖，基部楔形或近圆形，上面初时疏生糙伏毛，后仅沿中脉被毛，下面疏被糙伏毛；中脉和侧脉在上面微凹，在下面凸起；叶柄长约 4mm，密被糙伏毛。伞形花序具花 4~7 朵；花梗长约 3mm，密被绢状糙伏毛；花萼小；花冠漏斗状钟形，粉红色，长 1.0~1.2cm，花冠管圆筒状，长约 5mm，外面被腺毛，内面被微柔毛，5 裂，具紫色斑点，两面无毛；雄蕊 5 枚，不等长，长 1.2~1.6cm，伸出花冠外，花丝中部以下被微柔毛；子房卵球形，长约 3mm，密被锈色糙伏毛，花柱长约 1.3cm，被糙伏毛。花期 5 月。

广西特有种。产于金秀。生于山坡灌木丛中。

64. 龙山杜鹃　宿柱杜鹃

Rhododendron chunii W. P. Fang

半常绿灌木，高 1~2m。幼枝细长，密被棕褐色糙伏毛；老枝无毛。叶革质，集生于枝顶，卵形或椭圆状卵形，长 1.0~1.7cm，宽 4~8mm，先端渐尖，基部宽楔形，边缘反卷，微具细锯齿，上面有光泽，两面被糙伏毛；叶柄长 2~3mm，被糙伏毛。花与叶同时开放，伞形花序顶生，具花 2~4 朵；花梗长 4~7mm，被糙伏毛；花萼小，裂片 5 枚，长约 1.5mm，边缘具流苏状毛；花冠漏斗形，淡紫红色，长约 1cm，花冠管长约 5mm，外面疏被糙伏毛，5 裂，具深紫色斑点；雄蕊 5 枚，近等长，伸出花冠外，长 0.8~1.4cm，花丝中部以下被微柔毛；子房卵球形，长约 3mm，密被糙伏毛，花柱比雄蕊长，长 1.5~1.8cm，上部微具腺体，中下部被刚毛状糙伏毛。蒴果卵球形，密被糙伏毛。花期 4~5 月；果期 6~10 月。

产于金秀、上林、武鸣。生于海拔 1000~1300m 的山顶疏林下或灌木丛中。分布于广东。

65. 黏芽杜鹃

Rhododendron viscigemmatum P. C. Tam

灌木，高 3.5m。幼枝密被锈色糙伏毛，老时无毛。叶坚纸质，椭圆形或长圆状椭圆形，长 0.8~3.5cm，宽 0.5~1.5cm，先端短尖或渐尖，基部楔形，边缘明显反卷，上面被灰褐色糙伏毛，毛粗而短，下面被糙伏毛和毡状毛；中脉在两面凸起，侧脉不明显；叶柄长 4~6mm，密被糙伏毛。花芽具黏性。伞形花序顶生，具花 3~4 朵；花梗长 3~4mm，密被糙伏毛；花萼小；花冠漏斗状短钟形，淡紫色，长约 9mm，外面被钝头状肉质小刺，内面无毛，5 裂，具深色斑点；雄蕊 5 枚，不等长，长 1.4~1.7cm，伸出，花丝中部以下被微柔毛；子房卵球形，长 3mm，密被锈色绢状糙伏毛，花柱长约 2cm，中部以下被糙伏毛，柱头 5 浅裂。蒴果长卵球形，长 5~6mm，密被糙伏毛，花萼花后增大，宿存，裂片长约 3mm。

广西特有种。产于贺州、金秀。生于海拔约 1000m 的山顶疏林中。

5. 马银花亚属 Subgen. Azaleastrum

常绿灌木或小乔木。枝无毛或被短柔毛、腺刚毛。花序 1 至数朵生于枝顶叶腋；花萼裂片大而阔或退化不明显；花冠辐射状漏斗形至狭漏斗形，花冠管通常比花冠裂片短，稀较长。蒴果圆锥状卵球形或圆柱形。

约 23 种。中国有 22 种；广西产 13 种 1 变种。

分种检索表

1. 雄蕊 5 枚，花萼裂片大，花稀疏，每花序有花 1~2 朵；蒴果卵球形；种子无附属物。
  2. 叶卵形、阔卵形、长圆形至长圆状椭圆形。
    3. 花萼无毛，头巾状，全部包着蒴果；叶椭圆状长圆形，长 4~11cm，宽 2.0~4.3cm ……………………………………………………………………… **66. 头巾马银花 Rh. mitriforme**
    3. 花萼裂片基部被短柔毛或疏腺毛，或边缘有短柄腺体，卵形或倒卵形，部分包着蒴果；叶卵形或阔卵形，长 3.0~5.5cm，宽 1.5~2.5cm。
      4. 花萼裂片卵形至阔卵形，外侧基部被柔毛或疏腺毛，边缘无毛 ………… **67. 马银花 Rh. ovatum**
      4. 花萼裂片卵形至倒卵形，外侧密被短柄腺毛 ………… **68. 腺萼马银花 Rh. bachii**
  2. 叶披针形，长 5.5~9.5cm，宽 1.5~3.0cm；花萼裂片长圆状披针形，长约 5mm，宽约 3mm，边缘疏生具腺头的刚细毛 …………………………………………………… **69. 田林马银花 Rh. tianlinense**
1. 雄蕊 10 枚，花萼裂片不明显或偶为线形，花较密，常数序聚生，每序有花 2~6 朵；蒴果长圆柱形；种子两端具尾状附属物。
  5. 子房被有腺刚毛、粗毛或绒毛。
    6. 花梗和子房被有腺刚毛或粗毛。
      7. 叶两面被刚毛；萼裂片线状披针形 ………… **70. 刺毛杜鹃 Rh. championiae**
      7. 叶两面无毛或叶面中脉疏被微毛；萼裂片线形 ………… **71. 弯蒴杜鹃 Rh. henryi**
    6. 花梗无毛、稍被细毛或长柔毛，子房被绒毛。
      8. 叶披针形或倒披针形；每序有花 8~15 朵，花冠狭漏斗状，白色或玫瑰红色 …………………………………………………………………………… **72. 多花杜鹃 Rh. cavaleriei**
      8. 叶倒卵形或长圆状倒披针形；每序有花 1(~2)朵，花冠白色 ………… **73. 滇南杜鹃 Rh. hancockii**
  5. 子房无毛或被极疏的柔毛。
    9. 花序有花 1~4 朵 ………… **74. 鹿角杜鹃 Rh. latoucheae**
    9. 花序有花 3~5(~8)朵。
      10. 雄蕊远长于花冠，外伸，花冠漏斗形，白色或淡红色，内面有黄色斑…………………………………………………………………………………………………… **75. 长蕊杜鹃 Rh. stamineum**
      10. 雄蕊短于花冠或与花冠近等长。
        11. 叶柄疏被刚毛 ………… **76. 大鳞杜鹃 Rh. huguangense**
        11. 叶柄无毛。
          12. 花萼裂片长线形，边缘有刺状疏缘毛，花冠白色或玫瑰红色；叶长圆状椭圆形，先端长渐尖，尖头近镰状 ………… **77. 凯里杜鹃 Rh. westlandii**
          12. 花萼裂片钝三角形或波状，无缘毛，花冠紫红色或粉红色带白色；叶长圆状披针形或椭圆状披

66. 头巾马银花 图804：1~2

Rhododendron mitriforme P. C. Tam

灌木或小乔木，高7m。当年生枝近无毛。叶革质，椭圆状长圆形，长4~11cm，宽2.0~4.3cm，先端渐尖或斜锐尖呈尾状，基部阔楔形或近圆形，全缘；中脉在上面凹陷，在下面微凸，侧脉10~12对，干后明显；叶柄粗壮，长6~13mm，近无毛。花单生；花梗长1.5~2.0cm，无毛；花萼裂片5枚，卵形，长约8mm，无毛；花冠淡紫色至白色，长3.5~4.5cm，近辐射状或阔漏斗状，内面基部被柔毛，5裂，内侧具紫色斑点；雄蕊5枚，不等长，长2.0~2.8cm，花丝中部以下被微柔毛；子房卵圆形，长约4mm，被腺毛，花柱无毛，长约3cm。蒴果卵球形，长约9mm，具腺毛和斑点；花萼宿存，头巾状，全部包着蒴果。花期4~5月；果期9~10月。

产于兴安、资源、灌阳、贺州、金秀。生于海拔600~1600m的阔叶林中或灌木丛中。分布于湖南、广东。

67. 马银花 图804：3~5

Rhododendron ovatum（Lindl.）Planch. ex Maxim.

常绿灌木，高2~4m。小枝疏被具柄腺体和短柔毛。叶革质，卵形或椭圆状卵形，长3~5cm，宽1.5~2.5cm，先端急尖或钝，具短尖头，基部圆形；上面有光泽，中脉和细脉凸出，沿中脉被短柔毛；下面仅中脉凸出，侧脉和细脉不明显，无毛；叶柄长约8mm，具狭翅，被短柔毛。花单生于枝顶叶腋；花梗长0.8~1.8cm，密被灰褐色短柔毛和短柄腺毛；花萼5深裂，裂片长4~5mm，裂片卵形至阔卵形，外面基部密被短柔毛和疏腺毛，边缘无毛；花冠紫色或粉红色，辐射状，5深裂，裂片长1.6~2.3cm，内面具粉红色斑点，外面无毛，筒部内面被短柔毛；雄蕊5枚，不等长，长1.5~2.1cm，花丝中部以下被柔毛；子房卵球形，密被短腺毛，花柱长约2.4cm，伸出于花冠外，无毛。蒴果阔卵球形，长约8mm，直径约6mm，密被短柔毛和疏腺体，且为增大而宿存的花萼所包围。花期3~5月；果期7~10月。

产于桂林、资源、恭城、兴安、龙胜、全州、阳朔、临桂、灵川、永福、金秀、融水、天峨。生

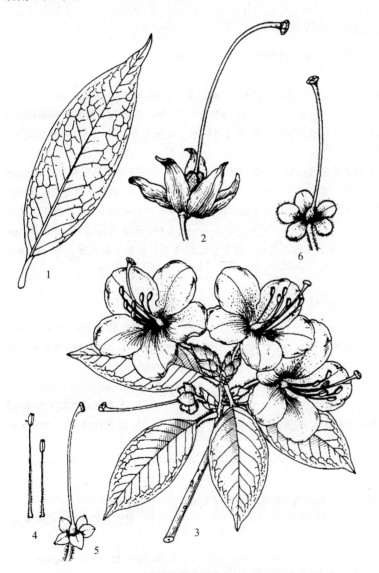

图804 1~2. 头巾马银花 Rhododendron mitriforme P. C. Tam 1. 叶片；2. 雌蕊。**3~5.** 马银花 Rhododendron ovatum（Lindl.）Planch. ex Maxim. 3. 花枝；4. 雄蕊；5. 雌蕊。**6.** 腺萼马银花 Rhododendron bachii H. Lév. 具宿存花萼的幼果。（仿《中国植物志》）

于海拔 600~1200m 的山坡、路边、石崖边的灌木丛中或疏林下。分布于广东、福建、四川、贵州、湖南、湖北、江西、浙江、安徽。

68. 腺萼马银花 图804：6

Rhododendron bachii H. Lév.

常绿灌木，高 2~5m。小枝被短柔毛和稀疏腺毛。叶散生，薄革质，卵形或卵状椭圆形，长 3~6cm，宽 1.5~3.0cm，先端凹缺，具短尖头，基部宽楔形或近圆形，边缘具刚毛状细齿，除上面中脉被短柔毛外，两面均无毛；叶柄长约 5mm，被短柔毛和腺毛。花 1 朵侧生于上部枝条叶腋；花梗长 1.2~1.6cm，被短柔毛和腺毛；花萼 5 深裂，裂片长 3~5mm，裂片卵形至倒卵形，外面被微柔毛，边缘密被短柄腺毛；花冠淡紫色或淡紫红色，辐射状，5 深裂，裂片长 1.8~2.1cm，内面具深红色斑点和短柔毛；雄蕊 5 枚，不等长，长 2.0~2.8cm，花丝中部以下被微柔毛；子房密被短柄腺毛，花柱比雄蕊长，长 2.5~3.2cm，无毛。蒴果卵球形，长 7mm，直径 6mm，密被短柄腺毛。花期 4~5 月；果期 6~10 月。

产于资源、龙胜、临桂、灵川、永福、阳朔、金秀、融水、罗城、天峨、武鸣、马山。生于海拔 400~1000m 的山谷、路边、沟边疏林下或灌木丛中。分布于浙江、安徽、江西、湖北、湖南、广东、四川、贵州。

69. 田林马银花

Rhododendron tianlinense P. C. Tam

灌木或小乔木，高 4m。幼枝无毛。叶纸质，密集于枝顶，披针形，长 5.5~9.5cm，宽 1.5~3cm，先端长渐尖，具短尖头，基部狭楔形，两面仅沿中脉被微柔毛；中脉在上面微凹，在下面凸出，侧脉 7~10 对，在两面明显；叶柄长 1~2cm，上面具沟槽。蒴果单生于枝顶叶腋，卵球形，长 5~6mm，直径 5mm，密被短腺毛；果柄长 1.3~1.5cm，被腺毛；花萼宿存，长圆状披针形，长约 5mm，宽约 3mm，外面基部被腺毛；花柱宿存，长约 2cm，无毛。果期 6 月。

产于田林。生于海拔约 1200m 的山地密林中。分布于贵州。

70. 刺毛杜鹃 图805：1~6

Rhododendron championiae Hook.

常绿灌木，高 2~5m。枝被开展腺毛和短柔毛。叶厚纸质，长圆状披针形，长 5~20cm，宽 2~6cm，先端渐尖，基部楔形，边缘密被长刚毛和疏腺毛，上面疏被短刚毛，下面密被刚毛和短柔毛；中

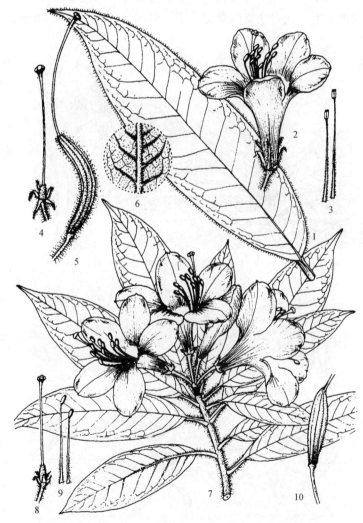

图805 1~6. 刺毛杜鹃 Rhododendron championiae Hook. 1. 叶片；2. 花；3. 雄蕊；4. 雌蕊；5. 果；6. 叶背(示毛)。**7~10. 弯蒴杜鹃** Rhododendron henryi Hance 7. 花枝；8. 雌蕊；9. 雄蕊；10. 果。(仿《中国植物志》)

脉和侧脉在叶面凹陷，在下面凸起；叶柄长 1.2~1.7cm，密被腺毛和短柔毛。花芽苞片具黏质。伞形花序生于枝顶叶腋，有花 2~7 朵，总花梗长 4~7mm，无毛；花梗长 2cm，密被腺毛和短硬毛；花萼 5 深裂，裂片长达 1.3cm，线状披针形，边缘具腺头刚毛；花冠白色或淡红色，狭漏斗状，长 5~6cm，5 深裂；雄蕊 10 枚，不等长，比花冠短，花丝下部被短柔毛；子房长圆形，长约 6mm，花柱比雄蕊长，伸出于花冠外，无毛。蒴果圆柱形，长约 5.5cm，具 6 条纵沟，密被腺毛和短柔毛，花柱宿存。花期 4~5 月；果期 5~11 月。

产于恭城、贺州、金秀。生于海拔 300~1000m 的山坡或路边灌木丛中或疏林下。分布于广东、湖南、福建、江西、浙江。

71. 弯蒴杜鹃 图 805：7~10

Rhododendron henryi Hance

常绿灌木，高 3~5m。枝细长，无毛或具刚毛、腺毛。叶革质，常集生于枝顶，近于轮生，椭圆状卵形或长圆状披针形，长 4~11cm，宽 1.5~4.0cm，先端短渐尖，基部楔形或狭楔形，上面有光泽，仅中脉上具刚毛外，其余无毛；中脉和侧脉在上面凹陷，在下面凸出，侧脉未达边缘联结；叶柄长 1.0~1.2cm，被刚毛或腺毛。花芽无黏质。伞形花序生于枝顶叶腋，有花 3~5 朵，总花梗长约 5mm，无毛；花梗长约 2cm，密被腺毛；花萼 5 裂，裂片不等大，长 3~12mm，线形，外面基部被柔毛；花冠淡紫色或粉红色，漏斗状钟形，长 4~6cm，5 裂；雄蕊 10 枚，比花冠短，花丝中部以下被短柔毛；子房圆柱状，长约 0.5cm，密被腺毛，花柱与花冠等长或微伸出花冠外，无毛。蒴果圆柱形，长 3~5cm。花期 3~4 月；果期 7~12 月。

产于武鸣、宾阳、上林、防城、上思。生于海拔 800~1200m 杂木林中。分布于广东、福建、江西、浙江、台湾。

71a. 秃房弯蒴杜鹃 秃房杜鹃

Rhododendron henryi var. **dunnii** (E. H. Wilson) M. Y. He

与原种的区别在于：子房无毛；叶全缘；叶柄不具腺头刚毛。

产于十万大山。生于杂木林中。分布于广东、福建、浙江、江西。

72. 多花杜鹃 羊角杜鹃 图 806：1~4

Rhododendron cavaleriei H. Lév.

常绿灌木，高 2~7m。小枝纤细，无毛。叶革质，披针形或倒披针形，长 7~12cm，宽 2.5~4.5cm，先端渐尖，具短尖头，基部楔形或狭楔形，上面具光泽；中脉在上面下凹，在下面凸起，侧脉和细脉在两面不明显，无毛；叶柄长 0.7~1.5cm，无毛。花芽无黏质。伞形花序生于枝顶叶腋，有花 8~15 朵；花梗长 1.5~4.0cm，密被短柔毛；

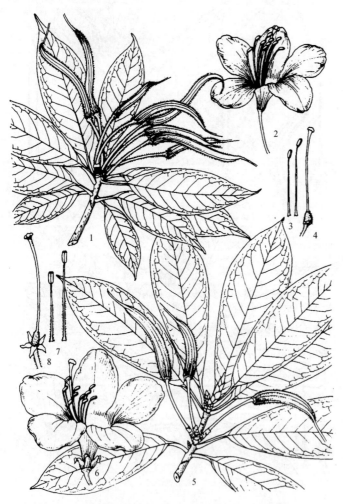

图 806　1~4. 多花杜鹃 Rhododendron cavaleriei H. Lév. 1. 果枝；2. 花；3. 雄蕊；4. 雌蕊。5~8. 滇南杜鹃 Rhododendron hancockii Hemsl. 5. 果枝；6. 花；7. 雄蕊；8. 雌蕊。（仿《中国植物志》）

花萼裂片不明显；花冠白色至玫瑰红色，狭漏斗形，长 3.5~4.0cm，5 深裂，有黄色斑块；雄蕊 10 枚，略比花冠短或等长，中部以下被短柔毛；子房长卵圆形，长约 5mm，密被短柔毛；花柱比雄蕊长，长约 4.5cm，伸出于花冠外，无毛。蒴果圆柱形，长 4.0~6.5cm，密被短柔毛。花期 4~5 月；果期 6~11 月。

产于昭平、金秀、融水、百色、田林、德保、隆林、蒙山、武鸣、上林、容县、贵港、平南、防城、上思。生于海拔 700~1500m 的山坡、山谷、山顶疏林或灌木丛中。分布于贵州、广东、江西、湖南、福建、云南。

73. 滇南杜鹃　蒙自杜鹃　图 806：5~8

Rhododendron hancockii Hemsl.

常绿灌木或小乔木，高 1~4m。小枝粗壮，无毛。叶革质，集生于枝顶，倒卵形或长圆状倒披针形，长 7~16cm，宽 2.5~6.0cm，先端短渐尖，基部渐狭；中脉和侧脉在上面明显凹陷，在下面凸出，侧脉未达叶缘联结，两面无毛；叶柄长 5~20mm，无毛。花序 1~3 枝生于枝顶叶腋，每花序有花 1(~2)朵；花梗长 1.5~2.5cm，被短柔毛，后近无毛；花萼裂片形状多变，长达 9mm，外面基部被短柔毛；花冠白色，阔漏斗形，长 4.5~6.0cm，5 深裂，基部具淡黄色斑点；雄蕊 10 枚，不等长，长 4.0~4.5cm，比花冠短，花丝中部以下被柔毛；子房长圆柱形，长 7mm，密被短柔毛，花柱稍比雄蕊长，长 5.3cm，无毛。蒴果圆柱状，长 3~6cm，具 6 条纵肋，先端变细而呈喙状，被短柔毛。花期 4~6 月；果期 7~12 月。

产于隆林。生于海拔 600~1000m 的山谷或山坡疏林中。分布于云南。

74. 鹿角杜鹃　岩杜鹃、西施花　图 807

Rhododendron latoucheae Franch.

常绿灌木或小乔木，高 2~3m。小枝无毛。叶集生于枝顶，近轮生，革质，卵状椭圆形或长圆状披针形，长 5~8cm，宽 2.5~5.5cm，先端短渐尖，基部楔形或近圆形，边缘反卷，上面具光泽；中脉和侧脉在下面凹陷，在下面凸出，两面无毛；叶柄长约 1.2cm，无毛。花单生于枝顶叶腋，具花 1~4 朵；花梗长 1.5~2.7cm，无毛；花萼不明显；花冠白色或带粉红色，长 3.5~4.5cm，直径约 5cm，5 深裂，有黄色斑点；雄蕊 10 枚，不等长，长 2.5~3.5cm，部分伸出花冠外，花丝中部以下被微柔毛；子房圆柱状，长 7~9mm，无毛，花柱长约 3.5cm，无毛，柱头 5 裂。蒴果圆柱形，长 3.5~4.0cm，具纵肋，花柱宿存。花期 3~4 月；果期 7~10 月。

产于桂林、临桂、兴安、全州、资源。生于海拔 1400m 以下的山坡灌木丛中或杂木林中。分布于广东、福建、江西、浙江、湖南、安徽、贵州、湖北、四川、台湾；日本也有分布。

75. 长蕊杜鹃　图 808

Rhododendron stamineum Franch.

常绿灌木或小乔木，高 3~7m。幼枝纤细，无毛。叶常集生于枝顶，革质，椭圆形或长圆

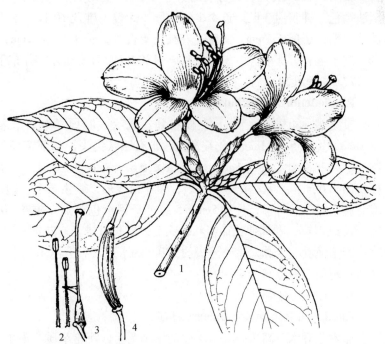

图 807 鹿角杜鹃 **Rhododendron latoucheae** Franch. 1. 花枝；2. 雄蕊；3. 雌蕊；4. 果。（仿《中国植物志》）

图 808　长蕊杜鹃 Rhododendron stamineum Franch.
1. 花枝；2. 雄蕊；3. 雌蕊；4. 果。（仿《中国植物志》）

状披针形，长 6.5 ~ 10.0cm，宽 2.0 ~ 3.5cm，先端渐尖或斜渐尖，基部楔形，上面具光泽，两面无毛；中脉在上面凹陷，在下面凸出，侧脉不明显；叶柄长 8 ~ 12mm，无毛。花常 3 ~ 8 朵簇生于枝顶叶腋；花梗长 2.0 ~ 2.5cm，无毛；花萼小；花冠白色或淡红色，漏斗形，长 3 ~ 4cm，5 深裂，具黄色斑点；雄蕊 10 枚，细长，长 3.5 ~ 4.5cm，伸出于花冠外很长，花丝下部被微柔毛或近无毛；子房圆柱形，长 4 ~ 6mm，无毛，花柱长 4 ~ 5cm，超过雄蕊，无毛。蒴果圆柱形，长 3.5 ~ 4.5cm，微弯，具 7 条纵肋，先端渐尖，无毛。花期 4 ~ 5 月；果期 7 ~ 10 月。

产于资源、兴安、全州、龙胜、融水、东兰、环江、那坡、凌云。生于海拔 500 ~ 1300m 的山坡杂木林或灌木丛中。分布于四川、云南、贵州、湖南、湖北、陕西、江西、安徽、广东。

76. 大鳞杜鹃　湖广杜鹃

Rhododendron huguangense P. C. Tam

灌木，高 3m。幼枝无毛。叶革质，长圆形或长圆状披针形，长 10.0 ~ 13.5cm，宽 3.0 ~ 4.5cm，先端渐尖，基部宽楔形或近圆形，全缘；中脉在上面凹陷，在下面凸起，侧脉纤细，约 16 对；叶柄粗壮，长 1.5 ~ 2.0cm，下面被疏刚毛和短柔毛。花芽黏结。伞形花序有花 4 ~ 6 朵；花梗长 1.2 ~ 1.7cm，无毛；花萼裂片长 1 ~ 2mm，偶时长达 7mm，边缘篦齿状，疏被短刚毛；花冠白色至淡黄色，钟状漏斗形，长 4.5 ~ 4.8cm，5 裂；雄蕊 10 枚，不等长，长 3 ~ 4cm，花丝中部以下密被微柔毛；子房长 7mm，无毛，花柱比雄蕊长，长 4.0 ~ 4.2cm，无毛。花期 5 月。

产于金秀、那坡。生于海拔 800 ~ 1300m 的山坡林缘。分布于湖南、广东。

77. 凯里杜鹃

Rhododendron westlandii Hemsl.

直立灌木，高 3 ~ 4m。小枝粗壮，无毛。叶厚革质，长椭圆形或近于椭圆形，长 12.5 ~ 14.0cm，宽 4.5 ~ 5.0cm，先端渐尖，常有镰状尖头，基部宽楔形或圆形，两面近无毛；侧脉 14 ~ 18 对；叶柄粗壮，长约 1cm。伞形花序顶生，有花 5 ~ 6 朵，总花梗粗而短，长约 5mm，无毛；花梗长约 2.6cm，无毛；花萼 5 深裂，裂片长线形，簇生柔毛，边缘疏生流苏状睫毛；花冠白色或玫瑰红色，漏斗状钟形，长约 5cm，5 裂，具深黄色斑点；雄蕊 10 枚，花丝长 4.0 ~ 4.5cm；子房无毛，长约 8mm，花柱伸长而粗壮，无毛，略长过雄蕊。花期 4 ~ 5 月。

产于横县、上林。生于海拔约 350m 的水边岩石旁灌木丛中。分布于福建、广东、贵州、海南、江西；越南也有分布。

78. 毛棉杜鹃花

Rhododendron moulmainense Hook.

灌木或乔木，高 2 ~ 4m。幼枝粗壮，无毛。叶厚革质，集生于枝顶，近轮生，长圆状披针形或椭圆状披针形，长 5 ~ 12cm，宽 2 ~ 5cm，先端渐尖至短渐尖，基部楔形或宽楔形，边缘反卷，上面叶脉凹陷，下面中脉凸出，两面无毛；叶柄粗壮，长 1.5 ~ 2.2cm，无毛。花芽无黏质。聚伞形花序生于枝顶叶腋，每花序有花 3 ~ 6 朵；花梗长 1 ~ 2cm，无毛；花萼小，钝三角形或波状，无毛；花冠紫红色或粉红色带白色，狭漏斗形，长 4.5 ~ 6.0cm，5 深裂；雄蕊 10 枚，不等长，长 4.0 ~ 4.7cm，略比花冠短，花丝中部以下被柔毛；子房长圆筒形，长 0.5 ~ 1.0cm，无毛；花柱稍长于雄蕊，但常比花冠短，无毛。蒴果圆柱状，长 3.5 ~ 8.0cm，直径约 6mm，有 6 条棱，花柱宿存。花期 4 ~ 5 月；果期 7 ~ 12 月。

产于广西各地。生于海拔 500 ~ 1600m 的杂木林或林缘。分布于广东、福建、湖南、江西、四川、贵州、云南；中南半岛和印度尼西亚也有分布。

2. 金叶子属 Craibiodendron W. W. Smith

常绿灌木或小乔木。芽通常叠加。叶厚革质，互生，全缘。圆锥花序或总状花序顶生或腋生，有苞片和小苞片；花萼 5 深裂，裂片蕾期覆瓦状排列；花冠短钟形或圆筒形，近革质，顶端 5 裂，裂片直立；雄蕊 10 枚，内藏，花丝离生，近顶端弯曲而呈屈膝状，花药无芒；子房 5 室，花柱圆柱状，柱头截形。蒴果扁球形，具 5 条深沟，5 室，室背开裂为 5 瓣，胎座宿存；种子少数，悬垂，一侧有翅。

约 5 种，分布于喜马拉雅山脉及中南半岛。中国 3 种 1 变种；广西 2 种 1 变种。

分种检索表

1. 蒴果扁球形。
  2. 叶近椭圆形或披针形，长 6 ~ 8cm，宽 1.8 ~ 3.7cm，先端锐尖或短渐尖；果大，直径达 1.8cm ……………… ……………………………………………………… **1a. 广东假木荷 C. scleranthum var. kwangtungense**
  2. 叶椭圆形，长 6 ~ 13cm，宽 3 ~ 6cm，先端钝圆或微缺；果小，直径 9 ~ 12mm ……… **2. 金叶子 C. stellatum**
1. 蒴果卵形，不扁，长 8 ~ 9mm；叶椭圆状披针形，长 4 ~ 5cm，宽 1.5 ~ 3.0cm …… **3. 云南假木荷 C. yunnanense**

1a. 广东假木荷 广东假吊钟 图 809

Craibiodendron scleranthum var. **kwangtungense** (S. Y. Hu) Judd

常绿小乔木，高 10 ~ 12m。树皮深红褐色，不规则纵裂。小枝红褐色，无毛，有不明显皮孔。叶近椭圆形或披针形，长 6 ~ 8cm，宽 1.8 ~ 3.7cm，先端锐尖至短渐尖，基部楔形，全缘，上面有光泽，两面无毛；侧脉 18 ~ 20 对，和网脉在下面明显；叶柄长 8 ~ 10mm。总状花序腋生，长 4 ~ 5cm；花序轴、花梗和花萼均被微柔毛；苞片早落；花梗长 2 ~ 3mm；花萼杯状，裂片近圆形；花冠短钟状，背面有短柔毛；雄蕊 10 枚，花丝无毛，花药基部近囊状；花柱长约 2mm。蒴果扁球形，长约 1.4cm，直径约 1.8cm，果皮木质；种子卵圆形，翅歪斜。花期 5 ~ 6 月；果期 7 ~ 8 月。

产于北流、上思。生于海拔 600m 以上的稀疏灌丛或林中。分布于广东。

图 809 广东假木荷 Craibiodendron scleranthum var. kwangtungense (S. Y. Hu) Judd 1. 果枝；2. 花萼；3. 雄蕊。（仿《中国高等植物图鉴》）

图 810　金叶子 Craibiodendron stellatum（Pierre）W. W. Smith 花枝。（仿《中国植物志》）

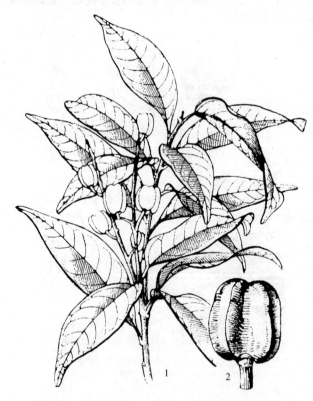

图 811　云南假木荷 Craibiodendron yunnanense W. W. Sm. 1. 果枝；2. 果。（仿《中国树木志》）

2. 金叶子　假木荷、假吊钟　图 810

Craibiodendron stellatum（Pierre）W. W. Smith

常绿小乔木，高 3～8m。树皮暗灰褐色，厚而木栓质，纵裂；小枝褐色，无毛。叶椭圆形，长 6～13cm，宽 3.5～6.0cm，先端圆形或微凹，基部钝至近圆形，全缘，两面无毛或近中脉被柔毛，下面有黑色小腺点；侧脉 14～18 对；叶柄长 7～10mm。顶生圆锥花序，长 15～20cm，被微柔毛；苞片和小苞片钻形；花梗长 3～4mm；花萼裂片卵形，顶端尖，基部稍连合；花冠钟状，白色，长约 4mm；雄蕊 10 枚，花药基部近囊状；子房长约 1mm，被短毛，花柱长 2～3mm。蒴果扁球形，直径 9～12mm。花期 7～10 月；果期 10 月至翌年 4 月。

产于贺州、梧州、凤山、都安、天峨、南丹、巴马、百色、靖西、德保、那坡、隆林、田林、田东、平果、凌云、乐业、上林、崇左、龙州、宁明、扶绥、天等。生于海拔 700m 以下的灌丛、路边、疏林中。分布于广东、云南、贵州；越南、缅甸、泰国也有分布。叶有毒，可治风湿痹痛，全株可用于麻醉。

3. 云南假木荷　云南假吊钟　图 811

Craibiodendron yunnanense W. W. Sm.

常绿灌木或小乔木，高 3～6m。小枝灰褐色，无毛。叶椭圆状披针形，长 4～5cm，宽 1.5～3.0cm，先端近钝头而渐尖，基部宽楔形，全缘，两面无毛，上面亮绿色，背面淡绿色并疏生黑褐色腺点；侧脉 10～15 对，和网脉在两面可见；叶柄长 2～5mm，无毛。总状花序，常组成圆锥状，花序轴长 4～20cm，花序轴、花梗、苞片、萼片均无毛；萼片宽卵形；花冠钟形，檐部紧缩，无毛；雄蕊 10 枚，花丝被微毛，花药无附属物；子房 5 室，花柱短，无毛。蒴果卵形，长 8～9mm，直径约 6mm，具 5 条棱；种子小，一侧有翅。花期 4～7 月；果期 8～10 月。

产于凌云、南宁、天等。生于海拔 600m 以上的向阳处、林缘或灌丛中。分布于云南、西藏；缅甸也有分布。全株有麻醉作用；根入药可治跌打损伤；叶有毒；树皮可供提制栲胶。

3. 珍珠花属 Lyonia Nutt.

常绿或落叶灌木，稀小乔木。冬芽有 2 枚覆瓦状排列的鳞片，无毛。小枝圆柱形，有棱。叶互生，有短柄，全缘，有时有不明显的细锯齿。总状花序或圆锥花序；花梗基部有苞片 1 枚和小苞片 2 枚；花萼 5 深裂，很少 4 ~ 8 裂，裂片宿存，与花梗之间有关节；花冠壶形或管状，稀钟状，顶端 (4 ~)5 短裂；雄蕊 10 枚，很少 8 或 16 枚，内藏，花丝扁平，顶端附近常有 1 对附属物或无，花药钝头，顶孔开裂；花盘(8 ~)10 裂；子房 4 ~ 8 室；花柱圆柱形，柱头截平。蒴果近球形，有(4 ~) 5 条棱，室背开裂，缝线常加厚；种子微小，多数。

约 35 种，分布于亚洲中部和东部、美洲北部和中部。中国 5 种 6 变种；广西 1 种 4 变种。

1. 珍珠花　南烛

Lyonia ovalifolia（Wall.）Drude

常绿或落叶小乔木或灌木，高 1 ~ 4m。枝无毛。叶坚纸质或薄革质，椭圆形或卵形，长 3 ~ 20cm，宽 2 ~ 12cm，先端急尖或短渐尖，基部圆形或楔形，全缘，略反卷，上面亮绿色，无毛，下面疏生柔毛；侧脉 6 ~ 8 对，连同中脉在下面明显隆起；叶柄长 4 ~ 9mm，有毛或无毛。总状花序腋生，长 4 ~ 10cm，近基部有 2 ~ 3 枚叶状苞片；花梗下弯；花萼裂片三角状披针形，长约 2mm；花冠白色，圆筒形或长圆状壶形，长 8 ~ 10mm，背面密被柔毛；花丝顶端有角状附属物一对，子房近球形。蒴果直径约 5mm。花期 5 ~ 6 月；果期 10 ~ 12 月。

产于广西各地。生于山顶疏林或山坡灌丛中。分布于甘肃、广东、贵州、湖北、湖南、陕西、四川、云南、西藏；缅甸、泰国、越南、印度也有分布。根叶有收敛止泻、强筋骨的功效。全株有毒，以嫩叶较毒。本种叶形多变，果的大小常因生境不同而异，故其变种与之较难区别。

1a. 狭叶珍珠花　剑叶南烛　图 812

Lyonia ovalifolia var. **lanceolata**（Wall.）Hand. - Mazz.

与原种的区别在于：叶较狭长，披针形至长圆状披针形，长 5 ~ 13cm，宽 2 ~ 5cm，先端渐尖，基部通常楔形；花萼裂片较长，披针形，长约 4mm，带绿色；蒴果直径 4 ~ 5mm，缝线增厚。

产于广西各地。生于海拔 700m 以上的阳坡疏林或灌丛中。分布于福建、广东、贵州、海南、湖北、四川、西藏、云南；印度和缅甸也有分布。全株用可治骨哽喉、疮疖；根用可治感冒。全株有毒，以嫩叶较毒。

1b. 小果珍珠花　小果南烛

Lyonia ovalifolia var. **elliptica**（Siebold et Zucc.）Hand. - Mazz.

与原种的区别在于：叶卵状椭圆形或卵形，较薄，坚纸质，长 3.5 ~ 10.5cm，宽 1.8 ~ 6.0cm，先端锐尖或长渐尖，基部心形或阔楔形，背面有长柔

图 812　狭叶珍珠花 Lyonia ovalifolia var. **lanceolata**（Wall.）Hand. - Mazz. 1. 果枝；2. 果。(仿《中国树木志》)

毛，在中脉较密；花序较短，长 3~6cm，有叶状苞片，萼裂片卵状三角形，长约 2mm；蒴果较小，直径约 2mm，缝线较厚。

产于临桂、灵川、全州、永福、资源、龙胜、兴安、河池、南丹、天峨、罗城、环江、金秀、隆林、百色、德保。生于海拔 1000m 以上的阳坡疏林中或林缘。分布于陕西、云南、贵州、四川及长江流域以南各地；朝鲜、日本也有分布。

1c. 毛果珍珠花　毛果南烛

Lyonia ovalifolia var. **hebecarpa**（Franch. ex Forbes et Hemsl.）Chun

与原种的区别在于：叶卵形或椭圆状卵形，长 5~12cm，宽 3~6cm，先端渐尖或长渐尖，基部圆或心形，背面被短柔毛；蒴果近球形，密被柔毛。

产于龙胜、平南。生于山地阳坡林缘、灌丛中。分布于安徽、福建、江苏、浙江、广东、四川、云南、贵州、湖北、陕西。

1d. 红脉珍珠花　红脉南烛

Lyonia ovalifolia var. **rubrovenia**（Merr.）Judd

与原种的区别在于：叶椭圆形、长圆形或披针形，长 3~10cm，宽 1~3cm，先端钝或锐尖，背面叶脉锈色；花序无叶状苞片；蒴果缝线稍增厚。

产于广西各地。生于海拔 1000~1900m 的山顶疏林中。分布于广东、海南；越南也有分布。

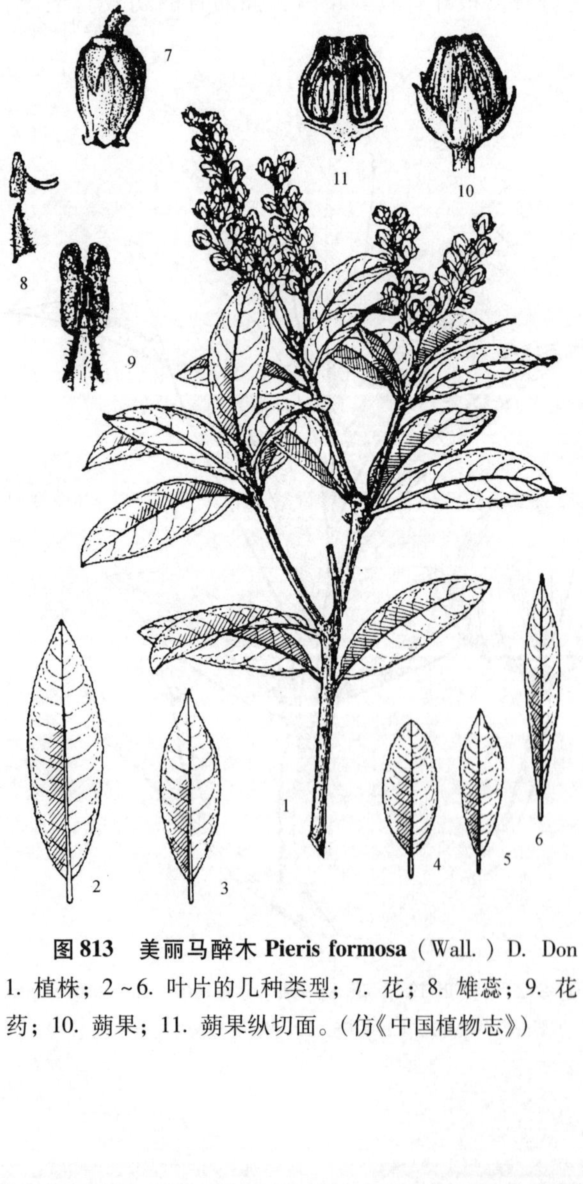

图 813　美丽马醉木 Pieris formosa（Wall.）D. Don
1. 植株；2~6. 叶片的几种类型；7. 花；8. 雄蕊；9. 花药；10. 蒴果；11. 蒴果纵切面。（仿《中国植物志》）

4. 马醉木属 Pieris D. Don

常绿灌木或小乔木。鳞芽有鳞片数枚。叶互生或假轮生，稀对生，有短柄，有锯齿或钝齿，稀全缘。圆锥花序或总状花序，顶生或腋生；有苞片和小苞片；萼片 5 枚，分离，背面有腺体，里面有短柔毛，宿存；花冠壶状或坛状，有 5 个短裂片；雄蕊 10 枚，内藏，花药背面有一对下弯的芒；子房上位，5 室，每室胚珠多数。蒴果近球形，室裂成 5 瓣，缝线不增厚；种子小，多数，锯屑状。

约 7 种，分布于北美、东亚及喜马拉雅山脉地区。中国 3 种；广西 1 种。

美丽马醉木　珍珠花　图 813

Pieris formosa（Wall.）D. Don

常绿灌木或小乔木，高 2~5m。小枝无毛或密被短柔毛；老枝灰绿色，无毛。芽褐色；芽鳞卵形，小，无毛。叶互生，常集生于顶枝，革质，椭圆状披针形或椭圆状长圆形，长 3~14cm，宽 1.5~3.5cm，先端锐尖或渐尖，基部楔形或略圆，边缘具锯齿，两面无毛；主脉在两面明显隆起，侧脉和网脉在两面同样明显；叶柄粗壮，长 1.0~1.5cm，无毛，上面具槽，常黑红色。顶生圆锥花序或腋生总状花序，长 4~10cm；花下垂，花梗粗壮，长约 2mm，被柔毛；苞片线状三角形，背面有微毛，具缘毛，2 枚小苞片常生于花梗中部两侧；花萼深裂，披针形；花冠白色或淡红色，管形或瓶形，长 6～8mm，短而钝的 5 浅裂；雄蕊 10 枚；子房球形，无毛，基部具囊腺 10 枚，5 室，每室有数个胚珠。蒴果近球形，直径约 1mm，无毛，具 5 条棱；种子细小，纺锤形，常为三棱，褐色，悬垂于中轴上。花期 5～6 月；果期 7～9 月。

产于龙胜、资源、恭城、灌阳、兴安、全州、临桂、融水、乐业。生于海拔 900m 以上的开阔山坡或灌丛中。分布于福建、甘肃、湖北、湖南、江西、陕西、浙江、云南、四川、贵州、广东、西藏；不丹、印度、缅甸、尼泊尔、越南也有分布。

5. 吊钟花属 Enkianthus Lour.

落叶灌木或小乔木，小枝近轮生。叶互生，聚生于枝端附近，革质或坚纸质，全缘或有锯齿，有柄。伞形花序或伞房状总状花序，顶生；花开放时通常下垂；花萼小，5 裂，宿存；花冠钟形或坛状，短 5 裂，裂片全缘或撕裂，基部圆形或有 5 蜜囊，花盘小，5 裂或裂片儿消失；雄蕊 10 枚，内藏，花丝下半部扁平，花药短纵裂，顶端有 2 芒；子房 5 室，花柱丝状或钻状，柱头不分裂。蒴果厚革质或近木质，长圆形或卵状球形，有 5 条棱，室背开裂为 5 果瓣；种子 1 至数枚，有棱。

约 12 种。中国 7 种，产于西南部至东南部；广西 4 种。

分种检索表

1. 伞形花序；果梗伸直；果直立。
  2. 叶全缘或上部具疏齿，边缘反卷。
    3. 叶长圆形或倒卵状长圆形，网脉在两面明显；花序上有花 3～8 朵 ·············· **1. 吊钟花 E. quinqueflorus**
    3. 叶椭圆形或菱状椭圆形，网脉在两面不明显；花序上仅具花 2～3 朵 ·········· **2. 晚花吊钟花 E. serotinus**
  2. 叶有齿，边缘不反卷，背面沿中脉下部具白色绒毛 ·············· **3. 齿缘吊钟花 E. serrulatus**
1. 伞形花序状总状花序；果梗弯曲，果下垂 ·············· **4. 灯笼吊钟花 E. chinensis**

1. 吊钟花　铃儿花　图 814：1～2
Enkianthus quinqueflorus Lour.

灌木或小乔木，1～4m。小枝无毛。叶革质，长圆形或倒卵状长圆形，长 5～15cm，宽 1.5～5.0cm，先端渐尖或突尖，基部楔形，全缘，有时顶部有稀疏锯齿，两面无毛，有光泽；中脉在上面平坦，在下面隆起，侧脉和网脉在两面明显；叶柄粗壮，长 0.5～1.5cm，无毛。伞形花序有花 3～8 朵；花梗长 1.5～2.0cm，无毛；苞片带红色，卵状披针形或三角状披针形；花萼红色，无毛；花冠钟状，淡红色、红色或白色，长约 1.2cm，基部有蜜囊，裂片短，先端反卷；雄蕊 10 枚，短于花冠，花丝白色；子房无毛或密被短柔毛，花柱无毛。蒴果直立，长圆形，长约 1cm，熟时灰黄色，有 5 条棱。花期 2～6 月；果期 3～9 月。

产于贺州、金秀、融水、田林、隆林、容县、东兴、大新。生于海拔 600m 以上的疏林中或山坡。分布于福建、广东、云南、贵州、湖北、湖南、江西、四川、云南、海南；越南也有分布。

2. 晚花吊钟花
Enkianthus serotinus Chun et W. P. Fang

直立灌木，高 1.5～4.0m。幼枝被锈色疏柔毛，后近无毛。芽鳞麦秆质，常紫色，仅边缘具睫毛。叶薄革质，椭圆形或菱状椭圆形，长 5～9cm，宽 1.7～4.0cm，先端尾状渐尖或突尖，基部楔形，全缘或近先端有锯齿，边缘反卷，仅背面中脉基部密被卷毛，其余无毛；中脉在两面明显，侧脉约 6 对，极细，弧状弯曲，网脉稀疏，略显；叶柄长 1～2cm，无毛。伞形花序有花 2～3 朵；苞片早落；花梗长 1.0～1.5cm，被疏柔毛，花下垂；花萼 5 裂，几裂至基部，裂片披针形，不等长，无毛；花冠管状钟形，白色，长 8～9mm，直径约 7mm，基部有囊，口部 5 裂，裂片宽卵形，开放时反卷；雄蕊长 4mm，花丝中下部以下扁平，扩大部分被白色长柔毛，先端具芒；子房长椭圆状卵圆形，无毛，花柱长 3.5～4.0mm。花期 4～6 月；果期 7～9 月。

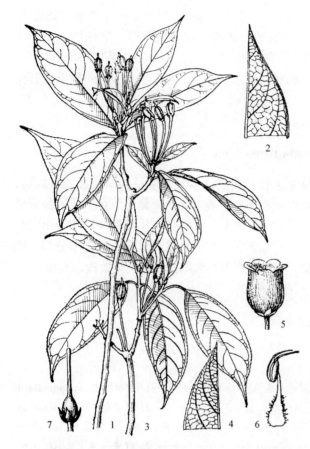

图 814　1～2. 吊钟花 Enkianthus quinqueflorus Lour. 1. 果枝；2. 叶背面部分（放大）。3～7. 齿缘吊钟花 Enkianthus serrulatus（E. H. Wilson）C. K. Schneid. 3. 果枝；4. 叶背面部分（放大）；5. 花；6. 雄蕊；7. 雌蕊。（仿《中国植物志》）

产于阳朔、临桂、龙胜、融水、象州、金秀、罗城、百色、德保、靖西、那坡、乐业、田林、隆林、武鸣。生于海拔 800～1500m 的林中。分布于广东、贵州、云南、四川。

3. 齿缘吊钟花　图 814：3～7

Enkianthus serrulatus（E. H. Wilson）C. K. Schneid.

灌木或小乔木，高 3～6m。小枝光滑，无毛。芽鳞 12～15 枚，宿存。叶密集于枝顶，厚纸质，长圆状椭圆形或倒卵状椭圆形，长 5～8cm，宽 1.6～2.6cm，先端短渐尖或渐尖，基部宽楔形或钝圆，边缘有细锯齿，不反卷，上面无毛，下面密被卷毛；中脉、侧脉及网脉在两面明显，在下面隆起；叶柄较纤细，长 6～10mm，无毛或疏生短硬毛。伞形花序顶生，有花 2～6 朵，花下垂；花梗长 1～2cm，结果时直立，变粗壮，长可达 3cm；花萼绿色，萼片 5 枚，三角形，无毛或有缘毛；花冠钟状，白绿色，长约 1cm，口部 5 浅裂，裂片反卷；雄蕊花丝白色，花药具 2 枚反折的芒；子房圆柱形，5 室，每室有胚珠 10～15 枚，花柱长约 5mm，无毛。蒴果椭圆形，长约 1cm，直径 6～8mm，无毛，具 5 条棱，顶端有宿存花柱，5 裂，每室有种子数粒；种子瘦小，具 2 枚膜质翅。花期 4 月；果期 5～10 月。

产于兴安、临桂、龙胜、灌阳、金秀、三江、融水、罗城、容县。生于海拔 800～1800m 的山地阳坡灌丛、林缘或路边。分布于浙江、江西、海南、湖北、湖南、广东、四川、云南、贵州。

4. 灯笼吊钟花　灯笼树

Enkianthus chinensis Franch.

灌木或小乔木，高 3～8m。幼枝无毛。芽鳞宽披针形，微红色，先端有小突尖，边缘具缘毛。叶纸质，常聚生于枝顶，长圆形至长圆状椭圆形，长 3～4cm，宽 1.5～2.5cm，先端钝尖，具短凸尖头，基部宽楔形或楔形，边缘具钝锯齿，两面无毛；中脉在上面下凹，侧脉和网脉在上面不明显，在下面明显；叶柄长 0.5～1.5cm，具槽，无毛。花多数组成伞形花序状总状花序；花梗长 2.5～4.0cm，无毛；花下垂，花萼 5 裂，裂片三角形；花冠阔钟形，长和宽各约 1cm，肉红色，口部 5 浅裂；雄蕊着生于花冠基部，花丝中部以下膨大；子房球形，具 5 条纵裂，花柱被疏微毛。蒴果卵圆形，直径 6～8mm，果梗弯曲，果下垂，室背开裂为 5 枚果瓣，果瓣中间具微纵槽；种子具皱纹，有翅，每室有种子多数。花期 5～7 月；果期 7～9 月。

产于全州、兴安、资源、灌阳、龙胜、融水、金秀、田林、武鸣、马山、上林。生于海拔 900～1200m 的向阳山坡、山脊。分布于安徽、浙江、湖南、四川、贵州、云南、福建。

6. 白珠树属 Gaultheria Kalm ex L.

常绿灌木，直立或匍匐状，有时附生。叶互生，稀假对生，革质，通常有锯齿，稀全缘；有短柄。花小，总状花序或圆锥花序，稀单生；有苞片或小苞片；花萼5裂，花后增大；花冠壶形或钟形，5浅裂；雄蕊10枚，基部与花冠管连生，内藏，花药有芒，顶孔开裂或斜裂；子房5室，柱头不分裂。蒴果浆果状，通常为肉质和花后增大的花萼所包，室间开裂为5枚果瓣，很少不裂或不规则开裂。种子多数，微小。

约135种，分布于亚洲、美洲和大洋洲。中国约32种20变种；广西2变种。

1a. 滇白珠　满山香

Gaultheria leucocarpa var. **yunnanensis**（Franch.）T. Z. Hsu et R. C. Fang

常绿灌木，高1~3m，直立，但根部附近枝条常匍匐状。枝红褐色，无毛。叶卵状长圆形，长7~9cm，宽2.5~4.0cm，顶端尾状渐尖，基部圆形或心形，边缘有锯齿，两面无毛，背面常带褐色斑点；中脉在背面隆起，侧脉3~4对；叶柄粗短，长3~8mm，无毛。总状花序，有花7朵以上，花序轴长5~7cm；花梗长3~5mm，基部有小苞片；花萼5深裂，裂片阔卵状三角形；花冠壶形，绿白色，顶端5浅裂，花盘有明显的10齿，花丝无毛；子房球形，被毛，花柱无毛，短于花冠。果球形，直径约7mm，熟时紫黑色。花期5~6月；果期7~11月。

产于恭城、平乐、永福、临桂、兴安、龙胜、资源、全州、贺州、昭平、富川、钟山、金秀、鹿寨、蒙山、三江、融水、融安、南丹、罗城、天峨、凌云、乐业、田林、隆林、那坡、马山。生于海拔500m以上的山谷、路边、灌丛中。分布于广东、福建、贵州、湖北、湖南、江西、四川、云南、台湾；柬埔寨、老挝、越南、泰国也有分布。枝叶含芳香油（含量0.5%~0.8%），主要成分为水杨梅甲酯，味清香，供调配牙膏、食用香精。入药，有祛风除湿、活血散瘀、祛痰止咳的功效。

1b. 毛滇白珠　硬毛满山香

Gaultheria leucocarpa var. **crenulata**（Kurz）T. Z. Hsu

本变种的主要特征是：小枝、叶柄、花序轴和花梗密被具腺硬毛，叶边缘被缘毛。

产于临桂、全州、兴安、永福、龙胜、资源、平乐、恭城、昭平、钟山、金秀、融安、融水、三江、南丹、天峨、罗城、那坡、乐业、田林、隆林、武鸣、马山、上林、平南、桂平。生于海拔1000m以上的山顶灌丛中。分布于云南、广东。全株用可治感冒头疼。

87　乌饭树科 Vacciniaceae

落叶或常绿灌木或小乔木，有时附生。单叶互生，全缘或有锯齿，叶缘基部有或无腺体。花两性，通常小型，总状花序，稀单生或成对着生；花萼4~5裂，裂片小，覆瓦状排列，有时不明显，花萼管与子房合生；合瓣花冠，4~5浅裂，有时4深裂；雄蕊8~10枚，花丝通常与花冠基部连合，花药2室，顶孔开裂，背部有芒或无芒；有花盘；子房下位，4~5室或8~10室，花柱圆柱形，柱头通常不分裂，胚珠每室通常多数，中轴胎座。浆果，顶端常有宿存花萼裂片；种子小，少数或多数。

约32属1100余种，主要分布于亚洲热带和美洲热带。中国2属约120种；广西2属23种2变种。

分属检索表

1. 花冠圆筒状或窄漏斗状，稀短钟状；雄蕊抱花柱；花冠顶端增粗 ················ **1. 树萝卜属 Agapetes**
1. 花冠坛状或钟状；雄蕊不抱花柱；花梗顶端不增粗 ···················· **2. 越橘属 Vaccinium**

1. 树萝卜属 Agapetes D. Don et G. Don

常绿附生灌木，稀陆生乔木。茎基部成粗肥的块根状。叶互生、对生或假轮生、散生或排成2列，无柄或具柄，全缘或有锯齿。花大，伞房花序或总状花序，腋生，稀顶生，稀为单花，或数花簇生于叶腋或老枝上；花梗有或无苞片，先端扩大为杯状或棒状，与花萼联结处有关节；花萼圆筒状、坛状或陀螺状，裂片 5 枚；花冠圆筒状、窄漏斗状或钟状，白色、红色或黄色，上部 5 裂；雄蕊 10 枚，与花冠等长或稍长，先端伸长成管状；子房下位，5 室或假 10 室，胚珠多数，柱头平截，头状；花盘环状，分裂。浆果球形，5~10 室。

约 80 种。中国约 53 种，主要分布于西藏南部至云南、贵州；广西 2 种。

分种检索表

1. 叶倒卵形，基部狭楔形；花序短总状，顶生于小枝上 ·· 1 红苞树萝卜 A. rubrobracteata
1. 叶片卵形或椭圆形，基部钝或圆形；花 2~5 朵簇生近顶端叶腋 ···················· 2. 广西树萝卜 A. guangxiensis

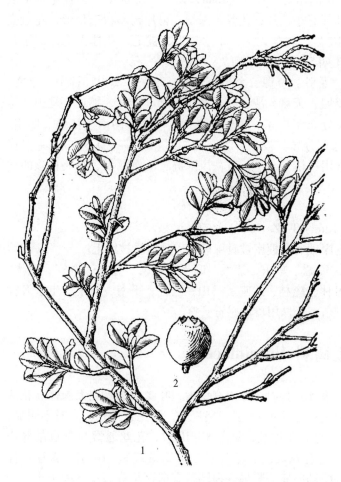

图 815　红苞树萝卜 Agapetes rubrobracteata R. C. Fang et S. H. Huang 1. 花枝；2. 果。（仿《中国植物志》）

1. 红苞树萝卜　图 815

Agapetes rubrobracteata R. C. Fang et S. H. Huang

附生灌木，高 1~2m。分枝密，幼枝微被柔毛或硬毛，老枝褐色，无毛。叶革质互生，常集生于枝顶，倒卵形，长 8~16mm，宽 5~12mm，先端钝圆，基部狭楔形，中部以上每边有圆锯齿 2~3（~4）个，两面无毛，上面亮绿色，有皱纹，下面淡绿色；中脉和侧脉在上面下陷，在下面稍凸起，侧脉 3 对；叶柄长约 2mm，无毛。花序短总状，长约 2.5cm，顶生，有花 1~5 朵；苞片叶状，红色或带绿色，无毛，结果时脱落，小苞片 2 枚，红色，长 4~6mm，有缘毛。浆果球形，直径 4~7mm，熟时红色。花期 3~6 月；果期 10~12 月。

产于那坡。生于海拔 1000m 以上的山坡岩石上或灌丛中。分布于云南、贵州、四川；越南也有分布。

2. 广西树萝卜

Agapetes guangxiensis D. Fang

附生灌木。小枝圆柱形，密被褐色具腺刚毛，后脱落。叶革质，卵形或椭圆形，长 7~14mm，宽 4~9mm，基部钝或圆，边缘有锯齿，锯齿先端有刺，两面无毛；侧脉 3 对，和中脉在上面下陷，在下面凸起；叶柄长约 1mm。花 2~5 朵簇生于近顶端叶腋，花梗长约 5mm，先端膨大，被粗毛；萼筒陀螺状，直径约 1mm，密被长硬毛，裂片 5 枚，三角形；花冠白色，稍带浅绿色，近圆筒状，有 5 条棱，被短柔毛，裂片 5 枚；雄蕊 10 枚，花丝被白色短柔毛，花药无距；花柱长约 8mm。果实未见。花期 9 月。

广西特有种。产于那坡。生于海拔 900m 的石灰岩山林中。

2. 越橘属 Vaccinium L.

陆生常绿或落叶灌木或小乔木，稀附生。叶互生，稀假轮生，全缘或有锯齿。花通常组成总状花序，很少单生或成对着生；苞片和小苞片宿存或早落，偶缺；花梗先端增粗或不增粗，与萼筒间有或无关节；花萼5裂，裂片有时不明显；花冠壶形、钟状或圆筒状，顶端5浅裂；雄蕊8～10枚，稀4枚，花药顶端延伸成2管，背面有时具芒状附属物2枚；子房下位，通常与萼筒完全合生，5室或假10室。浆果顶端常有宿存花萼；内有数枚或多枚种子。

约450种。中国约有92种，南北均有分布；广西约21种2变种。

分种检索表

1. 花冠钟状、筒状或坛状，口部浅裂，有时裂至中部，裂齿短小，直立或反折；子房5室至假8～10室。
  2. 花冠钟状或近钟状，口部稍张开；花药背部有长而伸展的2枚距，药管直立；叶全缘，稀具腺小齿。
    3. 花序明显总状，序轴伸长；叶大多卵形，中等大小至大，顶端锐尖、渐尖或尾尖，侧脉少；地生。
      4. 叶片较小，长1.5～3.5cm，宽0.3～2.0cm，顶端锐尖或短渐尖，侧脉3～5对。
        5. 叶线状倒披针形或线状披针形，极狭，基部楔形渐狭；幼枝微被柔毛 ……………………………………………………………………………… **1. 罗汉松叶乌饭树 V. podocarpoideum**
        5. 叶椭圆形或椭圆状长圆形，基部宽楔形；幼枝密被短柔毛 ……… **2. 峨眉越橘 V. omeiensis**
      4. 叶片先端大多长渐尖、尾尖，少数短急尖，侧脉通常6～12对，少有3～4对。
        6. 幼枝、花序均无毛，或至少花序完全无毛。
          7. 花序长于叶，或与叶近于等长。
            8. 叶片基部圆形至近心形，叶脉在上面凹陷；叶卵状披针形，长9～19cm，宽2.5～5.5cm ……………………………………………………………………… **3. 长穗越橘 V. dunnianum**
            8. 叶片基部楔形至宽楔形，叶脉在叶面明显隆起。
              9. 叶长圆状披针形，长6～12cm，宽2.0～3.2cm；花序长6.5～12.0cm，花冠白色；叶脉在叶两面明显凸起 ……………………………………………………… **4. 网脉越橘 V. crassivenium**
              9. 叶倒卵形至椭圆形，长3～4cm，宽1.2～2.0cm；花序长3～4cm，花冠淡绿带紫色；叶中脉在上面明显凸起，在背面平坦不显 ………… **5. 凸脉越橘 V. supracostatum**
          7. 花序比叶短；叶片基部楔形至心形。
            10. 侧脉3～4对，自叶片下部向上斜升，连同中脉在叶两面凸起；叶柄长5～7mm …………………………………………………………………… **6. 樟叶越橘 V. dunalianum**
            10. 侧脉4～7对，与中脉、网脉在上面凹陷，在背面凸起，或网脉在叶两面均不明显；叶柄长3～4mm ……………………………… **7. 椭圆叶越橘 V. pseudorobustum**
        6. 幼枝、花序均被短柔毛、茸毛或具腺短毛 ……………………………… **8. 泡泡叶越橘 V. bullatum**
    3. 花单生或2～5朵成短缩的总状花序。
      11. 叶形较大，长2.5～3.8cm，宽1.2～1.8cm，先端凸尖 ……… **9. 凸尖越橘 V. cuspidifolium**
      11. 叶形较小，长0.9～1.7cm，宽0.8～1.1cm，先端圆形，有不明显的小尖头 …………………………………………………………………………… **10. 广西越橘 V. sinicum**
  2. 花序有苞片，通常宿存，花药背部通常无距；叶常具圆钝齿或锯齿，稀全缘，表面通常有光泽，叶脉稍凸起或平坦而不凹陷。
    13. 叶片较短、宽，长4～9cm，宽2～4cm，通常为椭圆形、菱状椭圆形 ………………………………………………………………………………… **11. 南烛 V. bracteatum**
    13. 叶披针形、长圆状披针形或披针状菱形，长3～11cm，宽1～2cm。
      14. 全株无毛；叶片边缘仅上部有疏而浅的齿，下部全缘 ……… **12. 峦大越橘 V. randaiense**
      14. 幼枝、花序轴、花梗均无毛，萼筒和花冠外密被短柔毛；叶缘具齿，齿端胼胝体状 ………………………………………………………… **13. 镰叶越橘 V. subfalcatum**
  12. 花序无苞片或苞片早落，花药通常有短距，有时近于无毛；叶具锯齿，稀全缘。
    15. 花冠钟状，长3～5mm，口部张开；花药背部有2枚短矩；叶片边缘有疏浅锯齿或全缘。
      16. 花柱伸出花冠外 ……………………………………………………… **14. 短尾越橘 V. carlesii**
      16. 花柱不伸出花冠外 ……………………………………………… **15. 瑶山越橘 V. yaoshanicum**
    15. 花冠筒状坛形，口部缢缩或不缢缩，但明显张开；花药背部有短矩或近于无毛；叶片边缘通常有明显锯齿。

17. 幼枝密被具腺长刚毛和糙毛 ·················· **16. 刺毛越橘 V. trichocladum**

17. 幼枝无刚毛；植物体各部分或部分被短柔毛或短绒毛。

  18. 花序明显比叶短，通常不超过叶片长度的 1/2。

    19. 叶全缘 ························· **17. 流苏萼越橘 V. fimbricalyx**

    19. 叶具稀疏锯齿 ·················· **18. 长尾乌饭树 V. longicaudatum**

  18. 花序与叶片近等长或长于叶片。

    20. 药室背部有距。

      21. 小苞片被毛，早落 ·············· **19. 黄背越橘 V. iteophyllum**

      21. 小苞片无毛 ················· **20. 江南越橘 V. mandarinorum**

    20. 药室背部无距 ··············· **21. 隐距越橘 V. exaristatum**

1. 花冠未开放时筒状，开放后 4 裂至基部，裂片明显反折，子房 4 室，花药无距 ·············
······························· **22a. 扁枝越橘 V. japonicum var. sinicum**

1. 罗汉松叶乌饭树　图816：1~3

Vaccinium podocarpoideum W. P. Fang et Z. H. Pan

常绿灌木，高 40~90cm。幼枝淡紫绿色，具棱，微被柔毛，老枝灰褐色，无毛。叶密集，革质，线状倒披针形或线状披针形，长 2.5~3.2cm，宽 3.5~8.0mm，先端锐尖，基部楔形，全缘，略反卷，近叶柄两侧各有 1 枚腺体，两面无毛；中脉在上面隆起，侧脉 3 对，在上面略显，中脉和侧脉在下面均平坦，不明显；叶柄长 1.5mm，无毛。果序总状，生于枝顶叶腋，长 4~5cm，序轴具棱，无毛；果梗长 6~8mm，无毛，略被白粉，顶部与果实间有关节；幼果绿色，近球形，直径 4~5mm，无毛，被白粉，花萼宿存，萼齿三角形，无毛。果期 7 月。

产于龙胜。生于海拔约 1100m 的山坡或山谷灌丛中。分布于湖南。

图816　1~3. 罗汉松叶乌饭树 Vaccinium podocarpoideum W. P. Fang et Z. H. Pan 1. 果枝；2. 叶片一部分；3. 果。**4~7.** 网脉越橘 Vaccinium crassivenium Sleumer 4. 花枝；5. 叶片一部分；6. 花；7. 雄蕊。(仿《中国植物志》)

2. 峨眉越橘　峨眉乌饭树

Vaccinium omeiensis W. P. Fang

常绿灌木，有时附生，高0.3~1.0m。分枝多；幼枝褐色，具棱，密被短柔毛，老枝淡褐色，无毛。叶密生，革质，椭圆形或椭圆状长圆形，长 1.4~3.5cm，宽 0.8~1.4cm，先端锐尖，基部宽楔形，全缘，常反卷，近叶柄两侧各有 1 枚腺体，幼时上面被微柔毛，后两面无毛；中脉在两面微隆起，侧脉 2~3 对，在上面通常微下陷，有时稍隆起，下面略显，网脉在两面均不显；

叶柄长 1~3mm，幼时被短柔毛，后无毛。总状花序腋生，长 2.5~3.0cm，序轴无毛；苞片 6 枚，覆瓦状排列，红色或红黄色，早落；花梗无毛；花萼红色，无毛，5 裂；花冠红色或紫红色，坛状。浆果近球形，紫绿色，直径 5~6mm。花期 6~7 月；果期 8~10 月。

产于临桂。生于海拔 1800m 以上的山坡林内或石上，有时附生于壳斗科植物树干上。分布于四川、云南、贵州。

3. 长穗越橘

Vaccinium dunnianum Sleumer

常绿灌木，高 1~5m，有时附生。全株无毛。小枝圆柱形，略呈左右曲折。叶散生，革质，卵状披针形，长 9~19cm，宽 2.5~5.5cm，先端长渐尖，基部圆形至近心形，边缘全缘，稍反卷，基部无腺体；侧脉 5~9 对，中脉、侧脉和网脉在表面下陷，在背面凸起，致使叶表面略呈凸凹不平；叶柄长 1~2mm。总状花序腋生，长 7~15cm，多花；花梗长 0.6~1.5cm，顶端略膨大；苞片早落，小苞片着生于花梗基部；花萼 5 裂，裂齿三角形；花冠淡黄绿色带紫红色，钟状；雄蕊金黄色，与花冠近等长，花丝密被开展的短柔毛，药室背部有 2 枚伸展的距。浆果球形，直径约 6mm，果梗顶端与浆果之间明显有关节。花期 4~5 月；果期 6~11 月。

产于金秀、象州、靖西。生于海拔 1100m 以上的阔叶林、石灰岩山地森林。分布于云南。

4. 网脉越橘　网脉乌饭树　图816：4~7

Vaccinium crassivenium Sleumer

常绿小灌木，高 2~3m。分枝细长；幼枝具细棱，无毛。叶散生，薄革质，长圆状披针形，长 6~12cm，宽 2.0~3.2cm，先端渐尖，基部宽楔形，全缘，略反卷，近基部两侧各有 1~2 枚腺体，两面无毛；侧脉 6 对，与中脉、网脉在两面明显隆起；叶柄长 1.5~2.0cm，无毛。总状花序腋生或顶生，长 6.5~12.0cm，无毛，有花多数；苞片披针形，早落；花梗长 4~6mm，上部与萼筒间明显有关节；萼齿短小，三角形；花冠白色，瓶状，长 3~4mm；雄蕊长约 2.5mm，花丝扁平。浆果球形，直径 5~6mm。花期 4~5 月；果期 7 月。

广西特有种。产于金秀、象州、桂平、平南。生于海拔 600~1400m 的森林中或峭壁上。

5. 凸脉越橘　显脉乌饭树　图817

Vaccinium supracostatum Hand. – Mazz.

常绿灌木或小乔木，高 0.7~7.0m。小枝具纵棱，被白色短柔毛，后脱落无毛。叶密集，革质，倒卵形至椭圆形，长 3~4cm，宽 1.2~2.0cm，先端渐尖，基部狭楔形，全缘，反卷，上面仅中脉和侧脉微被白色短柔毛，下面无毛；中脉在上面凸起，在背面平坦不显，侧脉 5~6 对；叶柄长约 2mm。总状花序腋生，长 3~4cm，无毛或有腺毛；花梗 3~6mm，无毛；苞片和小苞片早落；花萼裂片三角形；花冠淡绿色带紫色，钟状，宽约 5mm，外面无毛，里面密被锈色柔毛，裂片比花冠筒部稍长；花丝有毛，花药背面有 2 枚距。浆果球形，熟时黑色，直径 5~6mm，无毛。花期 6 月；果期 7~8 月。

产于灵川、融水、三江、罗城。生于海拔 400m 以上的

图 817　凸脉越橘 Vaccinium supracostatum Hand. – Mazz. 1. 花枝；2. 花；3. 雄蕊侧面观；4. 雄蕊侧面观。（仿《中国植物志》）

密林或灌丛中。分布于贵州。

6. 樟叶越橘 长尾越橘

Vaccinium dunalianum Wight

常绿灌木，高1~4m，偶成乔木，高3~17m，稀附生。小枝无毛。叶散生，革质，椭圆形或长圆状披针形，长4.5~13.0cm，宽2.5~5.0cm，先端尾状渐尖，基部宽楔形或钝，基部两侧各具1枚腺体，全缘，反卷，两面无毛，有时背面疏生腺毛；侧脉3~4对，自叶片下部向上斜升，与中脉在两面凸起；叶柄长5~7mm。总状花序有多而稀疏的花，长3~7cm，花轴和花各部均无毛；花梗粗壮，长5~8mm；苞片早落；萼齿小，三角形，顶端锐尖；花冠卵状坛形，淡绿色带紫红色或淡红色；花药背后有芒。浆果球形，直径4~12mm，成熟时紫黑色，被白粉。花期4~5月；果期9~10月。

产于那坡、上思、宁明。生于海拔700m以上的山林或灌丛中。分布于贵州、四川、云南、西藏；不丹、印度、缅甸、尼泊尔、越南也有分布。

7. 椭圆叶越橘 椭圆叶乌饭树、壮叶乌饭树

Vaccinium pseudorobustum Sleumer

常绿攀援灌木。小枝具棱，被黄褐色短柔毛。叶厚革质，椭圆形至卵状长圆形，长5~10cm，宽3~5cm，先端渐尖成短尾状或短急尖，基部阔楔形，下延，边缘全缘，两侧各有2枚腺体，上面无毛或幼时中脉有短柔毛，下面被贴伏腺毛或无毛；中脉和侧脉在表面深凹，在背面隆起，或网脉在叶两面均不明显，侧脉4~7对；叶柄长3~4mm。总状花序腋生，长3~5cm，花序具棱，无毛；花梗长4~5mm；苞片卵状长圆形，早落；花萼杯形，裂片三角形；花冠绿白色，钟状，无毛，裂片三角形，反折；雄蕊长约6mm，花丝被微柔毛，药室背部有上弯的芒1对；花柱稍长于花冠。浆果近球形，直径5~6mm，熟时黑色。花期6月；果期7~10月。

产于龙胜、金秀、象州、融水、那坡、凌云、桂平。生于海拔1300~1700m的杂木林中。分布于广东。根有补血、强筋壮骨的功效，可治肺结核症。

8. 泡泡叶越橘 泡泡叶乌饭树、山木薯

Vaccinium bullatum（Dop）Sleumer

常绿灌木，高2m。全株无毛或近无毛；枝条有钝棱和明显的椭圆形棕色皮孔，幼时被毛，后脱落无毛。叶革质，卵形或狭卵形，长9~16cm，宽5~8cm，先端急渐尖或锐尖，基部近圆形，近叶柄两侧各有1枚腺体，全缘；叶脉在上面明显下陷，在下面明显隆起；叶柄长约4mm，粗壮，被微柔毛。总状花序腋生，长5~8cm，少花，被短柔毛；苞片宽卵形；小苞片倒披针形，对生于花梗中部以下；花梗长约7mm，顶端有关节；花萼5深裂，裂片狭三角形。未成熟浆果球形，直径约7mm。果期9月。

产于那坡、靖西。生于石灰岩山地林中。越南也有分布。根用可治神经分裂症。

9. 凸尖越橘 凸尖乌饭树

Vaccinium cuspidifolium C. Y. Wu et R. C. Fang

常绿灌木。分枝具棱，幼时淡褐色，密被短柔毛；老枝褐色，无毛。叶多数，散生，革质，椭圆形，长2.5~3.8cm，宽1.2~1.8cm，先端凸尖，基部宽楔形，全缘，反卷，两面近叶柄各有1枚腺体，幼时上面沿中脉密被短柔毛，后两面无毛；中脉在两面微隆起，侧脉6~7对，与网脉在上面略显，在下面不显；叶柄长约2mm，幼时被短柔毛，后无毛。总状花序，有短柔毛和腺毛，有花2~3朵；苞片早落；花梗长3~4mm；雄蕊长约3.5mm，花丝近无毛。浆果2~3枚，着生成短总状；幼果近球形，无毛；果梗长3~4mm，与果实间有关节，宿存萼齿三角状披针形，无毛。果期7月。

广西特有种。产于广西西北部。生于山地灌木林中。

10. 广西越橘　路边针

Vaccinium sinicum Sleumer

常绿小灌木，高 0.4～2.0m。小枝淡褐色，有棱，被短柔毛，后脱落无毛。叶厚革质，稍呈肉质，倒卵形或长圆状倒卵形，长 0.9～2.0cm，宽 0.8～1.1cm，先端圆形，有短尖头，基部楔形，全缘，反卷，基部有 1 对腺体，上面除中脉被毛外，其余无毛；背面无毛；侧脉 3 对；叶柄长 2mm。花序总状，长 0.6～1.2cm，有毛或无毛，有花 3～7 朵；苞片长圆形，早落；花梗长 2～3mm，无毛；花萼杯状；花冠壶形，绿白色，长约 5mm，无毛；花丝短，被微柔毛，花药背面有 1 对具毛的芒。浆果球形，直径 3～6mm，熟时紫黑色。花期 6 月；果期 7～11 月。

产于兴安、龙胜。生于海拔 1200～1700m 的山谷疏林中，常附生于岩隙间或栎属植物上。分布于广东、湖南、福建。

11. 南烛　乌饭树　图 818

Vaccinium bracteatum Thunb.

常绿灌木或小乔木，高 2～6m。分枝多，幼枝无明显棱，被短柔毛或无毛；老枝无毛。叶薄革质，椭圆形或菱形状椭圆形，长 4～9cm，宽 2～4cm，先端锐尖或渐尖，基部楔形，边缘有细锯齿，上面平坦，两面无毛；侧脉 5～7 对，与中脉、网脉在表面和背面均稍凸起；叶柄长 2～8mm，无毛或被微毛。总状花序假顶生，长 4～10cm，序轴密被短柔毛；苞片叶状，长 0.5～2.0cm，边缘有锯齿，宿存或脱落；小苞片 2 枚；花梗长 1～4mm；萼齿短小；花冠白色，筒状，直径 3～4mm；雄蕊内藏，长 4～5mm，药室背部无距；花盘密生短柔毛。浆果直径 5～8mm，熟时紫黑色，外面被短柔毛，稀无毛。花期 6～7 月；果期 8～10 月。

产于桂林、阳朔、临桂、灵川、兴安、灌阳、龙胜、资源、贺州、象州、融水、上林、平南、容县、上思、东兴。生于海拔 400～1400m 的山林、灌丛中。分布于华东、台湾、华中、华南至西南；朝鲜、日本、印度尼西亚、越南也有分布。果味甜，可生食。根、果实入药，有强筋壮骨、益气、固精的功效，可治筋骨痿软乏力、滑精、跌打肿痛、牙痛。

11a. 小叶乌饭树

Vaccinium bracteatum var. **chinense** (Lodd.) Chun ex Sleumer

原种的主要区别在于：植株近无毛；叶较小，椭圆状菱形或披针状椭圆形，长 1.1～4.0cm，宽 0.7～1.4cm，边缘有疏钝齿。花期 6～7 月；果期 8～10 月。

产于广西南部。散生于海拔 800～1500m 的山林、灌丛中。分布于广东、福建。

12. 峦大越橘　广东乌饭树

Vaccinium randaiense Hayata

常绿灌木或小乔木，高 3～6m。全株无毛；幼枝近圆柱形，有细棱；老枝圆柱形。叶革质，披针状菱形或长圆状披针形，长 3～7cm，宽 1.5～2.0cm，先端渐尖，基部楔形，边缘仅上部有疏而浅的齿，下部全缘；侧脉 5～6 对，与中脉

图 818　南烛 Vaccinium bracteatum Thunb. 1. 果枝；2. 花。（仿《中国高等植物图鉴》）

图 819 镰叶越橘 Vaccinium subfalcatum Merr. ex Sleumer 1. 花枝；2. 花；3. 雄蕊。(仿《中国植物志》)

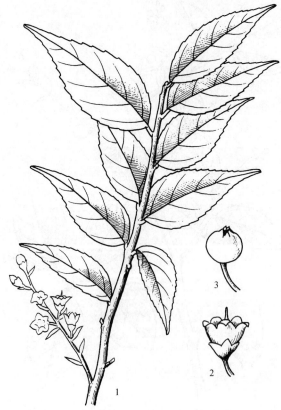

图 820 短尾越橘 Vaccinium carlesii Dunn 1. 花枝；2. 花；3. 果。(仿《中国高等植物图鉴》)

在表面略明显，在背面稍凸起；叶柄长 4 ~ 8mm。总状花序腋生，长 3.0 ~ 4.5cm，花序轴具棱；苞片披针形；花梗长 1 ~ 2mm；花萼裂片披针状三角形；花冠白色或黄白色，圆筒状；花丝被毛，花药无芒。浆果球形，直径约 5mm，熟时深紫色。花期 7 ~ 8 月；果期 8 ~ 10 月。

产于阳朔。生于海拔 400 ~ 900m 的山顶杂木林或山谷疏林中或林缘。分布于广东、贵州、湖南、台湾；日本也有分布。

13. 镰叶越橘 镰叶乌饭树 图 819

Vaccinium subfalcatum Merr. ex Sleumer

常绿灌木或小乔木，高 2 ~ 5m。幼枝近圆柱形，有细棱，无毛。叶坚纸质，狭披针形或椭圆状披针形，长 4 ~ 11cm，宽 1 ~ 3cm，先端长渐尖或镰状尾尖，基部狭长楔形，边缘有疏锯齿，齿端胼胝体状，两面无毛；中脉在表面微凸，侧脉 7 ~ 8 对，与中脉在背面凸起；叶柄长 2 ~ 3mm，无毛。总状花序长 4 ~ 6cm，花序轴有棱，无毛；花梗长 4 ~ 5mm，无毛，与萼筒间有关节；苞片卵状披针形，边缘有腺毛，小苞片长 8 ~ 9mm，均脱落；花萼密被白色短绒毛，被微毛；花冠白色，圆筒状，长 8mm，被微柔毛；花丝疏被毛，花药有芒 1 对；子房密被灰色短柔毛。浆果球形，直径 5 ~ 6mm，熟时深紫色，被短柔毛。花期 5 月；果期 10 月。

产于上思。生于海拔 900m 以下的山林或山谷灌丛中。分布于广东；越南也有分布。

14. 短尾越橘 短尾乌饭树、福建乌饭树 图 820

Vaccinium carlesii Dunn

常绿灌木或小乔，高 1 ~ 6m。多分枝，小枝稍具棱，红褐色，被短柔毛，后脱落。叶革质，狭卵形或卵状披针形，长 2 ~ 7cm，宽 1.0 ~ 2.5cm，先端尾状渐尖，基部阔楔形或圆形，边缘有短小而内弯的疏锯齿，仅上面中脉被微毛，两面无毛；中脉在两面稍凸起，侧脉约 6 对，在两面不明显；叶柄长 1 ~ 5mm。总状花序腋生，长 2.0 ~ 3.5cm；苞片披针形，宿存或早落；花梗长 1 ~ 2mm，与花托相连处具关节，无毛；花萼裂片三角形；花冠白色，钟形，长 3mm，裂片反卷；雄蕊内藏，花药背面有芒 1 对；子房无毛，花柱伸出花冠外。浆果球形，直径 4～5mm，熟时紫红色至黑色，外被白粉，无毛。花期 5～6 月；果期 8～10 月。

产于临桂、龙胜、永福、贺州、金秀、大明山。生于海拔 800m 以下的山林或灌丛中。分布于安徽、浙江、福建、江西、湖南、广东、贵州。

15. 瑶山越橘 瑶山乌饭树　图821

Vaccinium yaoshanicum Sleumer

常绿灌木或乔木。幼枝褐色，圆柱形，有不明显的细棱，无毛，老枝色较淡。叶散生，薄革质，卵状椭圆形或长圆状披针形，长 9～18cm，宽 2.2～9.0cm，先端渐尖或长渐尖，基部楔形，边缘全缘或疏生小腺体，两面无毛；中脉在上面略凸起，侧脉 7 对，在上面不显，连同中脉在下面凸起；叶柄长 1～2cm，无毛。总状花序腋生，长 4～8cm，序轴无毛；花梗长 3～6mm，与萼筒间有关节；萼筒无毛，萼齿三角形；花冠白色，钟状，5 裂达中部，裂片卵状三角形，顶端反折；雄蕊短于花冠，花丝被微柔毛，药室背部有 2 枚短距；花柱比雄蕊略长，不伸出花冠外。浆果球形，直径约 5mm，熟时紫黑色。花期 5～6 月；果期 7～9 月。

产于荔浦、金秀、平南。生于海拔 900～1100m 的林中或山坡灌丛。分布于广东。

16. 刺毛越橘 刺毛乌饭树　图822：1～2

Vaccinium trichocladum Merr. et F. P. Metcalf

常绿灌木或小乔木，高 3～8m。幼枝有细棱，具腺长刚毛和短糙毛，老枝圆柱形，无毛。叶革质，卵状披针形或长卵状披针形，长 4～9cm，宽 2～3cm，先端渐尖，基部圆形或近心形，边缘有具芒细锯齿，上面除中脉被细粗毛外，其余无毛，背面有短硬毛，沿中脉被具腺刚毛；侧脉 8～10 对，与中脉在上面不明显，在背面稍凸起；叶柄长 2～4mm。总状花序长 4～8cm，密被短柔毛和硬毛；

图 821 瑶山越橘 Vaccinium yaoshanicum Sleumer 1. 花枝；2. 花；3～4. 雄蕊。（仿《中国植物志》）

图 822 1～2. 刺毛越橘 Vaccinium trichocladum Merr. et F. P. Metcalf 1. 花枝；2. 茎部分（放大）。**3～4. 流苏萼越橘 Vaccinium fimbricalyx** Chun et W. P. Fang 3. 花枝；4. 花（放大）。（仿《中国植物志》）

花梗长 4~7mm；苞片长圆形或长圆状披针形，边缘有流苏状腺体；花萼裂片小，三角形，无毛；花冠白色，圆筒形，无毛，裂片反折；花丝基部稍膨大，密被微柔毛，花药背面有短芒 1 对。浆果球形，直径 5~6mm，熟时褐红色，被短硬毛。花期 4 月；果期 5~9 月。

产于广西东北部。生于海拔 500~700m 的山地疏林或林缘。分布于安徽、浙江、福建、广东、贵州、江西。

17. 流苏萼越橘　流苏萼乌饭树　图822：3~4

Vaccinium fimbricalyx Chun et W. P. Fang

常绿灌木，高 4m。小枝绿褐色，有棱，无毛。叶散生，革质，椭圆状披针形或披针形，长 3.0~6.5cm，宽 1.5~2.2cm，先端尾尖，基部楔形至阔楔形，全缘，上面初时沿中脉被毛，后无毛，背面无毛；叶柄长 4~6mm，幼时被短柔毛，老时无毛。总状花序腋生，长 1~2cm，无毛；花密集；花梗长约 2mm，无毛；苞片椭圆形；花萼肉红色，裂片三角形，边缘密被流苏状白色缘毛；花冠钟状，白色，长约 4mm，裂片卵状披针形，外折；花药无芒；子房和花柱无毛。浆果球形，直径 8~10mm，熟时紫黑色，被白粉。花期 6 月；果期 10~11 月。

产于灵川、灌阳、贺州。生于海拔约 1400m 的山顶疏林中。分布于广东。

18. 长尾乌饭树

Vaccinium longicaudatum Chun ex W. P. Fang et Z. H. Pan

常绿灌木，高 1.5~4.0m。小枝稍具棱，被微柔毛，不久脱落。叶片革质，椭圆状披针形，长 4.5~7.0cm，宽 1.8~2.5cm，先端尾状渐尖，基部楔形或阔楔形，边缘具稀疏的细锯齿；侧脉 6 对，不明显；叶柄长 6~7mm，幼时被微柔毛。总状花序腋生，长 1.5~2.0cm，无毛；花梗长 1.0~1.5mm；苞片阔椭圆形，小苞片披针形；花萼裂片 5 枚，三角形；花冠筒状，白色，内外均无毛，裂片 5 枚，三角状卵形；雄蕊 10 枚，花丝长，近于无毛，花药背面有 1 对短小的距。浆果球形，近成熟时红色，直径约 5mm。花期 6 月；果期 11 月。

产于永福、临桂。生于海拔 700~1600m 的山林中。分布于湖南、广东、贵州。

19. 黄背越橘　黄背乌饭树、腺毛米饭树

Vaccinium iteophyllum Hance

常绿灌木或小乔木，高 1~7m。小枝圆柱形，被褐色短柔毛或绒毛，后无毛。叶革质，卵形或卵状披针形，长 4~13cm，宽 2~4cm，先端渐尖，基部楔形或钝圆，边缘有疏钝齿，两面无毛，下面中脉被短柔毛或短绒毛；侧脉 6~9 对；叶柄长 2~5mm，被短柔毛或短绒毛。总状花序腋生，长 4~6cm，花序轴和花梗密被短柔毛或短绒毛；苞片披针形，被微柔毛，早落；花梗长 2~4mm；花萼裂片三角形；花冠白色或带粉红色，圆筒形，裂片直立或反折；花丝密被短柔毛，花药有芒 1 对；子房被毛，花柱无毛，比雄蕊稍长。浆果球形，直径 4~5mm，熟时紫红色，被短柔毛。花期 4~5 月；果期 6 月以后。

产于兴安、龙胜、临桂、荔浦、灵川、灌阳、恭城、金秀、融水、环江、南丹、东兰、凤山、都安、天峨、河池、田林、隆林、乐业、凌云、苍梧、上林、平南、容县、桂平。生于海拔 400~1400m 的山地阳坡疏林或灌丛中。分布于安徽、福建、广东、贵州、湖北、湖南、江苏、江西、四川、云南、浙江、西藏。果实成熟时味甜可食。叶入药，可治风湿骨痛。

20. 江南越橘　米饭树、江南乌饭树

Vaccinium mandarinorum Diels

常绿灌木或小乔木，高 1~4m。小枝圆柱形，无毛或微被柔毛。叶革质，卵形或长圆状披针形，长 5~9cm，宽 1.5~3.5cm，先端渐尖，基部楔形，边缘有疏浅锯齿，两面无毛；侧脉 5~9 对；叶柄长 3~8mm。总状花序腋生，长 2.5~10.0cm，花序轴被柔毛或无毛；花梗长 2~8mm，无毛或被微毛；苞片未见，小苞片无毛，早落；花萼裂片三角形，反卷，无毛；花冠白色，有时带粉红色，圆筒状，裂片无毛，直立或反折；花丝被微柔毛，花药有芒 1 对。浆果球形，直径 4~7mm，熟时深紫色。花期4~6月；果期6~10月。

产于全州、资源、兴安、灵川、临桂、金秀、融水、融安、三江、罗城、天峨、乐业、德保、田林、西林、隆林、凌云、昭平、上思。生于山脚、山坡。分布于安徽、福建、广东、贵州、湖南、湖北、江苏、江西、云南、浙江；印度、尼泊尔、不丹也有分布。叶消肿止痛，可治白带多，跌打损伤。

21. 隐距越橘　隐距乌饭树

Vaccinium exaristatum Kurz

常绿灌木或小乔木，高3~5m。当年生枝密被白色柔毛；2年生枝无毛。叶革质，椭圆形或长圆状披针形，长3.0~7.5cm，宽1.1~3.0cm，先端锐尖或渐尖，基部楔形至钝圆，边缘具钝锯齿，两面仅在中脉被柔毛；侧脉4~5对，与中脉在两面凸起；叶柄长2~3mm，密被浅黄色短柔毛。总状花序腋生，长3~10cm，被白色柔毛；苞片卵形或宽卵形，脱落；花梗长1.0~3.5mm；花萼裂片短小；花冠筒状，粉红色，无毛，裂片短而反卷；雄蕊内藏，药室背部无距。浆果球形，直径3~5mm，无毛，熟时红色或深紫色。花期3~4月；果期5~6月。

产于广西西部。生于海拔500~1500m的山坡、山顶灌木丛中。分布于云南、贵州；缅甸、泰国、越南、老挝也有分布。

图823　扁枝越橘 **Vaccinium japonicum** var. **sinicum**（Nakai）Rehder 花及幼果枝。（仿《中国植物志》）

22a. 扁枝越橘　图823

Vaccinium japonicum var. **sinicum**（Nakai）Rehder

落叶灌木，高0.4~2.0m。枝条扁平，绿色，无毛，有时有沟棱。叶散生，幼叶有时带红色，叶片纸质，卵形或卵状披针形，长2~6cm，宽0.7~2.0cm，先端锐尖、渐尖，中部以下变宽，基部宽楔形至近截形，边缘有细锯齿，齿尖有具腺短芒，表面无毛或偶有短柔毛，背面近无毛或中脉向基部有短柔毛；中脉、侧脉在叶面不显，在背面稍凸起；叶柄长1~2mm。花单生于叶腋，下垂；花梗长5~8mm，无毛，顶部与萼筒间无关节；小苞片2枚，着生于花梗基部，披针形；萼筒部无毛，萼裂片4枚，基部连合；花冠白色，有时带淡红色，未开放时筒状，4深裂至下部1/4，裂片线状披针形，花开后向外反卷；雄蕊8枚，花丝被疏柔毛，药室背部无距；子房4室。浆果直径约5mm，成熟时红色。花期6~7月；果期8~10月。

产于融水、灵川、龙胜。生于海拔1000~1600m的山林或灌丛中。分布于安徽、福建、广东、甘肃、贵州、湖北、湖南、江西、四川、云南、浙江。

88　金丝桃科 Hypericaceae

草本或灌木，少为乔木。叶对生，有时轮生，常有透明或黑色腺点或油点，有时有星状毛，无托叶。花两性，辐射对称，单生或为聚伞花序，顶生或腋生；萼片和花瓣4~6枚，覆瓦状或螺旋状排列；雄蕊多数常合生成3~5束，稀离生；子房上位，3~5室或1室，花柱3~5枚，分离或基部合生，胚珠多数；蒴果，稀核果或浆果状。

10 属 400 多种。中国 3 属约 54 种，广布于南北各地；广西 3 属均产，约 15 种；本志记载 2 属 5 种 1 亚种。

分属检索表

1. 蒴果，室背开裂；种子有翅；花白色或红色 ·················· **1. 黄牛木属 Cratoxylum**
1. 蒴果，室间或沿胎座开裂；种子无翅；花黄色 ·················· **2. 金丝桃属 Hypericum**

1. 黄牛木属 Cratoxylum Blume

灌木或乔木。枝条节上压扁且叶柄间有线痕。叶对生，全缘，背面通常被白粉或蜡质，网脉间有腺点。花白色或红色，排成顶生或腋生的聚伞花序；小苞片早落；萼片和花瓣均 5 基数；雄蕊合生成 3 束或 5 束；子房 3 室，花柱 3 枚，柱头头状。蒴果，室背开裂；种子有翅。

约 6 种，分布于亚洲热带地区。中国 2 种 1 亚种；广西 1 种 1 亚种。

分种检索表

1. 枝、叶无毛；花序顶生或腋生，花瓣基部无鳞片 ·················· **1. 黄牛木 C. cochinchinense**
1. 枝、叶被柔毛；花序腋生，花瓣基部有鳞片 ·················· **2a. 红芽木 C. formosum subsp. pruniflorum**

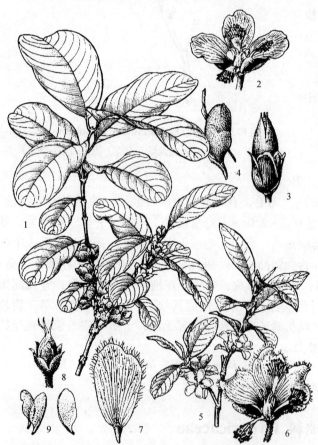

图 824 1~4. 黄牛木 Cratoxylum cochinchinense (Lour.) Blume 1. 花枝; 2. 花（前面 2 花瓣及萼片已除去）; 3. 果; 4. 种子。**5~9. 红牙木 Cratoxylum formosum subsp. pruniflorum** (Kurz) Gogelein 5. 花枝; 6. 花（前面 2 花瓣及萼片已除去）; 7. 花瓣; 8. 幼果; 9. 种子。（仿《中国植物志》）

1. 黄牛木 雀笼木、黄芽木（北流、桂平） 图 824：1~4

Cratoxylum cochinchinense (Lour.) Blume

落叶灌木或乔木，高 1.5~18.0m。全体无毛，幼枝略扁；树皮灰黄白色，片状剥落，光滑，下部常有刺。叶坚纸质，椭圆形或披针形，长 3.0~10.5cm，宽 1~4cm，先端锐尖或渐尖，基部钝或楔形，背面常灰绿色，有透明腺点和黑点；中脉在上面下陷，在下面凸起，侧脉 8~12 对，和网脉在两面稍凸起；叶柄长 2~3mm。聚伞花序顶生、腋生或腋外生，总花梗长 0.3~1.0cm 或更长，有花 2~3 朵，花直径 1.0~1.5cm；萼片椭圆形，表面有黑色条状腺体，果时增大；花瓣粉红色、深红色或红黄色，基部无鳞片；雄蕊 3 束；下位肉质腺体盔状，先端弯曲。蒴果椭圆形，棕色，被宿存花萼包被 2/3 以上。花期 4~5 月；果期 6 月以后。

产于柳州、河池、百色、梧州、玉林、南宁、钦州。生于海拔 1200m 以下的丘陵、山坡灌丛中和疏林中。耐干旱，广西右江河谷常见。分布于云南、广东；越南、泰国、印度也有分布。根叶有清热解毒、消肿的功效，可治感冒、肠炎、跌打损伤、痈疮肿毒；嫩叶可作茶；木质坚固，适宜作细木工。

2a. 红芽木 土茶、苦丁茶 图824：5～9

Cratoxylum formosum subsp. **pruniflorum** (Kurz) Gogelein

落叶乔木或灌木，高3～6m。树干下部分有长刺，树皮片状脱落。小枝对生，略扁。幼枝、叶片、花梗和萼片外面密被长柔毛。叶椭圆形或长圆形，长4～10cm，宽2～4cm，先端钝或锐尖，基部圆形，背面有透明腺点；中脉在上面下陷，在下面凸起，侧脉8～10对，近叶缘网结；叶柄长5～7mm。聚伞花序有花5～8朵，生于叶片脱落后的叶痕内；花直径约1.3cm，花梗长3～5mm；萼片椭圆形，花瓣倒卵状长圆形，基部有不明显鳞片，鳞片先端有小齿；雄蕊3束，下位肉质腺体舌状；子房3室，花柱3枚。蒴果椭圆形，暗褐色，下部1/2为宿存花萼包被，无毛。花期3～4月；果期5月以后。

产于防城、上思、崇左、龙州。生于海拔600m以下的山坡疏林或灌丛中。分布于云南；越南、印度、马来西亚也有分布。树皮、嫩叶有清热解毒、利湿消滞等功效，可治感冒、中暑发热、急性肠胃炎、黄疸型肝炎；嫩叶可作茶。

2. 金丝桃属 Hypericum L.

草本、灌木或小乔木，落叶或常绿。无毛或被单毛，有透明或黑色、红色的腺体。叶对生，有时轮生，全缘，无柄或具短柄，有时抱茎，有透明或黑色腺点。花黄色或金黄色，少有白色、粉红色或淡紫色；单生或为顶生或腋生的聚伞花序；萼片5枚，常宿存；花瓣5枚，常不对称，宿存或脱落；雄蕊多数，分离或成3～5束，无退化雄蕊及不育雄蕊束；子房通常3～5室，或完全为1室；花柱(2～)3～5枚，离生或部分至全部合生。蒴果，室间开裂，稀浆果，果瓣常有含树脂的条纹或囊状腺体。种子小，有龙骨状凸起或具翅。

约460种。中国64种，主要分布在西南部；广西15种，本志记载4种灌木。

分种检索表

1. 花柱离生，短于或与子房近等长。
  2. 枝条幼时具2纵棱或4浅纵棱，无狭翅。
    3. 叶卵形、卵状长圆形或披针状长圆形；萼片宽卵圆形、卵形或卵状长圆形，先端圆形，通常有小突尖，边缘有小齿 ··· 1. 金丝梅 **H. patulum**
    3. 叶长圆形、狭长圆形或椭圆状长圆形；萼片披针形或卵状长圆形，先端渐尖 ······················· 2. 尖萼金丝桃 **H. acmosepalum**
  2. 枝条幼时具4纵棱，渐变成具2纵棱；叶椭圆形或披针形；萼片狭卵形至披针形，先端锐尖至锐渐尖，无小尖头，边全缘 ·· 3. 贵州金丝桃 **H. kouytchense**
1. 花柱几全部合生，先端5裂，远长于子房；叶长椭圆形或长圆形 ··········· 4. 金丝桃 **H. monogynum**

1. 金丝梅 大叶黄(乐业)、大田边黄(田林) 图825

Hypericum patulum Thunb.

小灌木，0.3～1.5m。茎幼时4棱，很快变2棱，或有时呈圆柱形。叶厚纸质，卵形、卵状长圆形或披针状长圆状形，长1.5～6.0cm，宽0.5～3.0cm，先端钝至圆形，有小尖头，基部楔形至短渐狭，边缘平坦，背面被白粉，灰绿色，有透明腺点和条纹状腺体；侧脉3对；叶柄长0.5～2.0mm。花大，单生于枝顶或为聚伞状；花梗长2～4mm；苞片早落；萼片离生，膜质，宽卵圆形、卵形或卵状长圆形，先端圆形，通常有小突尖，边缘有小齿；花开展时直径2.5～4.0cm，花瓣黄色或金黄色，长1.2～2.5cm；雄蕊5束，每束约有雄蕊50～70枚；花柱5裂。蒴果宽卵形，长9～11mm；种子圆柱形，黑褐色，一侧具细长膜质狭翅，表面有不明显的细蜂窝状。花期5月；果期7～10月。

图 825　金丝梅 Hypericum patulum Thunb. 1. 花枝；2. 花；3. 雄蕊（正面观）；4. 果。（仿《中国植物志》）

产于那坡、田林、凌云、隆林、西林、天峨、乐业、德保。生于海拔450m 以上的山坡、山谷林下或灌木丛中。分布于甘肃、陕西、四川、湖南、湖北、贵州、云南、江西、安徽、浙江、江西、江苏、福建和台湾；日本、印度也有分布。全株有清热解毒、止血的功效，可用于治肝炎、痢疾、崩漏、小儿疳积；叶外用可治皮肤瘙痒和黄水疮。

2. 尖萼金丝桃　狭叶金丝桃、黄木
Hypericum acmosepalum N. Robson
灌木，高 0.6 ~ 2.0m。茎幼时 4 棱，后变圆柱形。叶坚纸质或近革质，狭长圆形、长圆形或椭圆状长圆形，长 2 ~ 4cm，宽 0.5 ~ 1.5cm，先端钝形至圆形，基部楔形，边缘平坦，下面被白粉，两面有透明腺点，侧脉 1 ~ 2 对；叶柄较宽，长 0.5 ~ 1.0mm。花单生于枝顶或为聚伞花序；苞片披针形，叶状，宿存；萼片离生，披针形或卵状长圆形，长约1cm，有腺体，边缘近全缘或近先端有小齿，先端渐尖；花直径 3 ~ 5cm，星状，深黄色，有时有红晕，花瓣长圆形；雄蕊 5 束，每束有雄蕊 40 ~ 65 枚；花柱 5 裂。果卵形或卵状锥形，长 0.9 ~ 1.5cm，宽 0.8 ~ 1.0cm，成熟时鲜红色；种子有龙骨状凸起，顶端有附属物。花期 5 ~ 7 月；果期 8 ~ 9 月。

产于那坡、百色，生于海拔 900m 以上的山坡、山谷林下或灌丛中。分布于云南、贵州、四川。民间用全株治肝炎、腰痛。

3. 贵州金丝桃

Hypericum kouytchense H. Lév.
灌木，高 1.0 ~ 1.8m。茎红色，幼时具 4 纵棱，渐变成具 2 纵棱，最后呈圆柱形。叶坚纸质，椭圆形或披针形，长 2.0 ~ 5.8cm，宽 0.6 ~ 3.0cm，先端锐尖至钝形，基部楔形或近狭形至圆形，边缘平坦，下面淡绿色但不或几不呈苍白色；主侧脉 3 ~ 5 对；叶柄长 0.5 ~ 1.5mm。花序有花 1 ~ 7 朵，近伞房状；花梗长 0.5 ~ 1.0cm；苞片披针形，脱落；萼片离生，狭卵形至披针形，全缘，先端锐尖至锐渐尖，无小尖头；花直径 4.0 ~ 6.5cm，星状，花瓣亮金黄色，无红晕，倒卵状长圆形，长 2.4 ~ 4.0cm，宽 1.6 ~ 2.5cm；雄蕊 5 束，每束有雄蕊约 35 ~ 50 枚；子房狭卵珠形；花柱长 8 ~ 10mm。蒴果卵球形，长 1.7 ~ 2.0cm，宽 0.8 ~ 1.0cm，成熟时红色。种子深紫褐色，狭圆柱形，有狭翅，近于平滑。花期 5 ~ 7 月；果期 8 ~ 9 月。

产于南丹。生于海拔 1500m 以上的草地、山坡、河滩或多石地。分布于贵州。

4. 金丝桃 图 826

Hypericum monogynum L.

小灌木，高 0.5～1.3m。茎红色，幼时有棱且两侧压扁，后变圆柱形。叶厚纸质，长圆形或长椭圆形，长 2.0～11.2cm，宽 1.0～4.1cm，先端锐尖或圆形，基部楔形至圆形，边缘平坦，背面淡绿色，无白粉，侧脉 2～3 对；无柄或有短柄。花序有花 1～30 朵；苞片线状披针形，早落；花梗长 0.8～2.5cm；萼片长圆形、披针形或倒披针形，全缘，花直径 3.0～6.5cm，黄色或柠檬黄，无红晕，花瓣三角状倒卵形，先端圆形；雄蕊 5 束，每束有雄蕊 25～35 枚，与花瓣等长或略长；花柱长约 1.5cm，先端 5 裂，远长于子房。蒴果宽卵形，长 6～10mm，宽 4～7mm；种子圆柱形，有龙骨状凸起。花期 5～8 月；果期 8～9 月。

产于桂林、柳州、柳江、天峨、南丹、罗城、都安、凌云、那坡、乐业、田林、西林、隆林。生于海拔 300～1200m 的山坡草地、路旁或溪沟边，现已广泛栽培于庭院中供观赏。分布于河北、河南、陕西、湖北、江西、江苏、浙江、福建、广东、台湾、四川、云南；日本也有分布。全草有清热解毒、祛风消肿等功效，用于治急性咽喉炎、眼结膜炎、肝炎、痔疮等症。

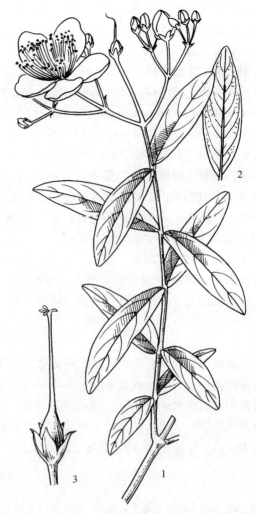

图 826 金丝桃 Hypericum monogynum L. 1. 花枝；2. 叶片，下面观；3. 幼果。（仿《中国植物志》）

89 藤黄科 Clusiaceae

常绿乔木或灌木，稀草本，通常含有黄色的树液。叶对生，全缘，羽状脉，无托叶或极少具托叶。花辐射对称，单性、两性或杂性，常雌雄异株；萼片和花瓣同数，覆瓦状排列或旋转状排列，极稀镊合状排列；雄蕊通常多数，花丝分离或不同程度合生；子房上位，1 室或多室，每室具胚珠 1 枚或多枚。浆果或核果。

约有 40 属 1200 种。中国 8 属 95 种，分布于西南部至东南部；广西 3 属 9 种。

分属检索表

1. 花杂性。
  2. 叶的侧脉多数，近于平行；子房 1 室；核果 ·················· **1. 红厚壳属 Calophyllum**
  2. 叶的侧脉多数或少数，不平行；子房 2 室或多室；核果 ·················· **2. 藤黄属 Garcinia**
1. 花两性；侧脉极多数，成斜向平行脉，子房 2 室；果实介于木质和肉质之间 ·················· **3. 铁力木属 Mesua**

1. 红厚壳属 Calophyllum L.

常绿乔木或灌木，有清澈（乳白色或黄色）乳汁。叶对生，有柄，稀无柄，全缘，无毛；侧脉多而近于平行，几与中脉垂直。花两性或单性，排成腋生或顶生的总状花序或聚伞花序；萼片 2 ~ 4 枚，花瓣通常 4 枚；雄蕊多数，基部合生成束或分离，花丝丝状；子房 1 室，胚珠 1 枚。核果球形或卵形，外果皮薄。

约 187 种。中国 4 种，分布于西南部至东部；广西 1 种。

薄叶红厚壳 横经席、薄叶胡桐

Calophyllum membranaceum Gardner et Champion

灌木至小乔木，高 1 ~ 5m。幼枝四棱形，常具狭翅，无毛。叶薄革质，长圆形、长圆状披针形，长 6 ~ 12cm，宽 1.5 ~ 3.5cm，先端锐尖、渐尖或尾状渐尖，基部楔形，全缘，稍反卷；中脉在两面凸起，侧脉多而密，排列整齐，直达边沿；叶柄长 0.6 ~ 1.0cm。聚伞花序有花 1 ~ 5 朵，长 2.5 ~ 3.0cm，被微柔毛；花梗长 5 ~ 8mm，无毛；萼片 4 枚，倒卵形；花瓣 4 枚，白色略带粉红色；雄蕊多数，基部合生成 4 束；子房卵球形。核果卵状长圆形，长 1.5 ~ 2.0cm，直径约 1cm。花期 3 ~ 5 月；果期 8 ~ 10 月。

产于贺州、昭平、金秀、德保、梧州、陆川、博白、玉林、横县、邕宁、防城、浦北、上思，生于海拔 200 ~ 800m 的阔叶混交林内。分布于广东、海南；越南也有分布。根叶药用，有壮腰补肾、祛瘀止痛的功效，可治跌打损伤、风湿骨痛。

2. 藤黄属 Garcinia L.

乔木或灌木，通常有黄色树脂。叶对生，全缘，无毛，侧脉通常少数，舒展或密集；有时具托叶。花单性或杂性，单生或数朵丛生于叶腋或组成顶生或腋生的聚伞花序或圆锥花序，少为伞形花序；萼片和花瓣通常 4 或 5 枚；雄花雄蕊多数，花丝分离或合生成 1 ~ 5 束，通常有退化雌蕊；雌花中有退化雄蕊；子房 2 ~ 12 室。浆果具革质或肉质外果皮，光滑或有棱；种子具假种皮。

约 450 种。中国约 20 种，分布于西南部至东南部；广西 7 种。

分种检索表

1. 1 年生小枝粗壮，中部直径 5 ~ 7mm，明显具棱或狭翅；叶大，长达 35cm；果也较大，近球形，歪斜，直径约 5cm ··· **1. 大叶藤黄 G. xanthochymus**
1. 1 年生小枝较细，中部直径 3 ~ 4mm，圆柱形或压扁；叶较小，长不超过 20cm；果较小，直径在 4cm 以内。
  2. 伞形花序，基部具 2 枚叶状苞片；枝、叶干后明显变黄色 ················ **2. 大苞藤黄 G. bracteata**
  2. 花序不为伞形花序，也无叶状苞片；枝、叶干后不变黄色。
    3. 花无梗或近无梗。
      4. 叶小，长 7 ~ 9cm，宽 1.5 ~ 2.5cm，中、侧脉纤细，在两面略凸起，侧脉每边 13 ~ 20 条 ·················
      ·· **3. 尖叶山竹子 G. subfalcata**
      4. 叶较大，长 10 ~ 14cm，宽 3.0 ~ 3.5cm，中脉在上面下陷，侧脉每边 30 ~ 35 条或更多 ·················
      ·· **4. 广西山竹子 G. kwangsiensis**
    3. 花明显具梗，长至少在 5mm 以上。
      5. 叶具托叶，侧脉 6 ~ 9 对；果长圆形，长达 4cm ················ **5. 金丝李 G. paucinervis**
      5. 无托叶，侧脉多数；果卵形或球形。
        6. 花较大，花瓣长达 1.5cm；雄蕊花丝合生为 4 束 ·············· **6. 多花山竹子 G. multiflora**
        6. 花较小，花瓣长不及 1cm；雄蕊花丝合生为一肉质体 ········· **7. 岭南山竹子 G. oblongifolia**

1. 大叶藤黄 大叶山竹子、春芒果(那坡)

Garcinia xanthochymus Hook. f. ex T. Anderson

大乔木，高 8 ~ 10m。枝粗壮，直径 5 ~ 7mm，小枝和嫩枝具明显纵棱或狭翅。叶 2 列，厚革质，具光泽，椭圆形或长圆形，长 20 ~ 35cm，宽 6 ~ 12cm，顶端锐尖或钝，基部楔形，边缘反卷；中脉在两面隆起，侧脉 35 ~ 40 对，网脉明显；叶柄粗壮，长 1.5 ~ 2.5cm。伞房状聚伞花序，有花

2~14 朵，腋生，总梗长约 6~12mm；花两性，5 基数，花梗长 1.8~3.0cm；萼片和花瓣 3 大 2 小；雄蕊花丝下部合生成 5 束；子房圆球形，通常 5 室，花柱短，柱头通常 5 深裂，光滑。浆果近球形，直径约 5cm，成熟时黄色，外面光滑，顶端突尖，歪斜。种子外面具多汁的瓢状假种皮，长圆形或卵球形，种皮光滑，棕褐色。花期 4~5 月；果期 8~11 月。

产于那坡。生于海拔 600~1000m 的阔叶林中。分布于云南；孟加拉国、缅甸、泰国也有分布。果熟时黄色，酸甜可口，顶端歪斜，略似芒果，且往往 1 月仍果挂枝头，故产区群众称之为"春芒果"。

2. 大苞藤黄　大苞山竹子

Garcinia bracteata C. Y. Wu ex Y. H. Li

乔木，高 8m。树皮红褐色，薄片状剥落。小枝有纵条纹。枝、叶干后变黄色。叶革质，卵形、卵状椭圆形至长圆形，长 8~14cm，宽 4~8cm，先端渐尖或短渐尖，基部宽楔形，边缘软骨质，反卷；中脉在上面下陷，在下面凸起，侧脉 20~30 对；叶柄长 1.0~1.5cm。花单性或杂性，雌雄异株，伞形花序腋生，偶有雄花序顶生，花序有花 5~7 朵；总梗长 2~3cm，有 2 枚叶状苞片；花梗长 0.6~1.3cm，有 2 枚小苞片；萼片和花瓣开放后逐渐下弯；雄花花萼、花瓣均 4 枚，雄蕊约 40 枚；雌花有退化雄蕊 20 枚，子房 1 室，胚珠 1 枚，柱头盾状。果卵形，长 2.2~4.0cm，直径约 3cm，先端偏斜，花被宿存。花期 4~5 月；果期 11~12 月。

产于那坡、德保、靖西、田阳、隆安、大新、龙州。生于海拔 400m 以上的石灰岩山地丛林中，多见于山坡中上部至山顶。分布于云南。

3. 尖叶山竹子

Garcinia subfalcata Y. H. Li et F. N. Wei

乔木，高 5~7m。枝条有纵条纹，幼枝具断环纹。叶纸质，狭椭圆形或椭圆状披针形，长 7~9cm，宽 1.5~2.5cm，先端长渐尖，通常镰形，基部渐狭，稍下延；中、侧脉纤细，在两面略凸起，侧脉 13~20 对；叶柄长 0.4~1.2cm。花杂性异株；雄花未见；雌花单生于叶腋或枝顶；花梗基部有 2 枚三角形苞片；萼片 4 枚，外面 2 枚短而薄，内侧 2 枚长而厚；花瓣 4 枚，等大；退化雄蕊 4 枚；子房卵球形。果球形，直径约 3cm，平滑，近无柄。花期 4~5 月；果期 9~10 月。

广西特有种。产于上思、武鸣。生于海拔 500~600m 的沟谷或山坡下部的阔叶林中。果可食。

4. 广西山竹子　广西藤黄

Garcinia kwangsiensis Merr. ex F. N. Wei

小乔木，高 6m。小枝红棕色，干时稍有棱角。叶薄革质，椭圆形或椭圆状披针形，长 10~14cm，宽 3.0~3.5cm，先端锐尖或急尖，基部下延，边缘反卷；中脉在上面下陷，在下面凸起，侧脉 30~35 对或更多；叶柄长 1.0~1.5cm。花杂性，异株；雄花 2~4 朵簇生于叶腋，花梗长 1~2mm；萼片 2 大 2 小，卵形；花瓣近等大，卵形或倒卵形；雄蕊合生成 4 束，与花瓣基部连合，短于退化雌蕊，每束有雄蕊 60~70 枚。花期 6~7 月。

广西特有种。仅产于上思。生于海拔约 600m 的山地阔叶林中，极少见。

5. 金丝李　费雷(巴马)、咪举(崇左)　图827

Garcinia paucinervis Chun et F. C. How

乔木，高 25m。幼枝压扁状，呈四棱形。叶嫩时紫红色，膜质，老时近革质，椭圆形、椭圆状长圆形或倒卵状长圆形，长 8~14cm，宽 2.5~6.5cm，先端锐尖或短渐尖，基部楔形，边缘反卷；中脉在下面凸起，侧脉 6~9 对，在两面隆起；托叶 2 枚；叶柄长 0.8~1.5cm。花杂性，雌雄同株，数朵组成腋生并具短梗的聚伞花序；花梗稍四棱，基部有 2 枚小苞片；萼片 4 枚，近等长；花瓣卵形，边缘膜质，近透明；雄蕊多数，合生成 4 裂的环，退化雌蕊近四棱形；雌花通常单生于叶腋，子房球形，1 室，柱头盾形，退化雄蕊合生成 4 束，片状。果实长圆形，长 3.5~4.0cm，直径 2.2~2.5cm，熟时黄色略带红色，光滑，基部有宿存萼片。每年开花结果 2 次，第一次在 5~6 月

图827　金丝李 Garcinia paucinervis Chun et F. C. How 果枝。（仿《中国植物志》）

图828　多花山竹子 Garcinia multiflora Champ. ex Benth. 花果枝。（仿《中国植物志》）

开花，10～11月果熟；第二次在秋季开花，翌年6～7月果熟。

产于忻城、都安、巴马、凤山、河池、靖西、德保、那坡、田阳、田东、田林、西林、马山、龙州、凭祥、宁明、天等、崇左、大新。分布于云南；越南也有分布。专性钙土植物，为广西西南部石灰岩季雨林主要建群种，自然生长于石山谷地、山坡、石崖。酸性土壤上未见分布，但引种至酸性土栽培，能正常生长并开花结实。分布区年平均气温为20～23℃，最冷月平均气温10～14℃，极端最低气温-3～0℃，有轻霜，北部偶有降雪现象。幼苗对霜冻比较敏感，重霜天气幼苗会出现寒害。偏阴性树种，幼树要求庇荫期长，幼苗和各龄幼树多出现在林冠下，林木生长旺盛，叶色深绿，趋光性不明显；在全光照下栽培的幼树，叶黄萎，生长不良。大树喜充足阳光，多处上层林冠。在龙州、宁明、大新、天等等地天然阔叶林中存留有一些占优势的林分，其他地区都是零星分布。喜湿润肥沃地，耐旱性较强，能适应干旱的石隙生境，常见与蚬木、肥牛树、割舌树等混生成林，构成石灰岩季节性雨林的共建种。幼龄生长较慢，到30～40年生长变快，70～80年时生长达到高峰。天然林中，130年生树高22m，胸径35cm。播种繁殖，15年生开始开花结实，25年生后进入盛果期。结实有大小年之分，每隔2～3年才有一次丰年。多季开花结果，果熟期分别在6～7月和11月，但以7月为大造。核果由青绿色转变为黄色或黄紫色，果肉由硬变柔软即示成熟。果有甜酸味，猴、乌猿等喜欢食用，应及时采收。采回的果实集中堆沤，盖上湿稻草，经常洒水，约经半个月果肉变烂，取出放入箩筐内，用水洗掉果肉，洗净种核，即行种子催芽处理。种子千粒重2800～5000g。随采随播，种子忌暴晒、失水。种子休眠期长达7～8个月，必须进行催芽处理。木材条纹金黄色，纹理通直，结构密致，材质坚重，气干密度0.960g/cm³，耐腐、耐水性特强，不受虫蛀，为广西三大珍贵硬木之一，是船舰、机械、高级建筑、高级家具用材。产区群众用作屋柱，经数代人不朽；用作建筑桥梁，历时200年不腐。

6. 多花山竹子　山竹子、木竹子、山枯子、山枇杷、黄牙果　图828

Garcinia multiflora Champ. ex Benth.

乔木，高5～15m。树皮厚，灰白色，小枝亮绿色，有纵条纹。叶革质，长圆状卵形或长圆状倒卵形，长 7～16cm，宽 3～6cm，先端锐尖或钝，基部楔形或阔楔形，边缘稍反卷；中脉在上面下陷，在下面凸起，侧脉 10～15 对，在两面明显可见；叶柄长 0.6～1.2cm。花杂性，同株，雄花数朵组成腋生的聚伞状圆锥花序，有时单生，花序长 5～7cm，总梗和花梗有关节；萼片 2 大 2 小；花瓣橙黄色，花瓣长达 1.5cm，倒卵形；雄蕊合生成 4 束；退化雌蕊柱状；雌花序有花 1～5 朵，退化雄蕊束短于雌蕊；子房长圆形，2 室，无花柱。果倒卵形或卵形，长 3～5cm，直径 2.5～3.0cm，成熟时淡黄色，柱头宿存。花期 6～8 月；果期 11～12 月。

产于广西各地。生于山坡疏林中。分布于台湾、福建、江西、湖南、广东、海南、香港、贵州、云南；越南也有分布。树皮及果实有消炎止痛、收敛生肌等功效，鲜果叶捣烂外敷可治铁屑及竹木入肉不出；种子油可作肥皂及润滑油的原料；果熟时可食，但因其含黄色汁液常令吃者牙齿变黄，故群众名之为"黄牙果"；果皮可供提取单宁；木材材用。

7. 岭南山竹子　岭南倒稔子、山竹子、黄牙秸

Garcinia oblongifolia Champ. ex Benth.

灌木或乔木，高 5～15m。树皮深灰色。小枝有断环纹。叶近革质，长圆形、倒卵状长圆形或倒披针形，长 5～10cm，宽 2.0～3.5cm，先端锐尖或钝，基部楔形，边缘反卷；中脉在上面稍凸起，侧脉 10～18 对；叶柄长约 1cm。花单性，异株，单生或成伞形状聚伞花序，花梗长 3～7mm；雄花萼片等大，近圆形；花瓣橙黄色或淡黄色，倒卵状长圆形；雄蕊多数，合生成 1 束，无退化雌蕊；雌花萼片、花瓣与雄花的相似；退化雄蕊合生成 4 束，短于雌蕊；子房卵球形，8～10 室，无花柱，柱头盾形，隆起，辐射状分裂，上面有乳凸。浆果卵球形或圆球形，长 2～4cm，直径 2.0～3.5cm，基部萼片宿存。花期 4～5 月；果期 10～12 月。

产于桂林、临桂、金秀、苍梧、百色、平南、容县、博白、北流、武鸣、合浦、钦州、灵山、浦北、上思、防城、东兴、扶绥、大新、宁明、龙州。生于海拔 400m 以下的河谷、沟边及山坡疏林中。分布于广东、海南、香港；越南也有分布。木材纹理通直，结构细，材质中等，易加工，适于做家具、建筑用材；种仁含油 70%，油可作滑润油和制皂的原料；树皮可供提取栲胶；果可食。

3. 铁力木属 Mesua L.

乔木。叶硬革质，通常具透明斑点，侧脉极多数，纤细。花两性，稀杂性，通常单生于叶腋，有时顶生；萼片和花瓣 4 枚，覆瓦状排列；雄蕊多数，花丝长，丝状，分离，花药直立，2 室，垂直开裂；子房 2 室，每室有直立胚珠 2 枚，花柱长，柱头盾状。果实介于木质和肉质之间，中间有裂孔的隔膜，成熟时 2～4 瓣裂。种子 1～4 枚，胚乳肉质，富含油脂。

约 5 种，分布于亚洲热带地区。中国 1 种；广西也产。

铁力木

Mesua ferrea L.

常绿乔木，具板状根，高 20～30m。树干端直，树冠锥形，树皮薄，薄叶状开裂，创伤处渗出带香气的白色树脂。叶嫩时黄色带红，老时深绿色，革质，通常下垂，披针形或狭卵状披针形，长 6～10cm，宽 2～4cm，顶端渐尖或长渐尖，基部楔形，下面通常被白粉，侧脉极多数，成斜向平行脉，纤细而不明显；叶柄长 0.5～0.8cm。花两性，1～2 朵顶生或腋生，直径 5.0～8.5cm；花梗长 3～5mm；萼片 4 枚；花瓣 4 枚，白色，长 3.0～3.5cm；雄蕊极多数，分离，花药金黄色，长约 1.5mm，花丝丝状，长 1.5～2.0cm；子房圆锥形，高约 1.5cm，花柱长 1.0～1.5cm，柱头盾形。果卵球形，成熟时长 2.5～3.5cm，有纵皱纹，顶端花柱宿存，2 瓣裂，基部具增大成木质的萼片和多数残存的花丝，果柄粗壮，长 0.8～1.2cm。种子 1～4 枚，背面凸起，腹面平坦或两面平坦；种皮褐色，有光泽，坚而脆。花期 3～5 月；果期 8～10 月。

产于藤县、容县，凭祥、宁明、南宁有栽培。分布于云南、广东；印度、斯里兰卡、孟加拉国、泰国、越南也有分布。自然分布区年平均气温大于 19℃，≥10℃积温 7000℃以上，最冷月平

均气温 11.6℃ 以上，极端最低气温一般为 0℃ 左右，特寒年份，分布北缘可达 – 2℃，年降水量 1200mm 以上。喜酸性、弱酸性的赤红壤或砖红壤，多生长在平缓的低山丘陵地上。喜光，但幼龄期需适当荫蔽。天然更新好。幼龄生长缓慢，天然更新 5 年生幼树，高 1.0 ~ 1.5m。5 年后生长加快，树高年平均生长在 0.6m、胸径年平均生长量在 0.6cm 左右。7 ~ 8 年即可开花结实。播种繁殖。果实成熟期较长，应分期分批采摘。采得的果实可堆放 2 ~ 3d，充分成熟后摊放于阴凉通风处或稍加暴晒，果壳开裂即得种子。出种率约 30%，千粒重约 1600g。种子含油脂，不宜日晒，也忌裸露贮藏，随采随播或拌湿沙贮藏，但贮藏期不宜超过 6 个月。种子无休眠习性，新鲜种子随采随播，播后 10d 即开始发芽，持续 20d。发芽率 85% 左右。苗期生长较慢，宜室外沙床催芽，待翌年 3 月移入容器中培育。1 年生容器苗 25 ~ 30cm 时，可出圃造林。著名的硬材树种，造船、高档家具、特种雕刻、抗冲击器具、珍贵镶嵌和高级乐器的优质用材。老叶浓绿，幼叶鲜红，树冠优美呈塔状，优良园林绿化树种。

90　桃金娘科 Myrtaceae

常绿乔木或灌木。单叶对生或互生，羽状脉或基出脉，全缘，有透明油腺点，无托叶。花两性或杂性；单生或排成花序；花萼 4 ~ 5 裂；花瓣 4 ~ 5 枚，有时无，分离或连合，或与萼片连成帽状体；雄蕊多数，少为 5 ~ 10 枚，生于花盘外缘，在花蕾时向内弯或折曲，花丝分离或稍连合成短管，或成束与花瓣对生，花药 2 室；子房下位或半下位，心皮 2 至多个，1 至多室，每室有 1 至多枚胚珠，花柱单一，柱头单一，有时 2 裂。果为蒴果、浆果、核果或坚果，有时具分核；种子 1 至多枚，无胚乳或有少量胚乳。

约 130 属 4500 ~ 5000 种。中国原产 8 属约 90 种，引入栽培 8 属数百种；广西野生有 6 属 30 余种，引入栽培有 6 属约 90 种，本志记载 10 属 60 种 1 亚种 1 变种。

分属检索表

1. 果为蒴果；叶互生，稀对生。
  2. 叶条形，对生；雄蕊 5 ~ 10 枚 ·· **1. 岗松属 Baeckea**
  2. 叶互生；雄蕊多数。
    3. 花萼与花瓣连成帽状体，环裂成盖状而脱落。
      4. 复合花序；果实壁薄，纸质 ·· **2. 伞房属 Corymbia**
      4. 伞形花序；果实壁稍厚，木质 ·· **3. 桉属 Eucalyptus**
    3. 花萼与花瓣开花时分离。
      5. 花有梗，聚伞花序；雄蕊成束；叶椭圆形 ······························ **4. 红胶木属 Lophostemon**
      5. 花无梗，穗状或头状花序；雄蕊比花瓣长数倍；叶条形或披针形。
        6. 树皮坚实，不易剥落；雄蕊分离，颜色鲜丽 ························ **5. 红千层属 Callistemon**
        6. 树皮疏松，薄层剥落；雄蕊连成 5 束，绿白色 ···················· **6. 白千层属 Melaleuca**
1. 果为浆果或核果，不开裂；叶对生。
  7. 叶具离基三至五出脉；花大，花瓣 5 枚；子房 1 ~ 3 室 ························ **7. 桃金娘属 Rhodomyrtus**
  7. 叶具羽状脉，侧脉通常在近叶缘联合成边脉。
    8. 果实有多数种子，种皮坚硬，胚弯曲，胚轴不为子叶所包围。
      9. 叶有明显的腺点；果小；种子较小 ······································ **8. 子楝树属 Decaspermum**
      9. 叶无明显的腺点；果大，肉质；种子多数 ························ **9. 番石榴属 Psidium**
    8. 果实有种子 1 ~ 2 枚，种皮薄膜状；胚直，胚轴为子叶所包围 ·········· **10. 蒲桃属 Syzygium**

1. 岗松属 Baeckea L.

灌木或小乔木。叶对生,条形或披针形,全缘,有腺点。花小,白色或红色,有短梗或无梗,单生于叶腋或成聚伞花序;小苞片2枚,细小,早落;萼钟状或半球形,常与子房合生,5裂,膜质,宿存;花瓣5枚,近圆形;雄蕊5~10枚或稍多,比花瓣短,花丝短,花药背中着生;子房下位或半下位,2~3室,每室有数枚胚珠,花柱短,柱头稍扩大。蒴果极小,长不及2.5mm,顶端2~3裂;种子肾形,有角,胚直,无胚乳。

约70种。中国产1种;广西也产。

岗松 扫把枝 图829

Baeckea frutescens L.

多分枝灌木,高1m。叶条形,长5~10mm,宽1mm,上面有沟槽,下面凸起,无侧脉;有短柄或无柄。花小,白色,单生于叶腋内;花梗长1.0~1.5mm;萼管钟状,萼齿三角形;花瓣圆形,分离,长约1.5mm;雄蕊10枚或更少,成对与萼齿对生;子房下位,3室,花柱短,宿存。蒴果小,长约2mm;种子扁平,有角。花期7~8月。

产于广西各地,但以南部为多,桂平、容县、博白丘陵地常见以岗松为优势种的灌草群落。生于低海拔向阳山坡,酸性土指示植物。分布于福建、广东、海南、江西、浙江;柬埔寨、印度、印度尼西亚、马来西亚、缅甸、菲律宾、澳大利亚也有分布。中国南方常见野生林下植物,强喜光树种,耐干旱与瘠薄,对土壤条件要求不严,只要求阳光充足、排水良好的酸性土壤。播种或扦插繁殖。当蒴果由青绿色变棕褐色并呈微裂时及时采摘或连母株剪取,晒干并敲打取种。采回的种子用塑料袋密封置于冰箱中贮存或即采即播。岗松油为淡黄色至淡棕黄色的澄清液体,主要成分为α-蒎烯、β-蒎烯和侧柏烯。岗松油具有清利湿热、杀虫止痒的作用,外用可治疗皮肤湿疹、滴虫性阴道炎、瘙痒、淋病、疥疮、脚癣、蛇虫咬伤、烧伤、烫伤,还可用于急性胃肠炎、肝炎治疗。广西著名的制药企业"广西源安堂药业股份有限责任公司"的主打产品"肤阴洁"就是以岗松油作为主要原料的。

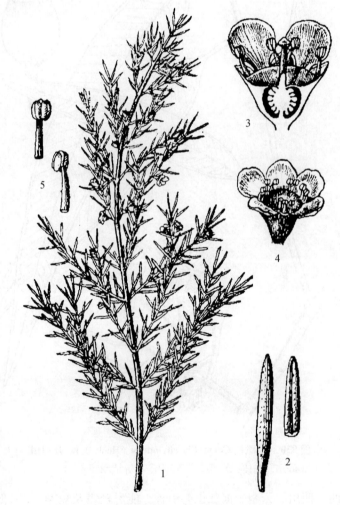

图829 岗松 **Baeckea frutescens** L. 1. 花枝;2. 叶;3. 花的纵切面;4. 花;5. 雄蕊。(仿《中国植物志》)

2. 伞房属 Corymbia K. D. Hill

常绿乔木。树干常见红色胶状液体渗出,故俗称"血红木";树皮脱落,通体光滑,触摸之有粉腻感,或树皮大部分脱落,在干基1m以下宿存,或方格状开裂。花序腋生,花序在花序轴上交互对生；果实壁薄，纸质。

约113种23亚种或变种，全部产于澳大利亚。中国引入3种；广西也有引种。本属是从桉属分出，故形态特征与桉属有许多相似之处。

分种检索表

1. 树皮光滑，每年呈片状剥落1次；成叶披针形或窄披针形，稍弯而呈镰状 ················· **1. 柠檬桉 C. citriodora**
1. 树皮宿存或至少下部树皮宿存。
  2. 树皮纵裂，宿存；成熟叶卵状披针形 ··············· **2. 伞房花桉 C. gummifera**
  2. 树干上部光滑，下部的树皮宿存；成年叶卵形 ··········· **3. 托里桉 C. torelliana**

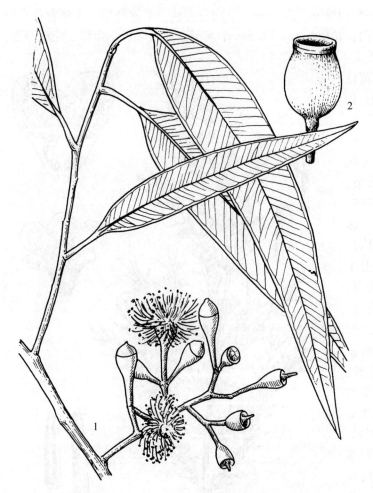

图 830 柠檬桉 Corymbia citriodora（Hook.）K. D. Hill et L. A. S. Johnson 1. 花枝；2. 果。（仿《中国高等植物图鉴》）

1. 柠檬桉 图 830

Corymbia citriodora（Hook.）K. D. Hill et L. A. S. Johnson

大乔木，高35m，胸径1.2m。树干通直，树皮光滑，灰白色，每年呈片状剥落1次。全株有柠檬香气。萌发枝及幼苗的叶对生或互生，卵状披针形，基部圆形，叶及枝均密被棕色腺毛；成年叶互生，披针形或窄披针形，稍弯而呈镰状，长10~15cm，宽7~15mm，无毛，两面有黑色腺点；叶柄长1.5~2.0cm。花通常每3朵成伞形花序，再集生成腋生或顶生圆锥花序；花梗长3~4mm，有2棱；萼筒长约5mm，上部宽约4mm；帽状体半球形，长约1.5mm，比萼筒稍宽；雄蕊长6~7mm；花药椭圆形，背部着生，药室平行。蒴果壶形或坛形，长宽约1cm；果缘薄，果瓣藏于萼筒内。花期4~12月。

天然分布于澳大利亚昆士兰州、新南威尔斯州和维多利亚州东部地区。南宁、钦州、玉林、梧州、百色、河池、柳州有引种栽培。福建、广东、贵州、湖南、江

西、四川、云南、浙江也有引种。能耐轻霜及短期 -2℃低温，不耐冰雪，适宜生长在北热带至南亚热带低丘及平原地区。强喜光性树种，对土壤肥力要求不严。播种繁殖。木材心材暗黄褐色，纹理斜，密度大，灰褐色，纹理直而有波纹，材质重，气干密度0.968g/cm³，坚硬而韧性大，易加工，耐腐，可作桥梁、建筑、地板等用材，优良实木用材。枝叶含柠檬桉油，柠檬桉油可用于合成薄荷脑、麝香草酚香精，还可分离出玫瑰醇、柠檬醇，用于配制香水、香皂、香精油等。

2. 伞房花桉 图 831

Corymbia gummifera（Gaertn.）K. D. Hill et L. A. S. Johnson

乔木，高35m，胸径1.3m。树皮灰黑色或黄褐色，纵裂，宿存，内皮淡黄色或暗红色。成熟

叶革质，互生，长 8～14cm，宽 2～4cm，卵状披针形，直或微呈镰状，侧脉多数，纤细，平行而呈横生。花淡黄色，芳香，数朵花排成伞形花序，再排成顶生、伞房花序式的圆锥花序，每伞房花序有花 4～8 朵，花序梗和花梗有棱；花蕾棍棒状，长 10～11mm，宽 5～7mm；萼筒长 6～8mm；帽状体半球形，顶端有小凸尖；雄蕊长 1.0～1.2cm；花药卵形，纵裂。蒴果近壶形或坛形，蒴口向外反卷，长 1.5～2.0cm，宽 1.0～1.8cm，果缘狭，果瓣内藏。

原产于澳大利亚东部。南宁、扶绥、合浦有引种栽培。广东、福建也有引种。木材红色至深红色，坚硬，极耐腐，优良造船、木地板用材。

3. 托里桉

Corymbia torelliana (F. Muell.) K. D. Hill et L. A. S. Johnson

乔木。树干上部的树皮每年呈薄片状剥落一次，下部的树皮宿存。小枝密被粗毛。幼年叶对生，卵圆形至宽椭圆状披针形，长 7～15cm，宽 4～9cm，有短柄，下面被硬毛；过渡性叶互生，披针形至圆形，长 7～15cm，宽 5～7cm，有柄，被毛；成年叶互生，卵形，长

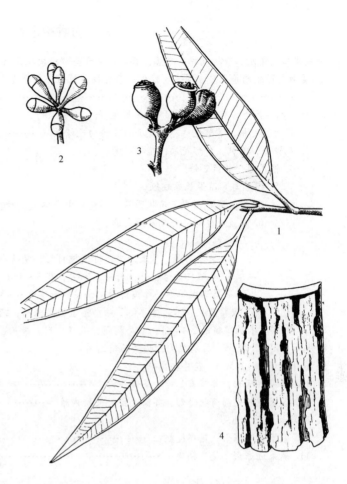

图 831　伞房花桉 **Corymbia gummifera** (Gaertn.) K. D. Hill et L. A. S. Johnson 1. 叶；2. 花蕾；3. 果；4. 树皮。(仿《中国桉树》第 2 版)

10～12cm，宽 5～7cm，先端尖，基部圆，侧脉稀疏，下面有短柔毛；叶柄长 1～2cm，有粗毛。伞形花序排成圆锥状，顶生，有花 3～7 朵，总花梗密被粗毛；花蕾倒卵形，急尖，长 10～12mm，宽 7～8mm，近无梗；帽状体半球形或圆锥形，稍短于萼筒；花药倒卵圆形。蒴果球状坛形，长约 1cm，宽约 1.5cm，无梗，果瓣 3 枚，内藏，果缘薄而偏斜。花期 10～11 月。

原产于澳大利亚北昆士兰州。南宁、扶绥有引种栽培。广东、香港也有栽培。木材浅褐色，材质沉重，纹理直，优良用材树种，可用于制造车轮。

3. 桉属 Eucalyptus L′ Hér.

乔木或灌木，树皮光滑。叶片多为革质，多型性，幼态叶多为对生，有短柄或无柄，通常有白霜或腺毛；成熟叶片常为革质，互生，全缘，具柄，侧脉多数，有透明腺点。伞形花序腋生或多枝集成顶生或腋生圆锥花序或二歧聚伞花序；花两性，白色，少数为红色或黄色；有花梗或缺；萼管钟形、倒圆锥形或半球形，先端常平截；花瓣与萼片合生成一帽状体或彼此不结合而有 2 层帽状体，花开放时帽状体脱落；雄蕊多数，多列，花药基部及背部着生，药室 2 个；子房与萼管合生，先端隆起，3～6 室，胚珠多数，花柱不分裂，宿存。蒴果全部或下半部藏于扩大的萼管里，常 3～6 瓣裂；种子极多，大部分发育不全，发育种子卵形或有角，种皮坚硬，有时扩大成翅。

约 700 种。中国自 1890 年开始引种桉树，目前已有约 200 种；广西引种栽培约达 100 余种，本志仅记载 12 种。

分种检索表

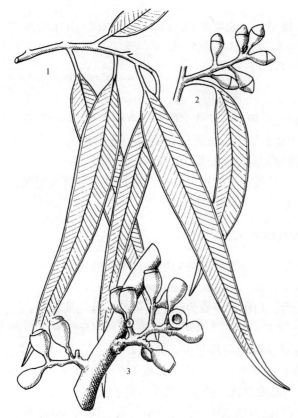

图 832　斑皮桉 Eucalyptus maculata Hook.
1. 成熟叶；2. 花蕾；3. 果。（仿《中国桉树》）

1. 斑皮桉　图 832

Eucalyptus maculata Hook.

大乔木，高 45m。树皮淡灰色，有黄褐色斑块，每年呈片状剥落一次。幼态叶对生，阔披针形，盾状着生，长 30cm，宽 4~6cm，下面苍白色，有短柄；成年叶互生，卵状披针形或窄披针形，长 10~30cm，宽 2~4cm，侧脉稍粗，多数平行而斜举，边脉靠近叶缘，略不明显；叶柄长 1.5~2.0cm。伞形花序通常有 3 朵花，数个至多个排成腋生或顶生的圆锥花序；花序梗和花梗均短而粗，稍有角；花蕾倒卵形，长约 9mm；萼筒长约 6mm，帽状体半球形，比萼筒短；雄蕊长 8~10mm；花药卵形，纵裂。蒴果壶形或坛形，上端收缩，长 1.4~1.8cm，直径 1.0~1.4cm，有柄；果缘薄，果瓣深藏于萼筒内。花期春夏季。

原产于澳大利亚新南威尔士州和昆士兰州。全州、柳州、百色、南宁、合浦有引种。广东、福建、江西也有栽培。木材淡黄色，可用于制作木地板、实木家具。

2. 蓝桉 图833

Eucalyptus globulus Labill.

大乔木，在原产地高 75m，胸径 1m。树皮灰褐色，成薄片状剥落，新皮呈浅灰绿色或浅灰色；萌发枝和幼苗之茎呈四棱形，被白粉。幼态叶对生，卵状披针形，被白粉，无柄或抱茎；成年叶互生，革质，披针形，镰状，长 15～30cm，宽 1～2cm，灰绿色，两面有腺点，侧脉不明显；叶柄长 1.5～4.0cm，稍扁平。花单生或 2～3 朵簇生于叶腋内，近无梗；萼筒和帽状体硬而有小瘤体，表面有白霜；帽状体稍扁平，中部呈圆锥状凸起，短于萼筒，外面一层平滑，早落；雄蕊长 8～13mm，花丝纤细，花药椭圆形；花柱长 7～8mm，粗大。蒴果半球形，有 4 棱，直径 2.0～2.5cm，果缘平而宽，果瓣不凸出。花期 12 月至翌年 5 月；果期冬季。

原产于澳大利亚。西林、隆林、那坡有引种栽培。云南、四川、贵州、江苏、江西也有引种。原产地为冬雨型气候，中国引种栽培，以在云南、四川生长较好，不适于低海拔及高温环境。木材材性优良，宜作桥梁、造船、建筑用材；叶含芳香油，供药用，有健胃、止神经痛、治风湿和扭伤等功效；也可作杀虫剂及消毒剂，有杀菌作用。

3. 柳桉 图834

Eucalyptus saligna Sm.

大乔木，高 55m，胸径 1.5m。树皮灰蓝色，薄片状剥落。嫩枝有棱。幼年叶对生，披针形或卵形，有短柄；成年叶互生，披针形，长 10～20cm，宽 1.5～3.0cm，侧脉与中脉成 50°～65°角开出，边脉近叶缘；叶柄长 2.0～2.5cm。伞形花序腋生，有花 3～9 朵，花序梗扁平而有棱，长 8～12mm；花蕾长 8～9mm，倒卵形，近无梗；帽状体圆锥形或三角状圆锥形，比萼筒稍短或等长，先端尖或略尖；雄蕊比花蕾略长，花药长椭圆形，纵裂，背部有腺体。蒴果钟形，长 5～6mm，直径 5～6mm，果缘内藏，果瓣 3～4 枚，先端稍凸出。花期 4～5 月。

原产于澳大利亚。柳州、来宾、南宁、合蒲、武鸣有引种。广东、四川、云南也有

图833 蓝桉 Eucalyptus globulus Labill. 1. 幼态叶；2. 成熟叶；3. 花蕾；4. 果。(仿《中国桉树》)

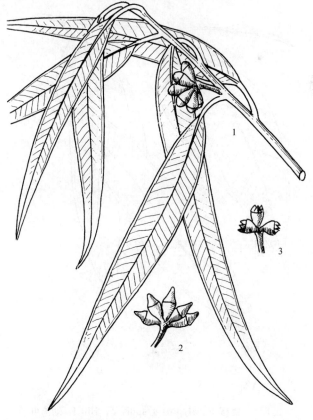

图834 柳桉 Eucalyptus saligna Sm. 1. 叶枝；2. 花蕾；3. 果。(仿《中国桉树》)

栽培。

4. 尾叶桉

Eucalyptus urophylla S. T. Blake

大乔木，高 50m。干形通直，但分枝较粗和短，树冠较开阔。树皮基部宿存，上部薄片状剥落，灰白色。叶宽披针形，长 12 ~ 18cm，宽 3.4 ~ 4.0cm，先端尾状渐尖，基部楔形，中脉明显，侧脉稀疏清晰平行，边脉不够清晰；叶柄微扁平，长 2.5 ~ 2.8cm。花序腋生，花梗长 22cm，有花 3 ~ 5 朵或更多；帽状体钝圆锥形，与萼筒近等长。果杯状，果喙内藏，外表面平，果直径 0.6 ~ 0.8cm，果柄长 0.5 ~ 0.6cm。10 ~ 11 月开花；翌年 5 ~ 6 月果熟。

原产于印度尼西亚东部群岛。广西各地有栽培。广东、海南、福建、湖南、浙江、贵州、云南、四川、重庆也有栽培，以尾叶桉作为亲本与巨桉、赤桉、细叶桉杂交，表现杂种优势，已被广泛推广栽培。木材紫红色，木材供作旋切板、中密度板及造纸用材。

5. 邓恩桉

Eucalyptus dunnii Maiden

常绿乔木，树高 40 ~ 50m。树干通直，冠大枝多。树皮光滑呈白色或只在距地面 1m 高内树干基部粗糙。幼态叶灰白色，互生，有柄，宽卵形至近似心脏形；成龄叶披针形，长大于 15cm，宽 3 ~ 4cm，叶缘波状，先端渐尖。圆锥花序生于叶腋或在接近小枝末端处，雄蕊向内弯曲或不规则地弯曲。果实蒴盖圆锥形，木质，壁厚，具短尖果喙，明显具柄。

原产于澳大利亚，从新南威尔士州东北角到昆士兰州东南角海拔 150 ~ 800m 范围内都有分布，主要生长在丘陵下坡或谷底。桂林、全州、环江、天峨有引种栽培。广东、湖南、江西也有栽培。原产地最热月平均最高气温 27 ~ 29℃，最冷月平均最低气温 - 8℃，霜期较短或很少；年降水量 1000 ~ 1500mm，夏雨型，旱季长达 3 个月。播种繁殖。邓恩桉是中国目前引种桉树中耐寒能力最强的树种，在广西北部、西北部具有良好的推广应用前景。

6. 巨桉　大桉　图 835

Eucalyptus grandis W. Hill

大乔木，高 55m，胸径 1.8m。树皮白色。嫩枝有棱，灰白色。幼态叶对生，宽披针形或卵形，有短柄；成年叶互生，披针形，长 13 ~ 20cm，宽 2.0 ~ 3.5cm，先端渐尖，基部楔形，两面有腺点，侧脉与中脉成 60° ~ 70°角；叶柄长约 2cm。伞形花序腋生，有花 3 ~ 10 朵，花序梗扁平，长 1.0 ~ 1.5cm；花蕾长 8 ~ 10mm，近无梗或有短梗；帽状体半球形或锥形，有短尖头，短于萼筒；雄蕊长 8 ~ 10mm，花药长圆形，纵裂；花柱比雄蕊短。蒴果梨形或锥形，被白粉，长 7 ~ 8mm，宽 6 ~ 8mm，无柄或有短柄，果喙内藏，果瓣 4 ~ 5 枚，有时 6 枚，稍凸出。

原产于澳大利亚东南部沿海。广西各地有栽培。广东、福建、海南、四川、云南也有栽培。木材桃红色，木材供作旋切板、中密度板及造纸用材。

图 835　巨桉 Eucalyptus grandis W. Hill 1. 幼态叶；2. 成熟叶；3. 花蕾；4. 果。(仿《中国桉树》)

7. 赤桉 图 836

Eucalyptus camaldulensis Dehnh.

大乔木，高 25m。树皮灰白色，具红色或黄色斑块，呈薄条片剥落；树干基部树皮不剥落，淡黄色。小枝淡红色，下垂。幼态叶对生，卵圆形或宽披针形，长 6~9cm 或稍长，宽 2.5~4.0cm，有时被白粉；成年叶互生，窄披针形或披针形，稍镰状，生于下部的叶有时呈卵形或卵状披针形而直，长 6~30cm，宽 1~2cm，两面有黑腺点；叶柄长 1.5~2.5cm。伞形花序腋生或侧生，有花 4~8 朵，花序梗长 1.0~1.5cm；花梗长 5~10mm；花蕾卵形，长约 8mm；萼筒半球形，直径 4~5mm；帽盖近半球形，长约 6mm，先端尖锐呈喙状；雄蕊长 5~7mm，花药长椭圆形，纵裂。蒴果近球形，直径 5~6mm，果缘凸出 2~3mm，果瓣 4 枚，有时 3 或 5 枚，全部凸出。花期 10 月下旬至翌年 8 月；果期 9~11 月。

原产于澳大利亚。广西各地有栽培。广东、福建、湖南、浙江、云南、四川也有栽培。木材淡红色至深红色，结构细致，纹理交错，易于打磨，极耐腐，适于作枕木、造船、造纸用材。

图 836　赤桉 Eucalyptus camaldulensis Dehnh. 1. 叶；2. 花蕾；3. 果。（仿《中国高等植物图鉴》）

8. 细叶桉

Eucalyptus tereticornis Sm.

大乔木，高 25m。树皮白色，呈薄片状剥落，在树干基部的树皮不剥落。幼态叶卵形或阔披针形，宽达 10cm，有时偏斜；成年叶互生，狭披针形，长 10~25cm，宽 1.5~2.0cm，稍弯而呈镰状，两面有腺点。伞形花序有花 5~8 朵，腋生或侧生，花序梗圆柱形，长 1.0~1.5cm；花梗长 3~6mm；花蕾长 1.0~1.3cm；帽状体长圆锥状，渐尖，长 6~12mm，常长为萼筒的 2~4 倍；雄蕊长 6~12mm，花药小，卵形，纵裂。蒴果近球形，长 6~9mm，宽 6~8mm；果瓣 4 枚，凸出于果缘之外，短尖。花果期春、夏季。

原产于澳大利亚。广西各地有栽培。广东、福建、四川、云南、浙江、江西也有栽培。木材红色，纹理交错，坚硬，耐腐，供作建筑、桥梁、造纸等用材。

图 837　粗皮桉 Eucalyptus pellita F. Muell. 1. 叶；2. 花蕾；3. 果。（仿《中国桉树》）

图 838 大叶桉 Eucalyptus robusta Sm. 1. 枝叶；2. 花蕾；3. 果。（仿《中国高等植物图鉴》）

9. 粗皮桉　图 837

Eucalyptus pellita F. Muell.

大乔木，高 30m。树皮粗糙，暗褐色，全部宿存。嫩枝有棱。幼态叶对生，宽披针形或卵形，长 3 ~ 9cm，宽 3 ~ 5cm；成年叶互生，卵状披针形或宽披针形，长 10 ~ 15cm，宽 2 ~ 3cm，先端渐尖，不等侧，基部宽楔形，侧脉密，以 70°角开出，边脉近叶缘；叶柄长 1.5 ~ 2.5cm。伞形花序腋生，有花 3 ~ 8 朵；花序梗粗大，扁平，长 1.5 ~ 2.0cm；花梗长 3 ~ 5mm；花蕾倒卵形，长约 2cm，宽约 1cm，有时更大；萼筒倒圆锥形，有 2 棱，长约 1cm；帽状体锥形，较萼筒为宽，与萼筒约等长，有一短喙；雄蕊长 1.0 ~ 1.2cm，花药卵形，药室平行。蒴果半球形，直径 1.2 ~ 1.5cm，果缘凸出萼筒外，稍隆起，果瓣 3 ~ 4 枚，全部凸出。花期 10 ~ 11 月。

原产于澳大利亚。全州、柳州、百色有栽培。广东也有栽培。木材深红色，坚重耐久，供作建筑、桥梁、造船等用材。

10. 大叶桉　图 838

Eucalyptus robusta Sm.

大乔木，高 30m。树皮深褐色，宿存，有不规则纵裂。嫩枝有棱。幼态叶对生，卵形，长达 11cm，宽达 7cm，有柄；成年叶互生，卵状披针形，长 8 ~ 18cm，宽 3.5 ~ 7.5cm，先端钝尖或渐尖，基部圆或宽楔形，两面有腺点，侧脉以约 80°角开出，边脉离叶缘 1.0 ~ 1.5mm；叶柄长 1.5 ~ 2.5cm。伞形花序腋生，有花 4 ~ 8 朵；花序梗扁平，长约 2.5cm；花梗短，长不过 4mm；花蕾长 1.4 ~ 2.0cm，宽 7 ~ 10mm；萼筒半球形或倒圆锥形，长 7 ~ 9mm，宽 6 ~ 8mm；帽状体与萼筒等长或稍长，先端收缩成喙；雄蕊长 1.0 ~ 1.2cm，花药卵状长椭圆形，纵裂。蒴果碗状或圆筒状钟形，长 1.0 ~ 1.5cm，宽 1.0 ~ 1.2cm，果缘薄，果瓣 3 ~ 4 枚，深藏于萼筒内。花期 4 ~ 9 月；花后 6 ~ 8 个月果熟。

原产于澳大利亚。广西各地有栽培。广东、福建、浙江、四川、云南也有栽培。木材桃红色，结构粗，纹理交错，材质硬重，干燥后易开裂，易变形，抗虫、耐腐性一般，供作枕木、桥梁、建筑等用材。

11. 大花序桉

Eucalyptus cloeziana F. Muell.

乔木，高 15m。树皮黑褐色，呈薄纤维状剥离，全部宿存。幼年叶对生，卵圆形，长 5 ~ 6cm，宽 2.0 ~ 2.5cm，浅绿色，先端渐尖，有柄；成年叶互生，披针形，长 8 ~ 12cm，宽 2 ~ 3cm，镰状，先端渐尖，基部楔形，有柄。花序为多数伞形花序组成宽大而顶生的圆锥花序，每伞形花序有花 4 ~ 6 朵，花序梗粗壮，长 5 ~ 10mm；花蕾棍棒状至球状卵圆形，宽约 5mm，有梗；帽状体半球形，长为萼筒的 1/2；花药"丁"字形着生，宽倒卵形。蒴果近半球形，长约 9mm，宽约 10mm；果缘小而薄，果瓣短而凸出。

原产于澳大利亚。南宁、武鸣、扶绥、来宾有栽培。广东也有分布。木材黄褐色、硬度高、纹理通直、结构均匀、材质耐久沉重，锯板性能优良，广泛用于家具和建筑。

12. 窿缘桉

Eucalyptus exserta F. Muell.

乔木，高 25m，胸径 40cm。树皮灰褐色，粗糙而不剥落，有纵裂纹。幼年叶对生，窄披针形，宽不及 1cm，有短柄；成年叶互生，窄披针形，长 8～15cm，宽 1.0～1.5cm，稍弯曲，先端长渐尖，基部狭楔形，两面被黑腺点，侧脉以 35°～40°角开出，边缘靠近叶缘；叶柄长约 1.5cm。伞形花序腋生，有花 3～8 朵；花序梗圆形，长 6～12cm；花梗长 3～4mm；花蕾长卵形，长 8～10mm，宽 5mm，有梗；萼筒半球形，长 2.5～3.0mm，宽约 4mm；帽状体半球形或圆锥形，长 5～7mm，先端渐尖；雄蕊长 6～7mm。蒴果近球形，直径 6～10mm，果缘凸出萼筒 2.0～2.5mm，果瓣 3～5枚，凸出，长 1.0～1.5mm。花期 5～9 月；果期 10～11 月。

原产于澳大利亚东北部沿海。广西各地有栽培。广东、海南也有栽培。

4. 红胶木属 Lophostemon Schott

乔木或灌木。叶互生，稀对生，常簇生于枝顶。聚伞花序，腋生；苞片脱落或缺；花两性；萼筒被毛，5 齿裂，覆瓦状排列，宿存；花瓣 5 枚，白色或黄色；雄蕊多数，花丝基部连成 5 束，与花瓣对生；子房下位或半下位，3 室，花柱比雄蕊短，柱头扩大，胚珠多数。蒴果半球形或杯状，先端平截，果瓣内藏；种子带形，有时有翅。

4 种，产于巴布亚新几内亚及澳大利亚。中国引入栽培 1 种；广西也有引种。

红胶木 图 839

Lophostemon confertus（R. Br.）Peter G. Wilson et J. T. Waterh.

大乔木，高 50m。树皮黑褐色，稍宿存。嫩枝扁而有棱，被毛，后变圆柱形。叶革质，互生或聚生于枝顶而呈假轮生，椭圆形或卵状披针形，长 7～15cm，宽 3～7cm，先端渐尖或锐尖，基部楔形，上面有腺点，下面带灰色；侧脉 12～18对，以 50°～60°角开出，网脉明显；叶柄长 1～2cm，扁平。聚伞花序腋生，长 2～3cm，有花 3～7 朵；花序梗长 6～15mm；花梗长 3～6mm；萼筒倒圆锥形，长 4～5mm，被灰白色绢毛，萼片三角形；花瓣倒卵状圆形，长约 6mm，外面被短柔毛；雄蕊多数，合生成 5 束，与花瓣对生。蒴果半球形，直径 8～12mm，先端平截，果瓣内藏。花期 5～7 月；果期 8～9 月。

原产于澳大利亚。南宁有引种

图 839 红胶木 Lophostemon confertus（R. Br.）Peter G. Wilson et J. T. Waterh. 1. 花枝；2. 蒴果。（仿《中国植物志》）

栽培。广东、海南、云南、台湾也有栽培。

5. 红千层属 Callistemon R. Br.

乔木或灌木。树皮不剥落。叶互生，有腺点，线形或披针形，全缘，有柄或无柄。花为密集头状花序或穗状花序，生于枝顶，花开后花序轴能继续生长而成为有叶的新枝；花两性，苞片脱落；无花梗；萼筒卵形，萼齿 5 裂，脱落；花瓣 5 枚，圆形；雄蕊多数，红色或黄色，分离或基部合生，比花瓣长数倍，花药背部着生，药室平行，纵裂；子房下位，3 ~ 4 室，胚珠多数，花柱线形，柱头不扩大。蒴果全部藏于萼筒内，球形或半球形，先端平截，果瓣不伸出萼筒，顶端开裂；种子长条形。

约20种，产于澳大利亚。中国引入栽培3种；广西常栽培种仅有红千层1种。

红千层 图840：1~3

Callistemon rigidus R. Br.

小乔木。树皮灰褐色。嫩枝有棱，被毛，后脱落。叶线形，长5~9cm，宽 3~6mm，中脉和边脉明显；叶柄极短。密集穗状花序生于枝顶；萼筒稍被毛，萼齿半圆形，近膜质；花瓣绿色，卵形，长约6mm，宽约 4.5mm，有油腺点；雄蕊长约 2.5cm，鲜红色，花药暗紫色，椭圆形；花柱比雄蕊稍长，先端绿色，其余红色。蒴果半球形，长约5mm，宽约 7mm，顶部 3 裂，果瓣稍下陷；种子条状，长约 1mm。花期 6~8 月。

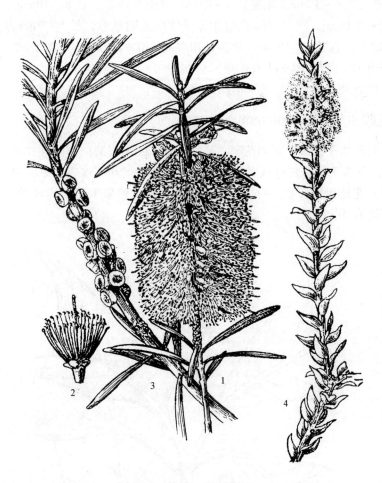

图840 1~3. 红千层 Callistemon rigidus R. Br. 1. 花枝；2. 花；3. 果枝。4. 白千层 Melaleuca cajuputi subsp. **cumingiana**（Turcz.）Barlow 花枝。（仿《中国植物志》）

广西各城市有栽培。广东、海南、福建、云南也有栽培。花美丽，为庭院观赏树种。

6. 白千层属 Melaleuca L.

乔木或灌木。叶互生，稀对生，全缘，披针形或线形，具油腺点；基出脉 3~9 条；叶柄短或缺。花为密集穗状花序，花后中轴继续生长而为叶枝；无花梗；萼筒基部与子房合生，萼片 5 枚，早落或宿存；花瓣 5 枚；雄蕊多数，绿白色，基部连生成 5 束，与花瓣对生；花药背部着生，药室平行，纵裂；子房下位或半下位，3~4 室，每室有多枚胚珠。蒴果半球形或球形，顶端开裂为 3 果瓣；种子近三角形，种皮薄，胚直。

约280种，分布于大洋洲。中国引入且广泛栽培的有 2 种 1 亚种；广西也有栽培。

分种检索表

1. 叶较大，椭圆形或披针形，长 5~10cm，宽 1~2cm ···················· **1a.** 白千层 M. **cajuputi** subsp. **cumingiana**

1. 叶较小，披针形，长不超过4cm，宽0.2~0.4cm。

  2. 叶绿色 ·· **2. 澳洲茶树 M. alternifolia**

  2. 叶金黄色 ·· **3. 千层金 M. bracteata**

1a. 白千层　图840：4

Melaleuca cajuputi subsp. **cumingiana**（Turcz.）Barlow

乔木，高达18m，胸径30cm。树皮灰白色，薄片状剥落。嫩枝灰白色，无毛。叶互生，狭椭圆形或披针形，长5~10cm，宽1~2cm，两端渐尖，多油腺点，具香气；基出脉3~7条；叶柄极短。花白色，多朵花组成长5~15cm的穗状花序，顶生；花序轴被毛；萼筒卵形，长约3mm，萼齿5枚，长约1mm；花瓣5枚，卵形，长2~3mm，宽约3mm；雄蕊长约1cm，常5~8枚成束；花柱线形，比雄蕊略长。蒴果近球形，直径5~7mm。花期4~6月和10~12月。

广西各地有栽培。广东、海南、福建、云南、四川也有栽培。树皮可层状剥落，奇异，优良观赏树种和行道树种。

2. 澳洲茶树　互叶白千层

Melaleuca alternifolia（Maiden et Betche）Cheel

常绿小乔木，树高10~15m，胸径10~20cm。树皮灰白色，厚而疏松，多层纸状，宿存。叶互生，披针形，长3~4cm，无明显纵脉，基部狭楔形。花丝长而白色，多花，密集成穗状花序，形似试管刷。蒴果，无柄，直径1~2mm。

原产于澳大利亚。南宁、玉林、钦州、邕宁、武鸣、扶绥有栽培。福建、广东、云南也有引种。早期速生，1年生树高生长可达3m；萌芽力强，可多次采收。枝叶可供提取芳香油，是澳大利亚著名的芳香油树种，商业上称之为茶树油，具有愉快的豆蔻气味，有明显的广谱杀菌和抗菌作用，能有效防治皮肤、口腔、泌尿系统的细菌感染，能治疗表面创伤、渗入深层肌肤发挥药效，可保养和促进肌肤的代谢，又有稳定的芳香特性。

3. 千层金　包鳞白千层、澳洲柳杉

Melaleuca bracteata F. Muell.

常绿乔木。主干直立，树冠长塔形或长椭圆形，枝条密集，嫩枝黄色，细长柔软。叶互生，披针形或狭长圆形，长1~3cm，宽0.2~0.3cm，两端尖，具油腺点，香气浓郁，全年呈金黄色或淡黄色；基出脉5条。密集圆柱状花序生于枝顶，花后花序轴能继续伸长，花小，淡白色，萼管卵形，先端5小圆齿裂；花瓣5片；雄蕊多数，分成5束；花柱略长于雄蕊。蒴果近球形，3裂。顶生于下垂小枝先端，花丝白色，稠密。

原产于澳大利亚，世界各热带、亚热带地区有引种。广西各地也有引种。中国南方各地也有引种。扦插或高压繁殖，易成活。适应气候范围广，从长江以南直到海南，生长都非常良好，可耐-10~-7℃低温；喜光，光照越强，叶色越鲜亮。适应土壤范围也非常广，从酸性土壤到石灰岩土质，甚至盐碱土都能适应；既耐旱又抗涝，是道路、河流两岸、水库、池塘绿化优良树种。

7. 桃金娘属 Rhodomyrtus（DC.）Reichb.

灌木或乔木。叶对生，离基三出脉，全缘。花较大，1~3朵腋生或成聚伞花序；萼筒卵状或近球形，4~5裂，宿存；花瓣4~5枚，红色或白色，比萼片大；雄蕊多数，分离，花药背部着生，或近基部着生，纵裂；子房下位，1~3室，常有假隔膜分成2~6室，花柱线形，柱头头状或盾状。浆果球形或卵球形，种子多数，种子扁，种皮坚硬。

约18种，分布于大洋洲至亚洲热带。中国1种；广西也有分布。

桃金娘　图841

Rhodomyrtus tomentosa（Aiton）Hassk.

灌木，高1~2m。嫩枝被灰色绒毛。叶对生，革质，椭圆形或倒卵形，长3~8cm，宽1~4cm，

先端圆或钝，常微凹，有时稍尖，基部
宽楔形，上面初时被毛，后脱落，下面
被灰色绒毛；离基三出脉，侧脉4~6对，
网脉明显；叶柄长4~7mm。花常单生，
紫红色，直径2~4cm，有长柄；萼筒倒
卵形，长约6mm，被灰色绒毛，萼5裂，
近圆形，长4~5mm，宿存；花瓣5枚，
倒卵形，长1.3~2.0cm；雄蕊红色，长
7~8mm；子房下位，3室，花柱长1cm。
果为浆果，卵状壶形，长1.5~2.0cm，
宽1.0~1.5cm，成熟时紫黑色；种子每
室2列。花期4~5月。

广西除北部山区及石灰岩山地外，
各地均产，多生于丘陵坡地，为酸性土
指示植物。分布于福建、广东、贵州、
湖南、江西、云南、浙江、台湾；柬埔
寨、印度、日本、老挝、缅甸、马来西
亚、越南也有分布。叶可治外伤出血，
根可治腹泻、腰肌劳损；果熟时可生食，
味甜，也可制果酱及酿酒，同时有治贫
血和遗精等功效。

图 841　桃金娘 Rhodomyrtus tomentosa（Aiton）Hassk.
1. 花枝；2. 果。（仿《中国高等植物图鉴》）

8. 子楝树属 Decaspermum
J. R. et G. Forst.

灌木或乔木。叶对生，全缘，羽状脉，有油腺点；有短柄。两性花与雄花异株，排成腋生聚伞
花序或圆锥花序；萼筒倒圆锥形，花萼3~5裂，宿存；花瓣白色，3~5枚；雄蕊多数，分离，花
丝线形，花药2室，背部着生，纵裂；子房下位，4~5室，每室有2枚胚珠或更多，有时出现假隔
膜将一个心皮分为假2室；花柱线形，柱头盾状。果为浆果，球形而小，顶端有宿存萼片；种子
4~10枚，肾形或近球形，种皮硬骨质。

约30种。中国8种；广西2种。

分种检索表

1. 花萼裂片和花瓣均为5枚；叶椭圆针，先端渐尖，基部宽楔形 ·························· **1. 五瓣子楝树 D. parviflorum**
1. 花萼裂片和花瓣3枚；叶卵形，基部楔形 ·························· **2. 子楝树 D. gracilentum**

1. 五瓣子楝树
Decaspermum parviflorum（Lam.）A. J. Scott

灌木或乔木。嫩枝圆柱形，被灰白色绒毛或绢毛。叶椭圆形，长4~13cm，宽1.2~6.0cm，先
端渐尖，常有小尖头，基部阔楔形，全缘，初时两面被灰毛，以后变无毛或毛被稀疏，两面密布黑
色腺点；中脉在背面隆起，侧脉12~15对，在两面均不明显，边缘有边脉；叶柄长3~7mm。聚伞
花序常排成圆锥花序，生于枝顶叶腋内，长3~7cm，被灰毛；苞片卵状披针形，早落；花梗长6~
10mm；小苞片细小，早落；萼管倒锥形，裂片5枚，短于1mm；花瓣5枚，白色或粉红色；雄蕊
无毛，长短不一；子房4~6室，花柱约与雄蕊等长。浆果球形，直径3~5mm，疏生短柔毛，有种
子3~12枚，干后有纵沟。花期春夏间。

产于广西各地石灰岩山地。分布于广东、贵州、海南、西藏、云南；柬埔寨、印度、印度尼西亚、马来西亚、缅甸、菲律宾、越南也有分布。

2. 子楝树　桑枝米碎叶

Decaspermum gracilentum (Hance) Merr. et L. M. Perry

灌木或小乔木。嫩枝被灰褐色或灰色柔毛，有钝棱。叶纸质，卵形，长 4～9cm，宽 2.0～3.5cm，先端急尖或渐尖，基部楔形，全缘，初时两面被柔毛，后变无毛，有小腺点；侧脉 5～9对，不明显；叶柄长 2～6mm，无毛。聚伞形花序腋生，长约 2mm；花序梗被柔毛；苞片卵形，早落；花梗长 3～8mm，被毛；小苞片卵形，早落；花白色，3 枚；萼筒被灰色毛，长约 1mm；花瓣倒卵形，长 2.0～2.5mm；雄蕊比花瓣略短；子房 3 室，柱头盾状。果为浆果，直径约 4mm，被柔毛，成熟时黑色；种子 3～5 枚。花期 3～5 月。

产于横县、容县、浦北、防城。分布于广东、贵州、湖南、台湾；越南也有分布。

9. 番石榴属 Psidium L.

乔木或灌木。树皮灰色，平滑。嫩枝被毛。叶对生，全缘，羽状脉，有柄。花较大，单生或 2～3 朵成腋生聚伞花序；苞片 2 枚；花萼 4～5 裂；花瓣 4～5 枚，白色；雄蕊多数，离生，花药椭圆形，近基部着生，纵裂；子房下位，4～5 室或更多，胚珠多数。果为浆果，多肉，球形或梨形，顶端有宿存萼片，胎座发达，肉质；种子多数，种皮坚硬。

约 150 种。中国引种 2 种；广西 2 种都有引种，本志收录 1 种。

番石榴　图 842

Psidium guajava L.

乔木，高 13m。树皮灰色，片状剥落。嫩枝有棱，被毛。叶革质，长圆形或椭圆形，长 6～12cm，宽 3.5～6.0cm，先端急尖或钝，基部近圆形，上面粗糙，背面有短柔毛；侧脉 12～15 对，常下陷，网脉明显；叶柄长 5mm。花单生或 2～3 朵成聚伞花序；萼筒钟形，被毛，萼帽近圆形，长 7～8mm，不规则开裂；花瓣长 1.0～1.4cm，白色；雄蕊长 6～9mm；子房下位，与萼合生，花柱与雄蕊同长。浆果，球形、卵圆形或梨形，长 3～8cm，顶端有宿存萼片，果肉白色及黄色，胎座肥大，肉质，淡红色；种子多数。花期夏季。

原产于南美洲，现已广泛栽培或逸生于世界泛热带至南亚热带。柳州以南常见栽培。广西西南部石灰岩山地及西北部南盘江河谷常有野生群落。广东、贵州、四川、云南、海南、台湾也有栽培或逸为野生。能耐高温，在石灰岩石缝土上也生长茂盛。不耐低温，在气温 −2～−1℃ 时，幼龄树会受冻致死，成年树会出现冻害；−4℃ 时

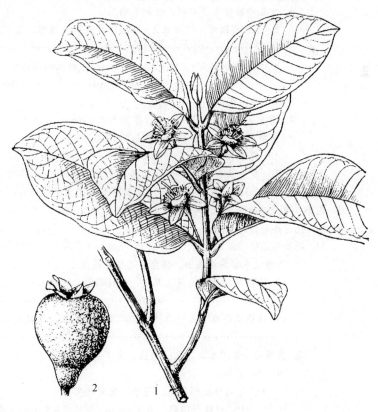

图 842　番石榴 Psidium guajava L. 1. 花枝；2. 果。（仿《中国植物志》）

成年树地上部大多受冻枯死。耐湿性强，也耐干旱，生长发育阶段需有较多水分，但果实成熟期间水分过多，会使果味变淡。喜光，也较耐阴，阳光充足处才会生长、结实良好，品质更佳。对土壤要求不严，但以土层深厚、排水良好、富含有机质的砂壤为佳。果甜，可食用，野生植株果实口感差。经人工栽培，培育了许多栽培品种，广西主要栽培的优良品种为胭脂红番石榴、珍珠番石榴，品质较野生种大幅度提高。

10. 蒲桃属 Syzygium Gaertn.

常绿乔木或灌木。嫩枝无毛，有时有 2~4 棱。叶对生，稀轮生，羽状脉，有透明腺点；有叶柄，稀近于无柄。聚伞花序单生或组成圆锥花序；苞片小，早落；花萼 4~5 齿裂，早落或宿存；花瓣 4~5 枚，分离或连成帽状，早落；雄蕊多数，分离或基部稍连合，着生于花盘外缘，花蕾时卷曲；子房下位，2~3 室，每室有多数胚珠，花柱线形。果核果状浆果，顶端有残存的环状萼檐；种子 1~2 枚，种皮与果皮稍有黏合。

约 1200 种。中国约 80 种；广西 37 种。

分种检索表

1. 胚期分化，有明显肉质子叶；种皮粗糙、疏松或紧贴在果皮上；花药平行，纵裂。
  2. 萼片不连成帽状体，萼齿分离。
    3. 花大；萼齿肉质，长 3~10mm，宿存；果实大，果皮肉质；种子大，具丰富胚乳；侧脉疏远。
      4. 花序顶生；叶基部楔形、圆形或微心形。
        5. 聚伞花序，有花 3~6 朵。
          6. 叶基部楔形；叶柄明显。
            7. 叶披针形或长圆形，宽 3.0~4.5cm ·· **1. 蒲桃 S. jambos**
            7. 叶线状披针形，宽 1.5~2.5cm ····························· **2. 多瓣蒲桃 S. polypetaloideum**
          6. 叶基部圆形或微心形；叶柄不明显。
            8. 叶基部圆形，叶柄长 2~3mm；萼筒倒圆锥形，长 7~8mm，有腺点 ·························
              ······································· **3. 洋蒲桃 S. samarangense**
            8. 叶基部微心形；叶柄长 5~10mm；萼筒长倒圆锥形，长 2.5~3.0cm，无腺点 ·················
             ·· **4. 阔叶蒲桃 S. megacarpum**
        5. 圆锥花序，有花多于 10 朵。
          9. 圆锥花序，有花 3~11 朵；萼筒长 8~9mm；侧脉 12~19 对 ·········· **5. 短药蒲桃 S. globiflorum**
          9. 圆锥花序，有花多数；萼筒长约 6mm。
            10. 花序长 3~5cm；叶两面均有腺点，侧脉 10~14 对 ················ **6. 桂南蒲桃 S. imitans**
            10. 花序长 6~8cm；叶上面略有光泽，侧脉 13~20 对 ········ **7. 滇南蒲桃 S. austroyunnanense**
      4. 花序腋生，多花，长 3~5cm；叶窄长圆形，宽 3.0~4.5cm ···················· **8. 华夏蒲桃 S. cathayense**
    3. 花小，萼齿不明显，长 1~2mm，花后脱落；果实较小，果皮薄，种子中等大或较小，胚乳较薄。
      11. 花蕾棒形，长于 1cm；果实棒形或长壶形；嫩枝有棱；聚伞花序顶生 ······ **9. 子凌蒲桃 S. championii**
      11. 花蕾倒圆锥形或短棒状，长不超过 7mm；果实球形或椭圆卵形。
        12. 圆锥花序常多枝丛出，顶生、近顶生或生于无叶老枝上；叶脉疏远。
          13. 圆锥花序顶生；花近无梗；嫩枝圆形，嫩枝及叶下无毛，叶长 7~10cm ··········
            ·································· **10. 钝叶蒲桃 S. cinereum**
          13. 圆锥花序生于无叶老枝上，花有梗或无梗；嫩枝有 4 棱；叶长 12~18cm ··········
            ································· **11. 四角蒲桃 S. tetragonum**
        12. 圆锥花序常单生，顶生或腋生，决不生于无叶老枝上；叶脉密，相隔 1~4mm，稀更疏。
          14. 嫩枝有棱。
            15. 花瓣连成帽状体，花序腋生或顶生。
              16. 叶狭长圆形，长 4~8cm，宽 1.2~3.5cm；果球状壶形 ··· **12. 怒江蒲桃 S. salwinense**
              16. 叶狭披针形，长 6~13cm，宽 1.0~1.8cm；果椭圆形··· **13. 硬叶蒲桃 S. sterrophyllum**
            15. 花瓣离生。

17. 花序腋生或生于近枝顶叶腋。
   18. 叶长 8~12cm，宽 3~5cm；果为球形，直径 2.5~3cm ……………
   …………………………………………………… **14. 广西蒲桃 S. guangxiense**
   18. 叶长 6~9cm，宽 2~3cm；果为球形，直径小于 1.5cm …………
   …………………………………………………… **15. 细轴蒲桃 S. tenuirhachis**
17. 花序顶生，有时兼为腋生。
   19. 叶柄杉短，长 1~2mm；果实球形。
      20. 叶基圆形或钝，叶线形或狭长圆形，长 1.5~4.5cm，宽 4~12mm …………
      …………………………………………………… **16. 狭叶蒲桃 S. tsoongii**
      20. 叶基部楔形。
         21. 叶椭圆形，长 1.5~3.0cm，宽 1~2cm ………… **17. 赤楠 S. buxifolium**
         21. 叶狭披针形，长 1.5~2.0cm，宽 5~7mm ……… **18. 轮叶蒲桃 S. grijsii**
   19. 叶柄明显，长 3~10mm；果为球形或椭圆状卵形。
      22. 叶披针形，先端狭而钝；花序长 2~3cm；无花梗 … **19. 贵州蒲桃 S. handelii**
      22. 叶椭圆形或长圆形。
         23. 圆锥花序，长约 1.5cm，花蕾长约 3.5mm … **20. 思茅蒲桃 S. szemaoense**
         23. 聚伞花序，长 1.5~2.5cm，花蕾长约 4mm …………………
         …………………………………………………… **21. 华南蒲桃 S. austrosinense**
14. 嫩枝圆形，无棱。
   24. 花瓣连成帽状体；花序顶生或兼为腋生。
      25. 果为球形。
         26. 叶卵状披针形或卵状长圆形，长 3~7cm；花序长 2~4cm… **22. 香蒲桃 S. odoratum**
         26. 叶椭圆状或倒卵状椭圆形。
            27. 叶薄革质，下面干后黄褐色；花蕾长约 2.5mm …… **23. 密脉蒲桃 S. chunianum**
            27. 叶厚革质，下面干后红褐色；花蕾长约 4mm … **24. 广东蒲桃 S. kwangtungense**
      25. 果为椭圆状卵形。
         28. 叶基部圆形或微心形，近无柄；花序长 2~4cm ………… **25. 黑嘴蒲桃 S. bullockii**
         28. 叶基部宽楔形，叶柄长 7~9mm；花序长 1~2cm …… **26. 红枝蒲桃 S. rehderianum**
24. 花瓣离生。
   29. 花序腋生。
      30. 圆锥花序，长 4~11cm；叶椭圆形，长 6~13cm。
         31. 花序长约 11cm；花有梗或无梗；萼筒长 4~8mm ……… **27. 乌墨 S. cumini**
         31. 花序长 4~7cm，花无梗，萼筒长 2.0~2.5mm… **28. 簇花蒲桃 S. fruticosum**
      30. 圆锥花序或聚伞花序，长 1~2cm。
         32. 叶线状披针形或狭长圆形，宽 7~14mm；果为球形…… **29. 水竹蒲桃 S. fluviatile**
         32. 叶椭圆形；果为球形或椭圆形。
            33. 叶宽椭圆形，干后绿色；花梗长 1.0~1.5mm …………
            ………………………………………… **30. 卫矛叶蒲桃 S. euonymifolium**
            33. 叶狭椭圆形，干后黑色；花无梗 ………………… **31. 红鳞蒲桃 S. hancei**
   29. 花序顶生。
      34. 花序短，长不超过 3.5cm；叶形各式。
         35. 叶小，长 3.0~5.5cm，宽 1.0~1.5cm；萼管粉白色，干后皱缩 …………
         …………………………………………………… **32. 线枝蒲桃 S. araiocladum**
         35. 叶大，长 8.0~10.5cm，宽 3.0~4.5cm；萼管无粉白，干后平滑…………
         …………………………………………………… **33. 锡兰蒲桃 S. zeylanicum**
      34. 花序长 4~10cm；叶片椭圆形。
         36. 花序轴有糠秕状毛，花蕾倒卵形，长 4~5mm ……… **34 山蒲桃 S. levinei**
         36. 花序轴无毛，花蕾梨形，长 6~7mm …… **35. 长花蒲桃 S. lineatum**
2. 萼片连成帽状体，花开时盖状脱落；叶长圆形至椭圆形，侧脉 8~9 对 ……… **36. 水翁蒲桃 S. nervosum**
1. 胚不分化，呈单子叶状，种皮贴附在果皮上；花药分叉 ……………… **37. 肖蒲桃 S. acuminatissimum**

图 843 蒲桃 Syzygium jambos（L.）Alston
1. 花枝；2. 果。（仿《中国高等植物图鉴》）

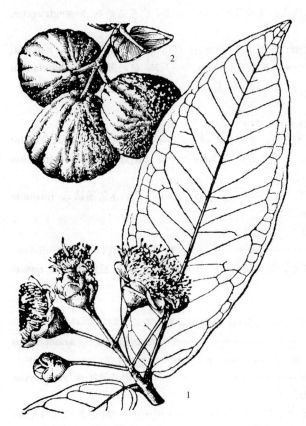

图 844 洋蒲桃 Syzygium samarangense（Blume）
Merr. et L. M. Perry 1. 花枝；2. 果序。（仿《中国高等
植物图鉴》）

1. 蒲桃 图 843

Syzygium jambos（L.）Alston

乔木，高 12m。主干短，分枝多；嫩枝圆形。叶革质，披针形或长圆形，长 12 ~ 25cm，宽 3.0 ~ 4.5cm，先端渐尖，基部楔形，叶面有腺点；侧脉 12 ~ 16 对，以约 45°角开出，边脉距叶缘约 2mm；叶柄长 6 ~ 8mm。聚伞花序顶生，有花数朵；花序梗长 1.0 ~ 1.5cm；花梗长 1 ~ 2cm；花白色，直径 3 ~ 4cm；萼筒倒圆锥形，长 8 ~ 10mm，萼齿 4 枚，长约 6mm，宽 8 ~ 9mm；花瓣分离，宽卵形，长约 14mm；雄蕊长 2.0 ~ 2.8cm，花药长 1.5mm；花柱与雄蕊等长。果球形或卵形，直径 3 ~ 5cm，成熟时呈黄色，有油腺点；种子 1 ~ 2 枚。花期 3 ~ 4 月；果期 5 ~ 6 月。

原产于印度、越南及中国海南。广西中南部地区有栽培或逸为野生。福建、广东、贵州、四川、云南有栽培或逸为野生。果可食用。

2. 多瓣蒲桃 假多瓣蒲桃

Syzygium polypetaloideum Merr. et L. M. Perry

灌木，高 3m。嫩枝圆形。叶线状披针形，长 9 ~ 12cm，宽 1.5 ~ 2.5cm，先端渐尖或稍尖，基部窄楔形，两面有腺点；侧脉 8 ~ 12 对，边脉距叶缘约 1.5mm；叶柄长 4 ~ 6mm。聚伞花序顶生，有时腋生，花序梗长约 1cm，花梗长 1.0 ~ 1.5cm；花白色，直径约 3cm；萼筒宽倒圆锥形，长约 8mm，宽约 1cm，萼齿 4 枚，半圆形，长约 3mm，宽 7 ~ 8mm；花瓣圆形，分离，直径约 8mm；雄蕊长约 2cm；花柱稍超出。果球形，直径约 2cm。花期 4 ~ 7 月。

产于都安、百色、田阳、靖西。生于海拔 1000m 以下的河边或开阔山林中。分布于云南。

3. 洋蒲桃 金山蒲桃 图 844

Syzygium samarangense（Blume）Merr. et L. M. Perry

乔木，高 12m。嫩枝扁。叶薄革质，椭圆形或长圆形，长 10 ~ 22cm，宽 5 ~ 8cm，先端钝或锐尖，基部圆形，下面有腺点；侧脉 14 ~ 19 对，边脉距叶缘约 1.5mm，网脉明显；叶柄长 2 ~ 3mm 或近于无柄。聚伞花序顶生或腋生，长 5 ~ 6cm，有花数朵；花白色，花梗长约 5mm；萼筒倒圆锥形，长 7 ~ 8mm，宽 6 ~ 7mm，有蜜腺点，萼齿4枚，半圆形，长约4mm；花瓣4枚，离生；雄蕊多数，长约1.5cm；花柱长2.5~3.0cm。果梨形或圆锥形，淡红色，有光泽，长4~5cm，顶端凹下，宿存萼片肉质；种子1枚。花期3~4月；果期5~6月。

原产于印度尼西亚、马来西亚、巴布亚新几内亚、泰国。广西南部有零星栽培。福建、广东、四川、云南、台湾也有栽培。果可食用，味香甜。

4. 阔叶蒲桃 图845：1~3

Syzygium megacarpum （Craib）Rathakr. et N. C. Nair

乔木，高20m。嫩枝稍扁。叶窄长椭圆形或椭圆形，长14~30cm，宽6~13cm，先端渐尖，基部微心形，两面无明显腺体，侧脉15~22对，网脉明显；叶柄长5~10mm。聚伞花序顶生，有花2~6朵；花序梗极短；花大，白色，花梗长6~8mm；萼筒长倒圆锥形，长2.5~3.0cm，上部宽约1.5cm，萼片4枚，圆形；花瓣分离，圆形，长约2cm；雄蕊多数，长2.5~3.0cm；花柱长约4cm。果卵状球形，长4~5cm。花期4~10月；果期7~10月。

产于那坡。生于海拔1200m以下林中或溪边。分布于海南、云南；缅甸、越南也有分布。

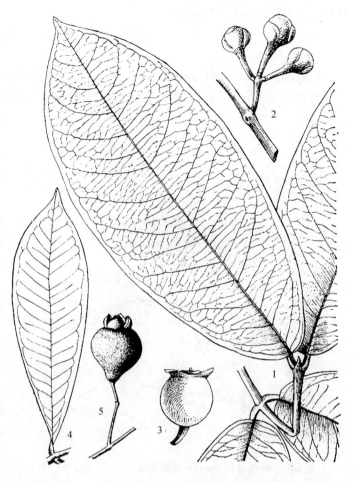

图845 1~3. 阔叶蒲桃 *Syzygium megacarpum* （Craib）Rathakr. et N. C. Nair 1. 叶；2. 花序；3. 果。**4~5. 短药蒲桃** *Syzygium globiflorum* （Craib）Chantaran. et J. Parn. 4. 叶；5. 果。（仿《中国植物志》）

5. 短药蒲桃 图845：4~5

Syzygium globiflorum （Craib）Chantaran. et J. Parn.

灌木或乔木，高3~15m。嫩枝圆形，稍扁。叶薄革质，椭圆形或窄椭圆形，长9~16cm，宽2.5~5.0cm，先端急短尖，基部宽楔形，下面有腺点；侧脉12~19对，网脉明显；叶柄长1.0~1.5cm。圆锥花序，顶生，有花3~11朵；花序梗长1.0~1.5cm；花梗长5~20mm；萼筒长8~9mm，萼齿三角状卵形，长约5mm；花瓣宽卵形，分离，长7~8mm；雄蕊长1.0~1.5cm，花药极短；花柱长约1.3cm。果近球形，直径约2.5cm。花期4~8月；果期11月。

产于横县、防城、上思、宁明、龙州，生于海拔1000m以下的山谷、密林中。分布于海南、云南；泰国也有分布。

6. 桂南蒲桃 中越蒲桃 图846

Syzygium imitans Merr. et L. M. Perry

乔木，高8m。嫩枝圆形。叶长圆形，长12~17cm，宽4~7cm，先端急尖，有小尖头，基部楔形，两面有腺点；侧脉10~14对；叶柄长约1cm。圆锥花序顶生，长3~5cm，多花；花梗长2~3mm；花蕾倒卵形，长8~11mm，宽6mm；萼筒倒圆锥形，长约6mm，萼齿4枚，半圆形，长1~2mm，宽约2.5mm；花瓣白色，近圆形，分离，长4~5mm；雄蕊长4~8mm；花柱长4~7mm。果球形，直径1.6cm。花期9月。

产于上思、防城。生于海拔约1500m的山林或灌丛中。分布于越南。

7. 滇南蒲桃

Syzygium austroyunnanense H. T. Chang et R. H. Miao

乔木，高13m。小枝四棱形。叶革质，椭圆形或长圆形，长10～18cm，宽4～7cm，先端短急尖，有尖头，基部宽楔形，上面略有光泽；侧脉13～20对，网脉明显；叶柄长1.0～1.5cm。圆锥花序顶生，长6～8mm，多花，花3朵簇生，小苞片披针形；萼片4枚，卵形或半圆形；花瓣4枚，分离；雄蕊伸出。果球形，直径1.5～2.0cm，有1～2枚种子。花期4月；果期11月。

产于横县。生于山谷杂木林中。分布于云南。

图846 桂南蒲桃 Syzygium imitans Merr. et L. M. Perry 花枝。（仿《中国植物志》）

8. 华夏蒲桃

Syzygium cathayense Merr. et L. M. Perry

小乔木，高6m。嫩枝有4棱。叶革质，窄长圆形，长11～15cm，宽3.0～4.5cm，先端钝尖，基部楔形，侧脉8～11对，下面网脉明显；叶柄长7～11mm。圆锥花序腋生，多花，长3～5cm；花序梗圆形，长约1cm；花梗长2～3mm；萼筒长约5mm，萼齿短三角形，长1.5～2.0mm；花瓣分离，白色，长5～7mm；雄蕊长1.0～1.5cm，花药顶端有1枚腺体；花柱长1.5cm。花期1～2月。

产于防城。生于河边较湿润的杂木林中。分布于云南。

9. 子凌蒲桃　图847

Syzygium championii (Benth.) Merr. et L. M. Perry

灌木或乔木。嫩枝有4棱。叶革质，狭长圆形至椭圆形，长3～6cm，宽1～2cm，先端急尖，有尖头，基部宽楔形；侧脉多而密，脉距1mm；叶柄长2～3mm。聚伞花序顶生或腋生，有花6～10朵，长约2cm；花蕾棒状，长约1cm；花梗极短；萼筒棒状，长8～10mm，萼齿4枚；花瓣白色或粉红色，基部连合成帽状体；雄蕊长3～4mm；花柱与雄蕊等长。果棒形或长壶形，长约12mm，红

图847 子凌蒲桃 Syzygium championii（Benth.）Merr. et L. M. Perry 花枝。（仿《中国植物志》）

色，干后有沟；种子 1~2 枚。花期 8~11 月；果期 10~12 月。

产于金秀、靖西、武鸣、上林、马山、合浦、防城、上思、宁明。生于海拔 700m 以下的沟谷或山坡杂木林中。分布于广东、海南；越南也有分布。

10. 钝叶蒲桃 图 848：1

Syzygium cinereum (Kurz) Chantaran. et J. Parn.

小乔木，高 8m。嫩枝圆形。叶倒卵形，长 7~10cm，宽 3.0~4.5cm，先端钝圆，基部窄；侧脉 7~9 对，网脉不明显；叶柄长 5~8mm。圆锥花序顶生，长 3~7cm，花无梗，花蕾倒圆锥形；萼筒长约 3.5mm，萼齿 4 枚，波状；花瓣 4 枚，卵形略圆，长约 2mm；雄蕊长 1.5~2.0mm，花药细小；花柱长约 1mm。果球形，直径 6~8mm，熟时红色。花期 4~5 月。

产于钦州、防城。生于丘陵灌丛中。马拉西亚、泰国、越南也有分布。

11. 四角蒲桃 枝翅蒲桃 图 848：2

Syzygium tetragonum (Wight) Wall. ex Walp.

乔木，高 20m。嫩枝粗大，有 4 棱。叶革质，椭圆形或倒卵形，长 12~18cm，宽 6~8cm，先端钝圆，有尖头，基部宽楔形或圆形；侧脉 9~13 对，脉距 7~10mm，边脉距叶缘 2~3mm，网脉明显；叶柄长 1.0~1.6cm。聚伞花序组成圆锥花序，生于无叶的老枝上，长 3~5cm；花有短梗或无梗；花蕾长 6~7mm；萼筒短，倒圆锥形，萼齿钝而短；花瓣白色，连成帽状体，长约 4mm；雄蕊长约 3mm。果球形，直径约 1cm。花期 7~8 月；果期 11 月至翌年 1 月。

产于金秀、武鸣、马山、上林、龙州。生于海拔 800m 以上的山谷或溪边杂木林中。分布于海南、西藏；不丹、尼泊尔、印度、缅甸、泰国也有分布。

12. 怒江蒲桃 图 849

Syzygium salwinense Merr. et L. M. Perry

乔木，高 3~15m。嫩枝有 4 棱或有槽。叶革质，狭长圆形，长 4~8cm，宽 1.2~3.5cm，先端渐尖，有钝尖头，基

图 848 **1.** 钝叶蒲桃 Syzygium cinereum (Kurz) Chantaran. et J. Parn. 果枝。**2.** 四角蒲桃 Syzygium tetragonum (Wight) Wall. ex Walp. 果枝。(仿《中国植物志》)

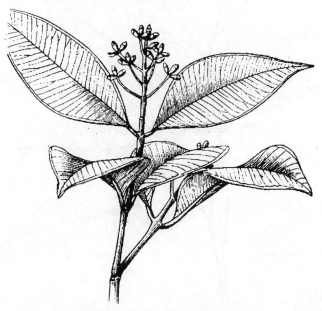

图 849 怒江蒲桃 Syzygium salwinense Merr. et L. M. Perry 花枝。(仿《中国植物志》)

部楔形,两面有腺点;侧脉约 25 对,边脉距叶缘 2mm;叶柄长 3 ~ 10mm。圆锥状聚伞花序腋生,长 2 ~ 4cm;花无梗,通常 3 朵簇生于花枝末端;花蕾长约 5mm;萼筒梨形,萼齿长约 0.5mm,宽约 1.5mm;花瓣连成帽状体;雄蕊长约 5mm,花药长约 0.5mm。果球状壶形,直径约 1cm,成熟时红色。花期 3 ~ 4 月;果期 5 ~ 6 月。

产于那坡。生于海拔 800m 以上的杂木林中。分布于云南。

图 850 硬叶蒲桃 Syzygium sterrophyllum Merr. et L. M. Perry 果枝。(仿《中国植物志》)

13. 硬叶蒲桃 图 850

Syzygium sterrophyllum Merr. et L. M. Perry

灌木或小乔木,高 1 ~ 5m。嫩枝有 4 棱。叶革质,狭披针形,长 6 ~ 13cm,宽 1.0 ~ 1.8cm,先端渐尖,基部窄楔形,两面有小腺点;侧脉多而密,脉距 1.0 ~ 1.5mm,边脉距叶缘 0.5mm;叶柄长 3 ~ 6mm。聚伞花序或圆锥花序腋生,长 1.0 ~ 1.5cm,有花数朵;花白色,无花梗或有短梗;花蕾长 4.5mm;萼筒倒圆锥形,长约 3mm,萼齿不明显;花瓣连成帽状体;雄蕊长 3 ~ 4mm,花柱与雄蕊等长。果椭圆形,长 7 ~ 8mm,宽 5 ~ 6mm,带蓝黑色,顶端有宿存萼檐。花期 6 ~ 10 月;果期 11 月至翌年 1 月。

产于百色、隆林、防城、上思、宁明。分布于海南、云南;越南也有分布。

14. 广西蒲桃 图 851

Syzygium guangxiense H. T. Chang et R. H. Miao

灌木,高 1m。嫩枝扁而有棱,老枝灰白色。叶薄革质,长椭圆形,长 8 ~ 12cm,宽 3 ~ 5cm,先端急短尖,有小尖头,基部宽楔形;脉距约 1.5mm,边脉距叶缘约 1mm,在两面稍凸起;叶柄长 4 ~ 6mm。果序腋生,果球形,直径 2.5 ~ 3.0cm,顶部有宿存萼檐,长约 1mm,宽约 3.5mm。果期 11 月。

广西特有种。产于大新。生于海拔约 500m 的石灰岩石山灌丛中。

15. 细轴蒲桃 图 852:1

Syzygium tenuirhachis H. T. Chang et R. H. Miao

小乔木,高 9m。嫩枝有棱。叶革质,长圆形或卵状长圆形,长 6 ~ 9cm,宽 2 ~ 3cm,先端渐尖,有钝尖头,基部宽楔形,脉距 1.5 ~ 2.5mm,边脉距叶缘约

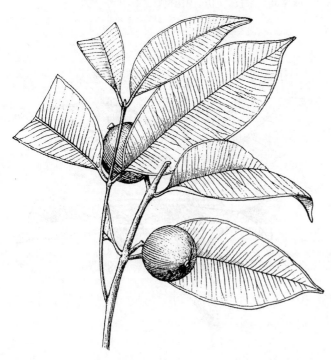

图 851 广西蒲桃 Syzygium guangxiense H. T. Chang et R. H. Miao 果枝。(仿《中国植物志》)

1mm；叶柄长 3～5mm。圆锥花序腋生或生于枝顶叶腋，长 2～3cm；花序轴细，有棱；苞片披针形，无花梗；花 3 朵簇生；花蕾长梨形，长约4mm；萼筒长约3cm，萼齿浅波状；花瓣分离，长约2.5mm；雄蕊稍凸出。果球形，直径1.2～1.5cm，果梗纤细。花期6月。

广西特有种。产于西林。生于海拔1100～1200m 的杂木林中。

16. 狭叶蒲桃 图 852：2～3

Syzygium tsoongii (Merr.) Merr. et L. M. Perry

小乔木或灌木，高 1～5m。嫩枝有4棱。叶线形或狭长圆形，长 1.5～4.5cm，宽0.4～1.2cm，先端钝，基部圆形或稍钝，上面有腺点，下面稍带灰白色；中脉在上面下陷，侧脉急斜向上开展，脉距1.0～1.5mm，边脉近叶缘；叶柄极短，长不及2mm。圆锥花序顶生，长约3cm；花序轴有4棱，花梗长 1～2mm；花白色，长约1.2cm；花蕾圆锥形，长 5～7mm；萼筒倒圆锥形，长 4mm，萼齿4～5 裂，长约1mm，宿存；花瓣4～5 枚，圆形，直径约2mm；雄蕊长5～7mm；花柱长约8mm。果球形，直径5～7mm，成熟时白色。花期5～8 月；果期10～12 月。

产于平乐、昭平、防城、东兴。生于海拔 600m 以下的山谷、溪边杂木林中。分布于广东、海南、湖南；越南也有分布。

17. 赤楠 赤楠蒲桃 图 852：4～5

Syzygium buxifolium Hook. et Arn.

灌木或小乔木，高 2m。嫩枝四棱形。叶对生，革质，椭圆形，长 1.5～3.0cm，宽 1～2cm，先端钝圆或钝尖，基部宽楔形，下面有腺点；侧脉多而密，脉距1.0～1.5mm，边脉距叶缘1.0～1.5mm，侧脉和边脉扁平；叶柄长约2mm。聚伞花序顶生，长约1cm，有数朵花；花梗长约 12mm；萼筒倒圆锥形，长约 2mm，萼齿浅波状；花瓣 4 枚，分离，长约2mm；雄蕊长约2.5mm；花柱与雄蕊等长。果球形，直径5～7mm，成熟时红色稍带紫黑色。花期6～8 月；果期10～12 月。

产于广西各地。生于海拔1200m 以下的杂木林或灌丛中。分布于安徽、福建、广东、贵州、海南、湖北、湖南、江西、四川、浙江、台湾；日本和越南也有分布。

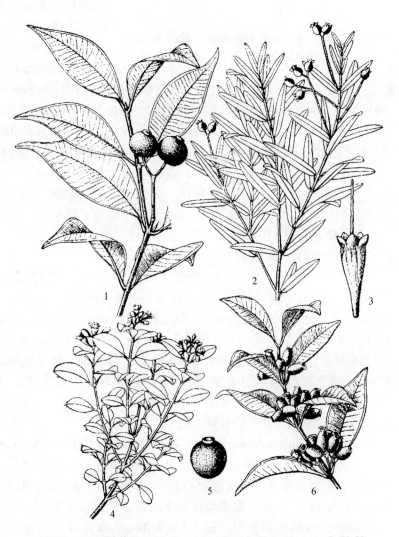

图852 **1. 细轴蒲桃** Syzygium tenuirhachis H. T. Chang et R. H. Miao 果枝。**2～3. 狭叶蒲桃** Syzygium tsoongii (Merr.) Merr. et L. M. Perry 2. 果枝；3. 花萼。**4～5. 赤楠** Syzygium buxifolium Hook. et Arn. 4. 花枝；5. 果。**6. 思茅蒲桃** Syzygium szemaoense Merr. et L. M. Perry 果枝。（仿《中国植物志》）

图 853 轮叶蒲桃 Syzygium grijsii (Hance) Merr. et L. M. Perry 果枝。(仿《中国植物志》)

18. 轮叶蒲桃 赤兰蒲桃 图 853

Syzygium grijsii (Hance) Merr. et L. M. Perry

灌木,高不及 1.5m。嫩枝有 4 棱。常 3 叶轮生,叶革质,狭披针形,长 1.5~2.0cm,宽 5~7mm,先端钝或钝尖,基部楔形,下面有腺点;侧脉以 50°角开展,脉距 1.0~1.5cm,边脉接近叶缘;叶柄长 1~2mm。聚伞花序顶生,长 1.0~1.5cm,少花;花梗长 3~4mm,花白色;萼筒长约 2mm,萼齿极短;花瓣 4 枚,分离,近圆形,长约 2mm;雄蕊长约 5mm;花柱与雄蕊等长。果球形,直径 4~5mm,成熟时红色稍带黑色。花期 5~6 月;果期 11~12 月。

产于平乐、昭平、罗城。生于海拔 900m 以下的疏林、灌丛、溪边或山谷中。分布于安徽、福建、广东、贵州、湖北、湖南、江西、浙江。

19. 贵州蒲桃 泡鳞蒲桃

Syzygium handelii Merr. et L. M. Perry

灌木,高 2m。嫩枝 4 棱,无毛。叶披针形,长 3.0~6.5cm,宽 1.0~1.8cm,先端狭而钝,基部楔形,下面有腺点,侧脉以 45°角开展,脉距约 1mm,边脉距叶缘约 0.5mm;叶柄长 2~4mm。圆锥花序顶生,长 2~4cm,花序轴有棱,苞片小,花梗长约 1mm 或无梗;花蕾长卵形,长 3~4mm;萼筒倒圆锥形,长约 3mm,萼齿不明显;花瓣 4 枚,宽倒卵形,分离,长约 3mm;雄蕊长 5~8mm;花柱长约 7mm。果球形,直径 6mm。花期 5~6 月。

产于融水、河池、罗城、环江、德保、隆林、武鸣、马山、上林、东兴,生于海拔 500~1000m 的沟谷或灌丛中。分布于广东、贵州、湖南、湖北。

20. 思茅蒲桃 图 852:6

Syzygium szemaoense Merr. et L. M. Perry

灌木或小乔木,高 2~4m,胸径 30cm。嫩枝有棱,老枝圆形,褐色。叶椭圆形,长 4~10cm,宽 1.7~4.0cm,先端渐钝尖,基部楔形,上面有凹陷的小腺点,下面有多数凸起的腺点;侧脉以 70°角开展,脉距 2.0~2.5mm,边脉距叶缘约 1mm;叶柄长 3~5mm。圆锥花序顶生或近顶生,长约 1.5cm,有花 3~9 朵,总花梗长 2~5mm;花梗长约 2mm 或无花梗;花蕾倒卵形,长约 3.5mm;萼齿不明显;花瓣分离,长约 3mm;雄蕊长约 4mm。果椭圆状卵形,长 1.0~1.5cm,直径 8~10mm,成熟时紫色;有 1 枚种子,多胚。花期 7~8 月;果期 9~12 月。

产于隆林、龙州。生于海拔 500~1600m 的阔叶林中。分布于云南;越南也有分布。

21. 华南蒲桃 华南假黄杨 图 854:1

Syzygium austrosinense (Merr. et L. M. Perry) H. T. Chang et R. H. Miao

小乔木,高 10m。嫩枝有 4 棱。叶革质,椭圆形,长 4~7cm,宽 2~3cm,先端钝渐尖,基部宽楔形,上面有腺点,下面腺点凸起;侧脉以 70°角开展,脉距 1.5~2.0mm,边脉距叶缘不及 1mm;叶柄长 3~5mm。聚伞花序顶生或近顶生,长 1.5~2.5cm;花梗长 2~5mm;花蕾倒卵形,长约 4mm;萼筒倒圆锥形,长 2.5~3.0mm,萼片 4 枚,短三角形;花瓣倒卵圆形,分离,长 2.5mm;雄蕊长 3~4mm;花柱长 3~4cm。果球形,直径 6~7mm。花期 6~8 月。

产于罗城、百色。生于海拔 800m 以下的阔叶林中。分布于福建、广东、贵州、海南、湖北、湖南、江西、四川、浙江。

22. 香蒲桃 图 854：2~4

Syzygium odoratum（Lour.）DC.

乔木，高 20m。嫩枝圆形或稍扁。叶革质，卵状披针形或卵状长圆形，长 3~7cm，宽 1~2cm，先端尾状渐尖，基部宽楔形，上面有光泽，腺点下陷；侧脉以 45° 角开展，脉距 1.5~2.0mm，边脉距叶缘 1mm；叶柄长 3~5mm。圆锥状聚伞花序顶生或近顶生，长 2~4cm；花梗长 2~3mm 或无花梗；花蕾倒卵圆形，长约 4mm；萼筒倒圆锥形，长约 3mm，有白粉，萼齿 4~5 枚，短而圆；花瓣白色，连成帽状体；雄蕊长 3~5mm；花柱与雄蕊等长。果球形，直径 6~7mm，略被白粉。花期 5~8 月；果期 10 月至翌年 1 月。

产于广西西南部。生于海拔 400m 以下的杂木林中。分布于广东、海南；越南也有分布。

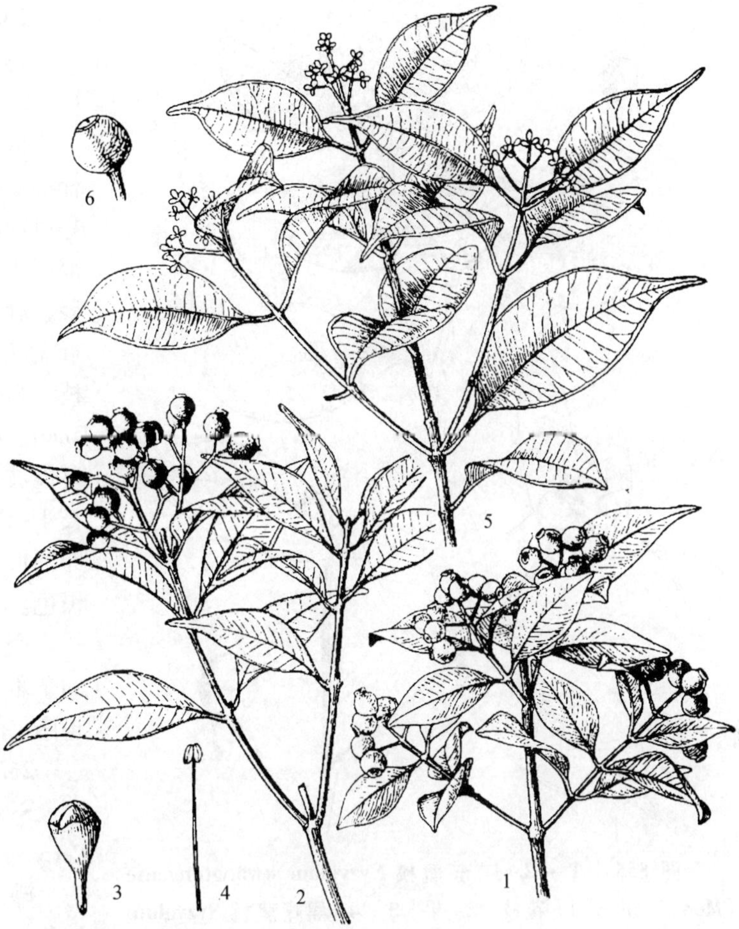

23. 密脉蒲桃 图 854：5~6

Syzygium chunianum Merr. et L. M. Perry

乔木，高 22m。嫩枝圆柱形，老枝灰褐色。叶薄革质，椭圆形或倒卵状椭圆形，长 4~10cm，宽 1.5~4.5cm，先端尾状渐尖，基部宽楔形或稍钝，两面有腺点，下面干后黄褐色；侧脉多而密，脉距 1mm，边脉近叶缘；叶柄长 7~12mm。圆锥花序顶生或近顶生，长 1.5~3.0cm，有 3~9 朵花，常 3 朵花簇生；花梗长约 1.5mm 或无花梗；花蕾长约 2.5mm；萼筒长约 2mm，先端平截，萼齿不明显；花瓣连成帽状体；雄蕊和花柱都极短。果球形，直径 6~7mm。花期 6~7 月；果期 8~12 月。

产于广西南部。生于海拔 300~900m 的杂木林中。分布于海南。

24. 广东蒲桃 图 855：1~2

Syzygium kwangtungense（Merr.）Merr.

小乔木，高 5m。嫩枝圆形，或稍扁，老枝褐色。叶革质，椭圆形或狭椭圆形，长 5~8cm，宽 1.5~4.0cm，先端钝或稍尖，基部宽楔形，下面干后红褐色，上面腺点下陷，下面有腺点；侧脉以 60° 角开展，脉距 3~4mm，边脉距叶缘约 1mm；叶柄长 3~5mm。圆锥花序顶生或近顶生，长 2~4cm；花序轴有棱；花梗长 2~3m，花小，常 3 朵花簇生；花蕾长约 4mm；萼筒倒圆锥形，长约 4mm，萼齿不明显；花瓣白色，连成帽状体；雄蕊长 7~8mm；花柱与雄蕊等长。果球形，直径 7~9mm。花期 6~7 月；果期 10~12 月。

产于合浦、防城、上思。生于海拔 600m 以下的阔叶林中。分布于广东。

图 854　1. 华南蒲桃 Syzygium austrosinense（Merr. et L. M. Perry）H. T. Chang et R. H. Miao 果枝。2~4. 香蒲桃 Syzygium odoratum（Lour.）DC. 2. 果枝；3. 花蕾；4. 雄蕊。5~6. 密脉蒲桃 Syzygium chunianum Merr. et L. M. Perry 5. 花枝；6. 果。（仿《中国植物志》）

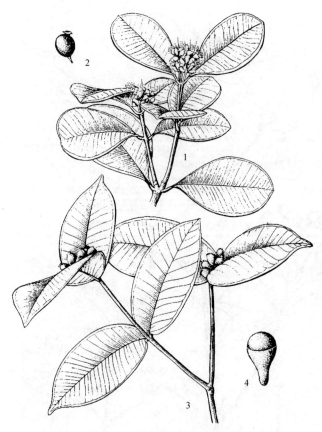

图855 **1～2.** 广东蒲桃 Syzygium kwangtungense (Merr.) Merr. 1. 花枝; 2. 果。**3～4.** 黑嘴蒲桃 Syzygium bullockii (Hance) Merr. et L. M. Perry 3. 果枝; 4. 花蕾。(仿《中国植物志》)

图856 红枝蒲桃 Syzygium rehderianum Merr. et L. M. Perry 果枝。(仿《中国植物志》)

25. 黑嘴蒲桃 图855: 3～4

Syzygium bullockii（Hance）Merr. et L. M. Perry

灌木或小乔木, 高5m。嫩枝稍扁或圆柱形。叶革质, 椭圆形或卵状长圆形, 长4～12cm, 宽2.5～5.5cm, 先端渐尖, 基部圆形或微心形; 侧脉多数, 以70°角开展, 脉距1～2mm, 边脉距叶缘1～2mm, 近无柄。圆锥花序顶生, 长2～4cm, 多分枝, 多花; 花序梗长不及1cm; 花梗长1～2mm, 花小; 萼筒倒圆锥形, 长约4mm, 萼齿波状; 花瓣连成帽状体; 花丝分离, 长4～6mm; 花柱与雄蕊等长。果椭圆形或卵圆形, 长约1cm, 直径7～8mm, 红色至黑色。花期3～8月; 果期10～11月。

产于博白、北流。生于海拔400m以下的杂木林或灌丛中。分布于广东、海南; 越南、老挝也有分布。

26. 红枝蒲桃 大红鳞蒲桃 图856

Syzygium rehderianum Merr. et L. M. Perry

灌木至小乔木。嫩枝圆柱形, 稍扁, 红色, 老枝灰褐色。叶革质, 椭圆形至狭椭圆形, 长4～7cm, 宽2.5～3.5cm, 先端尾状渐尖, 基部宽楔形, 两面有腺点; 侧脉以50°角开展, 脉距2.0～3.5mm, 边脉距叶缘1.0～1.5mm; 叶柄长7～9mm。聚伞花序顶生或生于枝顶叶腋内, 长1～2cm; 花无梗; 花蕾长约3.5mm; 萼筒倒圆锥形, 长约3mm, 萼齿不明显; 花瓣白色, 连成帽状体; 雄蕊长3～4mm; 花柱与雄蕊等长。果椭圆状卵形, 长1.5～2.0cm, 直径约1cm。花期6～8月; 果期11月至翌年1月。

分布于阳朔、永福、龙胜、天峨、平南、容县、武鸣、马山、上林、防城、上思。生于海拔1000m以下的阔叶林中、山谷或溪边。分布于福建、广东、湖南。

27. 乌墨 海南蒲桃 图857

Syzygium cumini（L.）Skeels

乔木, 高20m。胸径80cm。嫩枝圆柱形。叶革质, 宽椭圆形或狭椭圆形, 长6～12cm, 宽3.5～7.0cm, 先端圆或钝, 有短尖头，基部宽楔形或圆形，两面有腺点；侧脉多而密，脉距 1~2mm，边脉距叶缘约 1mm；叶柄长 1~2cm。圆锥花序腋生或顶生，长约 11cm；花梗短或无梗，花白色，3~5 朵簇生；萼筒倒圆锥形，长 4~8mm，萼齿不明显；花瓣 4 枚，卵形，长约 2.5mm；雄蕊长 3~4mm；花柱与雄蕊等长。果卵圆形或壶形，长 1~2cm，紫红色或黑色；种子 1 枚。花期 2~5 月；果期 6~9 月。

产于广西南部和西南部。生于海拔 1200m 以下的林中或溪边。分布于福建、广东、海南、云南；不丹、印度、印度尼西亚、马来西亚、泰国、澳大利亚、越南也有分布。热带性树种，喜温暖湿润气候，分布区年平均气温 20℃ 以上，极端最低气温大于 -1℃。喜光树种，较耐干旱瘠薄，耐高温、抗风、耐火、萌生力强等特性，根系发达，主根深，对土壤要求不严，常见于平地次生林及荒地上，在肥力中等的土壤上都能生长成材。生长快，在广西西南部常见胸径 60cm 以上的大树。播种繁殖。木材淡褐色，气干密度 0.656g/cm^3，结构细致，纹理交错，有光泽，耐腐，不受虫蛀，不易翘裂，可作造船、建筑、桥梁、枕木、家具和农具等用材，是优质用材。叶片鲜亮，极具观赏价值，为行道树、四旁绿化造林的优良观赏树种。

28. 簇花蒲桃 图 858

Syzygium fruticosum DC.

乔木，高 12m。嫩枝扁或有槽，老枝灰白色。叶薄革质，窄椭圆形或椭圆形，长 9~13cm，宽 3.5~5.5cm，先端渐尖，基部宽楔形或稍圆，两面有腺点；侧脉多而密，脉距 2~3mm，边脉距叶缘 1mm；叶柄长 1.0~1.5cm。圆锥花

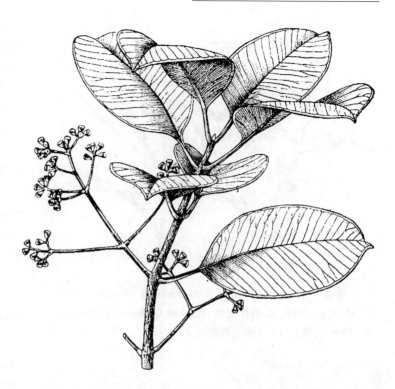

图 857　乌墨 Syzygium cumini（L.）Skeels 果枝。（仿《中国植物志》）

图 858　簇花蒲桃 Syzygium fruticosum DC.1. 花枝；2. 果序。（仿《中国植物志》）

图 859 **1. 水竹蒲桃 Syzygium fluviatile**（Hemsl.）Merr. et L. M. Perry 果枝。**2. 线枝蒲桃 Syzygium araiocladum** Merr. et L. M. Perry 果枝。（仿《中国植物志》）

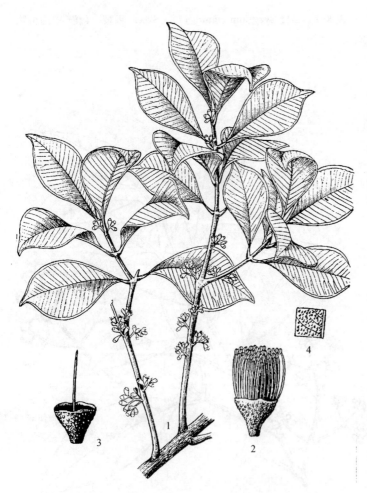

图 860 卫矛叶蒲桃 Syzygium euonymifolium（F. P. Metcalf）Merr. et L. M. Perry 1. 花枝；2. 花；3. 花萼；4. 叶片一段（示背面腺点）。（仿《中国植物志》）

序生于无叶老枝上，长 4～7cm；花无梗；每 5～7 朵花簇生于花序分枝顶端；萼筒倒圆锥形，长 2.0～2.5mm，萼齿不明显；花瓣 4 枚，圆形，分离，宽 1.0～1.5mm；雄蕊长 1.5～2.5mm，花柱与雄蕊等长。果球形，直径 6mm，熟时红色，有 1 枚种子。花期 5～6 月；果期 6～7 月。

产于临桂、平果、隆林。生于海拔 500m 以上的山地疏林中或荒地上。分布于贵州、云南；孟加拉国、印度、缅甸、泰国也有分布。

29. 水竹蒲桃 图 859：1

Syzygium fluviatile （Hemsl.） Merr. et L. M. Perry

灌木，高 1～3m。嫩枝圆形。叶革质，线状披针形或狭长圆形，长 3～8cm，宽 7～14mm，先端钝或稍圆，基部渐变狭窄，上面腺点下陷，下面腺点凸起，侧脉以 40° 角开展，脉距 1.5～2.0cm；叶柄长约 2mm。聚伞花序腋生，长 1～2cm；花蕾倒卵形，长约 4mm；花梗长 2～3mm 或无花梗；萼筒倒圆锥形，长 3.5mm，萼齿极短；花瓣分离，圆形，长约 4mm；雄蕊长 4～5mm；花柱与雄蕊等长。果球形，直径 6～7mm，成熟时黑色。花期 4～7 月；果期 9～12 月。

产于隆林、百色、龙州、上思。生于海拔 1000m 以下的沟谷及溪边。分布于贵州、海南。

30. 卫矛叶蒲桃 图 860

Syzygium euonymifolium（F. P. Metcalf）Merr. et L. M. Perry

乔木，高 15m。嫩枝圆形或扁，被微毛，老枝灰白色。叶薄革质，宽椭圆形，长 5～9cm，宽 3～4cm，先端尾状渐尖，基部楔形，下延，两面有小腺点；侧脉以 60° 角开展，脉距 2～3mm，边脉距叶缘约 1mm；叶柄长 8～10mm。聚伞花序腋生，长约 1cm，有花 6～11 朵；花蕾长约 2.5mm；花梗长 1.0～1.5mm；萼筒倒圆锥形，长

1.5~2.0mm，萼齿短而钝；花瓣分离，圆形，长约2mm；雄蕊与花柱等长，长2.5~3.0mm。果球形，直径6~7mm。花期5~8月；果期12月至翌年1月。

产于昭平、岑溪、合浦、防城、龙州。生于海拔500m以下的杂木林中或路边。分布于广东、福建。

31. 红鳞蒲桃　小花蒲桃　图861

Syzygium hancei Merr. et L. M. Perry

灌木或乔木，高20m。嫩枝圆形。叶革质，狭椭圆形，长3~7cm，宽1.5~4.0cm，先端钝或稍尖，基部宽楔形或较窄；侧脉以60°角开展，脉距约2mm，边脉距叶缘约0.5mm；叶柄长3~6mm。圆锥花序腋生，长1.0~1.5cm，多花，无花梗；花蕾倒卵形，长约2mm，萼筒倒圆锥形，长约1.5mm，萼齿不明显；花瓣4枚，圆形，分离，长约1mm；雄蕊长不及1mm；花柱与花瓣等长。果球形，直径5~6mm。花期7~9月；果期11月至翌年1月。

产于金秀、靖西、隆林、博白、北流、容县、玉林、宁明、上思。生于海拔800m以下的阔叶林或灌丛中。分布于福建、广东、海南。

32. 线枝蒲桃　上思蒲桃　图859：2

Syzygium araiocladum Merr. et L. M. Perry

小乔木，高10m。嫩枝圆柱形。叶革质，卵状披针形，长3.0~5.5cm，宽1.0~1.5cm，先端尾状渐尖，基部宽楔形，下面有腺点；侧脉多而密，以70°角开展，脉距约1.5mm，边脉距叶缘约1mm；叶柄长2~3mm。聚伞花序顶生或生于上部叶腋内，长约1.5cm，有花3~6朵；花蕾短棒形，长7~8mm；花梗长1~2mm；萼筒长约7mm，粉白色，萼齿三角形，长约0.8mm；花瓣4~5枚，卵形，分离，长约2mm；雄蕊长3~4mm；花柱长约5mm。果近球形，长5~7mm，直径4~6mm。花期5~6月；果期11月。

产于防城、上思。生于海拔1100m以下的阔叶林中。分布于海南；越南也有分布。

33. 锡兰蒲桃　两广蒲桃　图862

Syzygium zeylanicum（L.）DC.

乔木，高12m。嫩枝圆柱形，老枝灰

图861　红鳞蒲桃 Syzygium hancei Merr. et L. M. Perry
1. 花枝；2. 果枝。（仿《中国高等植物图鉴》）

图862　锡兰蒲桃 Syzygium zeylanicum（L.）DC. 幼果枝。（仿《中国植物志》）

褐色。叶薄革质，长卵形或卵状长圆形，长 8 ~ 10.5cm，宽 3.0 ~ 4.5cm，先端渐尖或尾状渐尖，基部近圆形或钝；侧脉多而密，以 80° ~ 85°角开展，脉距 2 ~ 3mm，边脉距叶缘约 1mm；叶柄长 4 ~ 7mm。圆锥花序顶生或近顶生，长 2 ~ 3cm；花序轴细；花梗长约 2mm；花蕾棒形，长约 7mm；萼筒长 5 ~ 7mm，萼齿肾形，长约 1mm；花瓣倒卵形，分离，长 3 ~ 4mm；雄蕊长于花瓣。果球形，直径约 7mm，白色。花期 4 ~ 7 月；果期 11 月。

产于那坡、东兴。生于山地杂木林中。分布于广东；印度、印度尼西亚、越南也有分布。

34. 山蒲桃 山叶蒲桃 图 863
Syzygium levinei (Merr.) Merr.

乔木，高 14 ~ 25m。树皮浅灰褐色。嫩枝圆柱形，被糠秕状毛。叶革质，椭圆形或卵状椭圆形，长 4 ~ 8cm，宽 1.5 ~ 3.5cm，先端急渐尖，基部宽楔形，两面有腺点；侧脉 12 ~ 15 对，以 45°角开展，脉距 2 ~ 3mm，边脉距叶缘 0.5mm；叶柄长 5 ~ 7mm。圆锥花序顶生或在小枝上部腋生，长 4 ~ 7cm，多花，花序轴多糠秕状毛或乳凸；花蕾倒卵形，长 4 ~ 5mm；萼筒倒圆锥形，萼齿极短；花瓣白色，圆形，分离，长 2.5 ~ 3.0mm；雄蕊长约 5mm；花柱长约 4mm。果近球形，直径 7 ~ 8mm；有种子 1 枚。花期 6 ~ 9 月；果期翌年 2 ~ 3 月。

产于北流、防城。生于海拔 200m 以下的杂木林中。分布于广东、海南；越南也有分布。

图 863　山蒲桃 Syzygium levinei (Merr.) Merr. 果枝。(仿《中国植物志》)

35. 长花蒲桃 图 864
Syzygium lineatum (DC.) Merr. et L. M. Perry

乔木。嫩枝圆柱形，老枝灰白色。叶革质，椭圆形或卵状椭圆形，长 6 ~ 8cm，宽 2.5 ~ 3.5cm，先端渐尖，基部宽楔形，两面有腺点；侧脉以 75°角开展，脉距约 1mm，边脉距叶缘不及 1mm；叶柄长 1.0 ~ 1.2cm。圆锥花序顶生，长 8 ~ 10cm，多花；无花梗；花蕾梨形，长 6 ~ 7mm；萼筒倒圆锥形，长约 5mm，萼齿半圆形；花瓣卵形，分离，长约 3mm；雄蕊长 5 ~ 7mm；花柱长 6 ~ 7mm。果椭圆形，长约 1cm。花期 4 月。

产于龙州。生于杂木林中。印度尼

图 864　长花蒲桃 Syzygium lineatum (DC.) Merr. et L. M. Perry 花枝。(仿《中国植物志》)

西亚、缅甸、泰国、越南也有分布。

36. 水翁蒲桃　水翁

Syzygium nervosum A. Cunn. ex DC.

乔木，高15m，胸径20cm。树皮灰褐色，稍厚。树干多分枝。嫩枝扁，有沟。叶卵状长圆形或椭圆形，长11~17cm，宽4.5~7.0cm，先端渐尖或急尖，基部宽楔形或略圆，两面有腺点；侧脉8~9对，以45°~65°角开出，网脉明显，边脉距叶缘2mm；叶柄长1~2cm。圆锥花序生于无叶的老枝上，长6~12cm，花2~3朵簇生，无柄；花蕾卵形，长约5mm，宽约3.5mm；萼筒半球形，长约3mm，帽状体长2~3mm，先端有短喙；雄蕊长5~8mm，花柱长3~5mm。浆果，卵圆形，长10~12mm，直径10~14mm，成熟时紫黑色。花期5~6月；果期8~9月。

产于广西东南部至西部，生于海拔600m以下的溪边、山谷疏林中。分布于广东、海南、云南、西藏；印度、印度尼西亚、越南、澳大利亚也有分布。果可食；树皮、花、叶可供药用，可治感冒；根可治黄胆性肝炎。

37. 肖蒲桃　火炭木　图865

Syzygium acuminatissimum（Blume）DC.

乔木，高20m。嫩枝圆柱形或近四棱形。叶革质，卵状披针形或窄披针形，长5~12cm，宽1.0~3.5cm，先端尾状渐尖，基部宽楔形，上面有油腺点；侧脉15~20对，以65°~70°角开展，脉距约3mm，边脉距叶缘约1.5mm；叶柄长5~8mm。聚伞花序排成圆锥花序，长3~6cm，顶生或腋生；花序轴有棱；花3朵聚生，有短梗；花蕾倒卵形，长3~4mm；萼筒倒圆锥形，萼齿不明显；花瓣小，长约1mm，白色；雄蕊极短。果为浆果，球形，直径约1.5cm，成熟时黑紫色；有种子1枚。花期7~10月；果期10~11月。

产于那坡、陆川、龙州、防城、上思、东兴。分布于广东、海南、台湾；印度、印度尼西亚、菲律宾、泰国也有分布。

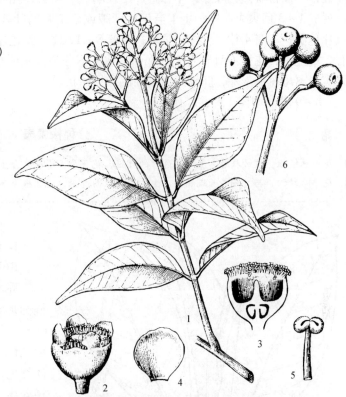

图865　肖蒲桃 Syzygium acuminatissimum（Blume）DC. 1. 花枝；2. 花；3. 花的纵切面；4. 花瓣；5. 雄蕊；6. 果枝。（仿《中国植物志》）

91　红树科 Rhizophoraceae

常绿乔木或灌木，具各种类型的根，小枝常有膨大的节。单叶交互对生，具托叶，稀互生而无托叶，羽状叶脉。花两性，稀单性或杂性同株，单生或簇生于叶腋或排成疏花或密花的聚伞花序，萼筒与子房合生或分离，裂片4~16枚，镊合状排列，宿存；花瓣与萼裂片同数，全缘，2裂，早落或花后脱落，稀宿存；雄蕊与花瓣同数或2倍或无定数；花药4室；花盘环状，有钝齿，稀无花盘；子房2~6(~8)室，花柱单生或分枝；胚珠每室2枚或1室而多枚，下垂。果实革质或肉质，不开裂，稀为蒴果而开裂，1室，稀2室，具1~2枚种子。

约17属120种。中国6属13种；广西4属7种。

分属检索表

1. 红树林树种，生于沿海盐滩；种子离母树前萌发，胚轴长。
  2. 叶先端具尖头；萼裂片 4 深裂，花瓣全缘，花药多室，瓣裂；具发达支柱根 ………… **1. 红树属 Rhizophora**
  2. 叶先端钝，微凹或渐尖；萼裂片 5 ~ 16 深裂，花瓣 2 裂、多裂或顶部有小棒状附属物，花药 4 室，纵裂。
    3. 叶先端钝；萼裂片 5 ~ 6 深裂，花瓣先端分裂为数条丝状裂片；无曲膝状呼吸根 …… **2. 秋茄树属 Kandelia**
    3. 叶先端渐尖；萼裂片 8 ~ 16 深裂，花瓣 2 深裂，裂片内有刺毛；具曲膝状呼吸根 …… **3. 木榄属 Bruguiera**
1. 非红树林树种，生于内陆或山地；种子离母树后萌发 ……………………………… **4. 竹节树属 Carallia**

1. 红树属 Rhizophora L.

乔木或灌木。有支柱根，生于海边盐滩。枝有明显叶痕。叶革质，交互对生，全缘，无毛，具叶柄，下面常有黑色腺点；中脉直伸出顶端成一尖头；托叶披针形，稍带红色。花两性，2 至多朵排列成 1 ~ 3 回聚伞花序，生于当年生叶腋或已落叶的叶腋；花萼 4 深裂，革质，基部为合生的小苞片包围；花瓣 4 枚，全缘，早落；雄蕊 8 ~ 12 枚，无花丝或花丝极短；子房半下位，2 室，每室有 2 枚胚珠，花柱不明显或长达 6mm，柱头不分裂或不明显的 2 裂；种子 1 枚，很少 2 ~ 3 枚，于果实未离母树前发芽，胚轴凸出果外成一长棒状。

8 ~ 9 种。中国 3 种；广西 2 种。

分种检索表

1. 花序总梗粗，较叶柄短，生于已落叶的叶腋，花 2 朵，小苞片合生成杯状，花瓣无毛 …… **1. 红树 R. apiculata**
1. 花序略纤细，与叶柄等长或稍长，生于未落叶的叶腋，花 2 枚至多花，小苞片合生，花瓣被毛 ……………………
……… **2. 红海榄 R. stylosa**

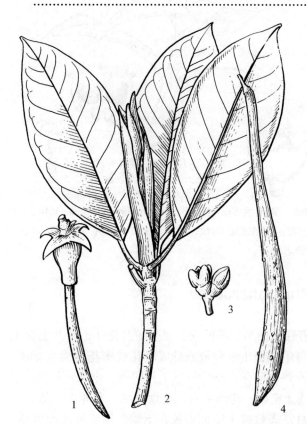

图 866 红树 Rhizophora apiculata Blume 1. 幼胚轴；2. 叶枝；3. 花序；4. 胚轴。(仿《中国高等植物图鉴》）

1. 红树 图 866

Rhizophora apiculata Blume

乔木或灌木，高 2 ~ 4m。树皮黑褐色。叶椭圆形至矩圆状椭圆形，长 7 ~ 12cm，宽 3 ~ 6cm，顶端短尖或突尖，基部阔楔形；中脉在下面红色，侧脉干燥后在上面稍明显；叶柄粗壮，淡红色，长 1.5 ~ 2.5cm；托叶长 5 ~ 7cm。总花梗着生于已落叶的叶腋，比叶柄短，花 2 朵，无花梗，有杯状小苞片；花萼裂片长三角形，短尖，长 10 ~ 12mm；花瓣膜质，长 6 ~ 8mm；雄蕊约 12 枚，短于花瓣；子房长 1.5 ~ 2.5mm，花柱极不明显，柱头浅 2 裂。果实倒梨形，略粗糙，长 2.0 ~ 2.5cm，直径 1.2 ~ 1.5cm；胚轴圆柱形，略弯曲，绿紫色，长 20 ~ 40cm。花果期几全年。

产于东兴。生于海浪平静、淤泥松软的浅海盐滩或海湾内的沼泽地。分布于海南；东南亚热带、澳大利亚也有分布。在淤泥冲积丰富的海湾两岸盐滩上生长茂密，常形成单种优势群落。不耐寒，也不堪风浪冲击，故生于有屏障的地方，在风浪平静的海湾也能分布至海滩最外围，与其他红树林种类构成红树群落的外围屏障。

2. 红海榄 图 867

Rhizophora stylosa Griff.

乔木或灌木，基部有很发达的支柱根。叶椭圆形或矩圆状椭圆形，长 6.5～11.0cm，宽3～4cm，顶端凸尖或钝短尖，基部阔楔形；中脉和叶柄均绿色；叶柄粗壮，长 2～3cm；托叶长 4～6cm。总花梗从当年生的叶腋长出，与叶柄等长或稍长，有花 2 朵至多朵；花具短梗，基部有合生的小苞片；花萼裂片淡黄色，长 9·12mm，宽 3～5mm；花瓣比萼短，边缘被白色长毛；雄蕊 8 枚；子房长约 1.5mm，花柱丝状，长 4～6mm，柱头不明显 2 裂。成熟果实倒梨形，平滑，顶端收窄，长 2.5～3.0cm，直径 1.8～2.5cm；胚轴圆柱形，长 30～40cm。花果期秋、冬季。

产于防城、合浦、钦州。生于沿海盐滩红树林内缘。分布于广东、海南、台湾；马来西亚、菲律宾、印度尼西亚、澳大利亚、越南也有分布。对环境条件要求不苛，除沙滩和珊瑚岛地形外，沿海盐滩上都可以生长，对抵御海浪冲击的能力比其他同属种要强。

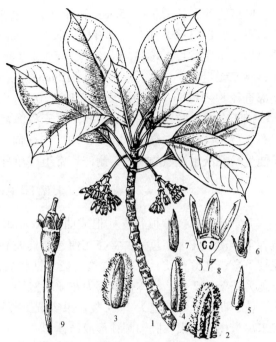

图 867 红海榄 Rhizophora stylosa Griff. 1. 花枝；2. 花瓣(示内面的毛)；3. 花瓣(示外面)；4. 花瓣(示侧面)；5. 雄蕊(示内面)；6～7. 雄蕊(示侧面开裂情况)；8. 花纵切面(示花柱和子房)；9. 幼胚轴。(仿《中国植物志》)

2. 秋茄树属 Kandelia

（DC.）Wight et Arn.

灌木或小乔木。具支柱根。叶革质，交互对生。花为腋生、具总花梗的二歧分枝聚伞花序；花萼常 5 深裂，裂片条状，基部与子房合生并为一环状小苞片所包围；花瓣与花萼裂片同数，早落，2 裂，每一裂片再分裂为数条丝状裂片；雄蕊多数；子房下位，幼时 3 室，每室有胚珠 2 枚，结实时 1 室，仅 1 枚胚珠发育，柱头 3 裂。果实近卵形，中部为外反、宿存的花萼裂片所包围，种子无胚乳，于果实未离母树即萌发；胚轴圆柱形或棒形，顶端尖而硬。

仅 1 种，分布于亚洲热带海岸。中国东南部海岸都有分布；广西也产。

秋茄树 图 868

Kandelia candel（L.）Druce

灌木或小乔木，高 2～3m。树皮平滑，红褐色。枝粗壮，有膨大的节。叶椭圆形、矩圆状椭圆形或近倒卵形，长 5～9cm，宽 2.5～4.0cm，顶端钝形或浑圆，基部阔楔形，全缘；叶脉不明

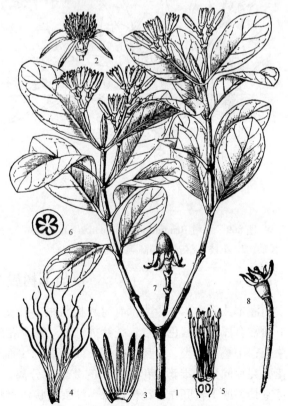

图 868 秋茄树 Kandelia candel（L.）Druce 1. 花枝；2. 花；3. 萼展开；4. 花瓣；5. 去花萼和花瓣的花纵切面；6. 幼时子房横切面；7. 幼果；8. 幼嫩胚轴。(仿《中国植物志》)

显；叶柄粗壮，长 1.0~1.5cm；托叶早落，长 1.5~2.0cm。二歧聚伞花序，有花 4~9 朵；总花梗长短不一，1~3 个着生于上部叶腋，长 2~4cm；花具短梗，盛开时长 1~2cm，直径 2.0~2.5cm；花萼裂片革质，长 1.0~1.5cm，宽 1.5~2.0mm，短尖，花后外反；花瓣白色，膜质，短于花萼裂片；雄蕊无定数，长短不一，长 6~12mm；花柱丝状，与雄蕊等长。果实圆锥形，长 1.5~2.0cm，基部直径 8~10mm；胚轴细长，长 12~20cm。花果期几全年。

产于合浦、防城、东兴、钦州。生于沿海淤泥冲积深厚的盐滩和河流出口冲积带盐性土壤上。分布于广东、海南、福建、台湾；印度、缅甸、越南也有分布。它既适于生长在盐度较高的泥滩，又能生长在淡水泛滥的地区，耐淹，常组成单种优势灌木群落。

3. 木榄属 Bruguiera Savigny

乔木或灌木。有板状支柱根或曲膝状气根。叶革质，交互对生，全缘，无毛，具柄；托叶膜质，常早落。花无小苞片，常在花梗基部具关节，腋生，单生或 2~5 朵组成具总花梗的聚伞花序；花梗下弯；花萼革质，7~16 深裂，裂片钻状披针形，萼筒钟形或倒圆锥形；花瓣与花萼裂片同数；雄蕊为花瓣的 2 倍，每 2 枚雄蕊为花瓣所抱持；花盘着生于萼筒上；子房下位，2~4 室，每室有胚珠 2 枚，花柱丝状，柱头 2~4 裂。果实藏于萼管内或与它合生，1 室 1 枚种子；种子无胚乳，于果实未离母树前萌发；胚轴圆柱形或纺锤形。

6 种。中国 3 种；广西 1 种。

木榄　图 869

Bruguiera gymnorhiza（L.）Lam.

乔木或灌木，高 2~3m。树皮灰黑色，有粗糙裂纹。叶椭圆状矩圆形，长 7~15cm，宽 3.0~5.5cm，顶端短尖，基部楔形；叶柄暗绿色，长 2.5~4.5cm；托叶长 3~4cm，淡红色。花单生，盛开时长 3.0~3.5cm，花梗长 1.2~2.5cm；萼平滑无棱，暗黄红色，裂片 11~13 枚；花瓣长 1.1~1.3cm，中部以下密被长毛，上部无毛或几无毛；雄蕊略短于花瓣；花柱三至四棱柱形，长约 2cm，黄色，柱头 3~4 裂。胚轴长 15~25cm。花果期几全年。

产于合浦、防城、钦州。生于稍干旱、空气流通、伸向内陆的沼泽地。分布于广东、福建、台湾；印度、泰国、越南也有分布。

图 869　木榄 Bruguiera gymnorhiza（L.）Lam. 1. 幼胚轴；2. 花枝。(仿《中国高等植物图鉴》)

4. 竹节树属 Carallia Roxb.

灌木或乔木。树干基部有时具板状根。叶交互对生，具叶柄，全缘或具锯齿，纸质或薄革质，下面常有黑色或紫色小点；托叶披针形。聚伞花序腋生，花两性，二歧或三歧分枝，稀退化为 2~3 朵花；小苞片 2 裂，分离而早落，或基部合生而宿存；花萼 5~8 裂，裂片三角形，花瓣膜质，与花萼裂片同数，雄蕊为花萼裂片的 2 倍，分离，生于波状花盘的边缘；子房下位，3~5(~8)室，每室具 2 或 1 枚胚珠，花柱柱状，柱头头状或盘状。果实肉质，近球形、椭圆形或倒卵形，有种子 1 至多枚；种子椭圆形或肾形；胚直或弯曲。

约 10 种。中国产 3 种；广西 3 种全产。本属为陆生种。

分种检索表

1. 竹节树　图 870

Carallia brachiata (Lour.) Merr.

乔木，高 7～10m，胸径 20～25cm。树皮光滑，很少具裂纹，灰褐色。叶形变化很大，倒卵形、倒卵状长圆形，有时近圆形，长 5～15cm，宽 2～10cm，顶端短渐尖或钝尖，基部楔形，全缘，稀具锯齿；叶柄长 6～8mm，粗而扁。花序腋生，有长 8～12mm 的总花梗，分枝短，每一分枝有花 2～5 朵，有时退化为 1 朵；花小，基部有浅碟状的小苞片；花萼 6～7 裂，稀 5 或 8 裂，钟形，长 3～4mm，裂片三角形，短尖；花瓣白色，近圆形，连柄长 1.8～2.0mm，宽 1.5～1.8mm，边缘撕裂状；雄蕊长短不一；柱头盘状，4～8 浅裂。果实近球形，直径 4～5mm，顶端冠以短三角形萼齿。花期冬季至翌年春季；果期春、夏季。

产于合浦、上思、陆川。生于低海拔灌丛或杂木林中。分布于广东、海南、云南；缅甸、泰国、越南也有分布。

2. 大叶竹节树

Carallia garciniifolia F. C. How et F. C. Ho

乔木高 10～14m。具树脂。枝和小枝均粗壮，干时灰黑色，有明显栓皮质的纺锤形皮孔。叶革质，椭圆形或宽椭圆形，长 12～15cm，宽 5～9cm，顶端短尖或突尖而钝，基部阔楔形，全缘或中部以上有明显或不明显小齿；叶柄粗厚，长 1.0～1.5cm；托叶早落，长 1.8～2.6cm；苞片阔卵形，长 3～4mm。花序具总花梗，2～3 次三歧分枝，连总花梗长、宽各 3～6cm；花无梗，具浅碟状、边缘有不规则的小苞片，常 3～4 朵簇生于小枝的顶部，盛开时花萼呈钟形，长 4～5mm，宽 4.0～4.5mm，6～7 裂，裂片三角形，长 1.2～1.5mm，基部宽 1.0～1.2mm；花瓣白色，有明显的柄，长 1.2～1.6mm，宽 1.6～1.8mm，边缘皱褶和啮蚀状，稍长于萼；雄蕊 12～14 枚，近等长；子房 4～5 室，花柱粗厚，略长于萼，柱头 4～5 浅裂。花期春季。

产于隆林。生于山谷密林中。分布于云南。

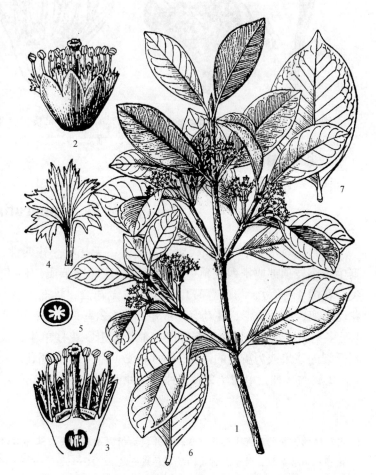

图 870　竹节树 Carallia brachiata (Lour.) Merr. 1. 花枝；2. 花；3. 花纵切面；4. 花瓣；5. 子房横切面；6～7. 叶形状。(仿《中国植物志》)

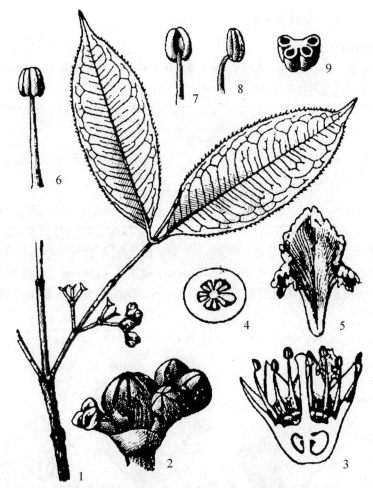

图871 锯叶竹节树 Carallia pectinifolia W. C. Ko 1. 果枝；2. 果；3. 花纵切面；4. 子房横切面；5. 花瓣；6~8. 雄蕊；9. 花药横切面。（仿《中国高等植物图鉴》）

3. 锯叶竹节树　旁杞木

图871

Carallia pectinifolia W. C. Ko

灌木或小乔木。小枝和枝干燥时紫褐色，有明显纺锤形木栓质皮孔。叶纸质，矩圆形，稀倒披针形，长 5~13cm，宽 2.5~5.5cm，顶端渐尖或尾状，基部阔楔形，边缘有篦状小齿；叶柄长 5~6mm。花序具短总花梗，二歧分枝，长 1.5~2.0cm 或稍长；花具短梗，2~3 朵生于分枝的顶部；小苞片微小，膜质；花萼近圆形，直径 4~6mm，6~7 深裂；花瓣白色，盛开时长、宽各 1.8~2.0mm，顶端 2 裂，花瓣柄长 1.8~1.0mm。果实球形，直径 6~7mm，成熟时红色，有宿存红色花萼裂片；种子矩圆形或近肾形。花果期春夏两季。

产于广西各地，以南部、西南部和东南部较为常见。生于山谷或溪畔杂木林内。分布于广东、云南。

92　海桑科 Sonneratiaceae

乔木或灌木。单叶革质，对生，全缘，无托叶。花两性，辐射对称，具花梗，单生或 2~3 朵聚生于小枝顶部或排列成顶生伞房花序；花萼厚革质，4~8 裂，裂片宿存，芽时镊合状排列，短尖；花瓣 4~8 枚，与花萼裂片互生，或无花瓣；雄蕊多数，着生于萼筒上部，排列成 1 至多轮，花丝分离，线状锥形，花药肾形或矩圆形，2 室，纵裂；子房近上位，无柄，花时为花萼基部包围，4 至多室，胚珠多数，生于粗厚的中轴胎座上，花柱单生，长而粗，柱头头状，全缘或微裂。果为不开裂的浆果或为瓣裂的蒴果；种子多数，细小，无胚乳。

2 属约 9 种。中国产 2 属 7 种，引种 1 种；广西产 1 属 1 种，引种 1 属 1 种。

分属检索表

1. 内陆植物；植物基部常具板状根；叶片顶端短尖或急渐尖，基部心形，侧脉多而粗壮，在两面均明显；顶生伞房花序；蒴果瓣裂；种子外种皮两端延伸成尖尾状 ································· **1. 八宝树属 Duabanga**

1. 海滩植物；树干基部有许多与水面成垂直而又凸出水面的呼吸根；叶片顶端近圆形，基部楔形，侧脉不明显；花单生或几朵聚生于枝顶；浆果；种子两端无延长的外种皮 ································· **2. 海桑属 Sonneratia**

1. 八宝树属 Duabanga Buch. – Ham.

大乔木。有板状根，最末的小枝往往下垂。叶纸质，下面通常苍白色。花4~8基数，5至多朵排列成顶生伞房花序；萼筒倒圆锥形或杯形，裂片三角状卵形；花瓣阔，有短柄，边缘常皱褶；雄蕊12枚或多数，1轮或多轮排列；子房4~8室，柱头厚，微裂。蒴果室背开裂；种子小，种皮向两端延伸成尖尾状。

约3种。中国2种；广西1种。

八宝树 图872

Duabanga grandiflora（DC.）Walp.

大乔木。树皮褐灰色，有皱褶裂纹。枝下垂，轮生于树干上，幼时具4棱。叶阔椭圆形或矩圆形，长12~15cm，宽5~7cm，顶端短渐尖，基部深裂成心形；中脉在上面下陷，在下面凸起，侧脉20~24对，粗壮，明显；叶柄长4~8mm，粗厚，带红色。花5~6基数；花梗长3~4cm，有关节；花开放时长2.2~2.8cm，直径3~4cm；萼筒阔杯形，裂片长约2cm，宽约1cm；花瓣近卵形，连柄长2.5~3.0cm，宽1.5~2.0cm；雄蕊极多数，花丝长4~5cm，花药长1.0~1.2cm；子房半下位，胚珠多数，花柱长3~4cm，柱头微裂。蒴果长3~4cm，直径3.2~3.5cm，成熟时从顶端向下开裂成6~9枚果爿；种子长约4mm。花期春季。

产于那坡、宁明、凭祥、南宁有栽培。生于海拔600m以下的山谷或空旷地。分布于云南；印度、缅甸、泰国、越南也有分布。早期速生，5年生树高可达15m。材质松软，易腐。

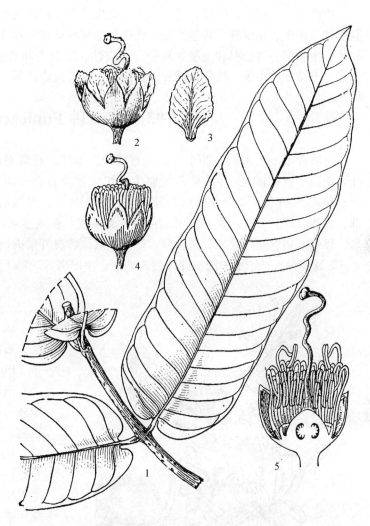

图872 八宝树 Duabanga grandiflora（DC.）Walp. 1. 叶枝；2. 花；3. 花瓣；4. 去花瓣的花（示雄蕊着生的情况）；5. 花纵切面。（仿《中国植物志》）

2. 海桑属 Sonneratia L. f.

乔木或灌木。全株无毛，生于海岸泥滩上。树干基部周围具很多与水面垂直而高出水面的呼吸根。花单生或2~3朵聚生于近下垂的小枝顶部；萼筒倒圆锥形、钟形或杯形，果实成熟时浅碟形，4~6(~8)裂，裂片卵状三角形，内面常有颜色；花瓣与花萼裂片同数，狭窄，或无花瓣，与雄蕊常早落；雄蕊极多数，花药肾形；花盘碟状；子房多室，花柱芽时弯曲。浆果扁球形，顶端有宿存花柱；种子藏于果肉内，外种皮不延长。

9种。中国6种，包括杂交种和引种；广西引进栽培1种。

无瓣海桑

Sonneratia apetala Buch. – Ham.

乔木，高 15m。气生根直径 1.5m，小枝下垂。叶片狭椭圆形至披针形，长 5～13cm，宽 1.5～4.0cm，先端钝，基部渐狭。花 4～6 朵，聚伞花序有花 3～7 朵；花被管在花期长 1.5～2.5cm，光滑，花萼绿色，果期稍弯曲；花瓣缺；雄蕊花丝白色；柱头盾状。果实长 1～2cm，直径 2.0～2.5cm，种子通常 U 形或镰形，长 8.0～9.5mm。花期 5～12 月；果期 8 月至翌年 4 月。

原产于孟加拉国、印度、马来西亚、斯里兰卡。广西南部沿海各地有栽培，广东、海南、福建有引种。速生、耐浸淹、抗逆性强，已作为红树林造林先锋树种，在中国南部沿海滩涂上得到广泛种植。生长快，对低温和土壤具有一定适应性、扩散力和竞争力，有化感作用，具入侵植物特点，但其生态位宽度中等，仅能以播种方式繁殖，入侵风险较低。

93 石榴科 Punicaceae

落叶乔木或灌木。冬芽小，有 2 对鳞片。单叶，通常对生或簇生，有时呈螺旋状排列，无托叶。花顶生或近顶生，单生或几朵簇生或组成聚伞花序，两性；萼革质，萼管与子房贴生，近钟形，裂片 5～9 枚，镊合状排列，宿存；花瓣 5～9 枚，多皱褶，覆瓦状排列；雄蕊生于萼筒内壁上部，多数，花丝分离，花药背部着生，2 室纵裂；心皮多数，1 轮或 2～3 轮，胚珠多数。浆果球形，顶端有宿存花萼裂片，果皮厚；种子多数，种皮外层肉质，内层骨质。

1 属 2 种，产于地中海至亚洲西部地区。中国引入栽培 1 种；广西也有栽培。

石榴属 Punica L.

属特征同科。

石榴   图 873

Punica granatum L.

落叶灌木或乔木，高 3～5m，稀达 10m。幼枝具棱角，无毛，老枝近圆柱形。叶对生，纸质，矩圆状披针形，长 2～9cm，顶端短尖、钝尖或微凹，基部短尖至稍钝形，上面光亮；侧脉稍细密；叶柄短。花大，1～5 朵生于枝顶；萼筒长 2～3cm，红色或淡黄色，裂片略外展，卵状三角形，长 8～13mm；花瓣大，红色、黄色或白色，长 1.5～3.0cm，宽 1～2cm，顶端圆形；花丝无毛，长达 13mm；花柱长超过雄蕊。浆果近球形，直径 5～12cm，通常为淡黄褐色或淡黄绿色，有时白色，稀暗紫色。种子多数，钝角形，红色至乳白色，肉质的外种皮供食用。

原产于巴尔干半岛至伊朗及其邻近地区。世界温带和热带都有种植。广西各地有栽培。

图 873 石榴 Punica granatum L. 1. 花枝；2. 果；3. 子房纵切面。(仿《中国高等植物图鉴》)

94 使君子科 Combretaceae

乔木或灌木，稀木质藤本，有些具刺。单叶对生或互生，极少轮生，全缘或稍呈波状，稀有锯齿，具叶柄，无托叶。花通常两性，有时两性花和雄花同株，辐射对称，偶有左右对称，由多花组成头状花序；穗状花序、总状花序或圆锥花序，花萼裂片 4~5(~8)裂，镊合状排列，宿存或脱落；花瓣 4~5 枚或不存在，覆瓦状或镊合状排列；雄蕊通常插生于萼管上，2 枚或与萼片同数或为萼片数的 2 倍；子房下位，1 室，胚珠 2~6 枚；花柱单一；柱头头状或不明显。坚果、核果或翅果，常有 2~5 棱；种子 1 枚，无胚乳。

18 属约 500 种。中国 5 属 25 种，分布于长江以南各地；广西 4 属 11 种 2 变种。

分属检索表

1. 花瓣 4~5 枚；叶对生或互生，被鳞片。
  2. 萼管无贴生小苞片；叶对生，稀近轮生。
    3. 花瓣大，萼管细长，常无花盘及毛环，雄蕊内藏；翅果具 5 棱脊 ………………… 1. 使君子属 Quisqualis
    3. 花瓣小，萼管短，花盘常具粗毛环，雄蕊常凸出；翅果具 2~5 翅或棱 ………… 2. 风车子属 Combretum
  2. 萼管具 2 枚贴生小苞片，萼宿存；叶互生 ……………………………………………… 3. 榄李属 Lumnitzera
1. 花无瓣；叶互生，常集生于枝顶，稀对生，无鳞片 …………………………………………… 4. 榄仁属 Terminalia

1. 使君子属 Quisqualis L.

木质藤本或蔓生灌木。叶膜质，对生或近对生，全缘，叶柄在落叶后宿存。花较大，两性，白色或红色，组成长的顶生或腋生穗状花序；萼管细长，管状，脱落，萼片 5 裂；花瓣 5 枚，远较萼大，在花时增大；雄蕊 10 枚，成 2 轮，插生于萼管内部或喉部；子房 1 室，胚珠 2~4 枚；花柱丝状，部分和萼管内壁贴生。果革质，长圆形，两端狭，具 5 棱或 5 纵翅，在翅间具深槽；种子 1 枚，具纵槽。

约 17 种。中国产 2 种；广西产 1 种。

使君子 图 874

Quisqualis indica L.

攀援灌木，高 2~8m。小枝被棕黄色短柔毛。叶膜质，对生或近对生，卵形或椭圆形，长 5~11cm，宽 2.5~5.5cm，先端短渐尖，基部钝圆，表面无毛，背面有时疏被棕色柔毛；侧脉 7~8 对；叶柄长 5~8mm，幼时密生锈色柔毛。穗状花序顶生，组成伞房花序式；苞片卵形至线状披针形；萼管长 5~9cm，被黄色柔毛，萼齿 5 枚；花瓣 5 枚，长 1.8~2.4cm，宽 4~10mm，初为白色，后转淡红色；雄蕊 10 枚，花药长约 1.5mm。果卵形，短尖，长 2.7~4.0cm，直径 1.2~2.3cm，无毛，具明显的锐棱角 5 条，成熟时外果皮脆薄，呈青黑色或栗色；种子 1 枚，白色，长约 2.5cm，直径约 1cm，圆柱状纺锤形。花期初夏，果期秋末。

图 874 使君子 Quisqualis indica L. 花枝。(仿《中国植物志》)

产于广西各地。分布于四川、贵州至南岭以南各地；印度、缅甸至菲律宾也有分布。种子为驱蛔药，对小儿寄生蛔虫症疗效尤著。

2. 风车子属 Combretum Loefl.

木质藤本，稀攀援灌木或乔木。叶对生、互生或近轮生，具柄，几全缘，常被显著鳞片。圆锥花序、穗状花序或总状花序，顶生或腋生，密被鳞片或柔毛，两性，5 或 4 数；萼管下部细长，在子房之上略收缩而后扩大而呈钟状、杯状或漏斗状，萼 4~5 齿裂；花瓣 4~5 枚，小，着生于萼管上或与萼齿互生，雄蕊通常为花瓣的 2 倍，2 轮；子房下位，1 室，胚珠 2~6 枚。假核果，具 4~5 翅、棱或肋，革质，有或无柄，不开裂，种子 1 枚。

约 250 种。中国产 11 种；广西 3 种 1 变种。

分种检索表

1. 成年叶两面或背面被鳞片。
　2. 叶仅背面被鳞片，两面密被微小乳凸，背面侧脉有腺毛；小枝无毛 ………………… 1. 华风车子 C. alfredii
　2. 叶两面被鳞片，无微小乳凸或仅腹面有小乳凸，背面脉腋无腺毛；小枝无毛。
　　3. 叶腹面密被小乳凸及疏被白色鳞片，背面密被鳞片，网脉细而明显；顶生二歧聚伞或三歧聚伞式圆锥花序
　　　………………………………………………………………………… 2. 榄形风车子 C. sundaicum
　　3. 叶两面密被锈色盾状鳞片，无小乳凸，网脉不明显；穗状花序组成圆锥花序 ………………
　　　…………………………………………………………… 3a. 水密花 C. punctatum var. squamosum
1. 成年叶两面无鳞片，密被微小白色小乳凸 ……………………………………………… 4. 石风车子 C. wallichii

1. 华风车子　风车子、广西风车子
Combretum alfredii Hance

多枝直立或攀援灌木，高 5m。树皮浅灰色，幼嫩部分具鳞片。老枝无毛。叶对生或近对生，长椭圆形至阔披针形，长 12~16cm，宽 4.8~7.3cm，先端渐尖，基部楔尖，全缘，两面无毛而稍粗糙，在放大镜下显示密被白色、圆形、凸起的小斑点，背面具有黄褐色或橙黄色的鳞片；中脉在背面凸起，侧脉 6~10 对，脉腋内有丛生的粗毛；叶柄长 1.0~1.5cm，有槽，具鳞片或被毛。穗状花序腋生、顶生或组成圆锥花序，总轴被棕黄色绒毛和金黄色鳞片，花长约 9mm。果椭圆形，有 4 翅，轮廓圆形、近圆形或梨形，长 1.7~2.5cm，被黄色或橙黄色鳞片，翅纸质，等大，成熟时红色或紫红色，宽 0.7~1.2cm；果柄长 2~4mm；种子 1 枚，纺锤形，有纵沟 8 条，长约 1.5cm，直径约 4mm。花期 5~8 月；果期 9 月。

产于阳朔、临桂、兴安、龙胜、荔浦、金秀、柳州、融安、三江、岑溪、河池、龙州。生于 800m 以下的河边、谷地。分布于江西、湖南、广东。

2. 榄形风车子　图 875：1~3
Combretum sundaicum Miq.

攀援灌木。枝浅灰褐色，无毛，密被鳞片。叶对生，纸质，阔椭圆形，长 8~13cm，宽 6~8cm，先端钝短尖或短渐尖，基部钝或稍尖，叶面疏被白色鳞片及密被微小乳凸，背面密被淡黄色腺点状鳞片；侧 7~8 对，在两面明显，在背面凸起，网脉在背面极细，明显；叶柄长 1.0~1.7cm，上面有槽，无毛，密被鳞片。二歧聚伞或三歧聚伞式圆锥花序，顶生，密被微柔毛，鳞片不显著；花 4 朵，白色，无柄，长 1.1~1.2cm。果纺锤形，具 4 翅，长 2.4~3.0cm，宽 8~13mm，两端短尖，翅狭窄，被黄色或红色鳞片。花期 7 月；果期 8 月开始。

产于龙州。生于海拔约 500m 的沟谷林中。分布于海南、云南。

3a. 水密花 图 875：4～6

Combretum punctatum var. **squamosum** (Roxb. ex G. Don) M. G. Gangop. et Chakrab.

攀援灌木或藤本。小枝纤细，黄褐色，密被锈色或灰色鳞片。叶对生，近革质，披针形、卵状披针形或狭椭圆形，长 5～10cm，宽 3～6cm，先端渐尖，基部钝圆，无毛，两面密被鳞片，背面尤密；叶柄长 5～12mm。穗状花序组成圆锥花序，顶生或腋生，长约 7cm，被灰色或锈色鳞片，苞片叶状，椭圆形，长 1～4cm；花 4 数，无柄，无小苞片，黄色，芳香。果近圆形，形态大小变异很大，长达 3.5cm，宽达 2.5cm，先端内凹或平截，有或无小突尖，基部渐狭成短柄，4 翅，茶褐色，疏或密被鳞片。花期 4 月；果至翌年 4 月尚存。

产于上思。分布于广东、云南；尼泊尔、印度、缅甸、泰国、越南也有分布。

4. 石风车子 西南风车子

Combretum wallichii DC.

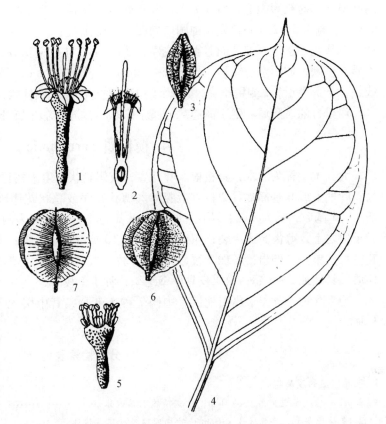

图 875　1～3. 榄形风车子 Combretum sundaicum Miq. 1. 花；2. 花纵切面；3. 果。4～8. 水密花 Combretum punctatum var. squamosum (Roxb. ex G. Don) M. G. Gangop. et Chakrab. 4. 叶；5. 花；6. 果。(仿《中国植物志》)

藤本，稀为灌木或小乔木状。幼枝压扁，有槽，淡灰褐色，密被鳞片和微柔毛，以后鳞片与柔毛渐脱落，纵裂成纤维状剥落，疏生黑色皮孔。叶坚纸质，对生或互生，椭圆形至长圆状椭圆形，长 5～13cm，宽 3～6cm，先端短尖或渐尖，基部渐狭，两面无毛，密被微小圆形乳凸；侧脉 5～9 对；叶柄长 5～10mm，被褐色鳞片及微柔毛。穗状花序腋生或顶生，花序轴被褐色鳞片及微柔毛；苞片线形或披针形，长 3～4mm；花小，长约 9mm，4 数。果具 4 翅，近圆形或扁椭圆形，长 2.1～3.2cm，宽 2～3cm，翅红色，有绢丝光泽，被白色或金黄色鳞片；果柄短，长约 2mm。花期 5～8 月；果期 9～11 月。

产于融水、天峨、百色、凌云、田林、隆林、龙州。生于海拔 1000m 以下的山坡、路旁、沟边的杂木林或灌丛中，多见于石灰岩地区灌丛中。分布于贵州、四川、云南；印度、孟加拉国、尼泊尔和缅甸北部也有分布。

3. 榄李属 Lumnitzera Willd.

灌木或小乔木。叶肉质，全缘，有光泽，密集于小枝末端，具极短柄。总状花序，腋生或顶生；小苞片 2 枚，5 裂；花瓣 5 枚，红色或白色；雄蕊 10 枚或少于此数；子房下位，1 室，胚珠 2～5 枚。果实木质，长椭圆形，近于平滑或具纵绉纹；种子 1 枚。

2 种。中国 2 种均有；广西产 1 种。

榄李

Lumnitzera racemosa Willd.

常绿灌木或小乔木，高 8m，直径 30cm。树皮褐色或灰黑色，粗糙，枝红色或灰黑色，具明显的叶痕，初时被短柔毛，后变无毛。叶常聚生于枝顶，叶片厚，肉质，匙形或狭倒卵形，长 5.7 ~ 6.8cm，宽 1.5 ~ 2.5cm，先端钝圆或微凹，基部渐尖；叶脉不明显，侧脉 3 ~ 4 对；无柄或具极短柄。总状花序腋生，细小而芳香，花序长 2 ~ 6cm，花序梗压扁，有花 6 ~ 12 朵。果成熟时褐黑色，木质，坚硬，卵形至纺锤形，长 1.4 ~ 2.0cm，直径 5 ~ 8mm，每侧各有宿存的小苞片 1 枚，上部具线纹，下部平滑，1 侧稍压扁，具 2 或 3 棱；种子 1 枚，圆柱状，种皮棕色。花果 12 月至翌年 3 月。

产于合浦、防城。生于海边。分布于广东、台湾；东非热带、亚洲热带也有分布。

4. 榄仁属 Terminalia L.

大乔木，稀为灌木，具板根。叶互生，或假轮状聚生于枝顶，稀对生或近对生，全缘或稍有锯齿；叶柄上或叶基部常具 2 枚以上腺体。穗状花序或总状花序腋生或顶生，有时排成圆锥花序状；花小，5 基数，稀为 4 数，两性，稀花序上部为雄花，下部为两性花；苞片早落，萼管杯状，延伸于子房之上，萼齿 5 或 4 裂；花瓣缺；雄蕊 10 或 8 枚，2 轮；花盘在雄蕊内面；子房下位，1 室；花柱长，单一，伸出；胚珠 2 枚，稀 3 ~ 4 枚。假核果，大小形状悬殊，通常肉质，有时革质或木栓质，具棱或 2 ~ 5 翅；内果皮具厚壁组织；种子 1 枚。

约 150 种，分布于热带地区。中国 7 种 3 变种，其中引入 1 种；广西 6 种 1 变种，其中引入 3 种。

分种检索表

1. 果具明显的膜质翅。
  2. 果无毛，连翅长 2.3 ~ 4.0cm；叶柄顶端不具腺体 ………………………………… 1. 海南榄仁 T. nigrovenulosa
  2. 果被短柔毛，连翅长 3 ~ 10mm；叶柄顶端或叶基具腺体。
    3. 叶较大，长 10 ~ 22cm，侧脉 18 ~ 25 对或更多，背面仅中脉被黄褐色毛，其余无毛或近无毛；萼管内无长毛；果小，极多数，果不等大，2 大 1 小 ………………………… 2. 多果榄仁 T. myriocarpa
    3. 叶较小，长 5 ~ 7cm，侧脉 8 ~ 15 对，背面密被黄色丝状伏毛；萼管内被长毛；果翅 3 枚，等大 …………………………………………………………………………… 3. 滇榄仁 T. franchetii
1. 果无翅，具 2 ~ 5 条纵棱。
  4. 叶互生或近轮生，常聚生于枝顶。
    5. 叶较大，长 12 ~ 22cm，倒卵形；果较大，压扁，长 3.0 ~ 4.5cm …………………… 4. 榄仁树 T. catappa
    5. 叶较小，长 4.0 ~ 8.5cm，倒卵状披针形；果较小，纺锤形，长约 1.5cm ………… 5. 小叶榄仁 T. boivinii
  4. 叶对生或近对生，非聚生于枝顶，叶长 7 ~ 14cm，卵形或椭圆形至长椭圆形；果卵形或椭圆形，长 2.4 ~ 4.5cm ……………………………………………………………………………… 6. 诃子 T. chebula

1. 海南榄仁　鸡尖

Terminalia nigrovenulosa Pierre

乔木或灌木，高 15m。幼树树干下部具刺状枝。树皮灰白色或褐色，有斑点。小枝柔弱，无毛。叶互生或枝端近对生，半革质，卵形、倒卵形、椭圆形至长椭圆形，先端渐尖或短尖，基部钝形或楔尖或圆形，长 4 ~ 11cm，宽 2.5 ~ 5.5cm，全缘，近叶基边缘有腺体，无毛或沿中脉上面被小柔毛；侧脉 8 ~ 10 对，在两面均微凸起，网脉稠密而显著；叶柄长 1.0 ~ 2.4cm。花序顶生或腋生，由多数穗状花序组成圆锥花序式，长 6 ~ 8cm，密被深黄而带红色的柔毛。果椭圆形或倒卵形，有 3 翅，连翅长 2.3 ~ 4.0cm，宽 1.5 ~ 2.0cm，翅半革质，有横条纹，无毛，基部钝圆，先端钝三角形，高出果核约 5mm，边缘浅波状，黑色带紫色或青紫色。花期 7 ~ 9 月；果期 10 月开始。

原产于海南。南宁、凭祥引入栽培。热带树种，耐寒性较强；喜光，稍耐阴；对土壤要求不苛，耐瘠薄，引入南宁低丘台地栽培，能生长良好，并能在稀疏林下天然更新。木材鲜黄色，细匀致密，气干密度 0.89g/cm³，干后不裂，耐腐朽，切面光滑，供作造船、建筑、工具柄、高级家具用材。

2. 多果榄仁　千果榄仁　图 876:
1~2

Terminalia myriocarpa Van Heurck et Müll. Arg.

常绿乔木，高 25~35m。具大板根。小枝圆柱状，被褐色短绒毛或变无毛。叶对生，厚纸质，长椭圆形，长 10~22cm，宽 5~8cm，全缘或微波状，顶端有一短而偏斜的尖头，基部钝圆，除中脉两侧被黄褐色毛外，其余无毛或近无毛；侧脉 15~25 对，在两面明显；叶柄较粗，长 5~15mm，顶端有 1 对具柄的腺体。大型圆锥花序，顶生或腋生，长 18~26cm，总轴密被黄色绒毛；花极小，极多数，两性，红色，长约 4mm。瘦果细小，极多数，有 3 翅，其中 2 翅等大，1 翅特小，长约 3mm，宽约 12mm，翅膜质，干时苍黄色，被疏毛，大翅对生，长方形，小翅位于两大翅之间。花期 8~9 月；果期 10 月至翌年 1 月。

产于龙州。分布于云南、西藏；越南、泰国、缅甸、马来西亚、印度也有分布。木材白色、坚硬，可作车船和建筑用材。

图 876　1~2. 多果榄仁 **Terminalia myriocarpa** Van Heurck et Müll. Arg. 1. 花枝；2. 果。**3~4. 滇榄仁 Terminalia franchetii** Gagnep. 3. 叶；4. 果。**5~6. 微毛诃子 Terminalia chebula** var. **tomentella**（Kurz）C. B. Clarke 5. 叶；6. 果。（仿《中国植物志》）

3. 滇榄仁　图 876: 3~4

Terminalia franchetii Gagnep.

落叶乔木，高 4~10m。枝纤细，老时皮纵裂。小枝被金黄色短绒毛。叶互生，纸质，椭圆形至长椭圆形或阔卵形，长 5~7cm，宽 2.5~4.5cm，先端钝或微缺，基部钝圆或楔形，叶面被绒毛，背面密被黄色丝状伏毛；侧脉 8~15 对，在两面明显；叶柄长 1.0~1.5cm，密被棕黄色绒毛，顶端具 2 枚腺体。穗状花序腋生或顶生，被毛，长 4~8cm，花长约 9mm；萼管杯状，长约 4mm，下部密生黄色长毛，内部具长毛，顶端具 5 裂齿；雄蕊 10 枚，伸出萼筒外。果序长约 6cm，在上部密集，果具 3 枚等大的翅，被黄褐色长柔毛，长 5~8mm，宽 3~5mm，先端渐尖，基部钝圆，横切面三角形；无柄。花期 4 月；果期 5~8 月。

产于隆林。生于海拔 1400m 以上的灌丛及杂木林中。分布于四川、云南。

4. 榄仁树　图 877

Terminalia catappa L.

落叶乔木，高 15m。树皮褐黑色，纵裂而剥落状。枝平展，近顶部密被棕黄色绒毛，具密而明显的叶痕。叶互生，常密集于枝顶，倒卵形，长 12~22cm，宽 8~15cm，先端钝圆或短尖，中部以下渐狭，基部截形或狭心形，两面无毛或幼时背面疏被软毛，全缘，稀微波状；主脉粗壮，在上面下陷而成一浅槽，在背面凸起，侧脉 10~12 对，网脉稠密；叶柄短而粗壮，长 10~15mm，被毛。穗状花序长而纤细，腋生，长 15~20cm，雄花生于上部，两性花生于下部。果椭圆形，常稍压扁，

图 877 榄仁树 Terminalia catappa L. 1. 花枝；2. 两性花纵切面；3. 雄蕊；4. 果。（仿《中国高等植物图鉴》）

图 878 诃子 Terminalia chebula Retz. 果枝。（仿《中国高等植物图鉴》）

具 2 棱，棱上具翅状狭边，长 3.0~4.5cm，宽 2.5~3.1cm，厚约 2cm，两端稍渐尖，果皮木质，坚硬，无毛，成熟时青黑色；种子 1 枚，矩圆形，含油脂。花期 3~6 月；果期 7~9 月。

凭祥、合浦、钦州有引种，栽培作行道树。分布于广东、海南、台湾、云南；马来西亚、越南、印度、大洋洲也有分布。热带树种，在南宁栽培，冬季嫩梢常冻死。播种繁殖。木材可为舟船、家具等用材。树冠大，伞形，美观，遮阳效果好，优良庭院及道路绿化树种。

5. 小叶榄仁

Terminalia boivinii Tul.

落叶乔木，高 15m。主干浑圆挺直，侧枝假轮生呈水平展开，层性明显。小枝有长枝和短枝之分。叶革质，4~7 枚轮生或近簇生于短枝，倒卵状披针形，长 4.0~8.5cm，宽 1.5~3.5cm，先端圆钝，基部楔形，全缘；主脉黄色，在两面凸起，侧脉 4~7 对，上部脉腋有腺体和腺窝。花两性，穗状花序腋生；花小，花萼长筒状，5 裂，无花瓣，雄蕊 2 轮，花丝伸出萼筒外。核果纺锤形，长约 1.5cm，种子 1 枚。花期 6~9 月；果熟期 10~12 月。

原产于非洲。广西南部各地有栽培；台湾、广东、福建、海南也有栽培；喜光，喜高温湿润气候，耐热，生长适温 23~32℃，0℃以下嫩梢易受冻害。萌芽力强。耐旱、耐瘠薄、抗风、抗污染、适应性强，广西南部优良园林观赏树木。

6. 诃子 图 878

Terminalia chebula Retz.

乔木，高 30m。树皮灰黑色至灰色，粗裂而厚。枝无毛，皮孔细长，明显，白色或淡黄色；幼枝黄褐色，被绒毛。叶互生或近对生，卵形或椭圆形至长椭圆形，长 7~14cm，宽 4.5~8.5cm，先端短尖，基部钝圆或楔形，偏斜，全缘或微波状，两面无毛，密被细瘤点；侧脉 6~10 对；叶柄粗壮，长 1.8~2.3cm，具 2(~4) 枚腺体。穗状花序腋生或顶生，有时又组成圆锥花序，长 5.5~10.0cm。核果，坚硬，卵形或椭圆形，长 2.4~4.5cm，直径 1.9~2.3cm，粗糙，无毛，黑褐色，通常有 5 钝棱。花期 5 月；果期 7~9 月。

原产于云南及越南、老挝、柬埔寨、马来西亚、印度。南宁、邕宁、钦州有栽培。果皮和树皮富含单宁(35% ~40%),为制革工业的重要原料。果实供药用,能敛肺涩肠,为治疗慢性痢疾的有效良药。木材供建筑、车辆、农具、家具等用。

6a. 微毛诃子 广西大诃子 图876:5~6

Terminalia chebula var. **tomentella** (Kurz) C. B. Clarke

与原种的不同处在于:幼枝、幼叶全被铜色平伏长柔毛;苞片长过于花;花萼外无毛;果卵形,长不足2.5cm。

常见于南宁、邕宁、钦州,栽培或半野生。分布于云南;缅甸也有分布。果实当柯子入药。

95 野牡丹科 Melastomataceae

草本、灌木或乔木。叶对生,少轮生,叶基通常三至五出脉,侧脉多数,与基出脉近垂直,无托叶。花两性,4~5朵辐射对称排列,花药顶孔开裂,子房下位或半下位,2~6室,胚珠多数,中轴胎座或特立中央胎座,稀侧膜胎座。浆果或蒴果。

约240属3000种。中国25属约170种,产于西藏至台湾、长江流域以南各地;广西17属63种7变种;本志记载12属28种。

分属检索表

1. 叶具基出脉,侧脉极多,互相平行,与基出脉垂直;子房2~6室,胚珠多数;种子小,长约1mm,多数。
  2. 种子马蹄形或半圆形,弯曲;花萼及果无明显的棱。
    3. 雄蕊同型,等长,药隔微下延成短距 ………………………………………… **1. 金锦香属 Osbeckia**
    3. 雄蕊异型,不等长,其中长者药隔伸长,花丝着生于药隔下部 ………… **2. 野牡丹属 Melastoma**
  2. 种子不弯曲,呈长圆形、倒卵形、楔形或倒三角形;花萼及果常有棱,若无棱则为浆果。
    4. 蒴果,开裂,通常具毛被或其他覆物。
      5. 子房顶端无膜质冠,但具小凸起或小齿;宿存萼通常较果长,上部缢缩呈瓶状。
        6. 雄蕊8枚;叶背面及花萼无黄色腺点。
          7. 雄蕊同型,等长。
            8. 花无梗,排列成细长的穗状花序;花萼钟形 ……………… **3. 长穗花属 Styrophyton**
            8. 花有梗,排列成圆锥状复聚伞花序;花萼狭漏斗形或漏斗状钟形 … **4. 异形木属 Allomorphia**
          7. 雄蕊异型,不等长,其中长者的花药比短者多1倍。
            9. 花药基部无小瘤或铡毛。
              10. 短雄蕊的花药药隔通常膨大,基部下延成短距;花萼长狭漏斗形,被星状毛或糠秕状星状毛;大圆锥状复伞房花序 ……………………………… **5. 尖子木属 Oxyspora**
              10. 短雄蕊的花药药隔不膨大,有时基部略隆起成极小的短距;花萼钟形,通常被腺毛;伞房花序或具1~2分枝的复伞房花序 ……………………… **6. 偏瓣花属 Plagiopetalum**
            9. 花药基部具刚毛 …………………………………………………… **7. 棱果花属 Barthea**
        6. 雄蕊4枚;叶背面及花萼通常被黄色透明腺点 ……………… **8. 柏拉木属 Blastus**
      5. 子房顶端具膜质冠,冠缘通常具毛;宿存萼与果等长或反冠伸出宿存萼,上部不缢缩。
        11. 雄蕊4长4短,花药通常不同型 ……………………………… **9. 野海棠属 Bredia**
        11. 雄蕊等长或近等长,花药同型 ……………………………… **10. 锦香草属 Phyllagathis**
    4. 浆果,不开裂,通常无被覆物 …………………………………… **11. 酸脚杆属 Medinilla**
1. 叶具羽状脉,侧脉通常不超过10对,有时不明显;子房1室,胚珠约9枚,中央特立胎座;种子大,直径4mm以上 ……………………………………………………… **12. 谷木属 Memecylon**

1. 金锦香属 Osbeckia L.

草本、亚灌木或灌木。茎四棱或六棱形，常被毛。叶对生或 3 枚轮生，全缘，常被毛或具缘毛，基出脉 3~7 条。聚伞状头状花序或总状花序，或圆锥花序，顶生；萼筒坛状或长坛状，常被附属物，萼片具缘毛；花瓣倒卵形或宽卵形；雄蕊为花被片 2 倍，等长或近等长，常偏向一侧，花药有长喙或略短，药隔下延，向前方伸延成 2 枚小瘤体，向后方微膨大或成短距；子房半下位，4~5 室。蒴果卵形或长卵形，先顶裂，后 4~5 纵裂；宿萼顶端平截。种子小，马蹄状弯曲，密被小凸起。

约 100 种，分布于东半球热带及亚热带地区。中国 12 种；广西 4 种，本志记载 2 种。

分种检索表

1. 叶下面被平伏糙毛，兼有微柔毛及腺点；萼片三角形或卵状三角形 ················· **1. 朝天罐 O. stellata**
1. 叶下面脉上被平伏糙毛；萼片条状披针形或钻形 ················· **2. 假朝天罐 O. crinita**

1. 朝天罐 图 879

Osbeckia stellata Buch. – Ham. ex Ker Gawl.

灌木，高 0.3~1.0m。茎四棱形，稀六棱形，被平贴糙伏毛。叶对生或有时 3 枚轮生，坚纸质，卵形至卵状披针形，顶端渐尖，基部钝或圆形，长 5.5~11.5cm，宽 2.3~3.0cm，全缘，具缘毛，两面除被糙伏毛外，尚密被微柔毛及透明腺点；五基出脉；叶柄长 0.5~1.0cm，密被平贴糙伏毛。稀疏聚伞花序组成圆锥花序，顶生，长 7~22cm 或更长；花萼长约 2.3cm，外面被刺毛状有柄星状毛，裂片 4 枚，三角形或卵状三角形，长约 1.1cm；花瓣深红色至紫色，卵形，长约 2cm。蒴果长卵形，为宿存萼所包，宿存萼长坛状，中部略上缢缩，长 1.4~2.0cm，被刺毛状有柄星状毛。花果期 7~9 月。

产于广西各地。生于海拔 800m 以下的水边、路旁、疏林中或灌木丛中。分布于长江流域以南各地及台湾；越南至泰国也有分布。

2. 假朝天罐 图 880

Osbeckia crinita Benth. ex C. B. Clarke

灌木，高 0.2~1.5m。茎四棱形，被平展刺毛。叶坚纸质，卵状披针形至椭圆形，顶端急尖至近渐尖，基部钝，长 4~9cm，宽 2.0~3.5cm，全缘，两面被糙伏毛；五基出脉，叶面基出脉微下凹，脉上无毛，在背面基出脉、侧脉明显，隆起，仅脉上被

图 879　朝天罐 Osbeckia stellata Buch. – Ham. ex Ker Gawl.
1. 叶枝；2. 花枝。（仿《中国高等植物图鉴》）

图 880 假朝天罐 Osbeckia crinita Benth. ex C. B. Clarke 花枝。（仿《中国植物志》）

毛；叶柄长 2～10mm，密被糙伏毛。总状花序或由聚伞花序组成圆锥花序，顶生，每节有花 2 朵，常仅 1 朵发育，长 4～9cm；苞片 2 枚，长约 4mm，花梗短或几无；花萼长约 2cm，紫红色或紫黑色，裂片线状披针形或钻形；花瓣紫红色，倒卵形，长约 1.5cm。蒴果卵形，4 纵裂，宿存萼深紫色或黑紫色，长 1.1～1.6cm，直径 5～8mm，近中部缢缩成颈。花期 8～11 月；果期 10～12 月。

产于灌阳、龙胜、恭城、兴安、融水、德保、凌云、隆林。生于海拔 800m 以上的山谷溪边、林缘湿润处。分布于湖北、湖南、四川、贵州、云南、西藏；印度、缅甸也有分布。全株入药，有清热、收敛、止血的功效，也有用根治痢疾及淋病。

2. 野牡丹属 Melastoma L.

灌木，直立或匍匐。茎四棱形或圆柱形，通常被毛。叶全缘或具细锯齿，常具五至七基出脉。花单生或组成聚伞花序或圆锥花序，顶生；花萼坛状球形，外面被毛，5 裂，裂片间有或无小裂片，花瓣 5 枚，常偏斜，雄蕊 10 枚，异形，5 长 5 短；子房半下位，稀下位，常 5 室，顶端常被毛，胚珠多数。果常肉质，不开裂或开裂；种子近马蹄形，有细小的斑点。

约 22 种，分布于亚洲南部至大洋洲北部以及太平洋诸岛。中国 9 种；广西 5 种。

分种检索表

1. 植株矮小，茎匍匐上升，常逐节生根，高 10～60cm，小枝披散；叶长 4cm，宽 2cm 以下。
  2. 植株高 10～30cm；叶通常仅边缘被糙伏毛，有时腹面于基出脉行间具 1～2 行疏糙伏毛；小枝被疏糙伏毛；花瓣长 1.2～2.0cm；花萼被糙伏毛 ·········· **1. 地菍 M. dodecandrum**
  2. 植株高 30～60cm；叶及小枝密被糙伏毛；花瓣长 2.0～2.5cm；花萼密被略扁的糙伏毛 ··· **2. 细叶野牡丹 M. intermedium**
1. 植株茎直立，高 0.5～7.0m，小枝斜生；叶长 4～22cm，宽 1.4～13.5cm。
  3. 茎上毛被的毛长 5mm 以下；花小，花瓣长 2.0～2.5cm。
    4. 叶小，长不超过 11cm，宽小于 6cm，披针形至广卵形，叶柄长不超过 1.5cm ·· **3. 野牡丹 M. malabathricum**
    4. 叶大，长 8～22cm，宽 5.5～13.5cm，广卵形或广椭圆形，叶柄长 1.8～6.5cm ·· **4. 大野牡丹 M. imbricatum**
  3. 茎上毛被的毛长 8mm 以上，平展，基部常膨大；花大，花瓣长 3～5cm ·········· **5. 毛菍 M. sanguineum**

1. 地菍　图 881

Melastoma dodecandrum Lour.

小灌木，长 10～30cm。茎匍匐上升，逐节生根，分枝多，披散，幼时被糙伏毛，以后无毛。叶坚纸质，卵形或椭圆形，顶端急尖，基部广楔形，长 1～4cm，宽 0.8～2.0cm，全缘或具密浅细锯齿，三至五基出脉，叶面通常仅边缘被糙伏毛，有时基出脉行间被 1～2 行疏糙伏毛，背面仅沿基部脉上被极疏糙伏毛；叶柄长 2～6mm。聚伞花序，顶生，有花 1～3 朵，基部有叶状总苞 2 枚；

图 881 地菍 Melastoma dodecandrum Lour. 1. 花枝；2. 花的纵切面；3. 雄蕊。（仿《中国高等植物图鉴》）

图 882 野牡丹 Melastoma malabathricum L. 花枝（仿《中国高等植物图鉴》）

花梗长 2~10mm，上部具苞片 2 枚；花萼管长约 5mm，被糙伏毛；花瓣淡紫红色至紫红色，长 1.2~2.0cm，宽 1~1.5cm。果坛状球状，平截，近顶端略缢缩，肉质，不开裂，长 7~9mm，直径约 7mm；宿存萼被疏糙伏毛。花期 5~7 月；果期 7~9 月。

产于广西各地。生于山坡矮草丛中，为酸性土壤常见的植物。分布于贵州、湖南、广东、江西、浙江、福建；越南也有分布。果可食；全株供药用，有涩肠止痢、舒筋活血、补血安胎、清热燥湿等作用；捣碎外敷可治疮、痈、疽、疖。

2. 细叶野牡丹
Melastoma intermedium Dunn

小灌木，直立或匍匐上升，高 30~60cm。分枝多，披散，被紧贴的糙伏毛。叶坚纸质，椭圆形或长圆状椭圆形，顶端广急尖或钝，基部广楔形或近圆形，长 2~4cm，宽 8~20mm，全缘，基出脉 5(~3) 条，叶面密被糙伏毛，基出脉下凹，背面沿脉上被糙伏毛；叶柄长 3~6mm，被糙伏毛。伞房花序，顶生，有花 3~5 朵，基部有叶状总苞 2 枚，常较叶小；花梗长 3~5mm，苞片 2 枚，长 5~10mm，宽 2~4mm；花萼管长约 7mm，直径约 5mm，密被略扁的糙伏毛；花瓣玫瑰红色至紫色，长 2.0~2.5cm，宽约 1.5cm。果坛状球形，平截，顶端略缢缩成颈，肉质，不开裂，长约 8mm，直径约 1cm；宿存萼密被糙伏毛。花期 7~9 月；果期 10~12 月。

产于广西南部。生于山坡或田边矮草丛中。分布于贵州、广东、福建、台湾。

3. 野牡丹 图 882
Melastoma malabathricum L.

灌木，高 0.5~1.5m。分枝多。茎钝四棱形或近圆柱形，密被紧贴鳞片状糙伏毛。叶坚纸质，披针形或广卵形，顶端急尖，基部浅心形或近圆形，长 4~10cm，宽 2~6cm，全缘；七基出脉，两面被糙伏毛及短柔毛，背面基出脉隆起，被鳞片状糙伏毛，侧脉隆起，密被长柔毛；叶柄长 5~15mm。伞房花序生于分枝顶端，有花 3~5 朵，基部具叶状总苞 2 枚；苞片披针形或狭披针形；花梗长 3~20mm；花萼长约 2.2cm；花瓣玫瑰红色或粉红色，倒卵形，长 3~4cm。蒴果坛状球形，与宿存萼贴生，长 1.0~1.5cm，直径 8~12mm，密被鳞片状糙伏毛；种子镶于肉质胎座内。花期 5~7 月；果期 10~12 月。

产于广西各地。生于低海拔松林下或开朗灌草丛中，酸性土常见植物。分布于云南、广西、广东、福建、台湾；越南也有分布。根、叶可消积滞、收敛止血，治消化不良、肠炎腹泻、痢疾便血等症；叶捣烂外敷或用干粉，可作外伤止血药。

4. 大野牡丹 图883

Melastoma imbricatum Wall. ex Triana

大灌木或小乔木，高 1~5m。茎四棱形或钝四棱形，通常具槽，分枝多，密被紧贴鳞片状糙伏毛。叶坚纸质，广卵形至广椭圆形，顶端急尖，基部圆形或钝，长 8~22cm，宽 5.5~13.5cm，全缘，基出脉(5~)7 条，叶面被糙伏毛及短柔毛，基出脉与侧脉均明显隆起；叶柄长 1.8~6.5cm，密被鳞片状糙伏毛。伞房花序生于分枝顶端，具花约 12 朵，基部具叶状总苞 2 枚；苞片无或极小；花梗长 3~12mm；花萼长 2.0~2.3cm，密被鳞片状糙伏毛；花瓣浅红色或红色，长约 2cm。果坛状球形，肉质，顶端平截，长约 1.3cm，直径约 9mm；

图 883 大野牡丹 Melastoma imbricatum Wall. ex Triana 花枝。(仿《中国植物志》)

宿存萼密被鳞片状糙伏毛。花期 6~7 月；果期 12 月至翌年 2~3 月。

产于靖西、龙州。生于密林下。分布于云南；印度、缅甸、越南也有分布。果可食。

5. 毛菍

Melastoma sanguineum Sims

灌木，高 1.5~3.0m。茎、小枝、叶柄、花梗及花萼均被平展的长粗毛，毛基部膨大。叶坚纸质，卵状披针形至披针形，顶端渐尖，基部钝或圆形，长 8~15cm，宽 2.5~5.0cm，全缘；基出脉 5 条，两面被隐藏于表皮下的糙伏毛，通常仅毛尖端露出，叶面基出脉下凹，背面基出脉隆起；叶柄长 1.5~2.5cm。伞房花序，顶生，常仅有花 1 朵，有时 3(~5)朵；苞片戟形，膜质；花梗长约 5mm，花萼管长 1~2cm，直径 1~2cm，裂片 5(~7)枚，花瓣粉红色或紫红色，5(~7)枚，长 3~5cm，宽 2.0~2.2cm。果杯状球形，胎座肉质，为宿存萼所包；宿存萼密被红色长硬毛，长 1.5~2.2cm，直径 1.5~2.0cm。花果期几乎全年，通常在 8~10 月。

产于广西东南部。生于海拔 400m 以下的坡脚、沟边，湿润的草丛或矮灌丛中。分布于广东；印度、马来西亚至印度尼西亚也有分布。果可食；根、叶可供药用，根有收敛止血、消食止痢的作用，可治水泻便血、妇女血崩、止血止痛。

3. 长穗花属 Styrophyton S. Y. Hu

灌木。茎圆柱形，被毛。叶片卵形或广卵形，全缘，被毛，具缘毛，五基出脉；具柄。长穗状花序顶生，轴细长，无苞片；花小，4 数，1 或 3~5 朵 1 簇，无花梗；花萼钟形，具 8 条脉；花瓣粉红色或白色，倒卵形或广倒卵形；雄蕊为花瓣的 1 倍，近等长，同形，无附属体，花药披针形；

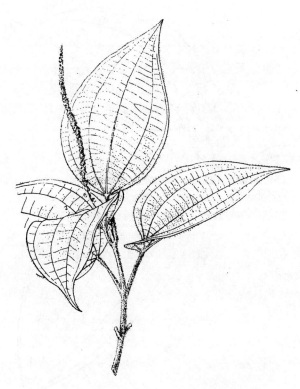

图 884　长穗花 Styrophyton caudatum（Diels）S. Y. Hu 花枝。（仿《中国植物志》）

子房半下位，4 室；花柱丝状，柱头点尖。蒴果卵状球形，宿存萼与蒴果同形，具明显的 8 条脉，被毛；种子多数，极小，楔形，具棱，被糠粃。

1 种。中国特有种，产于云南、广西。

长穗花　图 884

Styrophyton caudatum（Diels）S. Y. Hu

灌木，高 1 ~ 2m。茎圆柱形，密被锈色长柔毛。叶纸质或坚纸质，卵形或广卵形，顶端短渐尖或急尖，基部圆形或浅心形，长 10 ~ 21cm，宽 6 ~ 13cm，全缘，密被锈色缘毛，叶面幼时密被糙伏毛，以后脱落而粗糙；五基出脉，基出脉微凹，背面密被长柔毛，基出脉、侧脉及细脉均隆起；叶柄长 1.5 ~ 5.0cm，密被锈色长柔毛。穗状花序顶生，密被长柔毛，长 13 ~ 20cm；花小，1 或 3 ~ 5 朵簇生，无柄；花萼长 2.0 ~ 2.5mm，钟形，密被刚毛；花瓣粉红色或白色，长约 1.5mm。蒴果卵状球形，顶端平截，长 2.0 ~ 2.5mm，直径约 2mm；宿存萼密被刚毛，具明显纵肋 8 条。花期 5 ~ 6 月；果期 10 月至翌年 1 月。

产于靖西、那坡。生于海拔 400 ~ 1500m 的山谷密林中或沟边灌丛。分布于云南。

4. 异形木属 Allomorphia Blume

灌木或多年生草本，基部木质化。小枝圆或四棱形，常被毛。叶全缘或具密细齿；基出脉 3 ~ 7 条。由多个聚伞花序组成圆锥花序；苞片小，常早落；花小，四至五基数；花萼四棱形，常中部缢缩，具 8 条脉，4 条不明显；花瓣粉红色或紫红色，上部偏斜；雄蕊 8 ~ 10 枚，近等长，常偏向一侧，花丝与花瓣等长或略长，花药与花丝等长或略长，孔裂，基部无附属物，药隔基部微膨大；子房下位，4 ~ 5 室，顶端有 8 ~ 10 枚刚毛或小齿。蒴果，宿萼较果为长，具 8 条纵肋，常沿纵肋开裂。种子多数，极小，楔形，有棱，被微柔毛。

约 25 种。中国产 6 种；广西 3 种。

分种检索表

1. 叶背面被锈色糠粃；幼枝被糠粃或除糠粃外还有柔毛。
　2. 幼枝及叶柄被糠粃及柔毛；叶背于基出脉及侧脉上通常具瘤状横纹；花瓣广倒卵形，上部偏斜，长约 3mm
　　 ·· **1. 尾叶异形木 A. urophylla**
　2. 幼枝及叶柄仅被糠粃；叶背于基出脉及侧脉上仅被糠粃；花瓣广卵形或卵形，长约 2mm ··················
　　 ·· **2. 异形木 A. balansae**
1. 叶背面脉上被绒毛状刺毛，杂有小腺点；幼枝密被平展的锈色绒毛状短刺毛，毛基部略膨大，数枚一排，脱落后成瘤状横纹 ··············· **3. 越南异形木 A. baviensis**

1. 尾叶异形木

Allomorphia urophylla Diels

灌木，高 1 ~ 2m。茎圆柱形，幼时密被锈色糠粃及柔毛，分枝多，节上常膨大。叶纸质，椭圆形至披针状椭圆形，顶端长渐尖，基部宽楔形，长 7 ~ 14cm，宽 3.0 ~ 5.5cm，全缘或略具细密齿，叶面几无毛或幼时被锈色疏糠秕，背面稍被锈色糠秕；三至五基出脉，基出脉、侧脉隆起，常具瘤状横纹；柄叶长 1 ~ 2cm，幼时密被锈色糠秕及柔毛。由聚伞花序组成狭圆锥花序，顶生，长 9 ~ 16cm，宽 2 ~ 3cm，密被糠秕及疏柔毛，每个小聚伞花序总梗长 2 ~ 6mm，花梗长约 1mm；花萼长约 5mm；花瓣 4 枚，红色、粉红色或紫红色，广倒卵形，上部偏斜，长约 3mm。蒴果椭圆形或近卵形，长约 4mm，直径 3mm；宿存萼较果长，稍被糠秕或几无，长约 5mm，有 8 条明显的纵肋。花期 7 ~ 9 月；果期 11 月至翌年 1 月。

产于广西西部及融水，生于海拔 500m 以上的密林下。分布于云南。

2. 异形木
Allomorphia balansae Cogn.

灌木，高 1 · 3m。茎幼时四棱形，密被锈色糠秕，以后圆柱形，糠秕脱落，分枝多。叶坚纸质或纸质，卵形或椭圆形，顶端渐尖，基部圆形，长 6.5 ~ 19.0cm，宽 2.5 ~ 9.0cm，近全缘或具极微的疏细齿，叶面无毛或幼时被疏糠秕；基出脉 5 条，基出脉平整，背面以脉上糠秕较多，脉隆起；叶柄长 1.0 ~ 4.5cm，密被糠秕。由聚伞花序组成狭圆锥花序，顶端，长 7 ~ 11cm，宽 2 ~ 3cm，密被糠秕，小聚伞花序总梗长 4 ~ 7mm，花梗长约 2mm；花萼狭漏斗形，管长约 5mm；花瓣广卵形或卵形，长约 2mm。蒴果椭圆形或近卵形，长约 4mm，直径约 3mm；宿存萼较果长，长约 5mm，近上部缢缩，具 8 条纵肋，被糠秕。花期 6 ~ 8 月；果期 10 ~ 12 月。

产于藤县、上林、博白、防城。生于海拔 400m 以上的林下。分布于海南；越南也有分布。全株可作刀伤药。

3. 越南异形木
Allomorphia baviensis Guillaumin

灌木，高 1 ~ 2m。茎圆柱形，分枝多，密被平展的锈色绒毛状短刺毛，毛基部略膨大，数枚一排，脱落后成瘤状横纹。叶纸质或近坚纸质，广卵形至椭圆形，顶端长渐尖，基部心形或圆形，长 11.5 ~ 20.0cm，宽 5.0 ~ 9.5cm，全缘或密细齿；五至七基出脉，叶面无毛或于基出脉基部被微柔毛，背面脉上被绒毛状刺毛，并杂有小腺点；叶柄长 2 ~ 4cm。由聚伞花序组成狭圆锥花序，顶生，多花，长 8 ~ 17cm，宽 1.5 ~ 3.0cm。蒴果卵形，长约 4mm，直径约 3mm；宿存萼绿色或带红色，长约 5mm，被疏糠秕，具 8 条明显的纵肋。果期 9 ~ 10 月。

产于龙州。生于海拔 700m 以上的密林下。分布于云南；越南也有分布。

5. 尖子木属 Oxyspora DC.

灌木。茎钝四棱形，具槽。单叶对生，边缘具细齿，五至七基出脉；具叶柄。聚伞花序组成圆锥花序，顶生，苞片极小，常早落；花 4 朵，花萼狭漏斗形，具 8 条脉，萼片短，顶端常具小尖头，花瓣粉红色至红色，或深玫瑰色，卵形；雄蕊 8 枚，4 长 4 短，药隔茎部伸长成短距，子房通常椭圆形，4 室。蒴果倒卵形或卵形，有时呈钝四棱形，顶端伸出胎座轴，4 孔裂；宿存萼较果略长，通常漏斗形，近上部常缢缩，具纵肋 8 条。种子多数，近三角状披针形，有棱。

约 20 种。中国 3 种；广西 2 种。

分种检索表

1. 幼枝被糠秕状星状毛及具微柔毛的疏刚毛；大圆锥花序，宽约 10cm 或更宽；叶面被糠秕状鳞片或几无，背面仅
　沿脉被糠秕状星状毛 ·· **1. 尖子木 O. paniculata**
1. 幼枝被平展的腺毛；圆锥花序狭，宽 2.5 ~ 6.0cm；叶两面被细小的糠秕状鳞片，叶背幼时沿基出脉密被刚毛···
　·· **2. 刚毛尖子木 O. vagans**

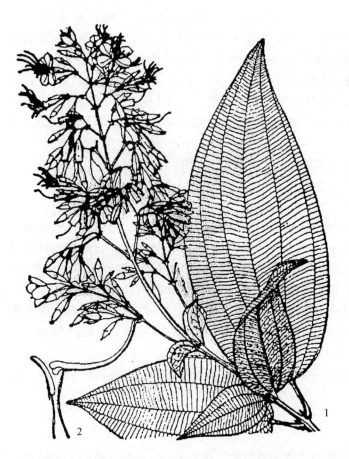

图 885 尖子木 Oxyspora paniculata（D. Don）DC. 1. 花枝；2. 雄蕊。(仿《中国高等植物图鉴》)

1. 尖子木　图 885

Oxyspora paniculata（D. Don）DC.

灌木，高 1~2m。茎四棱形或钝四棱形，通常具槽，幼时被糠秕状星状毛及具微柔毛的疏刚毛。叶坚纸质，狭椭圆状卵形，顶端渐尖，基部圆形，长 12~24cm，宽 4.6~11.0cm，边缘具不整齐小齿，叶面被糠秕状鳞片或几无；七基出脉，基出脉下凹，背面通常仅于脉上被糠秕状星状毛，脉明显，隆起；叶柄长 1.0~7.5cm，有槽，密被糠秕状星状毛。由聚伞花序组成圆锥花序，顶生，长 20~30cm，宽约 10cm 或更宽，基部具叶状总苞 2 枚；苞片和小苞片小，长 1~3mm；花萼长约 8mm；花瓣红色至粉红色，卵形，长约 7mm。蒴果倒卵形，顶端具胎座轴，长约 8mm，直径约 6mm；宿存萼较果长，漏斗形。花期 7~9 月；果期 1~3 月。

产于宜州、都安、靖西、武鸣。生于海拔 500m 以上的山谷密林下或溪边。分布于西藏、贵州、云南；尼泊尔、缅甸至越南也有分布。全株有清热止痢的功效，可治痢疾、腹泻、疮疖等。

2. 刚毛尖子木

Oxyspora vagans（Roxb.）Wall.

灌木，高 1~2m。茎略四棱形或圆柱形，无槽或稀具浅槽，幼嫩时密被平展的腺毛。叶薄坚纸质或近膜质，卵形或椭圆形，顶端渐尖，基部浅心形至圆形或钝，长 11.0~16.5cm，宽 5.0~7.5cm，边缘具不整齐小齿，两面被细小的糠秕状鳞片；基生五至七出脉，叶面叶脉平整，背面叶脉明显，隆起，幼时基出脉、侧脉密被星状毛；叶柄长 1.5~5.5cm。由聚伞花序组成圆锥花序，顶生，长 12~25cm，宽 2.5~6.0cm，基部具叶状总苞 2 枚；苞片和小苞片小，长约 1mm，早落；花萼长约 6mm；花瓣红色或粉红色，长约 6mm。蒴果椭圆形，顶端具胎座轴，长约 5.5mm，顶孔开裂；宿存萼较果长，坛形，近顶端缢缩。花期 10 月；果期 3 月。

产于广西南部。生于海拔 700~930m 的林中或溪边、河旁。分布于云南；印度、缅甸也有分布。

6. 偏瓣花属 Plagiopetalum Rehd.

灌木。茎幼时具 4 棱，棱上有狭翅。叶边有细齿或刺毛状疏缘毛，三至五基出脉。花 4 数，组成伞形花序，复排成顶生伞房花序；萼钟形，具 8 条脉，檐 4 齿裂，裂齿锥尖；花瓣 4 枚，粉红色至紫红色，卵形或长卵形，两边不等；雄蕊 8 枚，4 长 4 短，花药线状披针形，基部 2 裂，顶端单孔开裂；子房 4 室，全下位，每室有胚珠多枚。蒴果球形或卵状坛形，具 4 棱；种子劲直，长楔形或狭三角形，有小斑点。

2 种。分布于缅甸、越南、中国西南部。广西产 1 种。

偏瓣花　图886

Plagiopetalum esquirolii（H. Lév.）Rehder

灌木，高 0.5～1.2m。茎幼时四棱形，棱上具狭翅，以后近圆柱形，翅不明显，分枝多。叶膜质或略厚，披针形至卵状披针形，顶端渐尖，基部钝或圆形，长 6～14cm，宽 2.5～4.0cm，边缘具整齐细锯齿，叶面近无毛；三至五基出脉，基出脉下凹，背面叶脉密被微柔毛，其余无毛或被微柔毛，基出脉、侧脉隆起；叶柄密被鳞片及平展的刺毛，长 4～20mm，有槽。疏松伞房花序或伞形花序组成复伞房花序，顶生或腋生，长 1.5～7.0cm；花梗长 6～10mm；花萼钟形，长约8mm；花瓣红色至紫色，倒卵形，不对称，偏斜，长约6mm。蒴果球形，具4棱，宿存萼顶端平截，直径约6mm，无毛。花期 8～9 月；果期12月至翌年2月。

产于广西西部及西南部。生于海拔 500m 以上的疏林下、林缘、路旁或草坡灌丛中。分布于贵州、云南；越南也有分布。

图886 偏瓣花 Plagiopetalum esquirolii（H. Lév.）Rehder 花枝。（仿《中国高等植物图鉴》）

7. 棱果花属 Barthea Hook. f.

灌木。叶对生，全缘，无毛，基出脉5条，具叶柄。聚伞花序顶生；花4数，萼管钟形，具4棱，被糠秕，裂片披针形或短三角形；花瓣粉红色或白色，稀深红色，倒卵形，无毛；雄蕊8枚，基部具2枚刺毛，不等长，长者花药披针形，具喙，药隔延长成短距，短者花药长圆形，无喙，药隔略膨大，有时呈不明显的距；子房上位，梨形，无毛，花柱丝状，柱头点尖。蒴果长圆形，具钝4棱，顶端平截，与宿存萼贴生，常被细糠秕；种子楔形，多数。

中国特有属，仅1种，分布于中国东南部及南部；广西也有分布。

棱果花　图887

Barthea barthei（Hance ex Benth.）Krasser

灌木，高 70～150cm。茎圆柱形，树皮灰白色，木栓化，分枝多。小枝略四棱形，幼时被微柔毛及腺状糠秕。叶坚纸质，椭圆形或卵状披针形，顶端渐尖，基部楔形，长 6～11cm，宽2.5～5.5cm，全缘或具细锯齿，两面无毛；基出脉5条，叶面基出脉微凹，背面密被糠秕，基出脉隆起；叶柄长 5～15mm。聚伞花序，顶生，有花3朵，常仅1朵成熟；

图887 棱果花 Barthea barthei（Hance ex Benth.）Krasser 1. 花枝；2. 花瓣；3. 花的纵切面（去花瓣）。（仿《中国植物志》）

花梗四棱形，长约7mm，被糠秕；花萼钟形，四棱形，密被糠秕；花瓣白色至粉红色或紫红色，长11~18mm，宽9.5~16.0mm。蒴果长圆形，顶端平截，为宿存萼所包；宿存萼四棱形，长约1cm，直径约6mm，被糠秕。花期1~4月；果期10~12月。

产于龙胜、金秀、融水、武鸣、马山、上林、防城、上思。分布于湖南、广东、福建、台湾。

8. 柏拉木属 Blastus Lour.

灌木。茎圆，被小鳞片，稀被毛。叶基出脉3~5条。聚伞花序组成圆锥花序，顶生，或聚伞花序腋生；花4(3~5)数；花萼四棱形，具不明显8条脉，常被小鳞片，萼片小；花瓣白色，稀粉红色或紫红色，卵形或长圆形；雄蕊4(~5)枚，等长，花药基部无附属体，药隔微膨大，下延至花药基部；子房4室，顶端具4凸起或钝齿，被小鳞片，花柱丝状。蒴果，椭圆形或倒卵形，四棱不明显，纵裂，宿萼与果等长或略长，被小鳞片。种子小，多数，楔形。

约12种。中国9种，产于西南部至台湾。广西6种。

分种检索表

1. 花序为伞开花序，腋生或生于无叶的茎上；总梗极短。
  2. 小枝具透明小腺点，无毛或被腺毛。
    3. 小枝无毛 ·· 1. 柏拉木 B. cochinchinensis
    3. 小枝被腺状柔毛或腺状长柔毛。
      4. 叶纸质，腹面被极细的微柔毛及疏糙毛，背面脉上密被微柔毛，边缘缘齿尖具刺毛 ·················
      ·· 2. 刺毛柏拉木 B. setulosus
      4. 叶膜质，腹面无毛，背面沿脉及边缘被疏柔毛；小枝被腺状疏柔毛 ······· 3. 薄叶柏拉木 B. tenuifolius
  2. 小枝密被长柔毛 ··· 4. 密毛柏拉木 B. mollissimus
1. 花序圆锥状，顶生总梗长4cm以上。
  5. 叶具柄，柄长5mm以上 ··· 5. 少花柏拉木 B. pauciflorus
  5. 叶无柄或具极短柄 ··· 6. 短柄柏拉木 B. brevissimus

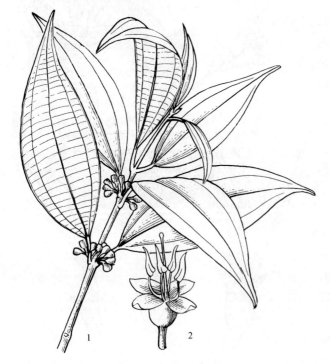

图 888 柏拉木 Blastus cochinchinensis Lour. 1. 花枝；2. 花。（仿《中国高等植物图鉴》）

1. 柏拉木 图888

Blastus cochinchinensis Lour.

灌木，高0.6~3.0m。茎圆柱形，分枝多，幼时密被黄褐色小腺点，以后脱落，无毛。叶纸质，披针形或椭圆状披针形，顶端渐尖，基部楔形，长6~12cm，宽2~4cm，全缘，叶面被疏小腺点，以后脱落；基出脉3(~5)条，基出脉下凹，背面密被小腺点，基出脉、侧脉明显，隆起；叶柄长1~2cm。伞状聚伞花序，腋生，总梗长约2mm至几无；花梗长约3mm；花萼钟状漏斗形，长约4mm；花瓣4(~5)枚，白色至粉红色，长约4mm。蒴果椭圆形，4裂，为宿存萼所包；宿存萼与果等长，檐部平截。花期6~8月；果期10~12月。

产于阳朔、蒙山、河池。分布于云南、广东、福建、台湾；印度至越南均有分布。全株有拔毒生肌的功效，用于治疮疖；根可止血，治产后流血不止；根、茎含鞣料。

2. 刺毛柏拉木

Blastus setulosus Diels

灌木，高 1m。小枝近圆柱形，初时被腺状褐色柔毛，以后无毛。叶纸质，长圆形或披针状长圆形，顶端渐尖，基部楔形，长 7～12cm，宽 2.0～3.5cm，全缘或具极不明显的浅波状齿，齿尖具刺毛，叶面被极细的微柔毛及疏糙伏毛，背面被极细的微柔毛；基出脉 3(～5)条，若为 5 条时近边缘的两条极细且极靠边缘，基出脉隆起；叶柄长 1.5～3.5cm。伞状聚伞花序，有花约 3(～5)朵，生于无叶的茎上，总梗及花梗极短或几无；花萼钟状漏斗形，长约 3.5mm；花瓣白色，长约 4mm。蒴果椭圆形，4 裂；宿存萼与果等大、等长，檐部平截，被小鳞片。花期 7 月；果期 8 月。

产于金秀。生于海拔 800m 以下的山谷林下。分布于广东。

3. 薄叶柏拉木

Blastus tenuifolius Diels

灌木，高 1m。小枝幼时密被腺状淡黄褐色疏柔毛。叶片薄膜质，长圆形或狭卵状长圆形，长 10～18cm，宽 4.0～7.5cm，顶端长渐尖，基部微心形，边缘及背面脉上被疏柔毛；五基出脉，基出脉、侧脉明显，隆起；叶柄长 3～4cm。聚伞花序近簇生，有花 3～5 朵，腋生，总梗短，花梗长约 4mm；花萼长约 3mm；花瓣粉红色，长约 5mm，宽约 4mm。花期 10 月。

广西特有种。产于金秀、岑溪。

4. 密毛柏拉木 图 889

Blastus mollissimus H. L. Li

灌木。茎圆柱形，稍被长柔毛，分枝多，幼枝、叶背、叶柄、花梗、花萼均密被棕褐色长柔毛。叶片纸质至膜质，卵形或披针状卵形，顶端渐尖，基部钝至圆形，长 6.5～18.0cm，宽 2.5～8.5cm，边缘具啮蚀状细齿，叶面幼时被疏微柔毛，以后无毛；五基出脉，基出脉下凹，背面基出脉、侧脉隆起；叶柄长 2.0～6.5cm。聚伞花序近簇生，有花约 3 朵，腋生，花梗长约 2mm；花萼漏斗形，长 3～4mm；花瓣长圆形，长约 8mm。花期 7 月。

广西特有种。产于金秀。生于溪边。

5. 少花柏拉木 图 890

Blastus pauciflorus（Benth.）Guillaumin

灌木，高 70cm。茎圆柱形，分枝多，被微柔毛及黄色小腺点，幼时更密。叶纸质，卵状披针形至卵形，顶端短渐尖，基部钝至圆形，长 3.5～6.0cm，宽 1.3～2.3cm，近全缘或具极细的小齿；三至五基出脉，叶面基

图 889 密毛柏拉木 Blastus mollissimus H. L. Li 1. 花枝；2. 花；3. 雄蕊。（仿《中国植物志》）

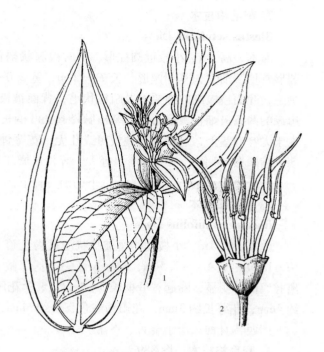

图 890 　少花柏拉木 Blastus pauciflorus (Benth.) Guillaumin 花枝。(仿《中国高等植物图鉴》)

图 891 　短柄野海棠 Bredia sessilifolia H. L. Li 1. 花枝；2. 花(去花瓣)；3. 花瓣；4. 叶片(另一种叶形)。(仿《中国植物志》)

出脉微凹，被微柔毛，侧脉不明显，背面基出脉、侧脉隆起，密被微柔毛及疏腺点，其余密被黄色小腺点；叶柄长 5 ~ 10mm。由聚伞花序组成小圆锥花序，顶生，密被微柔毛及疏小腺点；花梗长约 1mm，苞片不明显，与花萼均被黄色小腺点；花萼长约 3mm；花瓣粉红色至紫红色，长约 2.5mm。蒴果椭圆形，为宿存萼所包；宿存萼漏斗形；长约 3mm，直径约 2mm，被黄色小腺点。花期 7 月；果期 10 月。

产于广西各地。见于低海拔的山坡。分布于广东。

6. 短柄柏拉木

Blastus brevissimus C. Chen

小灌木，高 50cm。茎圆柱形，少分枝，幼时密被锈色微柔毛及腺毛或刚毛。叶纸质，卵形至披针状卵形，顶端渐尖，基部圆形或近心形，长 15 ~ 17cm，宽 5 ~ 6cm，全缘或具极不明显的细锯齿，叶面除基出脉被微柔毛外，其余无毛；五基出脉，背面基出脉及侧脉均隆起，被微柔毛及极疏的平展刺毛；叶柄极短或无柄。由聚伞花序组成小圆锥花序，顶生，长约 4cm，宽约 2cm，与花梗均被微柔毛，苞片早落，花梗长 2 ~ 3mm；花萼漏斗形，具 4 棱，长约 5mm；花瓣红色，长约 4mm。蒴果椭圆形，4 纵裂，为宿存萼所包；宿存萼顶端平截，长约 6mm，直径约 4mm，具 4 棱，被小腺点。花期 8 月；果期 10 月。

广西特有种。产于昭平。生于海拔约 400m 的山坡。

9. 野海棠属 Bredia Blume

草本、亚灌木或灌木。叶具细密锯齿或近全缘，基出脉 5 ~ 9(~11) 条。聚伞或圆锥花序，稀伞形聚伞花序，顶生；花 4 数；花萼漏斗形、陀螺形或钟形，脉不明显；花瓣粉红色或紫红色；雄蕊 8 枚，大小各半，花药孔裂，长雄蕊花药基部无小瘤，药隔下延呈短柄，无距，短雄蕊花药基部具小瘤，药隔下延呈短距；子房下位或半下位，4 室，顶端具膜质冠，冠檐具缘毛，具隔片。蒴果陀螺形，顶端平截，冠木质化，伸出萼外。种子小，多数，楔形，密被小凸起。

约 15 种。中国 11 种，从西南部至东南部均有；广西 7 种，本志记载 1 种。

短柄野海棠 图 891

Bredia sessilifolia H. L. Li

灌木，高 20~100cm。茎圆柱形或几四棱形，分枝多，小枝近四棱形，无毛。叶坚纸质，卵形至椭圆形，顶端渐尖，基部圆形至微心形，长 5.5~14.0cm，宽 2.8~5.0cm，全缘或微具细齿，两面无毛或幼时被极细的微柔毛；五基出脉，叶面基出脉平整，侧脉不明显，背面基出脉隆起，侧脉及细脉均不明显；叶柄无或极短。聚伞花序，顶生，有花 3~5 朵，长 3.0~6.5cm，无毛；苞片钻形，早落，花梗长约 4mm，无毛；花萼钟状漏斗形，长约 3.5mm；花瓣粉红色，长圆形或近圆形，长约 8mm，宽 4.5~6.0mm。蒴果近球形，为宿存萼所包；宿存萼钟状漏斗形，顶端平截，长和直径约 5mm。花期 6~7 月；果期 7~8 月。

产于龙胜、容县、武鸣、上林、防城、上思、宁明。生于海拔 800~1200m 的山地。分布于贵州、广东。

10. 锦香草属 Phyllagathis Blume

灌木、半灌木或草本。茎直立或匍匐，常呈四棱形，被开展的长粗毛或长腺毛。叶片全缘或具细锯齿，具基出脉 5~9 条。由伞形花序或聚伞花序再组成圆锥花序，顶生或腋生；花萼漏斗形或近钟形，具 4 棱及 8 条纵脉，裂片 4 枚；花瓣 4 枚，常偏斜；雄蕊 8 枚或 4 枚，同形，等长或近等长，花药长圆状披针形，向顶端渐狭；子房下位或半下位，坛状或杯状，4 室，顶端具膜质冠，与萼筒基部合生。蒴果杯状或球状坛形，4 纵裂，与宿萼贴生；种子楔形或短楔形，密布细小斑点或斑点不明显。

约 56 种。中国 24 种，分布于长江流域以南各地；广西 16 种，本志记载 1 种。

刺蕊锦香草

Phyllagathis setotheca H. L. Li

灌木，高 1m。茎钝四棱形，节略膨大，小枝四棱形，密被小皮孔，无毛。叶坚纸质，长圆状披针形、椭圆形或倒卵形，顶端渐尖或急尖，基部楔形或广楔形，长 10~17cm，宽 3~7cm，全缘，两面无毛，密布细泡状凸起；五基出脉，基出脉及侧脉微凸，背面基出脉及侧脉隆起；叶柄长 1.0~7.5cm，密布细泡状凸起。聚伞花序紧缩而呈伞形，顶生，苞片披针形或卵状长圆形，花梗、花萼均布细泡状凸起，花梗长 8~18mm，花萼漏斗形，管长约 6mm。蒴果杯形，四棱形，顶端平截，长约 7mm，直径约 6mm，为宿存萼所包，顶端微伸出萼外；宿存萼具 8 纵肋；果柄长达 2.3cm。花期 5~7 月；果期 7 月以后。

产于防城、上思。生长于山谷、溪边或林下阴湿处。分布于广东；越南也有分布。

11. 酸脚杆属 Medinilla Gaud.

灌木或小乔木。茎常四棱形，有时具翅。叶对生或轮生，基出脉 3~5(~9) 条。聚伞花序或圆锥花序；花 4(~5) 数；花萼杯形、漏斗形、钟形或圆柱形，具小尖头或小突尖；花瓣卵形或近圆形；雄蕊 4(~10) 枚，常同形，花丝丝状；花药顶端具喙，孔裂，基部具小瘤或条状凸起物，药隔膨大，下延成短距；子房下位，卵形，4(~5) 室。浆果坛形、球形或卵形，冠以宿萼檐部。种子小，多数，倒卵形或短楔形。

300~400 种。中国 11 种，分布于云南、西藏、广西、广东、台湾；广西 3 种。

分种检索表

1. 花序顶生，由聚伞花序组成大型圆锥花序，分枝多，长 8~30cm，有花 30 朵以上；叶基部心形，偏斜，稀钝 …………………………………………………………………………………………………… **1. 顶花酸脚杆 M. assamica**
1. 花序腋生或成簇生于老茎上，聚伞花序，有花 3~5 朵；叶基部钝，近圆形或楔形，不偏斜。

2. 花序腋生；叶先端尾状渐尖，基部钝或近圆形 ························· **2. 北酸脚杆 M. septentrionalis**

2. 花序 2~3 个簇生于老茎上；叶先端渐尖或短渐尖，基部楔形 ················· **3. 滇酸脚杆 M. yunnanensis**

1. 顶花酸脚杆

Medinilla assamica (C. B. Clarke) C. Chen

灌木或攀援灌木，有时呈藤本状，高 1~4m。小枝钝四棱形，以后圆柱形，无毛。叶坚纸质，卵形、披针状卵形或椭圆形，顶端渐尖，基部心形，偏斜，稀钝，长 10~21cm，宽 3.8~11.0cm，全缘或具细浅锯齿，两面密布小凸起，或背面被疏粗伏毛及糠秕；三或五基出脉，叶面基出脉下凹，侧脉不明显，背面基出脉、侧脉明显，隆起；叶柄极短或无。由聚伞花序组成圆锥花序，顶生，长 8~30cm，有花 30 朵以上；苞片极小，卵形；花梗长约 0.5mm，花萼杯形，长约 4mm；花瓣 4 枚，粉红色，长约 4.5mm，宽约 3.5mm。浆果球形，长 4~5mm，直径约 4mm，顶端平截，盘形。种子短楔形，具小凸起。花期 4~6 月；果期约 10 月。

产于百色、平果、靖西、凌云。生于海拔 1200m 以下的山谷、溪边、路旁等较湿润处。分布于云南、广东；印度、越南、泰国也有分布。

2. 北酸脚杆

Medinilla septentrionalis (W. W. Sm.) H. L. Li

灌木或小乔木，高 1~5m，有时呈攀援灌木。分枝多，小枝圆柱形，无毛。叶纸质或坚纸质，披针形、卵状披针形至广卵形，顶端尾状渐尖，基部钝或近圆形，长 7.0~8.5cm，宽 2.0~3.5cm，边缘在中部以上具疏细锯齿，背面稍具糠秕，叶面无毛；五基出脉，基出脉下凹，基出脉及侧脉隆起；叶柄长约 5mm。聚伞花序，腋生，有花 3 朵，长 3.5~5.5cm，无毛，总梗长 1.0~2.5cm；苞片早落，花梗长不到 1mm；花萼钟形，长 4.0~4.5mm；花瓣粉红色、浅紫色或紫红色，三角状卵形，长 8~10mm。浆果坛形，长约 7mm，直径约 6mm；种子楔形，密被小凸起。花期 6~9 月；果期 2~5 月。

产于金秀、百色、武鸣、马山、上林、隆安、平南、桂平、扶绥、宁明、龙州、大新、上思。生于山地密林中或林缘阴湿处。分布于云南、广东；缅甸、越南、泰国也有分布。果可食。

3. 滇酸脚杆

Medinilla yunnanensis H. L. Li

灌木，高 1~2m。茎四棱形，皮木栓化，无毛。枝条粗壮，肉质。叶纸质，长圆状卵形至椭圆形，顶端渐尖或短渐尖，基部楔形，长 7~14cm，宽 2.5~4.8cm，全缘，两面无毛，叶面密布小窝点；离基三出脉，基出脉平整，侧脉不明显，背面基出脉隆起，侧脉不明显；叶柄极短，长约 4mm。聚伞花序，有花 1~3 朵，2~3 个簇生于老茎叶腋，总梗长约 4mm；苞片小，卵状三角形；花梗长 3~5mm，稍被糠秕；花萼漏斗形，长约 4mm；花瓣 4 枚，倒卵形，长 5~6mm，宽约 3mm。浆果坛形，长约 1.1cm，直径 6~8mm，果梗长约 6mm；种子倒卵状楔形，光滑。果期约 4 月。

产于凌云。生于海拔 1000m 以上的山地。分布于西藏、云南。

12. 谷木属 Memecylon L.

灌木或小乔木。植株常无毛。小枝圆，分枝多。叶革质，全缘，羽状脉；具短柄或无柄。聚伞或伞形花序，花小，4 数；花萼杯形、钟形、近漏斗形或半球形，檐部浅波状或浅 4 裂；花瓣圆形、长圆形或卵形；雄蕊 8 枚，等长，花丝丝状，花药短，纵裂，药隔圆锥形，脊上具环状体；子房下位，半球形，1 室，顶端平截，具 8 条放射状槽，特立中央胎座，胚珠 6~12 枚。浆果状核果，球形；宿存萼檐环状。种子 1 枚，光滑，种皮骨质，子叶折皱，胚弯曲。

约 300 余种，分布于非洲、亚洲及澳大利亚热带地区。中国 11 种；广西 2 种。

分种检索表

1. 叶较长，长 5.5～8.0cm，宽 2.5～3.5cm，椭圆形至卵形，或卵状披针形，先端渐尖，钝头，基部楔形…………
………………………………………………………………………………… **2. 谷木 M. ligustrifolium**

1. 叶较短，长 2～5cm，宽 1～3cm，椭圆形至卵状披针形，先端钝、圆形或微凹，基部广楔形 …………
………………………………………………………………………………… **3. 细叶谷木 M. scutellatum**

1. 谷木　图 892

Memecylon ligustrifolium Champ. ex Benth.

大灌木或小乔木，高 1.5～5.0m。小枝圆柱形或不明显的四棱形，分枝多。叶革质，椭圆形至卵形，或卵状披针形，顶端渐尖，钝头，基部楔形，长 5.5～8.0cm，宽 2.5～3.5cm，全缘，两面无毛，粗糙；叶面中脉下凹，背面中脉隆起；叶柄长 3～5mm。聚伞花序，腋生或生于落叶的叶腋，长约 1cm，总梗长约 3mm；苞片卵形，长约 1mm；花梗长 1～2mm；花萼半球形，长 1.5～3.0mm；花瓣白色或淡黄绿色，或紫色，长约 3mm，宽约 4mm。浆果状核果，球形，直径约 1cm，密布小瘤状凸起，顶端具环状宿存萼檐。花期 5～8 月；果期 12 月至翌年 2 月。

产于恭城、贺州、昭平、金秀、百色、凌云、苍梧、平南、上林、宾阳、横县、防城、上思、钦州、龙州、天等。分布于云南、广东、福建。

图892　谷木 **Memecylon ligustrifolium** Champ. ex Benth. 1. 花；2. 果；3. 花枝。(仿《中国高等植物图鉴》)

2. 细叶谷木　小叶谷木　图 893

Memecylon scutellatum (Lour.) Hook. et Arn.

灌木，稀为小乔木，高 1.5～4.0m。树皮灰色，分枝多。小枝四棱形，以后呈圆柱形。叶革质，椭圆形至卵状披针形，顶端钝、圆形或微凹，基部广楔形，长 2～5cm，宽 1～3cm，两面密布小凸起，粗糙，无光泽，无毛，全缘，边缘反卷；侧脉不明显，中脉在叶面下凹，在背面隆起；叶柄长 3～5mm。聚伞花序腋生，长约 8mm，花总梗基部常具刺毛；花梗长 1～2mm，无毛；花萼浅杯形，长约 2mm，直径约 3mm；花瓣紫色或蓝色，长约 2.5mm。浆果状核果，球形，直径 6～7mm，密布小疣状凸起，顶端具环状宿存萼檐。花期 6～8 月；果期 1～3 月。

产于凤山、都安、百色、凌云、乐业、梧州、陆川、博白、北海、合浦、防城、上思、钦州。分布于广东；缅甸、越南至马来西亚也有分布。

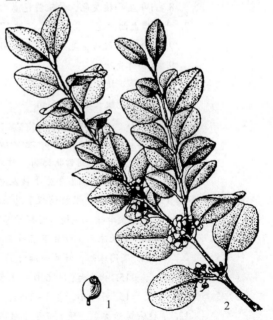

图893　细叶谷木 **Memecylon scutellatum** (Lour.) Hook. et Arn. 1. 果；2. 果枝。(仿《中国高等植物图鉴》)

96 冬青科 Aquifoliaceae

乔木或灌木，常绿或落叶。幼枝常具棱沟。单叶，互生，叶片通常革质或纸质，稀膜质，具锯齿、腺状锯齿或具刺齿，或全缘，具柄，柄上常具沟槽；托叶无或小，早落。花小，辐射对称，单性，稀两性或杂性，雌雄异株，花序腋生；花萼4~6枚，覆瓦状排列；花瓣4~6枚，分离或基部合生；雄蕊与花瓣同数，且与之互生；花盘缺；子房上位，心皮2~5个，合生，2至多室。果常为浆果状核果，具2枚至多数分核，每分核具1枚种子。

仅有1属，500~600种。中国约204种，分布于秦岭南坡、长江流域及其以南地区，以西南地区最盛；广西79种2变种。

冬青属 Ilex L.

形态特征与科同。

分种检索表

1. 常绿乔木或灌木；枝均为长枝，无短枝，当年生枝常无皮孔；叶片革质，厚革质，稀纸质。
    2. 花序单生，稀簇生或假圆锥花序；雌花的退化雄蕊无花药，与花瓣同形，花冠似多瓣；子房通常6至多室，偶达22室；分核6枚至多数 ·················· **1. 多核冬青 I. polypyrena**
    2. 花序簇生、假圆锥花序或假总状花序，或稀单生(雌花序较多)；雌花中的退化雄蕊具败育花药，不呈花瓣状；子房通常4室或4~5室，稀达8室；分核通常4~7枚，稀1枚或更多。
        3. 雌花序单生于叶腋内；分核具单沟或3条纹及2沟，或平滑而无沟，或具不明显的雕纹状条纹。
            4. 雄花序单生于当年生枝的叶腋内；分核背部具单沟或3条纹及2沟；内果皮革质或近木质。
                5. 叶片具锯齿，圆齿，稀为全缘；花序聚伞状；分核背面具单沟。
                    6. 叶片全缘或偶在叶先端具锯齿。
                        7. 叶片为线状披针形、披针形或狭长圆形，长10~16cm。
                            8. 当年生小枝紫黑色，秃净；网脉在叶面模糊 ·············· **2. 九万山冬青 I. jiuwanshanensis**
                            8. 当年生小枝灰色，被硫黄色卷曲短柔毛；网脉在叶面明显 ········ **3. 剑叶冬青 I. lancilimba**
                        7. 叶形非上面所述，长一般不超过17cm。
                            9. 植物体密被短柔毛，总花梗一般不超过10mm ·············· **4. 黄毛冬青 I. dasyphylla**
                            9. 植物体秃净。
                                10. 总花梗长1.2~3.0cm ················· **5. 华南冬青 I. sterrophylla**
                                10. 总花梗长不超过2cm。
                                    11. 果直径9~12mm ·················· **6. 显脉冬青 I. editicostata**
                                    11. 果直径5~7mm ·················· **7. 粗枝冬青 I. robusta**
                    6. 叶片具圆齿、锯齿或圆齿状锯齿，叶片革质或近革质(龙州冬青 I. longzhouensis 为坚纸质)。
                        12. 小枝秃净无毛，偶当年生小枝及芽被微柔毛，后变无毛(如冬青 I. chinensis)。
                            13. 花序近伞形，果梗稍短于总果梗或近等长，果梗长1.2~2.0cm··· **8. 香冬青 I. suaveolens**
                            13. 花序聚伞状，果梗通常短于总花梗，不超过1.5cm。
                                14. 果长球形，叶片干后叶面褐色或深褐色，下面棕褐色 ·············· **9. 冬青 I. chinensis**
                                14. 果圆球形，叶片干后叶面、叶背全变黑。
                                    15. 叶片大，长6.0~11.5cm，宽3~6cm ··········· **10. 黑叶冬青 I. melanophylla**
                                    15. 叶片小，长4~7cm，宽1.5~3.0cm ············ **11. 硬叶冬青 I. ficifolia**
                        12. 小枝密被短柔毛、硬毛或至少被微柔毛。
                            16. 叶片长圆形、长圆状披针形、椭圆状披针形或卵状披针形，长(6~)12~20cm，宽3~8cm，聚伞花序二回二歧分枝，偶简单；果直径8mm以上。
                                17. 叶片干时黑褐色 ················· **12. 广东冬青 I. kwangtungensis**

17. 叶片干时橄褐色 ·· **13. 阔叶冬青 I. latifrons**

16. 叶片卵状至卵状椭圆形、椭圆形、长圆状椭圆形，长 5~9cm，宽 2.5~4.0cm，聚伞果序简单，具果 1~3 枚；果直径 6.0~6.5mm。

18. 叶片革质，卵形至卵状椭圆形，长 2~7cm，宽 1.5~3.5cm，两面被锈色柔毛；花梗被长柔毛 ··· **14. 锈毛冬青 I. ferruginea**

18. 叶片坚纸质。

19. 果序梗长约 1.5cm ·· **15. 硬毛冬青 I. hirsuta**

19. 果序枝长 0.3~0.5cm ·· **16. 龙州冬青 I. longzhouensis**

5. 叶片全缘；花序通常为伞形，稀聚伞状；分核背部具 3 棱 2 沟，或光滑。

20. 分核光滑或具 3 条纵纹，无沟槽；内果皮革质 ·························· **17. 高冬青 I. excelsa**

20. 分核具 3 棱 2 沟，内果皮木质或近木质。

21. 雄花序为疏松伞状聚伞花序；总花梗长 3~13mm；花萼无缘毛。

22. 叶片长 4~9cm，宽 1.8~4.0cm ·································· **18. 铁冬青 I. rotunda**

22. 叶片长 3.5~5.0cm，宽 1.5~2.0cm ·························· **19. 棱枝冬青 I. angulata**

21. 雄花序为紧密伞形花序；总花梗长 14~20mm；花萼具缘毛 ········· **20. 伞花冬青 I. godajam**

4. 雄花序簇生于 2 年生枝的叶腋内，稀单生于当年生枝叶腋内；分核平滑，或具条纹而无沟，或略粗糙；内果皮革质。

23. 叶片背面具腺点；分核 4 枚，宽约 4mm，背部具皱纹状条纹。

24. 小枝常呈"之"字形，顶芽弱或不发育；雄聚伞花序具花朵 1~3，稀更多，花梗与总花梗等长或稍长；分核平滑，具 3 条纹，无沟 ······························ **21. 三花冬青 I. triflora**

24. 小枝直，不为"之"字形，顶芽发育良好；雄聚伞花序具花朵 1~7，花梗长不及总花梗。

25. 花 4~7 基数；叶片卵状椭圆形或卵状长圆形，较大，长 3~8cm，宽 2~4cm；雄花聚伞花序具花朵 1~7，单生于当年生枝上，稀簇生 ················ **22. 四川冬青 I. szechwanensis**

25. 花 4 基数；叶片倒卵形、倒卵状椭圆形或椭圆形，较小；雄花聚伞花序簇生于当年生枝上或单生。

26. 叶片椭圆形或阔椭圆形，较小，长 8~12mm，宽 4~9mm，叶柄长 2~4mm ············· ·· **23. 拟钝齿冬青 I. subcrenata**

26. 叶片倒卵形、倒卵状椭圆形或椭圆形，较大，长(1~)2~6cm，宽 0.5~3.0cm；叶柄长 4mm 以上。

27. 叶片较小，长 1.0~3.5cm，宽 5~15mm；果柄长 4~6mm，果的宿存柱头厚盘状；分核长圆状椭圆形，背部平滑，具条纹而无沟 ··········· **24. 齿叶冬青 I. crenata**

27. 叶片较大，长 2~7cm，宽 1~3cm；果梗长 8mm 以上；分核背部具皱纹或微凸起的条纹 ·· **25. 绿冬青 I. viridis**

23. 叶片背面无腺点；分核 4 枚或有时 5 或 6 枚，宽 2~3mm，背部无条纹或具纵单条纹(具柄冬青 I. pedunculosa)。

28. 分核背部中央具 1 纵条纹；雄花序之总花梗长达 2.5cm，雌花梗长 1.0~1.5cm，果梗长 2~6cm；叶较大，长 4~9cm，全缘或近顶端具少数不明显的锯齿，叶柄长 1.5~2.5cm ··········· ·· **26. 具柄冬青 I. pedunculosa**

28. 分核背部平滑，无条纹或具 3 条纹或沿背部中线具 1 纵沟；雄花序的总花梗约 1cm，雌花花梗长不超过 15mm，果梗长可达 15mm；叶片长不及 6cm，叶柄长不超过 8mm。

29. 小枝无毛，或被短柔毛、微柔毛，后变无毛。叶片椭圆形或卵状椭圆形 ······················ ·· **27. 网脉冬青 I. reticulata**

29. 小枝密被短茸毛、锈色短柔毛或柔毛；叶片非椭圆形 ············ **28. 云南冬青 I. yunnanensis**

3. 雌花序及雄花序均簇生于 2 年生枝，甚至老枝的叶腋内；分核具皱纹及洼点，或具凸起的棱；内果皮革质、木质或石质。

30. 雌花序的个体分枝具花 1 朵；分核 4 枚，稀较少；内果皮石质或木质。

31. 叶具刺或全缘，而先端具 1 枚刺。

32. 每果总是具 4 枚分核，分核石质，具不规则的皱纹和洼穴，稀木质。

33. 叶片厚革质，四角状长圆形，稀卵形，全缘或波状，每边具 1~3 枚坚挺的刺；果梗长 8~ 14mm ·························· **29. 枸骨 I. cornuta**

33. 叶片革质或薄革质，椭圆状披针形或椭圆形，边缘具刺状牙齿或粗锯齿；果梗长 2~8mm ·························· **30. 细刺枸骨 I. hylonoma**

32. 每果通常具 2 枚分核，分核木质，具掌状条纹 ·········· **31. 刺叶冬青 I. bioritsensis**

31. 叶片全缘、具锯齿或圆齿状锯齿，成熟植物的叶片绝无刺。

34. 果直径 8~12mm，宿存柱头脐状，稀盘状；分核具不规则的皱纹及洼穴，内果皮石质。

35. 子房和果被短柔毛 ·················· **32. 扣树 I. kaushue**

35. 子房和果无毛。

36. 叶片大型，长 8~30cm，宽 4.5~13.0cm ·········· **33. 大叶冬青 I. latifolia**

36. 叶片较小，通常长小于 10cm，稀长于 10cm，宽约不超过 5cm。

37. 小枝、叶两面、叶柄及果梗均无毛，稀果梗被微柔毛，后变无毛 ···················· ·················· **34. 苗山冬青 I. chingiana**

38. 果球形，较大，直径 10~12mm，密具细瘤状凸起或腺点 ·················· ·················· **35. 拟榕叶冬青 I. subficoidea**

38. 果长圆形、倒卵状长圆形或扁球形、球形，直径不及 9mm，无瘤状凸起和腺点。

39. 果长圆形或倒卵状长圆形，长 4.0~4.5mm，直径 3mm，分核长圆状椭圆体形，长 3.5mm，宽 2mm，背部凹入，具不规则的条纹及沟；叶片长圆状椭圆形或椭圆形，长 7.5~9.5cm ·········· **36. 长圆果冬青 I. oblonga**

39. 果球形或扁球形，直径 6~8mm，分核卵圆形、长圆形或倒卵形，长 4~5mm。

40. 果较大，直径 6~8mm，宿存柱头厚盘状；分核卵圆形，长 5mm，背面具条纹及沟；当年生小枝粗壮，具 5 条锐棱角；叶片狭椭圆形或椭圆形，长 7.5~12.5cm，宽 3~6cm，主脉在背面呈锐龙骨状凸起 ··· ·················· **37. 五棱苦丁茶 I. pentagona**

40. 果较小，直径 6mm，宿存柱头薄盘状；分核倒卵形，长 4mm，具网状条纹和皱纹及沟；幼枝纤细，具细纵棱，但不锐；叶片卵状椭圆形或椭圆形，长 5~8cm，宽 2~3cm，主脉在背面凸起，但不呈锐龙骨状 ·················· **38. 细枝冬青 I. tsangii**

37. 小枝、叶柄及果柄均被短柔毛或微柔毛。

41. 灌木，高 2m；叶片椭圆形或倒卵状椭圆形，长 3.0~4.5cm，先端钝或圆形，背面具小腺点，侧脉在两面不明显 ·········· **39. 隐脉冬青 I. occulta**

41. 乔木，高 6~25m；叶片背面无小腺点，侧脉背面明显·················· ·················· **40. 南宁冬青 I. nanningensis**

34. 果较小，直径 4~6mm，稀达 8mm，宿存柱头盘状或头状，稀脐状；分核具掌状条纹及沟。

42. 顶芽、幼枝、叶柄均被短柔毛或微柔毛。

43. 子房或果具小瘤状凸起。

44. 果梗短，长仅 1mm，果球形或近球形，宿存柱头盘状；叶片卵形、卵状披针形或长圆形，长 4~8cm，边缘具不规则的疏浅齿·········· **41. 短梗冬青 I. buergeri**

44. 果梗长 3~4mm，果椭圆形或近球状椭圆形，宿存柱头厚盘状；叶片长圆形或长圆状椭圆形，边缘具大小不等的细锯齿或近全缘 ····· **42. 两广冬青 I. austrosinensis**

43. 子房和果无瘤状凸起 ·········· **43. 平南冬青 I. pingnanensis**

42. 顶芽、幼枝及叶柄均无毛，或变无毛。

45. 灌木或小乔木。

46. 灌木，高 1~3m ·········· **44. 上思冬青 I. peiradena**

46. 灌木或小乔木，高 3~5(~8)m。

47. 叶片长圆状卵形，长 5~9cm，侧脉及网状脉在叶面模糊，背面无腺点；雄花

簇的个体分枝具单花, 稀为具花3朵的聚伞花序 ·····················

···················· **45. 短叶冬青 I. brachyphylla**

47. 叶片长圆形或倒卵状长圆形, 背面疏布腺点, 侧脉在叶面微凹, 在背面凸起;
雄花簇的个体分枝为具花3朵的聚伞花序········ **46. 密花冬青 I. confertiflora**

45. 乔木。

48. 雌花序及果序为假总状。

49. 内果皮石质, 分核卵状长圆形, 长约3mm; 果直径约5mm, 宿存柱头头状;
叶片椭圆形或长圆状披针形, 长6~10cm, 边缘具细圆齿锯齿 ·····················

································· **47. 台湾冬青 I. formosana**

49. 内果皮石骨质, 分核长圆形, 长4mm; 果直径5~6mm, 宿存柱头脐状; 叶片
长圆状椭圆形或长圆状披针形, 长5~9cm, 边缘近全缘或具小细圆齿········

································· **48. 灰叶冬青 I. tetramera**

48. 雌花序及果序簇生于叶腋内, 不为假总状。

50. 果梗与果直径相等或略长 ····················· **49. 弯尾冬青 I. cyrtura**

50. 果梗长远小于果的直径, 约为果直径的1/2。

51. 雄蕊长于花瓣, 伸出花冠外, 花瓣卵状长圆形, 上部边缘具缘毛; 果在扩
大镜下可见小瘤 ····················· **50. 榕叶冬青 I. ficoidea**

51. 雄蕊与花瓣等长或稍短, 不伸出花冠外, 花瓣长圆形, 不具缘毛 ·········

····················· **51. 团花冬青 I. glomerata**

30. 雌花序的单个分枝伞形状或具单花; 分核6或7枚, 稀较少或更多; 内果皮革质或近木质。

52. 分核背部具3纵条纹及2沟, 条纹(棱)与内果皮贴合; 内果皮近木质或稀革质; 小枝纤细, 具纵
棱脊, 横切面呈四角形。

53. 雌花序为具花1~5朵的聚伞花序簇生或组成假圆锥花序, 聚伞花序的总花梗长3~7mm; 叶片
披针形、椭圆状披针形或狭长圆形 ····················· **52. 黔桂冬青 I. stewardii**

53. 雌花序簇的个体分枝具单花, 稀为具花1~3朵的聚伞序花, 也不为假圆锥花序。

54. 叶片纸质或薄革质; 宿存柱头头状或盘状。

55. 叶片纸质或膜质, 椭圆形或长卵形, 长2~6cm, 宽1.0~2.5cm, 边缘具疏而尖的细锯
齿或近全缘; 小枝、叶片、叶柄及花序均密被长硬毛 ········ **53. 毛冬青 I. pubescens**

55. 叶片薄革质或纸质, 椭圆形、倒卵状或卵状长圆形, 长5~9cm, 宽2.5~5.0cm, 全
缘; 小枝、叶柄及花序仅疏被微柔毛····················· **54. 海南冬青 I. hainanensis**

54. 叶片革质, 宿存柱头乳头状或盘状 ····················· **55. 乳头冬青 I. mamillata**

52. 分核平滑, 或具条纹而无沟, 条纹易与内果皮分离; 内果皮革质; 小枝圆柱形。

56. 果柄长8~20mm, 总是长于果的直径; 果簇生或假总状。

57. 果直径5~8mm, 稀4mm, 宿存柱头柱状或头状; 花柱明显。

58. 叶片背面无腺点, 先端通常急尖、渐尖或钝, 但不凹缺。

59. 灌木或小乔木。

60. 叶片近革质, 披针形或倒披针形, 长3~6cm, 宽5~14mm, 近全缘, 常在近
先端具1~2细齿; 雄花序的单个分枝具花3朵; 分核5~8枚, 背面及侧面均
具纵条纹、沟 ····················· **56. 河滩冬青 I. metabaptista**

60. 叶片厚革质, 椭圆形或长圆状椭圆形, 长5~9cm, 宽2.0~3.5cm, 全缘; 雄
花序的单个分枝具花1朵; 分核6或7枚, 背部平滑, 具1纤细的纵脊, 脊的
下端稍分枝 ····················· **57. 厚叶冬青 I. elmerrilliana**

59. 乔木。

61. 叶片厚革质, 卵状长圆形或倒卵形, 长4.0~8.5cm, 宽1.2~3.3cm, 侧脉
5~6对; 分核4或5枚 ····················· **58. 谷木叶冬青 I. memecylifolia**

61. 叶片革质, 长圆形或长圆状椭圆形, 长5~11cm, 宽2.3~4.0cm, 侧脉10~
14对; 分核6枚 ····················· **59. 中华冬青 I. sinica**

58. 叶片背面具小腺点, 先端通常圆形或微缺, 或渐尖而微凹, 钝或急尖。

62. 叶片倒心形,先端圆形并微凹 ················ **60. 罗浮冬青 I. tutcheri**

62. 叶片非倒卵形,先端渐尖或短渐尖,稀微凹。

  63. 叶片线状披针形,宽 8~22mm,长 4.5~12.0cm ··· **61. 柳叶冬青 I. salicina**

  63. 叶片卵形、椭圆形、长圆状椭圆形或椭圆状披针形等,宽 2.5cm 以上。

    64. 果梗长 12~17mm,果直径约 5mm,具小疣点,宿存柱头头状或乳头状;分核 6 枚,背面具羽毛状纵条纹 ················ **62. 湿生冬青 I. verisimilis**

    64. 果梗长不及 12mm,果不具小疣点,宿存柱头脐状或乳头状,分核背面平滑或具条纹,但不呈羽毛状。

      65. 叶片椭圆形、长圆状椭圆形、长圆状披针形或倒披针形,长 6~16cm,先端渐尖,渐尖头不微凹,叶柄较短,长 7~10mm;果梗长 8~12mm,果球形,直径 5~7mm,宿存柱头乳头状 ··················

      ··················· **63. 越南冬青 I. cochinchinensis**

      65. 叶片阔椭圆形,长 6~9cm,先端短尖头微凹;叶柄较长,长 8~12mm;果梗长 5~8mm,宿存柱头脐状 ··················

      ·················· **64. 微凹冬青 I. retusifolia**

57. 果直径 3~4(~5)mm,花柱无,宿存柱头薄盘状。

  66. 叶片全缘,先端通常尾状;分核 4 枚,稀 5 枚。

    67. 叶片背面具腺点。

      68. 叶片较大,长 4~11cm,先端长渐尖或尾状,不微凹,椭圆形或卵状椭圆形

      ··················· **65. 皱柄冬青 I. kengii**

      68. 叶片较小,长 3.0~5.5cm,宽 1.0~2.5cm,先端钝、圆形或短渐尖或微凹,椭圆形或倒卵状椭圆形 ··············· **66. 黄杨叶冬青 I. buxoides**

    67. 叶片背面无腺点。

      69. 叶片阔卵形,长 4.0~5.5cm,宽 2.0~3.5cm,先端钝或圆形,侧脉 4~5 对,与网状脉在叶面不明显;宿存花萼(4~)5 裂,裂片不等大,分核(4~)5 枚,卵球形,长约 3mm,背面具掌状条纹及沟 ·········· **67. 石生冬青 I. saxicola**

      69. 叶片不为阔卵形,各样,长为宽的 2 倍以上,先端渐尖,侧脉在叶面明显或不明显;宿存花萼裂片等大,分核背面具纵条纹或网状条纹,稀具掌状条纹。

        70. 叶片近全缘,在先端具 1~2 枚细齿或疏散的小齿··························

        ···················· **68. 亮叶冬青 I. nitidissima**

        70. 叶片全缘 ··················· **69. 尾叶冬青 I. wilsonii**

  66. 叶片具锯齿、细圆齿或近全缘;分核 4、6 或 7 枚。

56. 果梗长 1~3mm,总是短于果直径,或 6~9mm,长于果直径;果通常双生。

  71. 叶片纸质或薄革质,长圆形或椭圆形,稀倒卵形或菱形,长 1.0~2.5cm,基部楔形;小枝、叶面主脉和叶柄等密被短柔毛 ·············· **70. 矮冬青 I. lohfauensis**

  71. 叶片革质或厚革质,倒卵形或倒卵状长圆形、卵形,基部钝或楔形;小枝、叶面沿主脉和叶柄被微柔毛。

    72. 叶片背面具深色腺点,卵形或倒卵形;果扁球形,直径 3~4mm,宿存柱头盘状凸起

    ···················· **71. 凹叶冬青 I. championii**

    72. 叶片背面无腺点,倒卵形或倒卵状长圆形;果球形,直径约 5mm,宿存柱头薄盘状,4 或 5 浅裂 ··················· **72. 青茶香 I. hanceana**

1. 落叶乔木或灌木;枝常具长枝和短枝,当年生枝常具明显的皮孔;叶片膜质、纸质,或稀亚革质。

  73. 果成熟后红色,分核 6~13 枚,背面稍凸起,具纵条纹,内果皮革质,稀木质。

    74. 花序为复合三歧聚伞花序,二级轴及三级轴均发育,均较花梗长;果较小,直径约 3mm;叶片具侧脉 6~8 对,叶柄上面平坦,无沟 ·············· **73. 小果冬青 I. micrococca**

    74. 花序为假伞形花序,通常二级轴不存在,若存在,也短于果梗;果较大,直径约 4mm;叶片有侧脉 10~20 对,叶柄上面具狭而深的槽 ·············· **74. 多脉冬青 I. polyneura**

  73. 果成熟后黑色,分核 4~9 枚,背面多皱,具条纹及槽,或具 2 沟,内果皮石质,稀木质。

75. 果直径 10mm 以上，花柱明显，宿存柱头头状或柱状。

    76. 果较小，直径 12 ~ 14mm，宿存柱头圆柱形，分核 7 ~ 9 枚；叶片纸质，卵形或卵状椭圆形，稀长圆状椭圆形，长 5 ~ 11cm，宽 3 ~ 7cm ·················· **75. 大果冬青 I. macrocarpa**

    76. 果较大，直径 14 ~ 20mm，宿存柱头头状，分核 6 ~ 7 枚；叶片薄革质或纸质，卵状椭圆形或长圆状椭圆形，长 5 ~ 11cm，宽 2.5 ~ 5.0cm ·················· **76. 沙坝冬青 I. chapaensis**

75. 果较小，直径不及 10mm，宿存柱头盘状，稀头状，无花柱。

    77. 雌花的花梗及果梗纤细，长 12 ~ 25mm ·················· **77. 秤星树 I. asprella**

    77. 雌花花梗及果梗长不及 10mm。

        78. 叶片倒卵形，基部楔形；分核 4 或 5 枚 ·················· **78. 满树星 I. aculeolata**

        78. 叶片卵形、卵状椭圆形或阔椭圆形，基部圆形或钝；分核 5 或 6 枚·········· **79. 紫果冬青 I. tsoi**

1. 多核冬青　图 894

Ilex polypyrena C. J. Tseng et B. W. Liu

常绿乔木，高 6m。树皮灰白色。幼枝褐色。2 年生枝变白色。叶革质，倒卵状椭圆形或长圆状椭圆形，长 6.0 ~ 8.5cm，宽 2.5 ~ 4.3cm，先端圆形，基部钝或楔形，全缘，叶面具光泽，两面无毛；主脉在叶面稍凹陷，侧脉 6 ~ 7 对，在近叶缘处网结，细脉在两面不明显；叶柄长 10 ~ 18mm，无毛。二歧聚伞果序，无毛，果梗长约 3mm，果球形或卵状球形，直径约 7mm，成熟时黑紫色；宿存花萼 5 裂，宿存柱头盘状；分核 14 ~ 15 枚，长约 2 ~ 3mm，背部宽仅约 1mm，具 1 条纵槽，内果皮革质。

广西特有种。产于防城、上思。生于海拔约 1000m 的阔叶林中。

图 894　多核冬青 Ilex polypyrena C. J. Tseng et B. W. Liu
1. 果枝；2. 果；3. 分核；4. 宿存花萼。（仿《中国植物志》）

2. 九万山冬青

Ilex jiuwanshanensis C. J. Tseng

常绿灌木，高 4m。当年生小枝紫黑色，秃净，顶芽具微柔毛；2 年生枝灰黄色，具纵裂。叶革质，线状披针形，长 11 ~ 13cm，宽 1.1 ~ 2.3cm，先端渐尖，基部渐狭下延，全缘，两面无毛；主脉在两面隆起，侧脉 9 ~ 10 对，在叶面不明显，在叶背略明显，网状脉在叶两面模糊；叶柄圆柱形，长约 1cm，上部具扁平的翅。聚伞状果序，具果 1 ~ 3 枚，果序梗长约 7mm，被微柔毛，果梗长约 2mm 或在单生果上长达 5 ~ 6mm，被微柔毛。分核 5 枚，长约 5.5mm，背部宽约 2.5mm，扁平或略具宽沟。

广西特有种。产于融水。生于海拔 1000 ~ 1500m 的阔叶林密林中。

3. 剑叶冬青　图 895：1 ~ 3

Ilex lancilimba Merr.

常绿灌木或小乔木，高 10m。树皮灰白色，平滑。幼枝灰色，被硫黄色卷曲短柔毛。叶革质，披针形或狭长圆形，长 9 ~ 16cm，宽 2 ~ 5cm，先端渐尖，基部楔形或钝，全缘，稍反卷；主脉在叶面凸起，幼时被短柔毛，后变无毛，在背面隆起，无毛，侧脉 10 ~ 16 对，在两面稍隆起，并于叶

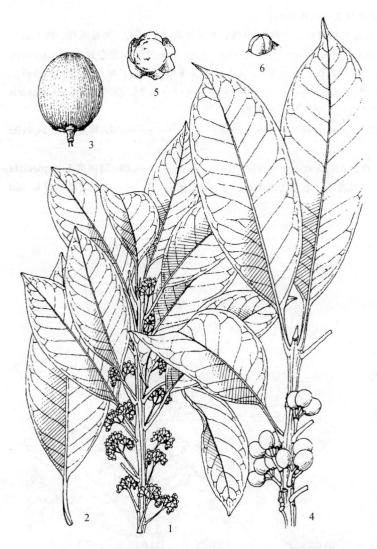

缘附近网结，网状脉在两面可见；叶柄长 1.5～2.5cm，疏被微柔毛；无托叶。总花梗及花梗均被淡黄色短柔毛；雌花序为具花 3 朵的聚伞花序，总花梗长 2mm，花梗长 1～2mm。果常单生，果梗长 4～6mm；果球形，直径 10～12mm，熟时红色，宿存柱头盘状，4 裂；分核 4 枚，长约 9mm，背部宽约 4mm，具宽而深的"U"形槽，平滑，无条纹，内果皮木质。花期 3 月；果期 9～11 月。

产于金秀、融水、苍梧、钦州。生于海拔约 600m 的山谷林中。分布于福建、广东、海南。

4. 黄毛冬青 图 896：1～4
Ilex dasyphylla Merr.

常绿灌木或乔木，高 2.5～9.0m。小枝、叶柄、叶片、花梗及花萼均密被锈黄色瘤基短硬毛。叶革质，卵形、长圆状椭圆形或卵状披针形，长 3～11cm，宽 1.0～3.2cm，老时毛被脱落，具皱纹，先端渐尖，基部钝或圆形，全缘或中部以上具稀疏小齿，具缘毛；主脉在叶面凹陷，侧脉 7～9 对，网脉于叶面不明显；叶柄长 3～5mm。聚伞花序，花红色，花 4 或 5 基数；雌花序聚伞状，具花 1～3 朵，

图 895 1～3. 剑叶冬青 Ilex lancilimba Merr. 1. 雄花枝；2. 叶；3. 果。4～6. 显脉冬青 Ilex editicostata Hu et T. Tang 4. 果枝；5. 宿存花萼；6. 宿存柱头。(仿《中国植物志》)

总花梗长 3～8mm，具基生、密被锈黄色短硬毛的小苞片。果球形，直径 5～7mm，成熟时红色，外果皮厚，平滑；宿存柱头厚盘状，凸起；分核 4 或 5 枚，长约 4～6mm，背部宽约 2.5mm，背部中央具宽而深的单沟，全部平滑，无条纹，内果皮革质。花期 5 月；果期 8～12 月。

产于广西南部。生于海拔 700m 以下的疏林或灌木丛中、路旁。分布于江西、福建、广东。

5. 华南冬青
Ilex sterrophylla Merr. et Chun

常绿乔木，高 15m。叶革质，卵形或椭圆形，长 5～8cm，宽 2～4cm，先端渐尖，基部楔形或近圆形，先端具 1～2 枚不明显的齿；主脉在叶面凸起，侧脉 8～10 对；叶柄长 15～25mm。花 4 或 5 基数；雄花序：聚伞花序近伞形状，具花 5～13 朵，总花梗长 1.5～3.0cm，二级轴长 1～2mm，花梗长 3～5mm，花冠白色，基部稍合生；雌花序：聚伞花序，具花 3 朵，总花梗长 12～23mm，花梗长 5～8mm。果椭圆形，长 7～9mm，熟时红色，宿存柱头厚盘状。分核 4 枚，长 5～6mm，宽约 3mm，背面浅凹，光滑，无条纹，内果皮革质。花期 5 月；果期 9～10 月。

产于兴安、龙胜、灌阳、阳朔、金秀、武鸣、上林、马山、上思。生于海拔 500～1600m 的阔叶林中。分布于广东和海南。

6. 显脉冬青　图895：4~6

Ilex editicostata Hu et Tang

常绿灌木至小乔木，高 6m。分枝粗壮，幼枝褐黑色。皮孔稀疏，圆形，不明显。叶厚革质，披针形或长圆形，长 10~17cm，宽 3.0~8.5cm，先端渐尖，基部楔形，全缘，反卷，两面无毛；主脉在表面明显隆起，侧脉 10~12 对，常在两面不明显，网状脉有时明显；叶柄粗壮，长 1~3cm。聚伞花序或二歧聚伞花序，花白色，4 或 5 基数；雄花序：总花梗长 12~18mm，无毛，花梗长 3~8mm；花冠辐射状，直径约 5mm。果近球形或长球形，直径 9~12mm，熟时红色；宿存柱头薄盘状，5 浅裂；分核 4~6 枚，长 7~8mm，背部宽约 2.5mm，具 1 浅沟，内果皮近木质。花期 5~6 月；果期 8~11 月。

产于临桂、资源、龙胜、兴安、灌阳、灵川、昭平、金秀、融水、罗城、田林、武鸣、上林、上思、防城。生于海拔 600~1700m 的阔叶林中和林缘。分布于浙江、江西、湖北、广东、四川、贵州。

6a. 木姜冬青　木姜叶冬青

Ilex editicostata var. **litseifolia** (Hu et T. Tang) S. Y. Hu

与原种的区别在于：叶形较小；果球形，较小；幼枝、中脉及萼片均被短柔毛。

图 896　1~4. 黄毛冬青 Ilex dasyphylla Merr. 1. 花枝；2. 果；3. 分核；4. 叶(示叶背毛被)。5~6. 黑叶冬青 Ilex melanophylla H. T. Chang 5. 果枝；6. 分核。7~8. 硬毛冬青 Ilex hirsuta C. J. Tseng ex S. K. Chen et Y. X. Feng 7. 果枝；8. 分果。(仿《中国植物志》)

产于桂林、兴安、全州、灌阳、龙胜、资源、临桂、灵川、贺州、金秀、三江。生于海拔 800m 以上的阔叶林中和石山疏林中。分布于浙江、江西、福建、广东、湖南、贵州。

7. 粗枝冬青

Ilex robusta C. J. Tseng

常绿灌木。小枝粗壮，直径约 5mm，栗紫色，无毛。叶坚革质，椭圆形或长圆状椭圆形，长 6.5~8.0cm，宽 3~4cm，先端短渐尖，基部钝或楔形下延，全缘，略反卷，光亮，两面无毛；主脉在两面凸起，侧脉 10~14 对，和网状脉在叶面凹入，在背面略凸起；叶柄长 1.0~1.5cm，宽 3mm，上面平，具宽翅，无毛。聚伞状果序具果 3 枚，总梗长 1.0~1.2mm，无毛，果梗长 4~5mm，压扁，无毛。成熟果红色，球形，直径 5~7mm，宿存花萼 6 裂，无缘毛，宿存柱头厚盘状或乳头状；分核 6 枚，长约 6mm，背部宽 2.5mm，扁平或略具宽沟，内果皮近石质。

广西特有种。产于平南。生于海拔 400~1000m 的灌木丛中。

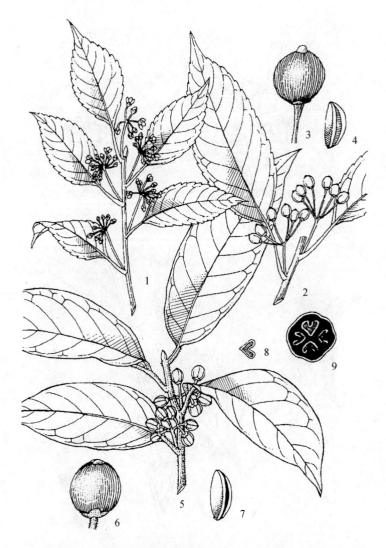

8. 香冬青 甜冬青、德保冬青
图 897：1~4

Ilex suaveolens（H. Lévl.）Loes.

常绿乔木，高 15m。小枝褐色，秃净。叶革质，卵形或椭圆形，长 5.0~6.5cm，宽 2.0~2.5cm，先端渐尖，基部宽楔形，下延，叶缘疏生小圆齿，两面无毛；侧脉 8~10 对，主侧和侧脉在两面略隆起；叶柄长 1.5~2.0cm，具翅。聚伞状果序，果梗稍短于总果梗或近等长，果序梗和果梗长 1.2~2.0cm，具棱，无毛。成熟果红色，长球形，长约 9mm，直径约 6mm，宿存花萼 5 裂，无缘毛，宿存柱头乳头状；分核 4 枚，长约 8mm，背部宽约 3mm，内果皮石质。

产于桂林、灌阳、阳朔、龙胜、兴安、临桂、灵川、资源、金秀、融水、凌云、乐业、德保、南宁、武鸣、上林、防城、上思。生于海拔 500~1600m 的阔叶林中。分布于安徽、浙江、江西、福建、湖北、湖南、广东、四川、贵州、云南。

图 897　1~4. 香冬青 Ilex suaveolens（H. Lévl.）Loes. 1. 雄花枝；2. 果枝；3. 果；4. 分核. 5~9. 阔叶冬青 Ilex latifrons Chun 5. 果枝；6. 果；7. 分核；8. 分核横切面；9. 果横切面。（仿《中国植物志》）

9. 冬青 图 898：1~5

Ilex chinensis Sims

常绿乔木，高 13m。树皮灰黑色，小枝浅灰色。叶薄革质至革质，椭圆形或披针形，长 5~11cm，宽 2~4cm，先端渐尖，基部楔形或钝，边缘具圆齿，叶面有光泽，叶干后叶面褐色或深褐色，下面棕褐色；主脉在叶面平，侧脉 6~9 对，在叶面不明显，无毛；叶柄长 8~10mm。雄花：花序具 3~4 回分枝，总花梗长 7~14mm，花梗长约 2mm，无毛；花淡紫色或紫红色；花萼具缘毛；花冠辐射状，直径约 5mm；雌花：花序具一至二回分枝，具花 3~7 朵，总花梗长 3~10mm；花梗长 6~10mm；花萼和花瓣同雄花的。果长球形，成熟时红色，长 10~12mm，直径 6~8mm；分核 4~5 枚，长 9~11mm，宽约 2.5mm，背面平滑，内果皮厚革质。花期 4~6 月；果期 7~12 月。

产于广西各地。生于海拔 800m 以下的阔叶林中和灌木丛中。分布于江苏、浙江、江西、福建、台湾、河南、湖北、湖南、广东、云南；日本也有分布。树皮及种子供药用，为强壮剂，且有较强的抑菌和杀菌作用；叶有清热利湿、消肿镇痛的功效，用于治疗肺炎、急性咽喉炎症、痢疾，外用可治烧伤、湿疹、脚手皮裂；根也可入药，味苦，性凉，有抗菌、清热、解毒、消炎的功效，用于治疗上呼吸道感染、慢性支气管炎、痢疾，外用可治烧伤烫伤、冻疮、乳腺炎。中国常见园林观赏树种，用于庭院绿化；木材坚韧，供作细工原料，用于制玩具、雕刻品、工具柄和木梳。

10. 黑叶冬青 图 896：5~6

Ilex melanophylla H. T. Chang

常绿灌木。小枝粗壮，近圆柱形，直径约 5mm，栗紫色，无毛。叶坚革质，椭圆形或长圆状椭圆形，长 6.0~11.5cm，宽 3~6cm，先端短渐尖，基部钝或楔形下延，全缘，略反卷，干时叶面紫褐色，光亮，两面无毛；主脉在两面凸起，侧脉 10~14 对，和网脉在叶面凹入，在背面略凸起；叶柄长 1.0~1.5cm，宽 3mm，上面平，具宽翅，无毛。聚伞状果序具果 3 枚，总梗长 1.0~1.2mm，无毛，果柄长 4~5mm，压扁，无毛。成熟果红色，球形，直径约 6mm，宿存花萼无缘毛，宿存柱头厚盘状或乳头状；分核 6 枚，长约 6mm，背部宽约 2.5mm，扁平或略具宽沟，内果皮近石质。果期 11 月。

产于金秀、平南。生于海拔 300~1200m 的山地密林中。分布于广东、湖南。

11. 硬叶冬青 图 898：6~9

Ilex ficifolia C. J. Tseng

常绿乔木或灌木，高 8m。嫩枝灰黑色，无毛。叶革质，椭圆形或长圆状椭圆形，长 4~7cm，宽 1.5~3.0cm，先端短尖、短渐尖或钝，基部钝或阔楔形，叶缘具疏而不明显的细锯齿，叶面干后紫褐或浅黄褐色，有光泽，两面无毛；主脉在叶面平坦或稍隆起，侧脉 7~8 对，隐约可见，网脉在两面不明显；叶柄长 5~10mm，无毛。雄花序聚伞状，具花 7 朵；雌花序有花 3 朵。果序具 1~3 枚果；果序梗稍扁，有线纹，长 0.9~2.0cm，无毛，果梗长 0.7~15.0mm，无毛；成熟果球形，干时黑色，直径 6~8mm，宿存花萼 5 裂，具缘毛，宿存柱头厚盘状；分核 5 枚，长约 4mm，背部宽约 2.5mm，具 1 条纵沟，内果皮革质。花期 5~6 月；果期 9~10 月。

产于龙胜、全州、金秀。生于海拔 400~900m 的疏林中。分布于浙江、江西、福建、广东。

12. 广东冬青 图 899：1~4

Ilex kwangtungensis Merr.

常绿灌木或小乔木，高 9m。树皮灰褐色，平滑。小枝暗灰褐色，被短柔毛或变无毛。顶芽密被锈色短柔毛。叶近革质，卵状椭圆形、长圆形或披针形，长 7~16cm，宽 3~7cm，先端渐尖，基部钝至圆形，边缘具细小锯齿或近全缘，幼叶两面被微柔毛，后变无毛，叶片干时黑褐色；主脉在叶面凹陷，侧脉 9~11 对；叶柄长 7~17mm，被微柔毛；无托叶。雄花序为二至四回二歧聚伞花序，具花 12~20 朵，花紫色或粉红色，花冠直径 7~8mm；雌花序一至二回二歧聚伞花序，具花 3~7 朵，花梗长约 4~7mm。果椭圆形，直径 7~9mm，成熟时红色，宿存花萼被柔毛及缘毛，宿

图 898　1~5. 冬青 Ilex chinensis Sims 1. 果枝；2. 雄花枝；3. 雄花；4. 果；5. 分核。6~9. 硬叶冬青 Ilex ficifolia C. J. Tseng 6. 果枝；7. 花枝；8. 果；9. 分核。(仿《中国植物志》)

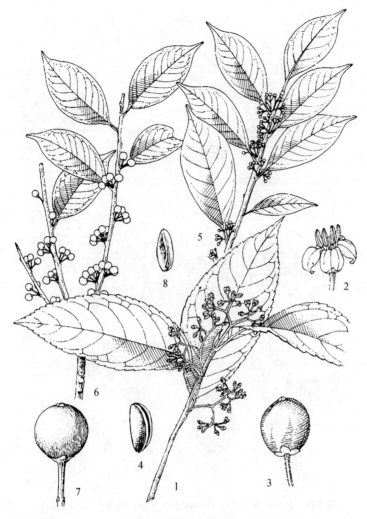

存柱头凸起，4 裂；分核 4 枚，长约 6mm，宽约 3mm，背部中央具 1 条宽而深的"U"形沟槽，两侧面平滑，内果皮革质。花期 6 月；果期 9 ~ 11 月。

产于桂林、龙胜、临桂、兴安、灌阳、永福、全州、灵川、贺州、金秀、象州、融水、东兰、苍梧、平南、马山、上林、武鸣、钦州、防城、上思。生于海拔 300 ~ 1200m 的阔叶林、灌木丛或溪边湿地。分布于浙江、江西、福建、湖南、广东、海南、贵州、云南。树冠秀丽，可作庭院绿化树种。

13. 阔叶冬青 大叶冬青、长叶冬青 图 897：5 ~ 9

Ilex latifrons Chun

常绿乔木，高 4 ~ 10m。枝粗壮，密被锈黄色或污黄色长柔毛。顶芽密被污黄色柔毛。叶革质至近革质，椭圆形至卵状长椭圆形，长 12 ~ 20cm，宽 5 ~ 8cm，先端渐尖，基部圆形至近圆形，边缘具浅小锯齿至近全缘，叶疏被柔毛或无毛，干时榄褐色；中脉在叶面被污黄色短柔毛；叶柄粗壮，长 10 ~ 13mm，密被长柔毛。雄花：聚伞花序，一至三回分枝；花序梗长 1.5 ~

图 899 1 ~ 4. 广东冬青 Ilex kwangtungensis Merr. 1. 雄花枝；2. 雄花；3. 果；4. 分核。5 ~ 8. 尾叶冬青 Ilex wilsonii Loes. 5. 雄花枝；6. 果枝；7. 果；8. 分核腹面观。(仿《中国植物志》)

2.8cm，扁，疏被卷曲长柔毛，花梗长 1 ~ 2mm，被短柔毛；花紫红色；花瓣 4 枚。果序聚伞状，多分枝；果序柄长约 1cm，扁，被柔毛；果柄长 5 ~ 7mm，被柔毛。果椭圆状球形，长 9 ~ 10mm，宽 6 ~ 8mm，有棱沟，宿存花萼 4 裂，被柔毛，具缘毛，宿存柱头平盘形，4 浅裂；分核 4 枚，背部具 1 条深沟，其余光滑。花期 6 月；果期 8 ~ 12 月。

产于武鸣、上林、马山、上思、防城、龙州。生于海拔 1000m 以上的山地。分布于广东、海南、云南。

14. 锈毛冬青 图 900：1 ~ 3

Ilex ferruginea Hand. – Mazz.

常绿灌木或乔木，高 2.5 ~ 10.0m。幼枝被锈黄色柔毛。叶革质，卵形至卵状椭圆形，长 2 ~ 7cm，宽 1.5 ~ 3.5cm，先端渐尖，基部圆形，边缘疏生圆齿状锯齿，齿尖变黑色，两面被锈色柔毛；主脉在叶面平，侧脉 8 ~ 10 对，在两面明显；叶柄短，长 2 ~ 4mm，被锈色柔毛。雄花序有花 1 ~ 6 朵；总花梗长 3 ~ 5mm，花梗长 1 ~ 3mm。果序具果 1 ~ 3 枚，果序梗长 6 ~ 10mm，果梗长 5 ~ 9mm，被长柔毛；果近球形，直径 5 ~ 7cm，干后有棱，宿存花萼被长柔毛和缘毛，(4 ~)5 枚裂片，宿存柱头头形；分核 4 ~ 6 枚，背部具单沟。花期 4 ~ 6 月；果期 9 ~ 10 月。

产于兴安、凌云、乐业。生于海拔 1000 ~ 1900m 的山坡密林中。分布于贵州、云南。

15. 硬毛冬青 图 896: 7~8

Ilex hirsuta C. J. Tseng ex S. K. Chen et Y. X. Feng

常绿小乔木, 高 6m。小枝密被锈色硬毛。叶坚纸质, 椭圆形或长圆状椭圆形, 长 6~7cm, 宽 2.5~4.0cm, 先端急尖或短渐尖, 基部钝, 叶缘疏生细圆锯齿, 叶干后橄榄绿色, 有光泽, 两面密被硬毛; 侧脉 7~8 对, 网脉不明显; 叶柄长约 1.5cm, 被硬毛。雄花序聚伞状, 具花 1~3 朵, 总梗长 2.0~3.5cm, 与花梗被锈色硬毛, 花梗长 0.9~1.7cm, 单花花梗长约 2.5cm, 5 基数。聚伞状果序具果 1~3 枚, 果序梗长约 1.5cm, 被硬毛, 果梗长 7~15mm, 被硬毛。成熟果球形或椭圆状球形, 直径约 6mm, 宿存花萼 4~5 裂, 具缘毛, 宿存柱头盘状, 4~5 裂; 分核 4~5 枚, 长约 7mm, 背部宽约 3mm, 具 1 条宽纵沟, 内果皮近木质。花期 5 月。

产于全州。分布于江西、湖北、湖南。

16. 龙州冬青 图 900: 4~6

Ilex longzhouensis C. J. Tseng

常绿小乔木, 高 4~6m。小枝灰色, 当年生枝纤细, 密被紧贴黄色短绒毛。叶坚纸质, 椭圆状披针形, 长 7~9cm,

图 900　1~3. 锈毛冬青 Ilex ferruginea Hand. – Mazz.
1. 果枝; 2. 果; 3. 分核。**4~6. 龙州冬青 Ilex longzhouensis**
C. J. Tseng 4. 果枝; 5. 果; 6. 分核。(仿《中国植物志》)

宽 2.0~3.2cm, 先端渐尖或长渐尖, 基部圆形, 边缘具疏圆齿状锯齿; 主脉在上面平或稍下陷, 被黄色短绒毛, 侧脉 8~9 对, 在两面凸起; 叶柄长 3~5cm, 密被紧贴黄色短绒毛。聚伞花序总花梗、花梗均被紧贴黄色短柔毛; 雄花花序具花 6 朵至多数; 雌花序具花 3~6 朵, 花 4 基数。果序为具果 1~3 枚的聚伞花序, 总梗长 3~5mm, 果梗长 2~3mm。成熟果红色, 球形, 直径约 6mm, 宿存花萼具缘毛, 宿存柱头乳头状; 分核 5 枚, 长约 5mm, 背部宽 3mm, 具单沟, 内果皮石质。花期 5~6 月; 果期 10 月。

产于龙州。生于海拔 500m 以上的石灰岩疏林。分布于云南。

17. 高冬青

Ilex excelsa（Wall.）Voigt

常绿乔木, 高 10m。树皮灰褐色, 平滑。小枝灰色, 粗糙。叶仅见于当年生枝上, 叶纸质或近革质, 椭圆形或卵状椭圆形, 长 5~10cm, 宽 1.2~4.0cm, 先端渐尖, 基部楔形或钝, 全缘, 干时褐橄榄色, 无光泽, 无毛; 主脉在叶面凹陷, 侧脉 7~8 对, 在叶面明显; 叶柄长 1~2cm, 纤细; 托叶长约 1mm。聚伞花序具花 3~5（~15）朵, 花 4~6 基数; 雄花序总花梗长 4~8mm, 被长硬毛; 花梗长 2~5mm; 花冠直径约 5mm; 雌花序总花梗长 5~12mm, 花梗长 3~4mm, 两者均被微柔毛; 花冠直径约 5mm。果卵状椭圆形, 长约 5mm, 直径约 4mm, 成熟时红色; 宿存花萼 6 浅裂, 无缘毛, 宿存柱头厚盘状, 凸起; 分核 4~6 枚, 长约 2.7mm, 背部宽 1.5mm, 平滑, 或具 2 或 3 条纹,

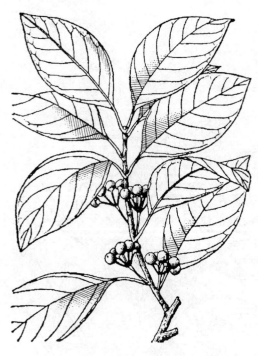

图 901 铁冬青 Ilex rotunda Thunb. 果枝。
(仿《中国高等植物图鉴》)

无沟，内果皮革质。花期 4～5 月；果期 10 月。

产于临桂、融水、容县、扶绥。分布于云南；不丹、尼泊尔、印度也有分布。

18. 铁冬青　图 901

Ilex rotunda Thunb.

常绿灌木或乔木，高 20m。树皮灰色至灰黑色。叶仅见于当年生枝上，叶薄革质或纸质，卵形、倒卵形或椭圆形，长 4～9cm，宽 1.8～4.0cm，先端短渐尖，基部楔形或钝，全缘，稍反卷，两面无毛；主脉在叶面凹陷，侧脉 6～9 对，在两面明显；叶柄长 8～18mm，顶端具叶片下延的狭翅；托叶长 1.0～1.5mm，早落。聚伞花序或伞形花序，具花 4～13 朵，花白色。雄花序：总花梗长 3～11mm，无毛，花梗长 3～5mm；雌花序：具花 3～7 朵，总花梗长 5～13mm，无毛，花梗长 4～8mm。果近球形，直径 4～6mm，成熟时红色，宿存花萼 5 浅裂，无缘毛，宿存柱头厚盘状，凸起，5～6 浅裂；分核 5～7 枚，长约 5mm，背部宽约 2.5mm，背面具 3 纵棱及 2 沟，稀 2 棱单沟，两侧面平滑，内果皮近木质。花期 4 月；果期 8～12 月。

产于广西各地。生于海拔 400～1100m 的阔叶林中或林缘。分布于江苏、安徽、浙江、江西、福建、台湾、湖北、湖南、广东、香港、海南、贵州、云南；朝鲜、日本、越南也有分布。喜温暖湿润气候，耐寒，喜光照，对土壤要求不严。播种繁殖，秋季采种，于翌年 3 月将种子用温水浸半日，再用湿沙混合催芽，露白后点播于圃地或容器中。树叶厚而密，秋季红果累累，优良园林观赏树种；叶和树皮可入药，有清热利湿、消炎解毒、消肿镇痛的功效，可治暑季外感高热、烫火伤、咽喉炎、肝炎、急性肠胃炎、胃痛、关节痛；木材可作细木工用材。

19. 棱枝冬青

Ilex angulata Merr. et Chun

常绿灌木或小乔木，高 4～10m。树皮灰白色。小枝纤细，"之"字形，被微柔毛，无皮孔。无顶芽。叶纸质或幼时膜质，椭圆形或阔椭圆形，长 3.5～5.0cm，宽 1.5～2.0cm，先端渐尖，基部楔形或急尖，全缘，两面无毛，无光泽；主脉在叶面凹陷，侧脉 5～7 对，在两面稍隆起；叶柄长 4～6mm。聚伞花序具花 1～3 朵，总梗长 3～5mm，被微柔毛，花梗长 3～5mm；花粉红色；5 基数；花萼 5 浅裂。果椭圆体形，长 6～8mm，直径 5～6mm，成熟时红色，具纵棱，宿存花萼无缘毛，宿存柱头头状；分核 5 或 6 枚，长约 5mm，背部宽约 1.5mm，具 3 条纵纹和沟，中脊常深陷，内果皮木质。花期 4 月；果期 7～10 月。

产于融水、梧州、玉林、容县、南宁、武鸣、上林、宁明、钦州、上思、防城、合浦。生于海拔 500m 以下的丛林、疏林或灌木丛中。分布于海南。

20. 伞花冬青　米碎木、青皮香　图 902

Ilex godajam Colebr. ex Hook. f.

常绿灌木或乔木，高 5～13m。树皮灰白色。小枝"之"字形弯曲，密被微柔毛。叶薄革质，卵形或长圆形，长 4.5～8.0cm，宽 2.5～4.0cm，先端钝圆或三角状短渐尖，基部圆形，全缘，幼时被微柔毛，后无毛，具光泽；主脉在叶面凹陷，侧脉 7～9 对；叶柄长 10～15mm，被微柔毛。伞状聚伞花序，总花梗及花梗均密被微柔毛；花 4～6 基数，白色带黄；雄花序：具花 8～23 朵，总花梗长（10～）14～18mm，花梗长2～4mm；花瓣4枚；雌花序：具花3～13朵，总花梗长10～14mm，花梗长2～5mm。果球形，直径约4mm，成熟时红色，宿存花萼具缘毛；宿存柱头盘状，凸起；分核5或6枚，长约2.5mm，背部宽约1.5mm，具3纵棱及2沟，内果皮木质。花期4月；果期8月。

产于百色、凌云、南宁、博白、龙州。生于海拔300～1000m的疏林或杂木林中。分布于湖南、海南、云南；越南、印度也有分布。

21. 三花冬青　图903
Ilex triflora Blume

常绿灌木或乔木，高2～10m。小枝常呈"之"字形，顶芽弱或不发育；幼枝密被短柔毛。叶近革质，椭圆形、长圆形或卵状椭圆形，长2.5～10.0cm，宽1.5～4.0cm，先端急尖至渐尖，基部圆形或钝，边缘具浅齿，幼时被微柔毛，后无毛，背面具腺点；主脉在叶面凹陷，侧脉7～10对；叶柄长3～5mm，密被短柔毛，具叶片下延而成的狭翅。雄花1～3朵排成聚伞花序，花序梗长约2mm，花梗长2～3mm，被短柔毛；花4基数，白色或淡红色，雌花1～5朵簇生于叶腋，总花梗几无，花梗粗壮，长4～8mm，被微柔毛。果球形，直径约6mm，成熟后黑色；果梗长13～18mm；宿存花萼具缘毛；宿存柱头厚盘状；分核4枚，长约6mm，背部宽约4mm，平滑，背部具3条纹，无沟，内果皮革质。花期5～7月；果期8～11月。

产于广西各地。生于海拔1200m以下的阔叶林或灌木丛中。分布于安徽、浙江、江西、福建、湖北、湖南、广东、海南、四川、贵州、云南；印度、越南、印度尼西亚也有分布。

22. 四川冬青　图904
Ilex szechwanensis Loes.

灌木或小乔木，高1～10m。叶革质，卵状椭圆形至卵状长圆形，长3～8cm，宽2～4cm，先端短渐尖至急尖，基部楔

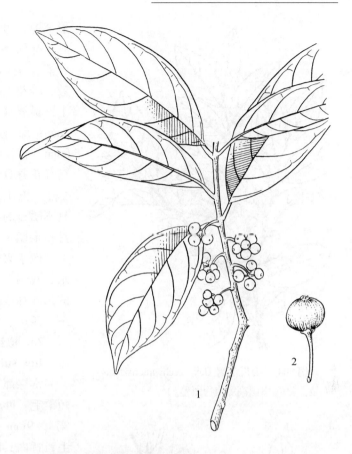

图902　伞花冬青 **Ilex godajam** Colebr. ex Hook. f. 1. 果枝；2. 果。（仿《中国高等植物图鉴》）

图903　三花冬青 **Ilex triflora** Blume 果枝。（仿《中国高等植物图鉴》）

图 904 四川冬青 Ilex szechwanensis Loes.
果枝。(仿《中国高等植物图鉴》)

图 905 齿叶冬青 Ilex crenata Thunb. 果枝。
(仿《中国高等植物图鉴》)

形至钝，边缘具锯齿，叶背具不透明黄褐色腺点；主脉在叶面平坦或微凹，密被短柔毛，侧脉 6~7 对；叶柄长 4~6mm，被短柔毛；托叶宿存。花 4~7 基数；雄花 1~7 朵排成聚伞花序，常单生于当年生枝上，稀簇生，总花梗长 2~3mm，单花花梗长 3~5mm；雌花单生叶腋，花梗长 8~10mm。果长约 6mm，直径约 7mm，成熟后黑色；果梗长 8~10mm；宿存花萼具缘毛，宿存柱头厚盘状，明显 4 裂。分核 4 枚，长 4.5~5.0mm，背部宽 3.5~4.0mm，平滑，具不明显的细条纹，无沟槽，内果皮革质。花期 5~6 月；果期 8~10 月。

产于兴安、临桂、灌阳、龙胜、金秀、象州、融水、武鸣、马山、上林、上思。生于海拔 1000m 以上的阔叶林或灌木丛中。分布于江西、湖北、湖南、广东、四川、贵州、云南。

23. 拟钝齿冬青 拟圆齿冬青

Ilex subcrenata S. Y. Hu

常绿灌木。小枝纤细，幼枝直径仅约 0.5mm，被短柔毛。叶革质，椭圆形或阔椭圆形，长 5~12mm，宽 4~9mm，先端钝或急尖，基部钝或圆形，被短柔毛，背面具腺点；主脉在叶面模糊，背面明显，侧脉 3 对，不明显；叶柄长 2~4mm，被疏柔毛。雄花序近簇生于叶腋，单个分枝，具花 1 或 3 朵，总花梗长 3~4mm，花梗长 1.5~4.0mm，被疏柔毛；花白色，4 基数；花萼 4 裂，具缘毛。花期 6 月。

广西特有种。产于兴安、资源、金秀、象州、融水。生于海拔 700~1500m 的密林下。

24. 齿叶冬青 图 905

Ilex crenata Thunb.

常绿灌木，高 5m。树皮灰黑色。幼枝密被短柔毛。叶革质，倒卵形或长圆状椭圆形，长 1.0~3.5cm，宽 5~15mm，先端钝或近急尖，基部钝或楔形，边缘具圆齿状锯齿，除沿主脉被短柔毛外，余无毛，背面密生褐色腺点；主脉在叶面平坦或微凹，侧脉 3~5 对；叶柄长 2~3mm，被短柔毛。雄花 1~7 朵排成聚伞花序，总花梗长 4~9mm，花梗长 2~3mm；花 4 基数，白色。雌花单生或 2~3 朵组成聚伞花序；花梗长约 5mm。果球形，直径 6~8mm，成熟后黑色；花萼宿存，4 裂，边缘啮蚀状，宿存柱头厚盘状，明显 4 裂；分核 4 枚，长圆状椭圆形，长约 5mm，背部宽约 3mm，平滑，具条纹，无沟，内果皮革质。花期 5~6 月；果期 8~10 月。

产于临桂、灵川、兴安、灌阳、龙胜、资源。生于海拔 700m 以上的杂木林或灌木丛中。分布于安徽、山东、浙江、江西、福建、台湾、湖北、湖南、广东、海南；日本和朝鲜也有分布。常栽培供庭院观赏。

25. 绿冬青 绿叶冬青、细叶冬青、亮叶冬青 图 906

Ilex viridis Champ. ex Benth.

常绿灌木或小乔木，高 1~5m。顶芽无毛。叶革质，倒卵状椭圆形或阔椭圆形，长 2~7cm，宽 1~3cm，先端钝，基部钝或楔形，具细圆齿状锯齿，叶面光亮，背面具不明显腺点；主脉在叶面深凹，疏被短柔毛，侧脉 5~8 对，在两面明显；叶柄长 4~6mm，两侧具狭翅。雄花 1~5 朵排成聚伞花序；总花梗长 3~5mm，花梗长约 2mm；花白色，4 基数；花萼边缘啮蚀状，无缘毛。雌花单花，花梗长 12~15mm，无毛。果球形，直径 9~11mm，成熟时黑色；果梗长 0.8~1.7cm；宿存柱头盘状乳头形，直径 1.5~2.0mm；分核 4 枚，长 4~6mm，背部宽 3~5mm，背部凸起，具稍隆起的皱纹，侧面平滑，内果皮革质。花期 5 月；果期 10~11 月。

产于苍梧、防城、上思、合浦。生于阔叶林下或疏林及灌木丛中。分布于安徽、浙江、江西、福建、湖北、广东、海南、贵州。

图 906 绿冬青 Ilex viridis Champ. ex Benth. 果枝（仿《中国高等植物图鉴》）

26. 具柄冬青

Ilex pedunculosa Miq.

常绿灌木或乔木，高 15m。幼枝淡褐色或栗色。叶薄革质，卵形或长圆状椭圆形，长 4~9cm，宽 2~3cm，先端渐尖，基部钝或圆形，全缘或近顶端具不明显锯齿，叶面具光泽，干时栗黑色，两面无毛；主脉在叶面平坦或微凹，侧脉 8~9 对；叶柄纤细，长 1.5~2.5cm。聚伞花序，花 4 或 5 基数，白色或黄白色。雄花序具花 3~9 朵，总花梗长约 2.5cm，花梗长 2~4mm。雌花单生，稀为具花 3 朵的聚伞花序，花梗细而长，长 1.0~1.5cm。果球形，直径约 8mm，成熟时红色，宿存花萼具缘毛，宿存柱头厚盘状，凸起，果梗长 2~6cm。分核 4~6 枚，长约 6mm，背部宽约 2.5mm，平滑，沿背部中线具单条纹，内果皮革质。花期 6 月；果期 7~11 月。

产于兴安、灌阳、龙胜、金秀、融水、上思。生于海拔 800m 以上的阔叶林或灌丛。分布于陕西、安徽、浙江、江西、福建、台湾、河南、湖北、湖南、四川、贵州；日本也有分布。

27. 网脉冬青

Ilex reticulata C. J. Tseng

常绿灌木，高 2m。当年生幼枝具条纹，浅褐色，无毛或被短柔毛、微柔毛，后变无毛。叶革质，椭圆形或卵状椭圆形，长 5.0~5.7cm，宽 3.0~3.2cm，先端急尖或短渐尖，基部楔状钝，边缘具疏锯齿，干时叶面深褐色，背面褐色，除叶面沿主脉被微柔毛外，其余无毛；主脉在叶面平坦或下面的一半隆起，向上部逐渐平坦或凹陷，侧脉 6~7 对，网脉常在叶面稍隆起，明显；叶柄长 4~5mm。果球形，直径约 5mm，成熟时红色，宿存花萼 5 裂，具缘毛，宿存柱头乳头状，4 浅裂；果梗长约 7mm，着生于花梗的中下部。果期 12 月。

广西特有种。产于阳朔。生于石灰岩山坡林中或山顶灌丛中。

28. 云南冬青

Ilex yunnanensis Franch.

常绿灌木或乔木，高达 12m。幼枝密被金黄色柔毛；2~3 年生枝密被锈色短柔毛，无皮孔。叶革质至薄革质，卵形或卵状披针形，长 2~4cm，宽 1.0~2.5cm，先端急尖，基部圆形或钝，边缘具锯齿，齿尖常为芒状小尖头，叶面干后黑褐色至褐色，两面无毛；主脉在叶面凸起，密被短柔毛，侧脉不明显；叶柄长 2~6mm，密被短柔毛。花 4 基数，白色，粉红色或红色；花萼 4 深裂；雄花为 1~3 朵花的聚伞花序，总花梗长 8~14mm，花梗长 2~4mm；雌花常为单花，花梗长 3~14mm。果球形，直径 5~6mm，成熟后红色；果梗长 5~15mm，无毛；宿存柱头隆起，盘状。分核 4 枚，长约 5mm，背部宽约 3mm，横切面近三角形，平滑，无条纹及沟槽，内果皮革质。花期 5~6 月；果期 8~10 月。

产于兴安、南丹、凌云、乐业、隆林、靖西。生于海拔 900m 的阔叶林中。分布于陕西、甘肃、湖北、四川、贵州、云南、西藏；缅甸也有分布。

29. 枸骨 枸骨冬青 图 907：1~2

Ilex cornuta Lindl. et Paxton

常绿灌木或小乔木，高 1~4m。幼枝沟内被微柔毛或变无毛；老枝无皮孔。叶厚革质，二型，四角状长圆形或卵形，长 4~9cm，宽 2~4cm，先端具 3 枚尖硬刺齿，中央刺齿常反曲，基部两侧各具 1~2 枚刺齿，有时全缘，叶面具光泽，两面无毛；主脉在上面凹下；叶柄长 4~8mm，被微柔毛。花序簇生于 2 年生枝叶腋；花淡黄色，4 基数，花萼具缘毛。雄花：花梗长 5~6mm，无毛；雌花：花梗长 8~9mm，无毛。果球形，直径 8~10mm，成熟时鲜红色，顶端宿存柱头盘状，明显 4 裂；果梗长 8~14mm。分核 4 枚，长 7~8mm，背部宽约 5mm，遍布皱纹和皱纹状纹孔，背部中央具 1 条纵沟，内果皮骨质。花期 4~5 月；果期 10~12 月。

产于桂林、临桂。生于灌丛中。广西各地常见栽培。分布于江苏、上海、安徽、浙江、江西、湖北、湖南；朝鲜也有分布。树形美丽，果实秋冬红色，挂于枝头，可供庭院观赏；根、枝叶和果入药，根有滋补强壮、活络、清风热、祛风湿的功效，枝叶用于肺痨咳嗽、劳伤失血、腰膝痿弱、风湿痹痛，果实用于阴虚身热、淋浊、崩带、筋骨疼痛等症。

30. 细刺枸骨 刺叶冬青 图 907：3~4

Ilex hylonoma Hu et T. Tang

常绿乔木，高 4~10m。小枝栗褐色，无毛。叶革质或厚革质，椭圆状披针形或椭圆形，长 6.0~12.5cm，宽 2.5~4.5cm，先端短渐尖，基部急尖、钝或楔形，边缘具粗而尖的锯齿；主脉在叶面凹陷，无毛，侧脉 9~10 对，在上面微凹，在背面凸起，明显；叶柄长 8~14mm。花淡黄色，4 基数；花萼 4 裂，裂片具缘毛；雄花序：由 3 朵花组成聚伞花序簇生于 2 年生枝叶腋，总花梗长约 1mm；花梗长约 3mm。果序常 2~5 个簇

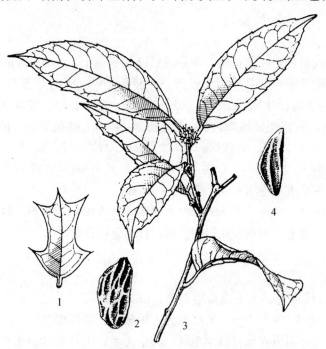

图 907 1~2. 枸骨 Ilex cornuta Lindl. et Paxton 1. 叶；2. 分核。3~4. 细刺枸骨 Ilex hylonoma Hu et T. Tang 3. 雄花枝；4. 分核。（仿《中国植物志》）

生于叶腋内；果近球形，直径 10 ~ 12mm，成熟时红色，宿存柱头厚盘状或乳头状；果梗长 2 ~ 8mm；分核 4 枚，长 6 ~ 9mm，背部宽 3 ~ 4mm，具不规则皱纹及孔，中央具 1 纵脊，内果皮石质。花期 3 ~ 5 月；果期 10 ~ 11 月。

产于桂林、兴安、灵川、临桂、全州、阳朔、平乐、贺州、融水、金秀、田阳、凌云、龙州。生于海拔 300 ~ 600m 的石山或山坡杂木林中。分布于四川、贵州、广东、湖南、湖北、浙江、福建。

31. 刺叶冬青　双果冬青
Ilex bioritsensis Hay.

常绿灌木或小乔木，高 1 ~ 10m。小枝灰褐色，疏被微柔毛或变无毛。叶革质，卵形至菱形，长 2.5 ~ 5.0cm，宽 1.5 ~ 2.5cm，先端渐尖，具 1 枚长约 3mm 的刺，基部圆形或截形，边缘波状，具 3 或 4 对硬刺齿，叶面具光泽，背面无毛；主脉在叶面凹陷，侧脉 4 ~ 6 对，在上面明显凹陷；叶柄长约 3mm。花簇生于 2 年生枝叶腋，花梗长约 2mm；花 2 ~ 4 基数，淡黄绿色；雄花：花梗长约 2mm；花萼具缘毛；雌花：花梗长约 2mm；花瓣分离。果椭圆形，长 8 ~ 10mm，直径约 7mm，成熟时红色，宿存柱头盘状；分核 2 枚，卵形或近圆形，长 5 ~ 6mm，宽 4 ~ 5mm，背部稍凸，具掌状棱和浅沟 7 ~ 8 条，腹面具条纹，内果皮木质。花期 4 ~ 5 月；果期 8 ~ 10 月。

产于兴安、融水。生于山坡阔叶林中。分布于西藏、云南、贵州、四川、湖北、台湾。

32. 扣树　苦丁茶
Ilex kaushue S. Y. Hu

常绿乔木，高 8m。小枝粗壮，褐色，被微柔毛。顶芽大，被短柔毛。叶革质，长圆形至长圆状椭圆形，长 10 ~ 18cm，宽 4.5 ~ 7.5cm，先端急尖或短渐尖，基部钝或楔形，边缘具重锯齿或粗锯齿；主脉在叶面凹陷，疏被微柔毛，侧脉 14 ~ 15 对，在两面明显，在叶缘附近网结，网脉细密而明显；叶柄长 2.0 ~ 2.2cm，被柔毛。雄花：聚伞状圆锥花序，每花序具花 3 ~ 4(~ 7)朵，总花梗长 1 ~ 2mm，花梗长 1.5 ~ 3.0mm；花萼 4 深裂，具缘毛；花瓣和雄蕊 4 枚。果序假总状，轴粗壮，长 4 ~ 6(~ 9)mm，果梗粗，长(4 ~)8mm；果球形，直径 9 ~ 12mm，成熟时红色；宿存柱头脐状；分核 4 枚，长约 7.5mm，背部宽 4 ~ 5mm，具网状条纹及沟，侧面多皱及洼点，内果皮石质。花期 5 ~ 6 月；果期 9 ~ 10 月。

产于天峨、田阳、武鸣、隆安、上林、大新、龙州、宁明。生于山坡密林中。分布于湖北、湖南、广东、海南、四川、云南。喜温喜湿，喜阳怕涝，适应性广，抗逆性强，根系发达，生长迅速。播种或扦插繁殖，种子具深休眠特性，播种前需采用湿沙层积处理、变温处理或药水化学处理，打破种子休眠。叶极苦，含有苦丁皂甙、多酚类、黄酮类等成分，清香有苦味、而后甘凉，代茶，被称为"苦丁茶"，具有清热消暑、明目益智、生津止渴、利尿强心、润喉止咳、降压减肥、抑癌防癌、抗衰老、活血脉等多种功效。

33. 大叶冬青　图 908
Ilex latifolia Thunb.

常绿大乔木，高 20m。全体无毛。树皮灰黑色。分枝粗壮，光滑。叶厚革质，长圆形或卵状长圆形，长 8 ~ 30cm，宽 4.5 ~ 13.0cm，先端钝或短渐尖，基部圆形或阔楔形，边缘具疏锯齿，齿尖黑色，叶面具光泽；中脉在叶面凹陷，侧脉 12 ~ 17 对；叶柄粗壮，长 1.5 ~ 2.5cm，直径约 3mm。聚伞花序组成假圆锥花序生于 2 年生枝叶腋，无总梗；主轴长 1 ~ 2cm；花淡黄绿色，4 基数；雄花：花序每分枝具花 3 ~ 9 朵，总花梗长约 2mm，花梗长 6 ~ 8mm；雌花：花序每分枝具花 1 ~ 3 朵，总花梗长约 2mm，花梗长 5 ~ 8mm。果球形，直径约 7mm，成熟时红色，宿存柱头薄盘状，4 裂。分核 4 枚，长约 5mm，宽约 2.5mm，具不规则皱纹和尘穴，背面具明显纵脊，内果皮骨质。花期 4 月；果期 9 ~ 10 月。

产于龙州。生于阔叶林中。分布于江苏、安徽、浙江、江西、福建、河南、湖北、云南；日本也有分布。植株优美，优良庭院绿化树种；木材可作细木工用材，叶和果可入药。

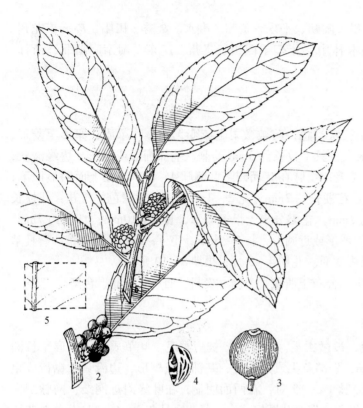

图908 大叶冬青 **Ilex latifolia** Thunb. 1. 雄花枝；2. 果枝；3. 果；4. 分核；5. 叶背（一部分）。（仿《中国植物志》）

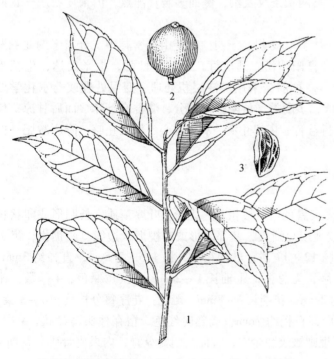

图909 苗山冬青 **Ilex chingiana** Hu et Tang 1. 枝叶；2. 果；3. 分核。（仿《中国植物志》）

34. 苗山冬青 巨果冬青 图909
Ilex chingiana Hu et T. Tang

常绿乔木，高 12m。小枝粗壮，无毛，无皮孔。顶芽无毛。叶厚革质，长圆状椭圆形，长 7～15cm，宽 4～5cm，先端渐尖，基部钝，边缘具疏锯齿；主脉在叶面凹陷，两面无毛，侧脉 8～12 对；叶柄长 1.0～1.5cm。果少数簇生，常仅 1 枚果成熟，果梗长 2～4mm，幼时疏被微柔毛，后变无毛；果球形，直径 15～20mm，成熟时红色，顶端具脐状柱头，柱头幼时圆形，后呈四角形，直径 4～5mm，宿存花萼4浅裂，疏被微柔毛及缘毛。分核 4 枚，长 10～12mm，宽 6～8mm，背面平扁，具宽的凹槽，两侧面具网状条纹、皱及窝点，内果皮石质。花期5月；果期 8～11月。

产于临桂、兴安、资源、龙胜、全州、贺州、金秀、融水、天峨、罗城、凌云、武鸣、上林、平南、龙州、大新。生于海拔 700～1300m 的山地阔叶林中。分布于湖南、贵州。

35. 拟榕叶冬青
Ilex subficoidea S. Y. Hu

常绿乔木，高 8～15m。小枝无毛，无皮孔。叶革质，卵形或长圆状椭圆形，长 5～10cm，宽 2～3cm，先端渐尖，基部钝，边缘具波状钝齿，两面无毛；主脉在叶面凹陷，侧脉 10～11 对；叶柄长 5～12mm，具叶片下延而成的狭翅。花序簇生于 2 年生枝叶腋；花白色，4 基数，花萼 4 裂，疏被缘毛。雄花：每束单个分枝具花 3 朵；总花梗长约 1mm，花梗长约 2mm，花冠直径 6～7mm。果序簇生，果梗长约 1cm；果球形，直径 1.0～1.2cm，密具细瘤状凸起或腺点；宿存柱头薄盘状，明显 4 裂。分核4枚，长 8～9mm，背部宽5～7mm，具不规则皱纹及洼点，内果皮石质。花期5月；果期 6～12月。

产于兴安、龙胜、金秀、融水、东

兴。生于海拔 700~1000m 的阔叶林中。分布于江西、福建、湖南、广东、海南；越南也有分布。

36. 长圆果冬青

Ilex oblonga C. J. Tseng

常绿乔木，高 20m。幼枝栗紫色，无毛；2 年生枝具皮孔。叶革质，长圆状椭圆形或椭圆形，长 7.5~9.5cm，宽 2.7~3.6cm，先端长渐尖或渐尖，基部渐尖或钝，边缘具疏离细圆齿，干时叶面褐色，背面具小腺体，两面无毛；主脉在叶面凹陷或近平坦，侧脉 7~9 对；叶柄长 8~15mm。果 2~4 枚簇生于叶腋，长圆形或倒卵状长圆形，长 4.0~4.5mm，直径约 3mm，成熟后红色，果梗长 2~4mm，被短柔毛；宿存花萼直径约 1.5mm，4 裂，宿存柱头薄盘状；分核 4 枚，长圆状椭圆体形，长约 3.5mm，背部宽 2mm，凹入，具不规则的条纹及沟槽，有时具皱及洼穴，内果皮粗糙，石质。果期 12 月。

广西特有种。产于龙胜、金秀、融水。生于海拔 800~1200m 的常绿阔叶林中。

37. 五棱苦丁茶

Ilex pentagona S. K. Chen, Y. X. Feng et C. F. Liang

常绿乔木，高 8~12m。当年生枝粗壮，具 5 条锐棱角，直径 5~6mm，无毛。叶革质，狭椭圆形至椭圆形，长 7.5~12.5cm，宽 3~6cm，先端钝或急尖，基部楔形至钝圆，边缘具疏而小的浅锯齿，稍外卷，叶两面无毛；主脉在叶面深凹，侧脉 12 对，在叶面稍凸起，网脉在叶面明显，在背面不明显；叶柄长 2.0~2.5cm。果序假总状，序轴长 5~10mm，无毛，粗壮，具纵棱槽；果梗长 5~6mm；果球形，直径 6~8mm，宿存柱头厚盘状，稍凹，宿存花萼直径约 3mm，具小缘毛。分核 4 枚，卵圆形，长约 5mm，宽约 3.5mm，背面具条纹及沟。果期 5 月。

产于天峨、环江、大新。生于石灰岩山林中。分布于湖南、贵州、云南。

38. 细枝冬青 图 910

Ilex tsangii S. Y. Hu

常绿乔木，高 8m。全株无毛。幼枝纤细；3 年生枝近黑色，无皮孔。叶近革质，卵状椭圆形或椭圆形，长 5~8cm，宽 2~3cm，先端渐尖，基部急尖或楔形，边缘具疏而不明显的细圆锯齿或近全缘；主脉在叶面微凹，侧脉 6~8 对，在叶面不明显，在背面明显；叶柄纤细，长 1.0~1.6cm。果序簇生于 2 年生枝上，每束具果 2~4 枚；果梗纤细，长 1.0~1.2cm；果球形，长约 5mm，直径 6mm，顶端凹陷，多皱，宿存柱头薄盘状，宿存花萼直径约 1.5mm。分核 4 枚，倒卵状，长约 4mm，宽约 3mm，一端稍尖，具网状条纹和不规则的皱纹及沟槽，内果皮厚革质。果期 7 月。

产于金秀、融水、容县、防城、上思。生于海拔 600~1200m 的山地林中。分布于广东。

39. 隐脉冬青 粤桂冬青

Ilex occulta C. J. Tseng

常绿灌木，高 2m。树皮灰色。幼枝纤细，被短柔毛。叶片革质，椭圆形或倒卵状椭圆形，长 3.0~4.5cm，宽 1.4~1.6cm，先端钝或近圆形，基部楔形或楔状渐尖，下延，边缘近全缘，干时叶面橄榄绿色，背面褐色，具小腺体，两面无毛；主脉在叶面凹陷，侧脉在两面不明显；叶柄长约 5mm，被短柔毛或变无毛，具狭翅。果球形，直径 5~

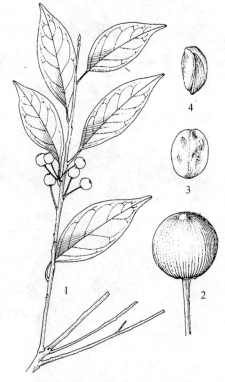

图 910 细枝冬青 Ilex tsangii S. Y. Hu 1. 果枝；2. 果；3~4. 分核。(仿《中国植物志》)

6mm，具细疣点，2～3枚簇生于叶腋，果梗长3～4mm，被短柔毛，宿存花萼四角形，直径约2mm，4裂，裂片宽三角形，具缘毛；宿存柱头盘状。分核4枚，长约4mm，背部宽约4mm，中部稍凹陷，且多皱和沟槽，侧面多皱及沟，内果皮木质。果期6月。

产于东兴、防城。生于低海拔的山坡林中。分布于广东。

40. 南宁冬青
Ilex nanningensis Hand. – Mazz.

常绿乔木，高20m。幼枝暗棕色，密被短柔毛。叶厚革质，椭圆形，长5～8cm，宽1.5～3.5cm，先端短渐尖，基部钝或楔形，叶缘具圆齿状锯齿；主脉在叶面凹陷，被短柔毛，侧脉7～8对，和网脉在叶面明显；叶柄长7～10mm，被短柔毛，上端具狭翅。花序簇生于2年生枝叶腋，每束具花2～5朵；花4基数，芳香。雌花：花梗长6～8mm，被短柔毛；花萼4浅裂，疏被微柔毛及缘毛。果近球形，长约8mm，直径约1cm，宿存柱头圆形，扁平，直径约2mm；果柄长约8mm。分核4枚，长约6.5mm，宽约5.5mm，背面多皱，具网状条纹，平滑而具宽凹陷，内果皮木质。花期4～5月；果期10～11月。

产于苍梧、防城、上思。生于海拔600～800m的阔叶林中。分布于广东、海南。

41. 短梗冬青　毛枝冬青
Ilex buergeri Miq.

常绿乔木，高8～12m。幼枝无毛，无皮孔。叶革质，卵形、卵状披针形或长圆形，长4～8cm，宽1.5～3.5cm，在先端尾状渐尖，基部楔形或近圆形，边缘具不规则细圆齿状锯齿，叶面具光泽，两面无毛；主脉在叶面凹陷，侧脉8～10对；叶柄长6～10mm。花4基数，白色或淡黄绿色，芳香，花萼具缘毛，裂片常龙骨状；雄花：聚伞花序具花1～3朵，总花梗长约2mm，花梗长1～3mm；雌花：单花簇生于叶腋，花梗长仅1mm。果球形或近球形，直径约5～7mm，成熟后红色，宿存柱头薄盘状；分核4枚，长3～4mm，宽1.5～2.5mm，背部具掌状条纹，沿中央具1朵稍凹纵槽，两侧面具皱条纹及洼点，内果皮石质。花期3～4月；果期8～11月。

产于临桂、阳朔、永福、龙州。生于海拔700m以下的阔叶林中。分布于安徽、浙江、江西、福建、台湾、湖北、湖南、广东、海南、香港、四川、重庆、贵州、云南；日本也有分布。

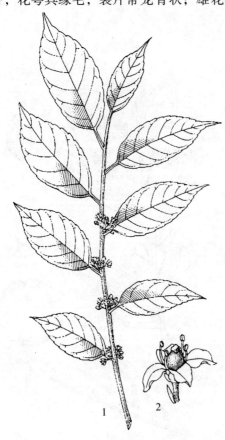

图911　两广冬青 Ilex austrosinensis C. J. Tseng 1. 雌花枝；2. 雌花。（仿《中国植物志》）

42. 两广冬青　图911
Ilex austrosinensis C. J. Tseng

常绿乔木或灌木，高3～12m。幼枝纤细，褐色，被微柔毛或变近无毛。叶革质或薄革质，长圆形或长圆状椭圆形，长5～10cm，宽2～4cm，先端渐尖，基部圆形或钝，边缘具疏散细锯齿或近全缘，干时叶面绿色或橄榄绿色，除沿主脉被微柔毛外，两面无毛；侧脉7～9对，在两面近隆起；叶柄长5～10mm，被微柔毛。花4基数；雄花聚伞花序具花1～3朵，总花梗长3mm，花梗长2～3mm；雌花序簇生于叶腋，被微柔毛，聚伞花序具花1～3朵，总花梗长1～2mm，花梗长3～4mm。果椭圆形或近球形，宿存柱头厚盘状。花期4月；果期6～7月。

产于武鸣、上林。生于海拔800～1000m的林中。分布于广东、海南。

43. 平南冬青

Ilex pingnanensis S. Y. Hu

常绿灌木或乔木，高12m。小枝密被短柔毛。叶革质，长圆形或长圆状椭圆形，长5～12cm，宽2.0～3.2cm，先端渐尖，基部钝，全缘或具不明显细圆齿状锯齿；主脉在叶面凹陷，被短柔毛，侧脉每边6～8条，两面明显；叶柄长5～7mm，密被短柔毛。果序簇生于2年生枝叶腋；单个分枝具单果，果梗长约2mm；果球形，直径约6mm，成熟时红色，宿存柱头厚盘状，凸起，生于短的花柱上；宿存花萼具缘毛。分核4枚，长4.0～4.5mm，背面宽2.0～2.5mm，背面具掌状纵棱及沟，且沿中线具1条纵凹陷，侧面具皱纹及洼穴，内果皮石质。果期10～11月。

产于融水、平南、龙州。生于海拔600m以下的疏林或石灰岩山坡灌丛中。分布于广东。

44. 上思冬青　广西冬青

Ilex peiradena S. Y. Hu

常绿灌木，高1～3m。各部无毛；小枝无皮孔，灰绿色。叶革质，披针形，长4.0～7.5cm，宽1.2～2.0cm，先端短渐尖，基部楔形，边缘近全缘或具小腺体状细齿，叶干时暗褐色，背面具不均匀斑点；主脉在叶面凹陷，侧脉5～6对，在叶面不明显，网脉在两面不明显；叶柄长6～10mm，上部具翅。花序簇生于2年生枝叶腋，单个分枝具单花；花4基数，花萼具缘毛；雄花：花梗长2～3mm；雌花：花梗长约5m。果梗长达5mm；果近球形，长约3mm，直径约4mm，黄色，宿存柱头厚盘状，4裂。分核4枚，长约2.5mm，背部宽约2mm，背面具掌状纵棱及沟，侧面具皱纹及洼穴，内果皮石质。花期3月；果期7月。

广西特有种。产于融水、罗城、环江、上思。生于海拔800～1200m的密林或灌丛。

45. 短叶冬青

Ilex brachyphylla (Hand. - Mazz.) S. Y. Hu

常绿小乔木，高4m。小枝无毛，无皮孔。叶长圆状卵形，长5～9cm，宽2.0～3.5cm，先端渐尖，基部圆形或钝，边缘具锯齿，两面无毛；主脉在叶面凹陷，侧脉6～7对，和网脉在叶面不明显；叶柄长6～9mm，无毛。雄花序簇生于叶腋，分枝具单花，稀为3朵花；单花花梗长2～3mm，当3花时，总花梗长约1mm，花梗长1～2mm，两者均被微柔毛；花淡黄色，4基数；花萼无毛，4深裂，裂片具缘毛；花冠直径8～9mm，退化子房密被微柔毛。

产于临桂、灵川、龙胜、全州、象州、融水、马山。生于海拔900～1200m的山坡。分布于湖南。

46. 密花冬青

Ilex confertiflora Merr.

常绿灌木或小乔木，高3～8m。幼枝粗壮，无毛，无皮孔。叶厚革质，长圆形或倒卵状长圆形，长6～9cm，宽3.0～4.3cm，先端短渐尖，基部圆形，具疏离小圆齿，两面无光泽，无毛，背面疏布腺点；主脉在叶面凹陷，侧脉6～8对，在叶面微凹，在背面凸起；叶柄长8～10mm。花淡黄色，4基数；花萼4深裂。雄花：聚伞花序，具花3朵，簇生于叶腋，总花梗长约1mm，花梗长1～2mm。雌花：单花簇生于叶腋，花梗长1.5～2.0mm。果球形，直径约5mm，果梗长1～2mm，被微柔毛；宿存柱头长方形；分核4枚，长3.5～4.0mm，背部宽约2.5mm，背部中央具宽的凹陷和掌状条纹及沟槽，两侧粗糙，具多数皱纹，内果皮骨质。花期4月；果期6～9月。

产于荔浦、临桂、龙胜、金秀、融水、武鸣、上林、那坡、防城、上思。生于海拔700～1200m的阔叶林中或林缘。分布于广东、海南。

47. 台湾冬青　图912

Ilex formosana Maxim.

常绿灌木或乔木，高8～15m。树皮灰褐色，平滑。幼枝无毛或稍被微柔毛，无皮孔。叶革质或近革质，椭圆形或长圆状披针形，长6～10cm，宽2.0～3.5cm，先端渐尖至尾状渐尖，基部楔

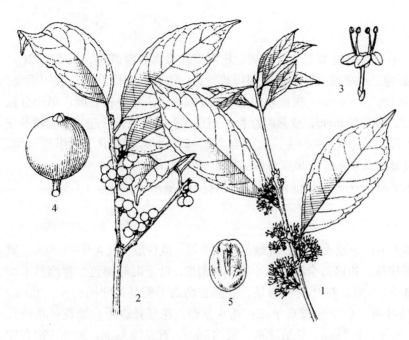

形，边缘具细圆齿状锯齿，叶两面无毛；侧脉 6 ~ 8 对；叶柄长 5 ~ 9mm，无毛。花 4 基数，白色，花萼 4 浅裂，具缘毛；雄花：由具 3 朵花的聚伞花序排成圆锥花序，被微柔毛，花序轴长 5 ~ 10mm，总花序梗长 1mm，花梗长 3 ~ 4mm；雌花假总状花序，花序轴长 4 ~ 6mm，单个分枝具花 1 朵，花梗长约 3mm。果近球形，长约 5mm，成熟后红色；果梗长约 3mm；宿存柱头头状，4 浅裂；分核 4 枚，卵状长圆形，长约 3mm，宽 2.0 ~ 2.2mm，背面具纵的掌状棱及槽，中央略凹入，两侧面具纵棱及深沟

图 912　台湾冬青 Ilex formosana Maxim. 1. 雄花枝；2. 果枝；3. 雄花；4. 果；5. 分核。（仿《中国植物志》）

槽，内果皮石质。花期 3 ~ 5 月；果期 7 ~ 11 月。

产于桂林、临桂、灵川、荔浦、全州、阳朔、永福、龙胜、兴安、金秀、融水、象州、东兰、百色、凌云、平南。生于海拔 400 ~ 1200m 的阔叶林中。分布于安徽、浙江、江西、福建、台湾、湖北、湖南、广东、四川、贵州、云南；菲律宾也有分布。

48. 灰叶冬青

Ilex tetramera (Rehd.) C. J. Tseng

常绿乔木或灌木，高 3.5 ~ 12.0m。幼枝黄绿色，无皮孔。叶厚纸质或近革质，长圆状椭圆形或长圆状披针形，长 5 ~ 9cm，宽 2.3 ~ 3.5cm，先端渐尖至尾状渐尖，基部钝或圆形，边缘近全缘或具小细圆齿，两面无毛；主脉在叶面凹陷，侧脉 7 ~ 9 对；叶柄长 4 ~ 7mm。花 4 基数，黄白色；雄花：每聚伞花序具花 3 朵，总花梗长约 0.5mm，花梗长 1 ~ 3mm，花梗及总花梗均被微柔毛；花萼 4 浅裂，具缘毛。果序假总状，稀单果簇生，果序轴长 3 ~ 7mm，无毛，果柄长 2 ~ 3mm，被微柔毛；果球形，直径 5 ~ 6mm，成熟后红色；宿存柱头脐状，直径约 1mm，微裂。分核 4 枚，长圆形，长约 4mm，背部宽 2.0 ~ 2.5mm，背面凸起，具掌状条纹和槽，两侧面具不规则的纵棱及深槽，内果皮石骨质。花期 2 ~ 4 月；果期 10 月。

产于龙胜、临桂、贺州、融水、凌云、隆林、那坡。生于海拔 800 ~ 1200m 的阔叶林中。分布于四川、贵州、云南。

49. 弯尾冬青　弯叶冬青　图 913

Ilex cyrtura Merr.

常绿乔木，高 12m。幼枝无皮孔。叶近革质，椭圆形或倒卵状椭圆形，长 6 ~ 11cm，宽 2 ~ 4cm，先端镰状尾尖，基部钝或楔形，边缘具浅锯齿，除沿主脉疏被微柔毛外，两面无毛；主脉在叶面凹陷，侧脉 7 ~ 8 对；叶柄长 7 ~ 12mm，上部具狭翅。花序簇生，被短柔毛，单个分枝具单花；花黄色，4 基数，花萼 4 深裂，具缘毛；雄花：花梗长约 1mm；雌花：花梗长约 4mm，被短柔毛。果梗长 5 ~ 6mm；果球形，直径约 6mm，宿存柱头薄盘状；分核 4 枚，长约 3.5mm，宽 2.5 ~ 3.0mm，背部具掌状条纹，内果皮木质。花期 4 月；果期 6 ~ 9 月。

产于桂林、全州、金秀、凌云。生于海拔 700 ~ 1800m 的阔叶林中。分布于广东、贵州、云南；

缅甸也有分布。

50. 榕叶冬青 图914

Ilex ficoidea Hemsl.

常绿乔木，高 8～12m。幼枝无毛，无皮孔。叶革质，长圆状椭圆形，长 4.5～10.0cm，宽 1.5～3.5cm，先端尾状渐尖，基部钝、楔形或近圆形，边缘具细圆齿状锯齿，齿尖变黑色，叶面具光泽，两面无毛；侧脉 8～10 对；叶柄长 6～10mm。花白色或淡黄绿色，芳香，4 基数，花萼具缘毛；雄花：每聚伞花序具花 1～3 朵，总花梗长约 2mm；花梗长 1～3mm；雄蕊长于花瓣，伸出花冠外，花瓣卵状长圆形，上部边缘具缘毛；雌花：单花簇生于叶腋，花梗长 2～3mm。果球形或近球形，直径 5～7mm，成熟后红色，在扩大镜下可见小瘤，宿存柱头薄盘状或脐状；分核 4 枚，长 3～4mm，宽 1.5～2.5mm，两端钝，背部具掌状条纹，沿中央具 1 条稍凹的纵槽，两侧面具皱条纹及洼点，内果皮石质。花期 3～4 月；果期 8～11 月。

产于广西各地。生于海拔 300～1500m 的阔叶林中。分布于安徽、浙江、江西、福建、台湾、湖北、湖南、广东、海南、香港、四川、重庆、贵州、云南；日本也有分布。

51. 团花冬青 图915

Ilex glomerata King

常绿乔木，高 13m。幼枝较细弱，无毛或变无毛。叶近革质，长圆形或长圆状椭圆形，长 6～12cm，宽 2～4cm，先端渐尖，基部楔形或圆形，边缘具锯齿，叶面具光泽，两面无毛；主脉在叶面凹陷，侧脉 8～10 对；叶柄长 8～15mm，无毛。花 4 基数，花萼 4 深裂，裂片具缘毛。雄花序为 1～3 朵花组成的聚伞花序簇生，总花梗长 1mm，花梗长 1～2mm；雄蕊与花瓣等长或稍短，花瓣长圆形。果序簇生，果梗长 1～3mm；果球形，直径 7～8mm，成熟后红色，宿存柱头扁平，盘状或脐状。分核 4 枚，长 5.5～7.0mm，宽 4～5mm，两端钝或圆形，背面具掌状条纹及沟，侧面具网状皱纹及洼穴。花期 4～5 月；果期 9～11 月。

产于金秀、融水、防城、上思、钦州。生于海拔 900m 以下的阔叶林中。分布于湖南、广东；越南、马来西亚、印度尼西亚也有分布。

图913 弯尾冬青 Ilex cyrtura Merr. 1. 果枝；2. 果；3. 分核。（仿《中国植物志》）

图914 榕叶冬青 Ilex ficoidea Hemsl. 1. 雄花枝；2. 果；3. 分核。（仿《中国植物志》）

图 915　团花冬青 Ilex glomerata King 1. 果枝；2. 果；
3. 分果。（仿《中国植物志》）

图 916　1～4. 毛冬青 Ilex pubescens Hook. et Arn.
1. 果枝；2. 雌花及幼果；3. 果；4. 分核。**5～7. 越南冬青**
Ilex cochinchinensis（Lour.）Loes. 5. 果核；6. 果；7. 分
核。（仿《中国植物志》）

52. 黔桂冬青　黔越冬青
Ilex stewardii S. Y. Hu

常绿灌木或小乔木，高 8m。幼枝纤细，疏被微柔毛。叶纸质，披针形、椭圆状披针形或狭长圆形，长 5～8cm，宽 1.5～3.0cm，先端长渐尖或尾状渐尖，基部楔形或急尖，全缘或近先端具少数锯齿，叶面有光泽；主脉在叶面凹陷，无毛，侧脉 9～11 对；叶柄长 5～8mm。雌花序为具花 1～5 朵的聚伞花序簇生或成假圆锥花序，被微柔毛，花序轴长 3～12mm，总花梗长 3～7mm，花梗长 3～5mm；花 6 或 7 基数；花萼边缘啮蚀状。果卵状近球形，直径约 3mm，成熟时红色，宿存花柱有时明显，柱头厚盘状；分核 6 枚，长约 3mm，背部宽约 1mm，背面粗糙，具 3 条纵条纹，无沟，侧面平滑，内果皮革质。花期 6～7 月；果期 8～11 月。

产于永福、罗城、容县、防城、上思。生于海拔500～800m 的溪边阔叶林中。分布于贵州；越南也有分布。

53. 毛冬青　图 916：1～4
Ilex pubescens Hook. et Arn.

常绿灌木或小乔木，高 3～4m。小枝纤细，无皮孔；小枝、叶片、叶柄及花序均密被长硬毛。叶纸质或膜质，椭圆形或长卵形，长 2～6cm，宽 1.0～2.5cm，先端急尖或短渐尖，基部钝，边缘具疏而尖的细锯齿或近全缘；侧脉 4～5 对；叶柄长 2.5～5.0mm。花序簇生于叶腋。雄花序：单个分枝具花 1 或 3 朵，花梗长 1.5～2.0mm；花 4 或 5 基数；雌花序：单个分枝具单花，稀具花 3 朵，花梗长 2～3mm；花 6～8 基数。果球形，直径约 4mm，成熟后红色，果梗长约 4mm；宿存柱头厚盘状或头状，花柱明显。分核 6 枚，长约 3mm，背部宽约 1mm，背面具纵宽的单沟及 3 条纹，两侧面平滑，内果皮革质或近木质。花期 4～5 月；果期 8～11 月。

产于广西各地。生于海拔 1000m 的林中或林缘、灌木丛、溪旁、路边。分布于安徽、浙江、江西、福建、台湾、湖南、广东、海南、香港、贵州。根叶可入药，叶可作凉茶，味微苦甘，性平，无毒，有清热解毒、活血通脉、祛痰止咳的功效，可治风热感冒、肺热咳嗽、扁桃体炎、痢疾、冠心病、血栓闭塞性脉管炎，对高血压有缓解作用，外用可治烧伤、烫伤、冻疮。

54. 海南冬青　图917

Ilex hainanensis Merr.

常绿乔木，高5~8m。小枝纤细，稍"之"字形，褐色或黑褐色，无皮孔；小枝、叶柄及花序疏被微柔毛。叶薄革质或纸质，椭圆形、倒卵状或卵状长圆形，长5~9cm，宽2.5~5.0cm，先端骤然渐尖，基部钝，全缘，叶面无光泽；侧脉9~10对；叶柄长5~10mm。聚伞花序簇生或假圆锥花序；花5或6基数，淡紫色；花萼5或6深裂，裂片啮蚀状；雄花序：单个聚伞花序具花1~5朵；雌花序：单个分枝具花1~3朵，总花梗长1~3mm，花梗长约3mm。果近球状椭圆形，长约4mm；宿存柱头头状或厚盘形；分核(5~)6枚，长约3mm，背部

图917　海南冬青 Ilex hainanensis Merr. 1. 果枝；2. 雄花；3. 果；4. 分核。（仿《中国植物志》）

宽约1mm，两端尖，背部粗糙，具1条纵沟，侧面平滑，内果皮木质。花期4~5月；果期7~10月。

产于广西各地。生于海拔400~1200m以下的山坡密林或疏林、灌木丛中。分布于广东、海南、贵州、云南。

55. 乳头冬青　乳突冬青、乳凸冬青

Ilex mamillata C. Y. Wu ex C. J. Tseng

常绿乔木或灌木，高3~10m。幼枝纤细，无毛，密具小皮孔。叶革质，椭圆形或长圆状椭圆形，长6~10cm，宽2.0~3.5cm，先端急尖或钝，全缘，两面无毛，背面具小腺点；主脉在叶面凹陷，侧脉8~11对，和网脉在叶面明显；叶柄长3~7mm。花序簇生于1~3年生枝上，被微柔毛；雄花：每分枝具花1~4朵，总花梗长2.0~2.5mm，花梗长4.5~6.0mm；花萼5裂，裂片具小缘毛；花瓣5枚。果3~4枚簇生，单果，果梗长6~8mm；果球形，直径约5mm，成熟时红色，宿存花萼4~5裂，宿存柱头乳头状或盘状；分核5枚，长约3mm，宽约2mm，背部具附着于内果皮上的条纹，内果皮革质。花期5月；果期11月。

产于桂林、临桂、龙州。生于海拔约300m的山坡林中。分布于云南。

56. 河滩冬青　图918：1~5

Ilex metabaptista Loes.

常绿灌木或小乔木，高4m。幼枝栗褐色，被长柔毛。叶近革质，披针形或倒披针形，长3~6cm，宽0.5~1.4cm，先端急尖或钝，基部急尖或楔形，近全缘，先端常具1~2枚细齿，幼时两面被柔毛，后无毛；主脉在叶面凹陷，侧脉6~8对；叶柄长3~8mm，被柔毛，两侧具狭翅。花序簇生于2年生枝叶腋，被柔毛；白色花，花萼被柔毛，5~6深裂，具缘毛；雄花序：单个分枝具花3朵，总花梗长3~6mm，花梗长1.5~2.5mm；雌花序：每分枝具单花，稀2或3花，花梗长4~

图 918　1～5. 河滩冬青 Ilex metabaptista Loes. 1. 雄花枝；2. 果枝；3. 果；4. 分核腹面观；5. 分核背面观。6～8. 厚叶冬青 Ilex elmerrilliana S. Y. Hu 6. 果枝；7. 果；8. 分核。(仿《中国植物志》)

5mm；花 5～8 基数。果卵状椭圆形，长 5～6mm，直径 4～5mm，成熟后红色，宿存柱头头状；分核 5～8 枚，长 3.5～4.0mm，背面宽 1.3mm，两端尖，背面具纵棱及沟，侧面具纵条纹，内果皮革质。花期 5～6 月；果期 7～10 月。

产于南丹。生于 300～1100m 的溪旁。分布于湖北、四川、贵州、云南。

56a. 紫金牛叶冬青

Ilex metabaptista var. **bodinieri** (Loes. ex H. Lév.) G. Barriera

与原种的主要区别在于：当年生小枝几乎无毛，叶片上面除沿主脉被毛外，其余无毛，花序极疏被小的微柔毛。

产于上思。生于海拔 400～1200m 的山坡河滩水旁。分布于贵州、重庆。

57. 厚叶冬青　图 918：6～8

Ilex elmerrilliana S. Y. Hu

常绿灌木或小乔木，高 2～7m。树皮灰褐色。幼枝红褐色。幼枝、叶、花均无毛。叶厚革质，椭圆形或长圆状椭圆形，长 5～9cm，宽 2.0～3.5cm，先端渐尖，基部楔形或钝，全缘，叶面具光泽，主脉在叶面凹陷，侧脉及网脉在两面不明显；叶柄长 4～8mm。雄花序：单个分枝具花 1 朵，花梗长 5～10mm；花 5～8 基数，白色；雌花序：分枝具单花。果球形，直径约 5mm，成熟后红色，果梗长 5～6mm；宿存花柱明显，长约 0.5mm，柱头头状。分核 6 或 7 枚，长约 3.5mm，宽约 1.5mm，平滑，背部具 1 纤细的脊，脊的末端稍分枝，内果皮革质。花期 4～5 月；果期 7～11 月。

产于龙胜、兴安、融水。生于海拔 500～1500m 的阔叶林或灌木丛中。分布于安徽、浙江、江西、福建、湖北、湖南、广东、四川、贵州。

58. 谷木叶冬青　谷木冬青

Ilex memecylifolia Champ. ex Benth.

常绿乔木，高 15～20m。幼枝细，被微柔毛，无皮孔。叶厚革质，卵状长圆形或倒卵形，长 4.0～8.5cm，宽 1.2～3.3cm，先端渐尖或钝，基部楔形或钝，全缘，两面无毛；主脉在叶面凹陷，被微柔毛，侧脉 5～6 对；叶柄长 5～7mm。聚伞花序簇生于 2 年生枝叶腋，常与 1 枚休眠腋芽并生；花 4～6 基数，白色，芳香；花萼 5 或 6 裂，常啮蚀状，具缘毛；雄花序：单个分枝具花 1～3 朵，总花梗长 1～3mm；雌花序：单个分枝具花 1 朵，花梗长 6～8mm，被微柔毛。果球形，直径 5～6mm，熟时红色；宿存柱头柱状，长约 1mm；分核 4 或 5 枚，长 4～5mm，宽约 2mm，背面及侧面均具网状条纹，粗糙并具微柔毛。花期3~4月；果期7~12月。

产于全州、阳朔、永福、金秀、防城、上思、龙州。生于海拔600m以下的山坡林中。分布于江西、福建、广东、香港、贵州；越南也有分布。

59. 中华冬青 华冬青 图919：1~4

Ilex sinica (Loes.) S. Y. Hu

常绿乔木，高 20m。树皮灰色。幼枝密被短茸毛状柔毛，具皮孔。顶芽被柔毛。叶革质，长圆形或长圆状椭圆形，长5~11cm，宽2.3~4.0cm，先端渐尖至长渐尖，基部钝，全缘，叶面除沿主脉被微柔毛外，其余无毛；侧脉10~14对；叶柄长5~9mm，被微柔毛。聚伞花序簇生，花白色，花萼被微柔毛，4~6裂；雄花序：分枝具花3朵，总花梗与花梗几等长，长3~4mm；花4~5基数；雌花序：分枝具单花，花梗长4~6mm，被微柔毛，花6(~9)基数，花萼直径3~4mm，被微柔毛及缘毛。果球形，直径4~5mm，成熟后红色，果梗长5~8mm，变无毛；宿存花柱明显，柱头乳头状；分核6枚，长约3mm，宽1.0~1.5mm，两端钝，背面具网状条纹，内果皮革质，平滑。花期4~5月；果期7~10月。

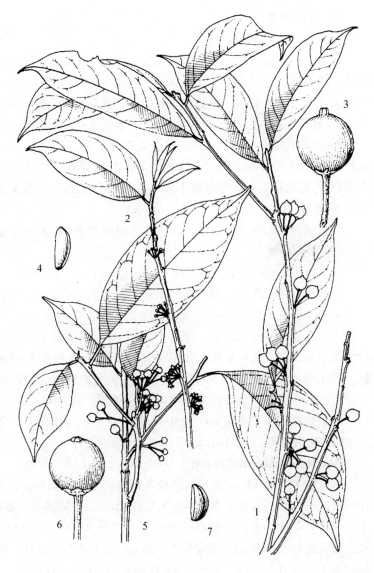

图919　1~4. 中华冬青 Ilex sinica（Loes.）S. Y. Hu 1. 果枝；2. 雌花枝；3. 果；4. 分核。**5~7. 皱柄冬青 Ilex kengii** S. Y. Hu 5. 果枝；6. 果；7. 分核。（仿《中国植物志》）

产于桂林、全州。生于海拔500m以上的山地林中。分布于云南。

60. 罗浮冬青

Ilex tutcheri Merr.

常绿小乔木或灌木，高4m。小枝黄褐色或栗褐色，无毛，无皮孔。顶芽无毛。叶厚革质，倒心形，长2.7~6.0cm，宽1.3~2.5cm，先端圆形并微凹，基部楔形或急尖，边缘外卷，全缘，叶面具光泽，背面具腺点，两面无毛；主脉在叶面深凹；叶柄长4~8mm，顶端具狭翅。聚伞花序簇生于2~3年生枝叶腋；花4~6(~7)基数，白色；雄花序：分枝具花3朵，总花梗长2~3mm，花梗长3~4mm；花萼5~7浅裂。果序每分枝具果1枚，果梗长8~10mm；果球形，直径约5mm，成熟时红色，宿存柱头头状；分核5或6(~7)枚，长2~3mm，宽1.0~1.3mm，背部具2或3条凸起的纵棱，侧面平滑，内果皮革质。花期4~5月；果期7~12月。

产于容县、上思。生于海拔400~1600m的山坡林中。分布于广东。

61. 柳叶冬青

Ilex salicina Hand. – Mazz.

常绿灌木，高 1.0~2.5m。树皮灰白色。小枝栗褐色，细弱，疏被微柔毛，具皮孔。叶密集，革质，线状披针形，长 4.5~12.0cm，宽 0.8~2.2cm，先端渐尖，基部楔形，全缘，叶面具光泽，两面无毛，背面具斑点；主脉在叶面凹陷，侧脉 9~12 对；叶柄长 6~10mm。花 4~6 基数，白色，芳香；花萼被微柔毛，6 浅裂，具缘毛；雄花序：分枝具花 1~4 朵，总花梗长 8~10mm，花梗长 2~3mm；雌花序：分枝具单花，稀具花 2 或 3 朵，花梗长 1~2cm。果球形，直径约 6mm，成熟时红色，果梗长 1~2cm；宿存花柱长约 1mm，宿存柱头柱状乳头形；分核 4~6 枚，长 4~5mm，宽约 2mm，两端具尖头，背部具 3 或 4 条纵棱，无沟，侧面平滑或具单棱脊，内果皮革质。花期 4 月；果期 7~10 月。

产于钦州、防城、东兴、上思。生于海拔约 200m 的山坡常绿阔叶林中。越南也有分布。

62. 湿生冬青

Ilex verisimilis C. J. Tseng ex S. K. Chen et Y. X. Feng

常绿小乔木或灌木，高 3.0~7.5m。树皮灰黑色。叶革质或厚革质，椭圆形或椭圆状披针形，长 8~15cm，宽 2.5~4.5cm，先端长渐尖，基部钝或渐尖下延，全缘，叶面具光泽，背面具腺点，两面无毛；主脉在叶面凹陷，侧脉 10~11 对；叶柄长 13~15mm，无毛。聚伞花序簇生；雄花序：分枝常具花 3 朵，花 6 基数；总花梗长 4~5mm，花梗长 5~7mm。果球形，直径约 5mm，成熟时红色，具小疣点；果梗长 12~17mm；宿存柱头乳头状或头状；分核 6 枚，长 2.5mm，背部宽约 1mm，具羽毛状条纹及沟，内果皮革质。花期 4~5 月；果期 6~11 月。

产于龙胜。生于海拔 800~1500m 的山谷、水边疏林中。分布于湖南、广东。

63. 越南冬青　图 916：5~7

Ilex cochinchinensis（Lour.）Loes.

常绿乔木，高 15m。树皮灰色或灰褐色。小枝红褐色，具皮孔。叶片革质，椭圆形至长圆状披针形或倒披针形，长 6~16cm，宽 3.0~4.5cm，先端渐尖，基部钝或楔形，全缘，叶面具光泽，背面具斑点，两面无毛；主脉在叶面凹陷，侧脉 7~12 对；叶柄长 7~10mm。雄花序每分枝具花 3 朵；总花梗长 6~10mm，花梗长 2~3mm；花 4 基数，白色；花萼 4 深裂，稀 5 裂。果序具果 3~7 枚，单个分枝具果 1 枚，果梗长 8~12mm；果球形，直径 5~7mm，成熟时红色，宿存花萼直径约 4mm，4 浅裂，具缘毛；宿存柱头乳头状，微 4 裂；分核 4 或 5 枚，长约 5~6mm，背部宽约 2.5mm，平滑，内果皮革质。花期 2~4 月；果期 6~12 月。

产于灵川、平南、陆川。生于山谷密林中。分布于台湾、广东、海南；越南也有分布。

64. 微凹冬青

Ilex retusifolia S. Y. Hu

常绿灌木。小枝细弱，被微柔毛，具皮孔。顶芽被微柔毛。叶革质，阔椭圆形，长 6~9cm，宽 2~3cm，先端短渐尖且微凹，基部钝，全缘，叶面干时褐橄榄色，无光泽，背面具斑点，除沿主脉被微柔毛外，其余无毛；主脉在两面隆起，侧脉 7~9 对；叶柄长 8~12mm。雌花序簇生于 2 年生枝叶腋，分枝具单花；花梗长 4~5mm，被微柔毛；花 4 或稀 5 基数，淡黄色；花萼直径约 2.5mm，被微柔毛，4 深裂，具缘毛；花冠直径约 5mm，花瓣分离。花期 6 月。

广西特有种。产于兴安。生于海拔 500m 以上的山地林中。

65. 皱柄冬青　图 919：5~7

Ilex kengii S. Y. Hu

常绿乔木，高 4~13m。树皮灰色。小枝较细，褐色，具皮孔。叶薄革质，椭圆形或卵状椭圆形，长 4~11cm，宽 2.0~4.5cm，先端长渐尖或尾尖，基部钝或阔楔形，全缘，叶面具光泽，背面具褐色腺点，两面无毛；主脉在叶面稍凸或平坦，侧脉 6~9 对；叶柄长 7~15mm。花序簇生于 2

年生枝叶腋；雌花序簇每分枝具花 1~5 朵，总花梗长 3~8mm，花梗长 4~5mm，花 4 基数。果球形，直径约 3mm，成熟时红色，宿存花萼 4 浅裂，具缘毛；宿存柱头厚盘状，4 浅裂；分核 4 枚，长约 2.5mm，背部宽约 1.5mm，两端尖，背面具 5~6 条与分核易脱离的条纹，无槽，内果皮革质。果期 6~11 月。

产于阳朔、金秀、象州、那坡、容县。生于海拔 500~1000m 的山坡林中。分布于浙江、福建、广东、贵州、云南。

66. 黄杨叶冬青　黄杨冬青
Ilex buxoides S. Y. Hu

常绿乔木，稀灌木，高 9m。树皮褐色。幼枝纤细，被短柔毛。叶革质，椭圆形或倒卵状椭圆形，长 3.0~5.5cm，宽 1.0~2.5cm，先端短渐尖或钝，尖头微缺，基部楔形，全缘，叶面干时橄榄色，背面具腺点，两面除主脉疏被微柔毛外，其余无毛；侧脉 4~5 对；叶柄长约 5mm。聚伞花序簇生于 2 年生枝叶腋；雄花序：分枝具花 3 朵，稀单花；总花梗长 3~5mm，花梗长 2~3mm；花 4 或 5 基数，白色；花萼被短柔毛，4 或 5 裂，具缘毛；雄蕊 4 枚，稀 5 枚。果序每分枝具单果，果梗长约 5mm，密被微柔毛；果球形，直径 4~5mm，成熟后红色；宿存柱头薄盘状，略隆起；分核 4 枚，长 3.0~3.5mm，背部宽约 2mm，背部和侧面均具凸起的网状条纹，条纹易与内果皮分离，内果皮平滑，革质。花期 4~5 月；果期 7~10 月。

产于防城港、上思。生于海拔 800~1500m 的山地林中。分布于福建、广东。

67. 石生冬青
Ilex saxicola C. J. Tseng et H. H. Liu

常绿灌木，高 3m。幼枝纤细，栗灰色，被微柔毛；小枝具皮孔。叶革质，阔卵形，长 4.0~5.5cm，宽 2.0~3.5cm，先端钝或圆形，基部钝，全缘，干时叶面橄榄褐色，具光泽，被微柔毛或变无毛；主脉在叶面凹陷，侧脉 4~5 对，在叶面不明显，网脉在两面不明显；叶柄长 4~6mm。果球形，直径约 4mm，果梗长 5~9mm，被微柔毛，小苞片 2 枚着生于花梗中上部；宿存花萼被微柔毛，5(稀 4)裂，不等大，具缘毛，宿存柱头头状；分核 5(稀 4)枚，卵球形，长约 3mm，背部宽仅 2mm，具掌状条纹和槽，侧面平滑，无条纹，也无沟，内果皮革质。

广西特有种。产于龙州。生于海拔约 500m 的石山疏林中。

68. 亮叶冬青
Ilex nitidissima C. J. Tseng

常绿小乔木，高 6m。幼枝被微柔毛。叶革质，椭圆形或长圆状椭圆形，长 5.5~9.0cm，宽 2.7~4.0cm，先端渐尖，基部钝或楔形，近全缘，有时具疏小锯齿，叶面干时暗橄榄色，有光泽，背面褐色，中脉及叶柄密被微柔毛，余无毛；主脉在基部隆起，向上逐渐平坦或凹陷，侧脉 8~10 对，网脉在两面不明显；叶柄长 6~8mm。果球形，直径约 5mm，成熟时红色，2~4 枚簇生于叶腋；果梗长 8~10mm，宿存花萼无毛，4 裂，无缘毛，宿存柱头盘状或头状；分核 4 枚，长约 4mm，背部宽约 2.5mm，稍凸起，无条纹，无沟槽，内果皮革质。果期 7~10 月。

产于金秀、灌阳、上思。生于海拔 800~1300m 的山地林中。分布于江西、湖南。

69. 尾叶冬青　图 899：5~8
Ilex wilsonii Loes.

常绿灌木或乔木，高 2~10m。树皮灰白色，光滑。小枝平滑，无皮孔。叶厚革质，卵形或倒卵状长圆形，长 4~7cm，宽 1.5~3.5cm，先端骤然尾状渐尖，常偏向一侧，基部钝，全缘，叶面具光泽，两面无毛；侧脉 7~8 对；叶柄长 5~9mm。聚伞花序簇生于 2 年生枝叶腋；花 4 基数，白色；花萼 4 深裂；雄花序：每分枝具花 3~5 朵，无毛，总花梗长 3~8mm，花梗长 2~4mm；雌花序：分枝具单花，花梗长 4~7mm，无毛。果球形，直径 4mm，成熟后红色，平滑，果梗长 3~4mm；宿存柱头厚盘状；分核 4 枚，长约 2.5mm，背部宽约 1.5mm，背面具稍凸起纵棱 3 条，无

图 920 1 ~ 3. 矮冬青 Ilex lohfauensis Merr. 1. 雄花枝；2. 果；3. 分核。4 ~ 7. 小果冬青 Ilex micrococca Maxim. 4. 花枝；5. 雄花；6. 果；7. 分核。(仿《中国植物志》)

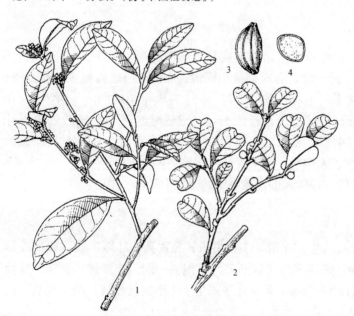

图 921 凹叶冬青 Ilex championii Loes. 1. 雄花枝；2. 果枝；3. 分核；4. 分核切面。(仿《中国植物志》)

沟，侧面平滑，内果皮革质。花期5~6月；果期8~10月。

产于兴安、龙胜、金秀、融水、大新。生于海拔400m以上的杂木林中。分布于安徽、浙江、江西、福建、台湾、湖北、湖南、广东、四川、贵州、云南。

70. 矮冬青 图920：1~3

Ilex lohfauensis Merr.

常绿灌木或小乔木，高 2 ~ 6m。小枝纤细，灰黑色或暗栗褐色，密被短柔毛；老枝几无皮孔。顶芽密被短柔毛。叶薄革质或纸质，长圆形或椭圆形，稀倒卵形或菱形，长 1.0 ~ 2.5cm，宽 5 ~ 12mm，先端微凹，基部楔形，全缘，叶面具光泽，两面除沿主脉被短柔毛外，其余无毛；主脉在两面隆起，侧脉 7 ~ 9 对；叶柄长 1 ~ 2mm。花 4（~5）基数，粉红色；花萼 4 浅裂，啮蚀状。雄聚伞花序簇生于 2 年生枝叶腋，每分枝具花 1 ~ 3 朵，总花梗及花梗长约 1mm；雌花 2 ~ 3 朵簇生，花梗长约 1mm。果球形，直径约 3.5mm，成熟后红色，果梗长约 1mm；宿存柱头厚盘状或头状，4（~5）裂；分核 4 枚，长约 3mm，宽约 2mm，两端急尖，横切面三棱形，背面具 3 条纹，无沟，侧面平滑，内果皮革质。花期 6 ~ 7月；果期 8 ~ 12月。

产于荔浦、灌阳、阳朔、临桂、兴安、龙胜、金秀、融水、容县、平南。生于海拔 600 ~ 1000m 的杂木林或灌木丛中。分布于安徽、浙江、江西、福建、湖南、广东、香港、贵州。

71. 凹叶冬青 图921

Ilex championii Loes.

常绿灌木或乔木，高达13m。树皮灰白色或灰褐色。幼枝被微柔毛，紫褐色；老枝无皮孔。叶厚革质，卵形或倒卵形，长 2 ~ 4cm，宽 1.5 ~ 2.5cm，先端圆而微凹或微缺，基部钝，全缘，叶面具光泽，背面具深色腺点，两面无毛；侧脉 8 ~ 10 对；叶柄长 4 ~ 5mm，具狭翅。花 4 基数，白色；花萼 4 深裂；雄花序：每分枝具花 1 ~ 3 朵，被微柔毛；总花梗长 1.0 ~ 1.5mm，花梗长 0.5 ~ 1.0mm；花冠直径约 4mm。果序簇每分枝具果 1 ~ 3 枚，果梗长 1.5 ~ 2.0mm；果扁球形，直径 3 ~ 4mm，成熟后红色，宿存柱头盘状，凸起；分核 4 枚，长约 3.5mm，宽约 1.5mm，背部具 3 条稍凸起的条纹，无沟，平滑，内果皮革质。花期 6 月；果期 8 ~ 11 月。

产于灌阳、临桂、阳朔、龙胜、融水、金秀、象州。生于海拔 1200 ~ 1900m 的密林中。分布于江西、福建、湖南、广东、香港、贵州。

72. 青茶香

Ilex hanceana Maxim.

常绿灌木或小乔木，高 2 ~ 10m。小枝纤细，被微柔毛。叶厚革质，倒卵形或倒卵状长圆形，长 2.5 ~ 3.5cm，宽 1 ~ 2cm，先端短渐尖至圆形，基部钝或楔形，全缘，除沿主脉被微柔毛外，其余无毛；侧脉 7 ~ 8 对；叶柄长 2 ~ 5mm。聚伞花序簇生于 2 年生枝叶腋，被微柔毛；花 4 基数，白色；花萼 4 浅裂；花冠直径约 3mm；雄花序：每分枝具花 2 ~ 3 朵，总花梗长 1 ~ 2mm，花梗长 1.0 ~ 1.5mm。雌花序：由单花簇生，花梗长约 1.5mm。果球形，直径约 5mm，成熟后红色，果梗长约 2.5mm；宿存柱头薄盘状，4 或 5 浅裂；分核 4 枚，长约 4mm，宽约 3mm，背部具隆起分枝纵条纹，侧面平滑，内果皮革质。花期 5 ~ 6 月；果期 7 ~ 12 月。

产于融水。生于海拔 900 ~ 1800m 的山顶密林中。分布于福建、广东、香港、海南。

73. 小果冬青 图 920：4 ~ 7

Ilex micrococca Maxim.

落叶乔木，高 20m。小枝粗壮，无毛，具皮孔。叶膜质或纸质，卵状椭圆形或卵状长圆形，长 7 ~ 13cm，宽 3 ~ 5cm，先端长渐尖，基部圆形或阔楔形，常不对称，边缘近全缘或具芒状锯齿，两面无毛；侧脉 6 ~ 8 对，网脉明显；叶柄纤细，长 1.5 ~ 3.2cm，上面平坦。伞房状二至三回聚伞花序单生于当年生枝叶腋，无毛；总花梗长 9 ~ 12mm，花梗长 2 ~ 3mm；雄花：5 ~ 6 基数，花萼 5 ~ 6 浅裂；雌花：6 ~ 8 基数，花萼 6 深裂。果实球形，直径约 3mm，成熟时红色，宿存花萼平展，宿存柱头厚盘状，凸起，6 ~ 8 裂；分核 6 ~ 8 枚，长约 2mm，宽约 1mm，末端钝，背面略粗糙，具纵向单沟，侧面平滑，内果皮革质。花期 5 ~ 6 月；果期 9 ~ 10 月。

产于广西各地。生于海拔 500m 以上的阔叶林内。分布于浙江、安徽、福建、台湾、江西、湖北、湖南、广东、海南、四川、贵州、云南；日本和越南也有分布。

74. 多脉冬青

Ilex polyneura (Hand. – Mazz.) S. Y. Hu

落叶乔木，高 20m。小枝无毛，具皮孔。叶纸质或薄革质，长圆状椭圆形，长 8 ~ 15cm，宽 3.5 ~ 6.5cm，先端长渐尖，基部圆形或钝，边缘具纤细而尖的锯齿，叶面无毛，背面被微柔毛；主脉在叶面凹陷，侧脉 11 ~ 20 对；叶柄长 1.5 ~ 3.0cm，上面具深槽，槽内被微柔毛。假伞形花序单生于当年生枝叶腋，疏被微柔毛；总花梗长 6 ~ 9mm，花梗长 2.5 ~ 4.0mm；花 6 或 7 基数，白色；花萼 6 ~ 7 深裂，无毛；花冠直径约 4mm；雌花梗长约 3mm，果后长达 4 ~ 5mm。果球形，直径约 4mm，宿存柱头盘状，凸起。分核 6 ~ 7 枚，长 2.0 ~ 2.5mm，背面宽约 1mm，沿背部中线具 1 条狭的单沟，内果皮革质。花期 5 ~ 6 月；果期 10 ~ 11 月。

产于防城。生于海拔 1000m 以上的林中或灌丛中。分布于四川、贵州、云南。

75. 大果冬青 野垂柿 图 922：1 ~ 6

Ilex macrocarpa Oliv.

落叶乔木，高 5 ~ 10m。具长枝和短枝，长枝皮孔圆形。枝、叶、花均无毛。叶纸质，卵形或卵状椭圆形，稀长圆状椭圆形，长 4 ~ 11cm，宽 3 ~ 7cm，先端渐尖至短渐尖，基部圆形或钝，边缘具细锯齿；侧脉 8 ~ 10 对，网脉在两面明显；叶柄长 1.0 ~ 1.2cm。雄花序：聚伞花序具花 1 ~ 5 朵，

单生或簇生，总花梗长 2 ~ 3mm，花梗长 3 ~ 7mm；花白色，5 ~ 6 基数；花冠直径约 7mm；雌花序：单生，花梗长 6 ~ 18mm，花 7 ~ 9 基数，花萼 7 ~ 9 浅裂；花冠直径 1.0 ~ 1.2cm。果球形，直径 10 ~ 14mm，成熟时黑色，宿存柱头圆柱形；分核 7 ~ 9 枚，两侧扁，背部具 3 棱 2 沟，侧面具网状棱沟，内果皮坚硬、石质。花期 4 ~ 5 月；果期 10 ~ 11 月。

产于全州、临桂、阳朔、金秀、罗城。分布于陕西、江苏、安徽、浙江、福建、河南、湖北、湖南、广东、四川、贵州、云南。根药用，有清热解毒、润肺止咳的功效，用于治疗肺热咳嗽、咽喉肿痛、咯血、眼翳；木材可供制家具；果可食。

76. 沙坝冬青 巨果冬青

图 922：7 ~ 9

Ilex chapaensis Merr.

落叶乔木，高 9 ~ 12m。小枝栗褐色，具皮孔，短枝不发达，长 3 ~ 5mm。叶纸质或薄革质，卵状椭圆形或长圆状椭圆形，长 5 ~ 11cm，宽 2.5 ~ 5.5cm，先端短渐尖或钝，基部钝，边缘具浅圆齿，两面无毛；主脉在叶面凹陷，侧脉 8 ~ 10

图 922 1 ~ 6. 大果冬青 Ilex macrocarpa Oliv. 1. 雄花枝；2. 雄花；3. 雌花枝；4. 雌花；5. 果；6. 分核。7 ~ 9. 沙坝冬青 Ilex chapaensis Merr. 7. 果枝；8. 果；9. 分核。（仿《中国植物志》）

对；叶柄长 1.2 ~ 3.0cm，顶部具狭翅。花白色，6 ~ 8 基数，花萼直径约 4mm，6 ~ 8 裂；雄花序：假簇生，每分枝具花 1 ~ 5 朵，总花梗长 1 ~ 2mm，花梗长 2 ~ 4mm，均被微柔毛；雌花序：单生于短枝，花梗长 6 ~ 10mm，被微柔毛。果球形，直径 1.4 ~ 2.0cm，成熟时变黑色，宿存柱头头状；分核 6 或 7 枚，长约 13mm，背部宽约 4mm，具 3 棱 2 沟，侧面具 1 或 2 条棱和沟，内果皮骨质。花期 4 月；果期 10 ~ 11 月。

产于金秀、融水、巴马、百色、平果、那坡、苍梧、容县、南宁、上林、龙州、钦州、防城、上思。生于海拔 500m 以上的山地疏林或杂木林中。分布于福建、广东、海南、贵州、云南；越南也有分布。

77. 秤星树 梅叶冬青、岗梅

Ilex asprella (Hook. et Arn.) Champ. ex Benth.

落叶灌木，高 3m。具长枝和短枝，长枝纤细，栗褐色，无毛，具皮孔。叶膜质，卵形或卵状椭圆形，长 4 ~ 6cm，宽 2.0 ~ 3.5cm，先端尾状渐尖，基部钝至近圆形，边缘具锯齿，叶面被微柔毛，背面无毛；主脉在叶面下凹，侧脉 5 ~ 6 对；叶柄长 3 ~ 8mm。花白色，4 ~ 6 基数；花萼无毛，4 ~ 6 裂；雄花序：2 或 3 朵花呈束状或单生，花梗长 4 ~ 6mm；雌花序：单生，花梗长 1.2 ~ 2.5cm，无毛。果球形，直径 5 ~ 7mm，熟时变黑色，具纵条纹及沟，宿存柱头头状，花柱略明显；分核 4 ~ 6 枚，长约 5mm，背部宽约 2mm，背面具 3 条脊和沟，侧面几平滑，腹面龙骨凸起锋利，内果皮石质。花期 3 月；果期 4 ~ 10 月。

产于桂林、苍梧、贵港、邕宁、横县。生于海拔 700m 以下的疏林中或路旁灌丛中。分布于浙江、江西、福建、台湾、湖南、广东、香港；菲律宾也有分布。根、茎、叶入药，夏秋采收，鲜用或晒干，有清热解毒、生津止渴、消肿散淤的功效，可治感冒、肺脓肿、急性扁桃体炎、咽喉炎、颈淋巴结结核、跌打损伤；叶含熊果酸，对冠心病、心绞痛有一定疗效。

图 923　满树星 **Ilex aculeolata** Nakai 果枝。（仿《中国高等植物图鉴》）

78. 满树星　鼠李冬青　图 923

Ilex aculeolata Nakai

落叶灌木，高 1 ~ 3m。小枝栗褐色，有长枝和短枝，长枝纤细，具皮孔。叶膜质或薄纸质，倒卵形，长 2 ~ 5cm，宽 1 ~ 3cm，先端急尖或极短渐尖，基部楔形且渐尖，边缘具锯齿，幼时两面及脉上疏被短柔毛，后近无毛；主脉在叶面微凹，侧脉 4 ~ 5 对，网脉不明显；叶柄长 5 ~ 11mm。花序单生，花白色，芳香，4 或 5 基数，花萼 4 深裂，花冠直径约 7mm；雄花序：具花 1 ~ 3 朵，总花梗长 0.5 ~ 2.0mm，花梗长 1.5 ~ 3.0mm，无毛；雌花序：单生，花梗长 3 ~ 4mm。果球形，直径约 7mm，成熟时黑色。分核 4 枚，长约 6mm，背部宽约 2.5mm，末端具急尖头，背面具深皱纹和网状条纹及沟，内果皮骨质。花期 4 ~ 5 月；果期 6 ~ 9 月。

产于桂林、全州、灵川、资源、龙胜、兴安、临桂、永福、贺州、富川、昭平、金秀、融水、罗城、容县、南宁、横县、合浦。生于海拔 1200m 以下的疏林或灌丛中。分布于浙江、江西、福建、湖北、湖南、广东、海南、贵州。根皮入药，有清热解毒、止咳化痰的功效。

79. 紫果冬青　图 924

Ilex tsoi Merr. et Chun

落叶灌木或小乔木，高 4 ~ 8m。树皮灰黑色，不裂。具长枝和短枝，无毛，具皮孔。叶纸质，卵形、卵状椭圆形或阔椭圆形，长 5 ~

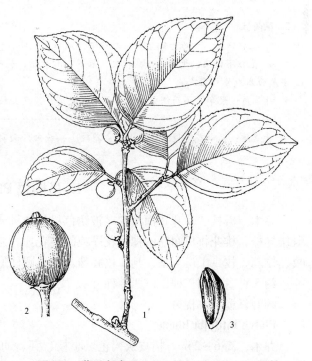

图 924　紫果冬青 **Ilex tsoi** Merr. et Chun 1. 果枝；2. 果；3. 分核。（仿《中国植物志》）

10cm，宽3~5cm，先端渐尖，基部圆形或钝，边缘具细锐锯齿，叶面被微柔毛，背面无毛；主脉在叶面凹陷，侧脉8~10对，在两面稍凸；叶柄长6~10mm，无毛。花6基数，花萼6深裂，大小不等；花冠直径6~7mm；雄花序：单花或2~3朵花簇生，花梗长3~4mm，无毛；雌花序：单生，花梗长1~3mm，无毛。果球形，直径6~8mm，成熟时紫黑色，宿存柱头厚盘状或凸起的头状；分核6枚，长约5mm，背部宽约2.5mm，具纵棱和沟槽，侧面具网状条纹和沟，内果皮骨质。花期5~6月；果期6~8月。

产于全州、龙胜、临桂、恭城、兴安、金秀、容县。生于林中、路旁灌丛或石山林中。分布于安徽、浙江、江西、福建、湖北、湖南、广东、四川、贵州。

97　茶茱萸科 Icacinaceae

乔木、灌木或藤本。单叶互生，稀对生，无托叶；全缘，稀分裂或有细齿；羽状脉，少有掌状脉。花两性，稀单性而雌雄异株，极稀杂性或杂性异株，辐射对称，排成穗状、总状、圆锥或聚伞花序；花萼小，通常4~5裂，覆瓦状排列，稀镊合状，有时合成杯状，常宿存但不增大；花瓣（3~）4~5枚，稀无花瓣，镊合状排列，稀覆瓦状排列，先端常内折；雄蕊与花瓣同数对生，花药2室，通常内向，花丝分离；子房上位，1室，少有3~5室，花柱通常不发育或2~3枚合成1个花柱，柱头2~3裂，或合生成头状至盾状；胚珠2（稀1）或每室2枚。果核果状，有时为翅果，种子1枚。

约57属400种，广布于热带。中国12属24种；广西7属10种，本志记载6属9种。

分属检索表

1. 乔木或直立灌木。
　　2. 花单性或杂性异株。
　　　3. 乔木，嫩枝、幼叶背面及花序被锈色星状鳞秕；花丝比花药短 …………………………… 1. 肖榄属 Platea
　　　3. 灌木或小乔木，枝、叶和花序无锈色星状鳞秕；花丝比花药长2倍以上；核果通常有宿存柱头 …………
　　　……………………………………………………………………………………… 2. 粗丝木属 Gomphandra
　　2. 花两性。
　　　4. 花柱偏生，子房一侧肿大；果基部具盘状附属物；叶干后通常黑色 ………………… 3. 柴龙树属 Apodytes
　　　4. 花柱不偏生，子房非一侧肿大；果不具附属物；花序顶生，稀同时腋生 …… 4. 假柴龙树属 Nothapodytes
1. 木质藤本或攀援灌木。
　　5. 叶革质；聚伞花序两侧交替腋生；花较大，花瓣两面被毛，花丝纤细，花药背着 ………………………
　　　……………………………………………………………………………………… 5. 定心藤属 Mappianthus
　　5. 叶纸质；聚伞花序腋生或腋上生；花较小，花瓣外面密被毛，花丝极短，花药基着 ……… 6. 微花藤属 Iodes

1. 肖榄属 Platea Bl.

乔木。嫩枝、幼叶背面及花序被锈色星状鳞秕或单毛。叶全缘，革质，羽状脉。花小，杂性或雌雄异株，雄花排成间断的穗状花序或圆锥花序，腋生；雌花为腋生总状花序，萼片5枚，花瓣5枚，雄蕊5枚，子房1室，具2枚胚珠。核果圆柱形，熟时蓝黑色。种子1枚。

约5种。中国2种；广西1种。

阔叶肖榄　木棍树

Platea latifolia Blume

乔木，高6~25m。树皮灰褐色。小枝、芽、幼叶背面及花序密被锈色星状鳞秕或毛，老时渐疏。叶薄革质至革质，椭圆形或长圆形，长10~19cm，宽4~9cm，先端渐尖，基部圆或钝；中脉在表面微凹，在下面凸起，侧脉6~14对，在边缘汇合，网脉细而略明显；叶柄长2.0~3.5cm。雌雄异株，雄花为大型圆锥花序，腋生，长 4~10cm；雌花为总状花序，长仅 1~2cm。核果椭圆状卵形，长 3~4cm，直径 1.5~2.0cm，幼时被星状鳞秕，老时脱落，有种子 1 枚。花期 2~4 月；果期 6~11 月。

产于金秀、陆川、防城、龙州。生于海拔 900~1300m 的山地林中。分布于云南、广东、海南；孟加拉国、泰国、老挝、越南、印度尼西亚、菲律宾也有分布。

2. 粗丝木属 Gomphandra Wall. ex Lindl.

乔木或灌木。单叶互生，全缘，无托叶。雌雄异株，花小，排成腋生、顶生或与叶对生的二至三歧聚伞花序，雄花序多花，雌花序少花；花萼合生成杯状，裂片 4~5 枚；花瓣 4~5 枚，合生成短管，镊合状排列；雄蕊 4~5 枚，下位着生，花丝阔，长为花药的 2~3 倍，与花冠管分离，花药内向；子房圆柱状至倒卵状，1 室，2 枚胚珠，柱头头状至盘状，有时 2~3 裂。核果，柱头常宿存；种子 1 枚。

约 33 种。中国 3 种；广西 1 种。

粗丝木 图 925

Gomphandra tetrandra (Wall.) Sleumer

灌木或小乔木，高 2~10m。树皮灰色。嫩枝绿色，被淡黄色短柔毛。叶纸质，幼时膜质，狭披针形、长椭圆形或阔椭圆形，长 6~15cm，宽 2~6cm，先端渐尖或尾状，基部楔形，两面无毛或幼时背面被淡黄色短柔毛；侧脉 6~8 对，在边缘互相网结，网脉不明显；叶柄长 0.5~1.5cm，稍被短柔毛。聚伞花序与叶对生，有时腋生，长 2~4cm，密被黄白色短柔毛；雄花黄白色或白绿色，5 基数，萼短，花冠钟形，雄蕊稍长于花冠，花药卵形，黄白色，子房不发育；雌花黄白色，萼短，花冠钟形，雄蕊不发育，略短于花冠，子房圆柱形，柱头小，5 裂。核果椭圆形，熟时白色，浆果状，干后有明显纵棱，果柄略具短柔毛。全年有花果。

产于永福、融安、来宾、河池、罗城、南丹、环江、天峨、隆林、那坡、凌云、乐业、扶绥、龙州、上思、防城。生于海拔 500m 以上的山林、路旁灌丛中或山谷。分布于广东、贵州、云南、海南；印度、斯里兰卡、缅甸、泰国、柬埔寨、越南也有分布。全株入药，用于治疗风湿痹痛、小儿消化不良、疳积；根外用可治慢性骨髓炎。

图 925 粗丝木 Gomphandra tetrandra (Wall.) Sleumer 1. 花枝；2. 花展开；3. 果。(仿《中国植物志》)

3. 柴龙树属 Apodytes E. Mey. ex Arn.

乔木或灌木。单生互生，全缘，无毛，羽状脉。花两性，圆锥花序顶生，细小；萼小，杯状，5齿裂；花瓣5枚，分离或基部略合生，镊合状排列；雄蕊5枚；子房1室，一侧肿胀，花柱偏生，略弯曲，柱头小而斜，胚珠2枚。核果卵形或椭圆形，偏斜，种子1枚。

单种属，分布于非洲热带、亚热带和亚洲热带；云南、广西、海南也有分布。

柴龙树

Apodytes dimidiata E. Mey. ex Arn.

乔木或灌木，高3~10m。树皮平滑，灰白色。小枝灰褐色，具皮孔；嫩枝密被黄色微柔毛。叶纸质，椭圆形或长椭圆形，长6~15cm，宽3.0~7.5cm，先端急尖或短渐尖，基部楔形，上面黄绿色，干后黑色或暗褐色，两面无毛或背面沿中脉稍被毛；侧脉5~8对，在背面较明显，网脉细；叶柄长1.0~2.5cm，疏被微柔毛。花两性，圆锥花序顶生，黄色或白色，密被黄色微柔毛，具短花梗；花萼杯状，黄绿色；花瓣5枚；雄蕊5枚，花丝紫绿色，花药黄绿色；子房密被短柔毛，花柱偏生，长约2.5mm，柱头小。核果长圆形，长约1cm，直径约0.7cm，熟时红至黑红色，有横皱褶，基部有1枚盘状附属物，一侧为宿存花柱。花果期全年。

产于柳州、靖西、德保、龙州、扶绥。生于500m以上的山林或灌丛。分布于海南、云南；印度、印度尼西亚、马来西亚、泰国及热带非洲也有分布。

4. 假柴龙树属 Nothapodytes Bl.

乔木或灌木。小枝通常具棱。叶互生，稀上部近对生，全缘，羽状脉，叶柄具沟槽。花常有特别难闻的臭气，两性或杂性，聚伞花序或伞房花序顶生，稀同时腋生；花梗在萼下有关节，无苞片；萼小，浅5齿裂，宿存；花瓣5枚；雄蕊5枚；花盘叶状，5~10裂；子房1室，柱头头状，截形。核果小，浆果状，椭圆形或卵圆形、长圆状倒卵形，种子1枚。

7种。中国6种；广西1种。

马比木　南紫花树

Nothapodytes pittosporoides (Oliv.) Sleumer

灌木，稀为乔木，高1.5~5.0m。茎褐色，枝条灰绿色，圆柱形，稀具棱。嫩枝被糙伏毛，后变无毛。叶薄革质，长圆形或倒披针形，长7~15cm，宽2.0~4.5cm，先端长渐尖，基部楔形，两面幼时被金黄色糙伏毛，背面较密，老时无毛；侧脉6~8对，弧曲上升，在远离边缘处网结，侧脉和中脉通常亮黄色，在背明显凸起；叶柄长1~3cm，上面具宽深槽，槽内被糙伏毛。聚伞花序顶生，花序轴常扁平，被长硬毛；花萼绿色，膜质，5浅裂，果时略大；花瓣黄色，条形；花药卵形；子房近球形；花盘肉质，宿存。核果椭圆形或长圆状卵形，稍扁，长1~2cm，直径0.6~0.8cm，成熟时红色，稍被毛。花期4~6月；果期6~8月。

产于临桂、南丹。分布于甘肃、广东、贵州、湖北、湖南、四川。

5. 定心藤属 Mappianthus Hand. – Mazz.

木质藤本，被硬粗伏毛；卷须粗壮，与叶轮生。叶革质，对生或近对生，全缘，羽状脉，具柄。雌雄异株，花小，被硬毛，短小、少花、两侧交替腋生的聚伞花序；雄花萼小，杯状，浅5裂，花冠较大，钟状漏斗形，5裂，1/3至2/3的裂片镊合状排列；无花盘；雄蕊5枚，比花冠稍短；柱头厚钝。核果狭椭圆形，压扁，黄红色，甜，外果皮肉质，内果皮薄壳质。

2种，一种产于中国岭南以南至越南北部，另一种产于印度、孟加拉国、印度尼西亚。

定心藤　黄九牛

Mappianthus iodoides Hand. – Mazz.

木质藤本。小枝灰色，圆柱形，具灰白色，圆形或长圆形皮孔；幼枝深褐色，被黄褐色糙伏毛，具棱；卷须粗壮，与叶轮生。叶长椭圆形至长圆形，长 8 ~ 17cm，宽 3 ~ 7cm，先端渐尖至尾状，尾端圆形，基部圆形或楔形，近无毛，背面紫红色或赭黄色；中脉在表面为 1 条狭槽，侧脉 3 ~ 6 对，弧曲上升，背面网脉凸起；叶柄长 6 ~ 14mm，圆柱形，上面具窄槽，被黄褐色糙伏毛。雄花序为聚伞花序，腋生，芳香，长 1.0 ~ 2.5cm，花序梗长约 1cm；雌花序腋生，长 1.0 ~ 1.5cm，粗壮。核果椭圆形，长 2.0 ~ 3.7cm，直径 1.0 ~ 1.7cm，成熟时橙红色，疏被淡黄色硬毛，基部具略增大的宿萼；种子 1 枚。花期 4 ~ 8 月；果期 6 ~ 12 月。

产于广西各地。生于海拔 700m 以上的灌丛、沟谷林内。分布于福建、广东、贵州、海南、湖南、云南、浙江；越南、老挝也有分布。果甜，可食。根、茎有通经活络、祛风除湿的功效，用于治疗风湿痹痛，外用可治毒蛇咬伤。

6. 微花藤属 Iodes Bl.

木质藤本。多密被锈色毛，叶间具卷须。单叶对生或近对生，全缘，纸质，羽状脉，具柄。聚伞状圆锥花序腋生，花小，花柄具关节，雌雄异株；雄花花萼杯状，5 齿裂，花冠 4 ~ 5 深裂；雌花花萼杯状，5 齿裂，宿存，花冠 4 ~ 5 裂，下部管状并常扩大，子房无柄或具短柄，柱头盾状，顶端凹陷，1 室，胚珠 2 枚。核果斜倒卵形，具不增大宿存萼和花冠。种子 1 枚。

约 19 种，分布于热带亚洲和非洲。中国 4 种；广西 4 种均产。

分种检索表

1. 小枝具多数瘤状皮孔，老时显著凸起；叶卵形或近圆形，基部心形 ·················· **1. 瘤枝微花藤 I. seguinii**
1. 小枝不具瘤状皮孔。
　2. 叶背脉上被淡黄色卷曲柔毛；果长于 3cm ···································· **2. 大果微花藤 I. balansae**
　2. 叶背被非卷曲柔毛；果短于 3cm。
　　3. 叶厚纸质，背面密被伸展柔毛；果较大，长 2.0 ~ 2.6cm ················ **3. 微花藤 I. cirrhosa**
　　3. 叶薄纸质，背面被粗硬伏毛；果较小，长仅 1.3 ~ 2.2cm ··········· **4. 小果微花藤 I. vitiginea**

1. 瘤枝微花藤

Iodes seguinii（H. Lév.）Rehder

木质藤本。小枝圆柱形，灰棕色，具多数瘤状皮孔，老时显著凸起；嫩枝密被锈色卷曲柔毛；卷须侧生于节上，黄绿色。叶卵形或近圆形，长 4 ~ 14cm，宽 3.0 ~ 10.5cm，先端钝至锐尖，基部心形，表面仅沿下陷中脉略被毛，背面密被硬伏毛及微柔毛；侧脉 4 ~ 6 对，在近边缘处汇合，老时两面各级脉和网脉均显著并在背面凸起；叶柄长 0.5 ~ 2.0cm，密被卷曲锈色柔毛。圆锥状伞房花序，腋生，长 2 ~ 3cm，各部均具锈色柔毛；雄花花萼 4 ~ 5 裂至中部，花瓣 4 ~ 5 裂，基部 1/3 处连合，雄蕊 5 枚，与花瓣互生。果倒卵状长圆形，长 1.8 ~ 2.3cm，直径约 1.2cm，熟时红色，密被伏柔毛，内果皮具沟槽和网纹。花期 1 ~ 5 月；果期 4 ~ 6 月。

产于德保、那坡、凌云、乐业、龙州。生于石灰岩石山林内。分布于贵州、云南。

2. 大果微花藤

Iodes balansae Gagnep.

木质藤本。小枝圆柱形，被黄色绒毛，无皮孔，具不明显的纵棱；卷须侧生并与花序对生。叶纸质，卵形，长 5 ~ 12cm，宽 2 ~ 7cm，先端渐尖至长渐尖，基部微心形，偏斜，两面脉上均被淡黄色卷曲毛，侧脉 4 ~ 6 对，在近边缘处汇合；网脉细而明显，各级脉在背面均隆起；叶柄长 1.0 ~ 1.5cm，密被黄色柔毛。圆锥状聚伞花序腋生或侧生，长 4 ~ 10cm，密被黄色短柔毛；雄花花序梗长 4~9cm，花萼杯状，4~5 裂，外面密被黄白色硬毛，花瓣 4~5 枚，雄蕊 4~5 枚。果长圆形，压扁，长 3.0~3.8cm，直径 1.5~2.0cm，密被黄色绒毛，干时表面有纵肋和多角形陷穴，具宿存而稍增大的花萼与花冠。花期 4~7 月；果期 5~8 月。

产于都安、田阳、靖西、上思、东兴、龙州。生于山谷疏林中。分布于云南；越南也有分布。

3. 微花藤　丁公藤

Iodes cirrhosa Turcz.

木质藤本。小枝圆柱形，密被锈色柔毛；老枝具纵纹，偶有极稀疏的皮孔；卷须腋生或腋外生，有时与叶对生。叶厚纸质，卵形或宽椭圆形，长 5~15cm，宽 2~10cm，先端锐尖或短渐尖，基部近圆形，偏斜，表面仅沿中脉及侧脉被锈色柔毛，背面密被黄色、伸展的柔毛；侧脉 3~5 对；叶柄长 1~2cm，密被锈色柔毛。花序有短梗，密被黄棕色绒毛，雄花序为密伞房花序，有时复合为大型圆锥花序，雌花序花较少。核果卵球形，熟时红色，两侧压扁，长 2.0~2.6cm，宽 1.2~2.0cm，被柔毛，干时表面具多角形陷穴。花期 1~4 月；果期 5~10 月。

产于河池、天峨、东兰、巴马、都安、百色、凌云、西林、隆林、合浦、邕宁、宁明、龙州。生于海拔 400~1000m 的山谷林中。分布于云南；印度、越南也有分布。

4. 小果微花藤

Iodes vitiginea (Hance) Hemsl.

木质藤本。小枝压扁，被淡黄色硬伏毛；卷须腋生于叶柄的一侧。叶薄纸质，长卵形至卵形，长 6~15cm，宽 3~9cm，先端长渐尖，基部圆形或微心形，表面幼时被长或短硬伏毛，老时仅沿叶脉被硬伏毛，密具细颗粒状凸起，背面密被白色或淡黄色粗硬伏毛及少数直柔毛；侧脉 4~6 对，第三回脉平行，网脉细，通常不凸出；叶柄长 1.0~1.5(~3.0)cm，被淡黄色硬伏毛。伞房状圆锥花序腋生，密被绒毛；雄花序：长 8~20cm，花多且密集，雄花黄绿色；萼片 5 枚，外面被短柔毛；花冠 5(稀 6)浅裂，中部以下合生，外面被黄褐色柔毛；雄蕊 5 枚；不发育子房被刺状长柔毛；雌花序：较短，雌花绿色，萼片 5 枚，近基部合生，外面被锈色柔毛；无退化雄蕊；子房卵状球形或近圆柱形，密被黄色刺状柔毛。核果卵形或阔卵形，熟时红色，长 1.3~2.2cm，宽 1.2~1.6cm，干时略压扁，有多角形陷穴，密被黄色绒毛，具宿存增大的花瓣、花萼。花期 12 月至翌年 6 月；果期 5~8 月。

产于河池、百色、田阳、平果、那坡、田林、隆林、凌云、邕宁、龙州、大新。生于海拔 1300m 以下的山谷季雨林或灌丛中。分布于海南、贵州、云南；越南、老挝、泰国也有分布。

98　卫矛科 Celastraceae

常绿或落叶乔木，灌木或藤本状灌木。单叶对生或互生，稀轮生；托叶细小，早落或无，稀明显而与叶俱存。花两性或单性，杂性同株，稀异株；聚伞花序 1 至多次分枝，有较小的苞片和小苞片；花 4~5 基数，花部同数或减数，花萼、花冠分化明显，稀萼冠相似；有花盘，明显肥厚；子房上位，2~5 室，中轴胎座，每室胚珠 2~6 枚，少为 1 枚，轴生或室顶垂生。蒴果，也有核果、翅果或浆果；种子常被有色假种皮所包围，稀无假种皮，胚乳肉质丰富。

约 97 属 1194 种。主要分布于热带、亚热带及温暖地区，少数分布至寒温带。中国 14 属 192 种；广西 10 属 73 种。

本科属种不少具有药用价值，其中美登木属、卫矛属、南蛇藤属和雷公藤属在全世界范围内都是作为研究抗癌药的对象。

分属检索表

1. 心皮 4~5 个。
　2. 花盘平展；每室 2(~12)枚胚珠；种子具 1 条明显种脊，极稀具分枝种脊 ·················· **1. 卫矛属 Euonymus**
　2. 花盘杯状，包围子房大部，或呈浅杯状，子房陷入花盘中央；每室 1 枚胚珠；种子具分枝种脊 ··················

　　　　·· **2. 沟瓣属 Glyptopetalum**

1. 心皮 2~3 个。

　　3. 叶对生；花盘薄或无；蒴果 2 裂，柱头在果顶中央，种皮肉质 ·················· **3. 假卫矛属 Microtropis**

　　3. 叶互生。

　　　　4. 花萼与花冠同形；伞形花序；种子有长而明显柱状种托 ················· **4. 十齿花属 Dipentodon**

　　　　4. 花萼、花冠区别明显，稀不明显；聚伞花序呈圆锥状、总状或穗状；种子无明显种托。

　　　　　　5. 小枝有明显皮孔；藤本。

　　　　　　　　6. 小枝具 4 条棱或圆柱形，皮孔较大，色淡疏生；蒴果；种子被肉皮红色假种皮 ········

　　　　　　　　··· **5. 南蛇藤属 Celastrus**

　　　　　　　　6. 小枝多具 5~6 条棱，皮孔较小，密集，棕红色；翅果；种子无假种皮 ··· **6. 雷公藤属 Tripterygium**

　　　　　　5. 小枝无明显皮孔；乔木或灌木，稀藤本。

　　　　　　　　7. 叶柄先端不膨大；叶脉不成整齐网格状；聚伞花序圆锥状或窄长总状。

　　　　　　　　　　8. 小枝常有刺；花簇生或成聚伞圆锥花序；花冠大于花萼；蒴果；种子基部具肉质杯状假种皮。

　　　　　　　　　　　　9. 叶较大，长 5~20cm；老枝有刺，幼枝多无刺或有细弱针刺 ·········· **7. 美登木属 Maytenus**

　　　　　　　　　　　　9. 叶较小，长 1~4(~8)cm；枝常多刺 ····················· **8. 裸实属 Gymnosporia**

　　　　　　　　　　8. 小枝无刺；窄长总状聚伞花序；花冠较花萼稍大；浆果；种子被白色薄假种皮 ·············

　　　　　　　　　　·· **9. 核子木属 Perrottetia**

　　　　　　　　7. 叶柄先端曲膝状膨大；叶脉呈整齐长方形网格；窄穗状或总状聚伞花序 ··········· **10. 膝柄属 Bhesa**

1. 卫矛属 Euonymus L.

　　灌木或乔木。小枝通常四棱形。冬芽被覆瓦状芽鳞。叶对生，稀互生或轮生；叶柄存在，稀无；托叶早落。聚伞花序腋生；花两性，淡绿色或紫红色；萼片、花瓣和雄蕊均为 4~5 基数；雄蕊着生于花盘上，花丝有时极短，花药 1~2 室；花盘扁平，肉质，4~5 裂；子房藏于花盘内，3~5 室，每室含胚珠 1~2 枚，花柱短或缺，柱头 3~5 裂。蒴果有翅或角棱，稀有刺，3~5 裂，每室有种子 1~2 枚；种子包于橙红色或淡白色假种皮内，有胚乳。

　　约 130 种。因种类繁多，属下分冬青卫矛组、刺果卫矛组、卫矛组、深裂卫矛组和翅果卫矛组等 5 组，中国 5 组均有，约 90 种 10 变种 4 变型；广西约有 36 种。

分组检索表

1. 冬芽通常圆锥形，尖锐，大；雄蕊花药无柄，花药 1 室；蒴果具翅 ······ **组 1. 翅果卫矛组 E. sect. Uniloculares**

1. 冬芽通常卵球形，尖锐，小；雄蕊丝状或具柄，花药 2 室；蒴果无翅。

　　2. 蒴果 4 裂至近基部，有时只有 1~3 裂片发育 ······················ **组 3. 深裂卫矛组 E. sect. Melanocarya**

　　2. 蒴果不裂。

　　　　3. 蒴果具刺或瘤 ···································· **组 2. 刺果卫矛组 E. sect. Echinococcus**

　　　　3. 蒴果平滑或具皱纹和棱。

　　　　　　4. 蒴果平滑，圆形或球形 ···························· **组 4. 冬青卫矛组 E. sect. Ilicifolii**

　　　　　　4. 蒴果通常具皱纹和棱 ·································· **组 5. 卫矛组 E. sect. Euonymus**

组 1. 翅果卫矛组 Euonymus sect. Uniloculares

　　具大而显著的冬芽。雄蕊通常无花丝或仅有凸起状短花丝，花药 1 室。蒴果背棱延伸成翅，稀仅有窄棱而无明显翅。

分种检索表

1. 花和果 4 基数；叶厚革质，卵状长圆形，长 13~15cm ·················· **1. 近心叶卫矛 E. subcordatus**

1. 花和果 5 基数；叶革质，椭圆状卵形或倒卵状椭圆形，长 6~9cm ··· **2. 短翅卫矛 E. rehderianus**

图 926 星刺卫矛 Euonymus actino-
carpus Loes. 1. 果枝；2. 花。（仿《中国树木志》）

1. 近心叶卫矛

Euonymus subcordatus J. S. Ma

灌木，高 2m。枝幼时四棱形或翼状。叶厚革质，卵状长圆形，长 13~15cm，宽 4~6cm，先端渐尖，基部心形，边缘粗锯齿；侧脉在上面下陷，在下面凸起。花梗纤细，长约 1cm。未成熟蒴果球状，有 4 翅，直径约 1cm。花期在 7 月之前，果期 8 月或更晚。

广西特有种，产于都安。生于海拔约 600m 的山林中。

2. 短翅卫矛

Euonymus rehderianus Loes.

落叶灌木或小乔木，高 2~8m。分枝和小枝粗壮。叶革质，椭圆状卵形或倒卵状椭圆形，长 6~9cm，宽 2.5~4.0cm，先端渐尖或锐尖，基部渐狭或楔形，近全缘或叶片上半部有细小锯齿；侧脉 5~7 对；叶柄长 5~10mm。聚伞花序通常在小枝上侧生，花序梗长 5~8cm，小花梗长约 6mm；花紫色或紫绿色，5 基数，直径 6~7mm；萼片小，三角形；花瓣卵圆形；花盘 5 浅裂；雄蕊无花丝；子房扁阔而稍呈五角状，柱头圆头状，无花柱。蒴果近扁球状，直径 1.2~1.4cm，5 翅宽短，翅长约 5mm；种子 2 枚，假种皮橙色。

产于全州、融安。生于海拔 400~1600m 的山林或灌丛中。分布于贵州、四川、云南。

组 2. 刺果卫矛组 Euonymus sect. Echinococcus

冬芽常较粗大，卵状或椭圆状，小枝常密被细小疣凸。花通常 4 基数，雄蕊具长花丝，少为无花丝。蒴果具密集或稀疏刺或非刺状瘤凸。

分种检索表

1. 蒴果干时灰绿色或灰色，皮刺超过 1cm，基部扁平 ···································· 3. 星刺卫矛 E. actinocarpus
1. 蒴果干时棕色、黄色、黄褐色、紫色或黑色，刺长不足 1cm。
　2. 花序长超过 10cm，花 10 朵以上。
　　3. 叶片卵形或卵形椭圆形，正面皱，叶柄长 5~8mm ······························· 4. 刺猬卫矛 E. balansae
　　3. 叶片长圆形到椭圆形，正面不皱，叶柄长 1~2cm ······························· 5. 刺果卫矛 E. acanthocarpus
　2. 花序短于 9cm，花 9 朵以下。
　　4. 叶无柄或叶柄短于 8mm，叶长约 5cm，宽 2~3cm ······························· 6. 棘刺卫矛 E. echinatus
　　4. 叶柄长超过 8mm。
　　　5. 叶片革质，长 7~10cm，宽 3~6cm；蒴果直径约 1.5cm ······················· 7. 软刺卫矛 E. aculeatus
　　　5. 叶片薄革质或纸质，长 10~15cm，宽 2.5~4.5cm；蒴果直径 1.5~2.0cm ······ 8. 长刺卫矛 E. wilsonii

3. 星刺卫矛　紫刺卫矛、狭叶卫矛　图 926

Euonymus actinocarpus Loes.

灌木。枝四棱形，棱有时扁宽而呈窄翅状。叶近革质，卵形或卵状椭圆形，长 7~10cm，宽 3~5cm，先端锐尖，基部楔形或渐狭，边缘有细圆锯齿；侧脉 8 对；叶柄长 8~12mm。花序顶生或腋生，大而多花，花序分枝 3 次以上，花序梗长 6~10cm，与分枝均粗壮宽扁，有时有明显窄翅；花 4 基数，萼片近圆形；花瓣黄绿色，卵形；花盘 4 裂；雄蕊无花丝；子房密被刺。蒴果红棕色，近球形，连刺直径 2.0~2.5cm，刺粗大扁宽，长 1.0~1.5cm，基部扁平；假种皮橙色。花期 1~4

月；果期6月至翌年1月。

产于龙胜、兴安、金秀、罗城、那坡、平南。生于山谷林中。分布于甘肃、广东、贵州、湖北、湖南、陕西、四川、云南。根有祛风除湿、舒筋活络的功效，可治风湿疼痛。

4. 刺猬卫矛　凹脉卫矛

Euonymus balansae Sprague

常绿灌木，直立或藤状，高3m。茎常有随生根。小枝有4条棱，棱有时宽展成窄翅状。叶厚纸质或近革质，卵形或卵状椭圆形，长10～15cm，宽4～8cm，先端锐尖或短渐尖，基部楔形或近圆形，边缘具明显疏浅锐锯齿；侧脉6～9对，小脉疏网状，在叶面常下凹，使叶面呈皱褶状；叶柄长5～8mm。聚伞花序腋生或侧生，3～4级分枝；花序梗长4～6cm，分枝四棱形，常有窄翅；小花梗较细圆，长4～5mm，花序分枝及小花梗均紫红色；花4基数，直径9～10mm；萼片紫红色，脉明显；花瓣黄绿色，卵形。蒴果近球形，直径1.0·1.3cm，刺密，紫红色，针状，基部稍宽扁；假种皮鲜红色。花期5～8月；果期7～11月。

产于那坡。生于海拔1000m以上的山地密林或灌丛中。分布于云南；越南也有分布。

5. 刺果卫矛　腾冲卫矛

Euonymus acanthocarpus Franch.

灌木或为藤本，高2～3m。小枝密被黄色细瘤凸。叶革质，矩椭圆形，矩圆卵形或窄卵形，少为阔披针形，先端急尖或短渐尖，基部楔形至近圆形，边缘具不明显疏锯齿；侧脉每边5～8条；叶柄长1～2cm。聚伞花序疏大，花序梗扁宽或四棱形，长2～6cm，各次分枝渐次变短；花黄绿色；萼片近圆形；花瓣倒卵形，基部窄缩成短爪。蒴果成熟时棕褐色带红色，近球状，连刺直径1.0～1.2cm，刺密集，针刺状，基部稍宽，长约1.5mm。

产于阳朔、全州、临桂、荔浦、金秀、上思。分布于云南、贵州、四川、湖北、湖南、广东和西藏。叶、茎皮入药，用于治疗风湿痹痛，外用可治骨折。

6. 棘刺卫矛　图927

Euonymus echinatus Wall.

常绿或半常绿灌木或攀援灌木。枝有条纹，具棱。叶薄革质，卵形，长约5cm，宽2～3cm，先端锐尖或渐尖，基部楔形或截形，边缘有疏锯齿；侧脉6～8对；叶柄长约5mm。花序1～3次分枝，花序梗长2～3cm；花梗长约1cm；花淡绿色，4瓣；花萼4浅裂；花瓣圆形，基部渐狭；花盘近圆形；雄蕊花丝短，着生于花盘凸起处。蒴果近球形，熟时红色，直径约1cm，密被细刺；种皮橙色。花期4～7月；果期9月至翌年1月。

产于凌云、乐业及广西北部。生于海拔1300m以上的山林中。分布于安徽、福建、甘肃、广东、贵州、海南、湖北、湖南、江西、四川、台湾、云南、西藏、浙江；印度、缅甸也有分布。

7. 软刺卫矛

Euonymus aculeatus Hemsl.

常绿灌木，有时藤本状，高1～3m。小枝黄绿色，近圆形，有细槽。叶革质，卵形或卵状椭圆形，长7～10cm，宽3～6cm，先端渐尖，基部楔形或渐狭，边缘有细浅锯

图927 棘刺卫矛 Euonymus echinatus Wall. 果枝。（仿《中国树木志》）

齿，外卷；侧脉 5 ~ 6 对；叶柄粗壮，长 0.8 ~ 1.2cm。聚伞花序疏松，2 ~ 3 次分枝，有花 7 ~ 15 朵；花序梗长 4 ~ 6cm，方棱不显或较显；花黄绿色，4 基数，直径 6 ~ 7mm。蒴果近圆球状，直径连刺 1 ~ 2cm，鲜时粉红色，干时黄色，4 瓣裂，刺长，较密集，长 3 ~ 5mm，基部膨大；种子长圆状，亮红色，假种皮肉红色。花期 4 ~ 5 月；果期 7 ~ 9 月。

产于融水。分布于湖北、四川、贵州、云南、湖南。

8. 长刺卫矛

Euonymus wilsonii Sprague

常绿灌木，高 3 ~ 4m。枝粗壮，有棱。叶薄革质或纸质，卵状椭圆形或长椭圆形，长 10 ~ 15cm，宽 2.5 ~ 4.5cm，先端渐尖、锐尖或尾状，基部渐狭或楔形，叶缘 2/3 以上有锯齿；侧脉 6 ~ 8 对；叶柄长 1.0 ~ 1.4cm。花序有花数朵，2 ~ 3 级分枝，长 4 ~ 6cm；花 4 基数，直径 6 ~ 7mm；萼片近圆形；花瓣绿色，卵形；子房密被长刺。蒴果近球形，直径 1.5 ~ 2.0cm，鲜时红色，4 瓣裂，密被皮刺；假种皮鲜红色。花期 4 ~ 5 月；果期 7 ~ 9 月。

产于龙胜、乐业。生于海拔 1000m 以上山林。分布于贵州、湖北、陕西、四川、云南。

组 3. 深裂卫矛组 Euonymus sect. Melanocarya

蒴果由于心皮在近花柱一侧不发达，呈深裂状。花 4 基数或 5 基数。小枝平滑无疣凸，但少数偶有木栓质疣点或木栓翅。

分种检索表

1. 落叶。
　　2. 幼枝具 2 ~ 4 列宽阔木栓翅 ·· 9. 卫矛 E. alatus
　　2. 幼枝无木栓翅 ·· 10. 百齿卫矛 E. centidens
1. 常绿。
　　3. 叶通常有疏浅小锯齿，齿端常具小黑腺点；蒴果直径 1.8 ~ 2.4cm ·············· 11. 裂果卫矛 E. dielsianus
　　3. 叶全缘；果直径 1.0 ~ 1.5cm ·· 12. 湖广卫矛 E. hukuangensis

图 928　卫矛 Euonymus alatus（Thunb.）Siebold
1. 枝叶；2. 果。（仿《中国高等植物图鉴》）

9. 卫矛　图 928

Euonymus alatus（Thunb.）Siebold

落叶灌木，高 1 ~ 4m。小枝四棱形，常具 2 ~ 4 列宽阔木栓翅。冬芽圆形，芽鳞边缘具不整齐细坚齿。叶近革质或纸质，倒卵形或倒卵状椭圆形，长 4.5 ~ 10.0cm，宽 2 ~ 4cm，先端渐尖、锐尖或尾状，基部楔形或渐狭，边缘具细锯齿，两面光滑无毛；侧脉 5 ~ 7 对；叶无柄或极短，长 2 ~ 4mm。聚伞花序有花 1 ~ 3 朵；花序梗长 1 ~ 2cm；花白绿色，4 基数，直径约 9mm；萼片近圆形。蒴果 1 ~ 4 深裂，裂瓣椭圆状，直径 1.0 ~ 1.3cm；假种皮鲜红色，全包种子。花期 4 ~ 7 月；果期 7 ~ 11 月。

产于灌阳、桂林、永福、金秀。生于山坡或沟边灌丛中。分布广，中国大部分地区有分布；日本、朝鲜、俄罗斯也有分布。带栓翅的枝条入中药，被称为"鬼箭羽"，用于治崩漏。

10. 百齿卫矛　秋芳木（融安）　图 929

Euonymus centidens H. Lév.

落叶灌木或小乔木，高 6m。小枝四棱形，常有窄翅棱。叶纸质或近革质，倒卵形或椭圆状倒卵形，长 6 ~ 11cm，宽 2.5 ~ 4.5cm，先端长渐尖或锐尖，基部楔形或渐狭，叶缘具密而深的尖锯齿，齿端有黑色腺点；侧脉 5 ~ 7 对，不明显；叶无柄或叶柄极短。聚伞花序有花 1 ~ 3 朵，稀较多，花序梗四棱形，长 2 ~ 3cm；花淡黄色，4 基数；萼片近圆形，齿端具黑色腺点；花瓣卵形。蒴果直径 1.3 ~ 1.5cm，新鲜时红棕色，干燥时暗褐色或灰色，成熟 1 ~ 4 裂，每裂瓣内 1 枚种子；假种皮紫暗红色，覆盖种子向轴面的一半。花期 5 ~ 6 月；果期 9 ~ 11 月。

产于阳朔、临桂、全州、融安、融水、金秀、平南、苍梧。分布于福建、贵州、河南、湖北、湖南、江苏、浙江、云南、四川、安徽、江西、广东。全株入药，外用可治跌打损伤、外伤出血。根有清热解毒的功效，外用可治毒蛇咬伤。

11. 裂果卫矛 土杜仲（金秀） 图 930
Euonymus dielsianus Loes. ex Diels

常绿灌木或小乔木，高 1 ~ 7m。分枝圆柱形，小枝有细槽。叶革质，倒卵形或椭圆状倒卵形，长 9 ~ 15cm，宽 4.5 ~ 6.0cm，先端锐尖至尾尖，基部楔形，叶缘常有疏浅小锯齿，齿端常具小黑腺点；侧脉 6 ~ 8 对；叶柄长约 1cm。聚伞花序有花 1 ~ 7 朵，花序梗长 2 ~ 3cm，花梗长 4 ~ 6mm；花 4 基数，黄绿色；萼片近圆形；花瓣卵形。蒴果直径 1.8 ~ 2.4cm，4 深裂，1 ~ 3 裂成熟，每裂瓣有种子 1 枚；假种皮鲜红色，包围种子上半部。花期 4 ~ 7 月；果期 9 ~ 11 月。

产于龙胜、临桂、南丹、环江、罗城、凌云、乐业、隆林、金秀、容县。生于海拔 500m 以上的山顶岩石上或山坡、溪边疏林中。分布于湖北、湖南、四川、云南、贵州、广东、浙江。树皮也作土杜仲，药用，主治肾虚腰痛、高血压等。

12. 湖广卫矛
Euonymus hukuangensis C. Y. Cheng ex J. S. Ma

常绿灌木至小乔木，高 6m。茎和分枝圆柱形，小枝具棱。叶革质，卵状椭圆形或倒卵状椭圆形，长 6 ~ 9cm，宽 2.5 ~ 4.0cm，先端渐尖或锐尖，基部渐尖或楔形，全缘；侧脉

图 929 百齿卫矛 Euonymus centidens H. Lév. 枝叶。(仿《中国高等植物图鉴》)

图 930 裂果卫矛 Euonymus dielsianus Loes. ex Diels
1. 花果枝；2. 果。(仿《中国植物志》)

7~8 对，不明显；叶柄长 5~9mm。聚伞花序腋生，花序梗长 9cm，具花 1 至数朵；花 4 基数，直径约 1cm；萼片近圆形；花瓣近圆形，白色。果直径 1.0~1.5cm，4 裂，鲜时红棕色；种子每室 2 枚，近圆形，新鲜时红色，干时红色或黑色，具红色假种皮。

产于金秀。生于海拔 500~1200m 的山林中。分布于福建、广东、湖南。

组 4. 冬青卫矛组 Euonymus sect. Ilicifolii

冬芽常较粗大，小枝多被小疣点。雄蕊有较长的花丝。蒴果圆球状，不凹裂或极浅凹裂，顶端圆形或平钝，外皮平滑或有时粗糙而呈细斑块状。

分种检索表

1. 成熟果实具白色斑点。
    2. 无叶柄或叶柄长不足 3mm，叶基部圆形或心形，侧脉在正面凹陷，在背面凸出；果实无棱 ··· 13. 南川卫矛 E. bockii
    2. 叶具短叶柄，长 4~9mm，叶基部楔形，侧脉在正面不凹陷，在背面也不凸出；蒴果棕色或黄棕色，密被白色斑点，有 4 条棱 ·· 14. 假游藤卫矛 E. pseudovagans
1. 成熟果实无白色斑点。
    3. 叶片小，长 3~5cm。
        4. 藤本状灌木，高 1m 至数米；叶先端钝或急尖；花序梗长 1.5~3.0cm ········ 15. 扶芳藤 E. fortunei
        4. 灌木或藤本，叶先端圆形或近急尖。
            5. 花序梗长 7~8cm，具花 20 朵以上；果直径 8~10mm ········ 16. 北部湾卫矛 E. tonkinensis
            5. 花序梗长 1~5cm，具花少于 7 朵；果直径约 6mm ········ 17. 游藤卫矛 E. vagans
    3. 叶片大，长 5~20cm。
        6. 花序梗长超过 7cm，通常具多花。
            7. 叶卵形或椭圆形，密集排列在树枝上，叶柄长 3~10mm ········ 18. 冬青卫矛 E. japonicus
            7. 叶倒卵形或卵形椭圆形，稀疏排列在枝条上，叶柄长 20~40mm ········ 19. 湖北卫矛 E. hupehensis
        6. 花序梗长短于 4cm，通常具花 3 朵。
            8. 蒴果鲜果紫色，干燥时暗红色，通常簇生在枝顶端 ········ 20. 拟游藤卫矛 E. vaganoides
            8. 蒴果鲜果粉红色到红色，干燥时棕色到红棕色，仅生于叶腋 ········ 21. 茶色卫矛 E. theacolus

13. 南川卫矛

Euonymus bockii Loes. ex Diels

常绿灌木，幼时直立，长度高时为藤本状。分枝和小枝圆形。叶薄革质，椭圆形或卵状椭圆形，长 8~16cm，宽 4~8cm，先端锐尖，基部圆形或心形；侧脉 6~9 对，在正面凹陷，在背面凸出；叶无柄或叶柄极短，不超过 3mm。聚伞花序 1~2 次分枝，少为 3 次分枝；花序梗长 3~4cm；中央花小花梗长 4~5mm，无关节，两侧花小花梗长约 3mm，近基部有关节；苞片及小苞片均细小早落；花 4 基数，带紫色；花萼具半圆形片；花瓣近圆形，基部窄缩为短爪。蒴果圆球状，直径 7~8mm，棕色或棕绿色，密被白色斑点；假种皮红色，包围种子全部。花期 4~6 月；果期 8~10 月。

产于那坡、龙州、大新。生于海拔 1000m 的以上杂木林中。分布于重庆、贵州、四川、云南；印度、越南也有分布。

14. 假游藤卫矛

Euonymus pseudovagans Pit.

常绿灌木或攀援灌木，高 3m。分枝和小枝通常四棱形。叶椭圆形或卵状椭圆形，长 7~14cm，宽 3~6cm，先端锐尖，基部楔形，边缘有锯齿；侧脉 5~7 对；叶柄长 4~9mm。花序有花数朵，花序梗长 3~4cm。蒴果棕色或黄棕色，密被白色斑点，有 4 条棱，直径约 1cm；假种皮红色。果期 10 月至翌年 1 月。

产于防城、上思、龙州。分布于云南、贵州；越南也有分布。

15. 扶芳藤 图931

Euonymus fortunei（Turcz.）Hand. – Mazz.

常绿藤本状灌木，高1m至数米。分枝和小枝圆形，有时具棱。叶密集排列在小枝上，薄革质，卵形、卵状椭圆形或近披针形，长2.0~5.5cm，宽2.0~3.5cm，先端钝或急尖，基部楔形，边缘齿浅不明显；侧脉4~6对；叶无柄或具短柄，长2~9mm。聚伞花序3~4次分枝；花序梗长1.5~3.0cm；花白绿色，4基数，直径约6mm；萼片半圆形；花瓣近圆形；花盘方形；花丝细长，长2~3mm。蒴果粉红色，果皮光滑，近球状，直径6~12mm；种子长方椭圆状，棕褐色，假种皮鲜红色，全包种子。花期4~7月；果期9~12月。

产于广西各地。分布于中国大部地区；朝鲜、日本、缅甸等地也有分布。耐寒性强，也耐高温，可抗-30℃以下低温，在广西热带石灰岩石漠化裸地栽培也生长良好。喜湿，也耐旱，雨量充沛、云雾多、土壤和空气湿度大的条件下，植株生长健壮。气生根发

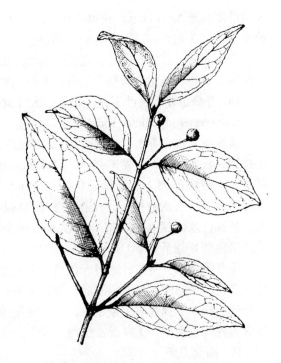

图931 扶芳藤 Euonymus fortunei
（Turcz.）Hand. – Mazz. 果枝。（仿《中国高等植物图鉴》）

达，爬蔓能力强，根系多、分布面积大，且茎条中的水分能逆向流动，在年降水量不足300mm的地区均能正常生长，且能保持全年不落叶。喜光，也极耐阴，在透光率只有20%的林下、遮阳网下栽培时也能生长良好。对土壤适应性强，在酸性、碱性及中性土壤上均能正常生长，耐贫瘠，能在风沙地、水沙地、石灰岩、砂岩、火成岩、页岩等不同土壤或母质上正常生长。在广西大化七百弄石灰岩山区，用扶芳藤扦插苗种植在大石块的周围，扶芳藤茎枝能生根并攀于石壁上，种后3年，茎枝掩覆整个大石块。扦插繁殖，扦插极易成活，枝条任何部位均可用作插穗，气温高于10℃时，即可在室外进行扦插育苗。全光喷雾条件下，气温10℃时扦插10~12d即可出现愈伤组织，30d左右即可移栽；在气温25~30℃时，6~8d即出现愈伤组织，20~25d可移栽。全株味甘、苦、微辛，性微温，归肝、肾、胃经，有益气血、补肝肾、舒筋活络的功效。

16. 北部湾卫矛

Euonymus tonkinensis（Loes.）Loes.

常绿灌木或藤本，高2~3m。小枝圆或稍扁，被极细密小点状瘤凸。叶近革质，圆形至卵形，长4~5cm，宽3.0~3.5cm，先端圆形或近急尖，基部楔形或圆形，边缘具明显粗大圆齿至近全缘；侧脉约5对；叶柄长3~5mm。聚伞花序，2~4次分枝，花序梗宽扁，长7~8cm，花超过20朵；小苞片早落；花瓣4枚，绿色。蒴果近球形，稍扁，棕色或棕黄色，直径8~10mm，每室有1枚顶生种子；假种皮红色。花期2~8月；果期7月至翌年1月。

产于钦州。生于山间路旁或灌丛。分布于广东、海南；越南、老挝和柬埔寨也有分布。

17. 游藤卫矛 井冈山卫矛

Euonymus vagans Wall.

常绿灌木或藤本状小灌木。小枝多，节间较短，表面被瘤状细小凸起，叶柄及叶脉也稍有些细凸。叶薄革质，卵形、卵状椭圆形或卵圆形，长4~5cm，宽2.5~3.5cm，先端近圆形、钝或具短钝尖头，基部阔楔形、圆形或截形，稍下延，边缘有疏浅锯齿；叶脉细而明显，常下凹，侧脉约5对；叶柄长约5mm。聚伞花序短小，花序梗长1~5cm，有花3朵或5~7朵，花序梗及分枝、花梗

等均纤细，长5mm以下；花瓣4枚，浅绿色或白色。蒴果棕红色或棕色，近球状直径约6mm；假种皮红色。花期5~7月；果期8~11月。

产于灵川、兴安、资源、龙胜、上林。生于海拔1100m以上的山坡或山顶草地或灌丛中。分布于江西、贵州、四川、西藏、云南；不丹、印度、缅甸、尼泊尔也有分布。

18. 冬青卫矛　大叶卫矛、正木、大叶黄杨
Euonymus japonicus Thunb.

常绿灌木或小乔木，高3m。小枝四棱形，具细微皱凸。叶革质，有光泽，卵形或椭圆形，密集排列，长5~10cm，宽3~5cm，先端圆形或半圆形，基部圆形或半圆形，边缘具浅细钝齿，近基部全缘；侧脉6~8对；叶柄长0.3~1.0cm。聚伞花序常腋生，有时顶生，有花5~12朵，花序梗长约7cm，2~3次分枝，分枝及花序梗均扁壮；花白绿色。蒴果球形或近球形，直径6~9mm，棕色、黄棕色或红棕色，4裂，光滑无刺；种子每室2枚，暗褐色，球形，假种皮橙红色。花期4~8月；果熟期8月至翌年1月。

原产于日本。中国各地引入栽培，遍及南北各地，近年也发现野生。广西各地作园林栽培树种。喜光，也耐阴；喜温暖湿润气候，耐寒；对土壤要求不严，耐干旱瘠薄；萌蘖力强，耐修剪，寿命长。扦插、播种或压条繁殖，以扦插繁殖为主。在长期栽培中叶形大小及叶内斑纹都有变异，形成多种园艺变型，优良观赏植物。入药，全株可治吐血、风湿；根则用于治疗月经不调、痛经。

19. 湖北卫矛
Euonymus hupehensis (Loes.) Loes.

常绿灌木或亚灌木。分枝和小枝圆柱形。叶薄革质，倒卵形或卵状椭圆形，稀疏排列在枝条上，长6~10cm，宽3~5cm，先端锐尖，基部楔形或渐狭，边缘有细锯齿；侧脉约7对；叶柄长2~4cm。花序有花数朵，长达8cm；花梗长4~7mm；花4基数，直径约6mm；萼片半圆形；花瓣近圆形，绿色、黄绿色或白色。蒴果球形或近球形，棕色、黄棕色或红棕色，直径6~9mm，4瓣裂；种子暗褐色，假种皮橙红色。花期4~7月；果期8~12月。

产于广西北部。生于海拔1000m以上的山地。分布于广东、贵州、湖北、湖南、四川、云南。

20. 拟游藤卫矛
Euonymus vaganoides C. Y. Cheng ex J. S. Ma

藤状灌木。枝圆柱形，粗壮。叶簇生于枝顶，厚革质，椭圆状倒卵形，长8~10cm，宽3~5cm，先端骤尖或渐尖，基部渐狭，边缘具稀疏圆齿；侧脉5~7对；叶柄粗壮，长约3mm。蒴果生于枝端，单独或成对，近球形，直径7~9mm，干时暗红色，密被小白斑点。

产于灌阳。生于海拔1100~1300m的山坡林下。分布于湖南、云南。

21. 茶色卫矛
Euonymus theacolus C. Y. Cheng ex T. L. Xu et Q. H. Chen.

常绿灌木或亚灌木，有时为攀援灌木，高2~4m。叶卵形或长圆状椭圆形，长6~12cm，宽2~3cm，先端锐尖或渐尖，基部近圆形、楔形或渐狭，边缘有细圆锯齿或疏生大锯齿；侧脉5~7对，上面有皱褶；叶柄短于1cm。花序有花数朵，腋生，花序梗长2~3cm；花4基数，直径约6mm；萼片半圆形，小；花瓣圆形，黄绿色。蒴果球状，直径5~6mm，鲜时粉红色到红色，4瓣裂，橙色。花期3~6月；果期7~11月。

产于金秀。生于海拔1200m以上的山林中。分布于贵州、四川、云南；印度、缅甸、泰国也有分布。

组5. 卫矛组 **Euonymus** sect. **Euonymus**
常绿或落叶灌木或小乔木，有时灌木状，很少攀援状。花4基数，偶5基数。果具皱纹，无皮刺和翅，非球形，4~5裂。

分种检索表

1. 花大，直径超过1cm，花盘大，直径约8mm，通常胚珠3～12枚。
 2. 花和果瓣5基数；叶椭圆形或长圆状椭圆形，长4～6cm ·················· **22. 染用卫矛 E. tingens**
 2. 花和果瓣4基数；叶长圆状椭圆形或倒卵状椭圆形，长4～10cm ·················· **23. 大花卫矛 E. grandiflorus**
1. 花小，直径小于1cm，花盘小，直径2～5mm，通常胚珠2枚。
 3. 落叶。
  4. 花和果瓣5基数；叶长8～12cm，宽3.0～4.5cm，先端锐尖或渐尖 ·········· **24. 长梗卫矛 E. dolichopus**
  4. 花和果瓣4基数。
   5. 枝有气生根，有时有栓皮棱，无木栓翅；叶长3～10cm，宽2.0～4.5cm，先端急尖或钝 ·················
   ·················· **25. 荚蒾卫矛 E. viburnoides**
   5. 枝无气生根，小枝具4条棱，棱上有极窄的木栓翅；叶长11～13cm，宽3～5cm
   ·················· **26. 西南卫矛 E. hamiltonianus**
 3. 常绿。
  6. 花瓣通常流苏状，边缘具小齿，花瓣粉红色到红色或紫色 ·················· **27. 稀序卫矛 E. laxicymosus**
  6. 花瓣全缘。
   7. 花和果瓣5基数。
    8. 花瓣白色或黄绿色
     9. 叶革质，长披针形或椭圆状披针形，长13.0～18.5cm，宽约3cm，边缘具稀疏细锯齿 ··········
     ·················· **28. 狭叶卫矛 E. tsoi**
     9. 叶纸质，长圆状椭圆形或椭圆，长9～11cm，宽4.0～4.5cm，边缘离基1/4以上有疏浅锯齿 ···
     ·················· **29. 帽果卫矛 E. glaber**
    8. 花瓣紫色。
     10. 叶缘有锯齿，叶纸质，长披针形，长15～22cm，宽3.0～5.5cm
     ·················· **30. 印度卫矛 Euonymus serratifolius**
     10. 叶缘下部近全缘，上部具不明显的锯齿，叶纸质或近革质，椭圆形或椭圆状倒卵形，长6～10cm
     ·················· **31. 疏花卫矛 E. laxiflorus**
   7. 花和果瓣4基数。
    11. 叶狭椭圆形 ·················· **32. 纤细卫矛 E. gracillimus**
    11. 叶卵形。
     12. 叶大，长7～11cm，宽2.5～5.0cm，倒卵状椭圆形或长圆状披针形，边缘常呈波状或具明显钝
     锯齿 ·················· **33. 大果卫矛 E. myrianthus**
     12. 叶片小，小于13cm。
      13. 蒴果倒卵球形，长2.0～2.8cm ·················· **34. 征镒卫矛 E. wui**
      13. 蒴果近球形，长0.8～1.7cm。
       14. 叶披针形或柳叶形，基部和先端均锐尖或渐尖，两面被疏毛；果柄被短柔毛 ··········
       ·················· **35. 海桐卫矛 E. pittosporoides**
       14. 叶椭圆形或长圆状椭圆形，先端渐尖或锐尖，基部楔形或渐狭；叶和果柄无短柔毛 ···
       ·················· **36. 中华卫矛 E. nitidus**

22. 染用卫矛

Euonymus tingens Wall.

常绿灌木或小乔木，高2～8m。分枝圆柱形，小枝有棱。叶厚革质，椭圆形或长圆状椭圆形，长4～6cm，宽2.0～2.5cm，先端钝或锐尖，基部楔形或近圆形，边缘有细锯齿；侧脉8～12对；叶柄长3～5mm。花序有花数朵，长1.5～3.5cm，1～3级分枝；花5基数，直径约1.5cm；萼片半圆形；花瓣白色带紫色条纹，圆形或倒卵形。蒴果倒卵状球形，有5条棱，直径1.2～1.4cm，鲜时粉红色或红色，干时棕色、黄棕色或红棕色；种子椭圆形，为橙色假种皮包被。花期5～8月；果

期 7 ~ 11 月。

产于南丹。生于海拔 1300m 以上的山林中。分布于贵州、四川、西藏、云南；印度、缅甸、尼泊尔也有分布。

23. 大花卫矛

Euonymus grandiflorus Wall.

落叶灌木或乔木，高 15m。分枝和小枝圆柱形。叶厚纸质或革质，长圆状椭圆形或倒卵状椭圆形，长 4 ~ 10cm，宽 2 ~ 4cm，先端钝或具短尖，基部渐窄成楔形，边缘具细密浅锯齿；侧脉 10 ~ 13 对；叶柄长 0.5 ~ 1.0cm。疏松聚伞花序，有花 3 ~ 9 朵，花序梗长 2.5 ~ 3.0cm；小花梗长约 1cm；小苞片窄线形；花黄白色，4 基数，较大，直径 1.7 ~ 2.2cm；花萼大部合生，萼片极短；花瓣近圆形，中央有嚼蚀状皱纹。蒴果近球状，有 4 条棱，长 1.2 ~ 1.4cm，直径 1.1 ~ 1.4cm，宿存花萼圆盘状；种子长圆形，黑红色，有光泽，假种皮红色，盔状，覆盖种子上半部。

产于广西西部。生于海拔 1400m 以上的山林中。分布于甘肃、贵州、湖北、湖南、陕西、四川、云南；印度、缅甸、尼泊尔、越南也有分布。

24. 长梗卫矛

Euonymus dolichopus Merr. ex J. S. Ma

灌木，高 2 ~ 3m。枝圆柱形。叶厚纸质至革质，椭圆形或长圆状椭圆形，长 8 ~ 12cm，宽 3.0 ~ 4.5cm，先端锐尖或渐尖，基部楔形或近圆形，全缘或具不明显小圆齿，侧脉 9 ~ 11 对，不明显；叶柄长 3 ~ 4mm，粗壮。果序长约 6cm，1 ~ 2 级分枝，果近球形，直径 0.9 ~ 1.0cm，黄色，具明显 5 条棱，顶端下凹，每室种子 2 枚；种子椭圆形，部分被橙色假种皮。果期 10 月。

广西特有种。产于上思。

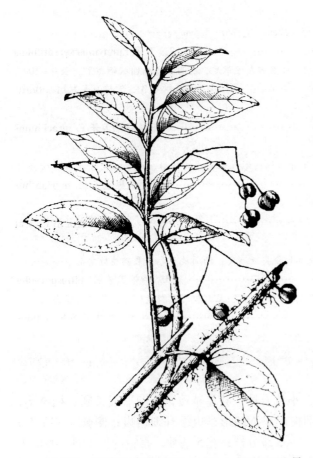

图 932 荚蒾卫矛 Euonymus viburnoides Prain 果枝。（仿《中国高等植物图鉴》）

25. 荚蒾卫矛 图 932

Euonymus viburnoides Prain

灌木，通常藤本状。枝有气生根，有时有栓皮棱或瘤点。叶厚纸质或薄革质，卵形、卵状椭圆形或长圆状卵形，长 3 ~ 10cm，宽 2.0 ~ 4.5cm，先端急尖或钝，基部圆形，边缘有明显锯齿或重锯齿；侧脉 4 ~ 7 对，近基部的侧脉伸至叶片中部，呈三出脉状；叶柄长 4 ~ 12mm。聚伞花序，2 ~ 4 次分枝，花序梗细长，长 2 ~ 4cm；苞片和小苞片宿存；花紫棕色，萼片有 3 条脉；花瓣长圆状阔卵形或近圆形。蒴果黄色，近球形，直径 1.0 ~ 1.2cm，果序梗长 2.5 ~ 4.0cm，果梗长 1.0 ~ 1.2cm；种子紫褐色，假种皮包围背部。花期 5 ~ 7 月；果期 7 ~ 11 月。

产于隆林。生于海拔 1300m 以上的杂木林中。分布于贵州、云南、四川；印度、缅甸也有分布。

26. 西南卫矛 图 933

Euonymus hamiltonianus Wall.

落叶灌木或小乔木，高 3 ~ 20m。分枝和小枝圆柱形，小枝具 4 条棱，有时棱上有极窄的木栓翅。叶薄革质或厚纸质，椭圆形，长 11 ~ 13cm，宽 3 ~ 5cm，先端渐尖，基部渐狭，边缘有圆锯齿；侧脉 6 ~ 9 对；叶柄较粗长，长 0.9 ~ 2.0cm。花序 1 ~ 3 次分枝，花序梗长 3.0 ~ 4.5cm，花 4 基数，直径 9 ~ 10mm；萼片卵形；花瓣白色，披针形或长卵形。蒴果较大，菱形，有 4 条棱，有深槽，直径 1.0 ~ 1.5cm，棕色、黄棕色或红棕色；种子椭圆形，暗褐色，假种皮橙红色。花期 4 ~ 7 月；果期 8 ~ 11 月。

产于阳朔、兴安。分布于甘肃、陕西、四川、湖北、湖南、江西、安徽、江苏、浙江、福建、广东、贵州、陕西、西藏；阿富汗、印度、日本、朝鲜、缅甸、泰国也有分布。

27. 稀序卫矛

Euonymus laxicymosus C. Y. Cheng ex J. S. Ma

常绿灌木，高 4m。茎和小枝圆柱形，有时幼枝四棱形。叶革质，披针形，长 12 ~ 16cm，宽 3.0 ~ 4.5cm，先端渐尖或锐尖，基部楔形或渐狭，边缘近全缘，有时具小的不明显的圆锯齿；侧脉 8 ~ 11 对；叶柄长 5 ~

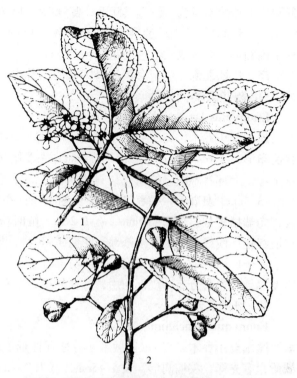

图 933　西南卫矛 Euonymus hamiltonianus Wall.
1. 花枝；2. 果枝。（仿《中国高等植物图鉴》）

10mm。聚伞花序梗长 10 ~ 15cm；花 5 基数；萼片半圆形；花瓣通常流苏状，边缘具小齿，粉红色、红色或紫色。蒴果近球形，明显 5 条棱，长 1.2 ~ 1.5cm，顶端凹陷，成熟时 5 裂，新鲜时红色，干时棕色或黄棕色；种子下部具橙红色假种皮。

产于那坡、百色。生于海拔 1200 ~ 1400m 的山林中。分布于广东、云南；越南也有分布。

28. 狭叶卫矛　长叶卫矛

Euonymus tsoi Merr.

常绿灌木，高 1 ~ 5m。分枝圆柱形，小枝幼时具棱。叶革质，长披针形或椭圆状披针形，长 13.0 ~ 18.5cm，宽约 3cm，先端渐尖，基部楔形或渐狭，边缘有稀疏细锯齿；侧脉 10 ~ 12 对；叶柄长 6 ~ 14mm。花序有花数朵，长 3 ~ 7cm；花瓣白色或黄绿色，花 5 基数。蒴果盘状，有 5 条棱，直径 1.0 ~ 1.4cm；种子卵形，假种皮橙红色。花期 4 ~ 7 月；果期 8 ~ 12 月。

产于广西东南部。生于山地密林中。分布于广东。

29. 帽果卫矛　光滑卫矛

Euonymus glaber Roxb.

常绿灌木或小乔木，高 2 ~ 15m。分枝和小枝圆柱形。叶对生，稀三叶轮生，纸质，长圆状椭圆形或椭圆，长 9 ~ 11cm，宽 4.0 ~ 4.5cm，先端渐尖或锐尖，基部楔形或渐狭，边缘离基 1/4 以上有疏浅锯齿；侧脉 6 ~ 9 对，与小脉均不明显；叶柄长 5 ~ 10mm。聚伞花序顶生，2 ~ 4 次分枝，疏松；花序梗长约 2cm；小花梗长 2.0 ~ 3.5mm；苞片丝状锥形，宿存；花 5 基数；萼片半圆形，不等大；花瓣近圆形。蒴果倒锥状或扁球形，长 1.4 ~ 1.5cm，直径约 1cm，5 浅裂，裂片成明显五棱状；种子椭圆形，假种皮包围基部。

产于广西南部。生于海拔 500 ~ 1600m 的山林中。分布于云南；印度、越南也有分布。

30. 印度卫矛　粗齿卫矛

Euonymus serratifolius Bedd.

常绿灌木，高 2m。叶纸质，长披针形，长 15 ~ 22cm，宽 3.0 ~ 5.5cm，先端渐尖或尾状，基部近圆形，边缘有锯齿，齿端具睫毛；侧脉 12～15 对；叶柄 6～10mm。花序有花数朵，花序梗长 2～5cm；花 5 基数，紫色，直径 7～9mm。蒴果倒圆锥形，具 5 深槽，棕色或黄棕色，直径约 2.5cm；种子椭圆形，假种皮橙红色。花期 5～8 月。

产于广西北部。生于海拔约 1800m 的山林中。分布于云南；印度也有分布。

31. 疏花卫矛
Euonymus laxiflorus Champ. ex Benth.

灌木或小乔木，高 3～12m。分枝圆柱形，小枝幼时四棱形。叶纸质或近革质，椭圆形或椭圆状倒卵形，长 6～10cm，宽 2.5～3.5cm，先端尾状或长尾状，基部阔楔形、稍圆或渐狭，边缘下部近全缘，上部具不明显的锯齿；侧脉不明显；近无柄或叶柄长 2～4mm。聚伞花序细弱、疏松，长 2.0～3.5cm，具花 5～9 朵，花序梗长约 1cm；花紫色，5 基数。蒴果紫红色，倒圆锥状，有 5 条棱，先端稍平截，长 8～10mm，宽 1.2cm，鲜时粉红色或红色，干时棕色、黄棕色或红棕色；假种皮橙红色，浅杯状包围种子基部。花期 3～8 月；果期 5～11 月。

产于广西各地。生于山坡密林。分布于台湾、福建、江西、湖南、香港、广东、贵州、云南；印度、越南也有分布。皮部药用，代杜仲皮；根有滋补、壮筋骨的功效，可治体虚脱肛。

32. 纤细卫矛
Euonymus gracillimus Hemsl.

灌木至小乔木，高 1m 至数米。分枝圆柱形，小枝绿色，纤细，有 4 条细棱线。叶薄革质或厚纸质，有光泽，狭椭圆形，长 4～5cm，宽 1.2～2.0cm，先端钝渐尖或锐尖，基部楔形或渐狭，边缘上部有疏浅齿或近全缘；侧脉 5～8 对，在两面均不明显；叶柄细短，长 2～4mm。聚伞花序有花 1～3 朵，稀 5 朵；花序梗长 3～4cm；花 4 基数，直径约 6mm；花瓣近圆形。蒴果菱形，黄色，4 裂至果实一半处，扁方形，长 5～7mm，直径约 12mm，上端平截；种子椭圆形；假种皮橙红色。果期 8～11 月。

产于广西南部。生于海拔约 1200m 的山林或灌丛中。分布于广东、海南。

33. 大果卫矛 多花卫矛、梅风 图 934
Euonymus myrianthus Hemsl.

常绿灌木或小乔木，高 3～12m。枝条圆柱形，小枝灰绿色，有时有 4 条棱。叶革质，倒卵状椭圆形或长圆状披针形，长 7～11cm，宽 2.5～5.0cm，先端渐尖，基部楔形或渐狭，边缘常呈波状或具明显钝锯齿；侧脉 7～9 对，与次脉构成明显网脉；叶柄长 5～10mm。聚伞花序常数个着生于新枝顶端，2～4 次分枝，花序梗长 2～4cm，分枝渐短，花梗长 1.5～2.0cm，均呈四棱形；花 4 基数，直径约 1cm；萼片半圆形；花瓣绿

图 934　大果卫矛 Euonymus myrianthus Hemsl. 1. 花枝；2. 花（放大）；3. 果枝。(仿《中国高等植物图鉴》)

黄色，圆形或椭圆形。蒴果近球形，有 4 条棱，新鲜时粉红色或红色，干时棕色、黄棕色或红棕色，长 1.5~1.8cm，宽 1.2~1.5cm；种子卵球形，暗褐色，假种皮橙色。花期 4~7 月；果期 8~11 月。

产于桂林、临桂、龙胜、全州、资源、灵川、荔浦、贺州、富川、金秀、融安、三江、南丹、天峨、罗城、乐业、平南。生于海拔 1200m 以下的山坡、溪边疏林中。分布于长江以南各地。全株药用，主治风湿痹痛、跌打骨折。

34. 征镒卫矛

Euonymus wui J. S. Ma

灌木，高 2~3m。分枝圆柱形，小枝具棱。叶革质，椭圆形，长 5~6cm，宽 1.5~4.0cm，先端锐尖或尾状，基部楔形或渐狭；侧脉不明显；叶柄长 3~4mm。花序 1~2 级分枝，花序梗短，长约 5mm。蒴果倒卵球形，长 2.0~2.8cm，直径约 1cm，有 4 条棱；每室有种子 2~3 枚，由橙红色假种皮包被。果期 8 月。

产于广西西南部。生于海拔 1900m 以上的杂木林中。分布于云南。

35. 海桐卫矛

Euonymus pittosporoides C. Y. Cheng ex J. S. Ma

小乔木，高 3~7m。茎和小枝圆柱形。叶革质，披针形或柳叶形，基部和先端均锐尖或渐尖，边缘有小锯齿，两面被疏毛；侧脉 6~9 对；叶柄长 5~10mm。花序腋生，长约 10cm，有花 1 至数朵；花白色或粉红色。果通常 1 枚，有时 2 或 3 个，4 瓣裂，通常只有 2~3 室发育，直径约 8mm，鲜时红色，干时棕色或黄棕色；每室有 2 枚种子，近圆形或长圆形，部分为假种皮包被。花期 2~7 月；果期 5~10 月。

产于东兴。分布于广东、贵州、四川、云南；越南也有分布。

36. 中华卫矛　矩叶卫矛　图 935

Euonymus nitidus Benth.

常绿灌木或小乔木，高 2~10m。枝条圆柱形，小枝绿色或黄绿色，有条纹。叶薄革质或厚纸质，坚实稍有光泽，椭圆形或长圆状椭圆形，长 6.5~10.0cm，宽 3~4cm，先端渐尖或锐尖，基部楔形或渐狭，边缘有细浅锯齿；侧脉 7~9 对，不明显；叶柄长 5~8mm。聚伞花序多次分枝，花序梗长 1.5~3.5cm，分枝平展；花淡绿色，4 基数；萼片半圆形；花瓣圆形至倒卵形。蒴果近球形，有明显 4 条棱或 4 浅裂，顶部平，长 1.5~1.7cm，宽 1.4~1.6cm，鲜时粉红色或红色，干时棕色、黄棕色或红棕色；种子棕红色，假种皮橙色，全包种子。花期 3~5 月；果期 7 月至翌年 1 月。

产于全州、金秀。生于山谷阴湿地。分布于安徽、福建、广东、贵州、海南、湖北、湖南、江西、四川、云南、浙江；柬埔寨、日本、越南也有分布。

图 935　中华卫矛 Euonymus nitidus Benth. 1. 花枝；2. 果序。(仿《中国高等植物图鉴》)

2. 沟瓣属 Glyptopetalum Thw.

常绿灌木或乔木。单叶对生，革质或厚纸质，全缘或具浅锯齿或粗大锯齿。聚伞花序在枝上对生，1～4次分枝；苞片和小苞片细小，锥形；花4基数；花萼2轮，内轮2枚常大于外轮2枚；花瓣绿黄、绿白至红或紫色；花药叉着，药隔宽大明显；子房4室，每室有胚珠1枚。蒴果近球形，直径1～2cm，灰白、灰黄或灰褐色，表面常密被糠秕细小斑块或近光滑无斑；成熟后背缝开裂，种子和果瓣相继脱落后，中轴仍宿存于果梗上；种子较大，鲜时与假种皮同为红色，干后则变红褐色、紫褐色或褐色，假种皮血红色，干后呈橘红色、橘黄色或淡黄色，包围种子的1/3～1/2。

约20种，分布于亚洲热带、亚热带。中国9种；广西5种。

分种检索表

1. 叶边缘具齿或疏浅齿，齿端不成刺状。
  2. 叶纸质、厚纸质至薄革质，叶面平坦或因叶脉下凹而稍呈皱纹状。
    3. 叶柄较短，长5～12mm；聚伞花序1～3次分枝，花序梗长2～4cm；果灰白色，具糠秕状细斑块。
      4. 叶长圆形、长圆状卵形或窄椭圆形；侧脉7～9对，叶柄长约5～8mm ………… 1. 罗甸沟瓣 G. feddei
      4. 叶长圆形、长圆状披针形或狭椭圆形；侧脉每边8～18条，在叶上面下凹，使叶面成皱缩状，叶柄长5～12mm ……………………………………………………………………… 2. 皱叶沟瓣 G. rhytidophyllum
    3. 叶柄长1～2cm，叶长圆形、长圆状卵形或狭椭圆形；聚伞花序3～4次分枝，花序梗长6～7cm；果淡灰绿色，密被细小斑块状凸起 ………………………………… 3. 细梗沟瓣 G. longipedunculatum
  2. 叶厚革质，狭椭圆形，叶柄长12～18mm；果密被白色斑点 ………………… 4. 长梗沟瓣 G. longipedicellatum
1. 叶片边缘皱缩成浅波状，无锯齿；叶椭圆形、狭椭圆形或狭倒卵状椭圆形 ………… 5. 白树沟瓣 G. geloniifolium

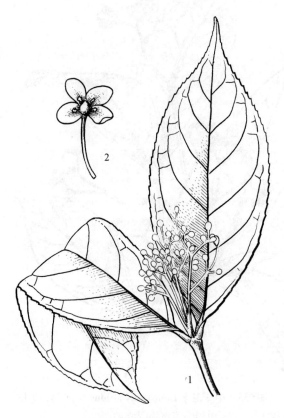

图 936　罗甸沟瓣 Glyptopetalum feddei（H. Lév.）Ding Hou 1. 花枝；2. 花。（仿《中国高等植物图鉴》）

1. 罗甸沟瓣　图936

Glyptopetalum feddei（H. Lév.）Ding Hou

常绿灌木，高1～2m。叶厚纸质或薄革质，长圆形、长圆状卵形或狭椭圆形，长10～22cm，宽4～8cm，先端常稍偏斜渐尖，基部阔楔形，边缘有疏波状齿或锯齿；侧脉7～9对；叶柄长5～8mm。聚伞花序1～3次分枝，花序梗长2～4cm，分枝长1.5～3.0cm；花白绿色，直径0.8～1.0cm；花瓣近圆形，中部常见2枚凹陷状蜜腺，开花时花上满布花蜜。蒴果近球形，直径1.2～1.5cm，灰白色，密被糠秕状细斑块，成熟时果4裂，果轴木质化；种子长方椭圆形，长约12mm，直径约8mm，棕色，种脊三出分枝，假种皮包围种子的1/2。花期6～8月；果期9～11月。

产于天峨、凤山、南丹。生于海拔500～800m的疏林中。分布于贵州。根入药，用于治疗肝硬化腹水。

2. 皱叶沟瓣　图937

Glyptopetalum rhytidophyllum（Chun et F. C. How）C. Y. Cheng

常绿灌木，高1.5～3.0m。小枝绿色，幼枝宽扁四棱形，微呈窄翅状，老枝圆柱形。叶薄革质，干后仍保持绿色，长圆形、长圆状披针形或狭椭圆形，长 10 ~ 18cm，宽 2.5 ~ 6.5cm，先端具细长渐尖，基部阔楔形，边缘具短细齿；侧脉 8 ~ 18 对，在叶上面下凹较深，使叶面常成皱缩状，在叶下面显著凸起；叶柄粗壮，长 5 ~ 12mm。花序 1 ~ 2 次分枝，花序梗长 2 ~ 4cm；小苞片钻形，宿存；花淡绿色，4 基数；花瓣宽倒卵形。蒴果球形，直径 1.0 ~ 1.4cm，灰白色或淡棕色，有糠秕状细斑块；种子棕红色，假种皮干时黄色。花期 6 ~ 8 月；果期 9 ~ 12 月。

产于百色、那坡、龙州。生于海拔600 ~ 900m 的山林中。分布于云南。

3. 细梗沟瓣

Glyptopetalum longipedunculatum Tardieu

小乔木，高 5m。叶厚纸质或薄革质，长圆形、长圆状卵形或狭椭圆形，长 10 ~ 22cm，宽 4 ~ 8cm，先端常斜渐尖，基部楔形或窄楔形，边缘常有锯齿；侧脉 7 ~ 9 对，细而明显，与细脉组成皱网状；叶柄长 1 ~ 2cm。聚伞花序 3 ~ 4 次分枝，花序梗长 6 ~ 7cm，分枝长 2 ~ 3cm，花梗长 8 ~ 12mm，均纤细。蒴果球形，直径 1.2 ~ 1.5cm，淡灰绿色，密被白色细小斑块状凸起；种子深红色，假种皮深红色，半包种子。果期 10 ~ 12 月。

产于那坡。生于海拔约 370m 的山谷密林中。越南也有分布。

4. 长梗沟瓣 大陆沟瓣

Glyptopetalum longipedicellatum (Merr. et Chun) C. Y. Cheng

灌木或乔木，高 2 ~ 12m。小枝粗壮，绿色，圆柱状或具 4 条棱。叶厚革质，狭椭圆形，长 15 ~ 25cm，宽 4 ~ 6cm，先端短渐尖或长渐尖，基部楔形至阔楔形，边缘有较疏锯齿；侧脉 10 ~ 18 对，在两面均不甚明显；叶柄粗壮，长 1.2 ~ 1.8cm。聚伞花序 2 ~ 3 次分枝，花序梗长 2 ~ 5cm，分枝长 1 ~ 2cm；苞片和小苞片钻形，早落；花黄绿色，直径约 1.2cm；花瓣宽倒卵形。蒴果淡黄色至灰白色，近球形或扁球形，长 1.5 ~ 1.8cm，直径 1.8 ~ 2.5cm，密被白色斑点；种子与假种皮鲜时红色，假种皮包围种子的 1/2 以上，顶端不规则开裂。

图 937　皱叶沟瓣 Glyptopetalum rhytidophyllum (Chun et F. C. How) C. Y. Cheng 1. 果枝；2. 花序；3. 果。(仿《中国树木志》)

图 938　白树沟瓣 Glyptopetalum geloniifolium (Chun et F. C. How) C. Y. Cheng 1. 花枝；2. 花；3. 果。(仿《中国高等植物图鉴》)

产于恭城、阳朔、河池。生于海拔约 500m 的石灰岩疏林中。分布于广东、海南。

5. 白树沟瓣 图 938

Glyptopetalum geloniifolium (Chun et F. C. How) C. Y. Cheng

常绿灌木，高 1~3m。叶片革质，椭圆形、狭椭圆形或狭倒卵状椭圆形，长 5~12cm，宽 2.5~6.0cm，先端圆钝或常微凹，基部阔楔形并下延，边缘因上下皱缩而成浅波状；叶柄长约 5mm。聚伞花序 1~2 次分枝，花序梗长 2~3cm，分枝长 1.0~1.5cm；花 4 基数，白绿色，萼片边缘常黑褐色；花瓣边缘长啮蚀状。蒴果扁球形，直径 1.5cm，红色，有糠秕状斑点；种子紫褐色，卵形，假种皮淡黄色，部分包围种子。花期 7~8 月；果熟期 12 月至翌年 2 月。

产于广西南部。生于海边、河边或山坡疏林中。分布于广东、海南。

3. 假卫矛属 Microtropis Wall. ex Meisn.

常绿或落叶性灌木或小乔木。小枝稍四棱形，光滑无毛，极少被毛。单叶，对生，无托叶，边缘全缘，常稍外卷。二歧聚伞花序，中央小花无梗，或为密伞花序、团伞花序，腋生、侧生或兼顶生；花小，两性，多为 5 基数，稀 4 基数或 6 基数；花萼基部合生，萼片覆瓦状，边缘具不整齐细齿或缘毛，果期宿存，略增大；花冠白色或黄白色；花盘浅杯状、环状或近无；雄蕊着生于花盘边缘；2 个心皮，2 室，偶 3 室，花柱粗短，2~4 浅裂或不裂。蒴果椭圆形，果皮光滑，种子 1 枚，无假种皮，种皮常稍肉质而呈假种皮状。花期春季，夏秋或秋冬果熟。

约 60 种，分布于东亚、东南亚及美洲、非洲。中国约 27 种；广西 11 种。

分种检索表

1. 花序通常具延长的花序轴，两侧分枝，成聚伞圆锥花序。
  2. 叶片长方形或长方椭圆形；花序梗较长，达 18mm；花序梗、花序轴及各级分枝均较粗，略扁 ……………… **1. 大序假卫矛 M. thyrsiflora**
  2. 叶片窄卵形、卵状窄椭圆形或卵状披针形；花序梗短，长 3cm 以下；花序梗、花序轴及各级分枝均较细而圆，绝不呈压扁状 ……… **2. 复序假卫矛 M. semipaniculata**
1. 花序无延长的花序轴，成二歧聚伞花序、密伞花序或团伞花序。
  3. 二歧聚伞花序，花序梗通常 1cm 以上，分枝和小花梗较长而显著，小花在花序中排列较疏散。
    4. 小枝明显四棱形或近四棱状；叶纸质或革质，侧脉较多。
      5. 叶长方椭圆形或卵状窄椭圆形；蒴果长约 2cm，顶端常具喙 ……… **3. 方枝假卫矛 M. tetragona**
      5. 叶窄椭圆形或窄长方形，蒴果近圆柱形，长 1.5cm ……… **4. 广序假卫矛 M. petelotii**
    4. 小枝圆柱形或略具棱；叶纸质，侧脉较少，每边 4~7 条且细弱。
      6. 叶片较窄小，长 3.5~7.0cm，宽 1.5~3.5cm，叶柄长约 5mm，侧脉在两面微凸起 ……… **5. 灵香假卫矛 M. submembranacea**
      6. 叶片较宽大，长 7~11cm，宽 3.0~5.5cm，叶柄长 5~9mm；中脉在两面凸起 ……… **6. 塔蕾假卫矛 M. pyramidalis**
  3. 密伞或团花序，花序梗极短近无梗，稀具 1cm 或更长的花序梗，分枝和小花梗极短，故小花排列紧密。
    7. 花序梗较长，达 1.0~2.5cm，小枝、叶柄及花序梗常具疏短毛 ……… **7. 密花假卫矛 M. gracilipes**
    7. 花序梗短或近无梗，通体光滑无毛。
      8. 叶纸质或近革质，不肥厚，干后叶面平滑，无细皱点。
        9. 叶近革质，侧脉较多，7~11 对；蒴果阔椭圆形。
          10. 花序梗较长，3.8~8.0mm；叶长方形或长方椭圆形，侧脉 7~8 对 ……… **8. 云南假卫矛 M. yunnanensis**
          10. 花序梗较短，2~5mm；叶长方披针形或长方窄椭圆形，侧脉 7~11 对 ……… **9. 斜脉假卫矛 M. obliquinervia**
        9. 叶革质，侧脉较少，4~7 对；菱状椭圆形或倒卵状椭圆形 ……… **10. 少脉假卫矛 M. paucinervia**
      8. 叶厚革质，稍带肉质，肥厚，干后有皱点，叶下面带锈色，叶脉不明显，卵形、阔卵形或卵状披针形，长 7~13cm，宽 2.5~8.0cm ……… **11. 木樨假卫矛 M. osmanthoides**

1. 大序假卫矛

Microtropis thyrsiflora C. Y. Cheng et T. C. Kao

灌木或小乔木，高 2 ~ 8m。小枝圆或在顶端稍扁，节间短，深紫褐色。叶革质，长方形或长方状椭圆形，长 7 ~ 11cm，宽 3 ~ 5cm，先端急尖或短渐尖，基部阔楔形或渐窄；中脉粗壮，在两面凸起，侧脉 6 ~ 8 对；叶柄粗壮，长 1.0 ~ 1.2cm。聚伞圆锥花序通常侧生，长 8 ~ 9cm，宽 7 ~ 8cm，通常 5 次分枝，各级分枝均粗壮而稍扁；每级分枝顶部有 2 枚三角形苞片，下部苞片较大，向上逐级变小；花序梗长 14 ~ 18cm，小花梗极短，长约 1mm 或近无梗；花 5 基数；萼片近革质，肾形；花瓣椭圆形。蒴果椭圆状或倒卵状椭圆形，长约 18mm，直径约 7mm，宿存花萼稍增大。

广西特有种。产于武鸣、上林、马山。生于高海拔山顶密林中。

2. 复序假卫矛

Microtropis semipaniculata C. Y. Cheng et T. C. Kao

灌木至小乔木。小枝略呈四棱形。叶革质，狭卵形、卵状椭圆形或卵状披针形，长 4.5 ~ 9.0cm，1.5 ~ 3.5cm，先端窄急尖，基部楔形或近圆形，边缘略反卷；侧脉细，4 ~ 6 对；叶柄长 6 ~ 9mm。聚伞圆锥花序腋生或侧生，宽阔开展，有或无主轴，有主轴时则花序梗短，长 2 ~ 5mm，无主轴时，花序梗长达 2 ~ 3cm，小花梗长 2 ~ 3mm；花 5 基数，白色，直径约 5mm；萼片半圆形；花瓣长方状椭圆形或稍倒卵形。蒴果长椭圆形，长达 2cm。

广西特有种。产于那坡。生于海拔 1200 ~ 1600m 的山地林中。

3. 方枝假卫矛 图 939

Microtropis tetragona Merr. et F. L. Freeman

灌木或小乔木。小枝紫褐色，明显四棱形。叶纸质或近革质，长方状椭圆形或狭卵状椭圆形，长 8 ~ 13cm，宽 2.5 ~ 5.0cm，先端渐尖，基部楔形；侧脉 6 ~ 9 对；叶柄长 5 ~ 10mm。聚伞花序有花 3 ~ 7 朵，疏散、开展；花序梗细，长 5 ~ 11mm，分枝长 3 ~ 5mm，花梗长 1.5 ~ 3.0mm；花 5 基数；萼片半圆形；花瓣长方状椭圆形或稍宽卵状椭圆形。蒴果近长椭圆状，长约 2cm，直径 8 ~ 9mm，顶端常具短喙，果皮外面具细棱线。花期 8 ~ 10 月；果期 10 ~ 11 月。

产于金秀、平南。生于海拔 1000m 以上的林中或溪旁。分布于海南、西藏、云南。

4. 广序假卫矛 图 940

Microtropis petelotii Merr. et F. L. Freeman

灌木或乔木，高 4 ~ 10m。小枝紫褐色，近四棱形。叶近革质，狭椭圆形或狭长方形，长 6.5 ~ 13.0cm，宽 2.0 ~ 4.5cm，先端渐尖或急尖状渐尖，基部楔形；中脉在两面凸起，细，侧脉 9 ~ 13 对；叶柄长 8 ~ 12mm。聚伞花序腋生或侧生，3 ~ 4 次二歧分枝，分枝疏而近平展；花序梗长 10 ~ 18mm，花梗极短；花 5 基数；萼片肾状半圆形；花瓣长方状

图 939 方枝假卫矛 **Microtropis tetragona** Merr. et F. L. Freeman 1. 花枝；2. 果。(仿《中国树木志》)

图 940 广序假卫矛 Microtropis petelotii Merr. et F. L. Freeman 1. 花枝；2. 果序。(仿《中国高等植物图鉴》)

图 941 灵香假卫矛 Microtropis submembranacea Merr. et F. L. Freeman 花果枝。(仿《中国树木志》)

椭圆形。蒴果近圆柱状，长约1.5cm。花果期6~10月。

产于凌云、乐业。生于海拔1300m以上的湿润密林中。分布于云南；越南也有分布。

5. 灵香假卫矛 图941

Microtropis submembranacea Merr. et F. L. Freeman

灌木，高3~4m。枝、叶、花干后具香气，以花为最浓。叶椭圆形、卵状椭圆形或椭圆形，长3.5~7.0cm，宽1.5~3.5cm，先端急尖状渐尖，基部阔楔形或圆形；侧脉4~7对，细弱，在两面微凸起；叶柄长约5mm。聚伞花序腋生、侧生或顶生，有花3~7朵；花序梗长5~10mm，分枝长2.5~3.5mm，小花梗长约1.5mm；花5基数；萼片半圆形；花瓣宽倒卵形。蒴果阔椭圆形，长约1.5cm，直径5~6mm。花期4月。

产于那坡、隆林、龙州。生于海拔1000m以上的密林中。分布于福建、广东、海南、云南。

6. 塔蕾假卫矛

Microtropis pyramidalis C. Y. Cheng et T. C. Kao

小灌木，高1.0~1.5m。小枝具紫褐色，略具棱。叶纸质，椭圆形或长圆形，长7~11cm，宽3.0~5.5cm，先端渐尖或尾状渐尖，基部楔形或阔楔形；中脉在两面凸起，侧脉4~7对，细弱，弧形；叶柄长5~9mm。聚伞花序多侧生，3~4次二歧分枝，分枝细弱疏展，花序梗长1~2cm，各次分枝逐次渐短，花梗长约3mm或不甚显著；花白色，4基数；萼片三角状半圆形；花瓣长方形。

产于上思。生于海拔800~1500m的山谷或溪边密林中。分布于云南。

7. 密花假卫矛 图942

Microtropis gracilipes Merr. et F. P. Metcalf

灌木或小乔木，高2~5m。小枝略具棱角。小枝、叶柄及花序梗常具疏短毛。叶近革质，阔倒披针形，长5~11cm，宽1.5~3.5cm，先端渐尖、窄渐尖或尾状，基部楔形；中脉在两面凸起，细，有时在下面具稀疏短毛，侧脉7~11对；叶柄长3~9mm。密伞花序或团伞花序腋生或侧生，花序梗长 1.0 ~ 2.5cm，顶端无分枝或有短分枝，分枝长 1 ~ 3mm；花无梗，密集近头状；花 5 基数；萼片肾形；花瓣稍肉质，长方形或椭圆形。蒴果阔椭圆状，长 1.0 ~ 1.8cm，宿存花萼稍增大，有时略被白粉；种皮暗红色。花期 4 月。

产于龙胜、资源、金秀、融安、融水、隆林、平南。生于海拔 700 ~ 1500m 的山谷或湿润密林中。分布于湖南、贵州、福建、广东。

8. 云南假卫矛

Microtropis yunnanensis (Hu) C. Y. Cheng et T. C. Kao ex Q. H. Chen

灌木或小乔木，高 2.5 ~ 9.0m。叶近革质，长方形或长方椭圆形，长 4 ~ 10cm，宽 1.5 ~ 3.5cm，先端渐尖或窄渐尖，常弯向一侧，基部楔形或阔楔形，边缘稍反卷；侧脉 7 ~ 8 对；叶柄长 5 ~ 9mm。团伞花序腋生或侧生，花序梗长 3.5 ~ 8.0mm，小花通常 1 ~ 3 朵，中央小花无梗，两侧小花梗短或无梗；花通常 4 基数，稀 5 基数；萼片半圆形；花瓣宽椭圆形。蒴果长方椭圆形，长 1.5 ~ 1.8cm，直径 6 ~ 9mm。果期 1 ~ 3 月。

产于德保。生于海拔 1500m 以上的石灰岩山地次生林中。分布于云南、贵州。

9. 斜脉假卫矛　图 943

Microtropis obliquinervia Merr. et F. L. Freeman

灌木或小乔木，高 1 ~ 5m。小枝上部有时略成扁圆柱状。叶近革质，长方披针形或长方窄椭圆形，长 5 ~ 19cm，宽 2.0 ~ 5.5cm，先端渐尖或尾状，基部下延，呈窄楔形或阔楔形，边缘略反卷；中脉粗，侧脉 7 ~ 11 对；叶柄长 5 ~ 15mm。密伞花序腋生或侧生，稀顶生，有花 3 ~ 7 朵；花序梗长 2 ~ 5mm，分枝极短，花梗不明显或无；花 5 基数；萼片半圆形；花瓣长方状椭圆形或稍卵状椭圆形。蒴果阔椭圆状，长 12 ~ 14mm，直径 7 ~ 8mm。花果期全年。

产于临桂、兴安、龙胜、资源、隆林。生于海拔 700m 以上的山地林中或水旁。分布于湖南、贵州、云南和广东。

图 942　密花假卫矛 **Microtropis gracilipes** Merr. et F. P. Metcalf 花枝。（仿《中国树木志》）

图 943　斜脉假卫矛 **Microtropis obliquinervia** Merr. et F. L. Freeman 果枝。（仿《中国树木志》）

图 944 木樨假卫矛 *Microtropis osmanthoides*（Hand. – Mazz.）Hand. – Mazz. 果枝。（仿《中国高等植物图鉴》）

图 945 十齿花 *Dipentodon sinicus* Dunn 1. 花枝；2. 果序；3. 果实（放大）。（仿《中国植物志》）

10. 少脉假卫矛

Microtropis paucinervia Merr. et Chun ex Merr. et F. L. Freeman

灌木或小乔木。小枝棱状，紫褐色。叶革质，菱状椭圆形或倒卵状椭圆形，长 3～8cm，宽 1～4cm，先端钝急尖，基部楔形或阔楔形，边缘外卷，侧脉 4～7 对；叶柄长 3～7mm。聚伞花序腋生或侧生，花序梗和花梗极短或无梗；花 5 基数；萼片革质，肾形，边缘具细长缘毛；花瓣先端有时钝缺。蒴果椭圆状，长约 1.5cm，直径约 8mm，宿萼厚革质。

产于防城、上思。生于海拔约 1200m 的山区。分布于广东、香港、海南。

11. 木樨假卫矛　图 944

Microtropis osmanthoides（Hand. – Mazz.）Hand. – Mazz.

灌木，高 6m。小枝棕色或灰棕色。叶厚革质，稍肉质，肥厚，卵形、阔卵形或卵状披针形，长 7～13cm，宽 2.5～8.0cm，先端渐窄急尖或窄渐尖，基部圆形或阔楔形，上面有光泽，有细皱点，下面浅锈色；中脉在下面显著凸起，侧脉 7～11 对，内隐而不明显；叶柄粗短，长 2.5～5.0mm。团伞花序腋生、侧生或顶生，花常为 5 朵，花序梗和花梗无；苞片 2 枚，三角状卵形；花 5 基数；萼片肾形或心形，边缘有细齿状缘毛；花瓣长方形，边缘有啮蚀状小锯齿，基部有短爪。蒴果椭圆状，长 1.5～2.0cm。

产于防城、上思。生于山谷密林湿润处。分布于贵州；越南也有分布。

4. 十齿花属 Dipentodon Dunn

灌木或小乔木，落叶或半常绿。单叶，互生，有柄；托叶细小，早落。聚伞花序排列成多花圆头状伞形花序，花序梗和花梗均较长；总苞片 4～10 枚，早落；花黄绿色，细小，5 基数，偶 6～7 数，花盘较薄，基部呈杯状，上部深裂成 5 枚直立的腺体状肉质裂片；心皮 3 个，不完全 3 室，只 1 室 1 枚胚珠发育。蒴果近椭圆卵状，被毛，花被宿存，稍增大，种子 1 枚，无假种皮，基部有粗短种子柄，周围有败育胚珠 5 枚，并有子房室隔离。

仅 1 种。产于中国西南部。广西也产。

十齿花 图 945

Dipentodon sinicus Dunn

落叶或半常绿灌木或乔木，高 3 ~ 11m。叶纸质，披针形或窄椭圆形，长 7 ~ 12cm，宽 2 ~ 4cm，先端长渐尖，基部楔形或阔楔形，边缘有细密浅锯齿；侧脉 5 ~ 7 对，多在近叶缘边网结；叶柄长 7 ~ 10mm。聚伞花序近圆球状，花序梗长 2.5 ~ 3.5cm，花梗长 3 ~ 4mm，中部有关节；总苞片 4 ~ 6 枚，卵形，早落；花白色，花萼与花瓣形状相似，在果时，宿存呈十齿状；花盘肉质，浅杯状，上部 5(~7) 裂。蒴果窄椭圆状卵形，被浓密灰棕色长柔毛，果梗常向下弯曲。

产于融水、乐业、田林、凌云。生于海拔 900m 以上的沟边、山谷和路旁灌丛中。分布于贵州、云南。

5. 南蛇藤属 Celastrus L.

落叶或常绿藤状灌木，高 1m 至数米。小枝圆柱形，稀具纵棱，除幼龄及个别种外通常光滑无毛，具多数明显长椭圆形或圆形灰白色皮孔。单叶、互生，边缘具锯齿，羽状脉；托叶小，线形，早落。花常为单性，异株或为杂性，稀两性；聚伞花序成圆锥状或总状，腋生或顶生，或两者并存；花黄绿色或黄白色，花梗有关节；花 5 基数；花盘膜质，浅杯状；子房上位，柱头 3 裂。蒴果球形，通常黄色，顶端常具宿存花柱，基部有宿存花萼；果轴宿存；种子 1 ~ 6 枚，假种皮肉质，红色，全包种子。

约 30 余种。中国 25 种；广西 12 种。

分种检索表

1. 果实 3 室，具 3 ~ 6 枚种子；落叶或常绿。
  2. 花序通常仅有顶生的，如在顶端最上部有腋生花序时，则花序分枝的腋部无营养芽。
    3. 小枝无明显纵棱；叶椭圆形至近圆形，多变，长 5 ~ 10cm，宽 2.5 ~ 5.0cm ······ **1. 灯油藤 C. paniculatus**
    3. 小枝常具 4 ~ 6 条纵棱；叶矩圆状椭圆形、阔卵形或圆形，长 7 ~ 17cm，宽 5 ~ 13cm ·········
    ·· **2. 苦皮藤 C. angulatus**
  2. 花序腋生，或腋生与顶生并存，花序分枝的腋部具营养芽。
    4. 花序顶生及腋生；种子通常椭圆形。
      5. 叶下面被白粉，明显呈灰白色，叶阔卵形、阔卵状椭圆形或近圆形，基部阔圆，长 6 ~ 13cm，宽 3.5 ~ 9.5cm，叶柄长 1.2 ~ 2.0cm ································· **3. 薄叶南蛇藤 C. hypoleucoides**
      5. 叶下面不被白粉，通常呈浅绿色。
        6. 顶生花序短，通常长在 6cm 以内。
          7. 侧脉间的小脉显著凸起且平行，形成长方状网格；叶下面被毛 ········ **4. 皱叶南蛇藤 C. rugosus**
          7. 侧脉间小脉不成长方状脉网，叶下面无毛或有时脉上具稀疏短毛。
            8. 冬芽大，长 5 ~ 12mm；果较大，直径 1.0 ~ 1.2cm ········· **5. 大芽南蛇藤 C. gemmatus**
            8. 冬芽小，长 1 ~ 3mm；果较小，直径 1cm 以内。
              9. 叶柄长 2 ~ 8mm，叶片长达 9cm，叶背脉上微具细柔毛 ··· **6. 短梗南蛇藤 C. rosthornianus**
              9. 叶柄长 10 ~ 20mm，叶片长不超过 13cm ··············· **7. 南蛇藤 C. orbiculatus**
        6. 顶生花序长 6 ~ 18cm；果皮内侧有棕色小斑点；叶卵形、矩圆卵形或矩圆椭圆形，叶柄长 10 ~ 17cm ··· **8. 长序南蛇藤 C. vaniotii**
    4. 花序通常明显腋生；种子一般为新月型或弯弓半环形。
      10. 聚伞花序有花 3 朵，花序梗长 2 ~ 5mm；叶椭圆形或矩圆形，长 5 ~ 10cm，宽 3 ~ 6cm，侧脉 5 对 ······
      ·· **9. 过山枫 C. aculeatus**
      10. 聚伞花序有花 3 ~ 14 朵，花序梗长 5 ~ 20mm；叶矩圆状椭圆形，稀矩圆倒卵形，长 6.5 ~ 12.0cm，宽 3.0 ~ 6.5cm，侧脉 5 ~ 7 对 ··············· **10. 显柱南蛇藤 C. stylosus**
1. 果实 1 室，1 枚种子；常绿。
  11. 果实多为球形，直径 7 ~ 9mm，具明显的宿存花柱，果皮无横皱纹；小枝紫色，皮孔稀少 ························
  ·· **11. 青江藤 C. hindsii**
  11. 果实阔椭圆状，稀近球形，直径 9 ~ 14mm，果皮有横皱纹；小枝干时紫褐色，有细纵棱，皮孔稀疏 ········
  ·· **12. 独子藤 C. monospermus**

1. 灯油藤 滇南蛇藤、圆锥南蛇藤 图 946：1～2

Celastrus paniculatus Willd.

常绿藤本。小枝被毛或光滑，通常密生椭圆形皮孔。叶椭圆形至近圆形，多变，长 5～10cm，宽 2.5～5.0cm，先端短尖至渐尖，基部圆楔形，边缘锯齿状，两面光滑；侧脉 5～7 对；叶柄长 6～16mm；托叶线形，早落。雌雄异株，聚伞圆锥花序顶生，长 5～10cm，上部分枝与下部分枝几等长；花梗基部有关节；萼片半圆形，花瓣长圆形。蒴果球状，直径约 1cm，3 瓣裂，黄色，具 3～6 枚种子；假种皮橙红色。花期 4～6 月；果期 6～9 月。

产于广西西南部。分布于广东、贵州、海南、台湾、云南；柬埔寨、印度、越南也有分布。根入药，有行血气的功效，可治无名肿毒。

2. 苦皮藤 图 946：3～4

Celastrus angulatus Maxim.

落叶藤本。小枝常具 4～6 条纵棱，密生圆形至椭圆形的白色皮孔。叶近革质，矩圆状椭圆形、阔卵形或圆形，长 7～17cm，宽 5～13cm，先端圆阔具

图 946　1～2. 灯油藤 Celastrus paniculatus Willd. 1. 果枝；2. 花枝。3～4. 苦皮藤 Celastrus angulatus Maxim. 3. 果枝；4. 花枝。（仿《中国植物志》）

尖头，基部楔形，两面无毛；侧脉 5～7 对，在上面明显凸起；叶柄长 1.5～3.0cm。雌雄异株；聚伞圆锥花序顶生，下部分枝长于上部分枝，略呈塔状，长 10～20cm；花序轴及小花轴光滑或被锈色短毛；花梗较短，关节在顶部；花小，淡绿色；花萼镊合状排列，萼片三角形或卵形；花瓣长方形，边缘啮蚀状。蒴果近球形，直径 8～10mm，黄色，3 瓣裂；假种皮鲜红色。花期 5～6 月。

产于德保。生于海拔 1000m 以上的山地丛林和灌丛中。分布于河北、山东、河南、陕西、甘肃、江苏、安徽、江西、湖北、湖南、四川、贵州、云南、广东。根及根皮有清热透疹、舒筋活络、调经的功效，可治小儿麻疹、月经不调。

3. 薄叶南蛇藤

Celastrus hypoleucoides P. L. Chiu

藤本。小枝具稀疏或极稀疏阔椭圆形或近圆形皮孔。叶纸质，卵形、阔卵状椭圆形或近圆形，长 6～13cm，宽 3.5～9.5cm，先端短渐尖，基部阔圆形，叶缘有浅锯齿或细钝短锯齿，叶下面被白粉，粉白色；侧脉 5～7 对；叶柄长 1.2～2.0cm。花序顶生或腋生，顶生花序多花，长 3～7cm，腋生花序具花 3～7 朵或更多，花序梗短，花梗长 2～4mm，关节位于中间或下段；花萼球形，萼片钝

圆三角形；花瓣椭圆形。通常只顶生花序结实，果梗粗壮，长 5～10mm；蒴果球状，裂瓣内侧具棕褐色斑点。花期 5～6 月；果期 8～11 月。

产于兴安。生于海拔 800m 以上的山坡灌丛或丛林中。分布于安徽、广东、湖北、湖南、江西、云南、浙江。

4. 皱叶南蛇藤

Celastrus rugosus Rehder et E. H. Wilson

落叶藤本。小枝紫褐色，光滑，皮孔小，稀或稍密，椭圆形或长椭圆形。叶在花期薄纸质，果期纸质，椭圆形、倒卵形或矩圆状椭圆形，长 6～13cm，宽 3～8cm，先端渐尖或圆而具短尖，基部楔形至近圆形，边缘锯齿状；侧脉 4～6 对，侧脉间的小脉显著凸起且平行，形成长方状网格，在上面光滑，在下面白绿色，脉上被黄白色短柔毛，果期变稀或近无毛；叶柄长 1.0～1.7cm，光滑。

图 947 大芽南蛇藤 Celastrus gemmatus Loes. 果枝。（仿《中国树木志》）

花序顶生或腋生，顶生花序长 3～6cm，腋生花序只有花 3～5 朵，花序梗长 2～5mm，中部以下有关节；萼片卵形；花瓣稍卵状矩形。蒴果球形，直径 8～10mm。花期 5～6 月；果期 8～10 月。

产于广西西北部。生于海拔 1000m 以上的山地。分布于湖北、贵州、四川、云南、陕西。

5. 大芽南蛇藤　**图 947**

Celastrus gemmatus Loes.

藤本。小枝有多数皮孔，皮孔阔椭圆形至圆形，棕灰白色，凸起。冬芽大，长可达 12mm。叶矩圆形至椭圆形，长 6～12cm，宽 3.5～7.0cm，先端渐尖，基部圆形或宽圆形，近叶柄处变窄，边缘具浅锯齿，上面无毛，粗糙，下面无毛或稀在脉上有棕色短柔毛；侧脉 5～7 对；叶柄长 1.0～2.3cm。聚伞花序顶生或腋生，顶生的长约 3cm，侧生花序短而少花；花序梗长 5～10mm，花梗长 2.5～5.0mm，关节在中部以下；萼片卵形，边缘啮蚀状；花瓣长方状卵形。蒴果球形，直径 1.0～1.2cm，果梗具明显凸起皮孔；种子红棕色，有光泽。花期 4～9 月；果期 8～10 月。

产于资源、恭城、富川、三江、天峨、环江、乐业。为中国分布最广泛的南蛇藤属植物。分布于河南、陕西、甘肃、安徽、浙江、江西、湖北、湖南、贵州、四川、云南、广东、福建、台湾。茎皮纤维可作造纸及人造棉原料；叶和树皮可作杀虫农药。

6. 短梗南蛇藤　褐柄南蛇藤　**图 948**

Celastrus rosthornianus Loes.

藤本。小枝具较稀皮孔。叶纸质，果期常稍革质，叶片矩圆状椭圆形或狭矩圆状椭圆形，长 3.5～9.0cm，宽 1.5～4.5cm，先端急尖或短渐尖，基部楔形或阔楔形，边缘具浅锯齿，或基部近全缘，叶背脉上微具细柔毛；侧脉 4～6 对；叶柄长 2～8mm。花序顶生或腋生，顶生者为总状聚伞花序，长 2～4cm，腋生者短小，具花 1 至数朵，花序梗短，花梗 2～6mm，关节在中部或稍下；萼片长圆形，边缘啮蚀状；花瓣近长方形。蒴果近球形，直径 5.5～8.0mm，果梗长 4～8mm，近果处较粗。花期 4～5 月；果期 8～10 月。

产于龙胜、金秀、三江、凌云、乐业、桂平。生于海拔 500～1800m 的山地。分布于甘肃、陕

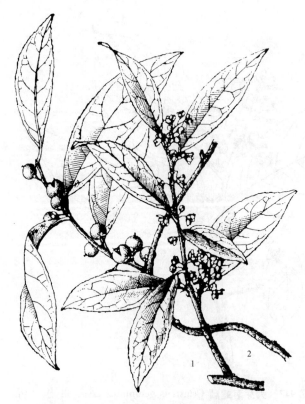

图 948　短梗南蛇藤 Celastrus rosthornianus Loes.
1. 花枝；2. 果枝。(仿《中国高等植物图鉴》)

图 949　长序南蛇藤 Celastrus vaniotii（H. Lév.）
Rehder 1. 花枝；2. 果枝。(仿《中国树木志》)

西、河南、安徽、浙江、江西、湖北、湖南、贵州、四川、福建、广东、云南。根皮入药，可治蛇伤及无名肿毒；树皮及叶可作农药。

7. 南蛇藤

Celastrus orbiculatus Thunb.

藤本。小枝无毛，皮孔不明显。叶宽倒卵形、近圆形或长方椭圆形，长 5 ~ 13cm，宽 3 ~ 9cm，先端圆，有小尖头或短渐尖，基部阔楔形或近钝圆形，边缘有锯齿，两面无毛或背面脉上有稀疏短柔毛；侧脉 3 ~ 5 对；叶柄长 1 ~ 2cm。聚伞花序腋生或顶生，花序长 1 ~ 3cm，有花 1 ~ 3 朵；小花梗关节在中部以下；萼片钝三角形；花瓣倒卵状椭圆形或长方形；雌花花冠较雄花的小。蒴果近球形，直径 8 ~ 10mm。花期 5 ~ 6 月；果期 7 ~ 10 月。

产于临桂、兴安、龙胜、柳城、融水、南丹、环江、凌云、田林、隆林、龙州。生于海拔 450m 以上的山坡灌丛中。分布于吉林、辽宁、黑龙江、内蒙古、河北、山东、山西、河南、陕西、甘肃、江苏、安徽、浙江、江西、湖北、四川；朝鲜、日本也有分布。

8. 长序南蛇藤　图 949

Celastrus vaniotii（H. Lév.）Rehder

藤本。小枝光滑无毛，具稀疏圆形或椭圆形皮孔，当年生小枝常无明显皮孔。叶卵形、矩圆状卵形或矩圆状椭圆形，长 6 ~ 12cm，宽 3.5 ~ 7.0cm，先端短渐尖，基部圆形，边缘具内弯锯齿，齿端具腺状短尖，两面无毛；侧脉 6 ~ 7 对，在两面稍凸起；叶柄长 1.0 ~ 1.7cm。顶生聚伞圆锥花序长 6 ~ 18cm，单歧分枝，每一分枝顶端有一小聚伞花序；腋生花序长 3 ~ 4cm；花梗长 4 ~ 6mm，中部以下有关节；萼片有腺状缘毛；花瓣倒卵状长方形或近倒卵形。蒴果近球形，长约 9mm，直径约 8mm，果皮内侧有棕色小斑点。花期 5 ~ 7 月；果期 8 ~ 9 月。

产于罗城。生于海拔 500m 以上的次生林中。分布于湖北、湖南、贵州、四川、云南。

9. 过山枫　图 950

Celastrus aculeatus Merr.

藤本。小枝幼时被棕褐色短毛，后脱落。冬芽基部芽鳞宿存，有时坚硬成刺状。叶椭圆形或矩圆形，长 5 ~ 10cm，宽 3 ~ 6cm，先端渐尖或窄急尖，基部阔楔形，边缘上部具疏浅细锯齿，下部全缘，两面无毛，或脉上有棕色短毛；侧脉5对；叶柄长1.0~1.8cm。聚伞花序腋生或侧生，通常有花3朵，花序梗长2~5mm，花梗长2~3mm，均被棕色短毛，关节在上部。蒴果近球形，宿萼明显增大。

产于广西各地。生于海拔1000m以下的坡地、路旁。分布于浙江、福建、江西、广东。

10. 显柱南蛇藤　图951
Celastrus stylosus Wall.

藤本。小枝通常无毛，稀具短硬毛。叶在花期常为膜质，果期则近革质，矩圆状椭圆形，稀矩圆倒卵形，长6.5~12.5cm，宽3.0~6.5cm，先端短渐尖或急尖，基部楔形至近钝圆，边缘具钝齿，侧脉5~7对，两面无毛，稀下面脉上被疏短毛；叶柄长1.0~1.8cm，无毛。聚伞花序腋生或侧生，有花3~14朵，花序梗长7~20mm，花梗长5~7mm，被极短黄白色硬毛，关节在中部之下；萼片近卵形，边缘啮蚀状；花瓣矩圆状倒卵形，边缘啮蚀状。蒴果近球形，直径6.5~8.0mm，果序梗和果梗初被毛后变光滑，并常具椭圆形皮孔。花期3~5月；果期8~10月。

产于靖西、防城、上思。生于海拔300m以上的山坡林中。分布于安徽、江西、湖南、湖北、贵州、四川、云南、广东；缅甸、尼泊尔、泰国、印度也有分布。

11. 青江藤　野茶藤　图952
Celastrus hindsii Benth.

常绿藤本。小枝紫色，皮孔稀少。叶纸质或革质，矩圆状椭圆形、狭卵状椭圆形至椭圆状倒披针形，长7~14cm，宽3~6cm，先端渐尖或急尖，基部楔形或圆形，边缘具疏锯齿；侧脉5~7对，侧脉间小脉密而平行成横格状网脉，在两面凸起；叶柄长6~10mm。顶生聚伞圆锥花序长5~14cm，腋生花序具花1~3朵，稀成短小聚伞圆锥状；花浅绿色，花梗长4~5mm，关节在中部偏上；花萼裂片半圆形；花瓣矩圆形，边缘具细短缘毛。蒴果近球形或稍窄，直径7~9mm，顶端具明显的宿存花柱，长达1.5mm。花期5~7月；果期7~11月。

产于融安、柳城、天峨、宜州、罗城、那

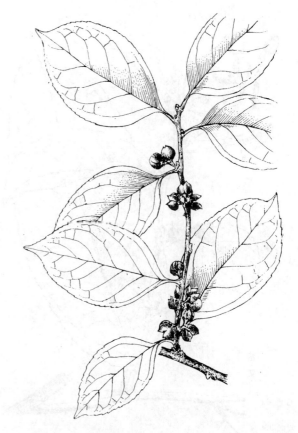

图950　过山枫 Celastrus aculeatus Merr. 果枝。（仿《中国树木志》）

图951　显柱南蛇藤 Celastrus stylosus Wall. 1. 果枝；2. 花。（仿《中国树木志》）

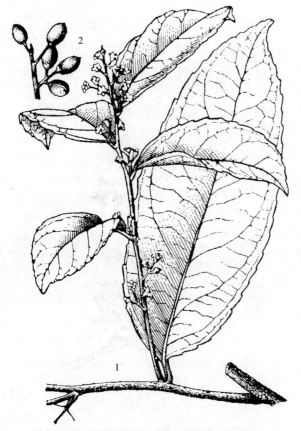

图 952 青江藤 Celastrus hindsii Benth. 1. 花枝；2. 果。
（仿《中国高等植物图鉴》）

图 953 独子藤 Celastrus monospermus Roxb. 1. 花枝；
2. 果枝；3. 花（放大）。（仿《中国植物志》）

坡、凌云、乐业、容县、灵山、大新、龙州、崇左。生于海拔 300m 以上的林下或灌丛。分布于江西、湖北、湖南、贵州、四川、云南、西藏、广东、海南、福建、台湾；越南、缅甸、印度、马来西亚也有分布。根入药，有通经、利尿的功效。

12. 独子藤 单子南蛇藤 图 953

Celastrus monospermus Roxb.

常绿藤本。小枝有细纵棱，干时紫褐色，皮孔稀疏，椭圆形或近圆形。叶近革质，矩圆状椭圆形或狭椭圆形，长 5 ~ 17cm，宽 3 ~ 7cm，先端短渐尖或急尖，基部楔形或阔楔形，边缘具细锯齿或疏散细锯齿；侧脉 5 ~ 7 对；叶柄长约 1.5cm。花序腋生或顶生与腋生并存，二歧聚伞花序排成聚伞圆锥花序；花黄绿色或近白色。蒴果阔椭圆形，稀近球状，长 1.0 ~ 1.8cm，直径 0.9 ~ 1.4cm，果皮有横皱纹。花期 3 ~ 6 月；果期 6 ~ 10 月。

产于桂林、临桂、阳朔、罗城、南丹、凌云、武鸣、南宁、平南、上思、防城、龙州。分布于贵州、云南、广东、海南；印度、巴基斯坦、孟加拉国、缅甸、越南也有分布。

6. 雷公藤属 Tripterygium Hook. f.

藤本灌木。小枝常有 4 ~ 6 条锐棱，密被细点状与表皮同色的皮孔，密被锈色毡毛状毛或光滑无毛。叶互生，有柄，托叶细小，早落。圆锥聚伞花序，常单歧分枝，小聚伞有花 2 ~ 3 朵，花序梗及分枝较粗壮，小花梗通常纤细；花杂性，多为两性，5 基数，较小；花盘扁平，花丝细长，子房不完全 3 室，柱头常稍膨大。蒴果，细窄，具 3 膜质翅包围果体，种子 1 枚，细窄，无假种皮。

仅 1 种，分布于东亚。中国及广西也有分布。

雷公藤

Tripterygium wilfordii Hook. f.

藤本，高 1 ~ 3m。小枝红棕色，有 4 ~ 6 条棱，密被毛和皮孔。叶椭圆形、倒卵状椭圆形、长方椭圆形或卵形，长 4.0 ~

7.5cm，宽3~4cm，先端急尖或短渐尖，基部阔楔形或圆形，边缘有细锯齿；侧脉4~7对；叶柄长5~8mm，密被锈色毛。圆锥聚伞花序长5~7cm，宽3~4cm，通常有3~5分枝，花序、分枝及小花梗均被锈色毛；花白色；萼片先端急尖；花瓣长方卵形，边缘微蚀。翅果长圆形，长1.0~1.5cm，直径1.0~1.2cm，中央果体约占全长的1/2~2/3，中央脉和侧脉共5条，占翅宽的2/3，小果梗细圆。

产于桂林、临桂、全州、资源、龙胜、兴安、灵川、贺州、金秀、融水、乐业、西林。生于山坡林中。分布于台湾、福建、江苏、浙江、安徽、湖北、湖南；朝鲜和日本也有分布。有毒；全株、根皮入药，外用可治骨折、跌打损伤、风湿痹痛、红斑狼疮。

7. 美登木属 Maytenus Molina

灌木或小乔木，少数为藤本状。枝通常具刺，小枝刺状，稀不成刺状。单叶互生，无托叶。花1至数朵丛生，组成二歧或单歧分枝的聚伞花序，1至数个花序生于叶腋或短枝上；花小，通常5基数，花盘明显；心皮2~3个，子房2~3室，稀1室。蒴果2~3裂，种子具杯状假种皮，只包围种子基部或下半部，顶端开口或一侧开裂。

约220种。中国6种，多分布于云南；广西2种，产于西南部，均生长在石灰岩石山上。

分种检索表

1. 叶椭圆形或卵状椭圆形；花序2~4次分枝，花序有短柄 ·················· **1. 广西美登木 M. guangxiensis**
1. 叶宽椭圆形或倒卵形；花序2~3次分枝，集生成团，多无序柄 ·················· **2. 密花美登木 M. confertiflora**

1. 广西美登木　陀螺钮（扶绥）　图954

Maytenus guangxiensis C. Y. Cheng et W. L. Sha

灌木，高3m。小枝具刺，刺较粗壮。叶厚纸质，椭圆形或卵状椭圆形，长6.5~21.0cm，宽3.5~10.0cm，先端急尖或钝，基部阔楔形或近圆形，边缘具浅齿，常呈波状；侧脉8~9对；叶柄长5~12mm。聚伞花序簇生，2~4次分枝，有花7~25朵；花序梗短，分枝长约1cm；苞片和小苞片宽卵形；花白色；萼片卵圆形；花瓣长圆形，边缘啮蚀状，花盘肥厚。蒴果成熟时紫棕色，倒卵形，长1.4~1.8cm，直径1.0~1.2cm；种子棕红色，基部有白色杯状假种皮。

广西特有种。产于东兰、田阳、隆安、扶绥。生于石灰岩山地灌丛中。民间用枝叶作止痛药，外用可治疮疖；根、茎有祛风、止痛、抗癌的功效，常用于治疗风湿痹痛。

2. 密花美登木

Maytenus confertiflora J. Y. Luo et X. X. Chen

灌木，高4m。小枝有刺，刺粗壮，先端直或有时稍下曲。叶纸质，宽椭圆形或倒卵形，长11~24cm，宽3~9cm，先端渐尖或有短尖头，基部窄楔形至阔楔形，边缘具浅波状圆齿；侧脉细，9~13对；叶柄长6~10mm。聚伞花序多数集于叶腋，多花而近无花序柄，整体呈圆球形；苞片和小苞片边缘流苏状；花白色；萼片淡红色；花瓣线形或长圆形。蒴果淡绿色带紫色，三角球状，长1.0~1.5cm，平滑无皱褶；种子白

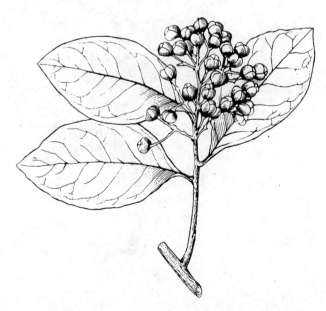

图 954　*广西美登木* **Maytenus guangxiensis** C. Y. Cheng et W. L. Sha 果枝。(仿《中国树木志》)

色，干后棕红色，假种皮浅杯状。

广西特有种。产于崇左、大新、龙州、凭祥、宁明。生于石灰岩石山丛林中。民间用叶捣烂泡酒，外敷及内服可治跌打扭伤及腰痛。

8. 裸实属 Gymnosporia (Wight et Arn.) Bentham et J. D. Hooker

小乔木或灌木，通常直立。无毛或被短柔毛。枝常具刺。叶互生或簇生，全缘或有锯齿，无托叶。聚伞状花序腋生、簇生或单生；花两性，4 或 5 基数；花盘肉质，环状，4~5 裂；花药纵向开裂；子房(2~)3 室，基部与花盘合生，每室有 2 枚直立胚珠。蒴果倒卵形或近球形，果皮革质，室背开裂；种子 3~6 枚，种皮包围种子。

约 80 种。中国 11 种；广西 3 种。

分种检索表

1. 具小枝状刺，叶、花生于刺上。
  2. 小枝和叶柄短柔毛具短密毛，逐渐脱落无毛；叶长 1.0~4.5cm ·············· 1. 变叶裸实 G. diversifolia
  2. 小枝和叶柄无毛；叶长 3~12cm ···················· 2. 刺茶裸实 G. variabilis
1. 刺稀疏，叶、花不生于刺上；叶长 2~8cm ···················· 3. 细梗裸实 G. graciliramula

1. 变叶裸实　变叶美登木　图 955
Gymnosporia diversifolia Maxim.

乔木或灌木，高 1~3m 或更高。1~2 年生小枝刺状，常被密点状锈褐色短刚毛；老枝无毛，有时有残留短毛。叶纸质或老时革质，倒卵形或倒卵状披针形，长 1.0~4.5cm，宽 1.0~4.8cm，先端圆或钝，基部楔形或下延成窄长楔形，边缘有浅圆齿；叶柄长 1~3mm。二歧聚伞花序腋生，花序梗长 0.4~1.0cm；花白色或浅黄色；萼片三角形。蒴果近倒卵形，最宽处 5~7mm，4 室，2裂，红色或紫色；种子基部有白色假种皮。花期 6~9 月；果期 8~12 月。

产于合浦。生于滨海灌丛、疏林中。分布于福建、台湾、广东、海南；日本也有分布。

2. 刺茶裸实　皮胡椒
Gymnosporia variabilis (Hemsl.) Loes.

灌木，高 5m。小枝具刺，无毛。叶纸质，椭圆形、狭椭圆形或椭圆状披针形，长 3~12cm，宽 1~4cm，先端锐尖或钝，基部楔形，边缘有圆锯齿；中脉和侧脉纤细；叶柄长 3~6mm。聚伞花序腋生，1~3 次二歧分枝，花序梗长 0.3~1.3cm；花浅黄色，直径 5~6mm；萼片卵形；花瓣长圆形。蒴果近倒卵形，红色或紫色，直径 1.2~1.5cm，3 瓣裂；种子基部被淡黄色浅杯状假种皮包围。花期 6~10 月；果期 7~12 月。

产于天峨、东兰。生于海拔 800m 以下的石灰岩山地。分布于贵州、湖北、四川、云南。

图 955　变叶裸实 Gymnosporia diversifolia Maxim. 果枝。(仿《中国树木志》)

3. 细梗裸实　隆林美登木

Gymnosporia graciliramula (S. J. Pei et Y. H. Li) Q. R. Liu et Funston

灌木，高1~2m。幼枝带红色，具细刺或无刺；2年生以上老枝具较粗刺。叶纸质或厚纸质，狭椭圆形、椭圆形或倒披针形，长2~8cm，宽1~4cm，先端短渐尖或圆钝，基部楔形或窄楔形，边缘具圆齿；侧脉6~9对，纤细；叶柄常带红色，长2~7mm。聚伞花序腋生，1~6次单歧分枝，花序梗长1~2cm，果期达3cm；花小，白色；萼片宽卵形；花瓣长圆形。蒴果棕红色，近倒卵形，3瓣裂；种子基部被白色假种皮。花期6~9月；果期9~12月。

产于天峨、隆林。生于海拔800~1500m的石灰岩山地灌丛、石缝中。分布于云南。

9. 核子木属 Perrottetia Kunth

小乔木或灌木。小枝平滑，稍呈"之"字形。叶互生，托叶小，早落。花4基数或5基数，两性，有时单性或杂性，同株或异株；总状或圆锥状聚伞花序腋生；花萼基部连合，萼片与花瓣近同形等大；花盘扁平或杯状；雄蕊5枚或与花萼同数，着生于花盘边缘，有花丝，花药纵裂；子房着生于花盘上，下部与之合生或完全离生，通常2室，每室有2枚基生直立胚珠。浆果，球形，果皮薄，通常2枚种子，稀4枚种子；种子外被薄的假种皮，种皮厚常有皱纹或细凸。

约15种。中国2种；广西产1种。

核子木

Perrottetia racemosa (Oliv.) Loes.

落叶灌木，高1~4m。小枝圆，具微棱。叶纸质，长椭圆形或窄卵形，长5~15cm，宽2.5~5.5cm，先端长渐尖，基部阔楔形或近圆形，边缘有细锯齿或近全缘状；叶柄细长，长0.5~2.0cm。花白色，组成窄总状聚伞花序；花5基数，单性为主，雌雄异株；雄花直径约3mm，花萼、花瓣紧密排列；花盘平薄；雄蕊着生于花盘边缘；子房细小不育；雌花直径仅约1mm，花萼、花瓣直立；花盘浅杯状；雄蕊退化；子房2室，每室2枚胚珠，花柱顶端2裂。果序长穗状，长4~7cm，浆果红色，近球状，直径约3mm。花期5~9月；果期8~11月。

产于那坡、田林。生于海拔500m以上的山地。分布于重庆、贵州、湖北、湖南、四川、云南。

10. 膝柄木属 Bhesa Buch. – Ham. ex Arn.

常绿乔木，有板状根。单叶互生、革质；侧脉整齐，近平行，细脉与之垂直，形成细方格状脉络；叶柄粗长，在接近叶基处增粗，有横纹，稍呈镰刀状弯曲；托叶膜质，卵形或披针形，脱落后在枝上留下大而明显的托叶痕。聚伞花序总状或圆锥状，单生或2至数个簇生于枝侧，或假顶生；花5基数，少为4基数，花盘肉质盘状，边缘浅裂或深裂，心皮2个合生，柱头2枚分离或基部合生。蒴果成熟纵裂，椭圆形或因二心皮不等速发育而成浅二裂或一裂片大一裂片小而不发育，假种皮肉质，白色或棕色，包围种子大部分或部分。

约5种，主要分布于热带雨林中。中国1种；广西也产。

膝柄木　库林木　图956

Bhesa robusta (Roxb.) Ding Hou

乔木，高10m。小枝粗壮，紫棕色，粗糙，常

图956　膝柄木 Bhesa robusta (Roxb.) Ding Hou 果枝。

有较大的叶痕和芽鳞痕。叶互生，小枝上有时为近对生，近革质，长圆状椭圆形或窄卵形，长 11 ~ 20cm，宽 3.5 ~ 6.0cm，先端急尖或短渐尖，基部圆形或阔楔形，全缘；中脉和侧脉凸起，侧脉 14 ~ 18 对，平行且紧密排列；叶柄长 2 ~ 3cm，两端增粗，在近叶基的一端背部呈膝状弯曲。聚伞圆锥花序多侧生于小枝上部，常呈假顶生状；花序梗短或近无梗；花小，黄绿色；萼片线状披针形；花瓣狭倒卵形或长圆状披针形。蒴果窄长卵状，长约 3cm，直径 1.0 ~ 1.2cm，稍呈榄形，上部稍窄，顶端常稍呈喙状，果无梗或梗长约 1mm；种子 1 枚，假种皮淡棕色，包围种子达 2/3 处，先端开口，并有长条状或丝状延伸部分上达种子 4/5 处。

极危种，中国 I 级重点保护野生植物。产于合浦、东兴。生于近海岸的村旁、灌丛中。分布于柬埔寨、印度、印度尼西亚、老挝、马来西亚、缅甸、尼泊尔、泰国、越南。

99 翅子藤科 Hippocrateaceae

藤本、灌木或小乔木。单叶，对生，偶有互生，托叶小或缺。花两性，辐射对称，簇生或排成二歧聚伞花序；萼片 5 枚，覆瓦状排列，花瓣 5 枚，分离，覆瓦状或镊合状排列；花盘杯状，有时不明显；雄蕊 3 枚，稀为 2、4 或 5 枚，与花瓣互生，着生于花盘边缘，花丝舌状，扁平；花药基着；子房上位，3 室，每室有胚珠 2 ~ 12 枚，双行排列，中轴胎座；花柱短，锥尖状，常裂或截形。蒴果或浆果。种子有时压扁状，有翅。

约 13 属。中国 3 属约 19 种，产于南部和西南部；广西 3 属 9 种。

分属检索表

1. 浆果，肉质或近木质；种子大，有棱无翅；花簇生于叶腋，偶有聚伞花序；攀援或蔓生灌木或小乔木 ………………………………………………………………………………………………… **1. 五层龙属 Salacia**
1. 蒴果，压扁状；种子有翅；花排成二歧聚伞花序；木质藤本。
  2. 花较大，花瓣长 4mm 以上，开放时广展；花盘明显，杯状而凸起，高 1.0 ~ 1.5mm …………………………………………………………………………………………… **2. 翅子藤属 Loeseneriella**
  2. 花较小，花瓣长不过 3mm，开放时直立；花盘不明显 ………………… **3. 扁蒴藤属 Pristimera**

1. 五层龙属 Salacia L.

攀援或蔓生灌木或小乔木。小枝近圆形，节间通常膨大或略扁平。叶对生或近对生，革质或纸质，全缘或有钝齿，无托叶。花簇生于叶腋或腋上生的瘤状体上，少有组成聚伞花序；萼片 5 枚，常不等大；花瓣 5 枚，广展，覆瓦状排列；雄蕊 3 枚，稀 2 ~ 4 枚，着生于花盘边缘；花盘肉质，垫状或杯状；子房圆锥状近三角形，全部或大部藏于花盘内，3 室，每室胚珠 1 ~ 12 枚；花柱短，顶端截形，无柱头。浆果，肉质或近木质，有种子 1 ~ 12 枚，埋于多汁的果肉中；种子大，有棱，无翅。

约 200 种。中国约 10 种；广西 2 种。

分种检索表

1. 灌木；叶长 10 ~ 15cm，宽 3.5 ~ 5.0cm；浆果橙黄色至橙红色，直径 2.0 ~ 4.5cm… **1. 无柄五层龙 S. sessiliflora**
1. 攀援灌木；叶长 5 ~ 11cm，宽 2 ~ 5cm；浆果直径约 1cm ………………… **2. 五层龙 S. chinensis**

1. 无柄五层龙 棱子藤、狗卵子 图 957
Salacia sessiliflora Hand. – Mazz.

灌木，常披散成攀援状，高 4m。小枝暗灰色，具瘤状小皮孔。叶薄革质，长圆状椭圆形或长圆状披针形，长 10～15cm，宽 3.5～5.0cm，顶端渐尖或钝，基部圆形或宽楔形，叶缘具疏细锯齿，叶面光亮；侧脉 8～9 对，网脉横出；叶柄长 5～10mm。花少数，淡绿色，簇生于叶腋内的瘤状体上，花柄极短，长不过 1mm；萼片卵形，端钝尖，长约 1mm；花瓣长圆形，长约 2mm。浆果橙黄色至橙红色，直径 2.0～4.5cm；果柄长 5～6mm；种子 3～4 枚。花期 6 月；果期 10 月。

产于阳朔、临桂、全州、龙胜、靖西、那坡、隆林、上思、龙州。分布于广东、贵州、云南、湖南。果实入药，用于治疗胃脘痛。

2. 五层龙

Salacia chinensis L.

攀援灌木，长 4m。小枝具棱角。叶革质，椭圆形、窄卵圆形或倒卵状椭圆形，长 5～11cm，宽 2～5cm，顶端钝或短渐尖，基部楔

图 957　无柄五层龙 Salacia sessiliflora Hand. – Mazz. 1. 枝；
2. 花序；3. 花芽；4. 果。（仿《中国植物志》）

形，边缘具浅钝齿；侧脉 6～7 对；叶柄长 8～10mm。花小，3～6 朵簇生于叶腋内的瘤状凸起体上；花柄长 6～10mm；萼片 5 枚，三角形；花瓣 5 枚，阔卵形；花盘杯状；雄蕊 3 枚，花丝短，扁平，着生于花盘边缘；子房 3 室，胚珠每室 2 枚，花柱极短，圆锥形。浆果球形或卵形，直径约 1cm，成熟时红色，有 1 枚种子；果柄长约 6.5mm。花期 12 月；果期翌年 1～2 月。

产于广西南部。生于海拔 700m 以下。分布于广东；印度、印度尼西亚、越南也有分布。

2. 翅子藤属 Loeseneriella A. C. Sm.

木质藤本。枝和小枝对生或近对生，节略粗壮。叶纸质或近革质，具柄。聚伞花序腋生或生于小枝顶端；花梗和花柄被毛，具小苞片；萼片和花瓣均 5 枚，覆瓦状排列；花盘肉质，杯状，有时基部具 1 枚垫状体；雄蕊 3 枚，花丝舌状，花药背着外向；子房呈不明显三角形，3 室，每室有胚珠 4～8 枚，2 行排列；花柱圆柱形，柱头不明显。蒴果常 3 枚聚生，广展，压扁，沿中缝开裂，外果皮具纵线条纹。种子 4～8 枚，有膜质基生的翅。

约 20 种，产于亚洲热带和非洲。中国 5 种；广西 4 种。

分种检索表

1. 叶纸质，椭圆形或长椭圆形，细小，长 3～7cm，宽 1.5～3.5cm。
　2. 叶长圆状椭圆形，叶面光亮，叶缘具疏圆齿；总花梗长 1.5～1.8cm ·················· **1. 程香仔树 L. concinna**
　2. 叶椭圆形，叶面无光泽，叶缘软骨质，全缘，波状；总花梗长不过 1cm ····· **2. 灰枝翅子藤 L. griseoramula**
1. 叶较大，长 6～21cm，宽 4.0～7.5cm。
　3. 叶披针形或阔披针形，顶端长尾尖；花序梗 2.0～2.5cm；果卵状长圆形 ········· **3. 皮孔翅子藤 L. lenticellata**
　3. 叶不为披针形，顶端也不为长尾尖；总花梗长 1.5～3.0cm 或更长；果椭圆形 ········ **4. 翅子藤 L. merrilliana**

1. 程香仔树　青光藤

Loeseneriella concinna A. C. Sm.

藤本。小枝纤细，初时褐紫色，后变灰色，无毛，具明显粗糙皮孔。叶纸质，长圆状椭圆形，长 3~7cm，宽 1.5~3.5cm，叶面光亮，顶端钝或短尖，基部圆形，叶缘具疏圆齿；侧脉 4~6 对，网脉明显；叶柄长 2~4mm。聚伞花序腋生或顶生，长与宽 2.0~3.5cm，花疏；总花梗纤细，长 1.5~1.8cm，初被毛，后变无毛；苞片与小苞片三角形；花柄长 5~7mm，被毛；花淡黄色，萼片三角形；花瓣长圆状披针形，背部顶端具 1 枚附属物。蒴果倒卵状椭圆形，顶端平而微凹，基部钝。种子 4 枚，基部具膜质翅。花期 5~6 月；果期 10~12 月。

产于广西东南部。分布于广东。根、茎有清热解毒的功效，外用可治毒蛇咬伤。

2. 灰枝翅子藤　图 958：1~3

Loeseneriella griseoramula S. Y. Bao

藤本。小枝浅灰色，近圆形，无毛，节略膨大，密具圆形粗糙皮孔。叶纸质，椭圆形，长 3~5cm，宽 2.5~3.5cm，先端钝尖，基部圆形，边缘软骨质，全缘，波状；侧脉 5~6 对，网脉明显；叶柄长约 5mm，具沟槽。聚伞花序腋生或单生；苞片三角形，被粉状毛，边缘纤毛状，总花梗纤细，长 0.8~1.0cm；花柄长 1.5~3.0mm，被粉状毛；萼片三角形，密被粉状毛；花瓣披针形，背面具粉状毛，边缘纤毛状；花盘肉质，杯状；雄蕊 3 枚；子房 3 室，深埋花盘内；花柱圆形。果椭圆形，3 枚聚生于略膨大的果托上。果期 1 月。

广西特有种。产于百色。生于海拔 600~700m 的山坡上。

3. 皮孔翅子藤　图 958：4~6

Loeseneriella lenticellata S. Y. Bao

藤本。幼枝灰绿色，扁压而有槽，无毛，密布圆形小皮孔。叶革质，披针形或阔披针形，长 7~12cm，宽 2.5~3.0cm，顶端长尾尖，基部楔形，叶缘上部具不明显疏齿，无毛；侧脉 6~8 对，网脉明显；叶柄长 5~

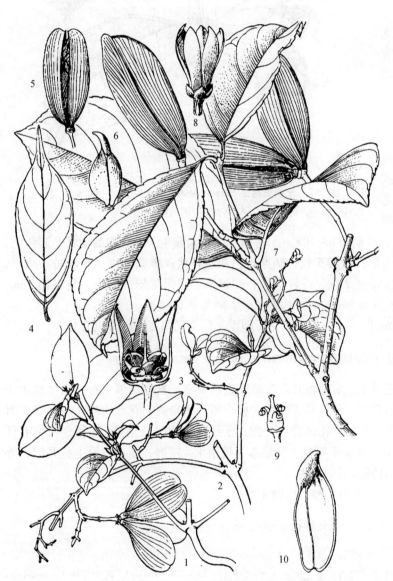

图 958　1~3. 灰枝翅子藤 Loeseneriella griseoramula S. Y. Bao 1. 花枝；2. 果枝；3. 花纵切面。4~6. 皮孔翅子藤 Loeseneriella lenticellata S. Y. Bao 4. 叶；5. 果；6. 种子。7~10. 风车果 Pristimera cambodiana (Pierre) A. C. Sm. 7. 果枝；8. 花；9. 花（去花瓣）；10. 种子。（仿《中国植物志》）

6mm，具沟槽。聚伞花序少花，长和宽均为3~4cm，花序梗2.0~2.5cm；花梗纤细，被粉状毛；苞片和小苞片三角形；花黄绿色；萼片膜质，密被粉状毛；花瓣披针形，顶端急尖，边缘纤毛状。蒴果卵状长圆形，顶端圆形，基部渐窄，生于膨大的果托上，长5.0~6.5cm，宽2.5~4.0cm；种子4~6枚，基部具宽翅。花期5~6月；果期8~10月。

产于隆林。生于海拔600~1100m的山谷疏林中。分布于云南。

4. 翅子藤

Loeseneriella merrilliana A. C. Sm.

藤本。小枝棕灰色，稍呈四棱形，无毛，有时密被粗糙皮孔。叶薄革质，长椭圆形，长5~10cm，宽3~6cm，顶端急渐，基部钝尖，边缘具不明显锯齿，无毛；侧脉4~6对，网脉明显；叶柄粗壮，长5~8mm。聚伞花序腋生或生于小枝顶端，长2.5~6.0cm；总花梗纤细，长1.5~3.0cm或更长，密被粉状微柔毛；苞片和小苞片三角状，全缘；花梗、苞片、花萼及花瓣背部均具粉状毛。蒴果椭圆形，长4.5~6.0cm，直径2.5~3.2cm，顶端圆形或偏斜、微缺，基部钝形；果托不膨大；种子3~4枚，种子有膜质翅。花期5~6月；果期7~9月。

产于靖西。生于海拔300~700m的山谷林中。分布于海南、云南。

3. 扁蒴藤属 Pristimera Miers

木质藤本。枝通常对生，有时互生，近圆形或四棱形，节间略膨大，有皮孔。叶对生，具柄；网脉明显，凸起。聚伞花序，二歧分枝，单生或成对生于叶腋或小枝顶端。具总花梗，花小，淡黄色，具花柄，有小苞片；萼片5枚，顶端钝，边缘具不整齐齿，覆瓦状排列；花瓣5枚，顶端钝，全缘；花盘不明显，不易与子房区别；雄蕊3枚，花丝扁平，花药基着；1室横裂；子房扁三角形，3室，每室具上下叠生的胚珠2~6枚；花柱短，柱头不明显或微小。蒴果常3枚聚生于膨大的花托上，也有退化为1枚的，扁平，具线条纹；种子2~6枚，基部具膜质翅，中间有1条明显的脉纹。

约30种。主产于中美、南美和热带、亚热带。中国4种，分布于广东、云南；广西3种。

分种检索表

1. 蒴果，仅有2枚种子。
  2. 幼枝和花序枝无毛，具条状皮孔；叶纸质或近革质，长8~15cm，宽5~7cm ······ **1. 二籽扁蒴藤 P. arborea**
  2. 幼枝和花序枝密被细刺状腺毛，锐四棱形；叶纸质，长4~7cm，宽2~4cm ·········· **2. 毛扁蒴藤 P. setulosa**
1. 蒴果，有6枚种子；叶革质，长12~15cm，宽5~9cm ································· **3. 风车果 P. cambodiana**

1. 二籽扁蒴藤

Pristimera arborea（Roxb.）A. C. Sm.

藤本。幼枝棕黄色；老枝褐色，具条状皮孔。叶纸质或近革质，阔卵形至卵状长圆形，长8~15cm，宽5~7cm，顶端渐尖，基部圆形或阔楔形，叶缘具不明显锯齿；侧脉6~7对，网脉横出；叶柄纤细，长1.0~1.5cm，具沟槽。聚伞花序单生于叶腋或顶生，长5~6cm，无毛；萼片5枚，长圆形；雄蕊3枚，长于花柱；子房3室，每室具2枚胚珠；花柱长约1mm，顶端截形。蒴果窄椭圆形，长6.5~8.5cm，宽2.5~3.0cm，顶端钝尖；种子2枚，与种翅一起长约6cm，顶端圆而微缺，具1条中脉。花期6月；果期10月。

产于龙州。生于海拔300~1100m的山地林中或灌丛中。分布于云南；印度、缅甸也有分布。

2. 毛扁蒴藤

Pristimera setulosa A. C. Sm.

藤本。幼枝近四棱形，被细刺伏毛；老枝圆形，灰色，变无毛。叶纸质，椭圆形，长4~7cm，宽2~4cm，顶端短尾尖或圆形，基部钝，边缘具浅圆齿状细锯齿；侧脉4~5对，网脉显著；叶柄纤细，长3~5mm，两面具浅沟。聚伞花序长1.5~3.0cm，被细刺伏毛；花黄白色，萼片5枚，膜质；花瓣 5 枚，薄肉质；子房 3 室，近扁球形，每室胚珠 2 枚；花柱极短，柱头截形。蒴果长椭圆形，长 3.5~4.0cm，宽 2.0~2.5cm，顶端圆形，种子 2 枚，干时黑色。花期 1~2 月；果期 10~11 月。

产于德保、龙州。生于海拔 600~1500m 的石灰岩疏林中。分布于云南。

3. 风车果 图 958：7~10

Pristimera cambodiana (Pierre) A. C. Sm.

藤本。幼枝圆形，灰褐色，无毛。叶革质，卵状长圆形或卵状披针形，长 12~15cm，宽 5~9cm，先端渐尖，基部圆形或阔楔形，叶缘具不明显锯齿；侧脉 6~7 对，网脉横出，在背面明显；叶柄长 1.0~1.5mm。花淡绿色，萼片 5 枚，长圆形；雄蕊 3 枚，花药近球形；子房 3 室，柱头微 3 裂。蒴果长圆形，长 7~8cm，先端斜截或偏斜、微凹；种子 6 枚，干时黑色。花期 5~6 月；果期翌年 1~2 月。

产于扶绥、龙州。生于山坡疏林中。分布于云南；柬埔寨、越南、缅甸也有分布。

主要参考文献

陈嵘. 1959. 中国树木分类学. 上海：上海科学技术出版社.

李光照. 2008. 中国广西杜鹃花. 上海：上海科学技术出版社.

李树刚. 2005. 广西植物志(第二卷). 广西：广西科学技术出版社.

梁建平. 2001. 广西珍稀濒危树种. 广西：广西科学技术出版社.

梁瑞龙, 黄开勇. 2010. 广西热带岩溶区林业可持续发展技术. 北京：中国林业出版社.

闵天禄. 2000. 世界山茶属的研究. 云南：云南科技出版社.

祁述雄. 2002. 中国桉树(第二版). 北京：中国林业出版社.

钱崇澍等. 1959~2004. 中国植物志. 北京：科学出版社.

覃海宁, 刘演. 2010. 广西植物名录. 北京：科学出版社.

王宏志. 1988. 热带亚热带主要树种物候图谱. 广西：广西人民出版社.

王豁然. 2010. 桉树生物学概论. 北京：科学出版社.

袁铁象, 黄应钦, 梁瑞龙. 2011. 广西主要乡土树种. 广西：广西科学技术出版社.

郑万钧. 1985. 中国树木志(第二卷). 北京：中国林业出版社.

郑万钧. 1997. 中国树木志(第三卷). 北京：中国林业出版社.

中国科学院广西植物研究所. 2011. 广西植物志(第三卷). 广西：广西科学技术出版社.

中国科学院植物研究所. 1975~1983. 中国高等植物图鉴. 北京：科学出版社.

中国农林科学院《中国树木志》编委会. 1978. 中国主要树种造林技术. 北京：农业出版社.

朱积余, 廖培来. 2006. 广西名优经济树种. 北京：中国林业出版社.

中文名称索引

拉丁学名索引